現代控制工程

MODERN CONTROL ENGINEERING, 5th Edition

Katsuhiko Ogata 著

莊政義 譯

東華書局

PEARSON

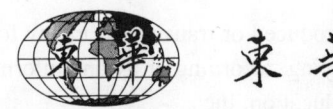

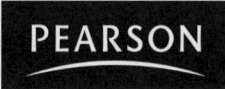

台灣培生教育出版股份有限公司

Pearson Education Taiwan Ltd.

國家圖書館出版品預行編目資料

現代控制工程 / Katsuhiko Ogata 著；莊政義 譯. -- 初版. -- 臺北市：臺灣培生教育，臺灣東華，2011.01
784 面；19*26 公分
譯自：Modern control engineering, 5th ed.
ISBN 978-986-280-025-6 (平裝)

1. 自動控制

448.9　　　　　　　　　　99024671

現代控制工程
MODERN CONTROL ENGINEERING, 5th Edition

原　　著	Katsuhiko Ogata
譯　　者	莊政義
出 版 者	台灣培生教育出版股份有限公司
	地址／台北市重慶南路一段 147 號 5 樓
	電話／ 02-2370-8168
	傳真／ 02-2370-8169
	網址／ www.Pearson.com.tw
	E-mail ／ Hed.srv.TW@Pearson.com
	台灣東華書局股份有限公司
	地址／台北市重慶南路一段 147 號 3 樓
	電話／ 02-2311-4027
	傳真／ 02-2311-6615
	網址／ www.tunghua.com.tw
	E-mail ／ service@tunghua.com.tw
總 經 銷	台灣東華書局股份有限公司
出版日期	2011 年 7 月初版一刷
I S B N	978-986-280-025-6

版權所有‧翻印必究

Authorized Translation from the English language edition, entitled MODERN CONTROL ENGINEERING, 5th Edition, 9780137133376 by OGATA, KATSUHIKO, published by Pearson Education, Inc, publishing as Prentice Hall, Copyright © 2010, 2002, 1997, 1990, 1970 Pearson Education, Inc.

All rights reserved. No part of this book may be reproduced or transmitted in any form or by any means, electronic or mechanical, including photocopying, recording or by any information storage retrieval system, without permission from Pearson Education, Inc.

CHINESE TRADITIONAL language edition published by PEARSON EDUCATION TAIWAN and TUNG HUA BOOK COMPANY LTD, Copyright © 2010.

前言

　　本書介紹控制系統分析與設計之重要觀念。讀者將發現在學院或是大學的控制系統課程中，這是一本清楚易懂的教科書。本書主要針對電機、機械、航空及化學工程之高年級學生而作。研讀本書前，讀者最好已經完成下列先修課程：微分方程式的介紹課程、拉式變換、向量與矩陣分析、電路分析、力學及熱力學之介紹。

　　本次版本做了如下的更新：

- 增加 MATLAB 的應用，以便於在各種輸入下，得到控制系統之響應。
- 展示出建立在 MATLAB 計算最佳化方法之用途。
- 在全書中廣泛地增加新的例題及習題。
- 前一版中次要的材料已經刪除掉，以挪出空間置入更重要的題材。信號流程圖已經不在本書之列。拉式變換這一章也刪去了。取而代之者，在附錄 A 及附錄 B 中，分別呈獻了拉式變換表及具有 MATLAB 工具的部分分式展開法。
- 我們在附錄 C 也呈獻向量與矩陣分析的簡短摘要；便於讀者做控制系統的分析與設計時，知道怎麼求相關 nxn 矩陣的反矩陣。

　　本版現代控制工程 (*Modern Control Engineering*) 係由十章組成之。本書之內容要點如下：

　　第一章為控制系統序論。

　　第二章處理控制系統的數學模型，在本章介紹非線性數學模型的線性化技術。

　　第三章導出各種機械系統及電機系統的數學模型。

　　第四章討論各種流體系統 (如液位系統、氣壓系統及油壓系統) 與熱系統的數學模型。

　　第五章探討控制系統的暫態響應及穩態分析，我們廣泛地使用 MATLAB 以獲得暫態響應曲線。為控制系統的穩定度分析，我們使用羅斯穩度準則；赫維茲穩度準則也一併地介紹之。

　　第六章討論控制系統的根軌跡分析與設計，包含了正回饋系統及有條件性穩定系統。我們詳盡地使用 MATLAB，以獲得根軌跡曲線。利用根軌跡法施行進相補償器、滯相補償器及滯相進相補償器之設計也包括在本章。

　　第七章探討控制系統的頻率響應分析與設計。在此，提出簡單且易於了解的奈奎斯特穩度準則。我們也討論利用波德圖法做進相補償器、滯相補償器及滯相進相補償器的設計。

　　第八章處理基本型及修整型 PID 控制器。在此我們詳盡地探討數值計算法，特別是使系統能達到步階響應的要求，以獲得 PID 控制器所需的最佳化參數值。

　　第九章探討控制系統在狀態空間的基本分析法。我們詳盡地探討可控制性及可觀察性之觀念。

　　第十章處理狀態空間的控制系統設計。所做的討論課題包含有：極點安置法、狀態觀察器及二次平方最佳化控制。在第十章的結尾，我們也探討強韌控制系統之基本。

　　本書之目的在幫助讀者可以漸次地了解控制理論。太高深的數學理論儘量避免出現在本書題材中。遇到需要了解的課題，我們隨時使用文字陳述證明之。

　　為了讓讀者可以清楚地了解各項討論的課題，在策略上我們盡力編寫相關聯的例題配合之。再者，除第一章以外，每一章的結尾皆編寫有隨附解答的例題 (在光碟中)。我們建議讀者要用心研習這些附有解答的例題，以便可以更深入地明瞭所討論的課題。再者，除第一章外，每一章的結尾亦皆編有習題 (未附解答)。這些無解答的習題可以作為家庭作業或小考題目之用。

　　本書之編寫可作為一學期 (大約 56 個講課時數) 教材之用，有些課題可以跳過去。因為書中有許多例題，足夠回答讀者可能有的問題，所以本書也可供在業的工程師作為自習用書，以研習基礎控制理論。

　　本人在此要感謝審閱這一版本教科書的以下人士：康奈爾大學的馬克−康培爾 (Mark-Campell)、亞利桑那州立大學的亨利−蘇達諾 (Henry Sodano) 以及愛阿華州立大學的艾都−凱爾卡 (Atul G. Kelkar)。最後，我也要向以下的諸位人士致上最深的敬意：副編輯艾莉絲−杜兒晶女士 (Ms. Alice Dworkin)、資深業務經理史考特−帝沙諾 (Scott Disanno) 以及其他參與出版的諸位人士，使得本書能夠很快但卻是很精良地製作出來。

Katsuhiko Ogata

目 錄

前言 ··· iii

第一章　控制系統序論

　　1-1　引　言 ·· 2
　　1-2　控制系統之實例 ·· 4
　　1-3　閉路控制與開環控制 ··· 9
　　1-4　控制系統的設計與補償 ··· 11
　　1-5　本書之要點 ·· 12

第二章　控制系統的數學模型

　　2-1　引　言 ··· 16
　　2-2　轉移函數與脈衝響應函數 ··· 17
　　2-3　自動控制系統 ·· 20
　　2-4　狀態空間之模型 ··· 34
　　2-5　純量微分方程式系統之狀態空間代表 ································· 42
　　2-6　以 MATLAB 做數學模型之變換 ··· 47
　　2-7　非線性數學模型之線性化 ··· 51
　　　　例題與解答
　　　　習　題 ·· 54

第三章　機械系統及電機系統的數學模型

　　3-1　引　言 ··· 60
　　3-2　機械系統的數學模型 ·· 60
　　3-3　電機系統的數學模型 ·· 71
　　　　例題與解答
　　　　習　題 ·· 86

第四章　流體系統及熱系統的數學模型

- 4-1　引　言 ·· 94
- 4-2　液位系統 ··· 94
- 4-3　氣壓系統 ··· 101
- 4-4　油壓系統 ··· 120
- 4-5　熱系統 ·· 135
- 　　　例題與解答
- 　　　習　題 ·· 139

第五章　暫態及穩態響應分析

- 5-1　引　言 ·· 148
- 5-2　一階系統 ··· 150
- 5-3　二階系統 ··· 154
- 5-4　高階系統 ··· 172
- 5-5　以 MATLAB 做暫態響應分析 ······································· 176
- 5-6　羅斯穩度準則 ·· 211
- 5-7　積分與微分動作對於系統表現的影響 ··························· 218
- 5-8　單位回饋控制系統的穩態誤差 ····································· 226
- 　　　例題與解答
- 　　　習　題 ·· 233

第六章　利用根軌跡法做控制系統的分析與設計

- 6-1　引　言 ·· 244
- 6-2　根軌跡圖 ··· 245
- 6-3　以 MATLAB 做根軌跡圖 ·· 269
- 6-4　正回饋系統的根軌跡圖 ·· 285

6-5	根軌跡法做控制系統的設計	290
6-6	進相補償	294
6-7	滯相補償	307
6-8	滯相－進相補償	318
6-9	並聯補償	333
	例題與解答	
	習　題	340

第七章　利用頻率響應法做控制系統的分析與設計

7-1	引　言	350
7-2	波德圖	356
7-3	極座標圖	384
7-4	對數幅度對相位作圖	403
7-5	奈奎斯特穩度準則	405
7-6	穩定度分析	417
7-7	相對穩定度分析	427
7-8	單位回饋系統的閉路頻率響應	446
7-9	以實驗法決定轉移函數	456
7-10	以頻率響應法做控制系統的設計	462
7-11	進相補償	465
7-12	滯相補償	476
7-13	滯相－進相補償	486
	例題與解答	
	習　題	498

第八章　PID 控制器與修整型 PID 控制器

8-1	引　言	510
8-2	齊格勒-尼克之 PID 控制器調節規則	511

8-3	以頻率響應法設計 PID 控制器	522
8-4	以計算最佳化方式設計 PID 控制器	528
8-5	PID 控制器的修整	536
8-6	二自由度控制	540
8-7	以零點安置法改善響應特性	543
	例題與解答	
	習　題	565

第九章　控制系統的狀態空間分析

9-1	引　言	576
9-2	轉移函數系統的狀態空間代表	576
9-3	以 MATLAB 做系統模型的變換	585
9-4	非時變狀態方程式的解答	590
9-5	向量與矩陣分析之一些常用規則	601
9-6	可控度性	611
9-7	可觀察性	619
	例題與解答	
	習　題	628

第十章　控制系統的狀態空間設計

10-1	引　言	634
10-2	極點安置法	634
10-3	以 MATLAB 解答極點安置題目	650
10-4	伺服系統設計	654
10-5	狀態觀察器	671
10-6	以觀察器設計調整器系統	704
10-7	以觀察器設計控制系統	715

10-8	二次平方最佳化調整器系統	723
10-9	強韌控制系統	740
	例題與解答	
	習　題	753

索引 763

附錄 A　拉式變換表　775
附錄 B　部分分式展開法　785
附錄 C　向量與矩陣代數　795

Chapter 1

控制系統序論

1-1 引　言

　　當今常使用的控制理論是古典控制理論(又稱為傳統式控制理論)、現代控制理論及強韌控制理論。本書要更廣泛地介紹古典控制理論及現代控制理論相關的控制系統之分析與設計。有關強韌控制理論的精要介紹將包含於第十章裡面。

　　在工程或科學的各領域中，自動控制是必要不可或缺的。在太空載具系統、機器人系統、現代製造生產系統以及任何涉及溫度、壓力、溼度、流量等的產業運作，自動控制是構成整體所必須不可或缺的重要成員。所以，幾乎所有的工程師或科學家皆需熟悉自動控制的理論及其實務。

　　本書係針對學院或大學高年級學生的控制系統課程編寫的教科書。所有必須要的背景材料將皆包含於本書之內。有關拉式變換及向量與矩陣分析之相關聯數學背景題材將另闢附錄章節包含之。

　　控制理論及實務的簡要歷史回顧　　在歷史上自動控制的第一個重要成果是，十八世紀詹姆斯-瓦特(James Watt)用於蒸汽機作轉速控制的離心調速機。其他在早期控制理論發展的成果貢獻者，其中重要的有米諾斯基(Minorsky)、哈仁(Hazen)及奈奎斯特(Nyquist)等。1922年米諾斯基研究操縱船舶的自動控制器，發現船舶的動態穩定度可以用微分方程式決定之。1932年奈奎斯特利用開環系統在弦波輸入下產生的穩態響應，推導出相當簡單的程序以決定閉迴路系統的穩定度。1934年哈仁針對位置控制系統提倡伺服機構(servomechanism)一辭，並討論繼電器伺服機構的設計，以精準地隨著輸入的改變而作應變。

　　在1940年代頻率響應法[尤其是波德(Bode)發展的波德圖]已可供工程師設計閉迴路控制系統，滿足工作性能之要求。在1940至1950年代，產業界很多控制系統皆使用PID控制器以施行壓力與溫度等變數的控制。稍早在1940年代之初，齊格勒-尼克(Ziegler-Nichols)更倡議PID控制器的調節法則，稱為齊格勒-尼克調節規則。在1940年代後期至1950年代，伊凡士(Evans)的根軌跡法已經發展成熟，廣被使用。

　　頻率響應法與根軌跡法係為古典控制理論的核心，其設計應用可以使得系統達到穩定，且或多或少滿足性能表現之要求。一般討論下，這種系統是可被接受的；但針對某些實際意義而言，卻不是最好的。職是故，1950年代之後，控制設計題目強調的重點變成：從許多設計的系統中找出一個，轉變成為，設計出一個最佳化系統以能滿足實際意義。

由於現代的受控本體愈來愈複雜，具有許多輸入及輸出，需使用許多方程式才可以描述現代的控制系統。傳統控制理論只能處裡單一輸入單一輸出系統，不能適用於現代的多輸入多輸出系統。1960年代以後，由於數位計算機的使用，可以處裡複雜系統的時間響應分析；職是故，建立於狀態變數的時間響應分析與設計的現代控制理論發展出來，可以妥善處理日漸複雜的現代受控本體，以滿足在軍事、太空、產業應用上的精確度、重量及成本等嚴苛要求。

1960年至1980年期間，針對複雜系統而成熟地發展出確定性及隨機參數系統相關的最佳化控制，以及適應及學習控制。在1980至1990年期間，現代控制理論發展主要係針對強韌控制及其關聯課題。

現代控制理論係建立於微分方程式系統的時間響應分析。現代控制理論在已知實際控制系統的數學模型考量，使得控制系統的設計變得容易。然而系統的穩定度對於實際系統與數學模型之間的誤差非常的靈敏。此意味著，針對數學模型所設計出來的控制器應用在實際的系統中，系統的穩定度可能會有問題。欲除去此困境，我們在設計控制系統時預先考慮可能的誤差範圍，而設計控制器使得控制系統在預設的誤差範圍內仍然可以穩定地工作。依照此原理的設計是為強韌控制理論。此理論涉及時間響應分析及頻率響應分析，在數學法理上有點複雜。

因為此理論需要有研究所程度的數學背景，因此本書中涉及的強韌控制理論只侷限於觀念的介紹。如果讀者對強韌控制理論有興趣的話，建議在有程度的學院或大學裡修讀一門研究所程度的控制課程。

定義 在討論控制系統之前，我們先對一些基本的術語作定義。

受控變數及控制信號或操作信號 受控變數 (controlled variable) 係為可被量測或可被控制的物理量或條件。控制信號 (control signal) 或操作信號 (manipulated signal) 係為根據控制器之動作而改變的物理量或條件，以便影響受控變數之數值。通常，受控變數係為系統的輸出。控制 (control) 意味量測出系統受控變數之數值，而對系統施加控制信號以矯正或限制量測出來的數值與所需值之間的差異。

研讀控制工程學之前，我們需要對一些與控制系統相關的專門名詞作定義。

本體　本體可以是一項設備，或一些機器元件，一起共同參與某一工作。在本書中這些物理對象皆稱為受控本體 (如一機械裝置、加熱器、化學反應裝置、或太空船等)。

程序　韋伯字典 (The Merriam-Webster Dictionary) 所定義的程序是，自然漸次連續的操作，或一連串逐漸的變化，其特點是接續的方式相當固定，導致某一特定的結果或結尾；或是人為的或自發性漸次連續的操作，由一連串的受控動作或行動導引至某一特定的結果或結尾。本書中，任何受到控制的操作皆將稱為程序 (process)。例如化學、經濟學及生物學等程序。

系統　由一組相關元件組成，共同協力工作，達成某一目的。一個系統可以不是真正的物理系統。系統的觀念可以應用於抽象的，或動態的經濟活動現象。因此系統一辭之詮釋意味著物理、生物學、經濟學及許多其他類似的系統。

干擾　干擾係為對系統輸出之值可能有不利影響的信號。若干擾信號係由系統的內部產生，則稱為內部 (internal)；而外部 (external) 干擾係在系統的外部產生，亦即為輸入。

回饋控制　系統在有干擾的影響下，可將輸出與輸入參考之間的差異減少的動作意味著回饋控制，此動作係針對差異值為之。我們只對不可預測的干擾才列入考慮，可預測或已知的干擾可以經由系統的內部補償之。

1-2　控制系統之實例

在本節次裡我們要舉出一些控制系統之實例。

速率控制系統　圖 1-1 所示的結構圖示意可以解釋瓦特蒸氣引擎調速

器之工作原理。進入引擎的燃料係根據引擎的實際轉速與預需轉速的差異值調節之。

　　動作的順序是這樣子的：調節飛球調速器之轉速意在使得，當轉速達到預需值時，壓縮油料皆不會進入動力圓缸的任一端。如果因為干擾之故，實際的轉速低於預需值，則飛球調速器之離心力減弱，使得控制閥往下移，以供給更多的油料，並可以使得引擎的轉速提高達到預需之值。反過來，如果實際的轉速高於預需值，則飛球調速器之離心力增強，使得控制閥往上移。如此一來，油料的供應減少了，使得引擎的轉速下降，直到預需值為止。

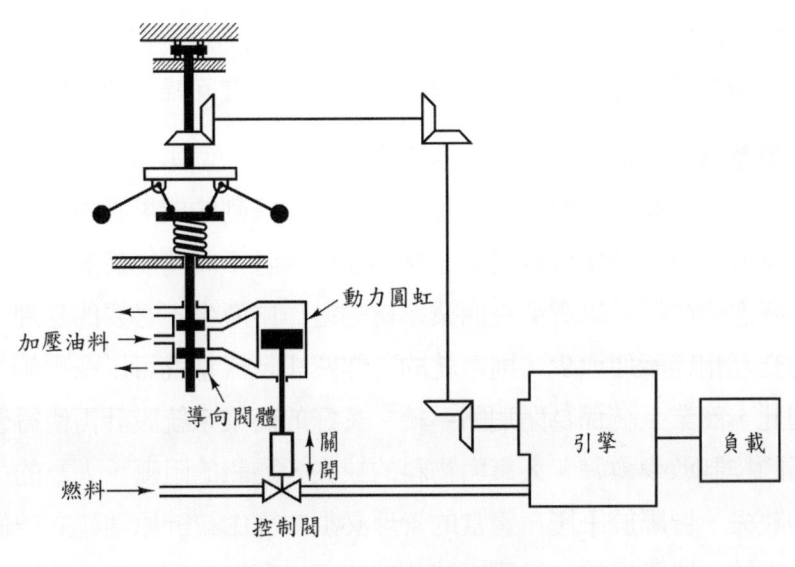

圖 1-1　速率控制系統

　　在此速率控制系統中，本體(被控制系統)係為引擎，受控變數為引擎的轉速。引擎的實際轉速與預需轉速的差異就是誤差信號。施加到本體(引擎)的控制信號(油料用量)為操作信號。影響到受控變數的外界輸入就是干擾。無法預期變化的負載即是干擾。

　　溫度控制系統　圖 1-2 所示為電爐溫度控制的結構圖。電熱器中的溫度經由類比裝置溫度計量測之。類比式溫度經由 A/D 變換器轉變成為數位式溫度。數位式溫度再經由一介面電路送到控制器中。數位式溫度與程式

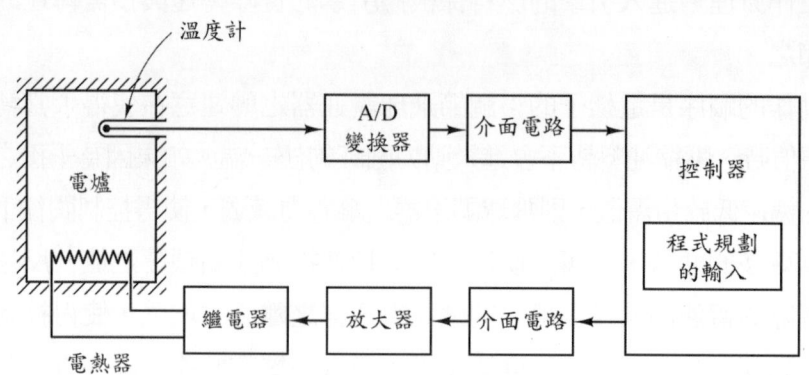

圖 1-2　溫度控制系統

規劃的輸入比較，如果有差異(誤差)情形發生，則控制器經由介面電路、放大器、繼電器發送信號至電熱器，使電爐中溫度回歸至預需值。

商業系統　一個商業系統包含許多集團，每一個集團所指定的任務代表其於此系統歸屬的動態元件。每一個集團所達到的成果必須經由回饋方法施行報導，使得系統可以達成正常的運作。各不同功能集團之間的交互牽絆最好愈少愈好，以避免在商業系統的運作中產生不必要的延遲。集團之間的交互相絆牽連愈少，則系統的工作資訊及流量就可以愈順暢。

因此，商業系統係為閉迴路系統。良好的商業系統設計需使得管理方面所需的控制愈少愈好。人事與物料的缺失、通訊的阻礙、人為的失誤或類似的缺失，皆屬於干擾。適當的管理必須要經由統計原理建立一個完好的估計系統。眾所周知，這種系統的功能可以利用時間超前，或預料 (anticipation) 增進之。

為了利用控制理論增進這種系統的功能，我們必須將系統中每一個組成元件集團的動態特性用一些相當簡單的方程式代表之。

雖然要推導出每一個組成元件集團的數學代表式是相當困難的問題，利用最佳化技術施行在商業系統是可以顯著地改善商業系統的功能。

例如，我們考慮一個工程機構的組織，其由管理部、研究及發展部、初步設計、實驗、產品起草設計、製造組裝及測試等主要部門構成。這些成員部門相互交織，構成了整體系統。

欲作此系統的分析，可將之分解成最必要的基本元件集，每一基本元件集可以提供分析所需的詳盡資訊，每一元件之動態特性皆可用一組簡單的方程式敘述代表之。(此種系統的動態性能可由時間與系統漸次表現之間的關聯情形決定之。)

我們可以使用方塊代表每一成員的功能表現，並使用信號連接線代表系統運作時產生的資訊或產物，形成功能方塊圖。圖 1-3 所示即為敘述此種系統可能的方塊圖。

強韌控制系統　設計控制系統的第一步是取得控制本體或受控制對象的數學模型。實際上，欲作控制的對象在施行模型化的程序時，難免都會有誤差。這就是說，實際的控制本體與我們用來做控制系統設計所使用的數學模型之間是有差異情形的。

為確保建立在模型設計出來的控制器可以正常工作，則控制器設計所依的須為實際的控制本體。有鑑於此，做控制系統設計的程序中，比較合理的方法是，一開始就將實際的控制本體與所使用的數學模型之間的不準確性或誤差情形包含進去。根據此種方法所設計的控制系統是為強韌控制系統。

假設我們要控制的實際本體為 $\tilde{G}(s)$，而實際本體的數學模型為 $G(s)$，亦即，

$\tilde{G}(s)$ = 具有不準確性 $\Delta(s)$ 的實際本體的數學模型

$G(s)$ = 設計的控制系統使用名義上的本體數學模型

$\tilde{G}(s)$ 與 $G(s)$ 之間的關聯可以用乘法因子表達如下，

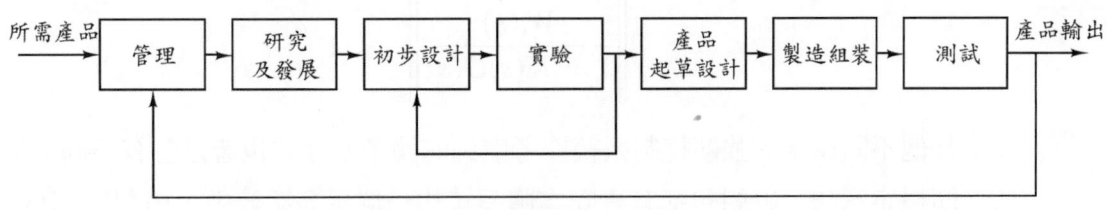

圖 1-3　工程機構的組織之方塊圖

$$\widetilde{G}(s) = G(s)[1 + \Delta(s)]$$

或使用加法因子表達如下，

$$\widetilde{G}(s) = G(s) + \Delta(s)$$

亦可用其他方式表達之。

　　由於不準確性或誤差 $\Delta(s)$ 的完整描述無法得知，因此我們作 $\Delta(s)$ 的估計，且在設計控制器時使用估測值 $W(s)$。$W(s)$ 為如下述的純量函數，

$$\|\Delta(s)\|_\infty < \|W(s)\|_\infty = \max_{0 \leq \omega \leq \infty} |W(j\omega)|$$

此處 $\|W(s)\|_\infty$ 為 $|W(j\omega)|$ 在 $0 \leq \omega \leq \infty$ 時的最大值，又稱為 $W(s)$ 的 H-無窮範數 (H infinity norm)。

　　利用小增益理論，可以將設計程序轉換成為滿足下列不等式而做的控制器設計：

$$\left\| \frac{W(s)}{1 + K(s)G(s)} \right\|_\infty < 1$$

$G(s)$ 是在設計程序中使用的模型之轉移函數，$K(s)$ 是控制器的轉移函數，$W(s)$ 是針對 $\Delta(s)$ 的近似所採取的轉移函數。在大部分的實際情況，涉及 $G(s)$、$K(s)$ 及 $W(s)$ 時，我們必須要滿足的不等式不只一個。例如，要同時保證強韌穩定性及強韌性能時，我們需考慮下列二個不等式 (這些不等式將於 10-9 節裡再推導之)。

$$\left\| \frac{W_m(s)K(s)G(s)}{1 + K(s)G(s)} \right\|_\infty < 1$$

$$\left\| \frac{W_s(s)}{1 + K(s)G(s)} \right\|_\infty < 1$$

其他不同情況的強韌控制系統要考慮到的諸多不等式也皆是各有不同 (強韌穩定意味了針對包括有實際本體系統的一群眾多系統中，控制器 $K(s)$ 能夠保證系統的內部穩定度。考慮到強韌性能時，則在這一群眾多系統中，

所指定的性能要求須皆滿足之)。本書中,強韌控制理論之基本概念將在 10-9 節介紹,除此之外,所討論的控制系統之本體皆是已經確知者。

1-3 閉路控制與開環控制

回饋控制系統 當一個系統可以保持參考輸入與輸出之間的預期關係,且利用之間的差異值施行控制,稱為*回饋控制系統* (feedback control system),例如室內的溫度控制系統即屬之。量測實際室內的溫度並與參考溫度 (預期需要的溫度) 做比較,使得自動調溫器可以將加熱或冷卻裝置打開或關閉,以保證室內的溫度保持在舒適的程度,不受外界的影響。

回饋控制系統並不侷限於工程課題,在其他非工程領域中也是經常出現的。例如人體就是一個非常高度精密的回饋控制系統。經由生理的回饋原理,可以將體溫及血壓保持於一定值。事實上回饋達成極其重要的功能:回饋使得人體對於外界的干擾變得不敏感,因此人體在各種變化的環境下可以正常地運行著。

閉迴路控制系統 回饋控制系統常稱之為是*閉迴路控制系統* (closed-loop control system)。實際上回饋控制系統與閉迴路控制系統是被交替使用的。在閉迴路控制系統中,誤差信號是輸入信號與回饋信號 (其可能就是輸出信號本身,或是輸出信號與其微分或且積分函數) 之間的差異,作用的誤差信號施加於控制器使得誤差減少,可以將系統的輸出保持於預訂之所需值。閉迴路控制系統一辭意味著利用回饋控制動作達到系統誤差的減少。

開環控制系統 輸出對於輸入無控制動作的系統即為*開環控制系統* (open-loop control system)。換言之,在開環控制系統中,輸出既不做量測亦無回饋以與輸入做比較。洗衣機就是一個實際的例子。洗衣機操作中,浸泡、洗潔與沖洗動作係根據時間依序進行。洗衣機並不會對輸出信號,即衣服的清潔程度,做測量。

在開環控制系統中,輸出並不會與參考輸入做比較。因此對於每一項參考輸入,皆有某固定的工作情況對應之;職是故,系統的精準度與參考輸入之校正有關聯。如果開環控制系統有干擾存在,其工作便達不到預期希求之任務。在實用上,只當輸入與輸出之間的關係已經確知了,並且皆無內在及外部的干擾,才會使用開環控制系統。很顯然的,這種系統不是回饋控制系統。我們注意到,依時間進行而操作之控制系統皆為開環系統。例如,於時間進行下產生信號做交通控制即為開環控制。

閉迴路及開環控制系統　　事實上閉迴路控制系統的優點是,利用了回饋方法使系統的響應與外界干擾及系統內部參數變化之關係變得相當不靈敏。因此就算我們使用不是很準確、也不昂貴的元件建構本體,也是可能達成精準的控制,這種情形是不可能發生在開環控制的。針對於穩定之觀點,開環控制系統比較容易建造,因為其中系統穩定性不是重要的課題。相對的,在閉迴路控制系統中,穩定性是一項重要的課題,因為誤差可能被矯枉過正,從而產生一定的或變化的振幅之振盪。

必須強調的是,如果系統的輸入已經事先知道,而且也不會有干擾的影響,我們還是建議使用開環控制。只當系統外界干擾及內部參數變化之情況難以預估時,我們使用閉迴路控制才會有好處。輸出之功率額定值部分地決定了控制系統的成本、重量與其尺寸大小。必須注意的是,閉迴路控制系統使用的元件個數要比開環控制系統更多。因此在成本及功率考量,閉迴路控制系統一般比開環控制系統為高。職是故,如果可能的話,應用開環控制系統可以降低所需功率供給。將開環控制與閉迴路控制作適當的組合通常比較划算,有時也可以得到不錯的性能表現。

本書中所討論的控制系統分析與設計大部分皆是針對閉迴路控制系統而做。只當某些情況(例如,無干擾存在,或輸出難以量測)我們才考慮開環控制系統。因此,對開環控制系統做摘要總結是必要的。

開環控制系統的主要優點整理如下:

1. 結構簡單,易於維護。
2. 比閉迴路控制系統不昂貴。
3. 沒有穩定度之問題。
4. 當輸出難以量測,或精準的輸出測量不很經濟時(例如在洗衣機中,要測量其輸出,衣物的清潔程度,需使用非常昂貴的裝置),使用開環控制系統比較方便。

開環控制系統的主要缺點整理如下：

1. 干擾及校正之改變可能產生誤差，造成不符合需要的輸出。
2. 欲使得輸出維持於預期希求之品質，則必須一再地重新調整校正。

1-4 控制系統的設計與補償

　　本書主要討論控制系統分析與設計之基本概念。補償意味改變系統的動態以滿足預設之規格。在本書中使用的控制系統設計與補償方法有根軌跡法、頻率響應法及狀態空間法。上述的控制系統設計與補償方法將分別在第六、七、九及十章裡介紹之。控制系統設計使用的的 PID 補償方法將在第八章介紹之。

　　有關控制系統實際設計到底是使用電子式、氣壓式或油壓式補償器，悉皆根據控制本體之性質部分決定之。例如，當受控本體含有可燃性液體時，我們就需要使用氣壓式元件 (補償器及操作器) 以避免火花產生危害。然而，如果沒有火花產生危害之可能，通常還是使用電子式補償器。(事實上非電機式信號常常變換成為電信號，因為程序是非常容易、精確度可以提高、可靠度可以提高、補償器設計方法簡單等等之故。)

　　性能規格　控制系統的設計必須達成預設的任務。控制系統的要求條件又稱為是性能規格。這些規格之設定可以是暫態響應的要求 (如步階響應的最大超擊量與安定時間) 與穩態的要求 (例如在斜坡輸入下產生的穩態輸出誤差)，或是由頻率響應規定的要求。做設計程序之前，這些控制系統的規定要求須先設定之。

　　在例行設計程序中，性能規格 (其與準確性、相對穩定度與響應的速度有關聯) 係以明確的量化數值描述之。另者，性能規格也可以一部分用明確的量化數值，其他部分用質的敘述規定之。後者情況的規格在設計的過程中可能必須再修改，因為有時預設的規格不被滿足 (設計需求規格相互衝突)，或是設計出來的系統太昂貴了。

　　通常設定的性能規格不要比實際須達成任務要求所需的更嚴苛。如果控制系統的穩態操作準確度是首要的規格，則沒有必要對於暫態響應的性能規格再作嚴格的規範，否則需要昂貴的元件設計之。必須記住的是，設計控制系統最重要的部分就是明確地將性能規格規範出來，以針對於某一目的達到最佳化控制系統。

系統補償　調整系統以滿足所設定性能之第一步工作就是確定增益。然而在實用上，有時僅靠增益的調整仍然無法充分地改變系統的行為，以滿足設定的規格。常見的情形是，增益的增高改善了穩態表現，但是穩定性可能變差，甚至於造成振盪。因此必須重新設計系統(修改結構或添加其他元件或裝置)以改變整體行為，使得系統表現符合要求。此種重新設計或元件裝置的添加即為補償(compensation)。為了滿足規格要求而加入系統的裝置即為補償器(compensator)。職是故，補償器對原來的系統施行性能缺陷的補償。

設計步驟　控制系統的設計程序是，先確定控制系統的數學模型，再調節補償器的參數。最花費時間的工作部分就是，每做一次補償器參數的調整，就需經由分析檢驗系統的性能。設計者檢驗這些性能所需的辛苦數值計算，可以利用 MATLAB 或其他計算機應用軟體代役其勞。

系統的數學模型確定後，設計者再來建造出原型，並檢驗開環系統。如果要保證閉迴路系統的絕對穩定度，則將迴路閉合之，再檢驗閉迴路系統的性能。由於做初步的設計時，沒有考慮到元件之間的負載效應、非線性、分散式的參數等等，因此原型系統的實際性能表現可能與理論上推定的互有差異。亦即，初步的設計可能無法達到預設之性能要求。設計者需要再調節系統的參數，改變原型系統，直到系統的性能表現合乎要求。有鑑於此，設計者須利用嘗試及分析步驟，將上一次分析之結果包含進入下一次的嘗試設計中。之後，設計者會發現到最後的系統可以滿足性能規格，同時又可靠、又經濟。

1-5　本書之要點

本書係由十章構成。每一章之要點整理敘述如後：
第一章做本書的序論。

第二章處理控制系統的線性微分方程式數學模型。特別的是，我們要推導出微分方程式的轉移函數代表式。同時，也要導出微分方程式的狀態空間代表式。轉移函數與狀態空間數學模型之間的雙向變換可以利用 MATLAB 為之。線性系統也要在本書中詳細處理之。如果系統的數學模型是非線性，則在施用本書介紹的各種原理之前，須將之施行線性化。非線性數學模型的線性化原理亦將於本章裡介紹之。

第三章裡要推導出在控制系統中經常出現的機械或電機系統之數學模型。

第四章要討論應用在控制系統的各種流體及熱系統。流體系統涵蓋了液位系統、氣壓系統及油壓系統。如溫度控制系統的熱系統也要在本章裡討論之。控制工程師必須熟悉本章裡討論的各種系統。

第五章介紹控制系統的暫態響應與穩態響應分析，其中系統係以轉移函數描述之。我們詳細地介紹如何使用 MATLAB 方法做暫態與穩態響應分析。在此也要介紹三度空間的作圖。本章裡要討論建立於羅斯穩度準則的穩定度分析，同時也要約略地介紹赫維茲穩度準則。

第六章處理控制系統分析與設計使用的根軌跡法。其為一圖解法，利用閉迴路系統的開環極點與零點位置之訊息，當某一參數 (通常是增益) 由零變化至無窮大時，可以得到閉迴路系統的極點。此方法係為伊凡士 (W. R. Evans) 在 1950 年研發出來的；但在今日，使用 MATLAB 就可以很快捷且很容易地產生根軌跡圖。本章裡同時要引介人工徒手法及 MATLAB 方法的根軌跡作圖原理。利用進相補償器、滯相補償器與滯相進相補償器施行控制系統設計的原理也要在本章裡詳盡地討論之。

第七章要介紹控制系統分析與設計相關的頻率響應法。這些都是控制系統分析與設計使用的最古老方法，追溯自 1940–1950，由奈奎斯特、波德、尼克、哈仁及許多其他學者研發之。利用頻率響應法施行控制系統的進相補償、滯相補償與滯相進相補償設計的原理也要在本章裡詳盡地討論之。在狀態空間法大行其道之前，頻率響應法係為控制系統分析與設計最常使用的方法。然而，由於 H-無窮控制理論近期普遍地使用於強韌控制系統設計，使得頻率響應法又廣被使用之。

第八章要討論 PID 控制器及改良式多自由度 PID 控制器。PID 控制器有三個設計參數：比例增益、積分增益及微分增益。產業界的控制系統幾乎有一半以上的控制器係使用 PID 控制器。PID 控制器的性能表現與其參數的相對幅度有關。這三個參數的相對幅度之決定法又稱為 PID 控制器之調節法。

早在 1942 年齊格勒-尼克氏倡議其「齊格勒−尼克 PID 調節規則」。此後，便有許多學者致力於 PID 參數調節法的研究。在今日，不同 PID 控制器的廠商皆有他們各自不同的 PID 調節規則。我們也要在本章引介使用 MATLAB 的計算機最佳化法，設計調整器參數以滿足暫態響應特性。所述方法也可以推廣至滿足其他設定特性的參數設計。

第九章要介紹狀態方程式的基本分析。針對現代控制理論，由卡門 (Kalman) 引論的可控度性及可觀察性之重要觀念將在此詳盡討論之。狀態方程式的解答也要在本章裡詳細地推導之。

第十章要討論控制系統的狀態空間設計。本章裡首先要處理極點安置課題與狀態觀察器。在控制工程中，常先制定有意義的性能指標，將之做最佳化 (或做最大化，視情況而定)。如果所制定的性能指標確有其實質意義，則此方法用於決定最佳化控制變數就變得非常重要了。本章裡也要討論二次平方最佳化調整器課題，其中性能指標包含有狀態變數及控制變數二次平方函數之積分。此積分由 $t = 0$ 執行至 $t = \infty$。本章也將簡略地討論強韌控制系統。

Chapter 2
控制系統的數學模型

2-1 引 言

我們研讀控制系統時,必須能對動態系統做數學模型描述,以之分析系統的動態特性。一個動態系統的數學模型係為可以準確地,至少要適宜地,代表此系統動態的一組方程式。要注意到,對於某一系統,其數學模型也許不是只有一組。端視不同的考慮觀點,一個系統的表達方式可以有許多種,因此可以有好幾個數學模型。

在諸多的系統,不管是機械、電機、熱系統,或是經濟、生物等系統,其動態皆可以使用微分方程式描述之。根據各式系統支配的物理定律,可以推導出相關的微分方程式——例如,分析機械系統使用牛頓運動定律,而分析電機系統使用克希荷夫定律。我們須牢記的是,推導出合宜的數學模型是控制系統整體分析中最為重要的部分。

在全書中,我們考慮到的動態系統皆適用因果關係原理。此意味著,系統目前的輸出(在 $t = 0$ 的輸出)只與當前的輸入(在 $t < 0$ 的輸入)有關,而與未來的輸入(在 $t > 0$ 的輸入)一點關係也沒有。

數學模型　一個系統的數學模型可以有好幾種形式。端視系統的獨特性或特定的工作環境,某一種數學模型也許會比另一種模型要好許多。例如,在最佳控制的課題中,狀態空間代表法是最有利的。而當我們考慮單一輸入單一輸出,線性非時變的系統,做暫態響應或頻率響應分析時,轉移函數的代表要比其他形式更方便。系統的數學模型一經決定後,我們就可以利用各種數學或計算機工具做分析與合成。

簡易性與準確性　求取數學模型時,我們要在模型是否簡易抑或分析是否準確之考量做抉擇。欲得到比較簡易合宜的模型時,通常要忽略系統中某些內在的物理性質。如果我們考慮特有的線性集總參數之數學模型(此時使用常微分方程式),通常就需要忽略實際系統中存在的非線性以及散佈式參數。如果此項忽略因素對於響應造成的效應很小,則從數學模型分析得到的結果與做實際系統實驗得到結果會接近一致。

通常當處理新的課題時,我們先建造簡易的數學模型,以從其解答得到一些看法。然後才再建造比較完整的數學模型,以之施行更精準的分析。

我們必須了解到,線性集總參數模型只可適用於低頻率工作;在高頻時由於對散佈式參數之忽略對動態系統的表現造成重要的因素,這種集總參數模型是不能適用的。例如,在低頻率工作時,彈簧的質量可以忽略,但在高頻時此質量屬於系統的重要特性。(當系統的數學模型含有不可忽略的誤差時,可以使用強韌控制理論。強韌控制理論將在第十章介紹之。)

線性系統 適用重疊原理的系統就是線性系統。重疊原理意味,當系統同時施加二個不同激勵函數造成的響應會等於各自激勵函數分別造成響應的總和。因此在線性系統中,數個輸入造成的響應等於各自輸入造成響應的總和。利用此定理,則線性微分方程式的複雜解答可以經由簡單的解答建立之。

對於動態系統做實驗研究,如果系統的因果關係成比例,則意味著重疊原理可以適用,那麼這是一個線性系統。

線性非時變的系統與線性時變的系統 對於一個微分方程式,如果其係數皆是常數,或者只為獨立變數的函數,則其為線性方程式。由線性非時變的集總參數元件構成的動態系統可以用線性非時變微分方程式描述──亦即,常係數微分方程式。此種系統稱為線性非時變 (linear time-invariant) 或線性常係數 (linear constant-coefficient) 系統。如果描述系統微分方程式的係數是時間函數,其為線性時變 (linear time-varying) 系統。太空船控制系統就是時變控制系統之一例。(太空船的質量因為燃料的消耗有所變化。)

本章要點 2-1 節做動態系統數學模型的介紹。2-2 節介紹轉移函數與脈衝響應函數。2-3 節介紹自動控制系統,而 2-4 節討論狀態空間模型之概念。2-5 節討論動態系統之狀態空間代表。2-6 節以 MATLAB 做數學模型的變換。2-7 節討論非線性數學模型的線性化原理。

2-2 轉移函數與脈衝響應函數

在控制理論中,以線性非時變微分方程式描述的系統或元件通常以轉移函數描述輸出入的特性。我們先定義轉移函數,再介紹如何由微分方程式系統推導出轉移函數。接下來我們討論脈衝響應函數。

轉移函數　一個線性非時變微分方程式系統的轉移函數 (transfer function) 係定義為輸出的拉式變換 (響應函數) 與輸入的拉式變換 (激勵函數) 之比，此時所有的初始條件皆設定為零。

試考慮如下的微分方程式定義的線性非時變系統：

$$a_0 \overset{(n)}{y} + a_1 \overset{(n-1)}{y} + \cdots + a_{n-1}\dot{y} + a_n y$$
$$= b_0 \overset{(m)}{x} + b_1 \overset{(m-1)}{x} + \cdots + b_{m-1}\dot{x} + b_m x \qquad (n \geq m)$$

式中，y 是系統的輸出，x 為系統的輸入。轉移函數為輸出的拉式變換與輸入的拉式變換之比，當所有的初始條件皆為零，或

$$\text{轉移函數} = G(s) = \left.\frac{\mathscr{L}[\text{輸出}]}{\mathscr{L}[\text{輸入}]}\right|_{\text{初始條件為零}}$$

$$= \frac{Y(s)}{X(s)} = \frac{b_0 s^m + b_1 s^{m-1} + \cdots + b_{m-1}s + b_m}{a_0 s^n + a_1 s^{n-1} + \cdots + a_{n-1}s + a_n}$$

使用拉式變換的概念在於使得系統的動態可以用 s 的代數方程式代表之。如果轉移函數分母中，s 的最高冪次為 n，則此系統為 n-階系統 (nth-order system)。

轉移函數的評論　使用轉移函數的概念只適用於線性非時變微分方程式系統。然而，轉移函數的概念廣用於此種系統以施行分析與設計。以下我們列出與轉移函數有關的評論。(註：討論到下列的評論時，相關系統係為線性非時變微分方程式所描述的系統。)

1. 系統的轉移函數是一種數學模型，其中代表輸出變數對於輸入變數的微分方程式運算。
2. 轉移函數是系統本身的性質，與輸入或輸出的幅度或物理性質無關。
3. 轉移函數代表輸出與輸入之間的關係，因此可能帶有單位，但是與系統的實質結構是無關聯的。(許多不同物理系統可能有相同的轉移函數。)
4. 如果已經知道轉移函數，可從各種不同形式的輸入造成的輸出響應去了解系統的性質。

5. 如果系統的轉移函數不知道,可做實驗施加已知輸入,而研析系統的輸出。經此實驗的施作,可以獲得轉移函數而描述系統的動態特性,以別於其物理的敘述。

迴旋積分 考慮線性非時變系統,其轉移函數 $G(s)$ 為

$$G(s) = \frac{Y(s)}{X(s)}$$

式中,$X(s)$ 是輸入的拉式變換,$Y(s)$ 是輸出的拉式變換,此時設定所有的初始條件皆為零。因此,輸出 $Y(s)$ 可以表達成 $G(s)$ 與 $X(s)$ 的乘積,或

$$Y(s) = G(s)X(s) \tag{2-1}$$

我們注意到,在複數領域相乘相當於在時間領域中做迴旋積分(參見附錄A),因此,將 (2-1) 式求拉式反變換可得如下的迴旋積分:

$$\begin{aligned} y(t) &= \int_0^t x(\tau)g(t-\tau)\,d\tau \\ &= \int_0^t g(\tau)x(t-\tau)\,d\tau \end{aligned}$$

式中,當 $t < 0$ 時,$g(t)$ 與 $x(t)$ 皆為 0。

脈衝響應函數 假設所有的初始條件皆為零,考慮一個線性非時變系統由於單位脈衝函數輸入產生的輸出。因為單位脈衝函數的拉式變換等於 1,所以系統輸出的拉式變換為

$$Y(s) = G(s) \tag{2-2}$$

求取 (2-2) 式的拉式反變換即可得系統的脈衝響應。$G(s)$ 的拉式反變換

$$\mathcal{L}^{-1}[G(s)] = g(t)$$

稱之為脈衝響應函數。式中函數 $g(t)$ 稱為系統的權重函數。

脈衝響應函數 $g(t)$ 就是初始條件皆為零的線性非時變系統在單位脈衝函數輸入下產生的輸出。此函數的拉式變換即為轉移函數。所以,線性非

時變系統的脈衝響應與轉移函數所含有的系統動態皆相同。因此在系統的輸入施加脈衝函數，而測量其輸出響應，可以從而得知動態特性的完整資料。(實際上，如果輸入脈波的寬度與系統主要的時間常數比較之下甚小，則可視為脈衝。)

2-3　自動控制系統

一個控制系統可能包括許多組件。在控制工程中，我們常以**方塊圖**(block diagram) 呈現每一個元件的功能表現。本節裡先要解釋什麼是方塊圖。由此討論自動控制系統的初步概念介紹，這些包括各種控制行動。再來要提出如何求得一個實際系統的方塊圖，最後，討論化簡的技術。

方塊圖　一個系統的**方塊圖** (block diagram) 係代表系統中每一個元件功能表現，及其間信號流動情形的圖示。這種圖示也表明了各元件之間存在的相互接連情形。與純抽象數學的代表比較之下，不同處在於，針對實際地顯示系統中信號流動的情形言之，方塊圖比較有利。

在方塊圖中，所有的系統變數藉著功能方塊相互地連繫一起。**功能**(functional) 方塊，或簡稱**方塊** (block)，代表輸入於此方塊之信號產生輸出之對應數學運算關係。通常我們在方塊中使用元件的轉移函數代表之，而元件之間的箭頭線則顯示信號流動的方向。要注意的是，信號只能依照箭頭線所示的方向流動。因此，控制系統的方塊圖明確地顯示單方向的信號流動性質。

圖 2-1 所示為方塊圖之元件。指進去方塊圖的箭頭線代表輸入，而從方塊圖出來的箭頭線代表輸出。這種箭頭線即相關於**信號** (signal)。

我們注意到，從方塊圖出來的輸出信號之維度等於輸入信號之維度乘上方塊圖中轉移函數的維度。

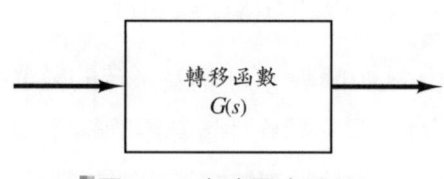

圖 2-1　方塊圖之元件

控制系統的數學模型

使用方塊圖代表系統的好處在於，整體系統可以輕易地由整體塊圖代表顯現出來，只需要將元件的代表方塊依照信號流動的情況連接之，而且每一個元件對於整體系統的性能有什麼表現是可以評估的。

通常系統的功能運作可以更輕易地由方塊圖中顯現出來，而不必去詳細地檢查實際系統本身。方塊圖只涵蓋相關動態行為的資訊，並不包括該系統建構的實際資料。因此有可能許多個不同的系統或不相關的系統具有相同的方塊圖。

要注意到，方塊圖中並不明確顯示主要的能源，一個系統可以代表的方塊圖也許可以有好幾個。依照分析的觀點而定，一個系統可以用好幾個不同的方塊圖代表之。

匯合點　如圖 2-2，一個圓圈中帶有十字之符號代表匯合點。在每一箭頭前方標示的正號或負號代表進去的信號是做相加還是相減。須注意到，做相加或相減的量，其維度必須相等，且其單位要相同。

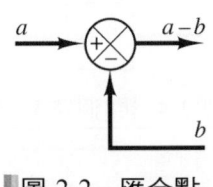

圖 2-2　匯合點

分支點　在分支點 (branch point) 上，由一方塊出來的信號可以同時地進入其他的方塊或匯合點。

閉迴路系統的方塊圖　圖 2-3 所示為閉迴路系統的方塊圖。輸出 $C(s)$ 回饋至匯合點，在其中與參考輸入 $R(s)$ 做比較。系統的閉迴路性質很清

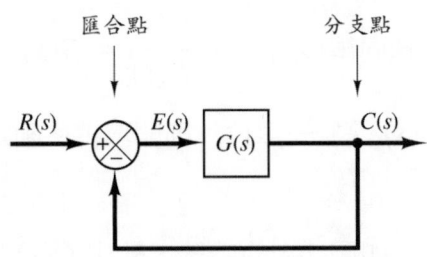

圖 2-3　閉迴路系統的方塊圖

21

楚地顯示於圖中。此時，方塊的輸出 $C(s)$ 係為轉移函數 $G(s)$ 乘上方塊的輸入 $E(s)$。任何線性系統皆可用由方塊、匯合點及分支點組成的方塊圖代表之。

當輸出被回饋至匯合點與輸入做比較時，必須將輸出信號轉變成為與輸入相同性質的信號。例如，在溫度控制系統中，輸出信號為被控制的溫度。輸出信號具有溫度的單位維度，必須先轉變成為力或位移或電壓信號才可以與輸入信號做比較。此項物理單位的變換須經由一轉移函數為 $H(s)$ 的回饋元件達成之，如圖 2-4 所示。與輸入信號做比較之前，回饋元件用來將輸出信號做修改。(在大部分情況，回饋元件係為感知器，用以做受控本體輸出之量測。感知器與系統的輸入做比較，以產生驅動信號。) 目前的例子中，回饋到匯合點以與輸入做比較的回饋信號是 $B(s)=H(s)C(s)$。

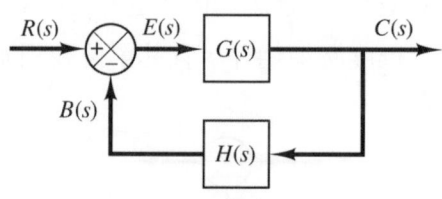

圖 2-4　閉迴路系統

開環轉移函數與順向轉移函數　參見圖 2-4 所示，回饋信號 $B(s)$ 與驅動信號 $E(s)$ 之比值稱為開環轉移函數 (open-loop transfer function)。亦即，

$$\text{開環轉移函數} = \frac{B(s)}{E(s)} = G(s)H(s)$$

輸出 $C(s)$ 與驅動信號 $E(s)$ 之比稱為順向轉移函數 (feed forward transfer function)，因此

$$\text{順向轉移函數} = \frac{C(s)}{E(s)} = G(s)$$

如果回饋轉移函數 $H(s)$ 等於一單位，則開環轉移函數與順向轉移函數是相同的。

閉迴路轉移函數　如圖 2-4 的系統，輸出 $C(s)$ 與輸入 $R(s)$ 之關係為：

$$C(s) = G(s)E(s)$$
$$E(s) = R(s) - B(s)$$
$$= R(s) - H(s)C(s)$$

在上式中將 $E(s)$ 消去可得

$$C(s) = G(s)[R(s) - H(s)C(s)]$$

或

$$\frac{C(s)}{R(s)} = \frac{G(s)}{1 + G(s)H(s)} \qquad (2\text{-}3)$$

$C(s)$ 與 $R(s)$ 之間的轉移函數即是**閉迴路轉移函數**(closed-loop transfer function)。此函數描述閉迴路系統的動態與順向元件及回饋元件的關係。

由 (2-3) 式，可得 $C(s)$ 如下

$$C(s) = \frac{G(s)}{1 + G(s)H(s)} R(s)$$

因此，閉迴路系統的輸出很明顯地與閉迴路轉移函數及輸入的性質有關。

利用 MATLAB 求串聯、並聯及回饋 (閉迴路) 轉移函數　在分析控制系統時，我們常常須要計算串聯轉移函數、並聯轉移函數及回饋 (閉迴路) 轉移函數。我們可以利用方便的 MATLAB 指令求得串聯、並聯及回饋 (閉迴路) 轉移函數。

在圖 2-5(a)、(b) 及 (c) 中，$G_1(s)$ 及 $G_2(s)$ 二個元件做不同的接連，其中

$$G_1(s) = \frac{\text{num1}}{\text{den1}}, \qquad G_2(s) = \frac{\text{num2}}{\text{den2}}$$

欲求得串聯、並聯及回饋 (閉迴路) 系統的轉移函數，可用如下的指令：

```
[num, den] = series(num1,den1,num2,den2)
[num, den] = parallel(num1,den1,num2,den2)
[num, den] = feedback(num1,den1,num2,den2)
```

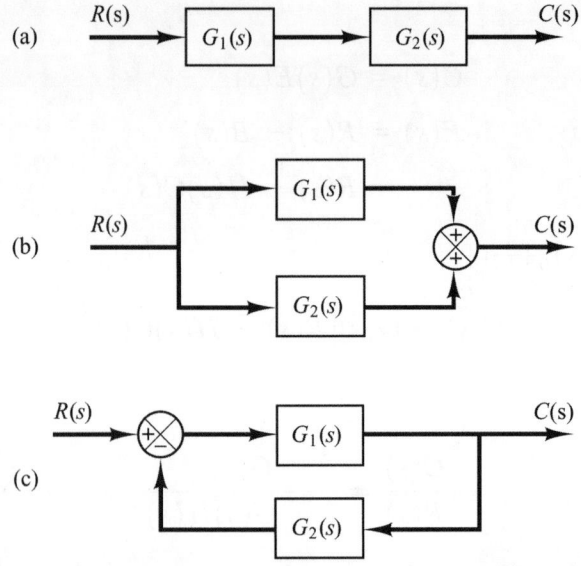

圖 2-5 　(a) 串聯系統；(b) 並聯系統； (c) 回饋(閉迴路)系統。

例如，考慮下列情形

$$G_1(s) = \frac{10}{s^2 + 2s + 10} = \frac{num1}{den1}, \qquad G_2(s) = \frac{5}{s + 5} = \frac{num2}{den2}$$

由 MATLAB 程式 2-1 可得各種 $G_1(s)$ 及 $G_2(s)$ 安排情形的 $C(s)/R(s) =$ num/den 使用的指令

printsys(num,den)

可以顯示出所考慮系統的 num/den [亦即，轉移函數 $C(s)/R(s)$]。

自動控制器　　自動控制器將被控本體的實際輸出與參考輸入(預期值)做比較，計算其差異值，產生控制信號將此差異值降低到零或最小。自動控制器產生控制信號的行為稱之為控制行為 (control action)。圖 2-6 所示為工業控制系統，包括了自動控制器、驅動器、被控本體及感知器 (量測元件)。控制器偵測到作用的誤差信號，其功率準位通常很低，再將之放大到比較高的功率準位。自動控制器的輸出饋入驅動器，通常是電馬達、油壓馬達或氣壓馬達或閥體。(驅動器是一種功率裝置，依照控制信號提供輸入給被控本體，使輸出信號可以趨近於參考輸入信號。)

MATLAB 程式 2-1

```
num1 = [10];
den1 = [1  2  10];
num2 = [5];
den2 = [1  5];
[num, den] = series(num1,den1,num2,den2);
printsys(num,den)
```

num/den =

$$\frac{50}{s^3 + 7s^2 + 20s + 50}$$

```
[num, den] = parallel(num1,den1,num2,den2);
printsys(num,den)
```

num/den =

$$\frac{5s^2 + 20s + 100}{s^3 + 7s^2 + 20s + 50}$$

```
[num, den] = feedback(num1,den1,num2,den2);
printsys(num,den)
```

num/den =

$$\frac{10s + 50}{s^3 + 7s^2 + 20s + 100}$$

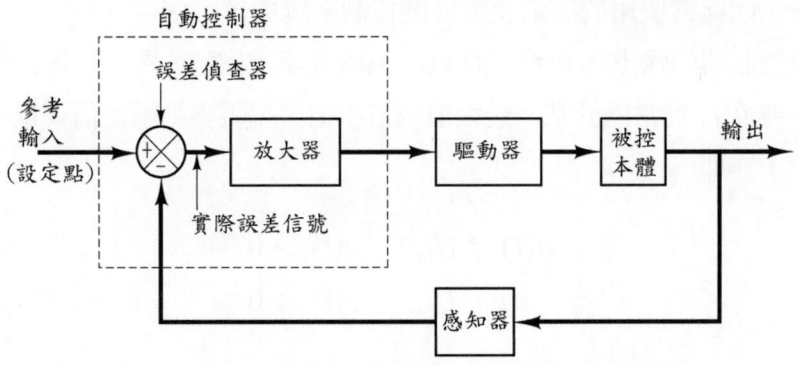

圖 2-6　工業控制系統的方塊圖，包括了自動控制器、驅動器、感知器（量測元件）及被控本體。

感知器或量測元件是一種能將輸出信號轉變成諸如位移、壓力、電壓等相關變數的裝置，以將輸出與參考輸入做比較。這種元件係在閉迴路系統的回授路徑中。控制器的設定點也必須轉換成為與感知器量測元件而來的回饋信號具有相同物理單位。

工業控制器的分類　根據控制動作，大部分的工業控制器分類如下述：

1. 二位置或 on-off 控制器
2. 比例控制器
3. 積分控制器
4. 比例加積分控制器
5. 比例加微分控制器
6. 比例加積分控加微分控制器

大部分的工業控制器之能源是電力或加壓油或空氣之流體。因此控制器之分類可以依照操作時使用的能源分類成氣壓控制器、油壓控制器與電子控制器等。使用何類型的控制器則要看被控本體的性質及操作環境而定，這些包括了安全性、成本、資源就緒程度、可靠度、重量與尺寸因素等。

二位置或 On-Off 控制器　二位置控制系統中，元件的操作只有二個固定位置，通常就是 on 及 off 兩種情況。二位置或 on-off 控制相當簡單且不昂貴，因此常使用於工業及家庭的控制系統中。

令控制器的輸出為 $u(t)$，而 $e(t)$ 為驅動誤差信號。在二位置控制系統中，信號 $u(t)$ 通常處於某一最大值或最小值，端視驅動誤差信號是正還是負而定，亦即

$$u(t) = U_1, \quad e(t) > 0$$
$$= U_2, \quad e(t) < 0$$

式中，U_1 與 U_2 係為兩個常數。U_2 的最小值常設定為零或 $-U_1$。二位置控制器通常是電機式裝置，此時電動式螺線管控制閥廣被使用於此類控制器中。高增益的氣壓式比例控制器作為二位置控制器使用，常稱為氣壓式

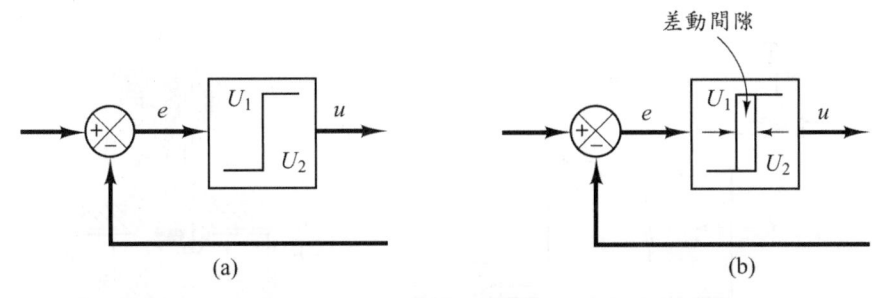

圖 2-7　(a) on-off 控制器的方塊圖；(b) 具有差動間隙的 on-off 控制器方塊圖。

二位置控制器。

　　圖 2-7(a) 及 (b) 所示為二位置式或 on-off 控制器的方塊圖。當開關動作作用前，作動誤差信號變化之範圍稱為差動間隙 (differential gap)。差動間隙如圖 2-7(b) 所示。此差動間隙使得控制器輸出 $u(t)$ 保持於其現值，直到作動誤差信號超過零值一點點。在有些情形，偶然的得摩擦或失去動作之結果造成差動間隙；但是，在設計上常常使用差動間隙以防止 on-off 機械動作過於頻繁。

　　圖 2-8(a) 所示為液位控制系統，在圖 2-8(b) 的電磁閥用以控制流入速率。電磁閥的動作不是開就是關閉。經由二位置控制使得流入液體不是正定值就是零。如圖 2-9 所示，輸出信號一直在兩個限制值之間連續變化著，使得操作元件在兩個固定的位置之間移動。注意到，輸出曲線呈現了二種指數曲線情況的其中之一，其一對應著填滿動作的曲線，另者對應於排空的曲線。這種在二個限制值之間振盪的情形是二位置控制系統的標準響應特性。

　　由圖 2-9 我們發現到，差動間隙減小，可使得輸出振盪的振幅減少。但是，當差動間隙減小的同時，會使得每分鐘的 on-off 次數增加，因而減少了元件的使用壽命。因此差動間隙大小的抉擇要在需要的準確度或元件的使用壽命之間做考慮。

　　比例控制動作　對於具有比例控制動作的控制器，其輸出 $u(t)$ 與操作誤差信號 $e(t)$ 之間的關係為

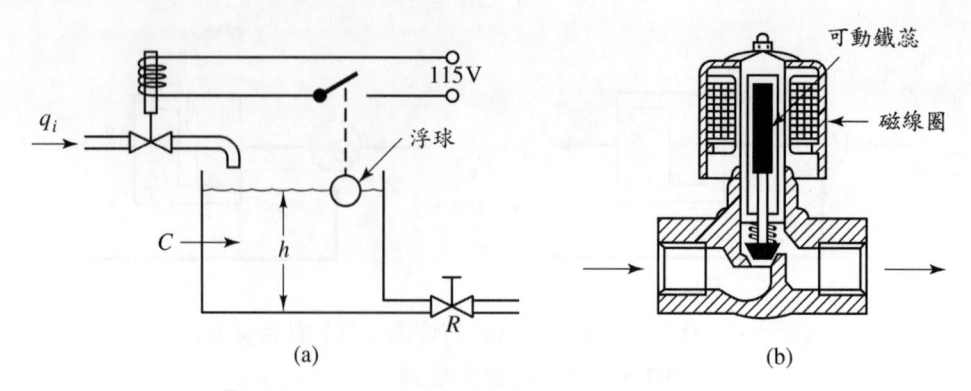

■ 圖 2-8　(a) 液位控制系統；(b) 電磁閥。

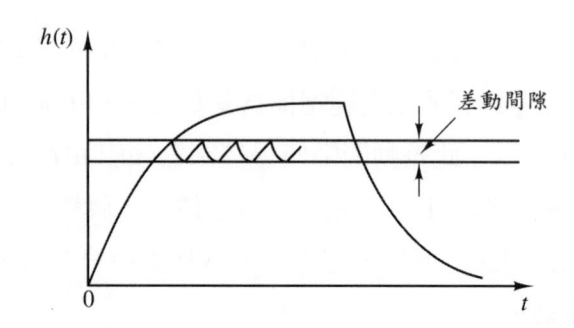

■ 圖 2-9　圖 2-8(a) 中，液位 $h(t)$ 對於 t 的曲線。

$$u(t) = K_p e(t)$$

或者，以拉式變換表達為，

$$\frac{U(s)}{E(s)} = K_p$$

式中，K_p 為比例增益。

不管實際的動作為何，或者操作功率之形式為何，比例控制器其實是一種可以調整增益的放大器。

積分控制動作　對於具有積分控制動作的控制器，其輸出 $u(t)$ 之改變率與操作誤差信號 $e(t)$ 成比例。亦即，

$$\frac{du(t)}{dt} = K_i e(t)$$

或

$$u(t) = K_i \int_0^t e(t)\,dt$$

式中，K_i 為一可調整的參數。積分控制器的轉移函數為

$$\frac{U(s)}{E(s)} = \frac{K_i}{s}$$

比例加積分控制動作　比例加積分控制器的動作定義為

$$u(t) = K_p e(t) + \frac{K_p}{T_i} \int_0^t e(t)\,dt$$

或者，此控制器的轉移函數為

$$\frac{U(s)}{E(s)} = K_p\left(1 + \frac{1}{T_i s}\right)$$

式中，T_i 稱為積分時間(integral time)。

比例加微分控制動作　比例加微分控制器的動作定義為

$$u(t) = K_p e(t) + K_p T_d \frac{de(t)}{dt}$$

而其轉移函數為

$$\frac{U(s)}{E(s)} = K_p(1 + T_d s)$$

式中，T_d 稱為微分時間(derivative time)。

比例加積分加微分控制動作　比例動作與積分動作，與微分動作的組合構成比例加積分加微分控制動作。三種控制器的動作皆具足，是其優點。此控制器的組合動作可用下列方程式描述之

$$u(t) = K_p e(t) + \frac{K_p}{T_i} \int_0^t e(t)\,dt + K_p T_d \frac{de(t)}{dt}$$

而其轉移函數為

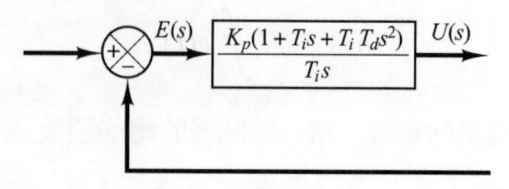

圖 2-10　比例加積分加微分控制器的方塊圖

$$\frac{U(s)}{E(s)} = K_p\left(1 + \frac{1}{T_i s} + T_d s\right)$$

式中，K_p 為比例增益，T_i 為積分時間，T_d 為微分時間。圖 2-10 所示為比例加積分加微分控制器的方塊圖。

遭遇干擾影響的閉迴路系統　圖 2-11 所示為遭遇干擾影響的閉迴路系統。當線性系統同時有二個輸入(參考輸入及干擾)時，可以分別獨立地處理之；由各單獨輸入產生的輸出相加一起便得到完整的輸出了。每一輸入介入系統的方式係在匯合點處以正號或負號指明之。

現在考慮圖 2-11 所示的系統。為考慮干擾 $D(s)$ 造成的影響，先假設參考輸入為零；我們可以計算由於干擾單獨造成的響應 $C_D(s)$。所產生的響應是

$$\frac{C_D(s)}{D(s)} = \frac{G_2(s)}{1 + G_1(s)G_2(s)H(s)}$$

另一方面，當我們考慮由於參考輸入 $R(s)$ 產生的響應 $C_R(s)$ 時，假設干擾為零。由參考輸入 $R(s)$ 產生的響應 $C_R(s)$ 可由下式得出

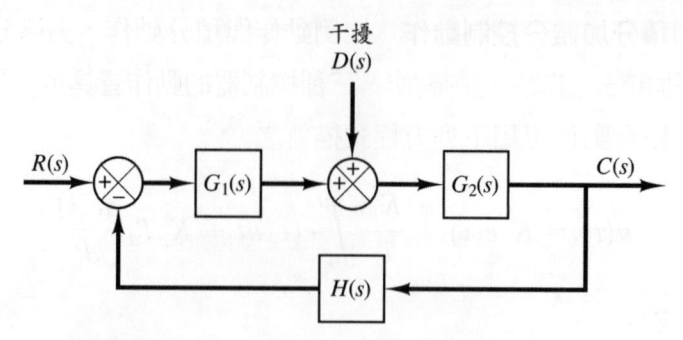

圖 2-11　遭遇干擾影響的閉迴路系統

$$\frac{C_R(s)}{R(s)} = \frac{G_1(s)G_2(s)}{1 + G_1(s)G_2(s)H(s)}$$

當參考輸入與干擾同時加入造成的響應，即是二個各自單獨響應之和。亦即，由參考輸入 $R(s)$ 與干擾 $D(s)$ 同時造成的響應 $C(s)$ 為

$$C(s) = C_R(s) + C_D(s)$$
$$= \frac{G_2(s)}{1 + G_1(s)G_2(s)H(s)} \left[G_1(s)R(s) + D(s) \right]$$

讓我們考慮 $|G_1(s)H(s)| \gg 1$ 及 $|G_1(s)G_2(s)H(s)| \gg 1$。此時閉迴路轉移函數 $C_D(s)/D(s)$ 幾乎變成零，因此由干擾造成的效果被抑制掉。此說明閉迴路系統的優點。

另一方面當 $G_1(s)G_2(s)H(s)$ 的增益增加時，閉迴路系統的轉移函數 $C_R(s)/R(s)$ 趨近於 $1/H(s)$。此意味，若 $|G_1(s)G_2(s)H(s)| \gg 1$，則閉迴路系統的轉移函數 $C_R(s)/R(s)$ 與 $H_1(s)$ 及 $G_2(s)$ 無關，而與 $H(s)$ 成反比，因此當 $G_1(s)$ 及 $G_2(s)$ 有所變動時，並不會對閉迴路系統轉移函數 $C_R(s)/R(s)$ 造成影響。此為閉迴路系統的另一項優點。如果閉迴路系統使用單位回饋，$H(s) = 1$，則輸出幾乎與輸入相等。

繪製方塊圖之步驟　欲繪製一個系統的方塊圖時，先寫出描述每一元件動態行為的方程式。假設初始值為零，對這些方程式取拉式變換，分別將每一個拉式變換方程式代表成為方塊形式。最後，再將這些元件組合成為完整的方塊圖。

例如，考慮圖 2-12(a) 的 RC 電路，其方程式為

$$i = \frac{e_i - e_o}{R} \tag{2-4}$$

$$e_o = \frac{\int i\, dt}{C} \tag{2-5}$$

假設初始值為零，(2-4) 與 (2-5) 式之拉式變換方程式為

$$I(s) = \frac{E_i(s) - E_o(s)}{R} \tag{2-6}$$

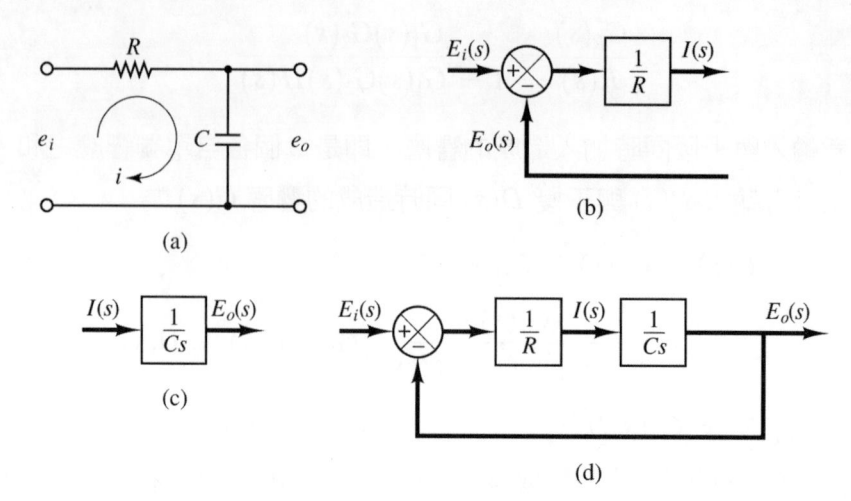

圖 2-12　(a) *RC* 電路；(b) (2-6) 式的方塊圖代表；(c) (2-7) 式的方塊圖代表；(d) *RC* 電路的方塊圖代表。

$$E_o(s) = \frac{I(s)}{Cs} \tag{2-7}$$

(2-6) 式代表匯合點之運算，如圖 2-12(b) 所示。(2-7) 式代表的方塊圖參見圖 2-12(c) 所示。將以上二元件組合起來便可得到如圖 2-12(d) 所示的完整系統方塊圖。

方塊圖化簡　必要注意到，二個方塊串接時，第一個方塊的輸出不可以受到下一個方塊影響。如果二個元件之間有負載效應。那麼必須將這兩個元件包含在同一個方塊內。

任何數個無負載效應的串接元件可以用單一方塊代表之，其轉移函數係為個別轉移函數之乘積。

包括許多回饋迴路的複雜方塊圖可以一步一步地化簡之。方塊圖做重新安排之化簡將使得往後的數學分析工作省力不少。但是要注意到，方塊圖化簡後，新的極點與零點也被產生出來，因此在新的方塊圖中轉移函數變得愈來愈複雜。

例題 2-1

讓我們考慮圖 2-13(a) 的系統，將其方塊圖化簡之。

將含有 H_2 的負回饋迴路移到含有 H_1 的正回饋迴路，可得到圖 2-13(b)。經化簡並消去正回饋迴路後可得到圖 2-13(c)。消去含有 H_2/G_1 的迴路後可得到圖 2-13(d)。最後，再消去回饋迴路即得圖 2-13(e) 所示的結果。

注意到閉迴路系統轉移函數 $C(s)/R(s)$ 的分子即是順向路徑的乘積。$C(s)/R(s)$ 的分母為

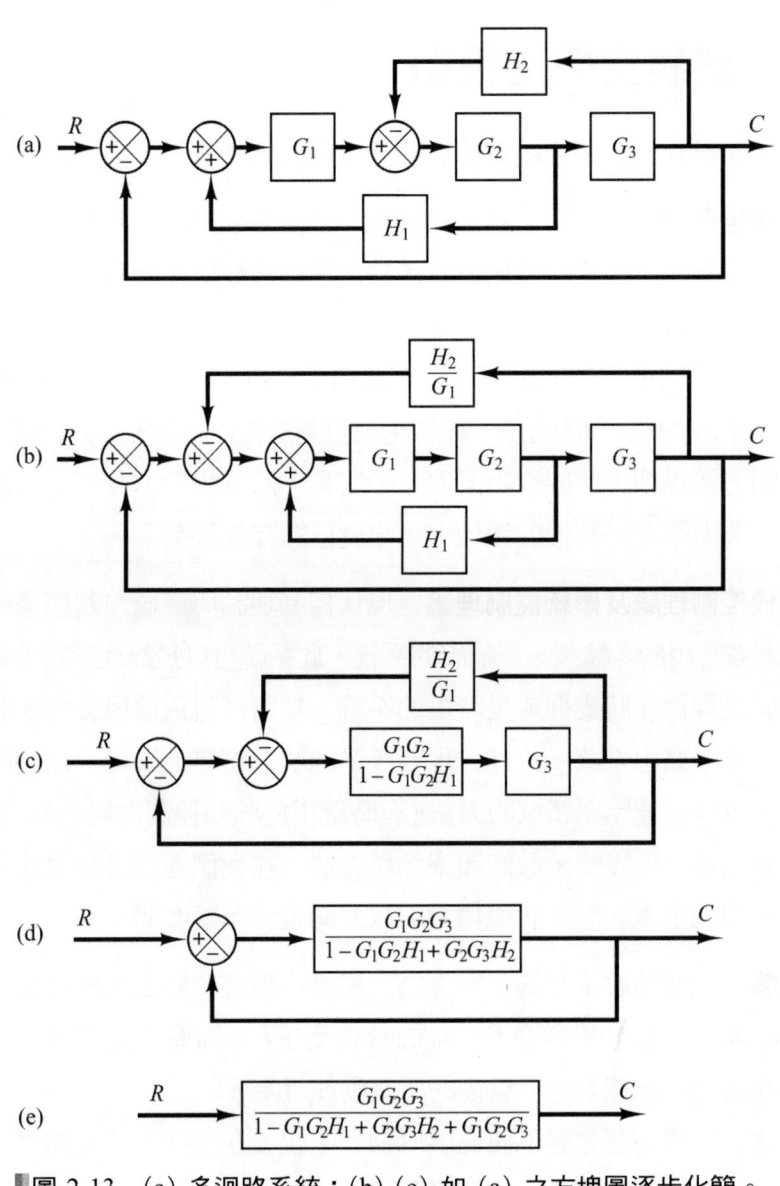

圖 2-13　(a) 多迴路系統；(b)-(e) 如 (a) 之方塊圖逐步化簡。

$$1 + \sum (\text{環繞每一迴路的轉移函數之乘積})$$
$$= 1 + (-G_1G_2H_1 + G_2G_3H_2 + G_1G_2G_3)$$
$$= 1 - G_1G_2H_1 + G_2G_3H_2 + G_1G_2G_3$$

(正回饋迴路在分母中係為負的項目)

2-4 狀態空間之模型

本節次要介紹控制系統做狀態空間分析的初步資料。

現代控制理論 由於任務變得複雜，準度要求更高，使得工程系統發展趨向於複雜化。複雜的系統有許多輸入、許多輸出，而且可能是時變性的。由於要應付日益嚴苛的控制系統性能要求及更複雜的系統，而且大型計算機系統可以很容易地應用到，因此自從 1960 年發展以來，現代控制理論，其係為一種新穎的方法，便被用來做為複雜控制系統的分析與設計。這種新的方法係利用狀態變數的觀念。其實，狀態變數本身不是新創出來的，在古典力學及在其他的領域中，早就已經存在許久了。

現代控制理論及傳統控制理論 現代控制理論與傳統控制理論的區別在於，前者應用於多輸入、多輸出的系統，此系統可以是線性或是非線性，而且可能是線性非時變抑或是時變的系統；然而後者只適用於性非時變的單一輸入單一輸出系統。此外，現代控制理論在實質上既是一種時間領域的方法，也是一種頻率領域的方法(有時應用於強韌控制之場合)；而傳統控制理論只是一種複變函數的頻率領域方法。在我們進行討論現代控制理論之前，須先定義狀態、狀態變數、狀態向量與狀態空間。

狀態 一個動態系統的狀態係為一組最小集合的變數，稱為狀態變數 (state variable)，這些變數在 $t = t_0$ 的資訊及在 $t \geq t_0$ 輸入之資訊，一起可以完全地決定系統在 $t \geq t_0$ 以後的所有動態行為。

注意，狀態的觀念絕不僅侷限於物理系統。在生物系統、經濟系統、社會系統及其他的系統中，依然適用之。

狀態變數 　狀態變數係為一個動態系統中,可以決定動態系統狀態的一組最小集合之變數。如果至少需要 n 個變數 $x_1, x_2, \cdots, x_n$ 才可以完全地決定動態系統行為 (亦即,當 $t \geq t_0$ 的輸入及在 $t = t_0$ 的狀態變數資訊皆已經確知,則系統的未來狀態可以被完全地決定之),則此 n 個變數即為一組狀態變數。

要注意的是,有時狀態變數是無法實際地被測量或觀察得到的。不具有實際物理量的變數,或一些既無法被測量也無法被觀察得到的變數,也是有資格做為狀態變數的。因為狀態變數的選取有這種自由度,所以狀態空間法具有使用上的優點。但是在實用上,我們還是儘可能地選取可以方便地被測量得到的變數,因為在最佳控制律中,需要使用到所有做適當權重考慮的狀態變數,擔任回饋之用。

狀態向量 　如果需要 n 個狀態變數才可以完全地決定系統的動態行為,則此 n 個狀態變數可做為向量 **x** 的 n 個元素。這一個向量便是狀態向量(state vector)。亦即,當 $t \geq t_0$ 的輸入 $u(t)$ 及在 $t = t_0$ 狀態變數的資訊皆已經確知時,可以完全地確定系統在 $t \geq t_0$ 狀態 $\mathbf{x}(t)$ 之向量便是狀態向量。

狀態空間 　如果 $x_1, x_2, \cdots, x_n$ 為狀態變數,由座標軸 x_1 軸,x_2 軸,$\cdots$, x_n 軸,構成的 n 度空間稱為狀態空間 (state space)。在狀態空間中,狀態係為一個點元素。

狀態空間方程式 　在狀態空間分析時,我們考慮三組變數:輸入變數、輸出變數及狀態變數,以做動態系統之模型化。我們在 2-5 節裡將發現到,每一個系統的狀態空間代表式並非唯一,在此系統的各自不同狀態空間代表中,只有狀態變數的個數是相同的。

動態系統必須具有元件能記憶 $t \geq t_1$ 的輸入數值。由於連續時間式控制系統的積分器可做為記憶元件,因此這種積分器的輸出可以做為定義動態系統內部狀態的變數。職是之故,積分器的輸出可做為狀態變數。因此,用以完全決定系統動態的狀態變數個數等於系統中相關積分器之個數。

假設一個多輸入多輸出系統具有 n 個積分器。系統有 r 個輸入 $u_1(t)$, $u_2(t), \cdots, u_r(t)$,及 m 個輸出 $y_1(t), y_2(t), \cdots, y_m(t)$。同時,定義 n 個積分

器的輸出為狀態變數 $x_1(t), x_2(t), \cdots, x_m(t)$。則系統可以描述如下

$$\begin{aligned}
\dot{x}_1(t) &= f_1(x_1, x_2, \ldots, x_n; u_1, u_2, \ldots, u_r; t) \\
\dot{x}_2(t) &= f_2(x_1, x_2, \ldots, x_n; u_1, u_2, \ldots, u_r; t) \\
&\vdots \\
\dot{x}_n(t) &= f_n(x_1, x_2, \ldots, x_n; u_1, u_2, \ldots, u_r; t)
\end{aligned} \tag{2-8}$$

而系統的輸出 $y_1(t), y_2(t), \cdots, y_m(t)$ 為

$$\begin{aligned}
y_1(t) &= g_1(x_1, x_2, \ldots, x_n; u_1, u_2, \ldots, u_r; t) \\
y_2(t) &= g_2(x_1, x_2, \ldots, x_n; u_1, u_2, \ldots, u_r; t) \\
&\vdots \\
y_m(t) &= g_m(x_1, x_2, \ldots, x_n; u_1, u_2, \ldots, u_r; t)
\end{aligned} \tag{2-9}$$

如果定義

$$\mathbf{x}(t) = \begin{bmatrix} x_1(t) \\ x_2(t) \\ \vdots \\ x_n(t) \end{bmatrix}, \quad \mathbf{f}(\mathbf{x}, \mathbf{u}, t) = \begin{bmatrix} f_1(x_1, x_2, \ldots, x_n; u_1, u_2, \ldots, u_r; t) \\ f_2(x_1, x_2, \ldots, x_n; u_1, u_2, \ldots, u_r; t) \\ \vdots \\ f_n(x_1, x_2, \ldots, x_n; u_1, u_2, \ldots, u_r; t) \end{bmatrix},$$

$$\mathbf{y}(t) = \begin{bmatrix} y_1(t) \\ y_2(t) \\ \vdots \\ y_m(t) \end{bmatrix}, \quad \mathbf{g}(\mathbf{x}, \mathbf{u}, t) = \begin{bmatrix} g_1(x_1, x_2, \ldots, x_n; u_1, u_2, \ldots, u_r; t) \\ g_2(x_1, x_2, \ldots, x_n; u_1, u_2, \ldots, u_r; t) \\ \vdots \\ g_m(x_1, x_2, \ldots, x_n; u_1, u_2, \ldots, u_r; t) \end{bmatrix},$$

$$\mathbf{u}(t) = \begin{bmatrix} u_1(t) \\ u_2(t) \\ \cdot \\ \cdot \\ \cdot \\ u_r(t) \end{bmatrix}$$

則 (2-8) 及 (2-9) 式變成

$$\dot{\mathbf{x}}(t) = \mathbf{f}(\mathbf{x}, \mathbf{u}, t) \tag{2-10}$$

$$\mathbf{y}(t) = \mathbf{g}(\mathbf{x}, \mathbf{u}, t) \tag{2-11}$$

(2-10) 式稱為狀態方程式，(2-11) 式稱為輸出方程式。如果向量函數 **f** 及 **g** 為時間 t 的顯函數，則此系統稱為時變系統。

如果 (2-10) 式與 (2-11) 式針對某一工作狀態做線性化，我們可以得到如下的線性化狀態方程式及輸出方程式。

$$\dot{\mathbf{x}}(t) = \mathbf{A}(t)\mathbf{x}(t) + \mathbf{B}(t)\mathbf{u}(t) \tag{2-12}$$

$$\mathbf{y}(t) = \mathbf{C}(t)\mathbf{x}(t) + \mathbf{D}(t)\mathbf{u}(t) \tag{2-13}$$

其中，$\mathbf{A}(t)$ 稱為狀態矩陣，$\mathbf{B}(t)$ 為輸入矩陣，$\mathbf{C}(t)$ 為輸出矩陣，$\mathbf{D}(t)$ 為直接傳輸矩陣。(我們將在 2-7 節再來詳細討論，非線性系統針對某一工作狀態如何做線性化。) 圖 2-14 所示為 (2-12) 及 (2-13) 式代表的方塊圖。

如果向量函數 **f** 及 **g** 與時間 t 無關，則此系統稱為非時變系統。在此情況，(2-12) 及 (2-13) 式可簡化成

$$\dot{\mathbf{x}}(t) = \mathbf{A}\mathbf{x}(t) + \mathbf{B}\mathbf{u}(t) \tag{2-14}$$

$$\dot{\mathbf{y}}(t) = \mathbf{C}\mathbf{x}(t) + \mathbf{D}\mathbf{u}(t) \tag{2-15}$$

(2-14)式為線性非時變系統的狀態方程式，(2-15) 式為輸出方程式。本書中討論的系統大部分皆是如 (2-14) 及 (2-15) 式所描述的系統。

以下我們用一個例題說明如何導出狀態方程式及輸出方程式。

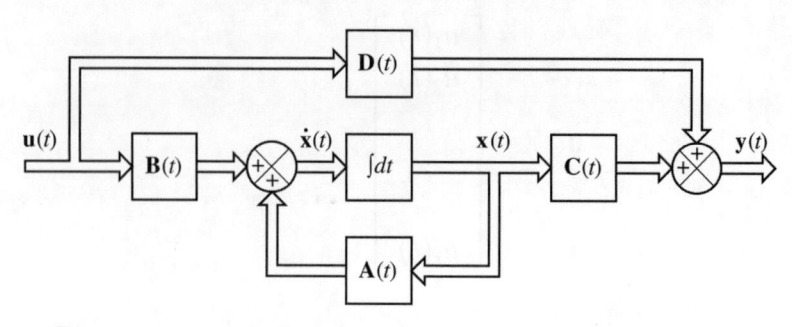

圖 2-14　線性連續時間控制系統之狀態空間代表方塊圖

例題 2-2

考慮圖 2-15 的機械系統。假設此系統是線性系統。系統的輸入是外力 $u(t)$，質量的為輸出。由沒有外力下的平衡位置開始可測量出位移 $y(t)$。此系統是單一輸入單一輸出系統。

系統方程式可由圖示得到

$$m\ddot{y} + b\dot{y} + ky = u \tag{2-16}$$

此為二階系統。意味系統具有二個積分器。讓我們定義狀態變數 $x_1(t)$ 及 $x_2(t)$ 如下

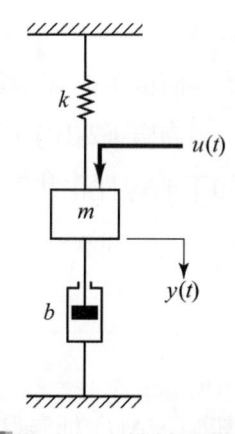

圖 2-15　機械系統

$$x_1(t) = y(t)$$
$$x_2(t) = \dot{y}(t)$$

而得到

$$\dot{x}_1 = x_2$$
$$\dot{x}_2 = \frac{1}{m}(-ky - b\dot{y}) + \frac{1}{m}u$$

或

$$\dot{x}_1 = x_2 \tag{2-17}$$

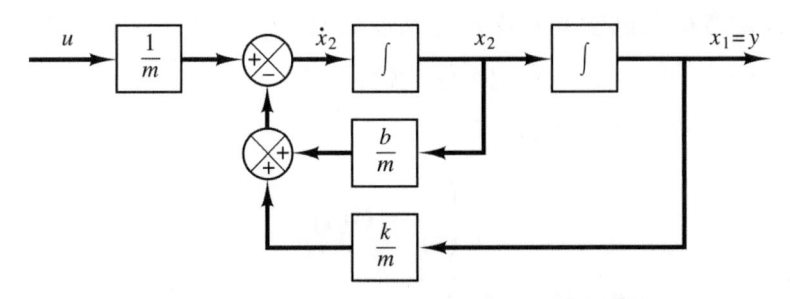

圖 2-16　如圖 2-15 所示機械系統的方塊圖

$$\dot{x}_2 = -\frac{k}{m}x_1 - \frac{b}{m}x_2 + \frac{1}{m}u \qquad (2\text{-}18)$$

輸出方程式為

$$y = x_1 \qquad (2\text{-}19)$$

以向量矩陣形式表示，則 (2-17) 及 (2-18) 式改寫如下

$$\begin{bmatrix} \dot{x}_1 \\ \dot{x}_2 \end{bmatrix} = \begin{bmatrix} 0 & 1 \\ -\frac{k}{m} & -\frac{b}{m} \end{bmatrix} \begin{bmatrix} x_1 \\ x_2 \end{bmatrix} + \begin{bmatrix} 0 \\ \frac{1}{m} \end{bmatrix} u \qquad (2\text{-}20)$$

輸出方程式，(2-19) 式，改寫為

$$y = \begin{bmatrix} 1 & 0 \end{bmatrix} \begin{bmatrix} x_1 \\ x_2 \end{bmatrix} \qquad (2\text{-}21)$$

(2-20) 式為系統的狀態方程式，而 (2-21) 式為輸出方程式。其標準式如下：

$$\dot{\mathbf{x}} = \mathbf{A}\mathbf{x} + \mathbf{B}u$$
$$y = \mathbf{C}\mathbf{x} + Du$$

式中

$$\mathbf{A} = \begin{bmatrix} 0 & 1 \\ -\frac{k}{m} & -\frac{b}{m} \end{bmatrix}, \quad \mathbf{B} = \begin{bmatrix} 0 \\ \frac{1}{m} \end{bmatrix}, \quad \mathbf{C} = \begin{bmatrix} 1 & 0 \end{bmatrix}, \quad D = 0$$

圖 2-16 所示為系統的方塊圖。注意到，積分器的輸出就是狀態變數。

轉移函數與狀態空間方程式之間的關聯 以下要介紹如何從狀態空間方程式導出單一輸入單一輸出系統的轉移函數。

考慮一系統，其轉移函數為

$$\frac{Y(s)}{U(s)} = G(s) \tag{2-22}$$

此系統在狀態空間代表的方程式為

$$\dot{\mathbf{x}} = \mathbf{A}\mathbf{x} + \mathbf{B}u \tag{2-23}$$

$$y = \mathbf{C}\mathbf{x} + Du \tag{2-24}$$

其中，$\mathbf{x}$ 為狀態向量，u 為輸入，y 是輸出。分別求 (2-23) 及 (2-24) 式之拉式變換可得

$$s\mathbf{X}(s) - \mathbf{x}(0) = \mathbf{A}\mathbf{X}(s) + \mathbf{B}U(s) \tag{2-25}$$

$$Y(s) = \mathbf{C}\mathbf{X}(s) + DU(s) \tag{2-26}$$

在先前我們定義轉移函數為，初始條件等於零時，輸出的拉式變換與輸入拉式變換之比，因此令 (2-25) 式中的 $\mathbf{x}(0)$ 等於零，可得

$$s\mathbf{X}(s) - \mathbf{A}\mathbf{X}(s) = \mathbf{B}U(s)$$

或

$$(s\mathbf{I} - \mathbf{A})\mathbf{X}(s) = \mathbf{B}U(s)$$

上式二邊同乘上 $(s\mathbf{I} - \mathbf{A})^{-1}$ 可得

$$\mathbf{X}(s) = (s\mathbf{I} - \mathbf{A})^{-1}\mathbf{B}U(s) \tag{2-27}$$

將 (2-27) 式代入 (2-26) 式可得

$$Y(s) = \left[\mathbf{C}(s\mathbf{I} - \mathbf{A})^{-1}\mathbf{B} + D\right]U(s) \tag{2-28}$$

比較 (2-28) 式與 (2-22) 式，得到

$$G(s) = \mathbf{C}(s\mathbf{I} - \mathbf{A})^{-1}\mathbf{B} + D \qquad (2\text{-}29)$$

這是系統就 **A**、**B**、**C** 及 *D* 而言，表達出來的轉移函數。

注意到，(2-29) 式右邊含有 $(s\mathbf{I} - \mathbf{A})^{-1}$，因此 $G(s)$ 可寫成

$$G(s) = \frac{Q(s)}{|s\mathbf{I} - \mathbf{A}|}$$

其中 $Q(s)$ 為 s 的多項式。注意到 $|s\mathbf{I} - \mathbf{A}|$ 為 $G(s)$ 的特性多項式。亦即，**A** 的特徵值與 $G(s)$ 的極點是完全相同的。

例題 2-3

再考慮圖 2-15 的機械系統。系統的狀態空間方程式如 (2-20) 及 (2-21) 式所示，現在我們要從系統的狀態空間方程式導出轉移函數。

將 **A**、**B**、**C** 及 *D* 代入 (2-29) 式可得

$$\begin{aligned}
G(s) &= \mathbf{C}(s\mathbf{I} - \mathbf{A})^{-1}\mathbf{B} + D \\
&= \begin{bmatrix} 1 & 0 \end{bmatrix} \left\{ \begin{bmatrix} s & 0 \\ 0 & s \end{bmatrix} - \begin{bmatrix} 0 & 1 \\ -\frac{k}{m} & -\frac{b}{m} \end{bmatrix} \right\}^{-1} \begin{bmatrix} 0 \\ \frac{1}{m} \end{bmatrix} + 0 \\
&= \begin{bmatrix} 1 & 0 \end{bmatrix} \begin{bmatrix} s & -1 \\ \frac{k}{m} & s + \frac{b}{m} \end{bmatrix}^{-1} \begin{bmatrix} 0 \\ \frac{1}{m} \end{bmatrix}
\end{aligned}$$

注意到，

$$\begin{bmatrix} s & -1 \\ \frac{k}{m} & s + \frac{b}{m} \end{bmatrix}^{-1} = \frac{1}{s^2 + \frac{b}{m}s + \frac{k}{m}} \begin{bmatrix} s + \frac{b}{m} & 1 \\ -\frac{k}{m} & s \end{bmatrix}$$

(請參見附錄 C 的 2×2 矩陣之反矩陣計算法。)

由此可得

$$G(s) = \begin{bmatrix} 1 & 0 \end{bmatrix} \frac{1}{s^2 + \frac{b}{m}s + \frac{k}{m}} \begin{bmatrix} s + \frac{b}{m} & 1 \\ -\frac{k}{m} & s \end{bmatrix} \begin{bmatrix} 0 \\ \frac{1}{m} \end{bmatrix}$$

$$= \frac{1}{ms^2 + bs + k}$$

此即為系統的轉移函數。由 (2-16) 式也可以得到相同的轉移函數。

轉移矩陣 再來，讓我們考慮多輸入多輸出系統的情形。假設有 r 個輸入 $u_1, u_2, \cdots, u_r$，及 m 個輸出 $y_1, y_2, \cdots, y_m$。定義

$$\mathbf{y} = \begin{bmatrix} y_1 \\ y_2 \\ \cdot \\ \cdot \\ \cdot \\ y_m \end{bmatrix}, \quad \mathbf{u} = \begin{bmatrix} u_1 \\ u_2 \\ \cdot \\ \cdot \\ \cdot \\ u_r \end{bmatrix}$$

則轉移矩陣 $\mathbf{G}(s)$ 為輸出 $\mathbf{Y}(s)$ 對於輸入 $\mathbf{U}(s)$ 相關式，即

$$\mathbf{Y}(s) = \mathbf{G}(s)\mathbf{U}(s)$$

其中 $\mathbf{G}(s)$ 表達如下

$$\mathbf{G}(s) = \mathbf{C}(s\mathbf{I} - \mathbf{A})^{-1}\mathbf{B} + \mathbf{D}$$

[此方程式的推導方法與(2-29)式的推導方法是一樣的。] 因為輸入向量 $\mathbf{u}$ 是 r 維度，輸出向量 $\mathbf{y}$ 是 m 維度，所以轉移矩陣 $\mathbf{G}(s)$ 是一個 $m \times r$ 矩陣。

2-5 純量微分方程式系統之狀態空間代表

　　有限個數集總元件構成的動態系統可用常微分方程式敘述之，其中時間是獨立變數。使用向量矩陣標記符號，則 n-階微分方程式可用一階向量矩陣微分方程式代表之。如果向量的 n 個元素皆是一集狀態變數，則形成

的向量矩陣微分方程式就是狀態 (state) 方程式。本節要介紹連續時間系統的狀態空間代表法。

激勵函數無導數項時 n-階線性微分方程式系統的狀態空間代表法 考慮如下 n-階系統：

$$\overset{(n)}{y} + a_1 \overset{(n-1)}{y} + \cdots + a_{n-1}\dot{y} + a_n y = u \tag{2-30}$$

我們注意到，$y(0), \dot{y}(0), \cdots, \overset{(n-1)}{y}(0)$ 之訊息，及在 $t \geq 0$ 的輸入 $u(t)$，可以完全地決定系統的未來行為，因此 $y(t), \dot{y}(t), \cdots, \overset{(n-1)}{y}(t)$ 可作為 n 個狀態變數。(在數學上，這種狀態變數的選擇方式非常的方便。但實際上，由於雜訊的影響隨時隨地存在著，使得高階導數很不準確，因此這種狀態變數的選擇方式可能不會令人滿意。)

讓我們定義

$$x_1 = y$$
$$x_2 = \dot{y}$$
$$\vdots$$
$$x_n = \overset{(n-1)}{y}$$

則 (2-30) 式可寫成

$$\dot{x}_1 = x_2$$
$$\dot{x}_2 = x_3$$
$$\vdots$$
$$\dot{x}_{n-1} = x_n$$
$$\dot{x}_n = -a_n x_1 - \cdots - a_1 x_n + u$$

或

$$\dot{\mathbf{x}} = \mathbf{A}\mathbf{x} + \mathbf{B}u \tag{2-31}$$

式中

$$\mathbf{x} = \begin{bmatrix} x_1 \\ x_2 \\ \cdot \\ \cdot \\ \cdot \\ x_n \end{bmatrix}, \quad \mathbf{A} = \begin{bmatrix} 0 & 1 & 0 & \cdots & 0 \\ 0 & 0 & 1 & \cdots & 0 \\ \cdot & \cdot & \cdot & & \cdot \\ \cdot & \cdot & \cdot & & \cdot \\ \cdot & \cdot & \cdot & & \cdot \\ 0 & 0 & 0 & \cdots & 1 \\ -a_n & -a_{n-1} & -a_{n-2} & \cdots & -a_1 \end{bmatrix}, \quad \mathbf{B} = \begin{bmatrix} 0 \\ 0 \\ \cdot \\ \cdot \\ \cdot \\ 0 \\ 1 \end{bmatrix}$$

$$y = \begin{bmatrix} 1 & 0 & \cdots & 0 \end{bmatrix} \begin{bmatrix} x_1 \\ x_2 \\ \cdot \\ \cdot \\ \cdot \\ x_n \end{bmatrix}$$

或

$$y = \mathbf{Cx} \tag{2-32}$$

式中

$$\mathbf{C} = \begin{bmatrix} 1 & 0 & \cdots & 0 \end{bmatrix}$$

[註：(2-24) 式中，D 等於零。] (2-31) 式所示的一階微分方程式為狀態方程式，而 (2-32) 式所示的代數方程式為輸出方程式。

我們注意到，轉移函數

$$\frac{Y(s)}{U(s)} = \frac{1}{s^n + a_1 s^{n-1} + \cdots + a_{n-1} s + a_n}$$

的狀態空間代表式也可用 (2-31) 及 (2-32) 式表示之。

激勵函數有導數項時 n-階線性微分方程式系統的狀態空間代表法 考慮如下激勵函數有導數項的線性微分方程式系統

$$\overset{(n)}{y} + a_1 \overset{(n-1)}{y} + \cdots + a_{n-1} \dot{y} + a_n y = b_0 \overset{(n)}{u} + b_1 \overset{(n-1)}{u} + \cdots + b_{n-1} \dot{u} + b_n u \tag{2-33}$$

此時選擇狀態變數的主要問題在於輸入項 u 中具有導數。狀態變數的選擇必須能夠消去狀態方程式中與 u 有關的導數項。

此時，若欲得到狀態方程式及輸出方程式，可定義狀態變數如下：

$$\begin{aligned}
x_1 &= y - \beta_0 u \\
x_2 &= \dot{y} - \beta_0 \dot{u} - \beta_1 u = \dot{x}_1 - \beta_1 u \\
x_3 &= \ddot{y} - \beta_0 \ddot{u} - \beta_1 \dot{u} - \beta_2 u = \dot{x}_2 - \beta_2 u \\
&\quad \vdots \\
x_n &= \overset{(n-1)}{y} - \overset{(n-1)}{\beta_0 u} - \overset{(n-2)}{\beta_1 u} - \cdots - \beta_{n-2}\dot{u} - \beta_{n-1}u = \dot{x}_{n-1} - \beta_{n-1}u
\end{aligned} \quad (2\text{-}34)$$

式中，$\beta_0, \beta_1, \beta_2, \cdots, \beta_{n-1}$ 之求法如下

$$\begin{aligned}
\beta_0 &= b_0 \\
\beta_1 &= b_1 - a_1 \beta_0 \\
\beta_2 &= b_2 - a_1 \beta_1 - a_2 \beta_0 \\
\beta_3 &= b_3 - a_1 \beta_2 - a_2 \beta_1 - a_3 \beta_0 \\
&\quad \vdots \\
\beta_{n-1} &= b_{n-1} - a_1 \beta_{n-2} - \cdots - a_{n-2}\beta_1 - a_{n-1}\beta_0
\end{aligned} \quad (2\text{-}35)$$

此種狀態變數的選擇可以保證狀態方程式必有唯一存在的解答。(註：這種狀態變數的選擇方式並非只有一種。) 以目前的狀態變數選擇方式，可得

$$\begin{aligned}
\dot{x}_1 &= x_2 + \beta_1 u \\
\dot{x}_2 &= x_3 + \beta_2 u \\
&\quad \vdots \\
\dot{x}_{n-1} &= x_n + \beta_{n-1} u \\
\dot{x}_n &= -a_n x_1 - a_{n-1} x_2 - \cdots - a_1 x_n + \beta_n u
\end{aligned} \quad (2\text{-}36)$$

其中 β_n 為

$$\beta_n = b_n - a_1\beta_{n-1} - \cdots - a_{n-1}\beta_1 - a_{n-1}\beta_0$$

[欲導出 (2-36) 式，請參見習題 **A-2-6**。] 以向量矩陣方程式為之，(2-36) 式及輸出方程式可寫成

$$\begin{bmatrix} \dot{x}_1 \\ \dot{x}_2 \\ \vdots \\ \dot{x}_{n-1} \\ \dot{x}_n \end{bmatrix} = \begin{bmatrix} 0 & 1 & 0 & \cdots & 0 \\ 0 & 0 & 1 & \cdots & 0 \\ \vdots & \vdots & \vdots & & \vdots \\ 0 & 0 & 0 & \cdots & 1 \\ -a_n & -a_{n-1} & -a_{n-2} & \cdots & -a_1 \end{bmatrix} \begin{bmatrix} x_1 \\ x_2 \\ \vdots \\ x_{n-1} \\ x_n \end{bmatrix} + \begin{bmatrix} \beta_1 \\ \beta_2 \\ \vdots \\ \beta_{n-1} \\ \beta_n \end{bmatrix} u$$

或

$$y = \begin{bmatrix} 1 & 0 & \cdots & 0 \end{bmatrix} \begin{bmatrix} x_1 \\ x_2 \\ \vdots \\ x_n \end{bmatrix} + \beta_0 u$$

$$\dot{\mathbf{x}} = \mathbf{A}\mathbf{x} + \mathbf{B}u \qquad (2\text{-}37)$$

$$y = \mathbf{C}\mathbf{x} + Du \qquad (2\text{-}38)$$

式中

$$\mathbf{x} = \begin{bmatrix} x_1 \\ x_2 \\ \vdots \\ x_{n-1} \\ x_n \end{bmatrix}, \quad \mathbf{A} = \begin{bmatrix} 0 & 1 & 0 & \cdots & 0 \\ 0 & 0 & 1 & \cdots & 0 \\ \vdots & \vdots & \vdots & & \vdots \\ 0 & 0 & 0 & \cdots & 1 \\ -a_n & -a_{n-1} & -a_{n-2} & \cdots & -a_1 \end{bmatrix}$$

$$\mathbf{B} = \begin{bmatrix} \beta_1 \\ \beta_2 \\ \cdot \\ \cdot \\ \cdot \\ \beta_{n-1} \\ \beta_n \end{bmatrix}, \quad \mathbf{C} = [1 \quad 0 \quad \cdots \quad 0], \quad D = \beta_0 = b_0$$

在此狀態空間的代表式中，矩陣 **A** 及 **C** 與 (2-30) 式代表的系統所用的矩陣是相同的。(2-33) 式右方的微分項只會影響到 **B** 矩陣的元素。

我們注意到，轉移函數

$$\frac{Y(s)}{U(s)} = \frac{b_0 s^n + b_1 s^{n-1} + \cdots + b_{n-1} s + b_n}{s^n + a_1 s^{n-1} + \cdots + a_{n-1} s + a_n}$$

的狀態空間代表式可用 (2-37) 式及 (2-38) 式表示之。

要得到系統的狀態空間代表式是有很多方式的。第九章裡我們將介紹系統在狀態空間的代表典式 (諸如，可控制性典式、可觀察性典式、對角型典式及約登型典式等。)

利用 MATLAB 程式也可以由系統的轉移函數得到狀態空間的代表式，反之亦然。將在 2-6 節裡討論此課題。

2-6　以 MATLAB 做數學模型之變換

欲將系統的模型由轉移函數變換成為狀態空間的代表式，或反之，則 MATLAB 程式是相當有用的。我們先討論轉移函數變換成為狀態空間的情形。

將閉迴路系統的轉移函數表示如下

$$\frac{Y(s)}{U(s)} = \frac{s \text{ 的分子多項式}}{s \text{ 的分母多項式}} = \frac{\text{num}}{\text{den}}$$

知道上述的轉移函數後，使用下列的 MATLAB 指令

[A,B,C,D] = tf2ss(num,den)

就可以得到狀態空間的代表式。須要注意的是，任何系統的狀態空間代表式並非唯一性。事實上有許多(有無窮個)狀態空間的代表式皆可符合系統的要求。由 MATLAB 指令操作下所得的狀態空間的代表式只是其中之一。

轉移函數變換成為狀態空間 試考慮下列轉移函數

$$\frac{Y(s)}{U(s)} = \frac{s}{(s+10)(s^2+4s+16)}$$

$$= \frac{s}{s^3+14s^2+56s+160} \tag{2-39}$$

事實上有許多狀態空間代表式皆可符合系統的要求。其中之一，可能的狀態空間代表式如下

$$\begin{bmatrix} \dot{x}_1 \\ \dot{x}_2 \\ \dot{x}_3 \end{bmatrix} = \begin{bmatrix} 0 & 1 & 0 \\ 0 & 0 & 1 \\ -160 & -56 & -14 \end{bmatrix} \begin{bmatrix} x_1 \\ x_2 \\ x_3 \end{bmatrix} + \begin{bmatrix} 0 \\ 1 \\ -14 \end{bmatrix} u$$

$$y = \begin{bmatrix} 1 & 0 & 0 \end{bmatrix} \begin{bmatrix} x_1 \\ x_2 \\ x_3 \end{bmatrix} + [0]u$$

另一種(在無窮個之一)可能的狀態空間代表式是

$$\begin{bmatrix} \dot{x}_1 \\ \dot{x}_2 \\ \dot{x}_3 \end{bmatrix} = \begin{bmatrix} -14 & -56 & -160 \\ 1 & 0 & 0 \\ 0 & 1 & 0 \end{bmatrix} \begin{bmatrix} x_1 \\ x_2 \\ x_3 \end{bmatrix} + \begin{bmatrix} 1 \\ 0 \\ 0 \end{bmatrix} u \tag{2-40}$$

$$y = \begin{bmatrix} 0 & 1 & 0 \end{bmatrix} \begin{bmatrix} x_1 \\ x_2 \\ x_3 \end{bmatrix} + [0]u \tag{2-41}$$

MATLAB 指令可將 (2-39) 式的轉移函數轉換成為 (2-40) 及 (2-41) 式描述的狀態空間代表式。在現在考慮的系統中，下列的 MATLAB 程式可以產生矩陣 **A**、**B**、**C** 及 *D*。

```
MATLAB 程式 2-2
num = [1    0];
den = [1    14    56    160];
[A,B,C,D] = tf2ss(num,den)

A =

   -14    -56    -160
     1      0       0
     0      1       0

B =

     1
     0
     0

C =

     0    1    0

D =

     0
```

狀態空間變換成為轉移函數　　我們可以利用下列指令將狀態空間方程式變換成為轉移函數。

$$[\text{num,den}] = \text{ss2tf}(A,B,C,D,iu)$$

如果系統有許多輸入，則 iu 必須載明。例如，當系統有三個輸入 ($u1, u2, u3$)，則 iu 必須指明 1、2 或 3，其中 1 指明 $u1$，2 指明 $u2$，且 3 指明 $u3$。

如果系統只有單一輸入，則

$$[\text{num,den}] = \text{ss2tf}(A,B,C,D)$$

或是

$$[\text{num,den}] = \text{ss2tf}(A,B,C,D,1)$$

皆可使用之。對於多輸入多輸出的系統，請參見例題 **A-2-12**。

例題 2-4

試將下列狀態空間方程式變換成為轉移函數。

$$\begin{bmatrix} \dot{x}_1 \\ \dot{x}_2 \\ \dot{x}_3 \end{bmatrix} = \begin{bmatrix} 0 & 1 & 0 \\ 0 & 0 & 1 \\ -5 & -25 & -5 \end{bmatrix} \begin{bmatrix} x_1 \\ x_2 \\ x_3 \end{bmatrix} + \begin{bmatrix} 0 \\ 25 \\ -120 \end{bmatrix} u$$

$$y = \begin{bmatrix} 1 & 0 & 0 \end{bmatrix} \begin{bmatrix} x_1 \\ x_2 \\ x_3 \end{bmatrix}$$

以下的 MATLAB 程式 2-3 可以產生系統的轉移函數。所得到的轉移函數是

$$\frac{Y(s)}{U(s)} = \frac{25s + 5}{s^3 + 5s^2 + 25s + 5}$$

MATLAB 程式 2-3

```
A = [0 1 0; 0 0 1; -5 -25 -5];
B = [0; 25; -120];
C = [1 0 0];
D = [0];
[num,den] = ss2tf(A,B,C,D)

num =

    0    0.0000    25.0000    5.0000

den =

    1.0000    5.0000    25.0000    5.0000

% ***** The same result can be obtained by entering the following command: *****

[num,den] = ss2tf(A,B,C,D,1)

num =

    0    0.0000    25.0000    5.0000

den =

    1.0000    5.0000    25.0000    5.0000
```

2-7 非線性數學模型之線性化

非線性系統 重疊原理不適用於非線性系統。因此在非線性系統中,由二個輸入產生的響應不等於各自輸入產生響應的相加。

雖然許多的物理關係皆表達成線性方程式,實際上大部分關係並不見得是線性的。事實上,深入研析一個物理系統時,常常發現我們所稱的「線性系統」只能適用於某一工作範圍而已。許多實用的電磁動力機械系統、油壓系統、氣壓系統等,其相關變數之間皆涉及非線性關係。例如,當輸入信號過大時,元件的輸出可能飽和。死區現象也可能影響小信號。(元件的死區是一種很小的輸入變化範圍,使得元件變得不靈敏。) 有些元件會產生平方定律的非線性操作。例如,物理系統的阻尼器在低速操作時,係為線性工作;但在高速操作時,會表現出非線性現象,此時阻尼器的作用力與工作速度的平方成比例。

非線性系統的線性化 控制工程中,系統標準的工作通常皆在某一平衡點附近,其間相關的信號也是小信號。(必須指出的是,此情況可能有例外。) 然而,如果系統在某一平衡點附近,且其間相關的信號也是小信號,則此非線性系統是可能以線性系統近似的。這種系統相當於限制在某一範圍內工作的非線性系統。這種線性化模型 (線性非時變的模型) 在控制工程中是非常重要的。

以下所要介紹的線性化程序係建立在將非線性系統針對某一平衡點做泰勒級數展開,而只保留線性項的部分。因為我們將泰勒級數展開出來的高次方項目忽略掉,此忽略項必須足夠小才可以;亦即,在平衡點附近變化的信號必須很小。(否則,結果會不準確。)

非線性數學模型的線性化 欲得到非線性系統的線性化數學模型的時,我們需假設變數只在某一工作情況的附近做微小的變異。如果一個系統的輸入為 $x(t)$,輸出 $y(t)$。$x(t)$ 與 $y(t)$ 之間的關係為

$$y = f(x) \qquad (2\text{-}42)$$

如果 $\bar{x}$ 及 $\bar{y}$ 是正常的工作條件,則 (2-42) 式可針對這一點做泰勒級數展開如下:

$$y = f(x)$$
$$= f(\bar{x}) + \frac{df}{dx}(x - \bar{x}) + \frac{1}{2!}\frac{d^2f}{dx^2}(x - \bar{x})^2 + \cdots \qquad (2\text{-}43)$$

式中，導數 $df/dx, d^2f/dx^2, \cdots$ 悉皆在 $x = \bar{x}$ 處計算之。如果 $x = \bar{x}$ 很小，則可以將 $x - \bar{x}$ 有關的高次方項忽略掉。如此一來，(2-43) 式可寫成

$$y = \bar{y} + K(x - \bar{x}) \qquad (2\text{-}44)$$

式中

$$\bar{y} = f(\bar{x})$$

$$K = \left.\frac{df}{dx}\right|_{x=\bar{x}}$$

(2-44) 式可改寫成

$$y - \bar{y} = K(x - \bar{x}) \qquad (2\text{-}45)$$

此說明了 $y - \bar{y}$ 與 $x - \bar{x}$ 成比例。因此 (2-45) 式代表 (2-42) 式所述的非線性系統在工作點 $x = \bar{x}$、$y = \bar{y}$ 附近的線性化數學模型。

再來我們考慮非線性系統，其輸出 y 為二個輸入 x_1 及 x_2 的函數，即

$$y = f(x_1, x_2) \qquad (2\text{-}46)$$

欲做此一非線性系統的線性近似，可將 (2-46) 式針對常規工作點 $\bar{x}_1$ 及 $\bar{x}_2$ 做泰勒級數展開。於是 (2-46) 式變成

$$y = f(\bar{x}_1, \bar{x}_2) + \left[\frac{\partial f}{\partial x_1}(x_1 - \bar{x}_1) + \frac{\partial f}{\partial x_2}(x_2 - \bar{x}_2)\right]$$

$$+ \frac{1}{2!}\left[\frac{\partial^2 f}{\partial x_1^2}(x_1 - \bar{x}_1)^2 + 2\frac{\partial^2 f}{\partial x_1 \partial x_2}(x_1 - \bar{x}_1)(x_2 - \bar{x}_2)\right.$$

$$\left. + \frac{\partial^2 f}{\partial x_2^2}(x_2 - \bar{x}_2)^2\right] + \cdots$$

式中所有的偏微分皆在工作點 $x_1 = \bar{x}_1$ 及 $x_2 = \bar{x}_2$ 處計算之。在常規工作點

附近，所有的高次方項忽略掉。因此非線性系統在常規工作點附近的線性化數學模型為

$$y - \bar{y} = K_1(x_1 - \bar{x}_1) + K_2(x_2 - \bar{x}_2)$$

式中

$$\bar{y} = f(\bar{x}_1, \bar{x}_2)$$

$$K_1 = \left.\frac{\partial f}{\partial x_1}\right|_{x_1=\bar{x}_1, x_2=\bar{x}_2}$$

$$K_2 = \left.\frac{\partial f}{\partial x_2}\right|_{x_1=\bar{x}_1, x_2=\bar{x}_2}$$

上面介紹的線性化技術只適用於常規工作點的附近。如果工作點的異動情形很嚴重，則此方式的線性化是不能被滿足的；這種情況下，必須施行非線性方程式的處理。我們要記住，動態系統針某一特定的工作點，使用某一個數學模型做分析與設計，而得到準確的結果，並不保證能在其他的工作點也是正確無誤的。

例題 2-5

在 $5 \leq x \leq 7$，$10 \leq y \leq 12$ 範圍內，欲做下列非線性方程式的線性化

$$z = xy$$

當 $x = 5, y = 10$ 時，求線性化方程式在 z 計算之誤差。

因為所考慮的工作範圍是 $5 \leq x \leq 7$，$10 \leq y \leq 12$，因此我們選擇 $\bar{x} = 6$，$\bar{y} = 11$，則 $\bar{z} = \bar{x}\bar{y} = 66$。現在考慮非線性方程式在 $\bar{x} = 6$，$\bar{y} = 11$ 這一點附近的線性化方程式。

將非線性方程式針對 $x = \bar{x}$，$y = \bar{y}$ 這一點做泰勒級數展開，並拋棄高階項，而得

$$z - \bar{z} = a(x - \bar{x}) + b(y - \bar{y})$$

式中

$$a = \frac{\partial(xy)}{\partial x}\bigg|_{x=\bar{x},\, y=\bar{y}} = \bar{y} = 11$$

$$b = \frac{\partial(xy)}{\partial y}\bigg|_{x=\bar{x},\, y=\bar{y}} = \bar{x} = 6$$

因此，線性化方程式為

$$z - 66 = 11(x - 6) + 6(y - 11)$$

或

$$z = 11x + 6y - 66$$

當 $x = 5, y = 10$ 時，線性化方程式在 z 計算之值為

$$z = 11x + 6y - 66 = 55 + 60 - 66 = 49$$

z 的精確值為 $z = xy = 50$。因此誤差為 $50 - 49 = 1$。表示成百分比，則誤差為 2%。

■■■ 習 題

B-2-1 化簡如圖 2-29 所示方塊圖，並求閉迴路轉移函數 $C(s)/R(s)$。

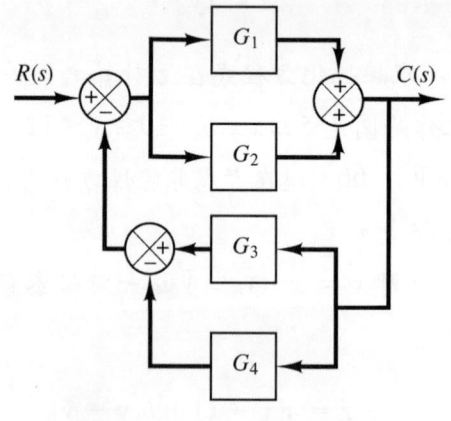

▌圖 2-29　系統的方塊圖

B-2-2 化簡如圖 2-30 所示方塊圖，並求閉迴路轉移函數 $C(s)/R(s)$。

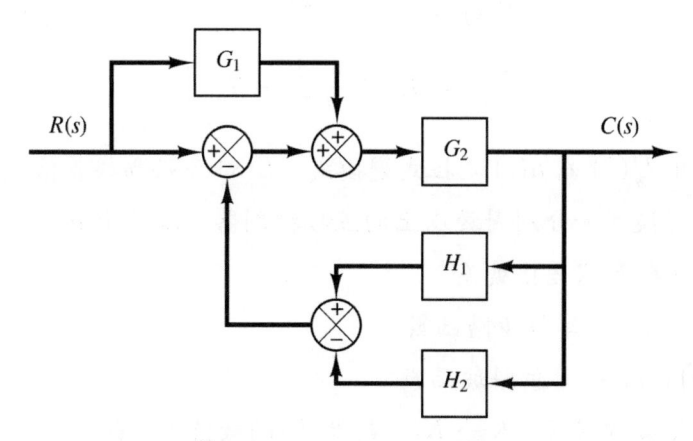

圖 2-30 系統的方塊圖

B-2-3 化簡如圖 2-31 所示方塊圖，並求閉迴路轉移函數 $C(s)/R(s)$。

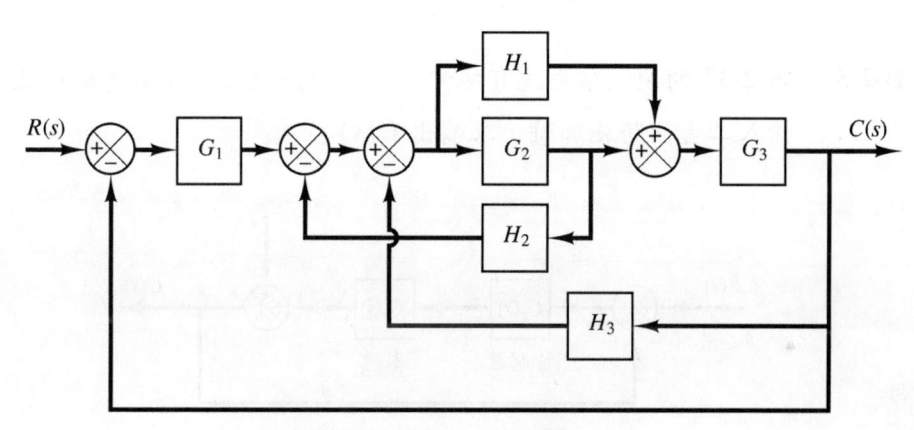

圖 2-31 系統的方塊圖

B-2-4 考慮工業控制器，其控制動作為比例、積分、比例加積分、比例加微分及比例加積分加微分。各該控制器的轉移函數如下述

$$\frac{U(s)}{E(s)} = K_p$$

$$\frac{U(s)}{E(s)} = \frac{K_i}{s}$$

$$\frac{U(s)}{E(s)} = K_p\left(1 + \frac{1}{T_i s}\right)$$

$$\frac{U(s)}{E(s)} = K_p(1 + T_d s)$$

$$\frac{U(s)}{E(s)} = K_p\left(1 + \frac{1}{T_i s} + T_d s\right)$$

式中 $U(s)$ 為 $u(t)$ 之拉式變換式，$E(s)$ 為驅動誤差信號 $e(t)$ 之拉式變換式。分別對於以上的五種控制器，繪製出 $u(t)$ 對於 t 之波形，驅動誤差信號為

(**a**) $e(t)$ = 單位步階函數

(**b**) $e(t)$ = 單位斜坡函數

在繪製波形時，K_p、K_i、T_i 及 T_d 的數值假設如下

$$K_p = \text{比例增益} = 4$$
$$K_i = \text{積分增益} = 2$$
$$T_i = \text{積分時間} = 2 \text{ sec}$$
$$T_d = \text{微分時間} = 0.8 \text{ sec}$$

B-2-5 圖 2-32 的閉迴路系統有參考輸入及干擾輸入。在參考輸入及干擾輸入二者同時施加時，求輸出 $C(s)$。

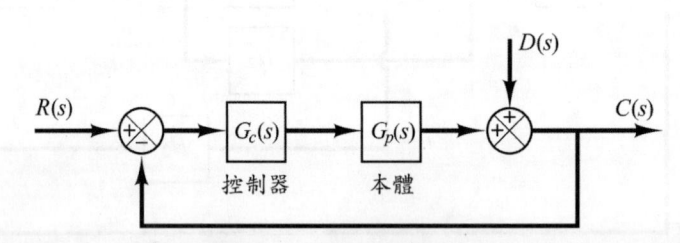

圖 2-32 閉迴路系統

B-2-6 考慮圖 2-33 的系統。在參考輸入 $R(s)$ 及干擾輸入 $D(s)$ 二者同時施加時，導出穩態誤差。

B-2-7 試求圖 2-34 系統的轉移函數 $C(s)/R(s)$ 及 $C(s)/D(s)$。

B-2-8 試求圖 2-35 系統的狀態空間代表式。

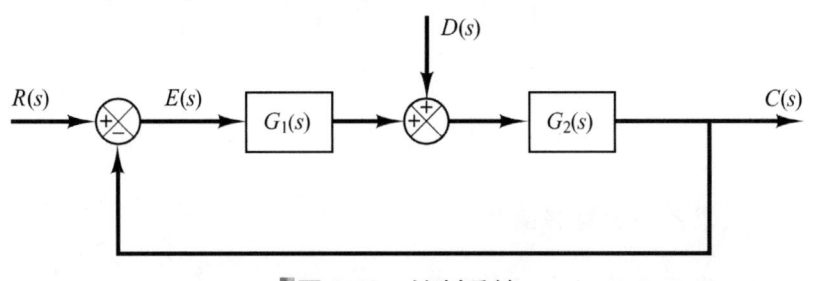

▌圖 2-33　控制系統

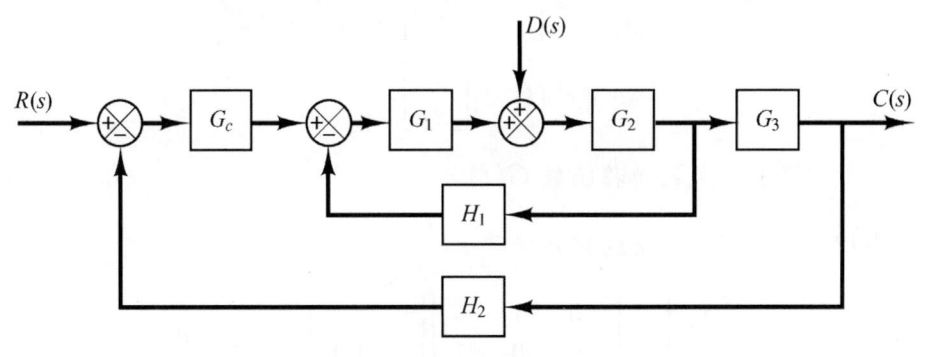

▌圖 2-34　控制系統

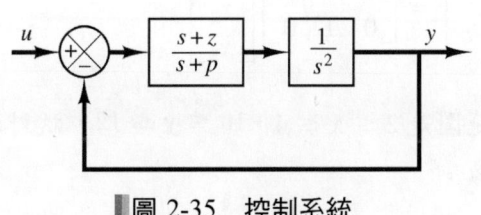

▌圖 2-35　控制系統

B-2-9 考慮下述系統

$$\dddot{y} + 3\ddot{y} + 2\dot{y} = u$$

試導出系統的狀態空間代表式。

B-2-10 考慮下述系統

$$\begin{bmatrix} \dot{x}_1 \\ \dot{x}_2 \end{bmatrix} = \begin{bmatrix} -4 & -1 \\ 3 & -1 \end{bmatrix} \begin{bmatrix} x_1 \\ x_2 \end{bmatrix} + \begin{bmatrix} 1 \\ 1 \end{bmatrix} u$$

$$y = \begin{bmatrix} 1 & 0 \end{bmatrix} \begin{bmatrix} x_1 \\ x_2 \end{bmatrix}$$

試求系統的轉移函數。

B-2-11 考慮下列狀態方程式定義的系統

$$\begin{bmatrix} \dot{x}_1 \\ \dot{x}_2 \end{bmatrix} = \begin{bmatrix} -5 & -1 \\ 3 & -1 \end{bmatrix} \begin{bmatrix} x_1 \\ x_2 \end{bmatrix} + \begin{bmatrix} 2 \\ 5 \end{bmatrix} u$$

$$y = \begin{bmatrix} 1 & 2 \end{bmatrix} \begin{bmatrix} x_1 \\ x_2 \end{bmatrix}$$

試求系統的轉移函數 $G(s)$。

B-2-12 試求下列系統的轉移矩陣。

$$\begin{bmatrix} \dot{x}_1 \\ \dot{x}_2 \\ \dot{x}_3 \end{bmatrix} = \begin{bmatrix} 0 & 1 & 0 \\ 0 & 0 & 1 \\ -2 & -4 & -6 \end{bmatrix} \begin{bmatrix} x_1 \\ x_2 \\ x_3 \end{bmatrix} + \begin{bmatrix} 0 & 0 \\ 0 & 1 \\ 1 & 0 \end{bmatrix} \begin{bmatrix} u_1 \\ u_2 \end{bmatrix}$$

$$\begin{bmatrix} y_1 \\ y_2 \end{bmatrix} = \begin{bmatrix} 1 & 0 & 0 \\ 0 & 1 & 0 \end{bmatrix} \begin{bmatrix} x_1 \\ x_2 \\ x_3 \end{bmatrix}$$

B-2-13 當工作範圍是 $2 \leq x \leq 4$，$10 \leq y \leq 12$，試對以下非線性方程式做線性近似。

$$z = x^2 + 8xy + 3y^2$$

B-2-14 針對工作點 $x = 2$，試求下列非線性方程式的線性近似式。

$$y = 0.2x^3$$

Chapter 3

機械系統及電機系統的數學模型

3-1　引　言

本章旨在介紹機械系統及電機系統的數學模型。我們已在第二章介紹過簡單的機械系統及電機系統的數學模型了。在本章要進一步介紹，使用於控制系統中，各類型機械系統及電機系統的數學模型。

支配機械系統的基本物理定律為牛頓第二定律。我們將在 3-2 節利用此定律推導出各種機械系統的轉移函數及狀態方程式模型。

支配電機系統的基本物理定律為克希荷夫定律。我們將在 3-3 節利用此定律推導出各種在控制系統中應用的電機、運算放大器系統的轉移函數及狀態方程式模型。

3-2　機械系統的數學模型

本節先討論簡單的彈簧系統及簡單的阻尼器系統。然後，要推導出各種機械系統的轉移函數及狀態方程式模型。

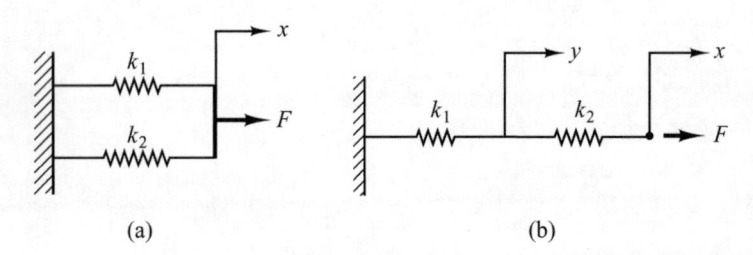

圖 3-1　(a) 二個並聯的彈簧系統；(b) 二個串聯的彈簧系統。

例題 3-1

欲求圖 3-1(a) 及 (b) 分別所示系統的等效彈簧常數。

在彈簧並聯的情形 [圖 3-1(a)]，等效彈簧常數 k_{eq} 為

$$k_1 x + k_2 x = F = k_{eq} x$$

或

$$k_{eq} = k_1 + k_2$$

在彈簧串聯的情形 [圖 3-1(b)]，每一個彈簧之力量皆相等。故

$$k_1 y = F, \quad k_2(x - y) = F$$

在以上二個方程式中消去 y 得

$$k_2\left(x - \frac{F}{k_1}\right) = F$$

或

$$k_2 x = F + \frac{k_2}{k_1} F = \frac{k_1 + k_2}{k_1} F$$

在此情形之等效彈簧常數 k_{eq} 為

$$k_{eq} = \frac{F}{x} = \frac{k_1 k_2}{k_1 + k_2} = \frac{1}{\frac{1}{k_1} + \frac{1}{k_2}}$$

例題 3-2

欲求圖 3-2(a) 及 (b) 分別所示的阻尼器系統之等效黏滯磨擦係數 b_{eq}。油料裝填式的阻尼器又稱為緩衝筒。緩衝筒可以促供黏滯磨擦或阻尼。緩衝筒係由活塞及裝填油料的圓缸構成。因為油要從活塞的一邊流動到另外一邊（或經過活塞間的洞口），使活塞桿與圓缸之間的相對運動受到阻礙。在實質上，緩衝筒會吸收能量。被吸收的能量以熱的方式消散掉，因此緩衝筒不會儲存位能或動能。

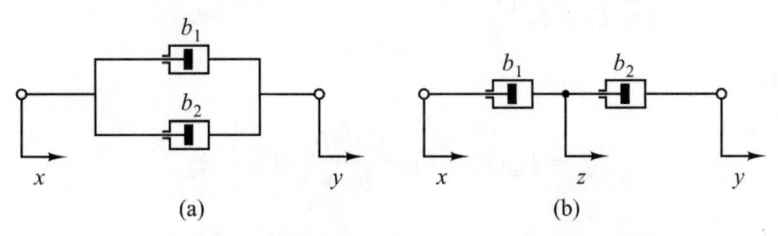

圖 3-2　(a) 二個阻尼器並聯；(b) 二個阻尼器串聯。

(a) 因阻尼器之故產生的作用力為

$$f = b_1(\dot{y} - \dot{x}) + b_2(\dot{y} - \dot{x}) = (b_1 + b_2)(\dot{y} - \dot{x})$$

以等效黏滯磨擦係數 b_{eq} 表示，力量 f 為

$$f = b_{eq}(\dot{y} - \dot{x})$$

所以

$$b_{eq} = b_1 + b_2$$

(b) 因阻尼器之故產生的作用力為

$$f = b_1(\dot{z} - \dot{x}) = b_2(\dot{y} - \dot{z}) \tag{3-1}$$

式中 z 是阻尼器 b_1 與 b_2 之間的一點（注意到，同樣的力量也傳送到軸柄）。由 (3-1) 式可得

$$(b_1 + b_2)\dot{z} = b_2\dot{y} + b_1\dot{x}$$

或

$$\dot{z} = \frac{1}{b_1 + b_2}(b_2\dot{y} + b_1\dot{x}) \tag{3-2}$$

以等效黏滯磨擦係數 b_{eq} 表示，力量 f 為

$$f = b_{eq}(\dot{y} - \dot{x})$$

將 (3-2) 式代入 (3-1) 式可得

$$f = b_2(\dot{y} - \dot{z}) = b_2\left[\dot{y} - \frac{1}{b_1 + b_2}(b_2\dot{y} + b_1\dot{x})\right]$$

$$= \frac{b_1 b_2}{b_1 + b_2}(\dot{y} - \dot{x})$$

所以

$$f = b_{eq}(\dot{y} - \dot{x}) = \frac{b_1 b_2}{b_1 + b_2}(\dot{y} - \dot{x})$$

因此，

$$b_{\text{eq}} = \frac{b_1 b_2}{b_1 + b_2} = \frac{1}{\dfrac{1}{b_1} + \dfrac{1}{b_2}}$$

例題 3-3

考慮圖 3-3 安裝在不計質量的推車上之彈簧質量緩衝筒系統。假設在 $t < 0$ 時推車及彈簧質量緩衝筒系統皆靜止，欲求系統的數學模型。此系統中，$u(t)$ 為推車施加的位移，亦為系統的輸入。在 $t = 0$ 時，推車以一定的速度移動，亦即 $\dot{u} =$ 常數。質量的位移 $y(t)$ 為輸出（位移係相對於靜止地定義之）。此系統中，m 代表質量，b 代表黏滯磨擦係數，k 為彈簧的彈力係數。假設緩衝筒的磨擦力與 $\dot{y} - \dot{u}$ 成比例，且彈簧係為線性彈簧；亦即，彈簧作用力與 $y - u$ 成比例。

對於平移系統，牛頓第二定律陳述

$$ma = \sum F$$

式中 m 為質量，a 為質量的加速度，ΣF 為作用在質量的作用力之總和，其參考方向與加速度相同。假設推車不計質量，將牛頓第二定律應用在此系統中，可得

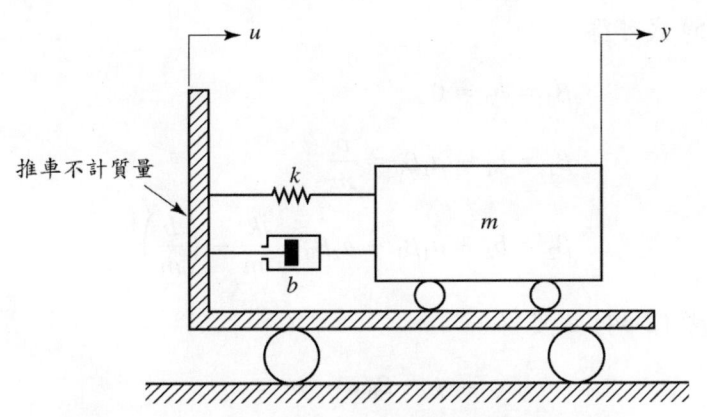

圖 3-3 安裝在推車上之彈簧質量緩衝筒系統

$$m\frac{d^2y}{dt^2} = -b\left(\frac{dy}{dt} - \frac{du}{dt}\right) - k(y-u)$$

或

$$m\frac{d^2y}{dt^2} + b\frac{dy}{dt} + ky = b\frac{du}{dt} + ku$$

此方程式即是所述系統的數學模型。假設零初始條件，求上式的拉式變換得

$$(ms^2 + bs + k)Y(s) = (bs + k)U(s)$$

求 $Y(s)$ 對 $U(s)$ 之比，可得系統的轉移函數如下

$$\text{轉移函數} = G(s) = \frac{Y(s)}{U(s)} = \frac{bs + k}{ms^2 + bs + k}$$

這種轉移函數代表的數學模型係廣用於控制工程中。

再來，我們要推導出系統的狀態空間模型。先以系統的微分方程式

$$\ddot{y} + \frac{b}{m}\dot{y} + \frac{k}{m}y = \frac{b}{m}\dot{u} + \frac{k}{m}u$$

與下述標準式做比較

$$\ddot{y} + a_1\dot{y} + a_2 y = b_0\ddot{u} + b_1\dot{u} + b_2 u$$

可確定如下各係數：

$$a_1 = \frac{b}{m}, \quad a_2 = \frac{k}{m}, \quad b_0 = 0, \quad b_1 = \frac{b}{m}, \quad b_2 = \frac{k}{m}$$

參考 (2-35) 式可得

$$\beta_0 = b_0 = 0$$

$$\beta_1 = b_1 - a_1\beta_0 = \frac{b}{m}$$

$$\beta_2 = b_2 - a_1\beta_1 - a_2\beta_0 = \frac{k}{m} - \left(\frac{b}{m}\right)^2$$

然後，參考 (2-34) 式可得

$$x_1 = y - \beta_0 u = y$$

$$x_2 = \dot{x}_1 - \beta_1 u = \dot{x}_1 - \frac{b}{m}u$$

由 (2-36) 式得到

$$\dot{x}_1 = x_2 + \beta_1 u = x_2 + \frac{b}{m}u$$

$$\dot{x}_2 = -a_2 x_1 - a_1 x_2 + \beta_2 u = -\frac{k}{m}x_1 - \frac{b}{m}x_2 + \left[\frac{k}{m} - \left(\frac{b}{m}\right)^2\right]u$$

輸出方程式為

$$y = x_1$$

或

$$\begin{bmatrix} \dot{x}_1 \\ \dot{x}_2 \end{bmatrix} = \begin{bmatrix} 0 & 1 \\ -\frac{k}{m} & -\frac{b}{m} \end{bmatrix} \begin{bmatrix} x_1 \\ x_2 \end{bmatrix} + \begin{bmatrix} \frac{b}{m} \\ \frac{k}{m} - \left(\frac{b}{m}\right)^2 \end{bmatrix} u \tag{3-3}$$

及

$$y = \begin{bmatrix} 1 & 0 \end{bmatrix} \begin{bmatrix} x_1 \\ x_2 \end{bmatrix} \tag{3-4}$$

(3-3) 與 (3-4) 式就是系統的狀態空間代表模型。(需注意，此狀態空間代表並非唯一。一個系統的狀態空間代表可以有無窮多個。)

例題 3-4

欲求圖 3-4 機械系統的轉移函數 $X_1(s)/U(s)$ 與 $X_2(s)/U(s)$。

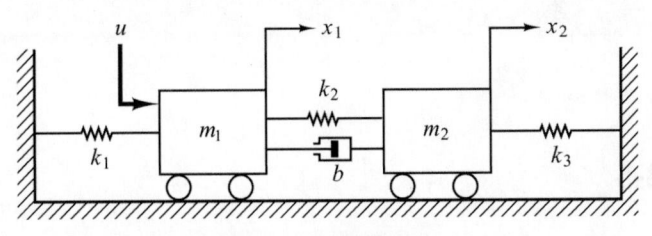

圖 3-4 機械系統

機械系統的運動方程式為

$$m_1\ddot{x}_1 = -k_1 x_1 - k_2(x_1 - x_2) - b(\dot{x}_1 - \dot{x}_2) + u$$

$$m_2\ddot{x}_2 = -k_3 x_2 - k_2(x_2 - x_1) - b(\dot{x}_2 - \dot{x}_1)$$

化簡可得

$$m_1\ddot{x}_1 + b\dot{x}_1 + (k_1 + k_2)x_1 = b\dot{x}_2 + k_2 x_2 + u$$

$$m_2\ddot{x}_2 + b\dot{x}_2 + (k_2 + k_3)x_2 = b\dot{x}_1 + k_2 x_1$$

假設零初始條件，求上二式的拉式變換得

$$[m_1 s^2 + bs + (k_1 + k_2)]X_1(s) = (bs + k_2)X_2(s) + U(s) \tag{3-5}$$

$$[m_2 s^2 + bs + (k_2 + k_3)]X_2(s) = (bs + k_2)X_1(s) \tag{3-6}$$

由 (3-6) 式解出 $X_2(s)$，代入 (3-5) 式，再化簡可得

$$[(m_1 s^2 + bs + k_1 + k_2)(m_2 s^2 + bs + k_2 + k_3) - (bs + k_2)^2]X_1(s)$$
$$= (m_2 s^2 + bs + k_2 + k_3)U(s)$$

因此可得

$$\frac{X_1(s)}{U(s)} = \frac{m_2 s^2 + bs + k_2 + k_3}{(m_1 s^2 + bs + k_1 + k_2)(m_2 s^2 + bs + k_2 + k_3) - (bs + k_2)^2} \tag{3-7}$$

再由 (3-6) 及 (3-7) 式可得

$$\frac{X_2(s)}{U(s)} = \frac{bs + k_2}{(m_1 s^2 + bs + k_1 + k_2)(m_2 s^2 + bs + k_2 + k_3) - (bs + k_2)^2} \tag{3-8}$$

(3-7) 及 (3-8) 式分別就是轉移函數 $X_1(s)/U(s)$ 與 $X_2(s)/U(s)$。

例題 3-5

圖 3-5 所示的是安裝在馬達驅動的推車的倒單擺系統。此為太空船推進器在發射架上的高度控制模型 (高度控制之目的在使得太空船推進器保

持垂直位置）。倒單擺系統如果沒有適當的控制力施加，在任何時刻可能倒下來，是不穩定的。我們只考慮二度空間的題目，其中倒單擺係在一個平面上運動。控制力 u 施加在推車上。假設倒單擺桿子的重力中心點在其幾何中心。現在我們要導出此系統的數學模型。

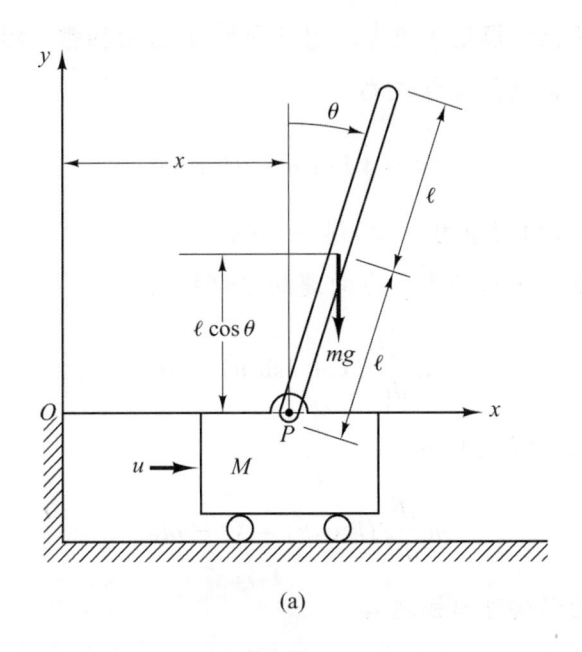

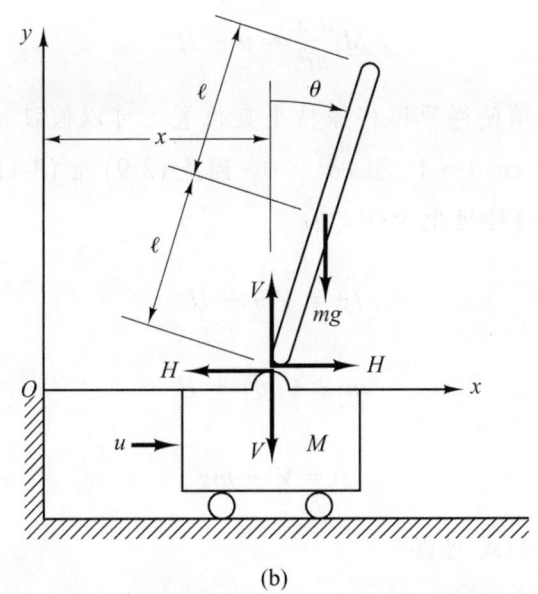

圖 3-5　(a) 倒單擺系統；(b) 自由物體之圖。

令單擺桿子與垂直線的偏轉角為 θ。單擺桿子的重力中心點的 (x, y) 座標為 (x_G, y_G)，則

$$x_G = x + l \sin \theta$$

$$y_G = l \cos \theta$$

欲導出此系統的數學模型，先考慮圖 3-5(b) 的自由物體之圖示。單擺桿針對重力中心的旋轉運動方程式為

$$I\ddot{\theta} = Vl \sin \theta - Hl \cos \theta \tag{3-9}$$

式中，I 是單擺桿針對重力中心的轉動慣量。

單擺桿針重力中心的水平方向運動方程式為

$$m \frac{d^2}{dt^2}(x + l \sin \theta) = H \tag{3-10}$$

其垂直方向運動方程式則為

$$m \frac{d^2}{dt^2}(l \cos \theta) = V - mg \tag{3-11}$$

水平方向推車的移動可以描述為

$$M \frac{d^2 x}{dt^2} = u - H \tag{3-12}$$

因為我們必須使得單擺桿保持垂直位置，可以假設 $\theta(t)$ 與 $\dot{\theta}(t)$ 皆很小，故 $\sin \theta \doteqdot \theta$，$\cos \theta = 1$，且 $\theta \dot{\theta}^2 = 0$。因此 (3-9) 至 (3-11) 式的方程式可以做線性化。所得線性化方程式如下

$$I\ddot{\theta} = Vl\theta - Hl \tag{3-13}$$

$$m(\ddot{x} + l\ddot{\theta}) = H \tag{3-14}$$

$$0 = V - mg \tag{3-15}$$

由 (3-12) 及 (3-14) 式可得

$$(M + m)\ddot{x} + ml\ddot{\theta} = u \tag{3-16}$$

由 (3-13)、(3-14) 及 (3-15) 式可得

$$I\ddot{\theta} = mgl\theta - Hl$$
$$= mgl\theta - l(m\ddot{x} + ml\ddot{\theta})$$

或

$$(I + ml^2)\ddot{\theta} + ml\ddot{x} = mgl\theta \tag{3-17}$$

(3-16) 及 (3-17) 式描述安裝在馬達驅動的推車之倒單擺系統的運動。其係為此系統的數學模型。

例題 3-6

考慮圖 3-6 所示的倒單擺系統。因為系統中，質量係集中於桿端，重力中心在單擺球之中心。因此，單擺桿對重力中心的轉動慣量非常小可以不計及，在 (3-17) 式中假設 $I = 0$。則系統的數學模型變成：

$$(M + m)\ddot{x} + ml\ddot{\theta} = u \tag{3-18}$$

$$ml^2\ddot{\theta} + ml\ddot{x} = mgl\theta \tag{3-19}$$

(3-18) 及 (3-19) 式修改成為

$$Ml\ddot{\theta} = (M + m)g\theta - u \tag{3-20}$$

$$M\ddot{x} = u - mg\theta \tag{3-21}$$

由 (3-18) 及 (3-19) 式中消去 $\ddot{x}$ 可得 (3-20) 式。由 (3-18) 及 (3-19) 式中消去 $\ddot{\theta}$ 可得 (3-21) 式。由 (3-20) 式可得本體轉移函數如下

$$\frac{\Theta(s)}{-U(s)} = \frac{1}{Mls^2 - (M + m)g}$$
$$= \frac{1}{Ml\left(s + \sqrt{\frac{M + m}{Ml}g}\right)\left(s - \sqrt{\frac{M + m}{Ml}g}\right)}$$

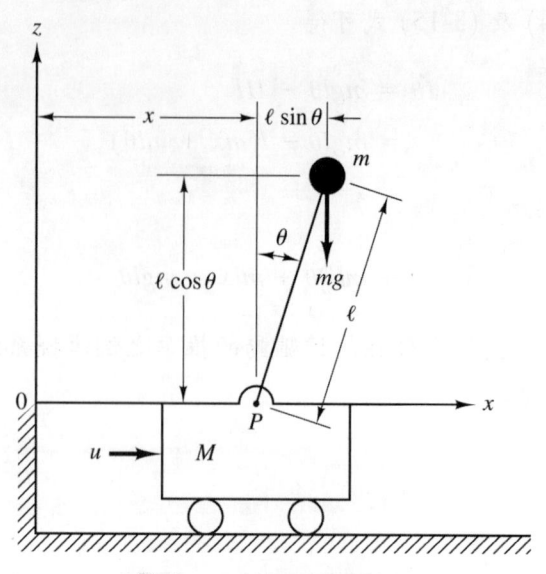

圖 3-6　倒單擺系統

倒單擺本體在負實軸上有一個極點 $\left[s = -(\sqrt{M+m}/\sqrt{Ml})\sqrt{g}\right]$，在正實軸上有另一個極點 $\left[s = (\sqrt{M+m}/\sqrt{Ml})\sqrt{g}\right]$。因此倒單擺本體是不穩定的。

定義狀態變數 x_1、x_2、x_3 及 x_4 如下

$$x_1 = \theta$$
$$x_2 = \dot{\theta}$$
$$x_3 = x$$
$$x_4 = \dot{x}$$

要注意到 θ 即是倒單擺桿子桿子點的轉角，x 為推車的位置。令 θ 及 x 為系統的輸出，則

$$\mathbf{y} = \begin{bmatrix} y_1 \\ y_2 \end{bmatrix} = \begin{bmatrix} \theta \\ x \end{bmatrix} = \begin{bmatrix} x_1 \\ x_3 \end{bmatrix}$$

(注意到 θ 及 x 皆是可輕易量測得到的變數。) 由 (3-20) 及 (3-21) 式及狀態變數定義，可得

$$\dot{x}_1 = x_2$$
$$\dot{x}_2 = \frac{M+m}{Ml} g x_1 - \frac{1}{Ml} u$$
$$\dot{x}_3 = x_4$$
$$\dot{x}_4 = -\frac{m}{M} g x_1 + \frac{1}{M} u$$

以向量與方程式表示為

$$\begin{bmatrix} \dot{x}_1 \\ \dot{x}_2 \\ \dot{x}_3 \\ \dot{x}_4 \end{bmatrix} = \begin{bmatrix} 0 & 1 & 0 & 0 \\ \dfrac{M+m}{Ml}g & 0 & 0 & 0 \\ 0 & 0 & 0 & 1 \\ -\dfrac{m}{M}g & 0 & 0 & 0 \end{bmatrix} \begin{bmatrix} x_1 \\ x_2 \\ x_3 \\ x_4 \end{bmatrix} + \begin{bmatrix} 0 \\ -\dfrac{1}{Ml} \\ 0 \\ \dfrac{1}{M} \end{bmatrix} u \qquad (3\text{-}22)$$

$$\begin{bmatrix} y_1 \\ y_2 \end{bmatrix} = \begin{bmatrix} 1 & 0 & 0 & 0 \\ 0 & 0 & 1 & 0 \end{bmatrix} \begin{bmatrix} x_1 \\ x_2 \\ x_3 \\ x_4 \end{bmatrix} \qquad (3\text{-}23)$$

(3-22) 及 (3-23) 式係為此倒單擺系統的狀態空間代表式。(注意到，代表一個系統的狀態空間代表式並非只有一個，事實上可以有無窮多個。)

3-3　電機系統的數學模型

　　支配電路系統的基本物理定律為克希荷夫電流定律及電壓定律。克希荷夫電流定律 (節點定律) 說明了，從一節點出來及進去的電流代數和等於零。(此定律也可以說明為，從一節點出來的電流總和等於進去此節點的電流總和。) 克希荷夫電壓定律 (迴路定律) 說明了，任何時刻環繞一個迴路之電壓代數和等於零。(此定律也可以陳述為，任何時刻環繞一個迴路之電壓降總和等於電壓升總和。) 電路系統的數學模型可以利用這二個定律的其中之一得出。

　　本節先要處理簡單的電路，然後再推導運算放大器系統的數學模型。

　　LRC 電路　　我們考慮圖 3-7 的電路。此電路含有一個 L (亨利) 的電感器，一個 R (歐姆) 的電阻器，及一個 C (法拉) 的電容器。在電路中施用克希荷夫電壓定律，可得如下方程式

▌圖 3-7　電路

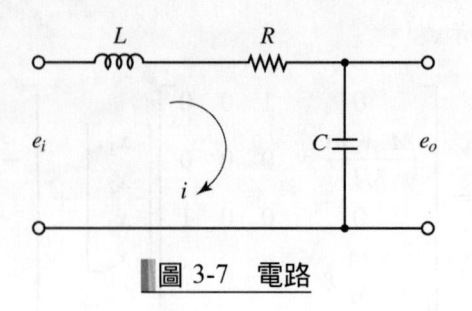

$$L\frac{di}{dt} + Ri + \frac{1}{C}\int i\,dt = e_i \tag{3-24}$$

$$\frac{1}{C}\int i\,dt = e_o \tag{3-25}$$

(3-24) 及 (3-25) 式係為此電路的數學模型。

此電路的轉移函數求法如下：假設所有初始條件為零，求取 (3-24) 及 (3-25) 式的拉式變換可得

$$LsI(s) + RI(s) + \frac{1}{C}\frac{1}{s}I(s) = E_i(s)$$

$$\frac{1}{C}\frac{1}{s}I(s) = E_o(s)$$

如果 e_i 為輸入，e_o 為輸出，則此電路的轉移函數為

$$\frac{E_o(s)}{E_i(s)} = \frac{1}{LCs^2 + RCs + 1} \tag{3-26}$$

圖 3-7 所示系統的狀態空間模型，求法如下：先由 (3-26) 式得到系統的微分方程式如下

$$\ddot{e}_o + \frac{R}{L}\dot{e}_o + \frac{1}{LC}e_o = \frac{1}{LC}e_i$$

定義出狀態如下

$$x_1 = e_o$$
$$x_2 = \dot{e}_o$$

及輸出與輸入變數

機械系統及電機系統的數學模型

$$u = e_i$$
$$y = e_o = x_1$$

可以得到

$$\begin{bmatrix} \dot{x}_1 \\ \dot{x}_2 \end{bmatrix} = \begin{bmatrix} 0 & 1 \\ -\dfrac{1}{LC} & -\dfrac{R}{L} \end{bmatrix} \begin{bmatrix} x_1 \\ x_2 \end{bmatrix} + \begin{bmatrix} 0 \\ \dfrac{1}{LC} \end{bmatrix} u$$

及

$$y = \begin{bmatrix} 1 & 0 \end{bmatrix} \begin{bmatrix} x_1 \\ x_2 \end{bmatrix}$$

這二個方程式就是系統的狀態空間數學模型。

串接元件之轉移函數 在回饋系統中，元件是一個接載一個的。現在考慮圖 3-8。如果 e_i 為輸入，e_o 為輸出。電容器 C_1 及 C_2 一開始未充電。電路的第二級 (R_2C_2 部分) 對第一級 (R_1C_1 部分) 造成負載效應。系統的方程式為

$$\frac{1}{C_1}\int (i_1 - i_2)\,dt + R_1 i_1 = e_i \tag{3-27}$$

及

$$\frac{1}{C_1}\int (i_2 - i_1)\,dt + R_2 i_2 + \frac{1}{C_2}\int i_2\,dt = 0 \tag{3-28}$$

$$\frac{1}{C_2}\int i_2\,dt = e_o \tag{3-29}$$

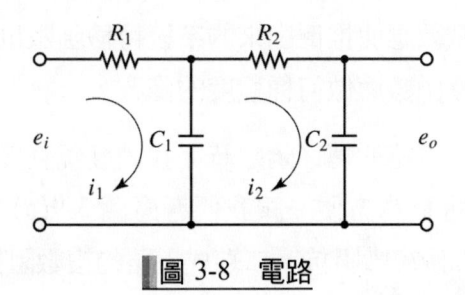

圖 3-8　電路

假設零初始條件，分別對方程式 (3-27) 至 (3-29) 式求拉式變換可得

$$\frac{1}{C_1 s}\left[I_1(s) - I_2(s)\right] + R_1 I_1(s) = E_i(s) \tag{3-30}$$

$$\frac{1}{C_1 s}\left[I_2(s) - I_1(s)\right] + R_2 I_2(s) + \frac{1}{C_2 s} I_2(s) = 0 \tag{3-31}$$

$$\frac{1}{C_2 s} I_2(s) = E_o(s) \tag{3-32}$$

由 (3-30) 至 (3-31) 式中消去 $I_1(s)$，且將 $E_i(s)$ 以 $I_2(s)$ 表示，可得 $E_o(s)$ 及 $E_i(s)$ 之間的轉移函數如下

$$\begin{aligned}\frac{E_o(s)}{E_i(s)} &= \frac{1}{(R_1 C_1 s + 1)(R_2 C_2 s + 1) + R_1 C_2 s} \\ &= \frac{1}{R_1 C_1 R_2 C_2 s^2 + (R_1 C_1 + R_2 C_2 + R_1 C_2)s + 1}\end{aligned} \tag{3-33}$$

在轉移函數分母中，$R_1 C_2 s$ 這一項，代表二個簡單 RC 電路之間的相互影響。因為 $(R_1 C_1 + R_2 C_2 + R_1 C_2)^2 > 4R_1 C_1 R_2 C_2$，所以 (3-33) 式分母中的二根皆為實根。

由目前的分析可知，如果二個 RC 電路串接，第一個電路的輸出成為第二個電路的輸入，則整體的轉移函數並非 $1/(R_1 C_1 s + 1)$ 與 $1/(R_2 C_2 s + 1)$ 之乘積。其原因在於，當我們推導每一個獨立電路的轉移函數時，我們很明確地假定其輸出是無任何負載效應的。亦即，輸出阻抗假設為無窮大，所以從輸出中沒有任何功率被取出來。而當第二個電路被加到第一個電路的輸出時，某些功率被取出來了，當初假設電路無負載效應是不正確的。因此假設電路無負載效應而推倒出來的系統轉移函數也是不正確的。負載效應程度決定了轉移函數應做何種程度的修改。

複數阻抗　推導電路的轉移函數時，我們發現直接寫出拉式變換式，而非微分方程式，會更為方便。讓我們考慮圖 3-9(a) 的系統。在此系統中，Z_1 及 Z_2 代表二個複數阻抗。二端式電路的複數阻抗定義為 $E(s)$，其為跨越電路二端電壓的拉式變換，與流過此元件電流的拉式變換 $I(s)$ 之

比，假設初始條件為零，因此 $Z(s)=E(s)/I(s)$。二端元件電阻器 R、電容器 C 或電感器 L 的複數阻抗分別是 R、$1/Cs$ 或 Ls。如果複數阻抗串聯，則其總阻抗等於各分別複數阻抗之和。

要注意到的是，複數阻抗方法只適用於初始條件為零。因為推導電路的轉移函數時，亦需始條件為零，所以電路的轉移函數可以經由複數阻抗法得出。此種方法有效地簡化了電路轉移函數的推導。

考慮圖 3-9(b) 的電路。假設 e_i 及 e_o 分別是電路的輸入及輸出，則此電路的轉移函數為

$$\frac{E_o(s)}{E_i(s)} = \frac{Z_2(s)}{Z_1(s) + Z_2(s)}$$

對於圖 3-7 的系統，

$$Z_1 = Ls + R, \quad Z_2 = \frac{1}{Cs}$$

因此，轉移函數 $E_o(s)/E_i(s)$ 為

$$\frac{E_o(s)}{E_i(s)} = \frac{\frac{1}{Cs}}{Ls + R + \frac{1}{Cs}} = \frac{1}{LCs^2 + RCs + 1}$$

當然了，結果與 (3-26) 式相同。

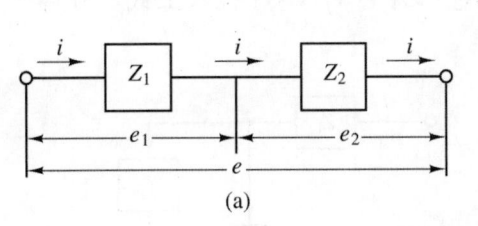

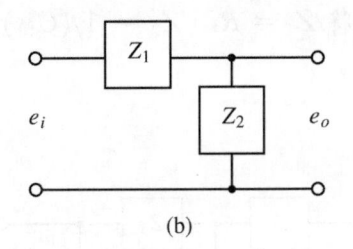

圖 3-9 電路

例題 3-7

再考慮圖 3-8 的系統。利用複數阻抗方法求出轉移函數 $E_o(s)/E_i(s)$。（電容器 C_1 及 C_2 初始未充電。）

圖 3-8 的電路可重製如圖 3-10(a)，再繪製如圖 3-10(b)。

圖 3-10(b) 的系統中，電流 I 分成二個電流 I_1 及 I_2。注意到

$$Z_2 I_1 = (Z_3 + Z_4) I_2, \quad I_1 + I_2 = I$$

可得

$$I_1 = \frac{Z_3 + Z_4}{Z_2 + Z_3 + Z_4} I, \quad I_2 = \frac{Z_2}{Z_2 + Z_3 + Z_4} I$$

因為

$$E_i(s) = Z_1 I + Z_2 I_1 = \left[Z_1 + \frac{Z_2(Z_3 + Z_4)}{Z_2 + Z_3 + Z_4} \right] I$$

$$E_o(s) = Z_4 I_2 = \frac{Z_2 Z_4}{Z_2 + Z_3 + Z_4} I$$

可得

$$\frac{E_o(s)}{E_i(s)} = \frac{Z_2 Z_4}{Z_1(Z_2 + Z_3 + Z_4) + Z_2(Z_3 + Z_4)}$$

將 $Z_1 = R_1$，$Z_2 = 1/(C_1 s)$，$Z_3 = R_2$，$Z_4 = 1/(C_2 s)$ 代入上式，可得

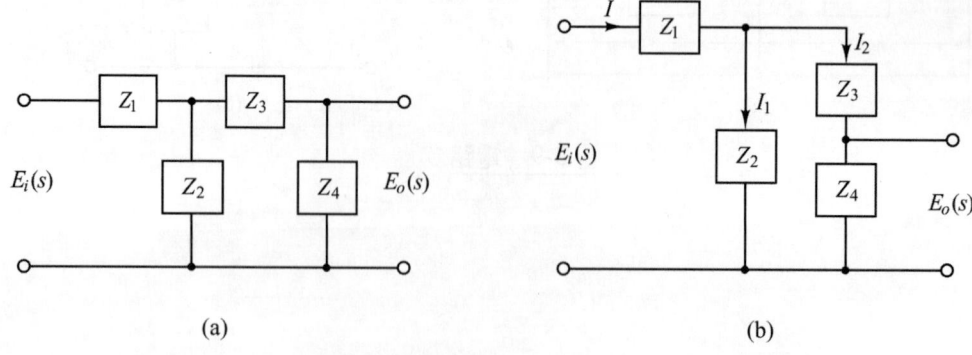

圖 3-10　(a) 圖 3-8 用阻抗表示的電路；(b) 等效電路圖。

$$\frac{E_o(s)}{E_i(s)} = \frac{\frac{1}{C_1 s}\frac{1}{C_2 s}}{R_1\left(\frac{1}{C_1 s} + R_2 + \frac{1}{C_2 s}\right) + \frac{1}{C_1 s}\left(R_2 + \frac{1}{C_2 s}\right)}$$

$$= \frac{1}{R_1 C_1 R_2 C_2 s^2 + (R_1 C_1 + R_2 C_2 + R_1 C_2)s + 1}$$

此結果與 (3-33) 式一樣。

無加載串接元件的轉移函數 將二個無加載串接元件中間的輸入及輸出變數消去，就可以得到系統的轉移函數。例如考慮圖 3-11(a) 的系統。各元件的轉移函數為

$$G_1(s) = \frac{X_2(s)}{X_1(s)} \quad \text{與} \quad G_2(s) = \frac{X_3(s)}{X_2(s)}$$

如果第二級元件的輸入阻抗是無窮大，則第一級元件的輸出接上第二級元件是不會受到影響的。則整個系統的轉移函數為

$$G(s) = \frac{X_3(s)}{X_1(s)} = \frac{X_2(s)X_3(s)}{X_1(s)X_2(s)} = G_1(s)G_2(s)$$

所以整個系統的轉移函數為各自元件的轉移函數相乘之結果。參見圖 3-11(b)。

我們用圖 3-12 為例說明之。在結合電路時，我們常用隔離放大器插入兩個電路當中，使其間無負載效應。放大器之輸入阻抗是無窮大的，在兩個電路當中插入放大器可以產生無負載效應之可能。

圖 3-12 中，二個簡單的 RC 電路係以放大器隔離之，其相互之間沒有什麼負載效應之影響，因此整個電路的轉移函數為各自電路的轉移函數相乘。

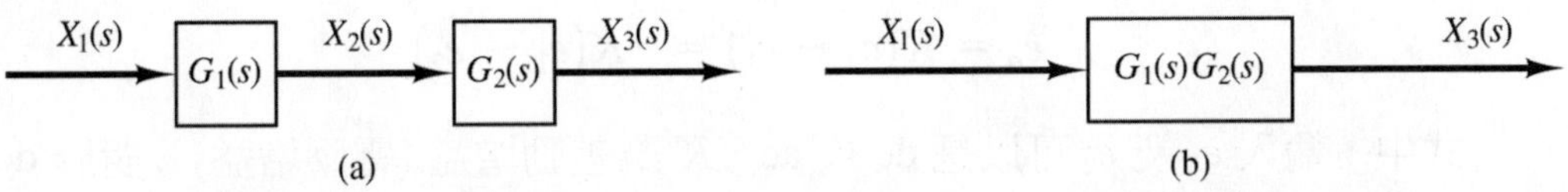

圖 3-11 (a) 二個無加載串接元件的系統；(b) 等效系統。

图 3-12　電子系統

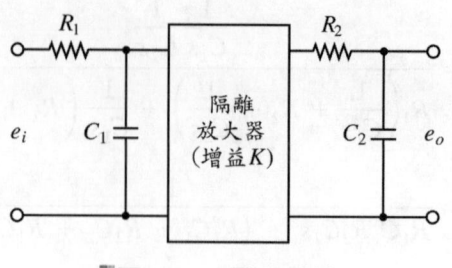

$$\frac{E_o(s)}{E_i(s)} = \left(\frac{1}{R_1C_1s+1}\right)(K)\left(\frac{1}{R_2C_2s+1}\right)$$
$$= \frac{K}{(R_1C_1s+1)(R_2C_2s+1)}$$

電子控制器　以下我們要介紹使用運算放大器的電子控制器。我們先要推導出簡單運算放大器的轉移函數。之後，運算放大器控制器及其轉移函數將以表格方式查照之。

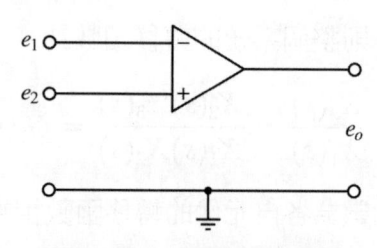

图 3-13　運算放大器

運算放大器　運算放大器，簡稱 op amp，常使用於感知器電路中做信號放大。op amp 也常使用於濾波器做補償用途。圖 3-13 所示為運算放大器。習慣上令地端為零伏特，再量測輸入 e_1 及 e_2 對地之間的相對電壓。輸入於放大器負符號端的信號 e_1 會被反相，而輸入於放大器正符號端的信號 e_2 不會被反相。放大器的總輸入為 $e_2 - e_1$。因此，在圖 3-13 中，可得

$$e_o = K(e_2 - e_1) = -K(e_1 - e_2)$$

式中，輸入 e_1 及 e_2 可以是 dc 或 ac，K 為差動增益（電壓增益）。對於 dc 或 ac 信號工作頻率約低於 10 Hz 時，K 之值約在 $10^5 \sim 10^6$。（差動增益會

隨著信號頻率增高而減少，在頻率 1 MHz～50 MHz 時，下降至 1。) 注意到 op amp 係對於 e_1 及 e_2 之間的差做放大。所以這種放大器又常稱為差動放大器。因為 op amp 的增益非常高，輸出與輸入之間須施加負回饋，以使得放大器穩定工作。(從輸出端至反相輸入之間施加回饋為負回饋。)

理想的 op amp 並無電流進入輸入端，並且輸出端也不會受到加上的負載影響到。亦即，輸入阻抗無窮大，輸出阻抗等於零。實際上，有微小的電流進入輸入端 (幾乎可以忽略之)，輸出遭受到的負載影響也是非常少。因此當我們做分析時，我們假設 op amp 為理想的情況。

反相放大器 考慮圖 3-14 的運算放大器電路。我們要求得輸出電壓 e_o。

此電路的方程式如下求得：令

$$i_1 = \frac{e_i - e'}{R_1}, \quad i_2 = \frac{e' - e_o}{R_2}$$

由於流入放大器輸入端的電流甚為微小，電流 i_1 等於 i_2。因此

$$\frac{e_i - e'}{R_1} = \frac{e' - e_o}{R_2}$$

因為 $K(0 - e') = e_o$ 且 $K \gg 1$，$e' \doteq 0$。所以可得

$$\frac{e_i}{R_1} = \frac{-e_o}{R_2}$$

或

$$e_o = -\frac{R_2}{R_1} e_i$$

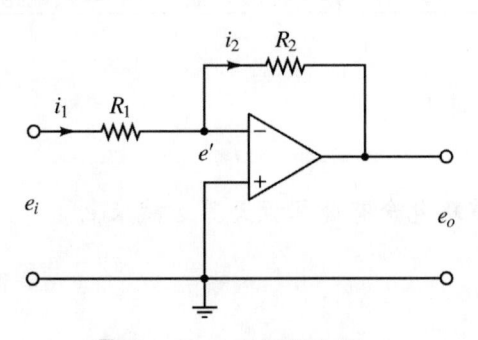

圖 3-14 反相放大器

所以所示電路是反相放大器。如果 $R_1 = R_2$，則 op amp 電路變成符號變換器。

非反相放大器　圖 3-15(a) 所示為非反相放大器。圖 3-15(b) 為其等效電路。由圖 3-15(b) 可得

$$e_o = K\left(e_i - \frac{R_1}{R_1 + R_2}e_o\right)$$

式中，K 為放大器的差動增益。由最後一式可得

$$e_i = \left(\frac{R_1}{R_1 + R_2} + \frac{1}{K}\right)e_o$$

因為 $K \gg 1$，若 $R_1/(R_1+ R_2) \gg 1/K$，則

$$e_o = \left(1 + \frac{R_2}{R_1}\right)e_i$$

此方程式可得電壓 e_o。因為 e_o 及 e_i 同號，則圖 3-15(a) 所示的電路為非反相放大器。

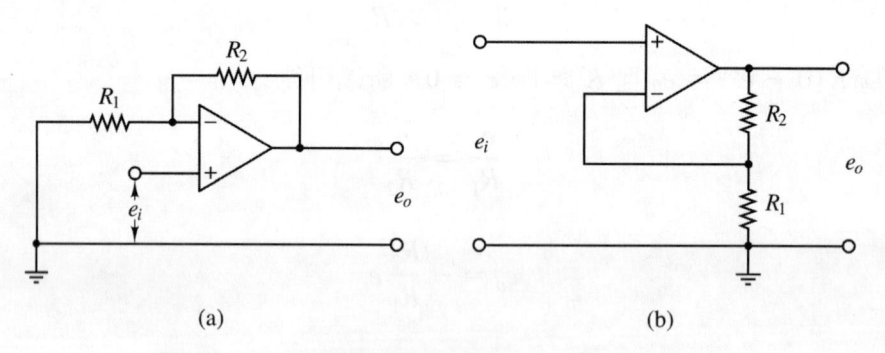

圖 3-15　(a) 非反相放大器；(b) 等效電路。

例題 3-8

圖 3-16 所示電路包含有運算放大器。試求 e_o。

先定義

$$i_1 = \frac{e_i - e'}{R_1}, \quad i_2 = C\frac{d(e' - e_o)}{dt}, \quad i_3 = \frac{e' - e_o}{R_2}$$

注意到，進入放大器的電流可以忽略之，可得

$$i_1 = i_2 + i_3$$

因此

$$\frac{e_i - e'}{R_1} = C\frac{d(e' - e_o)}{dt} + \frac{e' - e_o}{R_2}$$

因為 $e' \doteq 0$，可得

$$\frac{e_i}{R_1} = -C\frac{de_o}{dt} - \frac{e_o}{R_2}$$

假設零初始條件，對上一式求拉式變換，得到

$$\frac{E_i(s)}{R_1} = -\frac{R_2Cs + 1}{R_2}E_o(s)$$

可寫成

$$\frac{E_o(s)}{E_i(s)} = -\frac{R_2}{R_1}\frac{1}{R_2Cs + 1}$$

圖 3-16 所示電路是一階相位落後電路。(還有其他運算放大器電路及其轉移函數出現在表 3-1 中。表 3-1 參見 87 頁。)

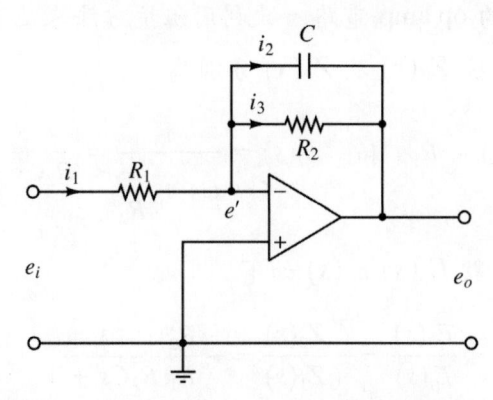

圖 3-16　使用運算放大器的一階滯相電路

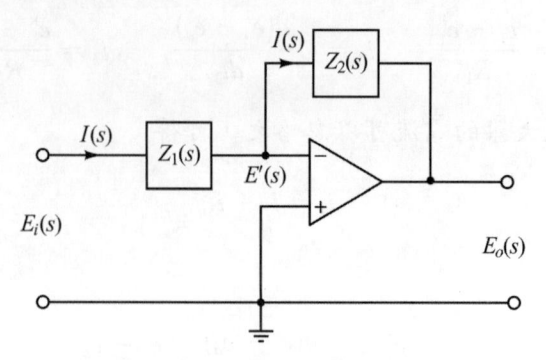

圖 3-17　運算放大器電路

阻抗方法求出轉移函數　考慮圖 3-17 的 op amp 電路。先前應用於電路的阻抗方法，可以再利用來求得 op amp 電路的轉移函數。於圖 3-17 中，得到

$$\frac{E_i(s) - E'(s)}{Z_1} = \frac{E'(s) - E_o(s)}{Z_2}$$

因為 $E'(s) \doteq 0$，可得

$$\frac{E_o(s)}{E_i(s)} = -\frac{Z_2(s)}{Z_1(s)} \tag{3-34}$$

例題 3-9

參見圖 3-16 的 op amp 電路，欲利用阻抗方法求 $E_o(s)/E_i(s)$。電路的複數阻抗 $Z_1(s)$ 及 $Z_2(s)$ 分別為

$$Z_1(s) = R_1 \quad 和 \quad Z_2(s) = \frac{1}{Cs + \frac{1}{R_2}} = \frac{R_2}{R_2Cs + 1}$$

因此，可得轉移函數 $E_o(s)/E_i(s)$ 如下

$$\frac{E_o(s)}{E_i(s)} = -\frac{Z_2(s)}{Z_1(s)} = -\frac{R_2}{R_1}\frac{1}{R_2Cs + 1}$$

當然，此結果與例題 3-8 得到的一致。

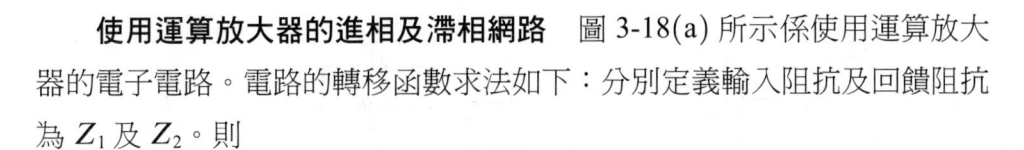

使用運算放大器的進相及滯相網路　圖 3-18(a) 所示係使用運算放大器的電子電路。電路的轉移函數求法如下：分別定義輸入阻抗及回饋阻抗為 Z_1 及 Z_2。則

$$Z_1 = \frac{R_1}{R_1C_1s + 1}, \quad Z_2 = \frac{R_2}{R_2C_2s + 1}$$

因此，參考 (3-34) 式，可得

$$\frac{E(s)}{E_i(s)} = -\frac{Z_2}{Z_1} = -\frac{R_2}{R_1}\frac{R_1C_1s + 1}{R_2C_2s + 1} = -\frac{C_1}{C_2}\frac{s + \frac{1}{R_1C_1}}{s + \frac{1}{R_2C_2}} \qquad (3\text{-}35)$$

注意，(3-35) 式所示的轉移函數有負號。所以此電路會做變號。如果實用上這種變號不方便，可在圖 3-18(a) 電路的輸入處或輸出處再接上一個變號電路。例如圖 3-18(b) 所示。變號電路的轉移函數為

$$\frac{E_o(s)}{E(s)} = -\frac{R_4}{R_3}$$

亦即，變號電路具有增益 $-R_4/R_3$。所以圖 3-18(b) 所示的網路有如下的轉移函數：

$$\frac{E_o(s)}{E_i(s)} = \frac{R_2R_4}{R_1R_3}\frac{R_1C_1s + 1}{R_2C_2s + 1} = \frac{R_4C_1}{R_3C_2}\frac{s + \frac{1}{R_1C_1}}{s + \frac{1}{R_2C_2}}$$

$$= K_c\alpha\frac{Ts + 1}{\alpha Ts + 1} = K_c\frac{s + \frac{1}{T}}{s + \frac{1}{\alpha T}} \qquad (3\text{-}36)$$

式中，

$$T = R_1C_1, \quad \alpha T = R_2C_2, \quad K_c = \frac{R_4C_1}{R_3C_2}$$

注意到

83

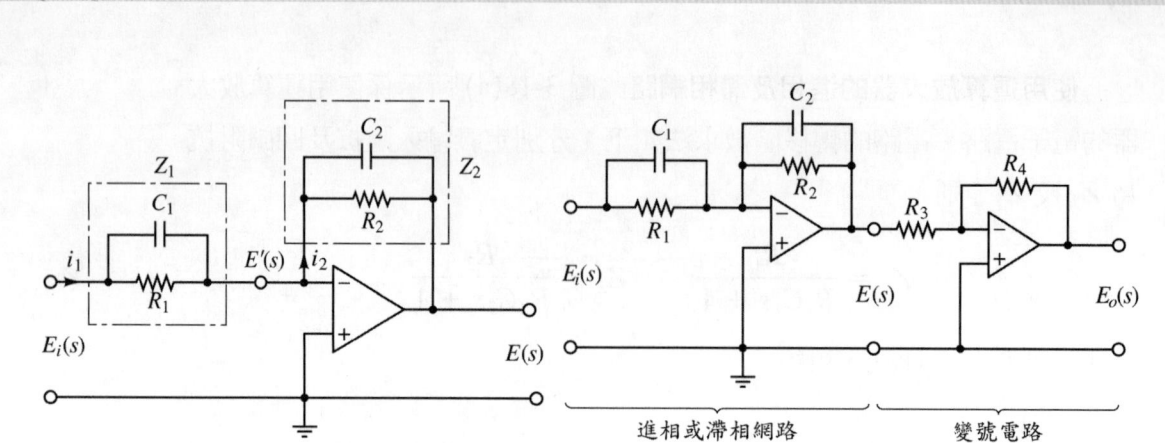

圖 3-18 (a) 運算放大器電路；(b) 使用運算放大器電路的進相及滯相補償器。

$$K_c \alpha = \frac{R_4 C_1}{R_3 C_2} \frac{R_2 C_2}{R_1 C_1} = \frac{R_2 R_4}{R_1 R_3}, \qquad \alpha = \frac{R_2 C_2}{R_1 C_1}$$

此網路具有 dc 增益 $K_c \alpha = R_2 R_4/(R_1 R_3)$。

要注意到此網路，其轉移函數如 (3-36) 式，當 $R_1 C_1 > R_2 C_2$，或 $\alpha < 1$ 時，係為進相網路。當 $R_1 C_1 < R_2 C_2$ 時，其為進相網路。

使用運算放大器的 PID 控制器　圖 3-19 所示係為使用運算放大器的電子式比例加積分加微分控制器 (PID 控制器)。轉移函數 $E(s)/E_i(s)$ 為

$$\frac{E(s)}{E_i(s)} = -\frac{Z_2}{Z_1}$$

式中

$$Z_1 = \frac{R_1}{R_1 C_1 s + 1}, \qquad Z_2 = \frac{R_2 C_2 s + 1}{C_2 s}$$

因此

$$\frac{E(s)}{E_i(s)} = -\left(\frac{R_2 C_2 s + 1}{C_2 s}\right)\left(\frac{R_1 C_1 s + 1}{R_1}\right)$$

注意到

$$\frac{E_o(s)}{E(s)} = -\frac{R_4}{R_3}$$

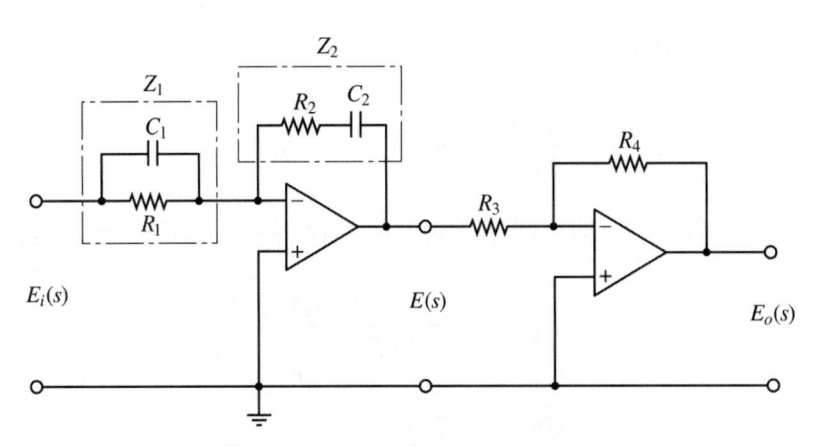

圖 3-19　電子式 PID 控制器

使得

$$\frac{E_o(s)}{E_i(s)} = \frac{E_o(s)}{E(s)} \frac{E(s)}{E_i(s)} = \frac{R_4 R_2}{R_3 R_1} \frac{(R_1 C_1 s + 1)(R_2 C_2 s + 1)}{R_2 C_2 s}$$

$$= \frac{R_4 R_2}{R_3 R_1} \left(\frac{R_1 C_1 + R_2 C_2}{R_2 C_2} + \frac{1}{R_2 C_2 s} + R_1 C_1 s \right)$$

$$= \frac{R_4 (R_1 C_1 + R_2 C_2)}{R_3 R_1 C_2} \left[1 + \frac{1}{(R_1 C_1 + R_2 C_2)s} + \frac{R_1 C_1 R_2 C_2}{R_1 C_1 + R_2 C_2} s \right] \tag{3-37}$$

注意到第二個運算放大器的功能為變號電路及增益調節。

當 PID 控制器表達成為

$$\frac{E_o(s)}{E_i(s)} = K_p \left(1 + \frac{T_i}{s} + T_d s \right)$$

K_p 稱為比例增益，T_i 為積分常數，且 T_d 是微分常數。由 (3-37) 式可得比例增益 K_p，積分常數 T_i，微分常數 T_d 如下：

$$K_p = \frac{R_4 (R_1 C_1 + R_2 C_2)}{R_3 R_1 C_2}$$

$$T_i = \frac{1}{R_1 C_1 + R_2 C_2}$$

$$T_d = \frac{R_1 C_1 R_2 C_2}{R_1 C_1 + R_2 C_2}$$

當 PID 控制器表達為

$$\frac{E_o(s)}{E_i(s)} = K_p + \frac{K_i}{s} + K_d s$$

K_p 稱為比例增益，K_i 稱為積分增益，且 K_d 稱為微分增益。對於此控制器

$$K_p = \frac{R_4(R_1C_1 + R_2C_2)}{R_3R_1C_2}$$

$$K_i = \frac{R_4}{R_3R_1C_2}$$

$$K_d = \frac{R_4R_2C_1}{R_3}$$

表 3-1 所示係做為控制器及補償器之一序列運算放大器電路。

■■■ 習 題

B-3-1 試求出圖 3-30 所示系統的等效黏滯磨擦係數 b_{eq}。

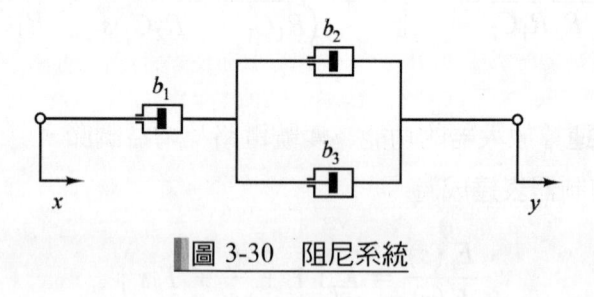

▍圖 3-30 阻尼系統

B-3-2 試求出圖 3-31(a) 及 (b) 所示機械系統的數學模型。

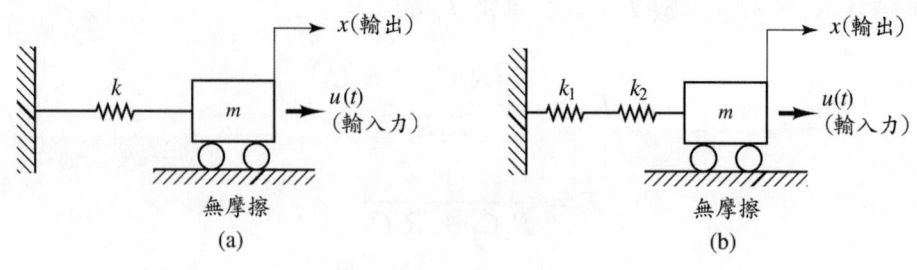

▍圖 3-31 機械系統

表 3-1　可以作為補償器之運算放大器電路

	控制動作	$G(s) = \dfrac{E_o(s)}{E_i(s)}$	運算放大器電路
1	P	$\dfrac{R_4}{R_3}\dfrac{R_2}{R_1}$	
2	I	$\dfrac{R_4}{R_3}\dfrac{1}{R_1C_2 s}$	
3	PD	$\dfrac{R_4}{R_3}\dfrac{R_2}{R_1}(R_1C_1 s + 1)$	
4	PI	$\dfrac{R_4}{R_3}\dfrac{R_2}{R_1}\dfrac{R_2C_2 s + 1}{R_2C_2 s}$	
5	PID	$\dfrac{R_4}{R_3}\dfrac{R_2}{R_1}\dfrac{(R_1C_1 s + 1)(R_2C_2 s + 1)}{R_2C_2 s}$	
6	進相或滯相	$\dfrac{R_4}{R_3}\dfrac{R_2}{R_1}\dfrac{R_1C_1 s + 1}{R_2C_2 s + 1}$	
7	滯相或進相	$\dfrac{R_6}{R_5}\dfrac{R_4}{R_3}\dfrac{[(R_1 + R_3)C_1 s + 1](R_2C_2 s + 1)}{(R_1C_1 s + 1)[(R_2 + R_4)C_2 s + 1]}$	

B-3-3 試求出圖 3-32 所示機械系統的狀態空間代表式。式中 u_1 及 u_2 為輸入，y_1 及 y_2 為輸出。

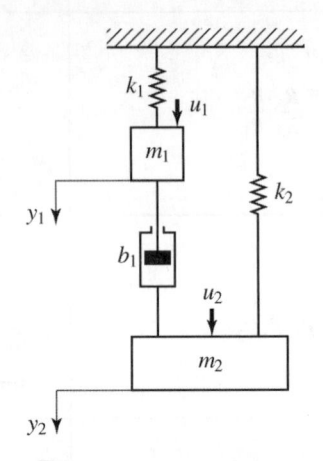

圖 3-32　機械系統

B-3-4 考慮如圖 3-33 所示的彈簧—負載之單擺系統。假設單擺在垂直位置時，或 $\theta = 0$，彈簧無作用力加諸其上。又假設黏滯磨擦忽略不計，且振盪角 θ 很小。試求出系統的數學模型。

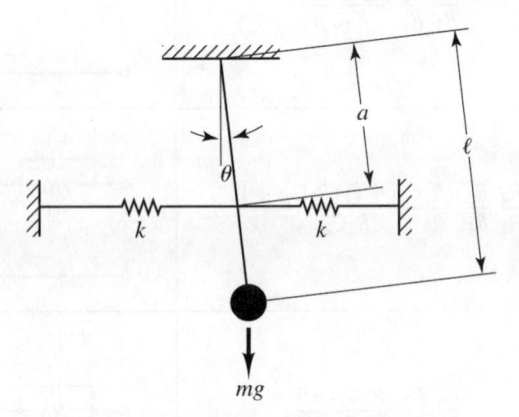

圖 3-33　彈簧—負載之單擺系統

B-3-5 參見例題 3-5 及例題 3-6，考慮圖 3-34 所示的倒單擺系統。假設倒單擺的質量為 m，平均分布於擺桿上。(倒單擺之重力中心位於擺桿中央。) 假設 θ 很小，試推導出系統的微分方程式、轉移函數及狀態空間方程式等數學模型。

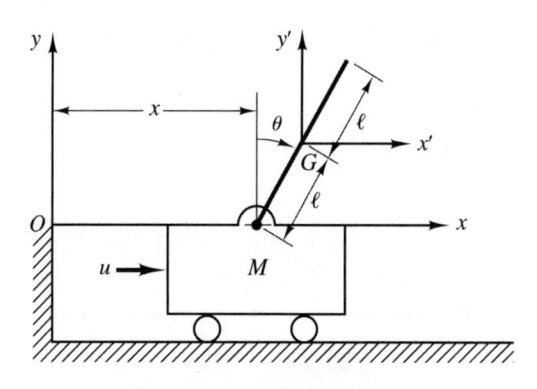

圖 3-34　倒單擺系統

B-3-6　試求出圖 3-35 所示機械系統的轉移函數 $X_1(s)/U(s)$ 及 $X_2(s)/U(s)$。

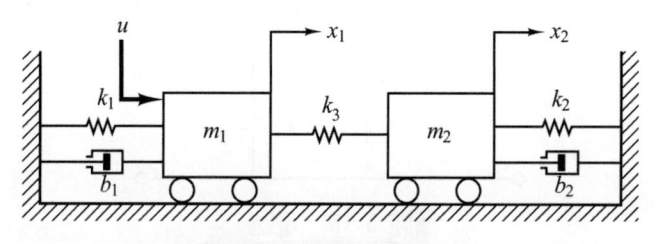

圖 3-35　機械系統

B-3-7　試求出圖 3-36 所示電路的轉移函數 $E_o(s)/E_i(s)$。

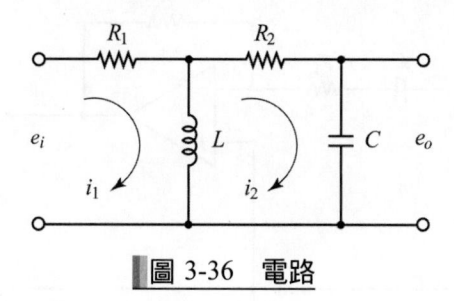

圖 3-36　電路

B-3-8 考慮圖 3-37 所示電路，試利用方塊圖求轉移函數 $E_o(s)/E_i(s)$。

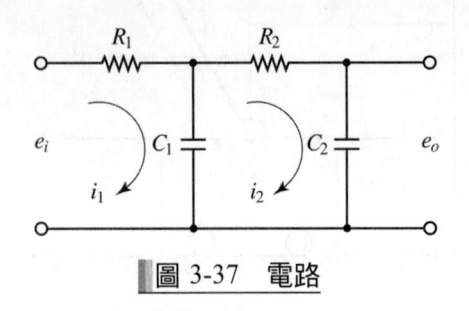

圖 3-37 電路

B-3-9 試求出圖 3-38 所示電路的轉移函數。並繪出與其類比之機械系統。

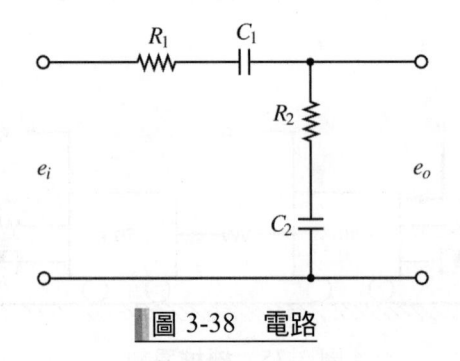

圖 3-38 電路

B-3-10 試求出圖 3-39 所示運算放大器電路的轉移函數 $E_o(s)/E_i(s)$。

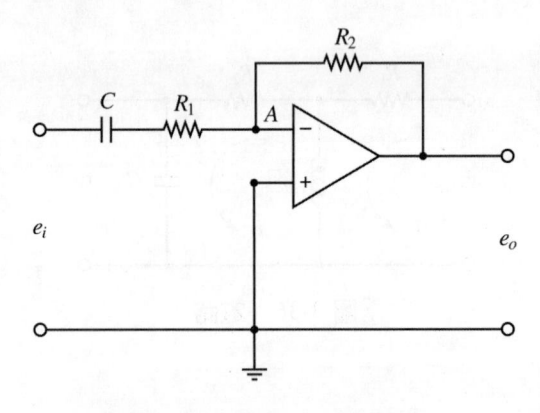

圖 3-39 運算放大器電路

B-3-11 試求出圖 3-40 所示運算放大器電路的轉移函數 $E_o(s)/E_i(s)$。

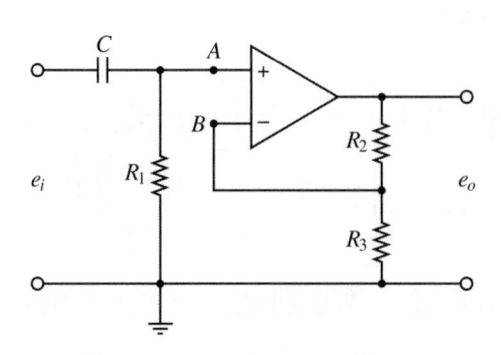

圖 3-40 運算放大器電路

B-3-12 試利用阻抗法求出圖 3-41 所示運算放大器電路的轉移函數 $E_o(s)/E_i(s)$。

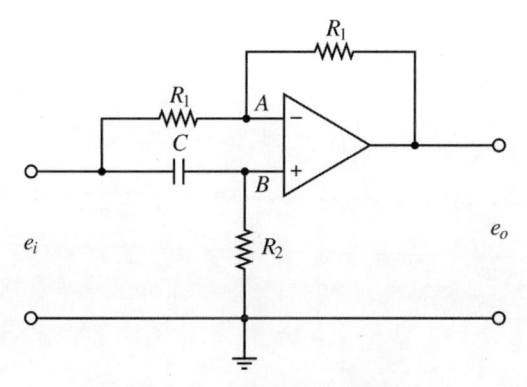

圖 3-41 運算放大器電路

B-3-13 考慮圖 3-42 所示系統。電樞控制的 dc 伺服馬達驅動了轉動慣量為 J_L 的負載。馬達產生的力矩為 T。馬達轉軸本身的轉動慣量為 J_m。θ_m 及 θ 各為馬達轉軸及負載元件的轉角位移。$n = \theta/\theta_m$ 為齒數比。試求轉移函數 $\Theta(s)/E_i(s)$。

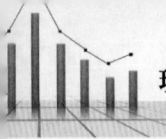

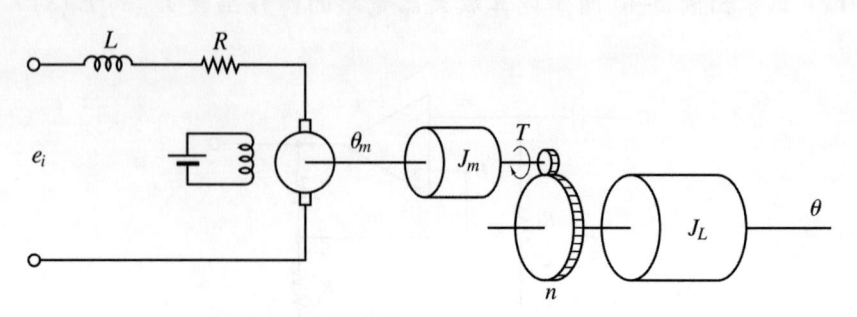

圖 3-42　電樞控制的 dc 伺服馬達系統

Chapter 4

流體系統及熱系統的數學模型

4-1 引　言

　　本章討論流體系統與熱系統之數學模型。因為流體—液體及氣體在傳送信號及功率的功能上係為一種多彩多姿的媒介，是故廣用於一般工業界。液體及氣體之特點在於不可壓縮，液體表面是自由的，氣體則可以充滿其容器。工程領域中，氣壓 (pneumatic) 係指使用空氣或氣體的系統，而液壓 (hydraulic) 係指使用油體的系統。

　　我們先要討論廣用於一般程序控制的液位系統。此時要介紹描述這種系統動態的阻尼及容量觀念。然後再討論氣壓系統。這種系統廣用於一般自動生產機器及自動控制器之領域。例如，氣壓回路可將空氣的壓縮能量轉換成為機械能量而提供廣泛用途。各種形形色色的氣壓控制器也是廣用於一般工業界。再來我們要介紹液壓伺服系統。這些系統廣用於一般工具機系統及航空控制等系統。我們要介紹液壓伺服系統及液壓控制器的基本觀念。氣壓及液壓系統皆可以利用阻尼及容量觀念，很容易地推導出數學模型。最後，我們要討論簡單的熱系統。這種系統涉及由一個物質傳送至另一個物質的熱傳導。利用熱阻尼及熱容量觀念，很容易地推導出這種系統的數學模型。

　　本章要點　4-1 節介紹本章的引介資料。4-2 節要討論液位系統。4-3 節討論氣壓系統，尤其是基本氣壓控制器之原理。在 4-4 節我們先要討論液壓伺服系統，然後再處理氣壓控制器。最後在 4-5 節我們要分析熱系統並且推導出這些系統的數學模型。

4-2　液位系統

　　分析流體的流動時，必須根據其雷諾係數的大小，將流動方式區分為線流型的或是湍流型。如果雷諾數值高於 3000 至 4000，則其為湍流型。如果雷諾係數少於 2000，則其為線流型。線流型的流動方式是沒有湍流線的流動。線流型流動的系統可用線性微分方程式描述之。

流體系統及熱系統的數學模型

工業程序上常常涉及液體在接通的管路或容器之間流動。這種程序相關的流動方式通常是湍流型而非線流型。湍流型流動的系統須使用非線性微分方程式描述之。然而，如果操作在有限空間，則非線性微分方程式可以被線性化。在本章的液位系統，我們只針對線性化數學模型作討論。注意，利用阻尼及容量觀念，可以很容易地推導出簡單形式的動態特性以描述液位系統。

液位系統的阻尼及容量　現在我們考慮一短管接通二個水箱時的流動情形。在短管中液體流動的阻尼 R，或限制，係以不同的液位差 (兩個容器中不同液位差) 所造成一單位的流動率變化定義之；亦即，

$$R = \frac{\text{變動的液位差, m}}{\text{變動的流動率, m}^3/\text{sec}}$$

因為流動率與液位差在線流型及湍流型的關係有所不同，二者分別討論如後。

考慮圖 4-1(a) 的液位系統。在此系統中，液體從水箱邊的負載閥噴出。如果流經此阻尼是線流型，則穩態流動率與穩態液位上端代表的阻尼是

$$Q = KH$$

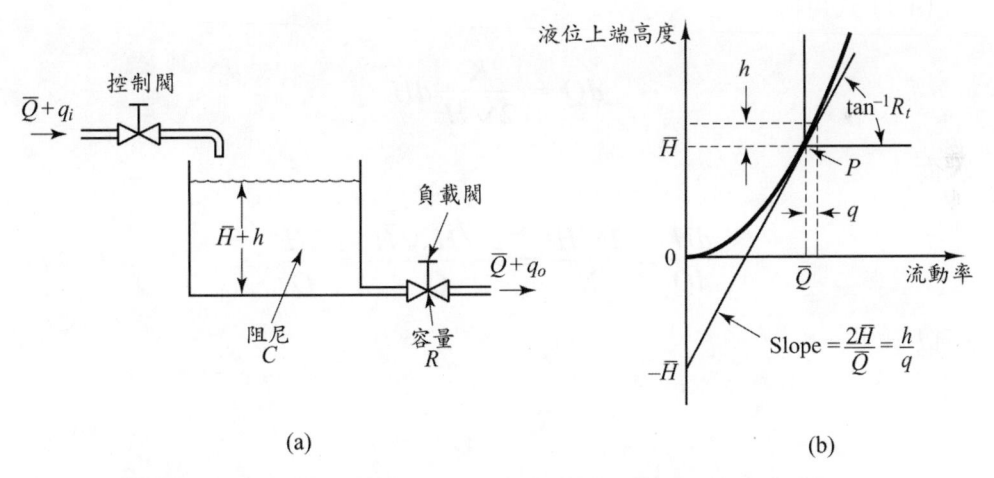

圖 4-1　(a) 液位系統；(b) 液位上端對流動率之關係曲線。

式中，Q = 穩態流動率，m^3/sec

K = 係數，m^2/sec

H = 穩態液位上端高，m

對於線流型而言，阻尼 R_l 為

$$R_l = \frac{dH}{dQ} = \frac{H}{Q}$$

線流型的阻尼為定值，類比於電阻。

如果流經此阻尼是湍流型，則穩態流動率為

$$Q = K\sqrt{H} \tag{4-1}$$

式中，Q = 穩態液體流動率，m^3/sec

K = 係數，$m^{2.5}/sec$

H = 穩態液位上端高，m

湍流型的阻尼 R_t 為

$$R_t = \frac{dH}{dQ}$$

由 (4-1) 式可得

$$dQ = \frac{K}{2\sqrt{H}} dH$$

因而

$$\frac{dH}{dQ} = \frac{2\sqrt{H}}{K} = \frac{2\sqrt{H}\sqrt{H}}{Q} = \frac{2H}{Q}$$

所以，

$$R_t = \frac{2H}{Q}$$

湍流型的阻尼 R_t 與其流動率及液位上端高皆有關聯。然而，如果流動率及液位上端高的變化量很小，則 R_t 可以考慮為定值。

由湍流型的阻尼，Q 與 H 的關係可以表達成

$$Q = \frac{2H}{R_t}$$

如果液位高及流動率相對於其穩態值之變異甚小，則上述的線性化是有效的。

在許多場合中，(4-1) 式的係數 K，其相依於流動係數及阻尼器的面積，是未知的。這時候可依照實驗所得數據，繪製相對於流動率的曲線，測量經過工作點的斜率以決定阻尼。參見圖 4-1(b) 的例子。圖中 P 是穩態工作點。經過 P 點作切線與座標軸交於 $(0, -\bar{H})$。因此，切線的斜率是 $2\bar{H}/\bar{Q}$。因為在工作點 P 的阻尼 R_t 為 $2\bar{H}/\bar{Q}$，經過工作點的斜率即是阻尼 R_t。

現在考慮在工作點 P 附近的工作情況。液位高與其穩態值的差異值定義為 h，相對應的流動率定義為 q。則曲線在 P 點的斜率為

$$\text{曲線在 } P \text{ 點的斜率} = \frac{h}{q} = \frac{2\bar{H}}{\bar{Q}} = R_t$$

線性近似之原理在於，當工作的情況變化不大時，真正的曲線與切線相離不遠。

水箱之容量 C 定義為，產生一單位的位勢 (液位高) 所需的儲存液體之變化量。(位勢係代表系統能量階位之量。)

$$C = \frac{\text{液體改變量，m}^3}{\text{液位改變量，m}}$$

必須注意，水箱容積 (m^3) 與容量 (m^2) 是不同的。水箱之容量為其截面積。如果截面積是常數，則對於任何水位，此容量係為定值。

液位系統 考慮圖 4-1(a) 的系統。定義各變數如下：

$\bar{Q}$ = 穩態流動率 (在任何變化之前)，m^3/sec

q_i = 針對穩態值的微小變化流入流動率，m^3/sec

q_o = 針對穩態值的微小變化流出流動率，m^3/sec

$\bar{H}$ = 穩態液位值 (在任何變化之前)，m/sec

h = 針對穩態值的微小變化液位，m

如前所述，線流型的系統可以考慮成為線性系統。就算是湍流型的系

統，如果變數的變化量維持甚小，亦可考慮成為線性系統。根據線性或線性化系統的假設，系統的微分方程式可以依照以下方式得到：在微小的時間 dt 內，流進流動率減去流出流動率等於水箱中多出的儲存量，故

$$C\,dh = (q_i - q_0)dt$$

由阻尼的定義，q_o 與 h 之間關係表達成

$$q_o = \frac{h}{R}$$

當阻尼 R 是定值時，系統的微分方程式為

$$RC\frac{dh}{dt} + h = Rq_i \tag{4-2}$$

注意到，RC 為系統的時間常數。對 (4-2) 式求拉式變換，假設零初始條件，得

$$(RCs + 1)H(s) = RQ_i(s)$$

式中，

$$H(s) = \mathcal{L}[h] \quad 和 \quad Q_i(s) = \mathcal{L}[q_i]$$

如果考慮 q_i 為輸入，h 為輸出，則系統的轉移函數為

$$\frac{H(s)}{Q_i(s)} = \frac{R}{RCs + 1}$$

然而，如果考慮 q_o 為輸出，輸入同上，則系統的轉移函數為

$$\frac{Q_o(s)}{Q_i(s)} = \frac{1}{RCs + 1}$$

上式中我們使用如下關係

$$Q_o(s) = \frac{1}{R}H(s)$$

有相互作用的液位系統 考慮圖 4-2 的系統。此系統中二個儲水箱之間有相互作用。因此轉移函數不等於二個一階轉移函數之乘積。

流體系統及熱系統的數學模型

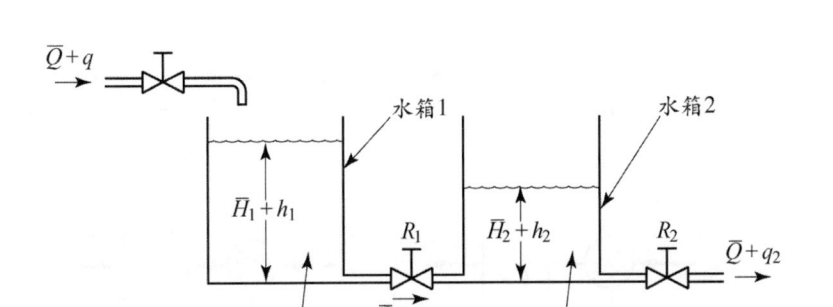

$\overline{Q}$：穩態流動率
$\overline{H}_1$：第一個儲水箱的穩態水位
$\overline{H}_2$：第二個儲水箱的穩態水位

圖 4-2　有相互作用的液位系統

在以下的考量中，我們假定變數在穩態值附近做微小的變化。利用圖 4-2 定義的符號，可得系統的方程式如下：

$$\frac{h_1 - h_2}{R_1} = q_1 \tag{4-3}$$

$$C_1 \frac{dh_1}{dt} = q - q_1 \tag{4-4}$$

$$\frac{h_2}{R_2} = q_2 \tag{4-5}$$

$$C_2 \frac{dh_2}{dt} = q_1 - q_2 \tag{4-6}$$

如果 q 為輸入，q_2 為輸出，則系統的轉移函數為

$$\frac{Q_2(s)}{Q(s)} = \frac{1}{R_1 C_1 R_2 C_2 s^2 + (R_1 C_1 + R_2 C_2 + R_2 C_1)s + 1} \tag{4-7}$$

我們建議使用方塊圖法以導出 (4-7) 式所述二個相互作用系統的轉移函數。由 (4-3) 至 (4-6) 式，可得方塊圖元件，如圖 4-3(a)。適當地做信號接續，可建造如圖 4-3(b) 的方塊圖。此方塊圖再化簡如圖 4-3(c)。進一步化簡可得如圖 4-3(d) 及 (e)。圖 4-3(e) 與 (4-7) 式係為等效的。

注意 (4-7) 式的轉移函數與 (3-33) 式之間的異同處。(4-7) 式分母中

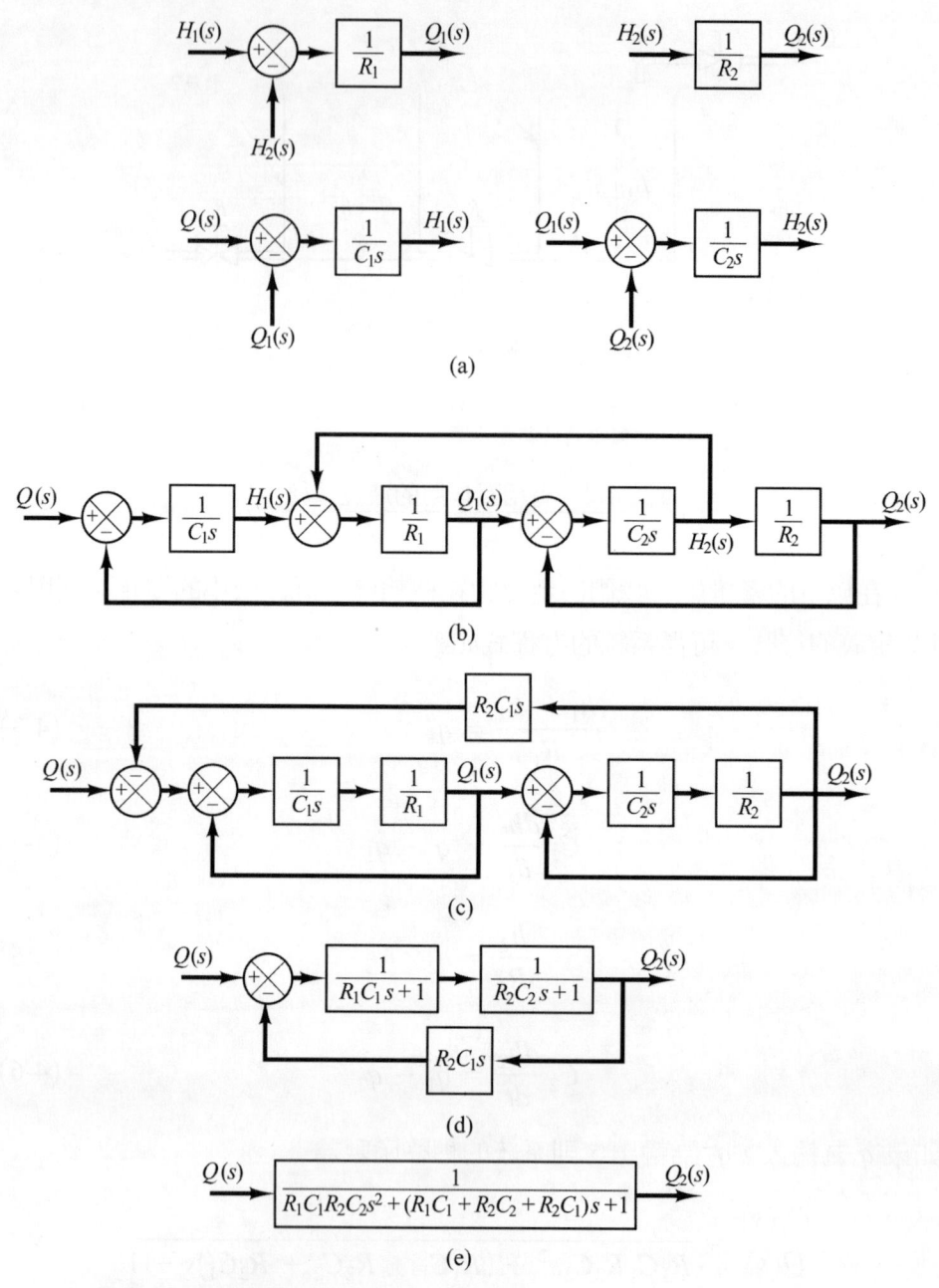

圖 4-3　(a) 圖 4-2 系統的方塊圖元件；(b) 系統的方塊圖；
　　　　(c)-(e) 方塊圖的逐步化簡。

R_2C_1 這一項例示了二個儲水箱之間的交互作用。同理，(3-33) 式分母中 R_1C_2 這一項代表圖 3-8 中二個 RC 電路的交互作用。

4-3　氣壓系統

在工業界的應用中，氣壓系統及油壓系統常被用來相互比較。因此，在詳細地討論氣壓系統之前，我們須對這二種系統做簡略比較。

氣壓系統及油壓系統之比較　氣壓系統通常使用的流體是空氣；油壓系統則使用油。二個系統就是因為使用了不同性質的流體，其相關的特性也就不同。以下列出他們之間的差異：

1. 空氣與氣體可壓縮，而油不可壓縮 (高壓除外)。
2. 空氣無潤滑性質，且含有水蒸氣。而油做為油壓液體，有潤滑作用。
3. 氣壓系統正常的工作壓力遠比油壓系統為低。
4. 氣壓系統的輸出功率遠比油壓系統為低。
5. 低速工作時，氣壓驅動器的準確度不良，而油壓驅動器的準確度在所需的工作速度範圍內皆可使其達到滿意程度。
6. 在氣壓系統，外部的洩漏在某種程度是許可的，但內部的洩漏則須避免之，因為有效壓力差是相當小的。在油壓系統，內部的洩漏在某種程度是許可的，但是外部的洩漏應當避免之。
7. 若氣壓系統中使用空氣，則不需使用回收管路，但是油壓系統需要使用回收管路。
8. 氣壓系統的正常工作溫度是 5° 至 60°C (41° 至 140°F)。然而，氣壓系統是可以在 0° 至 200°C (32° 至 392°F) 的範圍內工作。氣壓系統對於溫度的變化不敏感，但是對比之下，油壓系統中由於黏滯產生的流體摩擦與溫度有密切的關係。油壓系統正常工作溫度是 20° 至 70°C (68° 至 158°F)。
9. 氣壓系統不怕熱也不怕爆炸，但是油壓系統則非如此，除非使用的液體是不可燃的。

以下我們先求氣壓系統的數學模型。然後要介紹氣壓比例控制器。

我們將先詳細討論氣壓比例控制器的工作原理。然後再介紹微分及積分動作的方法。在所有一切的討論中，我們只做基本原理的介紹，而非詳細地討論實際的機械原理。

氣壓系統 低壓的氣壓控制器及其發展廣見於上一世紀的工業控制系統中，在今日仍然廣用於工業程序。他們的廣大吸引力來自於防爆特性、簡單、且易於維護。

氣壓系統的阻尼及容量 許多的工業程序及氣壓控制器涉及氣體及空氣流經接連的管路或加壓容器。

考慮如圖 4-4(a) 所示的壓力系統。流經阻尼器的氣體與壓差 $p_i - p_o$ 有關。這種壓力系統可用阻尼及容量觀念描述特性。

氣流動阻尼 R 定義如下：

$$R = \frac{\text{氣壓差變化量, } 1b_f/ft^2}{\text{氣流動率變化量, } 1b/sec}$$

或

$$R = \frac{d(\Delta P)}{dq} \tag{4-8}$$

式中 $d(\Delta P)$ 係為壓力差的微小變化，dq 為氣流動率的微小變化量。要計算氣流動阻尼 R 之值甚花費時間。然而在實驗上，可由壓力差對流動率的作圖，輕易地計算出經過某一工作點的斜率而決定之，如圖 4-4(b) 所示。

加壓容器之容量定義如下：

$$C = \frac{\text{氣貯質量變化量, } 1b}{\text{氣壓力變化量, } 1b_f/ft^2}$$

或

$$C = \frac{dm}{dp} = V\frac{d\rho}{dp} \tag{4-9}$$

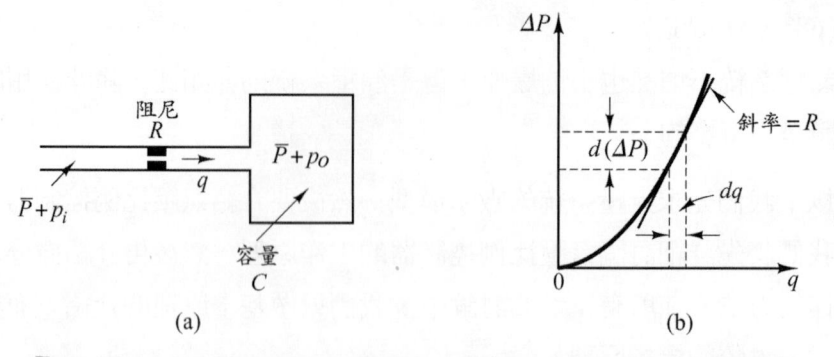

圖 4-4 (a) 壓力系統的結構圖；(b) 壓力差對流動率的作圖。

式中，C = 容量，lb-ft^2/lb$_f$

m = 容器中氣體的質量，lb

p = 氣體壓力，lb$_f$/ft^2

V = 容器之體積，ft^3

ρ = 密度，lb/ft^3

壓力系統的容量與涉及的膨脹程序有關。可以使用理想的氣體定律求得。如果氣體的膨脹程序為多方性，且氣體狀態的變化是在等熱及隔熱之間，則

$$p\left(\frac{V}{m}\right)^n = \frac{p}{\rho^n} = 常數 = K \qquad (4\text{-}10)$$

其中 n = 多方性指數。

對於理想氣體，

$$p\bar{v} = \bar{R}T \quad 或 \quad pv = \frac{\bar{R}}{M}T$$

式中 p = 絕對壓力，lb$_f$/ft^2

$\bar{v}$ = 1 摩爾氣體所占的體積，ft^3/lb-mole

$\bar{R}$ = 通用氣體常數，ft-lb$_f$/lb-mole°R

T = 絕對溫度°R

v = 氣體的比容積，ft^3/lb

M = 氣體每一個摩爾的分子重量，lb/lb-mole

因此

$$pv = \frac{p}{\rho} = \frac{\bar{R}}{M}T = R_{\text{gas}}T \qquad (4\text{-}11)$$

式中 R_{gas} = 氣體常數，ft-lb$_f$/lb °R。

做均溫式膨脹時，多方係數 n 等於 1。做隔熱式膨脹時，多方係數 n 等於比熱之比值 c_p/c_v，其中 c_p 為固定壓力之比熱，c_v 為固定容積之比熱。在許多應用的場合中，n 之值幾乎為固定，因此容量值也可以考慮為定值。

$d\rho/dp$ 之值可由 (4-10) 及 (4-11) 式得知。由 (4-10) 式可得

$$dp = Kn\rho^{n-1}\,d\rho$$

或

$$\frac{d\rho}{dp} = \frac{1}{Kn\rho^{n-1}} = \frac{\rho^n}{pn\rho^{n-1}} = \frac{\rho}{pn}$$

將 (4-11) 式代入上式，得

$$\frac{d\rho}{dp} = \frac{1}{nR_{\text{gas}}T}$$

因此可得容量 C 為

$$C = \frac{V}{nR_{\text{gas}}T} \tag{4-12}$$

如果溫度保持固定，則容器的容量亦為固定值。(在許多應用的場合中，若金屬容器無絕緣，多方性指數 n 之值約在 $1.0 \sim 1.2$ 之間。)

壓力系統 考慮圖 4-4(a)。假設所有的變數皆在其穩態值附近做微小變化，因此可以考慮為線性系統。

我們定義如下

$\bar{P}$ = 穩態時容器中的氣體壓力，lb_f/ft^2

p_i = 流動氣體的微小變化，lb_f/ft^2

p_o = 容器中氣體壓力的微小變化，lb_f/ft^2

V = 容器的體積，ft^3

m = 容器中氣體的體積，lb

q = 氣體流動率，lb/sec

ρ = 氣體密度，lb/ft^3

當 p_i 及 p_o 很小時，(4-8) 式中的阻尼 R 幾乎是常數，可寫成

$$R = \frac{p_i - p_o}{q}$$

由 (4-9) 式可得容量 C，或

$$C = \frac{dm}{dp}$$

在 dt 秒內，增加至容器的氣體為壓力變化 dp_o 乘上容量 C，因而

$$C\,dp_o = q\,dt$$

或

$$C\frac{dp_o}{dt} = \frac{p_i - p_o}{R}$$

可重寫成

$$RC\frac{dp_o}{dt} + p_o = p_i$$

若 p_i 及 p_o 分別考慮為輸入及輸出，則系統的轉移函數為

$$\frac{P_o(s)}{P_i(s)} = \frac{1}{RCs + 1}$$

其中 RC 的因次為時間，所以是系統的時間常數。

氣壓噴嘴擋葉放大器 圖 4-5(a) 所示為氣壓噴嘴擋葉放大器的結構圖。放大器功率來源是定值壓力的空氣。氣壓噴嘴擋葉放大器可將擋葉上微小的位置變化轉換成為噴嘴上很大的背壓變化。因此由很小功率的擋葉位置移動可以造成很大的控制功率輸出。

在圖 4-5(a) 中，加壓的空氣經由口孔進入，空氣由噴嘴射向擋葉。通常，控制器的供應噴射壓力 P_s 為 20 psig ($1.4\ \text{kg}_f/\text{cm}^2$ 擔保) 口孔的直徑約 0.01 英寸 (0.25 mm) 而噴嘴口約 0.016 英寸 (0.4 mm)。噴嘴口的直徑須比口孔的直徑大，才可以保證工作正常。

操作系統時，口孔打開而來的噴流遭遇擋葉。擋葉的位移 X 控制了噴嘴上的背壓 P_b。當擋葉靠近噴嘴時，經過噴嘴的反向氣流增加了，使得噴嘴的背壓 P_b 也增大了。如果擋葉完全封住噴嘴，噴嘴的背壓 P_b 即等於供應噴射壓力 P_s。如果擋葉離開噴嘴，使得噴嘴－擋葉之間距離增大 (約在 0.01 英寸程度)，則氣流實際上並無阻礙，此時噴嘴的背壓 P_b 最小，視噴嘴－擋葉裝置之結構而定。(最小的壓力等於環境氣壓力 P_a。)

要注意到，因為噴射空氣要在擋葉上施力，因此噴嘴的直徑須愈小愈好。

如圖 4-5(b) 所示為噴嘴的背壓 P_b 與噴嘴－擋葉之間距離 X 的標準關係曲線。在應用噴嘴擋葉放大器，我們使用比較陡峭且直線的這一段。因為擋葉的位移有限，輸出的壓力也是很小，除非曲線很陡峭。

噴嘴擋葉放大器將位移變換成為壓力信號。在工業程序控制系統需要較大功率去操作大型的氣壓作動閥體，因此噴嘴擋葉放大器顯然能力不足。職是故，需使用氣壓繼電器與噴嘴擋葉放大器配合，以做為功率放大器。

氣壓繼電器 實際上，噴嘴擋葉放大器係做為氣壓控制器的第一級，而氣壓繼電器做為第二級。氣壓繼電器可以處理大量的氣流。

圖 4-6(a) 所示為氣壓繼電器的結構圖。當噴嘴的背壓 P_b 增加時，隔膜閥向下移動。空氣壓的開口減少，氣壓閥的開口增大，使得控制壓力 P_c 增高。當隔膜閥使得空氣開口關閉，控制壓力 P_c 便等於供應噴射壓力 P_s。當噴嘴的背壓 P_b 減少時，隔膜閥向上移動而關閉空氣供應，控制壓力 P_c 便下降到幾乎是環境氣壓力 P_a。因此控制壓力 P_c 便可以從 0 psig 變化至滿刻度供給壓力通常為 20 psig。

隔膜的總運動量是很小的。除了在關掉空氣供給源以外，在閥體的任何位置上，就算是在噴嘴背壓與控制壓力之間的穩態條件達到了，氣體還一直地洩漏至空氣中。是故，圖 4-6(a) 的繼電器稱之為洩漏型繼電器。

另一種形式的繼電器是為非洩漏型。當穩態條件達到時，空氣便不再洩漏了，因此在穩態操作時壓力不會下降。但是要注意到，非洩漏型繼電器必須具備有空氣釋放器以將控制壓力 P_c 從氣壓操作閥中釋放出來。圖

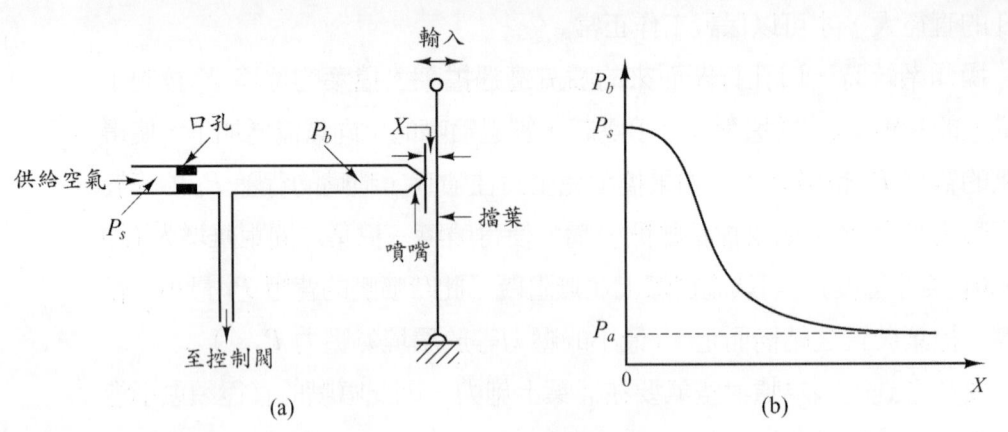

圖 4-5 (a) 噴嘴擋葉放大器結構圖；(b) 噴嘴的背壓與噴嘴－擋葉之間距離的特性曲線。

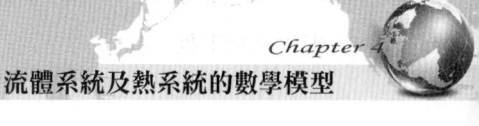

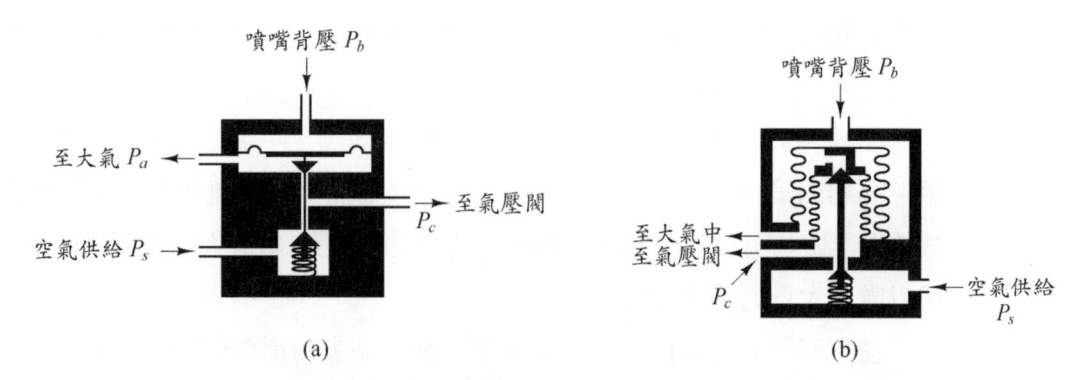

圖 4-6 （a）洩漏型繼電器結構圖；（b）非洩漏型繼電器結構圖。

4-6(b) 所示為非洩漏型繼電器的結構圖。

在以上任何一種繼電器中，空氣供給係由一閥體控制之，亦即係由噴嘴背壓控制之。所以，噴嘴背壓可以變換成為有功率放大的控制壓力。

在噴嘴背壓 P_b 改變的一瞬間，控制壓力 P_c 便跟著改變，因此氣壓繼電器的時間常數與其他具有大時間常數的氣壓控制器及本體比較，可以忽略之。

注意，有些氣壓繼電器是逆向作用的。例如圖 4-7 所示即為逆向作用繼電器。當噴嘴背壓 P_b 增加時，下面的球形閥被迫向底座降下，使控制壓力減少。因此，這是一種逆向作用繼電器。

氣壓比例控制器（力－距離型） 工業上有二種廣被使用的氣壓控制器，其一為力－距離型，另一種是力－平衡型。不管工業用氣壓控制器有

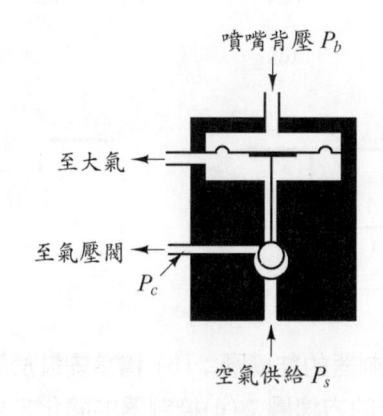

圖 4-7 逆向作用繼電器

什麼不同的類別,詳細討論下我們將發現他們的功能非常雷同。現在我們先討論力－距離型氣壓控制器。

如圖 4-8(a) 所示為上述比例控制器的結構圖。噴嘴擋葉放大器作為氣壓控制器的第一級,而噴嘴背壓 P_b 係由噴嘴擋葉之距離控制之。繼電器式放大器做為第二級放大器。噴嘴背壓 P_b 決定第二級放大器隔膜的位置,用以處理大量的空氣流動。

在大部分的氣壓控制器中,氣壓回饋多多少少都會使用到。氣壓輸出

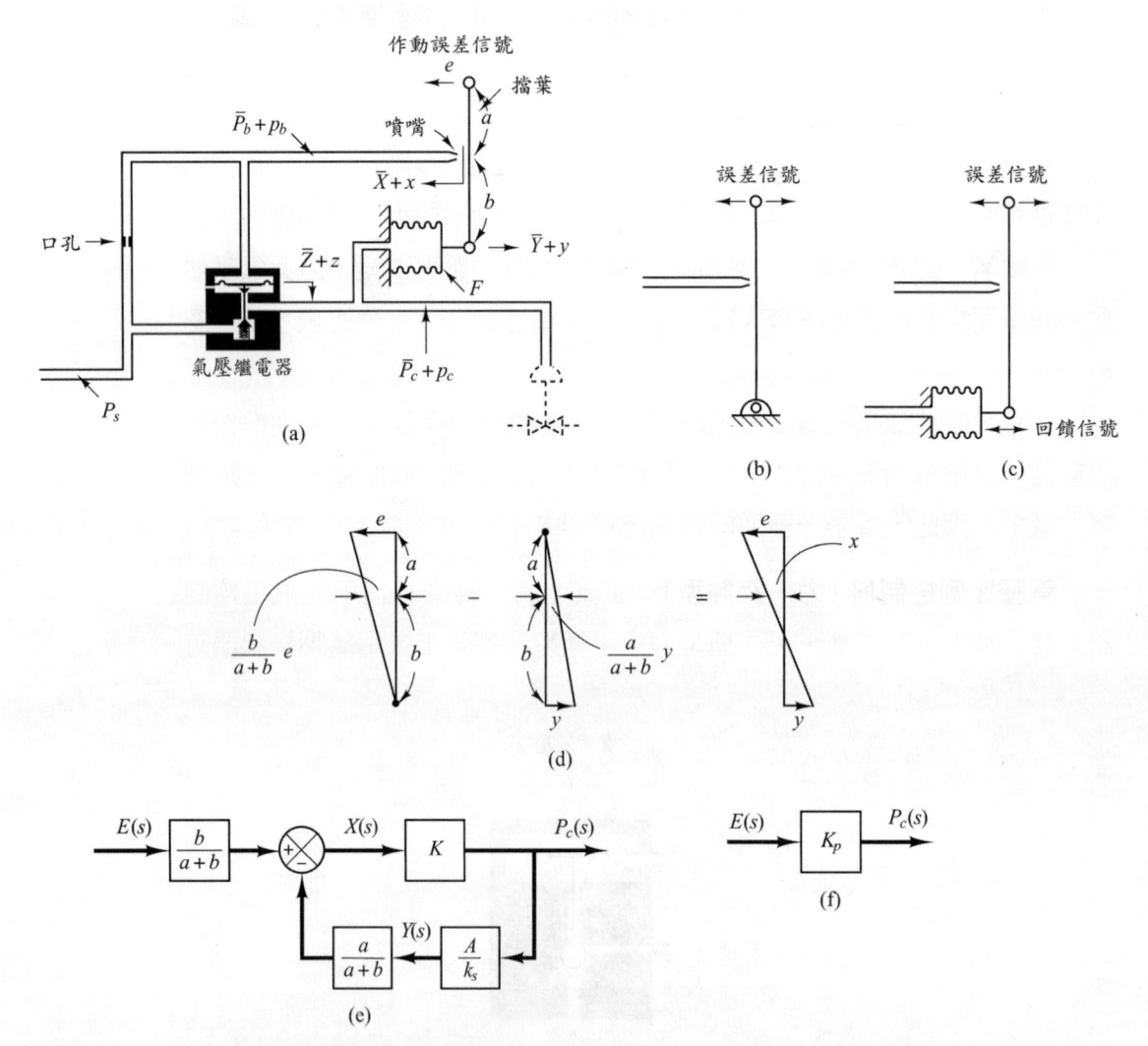

圖 4-8 (a) 力－距離型氣壓比例控制器的結構圖;(b) 擋葉安裝於固定點上;(c) 擋葉係安裝於回饋風箱;(d) 控制器的方塊圖;(e)控制器的簡化方塊圖;(f) 控制器的簡化方塊圖。

回饋可以減少擋葉實際移動量。如圖 4-8(c) 所示，擋葉係安裝於回饋風箱的樞軸上，而不是在如圖 4-8(b) 所示的固定點上。回饋量可借助於回饋風箱與擋葉接點處的連結變數調節之。因此擋葉實際上是浮動式的連結，可因誤差信號或回饋信號作動之。

圖 4-8(a) 所示控制器的工作原理敘述於後。兩級氣壓放大器的輸入信號就是作動誤差信號。作動誤差信號增大使得擋葉往左移動。接著，此一移動造成噴嘴背壓增高，牽動隔膜下移。是故控制壓力增加。壓力增加使風箱 F 膨脹，因而造成擋葉往右移動，打開了噴嘴。由於所述回饋動作之故，擋葉的運動量是很小的，但是卻可以提供很大的控制壓力變化。

必須要注意到，在控制器正常操作下，風箱回饋所造成的擋葉移動須比作動誤差造成的移動要來得小。(如果這二個位移相等，則無控制動作。)

控制器的方程式推導如下。當作動誤差信號等於零，或 $e = 0$，穩態時噴嘴擋葉之距離為 $\bar{X}$，風箱的位移為 $\bar{Y}$，隔膜移動量為 $\bar{Z}$，噴嘴背壓為 $\bar{P}_b$，控制壓力為 $\bar{P}_c$。有作動誤差信號存在時，噴嘴擋葉之距離、風箱的位移、隔膜的移動量、噴嘴背壓及控制壓力皆將偏離其穩態位置移動之。定義這些移動分別為 x、y、z、p_b 及 p_c。(各位移變數的正參考方向皆以箭頭標示於圖中。)

假設噴嘴背壓的變化與噴嘴擋葉的距離變化之間的關係為線性，即

$$p_b = K_1 x \tag{4-13}$$

式中 K_1 為正常數。於隔膜中，

$$p_b = K_2 z \tag{4-14}$$

式中 K_2 為正常數。隔膜的位置決定了控制壓力。如果於隔膜中，p_c 與 z 之間關係為線性，則

$$p_c = K_3 z \tag{4-15}$$

式中 K_3 為正常數。由 (4-13)、(4-14) 與 (4-15) 式，可得

$$p_c = \frac{K_3}{K_2} p_b = \frac{K_1 K_3}{K_2} x = K x \tag{4-16}$$

式中 $K=K_1K_3/K_2$ 為一正常數。在擋葉中因為二個微小的運動 (x 及 y) 方向相反，可以單獨地考慮各自的運動，再將二個結果加總之，以得到位移 x。參見圖 4-8(d)。因此，由擋葉的運動可得

$$x = \frac{b}{a+b}e - \frac{a}{a+b}y \tag{4-17}$$

風箱的作用類似於彈簧，因此下式可以成立：

$$Ap_c = k_s y \tag{4-18}$$

其中 A 為風箱的有效截面積，k_s 是等效彈力係數——亦即，風箱皺紋邊相關的硬度。

假設所有的變數皆工作於線性範圍內，則經由 (4-16)、(4-17) 及 (4-18) 式可以得到如圖 4-8(e) 所示的系統方塊圖。由圖 4-8(e) 很清楚地看出，圖 4-8(a) 所示的氣壓控制器本身是回饋系統。p_c 與 e 之間的轉移函數為

$$\frac{P_c(s)}{E(s)} = \frac{\dfrac{b}{a+b}K}{1 + K\dfrac{a}{a+b}\dfrac{A}{k_s}} = K_p \tag{4-19}$$

圖 4-8(f) 所示為簡化的方塊圖。因為 p_c 與 e 之間成比例，因此圖 4-8(a) 所示的氣壓控制器是為氣壓比例控制器 (pneumatic proportional controller)。由 (4-19) 式看出，氣壓比例控制器的增益可經由連接擋葉的連結機構之調節做寬廣範圍的變化。[連接擋葉的連結機構並未顯示於圖 4-8(a) 中。] 在大部分的商用比例控制器上皆備有調節鈕或類似的機構，以調節擋葉連接點，而改變增益。

如先前所述，作動誤差信號使得擋葉往某一方向移動，而回饋風箱則將擋葉往相反方向移回，但是運動的程度不大。風箱的回饋功效係降低控制器的靈敏度。回饋原理常用於寬廣比率帶的控制器之場合。

沒有回饋機構的氣壓控制器 [即，擋葉的一端固定，如圖 4-9(a) 所示。] 具有很高的靈敏度，稱為氣壓二位置式控制器 (pneumatic two-position controller) 或氣壓 on-off 控制器 (pneumatic on-off controller)。此種控

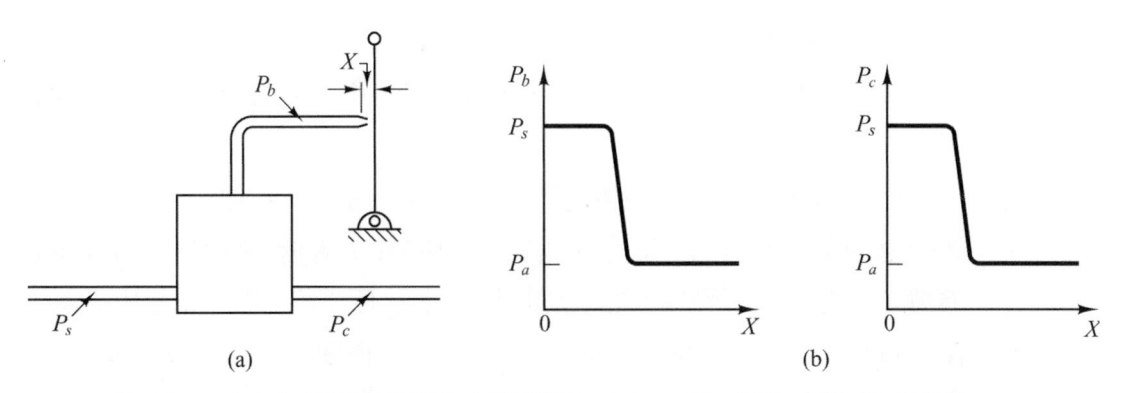

▌圖 4-9　(a) 無回饋作用的氣壓控制器；(b) p_b 對 X 與 p_c 對 X 的曲線。

制器中，噴嘴與擋葉之間只需要有微小的運動，就可以使得控制壓力從最大值改變到最小值。如圖 4-9(e) 所示為 p_b 對 X 與 p_c 對 X 的關係曲線。注意到，很小的 X 變化就可以使得 p_b 改變很大，因而使得隔膜閥不是完全打開就是完全關閉。

氣壓比例控制器（力－平衡型）　如圖 4-10 所示為力－平衡型氣壓比例控制器的結構圖。在工業上，力－平衡型氣壓控制器並不昂貴。這種控制器又稱為堆疊式控制器。其工作原理與力－距離型之控制器相異不多。其主要的優點在於，省去許多的機械連結或樞軸，使得摩擦之效應減少。

以下我們要考慮力－平衡型氣壓比例控制器的工作原理。如圖 4-10 的控制器，參考輸入壓力 P_r 及參考輸出壓力 P_o 一起饋入大型的隔膜室中。注意，力－平衡型氣壓比例控制器只依照壓力信號工作。所以須先將參考輸入及系統的輸出變換成為相對應的壓力信號。

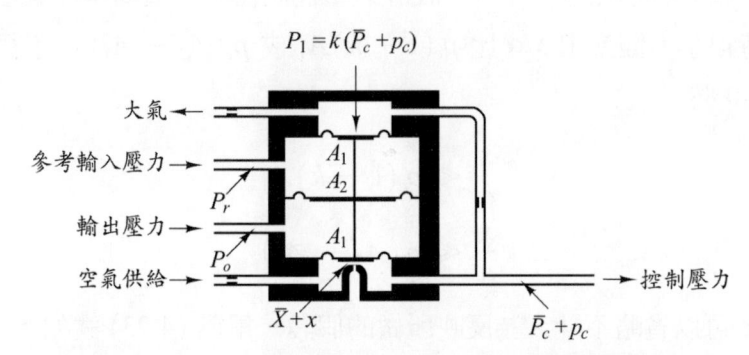

▌圖 4-10　力－平衡型氣壓比例控制器的結構圖

在力－距離型之控制器中，此控制器使用到噴嘴、擋葉及口孔。在圖 4-10 中，隔膜室下方鑽孔做為噴嘴。緊接於噴嘴上方的隔膜即做為擋葉之用。

圖 4-10 的力－平衡型控制器工作原理簡述如下：由空氣供給而來的 20-psig 空氣流經口孔，使得下面隔膜室中的壓力降低。腔室中的空氣經由噴嘴流入大氣。流經噴嘴的氣流與間隙及其上壓下降有關。當輸出壓力 P_o 保持固定，如果參考輸入壓力 P_r 增加，會使得閥體下降，因此減少了噴嘴與隔膜擋葉之間的間隙。因而控制壓力 P_c 增大。令

$$p_e = P_r - P_o \tag{4-20}$$

若 $p_e = 0$，則穩態情形發生於噴嘴與擋葉之間的距離為 $\bar{X}$，且控制壓力等於 $\bar{P}_c$。在此穩態時，$P_1 = \bar{P}_c k$（其中 $k < 1$）且

$$\bar{X} = \alpha(\bar{P}_c A_1 - \bar{P}_c k A_1) \tag{4-21}$$

式中 α 係一常數。

我們假設 $p_e \neq 0$，噴嘴與擋葉之間的距離及控制壓力分別定義為 x 及 p_c。如此可得

$$\bar{X} + x = \alpha[(\bar{P}_c + p_c)A_1 - (\bar{P}_c + p_c)kA_1 - p_e(A_2 - A_1)] \tag{4-22}$$

由 (4-21) 及 (4-22) 式，得

$$x = \alpha[p_c(1 - k)A_1 - p_e(A_2 - A_1)] \tag{4-23}$$

到這裡，我們必須檢查一下 x。設計氣壓控制器時，噴嘴與擋葉之間的距離要保持很小。觀察出 x/α 比 $p_c(1 - k)A_1$ 或 $p_e(A_2 - A_1)$ 小了很多——即，$p_e \neq 0$ 時

$$\frac{x}{\alpha} \ll p_c(1 - k)A_1$$

$$\frac{x}{\alpha} \ll p_e(A_2 - A_1)$$

分析時 x 可以省略不計。為反映所做的假設，重寫 (4-23) 式如下：

$$p_c(1 - k)A_1 = p_e(A_2 - A_1)$$

因此 p_c 與 p_e 之間的轉移函數為

$$\frac{P_c(s)}{P_e(s)} = \frac{A_2 - A_1}{A_1} \frac{1}{1-k} = K_p$$

式中 p_e 如 (4-20) 式定義。圖 4-10 的控制器便是比例控制器。當 k 趨近於 1 時，K_p 之值會增加很大。注意，k 的數值與回饋膈膜腔室的入口與出口管路之口孔直徑有關。(當入口管路口孔的流體阻尼很小時，k 趨近於 1。)

氣壓驅動閥 氣壓控制的特點是應用上只使用氣壓驅動閥。氣壓驅動閥可以提供很大的功率輸出。(因為氣壓驅動器需要很大的功率輸入產生很大的功率輸出，所以須使用足夠大的加壓空氣。) 在實際的氣壓驅動器閥中，閥體的操作特性也許不是線性；亦即，氣流與閥桿的位置並非剛好成比例，而且也可能有其他的非線性效應，例如遲滯現象。

考慮圖 4-11 的氣壓驅動閥結構圖。假設隔膜之面積為 A。也假設當驅動等於零時，控制壓力為 $\bar{P}_c$，且閥桿的位移為 $\bar{X}$。

在以下的分析中，我們假設變數的變化量很小，同時將氣壓驅動閥線性化。微小的控制壓力變化及相對應的閥桿位移分別定義為 p_c 及 x。因為施加到隔膜的氣壓力使得包含有彈簧、黏滯摩擦及質量的負載重新定位，力–平衡方程式變成為

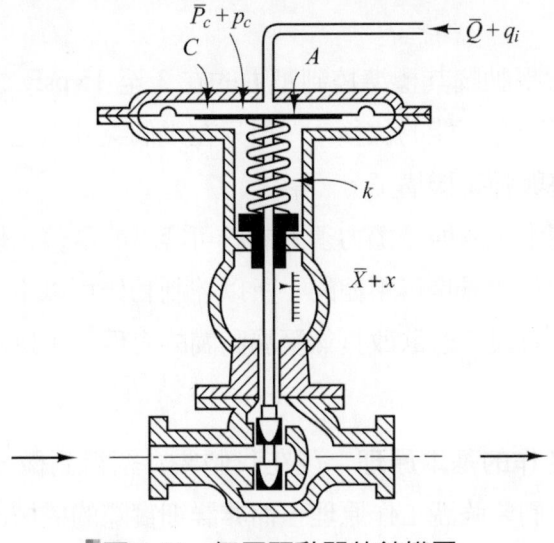

圖 4-11 氣壓驅動閥的結構圖

$$Ap_c = m\ddot{x} + b\dot{x} + kx$$

式中 m = 閥體與閥桿質量
b = 黏滯摩擦係數
k = 彈力係數

如果由質量及黏滯摩擦產生的作用力很小，可以忽略不計，則上式可簡化為

$$Ap_c = kx$$

x 與 p_c 之間的轉移函數變成

$$\frac{X(s)}{P_c(s)} = \frac{A}{k} = K_c$$

式中 $X(s) = \mathscr{L}[x]$ 且 $P_c(s) = \mathscr{L}[p_c]$。如果 q_i 是進入氣壓驅動閥的流量變化，其與閥桿位移 x 成比例，則

$$\frac{Q_i(s)}{X(s)} = K_q$$

式中 $Q_i(s) = \mathscr{L}[q_i]$ 且 K_q 為常數。q_i 及 p_c 之間的轉移函數為

$$\frac{Q_i(s)}{P_c(s)} = K_c K_q = K_v$$

式中 K_v 為常數。

這類的氣壓驅動閥其標準控制壓力約在 3 至 15 psig 之間。隔膜可容許的衝擊限制了閥桿可能的位移，一般只在幾個英寸而已。更長的衝擊運動就需使用活塞與彈簧機構了。

氣壓驅動閥中，靜態摩擦力須限制於可容許的數值，以不發生過度的遲滯為原則。因為空氣是可壓縮的，所以控制動作可以不是正性；亦即，閥桿的位置可能有誤。若欲改良氣壓驅動閥的表現，可以使用閥桿定位器解決之。

得到微分動作的基本原理　現在我們要介紹得到微分動作的基本方法。同樣的，我們要強調工作原理，而非詳細實際的機械作用。

要產生所需動作的基本原理係在回饋路徑中安插所需要的轉移函數。

流體系統及熱系統的數學模型

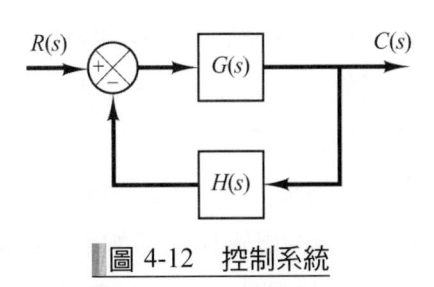

圖 4-12　控制系統

在圖 4-12 中,閉迴路系統的轉移函數為

$$\frac{C(s)}{R(s)} = \frac{G(s)}{1 + G(s)H(s)}$$

如果 $|G(s)H(s)| \gg 1$,則 $C(s)/R(s)$ 變成

$$\frac{C(s)}{R(s)} = \frac{1}{H(s)}$$

因此欲得到比例加微分控制動作,我們必須將轉移函數為 $1/(Ts+1)$ 的元件安插在回饋路徑中。

考慮圖 4-13(a) 的氣壓控制器。如果所考慮變數的變化量皆很小,則此控制器的方塊圖可以繪製如圖 4-13(b)。

現在我們要顯示,在負回饋路徑加上阻尼條件,可以使得比例控制器修改為比例加微分控制器,或 PD 控制器。

考慮圖 4-14(a) 的氣壓控制器。再次假設作動誤差、噴嘴擋葉距離及控制壓力之變化皆甚小,則控制器的工作原理扼要的整理如下:首先假設

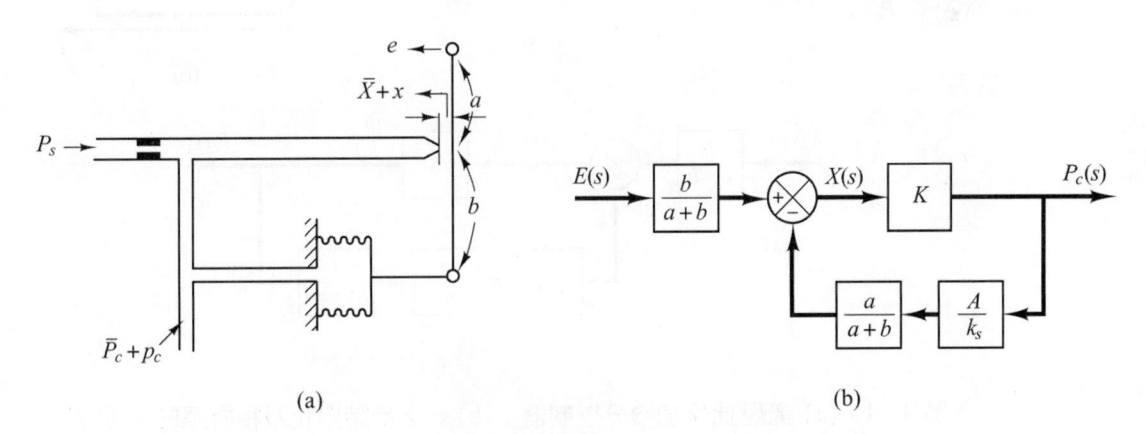

圖 4-13　(a) 氣壓比例控制器;(b) 控制器的方塊圖。

在 e 上之步階變化很小。因此控制壓力 p_c 瞬間發生。阻尼器於是暫時地阻止風箱去感測 p_c 的壓力變化。因此回饋路徑上的風箱暫時地無反應，使得氣壓驅動閥可以完全地接受到擋葉的運動。再一段時間後，風箱便膨脹了。噴嘴擋葉距離 x 的變化及控制壓力 p_c 的變化可以對 t 作圖，如圖 4-14(b) 所示。在穩態下，回饋路徑上的風箱作用形如平常的回饋機構一樣。p_c 對 t 的作圖很清楚地顯示出，此控制器是比例加微分的控制型態。

圖 4-14(c) 所示是這種氣壓控制器的方塊圖。在方塊圖中，K 為常數，A 為風箱的截面積，k_s 是風箱的等效彈力係數。由方塊圖可得 p_c 與 e 之間的轉移函數如下：

$$\frac{P_c(s)}{E(s)} = \frac{\dfrac{b}{a+b}K}{1 + \dfrac{Ka}{a+b}\dfrac{A}{k_s}\dfrac{1}{RCs+1}}$$

在此控制器中，使得迴路增益 $|KaA/[(a+b)k_s(RCs+1)]|$ 遠比 1 大。

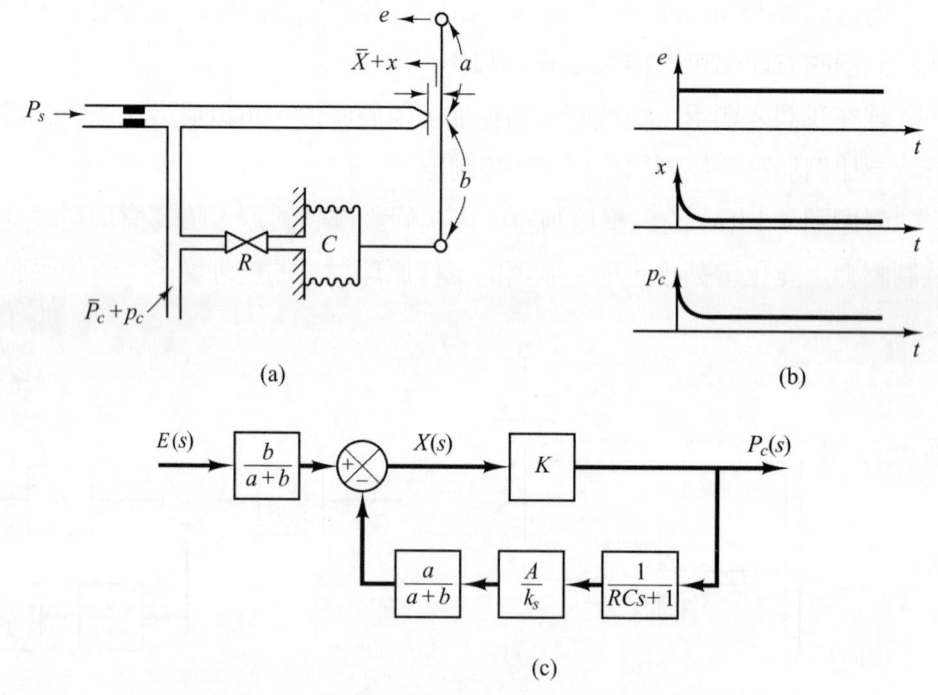

圖 4-14 (a) 氣壓比例加微分控制器；(b) e 之步階變化及相對應的 x 及 p_c 對 t 作圖；(c) 控制器的方塊圖。

因此轉移函數 $P_c(s)/E(s)$ 可以簡化成

$$\frac{P_c(s)}{E(s)} = K_p(1 + T_d s)$$

式中

$$K_p = \frac{bk_s}{aA}, \quad T_d = RC$$

所以,延遲型的回饋,或回饋路徑中的轉移函數 $1/(RCs+1)$,可將比例控制器修改成比例加微分控制器。

注意到,如果回饋閥全開,則控制動作係屬於比例控制。如果回饋閥全關閉,則控制動作係屬於夾窄帶比例控制 (on-off)。

得到氣壓式比例加積分控制動作 考慮圖 4-13(a) 所示的比例控制器。如果所考慮變數的變化量皆很小,我們要顯示加上延遲型正回饋可以使得比例控制器修改為比例加積分控制器,或 PI 控制器。

考慮圖 4-15(a) 所示的氣壓控制器。此控制器的工作原理說明如下:表示為 I 的風箱接到控制壓力供給源,且無任何阻尼。表示為 II 的風箱則接到備有阻尼的控制壓力供給源。讓我們假設作動誤差有微小的步階變化。這會使得噴嘴上的背壓瞬間跟著改變。因而控制壓力 p_c 也瞬間跟著改變。由於風箱 II 路徑上氣閥的阻尼,使得氣閥的壓力降低。一段時間後,流過氣閥的空氣使得風箱 II 上的壓力變化達到 p_c 值。因此風箱 II 會隨時膨脹或壓縮,使得擋葉依照原始位移 e 的方向再多運動一些。這使得噴嘴上的背壓 p_c 做連續的變化,如 4-15(b) 所示。

要注意到的是,控制器中積分動作表現的形式係用以逐漸地抵銷原來比例控制所提供的回饋。

假設所有變數的變化量皆很小,則控制器的方塊圖如圖 4-15(c) 所示。此方塊圖可再簡化如圖 4-15(d)。控制器的轉移函數為

$$\frac{P_c(s)}{E(s)} = \frac{\dfrac{b}{a+b}K}{1 + \dfrac{Ka}{a+b}\dfrac{A}{k_s}\left(1 - \dfrac{1}{RCs+1}\right)}$$

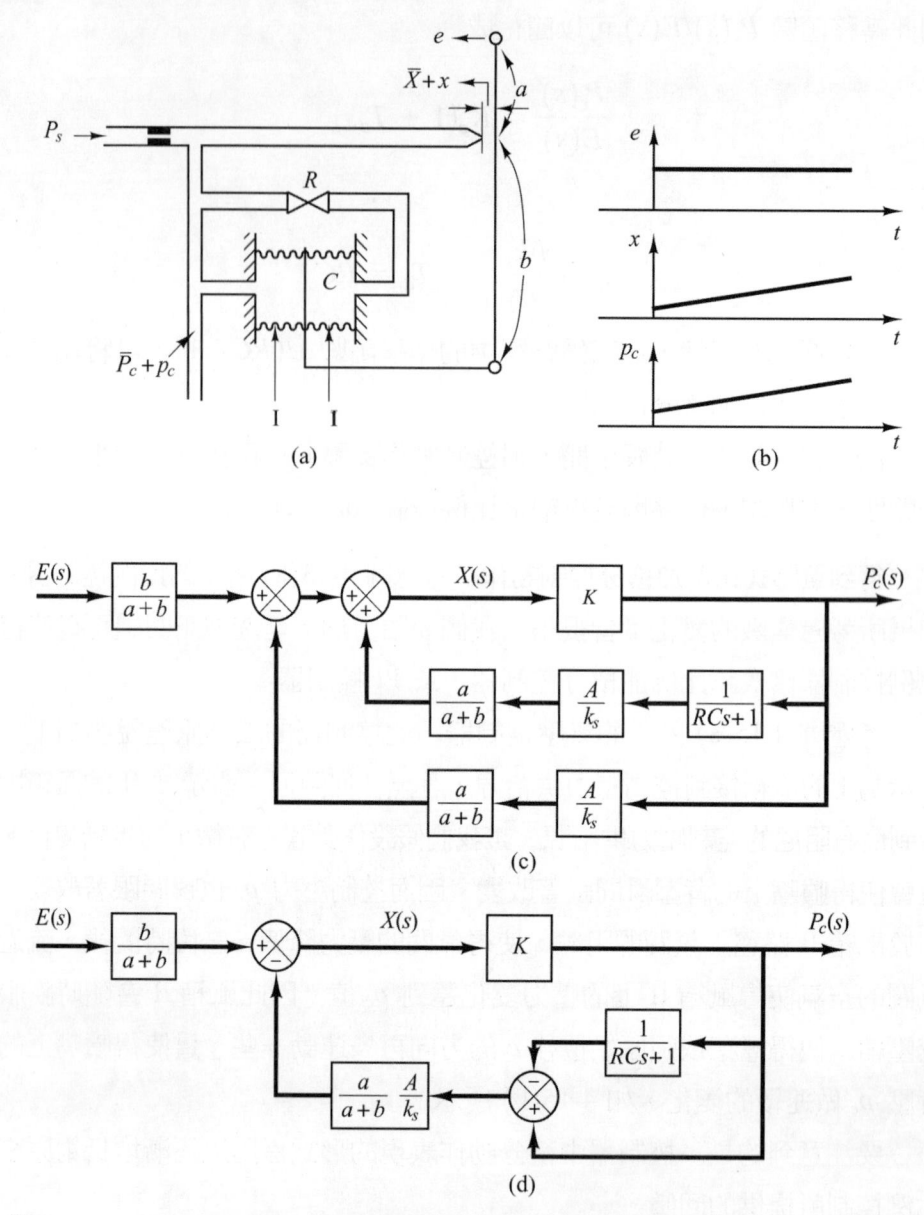

圖 4-15 (a) 氣壓比例加積分控制器；(b) e 之步階變化及相對應的 x 及 p_c 對 t 作圖；(c) 控制器的方塊圖；(d) 簡化的方塊圖。

式中 K 為常數。A 為風箱的截面積，k_s 是風箱的等效彈力係數。如果迴路增益 $|KaARCs/[(a+b)k_s(RCs+1)]| \gg 1$，通常如是，則轉移函數可以簡化成

$$\frac{P_c(s)}{E(s)} = K_p\left(1 + \frac{1}{T_i s}\right)$$

式中

$$K_p = \frac{bk_s}{aA}, \quad T_i = RC$$

得到氣壓式比例加積分加微分控制動作　將圖 4-14(a) 及圖 4-15(a) 的氣壓控制器組合之，即可得到比例加積分加微分控制器，或 PID 控制器。此控制器之結構圖如圖 4-16(a) 所示。如果變數的變化量皆很小，則控制器的方塊圖如圖 4-16(b)。

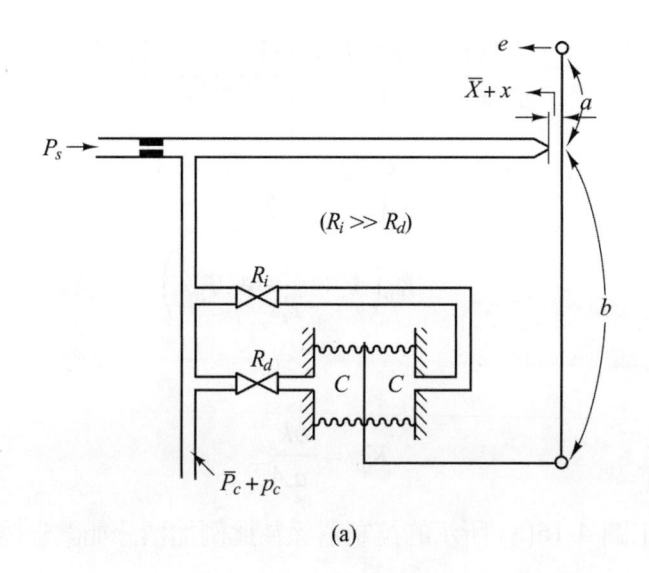

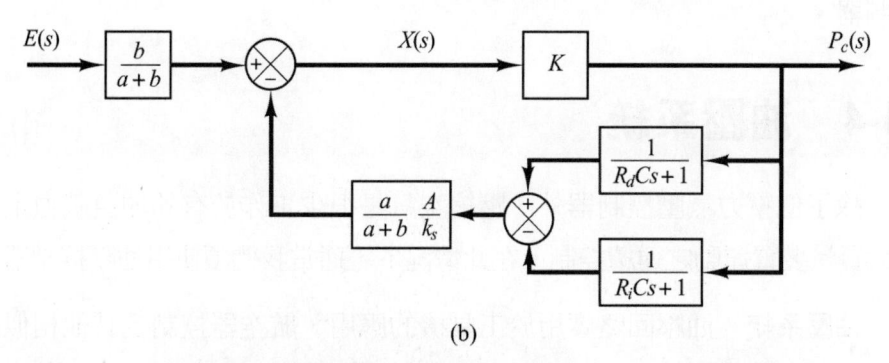

圖 4-16　(a) 氣壓式比例加積分加微分控制器；(b) 控制器的方塊圖。

控制器的方塊圖為

$$\frac{P_c(s)}{E(s)} = \frac{\dfrac{bK}{a+b}}{1 + \dfrac{Ka}{a+b}\dfrac{A}{k_s}\dfrac{(R_iC - R_dC)s}{(R_dCs + 1)(R_iCs + 1)}}$$

定義

$$T_i = R_iC, \qquad T_d = R_dC$$

同時注意，在正常工作下 $|KaA(T_i - T_d)s/[(a+b)k_s(T_ds+1)(T_is+1)]| \gg 1$，且 $T_i \gg T_d$，因而

$$\begin{aligned}\frac{P_c(s)}{E(s)} &\doteqdot \frac{bk_s}{aA}\frac{(T_ds+1)(T_is+1)}{(T_i - T_d)s} \\ &\doteqdot \frac{bk_s}{aA}\frac{T_dT_is^2 + T_is + 1}{T_is} \\ &= K_p\left(1 + \frac{1}{T_is} + T_ds\right)\end{aligned} \qquad (4\text{-}24)$$

式中

$$K_p = \frac{bk_s}{aA}$$

(4-24) 式指出圖 4-16(a) 所示的控制器係為比例加積分加微分控制器或 PID 控制器。

4-4 油壓系統

除了低壓力氣壓控制器外，壓縮空氣是很少工作於有外加負載力量的重大質量裝置運動之連續控制。在此情況下，通常我們須使用油壓控制器。

油壓系統 油壓回路廣用於工具機的應用、航空器控制及其他相似的操作，其原因係為積極性、準確性、靈活性、很高的馬力－對－重量比、快速啟動與停止、平順與準確的逆轉以及操作簡單。

油壓系統的操作壓力約在 145 至 5000 lb$_f$/in.^{2} 之間。(1 至 35 MPa 之間)。有些應用中，操作壓力甚至於可高達 10,000 lb$_f$/in.^{2}。(70 MPa)。在同樣的功率要求下，如果提高供給壓力，則油壓單元的重量及形狀大小甚至於可縮小之。高壓力的油壓系統可以提供很大的力量。重負載的快速作動及準確的定位可以利用油壓系統達成之。電子及油壓系統的組合因為具備電子控制的方便性及油壓系統的大功率，所以廣被使用。

油壓系統的優點與缺點 與應用其他系統對照，使用油壓系統有許多優點與缺點。一些優點整理如下：

1. 除了可以很方便地將產生的熱帶給熱交換器外，油壓液體兼具有潤滑作用。
2. 相當小型的油壓驅動器就可以產生很大的力量或力矩。
3. 油壓驅動器於快速開、關與逆轉速率時，其響應速度相當快。
4. 油壓驅動器在連續、間歇、逆轉與熄火拋錨情況下仍然可以工作，不會發生危害。
5. 直線式或轉動式的油壓驅動器皆有，可以做靈活的設計。
6. 油壓驅動器較少洩漏，因負載加入而致的失速情形較小。

除此之外，以下的一些缺點可能限制其應用。

1. 油壓功率不像電功率那樣便於取得。
2. 在相似功能表現上做比較，油壓系統的花費可能比電系統成本高。
3. 火災及爆炸的危害可能出現，除非使用防火液體。
4. 油壓系統很難維護到一滴不露，系統也就顯得比較髒亂。
5. 使用的油料有污染也可能造成油壓系統工作不正常。
6. 由於涉及非線性及其他複雜的特性，複雜油壓系統的設計相當費時費力。
7. 油壓回路通常阻尼特性較差。如果油壓回路設計不當，則某些不穩定的現象可能出現，或消失掉，依照工作情況而定。

註解 為了保證油壓系統能穩定工作，且在所有的工作點皆可達到滿足要求，有些事情要注意。因為油壓液體的黏滯性可能對油壓回路造成極大的磨擦及阻尼之效應，在最高可能的工作溫度下，一定要驗查穩定度。

注意到，大部分的油壓系統是非線性的。然而，有時可以對系統作線性化，以降低系統的複雜性，並使得解答針對大部分的目的皆可以足夠準確。我們已經在 2-7 節裡介紹過處理非線性系統線性化的一些有用的技術了。

油壓伺服系統 圖 4-17(a) 所示為油壓伺服馬達。基本上其為導向閥控制式的功率放大器及驅動器。其中的導向閥係為一種力平衡型閥體，作用於其上之力量必須達成平衡。導向閥只需要很小的功率做定位，經由其

(a)

(b)

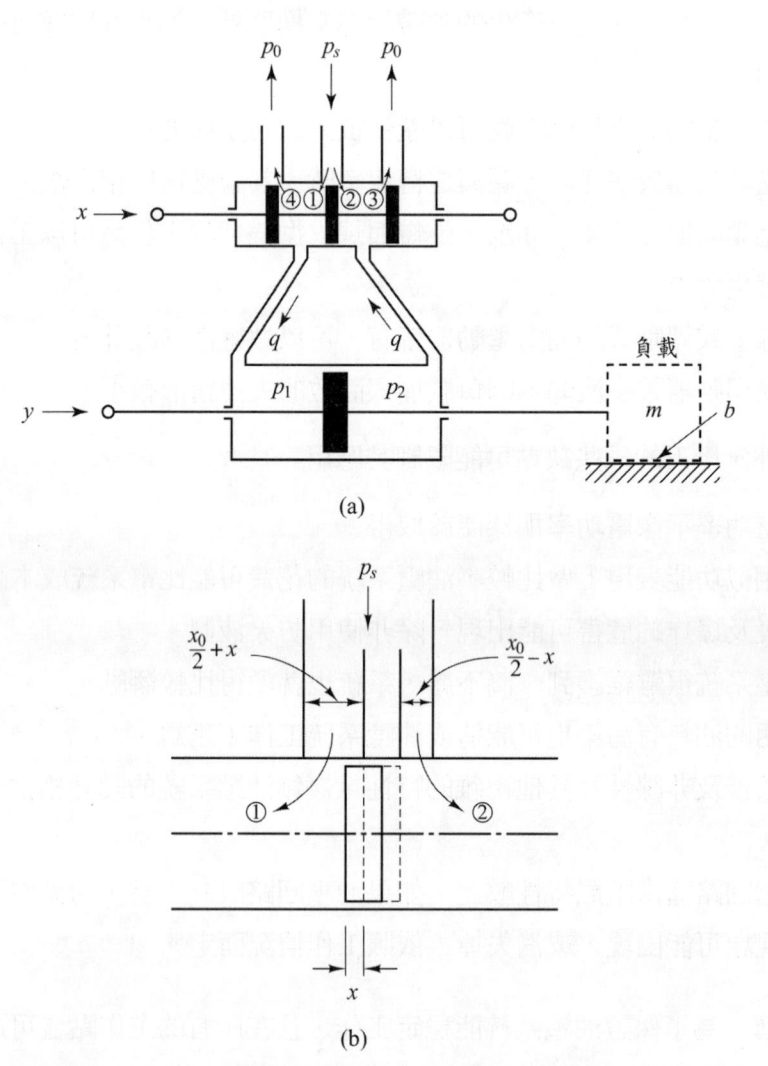

▌圖 4-17　(a) 油壓伺服系統；(b) 閥體口孔面積的放大圖。

控制卻可以得到很大功率的輸出。

實用上，圖 4-17(a) 中的口埠做得比其相對應的閥體來得大些，因此多多少少閥體邊都會有洩漏的現象。這種洩漏現象卻可以改善油壓馬達的靈敏度及其線性的性質。在以下的分析中，我們皆假設口埠做得比閥體寬大，亦即為欠重疊型。[注意，有時在導向閥運動的同時會加入抖動信號，其為一種高頻率小振幅的信號 (針對閥體的位移而言)。此作用也可以改善靈敏度及其線性的性質。閥體邊也會有洩漏的現象。]

現在我們要利用 2-7 節所介紹的線性化技術導出油壓伺服馬達的線性數學模型。我們假設欠重疊型，構造對稱，可讓高壓力的油壓液體進入備有大型活塞的功率圓缸，產生很大的力量以推動負載。

圖 4-17(b) 顯示閥體口孔面積的放大圖。定義口埠中閥體口孔的面積 1、2、3、4 分別為 A_1、A_2、A_3、A_4。同時，也定義經過口孔 1、2、3、4 的流動率分別為 q_1、q_2、q_3、q_4。注意到，因為閥體構造對稱，$A_1 = A_3$ 且 $A_2 = A_4$。假設位移 x 甚小，可得

$$A_1 = A_3 = k\left(\frac{x_0}{2} + x\right)$$

$$A_2 = A_4 = k\left(\frac{x_0}{2} - x\right)$$

式中 k 為一常數。

此外，我們假設在回返路線上的回壓很小，可以忽略之。參見圖 4-17(a)，則經過閥體口孔的流動率為

$$q_1 = c_1 A_1 \sqrt{\frac{2g}{\gamma}(p_s - p_1)} = C_1 \sqrt{p_s - p_1}\left(\frac{x_0}{2} + x\right)$$

$$q_2 = c_2 A_2 \sqrt{\frac{2g}{\gamma}(p_s - p_2)} = C_2 \sqrt{p_s - p_2}\left(\frac{x_0}{2} - x\right)$$

$$q_3 = c_1 A_3 \sqrt{\frac{2g}{\gamma}(p_2 - p_0)} = C_1 \sqrt{p_2 - p_0}\left(\frac{x_0}{2} + x\right) = C_1 \sqrt{p_2}\left(\frac{x_0}{2} + x\right)$$

$$q_4 = c_2 A_4 \sqrt{\frac{2g}{\gamma}(p_1 - p_0)} = C_2 \sqrt{p_1 - p_0}\left(\frac{x_0}{2} - x\right) = C_2 \sqrt{p_1}\left(\frac{x_0}{2} - x\right)$$

式中 $C_1 = c_1 k\sqrt{2g/\gamma}$ 及 $C_2 = c_2 k\sqrt{2g/\gamma}$，且 γ 為比重定義為 $\gamma = \rho g$，其中 ρ 為質量密度，g 為重力加速度。功率活塞左邊的流動率為

$$q = q_1 - q_4 = C_1\sqrt{p_s - p_1}\left(\frac{x_0}{2} + x\right) - C_2\sqrt{p_1}\left(\frac{x_0}{2} - x\right) \quad (4\text{-}25)$$

功率活塞右邊排油的流動率與此 q 一樣，現在是為

$$q = q_3 - q_2 = C_1\sqrt{p_2}\left(\frac{x_0}{2} + x\right) - C_2\sqrt{p_s - p_2}\left(\frac{x_0}{2} - x\right)$$

在目前的分析中我們假設流體是不可壓縮的。由於閥體結構對稱，因此 $q_1 = q_3$ 及 $q_2 = q_4$。令 q_1 及 q_3 相等，可得

$$p_s - p_1 = p_2$$

或

$$p_s = p_1 + p_2$$

如果我們定義功率活塞兩邊壓力差為 Δp 或

$$\Delta p = p_1 - p_2$$

則

$$p_1 = \frac{p_s + \Delta p}{2}, \quad p_2 = \frac{p_s - \Delta p}{2}$$

在圖 4-17(a) 對稱的閥體中，在沒有施加負載時，或 $\Delta p = 0$，功率活塞兩邊壓力各為 $(1/2)p_s$。當短管閥運動，管路一端壓力增加的量等於另一端減少的量。

就 p_s 及 Δp 而論，(4-25) 式中的流動率可重寫成

$$q = q_1 - q_4 = C_1\sqrt{\frac{p_s - \Delta p}{2}}\left(\frac{x_0}{2} + x\right) - C_2\sqrt{\frac{p_s + \Delta p}{2}}\left(\frac{x_0}{2} - x\right)$$

注意供給壓力 p_s 為定值。流動率 q 可表達成為閥體位移 x 及壓力差 Δp 的函數，或

$$q = C_1\sqrt{\frac{p_s - \Delta p}{2}}\left(\frac{x_0}{2} + x\right) - C_2\sqrt{\frac{p_s + \Delta p}{2}}\left(\frac{x_0}{2} - x\right) = f(x, \Delta p)$$

利用 3-10 節介紹的線性化技術於此處，針對 $x = \bar{x}$，$\Delta p = \Delta \bar{p}$，

$q = \bar{q}$ 這一點施行線性化，則方程式為

$$q - \bar{q} = a(x - \bar{x}) + b(\Delta p - \Delta \bar{p}) \tag{4-26}$$

式中

$$\bar{q} = f(\bar{x}, \Delta \bar{p})$$

$$a = \left.\frac{\partial f}{\partial x}\right|_{x=\bar{x},\, \Delta p = \Delta \bar{p}} = C_1 \sqrt{\frac{p_s - \Delta \bar{p}}{2}} + C_2 \sqrt{\frac{p_s + \Delta \bar{p}}{2}}$$

$$b = \left.\frac{\partial f}{\partial \Delta p}\right|_{x=\bar{x},\, \Delta p = \Delta \bar{p}} = -\left[\frac{C_1}{2\sqrt{2}\sqrt{p_s - \Delta \bar{p}}}\left(\frac{x_0}{2} + \bar{x}\right)\right.$$

$$\left.+ \frac{C_2}{2\sqrt{2}\sqrt{p_s + \Delta \bar{p}}}\left(\frac{x_0}{2} - \bar{x}\right)\right] < 0$$

此處，係數 a 及 b 稱為閥係數 (valve coefficient)。(4-26) 式為短管閥在 $x = \bar{x}$，$\Delta p = \Delta \bar{p}$，$q = \bar{q}$ 這一點附近的線性化數學模型。閥係數 a 及 bc 會隨著工作點變化之。注意，$\partial f/\partial \Delta p$ 為負且 b 亦為負值。

在正常工作點 $\bar{x} = 0$，$\Delta \bar{p} = 0$，$\bar{q} = 0$，在工作點附近 (4-26) 式變成

$$q = K_1 x - K_2 \Delta p \tag{4-27}$$

式中

$$K_1 = (C_1 + C_2)\sqrt{\frac{p_s}{2}} > 0$$

$$K_2 = (C_1 + C_2)\frac{x_0}{4\sqrt{2}\sqrt{p_s}} > 0$$

(4-27) 式為短管閥在原點 ($\bar{x} = 0$，$\Delta \bar{p} = 0$，$\bar{q} = 0$) 附近的線性化數學模型。原點附近的區域很重要，因為系統的操作通常發生在原點附近。

圖 4-18 所示為 q、x 及 Δp 的線性化關係。直線所示為油壓伺服馬達的線性化特性曲線。在這組曲線族中，x 係為主導參數，產生等距離的平行直線。

在本分析中，假設負載的作用力很小，因此可以忽略油料洩漏的流動率及其壓縮情況。

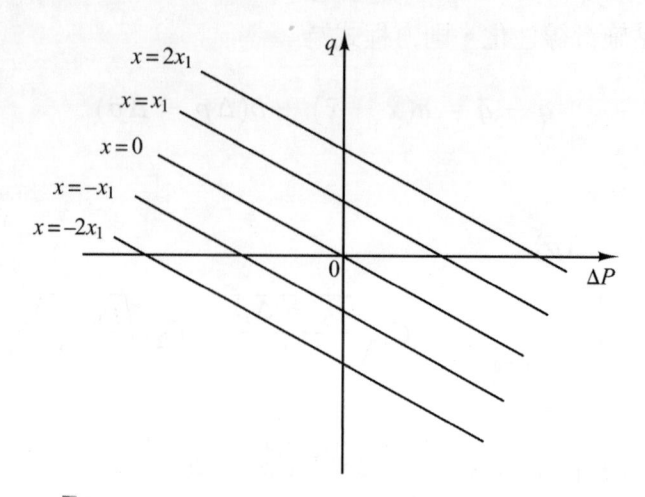

圖 4-18　油壓伺服馬達的線性化特性曲線

　　參見圖 4-17(a)，可見得油的流動率 q 乘上時間 dt 等於功率活塞位移 dy 乘上活塞面積 A 再乘上油的密度 ρ。

$$A\rho\,dy = q\,dt$$

注意到，對於某一流動率 q，活塞面積 A 愈大，則速度 dy/dt 愈低。因此，如果使活塞面積 A 變小，另一個變數保持不變，則速度 dy/dt 可以變得更高些。同時，如果流動率 q 變大，將使得功率活塞的速度增加，響應時間也就變短了。

(4-27) 式可改寫為

$$\Delta P = \frac{1}{K_2}\left(K_1 x - A\rho\frac{dy}{dt}\right)$$

由功率活塞產生的力量等於壓力差 Δp 乘上面積 A，或

$$率活塞產生的力量 = A\,\Delta P$$

$$= \frac{A}{K_2}\left(K_1 x - A\rho\frac{dy}{dt}\right)$$

對於達到最大力量言之，如果壓力差足夠大，則活塞面積或油壓缸的體積可以變小。因此之故，為了盡量減少控制器的重量，必須使得供給的壓力足夠高。

流體系統及熱系統的數學模型

假設功率活塞推動的負載包含了質量及黏滯摩擦。於是由功率活塞產生的力量施加到質量及黏滯摩擦上，可得

$$m\ddot{y} + b\dot{y} = \frac{A}{K_2}(K_1 x - A\rho\dot{y})$$

或

$$m\ddot{y} + \left(b + \frac{A^2\rho}{K_2}\right)\dot{y} = \frac{AK_1}{K_2}x \qquad (4\text{-}28)$$

式中 m 為質量，b 為黏滯摩擦係數。

假設以導向閥的位移 x 當做輸入，功率活塞的位移 y 當做輸出，則由 (4-28) 式可得到油壓伺服馬達的轉移函數如下，

$$\begin{aligned}\frac{Y(s)}{X(s)} &= \frac{1}{s\left[\left(\dfrac{mK_2}{AK_1}\right)s + \dfrac{bK_2}{AK_1} + \dfrac{A\rho}{K_1}\right]} \\ &= \frac{K}{s(Ts+1)}\end{aligned} \qquad (4\text{-}29)$$

式中

$$K = \frac{1}{\dfrac{bK_2}{AK_1} + \dfrac{A\rho}{K_1}} \quad \text{及} \quad T = \frac{mK_2}{bK_2 + A^2\rho}$$

由 (4-29) 式發現轉移函數係為二階。如果 $mk_2/(bk_2 + A^2\rho)$ 非常小可忽略之，且時間常數 T 也忽略之，則轉移函數 $Y(s)/X(s)$ 可以簡化為

$$\frac{Y(s)}{X(s)} = \frac{K}{s}$$

注意到，如果我們做更詳細分析，將油漏、壓縮情況 (包括空氣的溶解效應)、管線的膨脹及其他類似的情形包含考慮進去，則轉移函數變成

$$\frac{Y(s)}{X(s)} = \frac{K}{s(T_1 s + 1)(T_2 s + 1)}$$

其中 T_1 及 T_2 為時間常數。事實上，這些時間常數與壓縮油在某一工作回路上有關聯。體積愈小，則時間常數愈小。

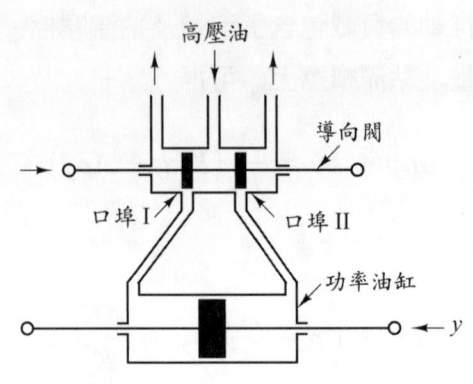

圖 4-19 油壓伺服馬達

油壓積分控制器 圖 4-19 所示的油壓伺服馬達為導向閥控制式油壓功率放大器及驅動器。與圖 4-17 所示的油壓伺服系統相似,當負載質量很小而忽略時,圖 4-19 所示油壓伺服馬達的作用形如積分器或積分控制器。此種油壓伺服馬達係為構成油壓控制回路之基本。

在圖 4-19 的伺服馬達中,導向閥 (四路閥) 的短管中有二個卸載擋塊。如果擋塊的寬度比閥體套筒上的口埠小,此種閥體稱為**欠疊式** (underlapped)。**過疊式** (overlapped) 閥體的擋塊寬度比閥體套筒的口埠寬大。**無疊式** (zero-lapped) 閥體的擋塊與口埠的寬度相等。(如果導向閥為無疊式,則分析油壓伺服馬達變得容易多了。)

在目前分析中,我們假設油壓液體不可壓縮,且功率活塞及負載的慣性力與功率活塞產生的油壓力量比較起來可以忽略之。我們假設導向閥體為無疊式,且油的流動率與導向閥的位移成比例。

此油壓伺服馬達工作原理敘述如後:如果輸入 x 使導向閥往右移,口埠 II 被打開而無覆蓋,高壓油於是進入功率活塞的右方。此時口埠 I 連通至排油口,功率活塞左方的油於是回到排油口。流入功率圓缸的是高壓油;而從功率油缸排出流至排油口的是低壓油。功率活塞二邊產生的壓力差使得活塞運動推向左方。

注意,油的流動率 q (kg/sec) 乘上時間 dt(sec) 等於功率活塞位移 dy (m) 乘上活塞面積 A (m^2) 再乘上油的密度 ρ (kg/m^3)。因此

$$A\rho\, dy = q\, dt \tag{4-30}$$

因為假設油的流動率 q 與導向閥的位移 x 成比例，可得

$$q = K_1 x \qquad (4\text{-}31)$$

式中 K_1 係為正常數。由 (4-30) 及 (4-31) 式得到

$$A\rho \frac{dy}{dt} = K_1 x$$

對上式求拉式變換，假設零初始條件，得

$$A\rho s Y(s) = K_1 X(s)$$

或

$$\frac{Y(s)}{X(s)} = \frac{K_1}{A\rho s} = \frac{K}{s}$$

式中 $K = K_1/(A\rho)$。因此，圖 4-19 的油壓伺服馬達之作用形如積分控制器。

油壓比例控制器　我們已經證明圖 4-19 的油壓伺服馬達作用形如一個積分控制器。此油壓伺服馬達可再經由回饋的交連桿將之修改為比例控制器。考慮圖 4-20(a) 的油壓控制器。導向閥的左邊利用一交連桿 ABC 與功率活塞的左邊連結之。此一交連桿係為浮動式，而非只有固定在導向閥上運動。

控制器的工作原理如後。如果輸入 e 使導向閥往右移，口埠 II 將無遮蓋，使得高壓油經由口埠 II 流入功率活塞的右方，造成功率活塞向左運動。功率活塞向左移動的同時，也帶動交連桿 ABC，使得交連桿往左移動。此一動作一直地進行著，直到功率活塞再次地遮蓋著口埠 I 及 II。圖 4-20(b) 為系統的方塊圖。$Y(s)$ 至 $E(s)$ 的轉移函數如下

$$\frac{Y(s)}{E(s)} = \frac{\dfrac{b}{a+b}\dfrac{K}{s}}{1 + \dfrac{K}{s}\dfrac{a}{a+b}}$$

注意，在正常工作條件下，$|Ka/[s(a+b)]| \gg 1$，則上式可簡化成

$$\frac{Y(s)}{E(s)} = \frac{b}{a} = K_p$$

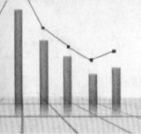

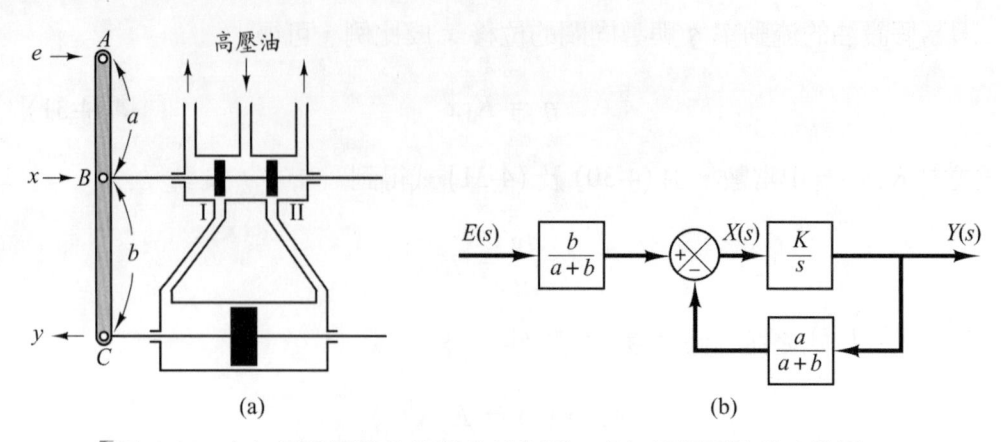

圖 4-20 (a) 伺服馬達作為積分控制器；(b) 伺服馬達的方塊圖。

y 與 e 之間的轉移函數變成常數。因此圖 4-20(a) 的油壓控制器作用如同比例控制器，其增益為 K_p。調節槓桿的力臂比 b/a 可以有效地調節此增益。(有關調節的機構未出示在圖中。)

於是我們知道，添加回饋交連桿可以使得油壓馬達作用如同比例控制器。

緩衝筒 圖 4-21(a) 的緩衝筒 (又稱阻尼器) 作用如同微分元件。如果我們在活塞上施加步階式位移 y，則位移 z 會瞬間等於位移 y。然而，由於彈簧力的作用，油會流經阻尼器 R，使得油壓缸又回到原來的位置。圖 4-21(b) 所示為 y 對 t 及 z 對 t 之作圖。

現在我們要導出位移 z 與位移 y 之間的轉移函數。令活塞的右方及左方存在的壓力分別是 P_1 ($lb_f/in.^2$) 及 P_2 ($lb_f/in.^2$)。假設作用的慣性力很小

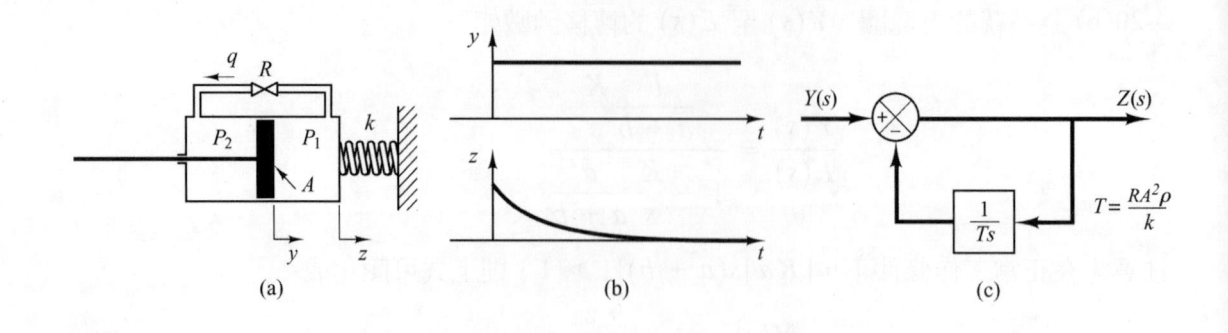

圖 4-21 (a) 緩衝筒；(b) y 的步階式變化及 z 的變化對 t 的作圖；(c) 緩衝筒的方塊圖。

可以忽略。則在平衡時，活塞上的作用力會等於彈簧的作用力。即

$$A(P_1 - P_2) = kz$$

式中 A = 活塞的面積，$in.^2$

k = 彈簧的彈力係數，$lb_f/in.$

流動率 q 為

$$q = \frac{P_1 - P_2}{R}$$

式中 q = 流經阻尼器的流動率，lb/sec

R = 油流動對於阻尼器的阻尼值，$lb_f\text{-sec}/in.^2\text{-lb}$

因為在 dt 秒內流經阻尼器的流量等於同樣 dt 秒內活塞左方油流動質量的改變，因而

$$q\,dt = A\rho(dy - dz)$$

式中 ρ = 密度，$lb_f/in.^3$。(假設油體不會壓縮，且 ρ = 常數。) 上式可重寫為

$$\frac{dy}{dt} - \frac{dz}{dt} = \frac{q}{A\rho} = \frac{P_1 - P_2}{RA\rho} = \frac{kz}{RA^2\rho}$$

或

$$\frac{dy}{dt} = \frac{dz}{dt} + \frac{kz}{RA^2\rho}$$

對上式二邊求拉式變換，假設零初始條件，得

$$sY(s) = sZ(s) + \frac{k}{RA^2\rho}Z(s)$$

此系統的轉移函數成為

$$\frac{Z(s)}{Y(s)} = \frac{s}{s + \dfrac{k}{RA^2\rho}}$$

定義 $RA^2\rho/k=T$。(注意，$RA^2\rho/k$ 的單位是時間。) 則

$$\frac{Z(s)}{Y(s)} = \frac{Ts}{Ts+1} = \frac{1}{1+\dfrac{1}{Ts}}$$

因此很明顯地，緩衝筒係為一種微分元件。圖 4-21(c) 所示為此系統的方塊圖。

得到油壓比例加積分控制動作 圖 4-22(a) 所示為油壓比例加積分控制器的結構圖。圖 4-22(b) 為此控制器的方塊圖。轉移函數 $Y(s)/E(s)$ 為

$$\frac{Y(s)}{E(s)} = \frac{\dfrac{b}{a+b}\dfrac{K}{s}}{1+\dfrac{Ka}{a+b}\dfrac{T}{Ts+1}}$$

此控制器在 $|KaT/[(a+b)(Ts+1)]| \gg 1$ 正常工作條件下，可得

$$\frac{Y(s)}{E(s)} = K_p\left(1+\frac{1}{T_i s}\right)$$

式中

$$K_p = \frac{b}{a}, \qquad T_i = T = \frac{RA^2\rho}{k}$$

因此，圖 4-22(a) 所示的控制器為比例加積分控制器 (PI 控制器)。

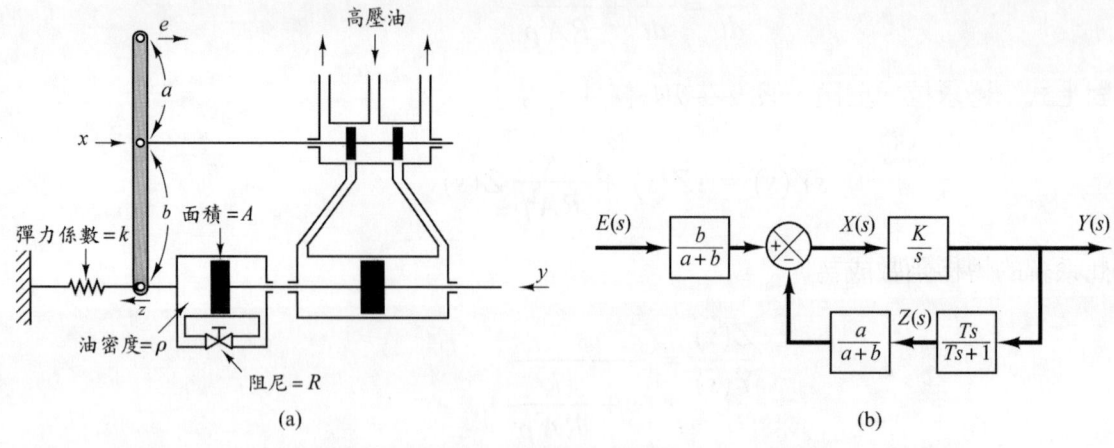

圖 4-22 (a) 油壓比例加積分控制器的結構圖；(b) 控制器的方塊圖。

得到油壓比例加微分控制動作　圖 4-23(a) 所示為油壓比例加微分控制器的結構圖。油壓缸係固定於空間，活塞可以運動。注意在此系統中

$$k(y - z) = A(P_2 - P_1)$$

$$q = \frac{P_2 - P_1}{R}$$

$$q\, dt = \rho A\, dz$$

因此

$$y = z + \frac{A}{k} qR = z + \frac{RA^2\rho}{k}\frac{dz}{dt}$$

或

$$\frac{Z(s)}{Y(s)} = \frac{1}{Ts + 1}$$

式中

$$T = \frac{RA^2\rho}{k}$$

圖 4-23(b) 所示為此系統的方塊圖。由方塊圖可得出轉移函數 $Y(s)/E(s)$ 為

$$\frac{Y(s)}{E(s)} = \frac{\dfrac{b}{a+b}\dfrac{K}{s}}{1 + \dfrac{a}{a+b}\dfrac{K}{s}\dfrac{1}{Ts+1}}$$

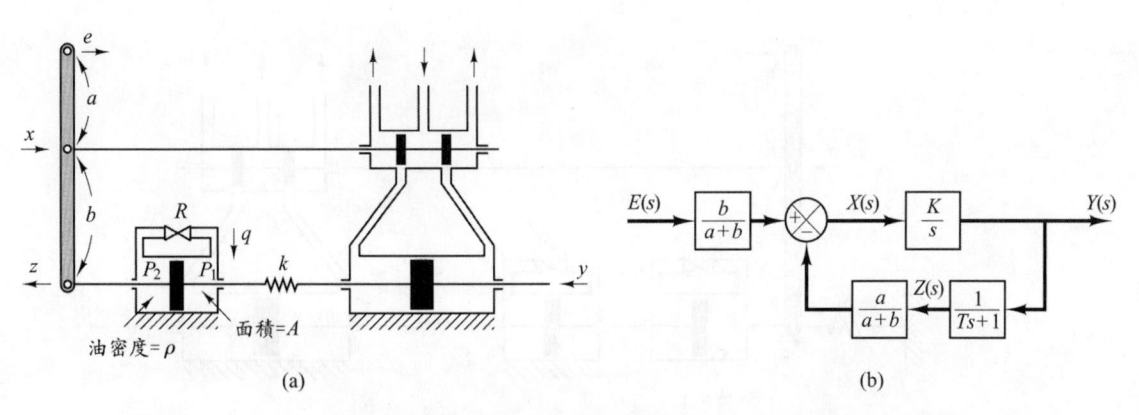

圖 4-23　(a) 油壓比例加微分控制器的結構圖；(b) 控制器的方塊圖。

在 $|aK/[(a+b)s(Ts+1)]| \gg 1$ 正常工作條件下,可得

$$\frac{Y(s)}{E(s)} = K_p(1 + Ts)$$

式中

$$K_p = \frac{b}{a}, \quad T = \frac{RA^2\rho}{k}$$

因此,圖 4-23(a) 所示的控制器為比例加微分控制器 (PD 控制器)。

得到油壓比例加積分加微分控制動作　圖 4-24 所示為油壓比例加積分加微分控制器的結構圖。此為比例加積分控制器與比例加微分控制器的組合。

如果除了活塞柄不同外,二個緩衝筒一樣,可得轉移函數 $Z(s)/Y(s)$ 如下:

$$\frac{Z(s)}{Y(s)} = \frac{T_1 s}{T_1 T_2 s^2 + (T_1 + 2T_2)s + 1}$$

(參見例題 **A-4-9** 有關此轉移函數之推導。)

圖 4-25 所示為此系統的方塊圖。轉移函數 $Y(s)/E(s)$ 為

$$\frac{Y(s)}{E(s)} = \frac{b}{a+b} \frac{\dfrac{K}{s}}{1 + \dfrac{a}{a+b}\dfrac{K}{s}\dfrac{T_1 s}{T_1 T_2 s^2 + (T_1 + 2T_2)s + 1}}$$

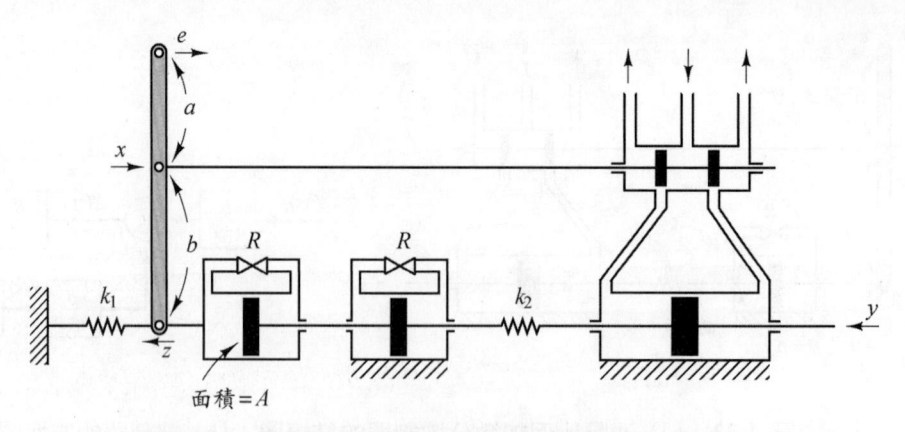

圖 4-24　油壓比例加積分加微分控制器的結構圖

```
         E(s)    ┌─────┐      X(s)   ┌─────┐              Y(s)
        ─────→──→│ b/  │──→(+)──────→│ K/s │──────┬──────────→
                 │ a+b │    ↑(−)     └─────┘      │
                 └─────┘    │                     │
                            │  ┌─────┐ Z(s) ┌──────────────────────────┐
                            └──│ a/  │←─────│        T₁s               │←──┘
                               │ a+b │      │ T₁T₂s²+(T₁+2T₂)s+1       │
                               └─────┘      └──────────────────────────┘
```

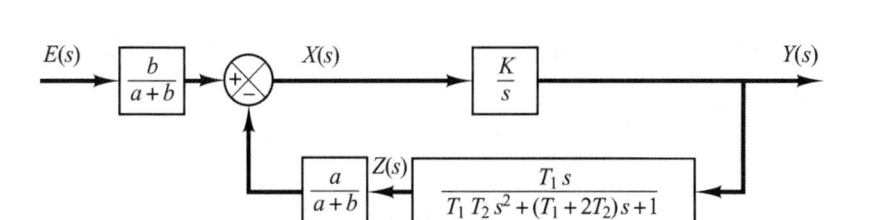

▎圖 4-25　圖 4-24 所示系統的方塊圖

在正常工作環境下，系統設計為

$$\left|\frac{a}{a+b}\frac{K}{s}\frac{T_1 s}{T_1 T_2 s^2 + (T_1 + 2T_2)s + 1}\right| \gg 1$$

則

$$\frac{Y(s)}{E(s)} = \frac{b}{a}\frac{T_1 T_2 s^2 + (T_1 + 2T_2)s + 1}{T_1 s}$$

$$= K_p + \frac{K_i}{s} + K_d s$$

式中

$$K_p = \frac{b}{a}\frac{T_1 + 2T_2}{T_1}, \quad K_i = \frac{b}{a}\frac{1}{T_1}, \quad K_d = \frac{b}{a}T_2$$

因此，圖 4-24 所示的控制器為比例加積分加微分控制器 (PID 控制器)。

4-5　熱系統

　　熱系統涉及熱從一個物質傳送到另一個物質。雖然熱阻尼及熱容量這些參數在一般物質是散佈式的，無法以集總式參數準確地代表之，但是熱系統可以就阻尼及容量的論點上分析之。當然要做詳細的分析，還是要使用散佈式參數模型為宜。然而，在這裡我們要假設熱系統可以使用集總式參數模型，以方便做分析，代表熱流動的阻尼時，其附帶的熱容量很小可以忽略之，而代表熱容量時，其因熱流動發生的熱阻尼也很小可以忽略之。

　　熱從一個物質流到另一個物質有三種方式：他們是傳導、對流及輻射。在這裡我們只考慮到傳導及對流二種。（只當熱發射體的溫度與接收體比較之下甚高時，考慮輻射式的熱流動才有意義。在絕大部分程序控制的熱系統中，並不會涉及輻射式的熱流動。）

對於傳導及對流二種熱流動，

$$q = K \Delta\theta$$

式中 q = 熱流動率，kcal/sec
$\Delta\theta$ = 溫度差，°C
K = 係數，kcal/sec °C

係數 K 定義為

$$K = \frac{kA}{\Delta X}, \quad 熱傳導型$$

$$= HA, \quad 熱對流型$$

式中 k = 熱傳導率，kcal/m sec °C
A = 垂直於熱流動方向的面積，m^2
ΔX = 導體厚度，m
H = 熱對流係數，kcal/ m^2 sec °C

熱阻及熱容 熱從一個物質傳送到另一個物質的熱阻 R 定義為

$$R = \frac{溫度差的改變，°C}{熱流動率的改變，kcal/sec}$$

對於傳導及對流二種熱流動，熱阻定義為

$$R = \frac{d(\Delta\theta)}{dq} = \frac{1}{K}$$

因為熱傳導及熱對流係數幾乎是固定，因此涉及熱傳導及熱對流的熱阻值也是常數。

熱容 C 定義為

$$C = \frac{儲存熱改變量，kcal}{溫度的改變，°C}$$

或

$$C = mc$$

式中 m = 物質的質量，kg

c = 物質的比熱，kcal/ kg °C

熱系統 考慮圖 4-26(a) 的系統。假設所用的水箱絕緣，熱不會散失到周圍大氣中。同時也假設絕緣物質不會儲存熱，而且水箱中的液體完全混和使得溫度均勻。因此進入水箱的液體及出來的液體皆可以用單一溫度敘述之。

讓我們定義

$\bar{\Theta}_i$ = 流入液體的穩態溫度，°C
$\bar{\Theta}_o$ = 流出液體的穩態溫度，°C
G = 穩態液體的流動率，kg/sec
M = 水箱中液體的質量，kg
c = 液體的比熱，kcal/ kg °C
R = 熱阻值，°C sec/kcal
C = 熱容值，kcal/ °C
$\bar{H}$ = 穩態熱流入速率，kcal/sec

假設流入液體的溫度保持在一定值，而進入系統的熱流動率（由電熱器供給之）突然由 $\bar{H}$ 變化至 $\bar{H} + h_i$，其中 h_i 代表流入的熱流動率之微小變化。流出的熱流動率將慢慢地由 $\bar{H}$ 變化至 $\bar{H} + h_o$。流出的液體之溫度也從 $\bar{\Theta}_o$ 變化至 $\bar{\Theta}_o + \theta$。在此種情況下，h_o、C 及 R 分別為

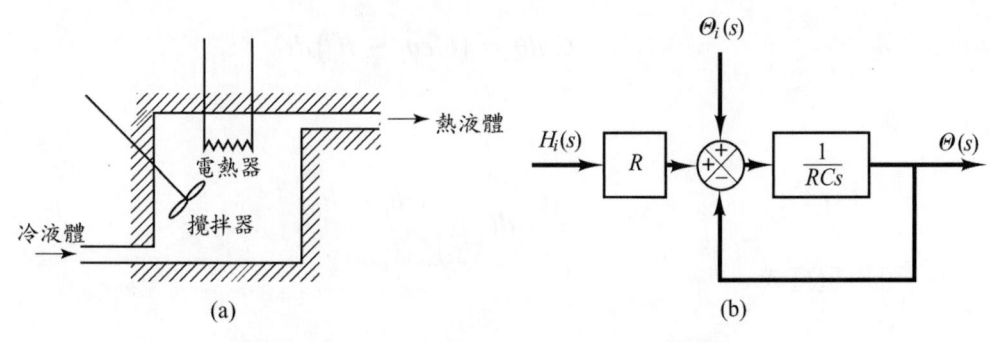

圖 4-26 (a) 熱系統；(b) 系統的方塊圖。

$$h_o = Gc\theta$$

$$C = Mc$$

$$R = \frac{\theta}{h_o} = \frac{1}{Gc}$$

系統的熱平衡方程式為

$$C\,d\theta = (h_i - h_o)\,dt$$

或

$$C\frac{d\theta}{dt} = h_i - h_o$$

可再重寫為

$$RC\frac{d\theta}{dt} + \theta = Rh_i$$

注意，系統的時間常數為 RC 或 M/G 秒。θ 與 h_i 之間的關係為

$$\frac{\Theta(s)}{H_i(s)} = \frac{R}{RCs + 1}$$

式中 $\Theta(s) = \mathscr{L}[\theta(t)]$ 且 $H_i(s) = \mathscr{L}[h_i(t)]$。

實際上，流入液體的溫度可能會擾動，有如是干擾。(如果流出的溫度須保持固定值，則須使用自動控制器調節流入速率以補償流入液體可能有的溫度擾動。) 如果流入液體的溫度突然由 $\bar{\Theta}_i$ 變化至 $\bar{\Theta}_i + \theta_i$，而熱輸入速率 H 及液體流動率 G 保持固定值，則熱流動的流出率將由 $\bar{H}$ 變化至 $\bar{H} + h_o$，並且流出液體的溫度從 $\bar{\Theta}_o$ 變化至 $\bar{\Theta}_o + \theta$。此時熱平衡方程式為

$$C\,d\theta = (Gc\theta_i - h_o)\,dt$$

或

$$C\frac{d\theta}{dt} = Gc\theta_i - h_o$$

可再重寫成

$$RC\frac{d\theta}{dt} + \theta = \theta_i$$

θ 與 θ_i 之間的轉移函數成為

$$\frac{\Theta(s)}{\Theta_i(s)} = \frac{1}{RCs + 1}$$

式中 $\Theta(s) = \mathcal{L}[\theta(t)]$ 且 $\Theta_i(s) = \mathcal{L}[\theta_i(t)]$。

如果涉及的熱系統流入液體溫度及熱流入速率皆有變化，而液體的流動率保持固定，則流出液體的溫度變化可用下列方程式表達之：

$$RC\frac{d\theta}{dt} + \theta = \theta_i + Rh_i$$

對應於此情形之方塊圖參見圖 4-26(b) 所示。注意，此時系統有二個輸入。

■■■ 習 題

B-4-1 考慮圖 4-42 的圓錐型水槽。從水閥流出的水流係為湍流型，其與液位高度 H 的關係為

$$Q = 0.005\sqrt{H}$$

式中 Q 為流動率，單位因次為 m³/sec，H 的為 m。

假設在 $t = 0$ 時液位高度 2 m，試求 $t = 60$ 秒時的液位高度。

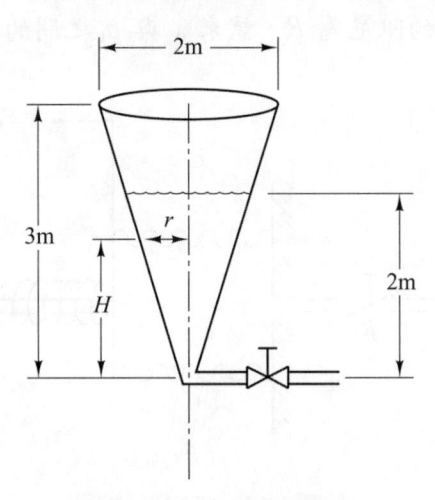

圖 4-42　圓錐型水槽

B-4-2 考慮圖 4-43 的液位控制系統。控制器為比例型。控制器的置定參考點係固定值。

假設變數的變化量很小，試繪製系統的方塊圖。求第二個水槽的液位高度對干擾輸入 q_d 之間的轉移函數。當 q_d 為單位步階函數時，求穩態誤差。

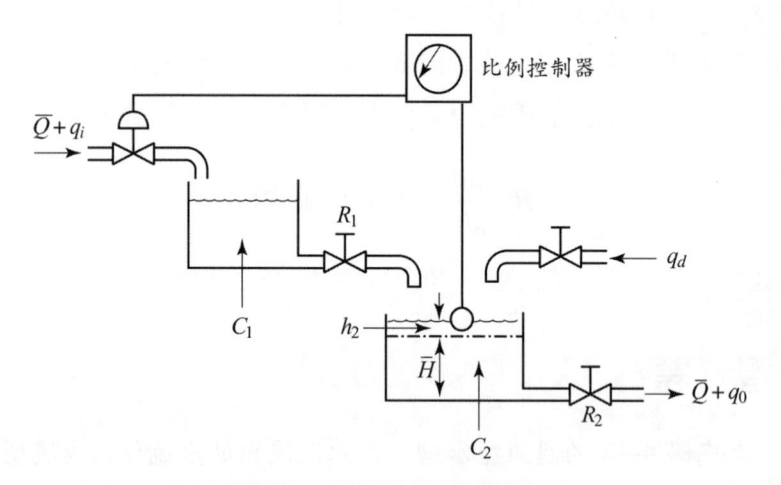

圖 4-43 液位控制系統

B-4-3 考慮圖 4-44 的氣壓系統，假設穩態的空氣壓力及風箱的位移分別是 $\bar{P}$ 及 $\bar{X}$。也假設輸入的氣壓從 $\bar{P}$ 變化至 $\bar{P} + p_i$，其中 p_i 為很微小的變化量。此一改變使得風箱發生小位移 x。假設風箱的容量為 C，氣閥的阻尼為 R，試求 x 與 p_i 之間的轉移函數。

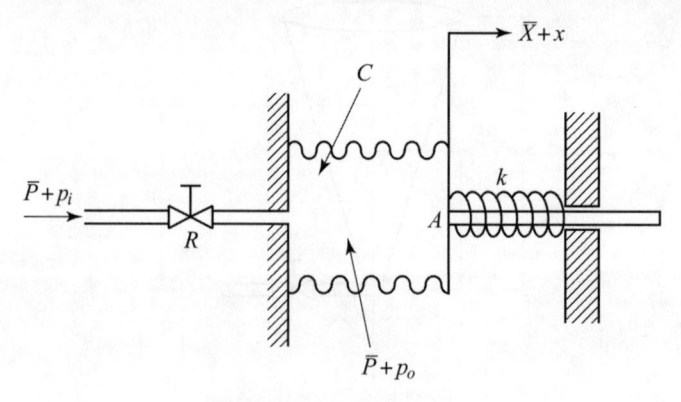

圖 4-44 氣壓系統

B-4-4 考慮圖 4-45 所示為氣壓控制器。氣壓繼電器的特性為 $p_c = K p_b$，其中 $K > 0$。此控制器產生何類控制動作？導出轉移函數 $P_c(s)/E(s)$。

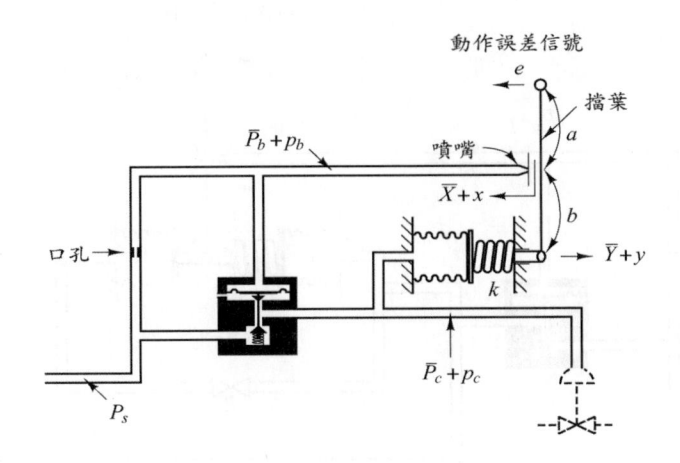

圖 4-45　氣壓控制器

B-4-5 考慮圖 4-46 所示為氣壓控制器。假設氣壓繼電器的特性為 $p_c = K p_b$（其中 $K > 0$）。試求此控制器產生的控制動作。控制器的輸入是 e，輸出是 p_c。

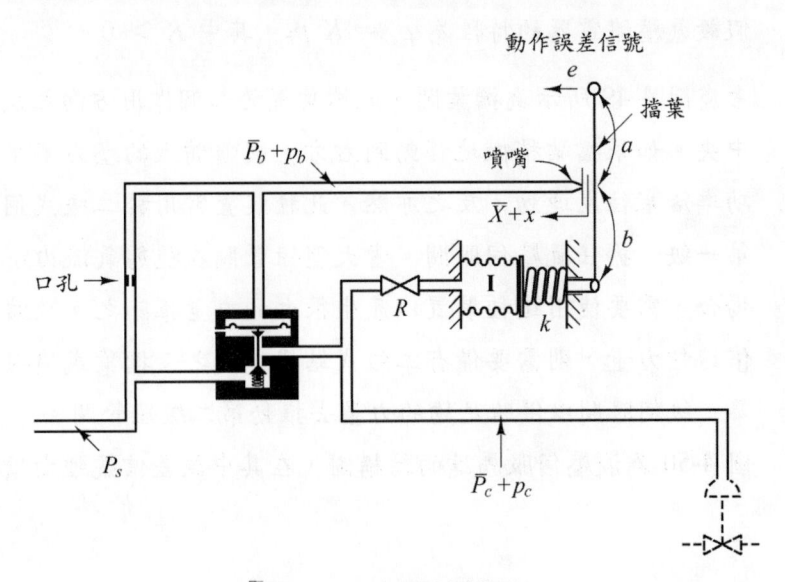

圖 4-46　氣壓控制器

B-4-6 圖 4-47 所示為氣壓控制器。e 是信號輸入，輸出為控制壓力變化 p_c。試求轉移函數 $P_c(s)/E(s)$。假設氣壓繼電器的特性為 $p_c = K\,p_b$，其中 $K > 0$。

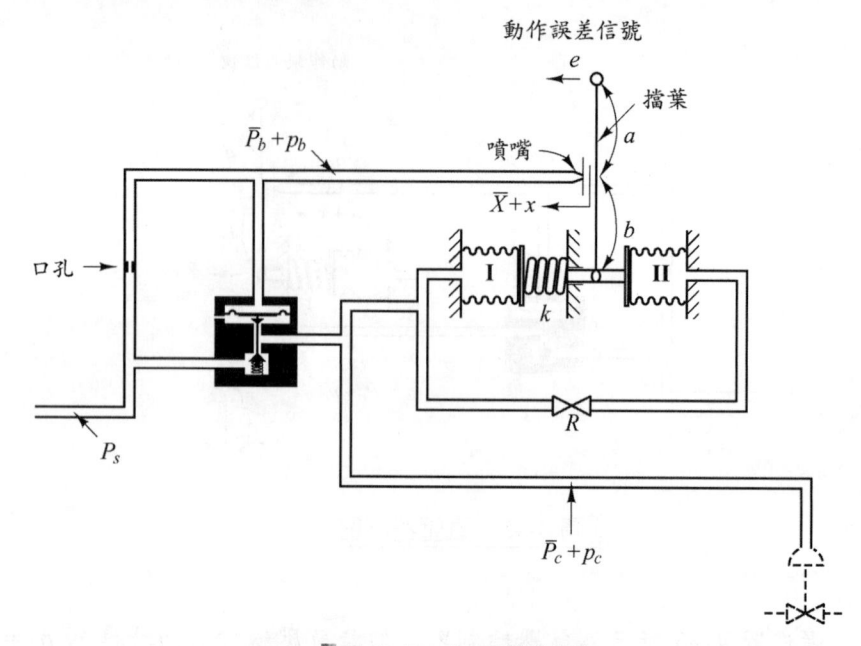

圖 4-47　氣壓控制器

B-4-7 考慮圖 4-48 所示為氣壓控制器。此控制器產生的控制動作為何？假設氣壓繼電器的特性為 $p_c = K\,p_b$，其中 $K > 0$。

B-4-8 考慮圖 4-49 所示為擋葉閥。此擋葉置於二個作用方向相反的噴嘴中央。如果擋葉稍微地移動到右方，則噴嘴上的壓力不平衡造成功率活塞往左運動，反之亦然。此種裝置常用於二級式伺服閥的第一級，擔任氣壓伺服閥。當大型短管閥在穩態氣流力下運動的場合，需要使用這種裝置以產生很大的力量推動之。欲減少或補償這種力量，則需要備有二級式結構達成之：擋葉或噴射管作為第一級伺服閥以供給足夠的力量去推動第二級短管閥。

圖 4-50 為液壓伺服馬達的結構圖，在其中誤差信號經由噴射管及

動作誤差信號

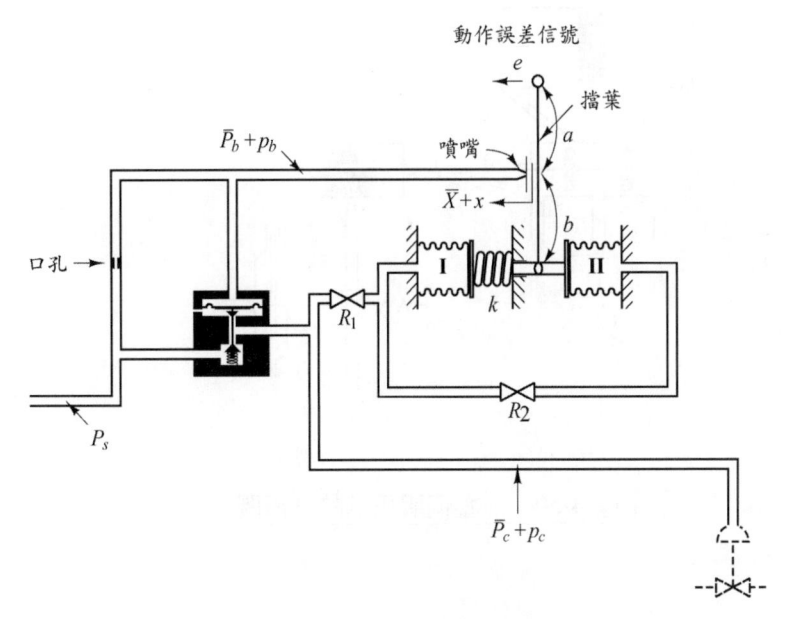

圖 4-48　氣壓控制器

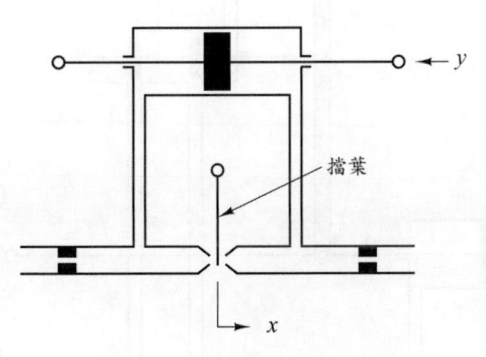

圖 4-49　擋葉伺服閥

導向閥做二級放大。試繪製圖 4-50 系統的方塊圖，再求出 y 及 x 之間的轉移函數，其中 x 為空氣壓力，y 為功率活塞位移。

B-4-9　考慮圖 4-51 所示航機高度升降控制系統結構圖。控制桿的偏向角 θ 為系統的輸入，輸出角為升降角度 ϕ。假設角度 θ 及 ϕ 皆甚小。證明對於每一控制桿的角度 θ，皆有相當的（穩態）升降角度 ϕ 對應之。

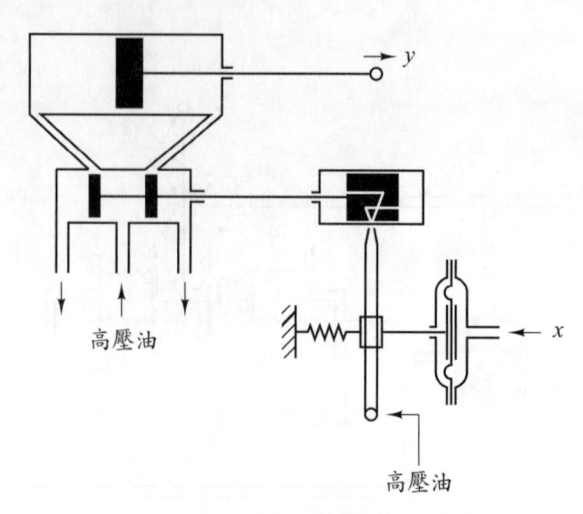

图 4-50 油壓伺服馬達的結構圖

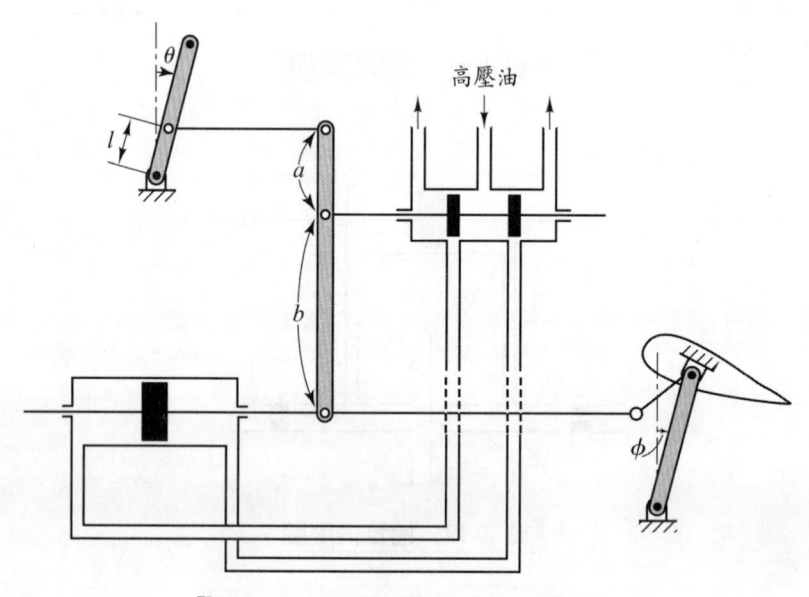

图 4-51 航機高度升降控制系統

B-4-10 考慮圖 4-52 所示液位控制系統。流入閥係由一積分控制器控制之。假設穩態的流入及流出率皆為 $\bar{Q}$，穩態的液位高度為 $\bar{H}$，穩態的導向閥位移為 $\bar{X} = 0$，穩態的導向閥位置為 $\bar{Y}$。假設穩態的液位高度為 $\bar{H}$ 所對應的置定點參考輸入是 $\bar{R}$。置定點 $\bar{R}$ 係為固定值。同時假設干擾流入率 q_d，變化量很小，在 $t = 0$ 時加至水槽

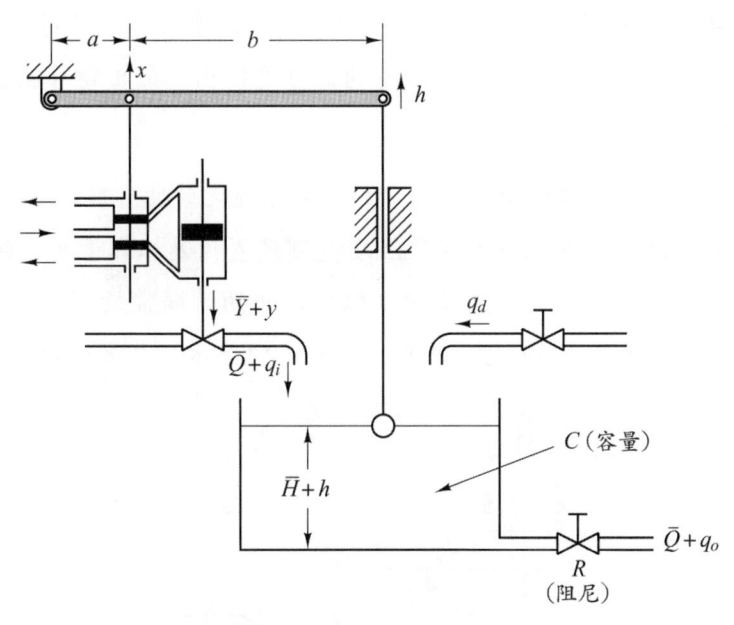

圖 4-52　液位控制系統

中。所述的干擾使得液位高度由 $\bar{H}$ 變化至 $\bar{H} + h$。此變化也使得流出率改變了 q_o。經由油壓控制器，液位高度的改變造成流入率由 $\bar{Q}$ 變化至 $\bar{Q} + q_i$。(在干擾影響下，積分控制器使得液位高度盡量保持一定。) 假設所有的變化量皆甚小。

假設功率活塞(閥)的速度與導向閥的位移 x 成比例，或

$$\frac{dy}{dt} = K_1 x$$

式中 K_1 為正常數。我們也假設流入率 q_i 與閥開口量 y 成比例，方向相反，即

$$q_i = -K_v y$$

式中 K_v 為正常數。

假設系統相關的一些數值如下，

$C = 2 \text{ m}^2$, $\quad R = 0.5 \text{ sec/m}^2$, $\quad K_v = 1 \text{ m}^2/\text{sec}$
$a = 0.25 \text{ m}$, $\quad b = 0.75 \text{ m}$, $\quad K_1 = 4 \text{ sec}^{-1}$

導出轉移函數 $H(s)/Q_d(s)$。

B-4-11 考慮圖 4-53 所示控制系統。輸入為空氣壓力，其針對某一穩態參考壓力 $\bar{P}$ 量測之，功率活塞的位移為輸出。導出轉移函數 $Y(s)/P_i(s)$。

B-4-12 有一熱電偶的時間常數為 2 秒。熱水池之時間常數為 30 秒。當熱電偶插入熱水池時，這種溫度量測裝置係為二容量的系統。

試求出此一熱電偶與熱水池組合系統的時間常數。假設熱電偶重 8 克，熱水池 40 克。也假設熱電偶與熱水池二者比熱相同。

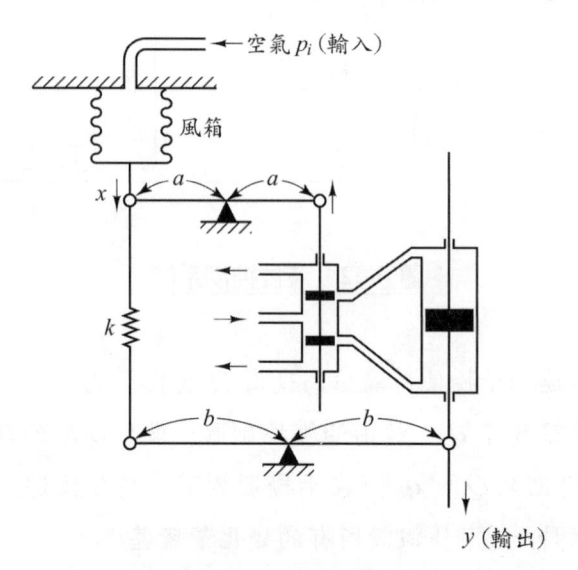

圖 4-53　控制器

Chapter 5

暫態及穩態響應分析

5-1 引　言

在前幾章裡我們提及，分析控制系統的第一步是先求得系統的數學模型。一旦數學模型知道了，就可以使用各種方法做系統的分析和功能分析。

實際上，控制系統的輸入信號是未能預先知道的，事實上是隨機性的，並且瞬間發生的輸入是無法以可分析方式表達之。只有在某些特殊的場合，輸入信號能預先知道，用可分析的方式或曲線表達之，例如在裁剪機自動控制的應用場合。

在分析及設計控制系統時，必須先備有比較各種控制系統功能之基礎。我們可以指定某一特殊的測試信號，而量測各不同系統對這些輸入信號的響應，建立出上述之評鑑基礎。

許多設計的準則係建立在系統對這些測試信號產生的響應，或由於初始條件的改變 (而無測試信號) 產生的響應。到底使用何種測試信號呢？這可以根據系統對一典型測試信號產生的響應特性之互關連性，及系統是否對實際的輸入信號可以相容地工作，而決定之。

典型測試信號　常使用的測試信號有步階函數、斜坡函數、加速度函數、脈衝函數、弦波函數及白雜訊等。本章要討論步階函數、斜坡函數、加速度函數及脈衝函數等測試信號的應用。使用這些測試信號可以使控制系統的數學分析及實驗分析變得容易，因為這些信號是簡單的時間函數。

哪一種典型輸入信號可用來分析系統的特性呢？這可以端看系統在正常工作時最常使用的輸入形式決定之。如果控制系統的輸入是隨著時間進行慢慢地變化著，則使用斜坡時間函數做為測試信號是最好的選擇。同理，如果系統會突然遭遇到干擾的影響，則步階時間函數是最好的測試信號；而若系統有衝擊式輸入，使用脈衝時間函數會是最好的選擇。如果控制系統建立在測試信號的基礎上做設計，則系統對於實際輸入產生的響應通常皆可以讓人滿意。這種測試信號的使用可以讓我們在同樣的基礎上比較各種系統的功能。

暫態響應及穩態響應　控制系統的響應包含二部分：暫態響應及穩態響應。暫態響應意味著，由初始狀態進行至最終狀態。穩態響應意味著，

系統的輸出在 t 趨近於無窮大之表現。因此，系統的響應 $c(t)$ 可寫成

$$c(t) = c_{tr}(t) + c_{ss}(t)$$

上式等號右邊第一項意義是暫態響應，而第二項是穩態響應。

絕對穩定度、相對穩定度及穩態誤差 設計控制系統時，我們必須能由其構成的元件預測出系統的動態行為。控制系統的動態行為最為重要的特性就是絕對穩定度——亦即，系統是否穩定。在沒有干擾或輸入下，若控制系統的輸出能停留於同一狀態，則此系統具有平衡狀態。線性非時變的控制系統在初始條件作用下，若其輸出最後可以回歸到平衡狀態，則其為穩定系統。如果線性非時變的輸出維持震盪不已，則其為臨界穩定系統。如果在初始條件作用下，輸出最後偏離其平衡狀態而無限度發散，則其為不穩定。實際上，物理系統的輸出可能增長到某一程度，但可能被機械式的「關閉停止」限制住，或崩潰破壞了，或者當輸出幅度超過某一程度後，不可再用線性微分方程式描述了，成為非線性系統。

我們必須詳加考慮的重要系統行為表現 (除絕對穩定度之外) 有相對穩定度及穩態誤差。因為一個實際的控制系統會儲存能量，在施加輸入下，系統的輸出是無法馬上跟進的，其在到達穩態之前就是表現出暫態響應。一個實際控制系統的暫態響應在到達穩態之前通常出現了阻尼式震盪。如果系統的輸出在穩態時與其輸入相異，則此系統有穩態誤差。此誤差代表系統的準確度。因此分析一個控制系統時，我們要同時兼顧暫態響應及其穩態行為。

本章重點 本章討論系統對於非週期信號的響應 (如步階、斜坡、加速度及脈衝時間函數信號)。5-1 節做本章之引介資料。5-2 節處理一階系統對於非週期信號的響應。5-3 節介紹二階系統的暫態響應。同時也詳細地討論二階系統的步階響應、斜坡響應及脈衝響應。更高階系統的暫態分析將在 5-4 節介紹之。5-5 節介紹 MATLAB 法求解暫態響應之題目。5-6 節提出羅斯穩度準則。5-7 節討論積分及微分動作對於系統功能表現的效應。5-8 節處理單位回饋系統的穩態誤差。

5-2　一階系統

考慮圖 5-1(a) 的一階系統。在物理上，此系統可以用 RC 電路、熱系統或其他類似的系統代表之。圖 5-1(b) 為簡化的方塊圖。其輸出入關係為

$$\frac{C(s)}{R(s)} = \frac{1}{Ts+1} \tag{5-1}$$

以下我們要分析在單位步階、單位斜坡及單位脈衝時間函數輸入下之系統響應。此時所有的初始條件階假設為零。

注意到，同樣轉移函數的系統在相同的輸入下，應該有相同的輸出。對於任何物理系統，我們可以從他們數學上的響應做出物理意義的詮釋。

一階系統的單位步階響應　因為單位步階函數的拉式變換為 $1/s$，將 $R(s) = 1/s$ 代入 (5-1) 式中可得，

$$C(s) = \frac{1}{Ts+1}\frac{1}{s}$$

將 $C(s)$ 做部分分式展開可得

$$C(s) = \frac{1}{s} - \frac{T}{Ts+1} = \frac{1}{s} - \frac{1}{s+(1/T)} \tag{5-2}$$

對 (5-2) 式求拉式反變換，得

$$c(t) = 1 - e^{-t/T}, \quad t \geq 0 \tag{5-3}$$

由 (5-3) 式看出，一開始 $c(t)$ 等於零，最後到達 1。此指數響應曲線 $c(t)$ 有一重要性質，在 $t = T$ 時，$c(t)$ 之值等於 0.632，或響應 $c(t)$ 到達其最終變化值的 63.2%。將 $t = T$ 代入 $c(t)$ 中即可求得，亦即

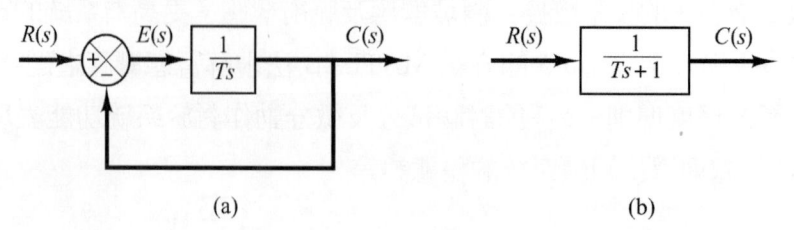

圖 5-1　(a) 一階系統的方塊圖；(b) 簡化的方塊圖。

暫態及穩態響應分析

$$c(T) = 1 - e^{-1} = 0.632$$

注意，當時間常數 T 愈小時，則響應愈快。此指數響應曲線的另一個重要性質是，在 $t = 0$ 時，切線的斜率是 $1/T$。因為

$$\left.\frac{dc}{dt}\right|_{t=0} = \left.\frac{1}{T}e^{-t/T}\right|_{t=0} = \frac{1}{T} \tag{5-4}$$

亦即，如果可以保持速度，則在 $t = T$ 時輸出將到達他的最終值。由 (5-4) 式可以看出，響應曲線 $c(t)$ 的斜率在 $t = 0$ 時為 $1/T$，然後當 $t = \infty$ 時單調地降到零。

(5-3) 式的指數響應曲線 $c(t)$ 如圖 5-2 所示。在一個時間常數時，指數響應曲線從 0 變化到其最終值的 63.2%。在二個時間常數時，響應到達其最終值的 86.5%。在 $t = 3T$、$4T$ 及 $5T$，響應分別到達其最終值的 95%、98.2% 及 99.3%。因此當 $t \geq 4T$，響應已經進入其最終值的 2% 範圍以內了。由 (5-3) 式，在數學上需要無窮大時間才能到達穩態值。然而，實用上合理的響應時間之估計係為響應進入其最終值的 2% 範圍以內所需的時間，約時間常數的四倍。

一階系統的單位斜坡響應 因為單位斜坡函數的拉式變換為 $1/s^2$，可得圖 5-1(a) 系統的輸出為

$$C(s) = \frac{1}{Ts+1}\frac{1}{s^2}$$

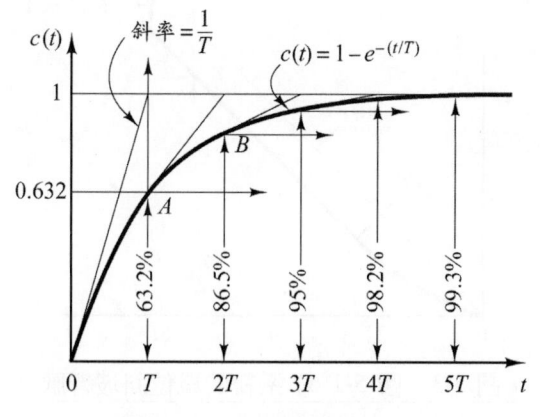

圖 5-2 指數響應曲線

將 $C(s)$ 做部分分式展開可得

$$C(s) = \frac{1}{s^2} - \frac{T}{s} + \frac{T^2}{Ts+1} \qquad (5\text{-}5)$$

對 (5-5) 式求拉式反變換,得

$$c(t) = t - T + Te^{-t/T}, \quad t \geq 0 \qquad (5\text{-}6)$$

於是誤差信號 $e(t)$ 為

$$e(t) = r(t) - c(t)$$
$$= T(1 - e^{-t/T})$$

當 t 趨近於無窮大時,$e^{-t/T}$ 趨近於零,則誤差信號 $e(t)$ 趨近於 T,或

$$e(\infty) = T$$

圖 5-3 所示為單位斜坡輸入及系統的輸出。當時間 t 很長以後,單位斜坡輸入產生的誤差等於 T。在斜坡輸入下,當時間常數 T 愈小,則其穩態誤差愈小。

一階系統的單位脈衝響應　在單位脈衝輸入下,$R(s)=1$,圖 5-1(a) 系統的輸出可得

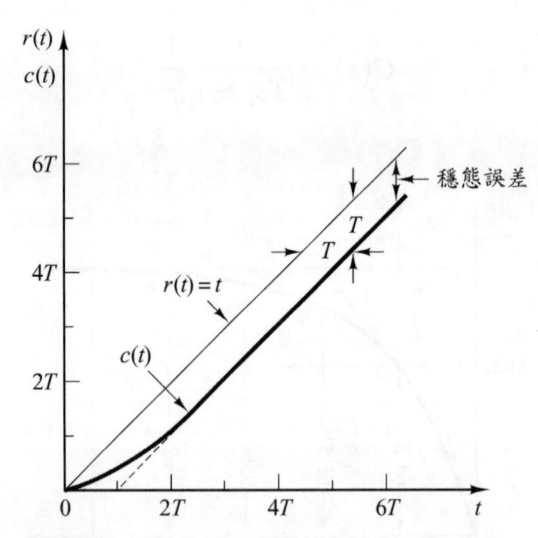

▌圖 5-3　圖 5-1(a) 系統的單位斜坡響應

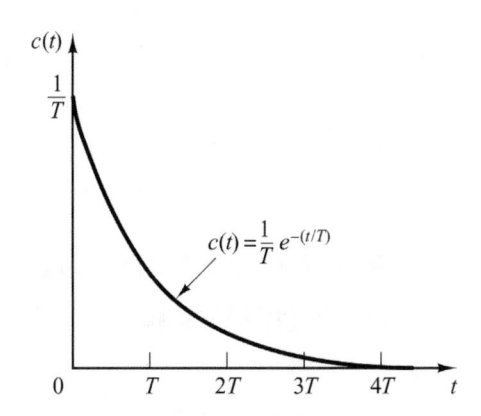

暫態及穩態響應分析

圖 5-4 圖 5-1(a) 系統的單位脈衝響應

$$C(s) = \frac{1}{Ts + 1} \tag{5-7}$$

(5-7) 式求拉式反變換得

$$c(t) = \frac{1}{T} e^{-t/T}, \ t \geq 0 \tag{5-8}$$

圖 5-4 所示為 (5-8) 式的響應曲線。

線性非時變系統的重要性質 在上述的分析中,可以發現到當輸入是單位斜坡時,輸出 $c(t)$ 是

$$c(t) = t - T + Te^{-t/T}, \ \text{當 } t \geq 0 \quad [\text{參見 (5-6) 式}\text{。}]$$

當輸入是單位步階,其為單位斜坡之微分,輸出 $c(t)$ 是

$$c(t) = 1 - e^{-t/T}, \qquad \text{當 } t \geq 0 \quad [\text{參見 (5-3) 式}\text{。}]$$

最後,在單位脈衝輸入,其為單位步階之微分,輸出 $c(t)$ 是

$$c(t) = \frac{1}{T} e^{-t/T}, \qquad \text{當 } t \geq 0 \quad [\text{參見 (5-8) 式}\text{。}]$$

比較上述三種輸入產生的響應,我們發現微分輸入造成了系統當初響應的微分。同時也可以知道,積分信號造成的響應可以由當初系統響應信號的積分及零輸出初始條件的積分常數決定之。以上即為線性非時變系統的重要性質。非線性系統及線性時變系統不具有這些性質。

5-3　二階系統

本節要求取標準二階系統在步階輸入、斜坡輸入及脈衝輸入下造成的響應。現在我們考慮一個伺服系統做為二階系統的範例。

伺服系統　圖 5-5(a) 所示係由比例控制器及負載元件 (轉動慣量及黏滯摩擦元件) 組成。假設我們希望控制位置輸出 c，使其跟隨著輸入位置 r 變化。

負載元件方程式為

$$J\ddot{c} + B\dot{c} = T$$

式中 T 係由比例控制器產生的力矩，其增益為 K。對上式求拉式變換，假設零初始條件，得

$$Js^2 C(s) + BsC(s) = T(s)$$

解出 $C(s)$ 與 $T(s)$ 之間的轉移函數得

$$\frac{C(s)}{T(s)} = \frac{1}{s(Js + B)}$$

經由此轉移函數，則圖 5-5(a) 可以重繪製如圖 5-5(b)，其再經修改成圖 5-5(c)。閉迴路系統的轉移函數為

$$\frac{C(s)}{R(s)} = \frac{K}{Js^2 + Bs + K} = \frac{K/J}{s^2 + (B/J)s + (K/J)}$$

此種閉迴路系統的轉移函數具有二個極點，稱為二階系統。(有些二階系統也許有一個或二個零點。)

二階系統的單位步階響應　圖 5-5(c) 的閉迴路系統的轉移函數為

$$\frac{C(s)}{R(s)} = \frac{K}{Js^2 + Bs + K} \tag{5-9}$$

可再寫成

暫態及穩態響應分析

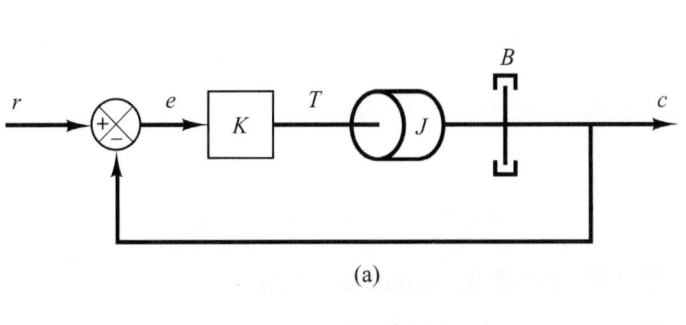

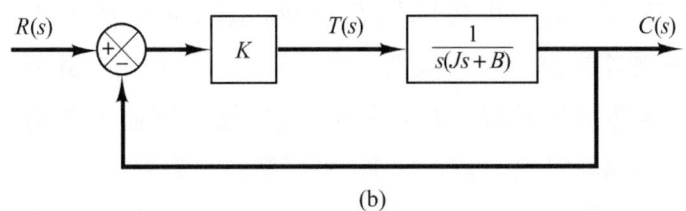

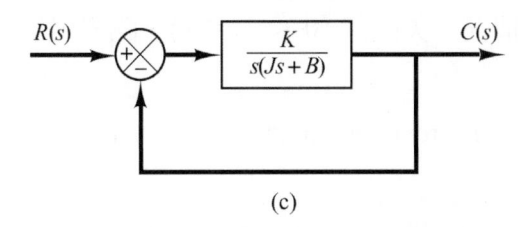

图 5-5　(a) 伺服系統；(b) 方塊圖；(c) 簡化的方塊圖。

$$\frac{C(s)}{R(s)} = \frac{\dfrac{K}{J}}{\left[s + \dfrac{B}{2J} + \sqrt{\left(\dfrac{B}{2J}\right)^2 - \dfrac{K}{J}}\right]\left[s + \dfrac{B}{2J} - \sqrt{\left(\dfrac{B}{2J}\right)^2 - \dfrac{K}{J}}\right]}$$

當 $B^2 - 4JK < 0$ 時，閉迴路系統有共軛複數式極點，而當 $B^2 - 4JK \geq 0$ 時，極點為實數。做暫態響應分析時，下列寫法可造成便利性

$$\frac{K}{J} = \omega_n^2, \qquad \frac{B}{J} = 2\zeta\omega_n = 2\sigma$$

式中 σ 稱為衰減 (attenuation)；ω_n 為無阻尼自然頻率 (undamped natural frequency)；而 ζ 稱為阻尼比 (damping ratio)。阻尼比 ζ 係為實際的阻尼 B 與臨界阻尼 $B_c = 2\sqrt{JK}$ 之比，或

$$\zeta = \frac{B}{B_c} = \frac{B}{2\sqrt{JK}}$$

若以 ζ 及 ω_n 表示，則圖 5-5(c) 的系統可以修改成圖 5-6，其 (5-9) 式的閉迴路系統轉移函數 $C(s)/R(s)$ 可寫成

$$\frac{C(s)}{R(s)} = \frac{\omega_n^2}{s^2 + 2\zeta\omega_n s + \omega_n^2} \quad (5\text{-}10)$$

此式稱為二階系統的標準式 (standard form)。

二階系統的動態表現可以就 ζ 及 ω_n 這二個參數討論之。若 $0 < \zeta < 1$，則閉迴路極點為共軛複數，坐落於 s 平面左方。此時系統為欠阻尼，其暫態響應呈現震盪。若 $\zeta = 0$，其暫態響應並不會消失殆盡。若 $\zeta = 1$，系統為臨界阻尼。若 $\zeta > 1$，則系統為過阻尼。

現在要求出圖 5-6 的系統在單位步階輸入下產生的響應。我們要考慮三種不同的情況：欠阻尼 ($0 < \zeta < 1$)、臨界阻尼 ($\zeta = 1$) 及過阻尼 ($\zeta > 1$)。

(1) 欠阻尼情況 (Underdamped case) ($0 < \zeta < 1$)：此時，$C(s)/R(s)$ 可寫成

$$\frac{C(s)}{R(s)} = \frac{\omega_n^2}{(s + \zeta\omega_n + j\omega_d)(s + \zeta\omega_n - j\omega_d)}$$

式中 $\omega_d = \omega_n\sqrt{1 - \zeta^2}$。頻率 ω_d 稱為阻尼自然頻率 (damped natural frequency)。在單位步階輸入，$C(s)$ 為

$$C(s) = \frac{\omega_n^2}{(s^2 + 2\zeta\omega_n s + \omega_n^2)s} \quad (5\text{-}11)$$

如果 $C(s)$ 寫成下式，將使得 (5-11) 式的拉式反變換變得容易：

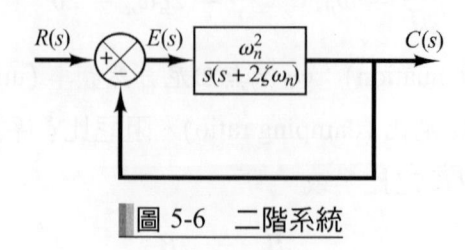

圖 5-6　二階系統

$$C(s) = \frac{1}{s} - \frac{s + 2\zeta\omega_n}{s^2 + 2\zeta\omega_n s + \omega_n^2}$$

$$= \frac{1}{s} - \frac{s + \zeta\omega_n}{(s + \zeta\omega_n)^2 + \omega_d^2} - \frac{\zeta\omega_n}{(s + \zeta\omega_n)^2 + \omega_d^2}$$

參見附錄 A 的拉式變換表，可證得

$$\mathscr{L}^{-1}\left[\frac{s + \zeta\omega_n}{(s + \zeta\omega_n)^2 + \omega_d^2}\right] = e^{-\zeta\omega_n t}\cos\omega_d t$$

$$\mathscr{L}^{-1}\left[\frac{\omega_d}{(s + \zeta\omega_n)^2 + \omega_d^2}\right] = e^{-\zeta\omega_n t}\sin\omega_d t$$

因此 (5-11) 式的拉式反變換為

$$\mathscr{L}^{-1}[C(s)] = c(t)$$
$$= 1 - e^{-\zeta\omega_n t}\left(\cos\omega_d t + \frac{\zeta}{\sqrt{1 - \zeta^2}}\sin\omega_d t\right)$$
$$= 1 - \frac{e^{-\zeta\omega_n t}}{\sqrt{1 - \zeta^2}}\sin\left(\omega_d t + \tan^{-1}\frac{\sqrt{1 - \zeta^2}}{\zeta}\right),$$
當 $t \geq 0$ \hspace{2cm} (5-12)

由 (5-12) 式可以看出暫態震盪頻率就是阻尼自然頻率 ω_d，其依照為阻尼比 ζ 變化。輸入與輸出之間的差異為誤差信號，其為

$$e(t) = r(t) - c(t)$$
$$= e^{-\zeta\omega_n t}\left(\cos\omega_d t + \frac{\zeta}{\sqrt{1 - \zeta^2}}\sin\omega_d t\right), \quad 當 t \geq 0$$

誤差信號也呈現出阻尼式弦波震盪。在穩態或 $t = \infty$，輸入與輸出之間沒有誤差存在。

如果阻尼比 ζ 等於零，則響應無阻尼，震盪會一直繼續存在。在 (5-12) 式中令 $\zeta = 0$ 可求得零阻尼的響應 $c(t)$ 如下，

$$c(t) = 1 - \cos\omega_n t, \quad 當 t \geq 0 \hspace{1cm} (5-13)$$

由 (5-13) 式可知，ω_n 為系統的無阻尼自然頻率。亦即，當阻尼將低到零時，系統輸出發生震盪的頻率就是 ω_n。如果線性系統有阻尼存

在，無阻尼自然頻率是無法以實驗的方式得知。只有阻尼自然頻率 ω_d 可以得知，其為 $\omega_d = \omega_n\sqrt{1-\zeta^2}$。此頻率一般比無阻尼自然頻率為低。當 ζ 增加，阻尼自然頻率 ω_d 也就減少。如果 ζ 超過 1，響應變成過阻尼，不會再發生震盪。

(2) 臨界阻尼情況 (Critically damped case) ($\zeta=1$)：如果 $C(s)/R(s)$ 的二個極點相等，系統為臨界阻尼情況。

當輸入是單位步階，$R(s) = 1/s$，$C(s)$ 可寫成

$$C(s) = \frac{\omega_n^2}{(s+\omega_n)^2 s} \tag{5-14}$$

求 (5-14) 式拉式反變換得

$$c(t) = 1 - e^{-\omega_n t}(1+\omega_n t), \quad \text{當 } t \geq 0 \tag{5-15}$$

在 (5-12) 式中令 ζ 趨近於 1，且利用下列極限法則也可以得到上述結果：

$$\lim_{\zeta \to 1}\frac{\sin\omega_d t}{\sqrt{1-\zeta^2}} = \lim_{\zeta \to 1}\frac{\sin\omega_n\sqrt{1-\zeta^2}\,t}{\sqrt{1-\zeta^2}} = \omega_n t$$

(3) 過阻尼情況 (Overdamped case) ($\zeta > 1$)：此時 $C(s)/R(s)$ 的二個極點為實數，不相等。當輸入是單位步階，$R(s) = 1/s$，$C(s)$ 可寫成

$$C(s) = \frac{\omega_n^2}{(s+\zeta\omega_n+\omega_n\sqrt{\zeta^2-1})(s+\zeta\omega_n-\omega_n\sqrt{\zeta^2-1})s} \tag{5-16}$$

求 (5-16) 式拉式反變換得

$$\begin{aligned}c(t) &= 1 + \frac{1}{2\sqrt{\zeta^2-1}(\zeta+\sqrt{\zeta^2-1})}e^{-(\zeta+\sqrt{\zeta^2-1})\omega_n t} \\ &\quad - \frac{1}{2\sqrt{\zeta^2-1}(\zeta-\sqrt{\zeta^2-1})}e^{-(\zeta-\sqrt{\zeta^2-1})\omega_n t} \\ &= 1 + \frac{\omega_n}{2\sqrt{\zeta^2-1}}\left(\frac{e^{-s_1 t}}{s_1} - \frac{e^{-s_2 t}}{s_2}\right), \quad \text{當 } t \geq 0\end{aligned} \tag{5-17}$$

式中 $s_1 = (\zeta + \sqrt{\zeta^2 - 1})\omega_n$，且 $s_2 = (\zeta - \sqrt{\zeta^2 - 1})\omega_n$。因此，響應 $c(t)$ 中有二個指數衰減項。

當 ζ 比 1 大得很多，二個指數項的其中某一個比另外的一個更快速地衰減殆盡，在此情形下，快速衰減的指數項 (相當於時間常數比較小的) 可以被忽略之。因此，設若 $-s_2$ 比 $-s_1$ 更靠近 $j\omega$ 軸，(亦即，$|s_2| \ll |s_1|$)，則解答中可以將 $-s_1$ 省略之。原因是 $-s_1$ 對於響應發生的效果遠比 $-s_2$ 的效果來得小些，(5-17) 式中含有 s_1 的指數項比含有 s_2 的指數項衰減更快速，以上的近似乃可被接受。快速衰減指數項一旦被省略而消失了，則響應類似於一階系統，$C(s)/R(s)$ 可近似寫成

$$\frac{C(s)}{R(s)} = \frac{\zeta\omega_n - \omega_n\sqrt{\zeta^2 - 1}}{s + \zeta\omega_n - \omega_n\sqrt{\zeta^2 - 1}} = \frac{s_2}{s + s_2}$$

做此近似時，要使得原來 $C(s)/R(s)$ 的初始值及最終值皆與近似的一階系統相等。

以近似一階系統的轉移函數 $C(s)/R(s)$ 討論，其單位步階響應為

$$C(s) = \frac{\zeta\omega_n - \omega_n\sqrt{\zeta^2 - 1}}{(s + \zeta\omega_n - \omega_n\sqrt{\zeta^2 - 1})s}$$

因此，時間響應 $c(t)$ 為

$$c(t) = 1 - e^{-(\zeta - \sqrt{\zeta^2 - 1})\omega_n t}, \quad 當 \ t \geq 0$$

此即為 $C(s)/R(s)$ 其中某一個極點忽略時的近似單位步階響應。

圖 5-7 所示為 ζ 變化下產生的單位響應 $c(t)$ 曲線族，圖中橫座標 $\omega_n t$ 係為無因次。曲線族只與 ζ 有關。這些曲線係由 (5-12)、(5-15) 及 (5-17) 式求得。與之相關的系統係為初始靜止。

注意，二個 ζ 相等但是 ω_n 不等的二階系統具有相同的超擊情形及震盪形式。這兩個系統有相同的相對穩定度。

由圖 5-7 看出，當 ζ 在 0.5 至 0.8 之間的欠阻尼系統，其響應比臨界阻尼或過阻尼情況的系統可以更快地接近最終值。在所有無震盪發生的系統中，臨界阻尼系統是最快的。過阻尼系統在任何輸入下，響應都是慢吞吞的。

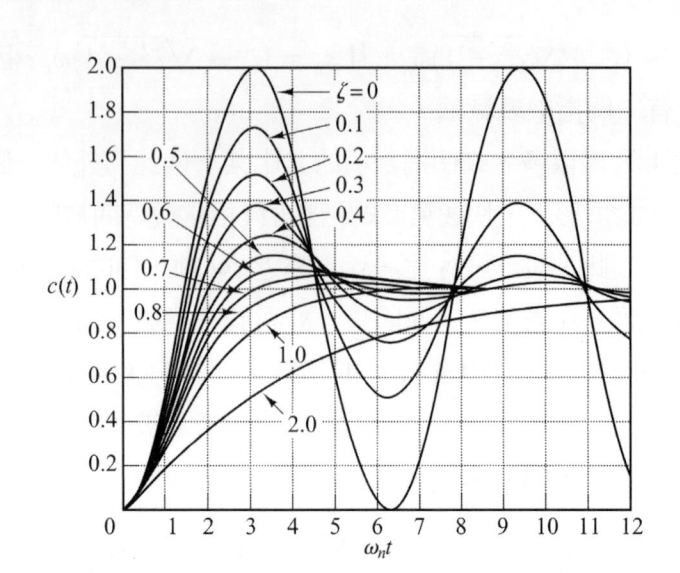

▌圖 5-7　圖 5-6 系統的單位步階響應曲線

必須注意，如果二階系統的閉路轉移函數不是 (5-10) 式之形式，則其步階響應曲線可能會與圖 5-7 所示的情形差別很大。

暫態響應規格之定義　通常控制系統的功能特性係以單位步階輸入產生的暫態響應規範之，因為容易得知且充分嚴厲。(如果系統的步階響應已知，則可以經由數學方法計算出對於其他輸入產生的輸出響應。)

系統在單位步階輸入產生的暫態響應與其初始條件有關。為了方便於比較各種不同系統的暫態響應，習用上係規定標準初始條件，使得系統初始靜止，輸出及其所有導數皆為零。基於此原理，則各種系統的響應特性可以輕易地做比較。

在到達穩態響應之前，控制系統實際上常常呈現阻尼震盪的情形。欲規範控制系統在單位步階輸入下之輸出響應特性，先定下列規格：

1. 延遲時間，t_d
2. 上升時間，t_r
3. 峰值時間，t_p
4. 最大超擊度，M_p
5. 安定時間，t_s

這些規格參見圖 5-8 且定義如下。

暫態及穩態響應分析

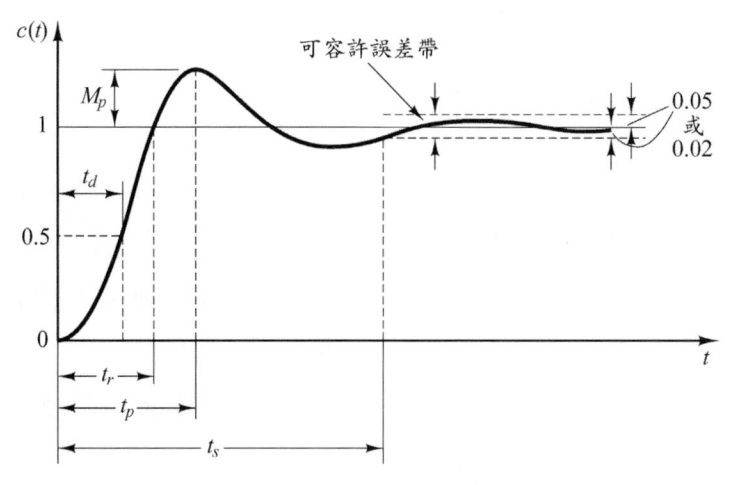

圖 5-8　顯示 t_d、t_r、t_p、M_p 及 t_s 的單位步階響應曲線

1. **延遲時間，t_d**：響應第一次到達最終值所需的時間。
2. **上升時間，t_r**：使得響應從最終值的 10% 上升至 90%，5% 至 95%，或 0% 至 100% 對於過阻尼情形，上升時間則常使用 10% 至 90% 所需的時間。欠阻尼情形之上升時間通常使用 0% 至 100% 之規定。
3. **峰值時間，t_p**：響應第一次到達超擊的最高峰所需的時間。
4. **最大超擊度，M_p**：響應偏離 1 的最大峰值。如果最終值不是 1，則通常使用百分最大超擊度。定義為

$$百分最大超擊度 = \frac{c(t_p) - c(\infty)}{c(\infty)} \times 100\%$$

最大超擊度 (百分最大超擊度) 可明顯地指出相對穩定度。

5. **安定時間，t_s**：響應進入且停留在最終值某一個百分比絕對值範圍內 (通常 2% 或 5%) 安定時間可以用來代表控制系統的最大時間常數。使用那一個百分比範圍準則端看系統設計要求目的而定。

以上的時域規格非常的重要，因為大部分的控制系統都是時域系統；即，必須產生可被接受的響應。(亦即，控制系統必須要修改到其暫態響應滿足了規格。)

注意，並不是每一個系統皆須要套用所有的規格。例如在過阻尼情況的情形，峰值時間及最大超擊度就部是用。(若要討論系統在步階輸入下產

生的穩態誤差,此誤差必須保持在有限度的百分比內。穩態誤差將延後至 5-8 節再來詳細介紹之。)

暫態響應規格的幾項註解　除了一些應用場合容許振盪發生,一般皆要求暫態響應能夠夠快且有足夠的阻尼。因此在可用的二階系統中,阻尼比一般選在 0.4 與 0.8 之間。如果 ζ 太小 (例如,$\zeta < 0.4$) 則暫態響應中會有過度的超擊度,而若 ζ 太大 (例如,$\zeta > 0.8$) 則響應又顯得太慢。

往後的討論中我們將發現,最大超擊度與上升時間這二項規格是相互衝突的。亦即,最大超擊度與上升時間這二項不可能同時都選最小。如果其一選擇很小,則另一個就須選得大些。

二階系統及其暫態響應規格　以下我們要根據 (5-10) 式的二階系統討論延遲時間、上升時間、峰值時間、最大超擊度及安定時間。這些規皆以 ζ 與及 ω_n 表示之。且假設系統為欠阻尼。

上升時間 (Rise time),t_r:參考 (5-12) 式,令 $c(t_r) = 1$,可得上升時間 t_r。

$$c(t_r) = 1 = 1 - e^{-\zeta\omega_n t_r}\left(\cos\omega_d t_r + \frac{\zeta}{\sqrt{1-\zeta^2}}\sin\omega_d t_r\right) \quad (5\text{-}18)$$

因為 $e^{-\zeta\omega_n t_r} \neq 0$,可由 (5-18) 式可得到下式:

$$\cos\omega_d t_r + \frac{\zeta}{\sqrt{1-\zeta^2}}\sin\omega_d t_r = 0$$

因為 $\omega_n\sqrt{1-\zeta^2} = \omega_d$ 且 $\zeta\omega_n = \sigma$,因而

$$\tan\omega_d t_r = -\frac{\sqrt{1-\zeta^2}}{\zeta} = -\frac{\omega_d}{\sigma}$$

所以,上升時間 t_r 為

$$t_r = \frac{1}{\omega_d}\tan^{-1}\left(\frac{\omega_d}{-\sigma}\right) = \frac{\pi - \beta}{\omega_d} \quad (5\text{-}19)$$

式中 β 角定義如圖 5-9 所示。很顯然地,當 t_r 很小時,ω_d 會很大。

峰值時間 (Peak time),t_p:參考 (5-12) 式,將 $c(t)$ 對時間微分,令導數等於零可得峰值時間。即

图 5-9　β 角的定義

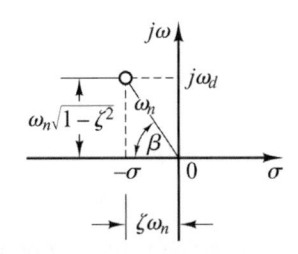

$$\frac{dc}{dt} = \zeta\omega_n e^{-\zeta\omega_n t}\left(\cos\omega_d t + \frac{\zeta}{\sqrt{1-\zeta^2}}\sin\omega_d t\right)$$
$$+ e^{-\zeta\omega_n t}\left(\omega_d \sin\omega_d t - \frac{\zeta\omega_d}{\sqrt{1-\zeta^2}}\cos\omega_d t\right)$$

上式中的餘弦項 (cos 項) 互相抵消，在 $t = t_p$ 計算 dc/dt 得，

$$\left.\frac{dc}{dt}\right|_{t=t_p} = (\sin\omega_d t_p)\frac{\omega_n}{\sqrt{1-\zeta^2}} e^{-\zeta\omega_n t_p} = 0$$

由上式得

$$\sin\omega_d t_p = 0$$

或

$$\omega_d t_p = 0, \pi, 2\pi, 3\pi, \ldots$$

因為峰值時間發生在第一次的超擊 $\omega_d t_p = \pi$。所以

$$t_p = \frac{\pi}{\omega_d} \tag{5-20}$$

峰值時間 t_p 相當於阻尼振盪的頻率之半週期。

最大超擊度 (Maximum overshoot)，M_p：最大超擊發生於峰值時間或 $t = t_p = \pi/\omega_d$。假設最終值是 1，由 (5-12) 式可得 M_p 如下

$$M_p = c(t_p) - 1$$
$$= -e^{-\zeta\omega_n(\pi/\omega_d)}\left(\cos\pi + \frac{\zeta}{\sqrt{1-\zeta^2}}\sin\pi\right)$$
$$= e^{-(\sigma/\omega_d)\pi} = e^{-(\zeta/\sqrt{1-\zeta^2})\pi} \tag{5-21}$$

最大百分超擊為 $e^{-(\sigma/\omega_d)\pi} \times 100\%$。

如果最終值 $c(\infty)$ 不是 1，則使用下式：

$$M_p = \frac{c(t_p) - c(\infty)}{c(\infty)}$$

安定時間 (Settling time)，t_s：欠阻尼二階系統的暫態響應可由 (5-12) 式得出如下

$$c(t) = 1 - \frac{e^{-\zeta\omega_n t}}{\sqrt{1-\zeta^2}} \sin\left(\omega_d t + \tan^{-1}\frac{\sqrt{1-\zeta^2}}{\zeta}\right), \quad \text{當 } t \geq 0$$

曲線 $1 \pm \left(e^{-\zeta\omega_n t}/\sqrt{1-\zeta^2}\right)$ 係為系統單位步階暫態響應的一對包跡曲線。響應 $c(t)$ 落在圖 5-10 所示的包跡曲線之內。包跡曲線的時間常數為 $1/\zeta\omega_n$。

暫態響應的衰減速率與時間常數 $1/\zeta\omega_n$ 有關。對於某一個 ω_n 而言，安定時間 t_s 為阻尼比 ζ 的函數。由圖 5-7 可以看出，在相同的 ω_n 且 ζ 變化在 1 與 0 之間，低阻尼系統的安定時間要比適當阻尼的系統大很多。過阻尼系統因為反應慢，其安定時間 t_s 一般甚長。

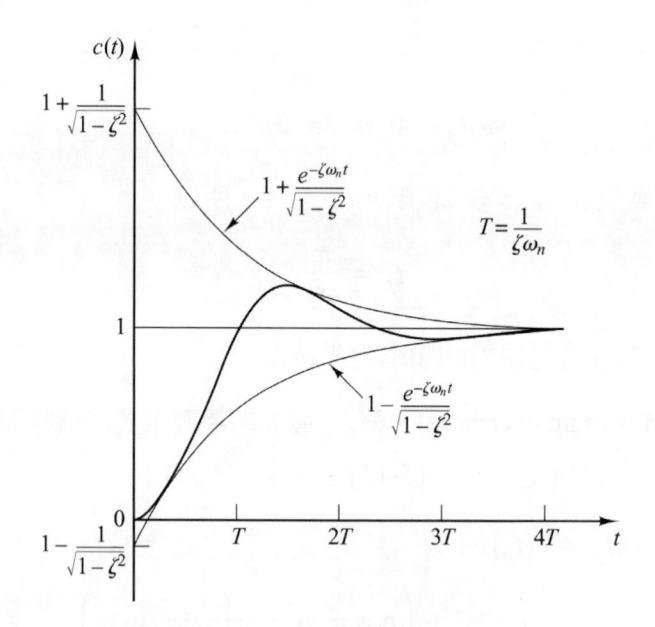

圖 5-10　圖 5-6 所示系統單位步階暫態響應的一對包跡曲線

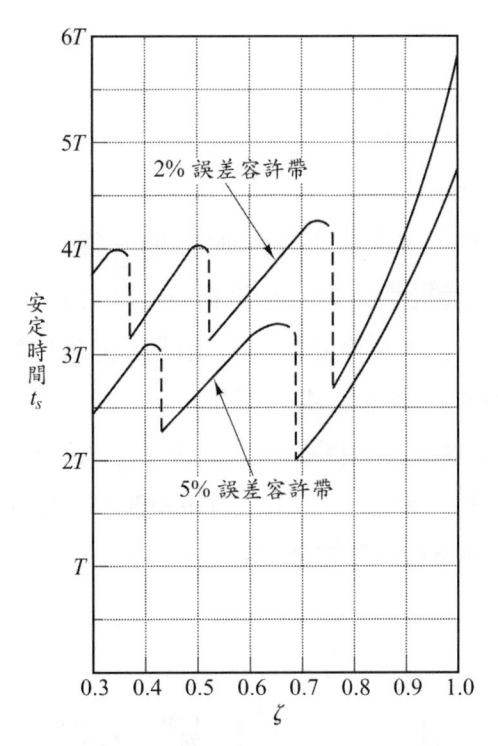

圖 5-11　安定時間 t_s 對 ζ 的曲線

　　安定時間對應於 ± 2% 或 ± 5% 的可容許誤差帶，可由圖 5-7 對不同 ζ 曲線測量其時間常數 $T = 1/\zeta\omega_n$ 而得。其結果如圖 5-11 所示。當 $0 < \zeta < 0.9$ 時，採用 2% 的誤差準則，t_s 約為系統時間常數的四倍。採用 5% 的誤差準則，t_s 則為系統時間常數的三倍。注意，當 $\zeta = 0.76$ (2% 誤差) 或當 $\zeta = 0.68$ (5% 誤差) 時，安定時間可達最小值，然後幾乎隨著高值的 ζ 呈直線式增加。圖 5-11 中曲線不連續情形的發生原因是，很微小的 ζ 變化將造成一定程度的安定時間之變化。

　　為便於比較系統的響應，安定時間 t_s 通常定義為

$$t_s = 4T = \frac{4}{\sigma} = \frac{4}{\zeta\omega_n} \quad (2\% \text{ 誤差}) \quad (5\text{-}22)$$

或

$$t_s = 3T = \frac{3}{\sigma} = \frac{3}{\zeta\omega_n} \quad (5\% \text{ 誤差}) \quad (5\text{-}23)$$

注意安定時間與系統的阻尼比及無阻尼自然頻率之乘積成反比。通常 ζ 之值由可接受最大超擊度決定，安定時間幾乎是取決於無阻尼自然頻率 ω_n。此意味暫態振盪期間長度可不經最大超擊度之改變而改變，只需調節無阻尼自然頻率 ω_n 就好了。

由上面分析可知，欲達快速的響應，則 ω_n 需要增大些。欲限制最大超擊度 M_p 且減少安定時間，則阻尼比 ζ 不可以太小。圖 5-12 所示為最大超擊度 M_p 與阻尼比 ζ 的關係曲線。當阻尼比在 0.4 與 0.7 之間，則步階響應的最大超擊度約在 25% 及 4% 之間。

必須注意到，欲求出延遲時間、上升時間、峰值時間、最大超擊度及安定時間所用的公式只是用於 (5-10) 式的標準二階系統。如果二階系統含有一個或二個點，則單位步階響應曲線會與圖 5-7 的情形有很大的不同。

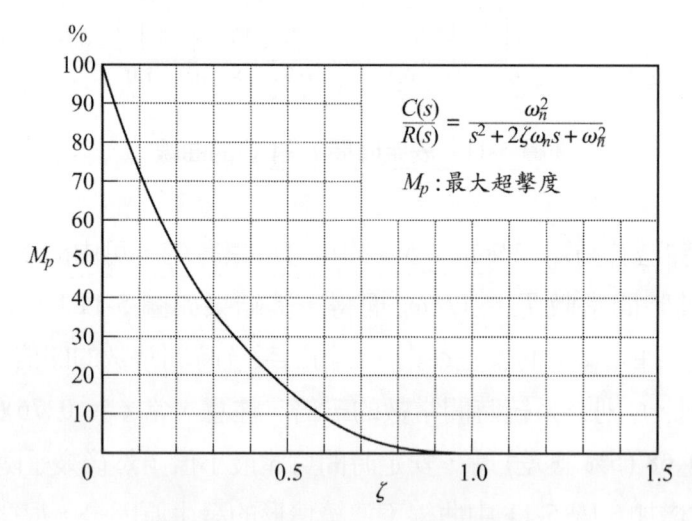

圖 5-12　M_p 對 ζ 的關係曲線

例題 5-1

考慮圖 5-6 的系統，其中 $\zeta = 0.6$ 且 $\omega_n = 5$ 弳度/秒。在單位步階輸入下試求上升時間 t_r、峰值時間 t_p、最大超擊度 M_p 及安定時間 t_s。

由給予的 ζ 及 ω_n 數值，可得 $\omega_d = \omega_n\sqrt{1-\zeta^2} = 4$ 且 $\sigma = \zeta\omega_n = 3$。

上升時間 t_r：上升時間為

$$t_r = \frac{\pi - \beta}{\omega_d} = \frac{3.14 - \beta}{4}$$

式中 β 為

$$\beta = \tan^{-1}\frac{\omega_d}{\sigma} = \tan^{-1}\frac{4}{3} = 0.93 \text{ rad}$$

於是上升時間 t_r 為

$$t_r = \frac{3.14 - 0.93}{4} = 0.55 \text{ sec}$$

峰值時間 t_p：峰值時間為

$$t_p = \frac{\pi}{\omega_d} = \frac{3.14}{4} = 0.785 \text{ sec}$$

最大超擊度 M_p：最大超擊為

$$M_p = e^{-(\sigma/\omega_d)\pi} = e^{-(3/4)\times 3.14} = 0.095$$

百分最大超擊度為 9.5 %。

安定時間 t_s：2% 誤差容許時，安定時間為

$$t_s = \frac{4}{\sigma} = \frac{4}{3} = 1.33 \text{ sec}$$

5% 誤差容許時，安定時間為

$$t_s = \frac{3}{\sigma} = \frac{3}{3} = 1 \text{ sec}$$

具速度回饋的伺服系統 輸出信號導數可以用來改善系統的表現。欲得到位移輸出的導數，我們使用量速機而不是將輸出信號做實際的微分。(注意，微分作用會放大雜訊的效應。事實上，如果有不連續情形的雜訊，則微分將不連續的雜訊放大得比正常的信號來得嚴重。例如，電位計輸出就是不連續信號，當其掃刷在繞線上移動時，每跳過一圈就感應電壓，因此有暫態情形發生。所以，電位計輸出不可再使用微分元件。)

量速機是一種特殊的直流發電機,其非經由微分程序,常使用於量測速度。量速機的輸出與馬達的轉速成正比。

考慮圖 5-13(a) 的伺服系統。此例裝置中,速度信號與位置信號一起回饋到輸入,產生誤差信號。在任何的伺服系統中,速度信號易於利用量速機產生之。圖 5-13(a) 的方塊圖可再簡化成圖 5-13(b),即為

$$\frac{C(s)}{R(s)} = \frac{K}{Js^2 + (B + KK_h)s + K} \tag{5-24}$$

比較 (5-24) 與 (5-9) 式,發現速度回饋有增加阻尼之效應。阻尼比 ζ 變成

$$\zeta = \frac{B + KK_h}{2\sqrt{KJ}} \tag{5-25}$$

無阻尼自然頻率 $\omega_n = \sqrt{K/J}$ 不受速度回饋的影響。注意,單位步階響應的最大超擊度 M_p 可以被阻尼比 ζ 影響,我們可以調節速度回饋係數 K_h,使得 ζ 變成 0.4 及 0.7 之間,這樣子可以降低最大超擊度。

須牢記在心的是,速度回饋有增加阻尼之效應,而不會影響到系統的無阻尼自然頻率。

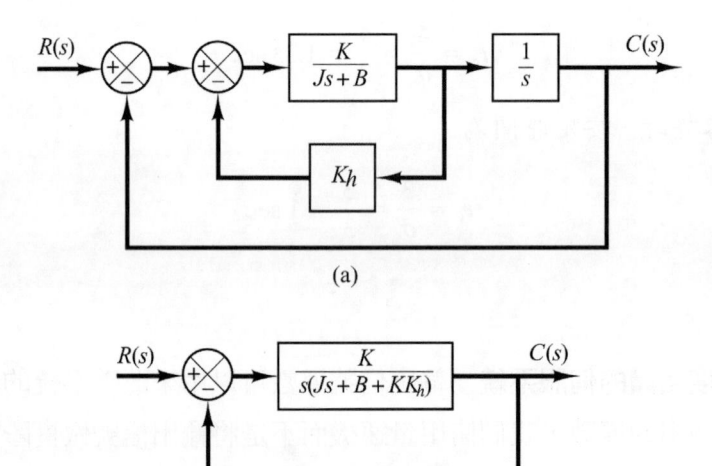

圖 5-13 (a) 伺服系統的方塊圖;(b) 簡化的方塊圖。

例題 5-2

圖 5-13(a) 的系統中，欲求增益值 K 及速度回饋係數 K_h，使得單位步階響應的最大超擊度為 0.2 且峰值時間為 1 秒。得出 K 及 K_h 後，再求上升時間及安定時間。假設 $J = 1$ kg-m^2 且 $B = 1$ N-m/rad/sec。

K 及 K_h 的決定：最大超擊度 M_p 可由 (5-21) 式得

$$M_p = e^{-(\zeta/\sqrt{1-\zeta^2})\pi}$$

其值為 0.2，故

$$e^{-(\zeta/\sqrt{1-\zeta^2})\pi} = 0.2$$

或

$$\frac{\zeta\pi}{\sqrt{1-\zeta^2}} = 1.61$$

可得

$$\zeta = 0.456$$

峰值時間 t_p 定為 1 秒；由 (5-20) 式，

$$t_p = \frac{\pi}{\omega_d} = 1$$

或

$$\omega_d = 3.14$$

因為 $\zeta = 0.456$，ω_n 為

$$\omega_n = \frac{\omega_d}{\sqrt{1-\zeta^2}} = 3.53$$

因為自然頻率 ω_n 等於 $\sqrt{K/J}$，

$$K = J\omega_n^2 = \omega_n^2 = 12.5 \text{ N-m}$$

故由 (5-25) 式可得 K_h 如下，

$$K_h = \frac{2\sqrt{KJ}\zeta - B}{K} = \frac{2\sqrt{K}\zeta - 1}{K} = 0.178 \text{ sec}$$

上升時間 t_r：由 (5-19) 式可得上升時間 t_r 為

$$t_r = \frac{\pi - \beta}{\omega_d}$$

式中

$$\beta = \tan^{-1}\frac{\omega_d}{\sigma} = \tan^{-1} 1.95 = 1.10$$

因此，t_r 為

$$t_r = 0.65 \text{ sec}$$

安定時間 t_s：考慮 2% 誤差時，

$$t_s = \frac{4}{\sigma} = 2.48 \text{ sec}$$

考慮 5% 誤差時，

$$t_s = \frac{3}{\sigma} = 1.86 \text{ sec}$$

二階系統單位脈衝響應 單位脈衝輸入 $r(t)$ 的拉式變換為 $R(s) = 1$。因此圖 5-6 系統的單位脈衝響應 $C(s)$ 為

$$C(s) = \frac{\omega_n^2}{s^2 + 2\zeta\omega_n s + \omega_n^2}$$

此式經拉式反變換可得時域響應之解答 $c(t)$ 如下：
$0 \leq \zeta < 1$ 時，

$$c(t) = \frac{\omega_n}{\sqrt{1 - \zeta^2}} e^{-\zeta\omega_n t} \sin \omega_n \sqrt{1 - \zeta^2}\, t, \quad 當\ t \geq 0 \qquad (5\text{-}26)$$

$\zeta = 1$ 時，

$$c(t) = \omega_n^2 t e^{-\omega_n t}, \quad 當\ t \geq 0 \qquad (5\text{-}27)$$

$\zeta > 1$ 時，

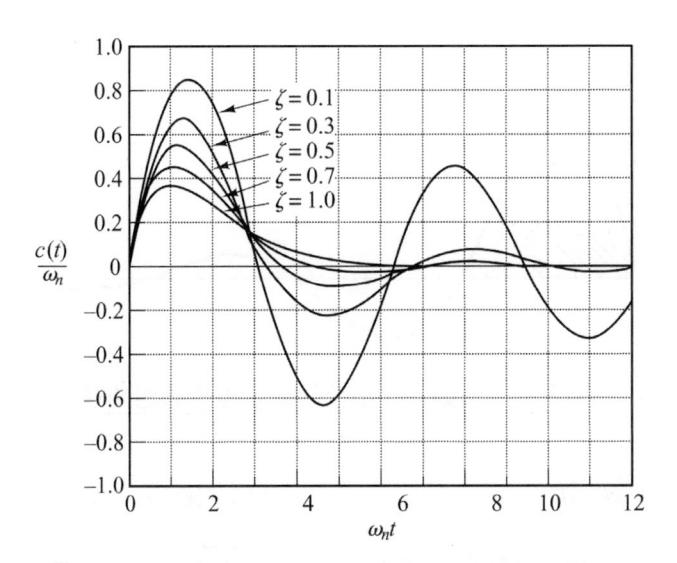

圖 5-14　如圖 5-6 系統的單位脈衝響應曲線族

$$c(t) = \frac{\omega_n}{2\sqrt{\zeta^2-1}} e^{-(\zeta-\sqrt{\zeta^2-1})\omega_n t} - \frac{\omega_n}{2\sqrt{\zeta^2-1}} e^{-(\zeta+\sqrt{\zeta^2-1})\omega_n t}, \quad 當\ t \geq 0 \tag{5-28}$$

注意，不經由 $C(s)$ 的拉式反變換也可以得到時域響應之解答 $c(t)$，因為單位脈衝響應為單位步階響應的微分，只需將系統的單位步階響應對時間微分即可。根據 (5-26) 及 (5-27) 式可得各種 ζ 情形下的單位脈衝響應曲線族，如圖 5-14。圖中曲線係為 $c(t)/\omega_n$ 對無因次 $\omega_n t$ 的作圖，因此只是 ζ 的函數。在臨界阻尼及過阻尼情況，單位脈衝響應恆為正或零；亦即，$c(t) \geq 0$。可由 (5-27) 及 (5-28) 式得知。欠阻尼情況，單位脈衝響應 $c(t)$ 在零上下振盪，有時正，有時負。

由上述的分析可知，若單位脈衝響應 $c(t)$ 不改變符號，則此系統為臨界阻尼或阻尼情況，其相對應的單位步階響應不會發生超擊，而作單調地增加或減少，直到趨近於其最終值。

欠阻尼系統單位脈衝響應的最大超擊發生於

$$t = \frac{\tan^{-1}\dfrac{\sqrt{1-\zeta^2}}{\zeta}}{\omega_n\sqrt{1-\zeta^2}}, \quad 當\ 0 < \zeta < 1 \tag{5-29}$$

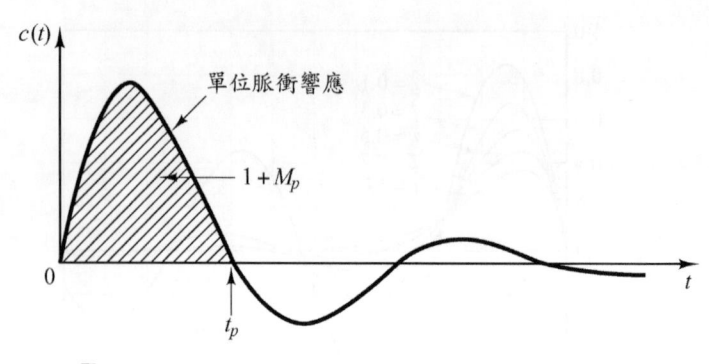

圖 5-15　如圖 5-6 系統的單位脈衝響應曲線

[(5-29) 式可由 dc/dt 為零，解出 t 而得。] 最大超擊量為

$$c(t)_{max} = \omega_n \exp\left(-\frac{\zeta}{\sqrt{1-\zeta^2}} \tan^{-1} \frac{\sqrt{1-\zeta^2}}{\zeta}\right), \quad 當\ 0 < \zeta < 1 \tag{5-30}$$

[將 (5-29) 式代入 (5-26) 式即得 (5-30) 式。]

因為單位脈衝響應為單位步階響應的微分，所以單位步階響應的最大超擊度 M_p 可以由相對應的單位脈衝響應決定。在單位脈衝響應從 $t = 0$ 至第一次到達 0 的曲線涵蓋面積即是 $1 + M_p$，參見圖 5-15。M_p 為最大超擊度 (單位步階響應)，如 (5-21) 式。峰值時間 t_p (單位步階響應)，如 (5-20) 式，係為單位脈衝響應第一次越過時間軸之時間。

5-4　高階系統

本節要介紹一般形式之高階系統的暫態響應分析。我們將得知，高階系統的響應係為一階系統及二階系統響應的加總。

高階系統的暫態響應　考慮圖 5-16 的系統。閉路轉移函數為

$$\frac{C(s)}{R(s)} = \frac{G(s)}{1 + G(s)H(s)} \tag{5-31}$$

通常，$G(s)$ 及 $H(s)$ 係以 s 多項式比之形式出現，

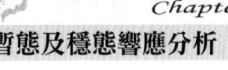

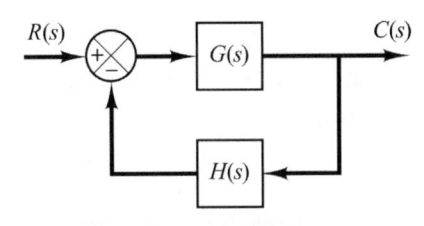

圖 5-16 控制系統

$$G(s) = \frac{p(s)}{q(s)} \quad \text{及} \quad H(s) = \frac{n(s)}{d(s)}$$

式中 $p(s)$、$q(s)$、$n(s)$ 及 $d(s)$ 為 s 的多項式。(5-31) 式的閉路轉移函數可寫成

$$\frac{C(s)}{R(s)} = \frac{p(s)d(s)}{q(s)d(s) + p(s)n(s)}$$

$$= \frac{b_0 s^m + b_1 s^{m-1} + \cdots + b_{m-1} s + b_m}{a_0 s^n + a_1 s^{n-1} + \cdots + a_{n-1} s + a_n} \quad (m \leq n)$$

此系統在任何輸入之暫態響應可以利用計算機模擬之。(參見 5-5 節。) 如果欲得可分析性的暫態響應表示，則須將分母多項式做因式分解。[可利用 MATLAB 求分母多項式的根。使用指令 roots(den)。] 一旦分子及分母多項式皆做因式分解，則 $C(s)/R(s)$ 可寫成

$$\frac{C(s)}{R(s)} = \frac{K(s+z_1)(s+z_2)\cdots(s+z_m)}{(s+p_1)(s+p_2)\cdots(s+p_n)} \tag{5-32}$$

現在我們要檢查系統對於單位步階輸入的響應行為。先考慮所有閉路極點皆為不等實根的情形。在單位步階輸入下，(5-32) 式可寫成

$$C(s) = \frac{a}{s} + \sum_{i=1}^{n} \frac{a_i}{s + p_i} \tag{5-33}$$

式中 a_i 是在極點 $s = -p_i$ 上的餘值。[若系統含有重根極點，則 $C(s)$ 也有重根極點的項式。] [如 (5-33) 式的 $C(s)$ 之部分式展開亦可利用 MATLAB 的餘值指令求得。(參見附錄 B。)]

如果閉路極點位於 s 左半平面，則其餘值的幅度決定了該份量在 $C(s)$

部分展開式中的重要程度。如果有一零點很靠近極點，則其餘值很小，此極點相對應的暫態響應係數也很小。如果有一對零點與極點很靠近，則其可有效地相消掉。如果極點距離原點甚遠，其餘值也會很小。此遙遠極點相當的暫態響應小而短暫。在 $C(s)$ 部分展開式中具有很小餘值的項式對暫態響應貢獻也小，因此可以忽略之。如此一來，高階系統可以近似於低階系統。（藉此近似，則高階系統的響應特性通常可以用簡化的低階系統估計之。）

再來考慮 $C(s)$ 有實數極點及共軛複數極點的情形。共軛複數極點造成 s 的二次項。由於高階特性方程式含有一次及二次項，則 (5-33) 式可寫成

$$C(s) = \frac{a}{s} + \sum_{j=1}^{q} \frac{a_j}{s + p_j}$$
$$+ \sum_{k=1}^{r} \frac{b_k(s + \zeta_k \omega_k) + c_k \omega_k \sqrt{1 - \zeta_k^2}}{s^2 + 2\zeta_k \omega_k s + \omega_k^2} \quad (q + 2r = n)$$

其中我們假設所有閉路極點皆不相等。[若系統含有重根極點，則 $C(s)$ 也有重根極點的項式。] 由上可知高階系統的響應係為一階系統及二階系統對應的簡單響應函數的加總。單位步階響應 $c(t)$，即 $C(s)$ 的拉式反變換，為

$$c(t) = a + \sum_{j=1}^{q} a_j e^{-p_j t} + \sum_{k=1}^{r} b_k e^{-\zeta_k \omega_k t} \cos \omega_k \sqrt{1 - \zeta_k^2} t$$
$$+ \sum_{k=1}^{r} c_k e^{-\zeta_k \omega_k t} \sin \omega_k \sqrt{1 - \zeta_k^2} t, \quad 當 t \geq 0 \qquad (5\text{-}34)$$

所以，高階系統的響應曲線係由一些指數曲線及阻尼弦波振盪曲線總集之。

如果所有的閉路極點位於 s 左半平面，則 (5-34) 式中的指數項及阻尼指數項皆隨時間 t 增長而消失為零。穩態輸出因此是 $c(\infty) = a$。

假設我們考慮穩定系統。閉路極點距離 $j\omega$ 軸很遠，具有負的實數部分。對應於此極點的指數項很快地衰減消失至零。（注意，極點與 $j\omega$ 軸的水平距離決定了該極點在暫態響應中的安定時間。距離愈小則安定時間愈長。）

記住，暫態響應的型態係由閉路極點決定的，而暫態響應曲線的形狀主要卻是由閉路零點決定的。我們將在以後看出，輸入 $R(s)$ 的極點與解答的穩態響應有關，而 $C(s)/R(s)$ 的極點造成暫態響應的指數項，或阻尼弦波暫態響應項。$C(s)/R(s)$ 的零點不會影響指數項的指數，但會影響餘值的大小及符號。

閉路主極點 閉路極點相對的主宰程度取決於閉路極點實數部分之比，以及在極點上計算出來的餘值之比。餘值的大小與閉路極點及零點皆有關。

如果二個閉路極點實數部分之比超過 5 且附近無其他零點，則比較靠近 $j\omega$ 軸的極點將主宰了暫態響應行為，因為這些極點相對應的暫態響應衰減甚慢。具有主宰閉迴路暫態響應行為的極點稱之為**閉路主極點** (dominant closed-loop poles)。通常閉路主極點係亦共軛複數的形式出現。所有的閉路極點中，閉路主極點最為重要。

注意，我們常調節高階系統的增益，使共軛複數形式的閉路主極點可以存在。穩定系統存在這種主極點會使得諸如死區、回撞及庫倫摩擦之非線性效應減低。

複數平面的穩度分析 線性閉路系統的穩定度取決於閉路極點在 s 平面的位置。如果有極點在右半 s 平面，則當時間增長，其暫態響應的幅度或振盪的幅度無限制單調地增加，此極點主宰了暫態響應的模式。但是這是一個不穩定的系統。這種系統只要功率電源一接通，其輸出便隨著時間增長而增大了。如果系統不發生飽和，或沒有機械式停止設置，該系統最後不是毀壞就是失效，因為實際物理系統的輸出不可能一直增加到無限。因此正常的控制系統中不可以有右半 s 平面的極點存在。如果所有極點在 $j\omega$ 軸，則暫態響應最後可以到達穩定狀態。這表示是穩定系統。

系統穩定或不穩定係為系統本身的特性，與輸入或系統的驅動函數無關。輸入或驅動函數的極點不會影響到系統的穩定度，但是會影響到穩態響應的解答。所以絕對穩定問題的解答在於閉路極點不選取在右半 s 平面，也不在 $j\omega$ 軸上。（數學上而言，閉路極點在 $j\omega$ 軸上使得響應產生振盪，不隨時間消逝也不增大。但是當有雜訊加入時，振盪幅度的增長速率

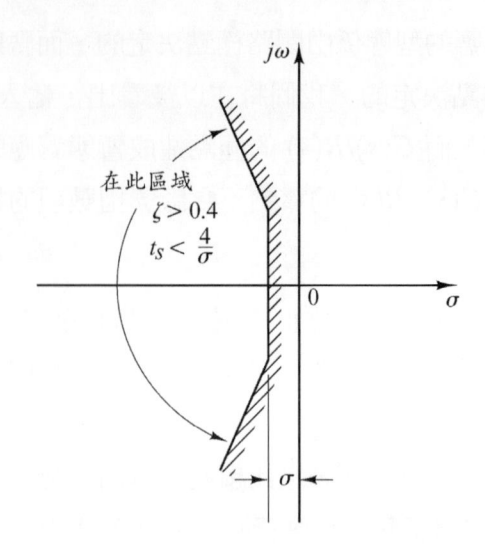

圖 5-17　滿足 $\zeta > 0.4$ 及 $t_s < 4/\sigma$ 條件的複數平面區域

會隨著雜訊功率之程度增大。所以控制系統不應有 $j\omega$ 軸上的閉路極點。)

　　注意，僅是要求所有的閉路極點皆在左半 s 平面並不保證暫態響應的特性一定可以滿足要求。如果共軛複數主極點太靠近 $j\omega$ 軸，則暫態響應會有過度的振盪，同時也太慢了些。因此要保證暫態響應夠快速、且有適當的阻尼，則閉路極點必須選擇在 s 平面上的適當區域，例如圖 5-17 所示斜線包圍的區域。

　　因為閉路控制系統暫態響應表現的相對穩定度與閉路系統在 s 平面上的極點與零點的結構位置有直接關聯，所以常須再調整系統中一個或多數個參數，以適合上述選定的區域。有關系統參數的調節對於閉路極點的影響效應將在第六章再討論之。

5-5　以 MATLAB 做暫態響應分析

　　引言　欲繪製次數高於二階系統的時間響應曲線，最實用的方法就是使用計算機模擬。本節要介紹使用 MATLAB 做暫態響應分析之數值計算法。我們特別要討論步階響應、脈衝響應、斜坡響應及其他輸入造成的響應。

　　線性系統的 MATLAB 表示法　系統的轉移函數可用二個數字陣列表

示之。考慮

$$\frac{C(s)}{R(s)} = \frac{2s + 25}{s^2 + 4s + 25} \tag{5-35}$$

此系統可以可用二個數字陣列表示之,每一陣列以多項式係數依其 s 指數下降順序排列如下:

$$\text{num} = [2 \quad 25]$$
$$\text{den} = [1 \quad 4 \quad 25]$$

或另一種方式

$$\text{num} = [0 \quad 2 \quad 25]$$
$$\text{den} = [1 \quad 4 \quad 25]$$

上式中,我們以零填補之。經過零的填補後,"num"向量與"den"向量之維度可以相等。填補零的另一個好處是,"num"向量與"den"向量可以直接相加。例如

$$\text{num} + \text{den} = [0 \quad 2 \quad 25] + [1 \quad 4 \quad 25]$$
$$= [1 \quad 6 \quad 50]$$

如果 num 及 den (閉迴路轉移函數的分子及分母) 已知,則以下的指令

$$\text{step(num,den)}, \quad \text{step(num,den,t)}$$

產生單位步階響應之作圖 (t 在步階指令中係為使用者定義的時間。)

如果控制系統定義成狀態空間形式,其中狀態方程式中的狀態矩陣 **A**、控制矩陣 **B**、輸出矩陣 **C** 及直接傳輸矩陣 **D** 已知,則指令

$$\text{step(A,B,C,D)}, \quad \text{step(A,B,C,D,t)}$$

可以產生單位步階響應之作圖。如果在步階指令中未將 t 明顯地定義出,則時間向量會自動地產生。

注意,指令 step(sys) 也可以用來產生系統單位步階響應之作圖。首先,定義系統為

$$\text{sys} = \text{tf(num,den)}$$

或

$$\text{sys} = \text{ss(A, B, C, D)}$$

然後，舉例言之，欲得出單位步階響應時，打入指令

$$\text{step(sys)}$$

於計算機即可。

當步階指令有左邊的引數如

$$[y,x,t] = \text{step(num,den,t)}$$
$$[y,x,t] = \text{step(A,B,C,D,iu)}$$
$$[y,x,t] = \text{step(A,B,C,D,iu,t)} \tag{5-36}$$

執行此指令時，銀幕上並不產生作圖。因此上需以 plot 指令從銀幕上看到作圖。向量 y 及 x 係分別為系統的輸出及狀態在時間點 t 計算而得之響應。(y 的行數等於輸出個數，每一列的元素針對每一個時間點 t 計算而得。x 的行數等於狀態變數的個數，每一列的元素針對每一個時間點 t。)

注意在 (5-36) 式中，純量 iu 係為系統輸入的索引數，指明參與產生輸出響應的輸入是哪一個，而 t 係為使用者定義的時間。如果系統有多輸入多輸出，則如 (5-36) 式的 step 指令可以產生許多步階響應作圖，每一個指明如下系統中哪一個輸入與哪一個輸出的組合。

$$\dot{\mathbf{x}} = \mathbf{A}\mathbf{x} + \mathbf{B}\mathbf{u}$$
$$\mathbf{y} = \mathbf{C}\mathbf{x} + \mathbf{D}\mathbf{u}$$

(詳情參見例題 5-3。)

例題 5-3

考慮如下系統：

$$\begin{bmatrix} \dot{x}_1 \\ \dot{x}_2 \end{bmatrix} = \begin{bmatrix} -1 & -1 \\ 6.5 & 0 \end{bmatrix} \begin{bmatrix} x_1 \\ x_2 \end{bmatrix} + \begin{bmatrix} 1 & 1 \\ 1 & 0 \end{bmatrix} \begin{bmatrix} u_1 \\ u_2 \end{bmatrix}$$

$$\begin{bmatrix} y_1 \\ y_2 \end{bmatrix} = \begin{bmatrix} 1 & 0 \\ 0 & 1 \end{bmatrix} \begin{bmatrix} x_1 \\ x_2 \end{bmatrix} + \begin{bmatrix} 0 & 0 \\ 0 & 0 \end{bmatrix} \begin{bmatrix} u_1 \\ u_2 \end{bmatrix}$$

欲求單位步階響應曲線。

雖然使用 MATLAB 時，不必得出轉移矩陣以得到單位步階響應曲線，我們還是先導出此表示式做為參考之用。系統定義為

$$\dot{\mathbf{x}} = \mathbf{A}\mathbf{x} + \mathbf{B}\mathbf{u}$$
$$\mathbf{y} = \mathbf{C}\mathbf{x} + \mathbf{D}\mathbf{u}$$

轉移矩陣 $\mathbf{G}(s)$ 係為 $\mathbf{Y}(s)$ 與 $\mathbf{U}(s)$ 之關係，表達如下：

$$\mathbf{Y}(s) = \mathbf{G}(s)\mathbf{U}(s)$$

求此狀態方程式的拉式變換，得

$$s\mathbf{X}(s) - \mathbf{x}(0) = \mathbf{A}\mathbf{X}(s) + \mathbf{B}\mathbf{U}(s) \tag{5-37}$$

$$\mathbf{Y}(s) = \mathbf{C}\mathbf{X}(s) + \mathbf{D}\mathbf{U}(s) \tag{5-38}$$

欲導出轉移矩陣，令 $\mathbf{x}(0) = \mathbf{0}$。則由 (5-37) 式可得

$$\mathbf{X}(s) = (s\mathbf{I} - \mathbf{A})^{-1}\mathbf{B}\mathbf{U}(s) \tag{5-39}$$

將 (5-39) 式代入 (5-38) 式，即得

$$\mathbf{Y}(s) = \left[\mathbf{C}(s\mathbf{I} - \mathbf{A})^{-1}\mathbf{B} + \mathbf{D}\right]\mathbf{U}(s)$$

因此，轉移矩陣 $\mathbf{G}(s)$ 為

$$\mathbf{G}(s) = \mathbf{C}(s\mathbf{I} - \mathbf{A})^{-1}\mathbf{B} + \mathbf{D}$$

此例中，系統的轉移矩陣 $\mathbf{G}(s)$ 為

$$\begin{aligned}\mathbf{G}(s) &= \mathbf{C}(s\mathbf{I} - \mathbf{A})^{-1}\mathbf{B} \\ &= \begin{bmatrix} 1 & 0 \\ 0 & 1 \end{bmatrix}\begin{bmatrix} s+1 & 1 \\ -6.5 & s \end{bmatrix}^{-1}\begin{bmatrix} 1 & 1 \\ 1 & 0 \end{bmatrix} \\ &= \frac{1}{s^2 + s + 6.5}\begin{bmatrix} s & -1 \\ 6.5 & s+1 \end{bmatrix}\begin{bmatrix} 1 & 1 \\ 1 & 0 \end{bmatrix} \\ &= \frac{1}{s^2 + s + 6.5}\begin{bmatrix} s-1 & s \\ s+7.5 & 6.5 \end{bmatrix}\end{aligned}$$

所以

$$\begin{bmatrix} Y_1(s) \\ Y_2(s) \end{bmatrix} = \begin{bmatrix} \dfrac{s-1}{s^2+s+6.5} & \dfrac{s}{s^2+s+6.5} \\ \dfrac{s+7.5}{s^2+s+6.5} & \dfrac{6.5}{s^2+s+6.5} \end{bmatrix} \begin{bmatrix} U_1(s) \\ U_2(s) \end{bmatrix}$$

因為系統有二個輸入及二個輸出，因此有四個轉移函數定義之，端視那一個輸入與那一個輸出之關係而定。注意，當我們考慮信號 u_1 為輸入時，假設 u_2 為零，反之亦然。這四個轉移函數為

$$\frac{Y_1(s)}{U_1(s)} = \frac{s-1}{s^2+s+6.5}, \quad \frac{Y_1(s)}{U_2(s)} = \frac{s}{s^2+s+6.5}$$

$$\frac{Y_2(s)}{U_1(s)} = \frac{s+7.5}{s^2+s+6.5}, \quad \frac{Y_2(s)}{U_2(s)} = \frac{6.5}{s^2+s+6.5}$$

假設 u_1 及 u_2 為單位步階函數，則此四個步階響應曲線可用下列指令得到作圖

step(A,B,C,D)

利用 MATLAB 程式 5-1 可以產生這四個步階響應曲線。其圖形參見圖 5-18 所示。(注意，時間向量係自動地產生，因為指令中無訂出 t。)

```
MATLAB 程式 5-1
A = [-1 -1;6.5 0];
B = [1 1;1 0];
C = [1 0;0 1];
D = [0 0;0 0];
step(A,B,C,D)
```

欲將輸入 u_1 產生的二組步階響應曲線繪製於同一個圖上，u_2 產生的二組步階響應曲線繪製於另一個圖上，可分別用下列指令

step(A,B,C,D,1)

及

step(A,B,C,D,2)

利用 MATLAB 程式 5-2 可以產生二組步階響應曲線繪製於同一個圖上，

步階響應

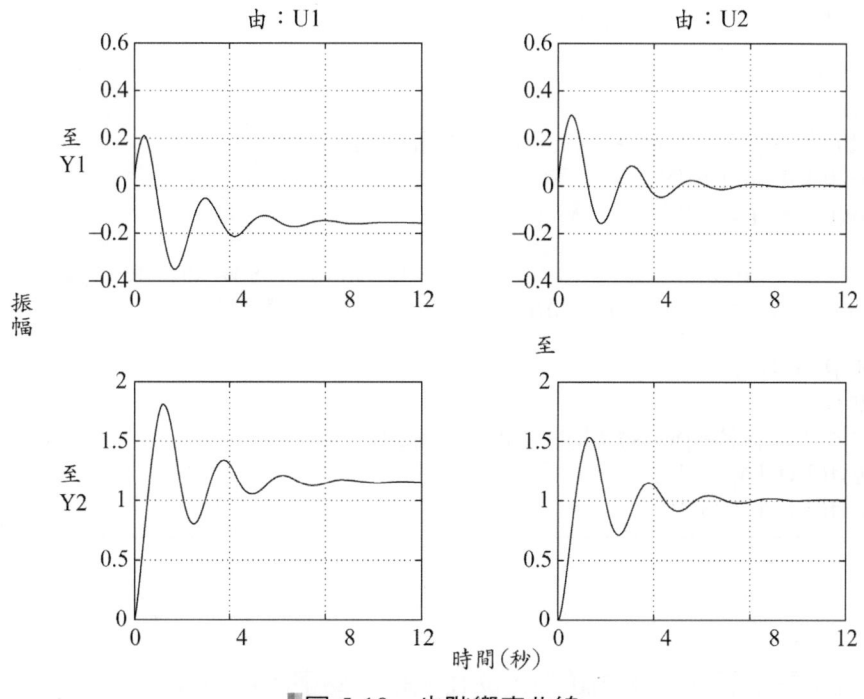

圖 5-18　步階響應曲線

而 u_2 產生的二組步階響應曲線繪製於另一個圖上。(此 MATLAB 程式需使用 text 指令。此指令之使用參見此例題之敘述內容。)

MATLAB 程式 5-2

```
% ***** In this program we plot step-response curves of a system
% having two inputs (u1 and u2) and two outputs (y1 and y2) *****

% ***** We shall first plot step-response curves when the input is
% u1. Then we shall plot step-response curves when the input is
% u2 *****

% ***** Enter matrices A, B, C, and D *****

A = [-1  -1;6.5  0];
B = [1  1;1  0];
C = [1  0;0  1];
D = [0  0;0  0];
```

```
% ***** To plot step-response curves when the input is u1, enter
% the command 'step(A,B,C,D,1)' *****

step(A,B,C,D,1)
grid
title ('Step-Response Plots: Input = u1 (u2 = 0)')
text(3.4, -0.06,'Y1')
text(3.4, 1.4,'Y2')

% ***** Next, we shall plot step-response curves when the input
% is u2. Enter the command 'step(A,B,C,D,2)' *****

step(A,B,C,D,2)
grid
title ('Step-Response Plots: Input = u2 (u1 = 0)')
text(3,0.14,'Y1')
text(2.8,1.1,'Y2')
```

在銀幕上寫字　此例題中，欲在銀幕上寫字，可輸入以下指令：

$$\text{text}(3.4, -0.06,'Y1')$$

及

$$\text{text}(3.4,1.4,'Y2')$$

第一個指令告訴計算機在座標 $x = 3.4$ 及 $y = -0.06$ 處寫上'Y1'。同理，第二個指令告訴計算機在座標 $x = 3.4$ 及 $y = 1.4$ 處寫上'Y2'。[參見 MATLAB 程式 5-2 及圖 5-19(a)。]

另有一種方法，使用 gtext 指令，也可以在圖形上寫上文字，其語法為

$$\text{gtext('text')}$$

在執行 gtext 指令時，計算機會等待著游標在銀幕上所需位置的定位（以滑鼠為之）。當按下滑鼠的左鍵時，被單引號圈選的文字會寫在游標定位的銀幕上。程式中不管有幾個 gtext 指令皆可以使用之。(例如，參見 MATLAB 程式 5-15。)

步階響應作圖：輸入 = $u1$ $(u2 = 0)$

(a)

步階響應作圖：輸入 = $u2$ $(u1 = 0)$

(b)

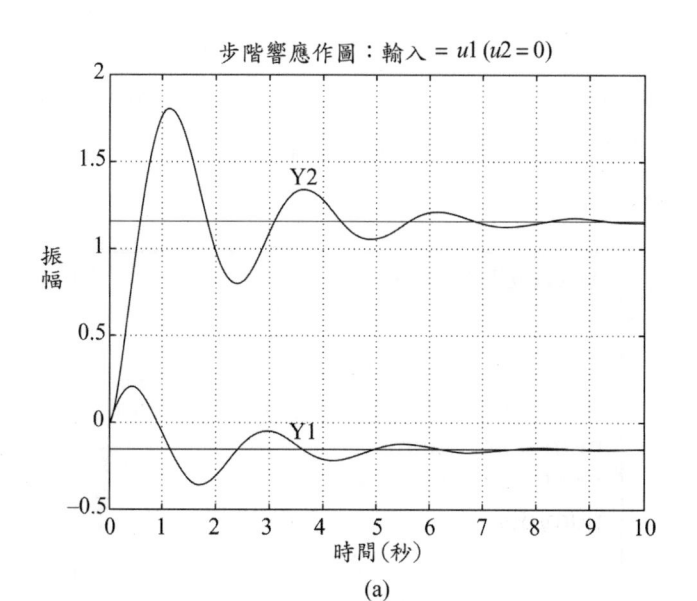

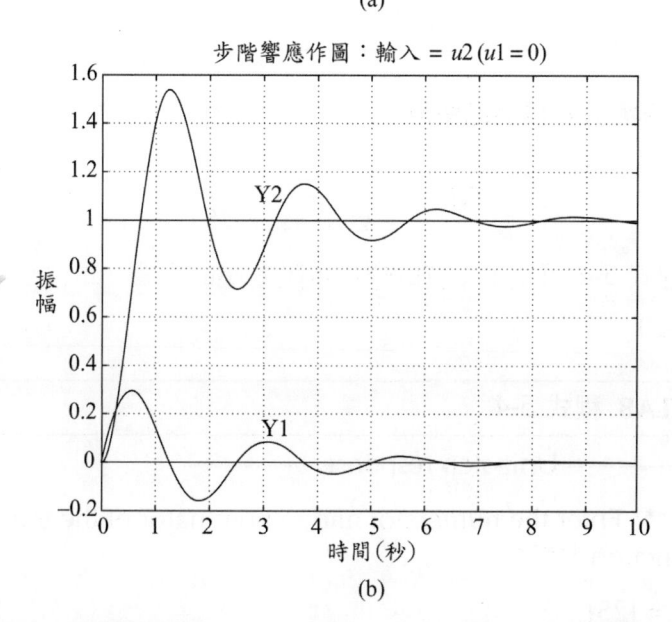

圖 5-19 單位步階響應曲線。(a) u_1 為輸入 $(u_2 = 0)$；(b) u_2 為輸入 $(u_1 = 0)$。

標準二階系統的 MATLAB 敘述 如前所述，如下二階系統

$$G(s) = \frac{\omega_n^2}{s^2 + 2\zeta\omega_n s + \omega_n^2} \tag{5-40}$$

稱為標準二階系統。已知 ζ 及 ω_n 則指令

　　　printsys(num,den) 　或　 printsys(num,den,s)

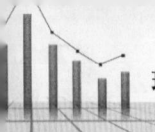

可將 num/den 以 s 多項式比形式印出。

例如,考慮 ω_n = 5 rad/sec 及 ζ = 0.4 的情形。MATLAB 程式 5-3 產生 ω_n = 5 弳度/秒及 ζ = 0.4 的標準二階系統。注意,在 MATLAB 程式 5-3 中,"num0" 係為 1。

MATLAB 程式 5-3

```
wn = 5;
damping_ratio = 0.4;
[num0,den] = ord2(wn,damping_ratio);
num = 5^2*num0;
printsys(num,den,'s')
num/den =
              25
        ─────────────
        S^2 + 4s + 25
```

求轉移函數的單位步階響應 考慮下列系統的單位步階響應

$$G(s) = \frac{25}{s^2 + 4s + 25}$$

MATLAB 程式 5-4 可產生系統的單位步階響應的作圖。單位步階響應的曲線參見圖 5-20。

MATLAB 程式 5-4

% ------------- Unit-step response -------------

% ***** Enter the numerator and denominator of the transfer
% function *****

num = [25];
 den = [1 4 25];

% ***** Enter the following step-response command *****

step(num,den)

% ***** Enter grid and title of the plot *****

grid
title (' Unit-Step Response of G(s) = 25/(s^2+4s+25)')

單位步階響應 $G(s) = 25/(s^2+4s+25)$

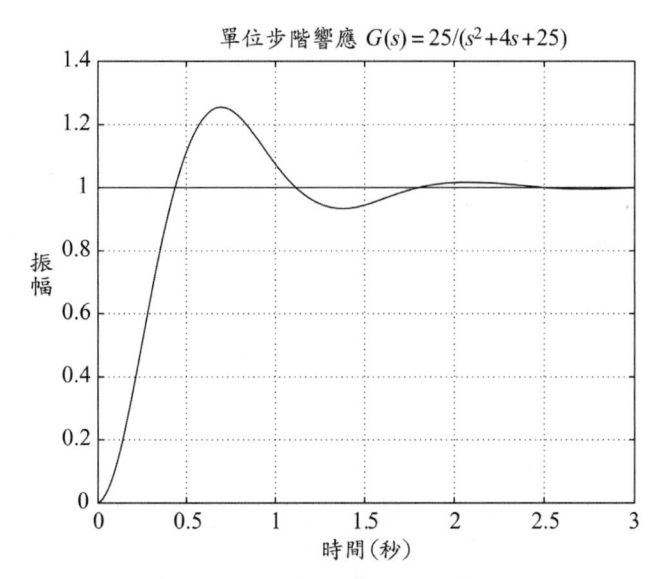

圖 5-20　單位步階響應曲線

注意在圖 5-20 中 (及其他的情形) x 軸及 y 軸之標籤是自動產生的。如欲改變 x 軸及 y 軸之標籤內容則須修改指令。例如，欲改變 x 軸標籤為 't Sec' 與 y 軸標籤為 'Output' 則可將步階響應指令的左邊引數修改為

$$c = \text{step}(num, den, t)$$

或更一般形為

$$[y, x, t] = \text{step}(num, den, t)$$

然後再用 plot(t,y) 指令。例如，參見 MATLAB 程式 5-5 及圖 5-21。

MATLAB 程式 5-5

```
% ------------- Unit-step response -------------
num = [25];
den = [1  4  25];
t = 0:0.01:3;
[y,x,t] = step(num,den,t);
plot(t,y)
grid
title('Unit-Step Response of G(s)=25/(s^2+4s+25)')
xlabel('t Sec')
ylabel('Output')
```

單位步階響應 $G(s) = 25/(s^2+4s+25)$

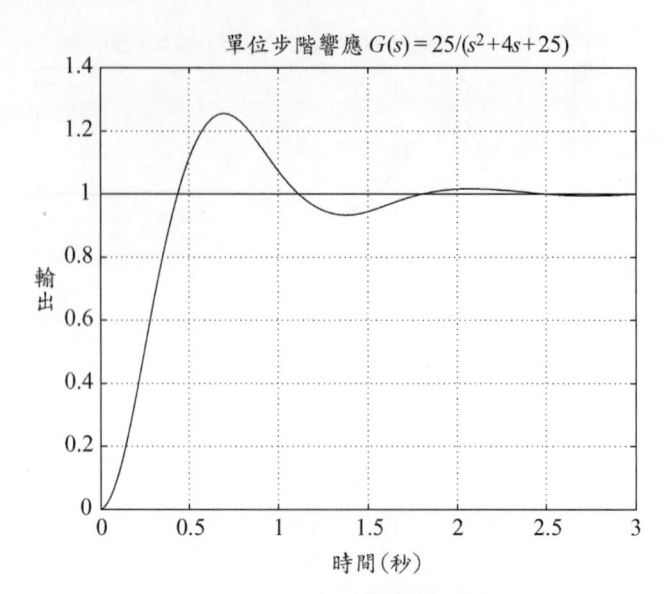

圖 5-21　單位步階響應曲線

求得 MATLAB 三度空間單位步階響應曲線作圖　MATLAB 可以讓我們很容易地做三度空間的曲線作圖。所使用的指令為"mesh"或"surf"。二者的區別在，前者只繪出線段，後者會在線段之間的空間填入顏色。本書中只使用"mesh"指令。

例題 5-4

考慮下列定義的閉路系統

$$\frac{C(s)}{R(s)} = \frac{1}{s^2 + 2\zeta s + 1}$$

(無阻尼自然頻率 ω_n 正規化為 1。) 在下列 ζ 的情形繪出 $c(t)$ 的單位步階響應曲線。

$$\zeta = 0,\ 0.2,\ 0.4,\ 0.6.\ 0.8,\ 1.0$$

同時也作三度空間的曲線繪圖。

此二階系統單位步階響應曲線的二度及三度空間繪圖所敘述 MATLAB 程式分別參見圖 5-22(a) 及 (b)。注意我們使用指令 mesh(t,zeta,y') 做三度空間繪圖。我們如果使用 mesh(y') 也可以得到相同的結果。[注意指令 mesh (t,zeta,y) 及 mesh(y) 可以得到相同的三度空間繪圖結果，如圖 5-22(b)，但是 x 軸與 y 軸對調，見例題 **A-5-15**。]

在我們利用 MATLAB 解問題時，如果解答的程序中需要很多重複性的計算，可用許多種方法簡化 MATLAB 程式。"for loops" 迴圈常用來簡化計算程序。如 MATLAB 程式 5-6 就是使用 "for loop" 迴圈。本書中的 MATLAB 程式將使用許多 "for loops" 迴圈解決各種問題。請讀者用心研讀各種題目，並熟悉其使用法。

MATLAB 程式 5-6

```
% ------- Two-dimensional plot and three-dimensional plot of unit-step
% response curves for the standard second-order system with wn = 1
% and zeta = 0, 0.2, 0.4, 0.6, 0.8, and 1. -------

t = 0:0.2:10;
zeta = [0    0.2    0.4    0.6    0.8    1];
    for n = 1:6;
    num = [1];
    den = [1    2*zeta(n)    1];
    [y(1:51,n),x,t] = step(num,den,t);
    end

% To plot a two-dimensional diagram, enter the command plot(t,y).

plot(t,y)
grid
title('Plot of Unit-Step Response Curves with \omega_n = 1 and \zeta = 0, 0.2, 0.4, 0.6, 0.8, 1')
xlabel('t (sec)')
ylabel('Response')
text(4.1,1.86,'\zeta = 0')
text(3.5,1.5,'0.2')
text(3 .5,1.24,'0.4')
text(3.5,1.08,'0.6')
text(3.5,0.95,'0.8')
text(3.5,0.86,'1.0')

% To plot a three-dimensional diagram, enter the command mesh(t,zeta,y').

mesh(t,zeta,y')
title('Three-Dimensional Plot of Unit-Step Response Curves')
xlabel('t Sec')
ylabel('\zeta')
zlabel('Response')
```

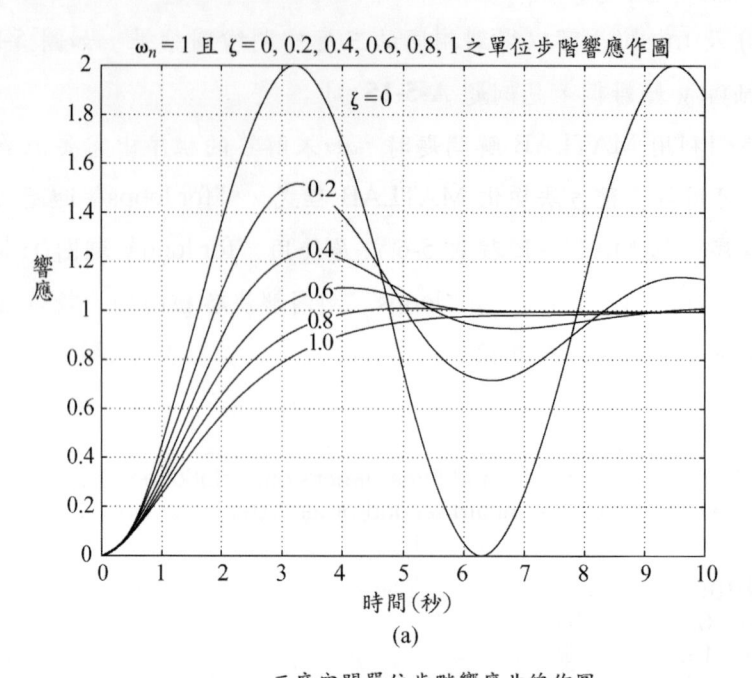

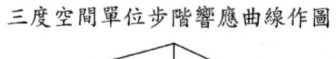

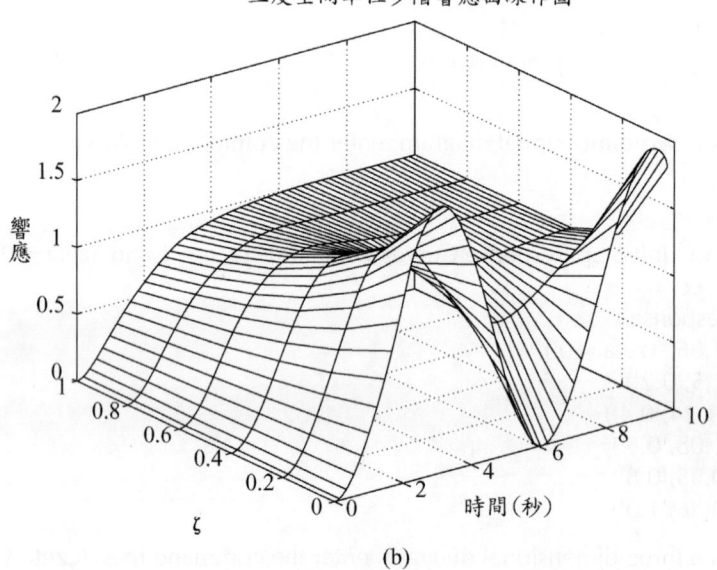

圖 5-22　(a) 當 $\zeta = 0.2$、0.4、0.6、0.8 及 1 時，單位步階響應曲線的二度空間作圖；(b) 單位步階響應曲線的三度空間作圖。

利用 MATLAB 求上升時間、峰值時間、最大超擊度及安定時間

上升時間、峰值時間、最大超擊度及安定時間可以很方便地利用 MATLAB 求得。考慮如下系統

$$\frac{C(s)}{R(s)} = \frac{25}{s^2 + 6s + 25}$$

其上升時間、峰值時間、最大超擊度及安定時間可以利用 MATLAB 程式 5-7 求得。圖 5-23 為此系統的單位步階響應曲線，其結果可由 MATLAB 程式 5-7 驗證之。（註：此程式亦可是用於高階系統，參見例題 **A-5-10**。）

MATLAB 程式 5-7

```
% ------- This is a MATLAB program to find the rise time, peak time,
% maximum overshoot, and settling time of the second-order system
% and higher-order system -------
% ------- In this example, we assume zeta = 0.6 and wn = 5 -------
num = [25];
den = [1  6  25];
t = 0:0.005:5;
[y,x,t] = step(num,den,t);
r = 1; while y(r) < 1.0001; r = r + 1; end;
rise_time = (r - 1)*0.005
rise_time =
    0.5550
[ymax,tp] = max(y);
peak_time = (tp - 1)*0.005
peak_time =
    0.7850
max_overshoot = ymax-1
max_overshoot =
    0.0948
s = 1001; while y(s) > 0.98 & y(s) < 1.02; s = s - 1; end;
settling_time = (s - 1)*0.005
settling_time =
    1.1850
```

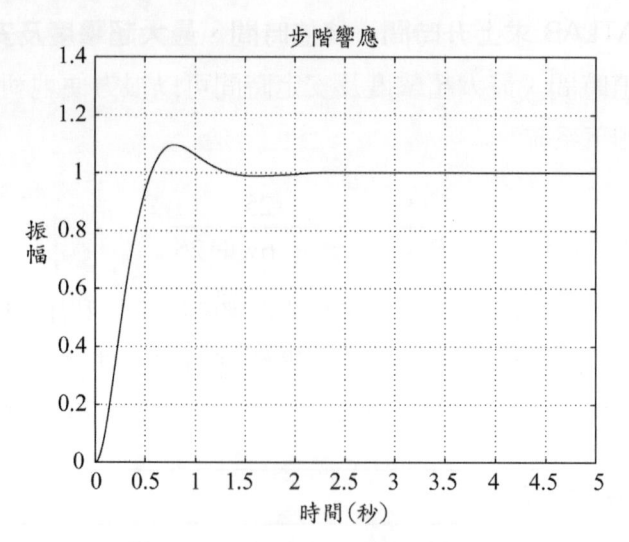

圖 5-23 單位步階響應曲線

脈衝響應 控制系統的單位脈衝響應可使用下列任一個脈衝指令求得

$$\text{impulse(num,den)}$$

$$\text{impulse(A,B,C,D)}$$

$$[y,x,t] = \text{impulse(num,den)}$$

$$[y,x,t] = \text{impulse(num,den,t)} \tag{5-41}$$

$$[y,x,t] = \text{impulse(A,B,C,D)}$$

$$[y,x,t] = \text{impulse(A,B,C,D,iu)} \tag{5-42}$$

$$[y,x,t] = \text{impulse(A,B,C,D,iu,t)} \tag{5-43}$$

指令 impulse(mum,den) 可將系統的單位脈衝響應繪製於銀幕上。指令 impulse(A,B,C,D) 則依照下列系統的輸出輸入之組合，產生一序列的單位脈衝響應

$$\dot{\mathbf{x}} = \mathbf{A}\mathbf{x} + \mathbf{B}\mathbf{u}$$

$$\mathbf{y} = \mathbf{C}\mathbf{x} + \mathbf{D}\mathbf{u}$$

注意 (5-42) 及 (5-43) 式中純量 iu 係為系統輸入的索引數，指明哪一個輸入產生脈衝響應。

同時也注意到，如果輸入中沒有明顯地指定出 t，則時間向量係自動產生。如果指令中使用者明顯地指定出時間向量"t"，如 (5-41) 及 (5-43) 式中所示指令，則此向量明確指定出脈衝響應要在哪些時間點上計算出來。

如果 MATLAB 有左邊引數 [y,x,t]，例如 [y,x,t] = impulse(A,B,C,D)，則此指令產生了系統在指定的時間點上之輸出及狀態響應，以及時間向量 t。但是在銀幕上並無曲線顯示。矩陣 y 及 x 含有系統在指定的時間點上計算出來的輸出及狀態響應。(y 的行數等於輸出個數，其每一列對應於某一時間點 t 之計算值。x 的行數等於狀態變數的個數，每一列元素對應於 t 之值。) 欲繪製響應曲線，須再使用作圖指令，如 plot(t,y)。

例題 5-5

試求下列系統的單位脈衝響應。

$$\frac{C(s)}{R(s)} = G(s) = \frac{1}{s^2 + 0.2s + 1}$$

MATLAB 程式 5-8 可以產生單位脈衝響應。其作圖見圖 5-24 所示。

```
MATLAB 程式 5-8
num = [1];
den = [1  0.2  1];
impulse(num,den);
grid
title('Unit-Impulse Response of G(s) = 1/(s^2 + 0.2s + 1)')
```

脈衝響應的另一種求法　注意當初始條件為零時，$G(s)$ 的單位脈衝響應會等於 $sG(s)$ 的單位步階響應。

再考慮例題 5-5 的系統之單位脈衝響應。因為 $R(s) = 1$，則單位脈衝響應為，

$$G(s) = 1/(s^2+0.2s+1) \text{ 的單位脈衝響應}$$

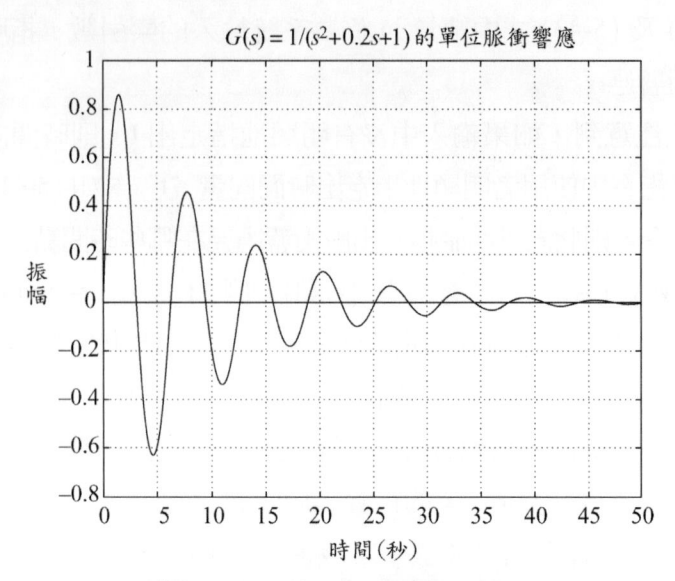

圖 5-24　單位脈衝響應曲線

$$\frac{C(s)}{R(s)} = C(s) = G(s) = \frac{1}{s^2 + 0.2s + 1}$$

$$= \frac{s}{s^2 + 0.2s + 1} \frac{1}{s}$$

現在我們要將 $G(s)$ 的單位脈衝響應轉換成 $sG(s)$ 的單位步階響應。

我們輸入以下的 num 及 den 至 MATLAB，

$$\text{num} = [0 \ 1 \ 0]$$

$$\text{den} = [1 \ 0.2 \ 1]$$

然後使用步階響應指令；如 MATLAB 程式 5-9，可得如圖 5-25 系統的單位脈衝響應。

MATLAB 程式 5-9

```
num = [1  0];
den = [1  0.2  1];
step(num,den);
grid
title('Unit-Step Response of sG(s) = s/(s^2 + 0.2s + 1)')
```

暫態及穩態響應分析

$G(s) = s/(s^2+0.2s+1)$ 的單位脈衝響應

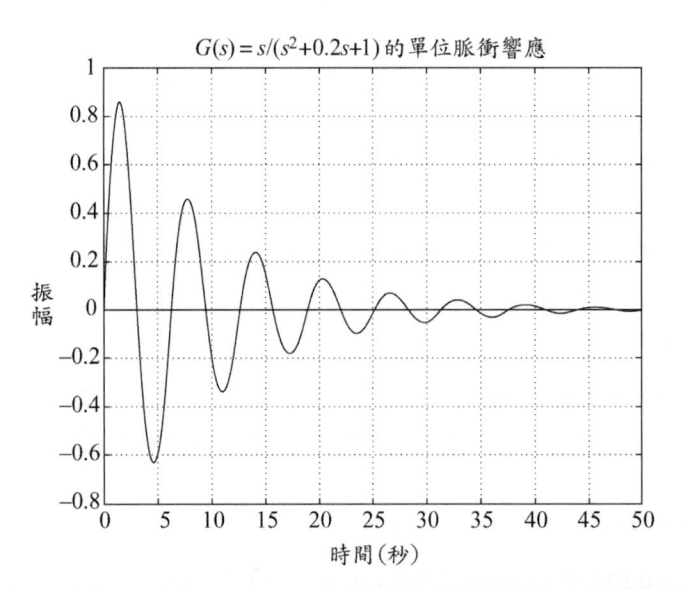

圖 5-25　由 $sG(s) = s/(s^2 + 0.2s + 1)$ 的單位步階響應求出單位脈衝響應曲線

斜坡響應　MATLAB 中並沒有斜坡指令。因此我們須使用步階指令或 lsim 指令 (後述) 產生斜坡響應。可以先將 $G(s)$ 除以 s，然後再使用步階指令得出。例如，考慮以下系統

$$\frac{C(s)}{R(s)} = \frac{2s + 1}{s^2 + s + 1}$$

輸入是斜坡，$R(s) = 1/s^2$。所以

$$C(s) = \frac{2s + 1}{s^2 + s + 1} \frac{1}{s^2} = \frac{2s + 1}{(s^2 + s + 1)s} \frac{1}{s}$$

欲得系統的單位斜坡響應，將下列的分子及分母輸入至 MATLAB 程式中：

num = [2 1];

den = [1 1 1 0];

然後再使用步階指令得出。參見 MATLAB 程式 5-10。由此程式產生的單位斜坡響應作圖如圖 5-26 所示。

193

> **MATLAB 程式 5-10**
>
> % --------------- Unit-ramp response ---------------
>
> % ***** The unit-ramp response is obtained as the unit-step
> % response of G(s)/s *****
>
> % ***** Enter the numerator and denominator of G(s)/s *****
>
> num = [2 1];
> den = [1 1 1 0];
>
> % ***** Specify the computing time points (such as t = 0:0.1:10)
> % and then enter step-response command: c = step(num,den,t) *****
>
> t = 0:0.1:10;
> c = step(num,den,t);
>
> % ***** In plotting the ramp-response curve, add the reference
> % input to the plot. The reference input is t. Add to the
> % argument of the plot command with the following: t,t,'-'. Thus
> % the plot command becomes as follows: plot(t,c,'o',t,t,'-') *****
>
> plot(t,c,'o',t,t,'-')
>
> % ***** Add grid, title, xlabel, and ylabel *****
>
> grid
> title('Unit-Ramp Response Curve for System G(s) = (2s + 1)/(s^2 + s + 1)')
> xlabel('t Sec')
> ylabel('Input and Output')

定義在狀態空間的單位斜坡響應 再來，我們要討論定義在狀態空間系統的單位斜坡響應。考慮如下系統

$$\dot{\mathbf{x}} = \mathbf{A}\mathbf{x} + \mathbf{B}u$$
$$y = \mathbf{C}\mathbf{x} + Du$$

式中 u 為單位斜坡函數。以下我們使用簡單的系統解釋之。考慮如下系統

$$\mathbf{A} = \begin{bmatrix} 0 & 1 \\ -1 & -1 \end{bmatrix}, \quad \mathbf{B} = \begin{bmatrix} 0 \\ 1 \end{bmatrix}, \quad \mathbf{x}(0) = \mathbf{0}$$
$$\mathbf{C} = \begin{bmatrix} 1 & 0 \end{bmatrix}, \quad D = \begin{bmatrix} 0 \end{bmatrix}$$

當初始條件為零時，單位斜坡響應係為單位步階響應的積分。因此系統的單位斜坡響應為

系統 $G(s) = (2s+1)/(s^2+s+1)$ 的單位斜坡響應

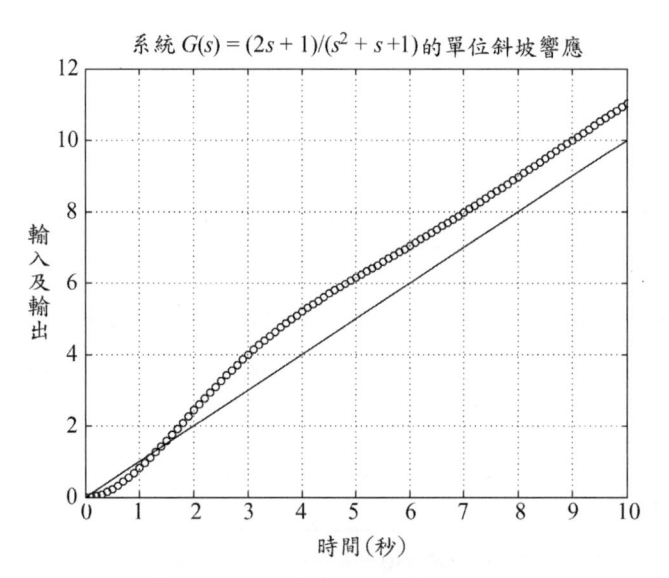

圖 5-26　單位斜坡響應曲線

$$z = \int_0^t y\, dt \tag{5-44}$$

由 (5-44) 式可得，
$$\dot{z} = y = x_1 \tag{5-45}$$

定義
$$z = x_3$$

則 (5-45) 式變成
$$\dot{x}_3 = x_1 \tag{5-46}$$

將 (5-46) 式與原來的狀態空間方程式合併，可得

$$\begin{bmatrix} \dot{x}_1 \\ \dot{x}_2 \\ \dot{x}_3 \end{bmatrix} = \begin{bmatrix} 0 & 1 & 0 \\ -1 & -1 & 0 \\ 1 & 0 & 0 \end{bmatrix} \begin{bmatrix} x_1 \\ x_2 \\ x_3 \end{bmatrix} + \begin{bmatrix} 0 \\ 1 \\ 0 \end{bmatrix} u \tag{5-47}$$

$$z = \begin{bmatrix} 0 & 0 & 1 \end{bmatrix} \begin{bmatrix} x_1 \\ x_2 \\ x_3 \end{bmatrix} \tag{5-48}$$

(5-47) 式中出現的 u 係為單位步階函數。這些方程式可寫成

$$\dot{\mathbf{x}} = \mathbf{AAx} + \mathbf{BB}u$$
$$z = \mathbf{CCx} + DDu$$

式中

$$\mathbf{AA} = \begin{bmatrix} 0 & 1 & 0 \\ -1 & -1 & 0 \\ 1 & 0 & 0 \end{bmatrix} = \left[\begin{array}{c|c} \mathbf{A} & 0 \\ & 0 \\ \hline \mathbf{C} & 0 \end{array}\right]$$

$$\mathbf{BB} = \begin{bmatrix} 0 \\ 1 \\ 0 \end{bmatrix} = \begin{bmatrix} \mathbf{B} \\ 0 \end{bmatrix}, \quad \mathbf{CC} = \begin{bmatrix} 0 & 0 & 1 \end{bmatrix}, \quad DD = [0]$$

注意 x_3 為 **x** 的第三個元素。使用 MATLAB 程式 5-11 於計算機中可以產生單位斜坡響應 $z(t)$ 之作圖。由此 MATLAB 程式產生的單位斜坡響應曲線見圖 5-27 所示。

MATLAB 程式 5-11

```
% --------------- Unit-ramp response ---------------
% ***** The unit-ramp response is obtained by adding a new
% state variable x3. The dimension of the state equation
% is enlarged by one *****
% ***** Enter matrices A, B, C, and D of the original state
% equation and output equation *****
A = [0 1;-1 -1];
B = [0; 1];
C = [1 0];
D = [0];
% ***** Enter matrices AA, BB, CC, and DD of the new,
% enlarged state equation and output equation *****
AA = [A zeros(2,1);C 0];
BB = [B;0];
CC = [0 0 1];
DD = [0];
% ***** Enter step-response command: [z,x,t] = step(AA,BB,CC,DD) *****
[z,x,t] = step(AA,BB,CC,DD);
% ***** In plotting x3 add the unit-ramp input t in the plot
% by entering the following command: plot(t,x3,'o',t,t,'-') *****
x3 = [0 0 1]*x'; plot(t,x3,'o',t,t,'-')
grid
title('Unit-Ramp Response')
xlabel('t Sec')
ylabel('Input and Output')
```

單位斜坡響應

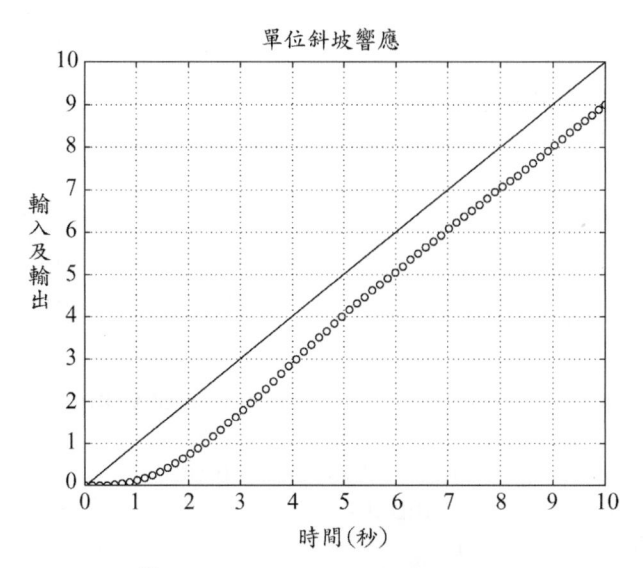

圖 5-27　單位斜坡響應曲線

任意輸入之響應　欲產生任意輸入之響應，須使用 lsim 指令。以下指令

$$\text{lsim(num,den,r,t)}$$
$$\text{lsim(A,B,C,D,u,t)}$$
$$y = \text{lsim(num,den,r,t)}$$
$$y = \text{lsim(A,B,C,D,u,t)}$$

將產生輸入時間函數 r 或 u 造成的響應。參見以下二個例子。(同時，也參考例題 **A-5-14** 至 **A-5-16**。)

例題 5-6

利用 lsim 指令求下列系統的單位斜坡響應：

$$\frac{C(s)}{R(s)} = \frac{2s+1}{s^2+s+1}$$

將 MATLAB 程式 5-12 於計算機中可以產生單位斜坡響應。作圖結果見圖 5-28 所示。

MATLAB 程式 5-12

```
% ------- Ramp Response -------
num = [2  1];
 den = [1  1  1];
t = 0:0.1:10;
r = t;
y = lsim(num,den,r,t);
plot(t,r,'-',t,y,'o')
grid
title('Unit-Ramp Response Obtained by Use of Command "lsim"')
xlabel('t Sec')
ylabel('Unit-Ramp Input and System Output')
text(6.3,4.6,'Unit-Ramp Input')
text(4.75,9.0,'Output')
```

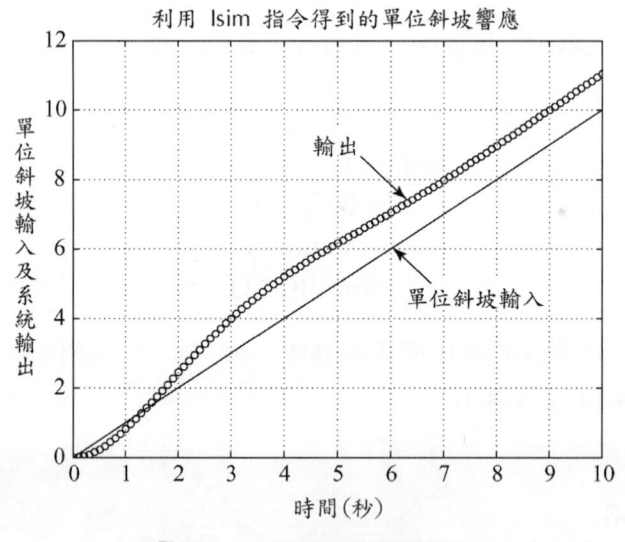

圖 5-28　單位斜坡響應

例題 5-7

考慮如下系統

$$\begin{bmatrix} \dot{x}_1 \\ \dot{x}_2 \end{bmatrix} = \begin{bmatrix} -1 & 0.5 \\ -1 & 0 \end{bmatrix} \begin{bmatrix} x_1 \\ x_2 \end{bmatrix} + \begin{bmatrix} 0 \\ 1 \end{bmatrix} u$$

$$y = \begin{bmatrix} 1 & 0 \end{bmatrix} \begin{bmatrix} x_1 \\ x_2 \end{bmatrix}$$

當輸入 u 分別定義如下時，利用 MATLAB 程式得出響應曲線 $y(t)$。

1. $u = $ 單位步階輸入
2. $u = e^{-t}$

假設初始條件為 $\mathbf{x}(0) = \mathbf{0}$。

MATLAB 程式 5-13 可以產生單位步階輸入 $[u = 1(t)]$ 及指數輸入 $[u = e^{-t}]$ 之系統響應輸出。響應曲線分別參見圖 5-29(a) 及 (b)。

MATLAB 程式 5-13

```
t = 0:0.1:12;
A = [-1  0.5;-1  0];
B = [0;1];
C = [1  0];
D = [0];
% For the unit-step input u = 1(t), use the command "y = step(A,B,C,D,1,t)".
y = step(A,B,C,D,1,t);
plot(t,y)
grid
title('Unit-Step Response')
xlabel('t Sec')
ylabel('Output')

% For the response to exponential input u = exp(-t), use the command
% "z = lsim(A,B,C,D,u,t)".

u = exp(-t);
z = lsim(A,B,C,D,u,t);
plot(t,u,'-',t,z,'o')
grid
title('Response to Exponential Input u = exp(-t)')
xlabel('t Sec')
ylabel('Exponential Input and System Output')
text(2.3,0.49,'Exponential input')
text(6.4,0.28,'Output')
```

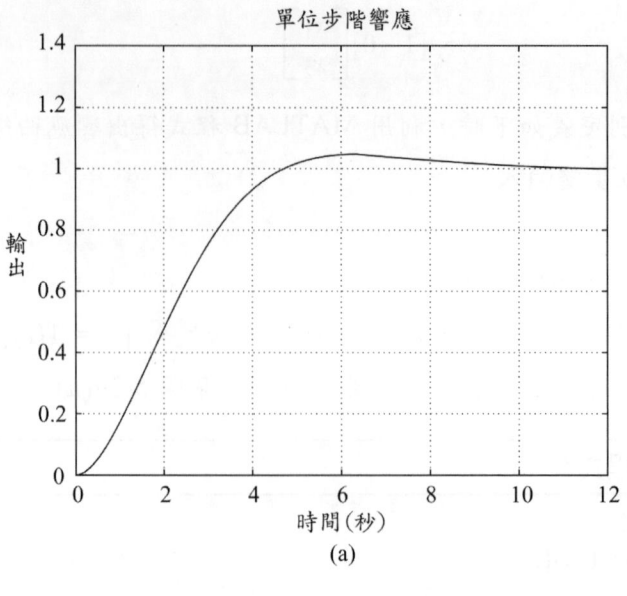

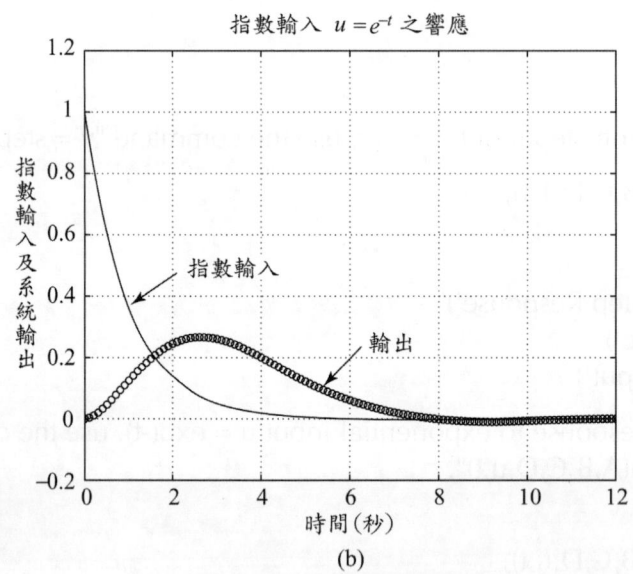

圖 5-29 (a) 單位步階響應；(b) 輸入 $u = e^{-t}$ 之響應。

初始條件造成的響應　以下要介紹由初始條件造成的響應的一些方法。可用 "step" 或 "initial" 指令。我們先用簡單的例題求出初始條件造成的響應。再來討論狀態空間描述的系統由初始條件造成的響應。最後我們用 initial 指令產生系統的響應。

例題 5-8

考慮圖 5-30 的機械系統,其中 $m = 1$ kg、$b = 3$ N-sec/m 且 $k = 2$ N/m。假設在 $t = 0$ 時,質量 m 被拉下到 $x(0) = 0.1$ m 且 $\dot{x}(0) = 0.05$ m/sec。$x(t)$ 位移係針對質量 m 還未被拉下前的平衡狀態量測之。試求針對初始條件造成的運動。(假設沒有外力函數。)

系統方程式為

$$m\ddot{x} + b\dot{x} + kx = 0$$

其初始條件為 $x(0) = 0.1$ m 且 $\dot{x}(0) = 0.05$ m/sec。(位移 x 係針對平衡狀態量測。) 系統方程式的拉式變換為

$$m[s^2X(s) - sx(0) - \dot{x}(0)] + b[sX(s) - x(0)] + kX(s) = 0$$

或

$$(ms^2 + bs + k)X(s) = mx(0)s + m\dot{x}(0) + bx(0)$$

由上式解出 $X(s)$ 並代入初始條件,可得

$$X(s) = \frac{mx(0)s + m\dot{x}(0) + bx(0)}{ms^2 + bs + k}$$

$$= \frac{0.1s + 0.35}{s^2 + 3s + 2}$$

此式又可以寫成

$$X(s) = \frac{0.1s^2 + 0.35s}{s^2 + 3s + 2} \frac{1}{s}$$

亦即,質量 m 的運動可由如下系統的單位步階響應求得:

$$G(s) = \frac{0.1s^2 + 0.35s}{s^2 + 3s + 2}$$

質量 m 的運動作圖可由 MATLAB 程式 5-14 計算。其作圖見圖 5-31。

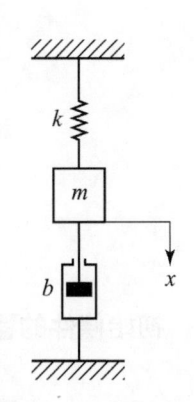

圖 5-30 機械系統

MATLAB 程式 5-14

% ---------------- Response to initial condition ----------------

% ***** System response to initial condition is converted to
% a unit-step response by modifying the numerator polynomial *****

% ***** Enter the numerator and denominator of the transfer
% function G(s) *****

num = [0.1 0.35 0];
den = [1 3 2];

% ***** Enter the following step-response command *****

step(num,den)

% ***** Enter grid and title of the plot *****

grid
title('Response of Spring-Mass-Damper System to Initial Condition')

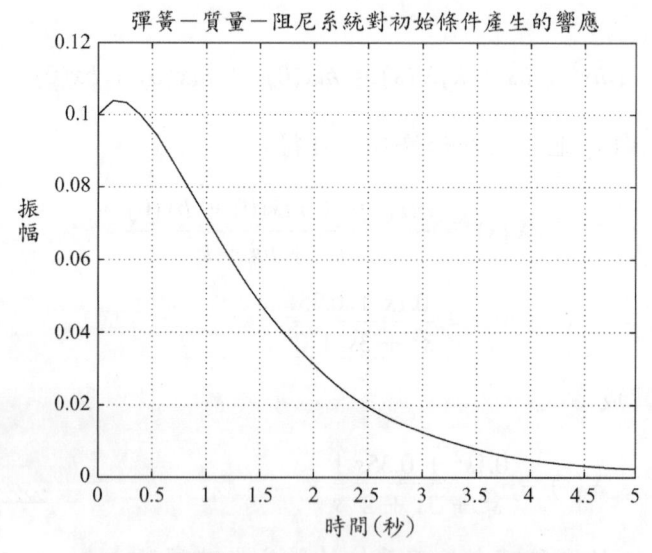

圖 5-31　例題 5-8 考慮的機械系統之響應

初始條件的響應（狀態空間法，情況 1）　考慮如下系統

$$\dot{\mathbf{x}} = \mathbf{A}\mathbf{x}, \qquad \mathbf{x}(0) = \mathbf{x}_0 \tag{5-49}$$

暫態及穩態響應分析

當初始條件 $\mathbf{x}(0)$ 已知時,欲求響應 $\mathbf{x}(t)$。假設沒有外力施加於此系統。且假設 $\mathbf{x}$ 為 n-向量。

首先,(5-49) 式二邊取拉式變換

$$s\mathbf{X}(s) - \mathbf{x}(0) = \mathbf{A}\mathbf{X}(s)$$

上式可寫成

$$s\mathbf{X}(s) = \mathbf{A}\mathbf{X}(s) + \mathbf{x}(0) \tag{5-50}$$

求 (5-50) 式的拉式反變換,得

$$\dot{\mathbf{x}} = \mathbf{A}\mathbf{x} + \mathbf{x}(0)\,\delta(t) \tag{5-51}$$

(注意,求取微分方程式的拉式變換,然後再求其拉式變換方程式的反變換可得含有初始條件的微分方程式。)

現在定義

$$\dot{\mathbf{z}} = \mathbf{x} \tag{5-52}$$

則 (5-51) 式可以寫成

$$\ddot{\mathbf{z}} = \mathbf{A}\dot{\mathbf{z}} + \mathbf{x}(0)\,\delta(t) \tag{5-53}$$

將 (5-53) 對時間 t 積分可得

$$\dot{\mathbf{z}} = \mathbf{A}\mathbf{z} + \mathbf{x}(0)1(t) = \mathbf{A}\mathbf{z} + \mathbf{B}u \tag{5-54}$$

式中

$$\mathbf{B} = \mathbf{x}(0), \quad u = 1(t)$$

參考 (5-52) 式,狀態 $\mathbf{x}(t)$ 係由指定 $\dot{\mathbf{z}}(t)$。因此,

$$\mathbf{x} = \dot{\mathbf{z}} = \mathbf{A}\mathbf{z} + \mathbf{B}u \tag{5-55}$$

由初始條件造成的響應可以經由 (5-54) 及 (5-55) 式解得。

總結言之,(5-49) 式由於初始條件造成的響應 $\mathbf{x}(0)$ 係由下列狀態方程式求解而得:

$$\dot{z} = Az + Bu$$
$$x = Az + Bu$$

式中

$$B = x(0), \quad u = 1(t)$$

如果我們不指定時間向量 t，則可使用下列 MATLAB 指令得到響應曲線（此時讓 MATLAB 自動產生時間向量。）

```
% Specify matrices A and B
[x,z,t] = step(A,B,A,B);
x1 = [1 0 0 ... 0]*x';
x2 = [0 1 0 ... 0]*x';
   .
   .
   .
xn = [0 0 0 ... 1]*x';
plot(t,x1,t,x2, ... ,t,xn)
```

如果我們指定時間向量 t (例如，欲使得計算由 t = 0 至 t = tp，時間增量Δt)，則使用下列 MATLAB 指令：

```
t = 0: Δt: tp;
% Specify matrices A and B
[x,z,t] = step(A,B,A,B,1,t);
x1 = [1 0 0 ... 0]*x';
x2 = [0 1 0 ... 0]*x';
   .
   .
   .
xn = [0 0 0 ... 1]*x';
plot(t,x1,t,x2, ... ,t,xn)
```

（例如，參見例題 5-9。）

初始條件的響應（狀態空間法，情況 2） 考慮如下系統

$$\dot{\mathbf{x}} = \mathbf{A}\mathbf{x}, \quad \mathbf{x}(0) = \mathbf{x}_0 \tag{5-56}$$

$$\mathbf{y} = \mathbf{C}\mathbf{x} \tag{5-57}$$

（假設 $\mathbf{x}$ 為 n-向量且 $\mathbf{y}$ 為 m-向量。）

類似於情況 1，定義

$$\dot{\mathbf{z}} = \mathbf{x}$$

可得以下方程式

$$\dot{\mathbf{z}} = \mathbf{A}\mathbf{z} + \mathbf{x}(0)1(t) = \mathbf{A}\mathbf{z} + \mathbf{B}u \tag{5-58}$$

式中

$$\mathbf{B} = \mathbf{x}(0), \quad u = 1(t)$$

因為 $\mathbf{x} = \dot{\mathbf{z}}$，(5-57) 式可寫成

$$\mathbf{y} = \mathbf{C}\dot{\mathbf{z}} \tag{5-59}$$

將 (5-58) 式代入 (5-59) 式，得

$$\mathbf{y} = \mathbf{C}(\mathbf{A}\mathbf{z} + \mathbf{B}u) = \mathbf{C}\mathbf{A}\mathbf{z} + \mathbf{C}\mathbf{B}u \tag{5-60}$$

(5-58) 及 (5-60) 式之解答重寫成

$$\dot{\mathbf{z}} = \mathbf{A}\mathbf{z} + \mathbf{B}u$$
$$\mathbf{y} = \mathbf{C}\mathbf{A}\mathbf{z} + \mathbf{C}\mathbf{B}u$$

式中 $\mathbf{B} = \mathbf{x}(0)$ 且 $u = 1(t)$，可以得到系統在某初始條件產生得解答。以下用二種情況的 MATLAB 指令求得響應曲線的作圖（輸出曲線 y1 對 t，y2 對 t，…，ym 對 t）：

情況 A 我們不指定時間向量 t (讓 MATLAB 自動產生時間向量)：

```
% Specify matrices A, B, and C
[y,z,t] = step(A,B,C*A,C*B);
y1 = [1 0 0 ... 0]*y';
y2 = [0 1 0 ... 0]*y';
     .
     .
     .
ym = [0 0 0 ... 1]*y';
plot(t,y1,t,y2, ... ,t,ym)
```

情況 B 我們指定時間向量 t：

```
t = 0: Δt: tp;
% Specify matrices A, B, and C
[y,z,t] = step(A,B,C*A,C*B,1,t)
y1 = [1 0 0 ... 0]*y';
y2 = [0 1 0 ... 0]*y';
     .
     .
     .
ym = [0 0 0 ... 1]*y';
plot(t,y1,t,y2, ... ,t,ym)
```

例題 5-9

考慮如下系統在初始條件下的解答。

$$\begin{bmatrix} \dot{x}_1 \\ \dot{x}_2 \end{bmatrix} = \begin{bmatrix} 0 & 1 \\ -10 & -5 \end{bmatrix} \begin{bmatrix} x_1 \\ x_2 \end{bmatrix}, \quad \begin{bmatrix} x_1(0) \\ x_2(0) \end{bmatrix} = \begin{bmatrix} 2 \\ 1 \end{bmatrix}$$

或

$$\dot{\mathbf{x}} = \mathbf{A}\mathbf{x}, \quad \mathbf{x}(0) = \mathbf{x}_0$$

在初始條件下欲求系統的解答相當於求如下系統的單位步階響應：

$$\dot{\mathbf{z}} = \mathbf{A}\mathbf{z} + \mathbf{B}u$$
$$\mathbf{x} = \mathbf{A}\mathbf{z} + \mathbf{B}u$$

式中

$$\mathbf{B} = \mathbf{x}(0), \qquad u = 1(t)$$

參見 MATLAB 程式 5-15，使用之以產生響應。響應曲線參見圖 5-32。

```
MATLAB 程式 5-15

t = 0:0.01:3;
A = [0  1;-10  -5];
B = [2;1];
[x,z,t] = step(A,B,A,B,1,t);
x1 = [1  0]*x';
x2 = [0  1]*x';
plot(t,x1,'x',t,x2,'-')
grid
title('Response to Initial Condition')
xlabel('t Sec')
ylabel('State Variables x1 and x2')
gtext('x1')
gtext('x2')
```

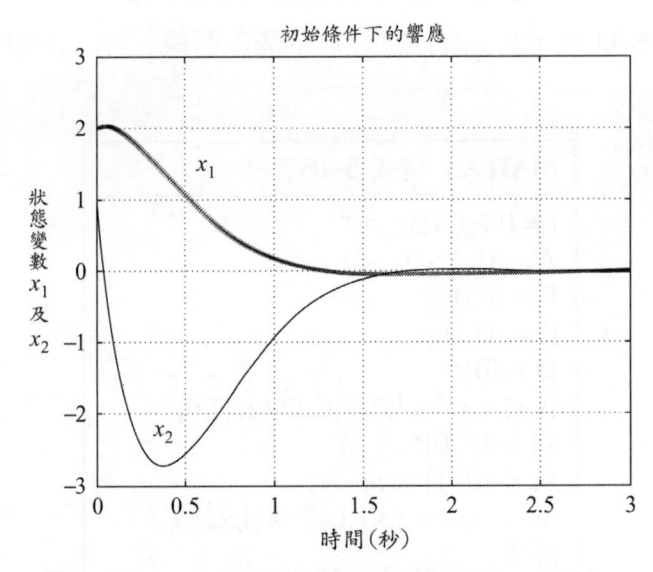

圖 5-32　例題 5-9 的系統在初始條件下之響應

有關 (5-58) 及 (5-60) 式之用法請參考釋例，參見例題 **A-5-16**。

使用指令 initial 求初始條件的響應　如果系統為狀態空間形式，則下列指令

$$\text{initial}(A,B,C,D,[\text{initial condition}],t)$$

可以產生初始條件的響應。

若系統定義為

$$\dot{\mathbf{x}} = \mathbf{A}\mathbf{x} + \mathbf{B}u, \qquad \mathbf{x}(0) = \mathbf{x}_0$$

$$y = \mathbf{C}\mathbf{x} + Du$$

式中

$$\mathbf{A} = \begin{bmatrix} 0 & 1 \\ -10 & -5 \end{bmatrix}, \quad \mathbf{B} = \begin{bmatrix} 0 \\ 0 \end{bmatrix}, \quad \mathbf{C} = [0 \ \ 0], \quad D = 0$$

$$\mathbf{x}_0 = \begin{bmatrix} 2 \\ 1 \end{bmatrix}$$

於是，指令 initial 可使用，如在 MATLAB 程式 5-16 中，以得出初始條件的響應。圖 5-33 所示為 $x_1(t)$ 及 $x_2(t)$ 的響應曲線。可以發現與圖 5-32 的響應曲線相同。

MATLAB 程式 5-16

```
t = 0:0.05:3;
A = [0  1;-10  -5];
B = [0;0];
C = [0  0];
D = [0];
[y,x] = initial(A,B,C,D,[2;1],t);
x1 = [1  0]*x';
x2 = [0  1]*x';
plot(t,x1,'o',t,x1,t,x2,'x',t,x2)
grid
title('Response to Initial Condition')
xlabel('t Sec')
ylabel('State Variables x1 and x2')
gtext('x1')
gtext('x2')
```

暫態及穩態響應分析

初始條件下的響應

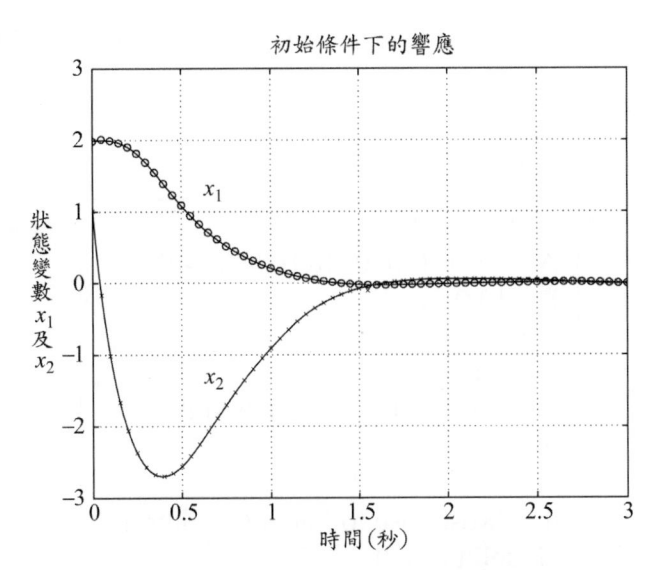

圖 5-33　在初始條件下之響應

例題 5-10

考慮如下在初始條件下工作的系統。(無外力函數施加。)

$$\dddot{y} + 8\ddot{y} + 17\dot{y} + 10y = 0$$

$$y(0) = 2, \quad \dot{y}(0) = 1, \quad \ddot{y}(0) = 0.5$$

欲得出有初始條件下的響應 $y(t)$。

狀態變數定義為

$$x_1 = y$$
$$x_2 = \dot{y}$$
$$x_3 = \ddot{y}$$

可得系統的狀態空間代表式如下：

$$\begin{bmatrix} \dot{x}_1 \\ \dot{x}_2 \\ \dot{x}_3 \end{bmatrix} = \begin{bmatrix} 0 & 1 & 0 \\ 0 & 0 & 1 \\ -10 & -17 & -8 \end{bmatrix} \begin{bmatrix} x_1 \\ x_2 \\ x_3 \end{bmatrix}, \quad \begin{bmatrix} x_1(0) \\ x_2(0) \\ x_3(0) \end{bmatrix} = \begin{bmatrix} 2 \\ 1 \\ 0.5 \end{bmatrix}$$

$$y = \begin{bmatrix} 1 & 0 & 0 \end{bmatrix} \begin{bmatrix} x_1 \\ x_2 \\ x_3 \end{bmatrix}$$

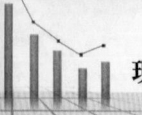

利用 MATLAB 程式 5-17 可以求出 $y(t)$ 的響應。產生的響應曲線見圖 5-34。

MATLAB 程式 5-17

```
t = 0:0.05:10;
A = [0 1 0;0 0 1;-10 -17 -8];
B = [0;0;0];
C = [1 0 0];
D = [0];
y = initial(A,B,C,D,[2;1;0.5],t);
plot(t,y)
grid
title('Response to Initial Condition')
xlabel('t (sec)')
ylabel('Output y')
```

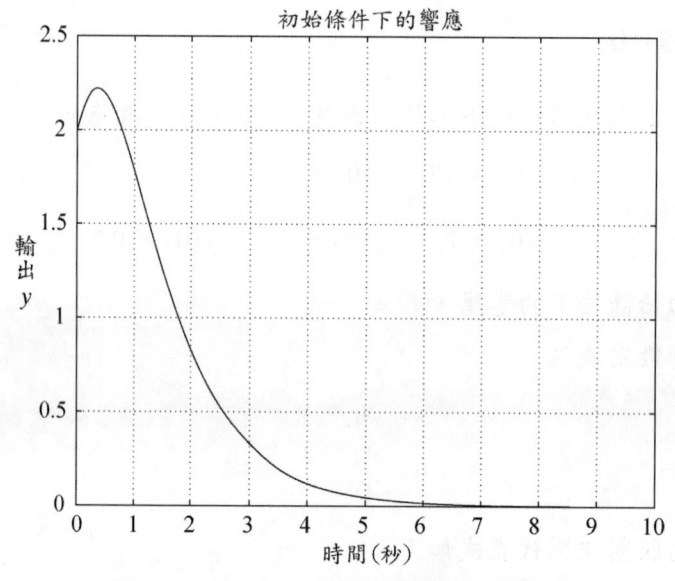

圖 5-34 $y(t)$ 在初始條件下之響應

5-6 羅斯穩度準則

穩定度是線性系統須要面對的最重要問題。亦即,在什麼情況下系統會變成不穩定?如果系統不穩定,要怎麼使之穩定?我們曾在 5-4 節裡說過,系統穩定的充要條件為所有的閉迴路極點皆在 s 平面的左半邊。一般線性閉迴路系統的轉移函數為如下形式:

$$\frac{C(s)}{R(s)} = \frac{b_0 s^m + b_1 s^{m-1} + \cdots + b_{m-1} s + b_m}{a_0 s^n + a_1 s^{n-1} + \cdots + a_{n-1} s + a_n} = \frac{B(s)}{A(s)}$$

式中所有的 a 及 b 為常數且 $m \leq n$。羅斯穩度準則是一種很簡單的穩定度判斷準則,利用之決定在 s 平面右半邊之閉迴路極點的個數,而不必真正地去做分母多項式的分解因式。(有時多項式可能含有其他參數,在此情形下 MATLAB 就無法對付了。)

羅斯穩度準則 羅斯穩度準則可以告訴我們一個多項式有沒有不穩定的根,而不必真正地去將他們解出來。此穩度準則只適用於有限項數的多項式。當控制系統施用此準則,其絕對穩定度的訊息可藉特性方程式的係數直接計算得知。

羅斯穩度準則之施行步驟如下:

1. 寫出如下形式的 s 多項式:

$$a_0 s^n + a_1 s^{n-1} + \cdots + a_{n-1} s + a_n = 0 \tag{5-61}$$

式中係數皆為實數。假設 $a_n \neq 0$;即,上式無零根。

2. 如果有一係數為零或負,其他至少有一係數為正,則可能有虛根或正根。此時,系統是不穩定的。如果我們只是要探討系統的絕對穩定度,就不必再做下去了。注意,所有的係數都必須為正。此為必要條件,以下討論之:實係數的 s 多項式可以因式分解成線性一次項 $(s + a)$ 及二次項 $(s^2 + bs + c)$,其中 a、b 及 c 皆為實數。對於多項式而言,線性一次項造成實根,而二次項造成共軛複數根。只當 b 及 c 皆為正,二次項 $(s^2 + bs + c)$ 才有負實數部分的根。在所有的因式中,若欲根皆有負實數部分,則 a、b 及 c 等常數悉皆為正。任何具有正係數的一次項或二次項相乘產生的多項式，其係數亦必皆為正。注意到，所有係數皆為正並不能充分保證系統必是穩定的。(5-61) 式的所有係數皆存在，且都必須為正，是穩定的必要但非充分條件。(如果所有 a 的係數皆負，那麼就將它們通通乘上 -1。)

3. 如果所有的係數皆為正，將多項式的係數依照以下方式安排出行及列：

$$
\begin{array}{llllll}
s^n & a_0 & a_2 & a_4 & a_6 & \cdots \\
s^{n-1} & a_1 & a_3 & a_5 & a_7 & \cdots \\
s^{n-2} & b_1 & b_2 & b_3 & b_4 & \cdots \\
s^{n-3} & c_1 & c_2 & c_3 & c_4 & \cdots \\
s^{n-4} & d_1 & d_2 & d_3 & d_4 & \cdots \\
\vdots & \vdots & \vdots & \vdots & & \\
s^2 & e_1 & e_2 & & & \\
s^1 & f_1 & & & & \\
s^0 & g_1 & & & &
\end{array}
$$

如此形成了各行，直到我們用盡了所有多項式的係數。係數。(總共應有 $n+1$ 列。) 係數 b_1、b_2 及 b_3 等，依照下述方式計算之：

$$b_1 = \frac{a_1 a_2 - a_0 a_3}{a_1}$$

$$b_2 = \frac{a_1 a_4 - a_0 a_5}{a_1}$$

$$b_3 = \frac{a_1 a_6 - a_0 a_7}{a_1}$$

$$\vdots$$

一直地計算出係數 b，直到通通出現零為止。其他的 c、d 及 e 等係數的產生係由相鄰前二列之係數依照類似的交叉相乘方式計算之。亦即，

$$c_1 = \frac{b_1 a_3 - a_1 b_2}{b_1}$$

$$c_2 = \frac{b_1 a_5 - a_1 b_3}{b_1}$$

$$c_3 = \frac{b_1 a_7 - a_1 b_4}{b_1}$$

$$\vdots$$

且

$$d_1 = \frac{c_1 b_2 - b_1 c_2}{c_1}$$

$$d_2 = \frac{c_1 b_3 - b_1 c_3}{c_1}$$

$$\vdots$$

此程序一直地計算著,直到完成了第 n 列(譯者註:應該是「第 $n+1$ 列」)。完整的行列應是呈現三角形的。注意,在形成行列之時,某一整列可以依照需要乘上某正數以簡化計算程序,而不會影響到穩定度的判斷。

羅斯穩度準則之陳述為:(5-61) 式有正實數部分根之個數等於其演繹出來的行列中,第一行係數變號個數。注意,第一行係數之真實數值也許不必確知,但其正負號必須確定。方程式之所有根皆在 s 平面左半邊的充分且必要條件是,所有 (5-61) 式中的係數皆為正,且演繹出來的羅斯行列中,第一行係數亦悉皆為正。

例題 5-11

我們施用羅斯穩度準則於下列三階多項式。

$$a_0 s^3 + a_1 s^2 + a_2 s + a_3 = 0$$

式中所有的係數皆為正。係數形成的羅斯行列為

$$\begin{array}{c|cc} s^3 & a_0 & a_2 \\ s^2 & a_1 & a_3 \\ s^1 & \dfrac{a_1 a_2 - a_0 a_3}{a_1} & \\ s^0 & a_3 & \end{array}$$

因此所有根有負實數部分的條件是

$$a_1 a_2 > a_0 a_3$$

例題 5-12

考慮下列多項式：

$$s^4 + 2s^3 + 3s^2 + 4s + 5 = 0$$

現在我們要施行上述步驟，建造係數行列。(前二列係數可以直接地由已給予的多項式中得知。其他得一次由這些求出。如果行列中有些係數消失了，就以 0 取代之。)

$$\begin{array}{c|ccc} s^4 & 1 & 3 & 5 \\ s^3 & 2 & 4 & 0 \\ s^2 & 1 & 5 & \\ s^1 & -6 & & \\ s^0 & 5 & & \end{array} \qquad \begin{array}{c|ccc} s^4 & 1 & 3 & 5 \\ s^3 & \cancel{2} & \cancel{4} & \cancel{0} \\ & 1 & 2 & 0 \\ s^2 & 1 & 5 & \\ s^1 & -3 & & \\ s^0 & 5 & & \end{array} \text{第二列元素除以 2}$$

此例中，羅斯行列第一行係數變號個數等於 2。因此有 2 個根具正實數部分。注意，為了化簡需要，任意一列係數同乘或同除以一正數是不會改變結果的。

特殊情況　如果任意一列中，第一行係數出現 0，但其他項不是零或不存在，則可將 0 以很小數 ϵ 取代之，再繼續做下去。例如，考慮如下方程式：

$$s^3 + 2s^2 + s + 2 = 0 \tag{5-62}$$

發展出來的係數行列為

$$\begin{array}{cc} s^3 & 1 \quad 1 \\ s^2 & 2 \quad 2 \\ s^1 & 0 \approx \epsilon \\ s^0 & 2 \end{array}$$

如果零 (ϵ) 上面係數的符號等於其下之符號，則表示有一對虛根存在。事實上，(5-62) 式中有二根為 $s = \pm j$。

然而，如果零 (ϵ) 上面係數的符號異於其下之符號，則表示有一變號。例如方程式

$$s^3 - 3s + 2 = (s-1)^2(s+2) = 0$$

其係數行列為

變號一次 $\begin{cases} s^3 & 1 \quad -3 \\ s^2 & 0 \approx \epsilon \quad 2 \end{cases}$
變號一次 $\begin{cases} s^1 & -3 - \dfrac{2}{\epsilon} \\ s^0 & 2 \end{cases}$

發現第一行有 2 個變號。因此 s 平面右半邊有 2 個根。此與多項式因式分解以後的正確決果是一致的。

如果某一列的係數階為零，這表示在 s 平面上有放射狀式大小相等方向相反的根─亦即，二個大小相等符號相反的實數根，或且是二個共軛的虛根。在此種情況下，可使用前面最後一列的係數構成輔助多項式，以其導數的係數做為係數行列之下一列，繼續完成羅斯行列的建構。此種在 s 平面上有放射狀式大小相等方向相反的根亦可經由輔助多項式解出，通常是一對一對地出現。對於 $2n$ 階輔助多項式應有 n 對大小相等方向相反的根。例如，考慮如下方程式：

$$s^5 + 2s^4 + 24s^3 + 48s^2 - 25s - 50 = 0$$

係數行列為

$$
\begin{array}{llll}
s^5 & 1 & 24 & -25 \\
s^4 & 2 & 48 & -50 & \leftarrow \text{輔助多項式 } P(s) \\
s^3 & 0 & 0 &
\end{array}
$$

現在發現第 s^3 列之係數都是零。(註：此種情形只發生於奇數列。) 於是，以第 s^4 列之係數構成輔助多項式。輔助多項式 $P(s)$ 為，

$$P(s) = 2s^4 + 48s^2 - 50$$

此顯示出有二對大小相等方向相反的根。(二個大小相等符號相反的實數根，或且是二個虛軸上的共軛虛根。) 可以經由輔助方程式 $P(s) = 0$ 解出這二對根。將 $P(s)$ 對 s 微分得

$$\frac{dP(s)}{ds} = 8s^3 + 96s$$

將第 s^3 列之係數以上式之係數取代之——即，8 與 96。則係數行列變成

$$
\begin{array}{lll}
s^5 & 1 & 24 & -25 \\
s^4 & 2 & 48 & -50 \\
s^3 & 8 & 96 & & \leftarrow dP(s)/ds \text{ 的係數} \\
s^2 & 24 & -50 \\
s^1 & 112.7 & 0 \\
s^0 & -50
\end{array}
$$

我們發現在新的係數行列之第一行有一次變號。亦即，原來的方程式有一個實數部分為正的根。解出輔助方程式可得

$$2s^4 + 48s^2 - 50 = 0$$

因而，

$$s^2 = 1, \qquad s^2 = -25$$

或

$$s = \pm 1, \qquad s = \pm j5$$

這二對根也是原來方程式的根。事實上，原方程式可以分解因式成為

$$(s + 1)(s - 1)(s + j5)(s - j5)(s + 2) = 0$$

很顯然的，原方程式有一個實數部分為正的根。

相對穩度分析 羅斯穩度準則可以提供絕對穩定度的解答。但在實際上，這還是不夠充分。通常我們還要知曉相對穩定度。常用的方法是，將 s 平面做平移，再施行羅斯穩度準則，以檢查系統的相對穩定度。亦即，做下列取代

$$s = \hat{s} - \sigma \quad (\sigma = 常數)$$

於系統的特性方程式中，寫出 $\hat{s}$ 的多項式；再針對此 $\hat{s}$ 的多項式施行羅斯穩度準則。因此，由 $\hat{s}$ 多項式發展出來的係數行列之第一行變號的個數代表處於 $s = -\sigma$ 直線右方的根之個數。亦即，此試驗可以得知處於直線 $s = -\sigma$ 右方的根之個數有幾個。

羅斯穩度準則應用於控制系統分析 線性系統中羅斯穩度準則的限制在於，此法未能對於不穩定系統如何穩定化及如何改善相對穩定度提供建議。然而此法可用於，當系統中一個或多個參數變化對於穩定度的效應，提供鑑定。以下要探討如何決定參數的穩定工作範圍的課題。

考慮圖 5-35 之系統。欲求 K 的穩定工作範圍。系統的閉迴路轉移函數為

$$\frac{C(s)}{R(s)} = \frac{K}{s(s^2 + s + 1)(s + 2) + K}$$

特性方程式為

$$s^4 + 3s^3 + 3s^2 + 2s + K = 0$$

係數行列為

s^4	1	3	K
s^3	3	2	0
s^2	$\frac{7}{3}$	K	
s^1	$2 - \frac{9}{7}K$		
s^0	K		

在穩定工作下，K 必須為正，且係數行列的第一行係數皆須為正。因此

$$R(s) \rightarrow \bigotimes \rightarrow \boxed{\frac{K}{s(s^2+s+1)(s+2)}} \rightarrow C(s)$$

圖 5-35　控制系統

$$\frac{14}{9} > K > 0$$

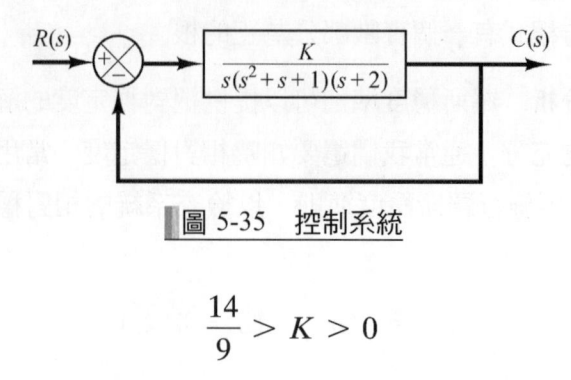

當 $K = 14/9$ 時，系統會發生振盪，數學上而言，此為維持於一定振幅之持續振盪。

須注意的是，使得系統穩定的設計參數之範圍可經由羅斯穩度準則決定之。

5-7　積分與微分動作對於系統表現的影響

本節要探討積分與微分動作對於系統表現的影響。我們只針對簡單的系統做研討，這樣子可以更容易地看出積分與微分控制動作對於系統表現的功效。

積分控制動作　做比例控制時，如果控制本體的轉移函數不具有 $1/s$，則在步階輸入下，會有穩態誤差，或稱抵補。欲消除此種抵補現象，可將積分控制動作包含於控制器中以解決之。

在本體的積分控制，控制信號—控制器的輸出信號—在任何時刻係為作動誤差信號曲線截至該時刻之面積。當作動誤差信號 $e(t) = 0$ 時，控制信號 $u(t)$ 有時不見得為零，參見圖 5-36(a)。這種情況可能發生在比例控制器中，因為非零值控制信號須當作動誤差信號不是零。(穩態不等於零的作動誤差信號意味著可能有抵補現象。) 圖 5-36(b) 所示為比例型控制器中，$e(t)$ 對 t 及對應的 $u(t)$ 對 t 曲線。

注意，雖然積分控制動作可以消除抵補現象或穩態誤差，但是也可能造成幅度慢慢減少或慢慢增大的振盪。這二種現象都是不許可的。

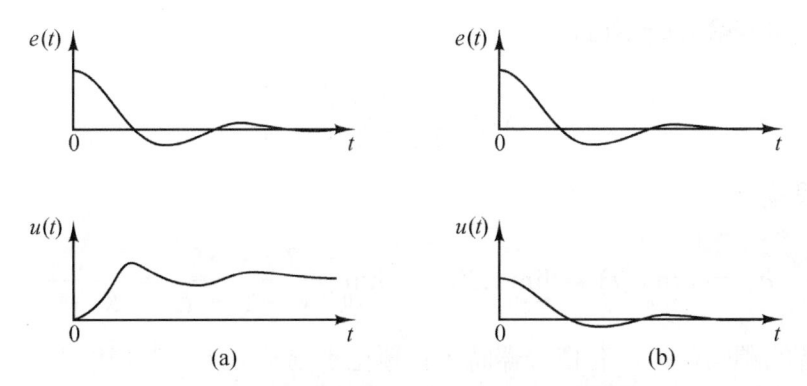

圖 5-36 (a) $e(t)$ 及 $u(t)$ 的作圖顯示出零作動誤差信號時，控制信號不是零（積分控制）；(b) $e(t)$ 及 $u(t)$ 的作圖顯示出零作動誤差信號時，控制信號也是零（比例控制）。

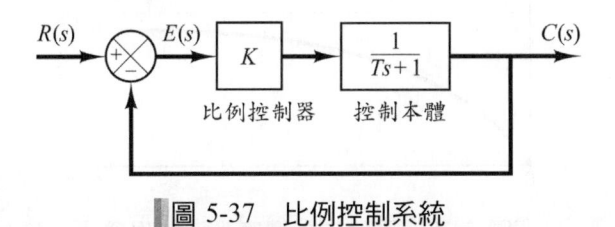

圖 5-37 比例控制系統

系統的比例控制 我們要證明對沒有積分器的系統，在步階輸入下做比例控制，將造成穩態誤差。也要證明如果在控制器加上積分動作，則可以消除此穩態誤差。

考慮圖 5-37 的系統。欲求步階響應時，系統的穩態誤差。定義

$$G(s) = \frac{K}{Ts + 1}$$

因為

$$\frac{E(s)}{R(s)} = \frac{R(s) - C(s)}{R(s)} = 1 - \frac{C(s)}{R(s)} = \frac{1}{1 + G(s)}$$

誤差 $E(s)$ 為

$$E(s) = \frac{1}{1 + G(s)} R(s) = \frac{1}{1 + \dfrac{K}{Ts + 1}} R(s)$$

在單位步階輸入時 $R(s)=1/s$，得

$$E(s) = \frac{Ts+1}{Ts+1+K} \frac{1}{s}$$

穩態誤差為

$$e_{ss} = \lim_{t \to \infty} e(t) = \lim_{s \to 0} sE(s) = \lim_{s \to 0} \frac{Ts+1}{Ts+1+K} = \frac{1}{K+1}$$

當系統的順向路徑沒有積分器時，在單位步階輸入下會有穩態誤差產生。這種穩態誤差又稱為是抵補現象。圖 5-38 所示為單位步階響應及造成的抵補現象。

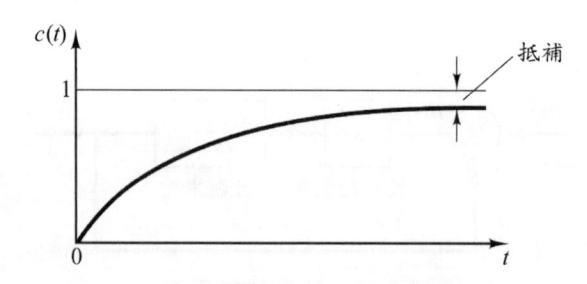

圖 5-38　單位步階響應及抵補現象

系統的積分控制　考慮圖 5-39 的系統。控制器為積分控制器。系統的閉迴路轉移函數為

$$\frac{C(s)}{R(s)} = \frac{K}{s(Ts+1)+K}$$

因此

$$\frac{E(s)}{R(s)} = \frac{R(s)-C(s)}{R(s)} = \frac{s(Ts+1)}{s(Ts+1)+K}$$

因為系統為穩定，單位步階響應的穩態誤差可用終值定理計算之，如下

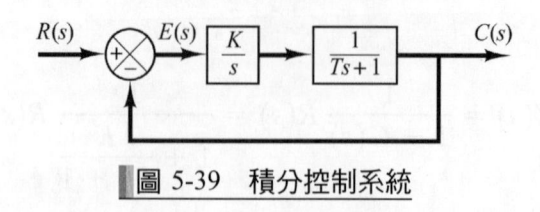

圖 5-39　積分控制系統

$$e_{ss} = \lim_{s \to 0} sE(s)$$
$$= \lim_{s \to 0} \frac{s^2(Ts+1)}{Ts^2+s+K} \frac{1}{s}$$
$$= 0$$

系統中，積分控制器可以消除單位步階響應的穩態誤差。如此對於單純的比例控制而言做了很重要的改善，現在沒有抵補現象了。

力矩干擾響應（比例控制） 現在我們要探討在負載元件上的力矩干擾造成的效應。考慮圖 5-40 的系統。比例控制器施加力矩 T 使得包含轉動慣量及摩擦之負載元件做定位。力矩干擾表示為 D。

假設參考輸入為零或 $R(s) = 0$，則 $C(s)$ 與 $D(s)$ 之間的轉移函數為

$$\frac{C(s)}{D(s)} = \frac{1}{Js^2+bs+K_p}$$

因此

$$\frac{E(s)}{D(s)} = -\frac{C(s)}{D(s)} = -\frac{1}{Js^2+bs+K_p}$$

由於幅度 T_d 的步階式干擾力矩造成的穩態誤差為

$$e_{ss} = \lim_{s \to 0} sE(s)$$
$$= \lim_{s \to 0} \frac{-s}{Js^2+bs+K_p} \frac{T_d}{s}$$
$$= -\frac{T_d}{K_p}$$

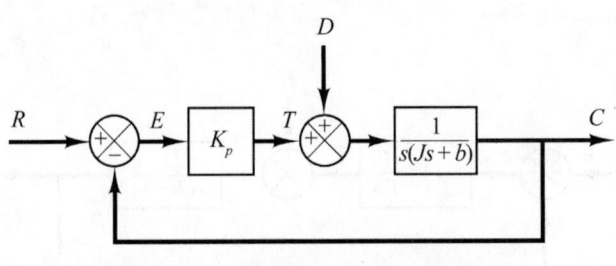

圖 5-40 有力矩干擾的控制系統

在穩態時，控制器施加力矩 $-T_d$ 與幅度 T_d 的干擾力矩符號相反。由步階式干擾力矩造成的穩態誤差為

$$c_{ss} = -e_{ss} = \frac{T_d}{K_p}$$

增加增益 K_p 可以使得穩態誤差減少。但是，增加增益也造成系統振盪加劇。

力矩干擾響應（比例加積分控制） 欲消除干擾力矩造成的抵補，則比例控制器須改成比例加積分控制器。

穩定的控制系統中，如果控制器加上積分動作，則只要有誤差信號存在，控制器就會產生力矩去抵消此誤差。

圖 5-41 所示為包含轉動慣量及摩擦之負載元件的比例加積分控制。$C(s)$ 與 $D(s)$ 之間的閉路轉移函數為

$$\frac{C(s)}{D(s)} = \frac{s}{Js^3 + bs^2 + K_p s + \dfrac{K_p}{T_i}}$$

沒有參考信號時，或 $r(t) = 0$，誤差信號可由下式求得，

$$E(s) = -\frac{s}{Js^3 + bs^2 + K_p s + \dfrac{K_p}{T_i}} D(s)$$

對於穩定的控制系統—即，若所有特性方程式

$$Js^3 + bs^2 + K_p s + \frac{K_p}{T_i} = 0$$

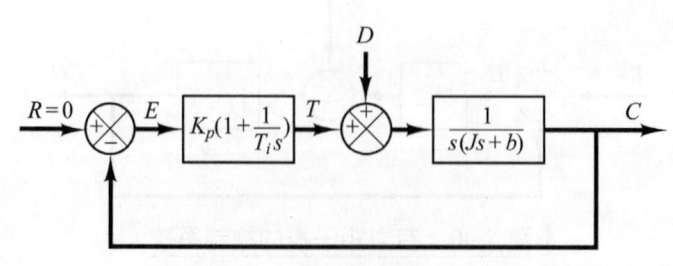

圖 5-41 包含轉動慣量及摩擦之負載元件的比例加積分控制

的根皆具有負實數部分——則由步階式干擾力矩造成的穩態誤差可利用終值定理求得，如下述：

$$e_{ss} = \lim_{s \to 0} sE(s)$$

$$= \lim_{s \to 0} \frac{-s^2}{Js^3 + bs^2 + K_p s + \frac{K_p}{T_i}} \frac{1}{s}$$

$$= 0$$

因此，欲消除步階式干擾力矩造成的穩態誤差，可利用比例加積分控制器為之。

注意，當比例控制器加上積分動作會使得原來的二階系統變成為三階系統。因此當 K_p 增大時，可能使得特性根具有正的實數部分，系統也就不穩定。(如果二階系統的微分方程式中，所有係數皆為正，則此系統係為穩定。)

很重要的一點，圖 5-42 的控制器使用了積分控制器，其特性方程式為

$$Js^3 + bs^2 + K = 0$$

因此有正的實數部分的特性根。實用上，這種不穩定的系統是不可行的。

注意在圖 5-41 的系統，比例控制之動作在使系統穩定，而積分控制動作在消除由各種輸入造成響應的穩態誤差。

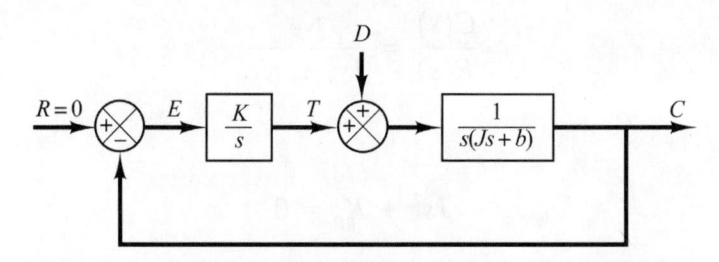

▎圖 5-42　包含轉動慣量及摩擦之負載元件的積分控制

微分控制動作　當微分控制之動作加入於比例控制器中，會使得控制器之靈敏度提高。微分控制動作之優點在產生對於作動誤差信號時變率之響應，以有效地矯正作動誤差信號，不使之過大。微分控制預先計測作動誤差，產生預先的矯正動作，使系統的穩定度提高。

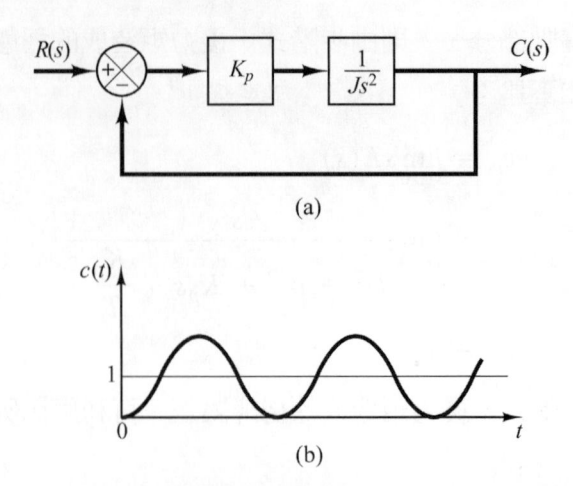

圖 5-43　(a) 有轉動慣量系統的比例控制；(b) 單位步階輸入之響應。

雖然微分控制不會直接地影響到穩態誤差，但可以提供系統之阻尼，使增益 K 的範圍可以大些，進而改善了穩態準確度。

因為微分控制動作可以對誤差信號時變率產生響應，而非對誤差信號本身作動，因此純微分控制動作不可單獨使用。微分動作需與比例或比例加積分控制動作搭配使用之。

具有慣性負載的比例控制　在進一步討論微分控制動作對系統效能的影響之前，我們先考慮具有慣性負載的比例控制。

考慮圖 5-43(a) 的系統。閉迴路系統的轉移函數為

$$\frac{C(s)}{R(s)} = \frac{K_p}{Js^2 + K_p}$$

因為特性方程式

$$Js^2 + K_p = 0$$

的根係為共軛虛根，因此其單位步階響應必振盪不已，參見圖 5-43(b)。

有這種響應的控制系統是不可以被接受的。我們將發現欲穩定此系統，須再添加微分控制。

具有慣性負載的比例加微分控制　現在我們要將比例控制器修改成比例加微分控制器，其轉移函數為 $K_p/(1+T_d s)$。控制器產生的力矩為

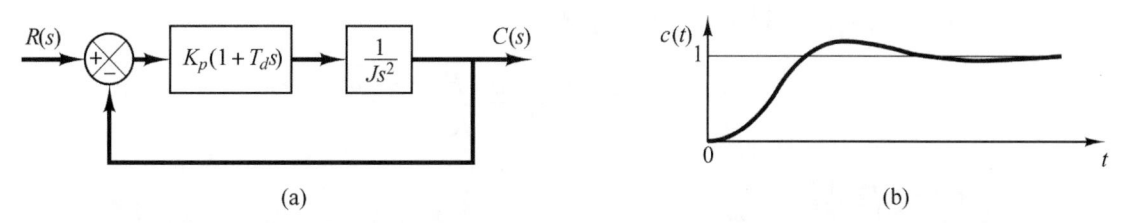

圖 5-44 (a) 具有慣性負載的比例加微分控制；(b) 單位步階輸入之響應。

$K_p(e + T_d\dot{e})$。微分控制基本上是做預測，測量瞬間的誤差速度，預測可能的甚大超擊，產生適當的反作用以免有過大的超擊情形發生。

考慮圖 5-44(a) 的系統。閉迴路系統的轉移函數為

$$\frac{C(s)}{R(s)} = \frac{K_p(1 + T_d s)}{Js^2 + K_p T_d s + K_p}$$

特性方程式為

$$Js^2 + K_p T_d s + K_p = 0$$

當 J、K_p 及 T_d 皆為正時，上式二根有負的實數部分。因此微分控制造成了阻尼之功效。圖 5-44(b) 所示為單位步階輸入產生的標準響應曲線 $c(t)$。很顯然的，與圖 5-46(b) [譯者註：應該是圖 5-43(b)] 所示原來的響應曲線比較，此時的響應曲線有顯著的改善。

二階系統的比例加微分控制 欲在要求的暫態響應行為及穩態表現行為之間做協調，則可比例加微分控制動作。

考慮圖 5-45 的系統。閉迴路系統的轉移函數為

$$\frac{C(s)}{R(s)} = \frac{K_p + K_d s}{Js^2 + (B + K_d)s + K_p}$$

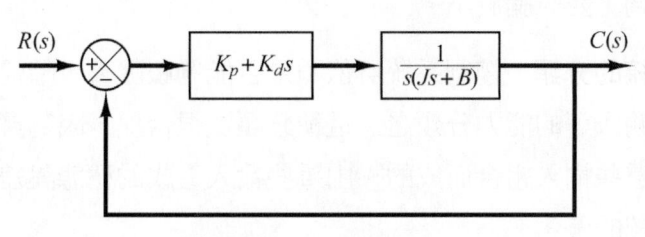

圖 5-45 控制系統

在單位斜坡函數輸入下，穩態誤差為

$$e_{ss} = \frac{B}{K_p}$$

特性方程式為

$$Js^2 + (B + K_d)s + K_p = 0$$

此時系統的有效阻尼係數為 $B + K_d$ 而不是 B。因為系統的阻尼比 ζ 為

$$\zeta = \frac{B + K_d}{2\sqrt{K_p J}}$$

如果使得 B 很小，K_p 很大，且 K_d 足夠大，ζ 調節在 0.4 與 0.7 之間，則可以使得單位斜坡輸入造成的穩態誤差 e_{ss} 及單位步階輸入造成的最大超擊二者皆減小。

5-8　單位回饋控制系統的穩態誤差

　　造成控制系統誤差的因素有許多。參考輸入的改變在暫態造成的誤差是不可避免的，也可能產生穩態誤差。系統組件的不完整，例如靜態摩擦、回撞及放大器的漂移，以及老化破壞等都會造成穩態誤差。本節裡並不對於元件的不完整性做討論。我們只針對有些系統不適合於某些特殊的輸入，而造成不同型式的穩態誤差做探討。

　　實際上任何的控制系統在某些特殊的輸入下，多多少少都會有穩態誤差。某一系統在步階輸入下也許沒有穩態誤差，但同樣的系統在斜坡輸入下卻可能會有穩態誤差。(我們只有改變系統的結構，才有可能消除這些誤差。) 系統在何種輸入下會產生什麼樣的穩態誤差係與系統的開環轉移函數之類型有關，茲討論於下。

　　控制系統的分類　控制系統可依照是否能夠跟隨著步階輸入、斜坡輸入、拋物線輸入等的能力分類之。這種分類法很合理，因為實際的輸入信號通常是由這些輸入組合而成的。由這些輸入造成的穩態誤差之幅度可以用來評斷系統的優劣。

考慮單位回饋控制系統，其開環轉移函數 $G(s)$ 如下述：

$$G(s) = \frac{K(T_a s + 1)(T_b s + 1) \cdots (T_m s + 1)}{s^N(T_1 s + 1)(T_2 s + 1) \cdots (T_p s + 1)}$$

分母中有 s^N 這一項，代表在原點有重複 N 次的極點。這種分類法係基於開環轉移函數中有幾個積分器做分類。若 $N = 1, N = 2, \cdots$ 則稱系統為類型 1，類型 2，$\cdots$，餘類推之。注意此種分類與系統的階次是不相同的。當系統的類型數目增加時，其準確度也相對地改善了；但是，提高系統的類型數目也帶來了穩定度的問題。職是故，系統的穩態準確度與其相對穩定度之間須做適當的協調。

我們將發現，如果做適當的整理，使 $G(s)$ 的分子及分母中，除了 s^N 這一項外，其他項在 s 趨於零時皆趨近於 1，則開環轉移函數的增益 K 與穩態誤差有很重大的關聯。

穩態誤差 考慮圖 5-46 的系統。閉迴路系統的轉移函數為

$$\frac{C(s)}{R(s)} = \frac{G(s)}{1 + G(s)}$$

誤差信號 $e(t)$ 及輸入信號 $r(t)$ 之間的轉移函數為

$$\frac{E(s)}{R(s)} = 1 - \frac{C(s)}{R(s)} = \frac{1}{1 + G(s)}$$

式中 $e(t)$ 是輸入信號與輸出信號之間的相差量。

終值定理提供了很方便的工具使我們可以求出穩定系統的穩態功能。因為 $E(s)$ 為

$$E(s) = \frac{1}{1 + G(s)} R(s)$$

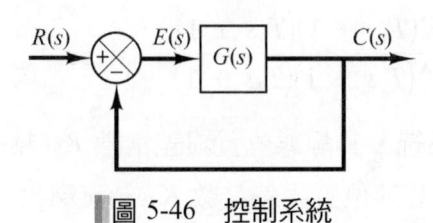

圖 5-46 控制系統

穩態誤差為

$$e_{ss} = \lim_{t \to \infty} e(t) = \lim_{s \to 0} sE(s) = \lim_{s \to 0} \frac{sR(s)}{1 + G(s)}$$

以下要定義的靜態誤差常數係為控制系統的性能指標。這些常數愈大，則穩態誤差愈小。系統的輸出可能為位移、速度、壓力、溫度等等。實際輸出的物理型式與目前分析無關。因此，以下分析中，我們將稱呼輸出為「位置」，其時變率為「速度」，餘類推之。亦即，在溫度控制系統中，如果「位置」代表溫度輸出，則「速度」為其輸出溫度的時間變化率，餘類推之。

靜態位置誤差常數 K_P　系統在單位步階輸入下的穩態誤差為

$$e_{ss} = \lim_{s \to 0} \frac{s}{1 + G(s)} \frac{1}{s}$$
$$= \frac{1}{1 + G(0)}$$

靜態位置誤差常數 K_P 定義為

$$K_p = \lim_{s \to 0} G(s) = G(0)$$

因此穩態誤差以靜態位置誤差常數 K_P 可表示為

$$e_{ss} = \frac{1}{1 + K_p}$$

對於類型 0 系統，

$$K_p = \lim_{s \to 0} \frac{K(T_a s + 1)(T_b s + 1) \cdots}{(T_1 s + 1)(T_2 s + 1) \cdots} = K$$

對於類型 1 或更高類型系統，

$$K_p = \lim_{s \to 0} \frac{K(T_a s + 1)(T_b s + 1) \cdots}{s^N(T_1 s + 1)(T_2 s + 1) \cdots} = \infty, \quad \text{當 } N \geq 1$$

因此，對於類型 0 系統，其靜態位置誤差常數 K_P 為一定數，對於類型 1 或更高類型系統，其靜態位置誤差常數 K_P 為無窮大。

在單位步階輸入下，穩態誤差 e_{ss} 可以整理為

$$e_{ss} = \frac{1}{1+K}, \quad \text{對於類型 0 系統}$$

$$e_{ss} = 0, \qquad \text{對於類型 1 或更高類型系統}$$

右上討論可知，回饋控制系統的單位步階響應如果在順向路徑上無積分器，則會產生穩態誤差。(如果步階輸入的誤差很小，可以被接受，則在增益 K 足夠大的情況下可以使用類型 0 系統。但是如果增益 K 太大，相對穩定度也會有問題的。) 如果需要步階輸入的誤差等於零，則須使用更高類型數目的系統。

靜態速度誤差常數 K_v　系統在單位斜坡輸入下的穩態誤差為

$$e_{ss} = \lim_{s \to 0} \frac{s}{1+G(s)} \frac{1}{s^2}$$

$$= \lim_{s \to 0} \frac{1}{sG(s)}$$

靜態位置速度常數 K_v 定義為

$$K_v = \lim_{s \to 0} sG(s)$$

因此穩態誤差以靜態位置誤差常數 K_v 可表示為

$$e_{ss} = \frac{1}{K_v}$$

速度誤差 (velocity error) 意味著斜坡輸入下產生的穩態誤差。速度誤差的因次與系統誤差的因次相同。亦即，速度誤差並非速度的誤差，而是當輸入是斜坡函數時造成的位置誤差。

對於類型 0 系統，

$$K_v = \lim_{s \to 0} \frac{sK(T_a s+1)(T_b s+1)\cdots}{(T_1 s+1)(T_2 s+1)\cdots} = 0$$

對於類型 1 系統，

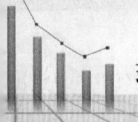

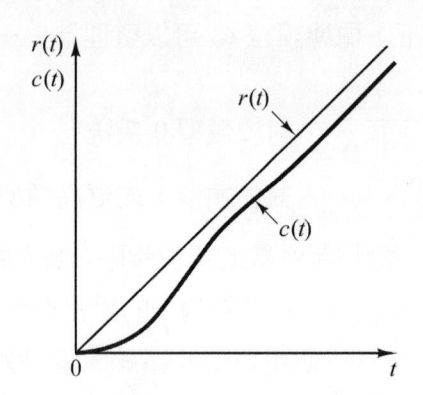

圖 5-47　類型 1 單位回饋系統之斜坡輸入響應

$$K_v = \lim_{s \to 0} \frac{sK(T_a s + 1)(T_b s + 1)\cdots}{s(T_1 s + 1)(T_2 s + 1)\cdots} = K$$

對於類型 2 或更高類型系統，

$$K_v = \lim_{s \to 0} \frac{sK(T_a s + 1)(T_b s + 1)\cdots}{s^N(T_1 s + 1)(T_2 s + 1)\cdots} = \infty, \quad 當\ N \geq 2$$

在單位斜坡輸入下，穩態誤差 e_{ss} 可以整理為

$$e_{ss} = \frac{1}{K_v} = \infty, \quad 對於類型\ 0\ 系統$$

$$e_{ss} = \frac{1}{K_v} = \frac{1}{K}, \quad 對於類型\ 1\ 系統$$

$$e_{ss} = \frac{1}{K_v} = 0, \quad 對於類型\ 2\ 或更高類型系統$$

由以上的分析可知，類型 0 系統無法在穩態時跟隨斜坡輸入。類型 1 單位回饋系統可以跟隨斜坡輸入，但存在有限度誤差。在穩態時，輸出的速度等於輸入的速度，但是有位置誤差。此誤差與速度成正比，但與增益 K 成反比。圖 5-47 所示之例子為單位回饋的類型 1 系統。類型 2 或更高類型系統可以跟隨斜坡輸入，其穩態誤差為零。

靜態加速度誤差常數 K_a　系統在單位拋物線輸入 (加速度輸入)，定義為

$$r(t) = \frac{t^2}{2}, \quad 當\ t \geq 0$$
$$= 0, \quad 當\ t < 0$$

的穩態誤差是

$$e_{ss} = \lim_{s \to 0} \frac{s}{1 + G(s)} \frac{1}{s^3}$$
$$= \frac{1}{\lim_{s \to 0} s^2 G(s)}$$

靜態加速度常數 K_a 定義為

$$K_a = \lim_{s \to 0} s^2 G(s)$$

因此穩態誤差可表示為

$$e_{ss} = \frac{1}{K_a}$$

注意，加速度誤差，由單位拋物線輸入產生的穩態誤差，係屬於位置的誤差。

K_a 之值計算如下：

對於類型 0 系統，

$$K_a = \lim_{s \to 0} \frac{s^2 K(T_a s + 1)(T_b s + 1) \cdots}{(T_1 s + 1)(T_2 s + 1) \cdots} = 0$$

對於類型 1 系統，

$$K_a = \lim_{s \to 0} \frac{s^2 K(T_a s + 1)(T_b s + 1) \cdots}{s(T_1 s + 1)(T_2 s + 1) \cdots} = 0$$

對於類型 2 系統，

$$K_a = \lim_{s \to 0} \frac{s^2 K(T_a s + 1)(T_b s + 1) \cdots}{s^2(T_1 s + 1)(T_2 s + 1) \cdots} = K$$

對於類型 3 或更高類型系統，

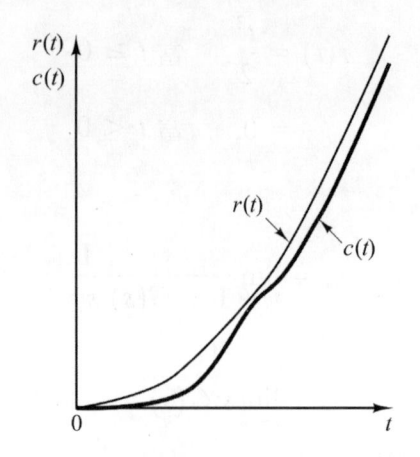

圖 5-48 單位回饋類型 2 系統的拋物線輸入響應

$$K_a = \lim_{s \to 0} \frac{s^2 K(T_a s + 1)(T_b s + 1)\cdots}{s^N(T_1 s + 1)(T_2 s + 1)\cdots} = \infty, \quad 當\ N \geq 3$$

在單位拋物線輸入下，穩態誤差 e_{ss} 為

$$e_{ss} = \infty, \quad 對於類型\ 0\ 及類型\ 1\ 系統$$

$$e_{ss} = \frac{1}{K}, \quad 對於類型\ 2\ 系統$$

$$e_{ss} = 0, \quad 對於類型\ 3\ 或更高類型系統$$

注意，類型 0 及類型 1 系統在穩態下不可以追隨拋物線輸入。單位回饋的類型 2 系統則可以追隨拋物線輸入，但存在有限度的誤差。圖 5-48 所示為單位回饋的類型 2 系統追隨了拋物線輸入，造成響應的例子。單位回饋的類型 3 或更高類型系統在追隨拋物線輸入時，其穩態誤差等於零。

總結 有關類型 0、類型 1 及類型 2 系統在各種輸入下造成的穩態誤差整理於表 5-1。表中對角線所示為穩態誤差最終值。在對角線之上，穩態誤差為無窮大；在對角線之下，其為零。

記住，位置誤差 (position error)、速度誤差 (velocity error) 及加速度誤差 (acceleration error) 係指在輸出位置上的偏差。有限度的速度誤差意味著，當暫態消失後，輸出與輸入之速度相同，但其位置上存在有限度的偏差。

表 5-1 穩態誤差與 K 的關聯

	步階輸入 $r(t) = 1$	斜坡輸入 $r(t) = t$	加速度輸入 $r(t) = \frac{1}{2}t^2$
類型 0 系統	$\frac{1}{1+K}$	∞	∞
類型 1 系統	0	$\frac{1}{K}$	∞
類型 2 系統	0	0	$\frac{1}{K}$

誤差常數 K_p、K_v 及 K_a 形容單位回饋系統可以減少或消除穩態誤差的能力。因此可以作為穩態表現之指標。通常我們希望提高誤差常數，而將暫態響應維持於一定的範圍之內。也注意到，在系統的順向路徑加入積分器不但可提高系統的類型數目，也改善了穩態表現。然而，這也同時帶來了穩定的問題。如果順向路徑上有二個以上的積分器，要設計系統使其表現合乎滿意的程度，通常是不太容易的。

■■■ 習 題

B-5-1 一溫度計在步階輸入下需要 1 分鐘才能顯示 98% 的響應。假設此溫度計為一階系統，試求其時間常數。

如果將溫度計放在一池中，發現溫度直線式上升之速率為 10°/分，則此溫度計顯現誤差若干？

B-5-2 考慮單位回饋系統的單位步階響應，開環轉移函數為

$$G(s) = \frac{1}{s(s+1)}$$

試求上升時間、峰值時間、最大超擊度及安定時間。

B-5-3 考慮閉迴路系統如下

$$\frac{C(s)}{R(s)} = \frac{\omega_n^2}{s^2 + 2\zeta\omega_n s + \omega_n^2}$$

欲使得系統在單位步階響應約有 5% 的最大超擊度，安定時間 2 秒

(使用 2% 準則)，則 ζ 及 ω_n 各需若干？

B-5-4 考慮如圖 5-72 的系統。系統初始靜止。假設強度為一單位的脈衝力量推動車子使之運動。可能以另一脈衝式力量使得車子停止嗎？

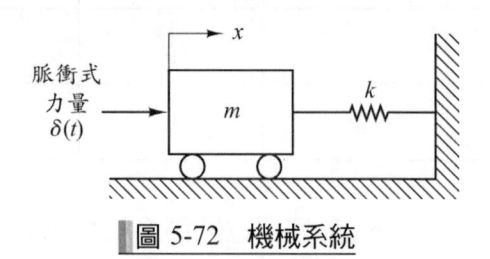

圖 5-72　機械系統

B-5-5 試求下列單位回饋系統的單位脈衝響應及單位步階響應，開環函數為

$$G(s) = \frac{2s + 1}{s^2}$$

B-5-6 有一振盪的系統，其轉移函數如下：

$$G(s) = \frac{\omega_n^2}{s^2 + 2\zeta\omega_n s + \omega_n^2}$$

假設系統的阻尼振盪之記錄如圖 5-73 所示。試由途中求出系統的阻尼比 ζ。

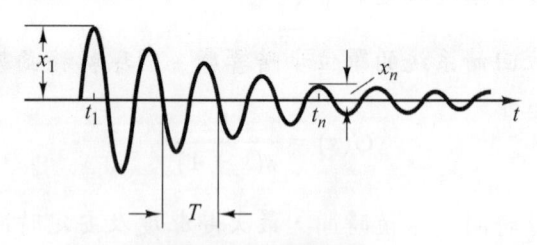

圖 5-73　衰減震盪

B-5-7 考慮如圖 5-74(a) 的系統。系統的阻尼比為 0.158，無阻尼自然頻率為 3.16 rad/sec。為了改善相對穩定度，我們使用量速計做為回饋元件。圖 5-74(b) 所示為量速計回饋控制系統。

試求 K_h 值使得系統的阻尼比為 0.5。繪製原來的及有量速計回饋系統二者之單位步階響應曲線。也繪製二者在單位斜坡響應之誤差對時間作圖。

(a)

(b)

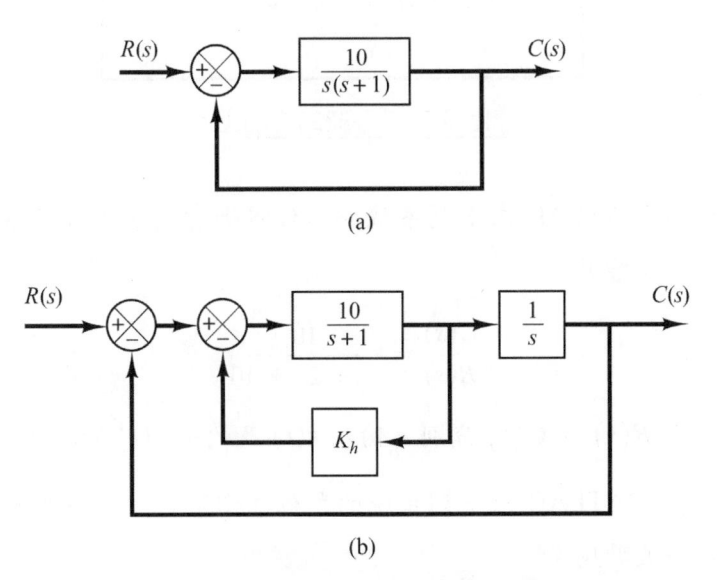

▌圖 5-74　(a) 控制系統；(b) 有量速計回饋控制系統。

B-5-8　參考如圖 5-75 的系統，求出 K 及 k 值，使得系統的阻尼比 ζ 為 0.7，無阻尼自然頻率 ω_n 為 4 rad/sec。

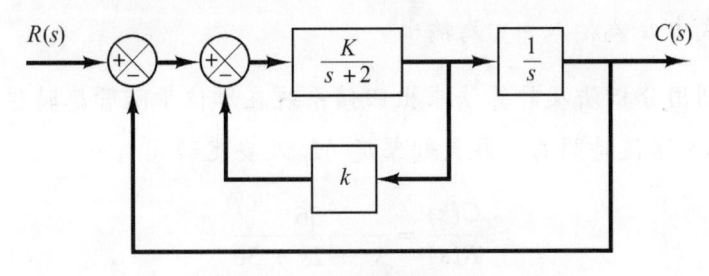

▌圖 5-75　閉迴路系統

B-5-9　考慮如圖 5-76 的系統。求出 k 值，使得系統的阻尼比 ζ 為 0.5。然後由單位步階響應求出應上升時間 t_r、峰值時間 t_p、最大超擊度 M_p 及安定時間 t_s。

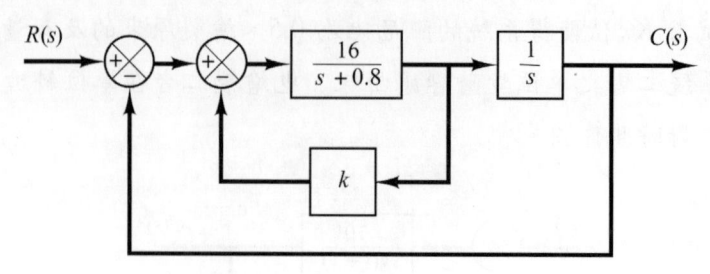

$$R(s) \rightarrow \bigotimes \rightarrow \bigotimes \rightarrow \boxed{\frac{16}{s+0.8}} \rightarrow \boxed{\frac{1}{s}} \rightarrow C(s)$$

圖 5-76　系統的方塊圖

B-5-10 利用 MATLAB 求下列系統的單位脈衝響應、單位步階響應及單位斜坡響應：

$$\frac{C(s)}{R(s)} = \frac{10}{s^2 + 2s + 10}$$

式中 $R(s)$ 及 $C(s)$ 分別為輸入 $r(t)$ 及輸出 $c(t)$ 的拉式變換。

B-5-11 利用 MATLAB 求下列系統的單位脈衝響應、單位步階響應及單位斜坡響應：

$$\begin{bmatrix} \dot{x}_1 \\ \dot{x}_2 \end{bmatrix} = \begin{bmatrix} -1 & -0.5 \\ 1 & 0 \end{bmatrix} \begin{bmatrix} x_1 \\ x_2 \end{bmatrix} + \begin{bmatrix} 0.5 \\ 0 \end{bmatrix} u$$

$$y = \begin{bmatrix} 1 & 0 \end{bmatrix} \begin{bmatrix} x_1 \\ x_2 \end{bmatrix}$$

式中 u 為輸入，y 為輸出。

B-5-12 利用分析法及計算法求出回饋系統在單位步階響應時應上升時間 t_r、峰值時間 t_p、最大超擊度 M_p 及安定時間 t_s。

$$\frac{C(s)}{R(s)} = \frac{36}{s^2 + 2s + 36}$$

B-5-13 圖 5-77 所示有三個系統。系統 I 為位置伺服系統。系統 II 為具有 PD 控制動作的位置伺服系統。系統 III 為具有速度回饋的位置伺服系統。試比較三種系統的單位脈衝響應、單位步階響應及單位斜坡響應。在單位步階響應下，以響應速度及最大超擊度而論，那一個系統表現最佳？

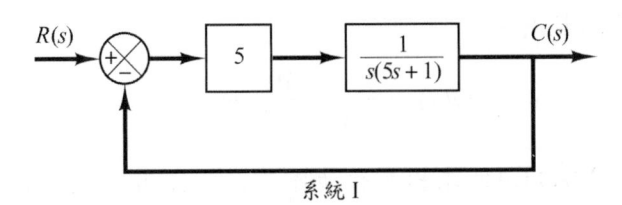

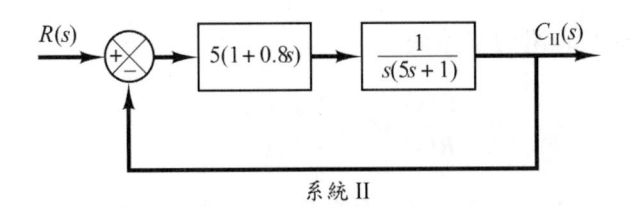

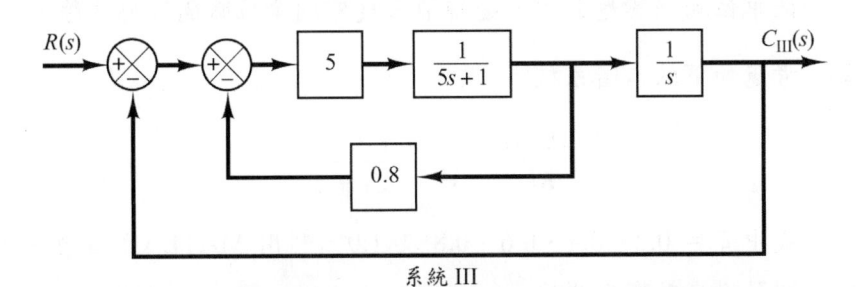

圖 5-77 位置伺服系統（系統 I），具有 PD 控制動作的位置伺服系統（系統 II），及具有速度回饋的位置伺服系統（系統 III）。

B-5-14 考慮圖 5-78 的系統。寫 MATLAB 程式求出單位步階響應及單位斜坡響應。繪製 $x_1(t)$ 對 t、$x_2(t)$ 對 t、$x_3(t)$ 對 t 及 $e(t)$ 對 t 之曲線 [式中 $e(t) = r(t) - x_1(t)$]。

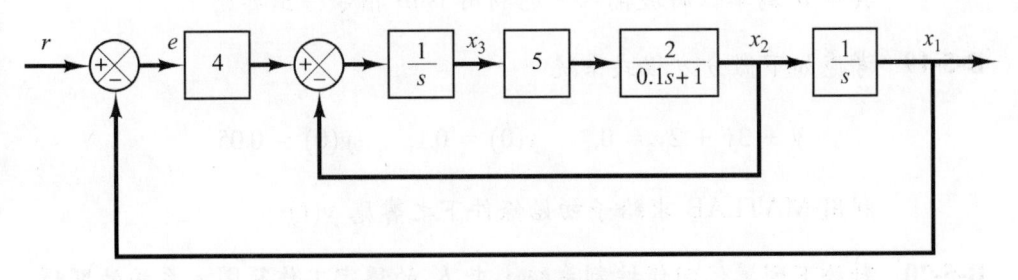

圖 5-78 位置控制系統

B-5-15 利用 MATLAB 求下列單位回饋控制系統的單位步階響應，其開環轉移函數為：

$$G(s) = \frac{10}{s(s+2)(s+4)}$$

也利用 MATLAB 求出單位步階響應之上升時間、峰值時間、最大超擊度及安定時間。

B-5-16 考慮如下的閉迴路系統。

$$\frac{C(s)}{R(s)} = \frac{2\zeta s + 1}{s^2 + 2\zeta s + 1}$$

式中 $\zeta = 0.2$、0.4、0.6、0.8 及 1.0。利用 MATLAB 繪製二度空間單位脈衝響應曲線。也繪製三度空間單位脈衝響應曲線。

B-5-17 考慮如下的二階系統。

$$\frac{C(s)}{R(s)} = \frac{s + 1}{s^2 + 2\zeta s + 1}$$

式中 $\zeta = 0.2$、0.4、0.6、0.8 及 1.0。利用 MATLAB 繪製三度空間單位步階響應曲線。

B-5-18 試求如下系統的單位斜坡響應。

$$\begin{bmatrix} \dot{x}_1 \\ \dot{x}_2 \end{bmatrix} = \begin{bmatrix} 0 & 1 \\ -1 & -1 \end{bmatrix} \begin{bmatrix} x_1 \\ x_2 \end{bmatrix} + \begin{bmatrix} 0 \\ 1 \end{bmatrix} u$$

$$y = \begin{bmatrix} 1 & 0 \end{bmatrix} \begin{bmatrix} x_1 \\ x_2 \end{bmatrix}$$

其中 u 為單位斜坡輸入。也利用 lsim 指令得出響應。

B-5-19 考慮如下微分方程式系統

$$\ddot{y} + 3\dot{y} + 2y = 0, \quad y(0) = 0.1, \quad \dot{y}(0) = 0.05$$

利用 MATLAB 求給予初始條件下之響應 $y(t)$。

B-5-20 對於下列單位回饋控制系統，求 K 的穩定工作範圍。系統的開環轉移函數為：

$$G(s) = \frac{K}{s(s+1)(s+2)}$$

B-5-21 考慮如下特性方程式:

$$s^4 + 2s^3 + (4+K)s^2 + 9s + 25 = 0$$

利用羅斯穩度準則求 K 的穩定工作範圍。

B-5-22 考慮如圖 5-79 的閉迴路系統。求 K 的穩定工作範圍。假設 $K > 0$。

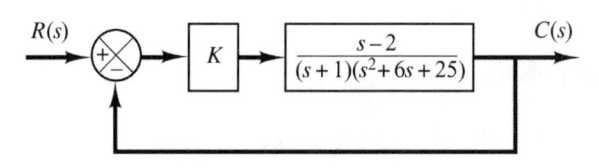

圖 5-79 閉迴路系統

B-5-23 考慮如圖 5-80(a) 的衛星高度控制系統。系統的輸出表現出振盪，因此是為不穩定系統。此系統可以利用量速機回饋使之穩定，如圖 5-80(b)。若 $K/J = 4$，試求 K_h 值使得阻尼比 ζ 為 0.6。

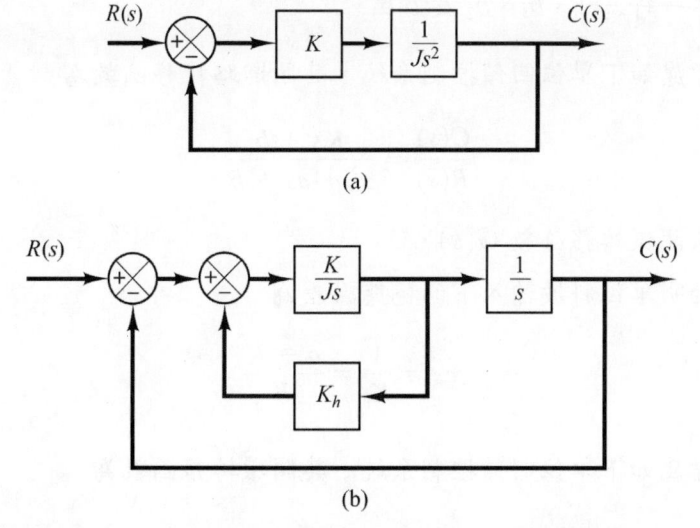

圖 5-80 (a) 不穩定衛星高度控制系統；(b) 穩定化系統。

B-5-24 考慮如圖 5-81 的量速機回饋伺服系統。試求 K 及 K_h 的穩定工作範圍。(註：K_h 須為正。)

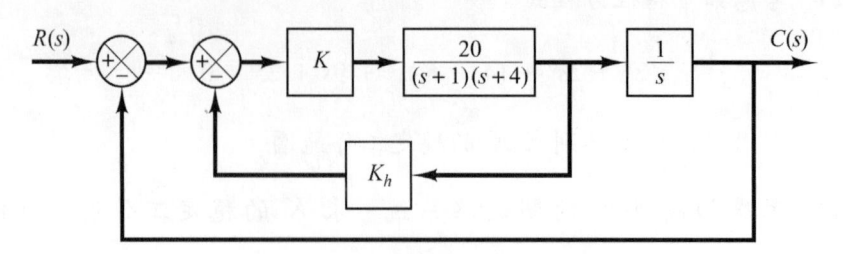

圖 5-81　量速機回饋伺服系統

B-5-25 考慮如下系統

$$\dot{\mathbf{x}} = \mathbf{A}\mathbf{x}$$

其中 $\mathbf{A}$ 為

$$\mathbf{A} = \begin{bmatrix} 0 & 1 & 0 \\ -b_3 & 0 & 1 \\ 0 & -b_2 & -b_1 \end{bmatrix}$$

($\mathbf{A}$ 稱為許瓦茲矩陣。)證明特性方程式 $|s\mathbf{I} - \mathbf{A}| = 0$ 之羅斯行列第一行為 1、b_1、b_2 及 $b_1 b_3$。

B-5-26 考慮如下單位回饋控制系統，其閉迴路轉移函數為

$$\frac{C(s)}{R(s)} = \frac{Ks + b}{s^2 + as + b}$$

求開環轉移函數 $G(s)$。

證明單位斜坡輸入下的穩態誤差為

$$e_{ss} = \frac{1}{K_v} = \frac{a - K}{b}$$

B-5-27 考慮如下單位回饋控制系統，其開環轉移函數為

$$G(s) = \frac{K}{s(Js + B)}$$

在單位斜坡輸入下討論改變 K 及 B 對於穩態誤差造成的效應。假設 B 為定值，在大、中及小情況下的 K 值，繪製單位斜坡響應曲線。

B-5-28 若控制系統的順向路徑上至少有三個積分元件，則當有誤差存在時，輸出會一直地改變著。只當誤差等於零時，輸出才會停止。如果有干擾介入，則須在誤差量測元件及干擾進入點之間加入積分元件，使得在穩態時因外界輸入的干擾效應消失為零。

證明若外界的干擾為斜坡函數時，則欲消除此斜坡式干擾造成的穩態誤差只有在干擾進入點之前加上二個積分元件。

Chapter 6 利用根軌跡法做控制系統的分析與設計

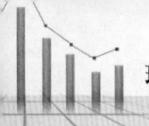

6-1 引 言

閉迴路系統暫態響應的基本特性係與閉迴路極點的位置有密切的關連。如果系統的迴路增益可以變化，則閉迴路極點的位置會取決於所選的增益。所以，很重要的是，設計者要知道當迴路增益變化時，閉迴路極點的位置會在 s 平面做什麼樣子的移動。

由設計觀點言之，對某些系統也許簡單的增益調節就可以將閉迴路極點移動到所需的位置。此時設計題目變成了如何選取適當的增益。如果只做增益調節仍然無法達到需要的結果，則系統必須近一步地再做補償。(此課題留待於 6-6 節至 6-9 節次裡再來詳細討論之。)

閉迴路極點係為特性方程式的根。要求出三次以上特性方程式的根是一件很費力的事情，且需要計算機解決之。(MATLAB 可以提供此問題之簡單答案。) 然而，只是解出特性方程式的根，其價值是有限的，因為當開環轉移函數的增益一有變異，則特性方程式跟著變化，就須要重新做計算了。

伊凡士 (W. R. Evans) 發展出簡單的方法可以求出特性方程式的根，而廣用於控制工程中。此法稱之為根軌跡法 (root-locus method)，可用於當系統參數改變所有的值域內，將其特性方程式的根繪製出來。再產生的圖線中，對應於某一參數值的特性根亦可確定之。要注意的是，所用的參數通常是增益，但是其他開環轉移函數的參數也是可以使用的。除非有特殊的指明，本書中使用開環轉移函數的增益以為變化的參數，其值域由零至無窮大。

利用根軌跡法，設計者可以預期知道當增益變化的當中，或且添加了新的極點與零點，閉迴路極點位置可能移動的情形。因此設計者最好知曉此方法以徒手式或諸如 MATLAB 的計算機程式產生閉迴路系統的根軌跡。

在設計線性系統時，我們發現根軌跡法相當的有用，因為此方法可以告訴我們對於開環極點及零點應該做怎樣的改變，方可使得系統的表現滿足性能要求。欲快速且大約地得到結果時，此方法是很有用的。

利用 MATLAB 產生系統的根軌跡非常簡單，因此我們會以為徒手式

Chapter 6 利用根軌跡法做控制系統的分析與設計

繪製根軌跡是浪費時間與精力的。然而,以徒手式繪製根軌跡所得的寶貴經驗有利於詮釋計算機產生根軌跡的結果,而且可以很快速地得到預期根軌跡的概念。

本章要點 本章要點概述如下:6-1 節為根軌跡法的基本介紹。6-2 節對根軌跡做更詳盡的敘述,利用例題介紹製作根軌跡的一般步驟。利用 MATLAB 製作根軌跡將在 6-3 節討論之。6-4 節處理當系統有正回饋的特殊情況。閉迴路系統根軌跡設計的一般課題將在 6-5 節裡提出。6-6 節介紹控制系統的進相補償設計。6-7 節處理滯相補償技術。6-8 節處理滯相與進相補償技術。最後,在 6-9 節討論並聯補償技術。

6-2 根軌跡圖

角度及幅度條件 考慮圖 6-1 的負回饋控制系統。閉迴路系統的轉移函數為

$$\frac{C(s)}{R(s)} = \frac{G(s)}{1 + G(s)H(s)} \tag{6-1}$$

令 (6-1) 式右邊的分母為零可得閉迴路系統的特性方程式。

$$1 + G(s)H(s) = 0$$

或

$$G(s)H(s) = -1 \tag{6-2}$$

在此,假設 $G(s)H(s)$ 為 s 多項式之比。[註:可以將此分析擴及至 $G(s)H(s)$ 含有 e^{-Ts} 的情況。] 因為 $G(s)H(s)$ 為複數,可將 (6-2) 式二邊分別依照角度及幅度拆成下列方式:

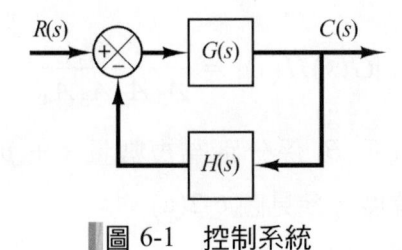

圖 6-1 控制系統

角度條件：

$$\underline{/G(s)H(s)} = \pm 180°(2k+1) \qquad (k = 0, 1, 2, \ldots) \qquad (6\text{-}3)$$

幅度條件

$$|G(s)H(s)| = 1 \qquad (6\text{-}4)$$

滿足角度條件及幅度條件的 s 值即為特性方程式的根，或閉迴路極點。在複數平面上滿足角度條件所有點的軌跡就是根軌跡。對應於某一增益值的特性方程式之根 (閉迴路極點) 可以經由幅度條件決定之。本節裡將詳細討論如何應用角度條件及幅度條件於閉迴路極點之決定。

通常，$G(s)H(s)$ 含有增益 K，因此特性方程式可以寫成

$$1 + \frac{K(s+z_1)(s+z_2)\cdots(s+z_m)}{(s+p_1)(s+p_2)\cdots(s+p_n)} = 0$$

則系統的根軌跡為當增益 K 由零變化至無窮大時，閉迴路極點所在的軌跡。

注意，以根軌跡法繪製系統的根軌跡時，必須先知道 $G(s)H(s)$ 所有極點與零點的位置。記住，在複數平面上由開環極點與零點出發抵達測試點 s 的角度係以反時鐘方向量測的。例如，若 $G(s)H(s)$ 為

$$G(s)H(s) = \frac{K(s+z_1)}{(s+p_1)(s+p_2)(s+p_3)(s+p_4)}$$

式中 $-p_2$ 及 $-p_3$ 為共軛複數極點，則 $G(s)H(s)$ 的角度為

$$\underline{/G(s)H(s)} = \phi_1 - \theta_1 - \theta_2 - \theta_3 - \theta_4$$

式中 ϕ_1、θ_1、θ_2、θ_3 及 θ_4 係以反時鐘方向量測的，參見圖 6-2(a) 及 (b)。此系統的幅度 $G(s)H(s)$ 為

$$|G(s)H(s)| = \frac{KB_1}{A_1 A_2 A_3 A_4}$$

式中 A_1、A_2、A_3、A_4 及 B_1 係分別為複數量 $s + p_1$、$s + p_2$、$s + p_3$、$s + p_4$ 及 $s + z_1$，的幅度，參見圖 6-2(a)。

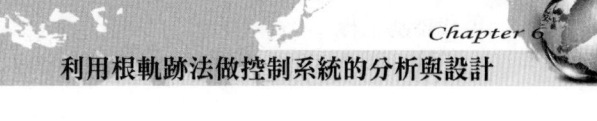

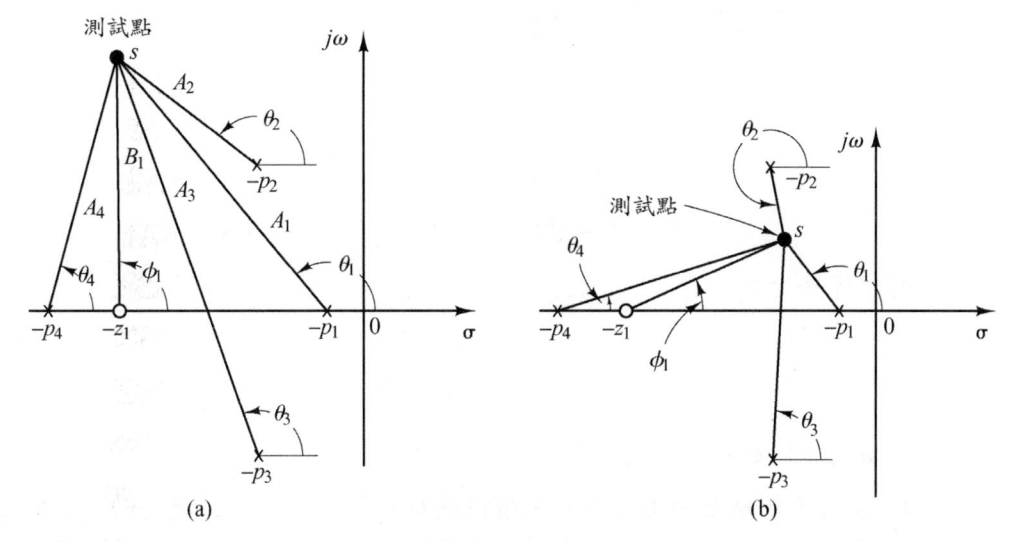

圖 6-2 (a) 及 (b) 圖顯示了開環極點與開環零點至測試點之間的量測角度

因為開環共軛極點與零點通常皆是對於實數軸對稱，根軌跡也會對於此實數軸對稱。所以我們只需要繪製上半部的根軌跡，而 s 平面下半部的根軌跡係為上半部的鏡對稱。

釋例 以下我們要使用二個例題詮釋根軌跡的繪製。雖然有計算機方法可以很容易地建構出根軌跡，現在我們要用圖解計算法，配合視查法，找出閉迴路系統特性方程式的根所在之根軌跡。此圖解法有助於讓我們了解，當開環極點與零點移動時，閉迴路極點在 s 平面上的移動情形。雖然我們用來解釋的系統很簡單，但是高階系統根軌跡的建構方式不會比此複雜太多的。

因為分析時要使用到角度及幅度之量測，因此與繪製根軌跡圖所用的座標紙上刻度要相同。

例題 6-1

考慮圖 6-3 的負回饋系統。(我們假設 K 值不是負。) 系統為

$$G(s) = \frac{K}{s(s+1)(s+2)}, \quad H(s) = 1$$

讓我們繪製根軌跡，並求出 K 值使得閉迴路共軛主極點之阻尼比 ζ 為 0.5。

於此系統中,角度條件變成

$$\underline{/G(s)} = \underline{/\frac{K}{s(s+1)(s+2)}}$$
$$= -\underline{/s} - \underline{/s+1} - \underline{/s+2}$$
$$= \pm 180°(2k+1) \quad (k = 0, 1, 2, \ldots)$$

幅度條件變成

$$|G(s)| = \left|\frac{K}{s(s+1)(s+2)}\right| = 1$$

繪製根軌跡的標準步驟如下:

1. 求出實數軸上的根軌跡。建構根軌跡的第一步是在複數平面上將開環極點,$s = 0$、$s = -1$、$s = -2$ 的位置點繪出來。(此系統沒有開環零點。)開環極點以×符號記之。(本書中開環零點以小圓圈符號記之。)根軌跡係由開環極點出發 ($K = 0$)。此系統有三支軌跡,其為開環極點之個數。

欲求實軸上的根軌跡,先選一測試點,s。如果測試點在正的實數軸上,則

$$\underline{/s} = \underline{/s+1} = \underline{/s+2} = 0°$$

上式不能符合角度條件。所以在正的實數軸上沒有根。其次,在負實數軸上的 0 與 -1 之間選一測試點。因為

$$\underline{/s} = 180°, \quad \underline{/s+1} = \underline{/s+2} = 0°$$

是故

$$-\underline{/s} - \underline{/s+1} - \underline{/s+2} = -180°$$

此時滿足了角度條件。因此,在 0 與 -1 之間的負實數軸係屬於根軌跡之一部分。再在 -1 與 -2 之間選一測試點,則

$$\underline{/s} = \underline{/s+1} = 180°, \quad \underline{/s+2} = 0°$$

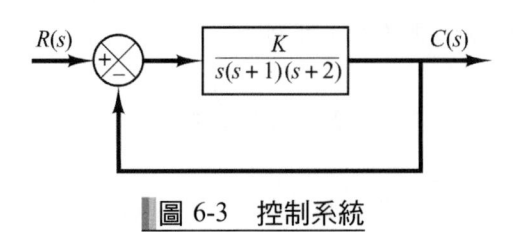

圖 6-3　控制系統

且

$$-\underline{/s} - \underline{/s+1} - \underline{/s+2} = -360°$$

此時角度條件不滿足。因此在 -1 與 -2 之間不屬於根軌跡之一部分。同理，我們可以發現到在 -2 與 $-\infty$ 之間的負實數軸測試點滿足了角度條件。是故，在 0 與 -1 之間及在 -2 與 $-\infty$ 之間的負實數軸屬於根軌跡之一部分。

2. 求出根軌跡的漸近線。當 s 趨近於無窮大時，根軌跡之漸近線求法如下：如果測試點 s 遠離原點，則

$$\lim_{s\to\infty} G(s) = \lim_{s\to\infty} \frac{K}{s(s+1)(s+2)} = \lim_{s\to\infty} \frac{K}{s^3}$$

角度條件成為

$$-3\underline{/s} = \pm 180°(2k+1) \quad (k=0,1,2,\ldots)$$

或

$$漸近線張角 = \frac{\pm 180°(2k+1)}{3} \quad (k=0,1,2,\ldots)$$

當 k 變化時，角度值一再重複發生，因此漸近線張角的相異值是 $60°$、$-60°$ 及 $180°$。所以，有三條漸近線。相當於 $180°$ 的漸近線即是負實數軸。

在複數平面繪製這些漸近線之前，我們必須求出漸近線與實數軸的相交點。因為

$$G(s) = \frac{K}{s(s+1)(s+2)}$$

當測試點遠離原點，則 $G(s)$ 可寫成

$$G(s) = \frac{K}{s^3 + 3s^2 + \cdots}$$

當 s 很大時，上式可趨近於

$$G(s) \doteqdot \frac{K}{(s+1)^3} \qquad (6\text{-}5)$$

(6-5) 式的 $G(s)$ 之根軌跡含有三條直線。參見以下：根軌跡的方程式

$$\angle \frac{K}{(s+1)^3} = \pm 180°(2k+1)$$

或

$$-3\angle s+1 = \pm 180°(2k+1)$$

可寫成

$$\angle s+1 = \pm 60°(2k+1)$$

將 $s = \sigma + j\omega$ 代入上式，得

$$\angle \sigma + j\omega + 1 = \pm 60°(2k+1)$$

或

$$\tan^{-1}\frac{\omega}{\sigma+1} = 60°, \quad -60°, \quad 0°$$

上式二邊同時取正切值，

$$\frac{\omega}{\sigma+1} = \sqrt{3}, \quad -\sqrt{3}, \quad 0$$

可寫成

$$\sigma + 1 - \frac{\omega}{\sqrt{3}} = 0, \quad \sigma + 1 + \frac{\omega}{\sqrt{3}} = 0, \quad \omega = 0$$

這三個方程式代表三條直線參見圖 6-4。這三條直線即為漸近線。他們相交在 $s = -1$。因此令 (6-5) 式右邊分母等於零而解出 s，即可得出漸近線與實數軸交點的座標。在遠離原點之處，漸近線係屬於根軌跡的一部分。

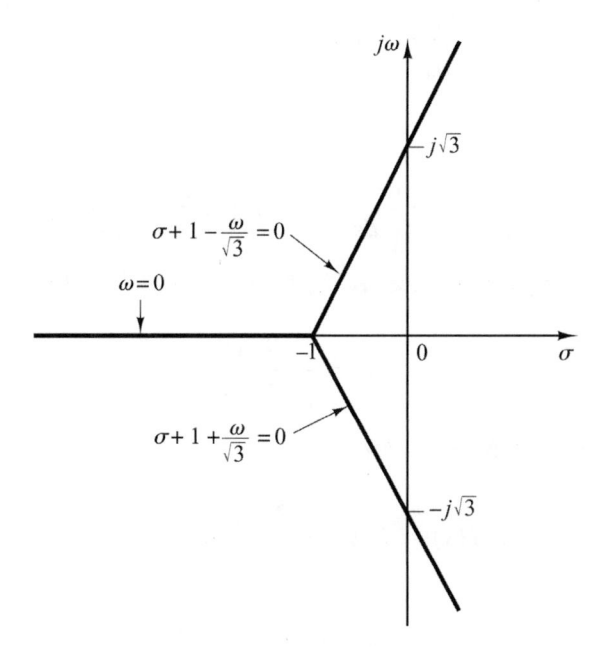

圖 6-4　三條漸近線

3. 求出分離點。欲更詳實地繪製根軌跡，我們必須求出分離點，其為根軌跡由極點 0 與 −1 出發，而從實數軸分離（當 K 增加時）至複數平面的所在。分離點相當於在 s 平面上特性方程式有重根的所在。

   另有簡單的方法可以求出分離點。介紹如下：將特性方程式寫成

$$f(s) = B(s) + KA(s) = 0 \tag{6-6}$$

式中 $A(s)$ 及 $B(s)$ 皆不含 K。注意到，$f(s) = 0$ 的重根發生於

$$\frac{df(s)}{ds} = 0$$

原因如下：如果 $f(s)$ 有 r 次重根，$r \geq 2$。則 $f(s)$ 可寫成

$$f(s) = (s - s_1)^r (s - s_2) \cdots (s - s_n)$$

現在將此方程式對 s 微分，計算 $df(s)/ds$ 在 $s = s_1$ 之值。可得

$$\left. \frac{df(s)}{ds} \right|_{s=s_1} = 0 \tag{6-7}$$

亦即，$f(s) = 0$ 的重根須滿足 (6-7) 式。故

$$\frac{df(s)}{ds} = B'(s) + KA'(s) = 0 \tag{6-8}$$

式中

$$A'(s) = \frac{dA(s)}{ds}, \quad B'(s) = \frac{dB(s)}{ds}$$

使得特性方程式產生重根之 K 值可由 (6-8) 式得知如下

$$K = -\frac{B'(s)}{A'(s)}$$

將此 K 值代回 (6-6) 式，可得

$$f(s) = B(s) - \frac{B'(s)}{A'(s)} A(s) = 0$$

或

$$B(s)A'(s) - B'(s)A(s) = 0 \tag{6-9}$$

從 (6-9) 式解出 s 根就可以得到發生重根的那一點了。再者，由 (6-6) 式得

$$K = -\frac{B(s)}{A(s)}$$

且

$$\frac{dK}{ds} = -\frac{B'(s)A(s) - B(s)A'(s)}{A^2(s)}$$

若 dK/ds 等於零，所得結果與 (6-9) 式會是一樣的。是故，分離點可由以下方程式之根得知

$$\frac{dK}{ds} = 0$$

注意到，(6-9) 式之解或 $dK/ds = 0$ 之解皆可以求出實際的分離點。如果滿足 $dK/ds = 0$ 之點落在根軌跡上，則必為真正的分離點或交會點。易言之，如果滿足 $dK/ds = 0$ 之時 K 係為正實數，則這些點必為真正的分離點或交會點。

利用根軌跡法做控制系統的分析與設計

目前的例題中，特性方程式 $G(s) + 1 = 0$ 為

$$\frac{K}{s(s+1)(s+2)} + 1 = 0$$

或

$$K = -(s^3 + 3s^2 + 2s)$$

令 $dK/ds = 0$，可得

$$\frac{dK}{ds} = -(3s^2 + 6s + 2) = 0$$

或

$$s = -0.4226, \quad s = -1.5774$$

因為分離點須在 0 與 -1 之間，所以 $s = -0.4226$ 是真正的分離點，而 $s = -1.5774$ 不在根軌跡上，所以不是分離點。如果我們分別在 $s = -0.4226$ 及 $s = -1.5774$ 計算 K 值，則得

$$K = 0.3849, \quad 當 s = -0.4226$$
$$K = -0.3849, \quad 當 s = -1.5774$$

4. 求出根軌跡與虛軸之交點。這些點可經由羅斯穩度準則求出，其法如下：因為此例題之特性方程式為

$$s^3 + 3s^2 + 2s + K = 0$$

相關的羅斯行列為

$$\begin{array}{c|cc} s^3 & 1 & 2 \\ s^2 & 3 & K \\ s^1 & \dfrac{6-K}{3} & \\ s^0 & K & \end{array}$$

當 $K = 6$ 時，使得羅斯行列第一行第 s^1 列之元素等於零。因此根軌跡與虛軸之交點可由第 s^2 列之元素構成的輔助方程式解出，即

$$3s^2 + K = 3s^2 + 6 = 0$$

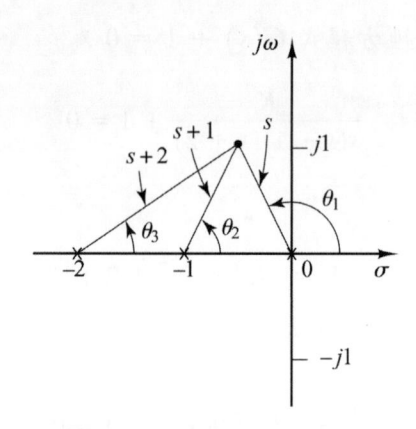

圖 6-5　根軌跡的建構

是故

$$s = \pm j\sqrt{2}$$

因此，與虛軸之交點的頻率為 $\omega = \pm\sqrt{2}$。在相交點的增益值等於 $K = 6$。

另一法是，在特性方程式中使 $s = j\omega$，再分別使得實數部分及虛數部分等於零，即可解得 K。於此例題中，在特性方程式中令 $s = j\omega$，則得

$$(j\omega)^3 + 3(j\omega)^2 + 2(j\omega) + K = 0$$

或

$$(K - 3\omega^2) + j(2\omega - \omega^3) = 0$$

使得實數部分及虛數部分分別等於零，即可得

$$K - 3\omega^2 = 0 \qquad 2\omega - \omega^3 = 0$$

$$\omega = \pm\sqrt{2}, \ K = 6 \quad 或 \quad \omega = 0, \ K = 0$$

因此，根軌跡與虛軸之交會在 $\omega = \pm\sqrt{2}$。交會點發生於 $K = 6$。另者，另一支實軸根軌跡與虛軸之交會在 $\omega = 0$。此時之 $K = 0$。

5. 在 $j\omega$ 及原點旁之廣域選取測試點，如圖 6-5 所示，並使用角度條件。如果所選的測試點係在根軌跡上，則三個量測角之和，$\theta_1 + \theta_2 + \theta_3$ 必等於 $180°$。若非如此，重新選擇測試點直到滿足了角度條件。(在測試點

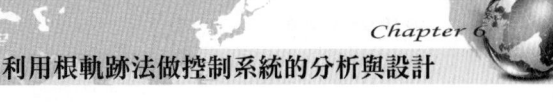

上三個量測角之和可以指示出，新的測試點應該怎麼移動。）

6. 繪製根軌跡。根據前面所述步驟，可以繪製出如圖 6-6 的根軌跡。
7. 決定一對閉迴路主極點使其阻尼比 $\zeta = 0.5$。$\zeta = 0.5$ 的主極點坐落於經過原點且與負實數成 $\pm\cos^{-1}\zeta = \pm\cos^{-1}0.5 = \pm 60°$ 夾角的直線上。由圖 6-6 得知，$\zeta = 0.5$ 的極點如下：

$$s_1 = -0.3337 + j0.5780, \quad s_2 = -0.3337 - j0.5780$$

在這些極點上的 K 值可由幅度條件決定如下：

$$K = |s(s+1)(s+2)|_{s=-0.3337+j0.5780}$$
$$= 1.0383$$

由此 K 值推算，第三個極點為 -2.3326。

由步驟 4 可知，$K = 6$ 的主極點坐落於虛軸之 $s = \pm j\sqrt{2}$，此時系統產生持續振盪。當 $K > 6$，閉迴路的主極點將坐落於 s 平面右方，造成不穩定系統。

最後要注意的是，視需要而定，根軌跡可以利用幅度條件經由 K 值很容易地逐漸發展之。只需在根軌跡上選取一個測試點量測 s、$s + 1$ 及

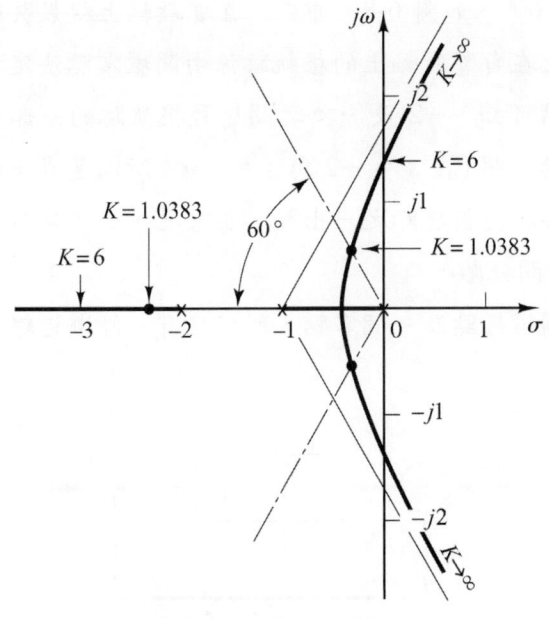

圖 6-6　根軌跡作圖

$s+2$ 的複數量,將此三個幅度相乘之即可得到在這一測試點量上相關的 K 值,或

$$|s| \cdot |s+1| \cdot |s+2| = K$$

要完成根軌跡也可以利用 MATLAB 為之。(參見 6-3 節。)

例題 6-2

本例題要繪製含有複數共軛開環極點系統的根軌跡。考慮圖 6-7 的負回饋系統。此系統中

$$G(s) = \frac{K(s+2)}{s^2+2s+3}, \quad H(s) = 1$$

式中 $K \geq 0$。可以看出 $G(s)$ 有一對複數共軛極點,位於

$$s = -1 + j\sqrt{2}, \quad s = -1 - j\sqrt{2}$$

繪製根軌跡的標準步驟如下:

1. 求出實數軸上的根軌跡。在實數軸上任一測試點,複數共軛極點貢獻的角度之和為 360°,如圖 6-8。亦即,在實數軸上複數共軛極點造成的效應為零。因此在負實數軸上的根軌跡係由開環零點決定之。在負實數軸上簡單的測試可知,-2 及 $-\infty$ 之間屬於根軌跡的一部分。因為根軌跡係在二個零點之間(在 $s = -2$ 與 $s = -\infty$)所以是真正的二支軌跡,每一支軌跡由共軛複數極點之一出發。易言之,二支軌跡會在負實數軸上 -2 與 $-\infty$ 之間分離。

因為有二個開環極點及一個零點,所以只有一條漸近線,其係與負實數軸重合。

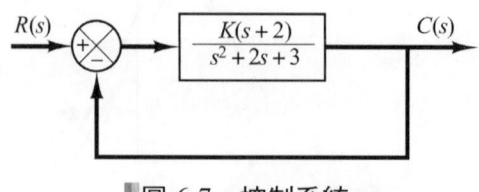

圖 6-7 控制系統

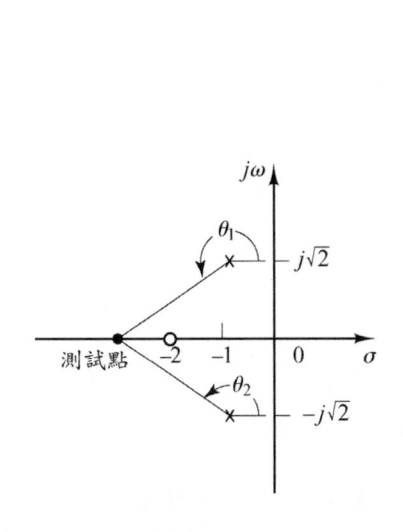

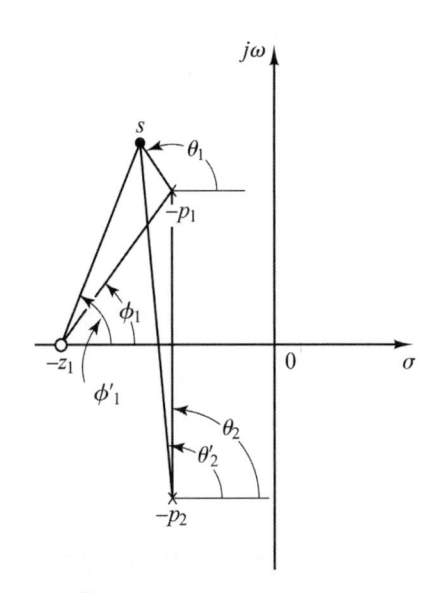

圖 6-8 在實數軸上決定根軌跡　　　　**圖 6-9** 出發角的計算

2. 求出從共軛複數極點出來的出發角。因為有一對複數共軛極點，故須求出從此極點出來的出發角。此角度之訊息是很重要的，因為複數極點附近的根軌跡含帶著訊息可以估測從複數極點出來的軌跡最後是移入實數軸，還是延伸至漸近線中。

參見圖 6-9，我們選擇一測試點，使其在複數開環極點 $s = -p_1$ 附近移動著，發現由極點 $s = -p_2$ 及零點 $s = -z_1$ 對此測試點貢獻的角度和可以認為保持不變。如果測試點係在根軌跡上，則 ϕ'_1、$-\theta_1$ 及 $-\theta'_2$ 之和必須等於 $\pm 180°(2k + 1)$，其中 $k = 0, 1, 2, ...$。因此，在本例題中

$$\phi'_1 - (\theta_1 + \theta'_2) = \pm 180°(2k + 1)$$

或　　　　　　$\theta_1 = 180° - \theta'_2 + \phi'_1 = 180° - \theta_2 + \phi_1$

所以出發角等於

$$\theta_1 = 180° - \theta_2 + \phi_1 = 180° - 90° + 55° = 145°$$

因為根軌跡係對實數軸對稱，所以在極點 $s = -p_2$ 的出發角等於 $-145°$。

3. 求出分離點。當一對軌跡隨著 K 增加發生重合，則有分離點存在著。

在本例題中分離點之計算法如下：因為

$$K = -\frac{s^2 + 2s + 3}{s + 2}$$

所以

$$\frac{dK}{ds} = -\frac{(2s + 2)(s + 2) - (s^2 + 2s + 3)}{(s + 2)^2} = 0$$

可得
$$s^2 + 4s + 1 = 0$$

或
$$s = -3.7320 \quad \text{或} \quad s = -0.2680$$

注意，$s = -3.7320$ 這一點係在根軌跡上。因此這一點是真正的分離點。（注意，在 $s = -3.7320$ 時，相當於 $K = 5.4641$。）因為 $s = -0.2680$ 不在根軌跡上，所以這一點不是分離點。（在 $s = -0.2680$ 時，相當於 $K = -1.4641$。）

4. 根據以上步驟得到的訊息繪製根軌跡。欲得到比較精準的根軌跡則須要在以嘗試－錯誤法則在分離點及開環極點之間找出更多點。（施作根軌跡圖時，須以心算方式大約估計極點與零點的角度，嘗試找出測試點可能移動的方向。）圖 6-10 所示為此系統完整的根軌跡圖。

根軌跡上任意一點的 K 值可用幅度條件或 MATLAB 求得（參見 6-3 節）。例如，當閉迴路共軛複數極點要求阻尼比為 $\zeta = 0.7$ 時欲求 K 值，可先將根定位之，如圖 6-10 所示，然後計算 K 值如下：

$$K = \left| \frac{(s + 1 - j\sqrt{2})(s + 1 + j\sqrt{2})}{s + 2} \right|_{s=-1.67+j1.70} = 1.34$$

或者利用 MATLAB 求 K 值（參第 6-4 節）。

可以看出本系統根軌跡在複數平面中一部分是圓形。這種圓形根軌跡圖並不會發生在一般的系統中。圓形根軌跡圖只發生於二個極點一個零點的系統、二個極點二個零點的系統及一個極點二個零點的系統。就算是上述系統，會不會發生圓形根軌跡圖也是與極點及零點的位置有關的。為了證明本系統有圓形根軌跡圖，我們須導出根軌跡方程式。本系統

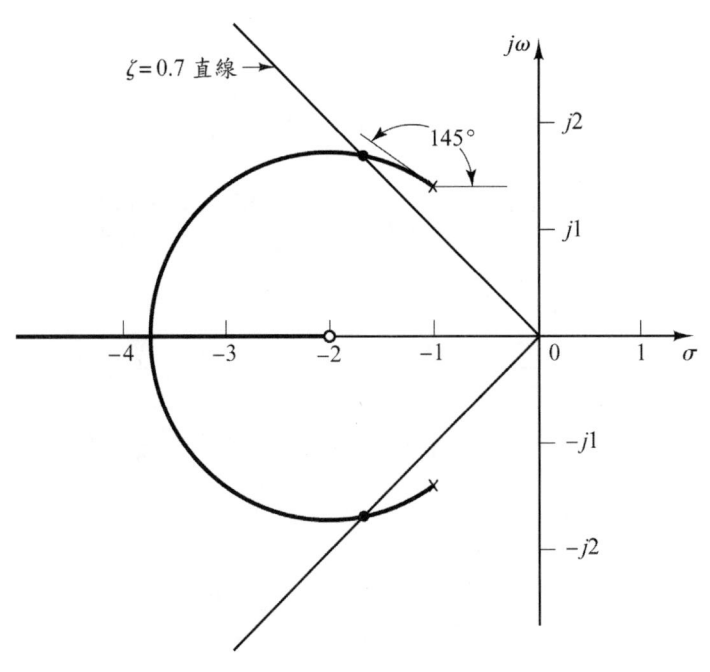

利用根軌跡法做控制系統的分析與設計

圖 6-10　根軌跡圖

中，角度條件為

$$\underline{/s+2} - \underline{/s+1-j\sqrt{2}} - \underline{/s+1+j\sqrt{2}} = \pm 180°(2k+1)$$

將 $s = \sigma + j\omega$ 代入上式得

$$\underline{/\sigma+2+j\omega} - \underline{/\sigma+1+j\omega-j\sqrt{2}} - \underline{/\sigma+1+j\omega+j\sqrt{2}} = \pm 180°(2k+1)$$

可寫為

$$\tan^{-1}\left(\frac{\omega}{\sigma+2}\right) - \tan^{-1}\left(\frac{\omega-\sqrt{2}}{\sigma+1}\right) - \tan^{-1}\left(\frac{\omega+\sqrt{2}}{\sigma+1}\right) = \pm 180°(2k+1)$$

或

$$\tan^{-1}\left(\frac{\omega-\sqrt{2}}{\sigma+1}\right) + \tan^{-1}\left(\frac{\omega+\sqrt{2}}{\sigma+1}\right) = \tan^{-1}\left(\frac{\omega}{\sigma+2}\right) \pm 180°(2k+1)$$

利用下式的關係，求上式二邊的正切值

$$\tan(x \pm y) = \frac{\tan x \pm \tan y}{1 \mp \tan x \tan y} \tag{6-10}$$

得

$$\tan\left[\tan^{-1}\left(\frac{\omega - \sqrt{2}}{\sigma + 1}\right) + \tan^{-1}\left(\frac{\omega + \sqrt{2}}{\sigma + 1}\right)\right]$$
$$= \tan\left[\tan^{-1}\left(\frac{\omega}{\sigma + 2}\right) \pm 180°(2k + 1)\right]$$

或

$$\frac{\dfrac{\omega - \sqrt{2}}{\sigma + 1} + \dfrac{\omega + \sqrt{2}}{\sigma + 1}}{1 - \left(\dfrac{\omega - \sqrt{2}}{\sigma + 1}\right)\left(\dfrac{\omega + \sqrt{2}}{\sigma + 1}\right)} = \frac{\dfrac{\omega}{\sigma + 2} \pm 0}{1 \mp \dfrac{\omega}{\sigma + 2} \times 0}$$

再簡化為

$$\frac{2\omega(\sigma + 1)}{(\sigma + 1)^2 - (\omega^2 - 2)} = \frac{\omega}{\sigma + 2}$$

或

$$\omega[(\sigma + 2)^2 + \omega^2 - 3] = 0$$

上式等效於

$$\omega = 0 \quad 或 \quad (\sigma + 2)^2 + \omega^2 = (\sqrt{3})^2$$

以上二式即是本系統根軌跡的方程式。注意，第一個方程式，$\omega = 0$，係為實數軸。$s = -2$ 至 $s = -\infty$ 所在的實數軸相當於 $K \geq 0$ 根軌跡。其他部分的實數軸相當於 $K \leq 0$ 根軌跡。（本題的 K 不是負。）（註：$K < 0$ 相當於正回饋。）第二個方程式係為圓方程式，其中心在 $\sigma = -2$，$\omega = 0$ 且半徑為 $\sqrt{3}$。左邊的圓圖形部分相當於 $K \geq 0$ 共軛複數極點的根軌跡。其餘部分相當於 $K < 0$ 的根軌跡。

須注意，只在簡單的系統才可能導出簡單易懂的根軌跡方程式。複雜的系統中也許有許多極點及零點，根軌跡方程式不易導出。此時不但方程式很複雜，要在複數平面上作詮釋也是很困難的。

利用根軌跡法做控制系統的分析與設計

建構根軌跡的一般規則　複雜系統中有許多極點及零點，其根軌跡之建構也許非常複雜，但是只要依照根軌跡之建構規則，繪製出根軌跡絕非難事。找出一些特殊點及漸近線，計算由複數極點出來的出發角，或進入複數零點的到達角，就可以毫無困難地繪製出系統的根軌跡圖了。

現在我們要針對圖 6-11 所示負回饋系統整理出根軌跡建構的一般規則及其所使用步驟。

首先，求出如下特性方程式

$$1 + G(s)H(s) = 0$$

然後，將此方程式作適當整理，相關參數作因式分解，成為以下形式

$$1 + \frac{K(s + z_1)(s + z_2)\cdots(s + z_m)}{(s + p_1)(s + p_2)\cdots(s + p_n)} = 0 \qquad (6\text{-}11)$$

在目前的討論中，假設增益 K 是我們須要考慮的重要參數，其中 $K > 0$。($K < 0$ 相當於正回饋系統，角度條件須做修改，參見 6-4 節。) 然而，注意到此法仍適用於一般系統參數，不單只是增益而已。(參見 6-6 節。)

1. 在 s 平面將極點與零點做定位。每一支根軌跡從開環極點出發，而終止於開環零點 (有限零點或在無窮遠處的零點)。由已經分解因式的開環轉移函數，將 s 平面的極點與零點做定位。[註：開環零點係為 $G(s)H(s)$ 的零點，而閉迴路極點則包含 $G(s)$ 的零點與 $H(s)$ 的極點。]

   因為極點與零點係以共軛複數形式出現，所以在 s 平面上根軌跡係與實數軸對稱。根軌跡的支數等於特性方程式根的個數。因為開環轉移函數的極點一般比開環零點多，所以根軌跡的支數等於開環極點的個數。如果閉迴路極點與開環極點一樣多，則終止於有限開環零點的根軌跡支數等於開環零點個數 m。剩下的有 $n - m$ 支根軌跡以漸近線

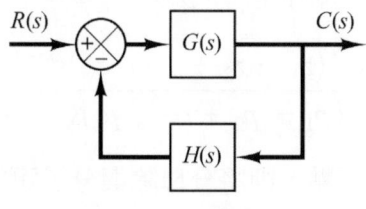

■ 圖 6-11　控制系統

方式進入無窮遠處。(無窮遠處隱約有 $n - m$ 個開環零點。)

如果將無窮遠處的開環零點也包括在內,則開環零點個數等於開環極點個數。因此,我們可以陳述:當 K 從零漸次增加到無窮大時,每一支根軌跡係從開環極點 $G(s)H(s)$ 出發,而終止於開環零點 $G(s)H(s)$。所述的極點與零點包括在 s 平面上的及在無窮遠處的。

2. **求出實數軸上的根軌跡。** 實數軸上的根軌跡由其上的極點與零點決定之。因為每一對共軛複數極點與零點對於實數軸貢獻的角度是 360°,因此對於實數軸上的根軌跡沒有影響。在實數軸上每一段的根軌跡由一極點或零點延伸至其他的極點或零點。建構實軸根軌跡時,可採用測試點方法。如果某一測試點的右方共有奇數個極點與零點,則此測試點係屬於實軸根軌跡之中。如果僅有單極點與單零點,則在實數軸上不是根軌跡的其他段落形成互補根軌跡 (譯者註:一為負回饋根軌跡,另一為正回饋式根軌跡。)

3. **求軌跡的漸近線。** 如果測試點遠離了原點,則每一個複數量貢獻的角度視為相等。某一個開環極點與另一個開環零點的效果相互抵消。因此當 s 很大時,根軌跡趨近於漸近線,其角度 (斜率) 係為

$$漸近線張角 = \frac{\pm 180°(2k + 1)}{n - m} \quad (k = 0, 1, 2, \dots)$$

式中 $n = G(s)H(s)$ 的有限極點
$m = G(s)H(s)$ 的有限零點

其中,$k = 0$ 相當於與實數軸張角最小的漸近線。雖然 k 有一定值,但是隨著 k 增加,其張角一再重複之 (譯者註:因為同位角)。漸近線總共有 $n - m$ 條。

所有的漸近線皆交會於實數軸上。此交會點之求法如下:將開環轉移函數的分子與分母展開如下,成為

$$G(s)H(s) = \frac{K\left[s^m + (z_1 + z_2 + \cdots + z_m)s^{m-1} + \cdots + z_1 z_2 \cdots z_m\right]}{s^n + (p_1 + p_2 + \cdots + p_n)s^{n-1} + \cdots + p_1 p_2 \cdots p_n}$$

如果測試點遠離了原點,則將分母除與分子可得

$$G(s)H(s) = \frac{K}{s^{n-m} + [(p_1 + p_2 + \cdots + p_n) - (z_1 + z_2 + \cdots + z_m)]s^{n-m-1} + \cdots}$$

或

$$G(s)H(s) = \frac{K}{\left[s + \dfrac{(p_1 + p_2 + \cdots + p_n) - (z_1 + z_2 + \cdots + z_m)}{n - m}\right]^{n-m}} \quad (6\text{-}12)$$

令上式右手邊分母等於零，解出 s，即可得出漸近線交會於實數軸上之座標。或

$$s = -\frac{(p_1 + p_2 + \cdots + p_n) - (z_1 + z_2 + \cdots + z_m)}{n - m} \quad (6\text{-}13)$$

[例題 6-1 證明了由 (6-13) 式解得交會點。] 當此交會點知道了，漸近線就可以在 s 平面上繪製之。

注意到，漸近線表現出 $|s| \gg 1$ 之行為。根軌跡可能位於某一漸近線的一邊，也可能從漸近線的一邊穿過去到另一邊去。

4. **求分離點**。因為根軌跡係共軛複數對稱，因此分離點或交會點在實數軸上，或以共軛複數成對出現。

如果根軌跡存在於二個鄰近的開環極點之間，則在這二個極點之間至少有一分離點存在。同理，如果根軌跡存在於二個鄰近的開環零點之間 (某一零點也許在無窮遠處)，則在這二個零點之間至少有一交會點存在。

假設特性方程式為

$$B(s) + KA(s) = 0$$

則分離點或交會點相當於特性方程式發生重根之處。因此，如例題 6-1 所討論，分離點或交會點可由如下方程式之根決定之：

$$\frac{dK}{ds} = -\frac{B'(s)A(s) - B(s)A'(s)}{A^2(s)} = 0 \quad (6\text{-}14)$$

式中，一撇代表對於 s 做微分。必須注意的是，分離點或交會點必為

(6-14) 式之根，但非所有的 (6-14) 式之根皆是分離點或交會點。如果 (6-14) 式之根坐落於實數軸軌跡上，那才是分離點或交會點。如果 (6-14) 式之根不在實數軸軌跡上，那就不是分離點或交會點了。

如果 (6-14) 式之根 $s = -s_1$ 及 $s = -s_1$ 為共軛複數，但不確定是否為軌跡，那就要檢驗一下 K 值了。如果在 $dK/ds = 0$ 之根 $s = s_1$ 相對應的 K 值為正，則 $s = s_1$ 是分離點或交會點。(因為我們已經假設 K 值不是負，如果求出來的 K 值是負或是共軛複數，那麼 $s = s_1$ 就不是分離點或交會點了。)

5. 由共軛複數極點 (或共軛複數零點) 求根軌跡的出發角 (或到達角)。欲得到比較精準的根軌跡，必須知道在軛複數極點或零點附近根軌跡的進行方向。選取一測試點，在共軛複數極點 (或共軛複數零點) 附近移動之，這些極點或零點對此測試點所貢獻的角度和可以認為保持不變。因此根軌跡上由這些複數極點 (或複數零點) 造成的出發角 (或到達角) 等於 180° 減去所有其他極點或零點指向此複數極點 (或複數零點) 向量所貢獻角度之和，這些角度的量測包含符號。

    複數極點出來的出發角 = 180°
    − (所有其他極點指向此複數測試極點向量所貢獻角度之和)
    + (所有其他零點指向此複數測試極點向量所貢獻角度之和)

    進入複數極點的到達角 = 180°
    − (所有其他零點指向此複數測試零點向量所貢獻角度之和)
    + (所有其他極點指向此複數測試零點向量所貢獻角度之和)

    出發角請參見圖 6-12。

6. 求根軌跡與虛軸之交點。有二個方法可以求出根軌跡與 $j\omega$ 軸的交點：(a) 利用羅斯穩度準則，(b) 令 $s = j\omega$ 代入特性方程式，分別使得實數部分及虛數部分為零，即可解得 ω 及 K。解出來的 ω 就是根軌跡與虛軸相交時的頻率。對應於相交時的頻率，解出來的 K 就是其增益。

7. 在原點旁之廣域選取一些測試點，然後製作根軌跡圖。在 $j\omega$ 軸及原點旁之廣域繪製根軌跡圖。根軌跡最為重要的部分不是實數軸，也不是漸近線，而是在 $j\omega$ 軸及原點旁之廣域中的情形。在此 s 平面的重要區

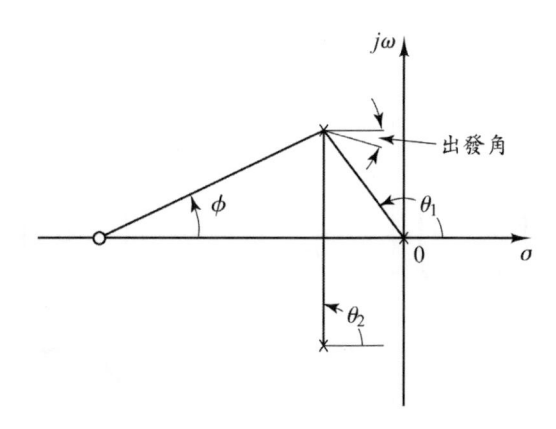

圖 6-12　根軌跡的製作 [出發角 = $180° - (\theta_1 + \theta_2) + \phi$]

域內，根軌跡必須繪製得愈精確愈好。(若需甚為精確的根軌跡圖可以使用 MATLAB 來製作，而非徒手繪製。)

8. 決定閉迴路極點。在某支根軌跡上的一點如果其 K 值滿足了幅度條件，則此點即是為閉迴路極點。易言之，幅度條件使我們決定根軌跡上某一點之 K 值。(如果需要的話，可以逐步增加 K 值而發展出根軌跡圖。根軌跡係為 K 值的連續曲線。)

根軌跡上任何一 s 點相關的 K 值可利用幅度條件決定之，或

$$K = \frac{s \text{ 點至各極點之間的長度}}{s \text{ 點至各零點之間的長度}}$$

此一數值可以用分析的方式，亦可用圖解法得到。(MATLAB 可以使用來逐步增加 K 值而發展出根軌跡圖。)

如果開環轉移函數的增益 K 已經知道，則利用嘗試及錯誤法或 MATLAB，參見 6-3 節，施行幅度條件便可決定每一支根軌跡上正確的閉迴路極點。

根軌跡圖的一些註解　注意，負回饋系統控制系統的開環轉移函數之特性方程式為

$$G(s)H(s) = \frac{K(s^m + b_1 s^{m-1} + \cdots + b_m)}{s^n + a_1 s^{n-1} + \cdots + a_n} \quad (n \geq m)$$

係為 n 階 s 的代數方程式。如果 $G(s)H(s)$ 分子的次數比分母次數至少低

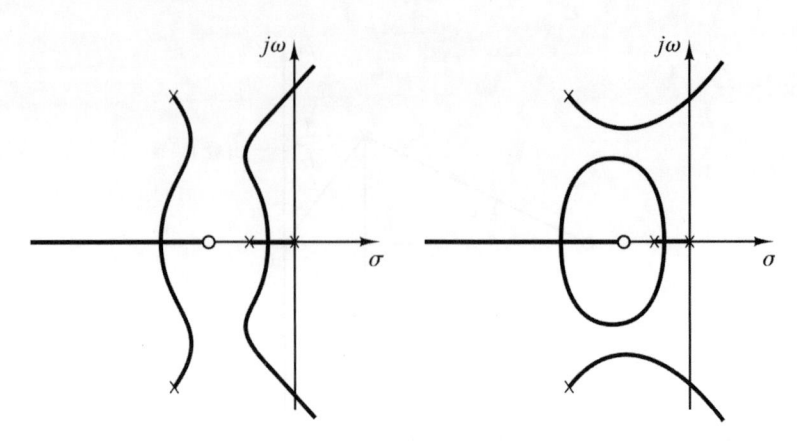

圖 6-13　根軌跡圖

二階以上(亦即，至少有二個以上零點在無窮遠處)，則 a_1 為方程式所有根的負數和與 K 無關。此時，如果 K 增加使得某一個根在根軌跡上往左移，則 K 增加也會使得其他根往右移。此訊息對於決定根軌跡圖的形狀很有助益。

同時注意到，極點與零點的架構若稍有變動，可能使得根軌跡圖的形狀有顯著的變化。圖 6-13 顯示出，當極點與零點位置少許的變化，產生的根軌跡圖有很大的不同。

$G(s)$ 的極點與 $H(s)$ 的零點抵消　必須注意到，如果 $G(s)$ 的分母與 $H(s)$ 的分子有相同的因子時，則相對應的開環極點與零點發生對消，使得特性方程式的階次降低一次或一次以上。例如考慮圖 6-14(a)。(此系統具有速度回饋。) 將圖 6-14(a) 的方塊圖修改成圖 6-14(b)，則發現 $G(s)$ 與 $H(s)$ 有共同因式 $s+1$。因此，閉迴路轉移函數

$$\frac{C(s)}{R(s)} = \frac{K}{s(s+1)(s+2) + K(s+1)}$$

特性方程式為

$$[s(s+2) + K](s+1) = 0$$

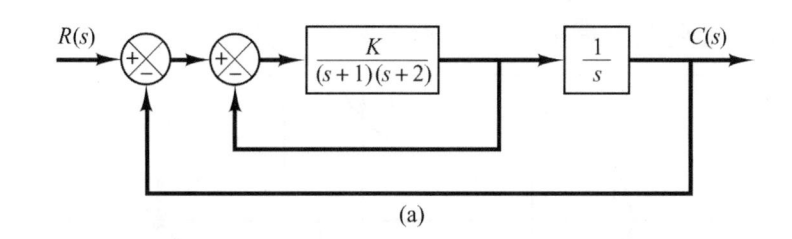

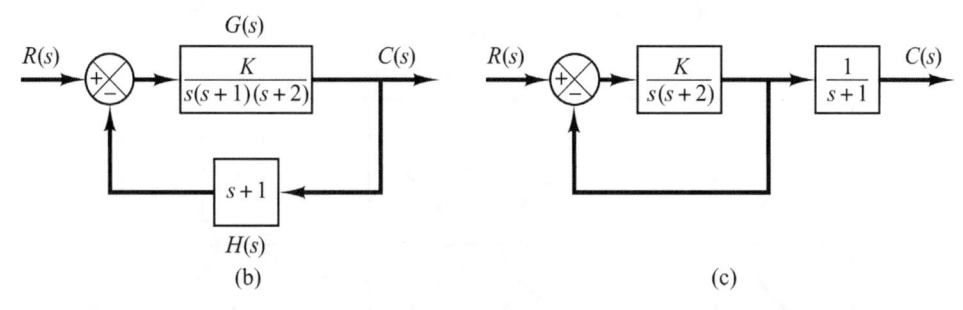

圖 6-14　(a) 具有速度回饋的控制系統；(b) 及 (c) 修改的方塊圖。

然而，因為 $G(s)$ 與 $H(s)$ 有共同因式 $(s+1)$ 發生對消，所以

$$1 + G(s)H(s) = 1 + \frac{K(s+1)}{s(s+1)(s+2)}$$

$$= \frac{s(s+2) + K}{s(s+2)}$$

因此特性方程式為

$$s(s+2) + K = 0$$

$G(s)H(s)$ 的根軌跡圖並不顯現所有特性方程式的根，而只是簡化後的方程式根。

　　欲得到整集閉迴路極點，則須將發生對消的 $G(s)H(s)$ 極點添加回去由 $G(s)H(s)$ 之根軌跡圖出現的閉迴路極點。必須注意到，對消的 $G(s)H(s)$ 極點也是閉迴路極點，參見圖 6-14(c)。

　　典型的極點與零點架構及對應的根軌跡圖　表 6-1 中我們整理出一些開環極點及開環零點的架構，與其對應的根軌跡圖。根軌跡圖的形狀與開環極點及零點之間的相對距離有關聯。如果開環極點的個數超過其零點三個或以上，則當 K 增大到超過某一數值時，根軌跡會進入右半 s 平面，使

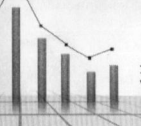

表 6-1 開環極點－零點架構及其對應的根軌跡圖

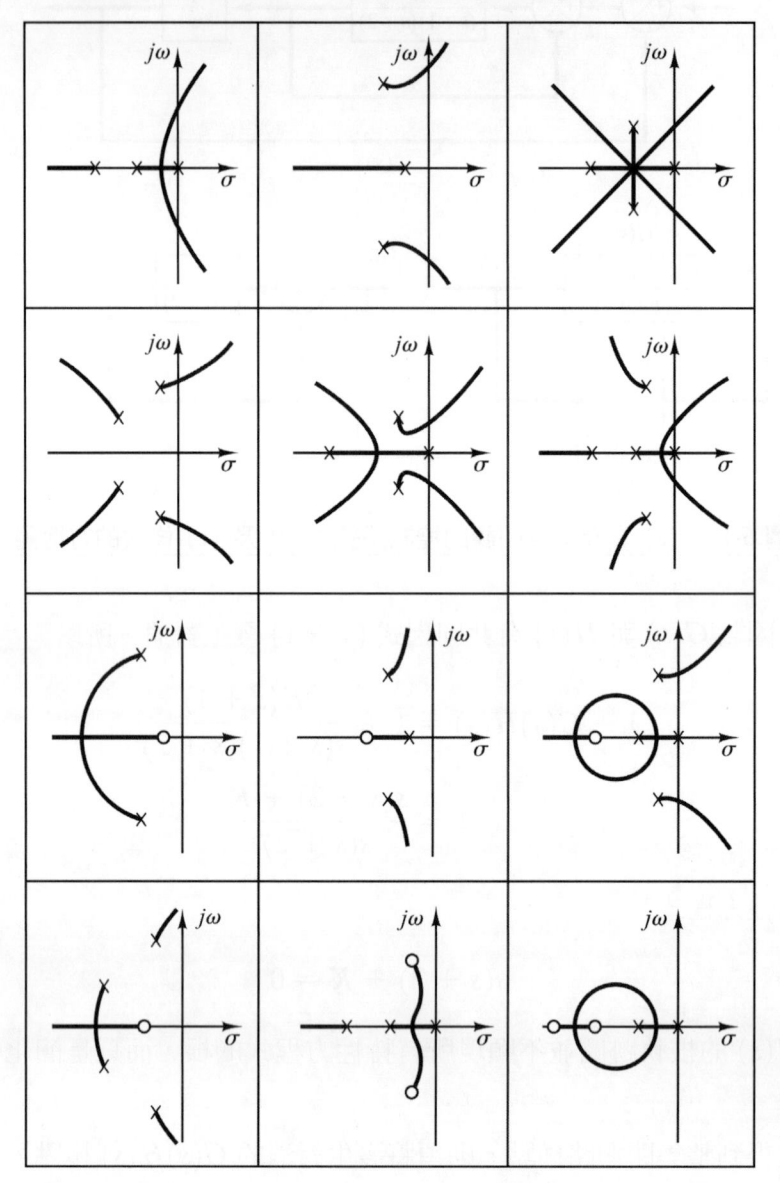

得系統變成不穩定。穩定系統的閉迴路極點必須皆在左半 s 平面。

注意一旦對此方法有經驗後，當開環極點及開環零點的數目及位置架構有所變動，我們可以很容易地由其他的開環極點－零點架構比對得知相對應的根軌跡圖。

總結 由以上討論可知，依照著一些簡單的法則，就可以將系統的根軌跡繪製得相當精準。(讀者一定要詳讀本章後面的例題解答，以熟悉各種根軌跡圖。) 在做初步設計時，我們並不需要精準的閉迴路極點之位置。有時系統的性能表現只從閉迴路極點大約的位置就可以估計出來。也就是說，設計者最好能夠很快地繪製出一個系統的根軌跡。

6-3 以 MATLAB 做根軌跡圖

本節要利用 MATLAB 方法產生根軌跡的作圖，並且研討一些根軌跡圖的重要訊息。

以 MATLAB 繪製根軌跡　欲以 MATLAB 繪製根軌跡時，系統方程式須如 (6-11) 式的形式，可寫成

$$1 + K\frac{\text{num}}{\text{den}} = 0$$

式中 num 為多項式的分子，且 den 是多項式的分母。亦即

$$\text{num} = (s + z_1)(s + z_2)\cdots(s + z_m)$$
$$= s^m + (z_1 + z_2 + \cdots + z_m)s^{m-1} + \cdots + z_1 z_2 \cdots z_m$$

$$\text{den} = (s + p_1)(s + p_2)\cdots(s + p_n)$$
$$= s^n + (p_1 + p_2 + \cdots + p_n)s^{n-1} + \cdots + p_1 p_2 \cdots p_n$$

注意，num 及 den 須寫成 s 的降冪排列。

欲繪製根軌跡時，通常使用 MATLAB 指令

$$\text{rlocus(num,den)}$$

使用此指令時，根軌跡圖繪製於銀幕上。增益 K 係自動產生。(K 包含了所有閉迴路極點計算所需的增益值。)

如果系統係以狀態空間定義，則 rlocus(A,B,C,D) 可繪製系統的根軌跡，其增益向量係自動產生。

注意，以下的指令

$$\text{rlocus(num,den,K)} \quad 和 \quad \text{rlocus(A,B,C,D,K)}$$

須使用者提供增益向量 K。

如果需要繪製根軌跡圖使用 'o' 或 'x' 符號，則使用下列指令

$$r = rlocus(num,den)$$
$$plot(r,'o') \quad or \quad plot(r,'x')$$

繪製根軌跡圖使用 'o' 或 'x' 符號是非常有啟示性的，因為每一個計算出來的閉迴路極點都會被顯示出來，因此在根軌跡有些地方這些符號比較密集，而有些地方比較鬆散。在繪製根軌跡時，MATLAB 會自動地一套增益值以供計算。並不需要外界的適應性步增程式。同時，MATLAB 的 plot 指令也自動產生座標軸的數字標示。

例題 6-3

考慮圖 6-15 的系統。以正方形比例繪製根軌跡圖，使得斜率等於 1 的直線呈現出真正的 45° 直線。根軌跡選擇的繪製範圍是

$$-6 \le x \le 6, \quad -6 \le y \le 6$$

式中 x 及 y 分別為實數軸及虛數軸。

欲在銀幕上繪製的範圍內顯現出正方形，則使用如下指令

$$v = [-6 \ 6 \ -6 \ 6]; \ axis \ (v); \ axis('square')$$

執行此指令後，繪製的範圍被指定了，且斜率等於 1 的直線可以呈現出真正的 45° 直線，而不是呈現歪斜的不規則形狀。

本題中，分母為一次項及二次項的乘積。我們必須先做相乘，以得到 s 的多項式。多項式的相乘可用摺積指令為之，將釋例於後。

定義

$$a = s(s+1): \quad a = [1 \ 1 \ 0]$$
$$b = s^2 + 4s + 16: \quad b = [1 \ 4 \ 16]$$

然後使用如下指令

$$c = conv(a, b)$$

其中 conv(a,b) 係將二個 a 及 b 做相乘。參見下列的積算機產生結果：

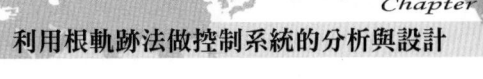

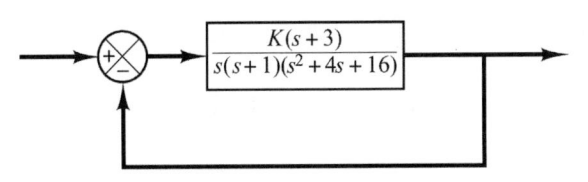

圖 6-15　控制系統

```
a = [1  1  0];
b = [1  4  16];
c = conv (a,b)
c =
      1  5  20  16  0
```

因此，分母的多項式變成

$$\text{den} = [1\ 5\ 20\ 16\ 0]$$

欲求複數開環極點（$s^2 + 4s + 16 = 0$ 的根），則使用 root 指令如下：

```
r = roots(b)
r =
    –2.0000 + 3.4641i
    –2.0000 - 3.4641i
```

因此系統的開環零點與開環極點如下：

　　　　開環零點：$s = -3$
　　　　開環極點：$s = 0,\ \ s = -1,\ \ s = -2 \pm j3.4641$

此系統的根軌跡圖可用作圖。繪製之圖形參見圖 6-16。

MATLAB 程式 6-1

```
% --------- Root-locus plot ---------
num = [1  3];
den = [1  5  20  16  0];
rlocus(num,den)
v = [-6  6  -6  6];
axis(v); axis('square')
grid;
title ('Root-Locus Plot of G(s) = K(s + 3)/[s(s + 1)(s^2 + 4s + 16)]')
```

注意，在 MATLAB 程式 6-1 中，可以不使用

$$\text{den} = [1\ 5\ 20\ 16\ 0]$$

而使用

$$\text{den} = \text{conv}\,([1\ 1\ 0],\ [1\ 4\ 16])$$

所產生的結果是一樣的。

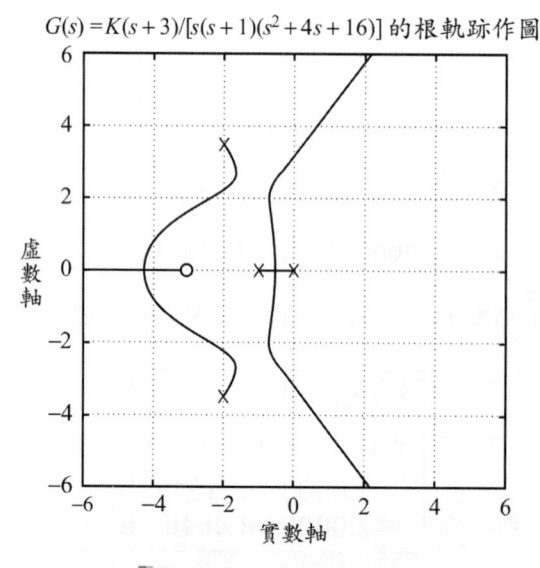

圖 6-16　根軌跡作圖

例題 6-4

考慮負回饋系統，其開環轉移函數 $G(s)H(s)$ 為

$$G(s)H(s) = \frac{K}{s(s+0.5)(s^2+0.6s+10)}$$

$$= \frac{K}{s^4 + 1.1s^3 + 10.3s^2 + 5s}$$

本題中沒有開環零點。開環極點位於 $s = -0.3 + j3.1480$、$s = -0.3 - j3.1480$、$s = -0.5$ 及 $s = 0$。

以 MATLAB 程式 6-2 輸入機算機，可以產生如圖 6-17 的根軌跡圖。

MATLAB 程式 6-2

```
% --------- Root-locus plot ---------
num = [1];
den = [1  1.1  10.3  5  0];
r = rlocus(num,den);
plot(r,'o')
v = [-6  6  -6  6]; axis(v)
grid
title('Root-Locus Plot of G(s) = K/[s(s + 0.5)(s^2 + 0.6s + 10)]')
xlabel('Real Axis')
ylabel('Imag Axis')
```

注意在靠近 $x = -0.3$、$y = 2.3$ 及 $x = -0.3$、$y = -2.3$ 的區域，二支軌跡緊鄰著。我們懷疑它們是否會碰在一起。欲了解詳情，可在此臨界區域中使用比較精細的 K 值遞增之。

利用習用的錯誤－嘗試法，使用本節之後將介紹的 rlocfind 指令，我們將發現可能相交的特殊區域在 $20 \leq K \leq 30$。輸入 MATLAB 程式 6-3 之後，產生如圖 6-18 的根軌跡作圖。很顯然的，由圖中可以看出平面上半部（或下半部）的二支緊鄰軌跡不會碰在一起。

MATLAB 程式 6-3

```
% --------- Root-locus plot ---------
num = [1];
den = [1  1.1  10.3  5  0];
K1 = 0:0.2:20;
K2 = 20:0.1:30;
K3 = 30:5:1000;
K = [K1  K2  K3];
r = rlocus(num,den,K);
plot(r, 'o')
v = [-4  4  -4  4]; axis(v)
grid
title('Root-Locus Plot of G(s) = K/[s(s + 0.5)(s^2 + 0.6s + 10)]')
xlabel('Real Axis')
ylabel('Imag Axis')
```

$G(s) = K/[s(s+0.5)(s^2+0.6s+10)]$ 的根軌跡作圖

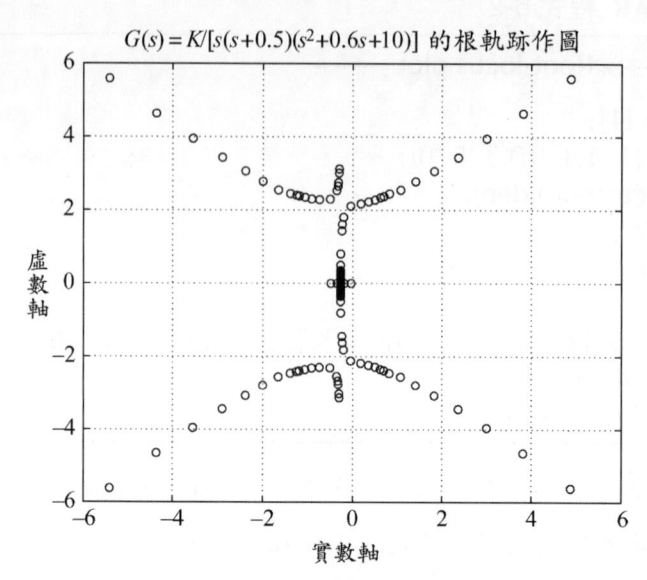

圖 6-17 根軌跡作圖

$G(s) = K/[s(s+0.5)(s^2+0.6s+10)]$ 的根軌跡作圖

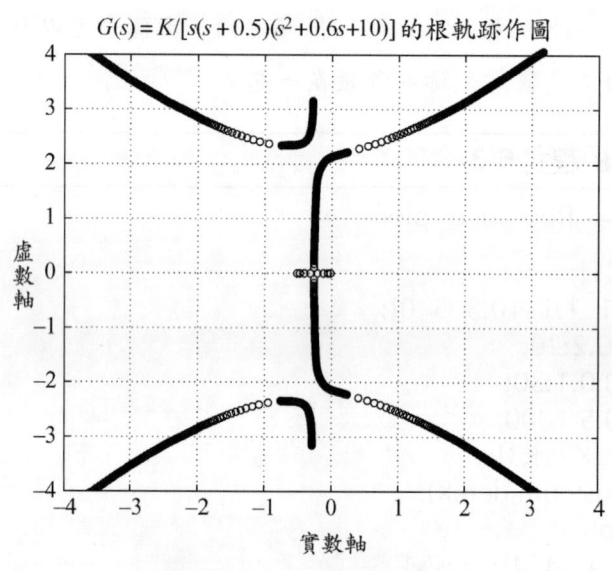

圖 6-18 根軌跡作圖

例題 6-5

考慮圖 6-19 的系統。系統的方程式為

$$\dot{x} = Ax + Bu$$
$$y = Cx + Du$$
$$u = r - y$$

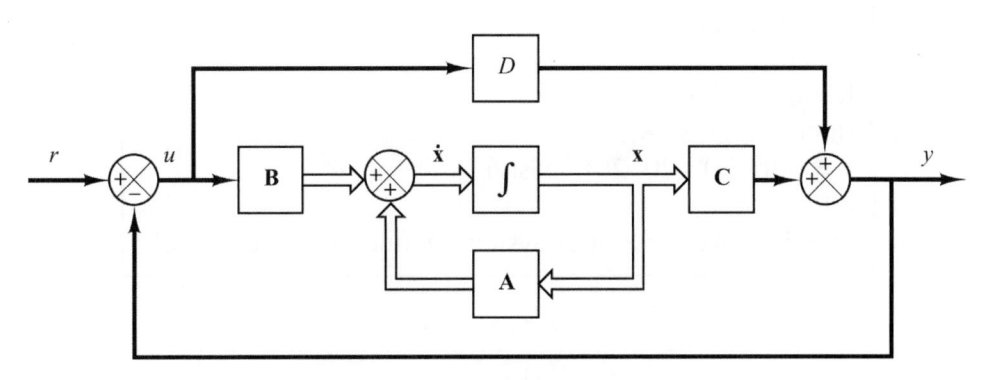

圖 6-19 閉迴路控制系統

我們在本例題中要繪製定義於狀態空間系統的根軌跡圖。於題目中，考慮矩陣 A、B、C 及 D 的情形為

$$A = \begin{bmatrix} 0 & 1 & 0 \\ 0 & 0 & 1 \\ -160 & -56 & -14 \end{bmatrix}, \quad B = \begin{bmatrix} 0 \\ 1 \\ -14 \end{bmatrix} \quad (6\text{-}15)$$

$$C = \begin{bmatrix} 1 & 0 & 0 \end{bmatrix}, \quad D = [0]$$

利用 MATLAB 程式可以得到系統的根軌跡作圖。使用以下的指令：

$$\text{rlocus(A,B,C,D)}$$

此一指令產生的根軌跡作圖與我們先前所用的 rlocus(num,den) 指令得出同樣結果，其中 num 及 den 可由

$$[\text{num,den}] = \text{ss2tf(A,B,C,D)}$$

得出如下

$$\text{num} = [0\ \ 0\ \ 1\ \ 0]$$
$$\text{den} = [1\ \ 14\ \ 56\ \ 160]$$

MATLAB 程式 6-4 可產生如圖 6-20 的根軌跡作圖。

MATLAB 程式 6-4

% --------- Root-locus plot ---------

A = [0 1 0;0 0 1;-160 -56 -14];
B = [0;1;-14];
C = [1 0 0];
D = [0];
K = 0:0.1:400;
rlocus(A,B,C,D,K);
v = [-20 20 -20 20]; axis(v)
grid
title('Root-Locus Plot of System Defined in State Space')

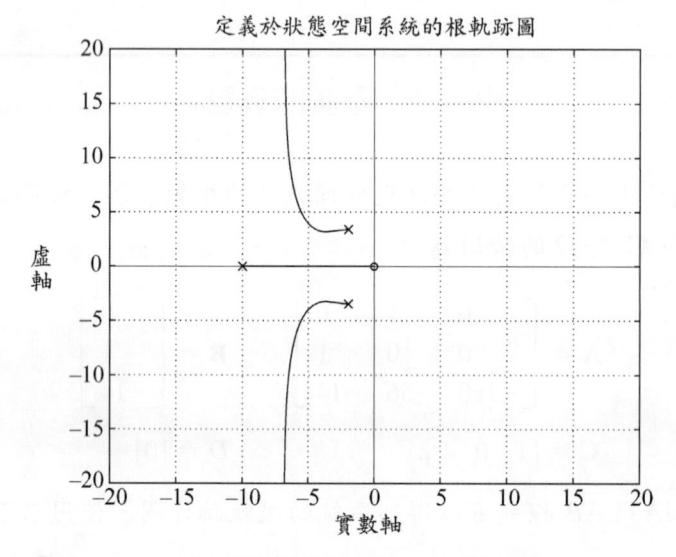

圖 6-20 定義於狀態空間系統的根軌跡圖，矩陣 A、B、C 及 D 如 (6-15) 式定義。

定值 ζ 軌跡與定值 ω_n 軌跡 我們曾經提過，在複數平面的一對共軛極點之阻尼比 ζ 可用角度 ϕ 表示之，其由負實數軸量測之，如圖 6-21(a)

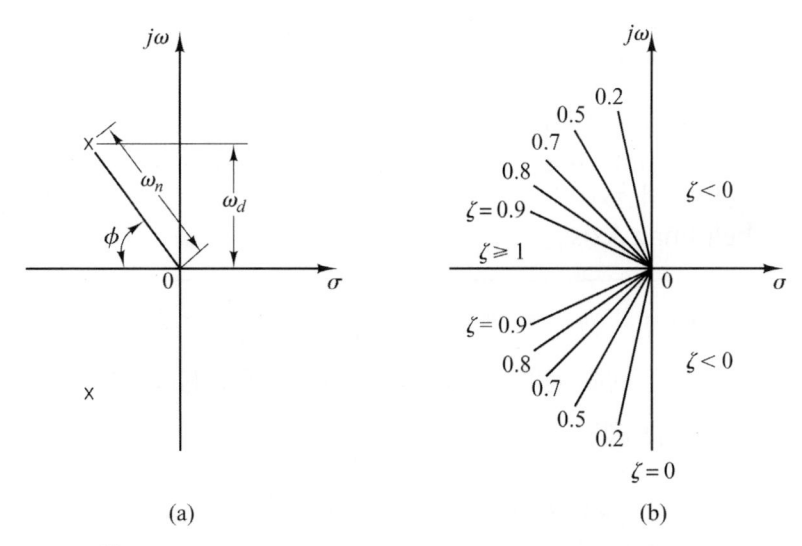

圖 6-21　(a) 複數極點；(b) ζ 為固定值的直線。

所示為

$$\zeta = \cos\phi$$

換句話說，ζ 為固定值的直線相當於通過原點輻射狀的直線，如圖 6-21(b) 所示。例如，阻尼比 0.5 的共軛複數極點係在與負實數軸呈 ±60° 的直線上。(如果共軛複數極點的實數部分為正，則意味系統不穩定，此時 ζ 為負數。) 因此阻尼比決定了極點的角度位置。而由極點至原點的距離由無阻尼振盪頻率 ω_n 決定之。ω_n 為定值的軌跡為圓曲線。

欲由 MATLAB 繪製 ζ 為固定值的直線及 ω_n 為定值的圓曲線可用 sgrid 指令為之。

在根軌跡圖繪製及座標格線　指令

$$\text{sgrid}$$

在根軌跡圖上可以佈滿 ζ 為固定值的直線 (ζ = 0～1，間隔 0.1)，以及 ω_n 為定值的圓曲線。MATLAB 程式 6-5 可產生如圖 6-22 的根軌跡圖。

> **MATLAB 程式 6-5**
>
> sgrid
> v = [-3 3 -3 3]; axis(v); axis('square')
> title('Constant \zeta Lines and Constant \omega_n Circles')
> xlabel('Real Axis')
> ylabel('Imag Axis')

如果只是要某一特定的固定值 ζ 的直線 (例如 $\zeta = 0.5$ 直線及 $\zeta = 0.707$ 直線) 與特定的固定值 ω_n 的圓 (例如 $\omega_n = 0.5$ 的圓、$\omega_n = 1$ 的圓及 $\omega_n = 2$ 的圓)，可用如下指令

$$\text{sgrid}([0.5,\ 0.707],\ [0.5,\ 1,\ 2])$$

如果在負回饋系統中，希望重疊上述的固定 ζ 的直線與固定 ω_n 的圓，系統為

$$\text{num} = [0\ \ 0\ \ 0\ \ 1]$$
$$\text{den} = [1\ \ 4\ \ 5\ \ 0]$$

以 MATLAB 程式 6-6 可產生如圖 6-23 的根軌跡圖。

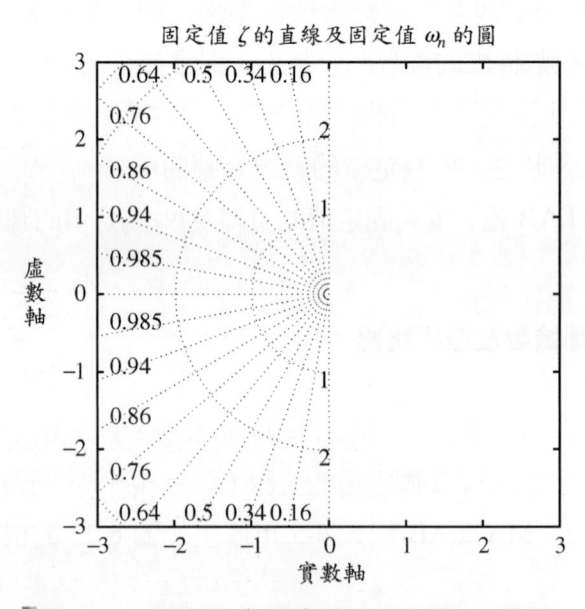

圖 6-22 固定值 ζ 的直線及固定值 ω_n 的圓

MATLAB 程式 6-6

```
num = [1];
den = [1  4  5  0];
K = 0:0.01:1000;
r = rlocus(num,den,K);
plot(r,'-'); v = [-3  1  -2  2]; axis(v); axis('square')
sgrid([0.5,0.707], [0.5,1,2])
grid
title('Root-Locus Plot with \zeta = 0.5 and 0.707 Lines and \omega_n = 0.5,1, and 2 Circles')
xlabel('Real Axis'); ylabel('Imag Axis')
gtext('\omega_n = 2')
gtext('\omega_n = 1')
gtext('\omega_n = 0.5')
% Place 'x' mark at each of 3 open-loop poles.
gtext('x')
gtext('x')
gtext('x')
```

在 sgrid 指令的引數中使用空白角括號 [ ]，則圖形中不會出現所有的固定 ζ 直線及固定 ω_n 的圓。例如，只需將 $\zeta = 0.5$ 的固定阻尼比直線重疊於根軌跡圖上，不需要固定 ω_n 的圓，可用如下指令

$$\text{sgrid}(0.5, \ [\,])$$

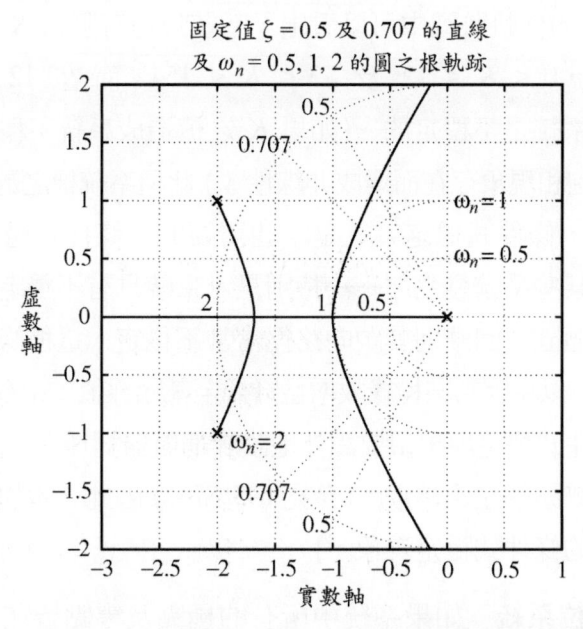

圖 6-23 固定值 ζ 的直線及定值 ω_n 的圓重疊繪製於根軌跡圖上

$$R(s) \xrightarrow{+} \boxed{\frac{K(s^2+2s+4)}{s(s+4)(s+6)(s^2+1.4s+1)}} \to C(s)$$

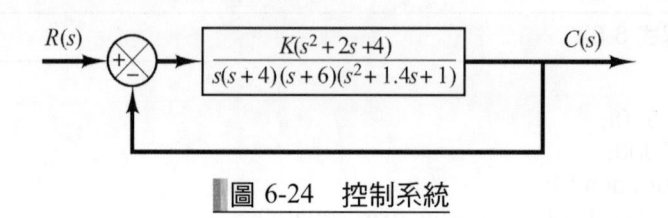

圖 6-24　控制系統

條件式穩定系統　考慮圖 6-24 的負回饋系統。可用一般的規則繪製系統的根軌跡，也可以使用 MATLAB 程式為之。以 MATLAB 程式 6-7 可產生如圖 6-25 的根軌跡圖。

MATLAB 程式 6-7

```
num = [1  2  4];
den = conv(conv([1  4  0],[1  6]), [1  1.4  1]);
rlocus(num, den)
v = [-7  3  -5  5]; axis(v); axis('square')
grid
title('Root-Locus Plot of G(s) = K(s^2 + 2s + 4)/[s(s + 4)(s + 6)(s^2 + 1.4s + 1)]')
text(1.0, 0.55,'K = 12')
text(1.0,3.0,'K = 73')
text(1.0,4.15,'K = 154')
```

由圖 6-25 的根軌跡圖中可以看出，系統只在有限的 K 範圍內穩定工作 —— 亦即，$0 < K < 12$ 及 $73 < K < 154$。而在 $12 < K < 73$ 及 $K > 154$ 時，系統是不穩定的。(如果 K 之值造成系統不穩定，則系統可能損毀或由於飽和現象存在而變成非線性。) 此種系統稱之為條件式穩定。

在實用上，條件式穩定系統是不能需要的。條件式穩定系統有些危險，確是常在某些系統發生之——特別是，系統具有不穩定的順向路徑。如果系統有內迴圈式回饋則其順向路徑常常不穩定。這種條件式穩定系統最好不要使用，以免因為某種緣故增益降低至某臨界值，系統變成不穩定。注意，這種條件式穩定現象須要額外地設計補償器彌補之。[添加一個零點可以使得根軌跡圖朝左邊轉彎。(參見 6-5 節。) 因此，添加適當的補償器可以消除系統的條件式穩定現象。]

非極小相位系統　如果系統中所有的極點及零點皆在 s 平面的左半邊，則此系統稱為極小相位 (minimum phase) 系統。如果系統中至少有一

利用根軌跡法做控制系統的分析與設計

$G(s) = K(s^2+2s+4)/[s(s+4)(s+6)(s^2+1.4s+1)]$的根軌跡圖

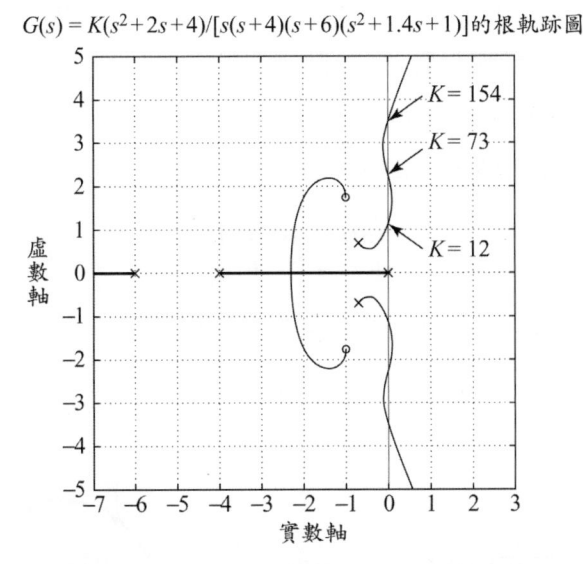

圖 6-25　條件式穩定系統之根軌跡圖

個極點或零點在 s 平面的右半邊，則此系統稱為非極小相位 (nonminimum phase) 系統。非極小相位名稱的由來係由於系統在弦波工作下造成相位遷移之特性而為之。

考慮圖 6-26(a) 的系統。此系統為

$$G(s) = \frac{K(1-T_a s)}{s(Ts+1)} \quad (T_a > 0), \quad H(s) = 1$$

此系統有一個零點在右半 s 平面，因此是非極小相位系統。於此系統中，其角度條件為

$$\underline{/G(s)} = \underline{/-\frac{K(T_a s - 1)}{s(Ts+1)}}$$

$$= \underline{/\frac{K(T_a s - 1)}{s(Ts+1)}} + 180°$$

$$= \pm 180°(2k+1) \quad (k = 0, 1, 2, \dots)$$

或

$$\underline{/\frac{K(T_a s - 1)}{s(Ts+1)}} = 0° \tag{6-16}$$

281

由 (6-16) 式可以得出根軌跡。圖 6-26(b) 所示為系統的根軌跡圖。由圖中可以知道，只在增益 K 少於 $1/T_a$ 時，系統才是穩定的。

欲以 MATLAB 繪製根軌跡，如前述方式輸入分子與分母。例如，若 $T = 1$ 秒及 $T_a = 0.5$ 秒，在程式中輸入下列的 num 及 den：

$$\text{num} = [-0.5 \quad 1]$$
$$\text{den} = [1 \quad 1 \quad 0]$$

以 MATLAB 程式 6-8 可產生如圖 6-27 的根軌跡圖。

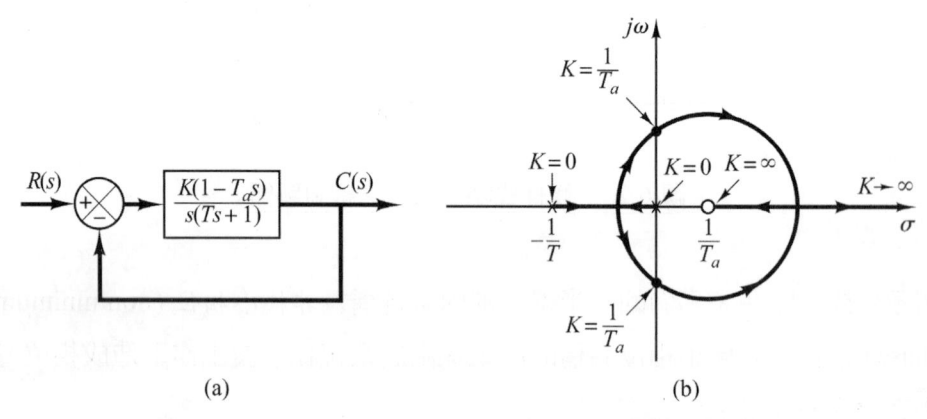

圖 6-26 (a) 非極小相位的系統；(b) 根軌跡圖。

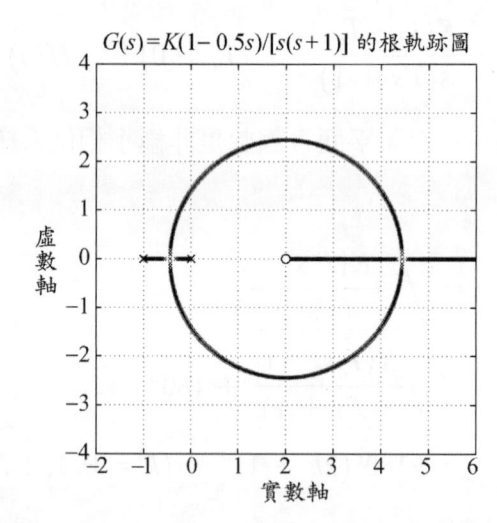

圖 6-27 $G(s) = \dfrac{K(1-0.5s)}{s(s+1)}$ 之根軌跡圖

MATLAB 程式 6-8

```
num = [-0.5  1];
den = [1  1  0];
k1 = 0:0.01:30;
k2 = 30:1:100;
K3 = 100:5:500;
K = [k1  k2  k3];
rlocus(num,den,K)
v = [-2  6  -4  4]; axis(v); axis('square')
grid
title('Root-Locus Plot of G(s) = K(1 - 0.5s)/[s(s + 1)]')
% Place 'x' mark at each of 2 open-loop poles.
% Place 'o' mark at open-loop zero.
gtext('x')
gtext('x')
gtext('o')
```

根軌跡與定值增益軌跡的正交　考慮負回饋系統其開環轉移函數為 $G(s)H(s)$。在 $G(s)H(s)$ 平面，$|G(s)H(s)|=$ 常數的軌跡係為圓，其中心為原點，而對應於 $\underline{/G(s)H(s)} = \pm 180°(2k+1)$ $(k = 0, 1, 2, \ldots)$ 的軌跡係在 $G(s)H(s)$ 平面的負實軸上，參見圖 6-28。[注意，此處使用的複數平面是 $G(s)H(s)$ 平面，而不是 s 平面。]

s 平面上的根軌跡及定值增益軌跡為 $\underline{/G(s)H(s)} = \pm 180°(2k+1)$ 及 $|G(s)H(s)|=$ 常數在 $G(s)H(s)$ 平面上的保角性映射。

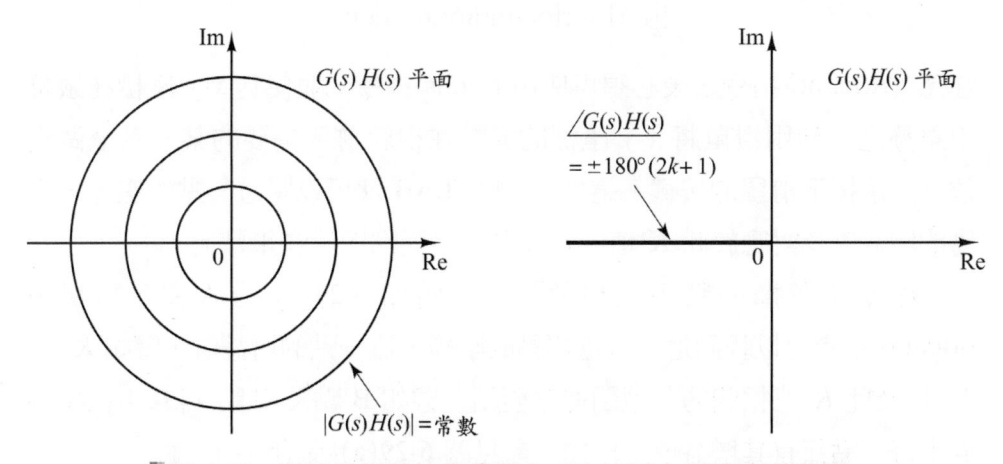

圖 6-28　增益及相位皆為常數在 $G(s)H(s)$ 平面上的作圖

因為在 $G(s)H(s)$ 平面上增益為常數與相位為常數的軌跡相互正交，在 s 平面上根軌跡與增益等於定值的軌跡正交。圖 6-29(a) 所示為下列系統的根軌跡與增益等於定值的軌跡：

$$G(s) = \frac{K(s+2)}{s^2 + 2s + 3}, \qquad H(s) = 1$$

因為極點與零點之架構係對於實數軸對稱，因此增益等於定值的軌跡也會對於實數軸對稱。

圖 6-29(b) 所示為如下系統的根軌跡與增益等於定值的軌跡。

$$G(s) = \frac{K}{s(s+1)(s+2)}, \qquad H(s) = 1$$

因為極點的架構在 s 平面上係對於實數軸對稱，而與虛數軸平行的直線經過 ($\sigma = -1$ 及 $\omega = 0$) 這一點，所以增益等於定值的軌跡也與直線 $\omega = 0$ (實數軸) 及直線 $\sigma = -1$ 對稱。

注意在圖 6-29(a) 及 (b) 中，s 平面上的每一點皆有標示相對應的 K 值。如果我們使用 rlocfind 指令 (將在以後介紹)，MATLAB 會顯示這一特殊點的 K 值及相對應於此 K 值的其他閉迴路極點。

在根軌跡上任一點求增益值 K　　利用 MATLAB 分析閉迴路系統時，有時必須在根軌跡上任一點求其增益值 K。此時可用下列 rlocfind 指令完成之：

[K, r] = rlocfind(num, den)

注意，rlocfind 指令之後必須再使用 rlocus 指令，並使其 x-y 座標在銀幕上重疊之。利用滑鼠將 x-y 座標的原點在根軌跡所需要的某一點上做定位，然後按下滑鼠的按鍵。這樣子 MATLAB 就可以將這一點的座標、對應的增益值及對應於此 K 值的其他閉迴路極點顯示在銀幕上。

如果所選擇的點不在根軌跡上，例如 6-29(a) 的 A 點，則利用 rlocfind 指令可以找到這一個選擇點的座標、這一點的增益值，譬如 $K = 2$，以及此 K 值相關的其他閉迴路極點，譬如 B 點及 C 點。[註：在 s 平面上每一點都有其增益值。例如，參見圖 6-29(a) 及 (b)。]

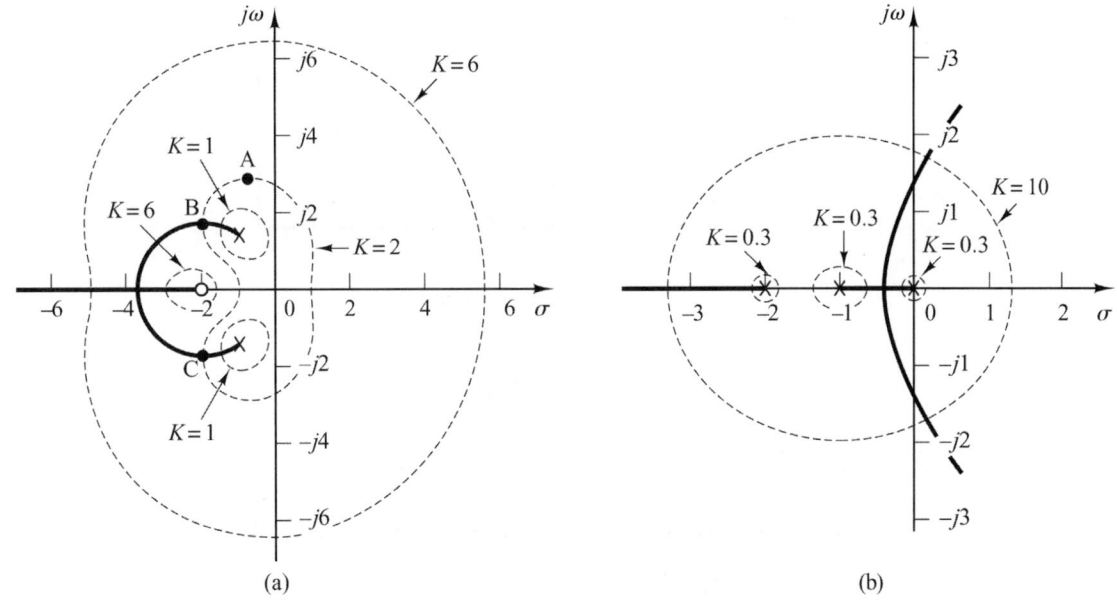

圖 6-29　根軌跡與增益等於定值的軌跡。(a) 系統 $G(s) = K(s + 2)/(s^2 + 2s + 3)$, $H(s) = 1$；(b) 系統 $G(s) = K/s(s + 1)(s + 2)$, $H(s) = 1$。

6-4　正回饋系統的根軌跡圖

正回饋系統的根軌跡*　　複雜的控制系統中，有時在內迴路有正回饋，如圖 6-30 所示。此內迴路常須使用外迴路外穩定之。以下我們只針對正回饋的內迴路做討論。內迴路的閉迴路轉移函數為

$$\frac{C(s)}{R(s)} = \frac{G(s)}{1 - G(s)H(s)}$$

其特性方程式為

$$1 - G(s)H(s) = 0 \qquad (6\text{-}17)$$

此方程式的解法方式與 6-2 節所述的負回饋系統之根軌跡發展程序類似。然而，角度條件必須修改之。

(6-17) 式須重寫為

---

*參考文獻 W-4。

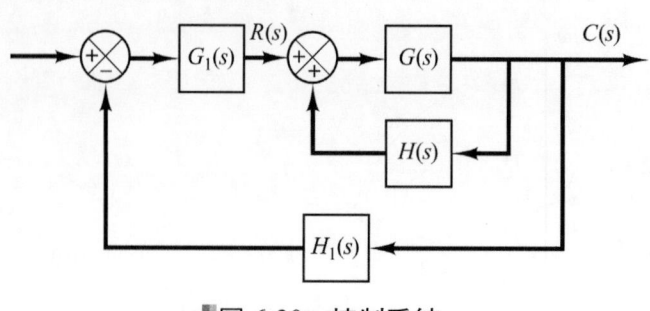

圖 6-30　控制系統

$$G(s)H(s) = 1$$

其與下列二式等效：

$$\angle G(s)H(s) = 0° \pm k360° \qquad (k = 0, 1, 2, \ldots)$$
$$|G(s)H(s)| = 1$$

對於正回饋的情形，所有由開環極點與零點貢獻角度的總和必須為 $0° \pm k360°$。因此，根軌跡的討論係為 $0°$ 軌跡，而非先前的 $180°$ 軌跡。但是幅度條件仍舊是一樣的。

為了闡釋正回饋系統之根軌跡作圖，我們使用以下的轉移函數 $G(s)$ 及 $H(s)$ 為例：

$$G(s) = \frac{K(s+2)}{(s+3)(s^2+2s+2)}, \quad H(s) = 1$$

增益 K 假設為正。

6-2 節所述負回饋系統的根軌跡建構規則須要做修改，如下所述：

規則 2 修改如下：如果實數軸上的測試點之右方共有偶數個極點及零點，則此測試點係在根軌跡上。

規則 3 修改如下：

$$漸近線張角 = \frac{\pm k360°}{n-m} \qquad (k = 0, 1, 2, \ldots)$$

其中 $n = G(s)H(s)$ 的有限極點個數
　　　$m = G(s)H(s)$ 的有限零點個數

利用根軌跡法做控制系統的分析與設計

規則 5 修改如下：計算由複數開環極點(或複數開環零點)的出發角(或到達角)時，以 0° 減去所有其他極點及零點至此複數極點(或複數零點)的向量貢獻角度之總和，包含必要的正負號。

其他所用的根軌跡建構規則是相同的。現在我們應用修改規則建構本例題的根軌跡。

1. 在複數平面上繪出開環極點 ($s = -1 + j, s = -1 - j, s = -3$) 及零點 ($s = -2$)。當 K 由 0 增加到 ∞ 時，閉迴路極點將從開環極點出發，而終止於開環零點(有限的或無限的)，與負回饋之情形相同。

2. 求實數軸上得軌跡。實軸軌跡應存在於 -2 至 $+\infty$ 及 -3 至 $-\infty$ 之間的實數軸上。

3. 求根軌跡的漸近線。對於本系統

$$\text{漸近線張角} = \frac{\pm k 360°}{3 - 1} = \pm 180°$$

亦即，漸近線在實數軸上。

4. 求分離點或交會點。因為特性方程式為

$$(s + 3)(s^2 + 2s + 2) - K(s + 2) = 0$$

所以

$$K = \frac{(s + 3)(s^2 + 2s + 2)}{s + 2}$$

將 K 對於 s 微分，可得

$$\frac{dK}{ds} = \frac{2s^3 + 11s^2 + 20s + 10}{(s + 2)^2}$$

因為

$$2s^3 + 11s^2 + 20s + 10$$
$$= 2(s + 0.8)(s^2 + 4.7s + 6.24)$$
$$= 2(s + 0.8)(s + 2.35 + j0.77)(s + 2.35 - j0.77)$$

所以 $s = -8$ 這一點在根軌跡上。因為此點在二個零點(一個有限零

點，另一個零點在無窮遠處。)之間，因此這是真正的分離點。$s = -2.35 \pm j0.77$ 這二點並不滿足角度條件，所以不是分離點也非交會點。

5. 求根軌跡複數極點的。在極點 $s = -1 + j$，出發角 θ 為

$$\theta = 0° - 27° - 90° + 45°$$

或

$$\theta = -72°$$

(註：在極點 $s = -1 - j$，出發角 θ 為 $72°$。)

6. 在原點及 $j\omega$ 之附近廣域區選擇一測試點，然後施用角度條件。儘量找到滿足角度條件充分多的點。

圖 6-31 所示為已知正回饋系統的根軌跡作圖。根軌跡係以虛線之直線段及一曲線段顯現之。

假如

$$K > \left. \frac{(s+3)(s^2+2s+2)}{s+2} \right|_{s=0} = 3$$

我們發現有一實數根進入右半 s 平面。因此當 K 大於 3，系統變成不穩定。(當 $K > 3$ 時，系統必須以外迴路將之穩定化。)

此正回饋閉迴路系統的轉移函數為

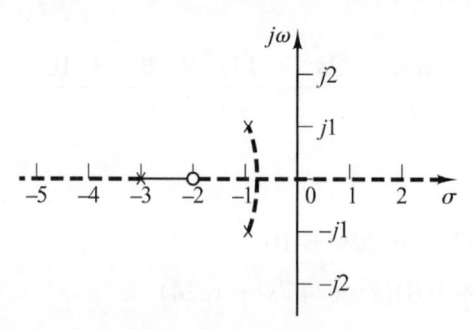

圖 6-31　正回饋系統的根軌跡作圖 $G(s) = K(s+2)/[(s+3)(s2+2s+2)]$, $H(s) = 1$。

$$\frac{C(s)}{R(s)} = \frac{G(s)}{1 - G(s)H(s)}$$

$$= \frac{K(s+2)}{(s+3)(s^2+2s+2) - K(s+2)}$$

為了與相對應的負回饋系統做根軌跡的比較，在圖 6-32 中我們呈現了負回饋系統的根軌跡圖，閉迴路系統的轉移函數為

$$\frac{C(s)}{R(s)} = \frac{K(s+2)}{(s+3)(s^2+2s+2) + K(s+2)}$$

表 6-2 顯示了各種負回饋及正回饋系統的根軌跡圖。閉迴路系統的轉移函數為

$$\frac{C}{R} = \frac{G}{1+GH}, \quad 負回饋系統$$

$$\frac{C}{R} = \frac{G}{1-GH}, \quad 正回饋系統$$

其中 GH 為開環轉移函數。在表 6-2 中，負回饋系統的根軌跡圖以黑實線之直線或曲線段顯示，而正回饋系統的根軌跡圖則以虛線式的直線或曲線段呈現之。

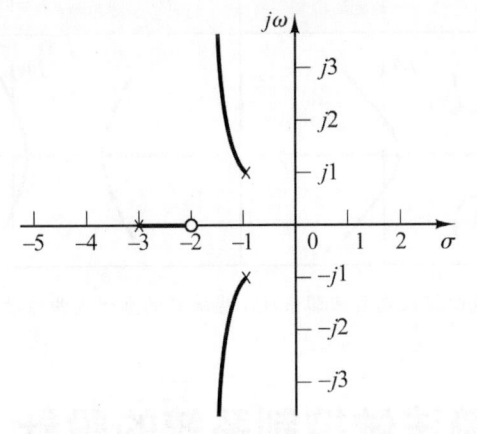

圖 6-32　負回饋系統的根軌跡作圖 $G(s) = K(s+2)/[(s+3)(s^2+2s+2)]$, $H(s) = 1$。

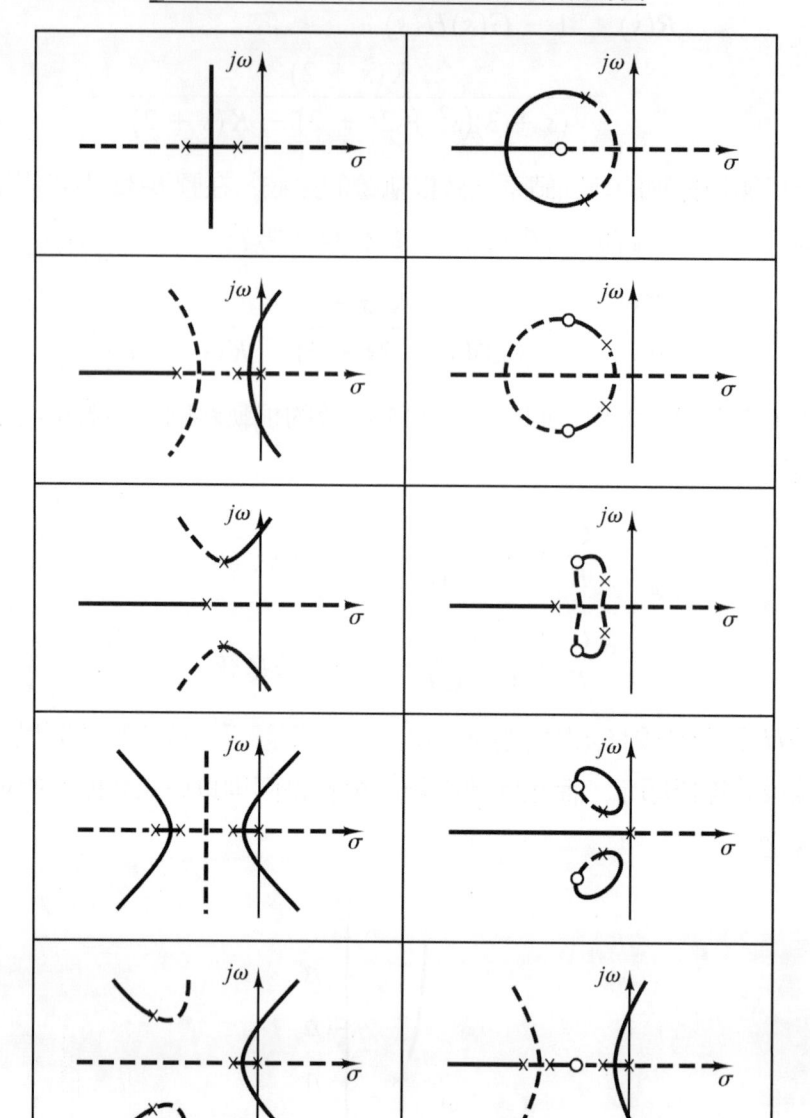

表 6-2　負回饋及正回饋系統的根軌跡圖

黑實線之直線或曲線段為負回饋系統；虛線式的直線或曲線段為正回饋系統。

6-5　根軌跡法做控制系統的設計

設計之初步考慮　在建造控制系統時，適當地修改控制本體之動態也許是使系統滿足的性能表現最為簡易的方式。然而，在許多情況下這不切

實際,因為控制本體通常是固定,不可能變動的。那麼我們就要調節那些不是在本體中固定的參數。本書中假設控制本體是已知的,且不穩定。

在實際的情況,系統的根軌跡圖可能告訴我們,僅調節增益(或調節其他的參數)並不可充分地達到所需的性能要求。事實上,在某些情況中,系統在所有增益值下(或其他的參數值)皆是不穩定。此時就須要改變根軌跡的形狀以便達到所需的性能要求。

所以,設計題目變成了安插適當的補償器,以能改善系統的性能要求。控制系統的補償便簡化為設計濾波器,使其特性能夠補償控制本體中不需要或無法修改的特性。

根軌跡法設計 根軌跡法設計之原理係建立於改變系統根軌跡的形狀,在開環轉移函數中安置極點或零點,使得修改後的根軌跡能經過 s 平面上所需要的閉迴路極點。根軌跡法設計之特性係建立於,假設閉迴路系統存在一對閉路主極點。亦即,零點及添加的極點對於系統表現的特性影響不大。

設計控制系統時,除需要了解調節增益(或調節其他的參數)外,有時我們安插適當的補償器,以修改系統根軌跡的形狀。一旦我們了解所安置極點或零點對於軌跡形狀的改變效應,就可以將極點或零點安排在適當的位置,使補償器可以將根軌跡的形狀修整到需要的情況。簡要言之,根軌跡法設計之方針係使補償器修整根軌跡的形狀,使得 s 平面上能有一對閉路主極點存在於所需要的位置。

串接補償與並聯(或回饋)補償 圖 6-33(a) 及 (b) 所示為回饋控制系統常使用的結構方式。圖 6-33(a) 所示為補償器 $G_c(s)$ 與控制本體串接的情形。此種架構係為*串接補償* (series compensation)。

除了串接補償外,另一種方式是將某些元件的信號做回饋,補償器放至於內迴圈上,如圖 6-33(b) 所示。此種補償架構係為*並聯補償* (parallel compensation) 或回饋補償 (feedback compensation)。

做控制系統的補償時,通常形成串接或並聯補償器的設計題目。到底採用串接或並聯補償器,其間的抉擇在於系統中信號的性質、採取點上的功率程度、可用的元件、設計者的經驗及經濟上等的考量。

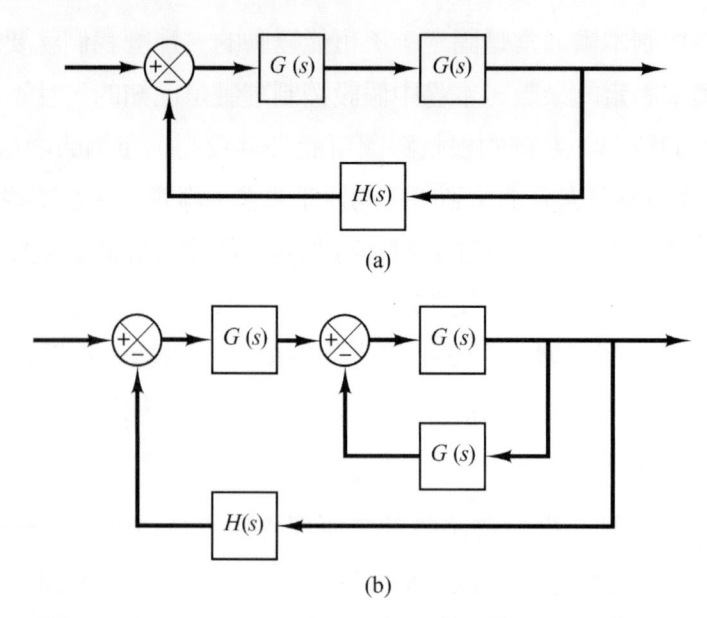

圖 6-33　(a) 串接補償器；(b) 並聯或回饋補償器。

通常，串接補償會比並聯補償來得容易些；然而，串接補償常常需要再備有放大器以提高增益或做隔離。(為了減少功率的損耗，串接補償器通常安排在順向路徑上功率最低的那一端。) 通常，如果信號可以方便地擷取得到，因為相關的功率操作需求程度由高階轉成低階，並聯補償所須使用的元件會比串接補償少。

在 6-6 至 6-9 節裡，我們首先討論串接補償的技術，然後再利用速度回饋控制系統的設計討論並聯補償的技術。

常用的補償器　欲採用補償器滿足性能表現的要求，設計者必須提供能夠實現出所需補償器轉移函數的實體物理裝置。

是有很多物理裝置可以達到此目的。事實上，在各種文獻上有許多精良有用的補償器建造觀念及實用方法可以找得到。

如果某一電機網路的輸入為弦波信號輸入，穩態時之輸出 (亦為弦波信號) 有相位超前，則稱之為進相網路。(網路相位超前之量與輸入信號的頻率有關。) 如果穩態時相位落後，則稱之為滯相網路。在滯相－進相網路中，輸出會在不同的頻率具有相位落後及相位超前。通常，在低頻率時提供相位落後，在高頻率時提供相位超前。具有進相網路、滯相網路及滯相－進相網路的補償器分別稱之為進相補償器、滯相補償器及滯相－進相補償器。

進相補償器、滯相補償器、滯相－進相補償器及速度回饋(量速機)補償器係為廣被使用的補償器。本章所要討論的補償器也將侷限於這些型式。進相補償器、滯相補償器、及滯相－進相補償器可能為電子式(例如，使用運算放大器的電路)，或是 *RC* 網路(電機式、機械式、氣壓式、油壓式或以上之組合)，以及放大器等。

常使用於控制系統的補償器是進相補償器、滯相補償器及滯相－進相補償器。PID 控制器則常使用於工業控制系統中，將在第八章再討論之。

需注意到，利用根軌跡法或頻率響應法設計控制系統時，最後的結果可能不是唯一的，因為在給予的時域規格及頻域規格下，最好的或是最佳的答案是無法精確地敘述完整的。

增加一個極點的效果　在開環轉移函數中添加一個極點的效果是，使得根軌跡拉往右方，會使得系統的相對穩定度變差，同時響應的安定時間也變慢。(記住，添加積分控制使得原點上多了一個極點，系統的穩定度也就變差。) 圖 6-34 所示的根軌跡圖解釋了單極點系統中，再添加一個極點及二個極點後造成的效果。

增加一個零點的效果　在開環轉移函數中添加一個零點的效果是，使得根軌跡拉往左方，且可以改善系統的相對穩定度，同時也減少了響應的安定時間。(在順向轉移函數增加零點之物理意義為，對系統施加微分動

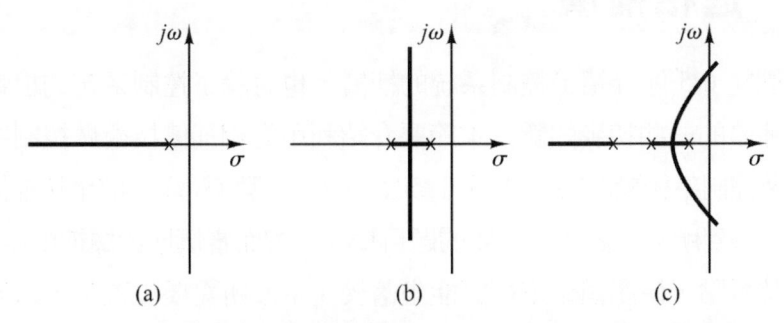

圖 6-34　(a) 單極點系統的根軌跡；(b) 二極點系統的根軌跡；
　　　　　(c) 三極點系統的根軌跡。

作。此控制動作之功效在於對系統做預估且增進暫態響應之速度。）圖 6-35 (a) 的根軌跡顯示了系統在小增益時係為穩定，但是增益提高就不穩定了。圖 6-35 (b)、(c) 及 (d) 顯示了在開環轉移函數中增加零點所形成的根軌跡圖。注意，當圖 6-35(a) 的系統增加零點後，變成在所有的增益值下皆是穩定。

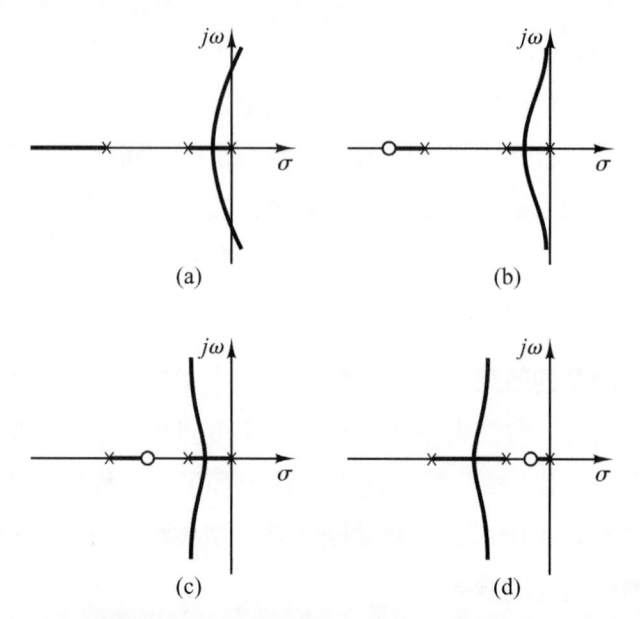

圖 6-35 　(a) 三個極點系統的根軌跡；(b)、(c) 及 (d) 此三極點系統添加一個零點，對於根軌跡造成的效應。

6-6 　進相補償

我們在 6-5 節介紹了控制系統的補償，也討論了控制系統的根軌跡設計法及補償的一些初步知識。本節要介紹利用進相補償技術做控制系統的設計。做控制系統設計時，在不可修改的轉移函數 $G(s)$ 之前串接補償器，希望可以得到所要的表現。主要的題目變成明智而審慎地選擇補償器 $G_c(s)$ 的極點及零點，使閉迴路主極點能坐落於 s 平面所需要位置上，以滿足性能規格之要求。

進相補償器與滯相補償器　有許多方法可以實現出進相補償器與滯相

補償器，諸如以運算放大器合成的電子網路，以及機械式彈簧－緩衝筒系統。

圖 6-36 為利用運算放大器合成的電子電路。其轉移函數已在第三章討論過 [參見 (3-36) 式]，再述如下：

$$\frac{E_o(s)}{E_i(s)} = \frac{R_2 R_4}{R_1 R_3} \frac{R_1 C_1 s + 1}{R_2 C_2 s + 1} = \frac{R_4 C_1}{R_3 C_2} \frac{s + \dfrac{1}{R_1 C_1}}{s + \dfrac{1}{R_2 C_2}}$$

$$= K_c \alpha \frac{Ts + 1}{\alpha Ts + 1} = K_c \frac{s + \dfrac{1}{T}}{s + \dfrac{1}{\alpha T}} \tag{6-18}$$

式中

$$T = R_1 C_1, \qquad \alpha T = R_2 C_2, \qquad K_c = \frac{R_4 C_1}{R_3 C_2}$$

因為

$$K_c \alpha = \frac{R_4 C_1}{R_3 C_2} \frac{R_2 C_2}{R_1 C_1} = \frac{R_2 R_4}{R_1 R_3}, \qquad \alpha = \frac{R_2 C_2}{R_1 C_1}$$

此網路之 dc 增益為 $K_c \alpha = R_2 R_4 / (R_1 R_3)$。

由 (6-18) 式可知，當 $R_1 C_1 > R_2 C_2$ 或 $\alpha < 1$ 時其為進相網路，而當 $R_1 C_1 < R_2 C_2$ 時其為滯相網路。當 $R_1 C_1 > R_2 C_2$ 或 $R_1 C_1 < R_2 C_2$ 時，此網路的極點零點架構分別參見圖 6-37(a) 及 (b)。

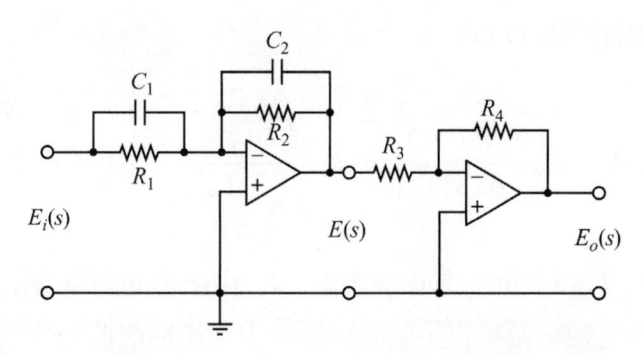

圖 6-36　電子網路，當 $R_1 C_1 > R_2 C_2$ 時其為進相網路，當 $R_1 C_1 < R_2 C_2$ 時其為滯相網路。

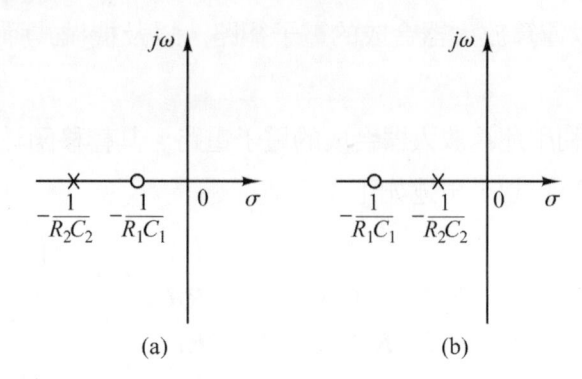

圖 6-37　極點零點架構圖：(a) 進相網路；(b) 滯相網路。

建立於根軌跡法的進相補償技術　當設計規格以時間領域參數，如指定閉迴路極點的阻尼比及無阻尼自然頻率、最大超擊度、上升時間及安定時間時，根軌跡法係為最有用的設計方法。

現在我們考慮一個設計題目，其原系統或是不穩定，抑或是暫態表現的特性不盡理想。此種情況下須要在原點或 s 平面附近之廣域做根軌跡圖的整形，使得閉迴路主極點能坐落於 s 平面所需要位置上。欲解此題目，可在順向轉移函數上串接適當的進相補償器。

以根軌跡法做如圖 6-38 系統的進相補償器設計程序敘述如後：

1. 由給予的性能規格，決定出所要的閉迴路主極點。
2. 繪製未補償系統 (原系統) 的根軌跡，確定一下只做單純的增益調節是否可以得到需要的閉迴路主極點。如果不能，計算出尚差多少角度 ϕ。此角度即是做補償後，使得新根軌跡能經過所要的閉迴路主極點，所需要的進相補償器必須貢獻的超前相位。
3. 假設進相補償器 $G_c(s)$ 為

$$G_c(s) = K_c \alpha \frac{Ts + 1}{\alpha Ts + 1} = K_c \frac{s + \dfrac{1}{T}}{s + \dfrac{1}{\alpha T}}, \quad (0 < \alpha < 1)$$

式中 α 及 T 須由角度差 ϕ 決定之。K_c 由所需的開環增益決定之。

4. 靜態誤差常數未做規定，就直接計算出進相補償器的極點及零點，使

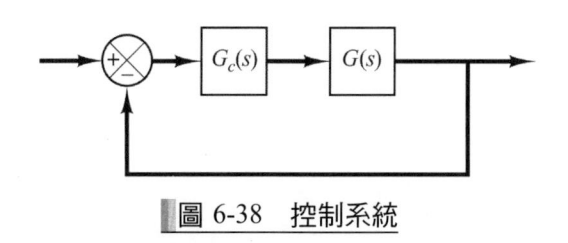

利用根軌跡法做控制系統的分析與設計

圖 6-38 控制系統

得補償器貢獻所需的超前相位 ϕ。如果再沒有其他的要求了，儘量使 α 愈大愈好。α 愈大使得 K_v 很大，可以滿足要求。注意

$$K_v = \lim_{s \to 0} sG_c(s)G(s) = K_c\alpha \lim_{s \to 0} sG_c(s)$$

5. 由幅度條件決定進相補償器的 K_c。

一旦進相補償器設計出來後，再次驗查系統是否真正滿足規格要求。如果驗查結果發現補償後的系統還是不能滿足性能規格，則須一再地調整補償器的極點或且零點，直到補償的系統能滿足性能規格要求。如果規格要求需要很大的靜態誤差常數，則須再串接滯相補償器，或者將進相補償器調整為滯相－進相補償器。

注意，如果所選擇的閉迴路主極點並不是真正的主宰極點，或所選的閉迴路主極點並不能滿足要求，則這一對共軛複數主極點必須再重新選定。(不是真正主極點的閉迴路極點與真正主極點表現出來的響應大異其趣。其間的修整可以利用其餘閉迴路極點的位置調節之。) 此外，如果有閉迴路零點坐落於原點附近，則響應也會大受影響的。

例題 6-6

考慮圖 6-39(a) 的位置控制系統。其順轉移函數為

$$G(s) = \frac{10}{s(s+1)}$$

此系統的根軌跡參見圖 6-39(b) 所示。閉迴路系統的轉移函數為

$$\frac{C(s)}{R(s)} = \frac{10}{s^2 + s + 10}$$

$$= \frac{10}{(s + 0.5 + j3.1225)(s + 0.5 - j3.1225)}$$

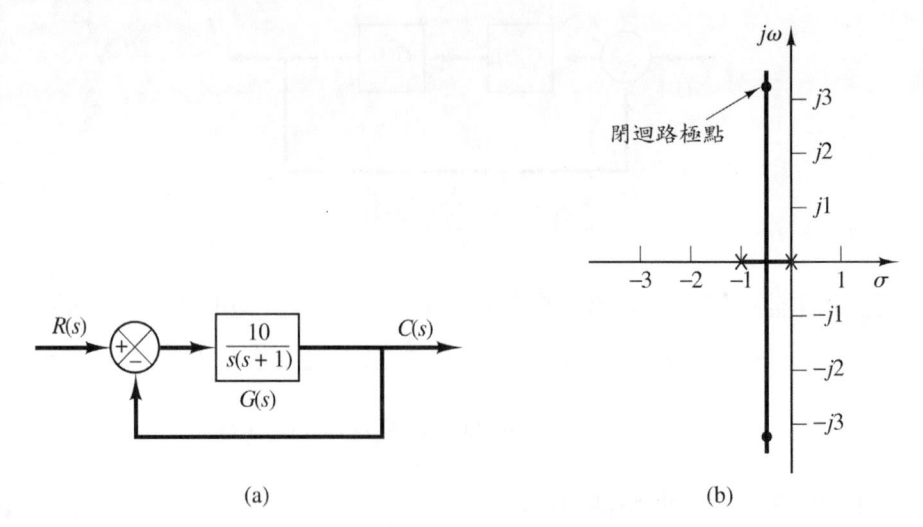

圖 6-39　(a) 控制系統；(b) 根軌跡圖。

閉迴路之極點在

$$s = -0.5 \pm j3.1225$$

閉迴路極點的阻尼比 $\zeta = (1/2)/\sqrt{10} = 0.1581$。閉迴路極點的無阻尼自然頻率 $\omega_n = \sqrt{10} = 3.1623$ rad/sec。因為阻尼比太小，所以系統的步階響應會有很大的超擊度，這是不可接受的。

現在需要一個如圖 6-40(a) 的進相補償器 $G_c(s)$，欲使得閉迴路極點的阻尼比 $\zeta = 0.5$，無阻尼自然頻率 $\omega_n = 3$ rad/sec。因此，閉迴路主極點的位置須設定在

$$s^2 + 2\zeta\omega_n s + \omega_n^2 = s^2 + 3s + 9$$
$$= (s + 1.5 + j2.5981)(s + 1.5 - j2.5981)$$

$$s = -1.5 \pm\ 2.5981$$

如下：

$$s = -1.5 \pm j2.5981$$

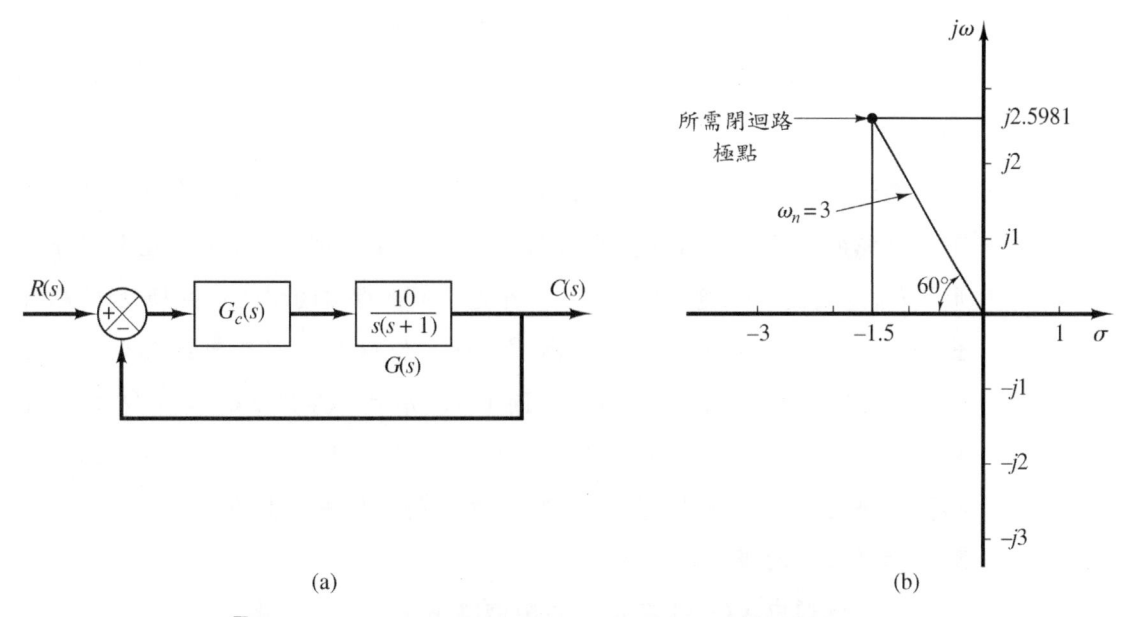

圖 6-40　(a) 補償的系統；(b) 所需閉迴路極點位置。

[參見圖 6-40(b)。] 有時原系統的根軌跡圖得出後，只要調節增益就可以將閉迴路主極點移動到需要的位置。但那不是本系統。我們必須在順向路徑中安插進相補償器。

求解進相補償器之一般程序敘述如下：首先求出某一指定的閉迴路主極點與原系統的開環極點與零點之所有夾角之總和，以決定需要加入的角度 ϕ，使得所有角度之總和為 $\pm 180°(2k+1)$。角度 ϕ 係由進相補償器貢獻的。(如果角度 ϕ 太大了，那就設計二級或三級的進相網路，而非只有單級。)

假設進相補償器 $G_c(s)$ 的轉移函數如下：

$$G_c(s) = K_c \alpha \frac{Ts+1}{\alpha Ts+1} = K_c \frac{s+\dfrac{1}{T}}{s+\dfrac{1}{\alpha T}}, \quad (0 < \alpha < 1)$$

在原點的極點至指定的閉迴路主極點 $s = -1.5 + j2.5981$ 之夾角為 $120°$。由極點 $s = -1$ 至指定的閉迴路主極點之夾角為 $100.894°$。因此角度少了

$$\text{缺少角度} = 180° - 120° - 100.894° = -40.894°$$

這少掉的 40.894° 必須由進相補償器貢獻出來。

注意,問題的解答不是只有一個。有無窮組解答。以下我們只介紹二種解法。

方法 1 決定進相補償器的零點及極點位置的方法有很多種方式。以下要介紹的方法係使得 α 愈大愈好。(註:α 愈大則 K_v 愈大。在大部分情形,K_v 愈大使得性能表現愈好。) 首先,經過指定的閉迴路主極點 P 點繪出一條水平線。在圖 6-41 所示為 PA 線。原點與此 P 點也連起來。然後作 PA 與 PO 的分角線 PB,如圖 6-41 所示。再作 PC 與 PD 二條直線,其分別與分角線 PB 之夾角為 $\pm\phi$。則直線 PC 與 PD 與負實軸之交點即可決定進相網路的零點及極點位置。利用此法得出的補償器可使得 P 點在補償系統的根軌跡之上。

在本例題中,$G(s)$ 在指定的閉迴路主極點之角度為

$$\left. \angle \frac{10}{s(s+1)} \right|_{s=-1.5+j2.5981} = -220.894°$$

因此如需使得根軌跡經過指定的閉迴路極點,所設計的進相補償器必須在這一點上貢獻 $\phi = 40.894°$。由上述的程序,我們可以決定此進相補償器的極點及零點。

參見圖 6-42,我們作 APO 的分角線,其各邊再取 $40.894°/2$,則補償器的零點及極點可求出如下:

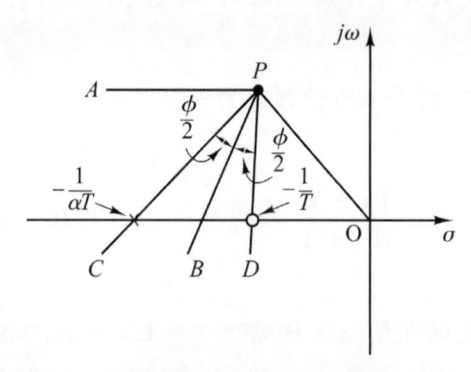

圖 6-41　進相網路的零點及極點之決定

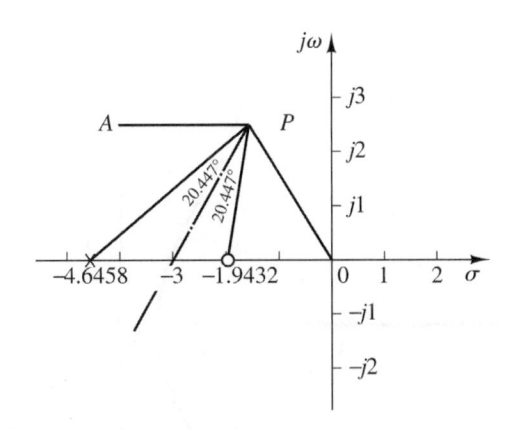

圖 6-42　進相補償器的極點及零點之決定

$$零點在 s = -1.9432$$
$$極點在 s = -4.6458$$

因此，$G_c(s)$ 可得為

$$G_c(s) = K_c \frac{s + \dfrac{1}{T}}{s + \dfrac{1}{\alpha T}} = K_c \frac{s + 1.9432}{s + 4.6458}$$

(在此補償器的 α 值是，$\alpha = 1.9432/4.6458 = 0.418$。)

K_c 之值可利用幅度條件決定之。

$$\left| K_c \frac{s + 1.9432}{s + 4.6458} \frac{10}{s(s + 1)} \right|_{s=-1.5+j2.5981} = 1$$

或

$$K_c = \left| \frac{(s + 4.6458)s(s + 1)}{10(s + 1.9432)} \right|_{s=-1.5+j2.5981} = 1.2287$$

是故，所設計的進相補償器 $G_c(s)$ 為

$$G_c(s) = 1.2287 \frac{s + 1.9432}{s + 4.6458}$$

則所設計系統的開環轉移函數為

$$G_c(s)G(s) = 1.2287 \left(\frac{s + 1.9432}{s + 4.6458} \right) \frac{10}{s(s + 1)}$$

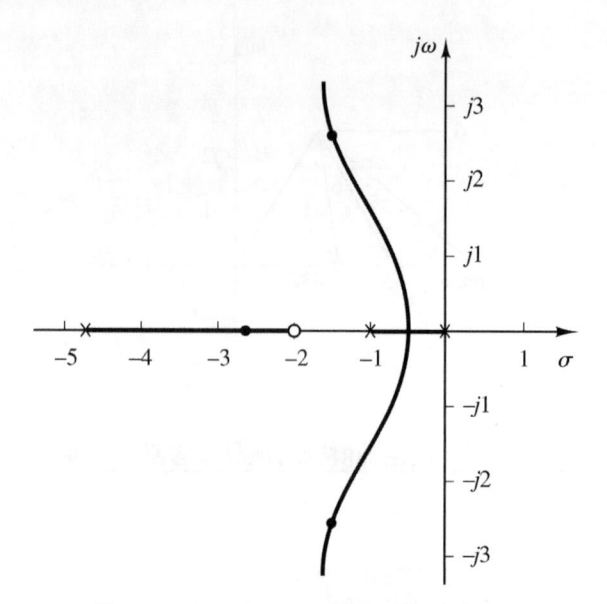

图 6-43　所設計系統的根軌跡圖

而，閉迴路轉移函數為

$$\frac{C(s)}{R(s)} = \frac{12.287(s + 1.9432)}{s(s + 1)(s + 4.6458) + 12.287(s + 1.9432)}$$

$$= \frac{12.287s + 23.876}{s^3 + 5.646s^2 + 16.933s + 23.876}$$

圖 6-43 為所設計系統的根軌跡圖。

現在值得我們檢驗一下所設計系統的靜態速度誤差常數 K_v。

$$K_v = \lim_{s \to 0} sG_c(s)G(s)$$

$$= \lim_{s \to 0} s\left[1.2287 \frac{s + 1.9432}{s + 4.6458} \frac{10}{s(s + 1)} \right]$$

$$= 5.139$$

因為第三個閉迴路極點可由特性方程式除去已知的因式，如下：

$$s^3 + 5.646s^2 + 16.933s + 23.875$$
$$= (s + 1.5 + j2.5981)(s + 1.5 - j2.5981)(s + 2.65)$$

上述的補償方法可以使我們將閉迴路主極點放至於複數平面上指定的地方。第三個極點 $s = -2.65$ 非常靠近所添加的零點 $s = -1.9432$。是故第三個極點對於暫態響應的效果不大。因為對於其他的非主極點無所限制，對於靜態速度誤差常數也無所限制，是故目前設計的結果是讓人滿意的。

方法 2 如果我們使得進相補償器的零點為 $s = -1$，這樣子將本體的極點 $s = -1$ 抵消之，則補償器的極點必位於 $s = -3$。(參見圖 6-44。) 此時，進相補償器便成為

$$G_c(s) = K_c \frac{s+1}{s+3}$$

K_c 之值可利用幅度條件決定之。

$$\left| K_c \frac{s+1}{s+3} \frac{10}{s(s+1)} \right|_{s=-1.5+j2.5981} = 1$$

或

$$K_c = \left| \frac{s(s+3)}{10} \right|_{s=-1.5+j2.5981} = 0.9$$

因此

$$G_c(s) = 0.9 \frac{s+1}{s+3}$$

所設計系統的開環轉移函數變成

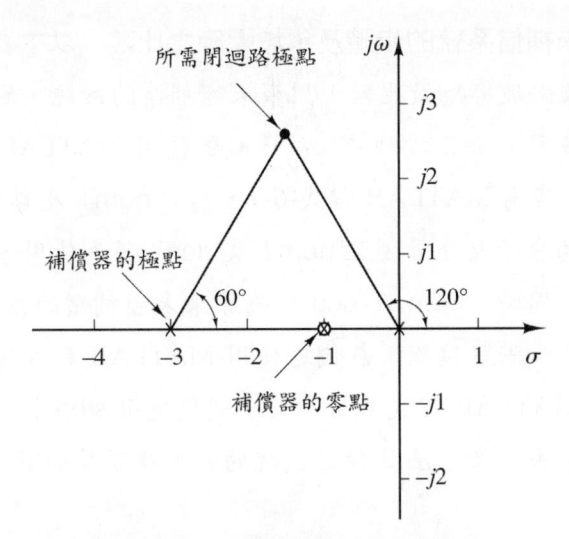

圖 6-44　補償器的極點及零點

$$G_c(s)G(s) = 0.9 \frac{s+1}{s+3}\frac{10}{s(s+1)} = \frac{9}{s(s+3)}$$

而閉迴路轉移函數為

$$\frac{C(s)}{R(s)} = \frac{9}{s^2 + 3s + 9}$$

目前的情況是，進相補償器的零點將本體的極點抵消掉，因此形成了二階系統，而非方法 1 所處理的三階系統。

目前所設計系統的靜態速度誤差常數求法如下：

$$\begin{aligned}K_v &= \lim_{s \to 0} sG_c(s)G(s) \\ &= \lim_{s \to 0} s\left[\frac{9}{s(s+3)}\right] = 3\end{aligned}$$

注意，本系統應用前述方法 1 可以得到比較大的靜態速度誤差常數。此意味，以方法 1 設計之系統會比方法 2 設計之系統在斜坡輸入下產生較小的穩態誤差。

其他情形的極點及零點組合之補償器如果也貢獻相角 40.894°，但其 K_v 值必有所不同。改變進相補償器的極點及零點組合是可能使得 K_v 值增大的，因此如果需求更大的 K_v 值，則須將進相補償器更換成滯相—進相補償器。

有補償及未補償系統的步階及斜坡響應之比較　以下我們要對下列三個系統的步階及斜坡響應做比較：原來未經補償的系統、使用方法 1 設計的系統，以及使用方法 2 設計的系統。我們使用 MATLAB 程式繪製單位步階響應曲線，其為 MATLAB 程式 6-9，其中 num1 及 den1 係為使用方法 1 設計系統的分子及分母，且 num2 及 den2 係為使用方法 2 設計系統的分子及分母。同時，num 及 den 係為原來未經補償的系統。圖 6-45 所示為產生的單位步階響應圖。我們也使用 MATLAB 程式繪製單位斜坡響應曲線，其為 MATLAB 程式 6-10，其中我們使用 step 指令計算單位斜坡響應，使用了方法 1 及方法 2 設計系統的分子及分母如下：

利用根軌跡法做控制系統的分析與設計

MATLAB 程式 6-9

```
% ***** Unit-Step Response of Compensated and Uncompensated Systems *****
num1 = [12.287  23.876];
den1 = [1  5.646  16.933  23.876];
num2 = [9];
den2 = [1  3  9];
num = [10];
den = [1  1  10];
t = 0:0.05:5;
c1 = step(num1,den1,t);
c2 = step(num2,den2,t);
c = step(num,den,t);
plot(t,c1,'-',t,c2,'.',t,c,'x')
grid
title('Unit-Step Responses of Compensated Systems and Uncompensated System')
xlabel('t Sec')
ylabel('Outputs c1, c2, and c')
text(1.51,1.48,'Compensated System (Method 1)')
text(0.9,0.48,'Compensated System (Method 2)')
text(2.51,0.67,'Uncompensated System')
```

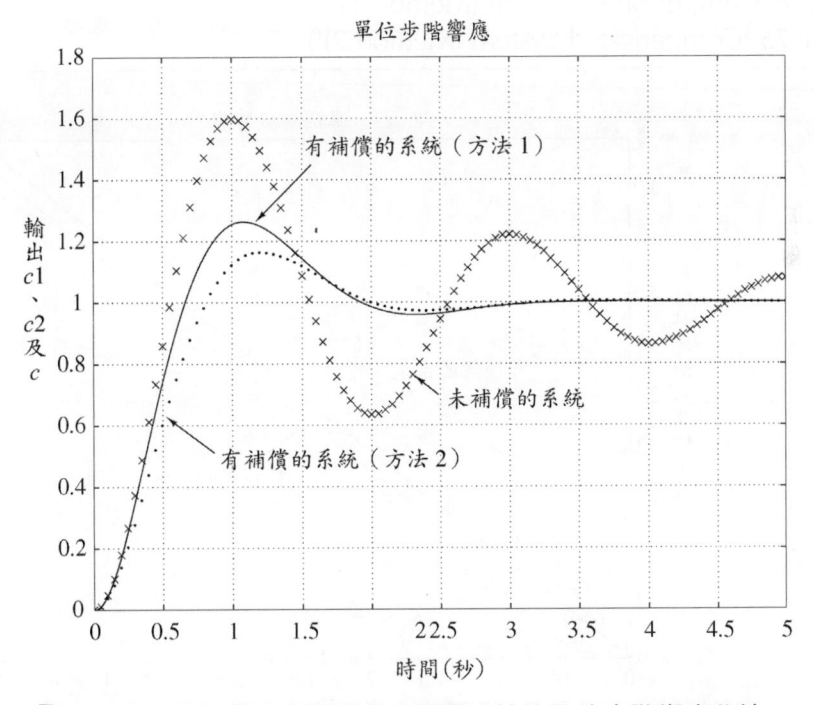

圖 6-45 設計的系統及原來未補償系統的單位步階響應曲線

num1 = [12.287　23.876]
den1 = [1　5.646　16.933　23.876　0]
num2 = [9]
den2 = [1　3　9　0]

產生的單位斜坡響應曲線見圖 6-46。

MATLAB 程式 6-10

```
% ***** Unit-Ramp Responses of Compensated Systems *****
num1 = [12.287  23.876];
den1 = [1  5.646  16.933  23.876  0];
num2 = [9];
den2 = [1  3  9  0];
t = 0:0.05:5;
c1 = step(num1,den1,t);
c2 = step(num2,den2,t);
plot(t,c1,'-',t,c2,'.',t,t,'-')
grid
title('Unit-Ramp Responses of Compensated Systems')
xlabel('t Sec')
ylabel('Unit-Ramp Input and Outputs c1 and c2')
text(2.55,3.8,'Input')
text(0.55,2.8,'Compensated System (Method 1)')
text(2.35,1.75,'Compensated System (Method 2)')
```

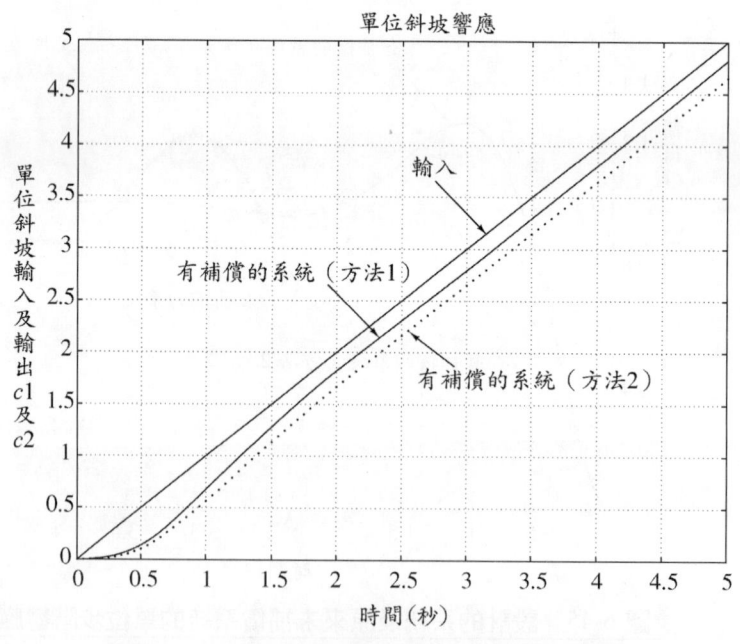

圖 6-46　設計的系統的單位斜坡響應曲線

從這些響應曲線可以看出，使用方法 1 的補償系統比方法 2 的補償系統在單位步階響應下呈現出較高的超擊度。然而，在斜坡輸入中，前者表現出來的響應特性要比後者為佳。所以很難說哪一個比較好。到底要選用哪一種方法，端視系統設計規定的要求而定 (例如，步階輸入時要求比較小的超擊度，或斜坡輸入時，造成的穩態誤差比較少。) 如果我們同時要求步階輸入時有比較小的超擊度，及追隨有變化輸入信號造成的穩態誤差比較少，則須使用滯相－進相補償器。(參見 6-8 節介紹的滯相－進相補償器技術。)

6-7 滯相補償

使用運算放大器的電子式滯相補償器 使用運算放大器的電子式滯相補償器之電路結構與圖 6-36 所示的進相補償器相同。如果在圖 6-36 中選擇 $R_2C_2 > R_1C_1$，則電路變成為滯相補償器。參見圖 6-36，滯相補償器的轉移函數為

$$\frac{E_o(s)}{E_i(s)} = \hat{K}_c \beta \frac{Ts+1}{\beta Ts+1} = \hat{K}_c \frac{s+\frac{1}{T}}{s+\frac{1}{\beta T}}$$

式中

$$T = R_1C_1, \quad \beta T = R_2C_2, \quad \beta = \frac{R_2C_2}{R_1C_1} > 1, \quad \hat{K}_c = \frac{R_4C_1}{R_3C_2}$$

注意，上式中我們使用 β 而非先前的 α。[在進相補償器中，α 係代表 R_2C_2/R_1C_1 之比值，其比 1 小，或 $0 < \alpha < 1$。] 本書中，我們假設 $0 < \alpha < 1$ 且 $\beta > 1$。

建立於根軌跡法之滯相補償技術 現在我們要考慮的系統其暫態表現滿足要求，但是穩態響應的特性不盡滿意，在這種情形下欲尋求補償器改善之。做這種補償基本上須要增高開環增益，而不能對暫態表現有太大的

影響。亦即，做根軌跡設計時，閉迴路主極點附近的軌跡不可以有太大的變化，但要使得開環增益增高得愈大愈好。欲達到此目的，則在順向轉移函數之前須使用滯相補償器。

為了不會對設計的根軌跡影響太大，滯相網路貢獻的角度不可太大，譬如說 5° 而已。欲達到此目的，可將滯相網路的極點與零點靠近些，且放置於 s 平面原點附近。在此情況下，補償後系統的閉迴路主極點只由其原來的位置偏離了一點點而已。如此一來，對暫態表現就不會有太大的影響了。

考慮滯相補償器 $G_c(s)$，如下

$$G_c(s) = \hat{K}_c \beta \frac{Ts + 1}{\beta Ts + 1} = \hat{K}_c \frac{s + \frac{1}{T}}{s + \frac{1}{\beta T}} \tag{6-19}$$

將滯相補償器的極點與零點靠近些，若 s_1 為閉迴路主極點，在 $s = s_1$ 處，$s_1 + (1/T)$ 及 $s_1 + (1/\beta T)$ 之幅度幾乎相等，或

$$|G_c(s_1)| = \left| \hat{K}_c \frac{s_1 + \frac{1}{T}}{s_1 + \frac{1}{\beta T}} \right| \doteq \hat{K}_c$$

欲使得補償器的滯相部分做小角度的貢獻，則須

$$-5° < \underline{/\frac{s_1 + \frac{1}{T}}{s_1 + \frac{1}{\beta T}}} < 0°$$

此意味滯相補償器的增益 $\hat{K}_c$ 須設定為 1，如此一來當開環轉移函數的總增益提高了 β 倍($\beta > 1$)，對於暫態表現的影響就不會太大。如果極點與零點放置於 s 平面非常靠近原點的附近，則 β 值就可以設定得很高了。(如果補償器的實現實際上是可能的話，就可以使用很大的 β 值。) 注意，T 值可以很大但是其精確的位置並不重要。但也不可以太大而造成實際上使用元件實現滯相補償網路的困難度。

增加增益意謂增加了靜態誤差常數。如果 $G(s)$ 是未補償系統的開環轉移函數，則未補償系統的靜態速度誤差常數 K_v 為

$$K_v = \lim_{s \to 0} sG(s)$$

如果所用的補償器如 (6-19) 式所示，補償系統的開環轉移函數 $G_c(s)G(s)$，則靜態誤差常數 $\hat{K}_c$ 為

$$\hat{K}_v = \lim_{s \to 0} sG_c(s)G(s) = \lim_{s \to 0} G_c(s)K_v = \hat{K}_c \beta K_v$$

示中 K_v 為未補償系統的靜態速度誤差常數。

因此，使用了 (6-19) 式的補償器後，靜態速度誤差常數增加為 $\hat{K}_c \beta$，其中 $\hat{K}_c$ 約等於 1。

使用滯相補償器的主要功效在於，補償器的零點靠近原點，也造成閉迴路極點靠近原點。這一對閉迴路極點及補償器的零點使得步階響應產生延續很久的小振幅振盪，連帶使得安定時間也拉長了。

根軌跡法之滯相補償器設計程序　利用根軌跡法對於如圖 6-47 所示的系統做滯相補償器設計之程序陳述如下 (假設未補償系統只稍微做增益調節就可以達到暫態響應的規格；果非如此，參考 6-8 節之技術)：

1. 繪製開環轉移函數為 $G(s)$ 的未補償系統之根軌跡。根據暫態響應的規格，在根軌跡上定位出閉迴路主極點。
2. 假設滯相補償器的轉移函數如 (6-19) 式所示：

$$G_c(s) = \hat{K}_c \beta \frac{Ts + 1}{\beta Ts + 1} = \hat{K}_c \frac{s + \dfrac{1}{T}}{s + \dfrac{1}{\beta T}}$$

則補償系統的開環轉移函數為 $G_c(s)G(s)$。

3. 計算出題目要求的特定靜態誤差常數。
4. 計算欲達要求規格時，靜態誤差常數須增加的大小。
5. 計算誤差常數達到須增加的大小時，所使用滯相補償器的極點及零點，而不會對原來的軌跡做明顯的改變。(規格中要求之增益值與未補

圖 6-47 控制系統

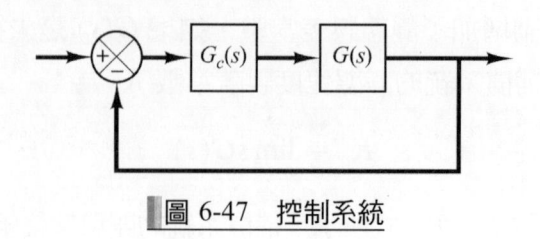

償系統之增益比值等於零點至原點距離與極點至原點距離所需要的比值。)

6. 繪製補償系統新的根軌跡圖。將要求的閉迴路主極點定位出來。(如果此滯相補償器貢獻的角度很小 —— 例如，幾度而已 —— 則原來的根軌跡圖與新的根軌跡圖應該是相去不遠。否則，二者之間會有顯著的差異。此時，根據暫態響應的規格，在新的根軌跡上定位出閉迴路主極點。)

7. 利用幅度條件調節增益 $\hat{K}_c$，使閉迴路主極點能坐落於所需要的位置。(其中 $\hat{K}_c$ 約等於 1。)

例題 6-7

考慮圖 6-48(a) 的系統。其順向轉移函數為

$$G(s) = \frac{1.06}{s(s+1)(s+2)}$$

系統的根軌跡圖參見圖 6-48(b)。其閉迴路轉移函數為

$$\frac{C(s)}{R(s)} = \frac{1.06}{s(s+1)(s+2)+1.06}$$

$$= \frac{1.06}{(s+0.3307-j0.5864)(s+0.3307+j0.5864)(s+2.3386)}$$

閉迴路主極點為

$$s = -0.3307 \pm j0.5864$$

閉迴路主極點的阻尼比 $\zeta = 0.491$。閉迴路主極點的無阻尼自然頻率 $\omega_n = 0.673$ rad/sec。靜態速度誤差常數為 0.53 sec^{-1}。

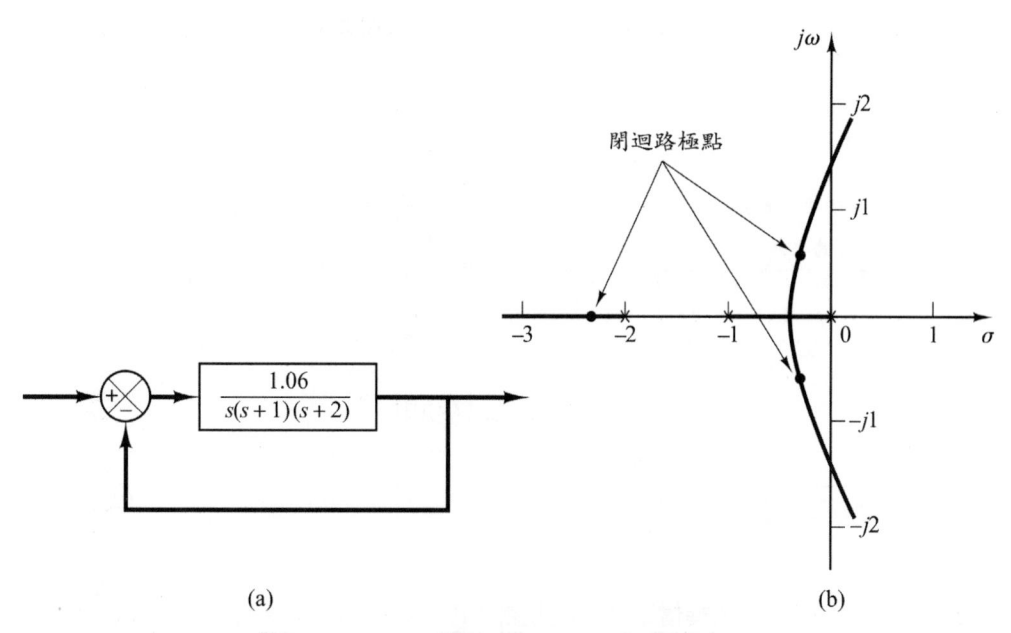

圖 6-48　(a) 控制系統；(b) 根軌跡圖。

現在須要將靜態速度誤差常數 K_v 增加到 $5\ \text{sec}^{-1}$ 而不會明顯地影響閉迴路主極點的位置。

欲達到此規格，在在順向轉移函數之前須使用如 (6-19) 式定義的滯相補償器。欲使得速度誤差常數增大 10 倍，則設定 $\beta = 10$，將滯相補償器的零點與極點分別設定在 $s = -0.05$ 及 $s = -0.005$。因此滯相補償器的轉移函數為

$$G_c(s) = \hat{K}_c \frac{s + 0.05}{s + 0.005}$$

在閉迴路主極點的附近，滯相補償器貢獻了 4° 角。因為貢獻的角度很小，所以在所設定的閉迴路主極點的附近之根軌跡也變動很小。

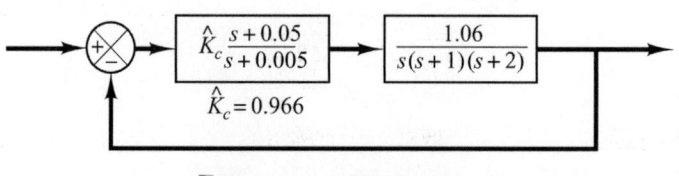

圖 6-49　補償的系統

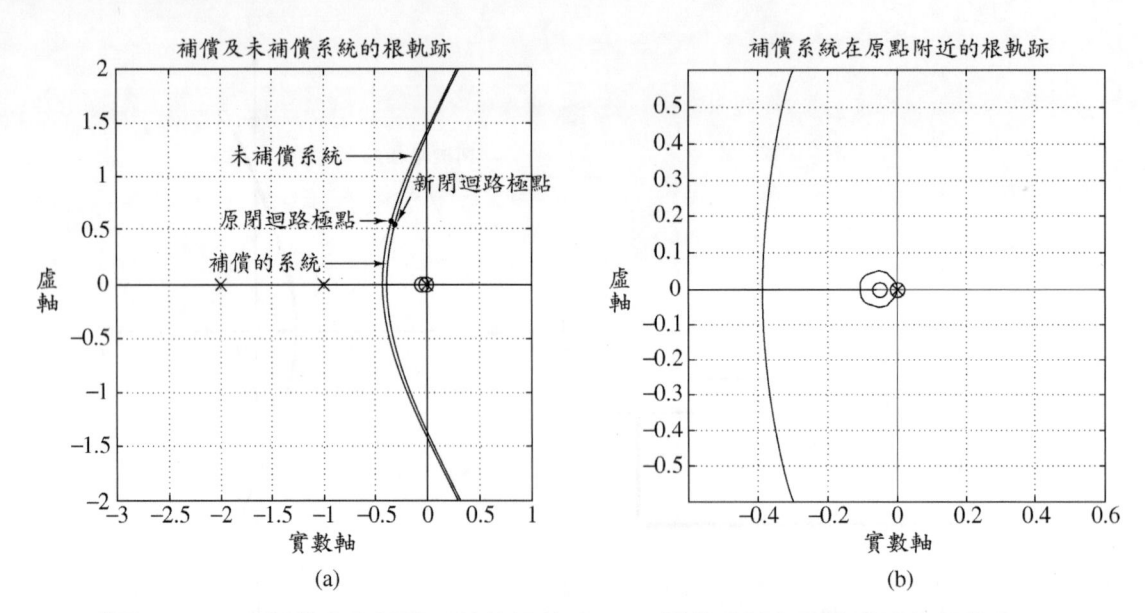

圖 6-50　(a) 補償及未補償系統的根軌跡；(b) 補償系統在原點附近的根軌跡。

補償系統的開環轉移函數變成

$$G_c(s)G(s) = \hat{K}_c \frac{s+0.05}{s+0.005} \frac{1.06}{s(s+1)(s+2)}$$

$$= \frac{K(s+0.05)}{s(s+0.005)(s+1)(s+2)}$$

式中

$$K = 1.06\hat{K}_c$$

圖 6-49 所示為補償系統的方塊圖。其在閉迴路主極點附近的根軌跡，及原來未補償系統的的根軌跡請參見圖 6-50(a)。補償的系統在原點附近的根軌跡請參見圖 6-50(b)。MATLAB 程式 6-11 係用以產生如圖 6-50(a) 及 (b) 根軌跡圖的 MATLAB 程式。

MATLAB 程式 6-11

```
% ***** Root-locus plots of the compensated system and
% uncompensated system *****

% ***** Enter the numerators and denominators of the
% compensated and uncompensated systems *****

numc = [1  0.05];
denc = [1  3.005  2.015  0.01  0];
num = [1.06];
den = [1  3  2  0];

% ***** Enter rlocus command. Plot the root loci of both
% systems *****

rlocus(numc,denc)
hold
Current plot held
rlocus(num,den)
v = [-3  1  -2  2]; axis(v); axis('square')
grid
text(-2.8,0.2,'Compensated system')
text(-2.8,1.2,'Uncompensated system')
text(-2.8,0.58,'Original closed-loop pole')
text(-0.1,0.85,'New closed-')
text(-0.1,0.62,'loop pole')
title('Root-Locus Plots of Compensated and Uncompensated Systems')

hold
Current plot released

% ***** Plot root loci of the compensated system near the origin *****

rlocus(numc,denc)
v = [-0.6  0.6  -0.6  0.6]; axis(v); axis('square')
grid
title('Root-Locus Plot of Compensated System near the Origin')
```

如果新的閉迴路主極點之阻尼比保持一樣,則這些極點可從新的根軌跡圖上得出,如下:

$$s_1 = -0.31 + j0.55, \quad s_2 = -0.31 - j0.55$$

開環增益 K 可由幅度條件求得,如下:

$$K = \left|\frac{s(s+0.005)(s+1)(s+2)}{s+0.05}\right|_{s=-0.31+j0.55}$$
$$= 1.0235$$

滯相補償器增益 $\hat{K}_c$ 之求法為

$$\hat{K}_c = \frac{K}{1.06} = \frac{1.0235}{1.06} = 0.9656$$

是故滯相補償器的轉移函數為

$$G_c(s) = 0.9656\frac{s+0.05}{s+0.005} = 9.656\frac{20s+1}{200s+1} \tag{6-20}$$

因此，補償的系統有如下開環轉移函數：

$$G_1(s) = \frac{1.0235(s+0.05)}{s(s+0.005)(s+1)(s+2)}$$
$$= \frac{5.12(20s+1)}{s(200s+1)(s+1)(0.5s+1)}$$

靜態速度誤差常數 K_v 為

$$K_v = \lim_{s\to 0} sG_1(s) = 5.12 \text{ sec}^{-1}$$

在補償的系統中，靜態速度誤差常數 K_v 為 5.12 sec^{-1}，或 5.12/0.53 = 9.66 倍於原來的值。(因此與原來的系統比較之，在斜坡輸入下，產生的穩態誤差減少了 10%。) 亦即，我們基本上達到了設計目標，將靜態速度誤差常數提高到 5 sec^{-1}。

因為滯相補償器的極點及零點非常靠近，且靠近原點，所以對於原來根軌跡的影響不大。除了在原點附近多一支很小的根軌跡外，基本上補償系統的根軌跡與原來系統的根軌跡大約相同。然而，現在的靜態速度誤差常數與原來的系統比較之下提高了 9.66 倍。

補償系統的其他二個極點可求得如下：

$$s_3 = -2.326, \quad s_4 = -0.0549$$

加入滯相補償器使得系統的階次由 3 增加到 4，且在靠近補償器零點的附近多出一個閉迴路極點。(添加的閉迴路極點 $s = -0.0549$ 非常靠近補償器零點 $s = -0.05$。) 這一對閉迴路極點及補償器零點使得系統的暫態響應呈現出為時甚久的小振幅振盪，將於往後步階響應中呈現之。由於極點 $s = -2.326$ 與閉迴路主極點比較之下非常遠離 $j\omega$ 軸，此極點對於暫態響應的效果是不顯著的。所以閉迴路極點 $s = -0.31 \pm j0.55$ 可以認為是閉迴路主極點。

補償系統的閉迴路主極點之無阻尼自然頻率 ω_n 為 0.673 rad/sec。這意味補償系統的暫態響應要比原來的系統慢。響應要花很長的一段時間才能安定下來。補償系統步階響應的最大超擊也增大了。如果這些反效應皆可被接受的話，目前設計的滯相補償器還算是滿意的解答。

再來，我們針對補償的系統與原來的系統之單位斜坡響應做比較，來映證補償的系統之穩態性能要比原來的系統改善許多。

我們利用 MATLAB 求出單位斜坡響應時，可利用 step 指令於系統 $C(s)/[sR(s)]$ 中。因為補償的系統中 $C(s)/[sR(s)]$ 為

$$\frac{C(s)}{sR(s)} = \frac{1.0235(s + 0.05)}{s[s(s+0.005)(s+1)(s+2) + 1.0235(s+0.05)]}$$

$$= \frac{1.0235s + 0.0512}{s^5 + 3.005s^4 + 2.015s^3 + 1.0335s^2 + 0.0512s}$$

可得

numc = [1.0235 0.0512]
denc = [1 3.005 2.015 1.0335 0.0512 0]

同時對於未補償的系統，$C(s)/[sR(s)]$ 為

$$\frac{C(s)}{sR(s)} = \frac{1.06}{s[s(s+1)(s+2) + 1.06]}$$

$$= \frac{1.06}{s^4 + 3s^3 + 2s^2 + 1.06s}$$

因此

num = [1.06]
den = [1 3 2 1.06 0]

以 MATLAB 程式 6-12 可產生如圖 6-51 的單位斜坡響應曲線。很顯然的，在單位斜坡輸入下，補償的系統呈現出比較小的穩態誤差。(只有原來的十分之一。)

MATLAB 程式 6-12

```
% ***** Unit-ramp responses of compensated system and
% uncompensated system *****
% ***** Unit-ramp response will be obtained as the unit-step
% response of C(s)/[sR(s)] *****
% ***** Enter the numerators and denominators of C1(s)/[sR(s)]
% and C2(s)/[sR(s)], where C1(s) and C2(s) are Laplace
% transforms of the outputs of the compensated and un-
% compensated systems, respectively. *****

numc = [1.0235  0.0512];
denc = [1  3.005  2.015  1.0335  0.0512  0];
num = [1.06];
den = [1  3  2  1.06  0];

% ***** Specify the time range (such as t= 0:0.1:50) and enter
% step command and plot command. *****

t = 0:0.1:50;
c1 = step(numc,denc,t);
c2 = step(num,den,t);
plot(t,c1,'-',t,c2,'.',t,t,'--')
grid
text(2.2,27,'Compensated system');
text(26,21.3,'Uncompensated system');
title('Unit-Ramp Responses of Compensated and Uncompensated Systems')
xlabel('t Sec');
ylabel('Outputs c1 and c2')
```

以 MATLAB 程式 6-13 可產生補償及未補償系統的單位步階響應。單位步階響應曲線參見圖 6-52。我們發現滯相補償的系統呈現出較大的超擊度，且響應也比原來未補償的系統慢。注意到，極點 $s = -0.0549$ 及零點 $s = -0.05$ 產生了為時甚久的小振幅振盪。如果大的超擊度及慢的響應性能不可接受的話，就須使用 6-8 節介紹的滯相－進相補償器。

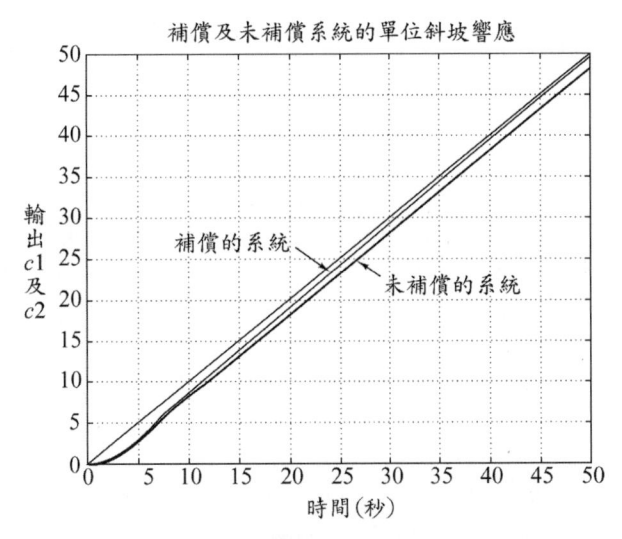

圖 6-51　補償及未補償系統的單位斜坡響應 [補償器見 (6-20) 式]

MATLAB 指令 6-13

```
% ***** Unit-step responses of compensated system and
% uncompensated system *****

% ***** Enter the numerators and denominators of the
% compensated and uncompensated systems *****

numc = [1.0235  0.0512];
denc = [1  3.005  2.015  1.0335  0.0512];
num = [1.06];
den = [1  3  2  1.06];

% ***** Specify the time range (such as t = 0:0.1:40) and enter
% step command and plot command. *****

t = 0:0.1:40;
c1 = step(numc,denc,t);
c2 = step(num,den,t);
plot(t,c1,'-',t,c2,'.')
grid
text(13,1.12,'Compensated system')
text(13.6,0.88,'Uncompensated system')
title('Unit-Step Responses of Compensated and Uncompensated Systems')
xlabel('t Sec')
ylabel('Outputs c1 and c2')
```

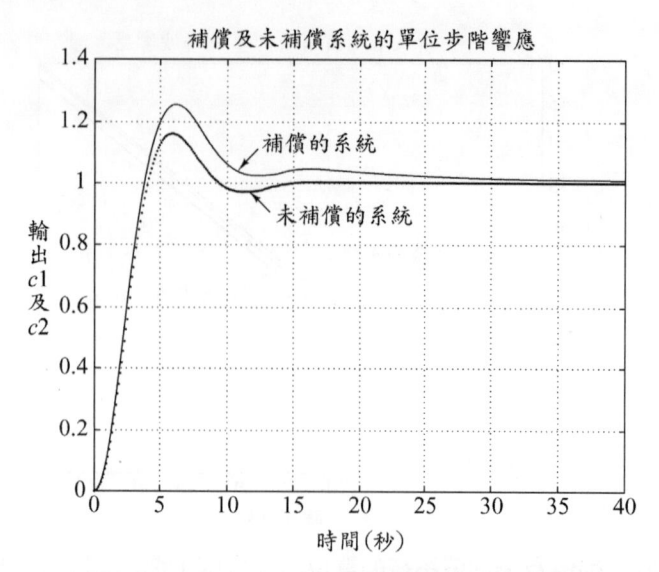

圖 6-52 補償及未補償系統的單位步階響應 [補償器見 (6-20) 式]

註記 在某些情況下，進相補償器或滯相補償器皆可滿足規格 (暫態響應規格或穩態規格。) 那麼，這二種補償器皆可使用之。

6-8 滯相－進相補償

基本上，進相補償器加快了響應速度，增加系統的穩定度。滯相補償器可以改善系統的穩態準確性，但是降低了響應的速度。

如果系統的暫態響應及穩態響應二者皆要改善，則須要同時使用進相補償器及滯相補償器。在此，我們並不是將進相及滯相補償器二者分開介紹，而是使用單一個滯相－進相補償器，這樣子比較經濟些。

滯相－進相補償器綜合了進相補償器及滯相補償器二者的優點。因為滯相－進相補償器具有二個零點及極點，所以除開補償的系統有零點及極點的對消外，此補償器使得系統次數增加二階。

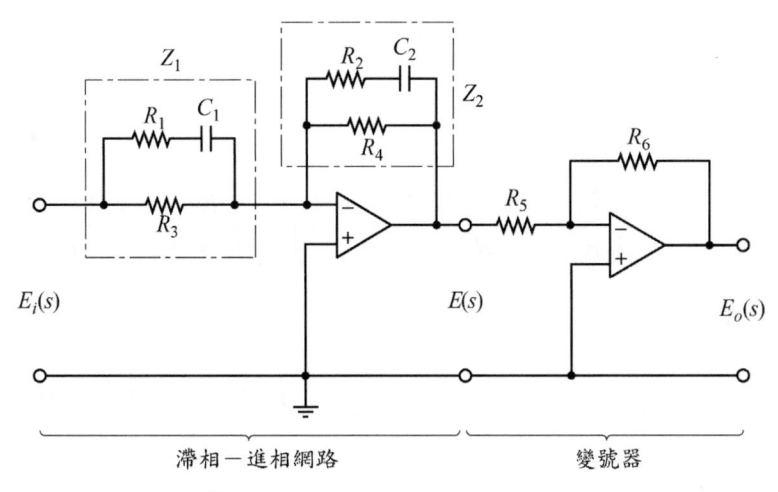

利用根軌跡法做控制系統的分析與設計

圖 6-53　滯相－進相補償器

使用運算放大器的電子式滯相－進相補償器　圖 6-53 為使用運算放大器的電子式滯相－進相補償器。此補償器的轉移函數求法如下：複數阻抗 Z_1 為

$$\frac{1}{Z_1} = \frac{1}{R_1 + \dfrac{1}{C_1 s}} + \frac{1}{R_3}$$

或

$$Z_1 = \frac{(R_1 C_1 s + 1)R_3}{(R_1 + R_3)C_1 s + 1}$$

同理，複數阻抗 Z_2 為

$$Z_2 = \frac{(R_2 C_2 s + 1)R_4}{(R_2 + R_4)C_2 s + 1}$$

因此，可得

$$\frac{E(s)}{E_i(s)} = -\frac{Z_2}{Z_1} = -\frac{R_4}{R_3} \frac{(R_1 + R_3)C_1 s + 1}{R_1 C_1 s + 1} \cdot \frac{R_2 C_2 s + 1}{(R_2 + R_4)C_2 s + 1}$$

變號器的轉移函數為

$$\frac{E_o(s)}{E(s)} = -\frac{R_6}{R_5}$$

319

所以圖 6-53 所示補償器的轉移函數為

$$\frac{E_o(s)}{E_i(s)} = \frac{E_o(s)}{E(s)} \frac{E(s)}{E_i(s)}$$

$$= \frac{R_4 R_6}{R_3 R_5} \left[\frac{(R_1 + R_3)C_1 s + 1}{R_1 C_1 s + 1} \right] \left[\frac{R_2 C_2 s + 1}{(R_2 + R_4)C_2 s + 1} \right] \quad (6\text{-}21)$$

讓我們定義

$$T_1 = (R_1 + R_3)C_1, \quad \frac{T_1}{\gamma} = R_1 C_1, \quad T_2 = R_2 C_2, \quad \beta T_2 = (R_2 + R_4)C_2$$

則 (6-21) 式變成

$$\frac{E_o(s)}{E_i(s)} = K_c \frac{\beta}{\gamma} \left(\frac{T_1 s + 1}{\frac{T_1}{\gamma}s + 1} \right) \left(\frac{T_2 s + 1}{\beta T_2 s + 1} \right)$$

$$= K_c \frac{\left(s + \dfrac{1}{T_1}\right)\left(s + \dfrac{1}{T_2}\right)}{\left(s + \dfrac{\gamma}{T_1}\right)\left(s + \dfrac{1}{\beta T_2}\right)} \quad (6\text{-}22)$$

式中

$$\gamma = \frac{R_1 + R_3}{R_1} > 1, \quad \beta = \frac{R_2 + R_4}{R_2} > 1, \quad K_c = \frac{R_2 R_4 R_6}{R_1 R_3 R_5} \frac{R_1 + R_3}{R_2 + R_4}$$

其中 γ 通常選擇等於 β。

建立於根軌跡法之滯相－進相補償技術 我們要考慮圖 6-54 之系統。假設我們使用滯相－進相補償器：

$$G_c(s) = K_c \frac{\beta}{\gamma} \frac{(T_1 s + 1)(T_2 s + 1)}{\left(\dfrac{T_1}{\gamma}s + 1\right)(\beta T_2 s + 1)}$$

$$= K_c \left(\frac{s + \dfrac{1}{T_1}}{s + \dfrac{\gamma}{T_1}} \right) \left(\frac{s + \dfrac{1}{T_2}}{s + \dfrac{1}{\beta T_2}} \right) \quad (6\text{-}23)$$

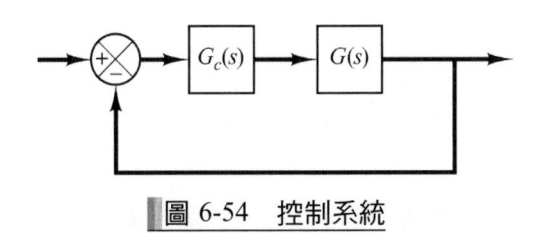

圖 6-54 控制系統

式中 $\beta > 1$ 且 $\gamma > 1$。(K_c 係屬於滯相－進相補償器之進相部分。)

設計滯相－進相補償器時，我們考慮二種情況，一為 $\gamma \neq \beta$，另一為 $\beta = \gamma$。

情況 1. $\gamma \neq \beta$. 此種情況的設計程序是進相補償器及滯相補償器二種設計之組合。滯相－進相補償器的設計程序如下：

1. 根據暫態響應的規格，在根軌跡上定位出閉迴路主極點。
2. 假設閉迴路主極點是所希望設定的位置，利用未補償的開環轉移函數 $G(s)$ 求出缺少的角度 ϕ。因此須要利用滯相－進相補償器的進相網路貢獻此缺少的角度 ϕ。
3. 假設在往後，我們選擇 T_2 足夠大，使得滯相網路部分

$$\left| \frac{s_1 + \dfrac{1}{T_2}}{s_1 + \dfrac{1}{\beta T_2}} \right|$$

幾乎等於 1，其中 $s = s_1$，係為閉迴路主極點之一。選擇 T_1 及 γ 使其滿足

$$\left/ \frac{s_1 + \dfrac{1}{T_1}}{s_1 + \dfrac{\gamma}{T_1}} \right. = \phi$$

T_1 及 γ 的選擇並非唯一。(可以有無窮多組 T_1 及 γ) 然後從以下的幅度條件決定出 K_c 值：

$$\left| K_c \frac{s_1 + \dfrac{1}{T_1}}{s_1 + \dfrac{\gamma}{T_1}} G(s_1) \right| = 1$$

4. 如果有指定靜態速度誤差常數 K_v，則選出 β 以滿足需要的 K_v 值。靜態速度誤差常數 K_v 為，

$$K_v = \lim_{s \to 0} s G_c(s) G(s)$$

$$= \lim_{s \to 0} s K_c \left(\frac{s + \dfrac{1}{T_1}}{s + \dfrac{\gamma}{T_1}} \right) \left(\frac{s + \dfrac{1}{T_2}}{s + \dfrac{1}{\beta T_2}} \right) G(s)$$

$$= \lim_{s \to 0} s K_c \frac{\beta}{\gamma} G(s)$$

式中 K_c 及 γ 已經在步驟 3 得知了。因此，當 K_v 為已知，β 就可以由上式解答出來。再來，利用所得的 β 決定 T_2 如下：

$$\left| \frac{s_1 + \dfrac{1}{T_2}}{s_1 + \dfrac{1}{\beta T_2}} \right| \doteq 1$$

$$-5° < \left/ \frac{s_1 + \dfrac{1}{T_2}}{s_1 + \dfrac{1}{\beta T_2}} \right. < 0°$$

（上述的設計程序將在例題 6-8 詮釋之。）

情況 2. $\gamma = \beta$. 如果 (6-23) 式中須使得 $\gamma = \beta$，則滯相－進相補償器的設計程序須修改如下：

1. 根據暫態響應的規格，在根軌跡上定位出閉迴路主極點。

2. (6-23) 式中滯相－進相補償器須修改成

$$G_c(s) = K_c \frac{(T_1 s + 1)(T_2 s + 1)}{\left(\dfrac{T_1}{\beta} s + 1\right)(\beta T_2 s + 1)} = K_c \frac{\left(s + \dfrac{1}{T_1}\right)\left(s + \dfrac{1}{T_2}\right)}{\left(s + \dfrac{\beta}{T_1}\right)\left(s + \dfrac{1}{\beta T_2}\right)} \quad (6\text{-}24)$$

式中 $\beta > 1$。補償系統的開環轉移函數為 $G_c(s)G(s)$。如果有指定靜態速度誤差常數 K_v，則由下式決定常數 K_c：

$$K_v = \lim_{s \to 0} s G_c(s) G(s)$$
$$= \lim_{s \to 0} s K_c G(s)$$

3. 假設閉迴路主極點是所希望設定的位置，計算出缺少的角度 ϕ，利用滯相－進相補償器的進相網路貢獻此缺少的角度 ϕ。

4. 於滯相－進相補償器中，選擇足夠大的 T_2 期能使得

$$\left| \frac{s_1 + \dfrac{1}{T_2}}{s_1 + \dfrac{1}{\beta T_2}} \right|$$

接近於 1。其中 $s = s_1$，係為閉迴路主極點之一。選擇 T_1 及 β 使其滿足幅度條件及角度條件：

$$\left| K_c \left(\frac{s_1 + \dfrac{1}{T_1}}{s_1 + \dfrac{\beta}{T_1}} \right) G(s_1) \right| = 1$$

$$\angle \frac{s_1 + \dfrac{1}{T_1}}{s_1 + \dfrac{\beta}{T_1}} = \phi$$

5. 利用所得的 β 求出 T_2 使其滿足

$$\left| \frac{s_1 + \dfrac{1}{T_2}}{s_1 + \dfrac{1}{\beta T_2}} \right| \doteqdot 1$$

$$-5° < \left/ \frac{s_1 + \dfrac{1}{T_2}}{s_1 + \dfrac{1}{\beta T_2}} < 0° \right.$$

βT_2 之值,即是滯相－進相補償器的最大時間常數,不可以太大而使得物理上不可能實現。(當 $\gamma = \beta$ 時,有關的滯相－進相補償器設計技術可參考例題 6-9。)

例題 6-8

考慮圖 6-55 的系統。順向轉移函數為

$$G(s) = \frac{4}{s(s+0.5)}$$

系統的閉迴路極點為

$$s = -0.2500 \pm j1.9843$$

阻尼比為 0.125,無阻尼自然頻率為 $\omega_n = 2$ rad/sec,指定靜態速度誤差常數 $8\ \text{sec}^{-1}$。

現在須使得閉迴路主極點之阻尼比為 0.5,無阻尼自然頻率提高到 5 rad/sec,指定靜態速度誤差常數 $80\ \text{sec}^{-1}$。試設計適當的補償器以能滿足以上性能規格。

假設我們使用滯相－進相補償器,其轉移函數為

$$G_c(s) = K_c \left(\frac{s + \dfrac{1}{T_1}}{s + \dfrac{\gamma}{T_1}} \right) \left(\frac{s + \dfrac{1}{T_2}}{s + \dfrac{1}{\beta T_2}} \right) \quad (\gamma > 1, \beta > 1)$$

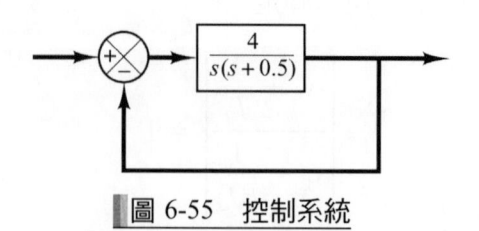

圖 6-55 控制系統

式中 $\gamma \neq \beta$。因此補償的系統之開環轉移函數為

$$G_c(s)G(s) = K_c \left(\frac{s + \dfrac{1}{T_1}}{s + \dfrac{\gamma}{T_1}} \right) \left(\frac{s + \dfrac{1}{T_2}}{s + \dfrac{1}{\beta T_2}} \right) G(s)$$

根據性能規格的要求，閉迴路主極點在

$$s = -2.50 \pm j4.33$$

因為

$$\left. \angle \frac{4}{s(s+0.5)} \right|_{s=-2.50+j4.33} = -235°$$

滯相－進相補償器的進相網路須要貢獻 55° 的角度，使得根軌跡經過閉迴路主極點所設定的位置。

設計補償器的進相網路部分，先求出可以貢獻 55° 角度的零點及極點位置。答案有許多，但在此我們選擇 $s = -0.5$ 的零點，使其與控制本體 $s = -0.5$ 的極點抵消掉。零點決定後，進相網路極點也可以經由 55° 的貢獻角度計算出來。經過簡單的圖法，得出極點為 $s = -5.02$。因此滯相－進相補償器的進相網路部分為

$$K_c \frac{s + \dfrac{1}{T_1}}{s + \dfrac{\gamma}{T_1}} = K_c \frac{s + 0.5}{s + 5.02}$$

因此

$$T_1 = 2, \quad \gamma = \frac{5.02}{0.5} = 10.04$$

接著，由幅度條件決定 K_c：

$$\left| K_c \frac{s+0.5}{s+5.02} \frac{4}{s(s+0.5)} \right|_{s=-2.5+j4.33} = 1$$

因此

$$K_c = \left| \frac{(s+5.02)s}{4} \right|_{s=-2.5+j4.33} = 6.26$$

補償器的滯相部分之設計程序為：首先決定 β 值以滿足靜態速度誤差常數：

$$K_v = \lim_{s \to 0} sG_c(s)G(s) = \lim_{s \to 0} sK_c \frac{\beta}{\gamma} G(s)$$

$$= \lim_{s \to 0} s(6.26) \frac{\beta}{10.04} \frac{4}{s(s+0.5)} = 4.988\beta = 80$$

因此，β 值計算出

$$\beta = 16.04$$

最後，計算 T_2 以滿足下列二個條件：

$$\left| \frac{s + \frac{1}{T_2}}{s + \frac{1}{16.04T_2}} \right|_{s=-2.5+j4.33} \doteq 1, \quad -5° < \angle \frac{s + \frac{1}{T_2}}{s + \frac{1}{16.04T_2}} \bigg|_{s=-2.5+j4.33} < 0°$$

我們可以多選擇幾個 T_2，回去檢驗是否滿足幅度條件及角度條件。經過簡單的計算後，可得 $T_2 = 5$。

$$1 > 幅度 > 0.98, \quad -2.10° < 角度 < 0°$$

因為 $T_2 = 5$ 滿足了上述二條件，所以選擇

$$T_2 = 5$$

現在所設計的滯相－進相補償器之轉移函數為

$$G_c(s) = (6.26) \left(\frac{s + \frac{1}{2}}{s + \frac{10.04}{2}} \right) \left(\frac{s + \frac{1}{5}}{s + \frac{1}{16.04 \times 5}} \right)$$

$$= 6.26 \left(\frac{s + 0.5}{s + 5.02} \right) \left(\frac{s + 0.2}{s + 0.01247} \right)$$

$$= \frac{10(2s+1)(5s+1)}{(0.1992s+1)(80.19s+1)}$$

因此補償的系統之開環轉移函數為

$$G_c(s)G(s) = \frac{25.04(s+0.2)}{s(s+5.02)(s+0.01247)}$$

由於 $(s + 0.5)$ 這一項抵消掉了，因此補償的系統變成了三階系統。(數學上而言，我們以為零點及極點之抵消是完整的，事實上不然。原因在系統的數學模型通常是近似的，因此之故，時間常數並不是真正精確的。) 圖 6-56(a) 所示為補償系統的根軌跡。其在原點附近的放大圖參見圖 6-56(b)。因為滯相－進相補償器之滯相部分貢獻的角度甚小，因此閉迴路主極點偏離了預定的位置 $s = -2.5 \pm j4.33$ 不是很嚴重。補償系統的特性方程式為

$$s(s + 5.02)(s + 0.01247) + 25.04(s + 0.2) = 0$$

或

$$s^3 + 5.0325s^2 + 25.1026s + 5.008$$
$$= (s + 2.4123 + j4.2756)(s + 2.4123 - j4.2756)(s + 0.2078) = 0$$

因此，新的閉迴路主極點在

$$s = -2.4123 \pm j4.2756$$

新的阻尼比為 $\zeta = 0.491$。所以，補償的系統滿足了所有的性能要求規格。第三個閉迴路極點位於 $s = -0.2078$。此閉迴路極點非常靠近零點 $s = -0.2$，因此這個極點對於響應的效果不顯著。(註：通常零點及極點在原點

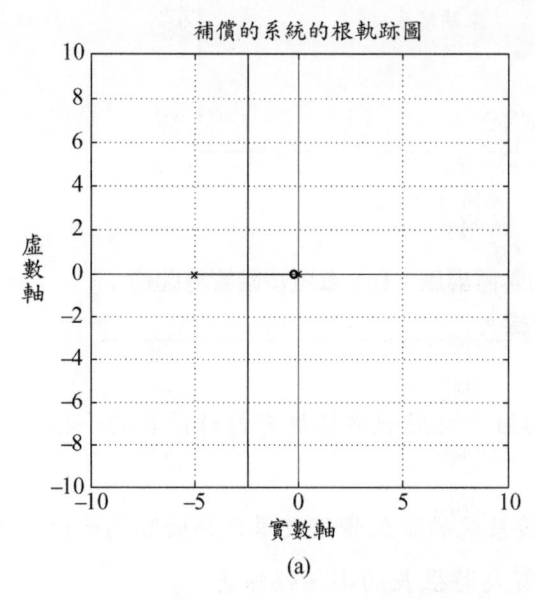

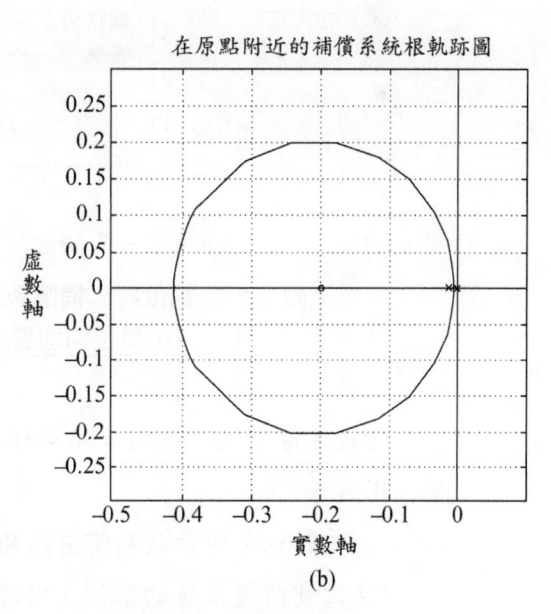

圖 6-56 (a) 補償系統的根軌跡圖；(b) 原點附近的根軌跡圖。

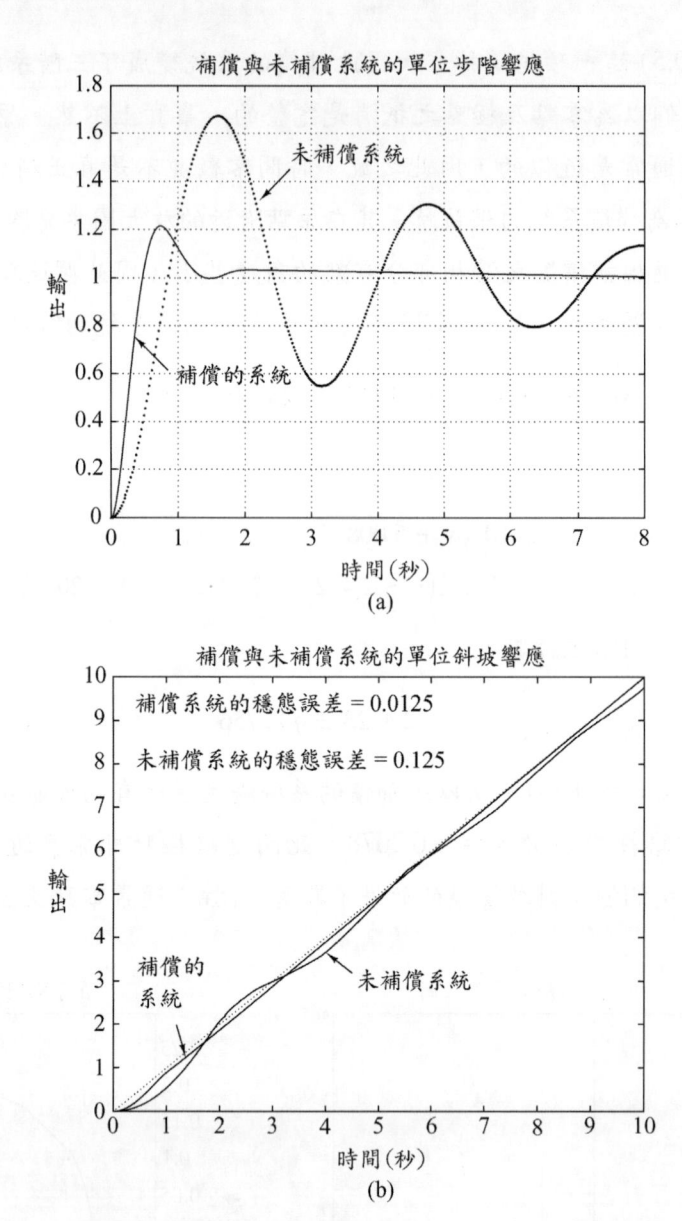

圖 6-57　補償與未補償系統的暫態響應。(a) 單位步階響應曲線；
(b) 單位斜坡響應曲線。

附近靠得很近，此對零點與極點的組合造成暫態響應有為時很長的小振幅振盪。)

圖 6-57 所示為補償前與補償後系統的單位步階及單位斜坡響應曲線。(注意補償後系統的單位步階響應有為時很長的小振幅振盪。)

例題 6-9

再考慮例題 6-8 的控制系統。假設我們使用 (6-24) 式的滯相－進相補償器，或

$$G_c(s) = K_c \frac{\left(s + \dfrac{1}{T_1}\right)\left(s + \dfrac{1}{T_2}\right)}{\left(s + \dfrac{\beta}{T_1}\right)\left(s + \dfrac{1}{\beta T_2}\right)} \quad (\beta > 1)$$

也假設要求的規格與例題 6-8 的一樣，而要設計補償器 $G_c(s)$。

閉迴路主極點的位置要求在，

$$s = -2.50 \pm j4.33$$

補償的系統之開環轉移函數為

$$G_c(s)G(s) = K_c \frac{\left(s + \dfrac{1}{T_1}\right)\left(s + \dfrac{1}{T_2}\right)}{\left(s + \dfrac{\beta}{T_1}\right)\left(s + \dfrac{1}{\beta T_2}\right)} \cdot \frac{4}{s(s + 0.5)}$$

因為要求的靜態速度誤差常數 K_v 為 $80\ \text{sec}^{-1}$，故得

$$K_v = \lim_{s \to 0} sG_c(s)G(s) = \lim_{s \to 0} K_c \frac{4}{0.5} = 8K_c = 80$$

因此

$$K_c = 10$$

時間常數 T_1 及 β 值決定如下

$$\left|\frac{s + \dfrac{1}{T_1}}{s + \dfrac{\beta}{T_1}}\right| \left|\frac{40}{s(s + 0.5)}\right|_{s = -2.5 + j4.33} = \left|\frac{s + \dfrac{1}{T_1}}{s + \dfrac{\beta}{T_1}}\right| \frac{8}{4.77} = 1$$

$$\left/\frac{s + \dfrac{1}{T_1}}{s + \dfrac{\beta}{T_1}}\right._{s = -2.5 + j4.33} = 55°$$

(角度少了 55°，如例題 6-8 所得結果。) 再參考圖 6-58，則 A 點與 B 點可以輕易求得如下

$$\angle APB = 55°, \quad \frac{\overline{PA}}{\overline{PB}} = \frac{4.77}{8}$$

(利用圖解法或三角學方法。) 可得

$$\overline{AO} = 2.38, \quad \overline{BO} = 8.34$$

或

$$T_1 = \frac{1}{2.38} = 0.420, \quad \beta = 8.34T_1 = 3.503$$

因此，滯相－進相補償器的進相部分為

$$10\left(\frac{s+2.38}{s+8.34}\right)$$

在滯相部分，選擇 T_2 以滿足以下條件

$$\left|\frac{s+\dfrac{1}{T_2}}{s+\dfrac{1}{3.503T_2}}\right|_{s=-2.50+j4.33} \doteqdot 1, \quad -5° < \angle\left.\frac{s+\dfrac{1}{T_2}}{s+\dfrac{1}{3.503T_2}}\right|_{s=-2.50+j4.33} < 0°$$

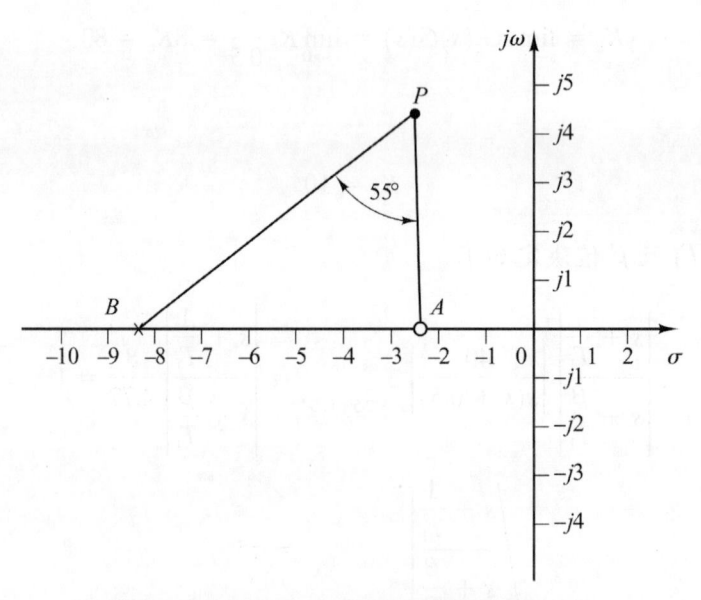

圖 6-58　決定所需極點及零點的位置

由簡單計算，得知如果選擇 $T_2 = 5$，則

$$1 > 幅度 > 0.98, \qquad -1.5° < 角度 < 0°$$

若選擇 $T_2 = 10$，則

$$1 > 幅度 > 0.99, \qquad -1° < 角度 < 0°$$

因為 T_2 是滯相－進相補償器的時間常數之其中之一，是故不可以太大。如果在實際的網路合成中，選擇 $T_2 = 10$ 是可以被接受的，那麼就選用 $T_2 = 10$。因此

$$\frac{1}{\beta T_2} = \frac{1}{3.503 \times 10} = 0.0285$$

所以，滯相－進相補償器為

$$G_c(s) = (10)\left(\frac{s + 2.38}{s + 8.34}\right)\left(\frac{s + 0.1}{s + 0.0285}\right)$$

補償的系統之開環轉移函數為

$$G_c(s)G(s) = \frac{40(s + 2.38)(s + 0.1)}{(s + 8.34)(s + 0.0285)s(s + 0.5)}$$

此時無零點及極點對消，補償的系統為四階。因為滯相－進相補償器之滯相部分貢獻的角度甚小，因此閉迴路主極點相當靠近所需要的位置。事實上，迴路主極點可以由特性方程式依照下列方法得知

$$(s + 8.34)(s + 0.0285)s(s + 0.5) + 40(s + 2.38)(s + 0.1) = 0$$

其再簡化成

$s^4 + 8.8685s^3 + 44.4219s^2 + 99.3188s + 9.52$
$= (s + 2.4539 + j4.3099)(s + 2.4539 - j4.3099)(s + 0.1003)(s + 3.8604) = 0$

因此，閉迴路主極點位於

$$s = -2.4539 \pm j4.3099$$

其他的閉迴路主極點在

$$s = -0.1003; \qquad s = -3.8604$$

由於閉迴路極點 $s = -0.1003$ 非常靠近 $s = -0.1$ 的零點，他們幾乎互相抵消。因此這一個閉迴路極點造成的效果不大。剩下的極點 $s = -3.8604$ 並不會與零點 $s = -2.4$ 互相抵消。與無此零點的情形比較下，此一零點使得步階響應產生很大的超擊度。圖 6-59(a) 所示為有經補償與未補償系統的單位步階響應。二系統的單位斜坡響應如圖 6-59(b) 所示。

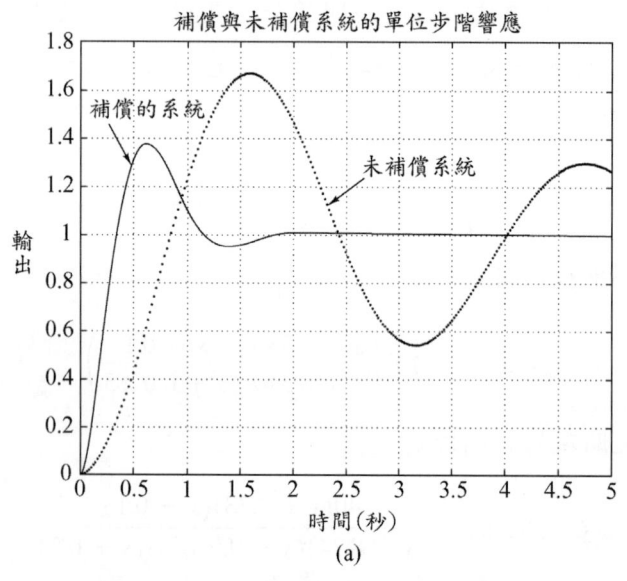

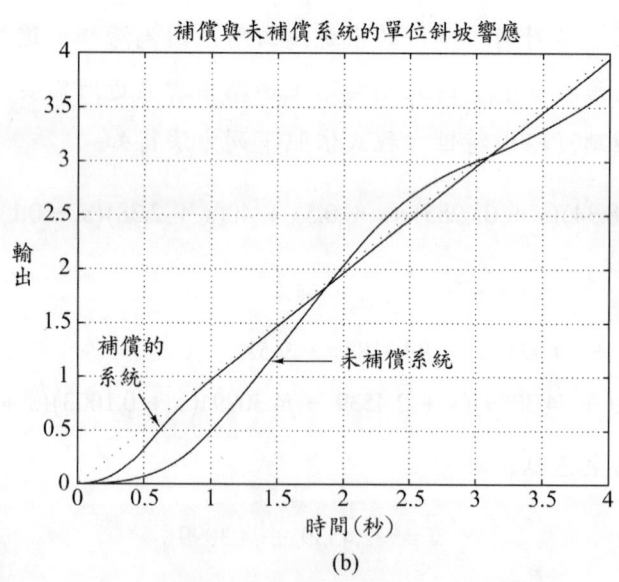

圖 6-59 (a) 補償與未補償系統的單位步階響應曲線；
(b) 二系統的單位斜坡響應曲線。

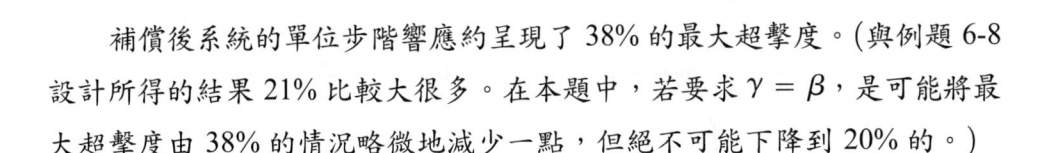

補償後系統的單位步階響應約呈現了 38% 的最大超擊度。(與例題 6-8 設計所得的結果 21% 比較大很多。在本題中,若要求 $\gamma = \beta$,是可能將最大超擊度由 38% 的情況略微地減少一點,但絕不可能下降到 20% 的。)

6-9 並聯補償

到目前為止,我們已經介紹了利用進相、滯相及滯相-進相補償器做串聯式的補償技術。本節要討論並聯補償技術。因為在並聯補償設計時,補償器(或控制器)係置於內迴圈,使得設計技術比串聯式的技術複雜些。然而,當我們將其特性方程式寫成與串聯式補償的系統之特性方程式一樣的型式時,則設計技術不見得會多複雜。本節要提供並聯補償的簡單設計題目。

並聯補償系統的基本設計原理 參考圖 6-60(a),串聯式補償系統的閉迴路轉移函數為

$$\frac{C}{R} = \frac{G_c G}{1 + G_c GH}$$

其特性方程式為

$$1 + G_c GH = 0$$

因此,給予 G 及 H,設計題目變成決定補償器 G_c,使之滿足設定之規格。

並聯補償系統 [圖 6-60(b)] 的閉迴路轉移函數為

$$\frac{C}{R} = \frac{G_1 G_2}{1 + G_2 G_c + G_1 G_2 H}$$

其特性方程式為

$$1 + G_1 G_2 H + G_2 G_c = 0$$

將上述特性方程式除以不含 G_c 的項數之和,得

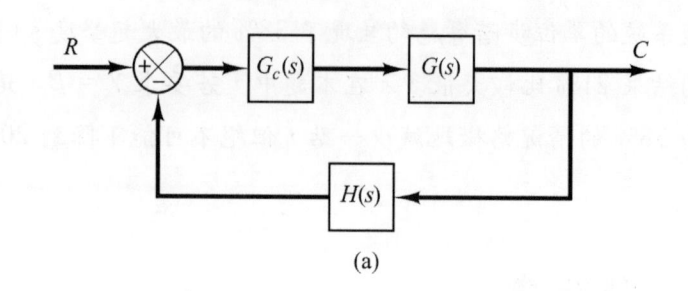

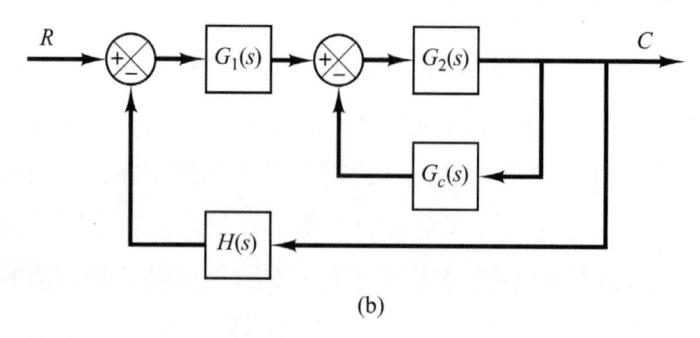

圖 6-60　(a) 串聯式補償；(b) 並聯 (或回饋) 補償。

$$1 + \frac{G_c G_2}{1 + G_1 G_2 H} = 0 \qquad (6\text{-}25)$$

若定義

$$G_f = \frac{G_2}{1 + G_1 G_2 H}$$

則 (6-25) 式變成

$$1 + G_c G_f = 0$$

因為 G_f 是固定的轉移函數，則 G_c 的設計變成與串聯補償的情況一樣。亦即，以前介紹的設計程序，現在照樣可以施用於並聯補償系統。

速度回饋系統　速度回饋系統 (量速機回饋系統) 就是屬於並聯補償系統的例子。此系統的控制器 (補償器) 係屬於增益元件。內迴圈回饋元件的增益須適當地決定，以使得整個系統滿足所需規格。此一速度回饋系統的特性是，可變動的參數不會出現在開環轉移函數的相乘項中，因此根軌跡設計法不能直接適用。但是，將特性方程式重寫，使得可變動的參數出現在相乘型式的項目中，則可直接使用根軌跡法做設計了。

我們將在例題 6-10 中介紹利用並聯補償技術做控制系統設計的例子。

例題 6-10

考慮圖 6-61 的系統。繪製出根軌跡圖。然後決定 k 使得閉迴路主極點的阻尼比等於 0.4。

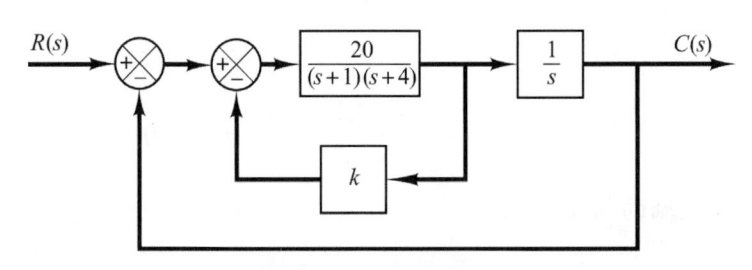

圖 6-61 控制系統

因為系統具有速度回饋，其開環轉移函數為

$$開環轉移函數 = \frac{20}{s(s+1)(s+4) + 20ks}$$

注意，可調節的變數 k 沒有出現在相乘項中。系統的特性方程式為

$$s^3 + 5s^2 + 4s + 20ks + 20 = 0 \tag{6-26}$$

定義

$$20k = K$$

則 (6-26) 式變成

$$s^3 + 5s^2 + 4s + Ks + 20 = 0 \tag{6-27}$$

上式 (6-27) 除以不含 K 的項目和，可得

$$1 + \frac{Ks}{s^3 + 5s^2 + 4s + 20} = 0$$

或

$$1 + \frac{Ks}{(s+j2)(s-j2)(s+5)} = 0 \tag{6-28}$$

(6-28) 式係與 (6-11) 式具有同樣形式。

現在我們要繪製 (6-28) 式系統的根軌跡圖。因為開環極點為 $s = j2$，$s = -j2$，$s = -5$，而開環零點為 $s = 0$。因此根軌跡存在於負數軸的 0 與 -5 之間。又因

$$\lim_{s \to \infty} \frac{Ks}{(s+j2)(s-j2)(s+5)} = \lim_{s \to \infty} \frac{K}{s^2}$$

可得

$$漸近線張角 = \frac{\pm 180°(2k+1)}{2} = \pm 90°$$

漸近線與負數軸的相交點為

$$\lim_{s \to \infty} \frac{Ks}{s^3 + 5s^2 + 4s + 20} = \lim_{s \to \infty} \frac{K}{s^2 + 5s + \cdots} = \lim_{s \to \infty} \frac{K}{(s+2.5)^2}$$

即是

$$s = -2.5$$

在極點 $s = j2$ 上的出發角 (θ 角) 計算於下：

$$\theta = 180° - 90° - 21.8° + 90° = 158.2°$$

所以，在極點 $s = j2$ 上的出發角為 $158.2°$。此系統的根軌跡圖參見圖 6-62。我們發現到二支根軌跡從極點 $s = \pm j2$ 出發，終止於無窮遠處的零點。另一支軌跡從極點 $s = -5$ 出發，終止於 $s = 0$ 的零點。

注意到，$\zeta = 0.4$ 的閉迴路極點係在經過原點且與負實數夾角成 $\pm 66.42°$ 的直線上。在本題中，s 平面上半部的根軌跡與 $66.42°$ 的直線有二處相交點。因此，使得閉迴路主極點的阻尼比等於 0.4 的 K 值有二個解答。在 P 點，K 值是

$$K = \left| \frac{(s+j2)(s-j2)(s+5)}{s} \right|_{s=-1.0490+j2.4065} = 8.9801$$

因此

$$k = \frac{K}{20} = 0.4490 \quad 在 P 點$$

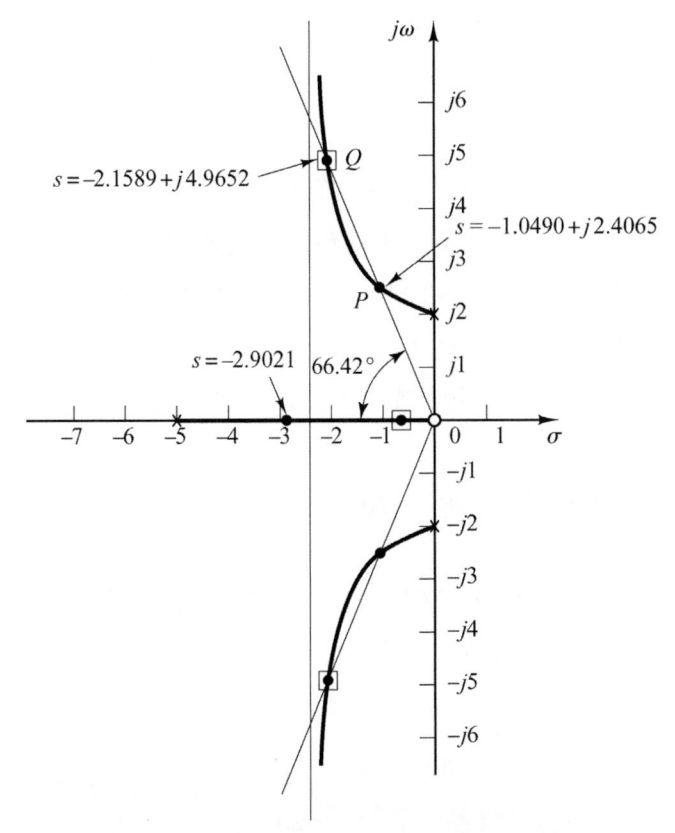

圖 6-62　圖 6-61 所示系統的根軌跡圖

在 Q 點，K 值是

$$K = \left| \frac{(s+j2)(s-j2)(s+5)}{s} \right|_{s=-2.1589+j4.9652} = 28.260$$

因此

$$k = \frac{K}{20} = 1.4130 \quad \text{在 } Q \text{ 點}$$

亦即，本題目有二組解答，當 $k = 0.4490$ 時，三個閉迴路極點是

$$s = -1.0490 + j2.4065, \quad s = -1.0490 - j2.4065, \quad s = -2.9021$$

而當 $k = 1.4130$ 時，三個閉迴路極點是

$$s = -2.1589 + j4.9652, \quad s = -2.1589 - j4.9652, \quad s = -0.6823$$

注意，在原點的零點就是開環零點，但不是閉迴路零點。很顯然的，圖 6-61 所示系統沒有閉迴路零點，因為

$$\frac{G(s)}{R(s)} = \frac{20}{s(s+1)(s+4) + 20(1+ks)}$$

在設計的程序中，$s = 0$ 的開環零點加進去的原因是，為了修改特性方程式使得可調節的變數 $K = 20k$ 出現在相乘的因式項中。

因此，我們有二個不同的 k 值，其皆能滿足閉迴路主極點的阻尼比等於 0.4 之要求。當 $k = 0.4490$ 時，閉迴路轉移函數為

$$\frac{C(s)}{R(s)} = \frac{20}{s^3 + 5s^2 + 12.98s + 20}$$

$$= \frac{20}{(s + 1.0490 + j2.4065)(s + 1.0490 - j2.4065)(s + 2.9021)}$$

當 $k = 1.4130$ 時，閉迴路轉移函數為

$$\frac{C(s)}{R(s)} = \frac{20}{s^3 + 5s^2 + 32.26s + 20}$$

$$= \frac{20}{(s + 2.1589 + j4.9652)(s + 2.1589 - j4.9652)(s + 0.6823)}$$

注意，當 $k = 0.4490$ 時，有一對閉迴路主極點；而當 $k = 1.4130$ 時，閉迴路主極點則是 $s = -0.6823$，此時的閉迴路共軛複數極點不是主極點。在此種情形下，響應的特性係由實數閉迴路極點決定之。

讓我們比較這二個系統的單位步階響應。使用 MATLAB 程式 6-14 可將二組單位步階響應曲線同繪製於一張產生的單位步階響應曲線 [$k = 0.4490$ 時 $c_1(t)$ 及 $k = 1.4130$ 時 $c_2(t)$]，參見圖 6-63。

由圖 6-63 發現，當 $k = 0.4490$ 時，響應造成振盪。(在 $s = -2.9021$ 處的閉迴路極點對於單位步階響應的效果很微小。) 當 $k = 1.4130$ 時，由閉迴路極點 $s = -2.1589 \pm j4.9652$ 造成的振盪因阻尼關係消逝得比閉迴路極點 $s = -0.6823$ 純指數衰減還快速。

系統在 $k = 0.4490$ 時 (表現出較快速，超擊度不算大) 之響應特性要比 $k = 1.4130$ 時 (響應表現太慢) 好得多。因此，我們採用 $k = 0.4490$ 做為此系統的設計。

利用根軌跡法做控制系統的分析與設計

MATLAB 程式 6-14

```
% ---------- Unit-step response ----------
% ***** Enter numerators and denominators of systems with
% k = 0.4490 and k = 1.4130, respectively. *****
num1 = [20];
den1 = [1  5  12.98  20];
num2 = [20];
den2 = [1  5  32.26  20];
t = 0:0.1:10;
c1 = step(num1,den1,t);
c2 = step(num2,den2,t);
plot(t,c1,t,c2)
text(2.5,1.12,'k = 0.4490')
text(3.7,0.85,'k = 1.4130')
grid
title('Unit-step Responses of Two Systems')
xlabel('t Sec')
ylabel('Outputs c1 and c2')
```

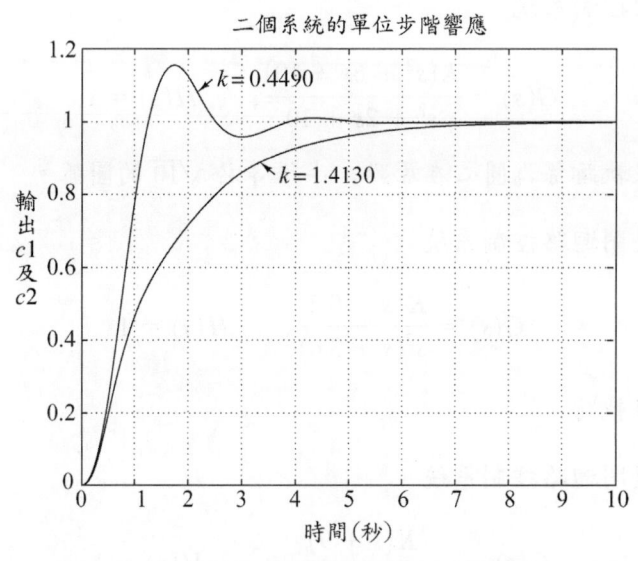

圖 6-63　圖 6-61 系統的單位步階響應曲線，閉迴路主極點的阻尼比等於 0.4 (使得阻尼比等於 0.4 的 k 值有二解。)

■■■ 習 題

B-6-1 繪製閉迴路控制系統

$$G(s) = \frac{K(s+1)}{s^2}, \quad H(s) = 1$$

的根軌跡。

B-6-2 繪製閉迴路控制系統

$$G(s) = \frac{K}{s(s+1)(s^2+4s+5)}, \quad H(s) = 1$$

的根軌跡。

B-6-3 繪製閉迴路控制系統

$$G(s) = \frac{K}{s(s+0.5)(s^2+0.6s+10)}, \quad H(s) = 1$$

的根軌跡。

B-6-4 證明控制系統

$$G(s) = \frac{K(s^2+6s+10)}{s^2+2s+10}, \quad H(s) = 1$$

的根軌跡係為圓心在原點，半徑等於 $\sqrt{10}$ 的圓弧。

B-6-5 繪製閉迴路控制系統

$$G(s) = \frac{K(s+0.2)}{s^2(s+3.6)}, \quad H(s) = 1$$

的根軌跡。

B-6-6 繪製閉迴路控制系統

$$G(s) = \frac{K(s+9)}{s(s^2+4s+11)}, \quad H(s) = 1$$

的根軌跡。指定閉迴路主極點的阻尼比 ζ 為 0.5，在根軌跡將閉迴路極點的位置訂出來，同時求對應的增益 K。

B-6-7 繪製圖 6-100 系統的根軌跡。並求 K 的穩定工作範圍。

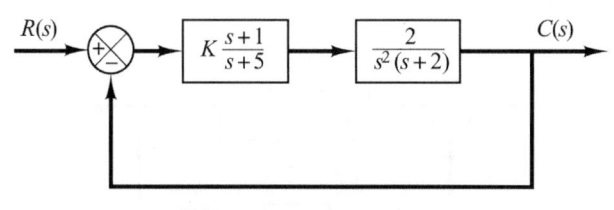

圖 6-100　控制系統

B-6-8 考慮單位回饋控制系統。開環轉移函數為

$$G(s) = \frac{K}{s(s^2 + 4s + 8)}$$

繪製系統的根軌跡。若 $K = 2$，求閉迴路極點的位置。

B-6-9 考慮一系統，其開環轉移函數為

$$G(s)H(s) = \frac{K(s - 0.6667)}{s^4 + 3.3401s^3 + 7.0325s^2}$$

證明此系統根軌跡漸近線的方程式為

$$G_a(s)H_a(s) = \frac{K}{s^3 + 4.0068s^2 + 5.3515s + 2.3825}$$

利用 MATLAB 繪製此系統的根軌跡及漸近線。

B-6-10 考慮單位回饋控制系統，其順向轉移函數為

$$G(s) = \frac{K}{s(s + 1)}$$

系統的固定值 K 增益軌跡定義如下：

$$\left| \frac{K}{s(s + 1)} \right| = 1$$

證明 $0 \leq K \leq \infty$ 之固定值 K 增益軌跡為

$$\left[\sigma(\sigma + 1) + \omega^2\right]^2 + \omega^2 = K^2$$

繪製此固定值 K 增益軌跡，並在 s 平面上點出 $K = 1, 2, 5, 10, 20$ 的位置。

B-6-11 考慮圖 6-101 的系統。利用 MATLAB 繪製此系統的根軌跡。若 $K = 2$,求閉迴路極點的位置。

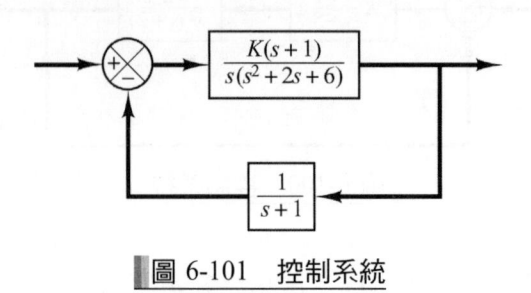

圖 6-101 控制系統

[方塊圖:前向路徑 $\dfrac{K(s+1)}{s(s^2+2s+6)}$,迴授路徑 $\dfrac{1}{s+1}$]

B-6-12 分別繪製圖 6-102(a) 及 (b) 非極小相位系統的根軌跡。

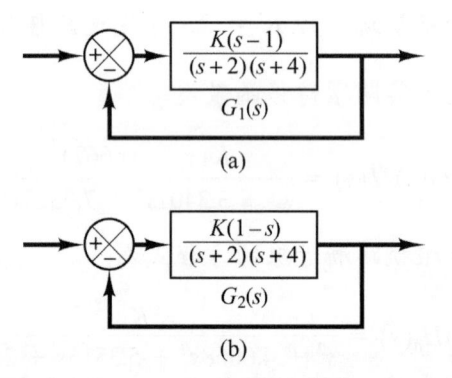

[方塊圖 (a):$G_1(s) = \dfrac{K(s-1)}{(s+2)(s+4)}$]

[方塊圖 (b):$G_2(s) = \dfrac{K(1-s)}{(s+2)(s+4)}$]

圖 6-102 (a) 及 (b) 非極小相位系統

B-6-13 考慮圖 6-103 的機械系統。其由一個彈簧及二個緩衝筒組成。求此系統的轉移函數。位移 x_i 為輸入,x_o 為輸出。此系統是否為機械滯相網路,抑或進相網路?

B-6-14 考慮圖 6-104 的系統。繪製此系統的根軌跡。當閉迴路主極點的阻尼比 ζ 為 0.5,試求 K 值。然後求出閉迴路極點。利用 MATLAB 繪製此系統單位步階響應。

B-6-15 求圖 6-105 系統的 K、T_1 及 T_2,使得閉迴路主極點的阻尼比 ζ 為 0.5,且無阻尼自然頻率 $\omega_n = 3$ rad/sec。

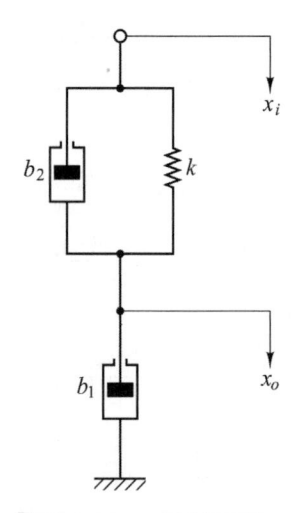

圖 6-103　機械系統

圖 6-104　控制系統

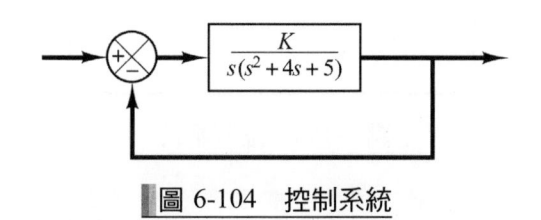

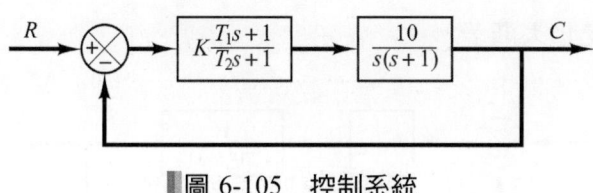

圖 6-105　控制系統

B-6-16 考慮圖 6-106 的系統。求控制器 $G_c(s)$ 的增益 K 及時間常數 T 使得閉迴路極點為 $s = -2 \pm j2$。

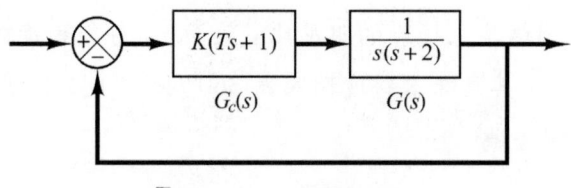

圖 6-106　控制系統

B-6-17 考慮圖 6-107 的系統。試求進相補償器使得閉迴路主極點為 $s = -2 \pm j2\sqrt{3}$。以 MATLAB 繪製此補償系統單位步階響應。

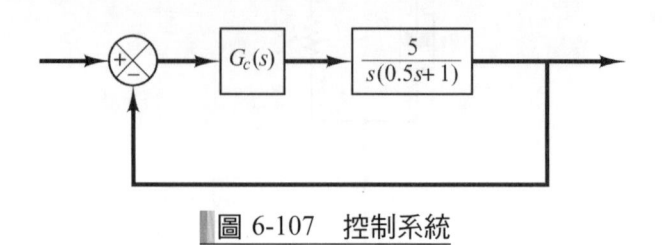

圖 6-107 控制系統

B-6-18 考慮圖 6-108 的系統。試求補償器使得閉迴路主極點為 $s = -1 \pm j1$。

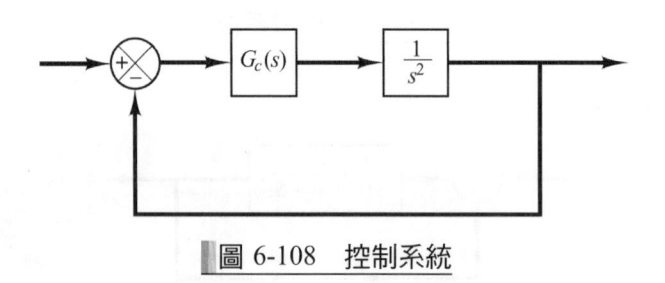

圖 6-108 控制系統

B-6-19 考慮圖 6-109 的系統,試求補償器使得靜態速度誤差常數 K_v 為 20 sec^{-1},但不會使得原來在 $s = -2 \pm j2\sqrt{3}$ 的共軛複數閉迴路極點位置變化太顯著。

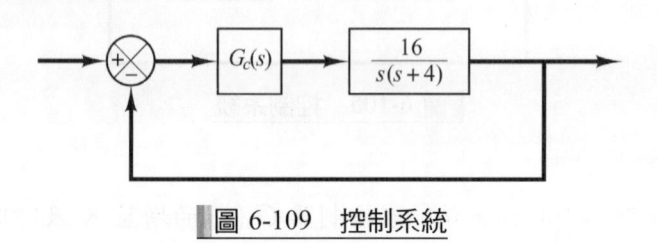

圖 6-109 控制系統

B-6-20 考慮圖 6-110 的轉角位置系統,閉迴路主極點為 $s = -3.60 \pm j4.80$。閉迴路主極點的阻尼比 ζ 為 0.6,靜態速度誤差常數 K_v 為 4.1 sec^{-1}。其意味當斜坡輸入為 360°/sec,則追隨此斜坡輸入產生的穩態誤差為

$$e_v = \frac{\theta_i}{K_v} = \frac{360°/\text{sec}}{4.1 \text{ sec}^{-1}} = 87.8°$$

欲將 e_v 降低為目前值的十分之一，或將靜態速度誤差常數 K_v 為 41 sec^{-1}。同時，使得閉迴路主極點的阻尼比 ζ 為 0.6。無阻尼自然頻率 ω_n 可以少許變化。試設計補償器使得靜態速度誤差常數達到所需值。

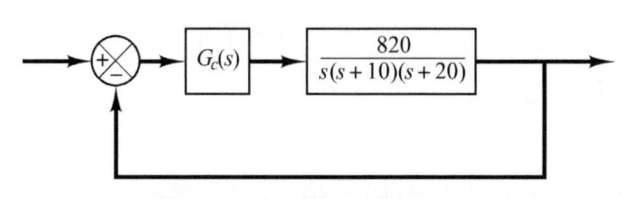

圖 6-110　轉角位置系統

B-6-21 考慮圖 6-111 的控制系統。試求補償器使得閉迴路主極點為 $s = -2 \pm j2\sqrt{3}$，且靜態速度誤差常數 K_v 為 50 sec^{-1}。

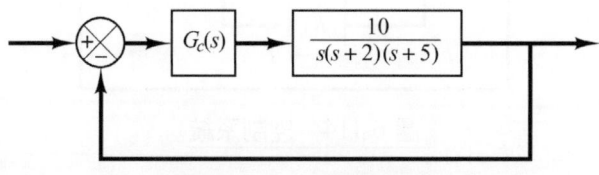

圖 6-111　控制系統

B-6-22 考慮圖 6-112 的控制系統。試求補償器使得單位步階響應曲線中，最大超擊度 30% 且安定時間少於 3 秒。

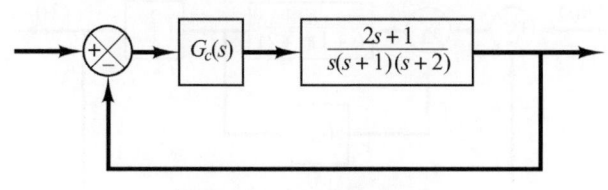

圖 6-112　控制系統

B-6-23 考慮圖 6-113 的控制系統。試求補償器使得單位步階響應曲線中，最大超擊度 25% 且安定時間少於 5 秒。

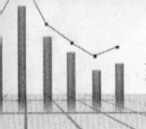

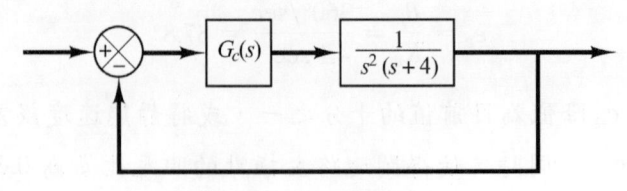

▌圖 6-113　控制系統

B-6-24 考慮圖 6-114 的速度回饋控制系統。試求放大器增益 K 及速度回饋器增益 K_h 使得系統滿足下列希求規格：

1. 閉迴路極點阻尼比 ζ 為 0.5
2. 安定時間 ≤ 2 秒
3. 靜態速度誤差常數 $K_v \geq 50 \text{ sec}^{-1}$
4. $0 < K_h < 1$

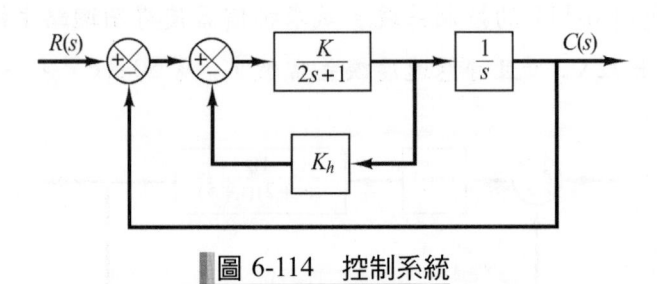

▌圖 6-114　控制系統

B-6-25 考慮圖 6-115 的速度回饋控制系統。試求放大器增益 K 使得閉迴路主極點的阻尼比 ζ 為 0.5。以此增益 K 繪製系統的單位步階響應。

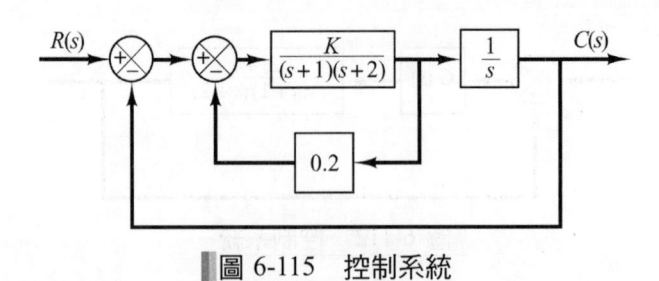

▌圖 6-115　控制系統

B-6-26 考慮圖 6-116 的系統。當 a 從 0 變化至 ∞ 時，繪製根軌跡。欲使得閉迴路主極點的阻尼比 ζ 為 0.5，則 a 為若干？

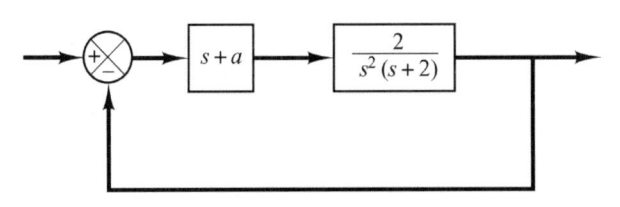

圖 6-116　控制系統

B-6-27 考慮圖 6-117 的系統。當 k 從 0 變化至 ∞ 時，繪製根軌跡。欲使得閉迴路主極點的阻尼比 ζ 為 0.5，則 k 為若干？此時求靜態速度誤差常數 K_v。

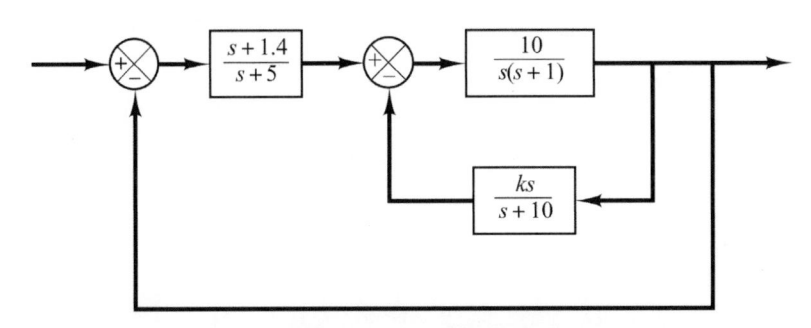

圖 6-117　控制系統

B-6-28 考慮圖 6-118 的系統。當 $K_h = 0.1$、0.3 及 0.5，且 k 從 0 變化至 ∞ 時，繪製根軌跡。

比較下列三種情況系統的單位步階響應：

(1)　$K = 10, K_h = 0.1$

(2)　$K = 10, K_h = 0.3$

(3)　$K = 10, K_h = 0.5$

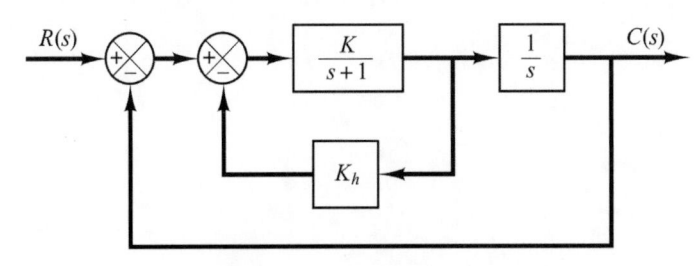

圖 6-118　控制系統

Chapter 7

利用頻率響應法做控制系統的分析與設計

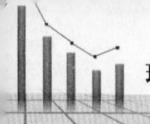

7-1 引 言

頻率響應 (frequency response) 意味系統在弦波輸入下產生的穩態輸出。在頻率響應法中,我們在某一範圍下改變輸入信號的頻率,研究其產生的響應。

本章介紹頻率響應法做控制系統的分析與設計。由此種分析的結果與根軌跡法分析的結果是不一樣的。事實上,頻率響應法與根軌跡法應該是互補的。頻率響應法優點之一是,可以從物理系統中觀察量測的數據,而不須導出系統的模型。在實際控制系統的設計,二種方法都有用到。控制工程師這二種方法都要詳知。

頻率響應法係在 1930 至 1940 年代由奈奎斯特 (Nyquist)、波德 (Bode)、尼可 (Nichols) 及其他學者發展出來的。在傳統控制理論中,頻率響應法尤其重要。強韌控制理論中也必不可少的。

奈奎斯特穩度準則使我們可以從線性系統的開環頻率響應之訊息了解其閉迴路系統的絕對穩定度及相對穩定度。頻率響應法的又一好處是,通常利用弦波信號產生器及精密的儀器就可以輕易且精準地測定系統的頻率響應。通常複雜的元件之轉移函數可以使用頻率響應的實驗測定得知。此外,頻率響應法的優點可以設計系統使其對於不需要雜訊的效應變得微不足道,且相關的分析與設計也可推廣應用到某些非線性的控制系統中。

雖然頻率響應法對於控制系統的暫態表現提供了質方面的述說,除開二次系統而論,頻率響應與暫態響應的關連不是很直接的。設計閉迴路系統時,我們從開環轉移函數著手,依照許多種準則調整其頻率響應之特性,可以使得系統的暫態響應達到接受的程度。

求弦波輸入的穩態輸出　可以證明轉移函數系統的穩態輸出可以直接從弦波轉移函數——即,轉移函數中,s 用 $j\omega$ 代替,ω 為信號頻率。

考慮如圖 7-1 的穩定線性非時變系統。$G(s)$ 為系統的轉移函數,其輸入及輸出分別為 $x(t)$ 及 $y(t)$。如果輸入 $x(t)$ 為弦波信號則穩態輸出應該也是具有同樣頻率的弦波信號,但是可能有不同的幅度與相角。

假設系統的輸入是

$$x(t) = X \sin \omega t$$

[本書中，"ω" 一律以 rad/sec 量測之。若量測頻率以 (周/秒) 量測，則使用符號 "f"。即 $\omega = 2\pi f$。]

如果系統轉移函數 $G(s)$ 寫成二個 s 多項式之比，即

$$G(s) = \frac{p(s)}{q(s)} = \frac{p(s)}{(s+s_1)(s+s_2)\cdots(s+s_n)}$$

系統拉式變換輸出 $Y(s)$ 為

$$Y(s) = G(s)X(s) = \frac{p(s)}{q(s)} X(s) \tag{7-1}$$

式中 $X(s)$ 為 $x(t)$ 的拉式變換。

可以證明的是，當系統到達穩態後，將 s 用 $j\omega$ 代替即可計算出頻率響應。亦可證明，穩態響應係表達為

$$G(j\omega) = Me^{j\phi} = M\underline{/\phi}$$

式中 M 為輸出與輸入弦波信號幅度之比，ϕ 為輸出對於輸入弦波信號之相位差。做頻率響應測試時，我們在所應用的頻率區間變化信號頻率 ω。

穩定的線性非時變系統在弦波信號輸入產生的穩態響應與其初始條件無關。(因此可以加設初始條件為零。) 如果 $Y(s)$ 只有相異極點，則將 (7-1) 式做部分分式展開，當 $x(t) = X \sin \omega t$ 時

$$Y(s) = G(s)X(s) = G(s)\frac{\omega X}{s^2 + \omega^2}$$
$$= \frac{a}{s+j\omega} + \frac{\bar{a}}{s-j\omega} + \frac{b_1}{s+s_1} + \frac{b_2}{s+s_2} + \cdots + \frac{b_n}{s+s_n} \tag{7-2}$$

式中 a 及 b_i $(i = 1, 2, \cdots, n)$ 皆為常數，且 $\bar{a}$ 為 a 的複數共軛。取 (7-2) 式的拉式反變換得

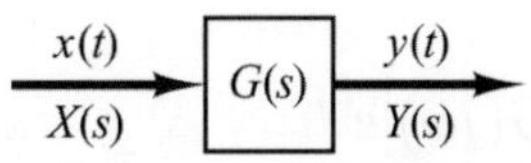

圖 7-1　穩定的線性非時變系統

$$y(t) = ae^{-j\omega t} + \bar{a}e^{j\omega t} + b_1 e^{-s_1 t} + b_2 e^{-s_2 t} + \cdots + b_n e^{-s_n t} \quad (t \geq 0) \tag{7-3}$$

當系統為穩定時，$-s_1$，$-s_2$，$\cdots$，$-s_n$ 皆具有負實數部分。因此，當 t 趨近於無窮大時，$e^{-s_1 t}$, $e^{-s_2 t}$, $\cdots$, $e^{-s_n t}$ 等皆趨近於零。是故，在穩態時，(7-3) 式中除了前二項之外，皆消失殆盡。

如果 $Y(s)$ 有重複極點 s_j，重複 m_j 次，則 $y(t)$ 會出現 $t^{h_j} e^{-s_j t}$ ($h_j = 1$, $2, \cdots, m_j - 1$) 這些項數。當系統式穩定時，當 t 趨近於無窮大時，$t^{h_j} e^{-s_j t}$ 這些項皆趨近於零。

因此，不管系統是否有相異極點或重複極點，穩態響應皆為

$$y_{ss}(t) = ae^{-j\omega t} + \bar{a}e^{j\omega t} \tag{7-4}$$

式中常數 a 可由 (7-2) 式求出如下：

$$a = G(s)\frac{\omega X}{s^2 + \omega^2}(s + j\omega)\bigg|_{s=-j\omega} = -\frac{XG(-j\omega)}{2j}$$

註，

$$\bar{a} = G(s)\frac{\omega X}{s^2 + \omega^2}(s - j\omega)\bigg|_{s=j\omega} = \frac{XG(j\omega)}{2j}$$

因為 $G(j\omega)$ 為複數，可寫成

$$G(j\omega) = |G(j\omega)|e^{j\phi}$$

式中 $|G(j\omega)|$ 為幅度，ϕ 為 $G(j\omega)$ 的角度；即，

$$\phi = \underline{/G(j\omega)} = \tan^{-1}\left[\frac{G(j\omega) \text{ 的虛數部分}}{G(j\omega) \text{ 的實數部分}}\right]$$

角度 ϕ 可以是負、正或零。同理，可表達 $G(-j\omega)$ 如下式：

$$G(-j\omega) = |G(-j\omega)|e^{-j\phi} = |G(j\omega)|e^{-j\phi}$$

再者，因為

$$a = -\frac{X|G(j\omega)|e^{-j\phi}}{2j}, \quad \bar{a} = \frac{X|G(j\omega)|e^{j\phi}}{2j}$$

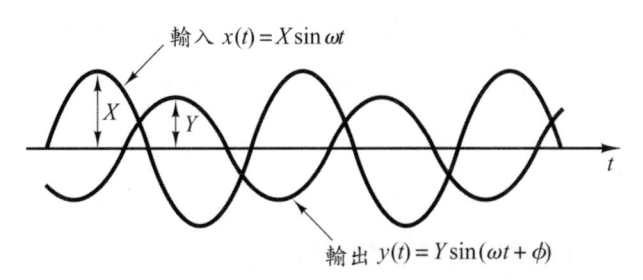

利用頻率響應法做控制系統的分析與設計

圖 7-2 輸入及輸出弦波信號

(7-4) 式可寫成

$$\begin{aligned}y_{ss}(t) &= X|G(j\omega)|\frac{e^{j(\omega t+\phi)} - e^{-j(\omega t+\phi)}}{2j} \\ &= X|G(j\omega)|\sin(\omega t + \phi) \\ &= Y\sin(\omega t + \phi)\end{aligned} \quad (7\text{-}5)$$

式中 $Y = X|G(j\omega)|$。因此可見得，穩定的線性非時變系統中，當輸入是弦波信號，則穩態時輸出也是弦波信號，其頻率與輸入信號相同。但是，輸出與輸入之間可能有不同的幅度與相角。事實上，輸出的幅度等於輸入的幅度乘上 $|G(j\omega)|$，而輸出與輸入的相角差 $\phi = \angle G(j\omega)$。圖 7-2 所示為輸入及輸出弦波信號。

基於上述討論，可得重要結果如下：於弦波輸入時，

$$|G(j\omega)| = \left|\frac{Y(j\omega)}{X(j\omega)}\right| = 輸出弦波與輸入弦波幅度之比$$

$$\angle G(j\omega) = \angle\frac{Y(j\omega)}{X(j\omega)} = 輸出弦波對於輸入弦波之相位遷移$$

因此，系統對於弦波輸入之穩態特性可以表達為

$$\frac{Y(j\omega)}{X(j\omega)} = G(j\omega)$$

函數 $G(j\omega)$ 稱為弦波轉移函數。其為 $Y(j\omega)$ 對於 $X(j\omega)$ 的比，係為複數量，可用頻率為參數的幅度及相角代表之。一個線性系統的轉移函數中，以 $j\omega$ 取代 s 即可得出弦波轉移函數。

第六章已經討論過，正的相角稱為進相，負的相角稱為滯相。有進相特性的網路稱之為進相網路，而有滯相特性的網路稱之為滯相網路。

例題 7-1

考慮圖 7-3 的系統。轉移函數 $G(s)$ 為

$$G(s) = \frac{K}{Ts + 1}$$

當輸入為 $x(t) = X \sin \omega t$ 時，穩態輸出 $y_{ss}(t)$ 可得如下：

$$G(j\omega) = \frac{K}{jT\omega + 1}$$

輸出與輸入幅度之比為

$$|G(j\omega)| = \frac{K}{\sqrt{1 + T^2\omega^2}}$$

而相角 ϕ 為

$$\phi = \underline{/G(j\omega)} = -\tan^{-1} T\omega$$

因此，當輸入為 $x(t) = X \sin \omega t$ 時，穩態輸出 $y_{ss}(t)$ 可由 (7-5) 式得出如下：

$$y_{ss}(t) = \frac{XK}{\sqrt{1 + T^2\omega^2}} \sin(\omega t - \tan^{-1} T\omega) \tag{7-6}$$

由 (7-6) 式可以看出，當 ω 很小時，穩態輸出的幅度幾乎等於 K 乘上輸入的幅度。ω 很小時，輸出的相位遷移也很小。當 ω 很大時，輸出很小，幾乎與 ω 成倒比。當 ω 趨近於無窮大時，相角遷移趨近於 $-90°$。此為滯相網路。

圖 7-3　一階系統

例題 7-2

考慮如下網路

$$G(s) = \frac{s + \dfrac{1}{T_1}}{s + \dfrac{1}{T_2}}$$

決定出這是一個進相網路,還是滯相網路。

當輸入為 $x(t) = X \sin \omega t$ 時,穩態輸出 $y_{ss}(t)$ 可得出如下:因為

$$G(j\omega) = \frac{j\omega + \dfrac{1}{T_1}}{j\omega + \dfrac{1}{T_2}} = \frac{T_2(1 + T_1 j\omega)}{T_1(1 + T_2 j\omega)}$$

是故

$$|G(j\omega)| = \frac{T_2\sqrt{1 + T_1^2 \omega^2}}{T_1\sqrt{1 + T_2^2 \omega^2}}$$

且

$$\phi = \underline{/G(j\omega)} = \tan^{-1} T_1 \omega - \tan^{-1} T_2 \omega$$

所以穩態輸出為

$$y_{ss}(t) = \frac{XT_2\sqrt{1 + T_1^2 \omega^2}}{T_1\sqrt{1 + T_2^2 \omega^2}} \sin(\omega t + \tan^{-1} T_1 \omega - \tan^{-1} T_2 \omega)$$

是故,若 $T_1 > T_2$,則 $\tan^{-1} T_1 \omega - \tan^{-1} T_2 \omega > 0$。所以當 $T_1 > T_2$ 時,網路係為進相網路。若 $T_1 < T_2$,則網路係為滯相網路。

頻率響應特性之圖形代表 弦波轉移函數,其為頻率 ω 的複變函數,係以頻率為參數的幅度及相角代表之。弦波轉移函數的常用代表法有三種:

1. 波德圖或對數作圖
2. 奈奎斯特圖或極座標作圖

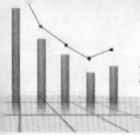

3. 對數幅度對相位作圖 (尼可圖)

這些代表法將在本章裡詳細討論之。我們也將介紹以 MATLAB 製作波德圖、奈奎斯特圖及尼可圖。

本章要點 7-1 節引介頻率響應的基本。7-2 節介紹各種轉移函數的波德圖。7-3 節介紹極座標作圖。7-4 節討論對數幅度對相位作圖。7-5 節詳細討論奈奎斯特穩度準則。7-6 節討論建立於奈奎斯特穩度準則的穩定度分析。7-7 節介紹相對穩定度分析之測定。7-8 節利用 M 及 N 圓之開環頻率響應特性得出閉迴路頻率響應特性。7-9 節提出轉移函數的實驗求法。7-10 節引介控制系統頻率響應設計法之基本觀念。7-11、7-12 及 7-13 節分別詳細討論進相補償、滯相補償及滯相－進相補償技術。

7-2 波德圖

波德圖及對數作圖 波德圖有二部分：其一為弦波轉移函數的幅度對數作圖；另一個為相角作圖；二者皆是對於對數刻度的頻率作圖。

$G(j\omega)$ 的標準對數幅度代表為 $20 \log |G(j\omega)|$，對數之底為 10。對數幅度之單位為分貝，通常以 dB 縮寫符號代表之。在對數代表下，曲線繪置於半對數紙上，頻率做對數刻度，幅度 (單位是 dB) 及相角 (單位是度) 為線性刻度。(所考慮的頻率範圍在對數座標上以幾週的對數刻度代表之。)

使用波德圖的優點是，幅度的相乘可變成相加。此外，曲線可用 log-幅度的漸近簡易方法繪製之。建立於漸近之近似基礎。此種漸近直線的近似繪製對於輪廓式的頻率響應特性是充分足夠的。若須更精確的作圖，只要再對於漸近線做數值修正就可以了。在對數刻度上，低頻部分有較大的擴展，此法對於重要的低頻率特性之繪製相當有利。雖然不可能繪製對數刻度的頻率至零 ($\log 0 = -\infty$)，但是這不是問題所在。

如果頻率響應數據繪製於波德圖上，則弦波轉移函數可用實驗的方式輕易地求出。

$G(j\omega)H(j\omega)$ 的基本因式 如前所述，對數作圖有利於頻率響應線的製作。常出現於轉移函數 $G(j\omega)H(j\omega)$ 的基本因式有

1. 增益 K
2. 積分及微分因式 $(j\omega)^{\mp 1}$
3. 一階因式 $(1 + j\omega T)^{\mp 1}$
4. 二次因式 $[1 + 2\zeta(j\omega/\omega_n) + (j\omega/\omega_n)^2]^{\mp 1}$

當我們孰悉這些基本因式項的對數作圖後，將他們曲線綜合加總之，則可以建構出任何 $|G(j\omega)H(j\omega)|$ 的對數圖。乃因為增益的對數之和相當於增益的相乘之故。

增益 K 大於 1 的數目其分貝值為正，而小於 1 的數目其分貝值為負。增益 K 的 log-幅度曲線相當於幅度為 $20 \log K$ 分貝的水平直線。增益 K 的相位為零。(譯者註：當 K 為正。) 因此當轉移函數的 K 改變時，則此轉移函數的 log-幅度曲線依照其相當的量作上下的移動，但是不會影響到相位曲線。

圖 7-4 所示為數目與分貝的轉換直線。任何數目相對應的分貝值可以直接地從此直線讀出。數目增加 10 倍，則相對應的分貝值增加 20 dB，如下述：

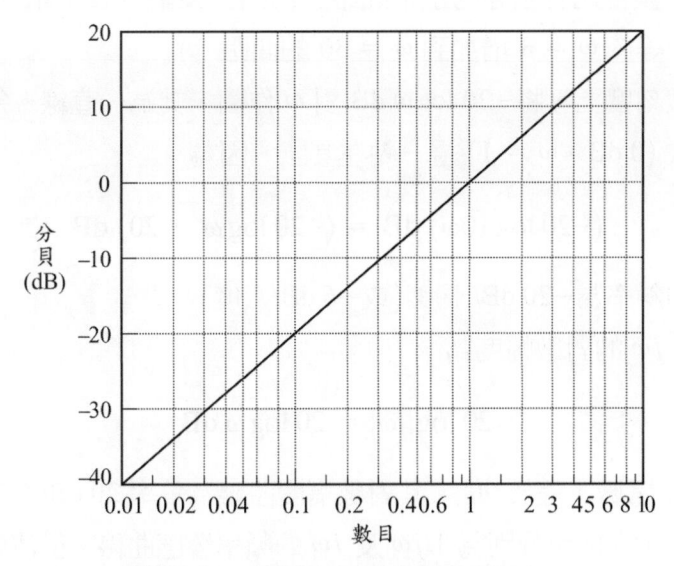

▮圖 7-4　數目與分貝的轉換直線

$$20\log(K \times 10) = 20\log K + 20$$

是故,

$$20\log(K \times 10^n) = 20\log K + 20n$$

因此,在分貝值的單位代表下,一個數目的倒數之分貝值為該數之分貝值差一符號;亦即,對於數字 K:

$$20\log K = -20\log\frac{1}{K}$$

積分及微分因式 $(j\omega)^{\mp 1}$　　$1/j\omega$ 的對數幅度為

$$20\log\left|\frac{1}{j\omega}\right| = -20\log\omega \text{ dB}$$

$1/j\omega$ 的相角為常數,等於 $-90°$。

在波德圖中,頻率的比係表示八度 (octaves) 或十度 (decades)。對任何頻率 ω_1,從 ω_1 增加到 $2\omega_1$ 的頻帶是為一個八度。而對任何頻率 ω_1,從 ω_1 增加到 $10\omega_1$ 的頻帶是為一個十度。(在半對數紙上,頻帶是為對數刻度,相同的頻帶比有相等的水平間距。例如,頻率 $\omega = 1$ 增加到 $\omega = 10$ 的水平間距等於 $\omega = 3$ 增加到 $\omega = 30$ 的間距。)

在對數刻度上,將 $-20\log\omega$ dB 對 ω 作圖,其為一直線。欲繪製此直線,先置放 $(0 \text{ dB}, \omega = 1)$ 這一點在其上。因為

$$(-20\log 10\omega) \text{ dB} = (-20\log\omega - 20) \text{ dB}$$

所以直線的斜率為 -20 dB/十度 (或 -6 dB/八度)。

同理,$j\omega$ 的對數幅度為

$$20\log|j\omega| = 20\log\omega \text{ dB}$$

$j\omega$ 的相角為常數,等於 $90°$。其對數幅度曲線為斜率 20 dB/十度的直線。圖 7-5(a) 及 (b) 所示分別為 $1/j\omega$ 及 $j\omega$ 的頻率響應曲線。很清楚地看出,$1/j\omega$ 及 $j\omega$ 的頻率響應曲線不同的地方在於對數幅度曲線中斜率的符號與相角符號而已。在 $\omega = 1$ 之處,其對數幅度皆為 0 dB。

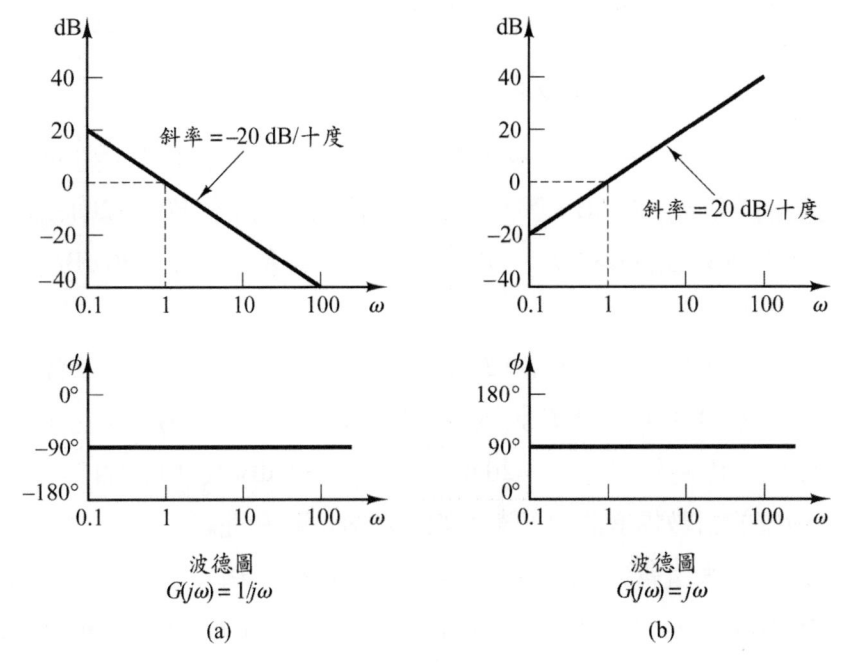

利用頻率響應法做控制系統的分析與設計

圖 7-5 (a) $G(j\omega) = 1/j\omega$ 的波德圖；(b) $G(j\omega) = j\omega$ 的波德圖。

若轉移函數有 $(1/j\omega)^n$ 或 $(j\omega)^n$ 這些項目，其對數幅度分別是

$$20 \log \left| \frac{1}{(j\omega)^n} \right| = -n \times 20 \log |j\omega| = -20n \log \omega \text{ dB}$$

或

$$20 \log |(j\omega)^n| = n \times 20 \log |j\omega| = 20n \log \omega \text{ dB}$$

因此，因式 $(1/j\omega)^n$ 或 $(j\omega)^n$ 這些項目對數幅度的斜率分別是 $-20n$ dB/十度及 $20n$ dB/十度。在整個頻帶中，$(1/j\omega)^n =$ 相角為 $-90° \times n$，而 $(j\omega)^n$ 的相角為 $90° \times n$。這些幅度曲線皆經過 $(0 \text{ dB}, \omega = 1)$ 這一點。

一階因式$(1 + j\omega T)^{\mp 1}$　一階因式項 $1/(1 + j\omega T)$ 的對數幅度為

$$20 \log \left| \frac{1}{1 + j\omega T} \right| = -20 \log \sqrt{1 + \omega^2 T^2} \text{ dB}$$

低頻時，即 $\omega \ll 1/T$，則對數幅度可以近似為

$$-20 \log \sqrt{1 + \omega^2 T^2} \doteq -20 \log 1 = 0 \text{ dB}$$

359

因此，在低頻時對數幅度曲線是常數 0-dB 直線。當高頻時，即 $\omega \gg 1/T$，

$$-20 \log \sqrt{1 + \omega^2 T^2} \doteq -20 \log \omega T \text{ dB}$$

此為在高頻域之近似表示。當 $\omega = 1/T$ 時，對數幅度等於 0 dB；在 $\omega = 10/T$ 時，對數幅度等於 -20 dB。因此，當頻率比每增加十倍時，$-20 \log \omega T$ dB 之值下降 20 dB。當 $\omega \gg 1/T$，對數幅度是為一條斜率等於 -20 dB/十度（或 -6 dB/八度）的直線。

經由分析可知，$1/(1 + j\omega T)$ 因式項之頻率響應曲線可用二條漸近直線近似之，在 $0 < \omega < 1/T$ 頻域時係為 0 dB 的直線，另一條在 $1/T < \omega < \infty$ 頻域時係為斜率等於 -20 dB/十度（或 -6 dB/八度）的直線。圖 7-6 所示為精確的對數幅度曲線、漸近線及精確的相角曲線。

上述二條漸近線的相交處是為折角 (corner) 頻率，或折斷 (break) 頻率。對於 $1/(1 + j\omega T)$ 因式項，其折角頻率為 $\omega = 1/T$，因為在 $\omega = 1/T$ 時二條漸近線之值相等。（低頻部分在 $\omega = 1/T$ 之值為 20 log 1 dB = 0 dB，而高頻部分漸近線在 $\omega = 1/T$ 之值為 20 log 1 dB = 0 dB。）折角頻率將頻率響應曲線折斷為二，一為低頻曲線，另一為高頻曲線。在繪製對數幅度頻率響應曲線時，折角頻率因此相當重要。

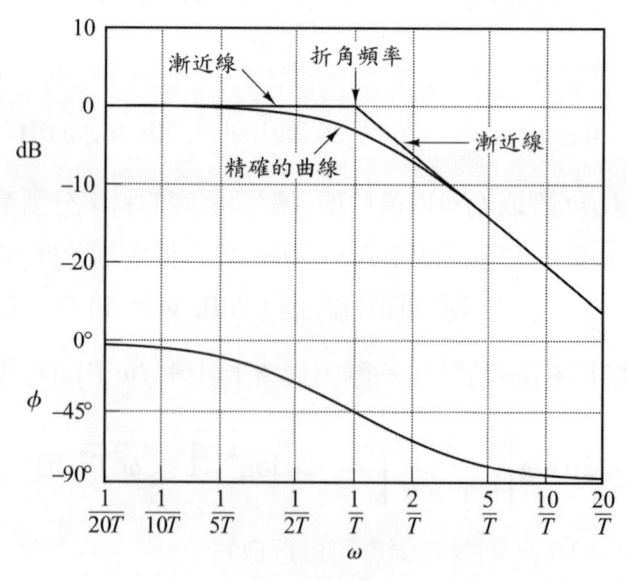

圖 7-6 $1/(1 + j\omega T)$ 的對數幅度曲線、漸近線及相角曲線

$1/(1 + j\omega T)$ 的精確相角為

$$\phi = -\tan^{-1}\omega T$$

在頻率為零時,相角等於 0°。在折角頻率時,相角等於

$$\phi = -\tan^{-1}\frac{T}{T} = -\tan^{-1}1 = -45°$$

在無窮大時,相角等於 −90°。由於相角等於反正切函數,則相角對摺點為奇對稱,摺點之相角等於 $\phi = -45°$。

現在計算幅度曲線使用漸近線造成的誤差。在折角頻率造成最大的誤差大約 −3 dB,因為

$$-20\log\sqrt{1 + 1} + 20\log 1 = -10\log 2 = -3.03 \text{ dB}$$

比折角頻率低八度的頻率──即 $\omega = 1/(2T)$──誤差大約

$$-20\log\sqrt{\frac{1}{4} + 1} + 20\log 1 = -20\log\frac{\sqrt{5}}{2} = -0.97 \text{ dB}$$

比折角頻率高八度的頻率──即 $\omega = 2/T$──誤差大約

$$-20\log\sqrt{2^2 + 1} + 20\log 2 = -20\log\frac{\sqrt{5}}{2} = -0.97 \text{ dB}$$

因此,比折角頻率低八度或高八度的頻率上,幅度誤差約 −1 dB。同理可得,比折角頻率低十度或高十度的頻率上,幅度誤差約 −0.04 dB。圖 7-7 為 $1/(1 + j\omega T)$ 的頻率響應曲線使用漸近線造成的分貝誤差。誤差的情形對稱於折角頻率。

因為漸近線繪製簡易且幾乎接近精確曲線,所以使用這種漸近線繪製波德圖時,不但方便,所需計算甚少,而且可以充分地表現出頻率響應的特性,是故廣用於初步設計中。如果需要更精準的頻率響應曲線,利用圖 7-7 所示的誤差曲線也可以快速方便地作精確的修正。實用上,在折角頻率處修正 3 dB,而在折角頻率上下八度頻率處修正 1 dB,將這些點以圓滑曲線連起來,就可以得到甚為精確的頻率響應曲線了。

注意,改變時間常數 T 只會將折角頻率左移或右移,但幅度響應曲線與相角曲線的形狀是相同的。

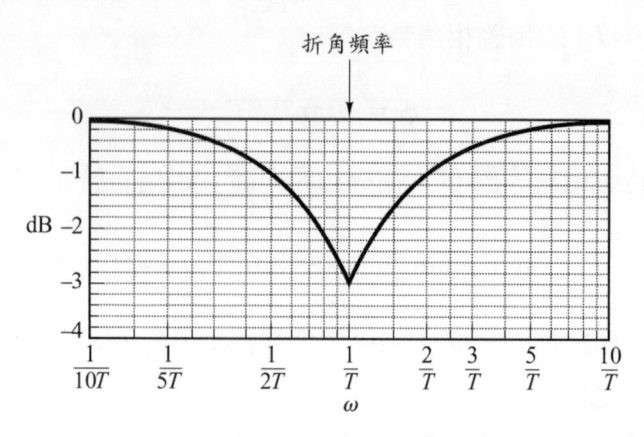

圖 7-7 $1/(1+j\omega T)$ 頻率響應曲線以漸近線造成的對數幅度誤差

轉移函數 $1/(1+j\omega T)$ 表現出低頻通濾波器的特性。在頻率 $\omega = 1/T$ 以後，對數幅度快速下降至 $-\infty$。乃因時間常數的緣故。低頻通濾波器中，輸出可以跟隨低頻率的弦波輸入響應之。但在高頻率的輸入時，因為輸出需要一段時間建立幅度，所以無法跟隨著輸入。因此，在高頻率的輸入時，輸出幅度趨近於零，其相角為 $-90°$。所以如果輸入有許多諧波，則低頻信號可以在輸出完整地複製出現，而高頻份量則造成衰減及可能的相位遷移。所以一階元件只能完整地，或近乎完整，複製慢速變化的現象。

波德圖的另一優點就是方便於討論倒式——例如，$1+j\omega T$ 因式項——其對數幅度與相位曲線只須改變正負號就可以了。即

$$20 \log|1+j\omega T| = -20 \log\left|\frac{1}{1+j\omega T}\right|$$

且

$$\underline{/1+j\omega T} = \tan^{-1}\omega T = -\underline{/\frac{1}{1+j\omega T}}$$

二種情形的折角頻率式一樣的。$1+j\omega T$ 高頻漸近線的斜率是 20 dB/十度，當頻率由零變化至無窮大時，其相角從 $0°$ 變化到 $90°$。圖 7-8 所示為 $1+j\omega T$ 因式項的對數幅度曲線、漸近線與相位曲線。

欲精確地繪製相位曲線，須先在曲線上標示出許多點。$(1+j\omega T)^{\mp 1}$ 的相角如下

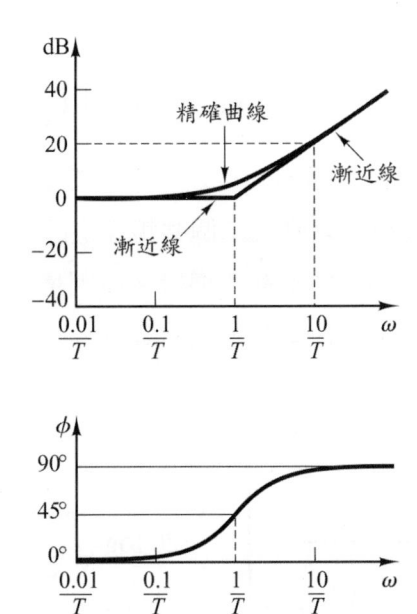

利用頻率響應法做控制系統的分析與設計

圖 7-8　$1 + j\omega T$ 的對數幅度曲線、漸近線及相角曲線。

$$\mp 45° \quad \text{當} \quad \omega = \frac{1}{T}$$

$$\mp 26.6° \quad \text{當} \quad \omega = \frac{1}{2T}$$

$$\mp 5.7° \quad \text{當} \quad \omega = \frac{1}{10T}$$

$$\mp 63.4° \quad \text{當} \quad \omega = \frac{2}{T}$$

$$\mp 84.3° \quad \text{當} \quad \omega = \frac{10}{T}$$

如果轉移函數中含有 $(1 + j\omega T)^{\mp n}$ 的因式項,其漸近線之繪製是相似的。折角頻率為 $\omega = 1/T$,漸近線為直線。低頻漸近線為 0 dB 水平直線,高頻漸近線為斜率等於 $-20n$ dB/十度,或 $20n$ dB/十度的漸近直線。$(1 + j\omega T)^{\mp n}$ 因式項由於漸近線造成的誤差 n 倍於 $(1 + j\omega T)^{\mp 1}$ 之情形。在每一頻率上,$(1 + j\omega T)^{\mp n}$ 的相角也是 n 倍於 $(1 + j\omega T)^{\mp 1}$ 之情形。

二次因式項 $[1 + 2\zeta(j\omega/\omega_n) + (j\omega/\omega_n)^2]^{\mp 1}$　控制系統中常出現二次因式項

$$G(j\omega) = \frac{1}{1 + 2\zeta\left(j\dfrac{\omega}{\omega_n}\right) + \left(j\dfrac{\omega}{\omega_n}\right)^2} \tag{7-7}$$

如果 $\zeta > 1$，則此二次因式項可以寫成二個一次因式項的乘積。如果 $0 < \zeta < 1$，則此二次因式項可以寫成二個共軛複數因式的乘積。當 ζ 值很小時，用漸近線代表頻率響應曲線會不準確。原因是，此時二次因式項的幅度及相位與折角頻率及阻尼比 ζ 有很大的關聯。

頻率響應曲線之求法如下：因為

$$20\log\left|\frac{1}{1 + 2\zeta\left(j\dfrac{\omega}{\omega_n}\right) + \left(j\dfrac{\omega}{\omega_n}\right)^2}\right| = -20\log\sqrt{\left(1 - \dfrac{\omega^2}{\omega_n^2}\right)^2 + \left(2\zeta\dfrac{\omega}{\omega_n}\right)^2}$$

低頻時，如 $\omega \ll \omega_n$，對數幅度為

$$-20\log 1 = 0 \text{ dB}$$

因此，低頻漸近線為 0 dB 水平直線。高頻時，如 $\omega \gg \omega_n$，對數幅度為

$$-20\log\frac{\omega^2}{\omega_n^2} = -40\log\frac{\omega}{\omega_n} \text{ dB}$$

因此，高頻漸近線為斜率等於 -40 dB/十度的直線。因為

$$-40\log\frac{10\omega}{\omega_n} = -40 - 40\log\frac{\omega}{\omega_n}$$

高頻漸近線與低頻漸近線相交於 $\omega = \omega_n$。因此，

$$-40\log\frac{\omega_n}{\omega_n} = -40\log 1 = 0 \text{ dB}$$

所以 $\omega = \omega_n$ 這一點稱為二次因式項的折角頻率。

以上介紹的二條漸近線皆與 ζ 無關。由 (7-7) 式可以發現在頻率 $\omega = \omega_n$ 地方會有共振峰出現。共振峰值的高度係由 ζ 之值決定之。以漸近線作近似代表當然會產生誤差。誤差也與 ζ 有關聯。(7-7) 式二次因式項的精確對數幅度及相關的漸近線，以及精確相位曲線與各種 ζ 值的關聯詳見圖

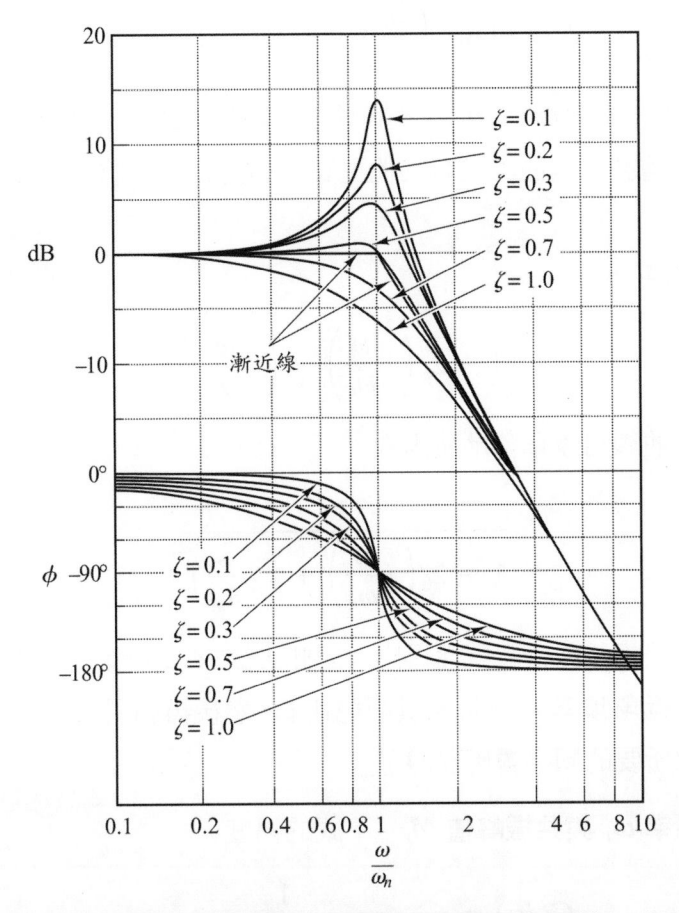

利用頻率響應法做控制系統的分析與設計

圖 7-9 (7-7) 式二次因式項的精確對數幅度及相關的漸近線,以及精確相位曲線與各種 ζ 值的關聯。

7-9。如果於某一頻率點,須要對漸近線做修正,可以詳細地參考圖 7-9 為之。

二次因式項 $[1 + 2\zeta(j\omega/\omega_n) + (j\omega/\omega_n)^2]^{-1}$ 之相角為

$$\phi = \angle \frac{1}{1 + 2\zeta\left(j\dfrac{\omega}{\omega_n}\right) + \left(j\dfrac{\omega}{\omega_n}\right)^2} = -\tan^{-1}\left[\frac{2\zeta\dfrac{\omega}{\omega_n}}{1 - \left(\dfrac{\omega}{\omega_n}\right)^2}\right] \quad (7\text{-}8)$$

因此,相角為 ω 與 ζ 之函數。在 $\omega = 0$ 時,相角為 $0°$。在 $\omega = \omega_n$ 時,相角為 $-90°$,與 ζ 無關。乃因為

$$\phi = -\tan^{-1}\left(\frac{2\zeta}{0}\right) = -\tan^{-1}\infty = -90°$$

在 $\omega = \infty$ 時，相角為 $-180°$。相角曲線在轉折點處，即 $\phi = -90°$ 處，形成奇對稱。繪製相角曲線沒有其他更簡易的方法。我們必須參考圖 7-9 之曲線為之。

以下因式

$$1 + 2\zeta\left(j\frac{\omega}{\omega_n}\right) + \left(j\frac{\omega}{\omega_n}\right)^2$$

的頻率響應曲線可以單純地將因式

$$\frac{1}{1 + 2\zeta\left(j\frac{\omega}{\omega_n}\right) + \left(j\frac{\omega}{\omega_n}\right)^2}$$

的對數幅度及相位曲線反號而得出。因此，欲求二次因式項的頻率響應曲線，先決定折角頻率 ω_n，以及其阻尼比 ζ。然後再利用圖 7-9 之曲線族就可以製作出所要的頻率響應曲線了。

共振頻率 ω_r 與共振峰值 M_r　下式的幅度

$$G(j\omega) = \frac{1}{1 + 2\zeta\left(j\frac{\omega}{\omega_n}\right) + \left(j\frac{\omega}{\omega_n}\right)^2}$$

是

$$|G(j\omega)| = \frac{1}{\sqrt{\left(1 - \frac{\omega^2}{\omega_n^2}\right)^2 + \left(2\zeta\frac{\omega}{\omega_n}\right)^2}} \tag{7-9}$$

如果 $|G(j\omega)|$ 在某一點頻率有共振峰值，此頻率稱之為**共振頻率** (resonant frequency)。因為 $|G(j\omega)|$ 的分子為常數，所以 $|G(j\omega)|$ 的共振峰值發生於當

$$g(\omega) = \left(1 - \frac{\omega^2}{\omega_n^2}\right)^2 + \left(2\zeta\frac{\omega}{\omega_n}\right)^2 \tag{7-10}$$

為極小值。重寫 (7-10) 式為

利用頻率響應法做控制系統的分析與設計

$$g(\omega) = \left[\frac{\omega^2 - \omega_n^2(1 - 2\zeta^2)}{\omega_n^2}\right]^2 + 4\zeta^2(1 - \zeta^2) \qquad (7\text{-}11)$$

$g(\omega)$ 的極小值發生於 $\omega = \omega_n\sqrt{1 - 2\zeta^2}$。因此，共振頻率 ω_r 為

$$\omega_r = \omega_n\sqrt{1 - 2\zeta^2}, \quad 當 0 \le \zeta \le 0.707 \qquad (7\text{-}12)$$

當阻尼比 ζ 趨近於零時，共振頻率為 ω_n。在 $0 < \zeta \le 0.707$ 時，共振頻率 ω_r 小於阻尼自然頻率 $\omega_d = \omega_n\sqrt{1 - \zeta^2}$，如暫態響應所顯示。由 (7-12) 式可以得知，當 $\zeta > 0.707$ 時，就無共振峰值發生了。隨著 ω 增加，$|G(j\omega)|$ 也呈現單調式減少。(在所有 $\omega > 0$ 時，幅度比 0 dB 小。前已提及，當 $0.7 < \zeta < 1$ 時，步階響應有振盪，但是係屬過阻尼式振盪，不易察覺之。)

當 $0 \le \zeta \le 0.707$ 時，共振峰值的幅度，$M_r = |G(j\omega_r)|$，可由 (7-12) 及 (7-9) 式求出。當 $0 \le \zeta \le 0.707$ 時，

$$M_r = |G(j\omega)|_{\max} = |G(j\omega_r)| = \frac{1}{2\zeta\sqrt{1 - \zeta^2}} \qquad (7\text{-}13)$$

當 $\zeta > 0.707$ 時，

$$M_r = 1 \qquad (7\text{-}14)$$

當 ζ 趨近於零時，M_r 趨近於無窮大。意味著，若無阻尼系統在自然頻率下

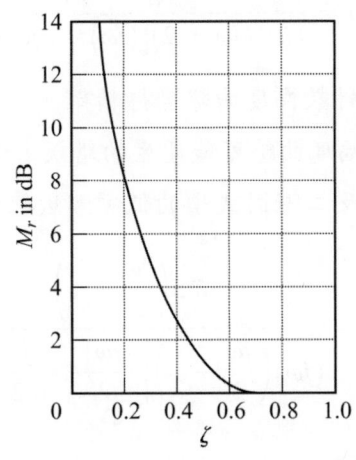

▌圖 7-10　二次系統 $1/[1 + 2\zeta(j\omega/\omega_n) + (j\omega/\omega_n)^2]$ M_r 對 ζ 之關係曲線

激發時，其幅度 $G(j\omega)$ 係為無窮大。圖 7-10 所示為 M_r 與 ζ 的關係曲線。

將 (7-12) 式代入 (7-8) 式可得 $G(j\omega)$ 發生共振峰值的頻率之相角。因此，在共振頻率 ω_r 時，

$$\underline{/G(j\omega_r)} = -\tan^{-1}\frac{\sqrt{1-2\zeta^2}}{\zeta} = -90° + \sin^{-1}\frac{\zeta}{\sqrt{1-\zeta^2}}$$

波德圖繪製的一般程序　波德圖可以利用 MATLAB 輕易地製作之。(有關 MATLAB 之製作方法將在本章之後介紹之。) 現在介紹不使用 MATLAB 之徒手繪製法。

首先，將 $G(j\omega)H(j\omega)$ 分解成為以上所述的基本因式相乘。再來，確認出這些基本因式項的折角頻率。最後，在折角頻率以適當的斜率繪製漸近線。靠近於漸近線附近的曲線可以做適當的修正，以得出精確的曲線。

$G(j\omega)H(j\omega)$ 的相角曲線也是由各自基本項的相角曲線加總之。

利用漸近線繪製出近似的波德圖要比計算出轉移函數的頻率響應法來得省時省力。因為轉移函數的頻率響應曲線及其因施加補償而作修改的頻率響應曲線很容易地就可以繪製出來，這就是波德圖廣為實用之主要原因。

例題 7-3

繪製如下轉移函數的波德圖。

$$G(j\omega) = \frac{10(j\omega + 3)}{(j\omega)(j\omega + 2)[(j\omega)^2 + j\omega + 2]}$$

並作適當的修正，使得對數幅度曲線變得精確。

為了避免繪製對數幅度曲線可能產生的錯誤，通常先將 $G(j\omega)$ 寫成以下的標準式，其中一階及二階因式項的低頻漸近線都是 0-dB 直線：

$$G(j\omega) = \frac{7.5\left(\dfrac{j\omega}{3} + 1\right)}{(j\omega)\left(\dfrac{j\omega}{2} + 1\right)\left[\dfrac{(j\omega)^2}{2} + \dfrac{j\omega}{2} + 1\right]}$$

此函數包含了下列的因式：

7.5, $(j\omega)^{-1}$, $1+j\dfrac{\omega}{3}$, $\left(1+j\dfrac{\omega}{2}\right)^{-1}$, $\left[1+j\dfrac{\omega}{2}+\dfrac{(j\omega)^2}{2}\right]^{-1}$

第三、四及五項之折角頻率分別是 $\omega=3$、$\omega=2$ 及 $\omega=\sqrt{2}$。最後一項之阻尼比為 0.3536。

欲製作波德圖時，先分別繪製各個因式項之漸近線，如圖 7-11 所示。將各別曲線做代數加總起來即得合成的曲線。當各別的漸近線做代數加總時，其斜率須要累加之。低於 $\omega=\sqrt{2}$ 時，斜率為 $-20\,\text{dB}/$十度。在第一個折角頻率 $\omega=\sqrt{2}$，斜率變成 $-60\,\text{dB}/$十度，直到下一個折角頻率 $\omega=2$，斜率變成 $-80\,\text{dB}/$十度。在最後一個折角頻率 $\omega=3$，斜率變成 $-60\,\text{dB}/$十度。

近似的對數幅度曲線一經製作後，可在各折角的上下八度頻率處做適當的修正，以得出較精確的真實曲線。對於一階因式項 $(1+j\omega T)^{\mp 1}$，在折角頻率處修正 $\pm 3\,\text{dB}$，而在折角的上下八度頻率處修正 $\pm 1\,\text{dB}$。二次因式項的修正則須參考圖 7-9 為之。$G(j\omega)$ 完整的對數幅度曲線於圖 7-11 中以虛線為之。

對數幅度曲線上的斜率只在轉移函數 $G(j\omega)$ 折角頻率的地方才會改變。所以我們可以一起繪製整組曲線，而不必單獨繪製各自曲線然後再加總之。我們從最低頻的直線開始（即，$\omega<\sqrt{2}$ 斜率為 $-20\,\text{dB}/$十度的直線）。當頻率增加後，遭遇到發生在折角頻率 $\omega=\sqrt{2}$ 地方共軛複數極點

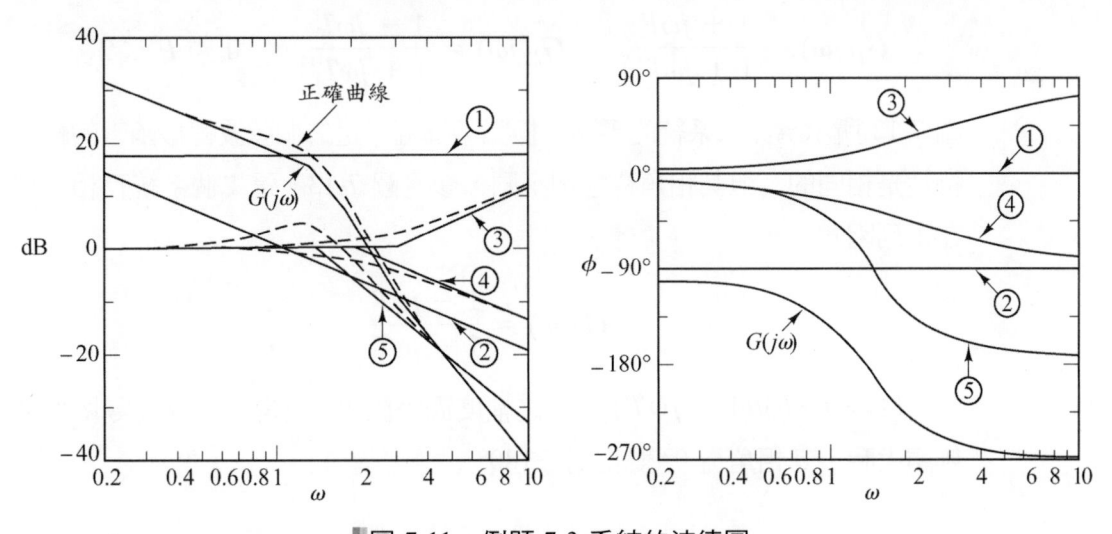

圖 7-11　例題 7-3 系統的波德圖

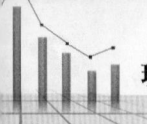

(二次項) 的影響。此共軛複數極點使得曲線斜率由 -20 dB/十度改變為 -60 dB/十度。在下一個折角頻率由一階極點 $\omega = 2$ 之效應，斜率改變為 -80 dB/十度。最後在 $\omega = 3$，由於零點之效應，斜率由 -80 dB/十度改變為 -60 dB/十度。

欲繪製完整的相角曲線時，先繪製每一分項的相角曲線。將所有的相角曲線加總之，即可得到完整的相角曲線，如圖 7-11 所示。

極小相位系統與非極小相位系統　轉移函數在右半 s 平面上無零點亦無極點稱為極小相位轉移函數，而在右半 s 平面上有零點或有極點者稱為非極小相位轉移函數。具有極小相位轉移函數的系統是為極小相位系統 (minimum-phase system)，而具有非極小相位轉移函數的系統是為非極小相位系統 (nonminimum-phase system)。

以相同的幅度特性的系統而言，極小相位轉移函數的相角分布範圍是最小的，而非極小相位轉移函數的相角範圍比前者多。

值得注意的是，對於極小相位系統，其轉移函數可以由幅度曲線決定之。非極小相位系統則不然。任何轉移函數乘上全頻通濾波器後，其幅度曲線不會改變，但是相角曲線是會變化的。

現在考慮以下二個系統，其弦波轉移函數分別代表如下：

$$G_1(j\omega) = \frac{1 + j\omega T}{1 + j\omega T_1}, \quad G_2(j\omega) = \frac{1 - j\omega T}{1 + j\omega T_1}, \quad 0 < T < T_1$$

圖 7-12 所示為此二系統的零點－極點架構圖。這二個弦波轉移函數的幅度特性是相同的，但其相角特性卻不同，參見圖 7-13。這二個系統互相差別在下列因式

$$G(j\omega) = \frac{1 - j\omega T}{1 + j\omega T}$$

$(1 - j\omega T)/(1 + j\omega T)$ 因式之幅度恆等於 1。但是，當 ω 從零增加到無窮大時，其相角從 $0°$ 變化到 $-180°$。

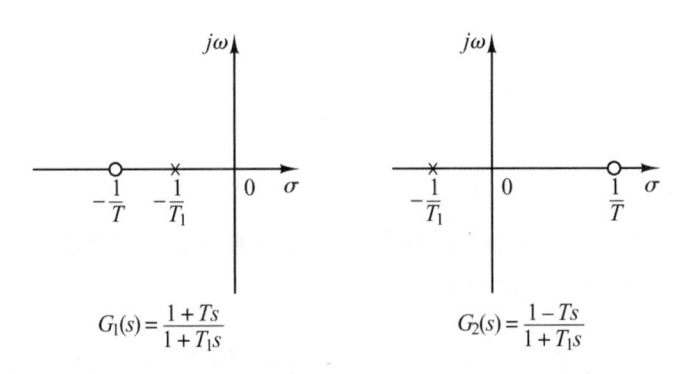

$$G_1(s) = \frac{1+Ts}{1+T_1s} \qquad G_2(s) = \frac{1-Ts}{1+T_1s}$$

▌圖 7-12　極小相位系統 $G_1(s)$ 及非極小相位系統 $G_2(s)$ 的零點－極點架構圖。

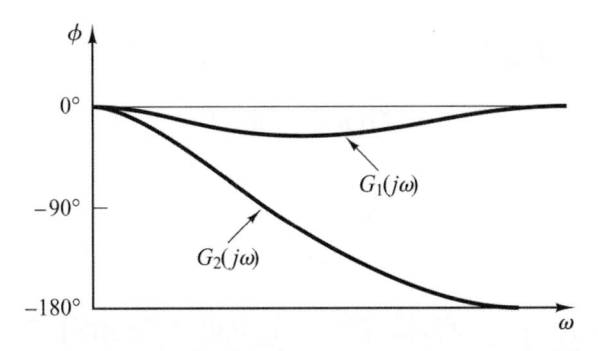

▌圖 7-13　圖 7-12 所示系統 $G_1(s)$ 及 $G_2(s)$ 的相角特性

　　如前所述，對於極小相位系統而言，幅度特性與相角特性之間有密切關係。意味著，如果在某一頻率範圍內幅度曲線一經確定，則其相角曲線也可以確知，反之亦然。但是對於非極小相位系統則不然。

　　產生非極小相位的情況有二。其一是，系統本來就具有非極小相位的元件。另一種原因是，可能有不穩定的內迴路存在於系統中。

　　如果 p 及 q 分別是分子及分母多項式的次數，則極小相位系統的相角是 $-90°(q-p)$。但是非極小相位系統的相角在 $\omega = \infty$ 時，並不是 $-90°(q-p)$。二個系統的對數幅度曲線在 $\omega = \infty$ 時，其斜率皆等於 $-20(q-p)$ dB/十度。因此可以從高頻對數幅度漸近線的斜率與 $\omega = \infty$ 時的相角判斷出是否為極小相位系統。亦即，如果幅度漸近線的斜率在頻率趨近於無窮大時等於 $-20(q-p)$ dB/十度，且 $\omega = \infty$ 時的相角為 $-90°(q-p)$，則此系統為極小相位系統。

非極小相位系統的響應比較慢，乃因為其響應一開始就表現錯了。在實用的控制系統中，要儘量避免過大的相位滯後。設計系統時，如果速應性是重要的考慮因素，那麼不可以使用非極小相位的系統。(控制系統中常見到的非極小相位元件有傳遞滯移或是死區之現象。)

本章及下一章所要討論的頻率響應分析與設計之技術對於極小相位系統及非極小相位系統皆可適用。

傳遞滯移　傳遞滯移又稱死區，係為一種非極小相位系統表現的行為，其在高頻時過度的相位滯後常易於忽視。這種傳遞滯移常發生於熱、油壓及氣壓系統中。

考慮如下的傳遞滯移

$$G(j\omega) = e^{-j\omega T}$$

其幅度恆等於 1，因為

$$|G(j\omega)| = |\cos \omega T - j \sin \omega T| = 1$$

所以傳遞滯移 $e^{-j\omega T}$ 的對數幅度等於 0 dB。傳遞滯移的相角為

$$\underline{/G(j\omega)} = -\omega T \text{ (弳度)}$$
$$= -57.3 \,\omega T \text{ (度)}$$

相角與頻率成直線關係。圖 7-14 所示為傳遞滯移的相角特性。

例題 7-4

繪製下述轉移函數的波德圖。

$$G(j\omega) = \frac{e^{-j\omega L}}{1 + j\omega T}$$

對數幅度為

$$20 \log |G(j\omega)| = 20 \log |e^{-j\omega L}| + 20 \log \left|\frac{1}{1 + j\omega T}\right|$$
$$= 0 + 20 \log \left|\frac{1}{1 + j\omega T}\right|$$

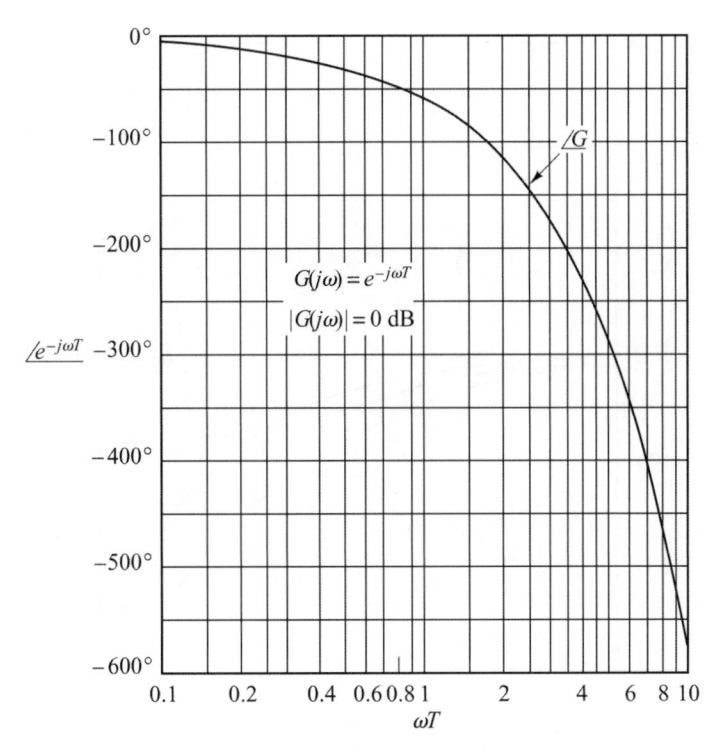

圖 7-14　傳遞滯移的相角特性

$G(j\omega)$ 的相角為

$$\underline{/G(j\omega)} = \underline{/e^{-j\omega L}} + \underline{/\frac{1}{1+j\omega T}}$$

$$= -\omega L - \tan^{-1}\omega T$$

當 $L = 0.5$ 及 $T = 1$ 秒時，此轉移函數的對數幅度及相角曲線參見圖 7-15。

系統類型與對數幅度曲線的關聯　考慮單位回饋控制系統。靜態位置、速度及加速度誤差常數分別敘述類型 0、類型 1 及類型 2 系統的低頻率行為。對於一個系統其中只有一種靜態誤差常數為有限值且為有意義。(當 ω 趨近於零時，當靜態誤差常數愈大，開環增益愈大。)

系統的類型決定了系統的　對數幅度曲線在低頻率的斜率。因此從系

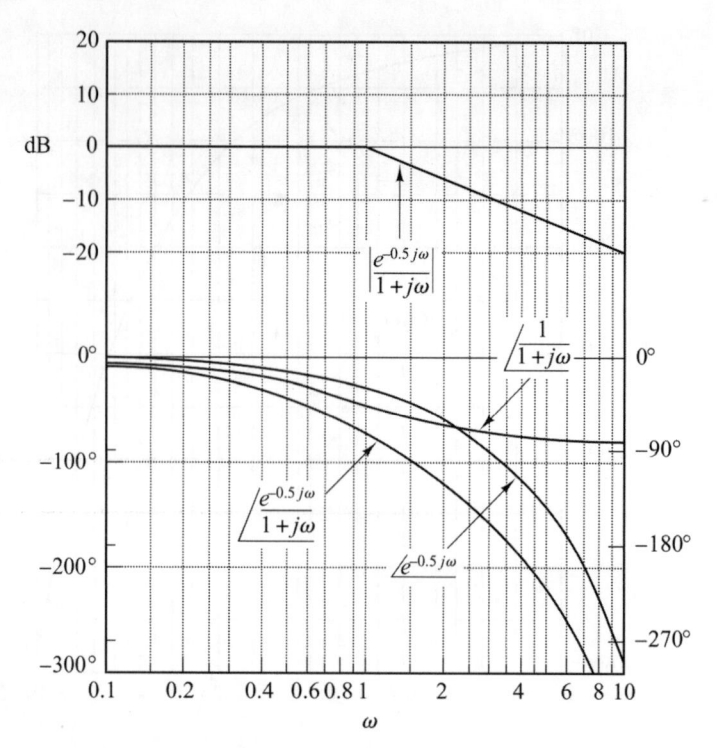

圖 7-15 當 $L = 0.5$ 及 $T = 1$ 秒時，$e^{-j\omega L}/(1 + j\omega T)$ 的波德圖。

統低頻率的對數幅度曲線可以觀察出控制系統的穩態誤差之存在資訊。

靜態位置誤差常數之決定 考慮圖 7-16 的單位回饋控制系統。假設開環轉移函數為

$$G(s) = \frac{K(T_a s + 1)(T_b s + 1)\cdots(T_m s + 1)}{s^N (T_1 s + 1)(T_2 s + 1)\cdots(T_p s + 1)}$$

或

$$G(j\omega) = \frac{K(T_a j\omega + 1)(T_b j\omega + 1)\cdots(T_m j\omega + 1)}{(j\omega)^N (T_1 j\omega + 1)(T_2 j\omega + 1)\cdots(T_p j\omega + 1)}$$

圖 7-17 所示為類型 0 系統的對數幅度曲線。在低頻時此系統 $G(j\omega)$ 的幅度為 K_p，或

$$\lim_{\omega \to 0} G(j\omega) = K = K_p$$

因此，低頻之漸近線係為 $20 \log K_p$ dB 的水平線。

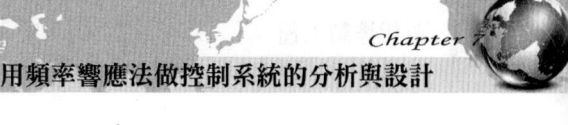

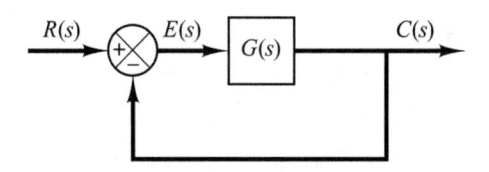

利用頻率響應法做控制系統的分析與設計

圖 7-16　單位回饋控制系統

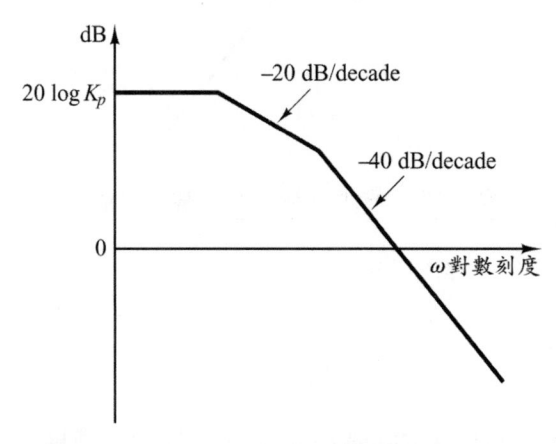

圖 7-17　類型 0 系統的對數幅度曲線

靜態速度誤差常數之決定　考慮圖 7-16 的單位回饋控制系統。圖 7-18 所示為類型 1 系統的對數幅度曲線。最初的 -20 dB/十度線段 (或延長線) 與 $\omega = 1$ 的直線相交時具有 $20 \log K_v$。茲詳示於下：類型 1 系統中

$$G(j\omega) = \frac{K_v}{j\omega}, \quad 當 \omega \ll 1$$

因此，

$$20 \log \left| \frac{K_v}{j\omega} \right|_{\omega=1} = 20 \log K_v$$

最初的 -20 dB/十度線段 (或延長線) 與 0 dB 線相交時具有的頻率之數值等於 K_v。解釋如下，令相交時的頻率為 ω_1；則

$$\left| \frac{K_v}{j\omega_1} \right| = 1$$

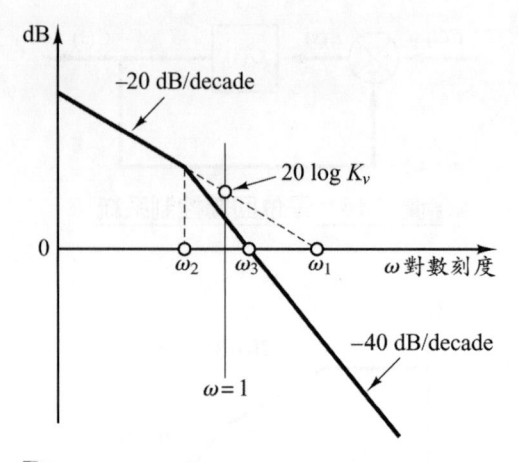

圖 7-18　類型 1 系統的對數幅度曲線

或

$$K_v = \omega_1$$

例如，考慮類型 1 單位回饋控制系統，其開環轉移函數為

$$G(s) = \frac{K}{s(Js + F)}$$

若定義折角頻率為 ω_2，-40 dB/十度線段 (或延長線) 與 0 dB 線相交時具有的頻率等於 ω_3。則

$$\omega_2 = \frac{F}{J}, \quad \omega_3^2 = \frac{K}{J}$$

因為

$$\omega_1 = K_v = \frac{K}{F}$$

所以

$$\omega_1 \omega_2 = \omega_3^2$$

或

$$\frac{\omega_1}{\omega_3} = \frac{\omega_3}{\omega_2}$$

在波德圖中，

$$\log \omega_1 - \log \omega_3 = \log \omega_3 - \log \omega_2$$

利用頻率響應法做控制系統的分析與設計

因此，ω_3 點就在 ω_2 與 ω_1 之中間。系統的阻尼比 ζ 為

$$\zeta = \frac{F}{2\sqrt{KJ}} = \frac{\omega_2}{2\omega_3}$$

靜態加速度誤差常數之決定　考慮圖 7-16 的單位回饋控制系統。圖 7-19 所示為類型 2 系統的對數幅度曲線。最初的 −40 dB/十度線段 (或延長線) 與 $\omega = 1$ 的直線相交時具有 $20 \log K_a$。在低頻時

$$G(j\omega) = \frac{K_a}{(j\omega)^2}, \quad \text{當 } \omega \ll 1$$

是故

$$20 \log \left| \frac{K_a}{(j\omega)^2} \right|_{\omega=1} = 20 \log K_a$$

最初的 −40 dB/十度線段 (或延長線) 與 0 dB 線相交時具有的頻率 ω_3 在數值上等於 K_a 的平方根。可由下式看出：

$$20 \log \left| \frac{K_a}{(j\omega_a)^2} \right| = 20 \log 1 = 0$$

因此

$$\omega_a = \sqrt{K_a}$$

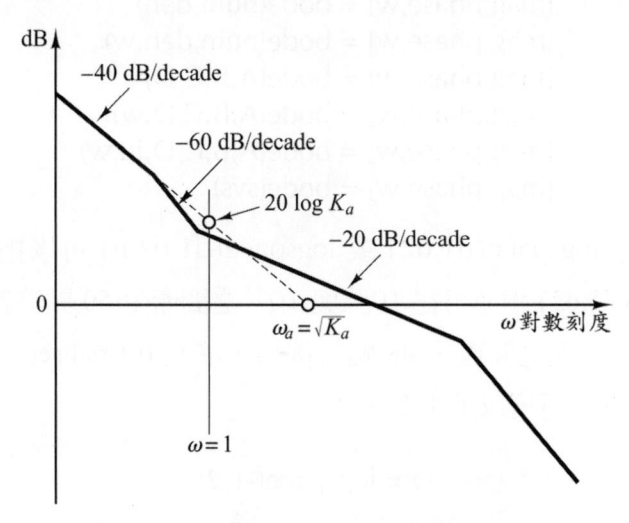

圖 7-19　類型 2 系統的對數幅度曲線

以 MATLAB 繪製波德圖　連續時間線性非時變系統的頻率響應之幅度及相角可以使用 bode 指令計算之。

使用 bode 指令時 (無左邊的引數)，MATLAB 將波德圖繪製於銀幕上。常用的 bode 指令如下：

$$\begin{aligned}&\text{bode(num,den)}\\&\text{bode(num,den,w)}\\&\text{bode(A,B,C,D)}\\&\text{bode(A,B,C,D,w)}\\&\text{bode(A,B,C,D,iu,w)}\\&\text{bode(sys)}\end{aligned}$$

如果含有左邊的引數，則

$$[\text{mag,phase,w}] = \text{bode(num,den,w)}$$

bode 指令則計算出系統的頻率響應，其結果表達於矩陣 mag、phase 及 w。銀幕上不會出現波德圖。矩陣 mag 及 phase 含有依照使用者定義頻率點的系統頻率響應之幅度及相角。相角的單位是度數。幅度變換成分貝的指令是

$$\text{magdB} = 20*\log 10(\text{mag})$$

其他具有左邊引數的 bode 指令為

$$\begin{aligned}&[\text{mag,phase,w}] = \text{bode(num,den)}\\&[\text{mag,phase,w}] = \text{bode(num,den,w)}\\&[\text{mag,phase,w}] = \text{bode(A,B,C,D)}\\&[\text{mag,phase,w}] = \text{bode(A,B.C,D,w)}\\&[\text{mag,phase,w}] = \text{bode(A,B,C,D,iu,w)}\\&[\text{mag,phase,w}] = \text{bode(sys)}\end{aligned}$$

利用指令 logspace(d1,d2) 或 logspace(d1,d2,n) 可以指定頻率的範圍。logspace(d1,d2) 指令可在 10^{d1} 與 10^{d2} 之間產生 50 點等對數間距的向量。因此在二端點之間產生 48 點。例如，欲在 0.1 rad/sec 與 100 rad/sec 之間產生 50 點，可用以下指令

$$w = \text{logspace}(-1,2)$$

logspace(d1,d2,n) 指令可在 10^{d1} 與 10^{d2} 之間產生 n 點等對數間距的向量。(n 包括了二端點。) 例如，欲在 1 rad/sec 與 1000 rad/sec 之間產生 100 點，可用以下指令

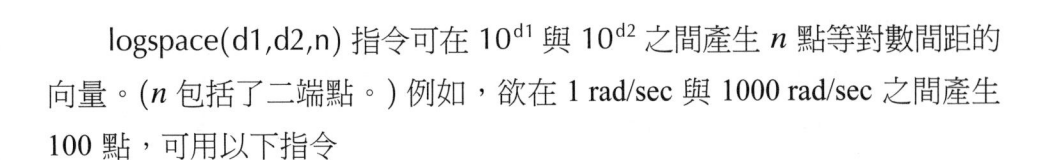

$$w = \text{logspace}(0,3,100)$$

製作波德圖時欲包括使用者定義的頻率點，則相關的 bode 指令需要具有 w 向量，例如 bode(num,den,w) 及 [mag,phase,w]=bode(A,B,C,D,w)。

例題 7-5

考慮如下轉移函數

$$G(s) = \frac{25}{s^2 + 4s + 25}$$

試繪製此轉移函數的波德圖。

當系統定義為

$$G(s) = \frac{\text{num}(s)}{\text{den}(s)}$$

則使用 bode(num,den) 繪製波德圖。[分子及分母分別含有降冪 s 多項式，bode(num,den) 則繪出波德圖。] MATLAB 程式 7-1 係用以產生此系統波德圖的程式。如圖 7-20 所示為製作出來的波德圖。

MATLAB 程式 7-1

```
num = [25];
den = [1  4  25];
bode(num,den)
title('Bode Diagram of G(s) = 25/(s^2 + 4s + 25)')
```

圖 7-20　$G(s) = \dfrac{25}{s^2 + 4s + 25}$ 的波德圖

例題 7-6

考慮如圖 7-21 的系統。開環轉移函數為

$$G(s) = \frac{9(s^2 + 0.2s + 1)}{s(s^2 + 1.2s + 9)}$$

試繪製波德圖。

MATLAB 程式 7-2 係用以產生此系統的波德圖。參見圖 7-22 之結果。此例中，頻率範圍由 0.01 至 10 rad/sec 係自動產生的。

```
MATLAB 程式 7-2
num = [9 1.8 9];
den = [1 1.2 9 0];
bode(num,den)
title('Bode Diagram of G(s) = 9(s^2 + 0.2s + 1)/[s(s^2 + 1.2s + 9)]')
```

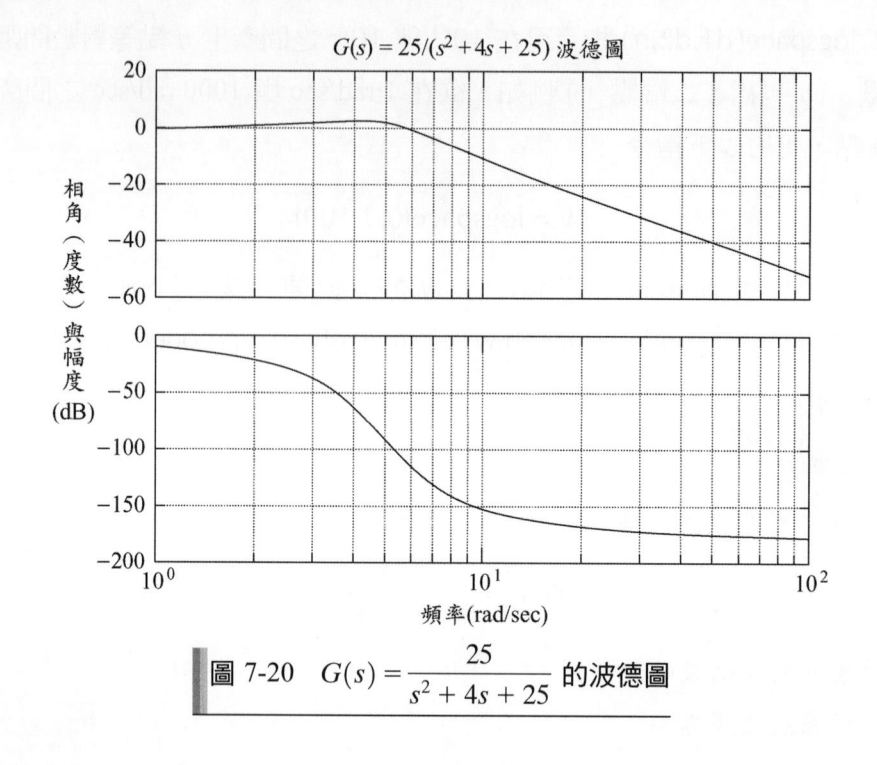

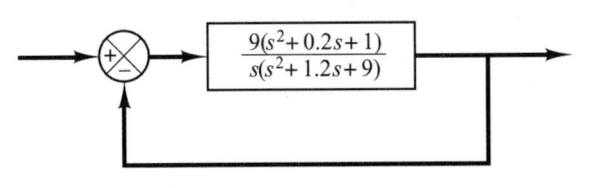

利用頻率響應法做控制系統的分析與設計

圖 7-21　控制系統

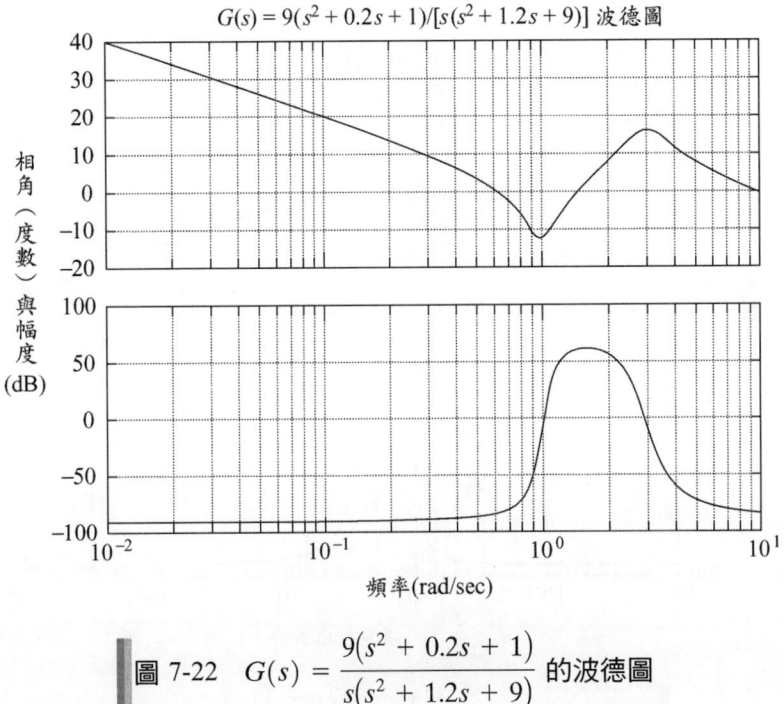

圖 7-22　$G(s) = \dfrac{9(s^2 + 0.2s + 1)}{s(s^2 + 1.2s + 9)}$ 的波德圖

欲繪製 0.01 至 1000 rad/sec 的波德圖，輸入下列指令：

$$w = \text{logspace}(-2,3,100)$$

此指令可在 0.01 至 1000 rad/sec 之間產生 100 等對數間距的點。（註：計算頻率響應的向量 w 所含的頻率係以 rad/sec 為單位代表之。）

　　如果使用指令

$$\text{bode(num,den,w)}$$

則頻率的範圍是由使用者決定，但是幅度及相角的範圍則是自動決定的。見 MATLAB 程式 7-3 及圖 7-23 的作圖。

MATLAB 程式 7-3

```
num = [9 1.8 9];
den = [1 1.2 9 0];
w = logspace(-2,3,100);
bode(num,den,w)
title('Bode Diagram of G(s) = 9(s^2 + 0.2s + 1)/[s(s^2 + 1.2s + 9)]')
```

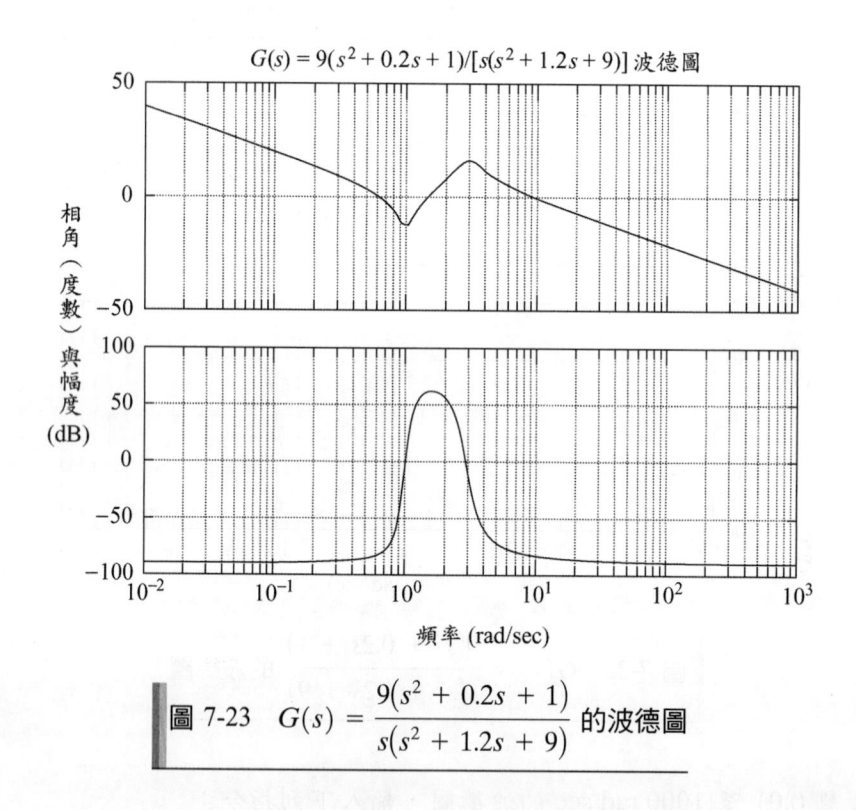

圖 7-23 $G(s) = \dfrac{9(s^2 + 0.2s + 1)}{s(s^2 + 1.2s + 9)}$ 的波德圖

定義於狀態空間系統波德圖的求法 考慮如下定義的系統下

$$\dot{\mathbf{x}} = \mathbf{A}\mathbf{x} + \mathbf{B}\mathbf{u}$$
$$\mathbf{y} = \mathbf{C}\mathbf{x} + \mathbf{D}\mathbf{u}$$

式中　$\mathbf{x}$ = 狀態向量 (n-向量)

y = 輸出向量 (m-向量)

u = 控制向量 (r-向量)

A = 狀態矩陣 ($n \times n$ 矩陣)

B = 控制矩陣 ($n \times r$ 矩陣)

C = 輸出矩陣 ($m \times n$ 矩陣)

D = 直接傳輸矩陣 ($m \times r$ 矩陣)

欲繪製此系統的波德圖可使用以下指令

$$\text{bode(A,B,C,D)}$$

或其他先前在本節所介紹的指令。

　　指令 bode(A,B,C,D) 產生一連串的波德圖,系統的每一輸入一個,其頻率範圍自動產生之。(如果響應變化很快的話,則須要使用更多點。)

　　指令 bode(A,B,C,D,iu) 中,iu 係指系統的第 i 個輸入,產生第 iu 個輸入至所有系統輸出 ($y_1, y_2, \cdots, y_m$) 之波德圖,其頻率範圍係自動產生之。(純量 iu 係代表系統輸入個數的指標索引,指明哪一個輸入用來作為繪製波德圖)。如果控制向量 **u** 有三個輸入,

$$\mathbf{u} = \begin{bmatrix} u_1 \\ u_2 \\ u_3 \end{bmatrix}$$

則 iu 可能等於 1、2 或 3。

　　如果系統只有一個輸入 u,則

$$\text{bode(A,B,C,D)}$$

或

$$\text{bode(A,B,C,D,1)}$$

皆可使用之。

例題 7-7

考慮如下系統

$$\begin{bmatrix} \dot{x}_1 \\ \dot{x}_2 \end{bmatrix} = \begin{bmatrix} 0 & 1 \\ -25 & -4 \end{bmatrix} \begin{bmatrix} x_1 \\ x_2 \end{bmatrix} + \begin{bmatrix} 0 \\ 25 \end{bmatrix} u$$

$$y = \begin{bmatrix} 1 & 0 \end{bmatrix} \begin{bmatrix} x_1 \\ x_2 \end{bmatrix}$$

此系統有一個輸入 u 一個輸出 y。利用指令

$$\text{bode(A,B,C,D)}$$

及 MATLAB 程式 7-4 於電腦，可得如圖 7-24 的波德圖。

```
MATLAB 程式 7-4

A = [0  1;-25  -4];
B = [0;25];
C = [1  0];
D = [0];
bode(A,B,C,D)
title('Bode Diagram')
```

如果在 MATLAB 程式 7-4 中，指令 bode(A,B,C,D) 取代為

$$\text{bode(A,B,C,D,1)}$$

則 MATLAB 可以產生與圖 7-24 一樣的波德圖。

7-3 極座標圖

弦波轉移函數 $G(j\omega)$ 的極座標作圖係為，當 ω 由零增加到無窮大時，$G(j\omega)$ 的幅度與 $G(j\omega)$ 的相角在極座的作圖。因此，極座標圖就是當由零增加到無窮大時，向量 $|G(j\omega)|\underline{/G(j\omega)}$ 的軌跡。注意在極座標圖中，與正實軸反時鐘 (順時鐘) 方向量測相角的正 (負)。極座標圖又常稱之為

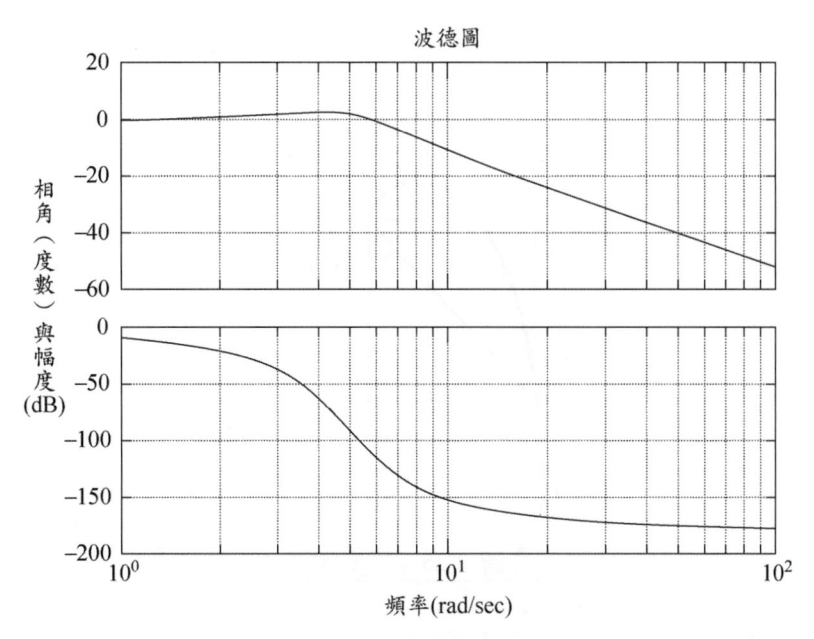

圖 7-24　例題 7-7 考慮系統的波德圖

奈奎斯特圖。其作圖之例子參見圖 7-25 所示。每一個 $G(j\omega)$ 極座標圖上的一點代表針對於某一特定 ω 的向量之終端。在極座標圖上，軌跡如何隨著頻率增長是很重要的呈現。將 $G(j\omega)$ 投影在實數軸或虛數軸上即形成實數與虛數部分。

在研討的頻率範圍內，對於每一變化的 ω，可以使用 MATLAB 將 $G(j\omega)$ 的極座標圖，或 $|G(j\omega)|$ 及 $\underline{/G(j\omega)}$ 精確地求出來。

極座標圖的一項優點是，可以在同一張圖中展示整段頻域的頻率響應。但其缺點是無法顯示開環轉移函數中每一因式項的貢獻。

積分及微分因式項 $(j\omega)^{\mp 1}$　　$G(j\omega) = 1/j\omega$ 的極座標圖是為負虛數軸，因為

$$G(j\omega) = \frac{1}{j\omega} = -j\frac{1}{\omega} = \frac{1}{\omega}\underline{/-90°}$$

$G(j\omega) = j\omega$ 的極座標圖是為正虛數軸。

一階因式項 $(1 + j\omega T)^{\mp 1}$　　弦波轉移函數

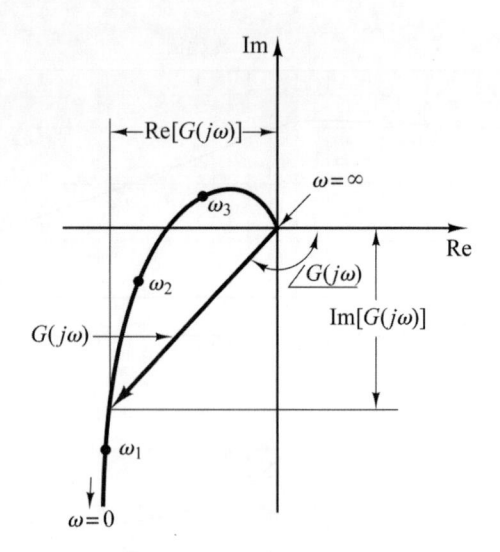

圖 7-25　極座標圖

$$G(j\omega) = \frac{1}{1+j\omega T} = \frac{1}{\sqrt{1+\omega^2 T^2}} \underline{/-\tan^{-1}\omega T}$$

在 $\omega = 0$ 及 $\omega = 1/T$ 時，$G(j\omega)$ 之值分別是

$$G(j0) = 1\underline{/0°} \quad \text{及} \quad G\left(j\frac{1}{T}\right) = \frac{1}{\sqrt{2}}\underline{/-45°}$$

若 ω 趨近於無窮大時，$G(j\omega)$ 趨近於零，且相角趨近於 $-90°$。當頻率從零變化到無窮大時，此轉移函數的極座標圖是半圓，如圖 7-26(a) 所示。圓心在實軸上的 0.5，半徑等於 0.5。

以下證明一階因式項 $G(j\omega) = 1/(1+j\omega T)$ 之極座標圖是半圓。定義

$$G(j\omega) = X + jY$$

式中

$$X = \frac{1}{1+\omega^2 T^2} = G(j\omega) \text{ 的實數部分}$$

$$Y = \frac{-\omega T}{1+\omega^2 T^2} = G(j\omega) \text{ 的虛數部分}$$

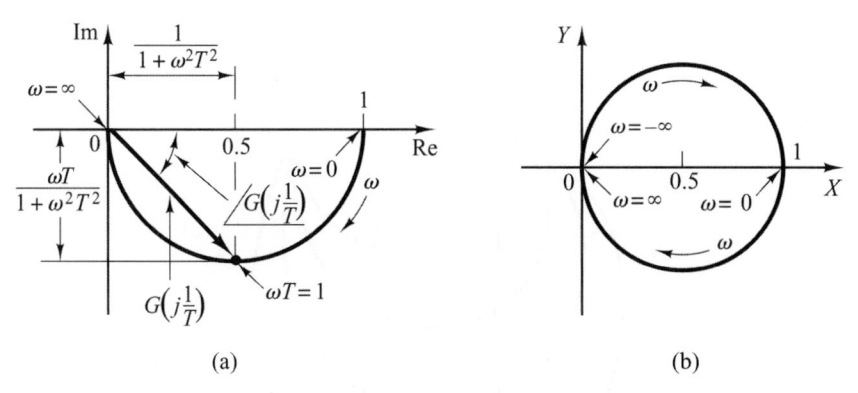

圖 7-26 (a) $1/(1+j\omega T)$ 之極座標圖；(b) 在 X-Y 平面的 $G(j\omega)$ 作圖。

是故

$$\left(X - \frac{1}{2}\right)^2 + Y^2 = \left(\frac{1}{2}\frac{1-\omega^2 T^2}{1+\omega^2 T^2}\right)^2 + \left(\frac{-\omega T}{1+\omega^2 T^2}\right)^2 = \left(\frac{1}{2}\right)^2$$

因此，在 X-Y 平面上 $G(j\omega)$ 之作圖為一圓，其圓心在 $X = \frac{1}{2}$，$Y = 0$，且半徑等於 $\frac{1}{2}$，如圖 7-26(b) 所示。下半圓相當於 $0 \le \omega \le \infty$，而上半圓相當於 $-\infty \le \omega \le 0$。

$1 + j\omega T$ 的作圖是經過複數平面上 $(1, 0)$ 這一點而平行於虛數軸的上半直線，如圖 7-27 所示。$1 + j\omega T$ 的作圖與 $1/(1 + j\omega T)$ 之作圖很顯然地不相同。

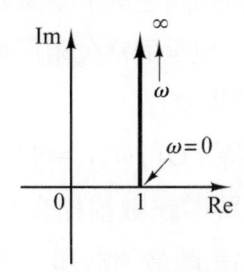

圖 7-27 $1 + j\omega T$ 的極座標作圖

二次因式項 $[1 + 2\zeta(j\omega/\omega_n) + (j\omega/\omega_n)^2]^{\mp 1}$　如下弦波轉移函數

$$G(j\omega) = \frac{1}{1 + 2\zeta\left(j\dfrac{\omega}{\omega_n}\right) + \left(j\dfrac{\omega}{\omega_n}\right)^2}, \quad 當 \zeta > 0$$

387

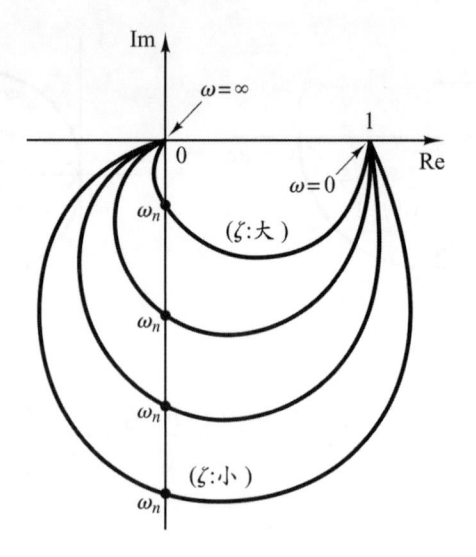

圖 7-28 在 $\zeta > 0$ 時，$\dfrac{1}{1 + 2\zeta\left(j\dfrac{\omega}{\omega_n}\right) + \left(j\dfrac{\omega}{\omega_n}\right)^2}$ 的極座標作圖。

極座標圖的低頻與高頻情況分別是

$$\lim_{\omega \to 0} G(j\omega) = 1\underline{/0°} \quad 及 \quad \lim_{\omega \to \infty} G(j\omega) = 0\underline{/-180°}$$

因此當頻率從零變化到無窮大時，弦波轉移函數的極座標圖從 $1\underline{/0°}$ 開始，而結束於 $0\underline{/-180°}$。$G(j\omega)$ 的高頻部分與負實軸相切。

上述討論的轉移函數極座標圖之例子請參見圖 7-28 所示。極座標圖的精確形狀與阻尼比 ζ 有關聯，但是通常欠阻尼情況 ($1 > \zeta > 0$) 與過阻尼情況 ($\zeta > 1$) 之圖形是約略相同的。

欠阻尼情況在 $\omega = \omega_n$ 時，$G(j\omega_n) = 1/(j2\zeta)$，且在 $\omega = \omega_n$ 時相角為 $-90°$。可見得 $G(j\omega)$ 軌跡與虛數軸相交時的頻率等於無阻尼自然頻率 ω_n。在極座標圖中與圓點距離最遠的那一點頻率就是共振頻率 ω_r。在共振頻率 ω_r 時向量幅度與 $\omega = 0$ 時的向量幅度之比即是 $G(j\omega)$ 的峰值。參見圖 7-29 所示極座標圖之共振頻率 ω_r。

在過阻尼情況，當 ζ 增加得比 1 大很多時，$G(j\omega)$ 軌跡趨近於半圓。其原因在，過阻尼情況時，特性根係為實數根，其中之一比另一個小很多。因此當 ζ 足夠大時，比較大的那一個根 (絕對值比較大的) 對於響應的貢獻

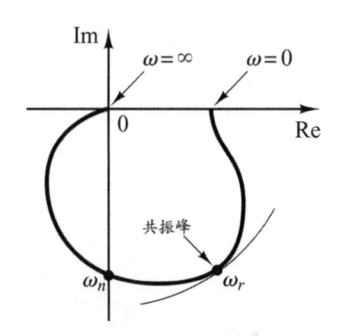

▌圖 7-29　極座標圖之共振峰與共振頻率 ω_r

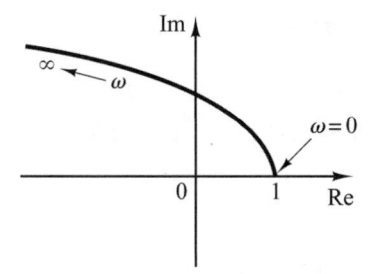

▌圖 7-30　在 $\zeta > 0$ 時，$1 + 2\zeta\left(j\dfrac{\omega}{\omega_n}\right) + \left(j\dfrac{\omega}{\omega_n}\right)^2$ 的極座標作圖。

比較小，是故系統的表現型如一階系統。

再來，我們考慮如下的弦波轉移函數：

$$G(j\omega) = 1 + 2\zeta\left(j\dfrac{\omega}{\omega_n}\right) + \left(j\dfrac{\omega}{\omega_n}\right)^2$$

$$= \left(1 - \dfrac{\omega^2}{\omega_n^2}\right) + j\left(\dfrac{2\zeta\omega}{\omega_n}\right)$$

曲線的低頻情況是

$$\lim_{\omega \to 0} G(j\omega) = 1\underline{/0°}$$

高頻部分則是

$$\lim_{\omega \to \infty} G(j\omega) = \infty\underline{/180°}$$

因為當 $\omega > 0$ 時，$G(j\omega)$ 的虛數部分為正，單調地增加著；$G(j\omega)$ 的實

數部分從 1 開始單調地減少著，形成的 $G(j\omega)$ 極座標圖之一般情形如圖 7-30 所示。相角分布在 0° 至 180° 之間。

例題 7-8

考慮下列的二階系統：

$$G(s) = \frac{1}{s(Ts+1)}$$

試繪製此系統的極座標圖。

因為弦波轉移函數可寫成

$$G(j\omega) = \frac{1}{j\omega(1+j\omega T)} = -\frac{T}{1+\omega^2 T^2} - j\frac{1}{\omega(1+\omega^2 T^2)}$$

極座標圖的低頻情況是

$$\lim_{\omega \to 0} G(j\omega) = -T - j\infty$$

而高頻部分則是

$$\lim_{\omega \to \infty} G(j\omega) = 0 - j0$$

圖 7-31 所示為 $G(j\omega)$ 極座標圖的一般形式。$G(j\omega)$ 的作圖漸近於經過 $(-T, 0)$ 這一點的直線。因為此轉移函數具有積分器 $(1/s)$，因此其極座標圖與不具有積分器的二次轉移函數有很不一樣的形式。

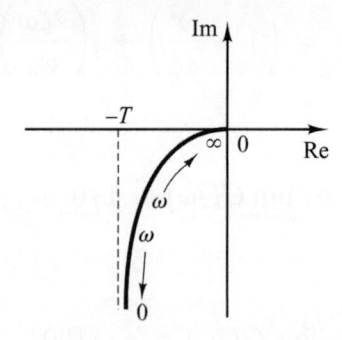

圖 7-31　$1/[j\omega(1+j\omega T)]$ 的極座標圖

例題 7-9

試繪製下列轉移函數的極座標圖:

$$G(j\omega) = \frac{e^{-j\omega L}}{1 + j\omega T}$$

因為 $G(j\omega)$ 可寫成

$$G(j\omega) = \left(e^{-j\omega L}\right)\left(\frac{1}{1 + j\omega T}\right)$$

其幅度與相角分別是,

$$|G(j\omega)| = |e^{-j\omega L}| \cdot \left|\frac{1}{1 + j\omega T}\right| = \frac{1}{\sqrt{1 + \omega^2 T^2}}$$

且

$$\underline{/G(j\omega)} = \underline{/e^{-j\omega L}} + \underline{/\frac{1}{1 + j\omega T}} = -\omega L - \tan^{-1}\omega T$$

其幅度由 1 開始呈現出單調地減少著,且相角也單調地減少至無窮大,是故取曲線呈現出螺線形,如圖 7-32 所示。

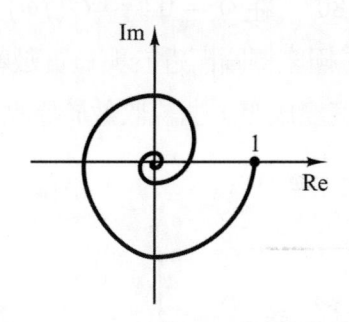

圖 7-32　$e^{-j\omega L}/(1 + j\omega T)$ 的極座標圖

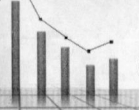

極座標圖的一般形式　下列轉移函數

$$G(j\omega) = \frac{K(1 + j\omega T_a)(1 + j\omega T_b)\cdots}{(j\omega)^\lambda(1 + j\omega T_1)(1 + j\omega T_2)\cdots}$$

$$= \frac{b_0(j\omega)^m + b_1(j\omega)^{m-1} + \cdots}{a_0(j\omega)^n + a_1(j\omega)^{n-1} + \cdots}$$

當 $n > m$ 或分母多項式的次數高於分子多項式的次數,其極座標圖之一般情形敘述如下:

1. 當 $\lambda = 0$ 或類型 0 系統:極座標圖的起點(相當於 $\omega = 0$)從正實數軸的有限值出發。在 $\omega = 0$ 時,其切線與實數軸垂直。終點(相當於 $\omega = \infty$)位於原點,曲線與其中一個座標軸相切。

2. 當 $\lambda = 1$ 或類型 1 系統:當 $0 \leq \omega \leq \infty$,分母裡的 $j\omega$ 項對於 $G(j\omega)$ 的總相角貢獻了 $-90°$。在 $\omega = 0$ 時,$G(j\omega)$ 的幅度為無窮大,相角為 $-90°$。低頻時,極座標圖漸近於與負虛軸平行的直線。在 $\omega = \infty$ 時,$G(j\omega)$ 的幅度變成零,曲線收斂於原點,與其中一個座標軸相切。

3. 當 $\lambda = 2$ 或類型 2 系統:當 $0 \leq \omega \leq \infty$,分母裡的 $(j\omega)^2$ 項對於 $G(j\omega)$ 的總相角貢獻了 $-180°$。在 $\omega = 0$ 時,$G(j\omega)$ 的幅度為無窮大,相角為 $-180°$。低頻時,極座標圖漸近於與負實數軸平行的直線。在 $\omega = \infty$ 時,$G(j\omega)$ 的幅度變成零,曲線收斂於原點,與其中一個座標軸相切。

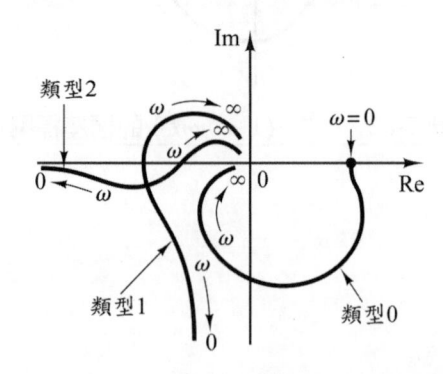

圖 7-33　類型 0、類型 1 及類型 2 系統極座標圖

利用頻率響應法做控制系統的分析與設計

$$G(j\omega) = \frac{b_o(j\omega)^m + \cdots}{a_o(j\omega)^n + \cdots}$$

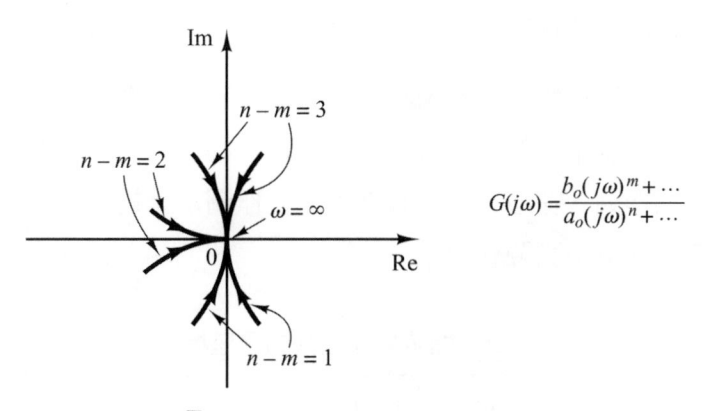

圖 7-34　高頻域極座標圖

圖 7-33 所示為類型 0、類型 1 及類型 2 系統在低頻時極座標圖的一般情形。可見得，若 $G(j\omega)$ 的分母多項式的次數高於分子多項式的次數，則 $G(j\omega)$ 的極座標圖以瞬時鐘方向收斂於原點。在 $\omega = \infty$ 時，軌跡與其中一個座標軸相切，如圖 7-34 所示。

注意到，極座標圖曲線的複雜形狀是由分子的動態情況造成的——即轉移函數分子的時間常數。圖 7-35 所示為由分子的動態造成的轉移函數之極座標圖之例子。分析控制系統時，在研討的頻率範圍內 $G(j\omega)$ 的極座標圖要精確地決定之。

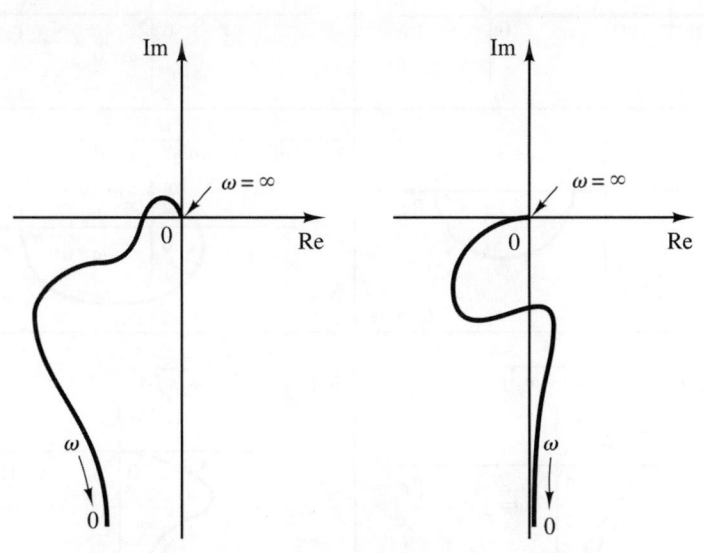

圖 7-35　轉移函數的分子動態造成的極座標圖

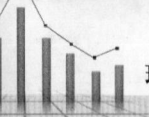

各種轉移函數的極座標圖參見表 7-1。

以 MATLAB 繪製奈奎斯特圖 奈奎斯特圖與波德圖一樣，常用於代表線性非時變控制系統的頻率響應。奈奎斯特圖係為極座標作圖，而波德圖係矩形座標作圖。在運算上也許其中之一作圖法比較方便，但任何運算皆可藉二者之其一繪製圖執行之。

表 7-1 簡單轉移函數的極座標圖

$\dfrac{1}{j\omega}$	$\dfrac{1+j\omega T}{j\omega T}$
$j\omega$	$1+j\omega T$
$\dfrac{1}{(j\omega)^2}$	$\dfrac{j\omega T}{1+j\omega T}$
$\dfrac{1+j\omega T}{1+j\omega aT}\;(a>1)$	$\dfrac{1}{(1+j\omega T_1)(1+j\omega T_2)(1+j\omega T_3)}$
$\dfrac{\omega_n^2}{j\omega[(j\omega)^2+2\zeta\omega_n(j\omega)+\omega_n^2]}$	$\dfrac{1+j\omega T_1}{j\omega(1+j\omega T_2)(1+j\omega T_3)}$

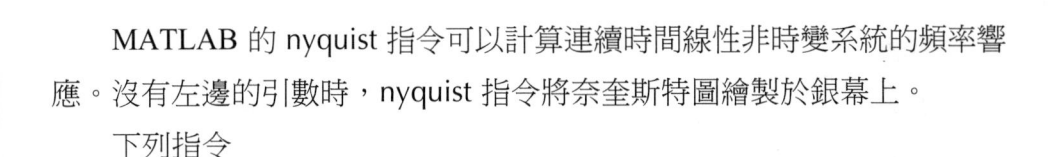

MATLAB 的 nyquist 指令可以計算連續時間線性非時變系統的頻率響應。沒有左邊的引數時，nyquist 指令將奈奎斯特圖繪製於銀幕上。

下列指令

$$\text{nyquist(num,den)}$$

可以繪製以下轉移函數

$$G(s) = \frac{\text{num}(s)}{\text{den}(s)}$$

的奈奎斯特圖，式中 num 及 den 含有依照 s 降冪排列的多項式的係數。其他的 nyquist 指令有

$$\text{nyquist(num,den,w)}$$
$$\text{nyquist(A,B,C,D)}$$
$$\text{nyquist(A,B,C,D,w)}$$
$$\text{nyquist(A,B,C,D,iu,w)}$$
$$\text{nyquist(sys)}$$

如下指令包括有使用者定義的頻率向量 w，如

$$\text{nyquist(num,den,w)}$$

依照使用者定義的頻率點計算頻率響應，其頻率單位是每秒弳度。

指令有左邊的引數，例如

$$\text{[re,im,w] = nyquist(num,den)}$$
$$\text{[re,im,w] = nyquist(num,den,w)}$$
$$\text{[re,im,w] = nyquist(A,B,C,D)}$$
$$\text{[re,im,w] = nyquist(A,B,C,D,w)}$$
$$\text{[re,im,w] = nyquist(A,B,C,D,iu,w)}$$
$$\text{[re,im,w] = nyquist(sys)}$$

MATLAB 則將計算出來的系統頻率響應結果放在矩陣 re、im 及 w 中。此時銀幕上沒有圖形繪製出來。矩陣 re 及 im 含有依照使用者定義的頻率點於矩陣 w 中，計算出來的系統頻率響應之實數部分及虛數部分。注意 re 及 im 含有行數陡於輸出個數，每一列代表 w 的一元素。

例題 7-10

考慮開環轉移函數如下：

$$G(s) = \frac{1}{s^2 + 0.8s + 1}$$

利用 MATLAB 繪製奈奎斯特圖。

因為系統係以轉移函數出現，則指令

$$\text{nyquist(num,den)}$$

可以繪製奈奎斯特圖。以 MATLAB 程式 7-5 可產生如圖 7-36 的奈奎斯特圖。圖中，實數軸及虛數軸的數值範圍是自動產生的。

MATLAB 程式 7-5

```
num = [1];
den = [1  0.8  1];
nyquist(num,den)
grid
title('Nyquist Plot of G(s) = 1/(s^2 + 0.8s + 1)')
```

$G(s) = 1/(s^2 + 0.8s + 1)$ 的奈奎斯特圖

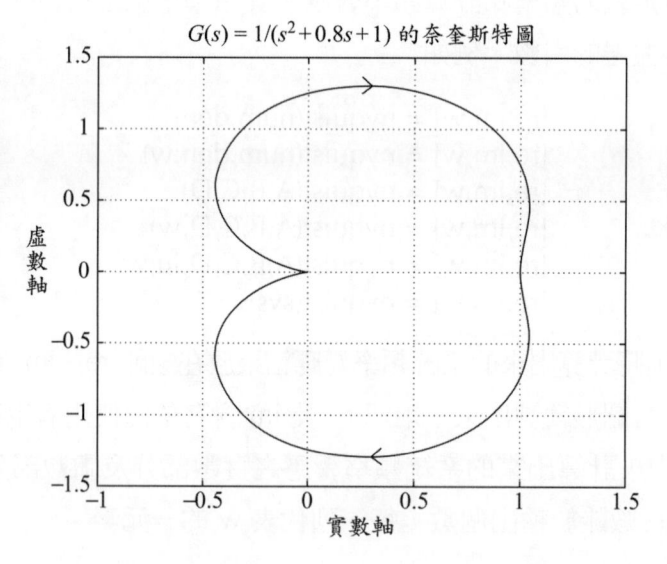

圖 7-36　$G(s) = \dfrac{1}{s^2 + 0.8s + 1}$ 的奈奎斯特圖

利用頻率響應法做控制系統的分析與設計

　　如果我們希望在指定的範圍繪製奈奎斯特圖——例如實數軸由-2 至 2，虛數軸由-2 至 2——則使用下列指令：

$$v = [-2\ 2\ -2\ 2];$$
$$axis(v);$$

或將此二行結合成一行，

$$axis([-2\ 2\ -2\ 2]);$$

參見 MATLAB 程式 7-6 及圖 7-37 的奈奎斯特圖。

MATLAB 程式 7-6

```
% ---------- Nyquist plot ----------
num = [1];
den = [1  0.8  1];
nyquist(num,den)
v = [-2  2  -2  2]; axis(v)
grid
title('Nyquist Plot of G(s) = 1/(s^2 + 0.8s + 1)')
```

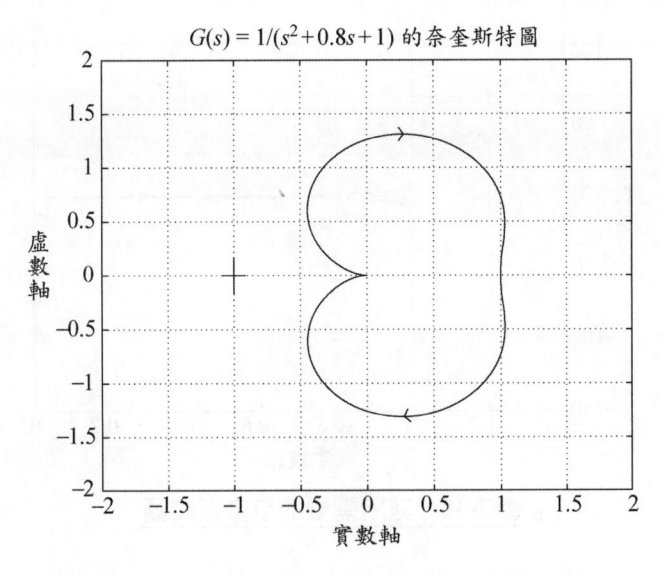

圖 7-37　$G(s) = \dfrac{1}{s^2 + 0.8s + 1}$ 的奈奎斯特圖

注意 在繪製奈奎斯特圖時，如果 MATLAB 計算途中遭遇到「除以零」的情況，則可能產生錯誤或不正確的奈奎斯特圖。例如，若轉移函數為

$$G(s) = \frac{1}{s(s+1)}$$

則 MATLAB 指令

```
num = [1];
den = [1 1 0];
nyquist(num,den)
```

會產生非所需要的奈奎斯特圖。例如，圖 7-38 所示即非所需要的奈奎斯特圖。當這種非所需要的情形產生，可用指定的 axis(v) 指令改正可能的錯誤。例如，輸入下列的 axis 指令

$$v = [-2\ \ 2\ \ -5\ \ 5]; \text{axis}(v)$$

即可得到希望形式的奈奎斯特圖，參見例題 7-11。

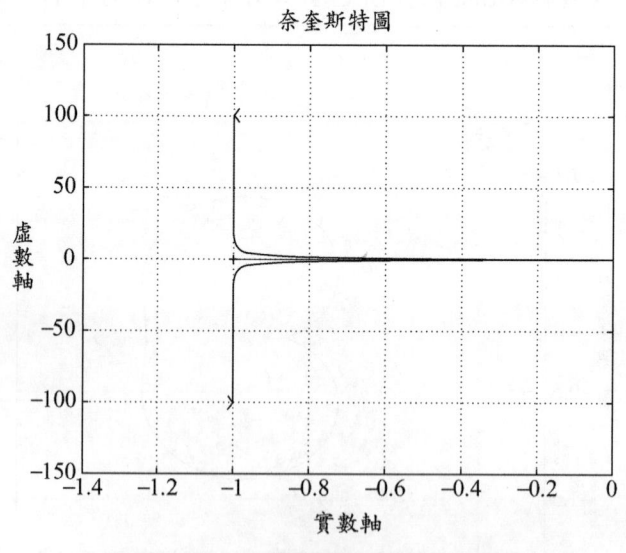

圖 7-38 非所需要的奈奎斯特圖

例題 7-11

繪製下列 $G(s)$ 的奈奎斯特圖：

利用頻率響應法做控制系統的分析與設計

$$G(s) = \frac{1}{s(s+1)}$$

MATLAB 程式 7-7 將在計算機上繪製出希望形式的奈奎斯特圖,就算有「除以零」的警告訊息出現在銀幕上,依然如此。所得的奈奎斯特圖參見圖 7-39 所示。

MATLAB 程式 7-7

```
% ---------- Nyquist plot----------
num = [1];
den = [1  1  0];
nyquist(num,den)
v = [-2  2  -5  5]; axis(v)
grid
title('Nyquist Plot of G(s) = 1/[s(s + 1)]')
```

注意圖 7-39 的奈奎斯特圖中包含 $\omega > 0$ 及 $\omega < 0$ 的軌跡。如果只須繪製正的頻率範圍 ($\omega > 0$),則可使用指令

[re,im,w]=nyquist(num,den,w)

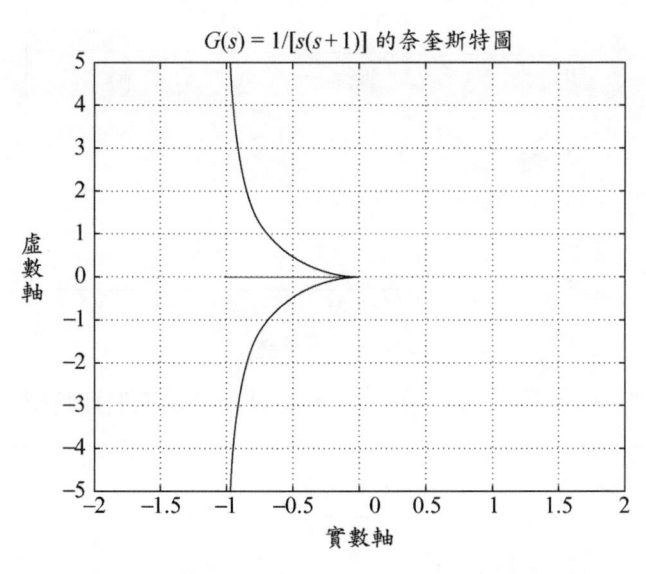

圖 7-39 $G(s) = \dfrac{1}{s(s+1)}$ 的奈奎斯特圖

399

MATLAB 程式 7-8 係使用 nyquist 指令的 MATLAB 程式。產生的奈奎斯特圖參見圖 7-40。

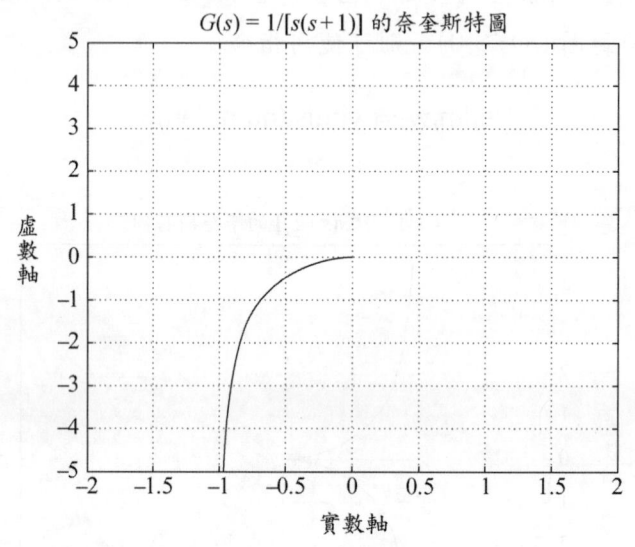

```
MATLAB 程式 7-8

% ---------- Nyquist plot----------
num = [1];
den = [1  1  0];
w = 0.1:0.1:100;
[re,im,w] = nyquist(num,den,w);
plot(re,im)
v = [-2  2  -5  5]; axis(v)
grid
title('Nyquist Plot of G(s) = 1/[s(s + 1)]')
xlabel('Real Axis')
ylabel('Imag Axis')
```

圖 7-40 $G(s) = \dfrac{1}{s(s+1)}$，當 $\omega > 0$ 的奈奎斯特圖。

定義於狀態空間系統的奈奎斯特圖製作 考慮系統定義為

$$\dot{x} = Ax + Bu$$
$$y = Cx + Du$$

利用頻率響應法做控制系統的分析與設計

式中　$\mathbf{x}$ = 狀態向量 (n-向量)
　　　$\mathbf{y}$ = 輸出向量 (m-向量)
　　　$\mathbf{u}$ = 輸出向量 (r-向量)
　　　$\mathbf{A}$ = 狀態矩陣 ($n \times n$ 矩陣)
　　　$\mathbf{B}$ = 控制矩陣 ($n \times r$ 矩陣)
　　　$\mathbf{C}$ = 輸出矩陣 ($m \times n$ 矩陣)
　　　$\mathbf{D}$ = 直接傳輸矩陣 ($m \times r$ 矩陣)

欲繪製此系統的奈奎斯特圖可用以下指令

$$\text{nyquist(A,B,C,D)}$$

此指令產生一連串的奈奎斯特圖，每一個輸入及輸出之組合各有一個。頻率範圍係自動產生之。

　　指令

$$\text{nyquist(A,B,C,D,iu)}$$

產生單一輸入 iu 至系統所有輸出的奈奎斯特圖，其頻率範圍係自動產生之。純量 iu 係為指定系統輸入的索引數，指定哪一個輸入要使用頻率響應。

　　指令

$$\text{nyquist(A,B,C,D,iu,w)}$$

利用使用者指定的頻率向量 w。向量 w 含有單位為每秒弧度的指定頻率以供頻率響應的計算。

例題 7-12

考慮系統定義為

$$\begin{bmatrix} \dot{x}_1 \\ \dot{x}_2 \end{bmatrix} = \begin{bmatrix} 0 & 1 \\ -25 & -4 \end{bmatrix} \begin{bmatrix} x_1 \\ x_2 \end{bmatrix} + \begin{bmatrix} 0 \\ 25 \end{bmatrix} u$$

$$y = \begin{bmatrix} 1 & 0 \end{bmatrix} \begin{bmatrix} x_1 \\ x_2 \end{bmatrix} + [0]u$$

試繪製奈奎斯特圖。

此系統為單一輸入 u 單一輸出 y。利用以下指令

nyquist(A,B,C,D)

或

nyquist(A,B,C,D,1)

可以繪製奈奎斯特圖。MATLAB 程式 7-9 將產生奈奎斯特圖。(註：這二個指令產生同樣的結果。) 以 MATLAB 程式 7-9 可產生如圖 7-41 的奈奎斯特圖。

```
MATLAB 程式 7-9

A = [0  1;-25  -4];
B = [0;25];
C = [1  0];
D = [0];
nyquist(A,B,C,D)
grid
title('Nyquist Plot')
```

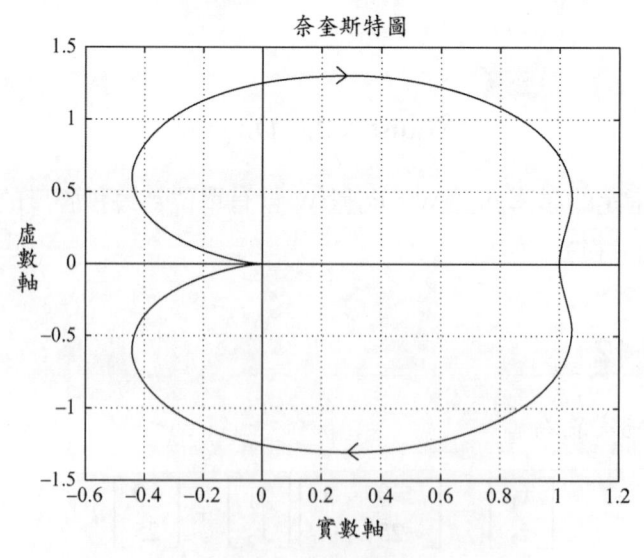

圖 7-41　例題 7-12 系統的奈奎斯特圖

例題 7-13

考慮系統定義為

$$\begin{bmatrix} \dot{x}_1 \\ \dot{x}_2 \end{bmatrix} = \begin{bmatrix} -1 & -1 \\ 6.5 & 0 \end{bmatrix} \begin{bmatrix} x_1 \\ x_2 \end{bmatrix} + \begin{bmatrix} 1 & 1 \\ 1 & 0 \end{bmatrix} \begin{bmatrix} u_1 \\ u_2 \end{bmatrix}$$

$$\begin{bmatrix} y_1 \\ y_2 \end{bmatrix} = \begin{bmatrix} 1 & 0 \\ 0 & 1 \end{bmatrix} \begin{bmatrix} x_1 \\ x_2 \end{bmatrix} + \begin{bmatrix} 0 & 0 \\ 0 & 0 \end{bmatrix} \begin{bmatrix} u_1 \\ u_2 \end{bmatrix}$$

此系統有二個輸入二個輸出。因此有四個弦波轉移函數：$Y_1(j\omega)/U_1(j\omega)$、$Y_2(j\omega)/U_1(j\omega)$、$Y_1(j\omega)/U_2(j\omega)$ 及 $Y_2(j\omega)/U_2(j\omega)$。欲繪製此系統的奈奎斯特圖。(考慮 u_1 時，令 u_2 為零，反之亦然。)

此四個奈奎斯特圖可以用下列的指令

nyquist(A,B,C,D)

繪製之。以 MATLAB 程式 7-10 可產生如圖 7-42 的奈奎斯特圖。

MATLAB 程式 7-10
```
A = [-1 -1;6.5 0];
B = [1 1;1 0];
C = [1 0;0 1];
D = [0 0;0 0];
nyquist(A,B,C,D)
```

7-4 對數幅度對相位作圖

另外一種圖形表達頻率響應特性的方式為對數幅度對相位的作圖。其為研討的頻率範圍內，針對分貝對數幅度對於相角或相位邊限值之繪圖。[相位邊限值為實際相角 ϕ 與 $-180°$ 之差值；亦即，$\phi - (-180°) = 180° + \phi$。] 此曲線依頻率 ω 逐漸發展出來，這種對數幅度對於相角之作圖通常稱之為尼可圖。

奈奎斯特圖

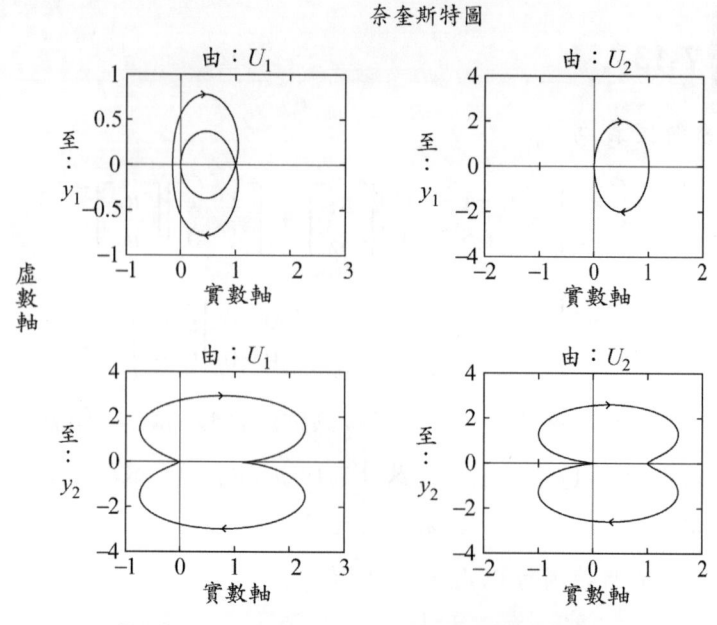

圖 7-42　例題 7-13 系統的奈奎斯特圖

在波德圖中，$G(j\omega)$ 的頻率響應特性係在半對數紙上呈現出二組曲線：對數幅度曲線及相角曲線；而在對數幅度對相位的作圖中，係將波德圖的二組曲線合而為一。因此，從波德圖中觀察出對數幅度與相位角值，就可以徒手的方式建構出這種對數幅度對相位的作圖。在對數幅度對相位的作圖中，$G(j\omega)$ 的增益常數變化只是將圖形移上(增大增益)或向下移動(增益減少)，曲線的形狀基本上是不會變化的。

這種對數幅度對於相角作圖之優點是，閉迴路系統的相對穩定度可以很快地決定出來，而且系統該做什麼補償也很容易地可以判斷之。

弦波轉移函數 $G(j\omega)$ 的數幅度對於相角作圖與 $1/G(j\omega)$ 的作圖二者對於原點成奇對稱，乃因

$$\left|\frac{1}{G(j\omega)}\right|_{dB} = -\left|G(j\omega)\right|_{dB}$$

且

$$\underline{/\frac{1}{G(j\omega)}} = -\underline{/G(j\omega)}$$

圖 7-43　在 $\zeta > 0$ 時，$\dfrac{1}{1 + 2\zeta\left(j\dfrac{\omega}{\omega_n}\right) + \left(j\dfrac{\omega}{\omega_n}\right)^2}$ 三種頻率響應代表法。

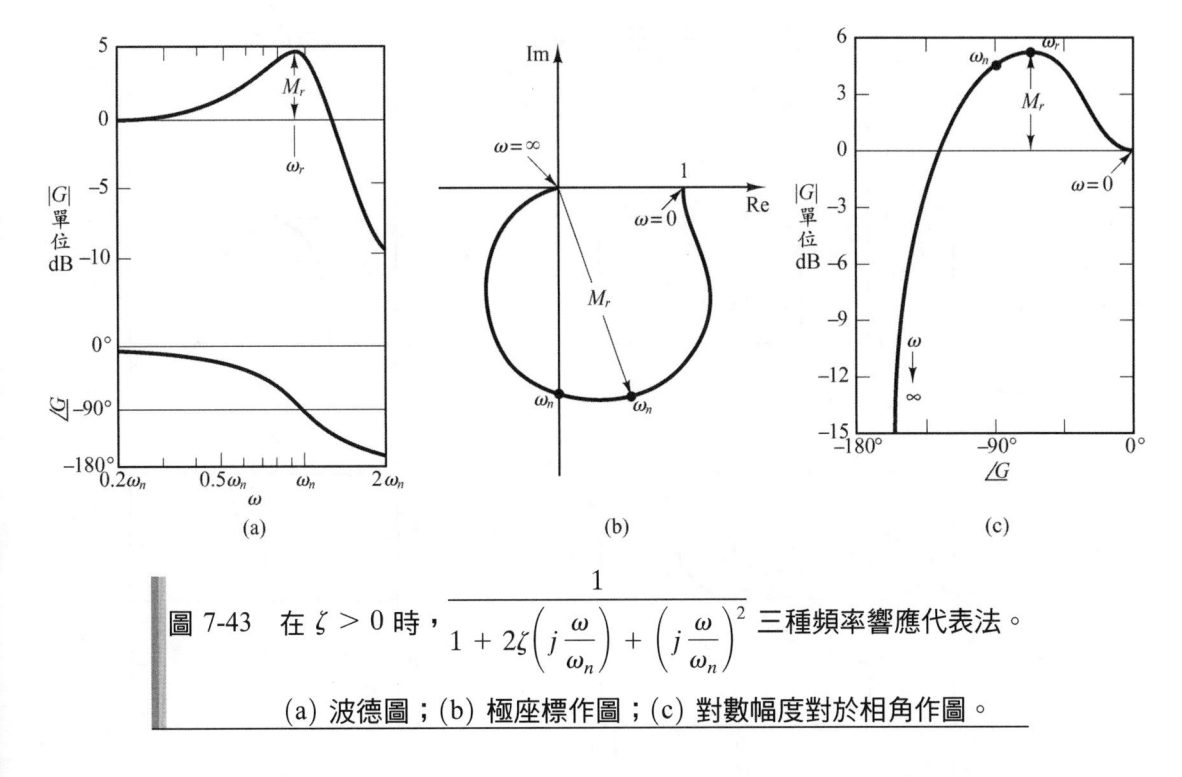

(a) 波德圖；(b) 極座標作圖；(c) 對數幅度對於相角作圖。

圖 7-43 顯示出

$$G(j\omega) = \dfrac{1}{1 + 2\zeta\left(j\dfrac{\omega}{\omega_n}\right) + \left(j\dfrac{\omega}{\omega_n}\right)^2}$$

的頻率響應曲線比較。在對數幅度對於相角作圖中，$\omega = 0$ 至 $\omega = \omega_r$ 的垂直距離就是 $G(j\omega)$ 的分貝值共振峰值，其中 ω_r 是共振頻率。

因為基本轉移函數的對數幅度與相角特性已經在 7-2 與 7-3 節裡詳細討論過了，因此接下來可以討論他們的對數幅度對於相角作圖。相關例子請參見表 7-2 所示。(在 7-6 節裡將再討論更多的對數幅度對於相角作圖。)

7-5　奈奎斯特穩定準則

奈奎斯特穩定準則以開環頻率響應及開環極點出發，決定閉迴路系統的穩定度。

本節討論奈奎斯特穩定準則的基本數學基礎以供讀者了解。考慮圖 7-44 的閉迴路系統。其閉迴路轉移函數為

表 7-2　簡單轉移函數的對數幅度對於相角作圖

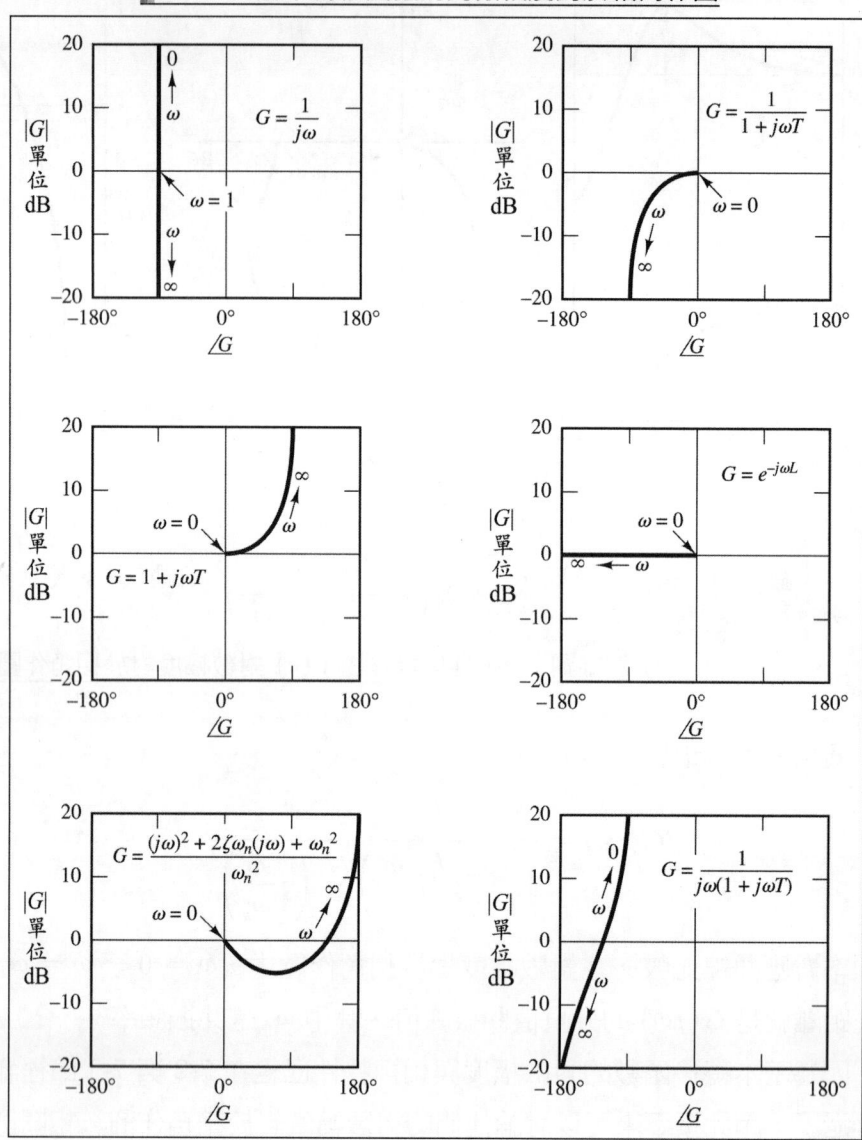

|G| 單位 dB	$G = \dfrac{1}{j\omega}$	|G| 單位 dB	$G = \dfrac{1}{1+j\omega T}$
|G| 單位 dB　$G = 1 + j\omega T$		|G| 單位 dB	$G = e^{-j\omega L}$
|G| 單位 dB　$G = \dfrac{(j\omega)^2 + 2\zeta\omega_n(j\omega) + \omega_n^2}{\omega_n^2}$		|G| 單位 dB	$G = \dfrac{1}{j\omega(1+j\omega T)}$

$$\frac{C(s)}{R(s)} = \frac{G(s)}{1 + G(s)H(s)}$$

當系統要求穩定時，下列特性方程式

$$1 + G(s)H(s) = 0$$

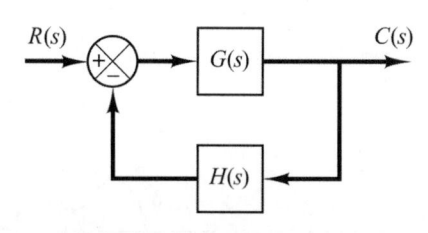

利用頻率響應法做控制系統的分析與設計

圖 7-44　閉迴路系統

所有的根必須在左半 s 平面上。[開環轉移函數 $G(s)H(s)$ 的極點與零點可以在右半 s 平面上，但系統要求穩定時所有的閉迴路極點 (即，特性方程式之根) 必須在左半 s 平面上。] 奈奎斯特穩度準則將開環頻率響應 $G(j\omega)H(j\omega)$ 與在右半 s 平面上 $1 + G(s)H(s)$ 的零點個數之間關係作陳述。此穩度準則係由奈奎斯特 (H. Nyquist) 推導出，在控制工程學中非常的重要，可藉由開環頻率響應曲線以圖解法的方式探討閉迴路系統的絕對穩定度，而不須要去精確地決定出閉迴路極點的位置。不管是由分析法得到開環頻率響應，或是實驗得之，皆可用於做穩定性分析。這在控制系統的設計上是很方便的，因為往往有些元件的數學代表式不知道，只有頻率響應數據可得。

　　奈奎斯特穩度準則係建立於複變函數的理論。欲了解此穩度準則，須先討論複數平面之廓線映射原理。

　　假設開環轉移函數 $G(s)H(s)$ 以 s 多項式之比代表之。對於物理上可實現的系統，閉迴路系統分母多項式之次數要比分子多項式之次數來得高。意味著，對於物理上可實現的系統，當 s 趨近於無窮大時 $G(s)H(s)$ 的極限值等於零或是常數。

初步研討　圖 7-44 的系統之特性方程式為

$$F(s) = 1 + G(s)H(s) = 0$$

現在我們要證明對於 s 平面上的某一連續路徑，不經過奇異點時，在 $F(s)$ 平面皆有一封閉曲線與之對應。$F(s)$ 平面原點被此封閉曲線圍繞的方向及次數在今後要討論的原理中非常的重要，圍繞的方向及次數與系統的穩定度之間密切相關之。

407

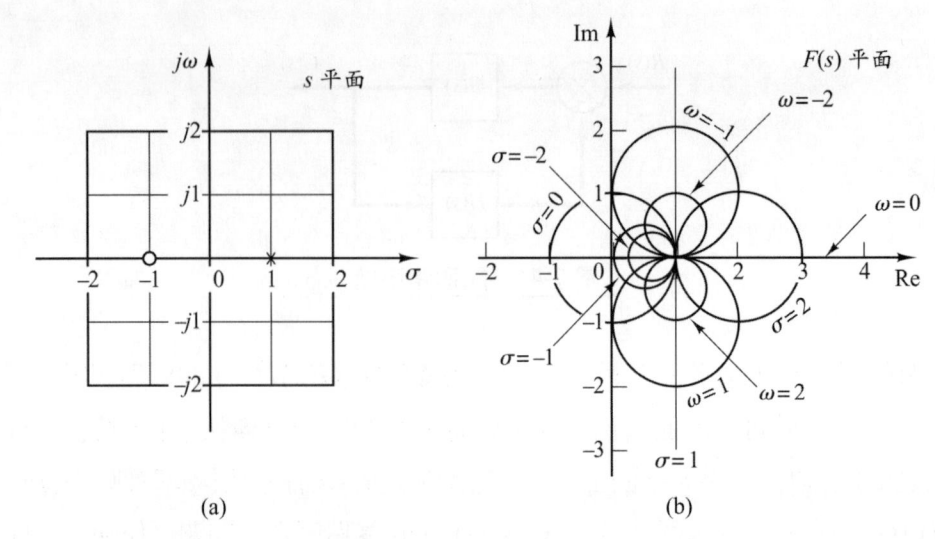

圖 7-45 s 平面的格子線做保角映射至 $F(s)$ 平面，其中 $F(s) = (s+1)/(s-1)$。

例如，考慮以下的開環轉移函數：

$$G(s)H(s) = \frac{2}{s-1}$$

其特性方程式為

$$F(s) = 1 + G(s)H(s)$$
$$= 1 + \frac{2}{s-1} = \frac{s+1}{s-1} = 0 \tag{7-15}$$

函數 $F(s)$ 在 s 平面上除奇異點外，到處皆是可分析#的。於 s 平面上的每一可分析的點，則 $F(s)$ 平面上皆有一點對應之。例如，若 $s = 2 + j1$，則 $F(s)$ 變成

$$F(2+j1) = \frac{2+j1+1}{2+j1-1} = 2 - j1$$

因此，s 平面上的點 $s = 2 + j1$，映射入 $F(s)$ 平面上的點 $s = 2 - j1$。

因此，如前所述，對於 s 平面上的某一連續封閉路徑，不經過奇異點時，在 $F(s)$ 平面皆有一封閉曲線與之對應。

#複變函數 $F(s)$ 在某區域可分析意味其所有導數皆存在於此區域中。

如 (7-15) 式的特性方程式 $F(s)$，則直線 $\omega = 0, \pm 1, \pm 2$ 及直線 $\sigma = 0$, $\pm 1, \pm 2$ [參見圖 7-45(a)] 在 $F(s)$ 平面上形成了圓曲線，參見圖 7-45(b)。假設某一代表點 s，巡著 s 平面上的某一路徑以順時鐘方向進行。如果 s 平面上的輪廓線圍繞著 $F(s)$ 的極點，則 $F(s)$ 的軌跡線以逆時鐘方向圍繞了 $F(s)$ 平面的原點一次。[見圖 7-46(a)。] 如果 s 平面上的輪廓線圍繞著 $F(s)$ 的零點，則 $F(s)$ 的軌跡線以順時鐘方向圍繞了 $F(s)$ 平面的原點一次。[見圖 7-46(b)。] 如果 s 平面上的輪廓線圍繞著 $F(s)$ 的所有極點與零點，或皆不圍繞極點或零點，則 $F(s)$ 的軌跡線就不圍繞 $F(s)$ 平面的原點。[見圖 7-46(c) 及 (d)。]

由上討論可知，$F(s)$ 的軌跡線圍繞 $F(s)$ 平面的原點之次數與方向與 s 平面上的輪廓線是否圍繞極點或零點有關係。極點或零點到底在 s 平面的左邊或右邊是沒有關係的，但是輪廓線是否圍繞極點或零點就有關係了。如果 s 平面上的輪廓線圍繞相等個數的極點與零點，則對應的 $F(s)$ 的軌跡線就不會圍繞 $F(s)$ 平面的原點。以上的討論即是所謂的映射定理，是為奈奎斯特穩度準則的基本原理。

映射定理　令 $F(s)$ 為二個多項式之比。令 s 平面上的某一封閉廓線內含有 P 個極點，Z 個零點，重複次數要包括之。令此封閉廓線不經過 $F(s)$ 的極點與零點。將此 s 平面上的輪廓線映射到 $F(s)$ 平面上的一封閉曲線。則當代表點 s 以順時鐘方向巡著整個輪廓線進行一圈，在 $F(s)$ 平面圍繞原點的順時鐘方向次數 N 會等於 $Z - P$。（註：以此映射定理，只能知道極點與零點的相差個數，無法確知極點或零點各有幾個。）

此定理在此不做正式的證明，但留待於例題 **A-7-6** 再來討論。注意，N 為正代表函數 $F(s)$ 的零點比極點多出的個數，N 為正負代表函數 $F(s)$ 的極點比零點多出的個數。控制系統中，P 的個數可以很容易地由函數 $G(s)H(s)$ 形成 $F(s) = 1 + G(s)H(s)$ 得之。因此，如果 N 可以由 $F(s)$ 的作圖得知，則 s 平面上的輪廓線所包圍的零點個數也就決定出來了。在我們討論圍繞原點的情況時，s 平面上的輪廓線與 $F(s)$ 平面上的封閉曲線之形狀無關重要，因為圍繞情況只與 s 平面上的輪廓線內有什麼 $F(s)$ 的零點與極點有關聯。

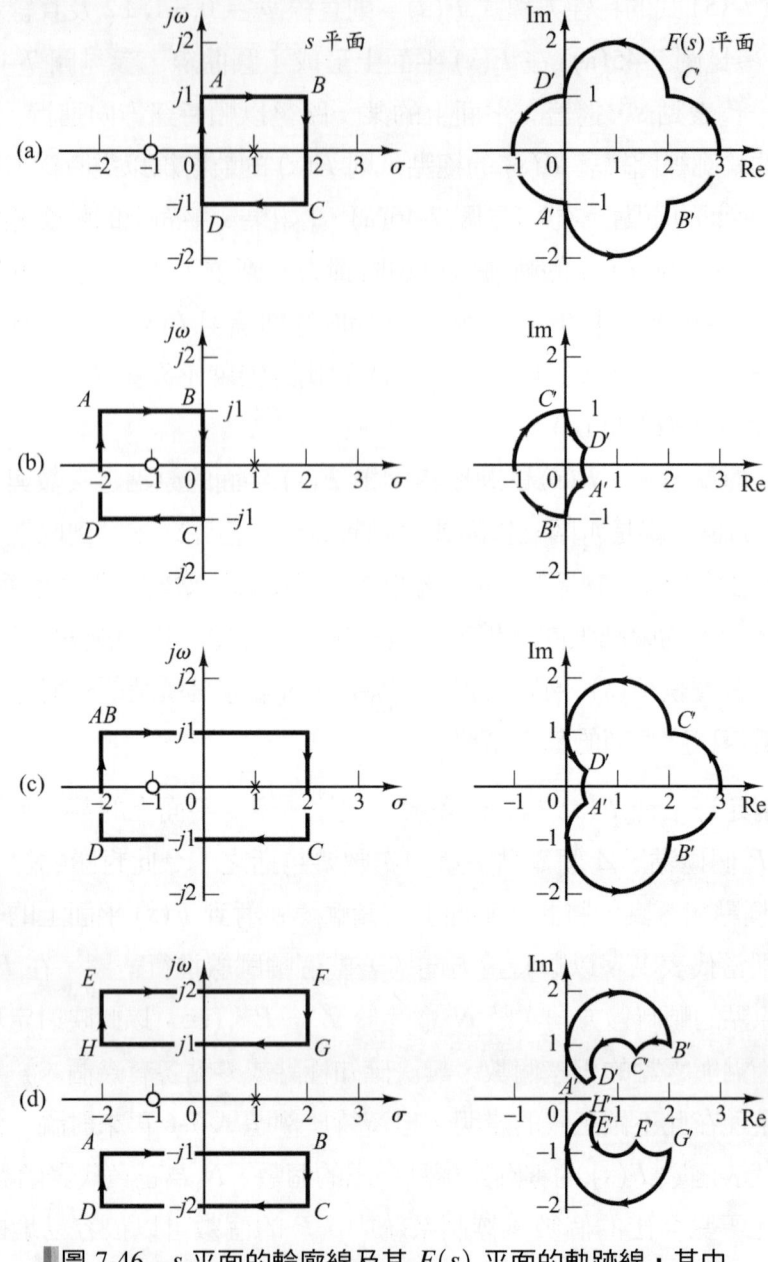

圖 7-46 s 平面的輪廓線及其 $F(s)$ 平面的軌跡線，其中 $F(s) = (s+1)/(s-1)$。

應用映射定理做閉迴路系統的穩定度分析　做線性控制系統的穩定度分析時，令 s 平面上的輪廓線圍住整個右半 s 平面。因此，輪廓線由整組 $j\omega$ 軸，從 $\omega = -\infty$ 至 $+\infty$，及一半徑為無窮大的右半 s 平面上之半圓路徑組成之。這組輪廓線稱之為奈奎斯特路徑。(此路徑的進行方向為順時鐘。) 因此，奈奎斯特路徑圍住整個右半 s 平面及 $1 + G(s)H(s)$ 具有正實數部分的零點及極點。[如果 $1 + G(s)H(s)$ 在右半 s 平面沒有零點，則亦無閉迴路極點，因此系統為穩定。] 封閉的輪廓線或是奈奎斯特路徑必須不可經過 $1 + G(s)H(s)$ 的任何零點或極點。如果 $G(s)H(s)$ 在 s 平面的原點具有極點，則 $s = 0$ 的映射變成不定。此時要避開原點，奈奎斯特路徑必須改道。(此種特殊情況留待往後再討論之。)

當映射定理施用於 $F(s) = 1 + G(s)H(s)$ 的特殊情況時，可做如下陳述：如果封閉的輪廓線包圍了整個右半 s 平面，如圖 7-47 所示，則 $F(s) = 1 + G(s)H(s)$ 的右半平面零點個數等於函數 $F(s) = 1 + G(s)H(s)$ 的右半平面極點個數加上平面之原點被後述的封閉曲線以順時鐘方向圍繞的次數。

基於所假設的條件，

$$\lim_{s \to \infty} [1 + G(s)H(s)] = 定值$$

當 s 在無窮大半徑的半圓上旅行時，函數 $1 + G(s)H(s)$ 係為定值。因此，$1 + G(s)H(s)$ 的軌跡是否圍繞著 $1 + G(s)H(s)$ 平面的原點，可以只考慮 s 平面上的封閉輪廓線之一部分，亦即 $j\omega$ 軸。如有圍繞原點的情況發生，那是因為代表點在 $j\omega$ 軸上由 $-j\infty$ 至 $+j\infty$ 產生的，此時 $j\omega$ 軸上無任何的零點及極點。

注意，$1 + G(s)H(s)$ 在 $\omega = -\infty$ 至 $\omega = \infty$ 的部分就是 $1 + G(j\omega)H(j\omega)$。由於 $1 + G(j\omega)H(j\omega)$ 等於單位向量與向量 $G(j\omega)H(j\omega)$ 之和，

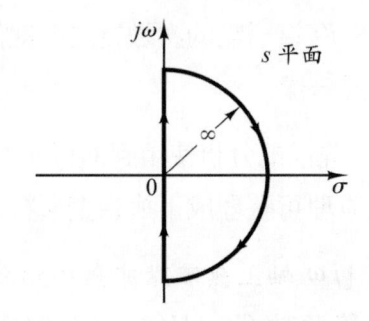

圖 7-47 s 平面的封閉輪廓線

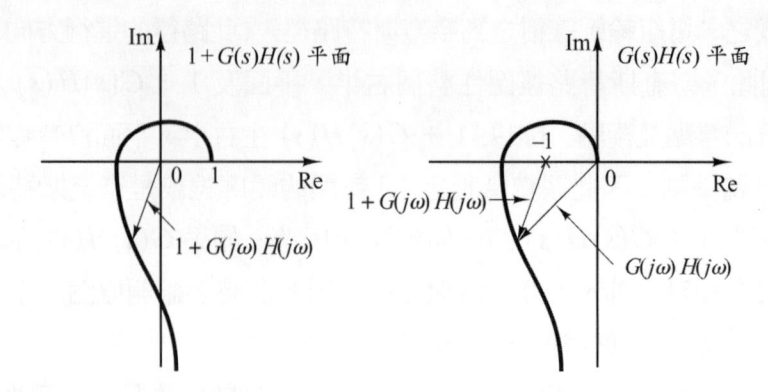

圖 7-48 $1 + G(j\omega)H(j\omega)$ 在 $1 + GH$ 及 GH 平面上之作圖

是故 $1 + G(j\omega)H(j\omega)$ 與由 $-1 + j0$ 點出發繪製到向量 $G(j\omega)H(j\omega)$ 終點所形成的向量是一樣的，參見圖 7-48。因此 $1 + G(j\omega)H(j\omega)$ 圖圍繞原點的次數等於 $G(j\omega)H(j\omega)$ 軌跡圍繞 $-1 + j0$ 這一點的次數。亦即，閉迴路系統穩定度的探討相當於檢查 $G(j\omega)H(j\omega)$ 軌跡圍繞 $-1 + j0$ 這一點的次數。欲檢查順時鐘方向圍繞 $-1 + j0$ 這一點的次數，可以從 $-1 + j0$ 這一點繪製一向量至 $G(j\omega)H(j\omega)$ 之軌跡，由 $\omega = -\infty$ 出發，經過 $\omega = 0$，再到 $\omega = +\infty$，計算此向量順時鐘方向轉幾圈而得知。

奈奎斯特路徑的 $G(j\omega)H(j\omega)$ 軌跡繪製是非常直接的。負 $j\omega$ 軸的圖形與正 $j\omega$ 軸的圖形對稱於實數軸。亦即，$G(j\omega)H(j\omega)$ 軌跡繪製與 $G(-j\omega)H(-j\omega)$ 軌跡相互對稱於實數軸。無窮大半徑的半圓映射至 GH 平面的原點或實數軸上的一點。

上面的討論中，$G(s)H(s)$ 假設為二個多項式之比，而每有包含傳遞滯後 e^{-Ts}。要注意，含有傳遞滯後系統的討論與之前情形是相似的，但在本書中並未對此做證明。含有傳遞滯後系統的穩定度之判斷可以從開環頻率響應中檢查圍繞 $-1 + j0$ 這一點的次數為之，就像 $G(s)H(s)$ 假設為二個 s 的多項式之比的情況一樣。

奈奎斯特穩定準則　先前的分析使用到 $G(j\omega)H(j\omega)$ 軌跡圍繞 $-1 + j0$ 這一點的次數，以上原理可整理成下述奈奎斯特穩定準則：

奈奎斯特穩定準則 [$j\omega$ 軸上無零點亦無極點之特例]：如圖 7-44 的系統中，若開環轉移函數 $G(s)H(s)$ 有 k 個極點在右半 s 平面，且

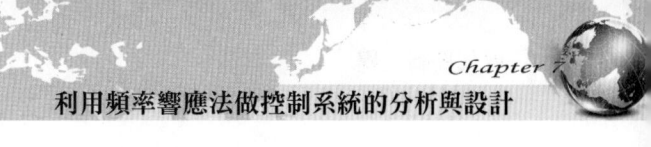

$\lim_{s \to \infty} G(s)H(s) =$ 常數,則當 ω 從 $-\infty$ 變化至 ∞ 時,$G(j\omega)H(j\omega)$ 軌跡必須圍繞 $-1 + j0$ 這一點逆時鐘方向 k 次,系統才會是穩定。

奈奎斯特穩度準則註記

1. 此準則可寫成

$$Z = N + P$$

式中　$Z = 1 + G(s)H(s)$ 在右半 s 平面零點的個數
　　　$N =$ 順時鐘方向圍繞 $-1 + j0$ 這一點的次數
　　　$P = G(s)H(s)$ 在右半 s 平面極點的個數

如果 $P = 0$,對於穩定的系統而言,必須 $Z = 0$,或 $N = -P$,意味著逆時鐘方向圍繞 $-1 + j0$ 這一點必須有 P 次。

　　如果 $G(s)H(s)$ 在右半 s 平面沒有極點,則 $Z = N$。因此,$G(j\omega)H(j\omega)$ 軌跡不得圍繞 $-1 + j0$ 這一點以保證穩定度。此時,不需要考慮整段的 $j\omega$ 軸,只需正的頻率部分。這種系統的穩定度可以藉著 $G(j\omega)H(j\omega)$ 的奈奎斯特圖是否圍繞 $-1 + j0$ 這一點而決定之。圖 7-49 所示即為奈奎斯特圖圍繞的區域。若要系統穩定,$-1 + j0$ 這一點不可以處於所示的區域。

2. 多迴路系統穩定度的判斷要很小心,因為可能有右半 s 平面極點。(註:內迴路可以是不穩定,但是經過適當設計,整體閉迴路系統是穩定的。)單純探討 $G(j\omega)H(j\omega)$ 的軌跡圍繞 $-1 + j0$ 這一點的資訊是不足以判斷多迴路系統的穩定度。然而,對於此種系統,可對 $G(s)H(s)$ 的分母利用羅斯穩定準則很容易地探討 $1 + G(s)H(s)$ 在右半 s 平面有沒有極點。

　　如果 $G(s)H(s)$ 中包含有超越函數,如傳遞滯後 e^{-Ts},在施行羅斯穩定準則之前,先將之做級數展開近似之。

3. 若 $G(j\omega)H(j\omega)$ 的軌跡經過 $-1 + j0$ 這一點,則特性方程式的零點或閉迴路極點落在 $j\omega$ 軸上。實用的控制系統不可以如此。精良設計的閉迴路控制系統不可以有特性根在 $j\omega$ 軸上。

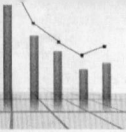

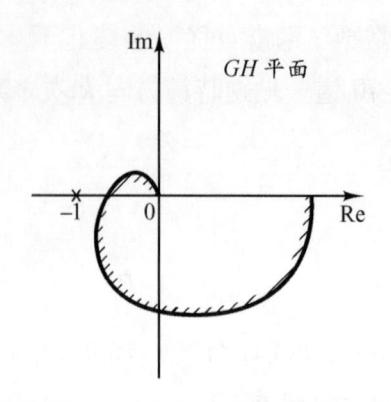

圖 7-49　奈奎斯特圖圍繞的區域

$G(s)H(s)$ 在 $j\omega$ 軸上有零點或極點的特例　在先前的討論中，我們假設開環轉移函數 $G(s)H(s)$ 沒有極點與零點在原點。現在我們要考慮開環轉移函數 $G(s)H(s)$ 有極點與零點在 $j\omega$ 軸上。

因為奈奎斯特路徑不可經過 $G(s)H(s)$ 的零點或極點，如果 $G(s)H(s)$ 有極點與零點在原點 (或在 $j\omega$ 軸上，不是原點)，則 s 平面上的輪廓線必須要修改。常用的方式是在原點旁邊使用一半徑 ε 無窮小的半圓，如圖 7-50 所示。[註：小半圓可以在右半 s 平面，也可以是在左半 s 平面。在此，假設在右半 s 平面。] 代表點 s 沿著 $j\omega$ 軸從 $-j\infty$ 至 $j0-$。從 $s = j0-$ 至 $s = -j0+$，點 s 沿著半徑 ε ($\varepsilon \ll 1$) 的小的半圓移動，然後再沿著 $j\omega$ 軸從 $-j0+$ 至 $j\infty$。從 $s = j\infty$ 後，輪廓線係沿著半徑無窮大的半圓，然後代表點 s 又回到起始點 $s = -j\infty$。因為半徑 ε 趨近於零，修改後的封閉輪廓線避開的區域很小，幾乎接近於零。所以，如果有右半 s 平面的零點或極點時，幾乎都被此輪廓線包圍在內。

例如，考慮如下開環轉移函數

$$G(s)H(s) = \frac{K}{s(Ts + 1)}$$

在 $G(s)H(s)$ 平面上的 $G(s)H(s)$ 軌跡從 $s = j0+$ 至 $s = j0-$ 所對應的點分別是 $-j\infty$ 及 $j\infty$。在半徑 ε ($\varepsilon \ll 1$) 的小半圓路徑上，複數 s 可寫成

$$s = \varepsilon e^{j\theta}$$

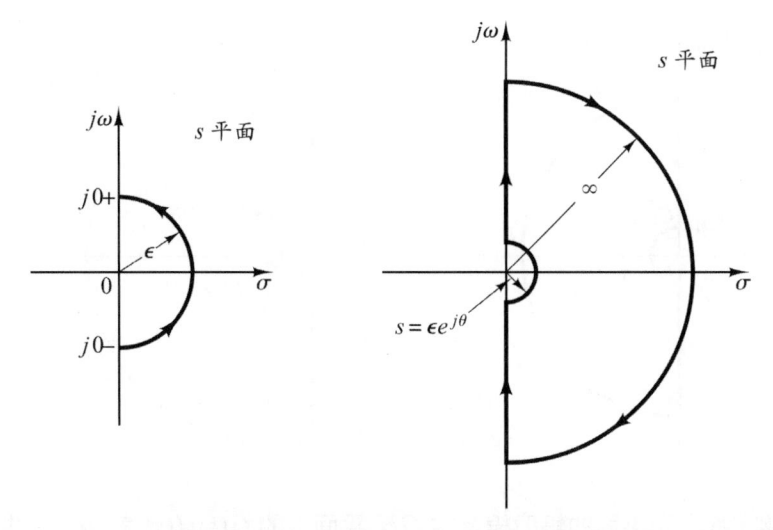

圖 7-50　在 s 平面原點附近的輪廓線及 s 平面上避開在原點的零點及極點之封閉輪廓線

式中 θ 從 $-90°$ 變化至 $+90°$。則 $G(s)H(s)$ 成為

$$G(\varepsilon e^{j\theta})H(\varepsilon e^{j\theta}) = \frac{K}{\varepsilon e^{j\theta}} = \frac{K}{\varepsilon}e^{-j\theta}$$

當 ε 趨近於零時，K/ε 之值則趨近於無窮大，且當代表點 s 在 s 平面的小半圓移動時，$-\theta$ 從 $+90°$ 變化至 $-90°$。因此，$G(j0-)H(j0-) = j\infty$，且 $G(j0+)H(j0+) = -j\infty$ 這二點與右半 GH 平面半徑無窮大的半圓路徑結合一起。在 s 平面原點附近改道的小半圓則映射入 GH 平面上一個半徑無窮大的半圓。參見圖 7-51 所示的 s 平面的輪廓線及 GH 平面上的 $G(s)H(s)$ 軌跡。s 平面輪廓線上的 A、B 及 C 點分別映射在 $G(s)H(s)$ 軌線上的 A'、B' 及 C' 點。由圖 7-51 看出，s 平面上半徑無窮大半圓的 D、E 及 F 點則映射在 GH 平面上的原點。因為右半 s 平面無極點，所以 $G(s)H(s)$ 軌線不圍繞 $-1+j0$ 這一點，是故函數 $1+G(s)H(s)$ 在右半 s 平面無零點。是故，此系統是為穩定的系統。

當開環轉移函數 $G(s)H(s)$ 有 $1/s^n$ 因式 ($n = 2, 3, ...$)，則當代表點 s 沿著半徑 ε ($\varepsilon \ll 1$) 的小的半圓移動，$G(s)H(s)$ 作圖會有 n 個半徑無窮大的半圓以順時鐘方向環繞著原點。例如，考慮開環轉移函數：

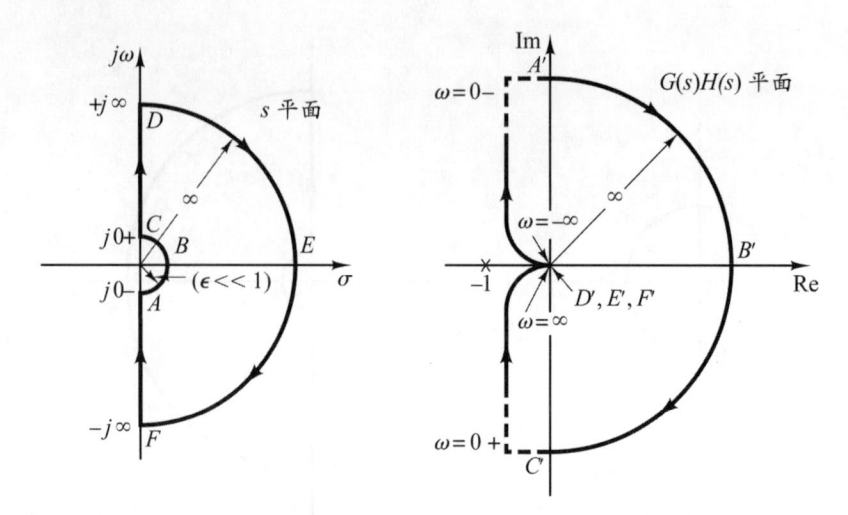

圖 7-51　s 平面的輪廓線及在 GH 平面上的 $G(s)H(s)$ 軌跡，其中 $G(s)H(s) = K/[s(Ts+1)]$

$$G(s)H(s) = \frac{K}{s^2(Ts+1)}$$

則

$$\lim_{s \to \varepsilon e^{j\theta}} G(s)H(s) = \frac{K}{\varepsilon^2 e^{2j\theta}} = \frac{K}{\varepsilon^2} e^{-2j\theta}$$

當在 s 平面，θ 從 $-90°$ 變化至 $+90°$，$G(s)H(s)$ 的角度從 $180°$ 變化至 $-180°$，如圖 7-52 所示。因為在右半 s 平面無極點，且在任意 K 值之下，$-1+j0$ 這一點都會被圍繞 2 次，是故函數 $1+G(s)H(s)$ 在右半 s 平面有 2 個零點。此系統永遠是為不穩定的系統。

注意，當 $G(s)H(s)$ 在 $j\omega$ 軸上有零點或且極點時，分析的方式是相同的。我們將奈奎斯特穩度準則推廣成：

奈奎斯特穩度準則 [當 $G(s)H(s)$ 在 $j\omega$ 軸上有零點或且極點時]：如圖 7-44 的系統中，若開環轉移函數 $G(s)H(s)$ 有 k 個極點在右半 s 平面，則當代表點 s 沿著修改後的奈奎斯特路徑以順時鐘方向旅行一圈後，$G(s)H(s)$ 的軌跡線必須圍繞 $-1+j0$ 這一點逆時鐘方向 k 次，系統才會是穩定。

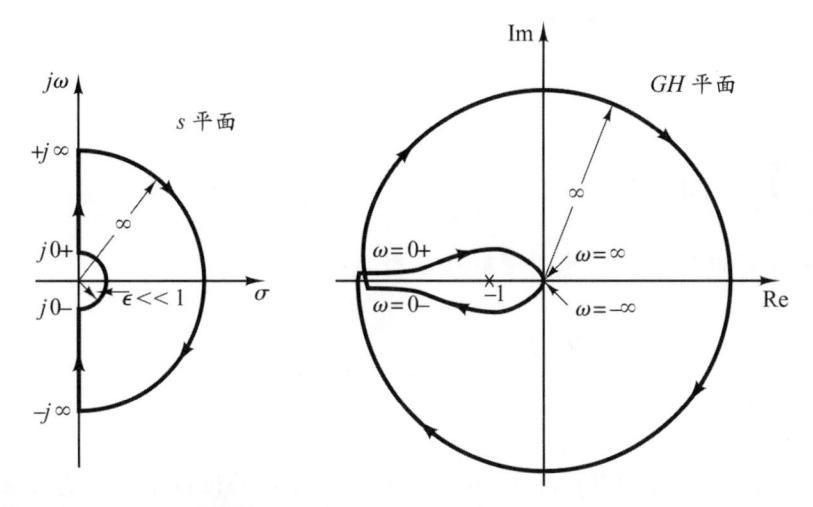

圖 7-52　s 平面的輪廓線及在 GH 平面上的 $G(s)H(s)$ 軌跡，其中 $G(s)H(s) = K/[s^2(Ts + 1)]$。

7-6　穩定度分析

本節要利用幾個例題解釋使用奈奎斯特穩定準則做穩定度的分析。

如果 s 平面的奈奎斯特路徑圍繞了 $1 + G(s)H(s)$ 的 Z 個零點及 P 個極點，且當代表點 s 以順時鐘方向沿著奈奎斯特路徑移動時，不經過 $1 + G(s)H(s)$ 的任何零點及極點，則在 $G(s)H(s)$ 平面相對應的軌跡線會以順時鐘方向圍繞 $-1 + j0$ 這一點 $N = Z - P$ 次。(若 N 是負代表逆時鐘方向之圍繞。)

使用奈奎斯特穩定準則檢查線性控制系統的穩定度時，可能有三種情況發生：

1. 對 $-1 + j0$ 這一點不發生圍繞。此意味若 $G(s)H(s)$ 無右半 s 平面極點時，是穩定的系統；否則系統不穩定。
2. 對 $-1 + j0$ 這一點發生圍繞有一個或數個逆時鐘方向之圍繞。此時若 $G(s)H(s)$ 在右半 s 平面有相同數目的極點，則是穩定的系統；否則系統不穩定。
3. 對 $-1 + j0$ 這一點發生圍繞有一個或數個順時鐘方向之圍繞。此時系統不穩定。

以下的例題中，我們假設增益 K，及時間常數 (如 T、T_1 及 T_2) 皆為正數。

例題 7-14

考慮閉迴路系統，其開環轉移函數為

$$G(s)H(s) = \frac{K}{(T_1s+1)(T_2s+1)}$$

試檢查此系統的穩定度。

圖 7-53 所示為 $G(j\omega)H(j\omega)$ 的作圖。因為 $G(s)H(s)$ 無右半 s 平面極點，且 $-1+j0$ 這一點不被 $G(j\omega)H(j\omega)$ 的軌跡圍繞，所以對於任何的 K、T_1 及 T_2，這是一個穩定的系統。

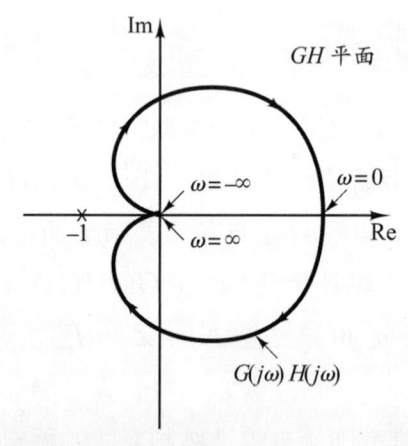

圖 7-53　例題 7-14 的 $G(j\omega)H(j\omega)$ 作圖

例題 7-15

考慮閉迴路系統，其開環轉移函數為

$$G(s)H(s) = \frac{K}{s(T_1s+1)(T_2s+1)}$$

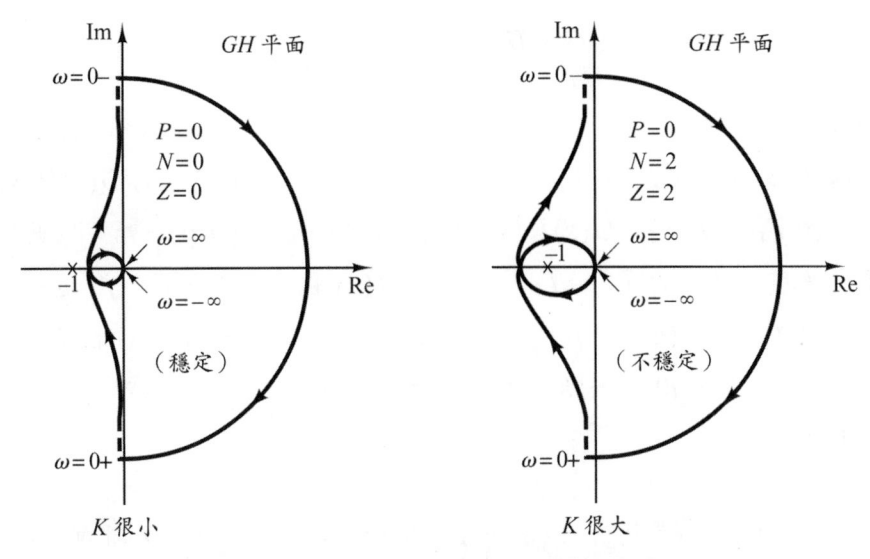

利用頻率響應法做控制系統的分析與設計

圖 7-54　例題 7-15 系統的極座標作圖

二種情況：當 (1) K 很小時，及 (2) K 很大時，試檢查此系統的穩定度。

圖 7-54 所示為開環轉移函數在 K 很小及 K 很大時的作圖。$G(s)H(s)$ 無右半 s 平面極點。

因此，欲系統穩定則必 $N = Z = 0$，或 $G(s)H(s)$ 軌跡不可圍繞 $-1 + j0$ 這一點。

當 K 很小時，$-1 + j0$ 這一點不被圍繞，所以系統是穩定。當 K 很大時，$-1 + j0$ 這一點被順時鐘方向圍繞了 2 次，表示在右半 s 平面有 2 個極點，因此系統不穩定。(為了達到準確性，K 需要很大。但由穩定度觀點言之，很大的 K 值產生不良的穩定度，甚至於不穩定。) 為了要協調準確性及穩定度這二項要求，則須在系統安插補償網路。有關頻率領域的補償技術將在 7-11 至 7-13 節討論之。

例題 7-16

一閉迴路系統的穩定度與下列開環轉移函數

$$G(s)H(s) = \frac{K(T_2s + 1)}{s^2(T_1s + 1)}$$

T_1 及 T_2 的相對幅度有關。試繪製奈奎斯特圖,並檢查此系統的穩定度。

圖 7-55 所示為 $T_1 < T_2$、$T_1 = T_2$ 及 $T_1 > T_2$ 三種情況的 $G(s)H(s)$ 軌跡圖。在 $T_1 < T_2$ 時,$G(s)H(s)$ 軌跡不圍繞 $-1 + j0$ 這一點,因此閉迴路系統是穩定的。當 $T_1 = T_2$ 時,$G(s)H(s)$ 軌跡經過 $-1 + j0$ 這一點,表示閉迴路系統有極點在 $j\omega$ 軸上。在 $T_1 > T_2$ 時,$G(s)H(s)$ 軌跡順時鐘方向圍繞了 $-1 + j0$ 這一點 2 次,是故閉迴路系統有 2 個極點在右半 s 平面,不穩定。

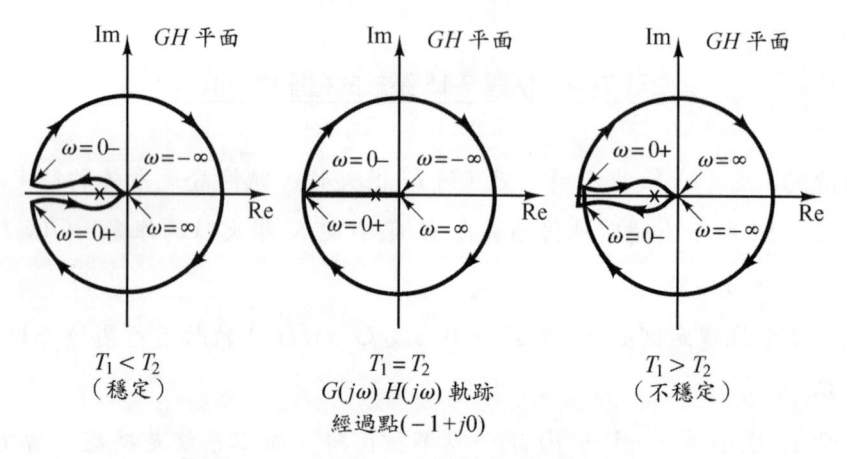

圖 7-55 例題 7-16 系統的極座標作圖

例題 7-17

一閉迴路系統有下列開環轉移函數:

$$G(s)H(s) = \frac{K}{s(Ts - 1)}$$

試檢查此系統的穩定度。

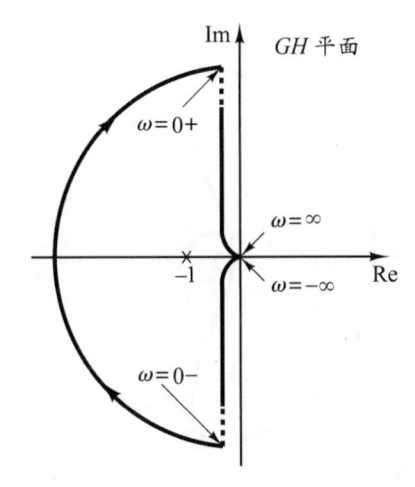

▎圖 7-56　例題 7-17 系統的極座標作圖

轉移函數 $G(s)H(s)$ 有一個極點 $(s = 1/T)$ 在右半 s 平面。因此 $P = 1$。圖 7-56 的奈奎斯特圖顯示了 $G(s)H(s)$ 軌線順時鐘方向圍繞了 $-1 + j0$ 這一點 1 次，因此 $N = 1$。因為 $Z = N + P$，可得 $Z = 2$。其意味閉迴路系統有 2 個極點在右半 s 平面，是故不穩定。

例題 7-18

一閉迴路系統有下列開環轉移函數：

$$G(s)H(s) = \frac{K(s + 3)}{s(s - 1)} \quad (K > 1)$$

試檢查此系統的穩定度。

開環轉移函數在右半 s 平面有一個極點 $(s = 1)$，因此 $P = 1$。開環系統是不穩定的。圖 7-57 的奈奎斯特圖顯示了 $G(s)H(s)$ 軌線反時鐘方向圍繞了 $-1 + j0$ 這一點 1 次，因此 $N = -1$。由 $Z = N + P$，可得 $Z = 0$，意味閉迴路系統 $1 + G(s)H(s)$ 沒有極點在右半 s 平面，是故穩定。此例題解釋了不穩定的開環系統在閉迴路後可以變成穩定。

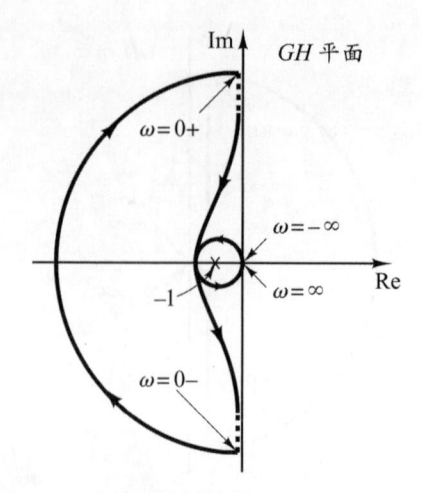

▌圖 7-57　例題 7-18 系統的極座標作圖

條件式穩定系統　圖 7-58 所示 $G(j\omega)H(j\omega)$ 軌跡的例子說明了，閉迴路系統可因為開環系統增益的改變，成為不穩定系統。如果開環系統增益足夠大，使得 $G(j\omega)H(j\omega)$ 軌跡圍繞了 $-1+j0$ 這一點 2 次，就是不穩定系統。如果開環系統增益足夠小，$G(j\omega)H(j\omega)$ 軌跡又是圍繞了 $-1+j0$ 這一點 2 次，還是不穩定系統。只當 $-1+j0$ 這一點不在圖 7-58 的 OA 及 BC 的區間，系統才可能穩定。這種系統只能在有限區間的開環增益下穩定工作，使得 $-1+j0$ 這一點在 $G(j\omega)H(j\omega)$ 軌跡之外，稱之為條件式穩定系統。

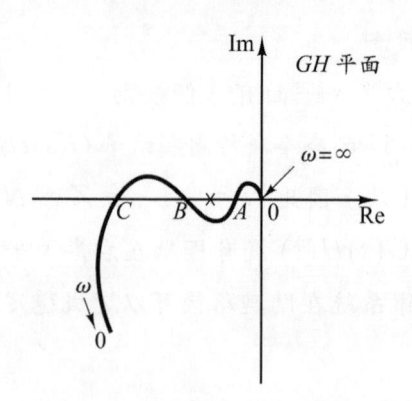

▌圖 7-58　條件式穩定系統的極座標作圖

因為條件式穩定系統只能在二個開環增益臨界值的有限區間下穩定工作,當開環增益不期增加或降低到臨界值,系統可能變成不穩定。這種系統在大信號的輸入下也可能變成不穩定,因為大信號的輸入造成系統的飽和操作,因而降低開環增益。所以要避免這種情況的發生。

多重迴路系統　考慮圖 7-59 的系統。此為多重迴路系統。內迴路之轉移函數為

$$G(s) = \frac{G_2(s)}{1 + G_2(s)H_2(s)}$$

如果 $G(s)$ 不穩定,其效應係產生右半 s 平面的極點。則內迴路之特性方程式 $1 + G_2(s)H_2(s) = 0$ 有右半 s 平面的零點。如果此時 $G_2(s)$ 及 $H_2(s)$ 有 P_1 個極點,則 $1 + G_2(s)H_2(s)$ 有 Z_1 個右半 s 平面的零點,其可由 $Z_1 = N_1 + P_1$ 得知。其中 N_1 為 $G_2(s)H_2(s)$ 軌跡順時鐘方向圍繞了 $-1 + j0$ 這一點的次數。因為整體系統的開環轉移函數為 $G_1(s)G(s)H_1(s)$,因此閉迴路系統的穩定度可由 $G_1(s)G(s)H_1(s)$ 的奈奎斯特圖及其右半 s 平面的極點資訊得知。

注意,如果回饋迴路經由方塊圖化簡消去了,有可能介入不穩定的極點;而如果順向路徑經由方塊圖化簡消去了,有可能介入右半 s 平面的零點。因此我們要注意到經由方塊圖化簡可能帶來的右半 s 平面零點與極點。在判斷多重迴路系統的穩定度時,這些資訊都是需要的。

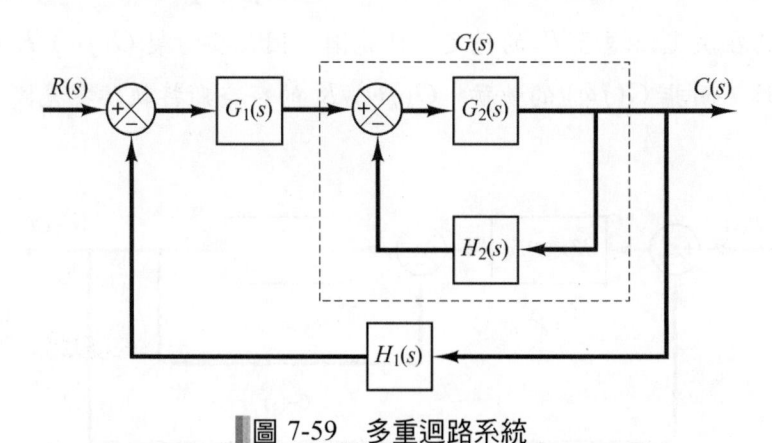

圖 7-59　多重迴路系統

例題 7-19

考慮如圖 7-60 的控制系統。系統有二個迴路。試用奈奎斯特穩度準則決定出增益 K 的穩定工作範圍。(增益 K 為正。)

欲檢查控制系統的穩定度時，須先繪製 $G(s)$ 的奈奎斯特軌跡，其中

$$G(s) = G_1(s)G_2(s)$$

然而至目前為止，$G(s)$ 的極點尚未知曉。所以我們先要探討內迴路裡是否有右半 s 平面極點。可以使用羅斯穩度準則輕易地獲知。因為

$$G_2(s) = \frac{1}{s^3 + s^2 + 1}$$

建構羅斯穩度行列如下：

$$\begin{array}{c|cc} s^3 & 1 & 0 \\ s^2 & 1 & 1 \\ s^1 & -1 & 0 \\ s^0 & 1 & \end{array}$$

發現第一行有 2 個變號。是故 $G_2(s)$ 有 2 個右半 s 平面極點。

當我們發現 $G_2(s)$ 有 2 個右半 s 平面極點，再來繪製 $G(s)$ 的奈奎斯特軌跡，其中

$$G(s) = G_1(s)G_2(s) = \frac{K(s + 0.5)}{s^3 + s^2 + 1}$$

我們目的在決定出增益 K 的穩定工作範圍。因此要繪製 $G(j\omega)/K$ 的奈奎斯特軌跡，而非 $G(j\omega)$ 的軌跡。$G(j\omega)/K$ 的奈奎斯特軌跡參見圖 7-61。

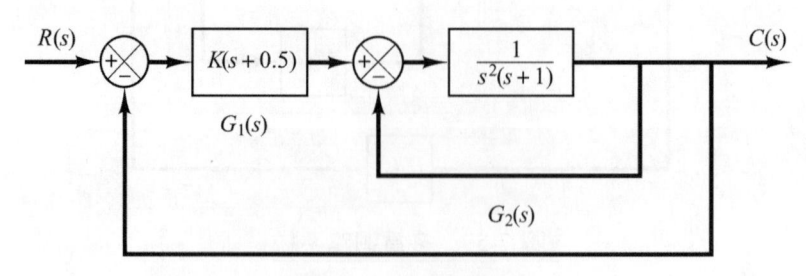

圖 7-60　控制系統

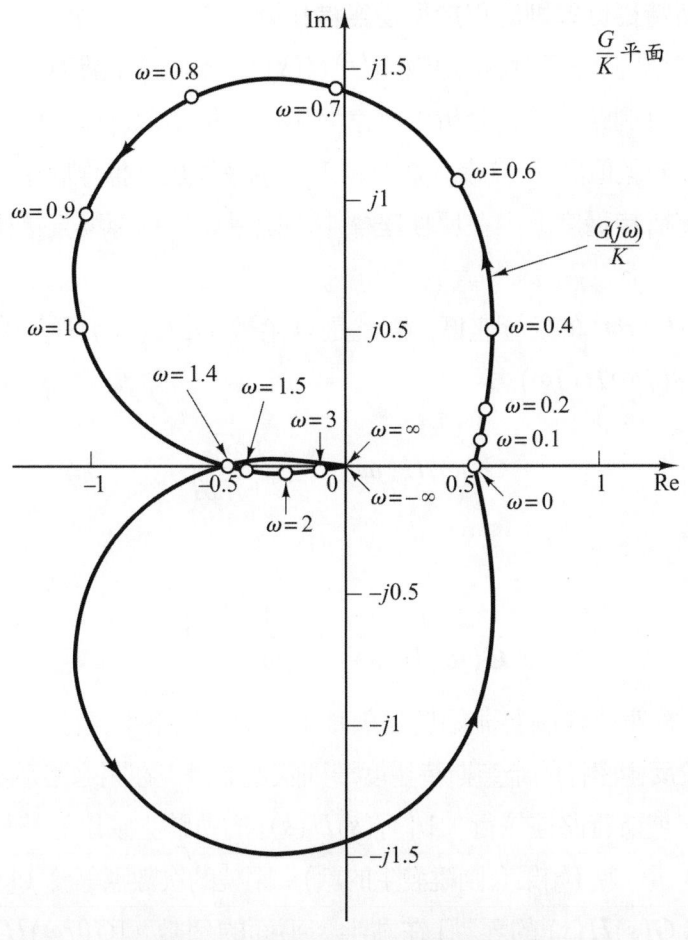

圖 7-61 $G(j\omega)/K$ 極座標作圖

因為 $G(s)$ 有 2 個右半 s 平面極點，故 $P = 2$。又因

$$Z = N + P$$

要求穩定工作下，則必 $Z = 0$ 或 $N = -2$。是故，$G(j\omega)$ 的奈奎斯特軌跡必須以逆時鐘方向圍繞了 $-1 + j0$ 這一點的 2 次。由圖 7-61 可知，在臨界點 0 與 -0.5 之間，$G(j\omega)/K$ 的奈奎斯特軌跡以逆時鐘方向圍繞了 $-1 + j0$ 這一點的 2 次。所以，必須使得

$$-0.5K < -1$$

因此，K 的穩定工作範圍是

$$2 < K$$

奈奎斯特穩度準則應用於反極座標作圖 先前的討論中，我們應用奈奎斯特穩度準則於開環轉移函數 $G(s)H(s)$ 的極座標作圖中。

在做多重迴路系統的分析中，常使用反轉移函數以做圖解法分析；此法避免繁重的數值計算。(奈奎斯特穩度準則在反極座標作圖中亦可正常使用之。奈奎斯特穩度準則在反極座標中的數學原理推導與直接極座標的原理是一樣的。)

$G(j\omega)H(j\omega)$ 的反極座標作圖就是 ω 函數 $1/[G(j\omega)H(j\omega)]$ 的作圖。例如，若 $G(j\omega)H(j\omega)$ 為

$$G(j\omega)H(j\omega) = \frac{j\omega T}{1 + j\omega T}$$

則

$$\frac{1}{G(j\omega)H(j\omega)} = \frac{1}{j\omega T} + 1$$

$\omega \geq 0$ 的反極座標作圖為開始於實數軸上 $(1, 0)$ 之下半直線。

應用於反極座標的奈奎斯特穩度準則陳述如後：在閉迴路系統穩定時，當 s 巡著奈奎斯特路徑旅行，$1/[G(s)H(s)]$ 的軌跡必須以逆時鐘方向圍繞了 $-1 + j0$ 這一點 (如果有圍繞發生的話)。圍繞的次數應等於 $1/[G(s)H(s)]$ 的極點 [即 $G(s)H(s)$ 的零點] 在右半 s 平面的個數。[$G(j\omega)H(j\omega)$ 的反極座標作圖就是 ω 函數 $1/[G(j\omega)H(j\omega)]$ 的作圖 $G(s)H(s)$ 的零點個數可以利用羅斯穩度準則得知。] 如果開環轉移函數 $G(s)H(s)$ 沒有右半 s 平面的零點，則 $1/[G(s)H(s)]$ 軌跡圍繞了 $-1 + j0$ 這一點的次數必須是零，閉迴路系統才會穩定。

雖然的奈奎斯特穩度準則可以應用於反極座標軌跡圖，但是加入實驗的數據後，要計算 $1/[G(s)H(s)]$ 軌跡圍繞 $-1 + j0$ 這一點的次數會有困難，因為在 s 平面的無窮大半圓之相角量測是不容易的。例如，若開環轉移函數 $G(s)H(s)$ 含有傳遞滯後，如下

$$G(s)H(s) = \frac{Ke^{-j\omega L}}{s(Ts + 1)}$$

則 $1/[G(s)H(s)]$ 軌跡圍繞 $-1 + j0$ 這一點的次數為無窮多，是故奈奎斯

特穩度準則不可以應用於這種若開環轉移函數。

通常,實驗所得的數據不可能成為可分析形式,而 $G(j\omega)H(j\omega)$ 及 $1/[G(j\omega)H(j\omega)]$ 二者的軌跡皆須作圖。此外,$G(s)H(s)$ 在右半 s 平面的零點必須得知。但是,要決定 $G(s)H(s)$ 在右半 s 平面的零點 (亦即,決定某一元件是否為極小相位) 是比決定 $G(s)H(s)$ 在右半 s 平面的極點 (亦即,決定系統是否為穩定) 要難得多。

因此對於多重迴路系統,到底要使用哪一種的穩定度判斷法,端視數據是否圖形式或可分析式,有沒有包含非極小相位元件,而定奪。如果給予的數據是可分析式,且所有元件的數學式皆可知,那麼使用奈奎斯特穩度準則判斷反極座標作圖相關的穩定度便無困難。此情況下,多重迴路系統的分析與設計就可以在反 GH 平面實行之。(參見列題 **A-7-15**。)

7-7 相對穩定度分析

相對穩定度 設計控制系統時,系統必須穩定。此外,系統必須有足夠的相對穩定度。

本節裡要介紹奈奎斯特圖不僅能呈現系統是否穩定,亦可指出穩定系統的穩定程度。由奈奎斯特圖有時也可以看出要改善穩定度的方法。

以下的討論中我們假設系統為單位回饋。一個回饋系統通常可以轉換成單位回饋系統,如圖 7-62 所示。因此,討論單位回饋系統相對穩定度分析之結果可以推廣為非單位回饋系統。

除非特別規定,我們假設系統為極小相位;亦即,開環轉移函數無右半 s 平面零點或極點。

保角性映射的相對穩定度分析 分析控制系統時最重要的是要求出閉迴路極點,至少是靠近 $j\omega$ 軸的極點 (或閉迴路共軛主極點)。如果系統的開環頻率響應特性已知,則可估測出閉迴路極點或靠近 $j\omega$ 軸的極點。須注意的是,奈奎斯特軌跡並不需要是 ω 的可析函數。整組奈奎斯特軌跡甚至可以利用實驗的方式得出。本節要介紹的技術係建立在從 s 平面做保角性映射至 $G(s)$ 平面的圖解法。

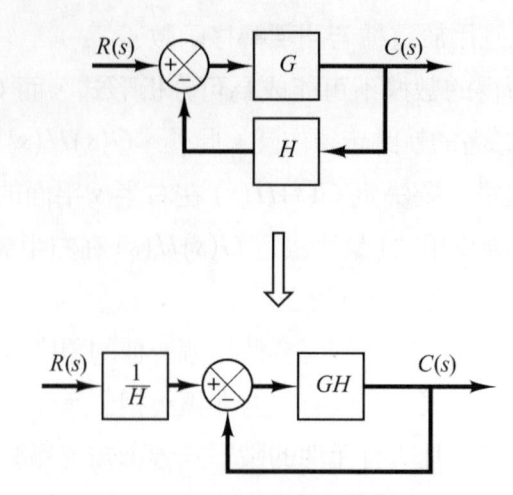

圖 7-62 回饋系統轉換成單位回饋系統

考慮 s 平面中，$-\sigma$ 等於常數的直線之保角性映射 (直線 $s = \sigma + j\omega$，σ 固定值，ω 變化著) 及 $-\omega$ 等於常數的直線 (直線 $s = \sigma + j\omega$，σ 變化，ω 固定值)。s 平面的 $\sigma = 0$ 直線 ($j\omega$ 軸) 映射至 $G(s)$ 平面的奈奎斯特軌跡。s 平面的 $-\sigma$ 等於常數的直線映射的奈奎斯特圖與之非常相似，基本上呈現出平行的奈奎斯特軌跡，如圖 7-63 所示。s 平面的 $-\omega$ 等於常數的直線映射的奈奎斯特圖亦請參見圖 7-63。

雖然 $-\sigma$ 等於常數的直線與 $-\omega$ 等於常數的直線在 $G(s)$ 平面上的形狀及 $G(j\omega)$ 靠近 $-1 + j0$ 這一點的情況與 $G(s)$ 有關聯，$G(j\omega)$ 有多麼靠近 $-1 + j0$ 這一點的情況係代表一個穩定系統的相對穩定度。通常可以說，當 $G(j\omega)$ 愈靠近 $-1 + j0$ 這一點，則系統的步階暫態響應呈現出來

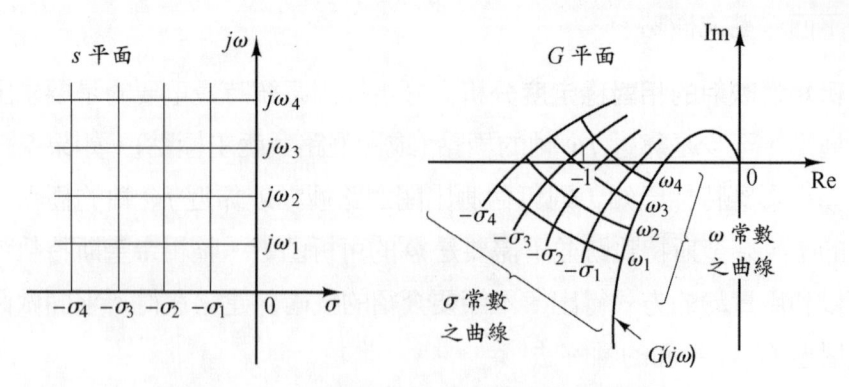

圖 7-63　s 平面至 $G(s)$ 平面的保角性映射

利用頻率響應法做控制系統的分析與設計

的超擊度就愈大,很久才可消逝掉。

考慮圖 7-64(a) 及 (b) 的二個系統。(圖 7-64 中 × 代表閉迴路的極點。) 系統 (a) 很顯然地要比系統 (b) 來得穩定,因為系統 (a) 的閉迴路極點比系統 (b) 的閉迴路極點更遠離 $j\omega$ 軸。圖 7-65(a) 及 (b) 為 s 平面至 $G(s)$ 平面的保角性映射。因此閉迴路的極點愈靠近 $j\omega$ 軸,則 $G(j\omega)$ 愈靠近 $-1 + j0$ 這一點。

相位及增益邊際值 圖 7-66 所示為三種不同開環增益 K 的 $G(j\omega)$ 極座標圖。當增益 K 很大時,系統不穩定。當 K 逐步減少至某一數值時,$G(j\omega)$ 經過 $-1 + j0$ 這一點。意味著,在此增益 K 時,系統處於不穩定邊緣,發生持續振盪。當增益 K 變小時,系統才會穩定。

通常,$G(j\omega)$ 軌跡愈靠近 $-1 + j0$ 這一點,則系統的響應振盪愈厲

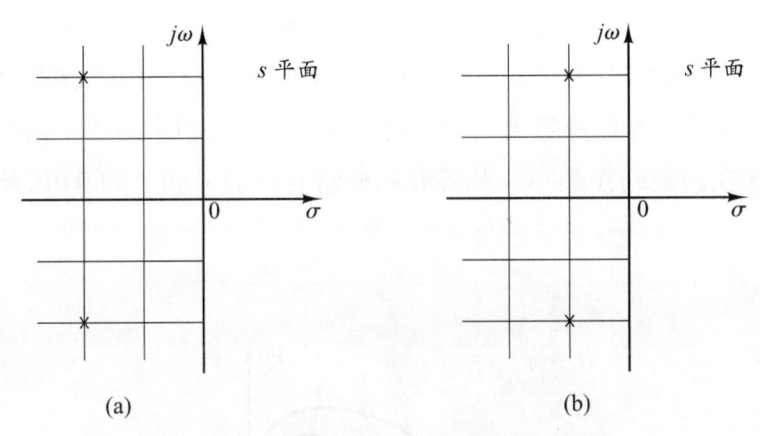

圖 7-64 二個系統各有二個閉迴路極點

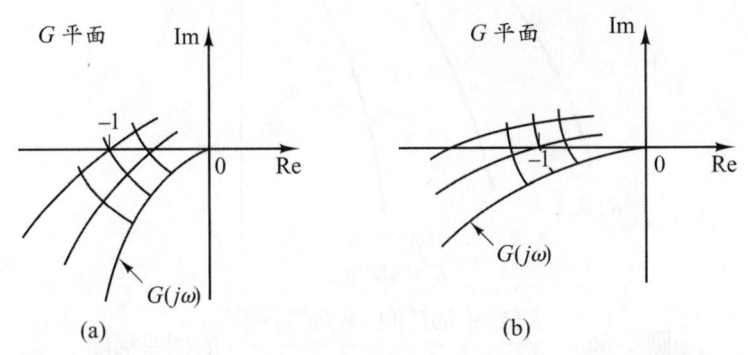

圖 7-65 圖 7-64 的二個系統由 s 平面保角映射至 $G(s)$ 平面

害。因此 $G(j\omega)$ 軌跡靠近 $-1 + j0$ 這一點的程度可以用來量測穩定性的邊際值 (譯者註：或餘裕量)。(但不適用於條件性穩定系統。) 通常以相位邊際值及增益邊際值代表之。

相位邊際：在交越頻率時，再添加多少相角滯後就會使得系統處於不穩定邊緣，此滯後相角量稱為相位邊際值。在交越頻率時，開環轉移函數的幅度，即 $|G(j\omega)|$ 等於 1。如果開環轉移函數在交越頻率時的角度等於 ϕ，則相位邊際值 $\gamma = 180° + \phi$。即

$$\gamma = 180° + \phi$$

如圖 7-67(a)、(b) 及 (c) 所示為使用了波德圖、極座標圖及對數幅度－對－相角曲線圖，解釋穩定與不穩定系統的相位邊際值。在極座標圖中，從原點繪製一直線經過單位圓與 $G(j\omega)$ 軌跡之交點。如果此直線處於負實數軸之下 (上)，則 γ 值為正 (負)。從負實數軸到此直線的角度即是相位邊際值。(譯者註：逆時鐘時角度為正。) $\gamma > 0$ 時，相位邊際值為正，否則 $\gamma < 0$ 時，相位邊際值為負。對於極小相位的穩定系統，相位邊際值須為正。在對數的作圖中，此臨界點相當於複數平面上的 0 dB 及 $-180°$ 直線。

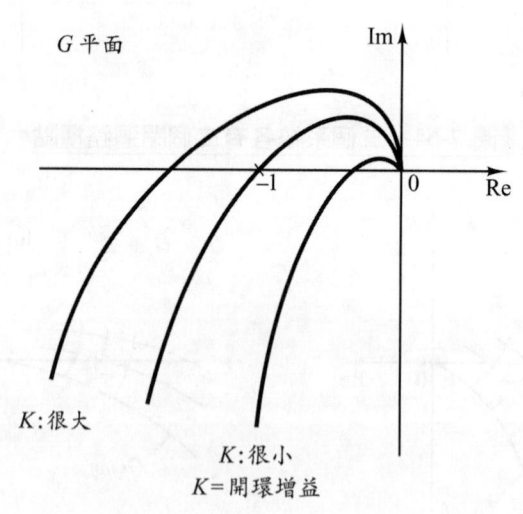

圖 7-66 $\dfrac{K(1 + j\omega T_a)(1 + j\omega T_b)\cdots}{(j\omega)(1 + j\omega T_1)(1 + j\omega T_2)\cdots}$ 的極座標圖

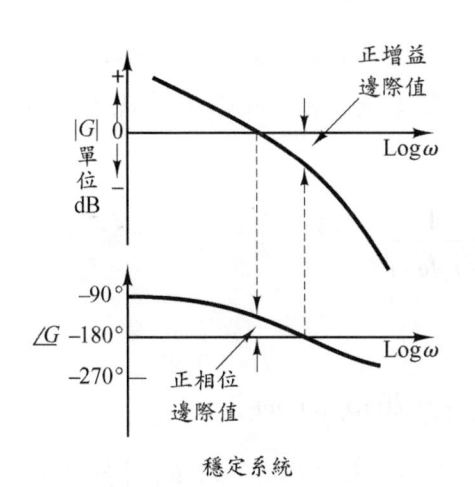

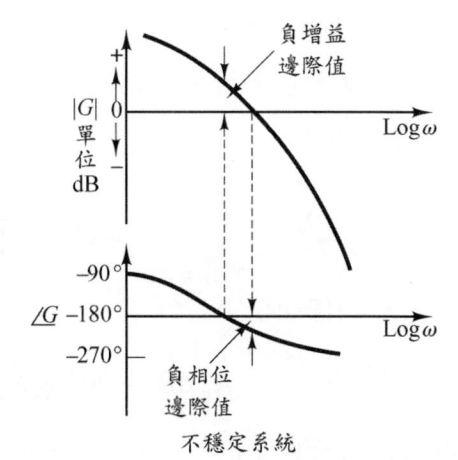

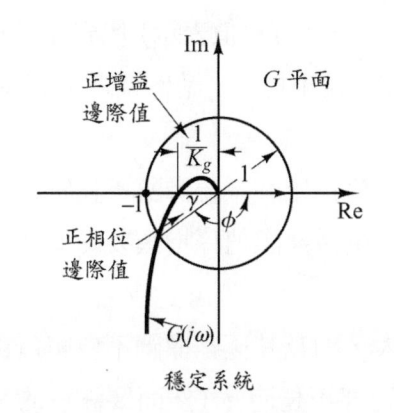

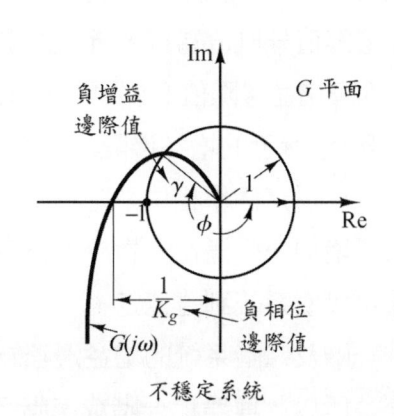

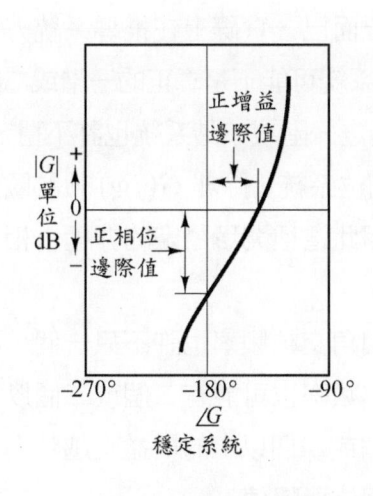

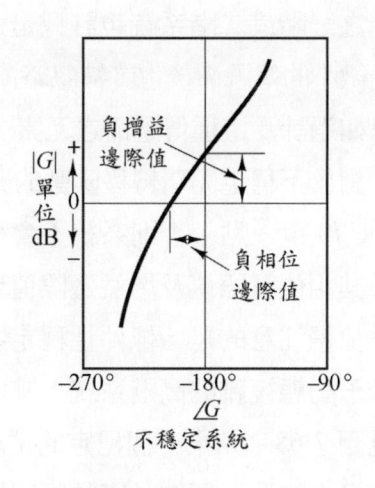

圖 7-67 穩定與不穩定系統的相位邊際值及增益邊際值。(a) 波德圖；(b) 極座標圖；(c) 對數幅度－對－相角曲線圖。

增益邊際 當相角等於 $-180°$ 時，$|G(j\omega)|$ 的倒數即為增益邊際值。開環轉移函數發生 $-180°$ 相角時的頻率稱為相角交越頻率 ω_1，增益邊際值為 K_g：

$$K_g = \frac{1}{|G(j\omega_1)|}$$

若以分貝值表示之，

$$K_g \text{ dB} = 20 \log K_g = -20 \log |G(j\omega_1)|$$

因此若 K_g 大於 1 時，以分貝值表示之增益邊際值為正，若 K_g 小於 1 時，增益邊際值分貝值為負。所以正增益邊際值(以分貝值表示)代表穩定的系統，而負增益邊際值(以分貝值表示)代表系統不穩定。請參見圖 7-67(a)、(b) 及 (c) 所示的增益邊際。

對於穩定極小相位系統，增益邊際值係指出在系統瀕臨不穩定之前，還可以增加多少增益。對於不穩定系統，增益邊際值係指須要降低多少增益才可以使系統到達穩定。

一階及二階系統的增益邊際為無窮大，因為其極座標圖不會與負實軸相交。所以，理論上一階或二階系統不可能不穩定。(然而要注意的是，所稱之一階或二階系統也許只是近似情況而已，實際上在推導系統方程式時，微小的傳遞滯後也許被忽略掉，因此系統可能不是真正的一階或二階。所以如過計及這種傳遞滯之元素，則所稱之一階或二階系統也許不穩定。)

對於不穩定開環轉移函數的非極小相位系統，除非 $G(j\omega)$ 軌跡圖圍繞 $-1 + j0$ 這一點，否則系統不會穩定。因此這種開環穩定的非極小相位系統，其相位邊際值及增益邊際值皆是負。

值得注意的是，條件性穩定系統的相角交越頻率也許不只一個，而對於分子動態複雜的高階系統，其增益交越頻率也可能有二個或二個以上，參見圖 7-68。如果一個穩定的系統有二個或二個以上的增益交越頻率，則採取最高的那一個增益交越頻率以測定相位邊際值。

相位邊際值及增益邊際值的幾項註記 控制系統的相位邊際值及增益邊際值係用以測量系統有多麼接近 $-1 + j0$ 這一點的程度。這些邊際值可

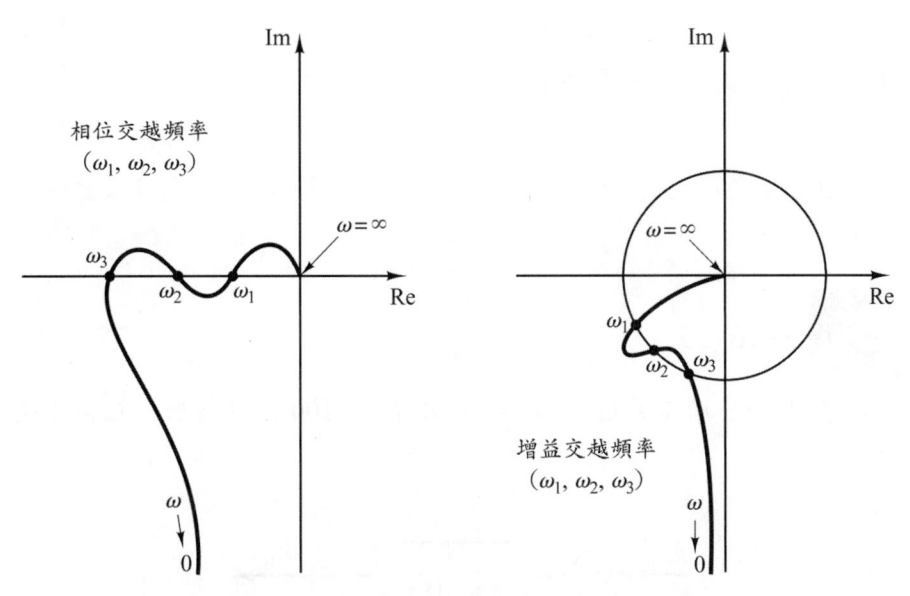

圖 7-68　極座標圖中顯示不只一個相位交越頻率或增益交越頻率

以作為設計的準則。

須注意到，只是單獨考慮相位邊際值或增益邊際值不足以保證穩定。在決定相對度時，二者皆須考慮。

對於穩定極小相位系統，相位邊際值或增益邊際值二者皆須為正，系統才可以穩定。負的邊際值表示系統不穩定。

適當的相位邊際值或增益邊際值可以克服系統元件的變異，通常以某一正數規定之。此二要求值限制了系統在共振頻率附近的行為。通常在滿意的性能要求下，相位邊際值為 30° 及 60° 之間，增益邊際值約為 6 dB。在前述的要求下，就算開環增益的變化，或因系統元件變異使得時間常數在某一程度內變化，系統仍舊保證穩定。雖然相位邊際值或增益邊際值只是大約估計閉迴路系統有效的阻尼比，但卻是提供給控制系統設計或調節增益常數一個很方便的工具。

對於穩定極小相位系統，開環轉移函數的幅度與相位特性是息息相關的。30° 至 60° 之間的相位邊際值意味著，在波德圖中增益交越頻率附近對數幅度的斜率不得比 −40 dB/十度更陡峭。實用上在穩定考慮下，增益交越頻率附近的對數幅度的斜率要求為 −20 dB/十度。如果是 −40 dB/十度，則系統可能是穩定，也有可能是不穩定。（就算系統是穩定，然而其相位邊際值也許太小。）如果在增益交越頻率附近的對數幅度的斜率為 -60 dB/十度或更陡峭,那麼系統肯定是不穩定了。

對於非極小相位系統,穩度的邊際值須要小心研討。非極小相位系統研討其穩定度邊際值的最佳方式是經由奈奎斯特軌跡圖,而非波德圖的方法為之。

例題 7-20

試求圖 7-69 所示系統當 $K = 10$ 及 $K = 100$ 二種情形的相位邊際值及增益邊際值。

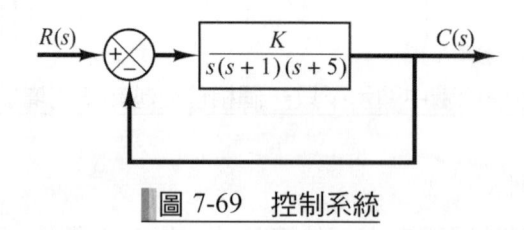

圖 7-69 控制系統

相位邊際值及增益邊際值可以很容易地從波德圖看出來。圖 7-70(a) 為 $K = 10$ 時開環轉移函數的波德圖。相位及增益邊際值分別是

$$相位邊際值 = 21°, \quad 增益邊際值 = 8 \text{ dB}$$

因此,系統到達不穩定之前,其增益還可以提高 8 dB。

將增益從 $K = 10$ 增大為 $K = 100$ 時,0-dB 軸上升了 20 dB,如圖 7-70(b)。此時,相位及增益邊際值分別是

$$相位邊際值 = -30°, \quad 增益邊際值 = -12 \text{ dB}$$

因此,在 $K = 10$ 時系統為穩定,但是 $K = 100$ 時系統不穩定。

波德圖方法使用時,值得注意的是,增益變化之效應很容易地就可以看出來。為了達到滿意的性能,相位邊際值須提高至 $30°$ 及 $60°$ 之間。將低增益 K 值就可以了。但是,當 K 值降低使得斜坡輸入時產生的誤差太大,又不能接受。因此,可能須要施加補償以調整開環轉移函數的曲線。補償技術將在 7-11 至 7-13 節詳細討論之。

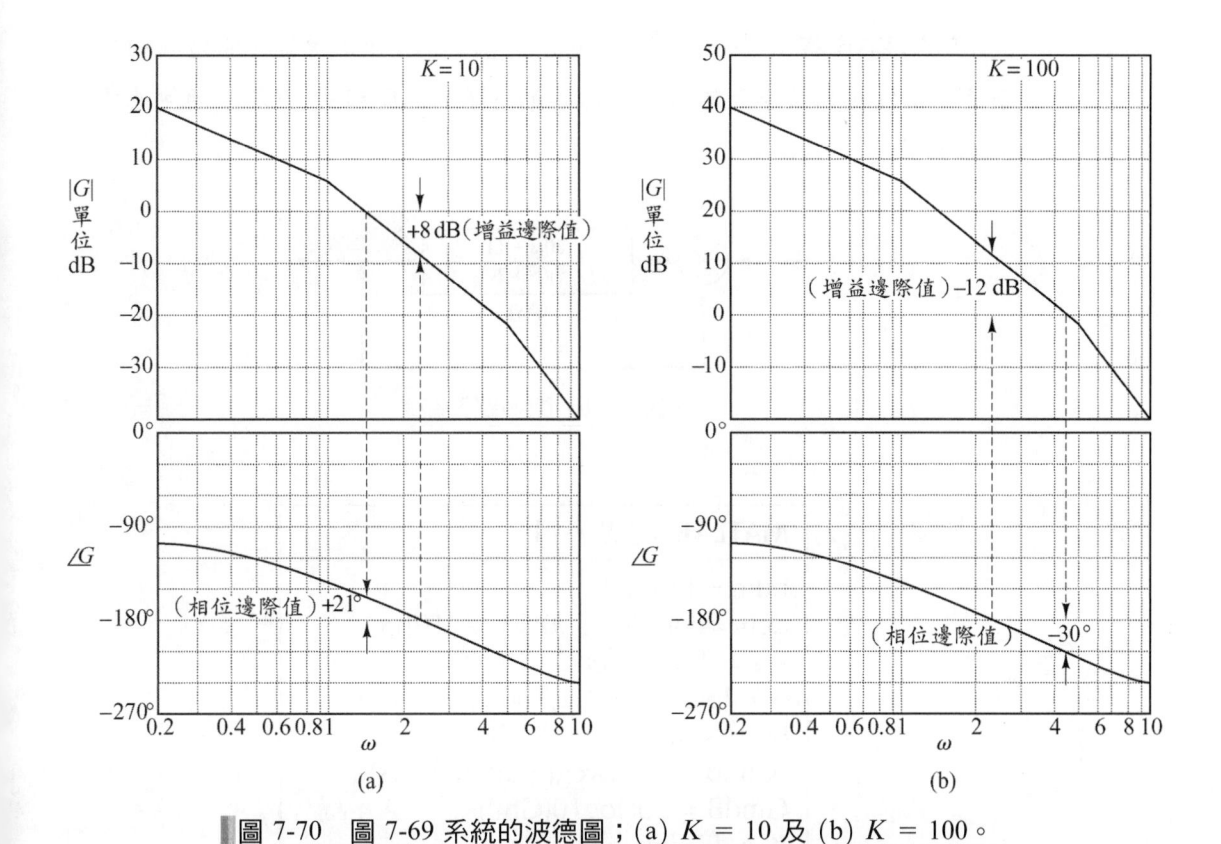

圖 7-70　圖 7-69 系統的波德圖；(a) $K = 10$ 及 (b) $K = 100$。

以 MATLAB 求增益邊際值、相位邊際值、相位交越頻率及增益交越頻率　利用 MATLAB 可以很容易求得增益邊際值、相位邊際值、相位交越頻率及增益交越頻率。所用的指令是

[Gm,pm,wcp,wcg] = margin(sys)

式中 Gm 為增益邊際值，pm 為相位邊際值，wcp 為相位交越頻率，wcg 為增益交越頻率。詳細的使用方法請參考例題 7-21。

例題 7-21

在圖 7-71 的閉迴路系統中，繪製開環轉移函數 $G(s)$ 的波德圖。並利用 MATLAB 求出增益邊際值、相位邊際值、相位交越頻率及增益交越頻率。

MATLAB 程式 7-11 係用以繪製波德圖用以計算增益邊際值、相位邊際值、相位交越頻率及增益交越頻率的 MATLAB 程式。$G(s)$ 的波德圖參見圖 7-72。

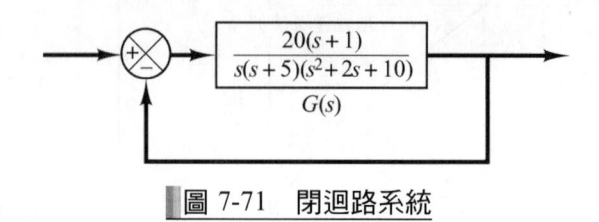

圖 7-71 閉迴路系統

```
MATLAB 程式 7-11

num = [20 20];
den = conv([1 5 0],[1 2 10]);
sys = tf(num,den);
w = logspace(-1,2,100);
bode(sys,w)
[Gm,pm,wcp,wcg] = margin(sys);
GmdB = 20*log10(Gm);
[GmdB pm wcp wcg]

ans =
    9.9293  103.6573  4.0131  0.4426
```

共振峰值 M_r 及共振頻率 ω_r 考慮圖 7-73 的標準二次系統。其閉迴路轉移函數為

$$\frac{C(s)}{R(s)} = \frac{\omega_n^2}{s^2 + 2\zeta\omega_n s + \omega_n^2} \tag{7-16}$$

式中 ζ 及 ω_n 分別是阻尼比及無阻尼自然頻率。其閉迴路響應為

$$\frac{C(j\omega)}{R(j\omega)} = \frac{1}{\left(1 - \frac{\omega^2}{\omega_n^2}\right) + j2\zeta\frac{\omega}{\omega_n}} = Me^{j\alpha}$$

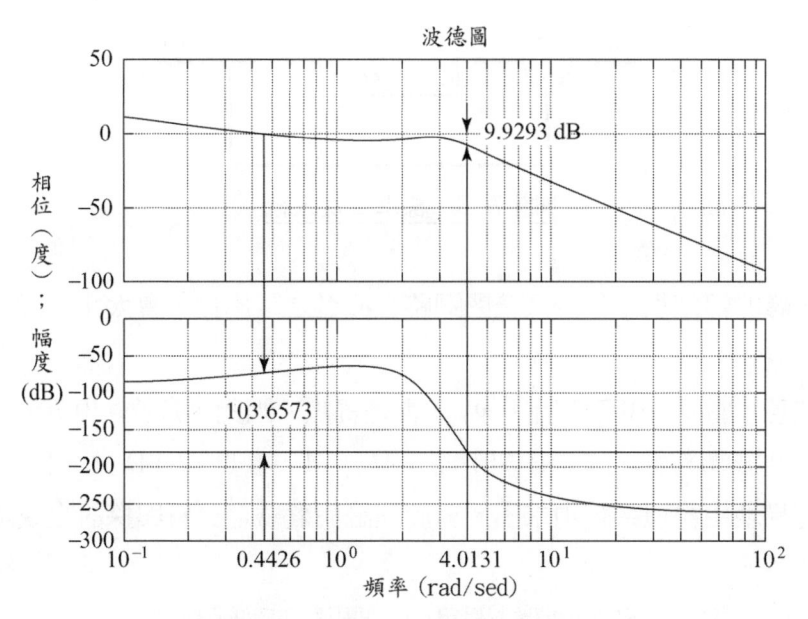

利用頻率響應法做控制系統的分析與設計

圖 7-72　圖 7-71 $G(s)$ 的波德圖

式中

$$M = \frac{1}{\sqrt{\left(1 - \frac{\omega^2}{\omega_n^2}\right)^2 + \left(2\zeta\frac{\omega}{\omega_n}\right)^2}}, \quad \alpha = -\tan^{-1}\frac{2\zeta\frac{\omega}{\omega_n}}{1 - \frac{\omega^2}{\omega_n^2}}$$

如 (7-12) 式所述，當 $0 \leq \zeta \leq 0.707$ 時，M 的最大值發生在頻率 ω_r，其中

$$\omega_r = \omega_n\sqrt{1 - 2\zeta^2} \qquad (7\text{-}17)$$

ω_r 是為共振頻率。在共振頻率時，M 值最大，可由 (7-13) 式求出，改寫成

$$M_r = \frac{1}{2\zeta\sqrt{1 - \zeta^2}} \qquad (7\text{-}18)$$

式中，M_r 稱為共振峰幅度 (resonant peak magnitude)。可知，共振峰幅度與系統的阻尼比有密切的關聯。

共振峰的幅度係為系統相對穩定度的指標之一。共振峰的幅度很大代表系統閉迴路主極點之阻尼比太小，產生的暫態響應不合乎要求。相對的，

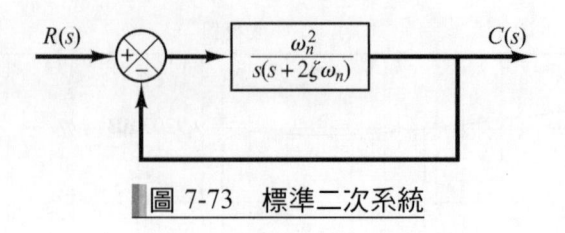

▌圖 7-73 標準二次系統

當共振峰的幅度很小代表系統閉迴路主極點之阻尼比不會太小,系統有正常的阻尼。

注意,當 $\zeta < 0.707$ 時,ω_r 才會是實數。因此,當 $\zeta > 0.707$ 時,閉迴路無共振峰發生。[$\zeta > 0.707$ 時,$M_r = 1$,參見 (7-14) 式。] M_r 及 ω_r 可以輕易地由物理系統中求出,對於理論與實驗之分析與探討之映證有很大的助益。

要注意的是,實用的設計題目中,要顯示系統阻尼的程度時,增益邊際值及相位邊際值比共振峰值較常被指定之。

標準二次系統步階暫態響應與頻率響應之間的關聯 如圖 7-73 所示為標準二次系統的單位步階響應之最大超擊度可以與頻率響應的共振峰有密切的關聯。是故,在頻率響應中呈現的系統動態資訊與暫態響應提供的是相同的。

圖 7-73 系統在單位步階輸入時,其輸出如 (5-12) 式,或

$$c(t) = 1 - e^{-\zeta\omega_n t}\left(\cos\omega_d t + \frac{\zeta}{\sqrt{1-\zeta^2}}\sin\omega_d t\right), \quad 當 t \geq 0$$

式中

$$\omega_d = \omega_n\sqrt{1-\zeta^2} \tag{7-19}$$

而,單位步階響應的最大超擊度 M_p 為 (5-21) 式,或

$$M_p = e^{-(\zeta/\sqrt{1-\zeta^2})\pi} \tag{7-20}$$

暫態響應發生最大超擊度時之阻尼自然頻率為 $\omega_d = \omega_n\sqrt{1-\zeta^2}$。當 $\zeta < 0.4$ 時會有過大的最大超擊度發生。

因為圖 7-73 之二次系統的開環轉移函數為

$$G(s) = \frac{\omega_n^2}{s(s + 2\zeta\omega_n)}$$

當弦波輸入時，$G(j\omega)$ 的幅度等於 1 發生在

$$\omega = \omega_n \sqrt{\sqrt{1 + 4\zeta^4} - 2\zeta^2}$$

亦即，令 $|G(j\omega)|$ 等於 1，然後解出 ω。在此頻率時，$G(j\omega)$ 的相角為

$$\angle G(j\omega) = -\angle j\omega - \angle j\omega + 2\zeta\omega_n = -90° - \tan^{-1}\frac{\sqrt{\sqrt{1 + 4\zeta^4} - 2\zeta^2}}{2\zeta}$$

因此，相角邊際值 γ 為

$$\begin{aligned}\gamma &= 180° + \angle G(j\omega) \\ &= 90° - \tan^{-1}\frac{\sqrt{\sqrt{1 + 4\zeta^4} - 2\zeta^2}}{2\zeta} \\ &= \tan^{-1}\frac{2\zeta}{\sqrt{\sqrt{1 + 4\zeta^4} - 2\zeta^2}}\end{aligned} \quad (7\text{-}21)$$

(7-21) 式顯示出阻尼比 ζ 與相角邊際值 γ 之間的關係。(註：相角邊際值 γ 只是與阻尼比 ζ 有關。)

有關標準二次系統的單位步階暫態響應與頻率響應 (7-16) 式之間的關聯性整理如下：

1. 相角邊際值 γ 與阻尼比有直接的關係。圖 7-74 所示為相角邊際值 γ 與阻尼比 ζ 的關係曲線。可以看出，如圖 7-73 所示的標準二次系統當 $0 \le \zeta \le 0.6$ 時，相角邊際值 γ 與阻尼比 ζ 的關係可用一直線近似之，如下所述：

$$\zeta = \frac{\gamma}{100°}$$

因此，60° 的相角邊際值相當於阻尼比 $\zeta = 0.6$。對於具有閉迴路主極點的高階系統，可由其頻率響應探討暫態響應的相對穩定度 (即阻尼比)。

2. 由 (7-17) 及 (7-19) 式看出，當阻尼比 ζ 很小時，ω_r 與 ω_d 幾乎相等。因此，當阻尼比 ζ 很小時，ω_r 可以用來估測系統暫態響應的速度。

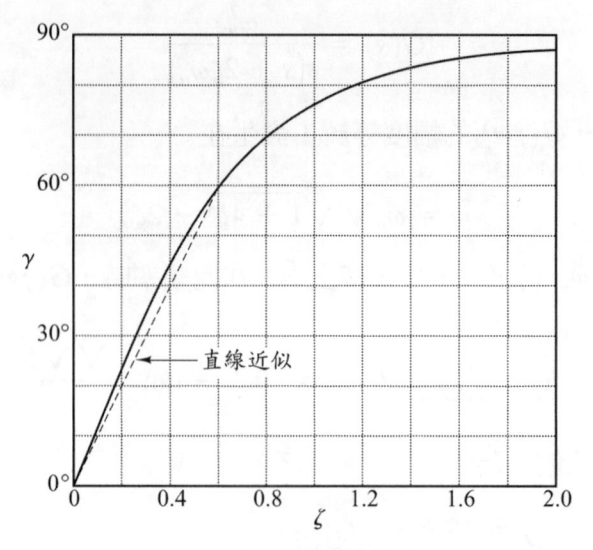

▌圖 7-74　圖 7-73 之系統的 γ（相角邊際值）與 ζ 關係曲線

3. 由 (7-18) 及 (7-20) 式看出，當阻尼比 ζ 愈小時，M_r 與 M_p 則愈大。M_r 及 M_p 與 ζ 的關係曲線參見圖 7-75 所示。當 $\zeta > 0.4$ 時，可以看出 M_r 與 M_p 有密切關聯。當阻尼比 ζ 很小時，M_r 變成很大 ($M_r \gg 1$)，但 M_p 不會超過 1。

一般系統步階暫態響應與頻率響應之間的關聯　控制系統的設計通常

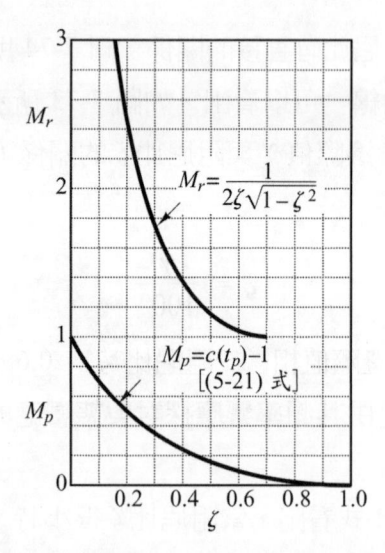

▌圖 7-75　圖 7-73 系統的 M_r 對 ζ 曲線及 M_p 對 ζ 曲線

利用頻率響應法施行之。其原因在於，與其他方法比較起來相當簡單。一般的應用中，系統的輸入為非週期型信號，欲探討其暫態響應，而不是常考慮的弦波輸入產生的穩態輸出，那麼暫態響應與頻率響應法之間的問題就發生了。

對於圖 7-73 所示的標準二次系統，其步階暫態響應與頻率響應法之間的數學關係很容易可以得到。標準二次系統的時間響應可以從閉迴路系統頻率響應中的 M_r 與 ω_r 之資訊得知。

對於非標準二次系統，或更高階的複雜系統，關聯性就比較複雜了，其暫態響應也許無法由頻率響應估測出來，因為多餘的零點或者極點會改變他們的暫態響應與標準二次系統的頻率響應相互關係。雖然數學上有相互關係存在，但是使用起來費心費力，不是很實用。

圖 7-73 所示的標準二次系統之暫態響應與頻率響應之間的相互關係要應用於高階系統時，端視此高階系統有沒有閉迴路共軛複數主極點。很顯然的，如果高階系統的頻率響應被共軛複數極點主宰著，則標準二次系統的暫態響應與頻率響應之相互關係就可以沿用於高階系統的場合。

對於線性非時變高階系統，如果有共軛複數主極點，以下的關聯性存在於其步階暫態響應與頻率響應之間：

1. M_r 值係為相對穩定度的指標。通常當 M_r 值在 $1.0 < M_r < 1.4$ ($0\,\text{dB} < M_r < 3\,\text{dB}$) 之間，相當於 $0.4 < \zeta < 0.7$ 時，暫態響應之性能可以達到滿意程度。（註：一般而言，M_r 值很大相當於步階暫態響應有很大的超擊度。如果系統在共振頻率附近有雜訊介入，則若雜訊被放大到輸出，那就有嚴重的問題了。）

2. ω_r 之值係為暫態響應速率的指標。ω_r 愈大則暫態響應愈快速。換言之，上升時間與 ω_r 成反比。以開環頻率響應而言，阻尼自然頻率約在相角交越頻率與增益交越頻率之間。

3. 在低阻尼的系統中，共振峰值頻率 ω_r 與步階暫態響應的阻尼自然頻率 ω_d 非常靠近。

如果高階系統可以近似於標準的二次系統，或存在有共軛複數主極點，則上述的三個關係對於提供步階暫態響應與頻率響應之間的關聯性有極大助益。如果某一高階系統有這種情況,則時域規格可以轉換成頻率領域之規格。如此可以簡化高階系統的設計工作與相關的補償。

除了增益邊際值、相位邊際值、相位交越頻率及增益交越頻率外,還有頻率響應之性能規格要求。他們是截止頻率、頻帶寬度(頻寬)與截止率。這些參數定義如下:

截止頻率與頻寬 參見圖 7-76,當閉迴路頻率響應降到零頻率值的 3 dB 以下之頻率 ω_b 稱為截止頻率 (cutoff frequency)。因此

$$\left|\frac{C(j\omega)}{R(j\omega)}\right| < \left|\frac{C(j0)}{R(j0)}\right| - 3 \text{ dB}, \quad \text{當 } \omega > \omega_b$$

若系統的 $|C(j0)/R(j0)| = 0$ dB,

$$\left|\frac{C(j\omega)}{R(j\omega)}\right| < -3 \text{ dB}, \quad \text{當 } \omega > \omega_b$$

閉迴路系統將高於截止頻率的信號過濾掉,而將低於截止頻率的信號傳輸過去。

當 $0 \leq \omega \leq \omega_b$,幅度 $C(j\omega)/R(j\omega)$ 大於 -3 dB,此頻率範圍稱為系統的**頻帶寬度** (bandwidth)。頻帶寬度顯示了增益開始從低頻率值下降的頻率。因此頻帶寬度顯示了系統追隨輸入弦波信號的情形。給予 ω_n 時,上升時間隨著阻尼比 ζ 增加而增加。但是,頻帶寬度卻隨著阻尼比 ζ 增加而減少。因此,上升時間與頻帶寬度係互成反比。

頻帶寬度的規格可以由以下因素決定之:

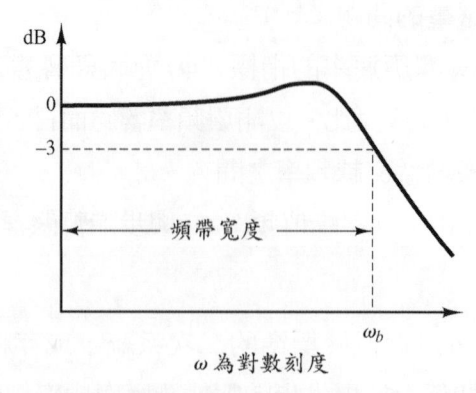

圖 7-76 閉迴路頻率響應,顯示截止頻率 ω_b 及頻帶寬度。

利用頻率響應法做控制系統的分析與設計

1. 複製輸入信號的能力。大的頻帶寬度代表上升時間短,系統響應快。簡言之,頻帶寬度與響應速率成正比。(例如,要減少步階響應的上升時間為一半,則頻帶寬度須增加為 2 倍。)
2. 將高頻信號過濾掉必要特性。

為了使得系統能準確地追隨任意輸入信號,其頻帶寬度須要足夠寬。但以雜訊的角度言之,頻帶寬度不可太寬。因此到底頻帶寬度需要多寬,在設計上考量有兩難之處。頻帶寬度比較寬的系統其零件也比較昂貴,因此頻帶寬度則成本也就增加了。

截止率 對數幅度曲線在截止頻率附近的斜率即是截止率。截止率係為系統分辨信號與雜訊的能力。

我們注意到,閉迴路系統頻率響應曲線之截止特性很陡峭時,其共振峰幅度就高,表示系統的穩度邊際值相對地小。

例題 7-22

考慮以下二系統:

$$\text{系統 I}: \frac{C(s)}{R(s)} = \frac{1}{s+1}, \quad \text{系統 II}: \frac{C(s)}{R(s)} = \frac{1}{3s+1}$$

試比較這二個系統的頻帶寬度。證明頻帶寬度比較大的系統其響應速率比較快,且比頻帶寬度比較小的系統有良好的信號追隨能力。

圖 7-77(a) 所示為二個系統的閉迴路頻率響應曲線。(虛線代表漸近線。) 發現系統 I 的頻帶寬度為 $0 \leq \omega \leq 1$ rad/sec,系統 II 的頻帶寬度為 $0 \leq \omega \leq 0.33$ rad/sec。圖 7-77(b) 及 (c) 所示分別為二系統的單位步階響應及單位斜坡響應。很顯然的,系統 I 的頻帶寬度是系統 II 的三倍,其響應速率比較快,且追隨輸入信號的能力比較好。

利用 MATLAB 法求共振峰值、共振頻率及頻帶寬度 閉迴路頻率響應曲線中最大幅度 (dB 為單位) 即是共振峰值。發生共振峰值時之頻率即為共振頻率。計算共振峰值及共振頻率所使用的 MATLAB 指令是:

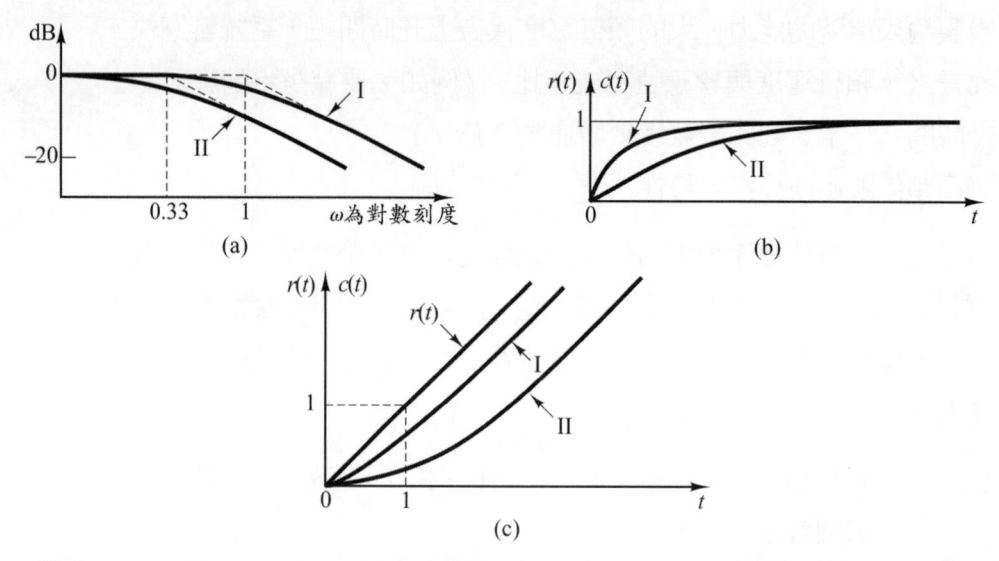

圖 7-77 例題 7-22 中，二系統的動態特性比較。(a) 閉迴路頻率響應曲線；(b) 單位步階響應曲線；(c) 單位斜坡響應曲線。

[mag,phase,w] = bode(num,den,w);　或　[mag,phase,w] = bode(sys,w);
[Mp,k] = max(mag);
resonant_peak = 20*log10(Mp);
resonant_frequency = w(k)

在程式中添加以下數行指令就可以計算出頻帶寬度：

n = 1;
while 20*log10(mag(n)) > = -3; n = n + 1;
end
bandwidth = w(n)

詳細的 MATLAB 程式參見例題 7-23。

例題 7-23

考慮圖 7-78 的系統。利用 MATLAB 繪製閉迴路轉移函數的波德圖。再求出共振峰值、共振頻率及頻帶寬度。

MATLAB 程式 7-12 可產生閉迴路系統的波德圖，以及共振峰值、共振頻率及頻帶寬度。產生的波德圖參見圖 7-79。發現共振峰值為 5.2388 dB。共振頻率是 0.7906 rad/sec。頻帶寬度等於 1.2649 rad/sec。這些數值可以從圖 7-78 中驗證之（譯者註：圖 7-79。）

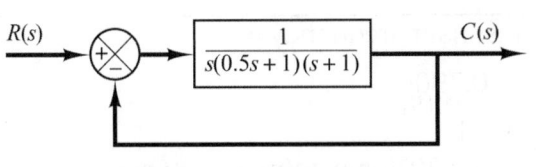

Chapter 7 利用頻率響應法做控制系統的分析與設計

圖 7-78 控制系統

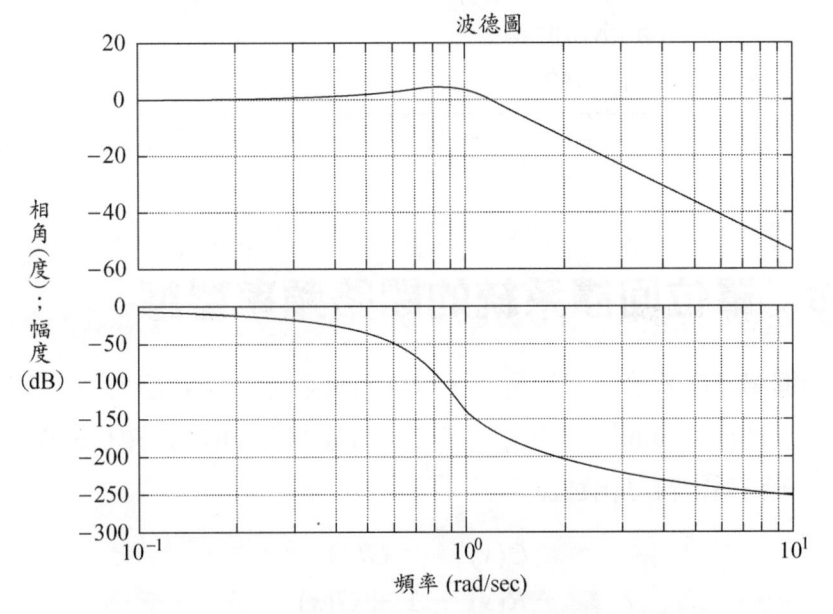

圖 7-79 圖 7-78 的閉迴路系統轉移函數之波德圖

MATLAB 程式 7-12

```
nump = [1];
denp = [0.5  1.5  1  0];
sysp = tf(nump,denp);
sys = feedback(sysp,1);
w = logspace(-1,1);
bode(sys,w)
[mag,phase,w] = bode(sys,w);
[Mp,k] = max(mag);
resonant_peak = 20*log10(Mp)

resonant_peak =

    5.2388

resonant_frequency = w(k)
```

```
resonant_frequency =
    0.7906
n = 1;
while 20*log(mag(n))> = -3; n = n + 1;
end
bandwidth = w(n)

bandwidth =
    1.2649
```

7-8 單位回饋系統的閉路頻率響應

閉迴路頻率響應 對於穩定，單位回饋系統，其閉迴路系統頻率響應可以輕易地從開環頻率響應曲線得知。考慮圖 7-80(a) 的單位回饋控制系統。閉迴路系統轉移函數為

$$\frac{C(s)}{R(s)} = \frac{G(s)}{1 + G(s)}$$

在圖 7-80(b) 的奈奎斯特極座標圖中，向量 $\overrightarrow{OA}$ 表示 $G(j\omega_1)$，ω_1 為 A 點的頻率。向量 $\overrightarrow{OA}$ 的長度等於 $|G(j\omega_1)|$，其角度為 $\underline{/G(j\omega_1)}$。$\overrightarrow{PA}$ 係為

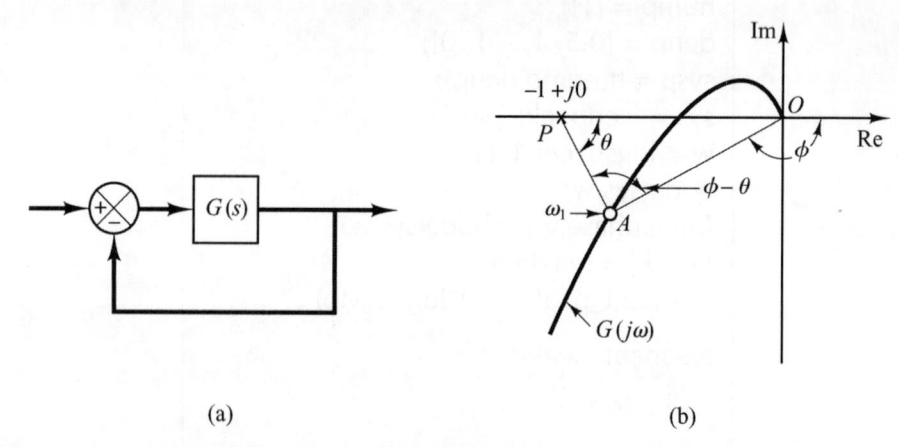

圖 7-80　(a) 單位回饋系統；(b) 由開環頻率響應求得閉迴路系統頻率響應。

−1 + j0 這一點至奈奎斯特軌跡的向量，代表為 $1 + G(j\omega_1)$。所以 $\overrightarrow{OA}$ 至 $\overrightarrow{PA}$ 之比可以代表閉迴路頻率響應，或

$$\frac{\overrightarrow{OA}}{\overrightarrow{PA}} = \frac{G(j\omega_1)}{1 + G(j\omega_1)} = \frac{C(j\omega_1)}{R(j\omega_1)}$$

在 $\omega = \omega_1$ 的閉迴路轉移函數之幅度即是 $\overrightarrow{OA}$ 至 $\overrightarrow{PA}$ 幅度之比值。在 $\omega = \omega_1$ 閉迴路轉移函數的相角等於向量 $\overrightarrow{OA}$ 至 $\overrightarrow{PA}$ 之夾角，即 $\phi - \theta$，參見圖 7-80(b)。因此只要在不同的頻率點量測出這些幅度及相角，則閉迴路頻率響應曲線不難得知。

我們定義閉迴路頻率響應的幅度為 M，相角為 α，則

$$\frac{C(j\omega)}{R(j\omega)} = Me^{j\alpha}$$

以下我們要求出幅度為固定值及相角為常數的軌跡。在極座標圖或奈奎斯特圖上利用這些軌跡可以將閉迴路頻率響應輕易地求出來。

固定幅度軌跡 (M 圓)　欲得到固定幅度軌跡，因為 $G(j\omega)$ 為複數量，可寫成：

$$G(j\omega) = X + jY$$

式中 X 及 Y 皆為實數量。因此 M 等於

$$M = \frac{|X + jY|}{|1 + X + jY|}$$

而 M^2 等於

$$M^2 = \frac{X^2 + Y^2}{(1 + X)^2 + Y^2}$$

是故

$$X^2(1 - M^2) - 2M^2 X - M^2 + (1 - M^2)Y^2 = 0 \qquad (7\text{-}22)$$

若 $M = 1$，由 (7-22) 式得，$X = -\frac{1}{2}$。此為平行於 Y 軸且經過 $(-\frac{1}{2}, 0)$ 這一點的直線。

若 $M \neq 1$，(7-22) 式可寫成

$$X^2 + \frac{2M^2}{M^2-1}X + \frac{M^2}{M^2-1} + Y^2 = 0$$

上式二邊同時加上 $M^2/(M^2-1)^2$，可得

$$\left(X + \frac{M^2}{M^2-1}\right)^2 + Y^2 = \frac{M^2}{(M^2-1)^2} \tag{7-23}$$

(7-23) 式係為一圓，圓心位於 $X = -M^2/(M^2-1)$，$Y = 0$，且半徑等於 $|M/(M^2-1)|$。

因此，在 $G(s)$ 平面上，固定 M 軌跡係一組圓曲線。若 M 值已知，則其圓心及半徑很容易地就可以計算出來。例如，當 $M = 1.3$，則圓心在 $(-2.45, 0)$，半徑等於 1.88。如圖 7-81 所示為固定值 M 軌跡圓曲線。發現到，當 M 比 1 大很多時，M 圓就愈來愈小而收斂到 $-1 + j0$ 這一點。當 $M > 1$ 時，M 圓的圓心位於 $-1 + j0$ 這一點的左邊。同樣的，當 M 比 1 小很多時，M 圓就愈來愈小而收斂到原點。當 $0 < M < 1$ 時，M 圓的圓心位於原點的右邊。$M = 1$ 時，軌跡在原點與 $-1 + j0$ 這一點的等距離直線上。如前所述，其為一條經過 $(-1/2, 0)$ 而平行於虛軸的直線。（當

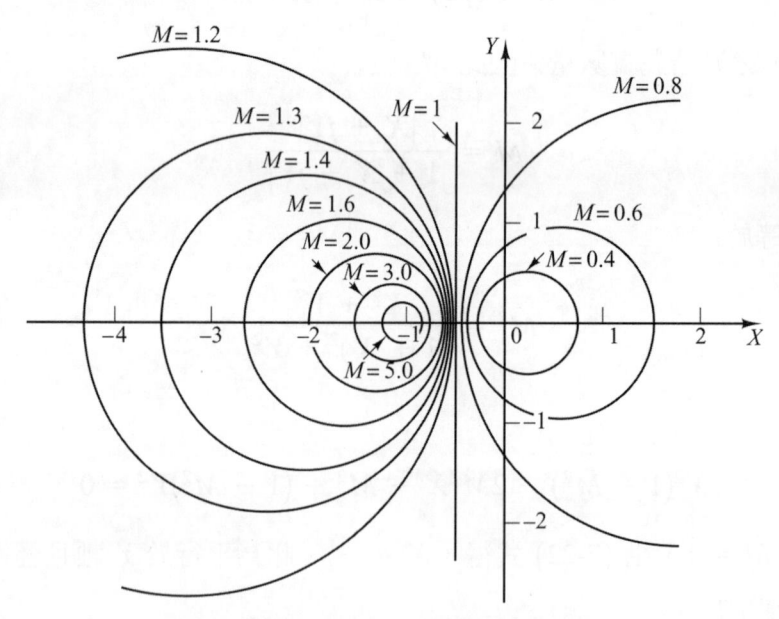

圖 7-81　固定值 M 軌跡圓曲線族

$M > 1$ 時固定值 M 軌跡圓在 $M = 1$ 直線的左邊，$0 < M < 1$ 時，M 軌跡圓在 $M = 1$ 直線的右邊。) M 軌跡圓與 $M = 1$ 的直線對稱，且與實數軸也對稱。

固定相角軌跡 (N 圓)　現在導出以 X 及 Y 表示的相角 α。因為

$$\angle e^{j\alpha} = \angle \frac{X + jY}{1 + X + jY}$$

因此相角 α 等於

$$\alpha = \tan^{-1}\left(\frac{Y}{X}\right) - \tan^{-1}\left(\frac{Y}{1 + X}\right)$$

定義

$$\tan \alpha = N$$

則

$$N = \tan\left[\tan^{-1}\left(\frac{Y}{X}\right) - \tan^{-1}\left(\frac{Y}{1 + X}\right)\right]$$

因為

$$\tan(A - B) = \frac{\tan A - \tan B}{1 + \tan A \tan B}$$

可得

$$N = \frac{\dfrac{Y}{X} - \dfrac{Y}{1 + X}}{1 + \dfrac{Y}{X}\left(\dfrac{Y}{1 + X}\right)} = \frac{Y}{X^2 + X + Y^2}$$

或

$$X^2 + X + Y^2 - \frac{1}{N}Y = 0$$

上式二邊同時加上 $\left(\frac{1}{4}\right) + 1/(2N)^2$ 可得

$$\left(X + \frac{1}{2}\right)^2 + \left(Y - \frac{1}{2N}\right)^2 = \frac{1}{4} + \left(\frac{1}{2N}\right)^2 \tag{7-24}$$

此方程式代表一圓，圓心位於 $X = -\frac{1}{2}$，$Y = 1/(2N)$，且半徑等於 $\sqrt{\frac{1}{4} + 1/(2N)^2}$。例如。若 $\alpha = 30°$，則 $N = \tan \alpha = 0.577$，且對應於 $\alpha = 30°$ 的圓，其圓心與半徑分別等於 $(-0.5, 0.866)$ 及 1。因為不管 N 值為何，$X = Y = 0$ 及 $X = -1, Y = 0$ 皆可滿足 (7-24) 式，每一圓皆經過原點及 $-1 + j0$ 這一點。當 N 值已知，固定 α 值軌跡就可以輕易地繪製出來。如圖 7-82 所示為固定 N 值的圓曲線族，α 為參數。

須注意，對於某一 α 值的固定 N 值軌跡並不是整個圓，只是圓弧線而已。易言之，$\alpha = 30°$ 與 $\alpha = -150°$ 相關的圓弧線只是同一個圓的一部分而已。原因是，某一角度的正切值與此角度 $\pm 180°$ (或其倍數) 的正切值是相等的。

利用 M 及 N 圓可以從開環頻率響應 $G(j\omega)$ 完整地得知閉迴路系統的頻率響應，不必針對每一頻率去計算閉迴路轉移函數的幅度及相角。$G(j\omega)$ 軌跡與 M 圓及 N 圓的相交點即為 $G(j\omega)$ 軌跡在特定頻率點的 M 及 N 值。

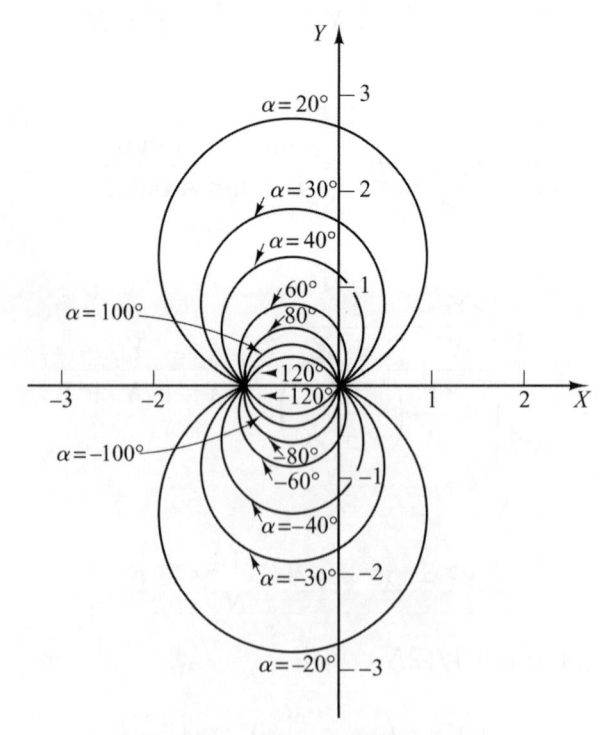

圖 7-82 固定 N 值的圓曲線族

N 圓具有許多值的性質，因為對應於 $\alpha = \alpha_1$ 的圓與對應於 $\alpha = \alpha_1 \pm 180° n$ ($n = 1, 2, \cdots$) 的圓是相同的。因此利用 N 圓決定閉迴路系統的相角時，要對 α 做合理的詮釋與判斷。欲避免錯誤的可能發生，先從零頻率開始，即 $\alpha = 0$，逐步提高頻率。相角軌跡必須是連續的曲線。

在作圖法上，$G(j\omega)$ 軌跡與 M 圓的相交點即為 $G(j\omega)$ 軌跡在特定頻率點的 M 值。因此，具有最小半徑的固定值 M 圓與 $G(j\omega)$ 軌跡相切處即是共振峰幅度 M_r。如果必須使得共振峰幅度值低於某一規定值，則系統不可圍繞臨界點 ($-1 + j0$ 這一點)，且該數值的 M 圓不應與 $G(j\omega)$ 軌跡相交。

圖 7-83(a) 所示為 $G(j\omega)$ 軌跡疊加在 M 圓曲線族上。圖 7-83(b) 為 $G(j\omega)$ 軌跡疊加在 N 圓曲線族上。從這些圖上利用視察法就可以讀出閉迴路系統的頻率響應。從圖中看出當 $\omega = \omega_1$ 時 $M = 1.1$ 的圓與 $G(j\omega)$ 軌跡相交。意味著，在此頻率時閉迴路轉移函數的幅度等於 1.1。在圖 7-83(a) 中，$M = 2$ 的圓正好與 $G(j\omega)$ 軌跡相切。亦即，$G(j\omega)$ 軌跡中僅有一點使得 $|C(j\omega)/R(j\omega)|$ 等於 2。閉迴路系統頻率響應曲線參見圖 7-83(c)。上半部的曲線為 M 對 ω 的曲線，下半部相角 α 對 ω 的曲線。

共振峰發生時的 M 值相當於半徑最小的 M 圓與 $G(j\omega)$ 軌跡相切。所以在奈奎斯特圖中，共振峰幅度 M_r 及共振頻率 ω_r 可以從 M 圓與 $G(j\omega)$ 軌跡相切的地方得知。(此例中，$M_r = 2$，且 $\omega_r = \omega_4$。)

尼可圖 設計題目時很容易將 M 及 N 圓軌跡建制於對數幅度－對－相角平面上。在對數幅度－對－相角平面上的 M 及 N 圓軌跡稱之為尼可圖。繪製於尼可圖上的 $G(j\omega)$ 軌跡可以同時顯現出閉迴路系統轉移函數的增益及相角特性。如圖 7-84 所示的尼可圖，其相角從 0° 變化至 $-240°$。

注意到，臨界點 ($-1 + j0$ 這一點) 映射到 (0 dB, $-180°$)。尼可圖含有固定值閉迴路系統幅度及相角。設計者只要在尼可圖中繪製 $G(j\omega)$ 軌跡，便可以決定出閉迴路系統的增益邊際值、相位邊際值、共振峰值、共振頻率及頻帶寬度。

尼可圖與 $-180°$ 軸對稱。M 及 N 圓軌跡每 360° 重複一次，每 180° 的區間對稱之。M 軌跡中心點在臨界點 (0 dB, $-180°$)。利用尼可圖可以從開環頻率響應得知閉迴路系統的頻率響應。如果將開環頻率響應曲線疊

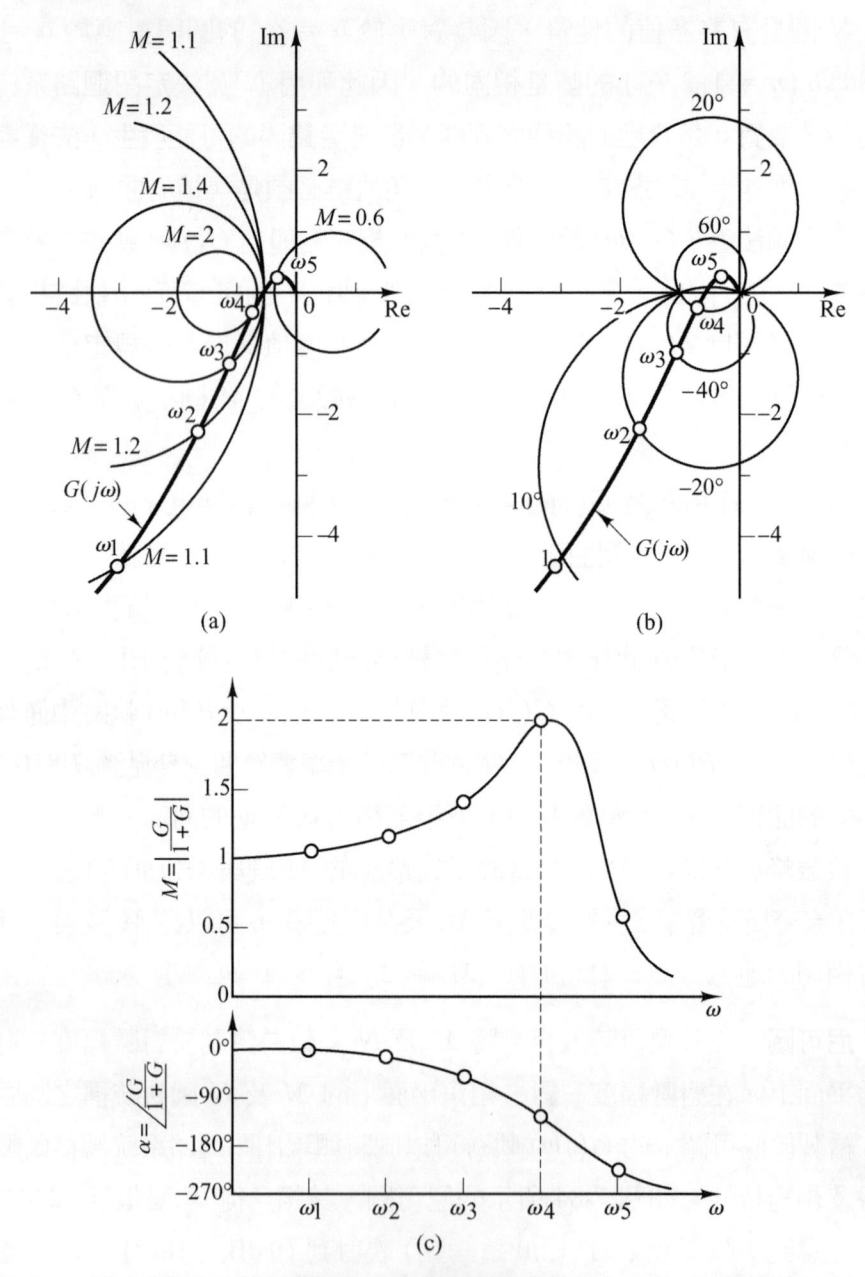

圖 7-83 (a) $G(j\omega)$ 軌跡疊加在 M 圓曲線族上；(b) $G(j\omega)$ 軌跡疊加在 N 圓曲線族上；(c) 閉迴路系統頻率響應曲線。

加在尼可圖上，則開環頻率響應曲線 $G(j\omega)$ 與 M 及 N 圓軌跡的交點可以讀出在該點頻率上的閉迴路系統的頻率響應之幅度 M 與相角 α。如果 $G(j\omega)$ 軌跡不與 $M = M_r$ 軌跡相交，而是相切，則閉迴路系統的頻率

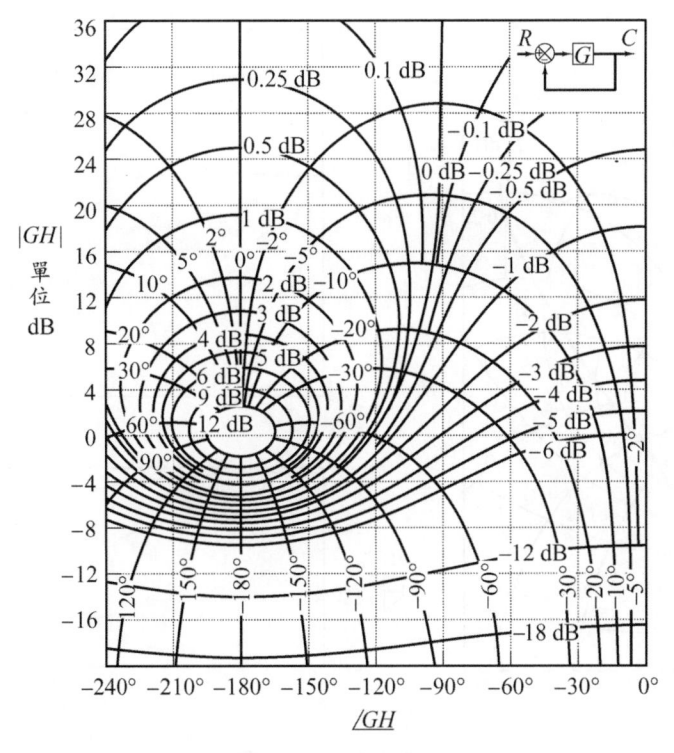

圖 7-84　尼可圖

響應之幅度 M 即為 M_r。該相切點對應的頻率就是共振頻率。

例如，考慮如下單位回饋控制系統，其開環轉移函數為

$$G(j\omega) = \frac{K}{s(s+1)(0.5s+1)}, \qquad K = 1$$

欲利用尼可圖求閉迴路系統的頻率響應，可將 $G(j\omega)$ 軌跡利用 MATLAB，或波德圖繪製於對數幅度－對－相角平面上。圖 7-85(a) 所示為 $G(j\omega)$ 軌跡與 M 及 N 軌跡。由 $G(j\omega)$ 在不同頻率的 M 及 N 軌跡讀出幅度及相角，就可建制出閉迴路系統的頻率響應，參見圖 7-85(b)。因為接觸到 $G(j\omega)$ 軌跡的最大幅度是 5 dB，所以共振峰值 M_r 等於 5 dB。所相對應的共振頻率為 0.8 rad/sec。

相位交越點是 $G(j\omega)$ 軌跡與 $-180°$ 軸相交之處 (此例中，$\omega = 1.4$ rad/sec)。增益交越點是軌跡與 0 dB 相交之處 (此例中，$\omega = 0.76$ rad/sec)。相位邊際值 (以度數量測之) 為增益交越點與臨界點 (0 dB, $-180°$) 之水平距

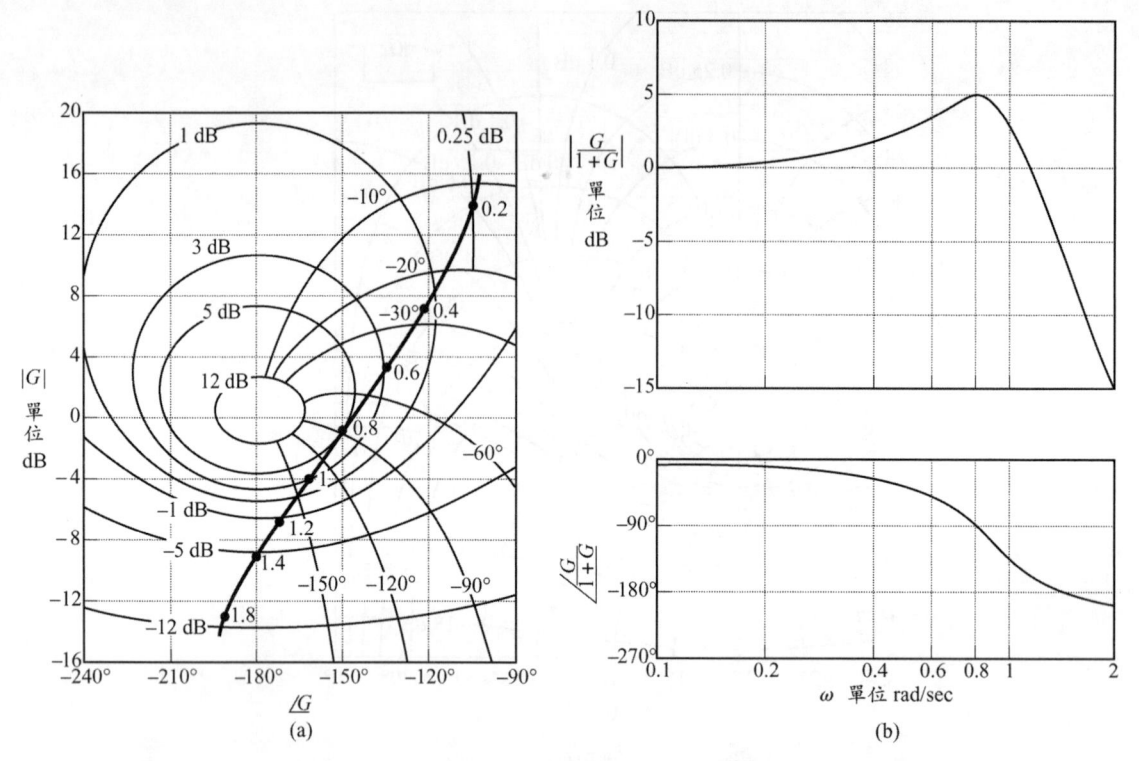

圖 7-85　(a) $G(j\omega)$ 軌跡疊加在尼可圖上；(b) 閉迴路系統的頻率響應

離。增益邊際值(以分貝值量測之)為相角交越點與臨界點之距離。

在尼可圖中經由 $G(j\omega)$ 軌跡，很容易的就可以求出閉迴路系統的頻帶寬度。$G(j\omega)$ 軌跡與 $M = -3$ dB 之交點可得知頻帶寬度。

當開環增益 K 改變下，$G(j\omega)$ 軌跡的形狀在對數幅度−對−相角的作圖上是不會改變的，但會沿著垂直軸上升(隨著 K 增加)或下降(當 K 減少)。因此，$G(j\omega)$ 軌跡將與 M 及 N 軌跡在不同的地方相交，是故產生不同的閉迴路頻率響應。當 K 值很小的時候，$G(j\omega)$ 軌跡不會與 M 軌跡相切，意味著閉迴路頻率響應無共振發生。

例題 7-24

考慮單位回饋控制系統其開環轉移函數為

$$G(j\omega) = \frac{K}{j\omega(1+j\omega)}$$

試求 K 值使得 $M_r = 1.4$。

欲求增益 K 值第一步先繪製下式

$$\frac{G(j\omega)}{K} = \frac{1}{j\omega(1+j\omega)}$$

之極座標圖。如圖 7-86 所示為 $M_r = 1.4$ 軌跡與 $G(j\omega)/K$ 的軌跡。當增益 K 改變時，對於相角無影響，只是曲線上升（當 K 增加）或下降（K 減少）而已。

在圖 7-86 中我們發現欲使得 $G(j\omega)/K$ 的軌跡與 M_r 軌跡相切，且整組 $G(j\omega)/K$ 的軌跡需在 $M_r = 1.4$ 軌跡之外部。$G(j\omega)/K$ 軌跡上升的值可以決定欲達到 M_r 值所需的增益。因此，解出下式

$$20 \log K = 4$$

即得

$$K = 1.59$$

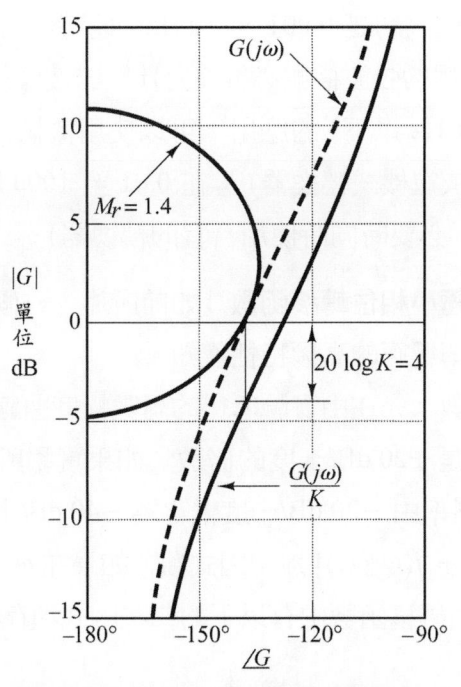

圖 7-86　利用尼可圖決定增益 K

7-9 以實驗法決定轉移函數

分析或涉及控制系統的第一步是導出所要考慮受控本體的數學模型。欲得出系統的可析式數學模型也許是一件很難的事。因此我們也須要以實驗分析的方式求取受控本體的數學模型。頻率響應的重要性是受控本體或其他系統元件的轉移函數可以經由頻率響應量測之。

如果在所研討的頻率範圍內,幅度之值及相角遷移可以在足夠多的頻率點上做量測,則相關的波德圖便可以繪製出來。這樣子,轉移函數就可以經由漸近線獲知。對數幅度曲線之漸近線係由數段直線組成。利用嘗試法,試圖找出折角頻率,通常可以找到非常接近合理的曲線。(註:如果折角頻率係以赫茲表示,而非每秒弳度,則計算時間常數之前須先將單位轉換成每秒弳度。)

弦波產生器 欲施行頻率響應的測試,先要準備適當的弦波信號產生器。信號的物理形式可能是機械式、電機式或氣壓式。對於時間常數大的系統,應用頻率範圍大約是 0.001 至 10 Hz,而時間常數小的系統大約是 0.1 至 1000 Hz。所用的弦波信號必須沒有什麼諧波雜訊及失真的情況。

在低頻率 (0.01 Hz 以下) 的應用,可以使用機械式 (必要時也可同時使用合宜的氣壓式或電機式轉換器)。在 0.01 至 1000 Hz 的應用,則採用電機式信號產生器 (必要時同時使用合宜的轉換器)。

由波德圖得出極小相位轉移函數 如前所述,一個系統是否為極小相位系統可以經由頻率響應的高頻特性獲知。

欲得知轉移函數,先在由實驗所得的對數幅度曲線上繪製出漸近線。漸近線的斜率必須是 ±20 dB/十度的倍數。如果實驗所得的對數幅度曲線在 $\omega = \omega_1$ 地方,斜率由 -20 dB/十度變化為 -40 dB/十度,則在轉移函數中很顯然地有 $1/[1 + j(\omega/\omega_1)]$ 這一因式項。如果在 $\omega = \omega_2$ 處,斜率改變了 -40 dB/十度,則轉移函數中有以下的二次因式項存在

$$\frac{1}{1 + 2\zeta\left(j\dfrac{\omega}{\omega_2}\right) + \left(j\dfrac{\omega}{\omega_2}\right)^2}$$

此二次因式項的無阻尼自然頻率等於折角頻率 ω_2。從實驗所得的對數幅度曲線靠近 ω_2 處之共振峰值，參考圖 7-9 的曲線比較之，就可以研判出阻尼比 ζ。

當 $G(j\omega)$ 的因式項都知道了，再由對數幅度曲線的低頻部分研判增益值。因為 $1 + j(\omega/\omega_1)$ 及 $1 + 2\zeta(j\omega/\omega_n) + (j\omega/\omega_2)^2$ 當 ω 趨近於零時，皆等於 1，是故在甚低頻率時，弦波轉移函數 $G(j\omega)$ 可寫成

$$\lim_{\omega \to 0} G(j\omega) = \frac{K}{(j\omega)^\lambda}$$

實用的系統中，λ 等於 0、1 或 2。

1. 當 $\lambda = 0$，或類型 0 系統，

$$G(j\omega) = K, \quad 當\ \omega \ll 1$$

或

$$20 \log |G(j\omega)| = 20 \log K, \quad 當\ \omega \ll 1$$

低頻漸近線為 $20 \log K$ dB 的水平直線。因此 K 值可以由此水平漸近線獲知。

2. 當 $\lambda = 1$，或類型 1 系統，

$$G(j\omega) = \frac{K}{j\omega}, \quad 當\ \omega \ll 1$$

或

$$20 \log |G(j\omega)| = 20 \log K - 20 \log \omega, \quad 當\ \omega \ll 1$$

顯示低頻漸近線的斜率是 -20 dB/十度。低頻漸近線（或其延長線）與 0 dB 水平直線相交時的數值等於 K。

3. 當 $\lambda = 2$，或類型 2 系統，

$$G(j\omega) = \frac{K}{(j\omega)^2}, \quad 當\ \omega \ll 1$$

或

$$20 \log |G(j\omega)| = 20 \log K - 40 \log \omega, \quad 當\ \omega \ll 1$$

顯示低頻漸近線的斜率是 -40 dB/十度。低頻漸近線 (或其延長線) 與 0 dB 水平直線相交時的數值等於 $\sqrt{K}$。

如圖 7-87 所示為類型 0、類型 1 及類型 2 系統的對數幅度曲線之例子，途中顯示出 K 值增加時相關的頻率。

由實驗所得的相位角曲線可用來驗證所得到的對數幅度曲線。對於極小相位系統，由實驗所得的相角曲線應該與由轉移函數做理論分析所得的相角曲線一致且合理。所述二組相角曲線在低頻及高頻部分應該完全一致。如果在很高頻率 (相對於折角頻率) 的相角曲線不是 $-90°(q-p)$，其中 q 及 p 分別為轉移函數中分子與分母多項式的次數，則轉移函數必為非極小相位系統之轉移函數。

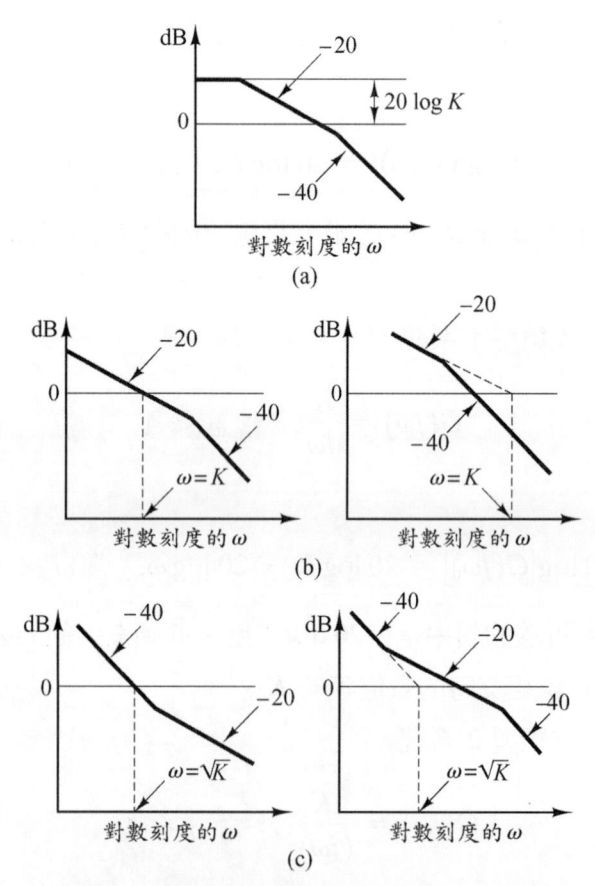

圖 7-87　(a) 類型 0 的對數幅度曲線；(b) 類型 1 的對數幅度曲線；(c) 類型 2 的對數幅度曲線 (斜率以 dB/十度表示)

極小相位轉移函數 如果在高頻率端，計算出來的相角滯後比由實驗所得的相角滯後少了 180°，則轉移函數其中有一個零點係在右半 s 平面，而不是左半 s 平面。

如果計算出來的相角滯後與實驗所得的相角滯比較下，係以固定速率的方式相差之，則可能有傳遞滯移，或死區存在。如果假設轉移函數如下形式

$$G(s)e^{-Ts}$$

式中 $G(s)$ 為二個 s 多項式之比，則

$$\lim_{\omega\to\infty}\frac{d}{d\omega}\underline{/G(j\omega)e^{-j\omega T}} = \lim_{\omega\to\infty}\frac{d}{d\omega}[\underline{/G(j\omega)} + \underline{/e^{-j\omega T}}]$$

$$= \lim_{\omega\to\infty}\frac{d}{d\omega}[\underline{/G(j\omega)} - \omega T]$$

$$= 0 - T = -T$$

式中我們使用了 $\lim_{\omega\to\infty}\underline{/G(j\omega)} = $ 常數之事實。是故由上式可以計算出傳遞滯移 T 的幅度。

以實驗法決定轉移函數的一些註記

1. 一般而言，幅度的量測要比相角的量測來得準確些。儀器量測的不當及對於實驗結果的錯誤判斷往往造成相角遷移的量測誤差。
2. 用來量測系統輸出的儀器必須具有幾乎是平坦的頻率響應曲線。此外，其相角的遷移須幾乎與頻率成比例。
3. 物理系統可能有各種非線性的現象。因此，使用的輸入弦波信號之振幅要小心考慮。太大的信號振幅會造成系統的飽和，使得頻率響應測試造成不正確的結果。此外，若信號太小又會造成死區。因此，輸入弦波信號之振幅之選用要小心考慮。有時須先對輸出信號做抽樣檢查，確保其為正弦波形，且系統在測試時係在線性範圍工作。（如果系統在測試時，不在線性範圍內工作，則其輸出必不是正弦波形。）
4. 所考量的系統如果在數日、數週時間連續操作，則施行頻率響應測試時也不可間斷其正常的工作。弦波信號可以疊加在其正常的輸入信號。則對於線性系統，由測試信號產生的輸出係疊加在正常工作的輸

出上。在系統正常工作時又要決定其轉移函數時，常使用隨機信號(白雜訊信號)。於是，使用相關函數的原理可以決定其轉移函數，而不須中斷系統正常的工作。

例題 7-25

有一系統的實驗轉移函數曲線如圖 7-88 所示，試決定其轉移函數。

要決定轉移函數的第一步是以斜率為 ±20 dB/十度，或其倍數的漸近線對此對數幅度曲線做近似，如圖 7-88。再來，估計其折角頻率。如圖 7-88 所示系統，估計出來之轉移函數為以下形式：

$$G(j\omega) = \frac{K(1 + 0.5j\omega)}{j\omega(1 + j\omega)\left[1 + 2\zeta\left(j\frac{\omega}{8}\right) + \left(j\frac{\omega}{8}\right)^2\right]}$$

由共振頻率在 $\omega = 6$ rad/sec 附近可以估計出阻尼比 ζ。由圖 7-9，決定出 ζ 為 0.5。低頻漸近線或其延長線與 0 dB 直線的交點之頻率可以決定增益 K 之值。如此得知 K 等於 10。是故，$G(j\omega)$ 初估為

$$G(j\omega) = \frac{10(1 + 0.5j\omega)}{j\omega(1 + j\omega)\left[1 + \left(j\frac{\omega}{8}\right) + \left(j\frac{\omega}{8}\right)^2\right]}$$

或

$$G(s) = \frac{320(s + 2)}{s(s + 1)(s^2 + 8s + 64)}$$

此轉移函數為初估計之形式，尚未驗證其相角曲線。

當對數幅度曲線之折角頻率得知後，就可以繪製出轉移函數每一對應因式相角的曲線。將這些曲線加總之，即得初步假設轉移函數的相角曲線。在圖 7-88 中，$G(j\omega)$ 的相角曲線表示成 $\underline{/G}$。由圖 7-88 可以看出實驗所得的相角曲線與推算所得的相角曲線之間有很大的出入。差別在於甚高頻時，相角曲線係以固定速率改變之。是故，上述二者相差了一項傳遞滯後。

因此之故，假設完整的轉移函數為 $G(s)e^{-Ts}$。因為實驗所得相角曲線與推算所得的相角曲線之間在於甚高頻時，相角差了 -0.2ω 強度，是故 T

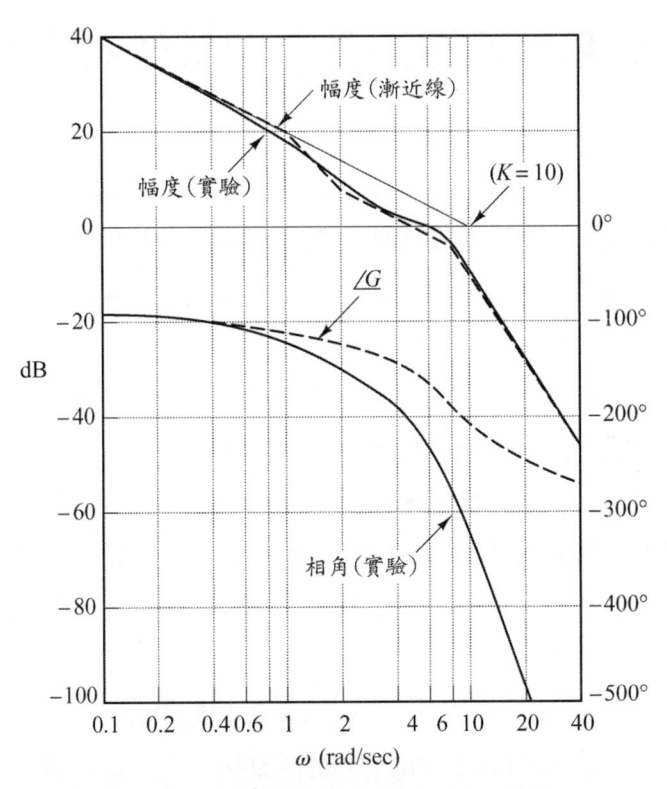

圖 7-88　系統的波德圖（實線係為實驗所得）

之值計算如下：

$$\lim_{\omega \to \infty} \frac{d}{d\omega} \underline{/G(j\omega)e^{-j\omega T}} = -T = -0.2$$

或

$$T = 0.2 \text{ 秒}$$

因此求得傳遞滯後，由實驗所得曲線決定出來的完整的轉移函數係為

$$G(s)e^{-Ts} = \frac{320(s+2)e^{-0.2s}}{s(s+1)(s^2+8s+64)}$$

7-10　以頻率響應法做控制系統的設計

我們在第六章介紹了根軌跡法分析與設計。根軌跡法對於做閉迴路暫態響應特性的重整非常的有用。以閉迴路系統的暫態響應而言，根軌跡提供了直接的資訊。但是，頻率響應法只是提供了間接的資訊。然而，頻率響應法對於控制系統的設計非常的有用，將分別在以後的三個節次裡呈現之。

對於任何的設計題目而言，設計者利用這二種方法都可以設計出或選擇出適當的補償器盡可能滿足閉迴路系統的響應需要。

在設計控制系統時，暫態響應的性能表現是非常重要的。在頻率響應法時，我們以間接的方式指定了暫態響應的性能。亦即，暫態響應的性能係以增益邊際值、相位邊際值、共振峰幅度(這些又大概地估計出系統的阻尼比)；增益交越頻率、共振頻率及頻帶寬度(這些可以大概估計出暫態響應的速率)；及靜態速度誤差常數(規範了穩態準確度)等規範之。雖然暫態響應與頻率響應之間的關聯性不是很直接，使用波德圖可以輕易地達到頻率領域的規格要求。

當開環轉移函數設計後，閉迴路的零點與極點便可求出。之後，必須檢查暫態響應的特性以保證所設計的系統能滿足時間領域的規格要求。若非如此，則必須一再地修整補償器，重做相關分析，到達滿意的結果為止。

頻率領域設計簡單、直接。雖然暫態響應特性相關的完整數值無法全然估計，從頻率響應圖可以很清楚地看出系統的表現應該如何的修改。當系統中的元件之動態特性以頻率響應的數據給予時，就可以使用頻率響應的方法。有些元件，諸如氣壓式或液壓式元件，其動態特性之運動方程式很難以數學推導得出，這時候就可以施行頻率響應試驗，以實驗方式獲知其動態特性。由實驗方式獲得頻率響應曲線利用波德圖方法可輕易地與其他作圖結合之。涉及高頻雜訊的處理，頻率響應法與其他方法比較之下更是方便。

頻率領域設計基本上有二個方式。一為極座標圖法，其二為波德圖法。當補償器添加後，極座標圖便失去原來的形狀，於是必須重繪製新的極座標圖，實在費力費時。而在波德圖法中，補償器係單純地附加在原來的波德圖形上，繪製最後完整的波德圖形並不困難。此外當開環增益增加或減少時，曲線只是單純地上升或下降，不會影響到斜率，而且相角曲線也是不變的。是故，以設計目的言之，採取波德圖法比較恰當。

建立在波德圖設計常用的方法是先調節開環增益，以達到穩態的準確度要求。接著繪製未補償開環系統 (其開環增益已經調節好了) 的幅度及相角曲線。如果檢查發現增益邊際值及相位邊際值不理想，則可尋找適當的補償器以修整開環轉移函數。最後若非條件相衝突，再設法滿足其他的要求。

由開環頻率響應所得資訊　軌跡的低頻部分 (低於增益交越頻率部分) 係表示閉迴路系統的穩態表現。中頻部分 (增益交越頻率部分附近的區域) 係表示相對穩定度。高頻部分 (高於增益交越頻率區域) 係表示系統的複雜程度。

開環頻率響應的要求　一般而言，在實用上補償是對於穩態準確度與相對穩定度之間的協調動作。

欲獲得較高的速度誤差常數，且滿足相對穩定度之要求，則必須修整開環頻率響應曲線。

在低頻部分，其增益之值應該足夠大，在增益交越附近波德圖的對數幅度曲線斜率應該為 -20 dB/十度。此斜率之頻帶部分應該延伸夠寬，才可保證適當的相位邊際值。在高頻部分，其增益應該衰減的愈快愈好，以減少雜訊之效應。

圖 7-89 所示為一般需要的，及不可接受的開環及閉迴路頻率響應曲線之例子。

參見圖 7-90 我們發現，欲做開環頻率響應曲線修整，可以使高頻部分的軌跡選擇為 $G_1(j\omega)$，而低頻部分為 $G_2(j\omega)$。修整後的軌跡 $G_c(j\omega)G(j\omega)$ 應具有適當的增益及相位角邊際值，或與適當的 M 圓相切，如圖所示。

進相、滯相及滯相－進相補償的基本特性　進相補償技術基本上在使得暫態響應獲得顯著的改善，而對於穩態準確度影響很小。但是可能提昇雜訊的效應。相對的，滯相補償在使得穩態準確度有顯著的改善，但是換

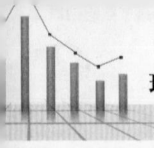

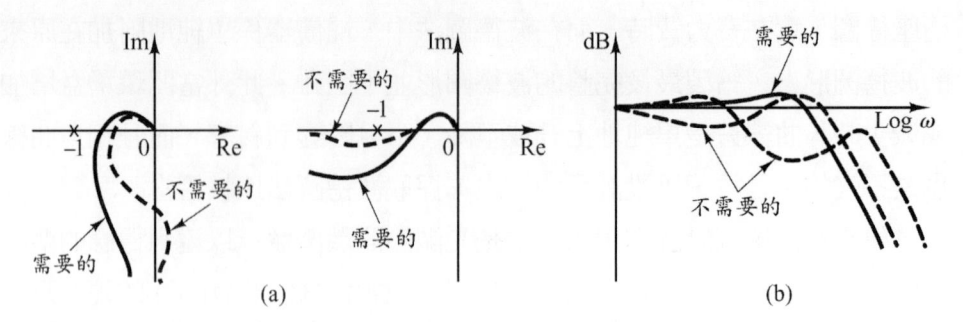

圖 7-89　(a) 一般需要的及不需要的開環頻率響應曲線之例子；(b) 一般需要的及不需要的閉迴路頻率響應曲線之例子。

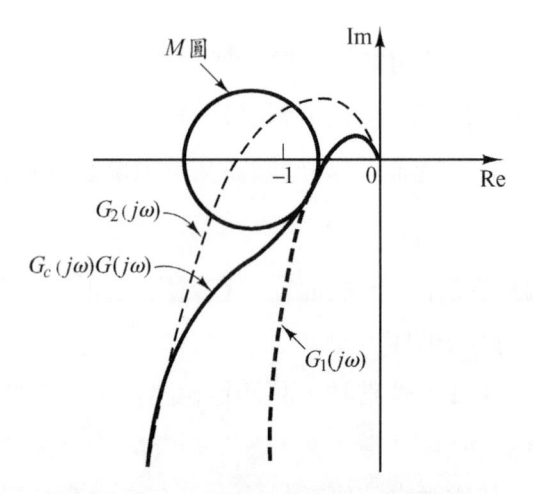

圖 7-90　開環頻率響應曲線的修整

取的代價是拉長了暫態響應的時間。滯相補償可以抑制高頻雜訊的效應。滯相－進相補償則結合了進相補償及滯相補償的特性。施加進相或滯相補償器使得系統的階次增加 1 次 (除非發生補償器零點與未補償開環轉移函數極點的對消)。施加滯相－進相補償器使得系統的階次增加 2 次 (除非發生滯相－進相補償器零點與未補償開環轉移函數極點的對消)，因此系統變得複雜許多，暫態響應的行為也就變得更難控制了。補償方式的施行係依照特殊情況的要求而為之。

7-11 進相補償

首先討論進相補償器的頻率響應特性。然後再提出利用波德圖施行的進相補償設計技術。

進相補償器的特性 考慮進相補償器，其轉移函數如下：

$$K_c \alpha \frac{Ts+1}{\alpha Ts+1} = K_c \frac{s+\dfrac{1}{T}}{s+\dfrac{1}{\alpha T}} \qquad (0 < \alpha < 1)$$

式中 α 為進相補償器的衰減因素。此補償器有一零點在 $s = -1/T$，一極點在 $s = -1/(\alpha T)$。因為 $0 < \alpha < 1$，在 s 平面上零點位於極點之右方。注意，當 α 很小時，極點位於很遠的左方。α 的最小值依照合成補償器的物理限制條件而定之。一般的 α 最小值選擇約在 0.05。(相當於進相補償器的最大領先相角為 65°。) [參見 (7-25) 式。]

圖 7-91 所示為

$$K_c \alpha \frac{j\omega T+1}{j\omega \alpha T+1} \qquad (0 < \alpha < 1)$$

的極座標圖，其中 $K_c = 1$。對於某一 α 值，正實數軸與從圓點出發與半圓相切直線之夾角即為最大領先相角 ϕ_m。相切時頻率為 ω_m。由圖 7-91 可以看出，在 $\omega = \omega_m$ 時，相角等於 ϕ_m，式中

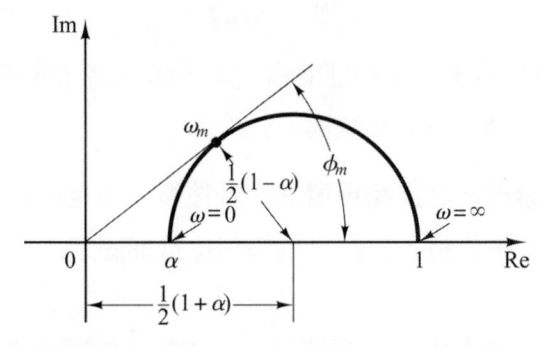

圖 7-91 進相補償器 $\alpha(j\omega+1)/(j\omega\alpha T+1)$，式中 $0 < \alpha < 1$ 的極座標圖。

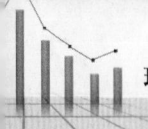

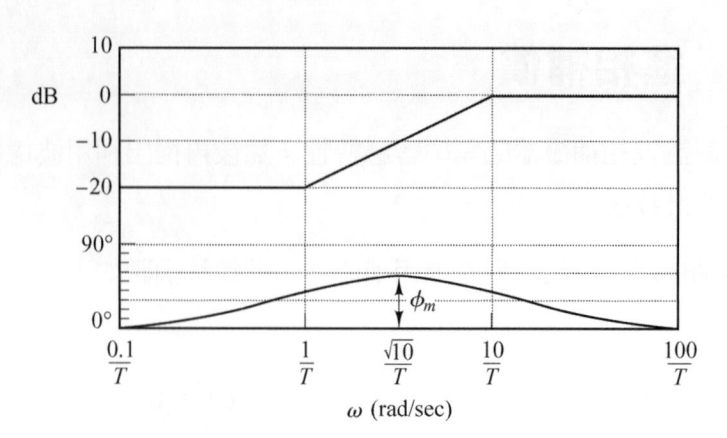

圖 7-92　進相補償器 $\alpha(j\omega + 1)/(j\omega\alpha T + 1)$ 的波德圖，$\alpha = 0.1$。

$$\sin\phi_m = \frac{\dfrac{1-\alpha}{2}}{\dfrac{1+\alpha}{2}} = \frac{1-\alpha}{1+\alpha} \tag{7-25}$$

(7-25) 式即為最大領先相角與 α 之關係。

圖 7-92 所示為 $K_c = 1$ 且 $\alpha = 0.1$ 的進相補償器波德圖。進相補償器的折角頻率為 $\omega = 1/T$ 及 $\omega = 1/(\alpha T) = 10/T$。由圖 7-92 可知，$\omega_m$ 為二個折角頻率的幾何平均，即

$$\log\omega_m = \frac{1}{2}\left(\log\frac{1}{T} + \log\frac{1}{\alpha T}\right)$$

因此，

$$\omega_m = \frac{1}{\sqrt{\alpha}T} \tag{7-26}$$

由圖 7-92 可以看出，進相補償器基本上係為高頻通濾波器。(高頻率信號通過，而將低頻率信號衰減掉。)

建立於頻率響應法之進相補償器設計技術　進相補償器之功能在基本上對頻率響應曲線做修整，提供足夠的相位抵補固定系統元件相關的過度相角滯後。

現在考慮圖 7-93 的系統。假設性能規格指定於增益邊際值、相位邊際值、靜態速度誤差常數等。利用頻率響應法施行進相補償器之設計步驟敘

述如下：

1. 假設進相補償器如下：

$$G_c(s) = K_c \alpha \frac{Ts+1}{\alpha Ts+1} = K_c \frac{s+\dfrac{1}{T}}{s+\dfrac{1}{\alpha T}} \quad (0 < \alpha < 1)$$

令
$$K_c \alpha = K$$

則
$$G_c(s) = K \frac{Ts+1}{\alpha Ts+1}$$

因此，補償後的開環轉移函數為

$$G_c(s)G(s) = K \frac{Ts+1}{\alpha Ts+1} G(s) = \frac{Ts+1}{\alpha Ts+1} KG(s)$$
$$= \frac{Ts+1}{\alpha Ts+1} G_1(s)$$

式中
$$G_1(s) = KG(s)$$

根據靜態速度誤差常數之規定選取增益 K。

2. 根據求出來的增益 K，繪製 $G_1(j\omega)$ 的波德圖，其為已經做增益調節但尚未頻率補償之系統。由波德圖估測出相位邊際值。

3. 決定矯正系統需要的領先相角。因為加入進相補償器後，增益交越頻率會稍微往右移動，進而減少相位邊際值，所以計算需要的領先相角後必須額外再添加 5° 至 12°。

4. 由 (7-25) 式求出衰減因素 α。計算出尚未做頻率補償系統 $G_1(j\omega)$ 之幅度等於 $-20\log(1/\sqrt{\alpha})$ 時的頻率。令此頻率為新的增益交越頻率。此頻率相當於 $\omega_m = 1/(\sqrt{\alpha}T)$，且最大相角遷移發生於此一頻率。

5. 決定進相補償器的折角頻率如下：

$$\text{進相補償器的零點：} \omega = \frac{1}{T}$$

$$\text{進相補償器的極點：} \omega = \frac{1}{\alpha T}$$

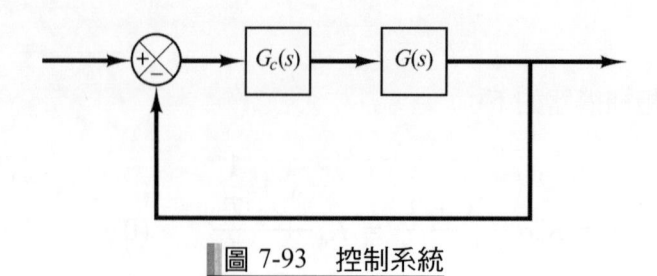

圖 7-93　控制系統

6. 由步驟 1 所得的增益 K，及步驟 4 所得的 α，計算 K_c 如下

$$K_c = \frac{K}{\alpha}$$

7. 檢查增益邊際值是否達到滿意。若非如此，重新上述設計步驟，調整補償器的極點與零點的位置，直到滿足規格要求。

例題 7-26

考慮圖 7-94 的系統。其開環轉移函數為

$$G(s) = \frac{4}{s(s+2)}$$

欲設計補償器使得系統的靜態速度誤差常數 K_v 為 $20\ \text{sec}^{-1}$，相位邊際值 $50°$，且增益邊際值至少 10 dB。

設計的進相補償器形式如下

$$G_c(s) = K_c\alpha\frac{Ts+1}{\alpha Ts+1} = K_c\frac{s+\dfrac{1}{T}}{s+\dfrac{1}{\alpha T}}$$

補償的系統之開環轉移函數為 $G_c(s)G(s)$。

令

$$G_1(s) = KG(s) = \frac{4K}{s(s+2)}$$

式中 $K = K_c\alpha$。

設計的第一步是調節增益 K，以滿足穩態性能規格，或根據靜態速度

圖 7-94　控制系統

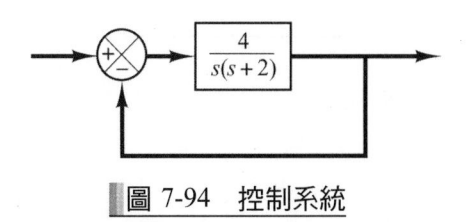

誤差常數之規定選取增益 K。因為誤差常數為 $20\ \text{sec}^{-1}$，所以

$$K_v = \lim_{s \to 0} sG_c(s)G(s) = \lim_{s \to 0} s\frac{Ts+1}{\alpha Ts+1}G_1(s) = \lim_{s \to 0}\frac{s4K}{s(s+2)} = 2K = 20$$

或

$$K = 10$$

以 $K = 10$，補償的系統應可滿足穩態性能要求。

其次，繪製

$$G_1(j\omega) = \frac{40}{j\omega(j\omega+2)} = \frac{20}{j\omega(0.5j\omega+1)}$$

的波德圖。圖 7-95 所示為 $G_1(j\omega)$ 的幅度及相角曲線。由此圖獲知系統的相位邊際值及增益邊際值各為 17° 及 $+\infty$ dB。(相位邊際值 17° 代表此系統振盪得相當劇烈。因此穩態性能要求滿足了，換來了差勁的暫態響應表現。) 題意要求的相位邊際值為 50°。所以必須以補償器提供額外的領先相角 33° 以滿足相對穩定度之要求。在不損失 K 值下，且提供 50° 的相位邊際值，則須使用進相補償器以竟其功。

要注意到在波德圖中，幅度曲線會因為補償器的加入而有所改變，增益交越頻率會稍微往右移動。是故增益交越頻率增加造成 $G_1(j\omega)$ 的相位邊際值減少必須抵補之。考慮到增益交越頻率的增加，我們須在此提供最大的相位邊際值 ϕ_m 為 38°。(由於加入補償器時增益交越頻率右移，須再抵補 5°。)

因為

$$\sin\phi_m = \frac{1-\alpha}{1+\alpha}$$

$\phi_m = 38°$ 相當於 $\alpha = 0.24$。當衰減因素 α 經由領先相角的基礎上決定之

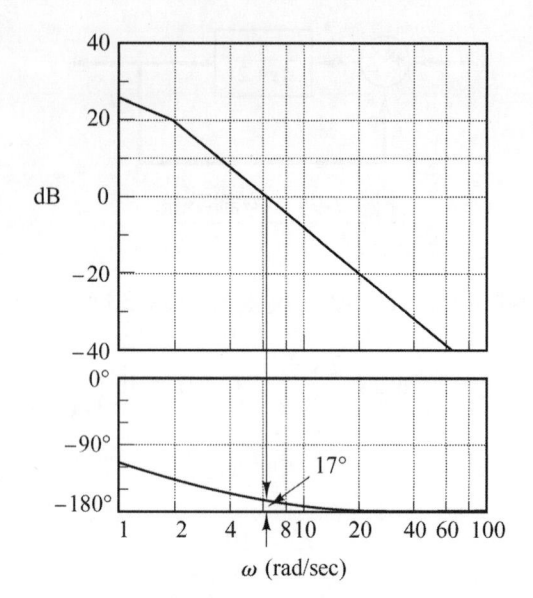

圖 7-95 $G_1(j\omega) = 10\, G(j\omega) = 40/[j\omega(j\omega + 2)]$ 之波德圖

後，下一步就是決定進相補償器的折角頻率 $\omega = 1/T$ 及 $\omega = 1/\alpha T$。最大領先相角發生在二個折角頻率的幾何中心，即 $\omega = 1/(\sqrt{\alpha}T)$。[參見 (7-26) 式。] 由於加入 $(Ts + 1)/(\alpha Ts + 1)$ 這一項造成在 $\omega = 1/(\sqrt{\alpha}T)$ 地方幅度的修正值應為

$$\left|\frac{1 + j\omega T}{1 + j\omega\alpha T}\right|_{\omega=1/(\sqrt{\alpha}T)} = \left|\frac{1 + j\dfrac{1}{\sqrt{\alpha}}}{1 + j\alpha\dfrac{1}{\sqrt{\alpha}}}\right| = \frac{1}{\sqrt{\alpha}}$$

又因

$$\frac{1}{\sqrt{\alpha}} = \frac{1}{\sqrt{0.24}} = \frac{1}{0.49} = 6.2 \text{ dB}$$

且在 $\omega = 9$ rad/sec 時，$|G_1(j\omega)| = -6.2$ dB。此頻率選為新的增益交越頻率 ω_c。此頻率相當於 $1/(\sqrt{\alpha}T)$，或 $\omega_c = 1/(\sqrt{\alpha}T)$，因此

$$\frac{1}{T} = \sqrt{\alpha}\omega_c = 4.41$$

且

$$\frac{1}{\alpha T} = \frac{\omega_c}{\sqrt{\alpha}} = 18.4$$

因此進相補償器為

$$G_c(s) = K_c \frac{s + 4.41}{s + 18.4} = K_c \alpha \frac{0.227s + 1}{0.054s + 1}$$

式中 K_c 值由下式決定

$$K_c = \frac{K}{\alpha} = \frac{10}{0.24} = 41.7$$

是故補償器的轉移函數是

$$G_c(s) = 41.7 \frac{s + 4.41}{s + 18.4} = 10 \frac{0.227s + 1}{0.054s + 1}$$

又因為

$$\frac{G_c(s)}{K} G_1(s) = \frac{G_c(s)}{10} 10G(s) = G_c(s)G(s)$$

如圖 7-96 所示為 $G_c(j\omega)/10$ 的幅度及相位角曲線。補償後系統的開環轉移函數為：

$$G_c(s)G(s) = 41.7 \frac{s + 4.41}{s + 18.4} \frac{4}{s(s + 2)}$$

圖 7-96 所示為補償後系統的幅度及相位角曲線。注意到，頻帶寬度幾乎等於增益交越頻率。進相補償器使得增益交越頻率約增加了 6.3 至 9 rad/sec。因此頻帶寬度也就增加了。響應速度當然增快。相位及增益邊際值分別為 50° 及 $+\infty$ dB。因此，圖 7-97 所示補償後的系統滿足了穩態及相對穩定度的要求。

注意到，如上考慮的類型 1 系統，靜態速度誤差常數 K_v 等於低頻初始 -20 dB/十度延長線與 0 dB 直線相交時的頻率，如圖 7-96 所示。也注意到，幅度曲線在增益交越頻率附近的斜率由 -40 dB/十度改變成 -20 dB/十度。

圖 7-98 所示為只做增益調節而尚未補償的開環轉移函數 $G_1(j\omega) = 10G(j\omega)$，與補償後系統的開環轉移函數 $G_c(j\omega)G(j\omega)$ 之極座標圖。由圖 7-98 可知未補償系統的共振頻率約為 6 rad/sec，而補償後的系統約為 7 rad/sec。（意味著，頻帶寬度增加了。）

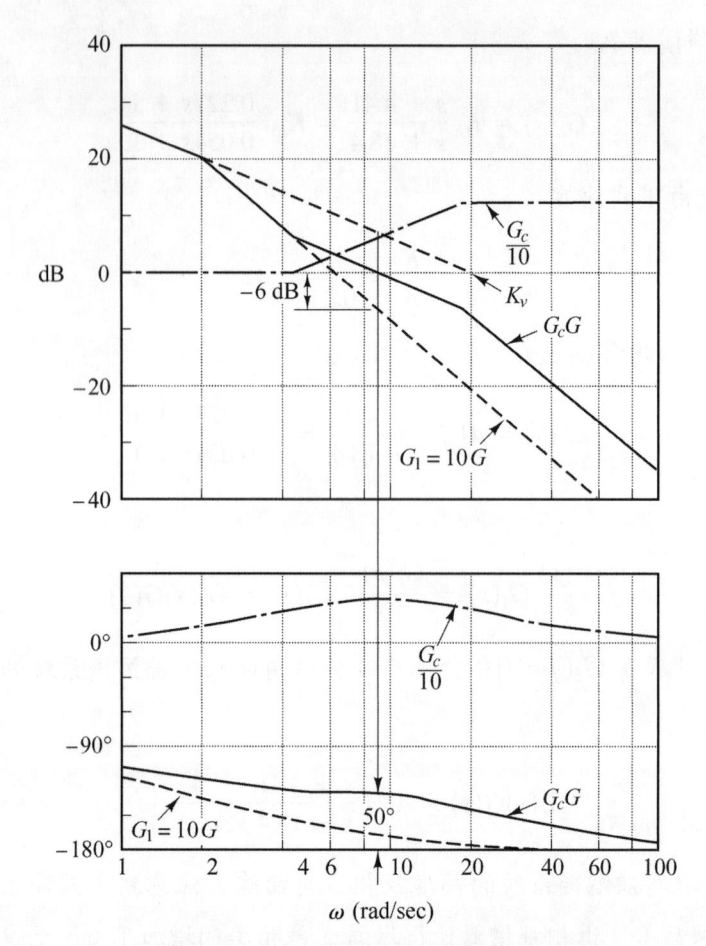

圖 7-96　補償後系統的波德圖

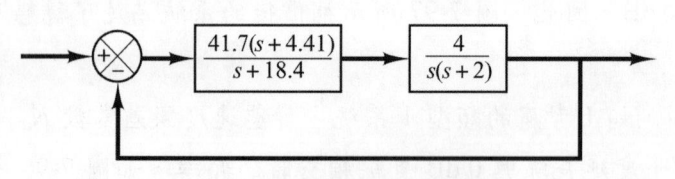

圖 7-97　補償後系統的波德圖

由圖 7-98 可以看出未補償系統當 $K = 10$ 時的共振峰值 M_r 等於 3，而補償後的系統約為 1.29。意味著，補償後系統的相對穩定度改善了許多。

如果在增益交越頻率附近 $G_1(j\omega)$ 的相角變化很快，則進相補償不會有效，乃因為增益交越頻率會向右移動，使得系統在新的增益交越頻率地

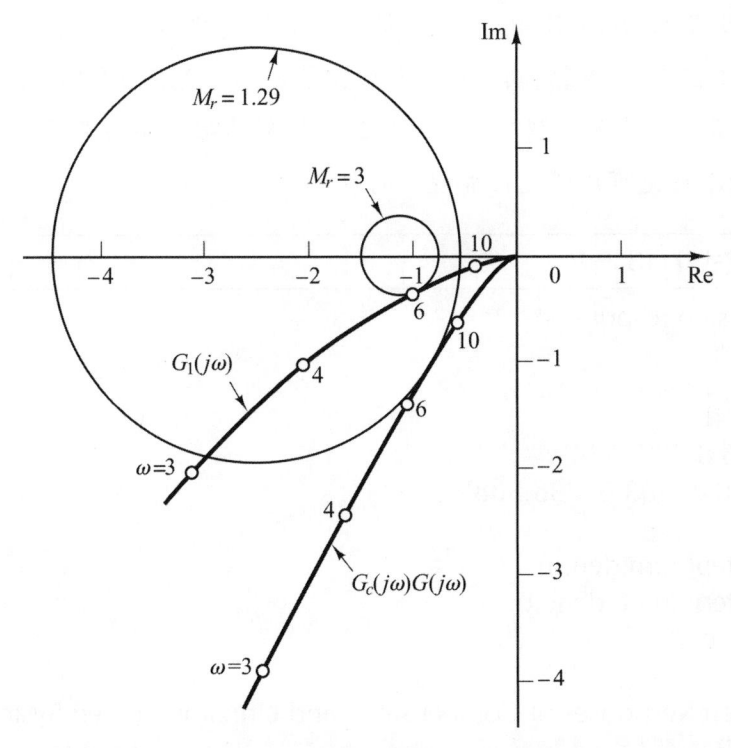

利用頻率響應法做控制系統的分析與設計

圖 7-98 只做增益調節而尚未補償的開環轉移函數 G_1，與補償後系統的開環轉移函數 G_cG 之極座標圖。

方提供的相位不充足。意味著，為了提供足夠的相位，則須使用很小的 α 值。但是，α 值不可以太小（比 0.05 小），最大的領先相角 ϕ_m 也不可以太大（比 65° 大），乃因為使用這些數值又造成過度的額外增益需求。[如果實在是需要超過 65° 的領先相角，則可採取二級（或更多級）相角領先網路，配備隔離式放大器使用之。]

最後，還要檢查所設計系統的暫態響應特性。可以利用 MATLAB 計算尚未補償以及補償後系統的單位步階響應及單位斜坡響應曲線。須注意到，尚未補償以及補償後系統的閉迴路轉移函數分別是，

$$\frac{C(s)}{R(s)} = \frac{4}{s^2 + 2s + 4}$$

及

$$\frac{C(s)}{R(s)} = \frac{166.8s + 735.588}{s^3 + 20.4s^2 + 203.6s + 735.588}$$

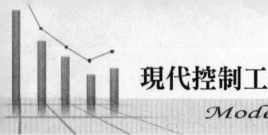

MATLAB 程式 7-13 係用以產生單位步階響應及單位斜坡響應曲線的 MATLAB 程式。補償前與後的單位步階響應曲線見圖 7-99 所示。又，圖 7-100 所示為補償前與補償後的單位斜坡響應曲線。這些響應曲線顯示了所設計的系統是可以滿足性能規格的要求。

MATLAB 程式 7-13

```
%*****Unit-step responses*****

num = [4];
den = [1  2  4];
numc = [166.8  735.588];
denc = [1  20.4  203.6  735.588];
t = 0:0.02:6;
[c1,x1,t] = step(num,den,t);
[c2,x2,t] = step(numc,denc,t);
plot (t,c1,'.',t,c2,'-')
grid
title('Unit-Step Responses of Compensated and Uncompensated Systems')
xlabel('t Sec')
ylabel('Outputs')
text(0.4,1.31,'Compensated system')
text(1.55,0.88,'Uncompensated system')

%*****Unit-ramp responses*****

num1 = [4];
den1 = [1  2  4  0];
num1c = [166.8  735.588];
den1c = [1  20.4  203.6  735.588  0];
t = 0:0.02:5;
[y1,z1,t] = step(num1,den1,t);
[y2,z2,t] = step(num1c,den1c,t);
plot(t,y1,'.',t,y2,'-',t,t,'--')
grid
title('Unit-Ramp Responses of Compensated and Uncompensated Systems')
xlabel('t Sec')
ylabel('Outputs')
text(0.89,3.7,'Compensated system')
text(2.25,1.1,'Uncompensated system')
```

因為補償後系統的閉迴路極點為：
$$s = -6.9541 \pm j8.0592$$
$$s = -6.4918$$

因為閉迴路系統的主極點距離 $j\omega$ 軸甚遠，其響應會很快地消失掉。

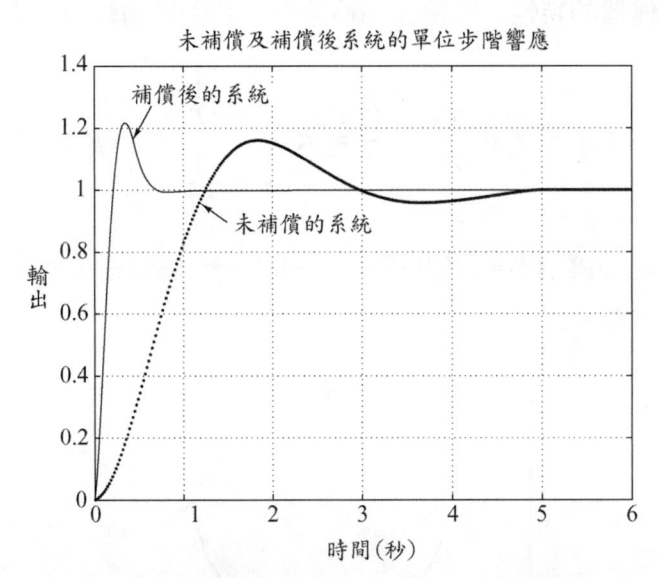

圖 7-99　未補償及補償後系統的單位步階響應

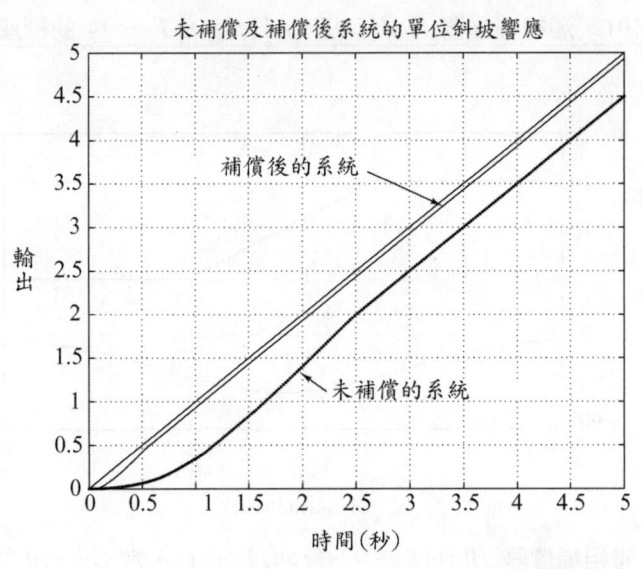

圖 7-100　未補償及補償後系統的單位斜坡響應

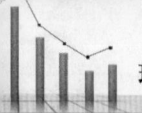

7-12　滯相補償

本節首先要討論滯相補償器的奈奎斯特圖及波德圖。然後再介紹建立於頻率響應法之滯相補償器設計技術。

滯相補償器的特性　考慮滯相補償器，其轉移函數如下：

$$G_c(s) = K_c\beta \frac{Ts+1}{\beta Ts+1} = K_c \frac{s+\dfrac{1}{T}}{s+\dfrac{1}{\beta T}} \quad (\beta > 1)$$

在 s 平面上此補償器有一零點在 $s = -1/T$，一極點在 $s = -1/(\beta T)$。極點在零點的右邊。

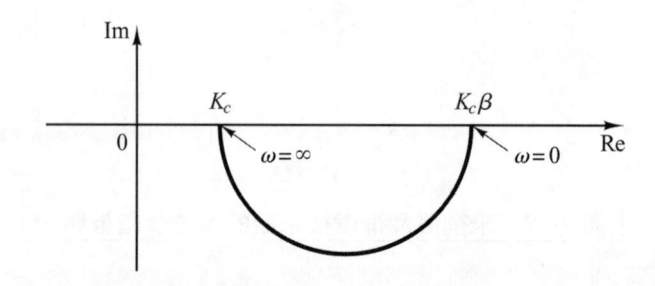

圖 7-101　滯相補償器 $K_c\beta(j\omega T + 1)/(j\omega\beta T + 1)$ 的極座標圖

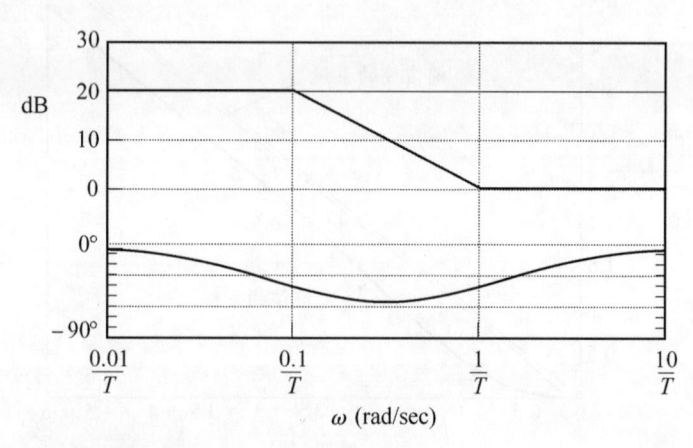

圖 7-102　滯相補償器 $\beta(j\omega T + 1)/(j\omega\beta T + 1)$，當 $\beta = 10$ 的波德圖。

如圖 7-101 所示為滯相補償器的極座標圖。圖 7-102 所示為滯相補償器當 $K_c = 1$ 及 $\beta = 10$ 的波德圖。折角頻率在 $\omega = 1/T$ 及 $\omega = 1/(\beta T)$。圖 7-102 中，K_c 及 β 分別是 1 及 10，因此滯相補償器的幅度在低頻時等於 10 (20 dB)，高頻時等於 1 (0 dB)。亦即，滯相補償器基本上為低頻通濾波器。

建立於頻率響應法之滯相補償器設計技術　　滯相補償器之功能在基本上對高頻率響應做衰減，提供足夠的相位邊際值。相角落後的特性與滯相補償是無足輕重。

現在考慮圖 7-93 系統的滯相補償設計，利用頻率響應法施行之設計步驟敘述如下：

1. 假設滯相補償器如下：

$$G_c(s) = K_c \beta \frac{Ts + 1}{\beta Ts + 1} = K_c \frac{s + \dfrac{1}{T}}{s + \dfrac{1}{\beta T}} \quad (\beta > 1)$$

令

$$K_c \beta = K$$

則

$$G_c(s) = K \frac{Ts + 1}{\beta Ts + 1}$$

因此，補償後的開環轉移函數為

$$G_c(s)G(s) = K \frac{Ts + 1}{\beta Ts + 1} G(s) = \frac{Ts + 1}{\beta Ts + 1} KG(s)$$

$$= \frac{Ts + 1}{\beta Ts + 1} G_1(s)$$

式中

$$G_1(s) = KG(s)$$

根據靜態速度誤差常數之規定選取增益 K。

2. 如果做增益調節而尚未補償的系統 $G_1(j\omega) = KG(j\omega)$ 檢查之下不能滿足增益邊際值及相位邊際值之要求，則找出開環轉移函數的相角等於 $-180°$ 加上所需要的相位邊際值的那一點頻率所在。所需求的相位邊際值應該是要求的相位邊際值再添加 $5°$ 至 $12°$。(額外添加 $5°$ 至 $12°$ 是用來抵補因滯相補償器造成的相角落後。) 令此頻率為新的增益交越頻率。

3. 欲避免因滯相補償器造成的相角落後，滯相補償器的極點與零點應選擇更低於新的增益交越頻率。所以選擇折角頻率 (相當於滯相補償器的零點) $\omega = 1/T$ 低於新的增益交越頻率一個八度或一個十度以上。(如果滯相補償器的時間常數不是太大，選取折角頻率 $\omega = 1/T$ 為低於新的增益交越頻率一個十度。)

注意到我們選取很小的極點與零點。所以低頻時發生的相角滯移應該不會對於相位邊際值有太大的影響。

4. 求出欲將幅度曲線在新的增益交越頻率處拉回 0 dB 所需要的衰減率。此衰減率一般等於 $-20 \log \beta$，因是求得 β。在決定出另一個折角頻率 (即是滯相補償器的極點) $\omega = 1/(\beta T)$。

5. 由步驟 1 所得的增益 K，及步驟 4 所得的 β，計算 K_c 如下

$$K_c = \frac{K}{\beta}$$

例題 7-27

考慮圖 7-103 的系統。其開環轉移函數為

$$G(s) = \frac{1}{s(s+1)(0.5s+1)}$$

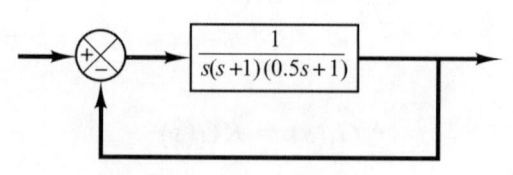

圖 7-103 控制系統

欲設計補償器使得系統的靜態速度誤差常數 K_v 為 $5 \sec^{-1}$，相位邊際值 $40°$，且增益邊際值至少 10 dB。

設計的補償器形式如下

$$G_c(s) = K_c\beta \frac{Ts+1}{\beta Ts+1} = K_c \frac{s+\frac{1}{T}}{s+\frac{1}{\beta T}} \quad (\beta > 1)$$

令
$$K_c\beta = K$$

且令
$$G_1(s) = KG(s) = \frac{K}{s(s+1)(0.5s+1)}$$

設計的第一步是調節增益 K，以滿足靜態速度誤差常數之規定所以

$$K_v = \lim_{s\to 0} sG_c(s)G(s) = \lim_{s\to 0} s\frac{Ts+1}{\beta Ts+1}G_1(s) = \lim_{s\to 0} sG_1(s)$$

$$= \lim_{s\to 0} \frac{sK}{s(s+1)(0.5s+1)} = K = 5$$

或
$$K = 5$$

因此，當 $K = 5$，補償的系統應可滿足穩態性能要求。

其次，繪製

$$G_1(j\omega) = \frac{5}{j\omega(j\omega+1)(0.5j\omega+1)}$$

的波德圖。圖 7-104 所示為 $G_1(j\omega)$ 的幅度及相角曲線。由此圖獲知系統的相位邊際值為 $-20°$，因此只做增益調節而尚未補償的系統是不穩定的。

因為加入滯相補償器後，波德圖的相角曲線被改變了，因此對於規定的相位邊際值要求外，必須額外添加 $5°$ 至 $12°$ 以抵補相角曲線的改變。對應於相位邊際值 $40°$ 的頻率等於 0.7 rad/sec，補償系統新的增益交越頻率必須再此附近。為了避免使用太大的補償器時間常數，折角頻率 $\omega = 1/T$（相當於補償器的零點）選為 0.1 rad/sec。此折角頻率低於新的增益交越頻

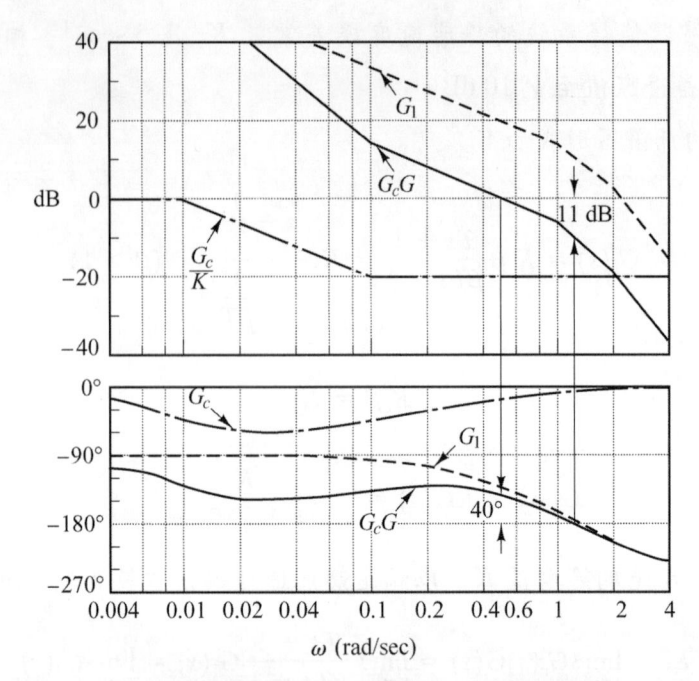

圖 7-104　G_1（只做增益調節而尚未補償的開環轉移函數）G_c（補償器），及 G_cG（補償系統的開環轉移函數）之波德圖。

率相距不遠，對於相角曲線的改變應不會太小。所以我們對於規定的相位邊際值要求必須額外添加 12° 以抵補補償器帶來的相角滯移。是故，需要設計的相位邊際值是 52°。由於未補償的開環轉移函數之相角在 $\omega = 0.5$ rad/sec 處為 $-128°$，因此新的增益交越頻率選定為 $\omega = 0.5$ rad/sec。在此新的增益交越頻率欲將幅度曲線拉到 0 dB 線上，滯相補償需要提供必要的衰減，其為 -20 dB。因此

$$20 \log \frac{1}{\beta} = -20$$

或

$$\beta = 10$$

另一個折角頻率 $\omega = 1/(\beta T)$，即補償器的極點，求法如下

$$\frac{1}{\beta T} = 0.01 \text{ rad/sec}$$

因此，滯相補償器的轉移函數為

$$G_c(s) = K_c(10)\frac{10s+1}{100s+1}$$

$$= K_c \frac{s+\dfrac{1}{10}}{s+\dfrac{1}{100}}$$

因為 $K = 5$，且 $\beta = 10$，是故

$$K_c = \frac{K}{\beta} = \frac{5}{10} = 0.5$$

補償系統的開環轉移函數為

$$G_c(s)G(s) = \frac{5(10s+1)}{s(100s+1)(s+1)(0.5s+1)}$$

如圖 7-104 所示為 $G_c(j\omega)G(j\omega)$ 的幅度及相角曲線。

　　補償系統的相位邊際值約為 $40°$，正如所需。增益邊際值為 11 dB，可以接受。靜態速度誤差常數 K_v 為 $5\ \text{sec}^{-1}$，一如所需。因此的補償系統同時滿足了穩態及相對穩定度之要求規格。

　　注意，新的增益交越頻率由 1 rad/sec 變成 0.5 rad/sec。此意味著系統的頻帶寬度減少了。

　　為了進一步檢查滯相補償器的效果，再將只做增益調節而尚未補償的系統 $G_1(j\omega)$ 及補償的系統 $G_c(j\omega)G(j\omega)$ 之對數幅度及相位角曲線繪製於圖 7-105。$G_1(j\omega)$ 之圖形很清楚地指出系統不穩定。加入滯相補償器以後才可以使得系統穩定。$G_c(j\omega)G(j\omega)$ 的作圖與 $M = 3$ dB 軌跡相切。是故共振峰值為 3 dB 或 1.4，發生於 $\omega = 0.5$ rad/sec 處。

　　補償器的設計方法因人而異（既使是同一個方法），所得結果可能有所不同。不管如何，設計精良的系統應有相似的暫態及穩態表現。在各因素

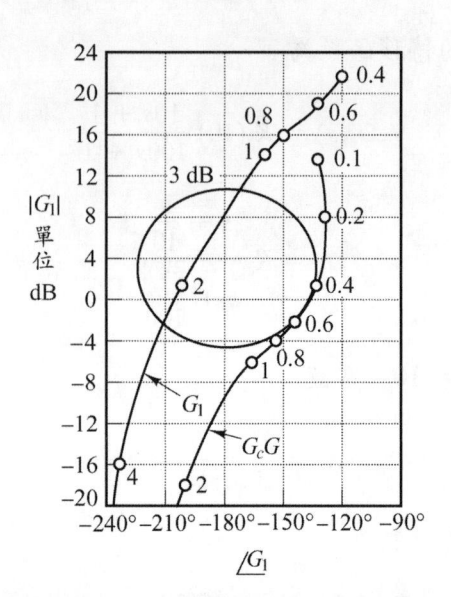

圖 7-105　G_1（只做增益調節，尚未補償系統之開環轉移函數）及補償的系統 G_cG（補償系統之開環轉移函數）之對數幅度及相位角曲線。

中，以經濟上考量，滯相補償器的時間常數不要太大是最好的選擇之一。

最後我們要檢查只做增益調節尚未補償之系統與補償後的系統的單位步階響應及單位斜坡響應。補償後的系統與未補償之系統的閉迴路轉移函數分別是

$$\frac{C(s)}{R(s)} = \frac{50s + 5}{50s^4 + 150.5s^3 + 101.5s^2 + 51s + 5}$$

及

$$\frac{C(s)}{R(s)} = \frac{1}{0.5s^3 + 1.5s^2 + s + 1}$$

MATLAB 程式 7-14 可用以產生補償後的系統與未補償之系統的單位步階響應及單位斜坡響應。所得的單位步階響應及單位斜坡響應曲線分別參見圖 7-106 及圖 7-107。由圖上之響應曲線發現所設計的系統滿足了規格要求。

MATLAB 程式 7-14

```
%*****Unit-step response*****

num = [1];
den = [0.5  1.5  1  1];
numc = [50  5];
denc = [50  150.5  101.5  51  5];
t = 0:0.1:40;
[c1,x1,t] = step(num,den,t);
[c2,x2,t] = step(numc,denc,t);
plot(t,c1,'.',t,c2,'-')
grid
title('Unit-Step Responses of Compensated and Uncompensated Systems')
xlabel('t Sec')
ylabel('Outputs')
text(12.7,1.27,'Compensated system')
text(12.2,0.7,'Uncompensated system')

%*****Unit-ramp response*****

num1 = [1];
den1 = [0.5  1.5  1  1  0];
num1c = [50  5];
den1c = [50  150.5  101.5  51  5  0];
t = 0:0.1:20;
[y1,z1,t] = step(num1,den1,t);
[y2,z2,t] = step(num1c,den1c,t);
plot(t,y1,'.',t,y2,'-',t,t,'--');
grid
title('Unit-Ramp Responses of Compensated and Uncompensated Systems')
xlabel('t Sec')
ylabel('Outputs')
text(8.3,3,'Compensated system')
text(8.3,5,'Uncompensated system')
```

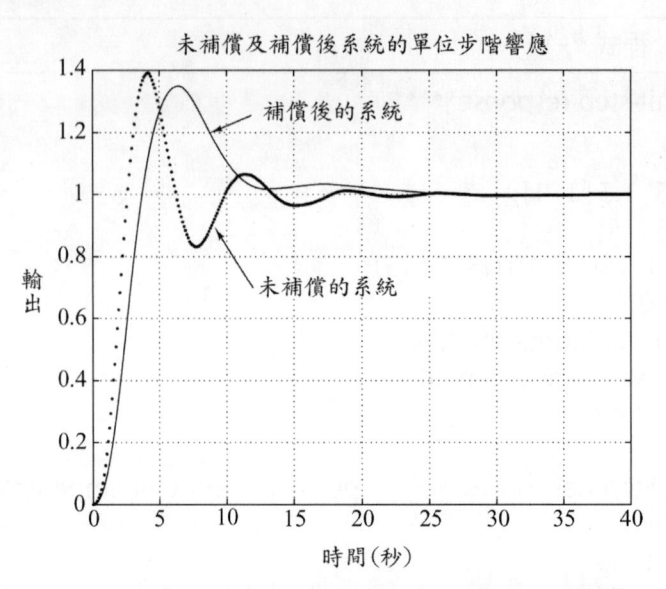

圖 7-106　未補償及補償後系統的單位步階響應（例題 7-27）

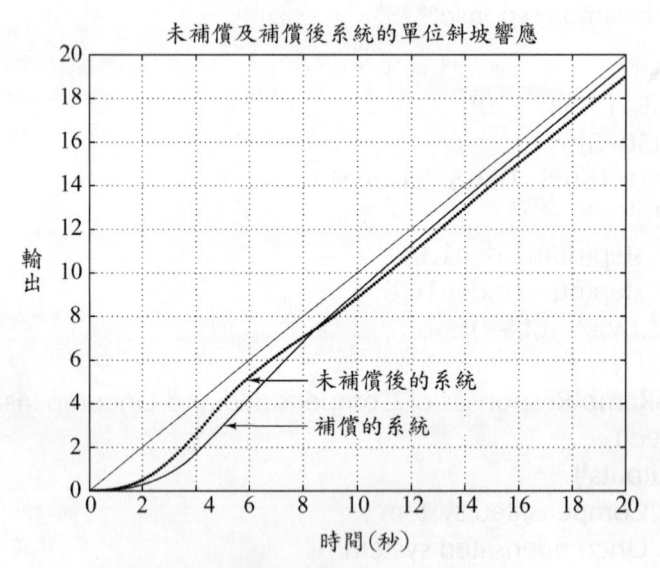

圖 7-107　未補償及補償後系統的單位斜坡響應（例題 7-27）

所設計的閉迴路系統之零點與極點為：

零點在：$s = -0.1$

極點在：$s = -0.2859 \pm j0.5196$,　　$s = -0.1228$,　　$s = -2.3155$

因為閉迴路主極點非常靠近 $j\omega$ 軸，因此響應比較慢。此外，在 $s =$

-0.1228 及 $s = -0.1$ 的一對閉迴路極點與零點使得響應出現了小振幅慢速消失之尾巴。

滯相補償之幾點註記

1. 滯相補償器基本上是一種低頻通率波器。因此滯相補償在低頻區提供高增益 (可改良穩態特性) 且在高頻臨界區減少增增益以改善相位邊際值。在滯相補償中我們使用高頻時滯相補償器的衰減特性，而非相角落後的特性。(相角落後不是補償目的所需。)

2. 假設滯相補償器的零點與極點分別是 $s = -z$ 及 $s = -p$。當零點與極點很靠近原點，且 z/p 之比值等於規定的靜態速度誤差常數之乘數因子，則零點與極點之精確位置並不重要。

   要注意的是，滯相補償器的零點與極點不要對原點靠得太近，因為滯相補償器會在其零點與極點附近區域產生新的閉迴路極點。

   靠近原點的閉迴路極點產生消失甚慢的暫態響應，雖然滯相補償器的零點可以幾乎將此極點的效應抵消掉，但是由於此極點造成暫態響應 (衰減) 消失太慢也影響到安定時間。

   也注意到，系統以滯相補償時，本體干擾點至系統誤差之間的轉移函數不可含有靠近此極點的零點。因此由於干擾造成的暫態響應會存在很長的一段時間。

3. 滯相補償器產生的衰減使得增益交越頻率往低頻移動，此處的相位邊際值是可被接受的。因此，滯相補償使得系統的頻帶寬度減少，暫態響應也變慢些。[$G_c(j\omega)G(j\omega)$ 的相角曲線在新的增益交越頻率附近變動很少。]

4. 因為滯相補償器會對輸入信號產生積分的效果，因此補償器有如比例－加－積分控制器。因此緣故，滯相補償的系統穩定度較差。欲克服此弊病，須將補償器的時間常數 T 盡量增大，比系統的時間常數還要大些。

5. 當系統有飽和元件或利用滯相補償器補償了限制性元件，則可能有條件式的穩定情況會發生。當系統有飽和及限制性存在，其有效的迴路增益因此降低。是故系統穩定度變差，甚至於造成不穩定，參見圖 7-108。欲克服此弊病，須使得補償器的作用只當飽和元件的輸入信號很小才能有顯著的效果。（可以使用內迴路的補償法設計之。）

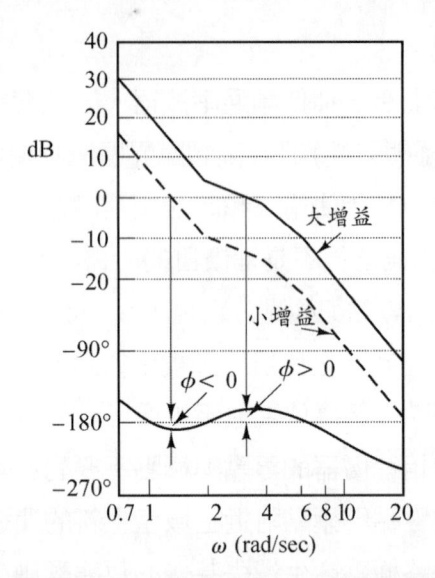

圖 7-108　有條件式穩定系統的波德圖

7-13　滯相－進相補償

本節首先要討論滯相－進相補償器的頻率響應特性。然後再介紹建立於頻率響應法之滯相－進相補償器設計技術。

建立於頻率響應法之滯相－進相補償器設計技術　考慮如下所述滯相－進相補償器

$$G_c(s) = K_c \left(\frac{s + \dfrac{1}{T_1}}{s + \dfrac{\gamma}{T_1}} \right) \left(\frac{s + \dfrac{1}{T_2}}{s + \dfrac{1}{\beta T_2}} \right) \tag{7-27}$$

式中 $\gamma > 1$ 且 $\beta > 1$。則下式

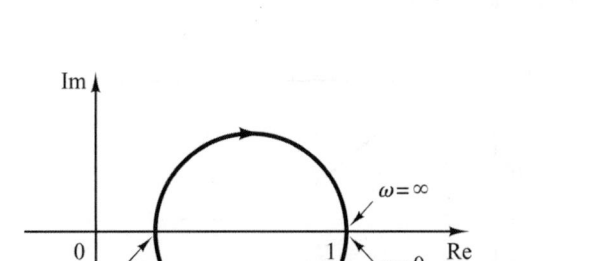

圖 7-109 (7-27) 式滯相－進相補償器，當 $K_c = 1$，且 $\gamma = \beta$ 之極座標圖。

$$\frac{s + \dfrac{1}{T_1}}{s + \dfrac{\gamma}{T_1}} = \frac{1}{\gamma}\left(\frac{T_1 s + 1}{\dfrac{T_1}{\gamma} s + 1}\right) \quad (\gamma > 1)$$

產生相位領先網路的作用，而下式

$$\frac{s + \dfrac{1}{T_2}}{s + \dfrac{1}{\beta T_2}} = \beta\left(\frac{T_2 s + 1}{\beta T_2 s + 1}\right) \quad (\beta > 1)$$

產生相位滯後網路的作用。

設計滯相－進相補償器時，通常令 $\gamma = \beta$。(但不是必要的，當然我們也可以選擇 $\gamma \neq \beta$。) 以下我們選擇 $\gamma = \beta$。如圖 7-109 所示為 $K_c = 1$，且 $\gamma = \beta$ 之滯相－進相補償器的極座標圖。可以看出當 $0 < \omega < \omega_1$ 時，補償器作用為滯相補償器，而當 $\omega_1 < \omega < \infty$ 時，補償器作用為進相補償器。當頻率等於 ω_1 時，相角等於零。此頻率為

$$\omega_1 = \frac{1}{\sqrt{T_1 T_2}}$$

(此式之推導請參見例題 **A-7-21**。)

圖 7-110 為當 $K_c = 1$，$\gamma = \beta = 10$，且 $T_2 = 10\,T_1$ 之滯相－進相補償器的波德圖。注意到，在低頻域及高頻域時，其幅度曲線皆為 0 dB。

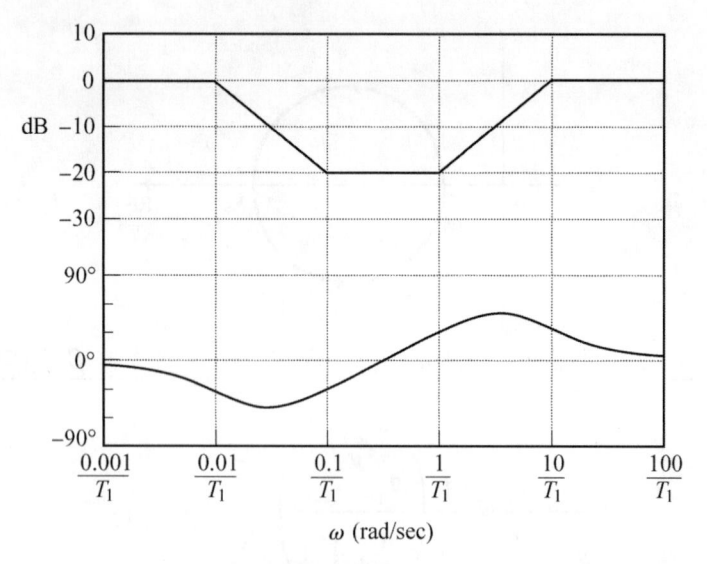

図 7-110 (7-27) 式滯相－進相補償器，當 $K_c = 1$，$\gamma = \beta = 10$，且 $T_2 = 10\, T_1$ 之波德圖。

建立於頻率響應法之滯相－進相補償設計　在頻率響應法上，滯相－進相補償器的設計技術是綜合了進相補償與滯相補償二者的原理。

假設滯相－進相補償器的形式如下：

$$G_c(s) = K_c \frac{(T_1 s + 1)(T_2 s + 1)}{\left(\dfrac{T_1}{\beta} s + 1\right)(\beta T_2 s + 1)} = K_c \frac{\left(s + \dfrac{1}{T_1}\right)\left(s + \dfrac{1}{T_2}\right)}{\left(s + \dfrac{\beta}{T_1}\right)\left(s + \dfrac{1}{\beta T_2}\right)} \quad (7\text{-}28)$$

式中 $\beta > 1$。滯相－進相補償器的進相補償部分 (含有 T_1 的部分) 係在改變頻率響應曲線，提供超前相角，以能在增益交越頻率附近增加相位邊際值。滯相補償部分 (含有 T_2 的部分) 係在增益交越頻率附近或以上區域提供衰減，而在低頻區增加增益以改善系統的穩態性能。

以下我們用例題詳細說明滯相－進相補償器的設計程序。

例題 7-28

考慮單位回饋控制系統，其開環轉移函數為

$$G(s) = \frac{K}{s(s+1)(s+2)}$$

欲設計補償器使得系統的靜態速度誤差常數為 10 sec^{-1}，相位邊際值 $50°$，且增益邊際值至少 10 dB。

假設我們使用 (7-28) 式的滯相－進相補償器。[注意，進相補償部分增加了相位邊際值及系統的頻帶寬度 (因此，增快了響應速度)。滯相補償部分則保持了低頻的增益。]

補償後系統的開環轉移函數為 $G_c(s)G(s)$。因為增益 K 可調節，假設 $K_c = 1$。則 $\lim_{s \to 0} G_c(s) = 1$。

由靜態速度誤差常數的要求，可得

$$K_v = \lim_{s \to 0} sG_c(s)G(s) = \lim_{s \to 0} sG_c(s) \frac{K}{s(s+1)(s+2)} = \frac{K}{2} = 10$$

因此，

$$K = 20$$

再來，繪製 $K = 20$ 時未補償系統的波德圖，如圖 7-111。由圖中觀察出，只做增益調節的未補償系統，其相位邊際值為 $-32°$，此意味只做增益調節的未補償系統不穩定。

再來，滯相－進相補償器設計的下一步是選取新的增益交越頻率。由 $G(j\omega)$ 的相位角曲線發現，$\angle G(j\omega) = -180°$，發生於 $\omega = 1.5$ 強度/秒。因此，可以方便地選擇新的增益交越頻率為 1.5 rad/sec，使得在頻率為 1.5 rad/sec 地方所需的超前相角為 $50°$ 以利於單級網路的設計。

當增益交越頻率選擇於 $\omega = 1.5$ rad/sec 後，再來決定滯相－進相補償器的折角頻率。令折角頻率 $\omega = 1/T_2$ (相當於滯相－進相補償器的零點) 位於增益交越頻率選擇於 $\omega = 1.5$ rad/sec 之一個十度之低頻，亦即 $\omega = 0.15$ rad/sec。

進相補償器提供的最大超前相角 ϕ_m 已經在 (7-25) 式中提及，此時 $\alpha = 1/\beta$。將 $\alpha = 1/\beta$ 代入 (7-25) 式可得

$$\sin \phi_m = \frac{1 - \dfrac{1}{\beta}}{1 + \dfrac{1}{\beta}} = \frac{\beta - 1}{\beta + 1}$$

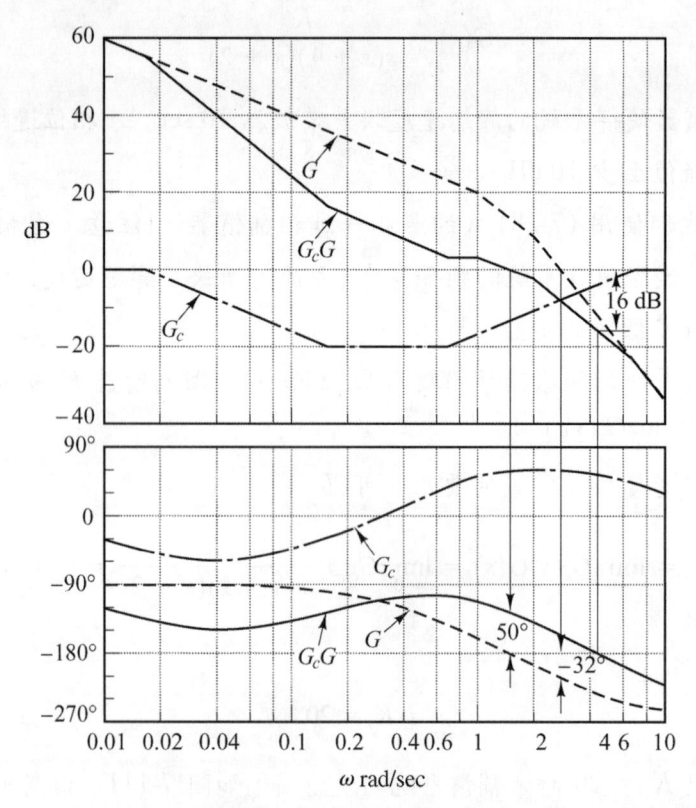

圖 7-111　G（只做增益調節未補償系統的開環轉移函數），G_c（補償器），及 G_cG（補償系統的開環轉移函數）。

注意 $\beta = 10$ 相當於 $\phi_m = 54.9°$。因為需要的相角邊際值為 $50°$，所以可以選擇 $\beta = 10$。（注意，我們將使用比最大值 $54.9°$ 低好幾度。）因此，

$$\beta = 10$$

接下來，折角頻率 $\omega = 1/\beta T_2$（相當於滯相－進相補償器的極點）為 $\omega = 0.015$ rad/sec。是故，此滯相－進相補償器的滯相部分是為

$$\frac{s + 0.15}{s + 0.015} = 10\left(\frac{6.67s + 1}{66.7s + 1}\right)$$

進相補償部分的設計程序為：因為新的增益交越頻率選擇於 $\omega = 1.5$ rad/sec，由圖 7-111 獲知 $G(j1.5) = 13$ dB。因此，當滯相－進相補償器在 $\omega = 1.5$ rad/sec 提供 -13 dB，則此新的增益交越頻率可接受。經過這一點 (1.5 rad/sec，-13 dB) 作斜率為 20 dB/十度的直線。此直線與 0 dB 的直線

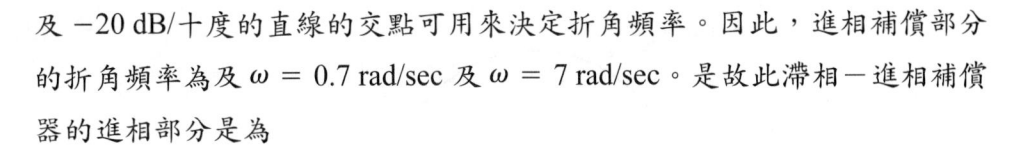

及 -20 dB/十度的直線的交點可用來決定折角頻率。因此,進相補償部分的折角頻率為及 $\omega = 0.7$ rad/sec 及 $\omega = 7$ rad/sec。是故此滯相－進相補償器的進相部分是為

$$\frac{s + 0.7}{s + 7} = \frac{1}{10}\left(\frac{1.43s + 1}{0.143s + 1}\right)$$

將補償器的滯相及進相部分組合一起,可得此滯相－進相補償器的轉移函數。因為選擇 $K_c = 1$,因此

$$G_c(s) = \left(\frac{s + 0.7}{s + 7}\right)\left(\frac{s + 0.15}{s + 0.015}\right) = \left(\frac{1.43s + 1}{0.143s + 1}\right)\left(\frac{6.67s + 1}{66.7s + 1}\right)$$

圖 7-111 所示為此滯相－進相補償器的幅度對相位角曲線。補償系統的開環轉移函數為

$$G_c(s)G(s) = \frac{(s + 0.7)(s + 0.15)20}{(s + 7)(s + 0.015)s(s + 1)(s + 2)}$$
$$= \frac{10(1.43s + 1)(6.67s + 1)}{s(0.143s + 1)(66.7s + 1)(s + 1)(0.5s + 1)} \quad (7\text{-}29)$$

(7-29) 式系統的幅度對相位角曲線亦出現在圖 7-111 中。補償系統的相位邊際值為 $50°$,增益邊際值為 16 dB,靜態速度誤差常數為 10 sec^{-1}。這些表現皆合乎規格要求,因此設計應屬完成。

如圖 7-112 所示為 $G(j\omega)$ (只做增益調節未補償系統的開環轉移函數)及 $G_c(j\omega)G(j\omega)$ (補償系統的開環轉移函數)的極座標圖。$G_c(j\omega)G(j\omega)$ 與 $M = 1.2$ 圓在大約 $\omega = 2$ rad/sec 處相切。很顯然的,補償系統的相對穩定度是符合要求的。補償系統的頻寬比 2 rad/sec 稍微大了一點點。

以下我們要檢查補償系統的單位步階響應。(只做增益調節未補償的系統是不穩定的。) 補償系統的閉迴路轉移函數為

$$\frac{C(s)}{R(s)} = \frac{95.381s^2 + 81s + 10}{4.7691s^5 + 47.7287s^4 + 110.3026s^3 + 163.724s^2 + 82s + 10}$$

以 MATLAB 程式產生的單位步階及單位斜坡響應分別如圖 7-113 及圖 7-114。

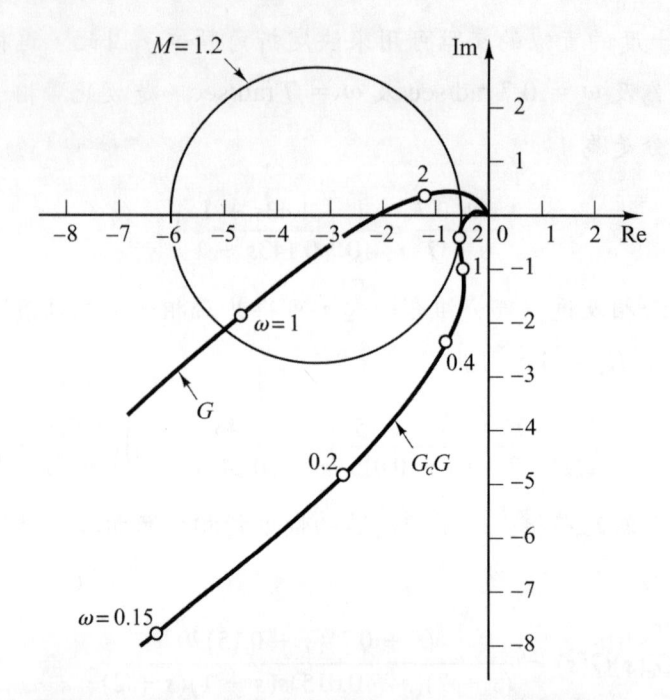

圖 7-112　G（只做增益調節）及 G_cG 的極座標圖

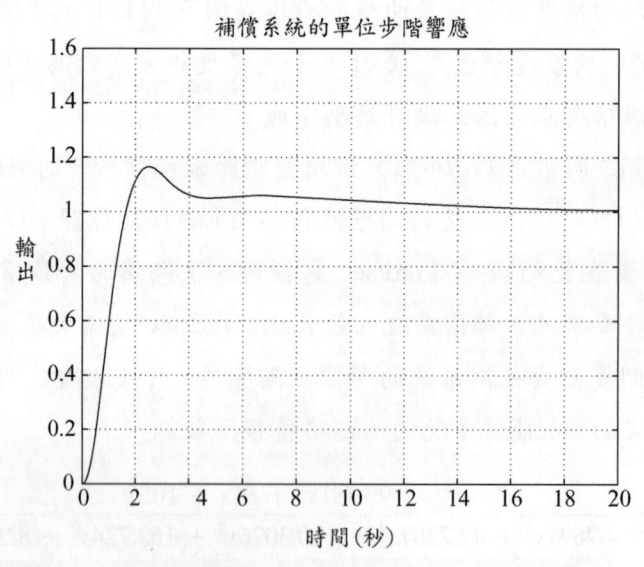

圖 7-113　補償系統（例題 7-28）的單位步階響應

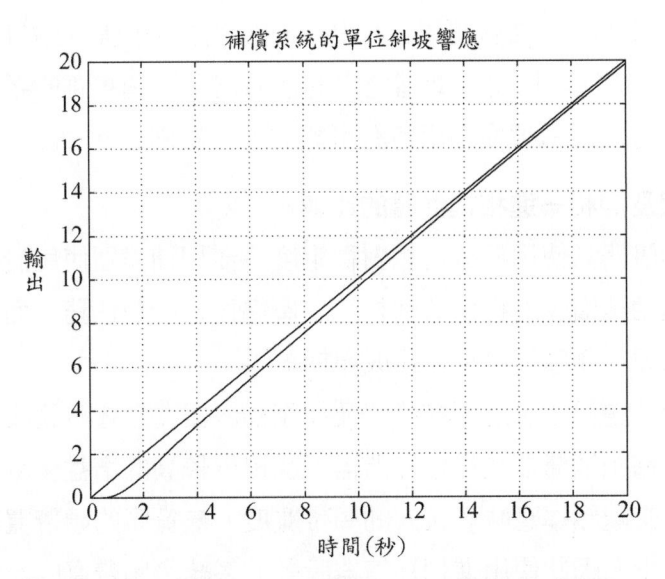

圖 7-114 補償系統（例題 7-28）的單位斜坡響應

所設計的閉迴路控制系統之閉迴路零點與極點分別為：

零點在：$s = -0.1499,\quad s = -0.6993$

極點在：$s = -0.8973 \pm j1.4439$

$\qquad s = -0.1785,\quad s = -0.5425,\quad s = -7.4923$

在 $s = -0.1785$ 的極點及 $s = -0.1499$ 的零點非常靠近。這樣子的一對零點與極點在單位步階響應上會造成振幅很小但是存在很久的長尾巴現象，參見圖 7-113。此外，在 $s = -0.5425$ 的極點及 $s = -0.6993$ 的零點這一對也非常靠近。這一對同樣的在步階響應上貢獻長尾巴的小振幅。

以頻率法設計控制系統之整理　在以上的三個節次裡，我們利用簡單的例題解釋了滯相補償器、進相補償器與滯相－進相補償器的詳細設計程序。我們已經敘述過，欲設計補償器以滿足要求規格（以增益邊際值與相位邊際值而言）時，可以使用波德圖做直接且方便的執行。注意，並非所有的系統皆可以利用滯相、進相及滯相－進相補償器達成補償設計。有些情況下，可以使用複數的零點與極點。如果系統不方便使用根軌跡法或頻率響應法設計，則可以使用極點定位法。（參見第十章。）如果做設計時，

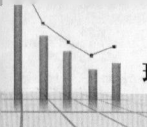

極點定位法及古典方法皆可以使用時，則使用古典設計方法(根軌跡法或頻率響應法)往往可以得到低階穩定的補償器。一個複雜的系統要做補償以滿足要求時，通常須要利用所有可能的方法做創意性的設計。

進相、滯相及滯相－進相補償器的比較

1. 進相補償器常使用於改善相對穩定度。滯相補償器使用於改善穩態表現。進相補償器能提供超前相位之優點達成所需任務，而滯相補償器能於高頻工作區提供衰減達成預期結果。

2. 有些設計題目中，進相補償器及滯相補償器二者皆可達成要求規格之滿足。進相補償器比滯相補償器更能提供較高的增益交越頻率。較高的增益交越頻率意味著較大的頻帶寬度。較寬廣的頻帶寬度使得安定時間減少。因此使用進相補償器設計的系統之頻帶寬度要比滯相補償的系統來得高些。所以，當需求較寬廣的頻帶寬度時，須使用進相補償設計。但是，當系統有雜訊介入時，頻帶寬度又不可以太大，因為在高頻增益大造成系統容易接納不必要的雜訊。此時要使用滯相補償設計。

3. 使用進相補償器時同時要提供必要的增益以抵補進相網路造成的衰減。因此，進相補償器比滯相補償器更須要提供增益。在物理實現上，較高增益意味著體積較大、佔用空間多、比較重、也比較昂貴。

4. 進相補償器產生較大的信號。有時大信號使得系統造成飽和，是不許可的。

5. 滯相補償器使系統高頻增益減少，但是不會影響低頻增益。因為系統的頻帶寬度減少了，系統的速度也減緩了。因為高頻增益減少，所以系統的總增益可以增加，使得低頻增益增加因而改善了穩態之準確性。此外，高頻的雜訊也被衰減掉。

6. 使用滯相補償常在原點附近產生一對極點與零點，造成中的小振幅、為時甚長的暫態響應。

7. 若須要高速且良好的穩態準確性，則可以使用滯相－進相補償器。使用滯相－進相補償器可以提高低頻增益(意味著改善了穩態準確性)，同時也增加了頻寬及穩度邊限值。

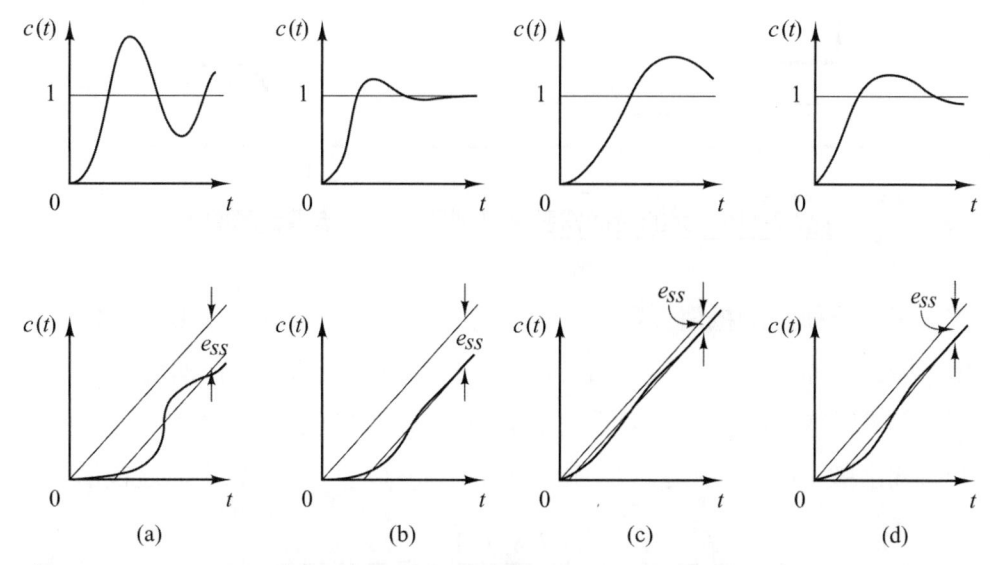

圖 7-115　單位步階響應及單位斜坡響應曲線。(a) 未補償系統；(b) 進相補償的系統；(c) 滯相補償的系統；(d) 滯相−進相補償的系統。

8. 雖然進相、滯相及滯相−進相補償器可以達成許多實用的補償任務，但是對於複雜的系統而言，這些簡單的補償器有時仍是未能滿足需要。此時須再嘗試不同組合的零點或極點之組合，以竟其功。

圖解比較　圖 7-115(a) 所示為未補償系統的單位步階響應及單位斜坡響應曲線。圖 7-115(b)、(c) 及 (d) 則分別是使用了進相、滯相及滯相−進相補償系統的單位步階響應及單位斜坡響應曲線。使用進相補償器的系統具有較快速的響應，而使用滯相補償器的系統響應比較慢，但其單位斜坡響應之改善顯著。滯相−進相補償系統之特性則具備兩者之間；其暫態及穩態響應可得合理之改善。由以上的響應曲線可以觀察出各種補償器的改善功效。

回饋補償　量速機是一種速率回饋裝置。速率陀螺儀是另一種速率回饋裝置。速率陀螺儀常用於航機之自動導航系統。

利用量速機做速率回饋常使用於位置伺服系統。注意到，如果系統遭遇到雜訊介入時，如果某一速率回饋裝置對輸出信號做微分，則此速率回饋動作會有困難。（無法將雜訊效應衰減掉。）

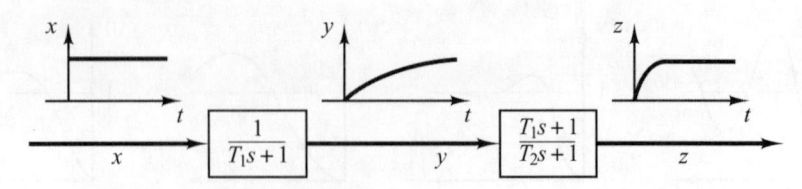

圖 7-116 大的時間常數被抵消所產生的步階響應曲線

不需要極點的抵消 零組件串接時，其轉移函數為各自轉移函數之乘積，因此不需要的極點與零點可藉著串接補償器抵消之，在補償器中安排適當的零點或極點以將原來系統中不需要的極點或零點做對消。例如，大的時間常數 T_1 可使用進相補償器 $(T_1 s + 1)/(T_2 s + 1)$ 做下述之補償：

$$\left(\frac{1}{T_1 s + 1}\right)\left(\frac{T_1 s + 1}{T_2 s + 1}\right) = \frac{1}{T_2 s + 1}$$

如果 T_2 比 T_1 小很多，則大的時間常數 T_1 可以有效地被消除之。圖 7-116 所示為大的時間常數被消除產生的步階暫態響應。

如果原來系統中不需要的極點位於右半左半 s 平面，則此種補償方法不可使用。雖然數學上不需要的極點可以用添加的零點抵消之，但是零點或極點的位置可能有不準確性存在，完全的零點及或極點對消實際上是不可能達到的。如果位於右半左半 s 平面的極點無法完全地除去，響應隨時間增長而以指數增大不止，則系統變成不穩定。

也必須注意到，如果左半左半 s 平面的極點幾乎抵消，但無法完全地對消，這種情形常常發生，則響應中會存在微小振幅的暫態響應成分，為時甚長。無法完全地對消但還算是合理的話，此種暫態響應成分就會很小。

我們必須了解到，理想控制系統的轉移函數不等於 1。在物理上，這種系統是不可能建造出來的，因為能量不可能瞬間地從輸入傳送到輸出。此外，因為各種形式雜訊無所不在，轉移函數等於 1 的系統是不許可的。在實際上，我們需要的控制系統是，其閉迴路系統具有共軛複數主極點，且有合理的阻尼比及無阻尼自然頻率。欲決定閉迴路系統零點及極點結構的重要部分，例如閉迴路系統之主極點，則須由要求的性能表現做定奪。

不需要共軛複數極點的抵消 如果控制本體的轉移函數具有一個以上

利用頻率響應法做控制系統的分析與設計

$$\frac{E_o(s)}{E_i(s)} = \frac{RC_1RC_2s^2 + 2RC_2s + 1}{RC_1RC_2s^2 + (RC_1 + 2RC_2)s + 1}$$

(a)

$$\frac{E_o(s)}{E_i(s)} = \frac{R_1CR_2Cs^2 + 2R_1Cs + 1}{R_1CR_2Cs^2 + (R_2C + 2R_1C)s + 1}$$

(b)

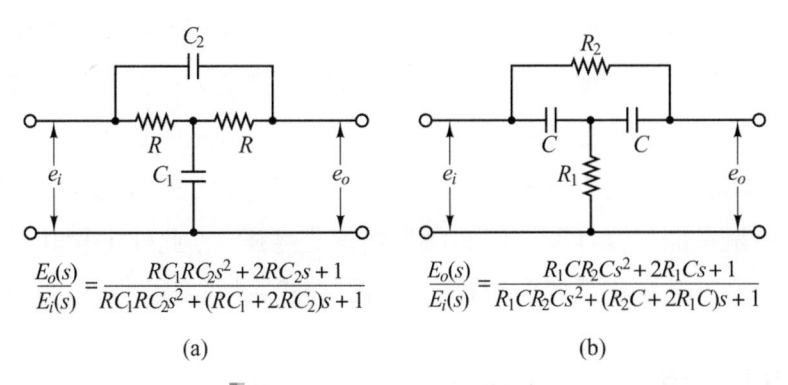

圖 7-117　攣生-T 型網路

的共軛複數極點，則僅使用進相、滯相及滯相－進相補償器不能達成滿意的決果。此時補償網路須具有二個零點及極點，才可以發生作用。此時選擇合適的零點將控制本體中不需要的共軛複數極點的抵消掉，取代成為需要的極點。亦即，在左半左半 s 平面有如下不需要的共軛複數極點：

$$\frac{1}{s^2 + 2\zeta_1\omega_1 s + \omega_1^2}$$

則須加入的補償網路之轉移函數

$$\frac{s^2 + 2\zeta_1\omega_1 s + \omega_1^2}{s^2 + 2\zeta_2\omega_2 s + \omega_2^2}$$

使得不需要的共軛複數極點有效地取代成為需要的極點。就算這種零點及極點對消不是很完全，補償後的系統仍是具有較佳的響應特性。（前以述及，當不需要的極點發生在右左半 s 平面，則這種方法不可使用。）

轉移函數具有二個零點及極點的 RC 零組件構成的補償網路中，常見的有攣生-T 型網路。圖 7-117 所示為攣生-T 型網路及其轉移函數。（有關此種攣生-T 型網路及其轉移函數之推導請參見例題 **A-3-5**。）

總結註記　本章討論的設計例題中，主要的考慮重點僅述及補償器的轉移函數。實際的設計中，還須要考慮到硬體的選擇。因此，尚需考慮到成本、形式、重量及可靠度等設計限制條件。

設計的系統在正常的工作條件下可能滿足規格要求，但是一旦環境變化嚴重時，表現性能可能與要求規格有很大的出入。因為環境變化影響到系統的增益及時間常數，因此必須備有自動化的，或是手動式的調節機制以補償因環境變化、或設計考慮的非線性效應之必要增益調節，同時也補償了系統的零組件一個一個製造時產生的公差。（元件製造時的容許公差在系統閉路表現時被抑制掉；因此，元件製造時的公差效應在閉迴路時不顯著，但是在開環操作時可能有臨界情況之考慮。）此外，設計者也要牢記在心的是，系統正常情形的惡化也可能造成系統特性做微小的變異。

■■■ 習　題

B-7-1 考慮單位回饋控制系統，其開環轉移函數為

$$G(s) = \frac{10}{s+1}$$

在以下的輸入下，求系統的穩態輸出：
(a) $r(t) = \sin(t + 30°)$
(b) $r(t) = 2\cos(2t - 45°)$
(c) $r(t) = \sin(t + 30°) - 2\cos(2t - 45°)$

B-7-2 考慮一系統，其閉迴路轉移函數為

$$\frac{C(s)}{R(s)} = \frac{K(T_2 s + 1)}{T_1 s + 1}$$

在 $r(t) = R\sin\omega t$ 輸入下，求系統的穩態輸出。

B-7-3 利用 MATLAB 繪製如下 $G_1(s)$ 及 $G_2(s)$ 的波德圖。

$$G_1(s) = \frac{1+s}{1+2s}$$

$$G_2(s) = \frac{1-s}{1+2s}$$

$G_1(s)$ 為極小相位系統而 $G_2(s)$ 為非極小相位系統。

B-7-4 繪製

$$G(s) = \frac{10(s^2 + 0.4s + 1)}{s(s^2 + 0.8s + 9)}$$

的波德圖。

B-7-5 若
$$G(s) = \frac{\omega_n^2}{s^2 + 2\zeta\omega_n s + \omega_n^2}$$

證明
$$|G(j\omega_n)| = \frac{1}{2\zeta}$$

B-7-6 若單位回饋控制系統，其開環轉移函數為：

$$G(s) = \frac{s + 0.5}{s^3 + s^2 + 1}$$

此為極小相位系統。三個開環極點中有二個位於右半 s 平面：

開環極點在 $s = -1.4656$

$$s = 0.2328 + j0.7926$$

$$s = 0.2328 - j0.7926$$

利用 MATLAB 繪製 $G(s)$ 的波德圖。解釋為何相位曲線從 0° 出發而到達 180°。

B-7-7 繪製開環轉移函數

$$G(s)H(s) = \frac{K(T_a s + 1)(T_b s + 1)}{s^2(Ts + 1)}$$

的極座標圖。考慮二種情形如下：
(a) $T_a > T > 0, \; T_b > T > 0$
(b) $T > T_a > 0, \; T > T_b > 0$

B-7-8 繪製以下單位回饋控制系統開環轉移函數的奈奎斯特圖

$$G(s) = \frac{K(1 - s)}{s + 1}$$

並利用奈奎斯特穩度準則判斷系統的穩定度。

B-7-9 有一系統之開環轉移函數

$$G(s)H(s) = \frac{K}{s^2(T_1 s + 1)}$$

為不穩定。此系統可以施加微分控制使其穩定。試繪製在施加微分控制前與後的極座標圖。

B-7-10 有一閉迴路系統之開環轉移函數為

$$G(s)H(s) = \frac{10K(s+0.5)}{s^2(s+2)(s+10)}$$

當 $K=1$ 及 $K=10$，試繪製 $G(s)H(s)$ 的直接及反極座標圖。並利用奈奎斯特穩度準則判斷系統在所述 K 值時的穩定度。

B-7-11 有一閉迴路系統之開環轉移函數為

$$G(s)H(s) = \frac{Ke^{-2s}}{s}$$

試求系統在穩定工作時，K 的最大值。

B-7-12 試繪製如下 $G(s)$ 的奈奎斯特圖：

$$G(s) = \frac{1}{s(s^2+0.8s+1)}$$

B-7-13 有一單位回饋控制系統之開環轉移函數為：

$$G(s) = \frac{1}{s^3+0.2s^2+s+1}$$

試繪製 $G(s)$ 的奈奎斯特圖，並檢查系統的穩定度。

B-7-14 有一單位回饋控制系統之開環轉移函數為：

$$G(s) = \frac{s^2+2s+1}{s^3+0.2s^2+s+1}$$

試繪製 $G(s)$ 的奈奎斯特圖，並檢查系統的穩定度。

B-7-15 有一單位回饋控制系統之 $G(s)$ 為：

$$G(s) = \frac{1}{s(s-1)}$$

若選擇之奈奎斯特路徑如圖 7-156 所示。試繪製 $G(s)$ 平面上的 $G(j\omega)$ 軌跡。並利用奈奎斯特穩度準則判斷系統的穩定度。

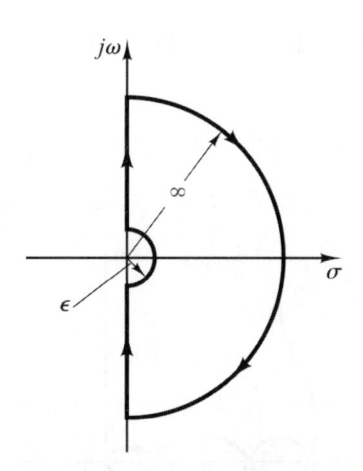

圖 7-156 奈奎斯特路徑

B-7-16 考慮圖 7-157 的閉迴路系統。$G(s)$ 在右半 s 平面無極點。

若 $G(s)$ 的奈奎斯特圖如圖 7-158(a) 所示，系統是否為穩定？

若 $G(s)$ 的奈奎斯特圖如圖 7-158(b) 所示，系統是否為穩定？

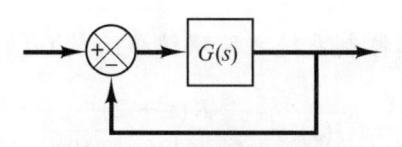

圖 7-157 閉迴路系統

(a)

(b)

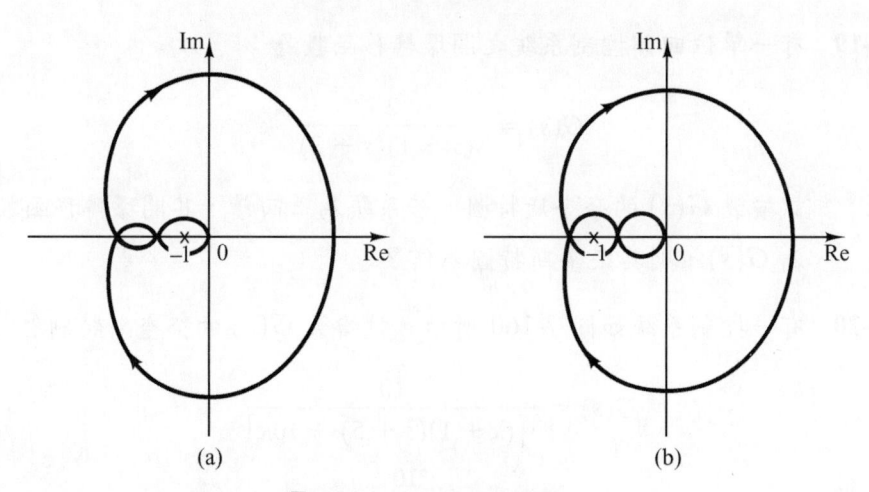

圖 7-158 奈奎斯特圖

B-7-17 有一單位回饋控制系統，順向轉移函數為 $G(s)$，其奈奎斯特圖參見圖 7-159。

若 $G(s)$ 在右半 s 平面有一個極點，系統是否穩定？

若 $G(s)$ 在右半 s 平面無極點，但是有一個零點，系統是否穩定？

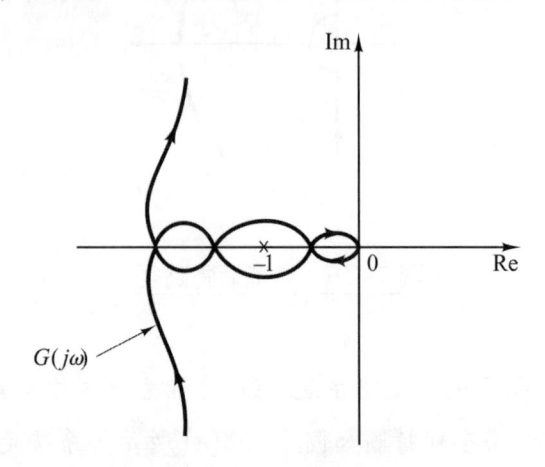

圖 7-159 奈奎斯特圖

B-7-18 有一單位回饋控制系統之開環轉移函數 $G(s)$ 為：

$$G(s) = \frac{K(s+2)}{s(s+1)(s+10)}$$

當 $K = 1$、10 及 100 時，試繪製 $G(s)$ 的奈奎斯特圖。

B-7-19 有一單位回饋控制系統之開環轉移函數為：

$$G(s) = \frac{2}{s(s+1)(s+2)}$$

試繪製 $G(s)$ 的奈奎斯特圖。若系統為正回饋，其開環轉移函數仍為 $G(s)$，則其奈奎斯特圖為何？

B-7-20 有一控制系統如圖 7-160 所示。試繪製 $G(s)$ 的奈奎斯特圖

$$G(s) = \frac{10}{s[(s+1)(s+5)+10k]}$$

$$= \frac{10}{s^3 + 6s^2 + (5+10k)s}$$

其中，$K = 0.3$、0.5 及 0.7。

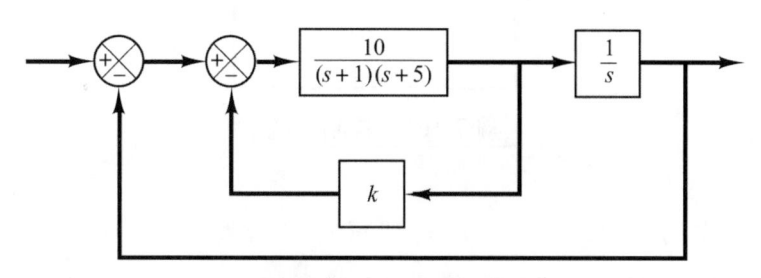

圖 7-160 控制系統

B-7-21 有一系統定義如下

$$\begin{bmatrix} \dot{x}_1 \\ \dot{x}_2 \end{bmatrix} = \begin{bmatrix} -1 & -1 \\ 6.5 & 0 \end{bmatrix} \begin{bmatrix} x_1 \\ x_2 \end{bmatrix} + \begin{bmatrix} 1 & 1 \\ 1 & 0 \end{bmatrix} \begin{bmatrix} u_1 \\ u_2 \end{bmatrix}$$

$$\begin{bmatrix} y_1 \\ y_2 \end{bmatrix} = \begin{bmatrix} 1 & 0 \\ 0 & 1 \end{bmatrix} \begin{bmatrix} x_1 \\ x_2 \end{bmatrix} + \begin{bmatrix} 0 & 0 \\ 0 & 0 \end{bmatrix} \begin{bmatrix} u_1 \\ u_2 \end{bmatrix}$$

此系統中有四個奈奎斯特圖。針對輸入 u_1 試繪製相關二個奈奎斯特圖在同一張圖上，且針對輸入 u_2 試繪製相關二個奈奎斯特圖在另一張圖上。以 MATLAB 程式製作之。

B-7-22 考慮習題 **B-7-21**。如果現在只需要繪製 $Y_1(j\omega)/U_1(j\omega)$，當 $\omega > 0$，試以 MATLAB 程式製作之。

如果當 $-\infty < \omega < \infty$ 時，要繪製 $Y_1(j\omega)/U_1(j\omega)$，則 MATLAB 程式要做什麼改變？

B-7-23 有一單位回饋控制系統之開環轉移函數為：

$$G(s) = \frac{as + 1}{s^2}$$

試求 a 值使得相位邊際值為 $45°$。

B-7-24 考慮圖 7-161 系統。繪製開環轉移函數 $G(s)$ 的波德圖。試求增益邊際值及相位邊際值。

圖 7-161　控制系統

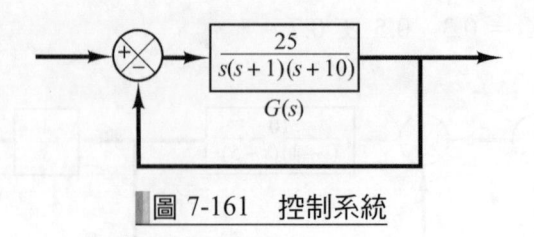

B-7-25 考慮圖 7-162 系統。繪製開環轉移函數 $G(s)$ 的波德圖。試以 MATLAB 求增益邊際值及相位邊際值。

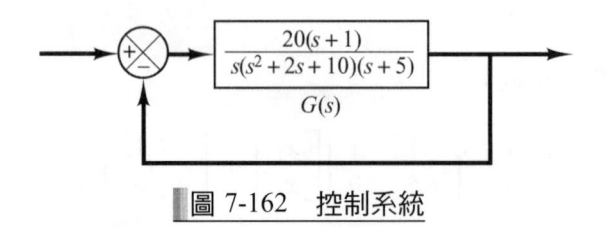

圖 7-162　控制系統

B-7-26 有一單位回饋控制系統之開環轉移函數為：

$$G(s) = \frac{K}{s(s^2 + s + 4)}$$

試求相位邊際值為 50° 時所需之 K 值。此時，增益邊際值為何？

B-7-27 考慮圖 7-163 之系統。繪製開環轉移函數的波德圖，且求相位邊際值為 50° 時所需之 K 值。此時，增益邊際值為何？

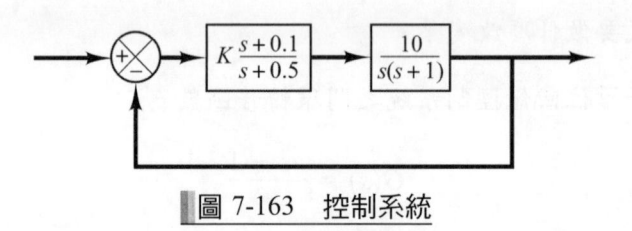

圖 7-163　控制系統

B-7-28 有一單位回饋控制系統之開環轉移函數為：

$$G(s) = \frac{K}{s(s^2 + s + 0.5)}$$

試求 K 值使得頻率響應之共振峰值為 2 dB，即 $M_r = 2$ dB。

B-7-29 有一單位回饋控制系統之開環轉移函數 $G(s)$ 的波德圖如圖 7-164。已知開環轉移函數為極小相位系統。由圖中看出，在 $\omega = 2$ rad/sec 處有一對共軛複數極點。試求此共軛複數極點相關二次因式項的阻尼比。並求出轉移函數 $G(s)$。

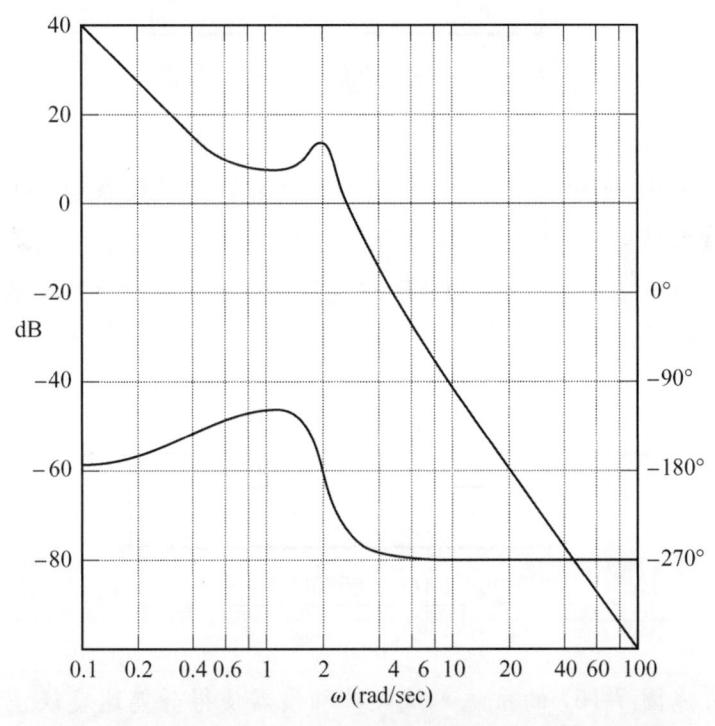

圖 7-164 單位回饋控制系統之開環轉移函數的波德圖

B-7-30 繪製如下 PI-控制器

$$G_c(s) = 5\left(1 + \frac{1}{2s}\right)$$

的波德圖。以及如下 PD-控制器

$$G_c(s) = 5(1 + 0.5s)$$

的波德圖。

B-7-31 圖 7-165 所示為太空船的高度控制系統。試求比例常數 K_p 及微分常數 T_d，使得閉迴路系統的頻寬為 0.4 至 0.5 rad/sec。（註：閉迴路系統的頻寬接近於增益邊際值。)系統必須有足夠的相位邊際值。繪製開環及閉迴路系統的頻率響應曲線波德圖。

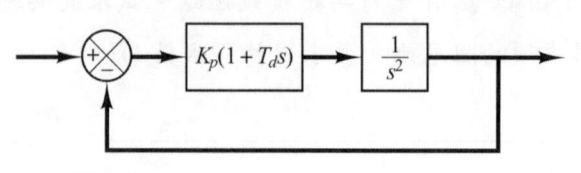

圖 7-165 太空船的高度控制系統

B-7-32 考慮圖 7-166 的閉迴路系統，試設計進相補償器 $G_c(s)$ 使得相位邊際值等於 45°，增益邊際值為 8 dB，且靜態速度誤差常數等於 4.0 sec^{-1}。利用 MATLAB 程式繪製單位步階響應及單位斜坡響應曲線。

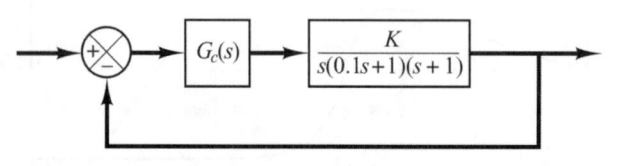

圖 7-166 閉迴路系統

B-7-33 考慮圖 7-167 的系統。試設計補償器使得靜態速度誤差常數等於 4 sec^{-1}，相位邊際值等於 50°，增益邊際值為 8 dB 以上。並利用 MATLAB 繪製補償系統的單位步階響應及單位斜坡響應曲線。

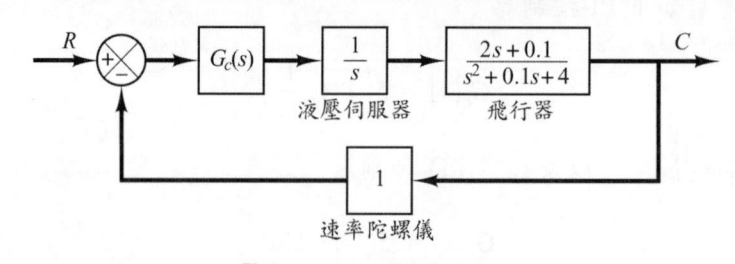

圖 7-167 控制系統

B-7-34 考慮圖 7-168 的系統。試設計滯相－進相補償器使得靜態速度誤

差常數等於 $20\ \text{sec}^{-1}$，相位邊際值等於 $60°$，增益邊際值為 8 dB 以上。並利用 MATLAB 繪製補償系統的單位步階響應及單位斜坡響應曲線。

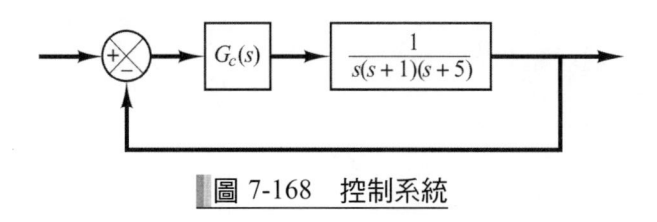

圖 7-168　控制系統

Chapter 8

PID 控制器與修整型 PID 控制器

8-1 引 言

在前幾章節裡，我們討論過基本的 PID 控制器。例如，我們曾經介紹過電子式、液壓式及氣壓式 PID 控制器。我們也討論了利用 PID 控制器設計控制系統。

很有趣且值得注意的是，當今工業界的控制器一半以上仍是使用 PID 控制器，或其修整型 PID 控制器。

基本的 PID 控制器安裝使用於現場，而各種不同的調節方法則是出現在各種文獻中。在安裝現場也可以使用各種調節規則施行詳細的或是精確的 PID 控制器調節動作。同時，自動調節法也發展了，使得許多工業程序可施行 PID 控制器的線上即時自動調節動作。修整型 PID 控制器，諸如 I-PD 控制器及多自由度 PID 控制器，目前也廣泛地使用在當今工業界。許多 bump-less 法 (由手動至自動操作) 也應用於增益排程之實用中。

PID 控制器可以廣泛地使用在各種控制系統中，因此甚為重要。特別是，當系統實際的數學模型不能確知時，不能施行數學分析設計，此時 PID 控制器就變得非常實用了。在程序控制系統中，PID 或其修整型之 PID 控制器更見實用，就算無法達到最佳控制，也常可達成滿意的控制要求。

本章要先介紹齊格勒–尼克調節規則之 PID 控制系統設計。下一步，介紹根據古典頻率響應法，接著利用數值計算最佳法，做 PID 控制器的設計。再來要介紹修整型 PID 控制器，諸如 PI-D 控制器及 I-PD 控制器。接著，介紹多自由度 PID 控制器，以解決單一自由度 PID 控制系統無法解決的衝突難題。(有關多自由度控制系統之觀念，參見 8-6 節。)

實用上，有時針對干擾輸入之響應要求設計，有時則針對參考輸入造成的響應要求做設計。這二個表現之要求設計常是互相衝突的，無法以單一自由度 PID 控制器為之。當控制器的自由度增加後，設計的結果就可以滿足以上二種要求了。

本章要詳細討論二自由度設計。本章要討論的數值計算最佳法 (尋找達到滿足性能要求之最佳參數) 可以同時應用於單一自由度及多自由度控制系統，只要系統的數學模型可以確知。

PID 控制器與修整型 PID 控制器

本章要點　8-1 節介紹本章之概要。8-2 節討論齊格勒－尼克調節規則之 PID 控制器設計。8-3 節討論建立於頻率響應法之 PID 控制器設計。8-4 節介紹數值計算最佳法以設計 PID 控制器之最佳參數。8-5 節討論多自由度控制系統，包含修整型 PID 控制器。

8-2　齊格勒－尼克之 PID 控制器調節規則

受控本體之 PID 控制　圖 8-1 所示為受控本體之 PID 控制。如果受控本體的數學模型已經確知，則可利用各種可分析的方法，將 PID 控制器的參數計算出來，使得閉迴路系統滿足暫態及穩態規格。但是，如果受控本體非常複雜，其數學模型無法確知，則不可使用可分析的方法或數值計算法設計出 PID 控制器。這時就要使用實驗性設計方法，根據調節規則做 PID 控制器的設計。

選擇控制器的參數使得系統的規格可以滿足之程序就是控制器調節。齊格勒－尼克以實驗法提出調節規則做 PID 控制器設計 (亦即，決定 K_p、T_i 及 T_d)，或建立於有條件性穩定時，只做比例控制動作時。以下簡介齊格勒－尼克 PID 控制器調節規則，其在受控本體數學模型無法確知時非常有用。(當然，如果受控本體的數學模型已經確知，齊格勒－尼克調節規則亦可以適用無誤。) 此規則提出一套的 K_p、T_i 及 T_d 數值以使得系統可以穩定的工作。然而，補償的系統在單位步階響應可能產生很大的超擊度，這是不能被接受的。遇到這種情形，須要一再地做精細的調整，直到結果可被接受。事實上，齊格勒－尼克調節規則建議出如何精細調整參數之步驟，而非一步就決定最後所需 K_p、T_i 及 T_d 數值。

調節 PID 控制器之齊格勒－尼克規則　齊格勒－尼克建立於控制本體的暫態響應特性，提出比例增益常數 K_p，積分時間 T_i 及微分時間 T_d 的數值決定規則。工程師可以在現場對控制本體做實驗，而決定 PID 控制器的

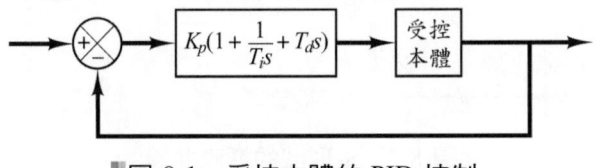

圖 8-1　受控本體的 PID 控制

參數，或做 PID 控制器的調節。(齊格勒-尼克提倡出許多 PID 控制器的調節規則，參見於文獻上及此種控制器的製造商。)

齊格勒-尼克調節規則有二：第一法及第二法。我們將分別簡單地敘述這二種方法。

第一法　在調節規則的第一個方法中，先對控制本體做單位步階響應的實驗，如圖 8-2 所示。如果控制本體沒有積分器，亦無共軛複數主極點，則其單位步階響應曲線形如圖 8-3 所示的 S-形狀。因此，第一法只是用於當單位步階輸入產生的響應曲線為 S-形狀。此步階響應曲線可經由控制本體的動態模擬的實驗得出。

S-形狀的曲線可以用延遲時間 L 及時間常數 T 代表其特性。經過 S-形狀曲線的摺曲點作切線，決定與時間軸相交及與直線 $c(t) = K$ 之相交處，如圖 8-3 所示，即可得出延遲時間及時間常數。轉移函數 $C(s)/U(s)$ 可用具有傳遞延遲的一階系統近似成：

$$\frac{C(s)}{U(s)} = \frac{Ke^{-Ls}}{Ts + 1}$$

圖 8-2　控制本體的單位步階響應

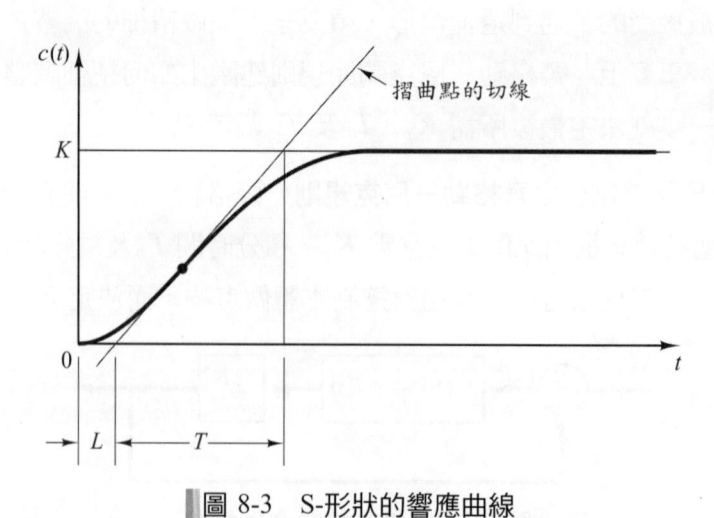

圖 8-3　S-形狀的響應曲線

表 8-1　建立於控制本體單位步階響應之齊格勒-尼克調節規則（第一法）

控制器的形式	K_p	T_i	T_d
P	$\dfrac{T}{L}$	∞	0
PI	$0.9\dfrac{T}{L}$	$\dfrac{L}{0.3}$	0
PID	$1.2\dfrac{T}{L}$	$2L$	$0.5L$

齊格勒-尼克根據表 8-1 的公式建議出 K_p、T_i 及 T_d。

因此，經由齊格勒-尼克第一法得出的 PID 控制器為

$$G_c(s) = K_p\left(1 + \frac{1}{T_i s} + T_d s\right)$$

$$= 1.2\frac{T}{L}\left(1 + \frac{1}{2Ls} + 0.5Ls\right)$$

$$= 0.6T\frac{\left(s + \dfrac{1}{L}\right)^2}{s}$$

亦即，此 PID 控制器有一個極點在原點，而在 $s = -1/L$ 處有雙重零點。

第二法　在調節規則的第二個方法中，我們先令 $T_i = \infty$ 及 $T_d = 0$。只使用比例控制動作（參見圖 8-4），並使得 K_p 由 0 增加到一臨界值 K_{cr}，此時輸出產生持續振盪。（如果調節 K_p 於任何值，輸出皆無法產生持續振盪，則此方法不能使用。）由此，臨界增益 K_{cr} 及相對應的振盪週期 P_{cr} 可經由實驗得知（參見圖 8-5）。齊格勒-尼克建議了 K_p、T_i 及 T_d 諸參數如表 8-2 所列述。

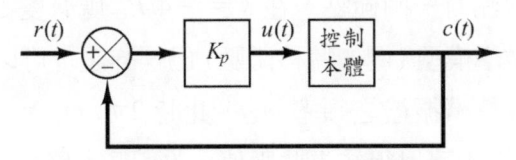

圖 8-4　具有比例控制器的閉迴路系統

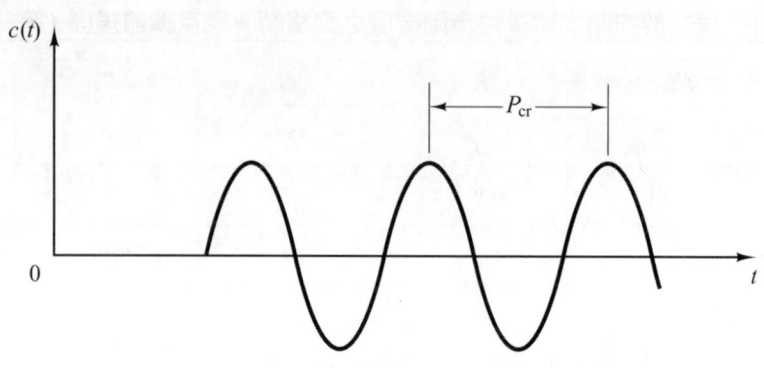

圖 8-5　持續振盪其週期 P_{cr}（P_{cr} 以秒計測之）

表 8-2　根據臨界增益 K_{cr} 及臨界週期 P_{cr} 的齊格勒－尼克調節規則（第二法）

控制器的形式	K_p	T_i	T_d
P	$0.5K_{cr}$	∞	0
PI	$0.45K_{cr}$	$\dfrac{1}{1.2}P_{cr}$	0
PID	$0.6K_{cr}$	$0.5P_{cr}$	$0.125P_{cr}$

根據齊格勒－尼克調節規則，則 PID 控制器為

$$G_c(s) = K_p\left(1 + \frac{1}{T_i s} + T_d s\right)$$

$$= 0.6K_{cr}\left(1 + \frac{1}{0.5P_{cr}s} + 0.125P_{cr}s\right)$$

$$= 0.075K_{cr}P_{cr}\frac{\left(s + \dfrac{4}{P_{cr}}\right)^2}{s}$$

因此，控制器在原點有一個極點，在 $s = -4/P_{cr}$ 處有雙零點。

如果系統的數學模型（例如轉移函數）已經詳之，可以利用跟軌跡法求出臨界增益 K_{cr} 及持續振盪之頻率 ω_{cr}，此時 $2\pi/\omega_{cr} = P_{cr}$。由跟軌跡之分支與 $j\omega$ 軸的交點也可以得知這些數值。（很顯然的，如果軌跡之分支無法與 $j\omega$ 軸相交，則此方法不能使用。）

註記　在程序控制系統中，如果控制本體之動態無法詳之，則齊格勒－尼克調節規則（以及在文獻上出現的調節規則）係廣用於 PID 控制器之

設計。長時間以來,這些方法也經證實很有用。當然,齊格勒－尼克調節規則也適用於控制本體之動態已經確知的場合。(如果本體之動態已經確知,則除了齊格勒－尼克調節規則外,尚有許多分析設計法與圖解法可以應用來設計 PID 控制器。)

例題 8-1

考慮圖 8-6 具有 PID 控制器的控制系統,其 PID 控制器的轉移函數為

$$G_c(s) = K_p\left(1 + \frac{1}{T_i s} + T_d s\right)$$

雖然對於這一個系統有許多分析設計法可以應用來設計 PID 控制器,但是我們要使用齊格勒－尼克調節規則決定 K_p、T_i 及 T_d 諸參數。然後利用單位步階響應檢查所設計的系統是否表現出大約 25% 的最大超擊度。如果最大超擊度超出預期(如 40% 以上),則須進一步調節以使得最大超擊度大約達到 25% 或更小。

因為控制本體具有一個積分器,因使我們使用齊格勒－尼克規則第二法。令 $T_i = \infty$ 及 $T_d = 0$ 則得閉迴路系統的轉移函數如下:

$$\frac{C(s)}{R(s)} = \frac{K_p}{s(s+1)(s+5) + K_p}$$

再利用羅斯穩度準則可以得知系統在條件式穩定,發生持續振盪時的 K_p。因為閉迴路系統的特性方程式為

$$s^3 + 6s^2 + 5s + K_p = 0$$

其羅斯穩度行列如下:

$$
\begin{array}{c|cc}
s^3 & 1 & 5 \\
s^2 & 6 & K_p \\
s^1 & \dfrac{30 - K_p}{6} & \\
s^0 & K_p & \\
\end{array}
$$

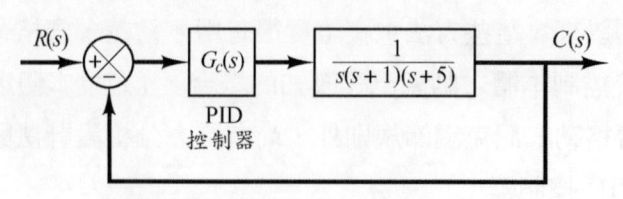

$$R(s) \longrightarrow \bigotimes \longrightarrow \boxed{G_c(s)} \longrightarrow \boxed{\frac{1}{s(s+1)(s+5)}} \longrightarrow C(s)$$

圖 8-6　具有 PID 控制器的系統

檢查羅斯穩度行列的第一行元素可以得知，產生持續振盪時的 $K_p = 30$。因此，臨界增益 K_{cr} 為

$$K_{cr} = 30$$

以此 K_p 可得 $K_{cr}(=30)$，因此系統的特性方程式為

$$s^3 + 6s^2 + 5s + 30 = 0$$

欲求持續振盪時的頻率，令 $s = j\omega$，代入特性方程式中：

$$(j\omega)^3 + 6(j\omega)^2 + 5(j\omega) + 30 = 0$$

或

$$6(5 - \omega^2) + j\omega(5 - \omega^2) = 0$$

由此得知振盪時的頻率為 $\omega^2 = 5$ 或 $\omega = \sqrt{5}$。因此，持續振盪週期是

$$P_{cr} = \frac{2\pi}{\omega} = \frac{2\pi}{\sqrt{5}} = 2.8099$$

根據表 8-2 可得 K_p、T_i 及 T_d 諸參數如下：

$$K_p = 0.6K_{cr} = 18$$

$$T_i = 0.5P_{cr} = 1.405$$

$$T_d = 0.125P_{cr} = 0.35124$$

是故，PID 控制器的轉移函數為

$$G_c(s) = K_p\left(1 + \frac{1}{T_i s} + T_d s\right)$$

$$= 18\left(1 + \frac{1}{1.405s} + 0.35124s\right)$$

$$= \frac{6.3223(s + 1.4235)^2}{s}$$

PID 控制器與修整型 PID 控制器

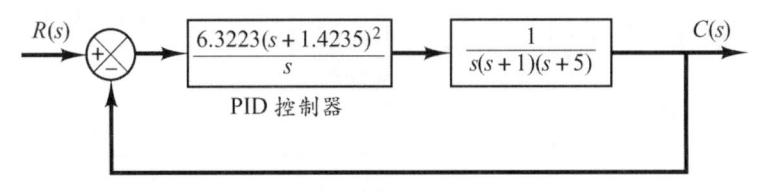

圖 8-7 使用齊格勒－尼克調節規則（第二法）設計出 PID 控制器的系統方塊圖

亦即，此 PID 控制器在原點有一個極點，在 $s = -1.4235$ 處有雙零點。圖 8-7 所示為使用此 PID 控制器的控制系統。

接下來，我們要檢查系統的單位步階響應。閉迴路系統轉移函 $C(s)/R(s)$ 為

$$\frac{C(s)}{R(s)} = \frac{6.3223s^2 + 18s + 12.811}{s^4 + 6s^3 + 11.3223s^2 + 18s + 12.811}$$

此系統的單位步階響應可以很輕易地由 MATLAB 求出。參見 MATLAB 程式 8-1。所得的單位步階響應曲線請參見圖 8-8。我們發現此時之最大超擊度大約是 62%。因此最大超擊度太大了。可以經由控制器參數的調節減少此超擊度。精細的微調必須借助於計算機。先保持 $K_p = 18$，將雙零點移至 $s = -0.65$ 處，亦即 PID 控制器為

$$G_c(s) = 18\left(1 + \frac{1}{3.077s} + 0.7692s\right) = 13.846\frac{(s + 0.65)^2}{s} \tag{8-1}$$

則單位步階響應的最大超擊度大約可以降低到 18%（參見圖 8-9）。如果比例增益 K_p 增加到 39.42，不改變零點 ($s = -0.65$) 的位置，亦即 PID 控制器為

MATLAB 程式 8-1

```
% ---------- Unit-step response ----------
num = [6.3223  18  12.811];
den = [1  6  11.3223  18  12.811];
step(num,den)
grid
title('Unit-Step Response')
```

$$G_c(s) = 39.42\left(1 + \frac{1}{3.077s} + 0.7692s\right) = 30.322\frac{(s + 0.65)^2}{s} \qquad (8\text{-}2)$$

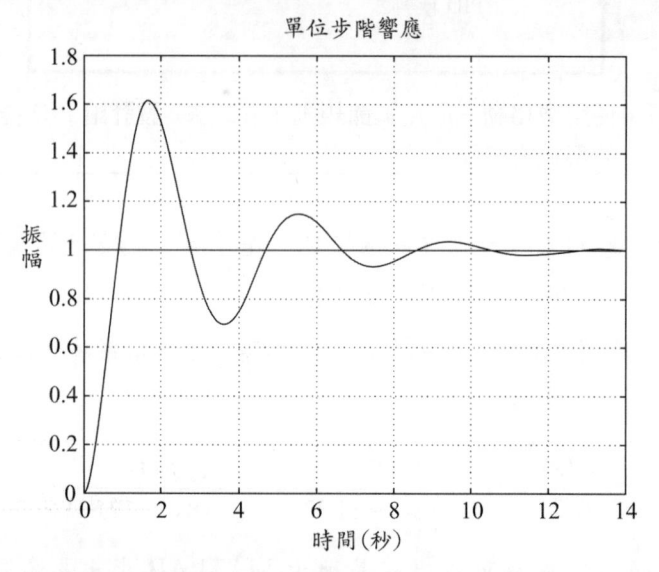

圖 8-8　使用齊格勒－尼克調節規則（第二法）設計出 PID 控制系統的單位步階響應

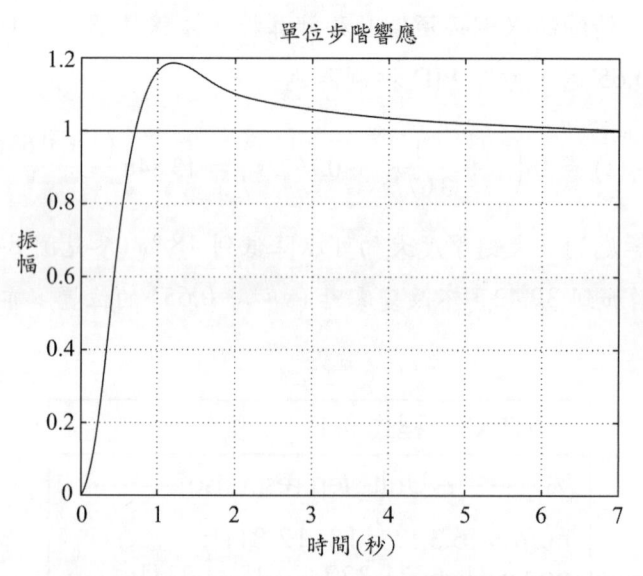

圖 8-9　圖 8-6 PID 控制系統的單位步階響應。控制器參數為 $K_p = 18$、$T_i = 3.077$ 及 $T_d = 0.7692$。

則響應速度增快了，但是最大超擊度則大約增加到 28％，參見圖 8-10。因為此時之最大超擊度接近 25％，且響應速度比使用 (8-1) 式的 $G_c(s)$ 之系統要快速，因此可以使用 (8-2) 式的 $G_c(s)$。是故，調節出來的 K_p、T_i 及 T_d 諸參數為

$$K_p = 39.42, \quad T_i = 3.077, \quad T_d = 0.7692$$

我們有趣地發現到，這些參數值大約是利用齊格勒－尼克調節規則第二法所得數值的二倍。這就是說，齊格勒－尼克調節規則提供了參數調節的起始值，這一點是非常重要的。

同時注意到，當雙零點在 $s = -1.4235$ 處，將增益 K_p 增大可以增加響應速度，但是若考慮到最大超擊度的要求時，增益 K_p 增大似乎沒有什麼成效。此原因可由根軌跡圖顯現出來。圖 8-11 所示為利用齊格勒－尼克調節規則第二法所設計系統的根軌跡圖。由於在相當廣大範圍的 K 值下，根軌跡的主極點所在分支沿著 $\zeta = 0.3$ 直線，K 值改變下 (從 6 至 30) 閉迴路系統主極點的阻尼比不會有什麼改變。但是改變雙零點的位置對於閉迴路系統主極點的阻尼比改變較大，因此嚴重地影響到最大超擊度。此效

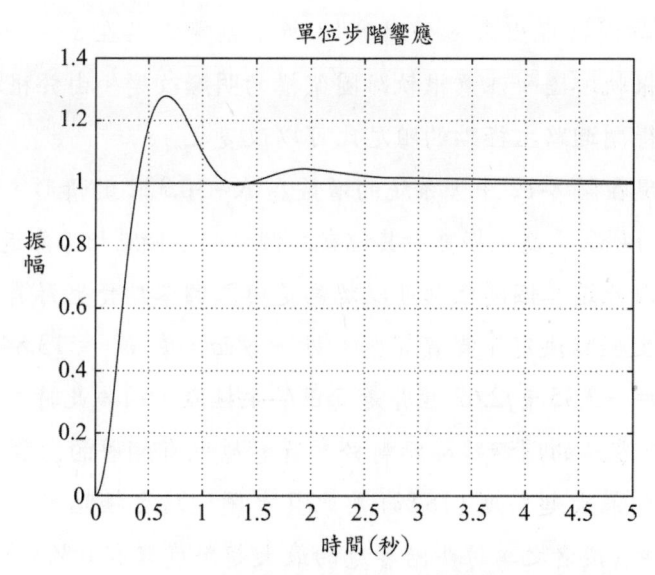

圖 8-10　圖 8-6 PID 控制系統的單位步階響應。控制器參數為 $K_p = 39.42$、$T_i = 3.077$ 及 $T_d = 0.7692$。

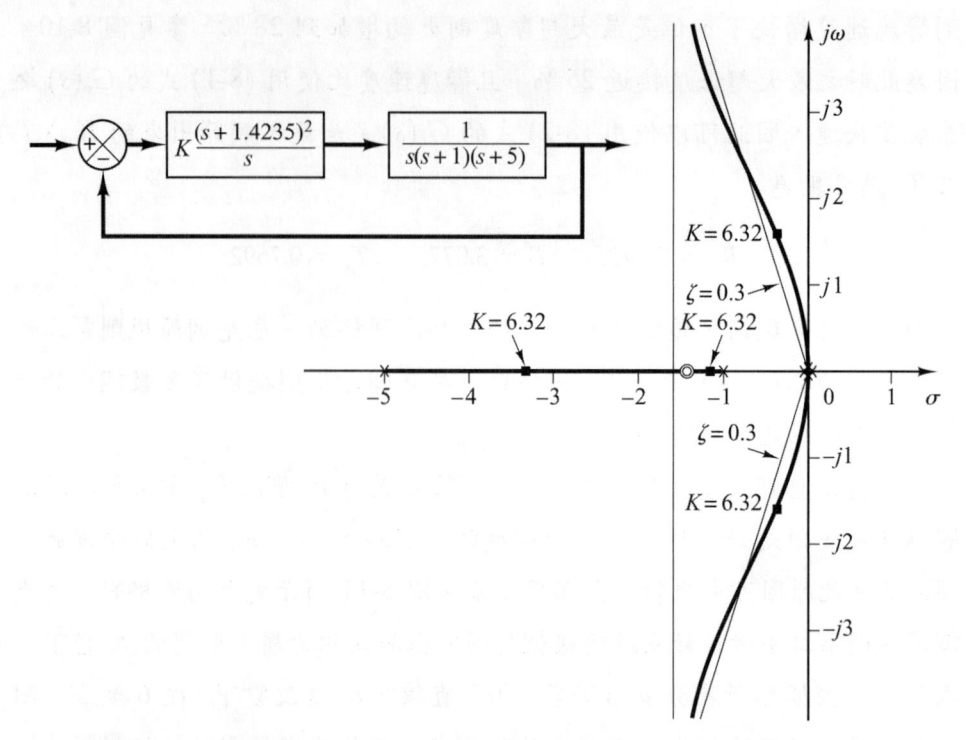

圖 8-11　雙零點在 $s = -1.4235$ 處的 PID 控制系統之根軌跡圖

果可由根軌跡圖顯現出來。如圖 8-12 所示為雙零點在 $s = -0.65$ 的 PID 控制系統之根軌跡圖。注意根軌跡圖架構的明顯改變。由於根軌跡圖架構的改變，使得閉迴路主極點的阻尼比可以改變之。

我們發現在圖 8-12 中，系統的增益為 $K = 30.322$ 的情形，閉迴路極點 $s = -2.35 \pm j4.82$ 是為主極點。其他有二個閉迴路極點相當靠近 $s = -0.65$ 的雙零點，因此這二個閉極點可以認為是與二個零點發生對消。如此，這一對閉迴路主極點決定了實質響應。另一方面，當 $K = 13.846$ 時，閉迴路極點為 $s = -2.35 \pm j2.62$ 並非是真正的主極點，因為此時二個相當靠近 $s = -0.65$ 雙零點的閉迴路極點對於實質響應也有顯著的影響。此時之單位步階響應的最大超擊度 (18 %) 要比具有閉迴路主極點，但只是二次系統，大很多。（後者之單位步階響應的最大超擊度只有 6 %。）

當然可以在做第三個，第四個，甚至於更多次的嘗試修改以得到較佳的響應。但如此一來，須花費更多時間做計算。如須做更多的嘗試，可以

PID 控制器與修整型 PID 控制器

使用往後 10-3 節的數值計算法。我們將在例題 **A-8-12** 介紹利用 MATLAB 施行的數值計算法。我們將找到有好幾組參數值使得最大超擊度少於 10％，安定時間少於 3 秒。對於目前這一個題目，在例題 **A-8-12** 所得的 PID 控制器將是

$$G_c(s) = K\frac{(s+a)^2}{s}$$

其中 K 及 a 之數值分別是

$$K = 29, \quad a = 0.25$$

此時，最大超擊度為 9.52％，安定時間少於 1.78 秒。另一組解答是

$$K = 27, \quad a = 0.2$$

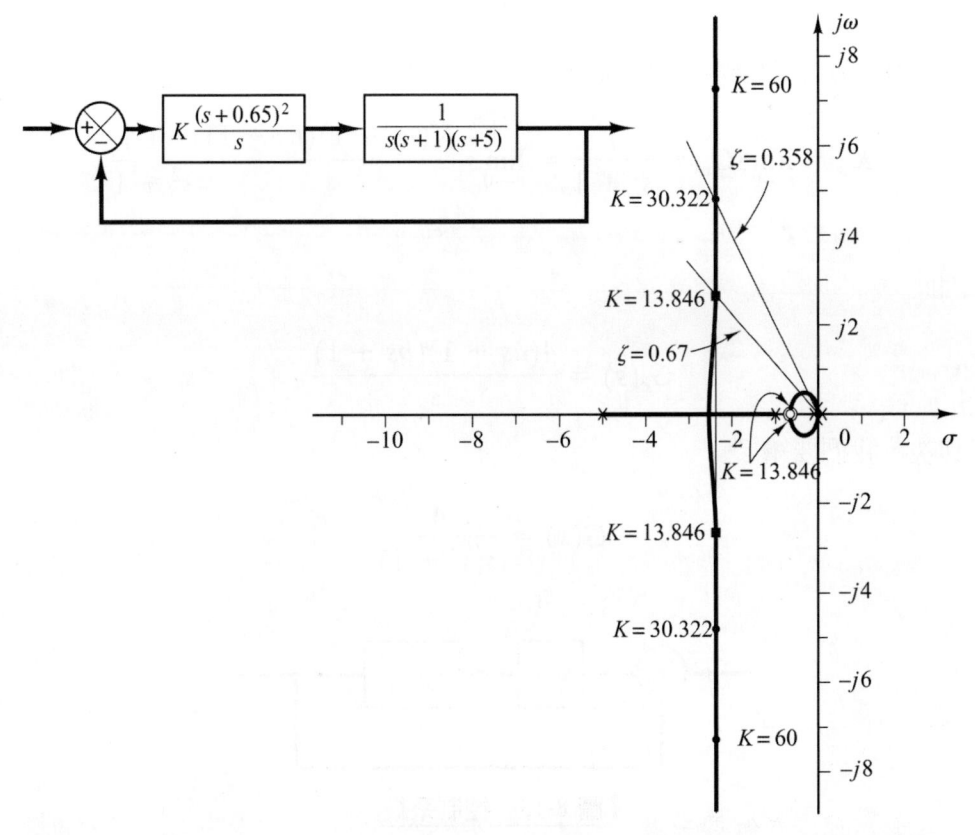

圖 8-12　雙零點在 $s = -0.65$ 處，$K = 13.846$，其 $G_c(s)$ 如 (8-1) 式；以及 $K = 30.322$，其 $G_c(s)$ 如 (8-2) 式的 PID 控制系統之根軌跡圖。

此時,最大超擊度為 5.5%,安定時間少於 2.89 秒。詳見例題 **A-8-12** 所述。

8-3 以頻率響應法設計 PID 控制器

本節要介紹利用頻率響應法設計 PID 控制器。

考慮圖 8-13 的系統。欲以頻率響應法設計 PID 控制器,使得靜態速度誤差常數為 4 sec^{-1},相位邊際值 50° 以上,增益邊際值 10 dB 以上。並利用 MATLAB 計算出系統的單位步階響應及單位斜坡響應曲線。

所選擇的 PID 控制器如下

$$G_c(s) = \frac{K(as+1)(bs+1)}{s}$$

因為靜態速度誤差常數 K_v 為 4 sec^{-1},故得

$$K_v = \lim_{s \to 0} sG_c(s) \frac{1}{s^2+1} = \lim_{s \to 0} s \frac{K(as+1)(bs+1)}{s} \frac{1}{s^2+1}$$
$$= K = 4$$

因此

$$G_c(s) = \frac{4(as+1)(bs+1)}{s}$$

其次,我們要繪製

$$G(s) = \frac{4}{s(s^2+1)}$$

圖 8-13 控制系統

的波德圖。以 MATLAB 程式 8-2 可產生 $G(s)$ 的波德圖。波德圖曲線參見圖 8-14 所示。

MATLAB　程式 8-2

```
num = [4];
den = [1  0.00000000001  1  0];
w = logspace(-1,1,200);
bode(num,den,w)
title('Bode Diagram of 4/[s(s^2+1)]')
```

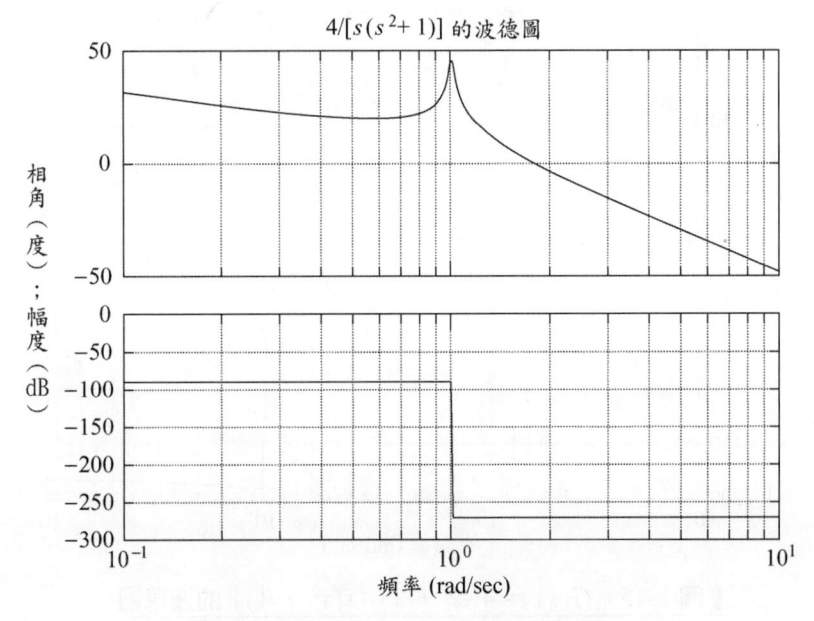

圖 8-14　$4/[s(s^2+1)]$ 的波德圖

我們須使得相位邊際值至少有 50°，增益邊際值 10 dB 以上。由圖 8-14 的波德圖，讀得增益交越頻率約為 $\omega = 1.8$ rad/sec。假定補償後的系統之增益交越頻率可以在 $\omega = 1$ 及 $\omega = 10$ rad/sec 之間。因為

$$G_c(s) = \frac{4(as+1)(bs+1)}{s}$$

我們選擇 $a = 5$。則 $(as+1)$ 將在高頻區域貢獻 90° 的相位超前。MATLAB 程式 8-3 可繪製出

$$\frac{4(5s+1)}{s(s^2+1)}$$

的波德圖。所繪製出來的波德圖參見圖 8-15 所示。

MATLAB　程式 8-3

```
num = [20  4];
den = [1 0.00000000001  1  0];
w = logspace(-2,1,101);
bode(num,den,w)
title('Bode Diagram of G(s) = 4(5s+1)/[s(s^2+1)]')
```

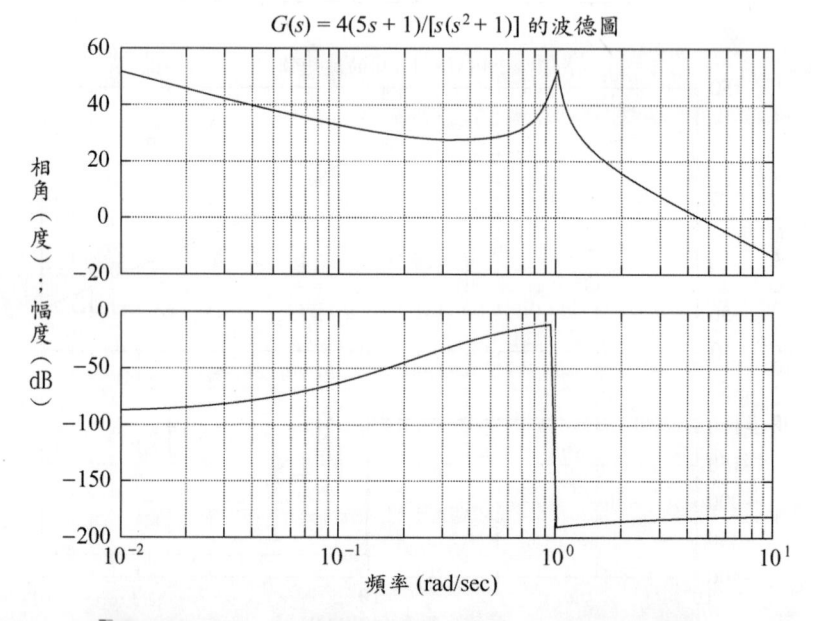

圖 8-15　$G(s) = 4(5s + 1)/[s(s^2 + 1)]$ 的波德圖

由圖 8-15 的波德圖可以求取 b。$(bs + 1)$ 這一項將使得相位邊際值至少有 50°。經由簡單的 MATLAB 嘗試，可得 $b = 0.25$ 使得相位邊際值至少 50°且增益邊際值 $+\infty$ dB。因此，選擇 $b = 0.25$ 可得

$$G_c(s) = \frac{4(5s + 1)(0.25s + 1)}{s}$$

所需系統的開環轉移函數變成

$$開環轉移函數 = \frac{4(5s + 1)(0.25s + 1)}{s} \frac{1}{s^2 + 1}$$

$$= \frac{5s^2 + 21s + 4}{s^3 + s}$$

PID 控制器與修整型 PID 控制器

> **MATLAB 程式 8-4**
>
> num = [5 21 4];
> den = [1 0 1 0];
> w = logspace(-2,2,100);
> bode(num,den,w)
> title('Bode Diagram of 4(5s+1)(0.25s+1)/[s(s^2+1)]')

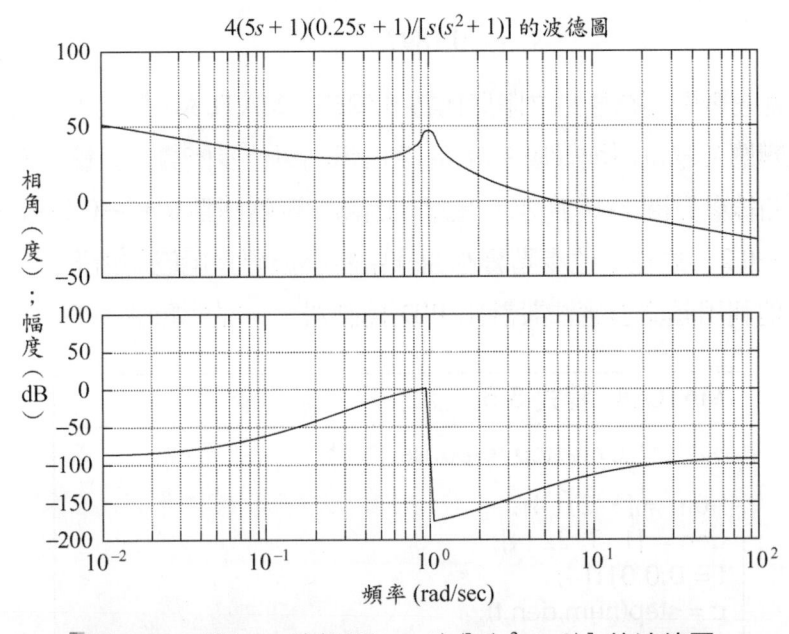

圖 8-16　$4(5s+1)(0.25s+1)/[s(s^2+1)]$ 的波德圖

以 MATLAB 程式 8-4 可產生開環轉移函數的波德圖。所繪製出來的波德圖參見圖 8-16。由圖中得知，靜態速度誤差常數 K_v 為 $4 \sec^{-1}$，相位邊際值為 55°，且增益邊際值 $+\infty$ dB。

因此，所設計的系統滿足了所有的要求。所需的系統於是可被接受。(註：可以有許許多多的系統皆能滿足了所有的要求。目前的答案只是其中一個而已。)

再來，我們要求出所需系統的單位步階響應及單位斜坡響應。閉迴路轉移函數為

$$\frac{C(s)}{R(s)} = \frac{5s^2 + 21s + 4}{s^3 + 5s^2 + 22s + 4}$$

525

注意，閉迴路零點位於

$$s = -4, \quad s = -0.2$$

閉迴路極點則位於

$$s = -2.4052 + j3.9119$$
$$s = -2.4052 - j3.9119$$
$$s = -0.1897$$

注意共軛複數閉迴路極點之阻尼比為 0.5237。MATLAB 程式 8-5 可產生單位步階響應及單位斜坡響應。圖 8-17 所示為單位步階響應曲線，而單位斜坡響應曲線參見圖 8-18 所示。注意，因為閉迴路極點 $s = -0.1897$ 及零點為 $s = -0.2$，故在單位步階響應曲線中有小振幅長尾巴的情形。

其他利用頻率響應法設計出 PID 控制器，參見例題 **A-8-7**。

MATLAB 程式 8-5

```
%***** Unit-step response *****

num = [5  21  4];
den = [1  5  22  4];
t = 0:0.01:14;
c = step(num,den,t);
plot(t,c)
grid
title('Unit-Step Response of Compensated System')
xlabel('t (sec)')
ylabel('Output c(t)')

%***** Unit-ramp response *****

num1 = [5  21  4];
den1 = [1  5  22  4  0];
t = 0:0.02:20;
c = step(num1,den1,t);
plot(t,c,'-',t,t,'--')
title('Unit-Ramp Response of Compensated System')
xlabel('t (sec)')
ylabel('Unit-Ramp Input and Output c(t)')
text(10.8,8,'Compensated System')
```

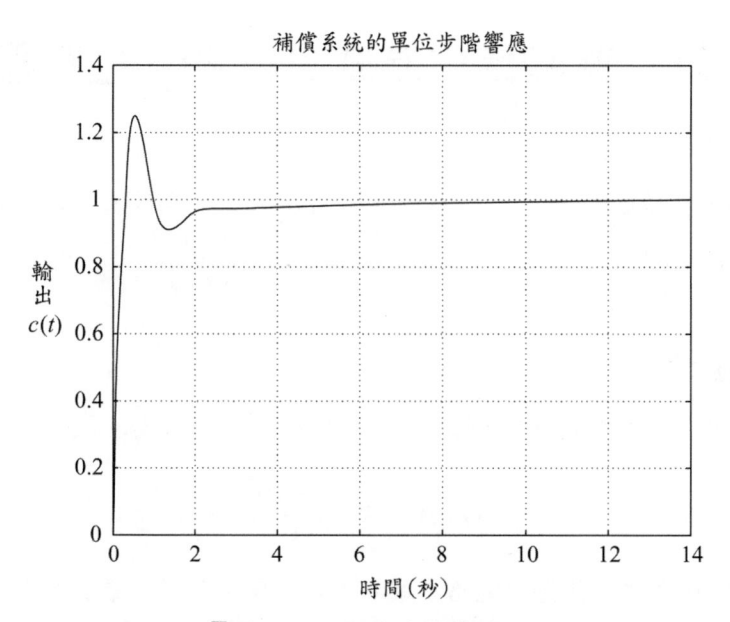

圖 8-17　單位步階響應

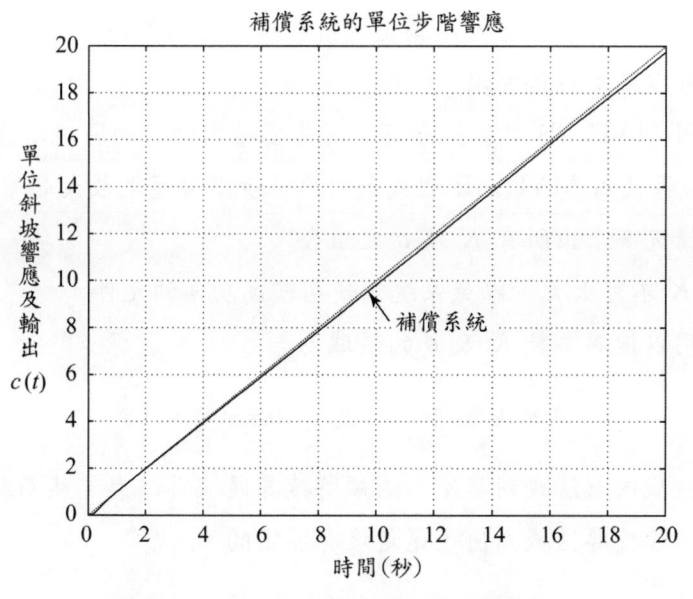

圖 8-18　單位斜坡響應及輸出曲線

8-4　以計算最佳化方式設計 PID 控制器

本節要介紹如何以 MATLAB 計算出 PID 控制器的最佳參數組合 (最佳解集合) 以滿足所需要的暫態響應規格要求。本節裡將呈現二個例題說明欲述之方法。

例題 8-2

考慮圖 8-19 的 PID 控制系統。其中 PID 控制器為

$$G_c(s) = K\frac{(s+a)^2}{s}$$

欲求 K 及 a 之組合使得閉迴路系統在單位步階響應時，最大超擊度為 10% 或更少。(本題中，我們不再加入其他條件。但是其他條件，諸如規定一定時間的安定時間也是可以加進去的，例如，參見例題 8-3。)

可能有許多組參數皆可以滿足規格要求。在本例題中，我們求出的各組參數皆可以滿足規格要求。

欲使用 MATLAB 計算此題目，首先要確定適當的區域以搜尋參數 K 及 a。然後再使用 MATLAB 程式針對單位步階響應之最大超擊度為 10% 或更少的情況下求出所有 K 及 a 之組合。

增益 K 不可太大，以免系統須使用較高功率的元件。

假設用以搜尋參數 K 及 a 的區域為

$$2 \leq K \leq 3 \quad \text{及} \quad 0.5 \leq a \leq 1.5$$

如果在此區域內無法找到答案，則須將搜尋區域再擴大。然而對於有些題目而言，不管搜尋區域為何，還是沒有答案的。

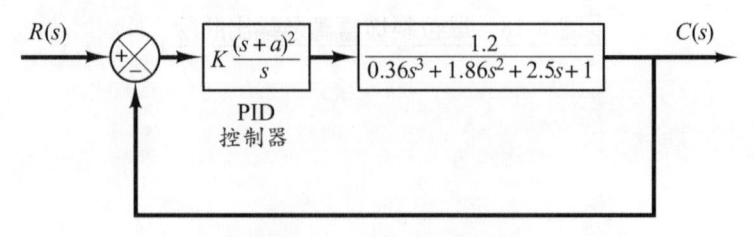

圖 8-19　PID 控制系統

PID 控制器與修整型 PID 控制器

施做計算法時，須先決定 K 及 a 的每一步搜尋大小。在實際的設計程序中，我們須選擇很小的搜尋步級大小。然而在本題目中，我們選擇合理的 K 及 a 搜尋步級大小如 0.2，以避免太過繁瑣費時的計算。

欲解本題目，當然有許多 MATLAB 程式可以解決之。此地使用 MATLAB 程式 8-6。此題目中使用二個 "for" 迴路。此程式一開始之外迴路係用以改變 "K" 值。而在內迴路係改變 "a" 值。在寫 MATLAB 程式時，以巢式迴路方式從很小的 K 及 a 數值開始，直到最高的搜尋值為止。因 K 及 a 的每一步搜尋大小及其搜尋區域之大小而異，欲計算出所需的 K 值或 a 值，可能需時數秒至數分鐘。

在此程式中，

$$\text{solution}(k,:) = [K(i) \ a(j) \ m]$$

產生了 K、a、m 數值的表格。（在目前的系統，共有 15 組 K 及 a 值顯現出 $m < 1.10$──使得最大超擊度少於 10%。）

依照最大超擊度的數值階次大小做解答的排列整理（從最小的 m 值開始，到最大的 m 值），須使用以下的指令

$$\text{sortsolution} = \text{sortrows}(\text{solution}, 3)$$

欲繪製排列表格中的最後一組 K 及 a 相關的單位步階響應時，使用以下的指令

$$K = \text{sortsolution}(k,1)$$
$$a = \text{sortsolution}(k,2)$$

且使用 step 指令。（如圖 8-20 所示為單位步階響應曲線。）欲繪製排列表格中最大超擊度大於 0% 的最小一組者產生的單位步階響應，使用以下的指令

$$K = \text{sortsolution}(11,1)$$
$$a = \text{sortsolution}(11,2)$$

且使用 step 指令。（如圖 8-21 所示為單位步階響應曲線。）

MATLAB 程式 8-6

%'K' and 'a' values to test

K = [2.0 2.2 2.4 2.6 2.8 3.0];
a = [0.5 0.7 0.9 1.1 1.3 1.5];

% Evaluate closed-loop unit-step response at each 'K' and 'a' combination
% that will yield the maximum overshoot less than 10%

```
t = 0:0.01:5;
g = tf([1.2],[0.36  1.86  2.5  1]);
k = 0;
for i = 1:6;
   for j = 1:6;
      gc = tf(K(i)*[1  2*a(j)  a(j)^2], [1  0]);  % controller
         G = gc*g/(1 + gc*g);  % closed-loop transfer function
         y = step(G,t);
         m = max(y);
         if m < 1.10
         k = k+1;
         solution(k,:) = [K(i)  a(j)  m];
         end
      end
   end
solution   % Print solution table
```

solution =

    2.0000 0.5000 0.9002
    2.0000 0.7000 0.9807
    2.0000 0.9000 1.0614
    2.2000 0.5000 0.9114
    2.2000 0.7000 0.9837
    2.2000 0.9000 1.0772
    2.4000 0.5000 0.9207
    2.4000 0.7000 0.9859
    2.4000 0.9000 1.0923
    2.6000 0.5000 0.9283
    2.6000 0.7000 0.9877
    2.8000 0.5000 0.9348
    2.8000 0.7000 1.0024
    3.0000 0.5000 0.9402
    3.0000 0.7000 1.0177

sortsolution = sortrows(solution,3)   % Print solution table sorted by
                                      % column 3

```
sortsolution =

  2.0000  0.5000  0.9002
  2.2000  0.5000  0.9114
  2.4000  0.5000  0.9207
  2.6000  0.5000  0.9283
  2.8000  0.5000  0.9348
  3.0000  0.5000  0.9402
  2.0000  0.7000  0.9807
  2.2000  0.7000  0.9837
  2.4000  0.7000  0.9859
  2.6000  0.7000  0.9877
  2.8000  0.7000  1.0024
  3.0000  0.7000  1.0177
  2.0000  0.9000  1.0614
  2.2000  0.9000  1.0772
  2.4000  0.9000  1.0923
```

% Plot the response with the largest overshoot that is less than 10%

K = sortsolution(k,1)

K =

  2.4000

a = sortsolution(k,2)

a =

  0.9000

```
gc = tf(K*[1  2*a  a^2], [1  0]);
G = gc*g/(1 + gc*g);
step(G,t)
grid   % See Figure 8-20
```

% If you wish to plot the response with the smallest overshoot that is
% greater than 0%, then enter the following values of 'K' and 'a'

K = sortsolution(11,1)

K =

  2.8000

a = sortsolution(11,2)

a =

  0.7000

```
gc = tf(K*[1  2*a  a^2], [1  0]);
G = gc*g/(1 + gc*g);
step(G,t)
grid   % See Figure 8–21
```

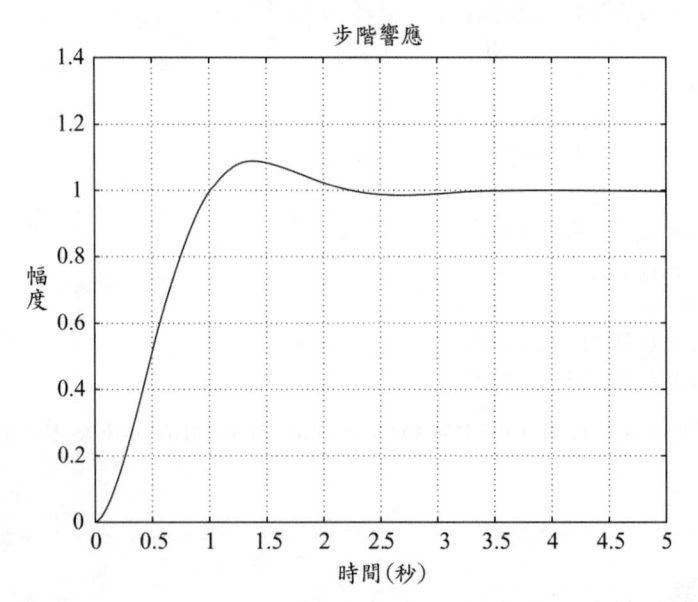

圖 8-20　$K = 2.4$ 及 $a = 0.9$ 系統的單位步階響應（最大超擊度少於 9.23%）

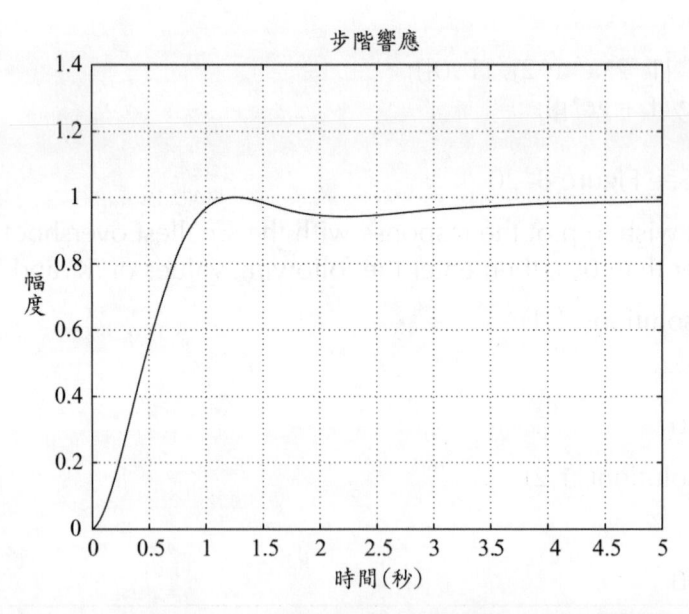

圖 8-21　$K = 2.8$ 及 $a = 0.7$ 系統的單位步階響應（最大超擊度 0.24%）

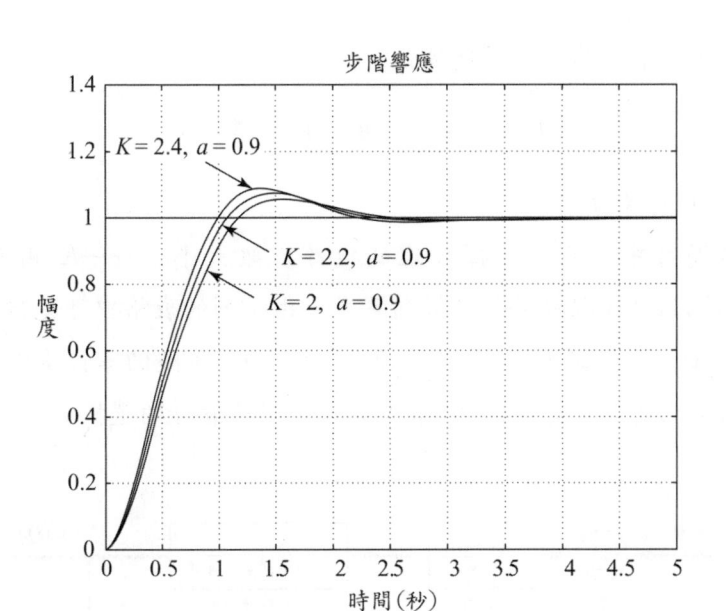

圖 8-22　$K=2$，$a=0.9$；$K=2.2$，$a=0.9$ 及 $K=2.4$，$a=0.9$ 系統的單位步階響應

欲繪製排列表格中某一組系統的單位步階響應時，先指定 K 及 a 值，而使用 sortsolution 指令為之。

當指定最大超擊度大於 10% 至 5% 之間，則可能有下述三組解答：

$K = 2.0000,\quad a = 0.9000,\quad m = 1.0614$

$K = 2.2000,\quad a = 0.9000,\quad m = 1.0772$

$K = 2.4000,\quad a = 0.9000,\quad m = 1.0923$

如圖 8-22 所示為上述三組情形的單位步階響應。注意到，增益 K 愈大的系統有較小的上升時間，但是其最大超擊度則增大些。到底哪一組解答式最好，這決定於系統要求什麼目的而定奪。

例題 8-3

考慮圖 8-23 的系統。欲求 K 及 a 之組合使得閉迴路系統在單位步階響應時，最大超擊度少於 15%，但大於 10%。此外，安定時間須少於 3

秒。於此題目中，答案搜尋區域為

$$3 \leq K \leq 5 \quad \text{及} \quad 0.1 \leq a \leq 3$$

試求最佳的 K 及 a 參數。

在本題目中，我們選擇合理的搜尋步級大小，——K 用 0.2，a 用 0.1。以 MATLAB 程式 8-7 可得到答案。由排列的表格中可見得第一列是最好的選擇。圖 8-24 所示為 $K = 3.2$，$a = 0.9$ 系統的單位步階響應。因為需要比其他情況有更小的 K 值，第一列則是最好的選擇。

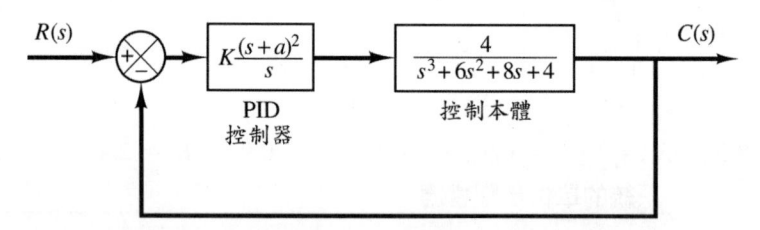

圖 8-23　具有簡化 PID 控制器的 PID 控制系統

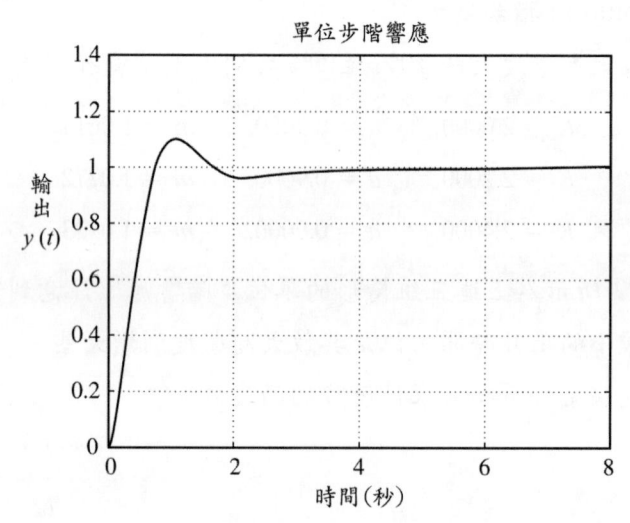

圖 8-24　$K = 3.2$ 及 $a = 0.9$ 系統的單位步階響應

MATLAB 程式 8-7

```
t = 0:0.01:8;
k = 0;
for K = 3:0.2:5;
   for a = 0.1:0.1:3;
      num = [4*K  8*K*a  4*K*a^2];
      den = [1  6  8+4*K  4+8*K*a  4*K*a^2];
         y = step(num,den,t);
         s = 801;while y(s)>0.98 & y(s)<1.02; s = s – 1;end;
      ts = (s–1)*0.01; % ts = settling time;
      m = max(y);
      if m<1.15 & m>1.10; if ts<3.00;
         k = k+1;
         solution(k,:) = [K  a  m  ts];
        end
      end
    end
  end
  solution
solution =
    3.0000    1.0000    1.1469    2.7700
    3.2000    0.9000    1.1065    2.8300
    3.4000    0.9000    1.1181    2.7000
    3.6000    0.9000    1.1291    2.5800
    3.8000    0.9000    1.1396    2.4700
    4.0000    0.9000    1.1497    2.3800
    4.2000    0.8000    1.1107    2.8300
    4.4000    0.8000    1.1208    2.5900
    4.6000    0.8000    1.1304    2.4300
    4.8000    0.8000    1.1396    2.3100
    5.0000    0.8000    1.1485    2.2100
sortsolution = sortrows(solution,3)
sortsolution =
   3.2000    0.9000    1.1065    2.8300
   4.2000    0.8000    1.1107    2.8300
   3.4000    0.9000    1.1181    2.7000
   4.4000    0.8000    1.1208    2.5900
   3.6000    0.9000    1.1291    2.5800
   4.6000    0.8000    1.1304    2.4300
   4.8000    0.8000    1.1396    2.3100
   3.8000    0.9000    1.1396    2.4700
```

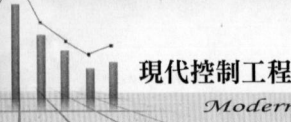

```
      3.0000    1.0000    1.1469    2.7700
      5.0000    0.8000    1.1485    2.2100
      4.0000    0.9000    1.1497    2.3800
    % Plot the response curve with the smallest overshoot shown in sortsolution table.
    K = sortsolution(1,1), a = sortsolution(1,2)
K =
    3.2000
a =
    0.9000
    num = [4*K    8*K*a    4*K*a^2];
    den = [1    6    8+4*K    4+8*K*a    4*K*a^2];
    num

num =
    12.8000    23.0400    10.3680
    den

den =
    1.0000    6.0000    20.8000    27.0400    10.3680
    y = step(num,den,t);
    plot(t,y) % See Figure 8–24.
    grid
    title('Unit-Step Response')
    xlabel('t sec')
    ylabel('Output y(t)')
```

8-5　PID 控制器的修整

考慮圖 8-25(a) 的 PID 控制系統，此時系統有干擾及雜訊的影響。圖 8-25(b) 為同一系統的其他形式方塊圖。如圖 8-25(b) 的基本 PID 控制系統，如果輸入施加步階函數，由於控制器中具有微分動作，在操作信號 $u(t)$ 中將出現脈衝函數 (δ-函數)。是故在實際的 PID 控制器中，不使用純微分項 $T_d s$，而使用

PID 控制器與修整型 PID 控制器

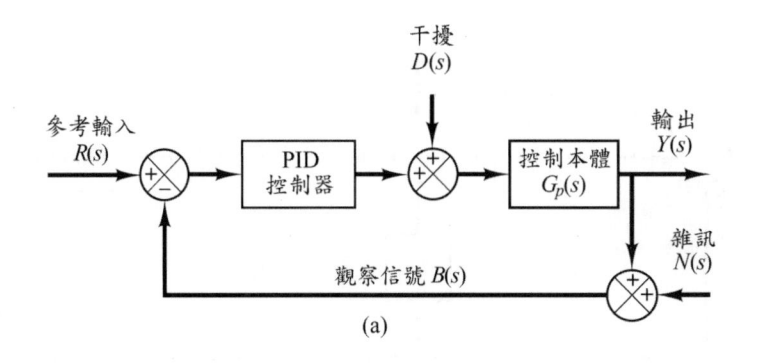

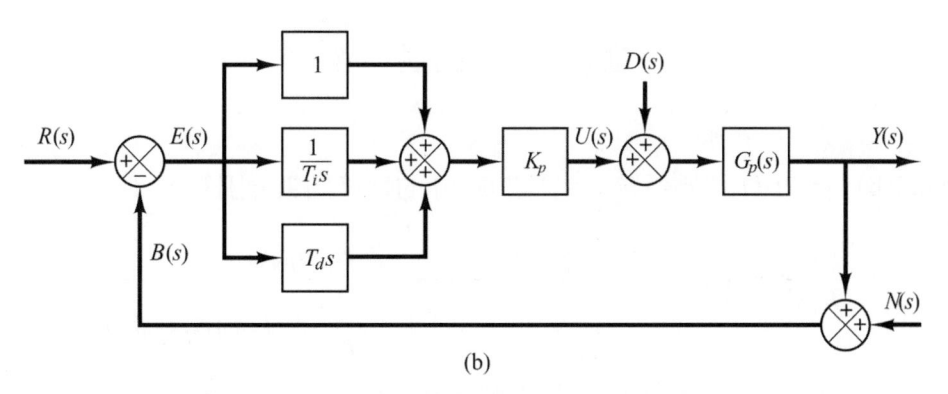

圖 8-25　(a) PID 控制系統；(b) 等效方塊圖。

$$\frac{T_d s}{1 + \gamma T_d s}$$

其 γ 之值約為 0.1。因此，如果輸入施加步階函數，操作信號 $u(t)$ 中不會出現脈衝函數，只會有尖波式脈波。這種現象稱為**置定點反衝**(set-point kick)。

PI-D 控制　欲克服此種置定點反衝的現象，我們可將微分動作只是安排在回饋路徑上，因此只有回饋信號產生微分，而不會對參考輸入信號做微分動作。這種控制方式的安排稱之為 PI-D 控制。如圖 8-26 所示為 PI-D 控制系統。

由圖 8-26 可以看出，操作信號 $U(s)$ 為

$$U(s) = K_p\left(1 + \frac{1}{T_i s}\right)R(s) - K_p\left(1 + \frac{1}{T_i s} + T_d s\right)B(s)$$

注意，當干擾及雜訊皆不存在時，則閉迴路 PID 控制系統 [參見圖

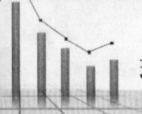

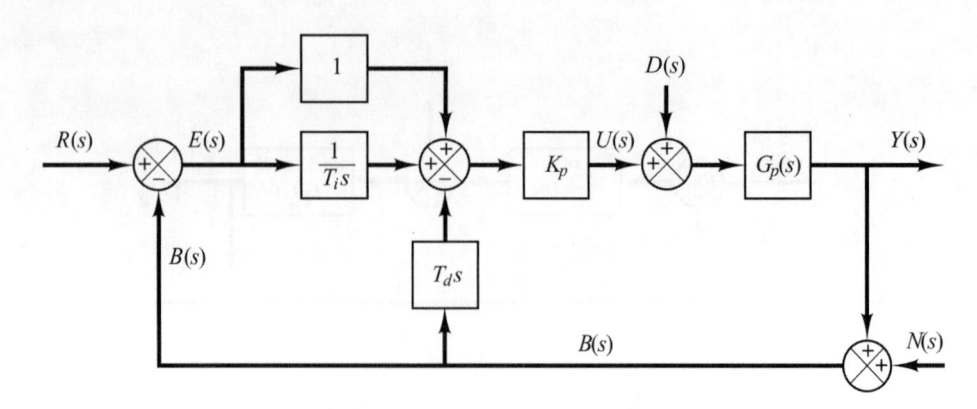

圖 8-26　PI-D 控制系統

8-25(b)] 及 PI-D 控制系統 [參見圖 8-26] 的轉移函數分別為，

$$\frac{Y(s)}{R(s)} = \left(1 + \frac{1}{T_i s} + T_d s\right)\frac{K_p G_p(s)}{1 + \left(1 + \frac{1}{T_i s} + T_d s\right)K_p G_p(s)}$$

及

$$\frac{Y(s)}{R(s)} = \left(1 + \frac{1}{T_i s}\right)\frac{K_p G_p(s)}{1 + \left(1 + \frac{1}{T_i s} + T_d s\right)K_p G_p(s)}$$

有一點重要的是，當參考信號及雜訊不存在時，干擾 $D(s)$ 至輸出 $Y(s)$ 之間的閉迴路轉移函數為

$$\frac{Y(s)}{D(s)} = \frac{G_p(s)}{1 + K_p G_p(s)\left(1 + \frac{1}{T_i s} + T_d s\right)}$$

I-PD 控制　考慮參考輸入為步階函數的情形。則在 PID 控制及 PI-D 控制的操作信號皆含有步階函數。在許多場合中，這種步階函數是不需要存在的。因此比較有利的情形是，將比例控制動作及微分動作移到回饋路徑上，因此只有回饋信號產生這些動作。此種控制方式之安排參見圖 8-27 所示。這種控制方式稱為 I-PD 控制。此時之操作信號為

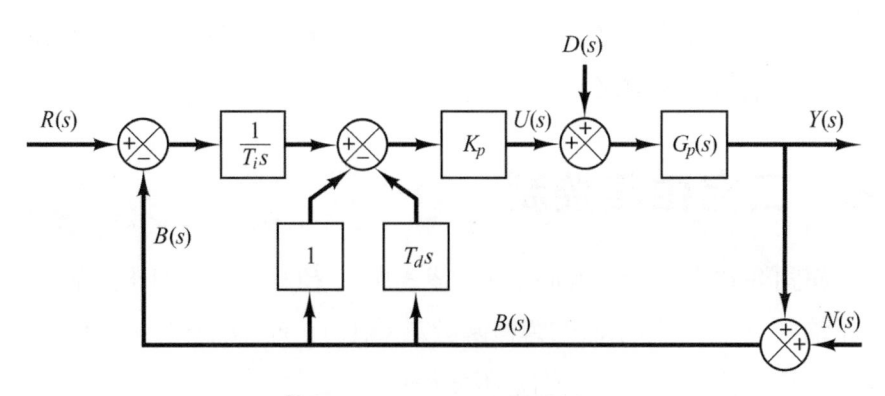

圖 8-27　I-PD 控制系統

$$U(s) = K_p \frac{1}{T_i s} R(s) - K_p \left(1 + \frac{1}{T_i s} + T_d s\right) B(s)$$

注意到，參考輸入 $R(s)$ 只出現在積分的部分。因此在 I-PD 控制時，適當積分控制為控制系統必要的動作。

當干擾輸入及雜訊輸入皆不存在時，閉迴路轉移函數 $Y(s)/R(s)$ 為

$$\frac{Y(s)}{R(s)} = \left(\frac{1}{T_i s}\right) \frac{K_p G_p(s)}{1 + K_p G_p(s)\left(1 + \frac{1}{T_i s} + T_d s\right)}$$

當參考輸入及雜訊輸入皆不存在時，干擾輸入至輸出之閉迴路轉移函數為

$$\frac{Y(s)}{D(s)} = \frac{G_p(s)}{1 + K_p G_p(s)\left(1 + \frac{1}{T_i s} + T_d s\right)}$$

此式與 PID 控制或 PI-D 控制的情形是一樣的。

二自由度 PID 控制　我們已經述說，將微分動作移到回饋路徑上可形成 PI-D 控制，而將微分及比例動作移到回饋路徑上可形成 I-PD 控制。也可以只將一部分的控制動作移到回饋路徑上，而保留其他的控制動作在順向路徑上。學理上，此即是 PI-PD 控制。這種控制特性在於 PID 控制與 I-PD 控制之間。同理，我們也可以考慮 PID-PD 控制。這種控制方式的安排中，順向路徑上安排一種控制器，而於回饋路徑安排另一種控制器。上述

的控制方式的安排即為意義比較廣泛的二自由度 PID 控制方式。有關二自由度控制方式將於本章之下一節次裡介紹之。

8-6 二自由度控制

考慮圖 8-28 的系統，此時除了有參考輸入 $R(s)$ 外，尚有干擾輸入 $D(s)$ 及雜訊輸入 $N(s)$。控制器的轉移函數為 $G_c(s)$，而 $G_p(s)$ 為控制本體的轉移函數。我們假設 $G_p(s)$ 為固定不變得。

此系統中可以導出三個閉迴路轉移函數 $Y(s)/R(s) = G_{yr}$、$Y(s)/D(s) = G_{yd}$ 及 $Y(s)/N(s) = G_{yn}$，其為

$$G_{yr} = \frac{Y(s)}{R(s)} = \frac{G_c G_p}{1 + G_c G_p}$$

$$G_{yd} = \frac{Y(s)}{D(s)} = \frac{G_p}{1 + G_c G_p}$$

$$G_{yn} = \frac{Y(s)}{N(s)} = -\frac{G_c G_p}{1 + G_c G_p}$$

[在推導 $Y(s)/R(s)$ 時，我們假設 $D(s) = 0$ 及 $N(s) = 0$。而推導 $Y(s)/D(s)$ 及 $Y(s)/N(s)$ 時，其原理是一樣的。] 一個控制系統的自由度與其閉迴路轉移函數的個數有關。以目前之系統，

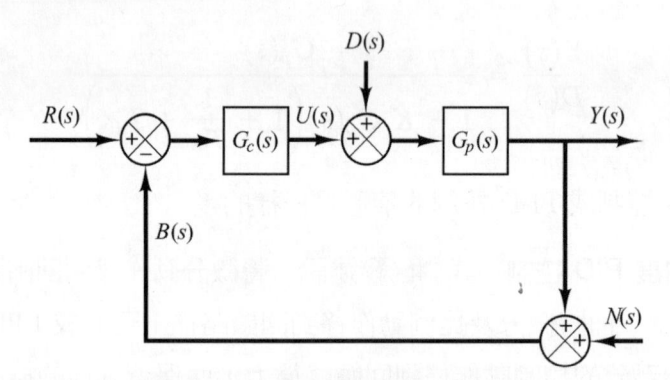

圖 8-28　單一自由度控制系統

$$G_{yr} = \frac{G_p - G_{yd}}{G_p}$$

$$G_{yn} = \frac{G_{yd} - G_p}{G_p}$$

在 G_{yr}、G_{yd} 及 G_{yn} 三個閉迴路轉移函數中,只要其中一個已知,則其他的二個就確定了。亦即,圖 8-28 所示的系統是為單一自由度控制系統。

再來,考慮圖 8-29 的系統,其中 $G_p(s)$ 為控制本體的轉移函數。對於此系統,閉迴路轉移函數 G_{yr}、G_{yn} 及 G_{yd} 分別為

$$G_{yr} = \frac{Y(s)}{R(s)} = \frac{G_{c1}G_p}{1 + (G_{c1} + G_{c2})G_p}$$

$$G_{yd} = \frac{Y(s)}{D(s)} = \frac{G_p}{1 + (G_{c1} + G_{c2})G_p}$$

$$G_{yn} = \frac{Y(s)}{N(s)} = -\frac{(G_{c1} + G_{c2})G_p}{1 + (G_{c1} + G_{c2})G_p}$$

因此,可得

$$G_{yr} = G_{c1}G_{yd}$$

$$G_{yn} = \frac{G_{yd} - G_p}{G_p}$$

此時,如果 G_{yd} 已知,則 G_{yn} 就確定了,但是 G_{yr} 還未能確定,因為 G_{c1}

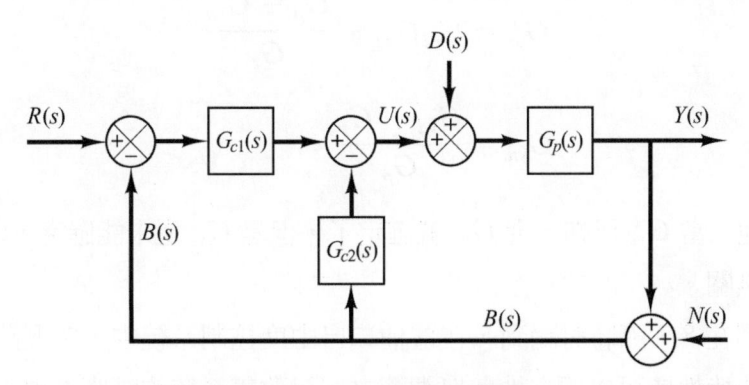

圖 8-29　二自由度控制系統

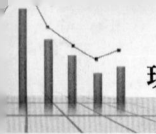

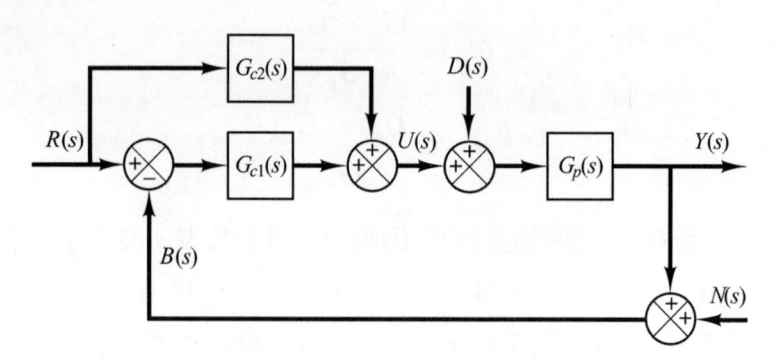

圖 8-30 二自由度控制系統

與 G_{yd} 無關。因此，在 G_{yr}、G_{yd} 及 G_{yn} 三個轉移函數中，有二個獨立的閉迴路轉移函數。所以，這是一個二自由度控制系統。

同理，圖 8-30 的系統亦是一個二自由度控制系統，因為

$$G_{yr} = \frac{Y(s)}{R(s)} = \frac{G_{c1}G_p}{1 + G_{c1}G_p} + \frac{G_{c2}G_p}{1 + G_{c1}G_p}$$

$$G_{yd} = \frac{Y(s)}{D(s)} = \frac{G_p}{1 + G_{c1}G_p}$$

$$G_{yn} = \frac{Y(s)}{N(s)} = -\frac{G_{c1}G_p}{1 + G_{c1}G_p}$$

所以，

$$G_{yr} = G_{c2}G_{yd} + \frac{G_p - G_{yd}}{G_p}$$

$$G_{yn} = \frac{G_{yd} - G_p}{G_p}$$

很顯然地，當 G_{yd} 已知，則 G_{yn} 就確定了，但是 G_{yr} 還未能確定，因為 G_{c2} 與 G_{yd} 無關。

我們在 8-7 節將討論到，在這種二自由度控制系統中，閉迴路的特性與回饋的特性皆可以獨立地各自調節之，以改善系統的響應表現。

8-7 以零點安置法改善響應特性

在本節次裡,我們將證明零點安置法可以達到下列事項:

對於斜坡參考輸入與加速度參考輸入之響應可產生零穩態誤差。

在表現優良的控制系統中,輸出須跟隨著輸入的變化而產生最小的誤差。對於步階、斜坡與加速度輸入,則系統的輸出應表現出零穩態誤差。

在以下的討論中,我們將介紹如何設計控制系統使得步階、斜坡與加速度輸入下產生零穩態誤差,同時對於步階式干擾的響應可以很快地趨近於零。

考慮圖 8-31 的二自由度控制系統。假設控制本體 $G_p(s)$ 為極小相位轉移函數,其為

$$G_p(s) = K \frac{A(s)}{B(s)}$$

其中

$$A(s) = (s + z_1)(s + z_2) \cdots (s + z_m)$$
$$B(s) = s^N(s + p_{N+1})(s + p_{N+2}) \cdots (s + p_n)$$

此時,N 可以是 0、1、2 且 $n \geq m$。假設 G_{c1} 為 PID 控制器,其後跟隨濾波器 $1/A(s)$,或

$$G_{c1}(s) = \frac{\alpha_1 s + \beta_1 + \gamma_1 s^2}{s} \frac{1}{A(s)}$$

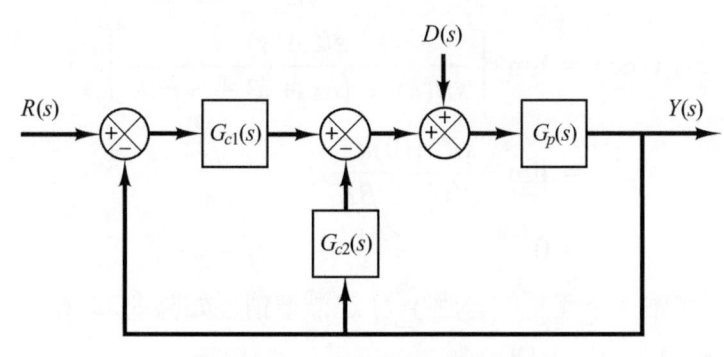

▋圖 8-31 二自由度控制系統

且 G_{c2} 為 PID、PI、PD、I、D 或 P 控制器，其後跟隨濾波器 $1/A(s)$。亦即

$$G_{c2}(s) = \frac{\alpha_2 s + \beta_2 + \gamma_2 s^2}{s} \frac{1}{A(s)}$$

其中 α_2、β_2 及 γ_2 可以為零。則 $G_{c1} + G_{c2}$ 可寫成

$$G_{c1} + G_{c2} = \frac{\alpha s + \beta + \gamma s^2}{s} \frac{1}{A(s)} \tag{8-3}$$

此處 α、β 及 γ 為常數。則

$$\frac{Y(s)}{D(s)} = \frac{G_p}{1 + (G_{c1} + G_{c2})G_p} = \frac{K\frac{A(s)}{B(s)}}{1 + \frac{\alpha s + \beta + \gamma s^2}{s} \frac{K}{B(s)}}$$

$$= \frac{sKA(s)}{sB(s) + (\alpha s + \beta + \gamma s^2)K}$$

因為在分子有 s，所以對於步階式干擾輸入下，當 t 趨近於無窮大時，產生的響應 $y(t)$ 將趨近於零，如下所述。因為

$$Y(s) = \frac{sKA(s)}{sB(s) + (\alpha s + \beta + \gamma s^2)K} D(s)$$

如果干擾輸入為步階函數，其幅度為 d，或

$$D(s) = \frac{d}{s}$$

且假設系統為穩定，則

$$y(\infty) = \lim_{s \to 0} s \left[\frac{sKA(s)}{sB(s) + (\alpha s + \beta + \gamma s^2)K} \right] \frac{d}{s}$$

$$= \lim_{s \to 0} \frac{sKA(0)d}{sB(0) + \beta K}$$

$$= 0$$

在步階式干擾輸入下產生的響應 $y(t)$ 之標準情形如圖 8-32 所示。

$Y(s)/R(s)$ 及 $Y(s)/D(s)$ 為

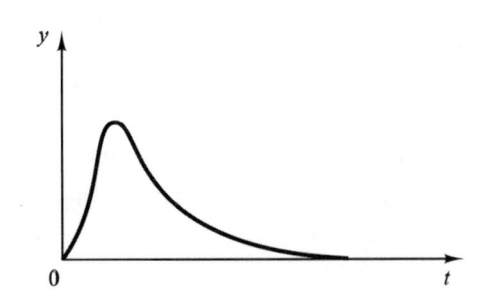

圖 8-32　步階式干擾輸入產生的標準響應曲線

$$\frac{Y(s)}{R(s)} = \frac{G_{c1}G_p}{1 + (G_{c1} + G_{c2})G_p}, \quad \frac{Y(s)}{D(s)} = \frac{G_p}{1 + (G_{c1} + G_{c2})G_p}$$

注意到，$Y(s)/R(s)$ 及 $Y(s)/D(s)$ 的分母相同。在選擇 $Y(s)/R(s)$ 的極點之前，我們需先決定 $Y(s)/R(s)$ 的零點。

零點定位　考慮如下系統

$$\frac{Y(s)}{R(s)} = \frac{p(s)}{s^{n+1} + a_n s^n + a_{n-1} s^{n-1} + \cdots + a_2 s^2 + a_1 s + a_0}$$

如果我們選擇 $p(s)$ 為

$$p(s) = a_2 s^2 + a_1 s + a_0 = a_2(s + s_1)(s + s_2)$$

亦即，零點選擇在 $s = -s_1$ 及 $s = -s_2$ 與 a_2 一起，使得 $p(s)$ 的分子等於分母多項式的最後三項之和——則系統在步階輸入、斜坡輸入與加速度輸入下，輸出響應表現出零穩態誤差。

系統響應特性設定之要求　假使系統在單位步階輸入產生之響應輸出之最大超擊度有上限及下限之要求——例如

$$2\% < 最大超擊度 < 10\%$$

此處我們選擇下限值稍微比零大，以避免系統發生過阻尼情況。上限值如果選擇得太小，則係數 a 愈不容易決定。有時，在給予的規格下是無法找到係數 a，因此最大超擊度的上限值要選擇高一點。我們可使用 MATLAB 選擇至少一組係數 a，以滿足規格。實際的計算中，我們並不去搜尋係數 a，而是在左半 s 平面上之適當區域中尋找出可被接受的閉迴路極點。當閉迴路極點決定後，則所有的係數 a_n，a_{n-1}，$\cdots a_1$，a_0 便可被確定出來。

G_{c2} 的決定　因為轉移函數 $Y(s)/R(s)$ 的係數皆得知了，則 $Y(s)/R(s)$ 為

$$\frac{Y(s)}{R(s)} = \frac{a_2 s^2 + a_1 s + a_0}{s^{n+1} + a_n s^n + a_{n-1} s^{n-1} + \cdots + a_2 s^2 + a_1 s + a_0} \quad (8\text{-}4)$$

是故

$$\frac{Y(s)}{R(s)} = G_{c1} \frac{Y(s)}{D(s)}$$

$$= \frac{G_{c1} s K A(s)}{sB(s) + (\alpha s + \beta + \gamma s^2)K}$$

$$= \frac{G_{c1} s K A(s)}{s^{n+1} + a_n s^n + a_{n-1} s^{n-1} + \cdots + a_2 s^2 + a_1 s + a_0}$$

因為 G_{c1} 為 PID 控制器，如下述

$$G_{c1} = \frac{\alpha_1 s + \beta_1 + \gamma_1 s^2}{s} \frac{1}{A(s)}$$

則 $Y(s)/R(s)$ 可寫成

$$\frac{Y(s)}{R(s)} = \frac{K(\alpha_1 s + \beta_1 + \gamma_1 s^2)}{s^{n+1} + a_n s^n + a_{n-1} s^{n-1} + \cdots + a_2 s^2 + a_1 s + a_0}$$

所以，我們選擇

$$K\gamma_1 = a_2, \qquad K\alpha_1 = a_1, \qquad K\beta_1 = a_0$$

是故

$$G_{c1} = \frac{a_1 s + a_0 + a_2 s^2}{Ks} \frac{1}{A(s)} \quad (8\text{-}5)$$

系統在單位步階輸入產生的響應輸出之最大超擊度可滿足上限及下限之要求

$$2\% < \text{最大超擊度} < 10\%$$

在斜坡參考輸入與加速度參考輸入下，系統響應之穩態誤差為零。(8-4) 式系統的特性可表現很小的安定時間。如果我們還需要更短的安定時間，則須規定最大超擊度大一些——例如，

$$2\% < 最大超擊度 < 20\%$$

控制器 G_{c2} 可由 (8-3) 及 (8-5) 式決定之。因

$$G_{c1} + G_{c2} = \frac{\alpha s + \beta + \gamma s^2}{s} \frac{1}{A(s)}$$

所以

$$\begin{aligned} G_{c2} &= \left[\frac{\alpha s + \beta + \gamma s^2}{s} - \frac{a_1 s + a_0 + a_2 s^2}{Ks} \right] \frac{1}{A(s)} \\ &= \frac{(K\alpha - a_1)s + (K\beta - a_0) + (K\gamma - a_2)s^2}{Ks} \frac{1}{A(s)} \end{aligned} \quad (8\text{-}6)$$

G_{c1} 及 G_{c2} 這二個控制器可由 (8-5) 及 (8-6) 式決定之。

例題 8-4

考慮圖 8-33 的二自由度控制系統。控制本體 $G_p(s)$ 之轉移函數為

$$G_p(s) = \frac{10}{s(s+1)}$$

試設計 $G_{c1}(s)$ 及 $G_{c2}(s)$ 使得系統在單位步階輸入下響應的最大超擊度少於 19%，但不超過 2%，且安定時間少於 1 秒。同時也須要在斜坡與加速度輸入下，系統響應的穩態誤差為零。在單位步階干擾輸入下，其響應的幅度很小，且很快地消失至零。

欲設計適當的 $G_{c1}(s)$ 及 $G_{c2}(s)$，先注意到

$$\frac{Y(s)}{D(s)} = \frac{G_p}{1 + G_p(G_{c1} + G_{c2})}$$

欲做化簡，定義

$$G_c = G_{c1} + G_{c2}$$

則

$$\begin{aligned} \frac{Y(s)}{D(s)} &= \frac{G_p}{1 + G_p G_c} = \frac{\dfrac{10}{s(s+1)}}{1 + \dfrac{10}{s(s+1)} G_c} \\ &= \frac{10}{s(s+1) + 10 G_c} \end{aligned}$$

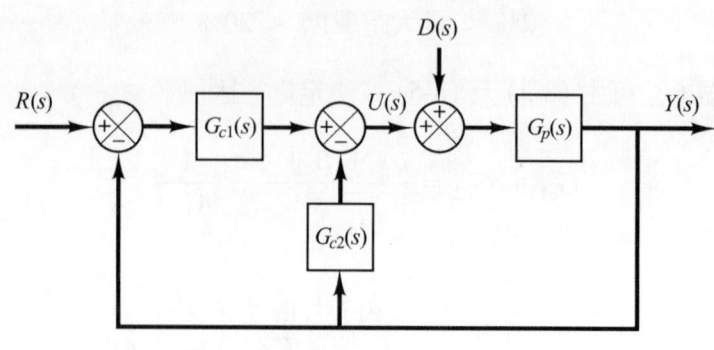

圖 8-33　二自由度控制系統

其次，注意到

$$\frac{Y(s)}{R(s)} = \frac{G_p G_{c1}}{1 + G_p G_c} = \frac{10 G_{c1}}{s(s+1) + 10 G_c}$$

且注意到 $Y(s)/D(s)$ 及 $Y(s)/R(s)$ 的特性方程式是相同的。

首先我們可以選擇 $G_c(s)$ 的零點為 $s = -1$ 以與本體 $G_P(s)$ 的極點 $s = -1$ 對消。然而，此消去的極點 $s = -1$ 成為整體系統的閉迴路極點，其原理將敘述於後。如果我們定義 $G_c(s)$ 為 PID 控制器如下

$$G_c(s) = \frac{K(s+1)(s+\beta)}{s} \tag{8-7}$$

則

$$\frac{Y(s)}{D(s)} = \frac{10}{s(s+1) + \dfrac{10K(s+1)(s+\beta)}{s}}$$

$$= \frac{10s}{(s+1)[s^2 + 10K(s+\beta)]}$$

在 $s = -1$ 的閉迴路極點係為慢速極點，若此閉迴路極點包含在系統中，則安定時間將不會少於 1 秒。因此，我們不選擇 $G_c(s)$ 為 (8-7) 式之形式。

$G_{c1}(s)$ 及 $G_{c2}(s)$ 控制器的設計包含二個步驟。

設計步驟 1：我們設計 $G_c(s)$ 以滿足系統對於步階干擾輸入 $D(s)$ 產生響應的要求條件。此時，我們假設參考輸入為零。

如果我們假設 PID 控制器 $G_c(s)$ 為如下形式

$$G_c(s) = \frac{K(s+\alpha)(s+\beta)}{s}$$

則閉迴路轉移函數 $Y(s)/D(s)$ 變成

$$\frac{Y(s)}{D(s)} = \frac{10}{s(s+1) + 10G_c}$$

$$= \frac{10}{s(s+1) + \dfrac{10K(s+\alpha)(s+\beta)}{s}}$$

$$= \frac{10s}{s^2(s+1) + 10K(s+\alpha)(s+\beta)}$$

注意到，$Y(s)/D(s)$ 的分子中出現了 "s" 可以使得步階干擾輸入下產生的穩態響應為零。

讓我們假設須要的閉迴路主極點為如下形式的共軛複數

$$s = -a \pm jb$$

而其他的閉迴路極點為實數，位於

$$s = -c$$

我們要注意到，此系統須要滿足三個要求。第一個要求是，由步階干擾輸入下產生響應很快地消失掉。第二個要求是，在單位步階輸入下，響應的最大超擊度介於 19% 與 2% 之間。第二個要求是，安定時間少於 1 秒。其中第三個要求意味在斜坡與加速度輸入下，系統響應的穩態誤差為零。

我們必須利用數值計算法尋找出 a、b 及 c 的區域。欲滿足第一個要求，則 a、b 及 c 的區域須選擇為

$$2 \leq a \leq 6, \quad 2 \leq b \leq 6, \quad 6 \leq c \leq 12$$

此搜索區域如圖 8-34 所述。如果閉迴路主極點 $s = -a \pm jb$ 選擇於此斜線標示的區域中，則步階干擾輸入下產生的響應會很快地消逝掉。(因此滿足了第一個要求。)

因為 $Y(s)/D(s)$ 的分母可以寫成

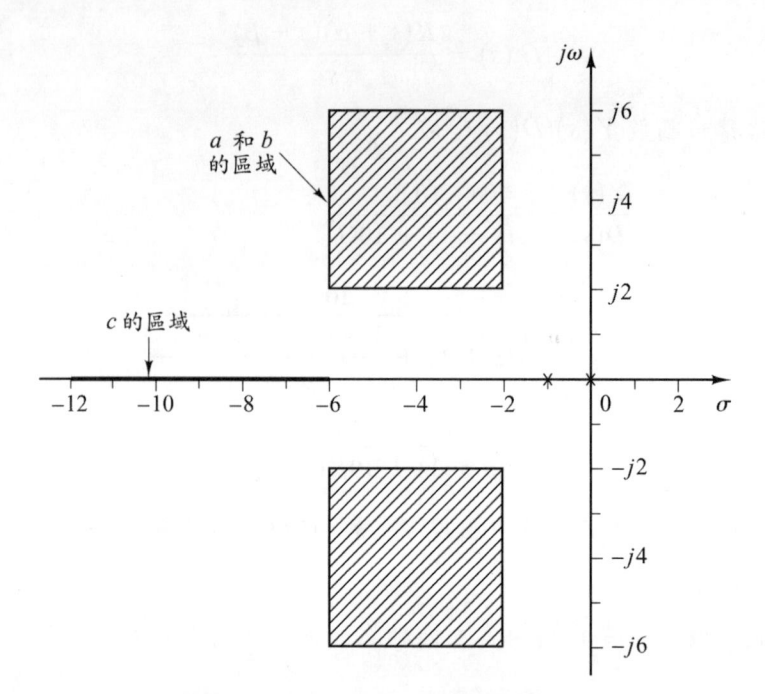

▎圖 8-34　a、b 及 c 的搜索區域

$$s^2(s+1) + 10K(s+\alpha)(s+\beta)$$

$$= s^3 + (1+10K)s^2 + 10K(\alpha+\beta)s + 10K\alpha\beta$$

$$= (s+a+jb)(s+a-jb)(s+c)$$

$$= s^3 + (2a+c)s^2 + (a^2+b^2+2ac)s + (a^2+b^2)c$$

因為 $Y(s)/D(s)$ 及 $Y(s)/R(s)$ 的分母相等，$Y(s)/D(s)$ 的分母也可以用來決定參考輸入的響應特性。欲滿足第三個要求，我們使用零點定位法，選擇閉迴路轉移函數 $Y(s)/R(s)$ 為下列形式：

$$\frac{Y(s)}{R(s)} = \frac{(2a+c)s^2 + (a^2+b^2+2ac)s + (a^2+b^2)c}{s^3 + (2a+c)s^2 + (a^2+b^2+2ac)s + (a^2+b^2)c}$$

是故，第三個要求條件就可以自動地滿足了。

接下來，設計題目變成在 a、b 及 c 描述的區域中找尋一組或許多組閉迴路極點，使得系統在單位步階輸入下，響應的最大超擊度介於 19％與 2％ 之間，且其安定時間少於 1 秒。(如果在所述的區域中無法找尋到一組合適的閉迴路極點，則描述的區域須再擴大之。)

PID 控制器與修整型 PID 控制器

　　施行數值計算法時，須選擇合理的階位步級大小。在此題目中，我們選擇每一數值階位為 0.2。

　　MATLAB 程式 8-8 產生 a、b 及 c 可被接受組合的表格。在 MATLAB 程式 8-8 產生的共有 23 組數值都可以滿足針對單位步階輸入下產生響應所需的要求條件。表中的最後一列即是最後一次搜尋點。因為此一點不能滿足要求條件，先予除去。(程式中，最後一次搜尋點產生表中的最後一列，不管是否滿足要求條件。)

　　如上所述，共有 23 組 a、b 及 c 變數可滿足要求。由這 23 組產生的系統之單位步階響應曲線約略相同。圖 8-35(a) 係由

$$a = 4.2, \quad b = 2, \quad c = 12$$

MATLAB 程式 8-8

```
t = 0:0.01:4;
k = 0;
for i = 1:21;
   a(i) = 6.2-i*0.2;
   for j = 1:21;
      b(j) = 6.2-j*0.2;
      for h = 1:31;
         c(h) = 12.2-h*0.2;
   num = [0  2*a(i)+c(h)  a(i)^2+b(j)^2+2*a(i)*c(h)  (a(i)^2+b(j)^2)*c(h)];
   den = [1  2*a(i)+c(h)  a(i)^2+b(j)^2+2*a(i)*c(h)  (a(i)^2+b(j)^2)*c(h)];
         y = step(num,den,t);
         m = max(y);
         s = 401; while y(s) > 0.98 & y(s) < 1.02;
         s = s-1; end;
         ts = (s-1)*0.01;
      if m < 1.19 & m > 1.02 & ts < 1.0;
      k = k+1;
      table(k,:) = [a(i)  b(j)  c(h)  m  ts];
         end
      end
   end
end
```

```
table(k,:) = [a(i)  b(j)  c(h)  m  ts]
table =
  4.2000  2.0000  12.0000  1.1896  0.8500
  4.0000  2.0000  12.0000  1.1881  0.8700
  4.0000  2.0000  11.8000  1.1890  0.8900
  4.0000  2.0000  11.6000  1.1899  0.9000
  3.8000  2.2000  12.0000  1.1883  0.9300
  3.8000  2.2000  11.8000  1.1894  0.9400
  3.8000  2.0000  12.0000  1.1861  0.8900
  3.8000  2.0000  11.8000  1.1872  0.9100
  3.8000  2.0000  11.6000  1.1882  0.9300
  3.8000  2.0000  11.4000  1.1892  0.9400
  3.6000  2.4000  12.0000  1.1893  0.9900
  3.6000  2.2000  12.0000  1.1867  0.9600
  3.6000  2.2000  11.8000  1.1876  0.9800
  3.6000  2.2000  11.6000  1.1886  0.9900
  3.6000  2.0000  12.0000  1.1842  0.9200
  3.6000  2.0000  11.8000  1.1852  0.9400
  3.6000  2.0000  11.6000  1.1861  0.9500
  3.6000  2.0000  11.4000  1.1872  0.9700
  3.6000  2.0000  11.2000  1.1883  0.9800
  3.4000  2.0000  12.0000  1.1820  0.9400
  3.4000  2.0000  11.8000  1.1831  0.9600
  3.4000  2.0000  11.6000  1.1842  0.9800
  3.2000  2.0000  12.0000  1.1797  0.9600
  2.0000  2.0000   6.0000  1.2163  1.8900
```

產生的單位步階響應曲線。此時，響應的最大超擊度為 18.96％，且安定時間為 0.85 秒。用此組 a、b 及 c 數值，則閉迴路極點位於

$$s = -4.2 \pm j2, \quad s = -12$$

在此閉迴路極點，$Y(s)/D(s)$ 的分母變成

$$s^2(s + 1) + 10K(s + \alpha)(s + \beta) = (s + 4.2 + j2)(s + 4.2 - j2)(s + 12)$$

或

$$s^3 + (1 + 10K)s^2 + 10K(\alpha + \beta)s + 10K\alpha\beta = s^3 + 20.4s^2 + 122.44s + 259.68$$

上式中比較 s 冪次之係數可得

$$1 + 10K = 20.4$$
$$10K(\alpha + \beta) = 122.44$$
$$10K\alpha\beta = 259.68$$

單位步階響應($a = 4.2$、$b = 2$、$c = 12$)

單位步階干擾輸入之響應

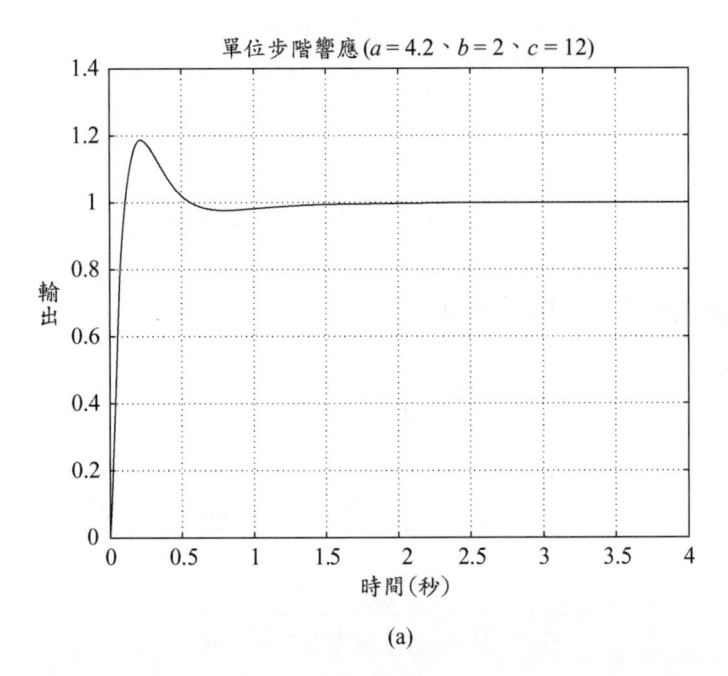

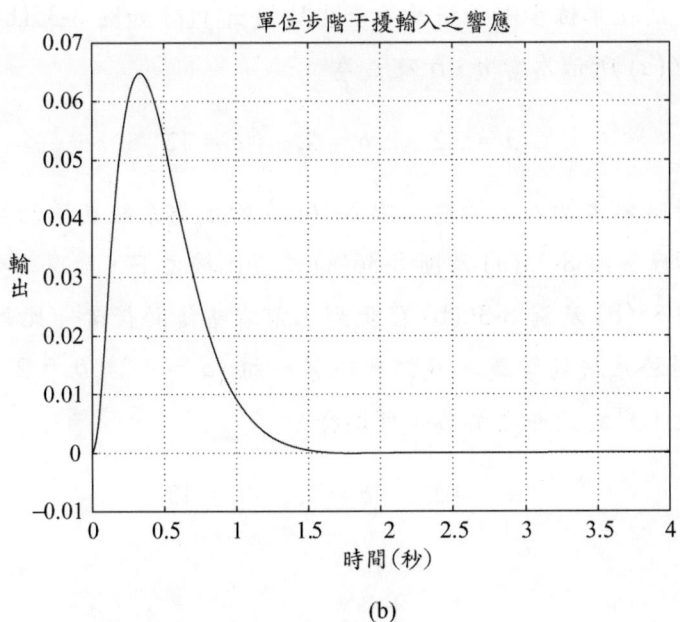

圖 8-35　(a) 單位步階參考輸入之響應 ($a = 4.2$、$b = 2$ 及 $c = 12$)；
　　　　(b) 單位步階干擾輸入之響應 ($a = 4.2$、$b = 2$ 及 $c = 12$)。

因此，

$$K = 1.94, \quad \alpha + \beta = \frac{122.44}{19.4}, \quad \alpha\beta = \frac{259.68}{19.4}$$

則 $G_c(s)$ 可寫成

$$G_c(s) = K\frac{(s + \alpha)(s + \beta)}{s}$$

$$= \frac{K[s^2 + (\alpha + \beta)s + \alpha\beta]}{s}$$

$$= \frac{1.94s^2 + 12.244s + 25.968}{s}$$

閉迴路轉移函數 $Y(s)/D(s)$ 變成

$$\frac{Y(s)}{D(s)} = \frac{10}{s(s+1) + 10G_c}$$

$$= \frac{10}{s(s+1) + 10\dfrac{1.94s^2 + 12.244s + 25.968}{s}}$$

$$= \frac{10s}{s^3 + 20.4s^2 + 122.44s + 259.68}$$

利用此式，則在單位步階干擾輸入產生的輸出 $y(t)$ 如圖 8-35(b) 所示。

圖 8-36(a) 所示為當 a、b 及 c 為

$$a = 3.2, \quad b = 2, \quad c = 12$$

時，單位步階參考輸入之響應。圖 8-36(b) 所示為系統在單位步階干擾輸入產生的響應。圖 8-35(a) 及圖 8-36(a) 二者比較之下，發現約略相同。但是比較圖 8-35(b) 及圖 8-36(b) 發現到，前者略優於後者。比較系統於表格中各組對於系統的響應，我們發現第一組 ($a = 4.2$、$b = 2$ 及 $c = 12$) 最好。因此，對於此題之解答，可選擇

$$a = 4.2, \quad b = 2, \quad c = 12$$

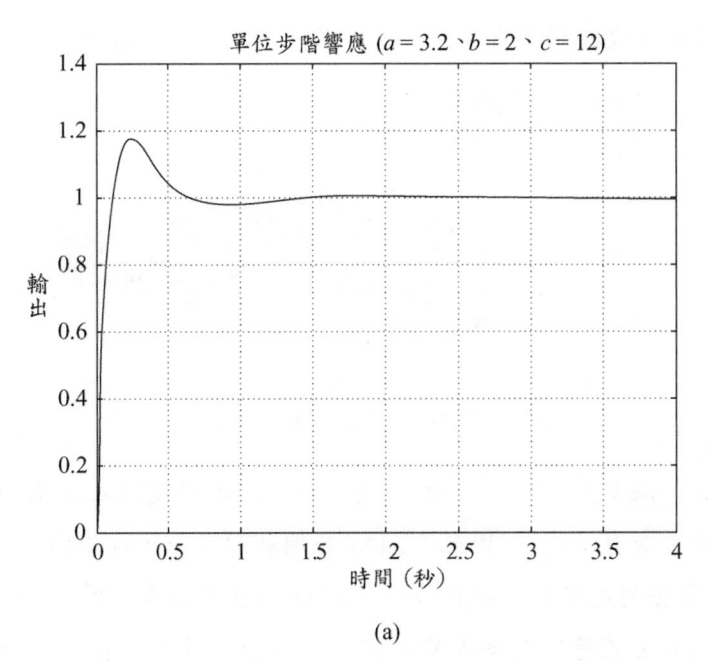

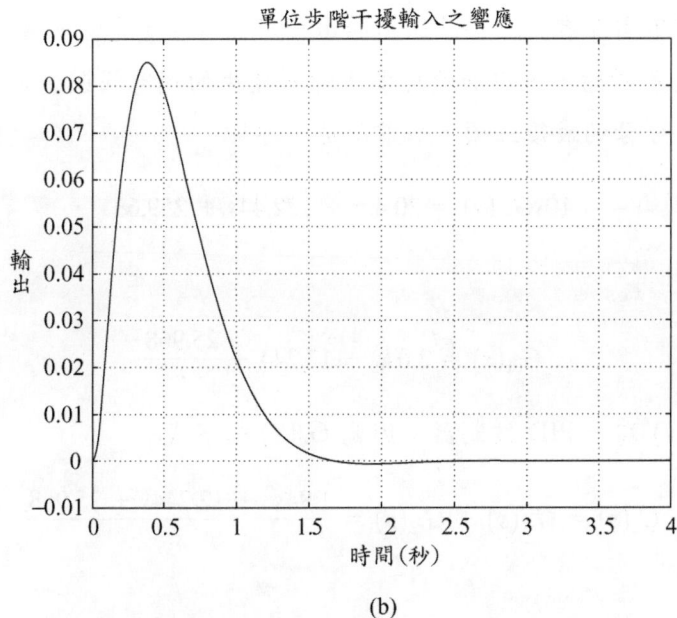

圖 8-36 (a) 單位步階參考輸入之響應 ($a = 3.2$、$b = 2$ 及 $c = 12$)；
(b) 單位步階干擾輸入之響應 ($a = 3.2$、$b = 2$ 及 $c = 12$)。

設計步驟 2：其次我們決定 G_{c1}。因為 $Y(s)/R(s)$ 可以寫成

$$\frac{Y(s)}{R(s)} = \frac{G_p G_{c1}}{1 + G_p G_c}$$

$$= \frac{\dfrac{10}{s(s+1)} G_{c1}}{1 + \dfrac{10}{s(s+1)} \dfrac{1.94s^2 + 12.244s + 25.968}{s}}$$

$$= \frac{10s G_{c1}}{s^3 + 20.4s^2 + 122.44s + 259.68}$$

則題目變成，決定 $G_{c1}(s)$ 以滿足步階、斜坡與加速度輸入產生的響應。

因為分子含有"s"，因此 $G_{c1}(s)$ 必須具有積分器以能消掉此"s"。[雖然我們需要閉迴路轉移函數 $Y(s)/D(s)$ 的分子具有"s"，如此一來步階干擾輸入產生的穩態誤差為零，但是在閉迴路轉移函數 $Y(s)/R(s)$ 的分子中，我們不需要有"s"。] 欲消除由於單位步階參考輸入產生的抵補，及消除斜坡參考輸入、與加速度參考輸入產生的穩態誤差，則 $Y(s)/R(s)$ 必須等於其分母的最後三項，如前所述。亦即

$$10s G_{c1}(s) = 20.4s^2 + 122.44s + 259.68$$

或

$$G_{c1}(s) = 2.04s + 12.244 + \frac{25.968}{s}$$

是故，$G_{c1}(s)$ 為一 PID 控制器。因為 $G_c(s)$ 如下式

$$G_c(s) = G_{c1}(s) + G_{c2}(s) = \frac{1.94s^2 + 12.244s + 25.968}{s}$$

可得

$$\begin{aligned} G_{c2}(s) &= G_c(s) - G_{c1}(s) \\ &= \left(1.94s + 12.244 + \frac{25.968}{s}\right) - \left(2.04s + 12.244 + \frac{25.968}{s}\right) \\ &= -0.1s \end{aligned}$$

所以 $G_{c2}(s)$ 係為微分控制器。所設計出來的系統參見圖 8-37。

PID 控制器與修整型 PID 控制器

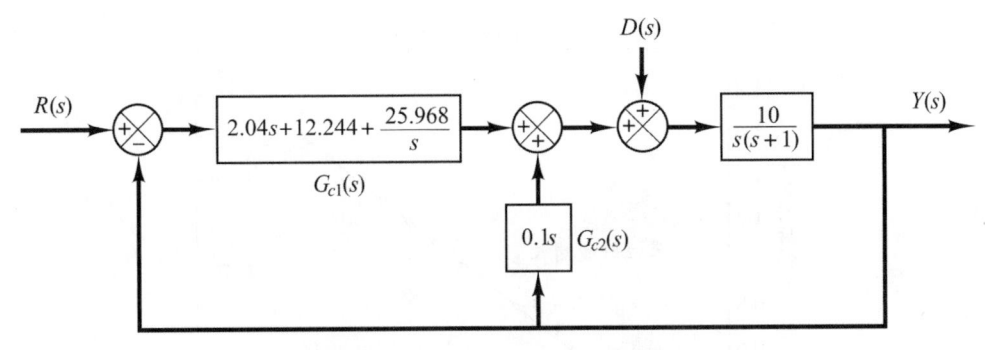

■ 圖 8-37 設計系統的方塊圖

閉迴路轉移函數 $Y(s)/R(s)$ 為

$$\frac{Y(s)}{R(s)} = \frac{20.4s^2 + 122.44s + 259.68}{s^3 + 20.4s^2 + 122.44s + 259.68}$$

圖 8-38(a) 及 (b) 分別所示為單位斜坡參考輸入及單位加速度參考輸入之響應。由斜坡輸入及加速度輸入產生的穩態誤差為零。因此，題目所要求的條件皆滿足了。所以設計出來的 $G_{c1}(s)$ 及 $G_{c2}(s)$ 是可以被接受的。

例題 8-5

考慮圖 8-39 的系統。此為二自由度系統。在此設計題目中，我們假設雜訊輸入 $N(s)$ 為零。並假設受控本體 $G_p(s)$ 轉移函數為

$$G_p(s) = \frac{5}{(s+1)(s+5)}$$

同時假設 $G_{c1}(s)$ 為 PID 控制器，即

$$G_{c1}(s) = K_p\left(1 + \frac{1}{T_i s} + T_d s\right)$$

控制器 $G_{c2}(s)$ 為 P 或 PD 型控制器。[如果 $G_{c2}(s)$ 具有積分動作，則會對於輸入信號貢獻出斜坡成分，這是不需要的。因此，$G_{c2}(s)$ 不可以具有積分動作。] 所以，我們假設

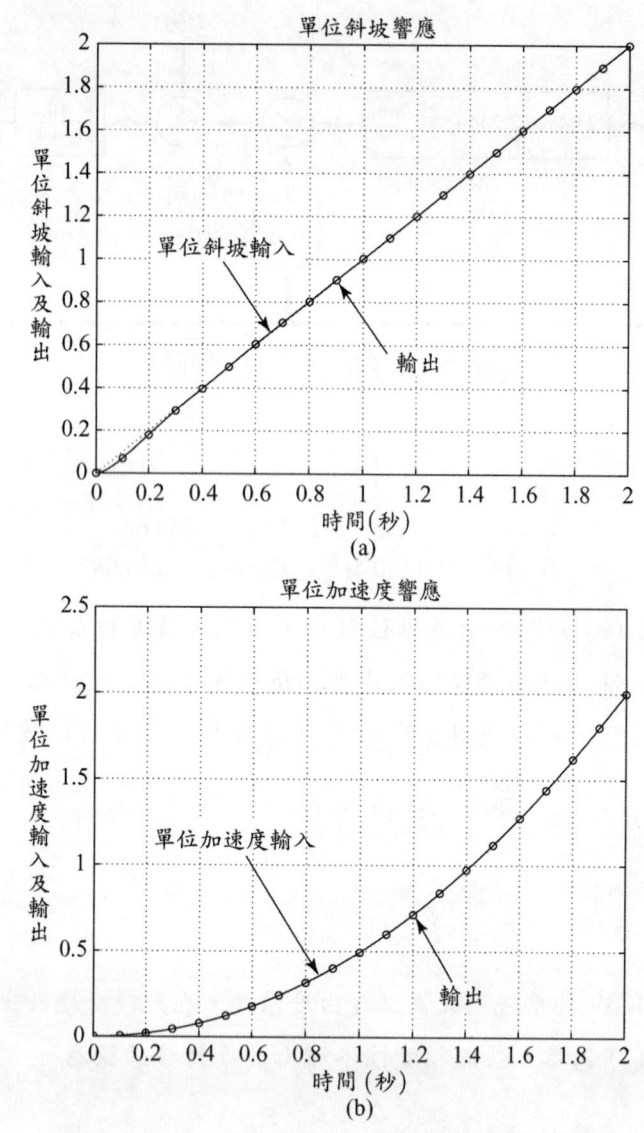

圖 8-38　(a) 單位斜坡參考輸入之響應；(b) 單位加速度參考輸入之響應。

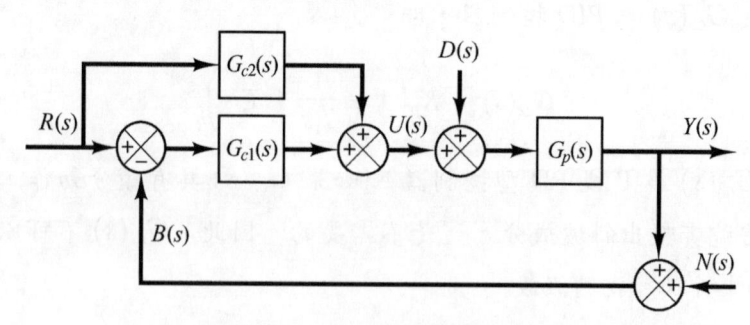

圖 8-39　二自由度控制系統

$$G_{c2}(s) = \hat{K}_p(1 + \hat{T}_d s)$$

其中 $\hat{T}_d$ 可以為零。

讓我們假設所設計的控制器 $G_{c1}(s)$ 及 $G_{c2}(s)$ 在步階干擾輸入及步階參考輸入下具有如下所述的「需要的特性」：

1. 由步階干擾輸入產生的響應有很小的尖峰，最後消失殆盡。（亦即，穩態誤差為零。）
2. 由步階參考輸入產生的響應有少於 25% 的最大超擊度，且其安定時間少於 2 秒。

二自由度控制系統的設計可以利用以下二個步驟施作之。

1. 決定 $G_{c1}(s)$ 使得步階干擾輸入產生的響應滿足所需特性。
2. 決定 $G_{c2}(s)$ 使得步階參考輸入產生的響應滿足所需特性，而不會影響到上述步驟 1 設計所得的響應。

$G_{c1}(s)$ 的設計：首先，假設雜訊輸入 $N(s)$ 為零。欲得出由步階干擾輸入產生的響應，可令參考輸入等於零。參見圖 8-40 所標示 $Y(s)$ 與 $D(s)$ 關係的方塊圖。轉移函數 $Y(s)/D(s)$ 為

$$\frac{Y(s)}{D(s)} = \frac{G_p}{1 + G_{c1}G_p}$$

其中

$$G_{c1}(s) = K_p\left(1 + \frac{1}{T_i s} + T_d s\right)$$

此控制器具有二個零點及一個位於原點的極點。假設這二個零點相同位置（雙零點），則 $G_{c1}(s)$ 可寫成

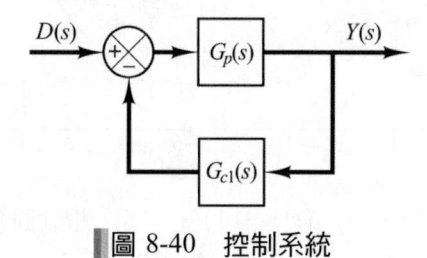

圖 8-40 控制系統

$$G_{c1}(s) = K\frac{(s+a)^2}{s}$$

則此系統的特性方程式為

$$1 + G_{c1}(s)G_p(s) = 1 + \frac{K(s+a)^2}{s}\frac{5}{(s+1)(s+5)} = 0$$

或

$$s(s+1)(s+5) + 5K(s+a)^2 = 0$$

上式又可以寫成

$$s^3 + (6+5K)s^2 + (5+10Ka)s + 5Ka^2 = 0 \tag{8-8}$$

如果我們將雙零點置放於 $s = -3$ 和與 $s = -6$ 之間，則 $G_{c1}(s)G_p(s)$ 的根軌跡作圖即型如圖 8-41 所示。此時，響應的速度會快些，但不可以比需要的過分快速，因為過分快速響應的要求往往需要昂貴的零組件。是故，我們可以選擇閉迴路主極點為於

$$s = -3 \pm j2$$

(註：此選擇並非唯一的。事實上閉迴路極點有太多太多的形式可供選擇。)

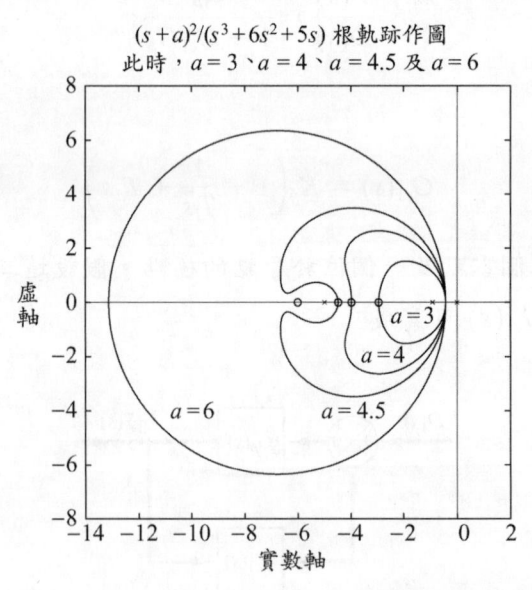

圖 8-41　$5K(s+a)^2/[s(s+1)(s+5)]$ 根軌跡作圖，此時 $a = 3$、$a = 4$、$a = 4.5$ 及 $a = 6$。

由於系統係為三階，因此應有三個閉迴路極點。第三個極點位於 $s = -5$ 這一點左方的負實數軸上。

讓我們將 $s = -3 + j2$ 代入 (8-8) 式中。

$$(-3 + j2)^3 + (6 + 5K)(-3 + j2)^2 + (5 + 10Ka)(-3 + j2) + 5Ka^2 = 0$$

上式可以化簡為

$$24 + 25K - 30Ka + 5Ka^2 + j(-16 - 60K + 20Ka) = 0$$

分別令實數部分及虛數部分為零，可得

$$24 + 25K - 30Ka + 5Ka^2 = 0 \tag{8-9}$$

$$-16 - 60K + 20Ka = 0 \tag{8-10}$$

由 (8-10) 式，可得

$$K = \frac{4}{5a - 15} \tag{8-11}$$

將 (8-11) 式代入 (8-9) 式可得

$$a^2 = 13$$

亦即 $a = 3.6056$，或 $a = -3.6056$。此時之 K 值為

$$K = 1.3210 \qquad 當 \quad a = 3.6056$$
$$K = -0.1211 \qquad 當 \quad a = -3.6056$$

因為 $G_{c1}(s)$ 係位於順向路徑，K 值須為正。是故選取

$$K = 1.3210, \quad a = 3.6056$$

則 $G_{c1}(s)$ 成為

$$G_{c1}(s) = K\frac{(s + a)^2}{s}$$
$$= 1.3210\frac{(s + 3.6056)^2}{s}$$
$$= \frac{1.3210s^2 + 9.5260s + 17.1735}{s}$$

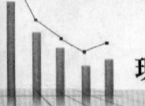

欲求 K_p、T_i 及 T_d 諸參數，則施作程序如下：

$$G_{c1}(s) = \frac{1.3210(s^2 + 7.2112s + 13)}{s}$$

$$= 9.5260\left(1 + \frac{1}{0.5547s} + 0.1387s\right) \tag{8-12}$$

因此，

$$K_p = 9.5260, \quad T_i = 0.5547, \quad T_d = 0.1387$$

欲檢查單位步階干擾輸入產生的響應，先求閉迴路轉移函數 $Y(s)/D(s)$。

$$\frac{Y(s)}{D(s)} = \frac{G_p}{1 + G_{c1}G_p}$$

$$= \frac{5s}{s(s+1)(s+5) + 5K(s+a)^2}$$

$$= \frac{5s}{s^3 + 12.605s^2 + 52.63s + 85.8673}$$

圖 8-42 所示為單位步階干擾輸入產生的響應。此曲線呈現之情況似乎可以被接受。注意，此時的閉迴路極點位於 $s = -3 \pm j2$ 及 $s = -6.6051$。此處的共軛複數極點可擔任為閉迴路主極點。

$G_{c2}(s)$ 的設計：再來，我們要設計出 $G_{c2}(s)$ 以滿足參考輸入產生響應的要求。閉迴路轉移函數 $Y(s)/R(s)$ 為

$$\frac{Y(s)}{R(s)} = \frac{(G_{c1} + G_{c2})G_p}{1 + G_{c1}G_p}$$

$$= \frac{\left[\dfrac{1.321s^2 + 9.526s + 17.1735}{s} + \hat{K}_p(1 + \hat{T}_d s)\right]\dfrac{5}{(s+1)(s+5)}}{1 + \dfrac{1.321s^2 + 9.526s + 17.1735}{s}\dfrac{5}{(s+1)(s+5)}}$$

$$= \frac{(6.6051 + 5\hat{K}_p\hat{T}_d)s^2 + (47.63 + 5\hat{K}_p)s + 85.8673}{s^3 + 12.6051s^2 + 52.63s + 85.8673}$$

零點定位：在選擇二個零點及 dc 增益常數時，須使得分子等於分母的最後三項。亦即，

PID 控制器與修整型 PID 控制器

$$(6.6051 + 5\hat{K}_p\hat{T}_d)s^2 + (47.63 + 5\hat{K}_p)s + 85.8673$$
$$= 12.6051s^2 + 52.63s + 85.8673$$

比較上式的 s^2 項及 s 項係數,可得

$$6.6051 + 5\hat{K}_p\hat{T}_d = 12.6051$$
$$47.63 + 5\hat{K}_p = 52.63$$

是故

$$\hat{K}_p = 1, \quad \hat{T}_d = 1.2$$

因此,

$$G_{c2}(s) = 1 + 1.2s \tag{8-13}$$

以此控制器設計,則閉迴路轉移函數 $Y(s)/R(s)$ 變成

$$\frac{Y(s)}{R(s)} = \frac{12.6051s^2 + 52.63s + 85.8673}{s^3 + 12.6051s^2 + 52.63s + 85.8673}$$

其單位步階參考輸入之響應請參見圖 8-43(a)。

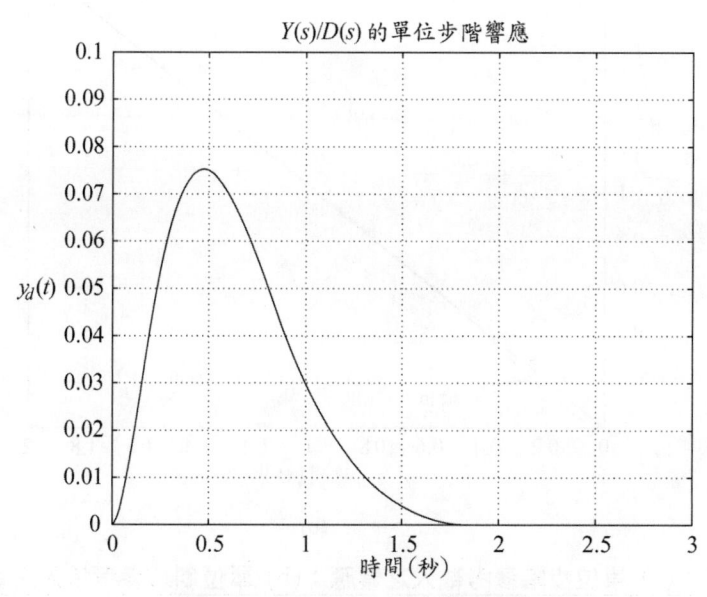

圖 8-42 單位步階干擾響應

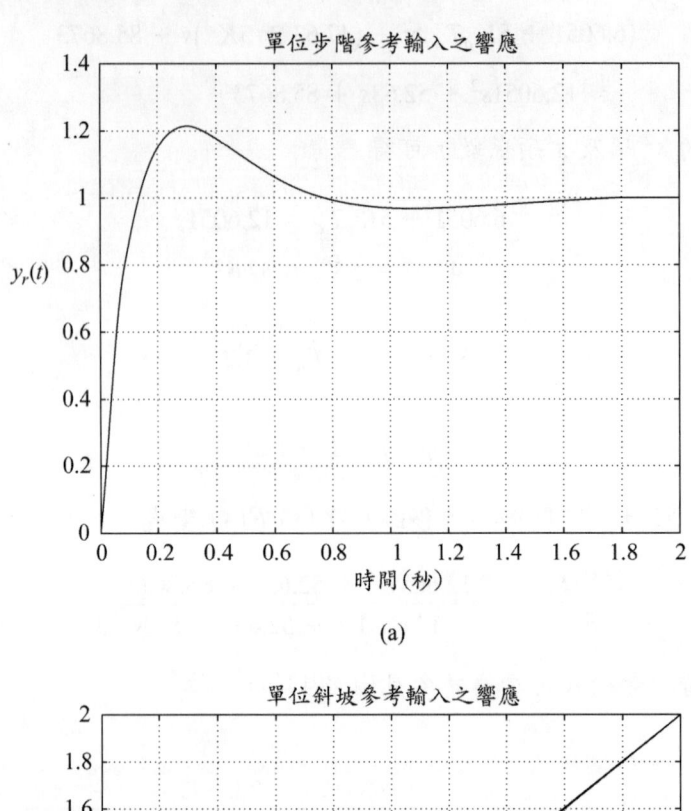

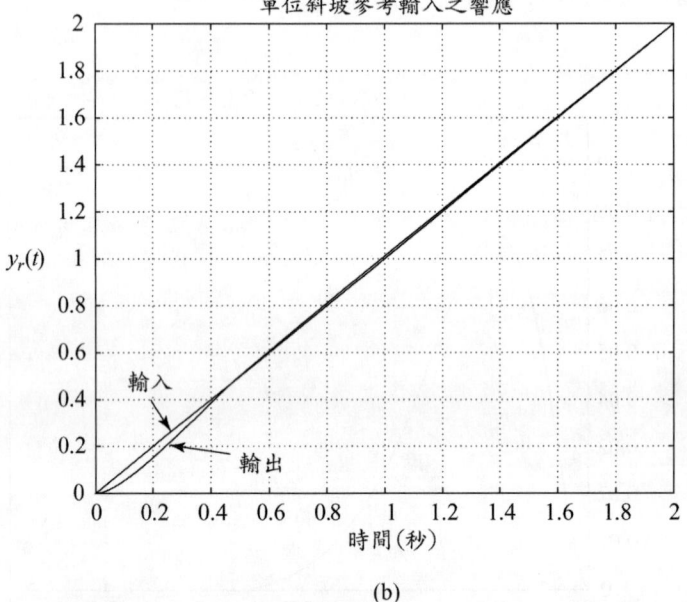

圖 8-43 (a) 單位步階參考輸入之響應；(b) 單位斜坡參考輸入之響應。

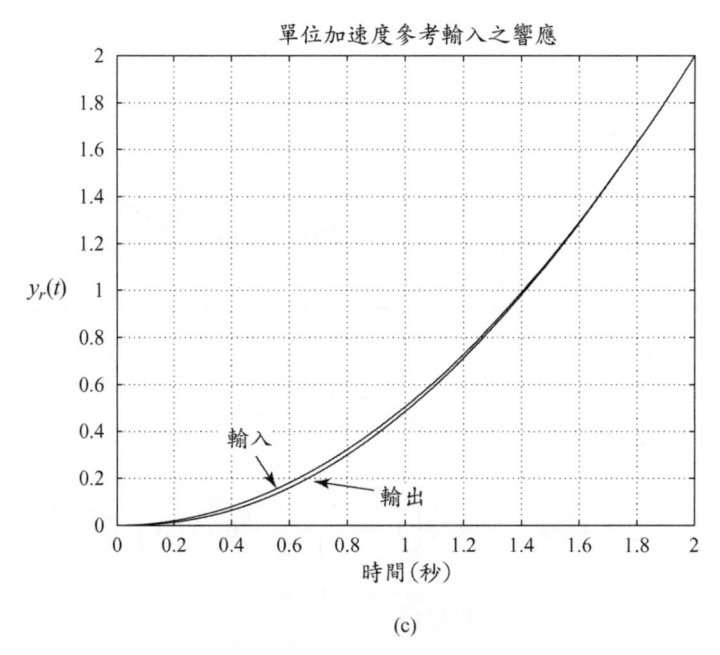

圖 8-43 (續)(c) 單位加速度參考輸入之響應。

此時的響應表現出 21% 的最大超擊度，且其安定時間約為 1.6 秒。圖 8-43 (a) 及 (b) 所示分別為斜坡響應及加速度響應。二者響應的穩態誤差皆等於零。步階干擾輸入產生的響應也滿足要求。因此，如 (8-12) 及 (8-13) 式分別所指定設計的控制器 $G_{c1}(s)$ 及 $G_{c2}(s)$ 的確可以滿足所需要求。

如果由單位步階參考輸入產生的響應不盡合乎所需要求，則我們須重新調整閉迴路主極點的位置，而重複以上的設計程序。迴路主極點的位置必須位於左半 s 平面的某一區域 (如 $2 \leq a \leq 6$，$2 \leq b \leq 6$，$6 \leq c \leq 12$)。如須施行數值計算，則寫程式 (如同 MATLAB 程式 8-8) 以施作搜尋工作。如此可以得到一組的 a、b 及 c 變數使得系統在單位步階參考輸入產生的響應合乎最大超擊度及安定時間所需的要求條件。

習題

B-8-1 考慮圖 8-70 的電子 PID 控制器。試求 R_1、R_2、R_3、R_4、C_1 及 C_2 使得轉移函數 $G_c(s) = E_o(s)/E_i(s)$ 為

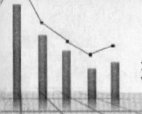

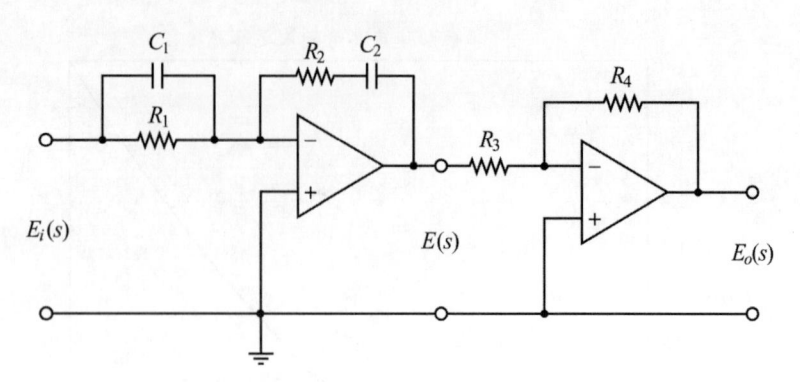

圖 8-70　電子 PID 控制器

$$G_c(s) = 39.42\left(1 + \frac{1}{3.077s} + 0.7692s\right)$$

$$= 30.3215\frac{(s + 0.65)^2}{s}$$

B-8-2　考慮圖 8-71 的系統。假設干擾 $D(s)$ 進入系統如圖所示。試求參數 K、a 及 b 使得系統在單位步階參考輸入之響應滿足下列規格：在步階干擾輸入產生之響應須儘速消失殆盡且無穩態誤差，在單位步階參考輸入產生之響應之最大超擊度少於 20%，安定時間少於 2 秒。

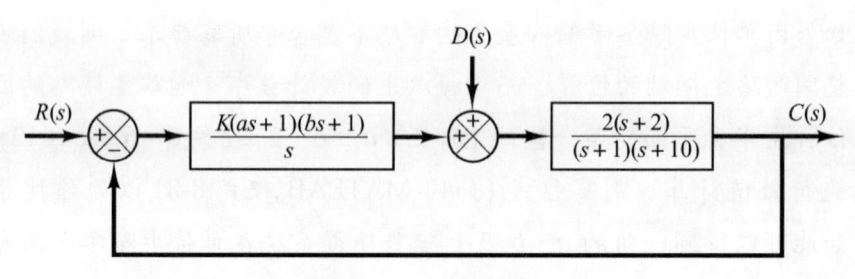

圖 8-71　控制系統

B-8-3　試證明圖 8-72(a) 的 PID 控制系統等效於如圖 8-72(b) 具有順授控制的 I-PD 控制系統。

PID 控制器與修整型 PID 控制器

(a)

(b)

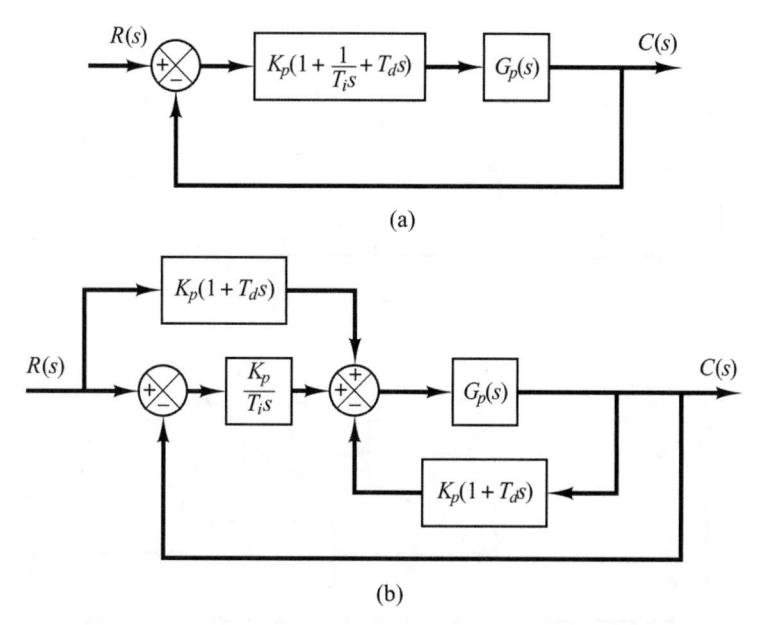

圖 8-72 (a) PID 控制系統；(b) I-PD 控制系統

B-8-4 考慮圖 8-73(a) 及 (b) 的控制系統。圖 8-73(a) 的系統即是例題 8-1 的設計系統。圖 8-10 所示為沒有干擾輸入，由單位步階參考輸入造成的響應。圖 8-73(b) 為 I-PD 控制系統，其參數 K_p、T_i 及 T_d 與圖 8-73(a) 系統所用的是一樣的。

試以 MATLAB 計算此 I-PD 控制系統在單位步階參考輸入之響應。

B-8-5 參考習題 B-8-4，試求圖 8-73(a) 的 PID 控制系統在單位步階干擾輸入造成的響應。

試證明在步階干擾輸入下，圖 8-73(a) 的 PID 控制系統之響應與圖 8-73(b) 的 I-PD 控制系統之響應完全一樣。[考慮干擾輸入 $D(s)$ 時，令參考輸入 $R(s)$ 為零，反之亦然。] 同時，也比較這二個系統的閉迴路轉移函數 $C(s)/R(s)$。

(a)

(b)

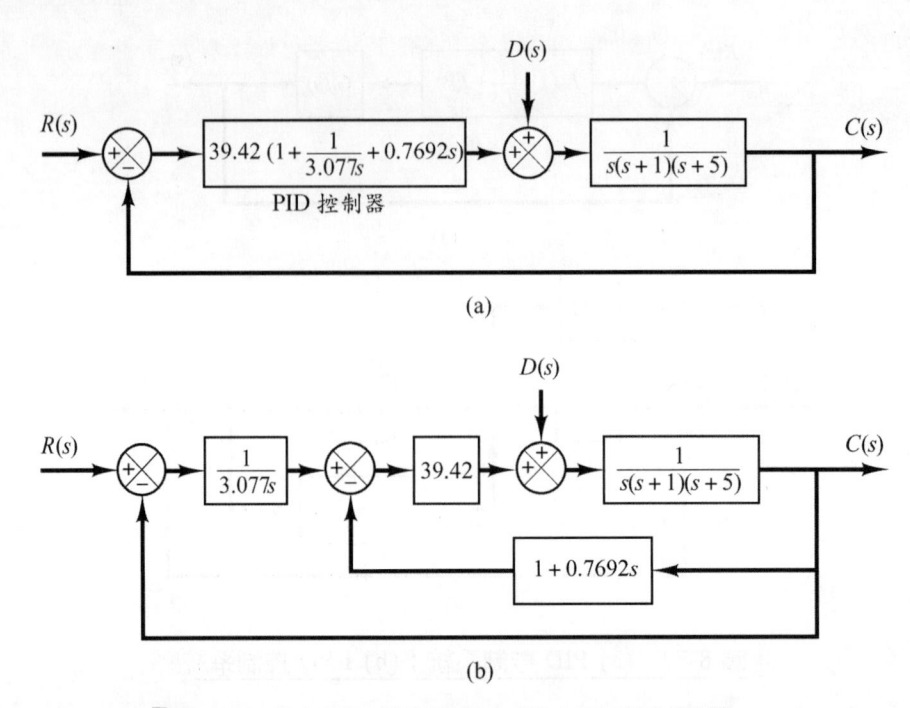

圖 8-73　(a) PID 控制系統；(b) I-PD 控制系統。

B-8-6　考慮圖 8-74 的系統。此系統有三個輸入：參考輸入、干擾輸入及雜訊輸入。試證明不管在哪一個輸入下，系統的特性方程式都是一樣的。

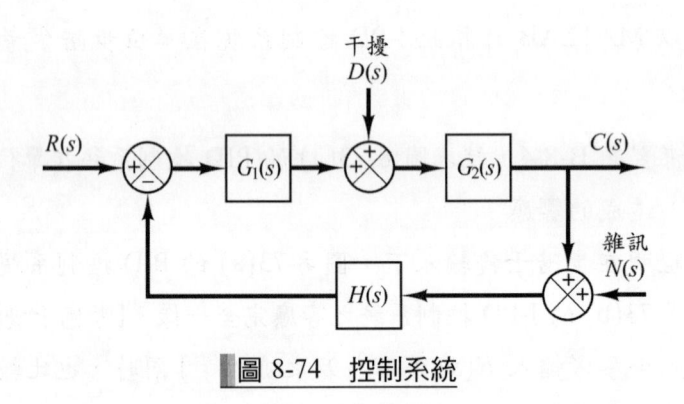

圖 8-74　控制系統

B-8-7　考慮圖 8-75 的系統。試求參考輸入下的閉迴路轉移函數 $C(s)/R(s)$ 以及干擾輸入下的閉迴路轉移函數 $C(s)/D(s)$。當考慮參考輸 $R(s)$ 時，令干擾輸入 $D(s)$ 為零，反之亦然。

▎圖 8-75　控制系統

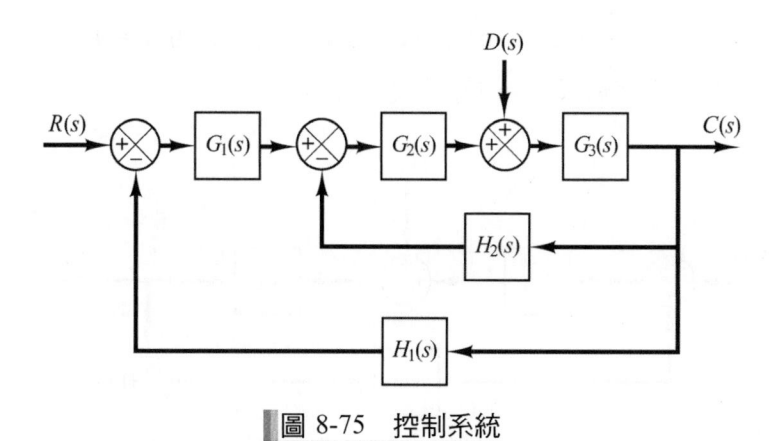

B-8-8　考慮圖 8-76(a) 的系統，其中 K 為可調節的增益，且 $G(s)$ 及 $H(s)$ 係為固定。干擾輸入下的閉迴路轉移函數為

$$\frac{C(s)}{D(s)} = \frac{1}{1 + KG(s)H(s)}$$

增益 K 儘可能調節愈大愈好，以減少干擾輸入的效應。

此原理也適合於圖 8-76(b) 的系統嗎？

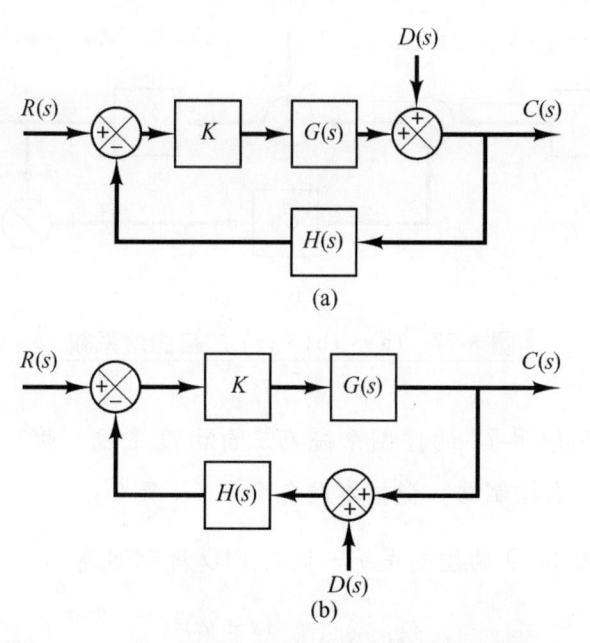

▎圖 8-76　(a) 干擾進入順授路徑的控制系統；
　　　　　(b) 干擾進入回饋路徑的控制系統。

B-8-9 試證明圖 8-77(a)、(b) 及 (c) 的系統為二自由度系統。圖中，G_{c1} 及 G_{c2} 為控制器，而 G_p 為受控本體。

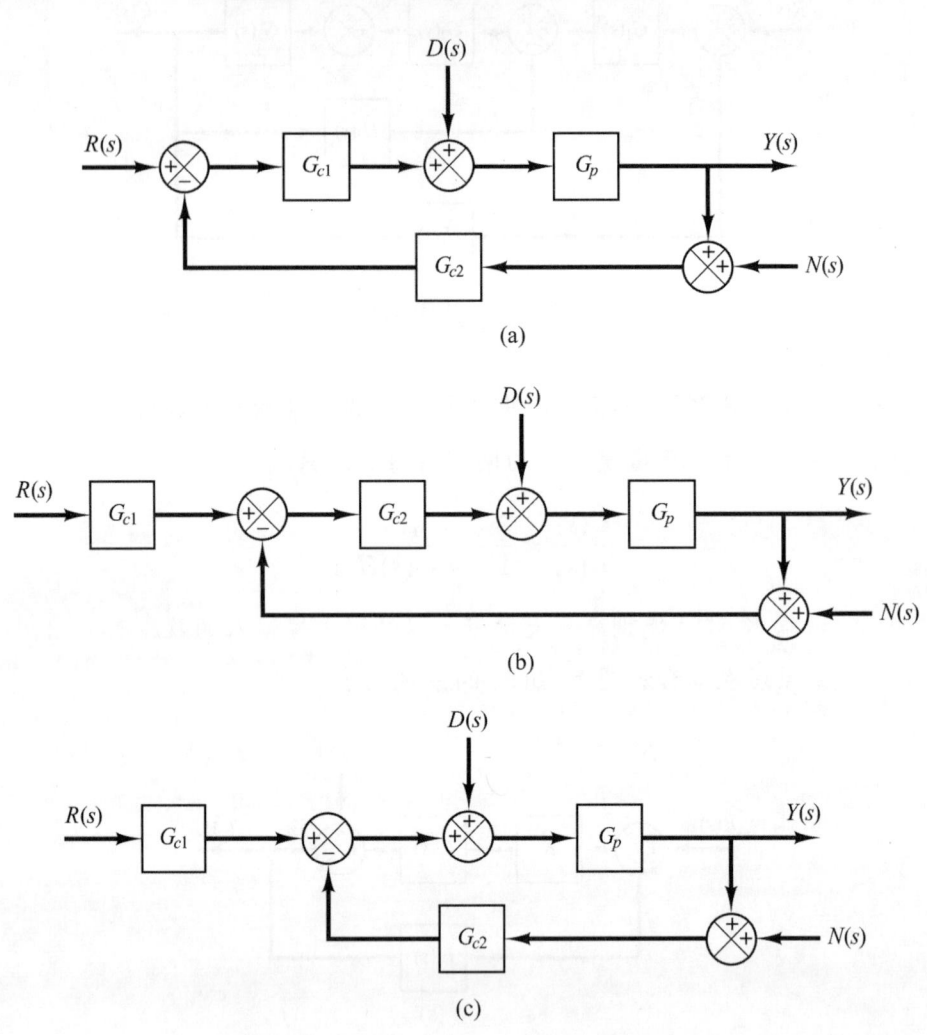

(a)

(b)

(c)

圖 8-77　(a)、(b)、(c) 二自由度系統

B-8-10 試證明圖 8-78 的控制系統為三自由度系統。轉移函數 G_{c1}、G_{c2} 及 G_{c3} 為控制器。受控本體包含了 G_1 及 G_2。

B-8-11 考慮圖 8-79 的控制系統。假設 PID 控制器為

$$G_c(s) = K\frac{(s+a)^2}{s}$$

現在須要設計系統使得單位步階響應之最大超擊度比 10% 少，但

PID 控制器與修整型 PID 控制器

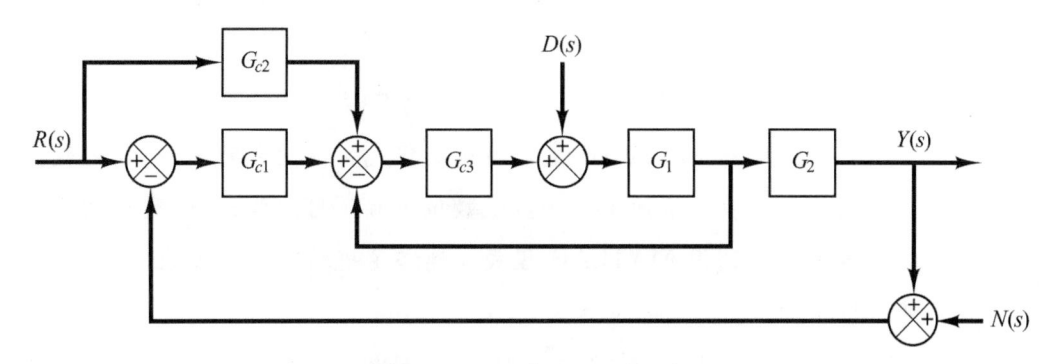

圖 8-78　三自由度系統

高於 2 ％（如此可以避免造成過阻尼系統），且安定時間 2 秒。
試利用 8-4 節的數值計算法，設計編寫 MATLAB 程式使得 K 及 a 之值能滿足所給予的規格條件。數值搜索範圍如下

$$1 \leq K \leq 4, \quad 0.4 \leq a \leq 4$$

計算 K 及 a 之時，每一步級數值大小為 0.05。試設計巢化迴路之程式，從最大的 K 及 a 之數值開始，一步一步地下降到最低數值。

以第一次找到的答案，繪製單位步階響應曲線。

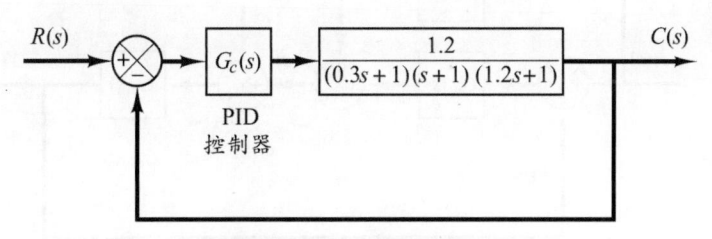

圖 8-79　控制系統

B-8-12 考慮習題 **B-8-11**（圖 8-79）的同一個 PID 控制器。此 PID 控制器為

$$G_c(s) = K\frac{(s+a)^2}{s}$$

試決定 K 及 a 之值使得系統單位步階響應之最大超擊度比 8 ％ 少，但高於 3 ％，且安定時間少於 2 秒。數值搜索範圍如下

$$2 \leq K \leq 4, \quad 0.5 \leq a \leq 3$$

計算 K 及 a 之時，每一步級大小為 0.05。

首先，編寫 MATLAB 巢化迴路之程式，從最大的 K 及 a 之數值開始，一步一步地下降到最低數值，直到可以找到 K 及 a 之值。再下來，利用 MATLAB 程式找到滿足規格要求之各組 K 及 a 之值。

由得出來的各組 K 及 a 之值做最佳的選擇。然後針對 K 及 a 之最佳選擇繪製單位步階響應。

B-8-13 考慮圖 8-80 的二自由度控制系統。受控本體 $G_p(s)$ 為

$$G_p(s) = \frac{3(s+5)}{s(s+1)(s^2+4s+13)}$$

試設計控制器 $G_{c1}(s)$ 及 $G_{c2}(s)$ 使得單位步階干擾響應之振幅最小，且很快消逝掉 (少於 2 秒)。單位步階參考輸入響應之最大超擊度少於 25%，且安定時間少於 2 秒。同時，對於斜坡及加速度參考輸入產生的穩態誤差為零。

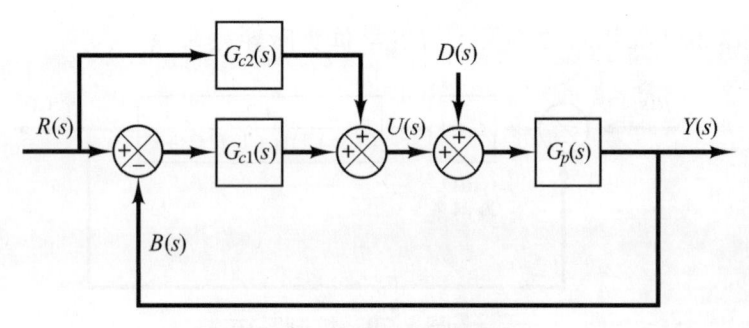

▌圖 8-80　二自由度控制系統

B-8-14 考慮圖 8-81 的系統。受控本體 $G_p(s)$ 為

$$G_p(s) = \frac{2(s+1)}{s(s+3)(s+5)}$$

試設計控制器 $G_{c1}(s)$ 及 $G_{c2}(s)$ 使得單位步階干擾響應之振幅最小，且很快消逝掉 (少於 2 秒)。在單位步階參考輸入響應之最大

超擊度少於 20%，且安定時間少於 1 秒。對於斜坡及加速度參考輸入產生的穩態誤差為零。

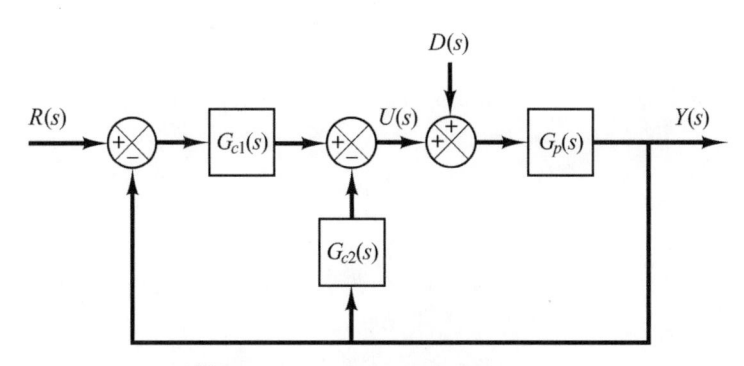

圖 8-81　二自由度控制系統

B-8-15 考慮圖 8-82 的二自由度控制系統。試設計控制器 $G_{c1}(s)$ 及 $G_{c2}(s)$ 使得單位步階干擾響應之振幅最小，且很快消逝掉（1 至 2 秒）。在單位步階參考輸入響應之最大超擊度少於 25%，且安定時間少於 1 秒。對於斜坡及加速度參考輸入產生的穩態誤差為零。

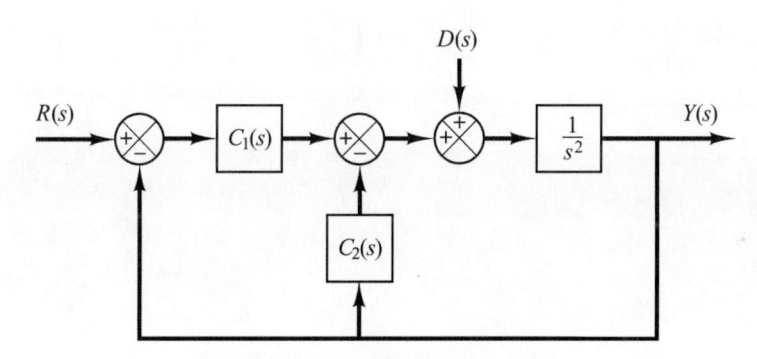

圖 8-82　二自由度控制系統

Chapter 9

控制系統的狀態空間分析

9-1 引　言*

現代複雜系統皆有許多輸入及許多輸出，因此期間關係非常複雜。欲分析此類系統，則須簡化其數學敘述的複雜形式，且安排成為利用計算機繁冗分析所用。依此觀點，狀態空間法施行系統分析最為恰當。

傳統的控制理論建立於輸出與輸入之間的關係，或轉移函數；現代控制理論則以 n 個一階的微分方程式為系統方程式，可以組成一階的向量－矩陣方程式。利用向量－矩陣方程式可以簡化描述系統的數學方程式。若狀態變數的個數增加了，輸入的數目或輸出的數目增加了，都不會增加系統方程式的複雜性。事實上，複雜的多輸入－多輸出系統在執行分析步驟時，只是比一階純量系統的分析稍微複雜一點而已。

本章及下一章要處理控制系統的狀態空間分析及設計。包括系統的狀態空間代表、控制性及觀察性等基本知識皆要在本章介紹之。建立於狀態回饋的一些有用的方法將在第十章介紹之。

本章要點　9-1 節介紹控制系統的狀態空間分析。9-2 節處理轉移函數的狀態空間表示法。在此將介紹狀態空間方程式的各種標準典式表示法。9-3 節介紹利用 MATLAB 做系統模型的變換 (例如，由轉移函數變換成為狀態空間模型，或反方向為之)。9-4 節介紹非時變狀態方程式的解答。9-5 節將呈現一些向量－矩陣分析的重要結果以做為研讀控制系統的狀態空間分析所需。9-6 節討論控制系統的可控制性，9-7 節討論控制系統的可觀察性。

9-2 轉移函數系統的狀態空間代表

由轉移函數得出狀態空間表示法的技術有許多。我們曾經在第二章裡已經介紹一些了。本章要介紹可控制、可觀察、對角線或約登式狀態空間方程式之標準典式表示法。(由轉移函數求出這些狀態空間表示之方法將

---

* 本書中若矩陣的上角有星號，如 $\mathbf{A}^*$，其係矩陣的**複數共軛**。轉置共軛複數等於共軛複數之轉置。對於實數矩陣 (元素皆為實數的矩陣)，轉置共軛複數 $\mathbf{A}^*$ 等於轉置矩陣 $\mathbf{A}^T$。

在例題 **A-9-1** 至例題 **A-9-4** 詳細地討論之。)

狀態空間表示的典式　考慮如下定義的系統

$$\overset{(n)}{y} + a_1 \overset{(n-1)}{y} + \cdots + a_{n-1}\dot{y} + a_n y$$
$$= b_0 \overset{(n)}{u} + b_1 \overset{(n-1)}{u} + \cdots + b_{n-1}\dot{u} + b_n u \tag{9-1}$$

式中，u 為輸入且 y 為輸出。此式義可寫成

$$\frac{Y(s)}{U(s)} = \frac{b_0 s^n + b_1 s^{n-1} + \cdots + b_{n-1}s + b_n}{s^n + a_1 s^{n-1} + \cdots + a_{n-1}s + a_n} \tag{9-2}$$

以下的討論中，我們將針對 (9-1) 及 (9-2) 式的系統提出可控制典式、可觀察典式、對角線 (或約登) 典式狀態空間方程式之表示法。

可控制典式　以下的狀態空間表示為可控制典式：

$$\begin{bmatrix} \dot{x}_1 \\ \dot{x}_2 \\ \vdots \\ \dot{x}_{n-1} \\ \dot{x}_n \end{bmatrix} = \begin{bmatrix} 0 & 1 & 0 & \cdots & 0 \\ 0 & 0 & 1 & \cdots & 0 \\ \vdots & \vdots & \vdots & & \vdots \\ 0 & 0 & 0 & \cdots & 1 \\ -a_n & -a_{n-1} & -a_{n-2} & \cdots & -a_1 \end{bmatrix} \begin{bmatrix} x_1 \\ x_2 \\ \vdots \\ x_{n-1} \\ x_n \end{bmatrix} + \begin{bmatrix} 0 \\ 0 \\ \vdots \\ 0 \\ 1 \end{bmatrix} u \tag{9-3}$$

$$y = \begin{bmatrix} b_n - a_n b_0 & \vdots & b_{n-1} - a_{n-1} b_0 & \vdots & \cdots & \vdots & b_1 - a_1 b_0 \end{bmatrix} \begin{bmatrix} x_1 \\ x_2 \\ \vdots \\ x_n \end{bmatrix} + b_0 u \tag{9-4}$$

在討論控制系統的極點定位設計法時，可控制典式非常重要。

可觀察典式　以下的狀態空間表示為可觀察典式：

$$\begin{bmatrix} \dot{x}_1 \\ \dot{x}_2 \\ \cdot \\ \cdot \\ \cdot \\ \dot{x}_n \end{bmatrix} = \begin{bmatrix} 0 & 0 & \cdots & 0 & -a_n \\ 1 & 0 & \cdots & 0 & -a_{n-1} \\ \cdot & \cdot & & \cdot & \cdot \\ \cdot & \cdot & & \cdot & \cdot \\ \cdot & \cdot & & \cdot & \cdot \\ 0 & 0 & \cdots & 1 & -a_1 \end{bmatrix} \begin{bmatrix} x_1 \\ x_2 \\ \cdot \\ \cdot \\ \cdot \\ x_n \end{bmatrix} + \begin{bmatrix} b_n - a_n b_0 \\ b_{n-1} - a_{n-1} b_0 \\ \cdot \\ \cdot \\ \cdot \\ b_1 - a_1 b_0 \end{bmatrix} u \quad (9\text{-}5)$$

$$y = \begin{bmatrix} 0 & 0 & \cdots & 0 & 1 \end{bmatrix} \begin{bmatrix} x_1 \\ x_2 \\ \cdot \\ \cdot \\ \cdot \\ x_{n-1} \\ x_n \end{bmatrix} + b_0 u \quad (9\text{-}6)$$

注意到，(9-5) 式的 $n \times n$ 狀態方程式矩陣與 (9-3) 式的狀態方程式之矩陣係互為轉置。

對角線典式 考慮如 (9-2) 式定義的轉移函數系統。現在我們考慮分母多項式只有相異單根的情況，則 (9-2) 式可以寫成

$$\frac{Y(s)}{U(s)} = \frac{b_0 s^n + b_1 s^{n-1} + \cdots + b_{n-1} s + b_n}{(s + p_1)(s + p_2) \cdots (s + p_n)}$$

$$= b_0 + \frac{c_1}{s + p_1} + \frac{c_2}{s + p_2} + \cdots + \frac{c_n}{s + p_n} \quad (9\text{-}7)$$

因此，系統的對角線典式狀態空間方程式之表示為

$$\begin{bmatrix} \dot{x}_1 \\ \dot{x}_2 \\ \cdot \\ \cdot \\ \cdot \\ \dot{x}_n \end{bmatrix} = \begin{bmatrix} -p_1 & & & & 0 \\ & -p_2 & & & \\ & & \cdot & & \\ & & & \cdot & \\ & & & & \cdot \\ 0 & & & & -p_n \end{bmatrix} \begin{bmatrix} x_1 \\ x_2 \\ \cdot \\ \cdot \\ \cdot \\ x_n \end{bmatrix} + \begin{bmatrix} 1 \\ 1 \\ \cdot \\ \cdot \\ \cdot \\ 1 \end{bmatrix} u \quad (9\text{-}8)$$

$$y = \begin{bmatrix} c_1 & c_2 & \cdots & c_n \end{bmatrix} \begin{bmatrix} x_1 \\ x_2 \\ \cdot \\ \cdot \\ \cdot \\ x_n \end{bmatrix} + b_0 u \qquad (9\text{-}9)$$

約登典式　再來我們考慮 (9-2) 式分母多項式有重根的情況。出現這種情形，則以上所述的對角線典式須修改成約登典式。例如，假設除了前三個 p_i 外，所有的 p_i 皆不相等，亦即 $p_1 = p_2 = p_3$。將 $Y(s)/U(s)$ 做因式分解成為

$$\frac{Y(s)}{U(s)} = \frac{b_0 s^n + b_1 s^{n-1} + \cdots + b_{n-1} s + b_n}{(s + p_1)^3 (s + p_4)(s + p_5) \cdots (s + p_n)}$$

再將上式做部分分式展開變成

$$\frac{Y(s)}{U(s)} = b_0 + \frac{c_1}{(s+p_1)^3} + \frac{c_2}{(s+p_1)^2} + \frac{c_3}{s+p_1} + \frac{c_4}{s+p_4} + \cdots + \frac{c_n}{s+p_n}$$

則約登典式狀態空間方程式之表示為

$$\begin{bmatrix} \dot{x}_1 \\ \dot{x}_2 \\ \dot{x}_3 \\ \dot{x}_4 \\ \cdot \\ \cdot \\ \cdot \\ \dot{x}_n \end{bmatrix} = \begin{bmatrix} -p_1 & 1 & 0 & 0 & \cdots & 0 \\ 0 & -p_1 & 1 & \vdots & & \vdots \\ 0 & 0 & -p_1 & 0 & \cdots & 0 \\ 0 & \cdots & 0 & -p_4 & & 0 \\ \cdot & & \cdot & & & \\ \cdot & & \cdot & & & \\ \cdot & & \cdot & & & \\ 0 & \cdots & 0 & 0 & & -p_n \end{bmatrix} \begin{bmatrix} x_1 \\ x_2 \\ x_3 \\ x_4 \\ \cdot \\ \cdot \\ \cdot \\ x_n \end{bmatrix} + \begin{bmatrix} 0 \\ 0 \\ 1 \\ 1 \\ \cdot \\ \cdot \\ \cdot \\ 1 \end{bmatrix} u \qquad (9\text{-}10)$$

$$y = \begin{bmatrix} c_1 & c_2 & \cdots & c_n \end{bmatrix} \begin{bmatrix} x_1 \\ x_2 \\ \cdot \\ \cdot \\ \cdot \\ x_n \end{bmatrix} + b_0 u \qquad (9\text{-}11)$$

例題 9-1

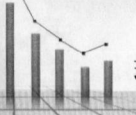

考慮如下的系統。

$$\frac{Y(s)}{U(s)} = \frac{s+3}{s^2+3s+2}$$

試求出可控制典式、可觀察典式及對角線典式狀態空間方程式之表示式。

可控制典式：

$$\begin{bmatrix} \dot{x}_1(t) \\ \dot{x}_2(t) \end{bmatrix} = \begin{bmatrix} 0 & 1 \\ -2 & -3 \end{bmatrix} \begin{bmatrix} x_1(t) \\ x_2(t) \end{bmatrix} + \begin{bmatrix} 0 \\ 1 \end{bmatrix} u(t)$$

$$y(t) = \begin{bmatrix} 3 & 1 \end{bmatrix} \begin{bmatrix} x_1(t) \\ x_2(t) \end{bmatrix}$$

可觀察典式：

$$\begin{bmatrix} \dot{x}_1(t) \\ \dot{x}_2(t) \end{bmatrix} = \begin{bmatrix} 0 & -2 \\ 1 & -3 \end{bmatrix} \begin{bmatrix} x_1(t) \\ x_2(t) \end{bmatrix} + \begin{bmatrix} 3 \\ 1 \end{bmatrix} u(t)$$

$$y(t) = \begin{bmatrix} 0 & 1 \end{bmatrix} \begin{bmatrix} x_1(t) \\ x_2(t) \end{bmatrix}$$

對角線典式：

$$\begin{bmatrix} \dot{x}_1(t) \\ \dot{x}_2(t) \end{bmatrix} = \begin{bmatrix} -1 & 0 \\ 0 & -2 \end{bmatrix} \begin{bmatrix} x_1(t) \\ x_2(t) \end{bmatrix} + \begin{bmatrix} 1 \\ 1 \end{bmatrix} u(t)$$

$$y(t) = \begin{bmatrix} 2 & -1 \end{bmatrix} \begin{bmatrix} x_1(t) \\ x_2(t) \end{bmatrix}$$

$n \times n$ 矩陣 A 的特徵值 $n \times n$ 矩陣 A 的特徵值係為以下特性方程式的根

$$|\lambda \mathbf{I} - \mathbf{A}| = 0$$

因此，特徵值又稱為特性方根。

例如，考慮以下的矩陣 A：

$$\mathbf{A} = \begin{bmatrix} 0 & 1 & 0 \\ 0 & 0 & 1 \\ -6 & -11 & -6 \end{bmatrix}$$

其特性方程式為

$$|\lambda \mathbf{I} - \mathbf{A}| = \begin{vmatrix} \lambda & -1 & 0 \\ 0 & \lambda & -1 \\ 6 & 11 & \lambda + 6 \end{vmatrix}$$

$$= \lambda^3 + 6\lambda^2 + 11\lambda + 6$$

$$= (\lambda + 1)(\lambda + 2)(\lambda + 3) = 0$$

因為 $\mathbf{A}$ 的特徵值即為特性方程式的根,或 -1、-2 及 -3。

$n \times n$ 矩陣的對角線化　當 $n \times n$ 矩陣 $\mathbf{A}$ 具有相異的特徵值,其定義為

$$\mathbf{A} = \begin{bmatrix} 0 & 1 & 0 & \cdots & 0 \\ 0 & 0 & 1 & \cdots & 0 \\ \cdot & \cdot & \cdot & & \cdot \\ \cdot & \cdot & \cdot & & \cdot \\ \cdot & \cdot & \cdot & & \cdot \\ 0 & 0 & 0 & \cdots & 1 \\ -a_n & -a_{n-1} & -a_{n-2} & \cdots & -a_1 \end{bmatrix} \quad (9\text{-}12)$$

則做 $\mathbf{x} = \mathbf{Pz}$ 變換,其中

$$\mathbf{P} = \begin{bmatrix} 1 & 1 & \cdots & 1 \\ \lambda_1 & \lambda_2 & \cdots & \lambda_n \\ \lambda_1^2 & \lambda_2^2 & \cdots & \lambda_n^2 \\ \cdot & \cdot & & \cdot \\ \cdot & \cdot & & \cdot \\ \cdot & \cdot & & \cdot \\ \lambda_1^{n-1} & \lambda_2^{n-1} & \cdots & \lambda_n^{n-1} \end{bmatrix}$$

$\lambda_1, \lambda_2, \ldots, \lambda_n = \mathbf{A}$ 的 n 個相異特徵值

可將 $\mathbf{P}^{-1}\mathbf{AP}$ 變換成為對角線化矩陣,或

$$\mathbf{P}^{-1}\mathbf{A}\mathbf{P} = \begin{bmatrix} \lambda_1 & & & & 0 \\ & \lambda_2 & & & \\ & & \cdot & & \\ & & & \cdot & \\ 0 & & & & \lambda_n \end{bmatrix}$$

若 (9-12) 式定義的矩陣 $\mathbf{A}$ 具有重根式特徵值，則不可能變成對角線化矩陣。例如，若一個 3×3 矩陣 $\mathbf{A}$ 為

$$\mathbf{A} = \begin{bmatrix} 0 & 1 & 0 \\ 0 & 0 & 1 \\ -a_3 & -a_2 & -a_1 \end{bmatrix}$$

且其特徵值為 λ_1，λ_2，λ_3，則做 $\mathbf{x} = \mathbf{S}\mathbf{z}$ 變換，其中

$$\mathbf{S} = \begin{bmatrix} 1 & 0 & 1 \\ \lambda_1 & 1 & \lambda_3 \\ \lambda_1^2 & 2\lambda_1 & \lambda_3^2 \end{bmatrix}$$

將使得

$$\mathbf{S}^{-1}\mathbf{A}\mathbf{S} = \begin{bmatrix} \lambda_1 & 1 & 0 \\ 0 & \lambda_1 & 0 \\ 0 & 0 & \lambda_3 \end{bmatrix}$$

此即為約登典式。

例題 9-2

考慮如下的狀態空間代表系統。

$$\begin{bmatrix} \dot{x}_1 \\ \dot{x}_2 \\ \dot{x}_3 \end{bmatrix} = \begin{bmatrix} 0 & 1 & 0 \\ 0 & 0 & 1 \\ -6 & -11 & -6 \end{bmatrix} \begin{bmatrix} x_1 \\ x_2 \\ x_3 \end{bmatrix} + \begin{bmatrix} 0 \\ 0 \\ 6 \end{bmatrix} u \qquad (9\text{-}13)$$

$$y = \begin{bmatrix} 1 & 0 & 0 \end{bmatrix} \begin{bmatrix} x_1 \\ x_2 \\ x_3 \end{bmatrix} \qquad (9\text{-}14)$$

(9-13) 及 (9-14) 式可以寫成如下標準式

$$\dot{\mathbf{x}} = \mathbf{A}\mathbf{x} + \mathbf{B}u \tag{9-15}$$

$$y = \mathbf{C}\mathbf{x} \tag{9-16}$$

式中

$$\mathbf{A} = \begin{bmatrix} 0 & 1 & 0 \\ 0 & 0 & 1 \\ -6 & -11 & -6 \end{bmatrix}, \quad \mathbf{B} = \begin{bmatrix} 0 \\ 0 \\ 6 \end{bmatrix}, \quad \mathbf{C} = \begin{bmatrix} 1 & 0 & 0 \end{bmatrix}$$

$\mathbf{A}$ 的特徵值為

$$\lambda_1 = -1, \quad \lambda_2 = -2, \quad \lambda_3 = -3$$

因此,三個特徵值皆為相異。如果定義三個新的狀態變數為 z_1,z_2,z_3,且做以下的變換

$$\begin{bmatrix} x_1 \\ x_2 \\ x_3 \end{bmatrix} = \begin{bmatrix} 1 & 1 & 1 \\ -1 & -2 & -3 \\ 1 & 4 & 9 \end{bmatrix} \begin{bmatrix} z_1 \\ z_2 \\ z_3 \end{bmatrix}$$

或

$$\mathbf{x} = \mathbf{P}\mathbf{z} \tag{9-17}$$

式中

$$\mathbf{P} = \begin{bmatrix} 1 & 1 & 1 \\ \lambda_1 & \lambda_2 & \lambda_3 \\ \lambda_1^2 & \lambda_2^2 & \lambda_3^2 \end{bmatrix} = \begin{bmatrix} 1 & 1 & 1 \\ -1 & -2 & -3 \\ 1 & 4 & 9 \end{bmatrix} \tag{9-18}$$

則將 (9-17) 式代入 (9-15) 式,可得

$$\mathbf{P}\dot{\mathbf{z}} = \mathbf{A}\mathbf{P}\mathbf{z} + \mathbf{B}u$$

上式兩邊同乘以 $\mathbf{P}^{-1}$,可得

$$\dot{\mathbf{z}} = \mathbf{P}^{-1}\mathbf{A}\mathbf{P}\mathbf{z} + \mathbf{P}^{-1}\mathbf{B}u \tag{9-19}$$

或

$$\begin{bmatrix} \dot{z}_1 \\ \dot{z}_2 \\ \dot{z}_3 \end{bmatrix} = \begin{bmatrix} 3 & 2.5 & 0.5 \\ -3 & -4 & -1 \\ 1 & 1.5 & 0.5 \end{bmatrix} \begin{bmatrix} 0 & 1 & 0 \\ 0 & 0 & 1 \\ -6 & -11 & -6 \end{bmatrix} \begin{bmatrix} 1 & 1 & 1 \\ -1 & -2 & -3 \\ 1 & 4 & 9 \end{bmatrix} \begin{bmatrix} z_1 \\ z_2 \\ z_3 \end{bmatrix}$$

$$+ \begin{bmatrix} 3 & 2.5 & 0.5 \\ -3 & -4 & -1 \\ 1 & 1.5 & 0.5 \end{bmatrix} \begin{bmatrix} 0 \\ 0 \\ 6 \end{bmatrix} u$$

再經化簡得

$$\begin{bmatrix} \dot{z}_1 \\ \dot{z}_2 \\ \dot{z}_3 \end{bmatrix} = \begin{bmatrix} -1 & 0 & 0 \\ 0 & -2 & 0 \\ 0 & 0 & -3 \end{bmatrix} \begin{bmatrix} z_1 \\ z_2 \\ z_3 \end{bmatrix} + \begin{bmatrix} 3 \\ -6 \\ 3 \end{bmatrix} u \tag{9-20}$$

(9-20) 式的狀態方程式描述的系統也是 (9-13) 式定義的系統。

輸出方程式，(9-16) 式，修改成

$$y = \mathbf{CPz}$$

或

$$y = \begin{bmatrix} 1 & 0 & 0 \end{bmatrix} \begin{bmatrix} 1 & 1 & 1 \\ -1 & -2 & -3 \\ 1 & 4 & 9 \end{bmatrix} \begin{bmatrix} z_1 \\ z_2 \\ z_3 \end{bmatrix}$$

$$= \begin{bmatrix} 1 & 1 & 1 \end{bmatrix} \begin{bmatrix} z_1 \\ z_2 \\ z_3 \end{bmatrix} \tag{9-21}$$

注意到，(9-18) 式定義的變換矩陣 $\mathbf{P}$ 將 $\mathbf{z}$ 的係數矩陣做修改。由 (9-20) 式很明白地可以看出，三個純量式狀態方程式互不耦合。同時也注意到，(9-19) 式的矩陣 $\mathbf{P}^{-1}\mathbf{AP}$ 之對角線元件與矩陣 $\mathbf{A}$ 的三個特徵值完全一樣。所以，$\mathbf{A}$ 的特徵值與 $\mathbf{P}^{-1}\mathbf{AP}$ 之特徵值完全相等，這是很重要的。我們將在以後再來證明更為一般化的情況。

特徵值不變性 欲證明在線性變換下的特徵值不變性，必須證明特性多項式 $|\lambda\mathbf{I} - \mathbf{A}|$ 與 $|\lambda\mathbf{I} - \mathbf{P}^{-1}\mathbf{AP}|$ 是相等的。

因為乘積之行列式值等於行列式值的相乘積，所以

$$|\lambda \mathbf{I} - \mathbf{P}^{-1}\mathbf{AP}| = |\lambda \mathbf{P}^{-1}\mathbf{P} - \mathbf{P}^{-1}\mathbf{AP}|$$
$$= |\mathbf{P}^{-1}(\lambda \mathbf{I} - \mathbf{A})\mathbf{P}|$$
$$= |\mathbf{P}^{-1}||\lambda \mathbf{I} - \mathbf{A}||\mathbf{P}|$$
$$= |\mathbf{P}^{-1}||\mathbf{P}||\lambda \mathbf{I} - \mathbf{A}|$$

注意到,行列式值 $|\mathbf{P}^{-1}|$ 與 $|\mathbf{P}|$ 之乘積等於相乘之行列式值 $|\mathbf{P}^{-1}\mathbf{P}|$,是故

$$|\lambda \mathbf{I} - \mathbf{P}^{-1}\mathbf{AP}| = |\mathbf{P}^{-1}\mathbf{P}||\lambda \mathbf{I} - \mathbf{A}|$$
$$= |\lambda \mathbf{I} - \mathbf{A}|$$

因此,我們證明了 **A** 的特徵值在線性變換下的不變性。

狀態變數集的非唯一性 我們曾經述及,系統的狀態變數集並非為唯一。假定 $x_1, x_2, \cdots, x_n$ 為一集狀態變數。則可以選擇另一集狀態變數,其為任一集函數如下述

$$\hat{x}_1 = X_1(x_1, x_2, \ldots, x_n)$$
$$\hat{x}_2 = X_2(x_1, x_2, \ldots, x_n)$$
$$\vdots$$
$$\hat{x}_n = X_n(x_1, x_2, \ldots, x_n)$$

在任一集 $\hat{x}_1, \hat{x}_2, \cdots, \hat{x}_n$ 之值下,應只有一集 $x_1, x_2, \cdots, x_n$ 的固定值,反之亦然。所以,若 **x** 為某一狀態向量,則當 **P** 為非奇異時,如下向量 $\hat{\mathbf{x}}$

$$\hat{\mathbf{x}} = \mathbf{Px}$$

亦為狀態向量。不同集狀態向量對系統動態的表達訊息是一樣的。

9-3 以 MATLAB 做系統模型的變換

在本章我們要考慮從轉移函數至狀態空間,以及反方向的系統模型變換。先討論由轉移函數至狀態空間的變換。

讓我們將閉迴路轉移函數寫成

$$\frac{Y(s)}{U(s)} = \frac{s\text{ 的分子多項式}}{s\text{ 的分母多項式}} = \frac{\text{num}}{\text{den}}$$

有了這個轉移函數的表示式後，使用如下 MATLAB 指令

[A, B, C, D] = tf2ss(num,den)

即可得出狀態空間代表式。須注意，狀態空間代表式不是唯一的。有很多個 (事實上，無窮多個) 狀態空間方程式皆可代表同一個系統。MATLAB 指令只是呈現出其中的一個而已。

轉移函數系統的狀態空間表述　考慮如下轉移函數

$$\frac{Y(s)}{U(s)} = \frac{10s + 10}{s^3 + 6s^2 + 5s + 10} \tag{9-22}$$

代表此系統的狀態空間方程式有很多個 (事實上，無窮多個)。其中之一個狀態空間代表式為

$$\begin{bmatrix} \dot{x}_1 \\ \dot{x}_2 \\ \dot{x}_3 \end{bmatrix} = \begin{bmatrix} 0 & 1 & 0 \\ 0 & 0 & 1 \\ -10 & -5 & -6 \end{bmatrix} \begin{bmatrix} x_1 \\ x_2 \\ x_3 \end{bmatrix} + \begin{bmatrix} 0 \\ 10 \\ -50 \end{bmatrix} u$$

$$y = \begin{bmatrix} 1 & 0 & 0 \end{bmatrix} \begin{bmatrix} x_1 \\ x_2 \\ x_3 \end{bmatrix} + [0]u$$

另一個可能的狀態空間代表式 (無窮多個之中的一個) 為

$$\begin{bmatrix} \dot{x}_1 \\ \dot{x}_2 \\ \dot{x}_3 \end{bmatrix} = \begin{bmatrix} -6 & -5 & -10 \\ 1 & 0 & 0 \\ 0 & 1 & 0 \end{bmatrix} \begin{bmatrix} x_1 \\ x_2 \\ x_3 \end{bmatrix} + \begin{bmatrix} 1 \\ 0 \\ 0 \end{bmatrix} u \tag{9-23}$$

$$y = \begin{bmatrix} 0 & 10 & 10 \end{bmatrix} \begin{bmatrix} x_1 \\ x_2 \\ x_3 \end{bmatrix} + [0]u \tag{9-24}$$

MATLAB 可將 (9-22) 式的轉移函數變換成為 (9-23) 及 (9-24) 式的狀態空間代表式。此題中，所考慮的系統係利用 MATLAB 程式 9-1 產生 **A**、**B**、**C** 及 *D*。

> **MATLAB 程式 9-1**
>
> ```
> num = [10  10];
> den = [1  6  5  10];
> [A,B,C,D] = tf2ss(num,den)
>
> A =
>
>     -6    -5   -10
>      1     0     0
>      0     1     0
>
> B =
>
>      1
>      0
>      0
>
> C =
>
>      0    10    10
>
> D =
>
>      0
> ```

由狀態空間變換至轉移函數 欲由狀態空間方程式變換至轉移函數，則使用以下指令：

$$[\text{num,den}] = \text{ss2tf}(A,B,C,D,iu)$$

當系統有許多輸入時，必須將 iu 指明出來。例如，若系統有三個輸入 (u_1，u_2，u_3)，則 iu 須等於 1、2 或 3，其中 1 意指 u_1，2 意指 u_2，3 指 u_3。

如果系統只有一個輸入，則

$$[\text{num,den}] = \text{ss2tf}(A,B,C,D)$$

或

$$[\text{num,den}] = \text{ss2tf}(A,B,C,D,1)$$

皆可使用。（參見例題 9-3 及 MATLAB 程式 9-2。）

有關系統有許多輸入及許多輸出的情況，參見例題 9-4。

例題 9-3

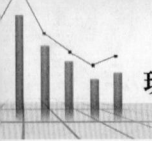

試得出下述狀態空間方程式代表系統的轉移函數：

$$\begin{bmatrix} \dot{x}_1 \\ \dot{x}_2 \\ \dot{x}_3 \end{bmatrix} = \begin{bmatrix} 0 & 1 & 0 \\ 0 & 0 & 1 \\ -5.008 & -25.1026 & -5.03247 \end{bmatrix} \begin{bmatrix} x_1 \\ x_2 \\ x_3 \end{bmatrix} + \begin{bmatrix} 0 \\ 25.04 \\ -121.005 \end{bmatrix} u$$

$$y = \begin{bmatrix} 1 & 0 & 0 \end{bmatrix} \begin{bmatrix} x_1 \\ x_2 \\ x_3 \end{bmatrix}$$

利用 MATLAB 程式 9-2 可以得到系統的轉移函數。所得到的轉移函數為

$$\frac{Y(s)}{U(s)} = \frac{25.04s + 5.008}{s^3 + 5.0325s^2 + 25.1026s + 5.008}$$

MATLAB 程式 9-2

```
A = [0 1 0;0 0 1;-5.008 -25.1026 -5.03247];
B = [0;25.04; -121.005];
C = [1 0 0];
D = [0];
[num,den] = ss2tf(A,B,C,D)

num =

        0   -0.0000   25.0400    5.0080

den =

   1.0000    5.0325   25.1026    5.0080

% ***** The same result can be obtained by entering the following command *****

[num,den] = ss2tf(A,B,C,D,1)

num =

        0   -0.0000   25.0400    5.0080

den =

   1.0000    5.0325   25.1026    5.0080
```

例題 9-4

現在考慮多輸入及多輸出的系統。當系統有一個以上的輸出時，如下指令

[NUM,den] = ss2tf(A,B,C,D,iu)

可以產生每一個輸入至所有輸出的轉移函數。（分子係數將出現在矩陣 NUM 中，有幾個輸出就有幾列。）

現在考慮的系統定義為

$$\begin{bmatrix} \dot{x}_1 \\ \dot{x}_2 \end{bmatrix} = \begin{bmatrix} 0 & 1 \\ -25 & -4 \end{bmatrix} \begin{bmatrix} x_1 \\ x_2 \end{bmatrix} + \begin{bmatrix} 1 & 1 \\ 0 & 1 \end{bmatrix} \begin{bmatrix} u_1 \\ u_2 \end{bmatrix}$$

$$\begin{bmatrix} y_1 \\ y_2 \end{bmatrix} = \begin{bmatrix} 1 & 0 \\ 0 & 1 \end{bmatrix} \begin{bmatrix} x_1 \\ x_2 \end{bmatrix} + \begin{bmatrix} 0 & 0 \\ 0 & 0 \end{bmatrix} \begin{bmatrix} u_1 \\ u_2 \end{bmatrix}$$

此系統有二個輸入及二個輸出。共有四個轉移函數：$Y_1(s)/U_1(s)$、$Y_2(s)/U_1(s)$、$Y_1(s)/U_2(s)$ 及 $Y_2(s)/U_2(s)$。（當考慮輸入 u_1 時，可令 u_2 為零，反之亦然。）參見 MATLAB 程式 9-3 的輸出結果。

MATLAB 程式 9-3

```
A = [0  1;-25  -4];
B = [1  1;0  1];
C = [1  0;0  1];
D = [0  0;0  0];
[NUM,den] = ss2tf(A,B,C,D,1)

NUM =

    0   1   4
    0   0  -25

den =

    1   4   25

[NUM,den] = ss2tf(A,B,C,D,2)
NUM =
```

```
        0   1.0000    5.0000
        0   1.0000  -25.0000
den =
        1     4      25
```

利用 MATLAB 程式可以求出以下四個轉移函數：

$$\frac{Y_1(s)}{U_1(s)} = \frac{s+4}{s^2+4s+25}, \qquad \frac{Y_2(s)}{U_1(s)} = \frac{-25}{s^2+4s+25}$$

$$\frac{Y_1(s)}{U_2(s)} = \frac{s+5}{s^2+4s+25}, \qquad \frac{Y_2(s)}{U_2(s)} = \frac{s-25}{s^2+4s+25}$$

9-4 非時變狀態方程式的解答

本節要求出線性非時變狀態方程式的一般通解。先考慮齊次解答，其次再考慮非齊次解答。

齊次狀態方程式的解答　在解向量－矩陣微分方程式之前，先複習一下純量微分方程式

$$\dot{x} = ax \tag{9-25}$$

的解答。欲得解答，先假設 $x(t)$ 之解為如下形式

$$x(t) = b_0 + b_1 t + b_2 t^2 + \cdots + b_k t^k + \cdots \tag{9-26}$$

將上式代入 (9-25) 式，可得

$$\begin{aligned}b_1 + 2b_2 t + 3b_3 t^2 + \cdots + k b_k t^{k-1} + \cdots \\ = a(b_0 + b_1 t + b_2 t^2 + \cdots + b_k t^k + \cdots)\end{aligned} \tag{9-27}$$

如果所假設的解係為真正的解答，則 (9-27) 式應該對於所有的 t 皆能成立。因此，比較 t 的冪次，令同次之係數相等，可得

$$b_1 = ab_0$$

$$b_2 = \frac{1}{2}ab_1 = \frac{1}{2}a^2b_0$$

$$b_3 = \frac{1}{3}ab_2 = \frac{1}{3\times 2}a^3b_0$$

$$\vdots$$

$$b_k = \frac{1}{k!}a^k b_0$$

將 $t = 0$ 代入 (9-26) 式，可決定出 b_0，或

$$x(0) = b_0$$

因此，$x(t)$ 的解答可以寫成

$$x(t) = \left(1 + at + \frac{1}{2!}a^2t^2 + \cdots + \frac{1}{k!}a^k t^k + \cdots\right)x(0)$$
$$= e^{at}x(0)$$

現在我們要解向量－矩陣微分方程式

$$\dot{\mathbf{x}} = \mathbf{A}\mathbf{x} \tag{9-28}$$

其中　$\mathbf{x} = n$-向量

　　　$\mathbf{A} = n \times n$ 常數矩陣

如同純量微分方程式的情形，假設解答為 t 的向量級數形式，或

$$\mathbf{x}(t) = \mathbf{b}_0 + \mathbf{b}_1 t + \mathbf{b}_2 t^2 + \cdots + \mathbf{b}_k t^k + \cdots \tag{9-29}$$

將所假設形式的解答代入 (9-28) 式中，可得

$$\mathbf{b}_1 + 2\mathbf{b}_2 t + 3\mathbf{b}_3 t^2 + \cdots + k\mathbf{b}_k t^{k-1} + \cdots$$
$$= \mathbf{A}(\mathbf{b}_0 + \mathbf{b}_1 t + \mathbf{b}_2 t^2 + \cdots + \mathbf{b}_k t^k + \cdots) \tag{9-30}$$

如果所假設的解係為真正的解答，則 (9-30) 式應該對於所有的 t 皆能成立。因此，比較 t 的冪次，令 (9-30) 式二邊同次之係數相等，可得

$$\mathbf{b}_1 = \mathbf{A}\mathbf{b}_0$$

$$\mathbf{b}_2 = \frac{1}{2}\mathbf{A}\mathbf{b}_1 = \frac{1}{2}\mathbf{A}^2\mathbf{b}_0$$

$$\mathbf{b}_3 = \frac{1}{3}\mathbf{A}\mathbf{b}_2 = \frac{1}{3 \times 2}\mathbf{A}^3\mathbf{b}_0$$

$$\vdots$$

$$\mathbf{b}_k = \frac{1}{k!}\mathbf{A}^k\mathbf{b}_0$$

將 $t = 0$ 代入 (9-29) 式,可得

$$\mathbf{x}(0) = \mathbf{b}_0$$

因此,$\mathbf{x}(t)$ 的解答可以寫成

$$\mathbf{x}(t) = \left(\mathbf{I} + \mathbf{A}t + \frac{1}{2!}\mathbf{A}^2t^2 + \cdots + \frac{1}{k!}\mathbf{A}^kt^k + \cdots\right)\mathbf{x}(0)$$

上式右邊括弧內的式子係為 $n \times n$ 矩陣。因其相似於純量指數函數的冪次無窮級數,稱為矩陣指數函數,寫成

$$\mathbf{I} + \mathbf{A}t + \frac{1}{2!}\mathbf{A}^2t^2 + \cdots + \frac{1}{k!}\mathbf{A}^kt^k + \cdots = e^{\mathbf{A}t}$$

利用矩陣指數函數,則 (9-28) 式的解答可以寫成

$$\mathbf{x}(t) = e^{\mathbf{A}t}\mathbf{x}(0) \tag{9-31}$$

因為在線性系統的狀態空間分析中,矩陣指數相當重要,接下來我們要討論其性質。

矩陣指數 可以證明出一個 $n \times n$ 矩陣 $\mathbf{A}$ 的矩陣指數

$$e^{\mathbf{A}t} = \sum_{k=0}^{\infty} \frac{\mathbf{A}^kt^k}{k!}$$

在所有的 t 皆可收斂。(因此由級數展開,可利用計算機輕易地計算出 $e^{\mathbf{A}t}$。)

因為無窮級數 $\sum_{k=0}^{\infty}\mathbf{A}^kt^k/k!$ 可收斂,因此級數中的每一項皆可以微

分,成為

$$\frac{d}{dt}e^{\mathbf{A}t} = \mathbf{A} + \mathbf{A}^2 t + \frac{\mathbf{A}^3 t^2}{2!} + \cdots + \frac{\mathbf{A}^k t^{k-1}}{(k-1)!} + \cdots$$

$$= \mathbf{A}\left[\mathbf{I} + \mathbf{A}t + \frac{\mathbf{A}^2 t^2}{2!} + \cdots + \frac{\mathbf{A}^{k-1} t^{k-1}}{(k-1)!} + \cdots\right] = \mathbf{A}e^{\mathbf{A}t}$$

$$= \left[\mathbf{I} + \mathbf{A}t + \frac{\mathbf{A}^2 t^2}{2!} + \cdots + \frac{\mathbf{A}^{k-1} t^{k-1}}{(k-1)!} + \cdots\right]\mathbf{A} = e^{\mathbf{A}t}\mathbf{A}$$

矩陣指數具有以下的性質

$$e^{\mathbf{A}(t+s)} = e^{\mathbf{A}t} e^{\mathbf{A}s}$$

此性質可證明如下:

$$e^{\mathbf{A}t}e^{\mathbf{A}s} = \left(\sum_{k=0}^{\infty} \frac{\mathbf{A}^k t^k}{k!}\right)\left(\sum_{k=0}^{\infty} \frac{\mathbf{A}^k s^k}{k!}\right)$$

$$= \sum_{k=0}^{\infty} \mathbf{A}^k \left(\sum_{i=0}^{\infty} \frac{t^i s^{k-i}}{i!(k-i)!}\right)$$

$$= \sum_{k=0}^{\infty} \mathbf{A}^k \frac{(t+s)^k}{k!}$$

$$= e^{\mathbf{A}(t+s)}$$

在特殊的情況,若 $s = -t$,則

$$e^{\mathbf{A}t}e^{-\mathbf{A}t} = e^{-\mathbf{A}t}e^{\mathbf{A}t} = e^{\mathbf{A}(t-t)} = \mathbf{I}$$

所以,$e^{\mathbf{A}t}$ 的倒數即是 $e^{-\mathbf{A}t}$。因為 $e^{\mathbf{A}t}$ 永遠是存在的,$e^{\mathbf{A}t}$ 稱為非奇異。

很重要,須牢記的是

$$e^{(\mathbf{A}+\mathbf{B})t} = e^{\mathbf{A}t}e^{\mathbf{B}t}, \quad 若\ \mathbf{AB} = \mathbf{BA}$$

$$e^{(\mathbf{A}+\mathbf{B})t} \neq e^{\mathbf{A}t}e^{\mathbf{B}t}, \quad 若\ \mathbf{AB} \neq \mathbf{BA}$$

其證明須注意到,

$$e^{(\mathbf{A}+\mathbf{B})t} = \mathbf{I} + (\mathbf{A}+\mathbf{B})t + \frac{(\mathbf{A}+\mathbf{B})^2}{2!}t^2 + \frac{(\mathbf{A}+\mathbf{B})^3}{3!}t^3 + \cdots$$

$$e^{\mathbf{A}t}e^{\mathbf{B}t} = \left(\mathbf{I} + \mathbf{A}t + \frac{\mathbf{A}^2 t^2}{2!} + \frac{\mathbf{A}^3 t^3}{3!} + \cdots\right)\left(\mathbf{I} + \mathbf{B}t + \frac{\mathbf{B}^2 t^2}{2!} + \frac{\mathbf{B}^3 t^3}{3!} + \cdots\right)$$

$$= \mathbf{I} + (\mathbf{A} + \mathbf{B})t + \frac{\mathbf{A}^2 t^2}{2!} + \mathbf{AB}t^2 + \frac{\mathbf{B}^2 t^2}{2!} + \frac{\mathbf{A}^3 t^3}{3!}$$

$$+ \frac{\mathbf{A}^2 \mathbf{B} t^3}{2!} + \frac{\mathbf{AB}^2 t^3}{2!} + \frac{\mathbf{B}^3 t^3}{3!} + \cdots$$

故知,

$$e^{(\mathbf{A}+\mathbf{B})t} - e^{\mathbf{A}t}e^{\mathbf{B}t} = \frac{\mathbf{BA} - \mathbf{AB}}{2!}t^2$$

$$+ \frac{\mathbf{BA}^2 + \mathbf{ABA} + \mathbf{B}^2\mathbf{A} + \mathbf{BAB} - 2\mathbf{A}^2\mathbf{B} - 2\mathbf{AB}^2}{3!}t^3 + \cdots$$

如果 **A** 與 **B** 係可交換性 (譯者註:即 $\mathbf{AB} = \mathbf{BA}$),則 $e^{(\mathbf{A}+\mathbf{B})t}$ 與 $e^{\mathbf{A}t}e^{\mathbf{B}t}$ 沒有分別。

齊次狀態方程式的拉氏變換解法　先考慮純量的情況:

$$\dot{x} = ax \tag{9-32}$$

對 (9-32) 式取拉氏變換得,

$$sX(s) - x(0) = aX(s) \tag{9-33}$$

其中 $X(s) = \mathscr{L}[x]$。由 (9-33) 式解出 $X(s)$ 可得

$$X(s) = \frac{x(0)}{s-a} = (s-a)^{-1}x(0)$$

對上式取拉氏反變換得,

$$x(t) = e^{at}x(0)$$

以上所討論的齊次純量微分方程式解答法可以擴充至齊次狀態方程式的情形:

$$\dot{\mathbf{x}}(t) = \mathbf{A}\mathbf{x}(t) \tag{9-34}$$

對 (9-34) 式二邊取拉氏變換得,

$$sX(s) - x(0) = AX(s)$$

其中 $\mathbf{X}(s) = \mathscr{L}[\mathbf{x}]$。因此

$$(s\mathbf{I} - \mathbf{A})\mathbf{X}(s) = \mathbf{x}(0)$$

上式二邊同乘以 $(s\mathbf{I} - \mathbf{A})^{-1}$，可得

$$\mathbf{X}(s) = (s\mathbf{I} - \mathbf{A})^{-1}\mathbf{x}(0)$$

$\mathbf{X}(s)$ 的拉氏反變換即得 $\mathbf{x}(t)$。因此

$$\mathbf{x}(t) = \mathscr{L}^{-1}[(s\mathbf{I} - \mathbf{A})^{-1}]\mathbf{x}(0) \tag{9-35}$$

注意到，

$$(s\mathbf{I} - \mathbf{A})^{-1} = \frac{\mathbf{I}}{s} + \frac{\mathbf{A}}{s^2} + \frac{\mathbf{A}^2}{s^3} + \cdots$$

因此，$(s\mathbf{I} - \mathbf{A})^{-1}$ 的拉氏反變換為

$$\mathscr{L}^{-1}[(s\mathbf{I} - \mathbf{A})^{-1}] = \mathbf{I} + \mathbf{A}t + \frac{\mathbf{A}^2 t^2}{2!} + \frac{\mathbf{A}^3 t^3}{3!} + \cdots = e^{\mathbf{A}t} \tag{9-36}$$

(矩陣的拉氏反變換為其所有的各自元素拉氏反變換構成的矩陣。) 由 (9-35) 及 (9-36) 式，可得 (9-34) 式的解答如下

$$\mathbf{x}(t) = e^{\mathbf{A}t}\mathbf{x}(0)$$

(9-36) 式的重要地方在於可以很方便地求得矩陣指數的完整解。

狀態遷移矩陣 可將齊次狀態方程式

$$\dot{\mathbf{x}} = \mathbf{A}\mathbf{x} \tag{9-37}$$

的解答寫成

$$\mathbf{x}(t) = \mathbf{\Phi}(t)\mathbf{x}(0) \tag{9-38}$$

其中 $\mathbf{\Phi}(t)$ 為 $n \times n$ 矩陣，係為

$$\dot{\mathbf{\Phi}}(t) = \mathbf{A}\mathbf{\Phi}(t), \quad \mathbf{\Phi}(0) = \mathbf{I}$$

的唯一解。欲證明此,先注意到

$$\mathbf{x}(0) = \mathbf{\Phi}(0)\mathbf{x}(0) = \mathbf{x}(0)$$

且

$$\dot{\mathbf{x}}(t) = \dot{\mathbf{\Phi}}(t)\mathbf{x}(0) = \mathbf{A}\mathbf{\Phi}(t)\mathbf{x}(0) = \mathbf{A}\mathbf{x}(t)$$

因此,我們確知 (9-38) 式是為 (9-37) 式的解答。

在由 (9-31)、(9-35) 及 (9-38) 式,可得

$$\mathbf{\Phi}(t) = e^{\mathbf{A}t} = \mathscr{L}^{-1}\bigl[(s\mathbf{I} - \mathbf{A})^{-1}\bigr]$$

因為

$$\mathbf{\Phi}^{-1}(t) = e^{-\mathbf{A}t} = \mathbf{\Phi}(-t)$$

由 (9-38) 式可知,(9-37) 式的解答係將初始條件做變換。所以,這一個獨特的矩陣 $\mathbf{\Phi}(t)$ 稱為狀態遷移矩陣。狀態遷移矩陣包含 (9-37) 式定義系統動態的所有訊息。

如果矩陣 $\mathbf{A}$ 的特徵值為 $\lambda_1, \lambda_2, \cdots, \lambda_n$ 皆相異,則 $\mathbf{\Phi}(t)$ 將含有以下的 n 個指數項:

$$e^{\lambda_1 t}, e^{\lambda_2 t}, \ldots, e^{\lambda_n t}$$

在特殊的情形,若 $\mathbf{A}$ 為對角線形,則

$$\mathbf{\Phi}(t) = e^{\mathbf{A}t} = \begin{bmatrix} e^{\lambda_1 t} & & & & 0 \\ & e^{\lambda_2 t} & & & \\ & & \cdot & & \\ & & & \cdot & \\ 0 & & & & e^{\lambda_n t} \end{bmatrix} \quad (\mathbf{A}:\text{對角線形})$$

如果特徵值有重複次數,例如若 $\mathbf{A}$ 的特徵值為

$$\lambda_1, \lambda_1, \lambda_1, \lambda_4, \lambda_5, \ldots, \lambda_n$$

則 $\mathbf{\Phi}(t)$ 除了含有 $e^{\lambda_1 t}, e^{\lambda_4 t}, e^{\lambda_5 t}, \cdots, e^{\lambda_n t}$ 這些指數外,尚含有 $te^{\lambda_1 t}$ 及 $t^2 e^{\lambda_1 t}$

這些形式的指數項。

狀態遷移矩陣的性質　現在我們要整理一下狀態遷移矩陣 $\boldsymbol{\Phi}(t)$ 的一些重要性質。對於線性非時變系統

$$\dot{\mathbf{x}} = \mathbf{A}\mathbf{x}$$

因為

$$\boldsymbol{\Phi}(t) = e^{\mathbf{A}t}$$

是故可得如下性質：

1. $\boldsymbol{\Phi}(0) = e^{\mathbf{A}0} = \mathbf{I}$
2. $\boldsymbol{\Phi}(t) = e^{\mathbf{A}t} = \left(e^{-\mathbf{A}t}\right)^{-1} = \left[\boldsymbol{\Phi}(-t)\right]^{-1}$ 或 $\boldsymbol{\Phi}^{-1}(t) = \boldsymbol{\Phi}(-t)$
3. $\boldsymbol{\Phi}(t_1 + t_2) = e^{\mathbf{A}(t_1+t_2)} = e^{\mathbf{A}t_1}e^{\mathbf{A}t_2} = \boldsymbol{\Phi}(t_1)\boldsymbol{\Phi}(t_2) = \boldsymbol{\Phi}(t_2)\boldsymbol{\Phi}(t_1)$
4. $\left[\boldsymbol{\Phi}(t)\right]^n = \boldsymbol{\Phi}(nt)$
5. $\boldsymbol{\Phi}(t_2 - t_1)\boldsymbol{\Phi}(t_1 - t_0) = \boldsymbol{\Phi}(t_2 - t_0) = \boldsymbol{\Phi}(t_1 - t_0)\boldsymbol{\Phi}(t_2 - t_1)$

例題 9-5

試求下述系統的狀態遷移矩陣 $\boldsymbol{\Phi}(t)$：

$$\begin{bmatrix} \dot{x}_1 \\ \dot{x}_2 \end{bmatrix} = \begin{bmatrix} 0 & 1 \\ -2 & -3 \end{bmatrix} \begin{bmatrix} x_1 \\ x_2 \end{bmatrix}$$

同時也求狀態遷移矩陣的反矩陣，$\boldsymbol{\Phi}^{-1}(t)$。

此系統中，

$$\mathbf{A} = \begin{bmatrix} 0 & 1 \\ -2 & -3 \end{bmatrix}$$

其狀態遷移矩陣 $\boldsymbol{\Phi}(t)$ 為

$$\boldsymbol{\Phi}(t) = e^{\mathbf{A}t} = \mathscr{L}^{-1}\left[(s\mathbf{I} - \mathbf{A})^{-1}\right]$$

因為

$$s\mathbf{I} - \mathbf{A} = \begin{bmatrix} s & 0 \\ 0 & s \end{bmatrix} - \begin{bmatrix} 0 & 1 \\ -2 & -3 \end{bmatrix} = \begin{bmatrix} s & -1 \\ 2 & s+3 \end{bmatrix}$$

$(s\mathbf{I} - \mathbf{A})$ 的反矩陣為

$$(s\mathbf{I} - \mathbf{A})^{-1} = \frac{1}{(s+1)(s+2)} \begin{bmatrix} s+3 & 1 \\ -2 & s \end{bmatrix}$$

$$= \begin{bmatrix} \dfrac{s+3}{(s+1)(s+2)} & \dfrac{1}{(s+1)(s+2)} \\ \dfrac{-2}{(s+1)(s+2)} & \dfrac{s}{(s+1)(s+2)} \end{bmatrix}$$

所以，

$$\mathbf{\Phi}(t) = e^{\mathbf{A}t} = \mathscr{L}^{-1}[(s\mathbf{I} - \mathbf{A})^{-1}]$$

$$= \begin{bmatrix} 2e^{-t} - e^{-2t} & e^{-t} - e^{-2t} \\ -2e^{-t} + 2e^{-2t} & -e^{-t} + 2e^{-2t} \end{bmatrix}$$

注意到 $\mathbf{\Phi}^{-1}(t) = \mathbf{\Phi}(-t)$，所以可以得到如下的狀態遷移矩陣的反矩陣：

$$\mathbf{\Phi}^{-1}(t) = e^{-\mathbf{A}t} = \begin{bmatrix} 2e^{t} - e^{2t} & e^{t} - e^{2t} \\ -2e^{t} + 2e^{2t} & -e^{t} + 2e^{2t} \end{bmatrix}$$

非齊次狀態方程式的解答　在先考慮純量的情況：

$$\dot{x} = ax + bu \tag{9-39}$$

上式 (9-39) 可改寫成

$$\dot{x} - ax = bu$$

上式二邊同乘上 e^{-at}，可得

$$e^{-at}[\dot{x}(t) - ax(t)] = \frac{d}{dt}[e^{-at}x(t)] = e^{-at}bu(t)$$

上式從 0 至 t 做積分，得

$$e^{-at}x(t) - x(0) = \int_0^t e^{-a\tau}bu(\tau)\,d\tau$$

或

$$x(t) = e^{at}x(0) + e^{at}\int_0^t e^{-a\tau}bu(\tau)\,d\tau$$

上式右邊的第一項係由於初始條件的響應，而第二項係由於輸入 $u(t)$ 產生的響應。

現在我們考慮如下述的非齊次狀態方程式

$$\dot{\mathbf{x}} = \mathbf{A}\mathbf{x} + \mathbf{B}\mathbf{u} \tag{9-40}$$

其中　$\mathbf{x} = n$-向量
　　　$\mathbf{u} = r$-向量
　　　$\mathbf{A} = n \times n$ 常數矩陣
　　　$\mathbf{B} = n \times r$ 常數矩陣

重寫 (9-40) 式可得

$$\dot{\mathbf{x}}(t) - \mathbf{A}\mathbf{x}(t) = \mathbf{B}\mathbf{u}(t)$$

此式二邊同乘上 $e^{-\mathbf{A}t}$，可得

$$e^{-\mathbf{A}t}[\dot{\mathbf{x}}(t) - \mathbf{A}\mathbf{x}(t)] = \frac{d}{dt}[e^{-\mathbf{A}t}\mathbf{x}(t)] = e^{-\mathbf{A}t}\mathbf{B}\mathbf{u}(t)$$

上式從 0 至 t 做積分，得

$$e^{-\mathbf{A}t}\mathbf{x}(t) - \mathbf{x}(0) = \int_0^t e^{-\mathbf{A}\tau}\mathbf{B}\mathbf{u}(\tau)\,d\tau$$

或

$$\mathbf{x}(t) = e^{\mathbf{A}t}\mathbf{x}(0) + \int_0^t e^{\mathbf{A}(t-\tau)}\mathbf{B}\mathbf{u}(\tau)\,d\tau \tag{9-41}$$

(9-41) 式可以重寫成

$$\mathbf{x}(t) = \mathbf{\Phi}(t)\mathbf{x}(0) + \int_0^t \mathbf{\Phi}(t-\tau)\mathbf{B}\mathbf{u}(\tau)\,d\tau \tag{9-42}$$

其中 $\mathbf{\Phi}(t) = e^{\mathbf{A}t}$。(9-41) 式或 (9-42) 式即為 (9-40) 式之解答。很顯然的，解答 $\mathbf{x}(t)$ 係為初始條件的遷移這一項與由輸入向量造成響應之和。

非齊次狀態方程式的拉氏變換解法　非齊次狀態方程式

$$\dot{\mathbf{x}} = \mathbf{A}\mathbf{x} + \mathbf{B}\mathbf{u}$$

之解答亦可利用拉氏變換法解答之。上式的拉氏變換式為

$$s\mathbf{X}(s) - \mathbf{x}(0) = \mathbf{A}\mathbf{X}(s) + \mathbf{B}\mathbf{U}(s)$$

或

$$(s\mathbf{I} - \mathbf{A})\mathbf{X}(s) = \mathbf{x}(0) + \mathbf{B}\mathbf{U}(s)$$

上式二邊之前同乘以 $(s\mathbf{I} - \mathbf{A})^{-1}$，可得

$$\mathbf{X}(s) = (s\mathbf{I} - \mathbf{A})^{-1}\mathbf{x}(0) + (s\mathbf{I} - \mathbf{A})^{-1}\mathbf{B}\mathbf{U}(s)$$

利用 (9-36) 式所述的關係即得

$$\mathbf{X}(s) = \mathscr{L}[e^{\mathbf{A}t}]\mathbf{x}(0) + \mathscr{L}[e^{\mathbf{A}t}]\mathbf{B}\mathbf{U}(s)$$

上式之拉氏反變換可用如下的迴旋積分得出：

$$\mathbf{x}(t) = e^{\mathbf{A}t}\mathbf{x}(0) + \int_0^t e^{\mathbf{A}(t-\tau)}\mathbf{B}\mathbf{u}(\tau)\,d\tau$$

就 $\mathbf{x}(t_0)$ 表達的解答　至目前為止我們都假定初始時間為零。然而，如果初始時間不是零，而是 t_0，則 (9-40) 式之解答須改寫成

$$\mathbf{x}(t) = e^{\mathbf{A}(t-t_0)}\mathbf{x}(t_0) + \int_{t_0}^t e^{\mathbf{A}(t-\tau)}\mathbf{B}\mathbf{u}(\tau)\,d\tau \tag{9-43}$$

例題 9-6

試求出以下系統的時間響應：

$$\begin{bmatrix} \dot{x}_1 \\ \dot{x}_2 \end{bmatrix} = \begin{bmatrix} 0 & 1 \\ -2 & -3 \end{bmatrix}\begin{bmatrix} x_1 \\ x_2 \end{bmatrix} + \begin{bmatrix} 0 \\ 1 \end{bmatrix} u$$

其中 $u(t)$ 為發生在 $t = 0$ 單位步階函數。或

$$u(t) = 1(t)$$

此系統中，

$$\mathbf{A} = \begin{bmatrix} 0 & 1 \\ -2 & -3 \end{bmatrix}, \quad \mathbf{B} = \begin{bmatrix} 0 \\ 1 \end{bmatrix}$$

狀態遷移矩陣 $\mathbf{\Phi}(t) = e^{\mathbf{A}t}$，其可由習題 9-5 得知如下

$$\mathbf{\Phi}(t) = e^{\mathbf{A}t} = \begin{bmatrix} 2e^{-t} - e^{-2t} & e^{-t} - e^{-2t} \\ -2e^{-t} + 2e^{-2t} & -e^{-t} + 2e^{-2t} \end{bmatrix}$$

由單位步階函數造成的響應為

$$\mathbf{x}(t) = e^{\mathbf{A}t}\mathbf{x}(0) + \int_0^t \begin{bmatrix} 2e^{-(t-\tau)} - e^{-2(t-\tau)} & e^{-(t-\tau)} - e^{-2(t-\tau)} \\ -2e^{-(t-\tau)} + 2e^{-2(t-\tau)} & -e^{-(t-\tau)} + 2e^{-2(t-\tau)} \end{bmatrix} \begin{bmatrix} 0 \\ 1 \end{bmatrix} [1] d\tau$$

或

$$\begin{bmatrix} x_1(t) \\ x_2(t) \end{bmatrix} = \begin{bmatrix} 2e^{-t} - e^{-2t} & e^{-t} - e^{-2t} \\ -2e^{-t} + 2e^{-2t} & -e^{-t} + 2e^{-2t} \end{bmatrix} \begin{bmatrix} x_1(0) \\ x_2(0) \end{bmatrix} + \begin{bmatrix} \frac{1}{2} - e^{-t} + \frac{1}{2}e^{-2t} \\ e^{-t} - e^{-2t} \end{bmatrix}$$

如果初始狀態為零，即 $\mathbf{x}(0) = \mathbf{0}$，則 $\mathbf{x}(t)$ 可簡化成

$$\begin{bmatrix} x_1(t) \\ x_2(t) \end{bmatrix} = \begin{bmatrix} \frac{1}{2} - e^{-t} + \frac{1}{2}e^{-2t} \\ e^{-t} - e^{-2t} \end{bmatrix}$$

9-5 向量與矩陣分析之一些常用規則

本節要介紹向量－矩陣分析的一些重要結果，這些將使用於 9-6 節。特別地，我們要介紹凱莉－漢米爾頓 (Cayley-Hamilton) 定理、最小多項式、希爾維斯特 (Sylvester) 內插法以求得 $e^{\mathbf{A}t}$，以及向量的線性獨立原理。

凱莉－漢米爾頓定理　凱莉－漢米爾頓定理在矩陣方程式的證明及有關矩陣方程式的解題上非常有用。

現在我們考慮 $n \times n$ 矩陣 $\mathbf{A}$ 及其特性方程式：

$$|\lambda \mathbf{I} - \mathbf{A}| = \lambda^n + a_1 \lambda^{n-1} + \cdots + a_{n-1} \lambda + a_n = 0$$

凱莉－漢米爾頓定理係陳述，矩陣 $\mathbf{A}$ 也可以滿足其特性方程式，即

$$\mathbf{A}^n + a_1 \mathbf{A}^{n-1} + \cdots + a_{n-1}\mathbf{A} + a_n\mathbf{I} = \mathbf{0} \qquad (9\text{-}44)$$

欲證明此定理，首先注意到 $\mathrm{adj}(\lambda\mathbf{I} - \mathbf{A})$ 係為一個 $n-1$ 次的 λ 之多項式。亦即，

$$\mathrm{adj}(\lambda\mathbf{I} - \mathbf{A}) = \mathbf{B}_1\lambda^{n-1} + \mathbf{B}_2\lambda^{n-2} + \cdots + \mathbf{B}_{n-1}\lambda + \mathbf{B}_n$$

其中 $\mathbf{B}_1 = \mathbf{I}$。因為

$$(\lambda\mathbf{I} - \mathbf{A})\,\mathrm{adj}(\lambda\mathbf{I} - \mathbf{A}) = \big[\mathrm{adj}(\lambda\mathbf{I} - \mathbf{A})\big](\lambda\mathbf{I} - \mathbf{A}) = |\lambda\mathbf{I} - \mathbf{A}|\mathbf{I}$$

可得

$$\begin{aligned}
|\lambda\mathbf{I} - \mathbf{A}|\mathbf{I} &= \mathbf{I}\lambda^n + a_1\mathbf{I}\lambda^{n-1} + \cdots + a_{n-1}\mathbf{I}\lambda + a_n\mathbf{I} \\
&= (\lambda\mathbf{I} - \mathbf{A})(\mathbf{B}_1\lambda^{n-1} + \mathbf{B}_2\lambda^{n-2} + \cdots + \mathbf{B}_{n-1}\lambda + \mathbf{B}_n) \\
&= (\mathbf{B}_1\lambda^{n-1} + \mathbf{B}_2\lambda^{n-2} + \cdots + \mathbf{B}_{n-1}\lambda + \mathbf{B}_n)(\lambda\mathbf{I} - \mathbf{A})
\end{aligned}$$

由此方程式，可以知道 $\mathbf{A}$ 及 $\mathbf{B}_i\,(i = 1, 2, \cdots, n)$ 係為可交換性。因此，若 $(\lambda\mathbf{I} - \mathbf{A})$ 或 $\mathrm{adj}(\lambda\mathbf{I} - \mathbf{A})$ 其中之一為零，則其乘積等於零。上式中若將 λ 取代為 $\mathbf{A}$，很顯然地 $\lambda\mathbf{I} - \mathbf{A}$ 等於零。是故，得知

$$\mathbf{A}^n + a_1\mathbf{A}^{n-1} + \cdots + a_{n-1}\mathbf{A} + a_n\mathbf{I} = \mathbf{0}$$

如此，我們證明了凱莉－漢米爾頓定理，或 (9-44) 式。

最小多項式 參見凱莉－漢米爾頓定理，每一個 $n \times n$ 矩陣 $\mathbf{A}$ 皆滿足其特性方程式。然而，此特性方程式並不必然是矩陣 $\mathbf{A}$ 可以滿足的最低次數之純量方程式。以 $\mathbf{A}$ 為其根的最低次數多項式稱為最小多項式。亦即，$n \times n$ 矩陣 $\mathbf{A}$ 的最小多項式係為一最低次數多項式 $\phi(\lambda)$，

$$\phi(\lambda) = \lambda^m + a_1\lambda^{m-1} + \cdots + a_{m-1}\lambda + a_m, \qquad m \leq n$$

使得 $\phi(\mathbf{A}) = \mathbf{0}$，或

$$\phi(\mathbf{A}) = \mathbf{A}^m + a_1\mathbf{A}^{m-1} + \cdots + a_{m-1}\mathbf{A} + a_m\mathbf{I} = \mathbf{0}$$

最小多項式在計算 $n \times n$ 矩陣 $\mathbf{A}$ 的多項式時非常重要。

假設一 λ 的多項式 $d(\lambda)$,係為 $\mathrm{adj}(\lambda\mathbf{I} - \mathbf{A})$ 中所有元素的最大公因式。可以證明到,如果 $d(\lambda)$ 中 λ 的最高次項之係數等於 1,則最小多項式 $\phi(\lambda)$ 為

$$\phi(\lambda) = \frac{|\lambda\mathbf{I} - \mathbf{A}|}{d(\lambda)} \qquad (9\text{-}45)$$

[參見例題 **A-9-8** 以導出 (9-45) 式。]

注意到,$n \times n$ 矩陣 $\mathbf{A}$ 的最小多項式 $\phi(\lambda)$ 之決定程序如下:

1. 找出 $\mathrm{adj}(\lambda\mathbf{I} - \mathbf{A})$,將所有 $\mathrm{adj}(\lambda\mathbf{I} - \mathbf{A})$ 中所有的元素寫成 λ 的因式項。
2. 求 $\mathrm{adj}(\lambda\mathbf{I} - \mathbf{A})$ 中所有元素的最大公因式 $d(\lambda)$。選擇 $d(\lambda)$ 中 λ 的最高次項之係數等於 1。
3. 最小多項式 $\phi(\lambda)$ 為 $|\lambda\mathbf{I} - \mathbf{A}|$ 除以 $d(\lambda)$。

矩陣指數 $e^{\mathbf{A}t}$　在解決控制工程題目時,常常需先求出 $e^{\mathbf{A}t}$。如果矩陣 $\mathbf{A}$ 中的數值都知道了,可以輕易地利用 MATLAB 計算出 $e^{\mathbf{A}T}$,其中 T 為一常數。

除了數值方法外,還有許多可分析的方法可以計算出 $e^{\mathbf{A}T}$。以下將介紹其中的三種方法。

$e^{\mathbf{A}t}$ 的計算:方法 1　如果 $\mathbf{A}$ 可以變換成為對角線矩陣,如下所述

$$e^{\mathbf{A}t} = \mathbf{P}e^{\mathbf{D}t}\mathbf{P}^{-1} = \mathbf{P}\begin{bmatrix} e^{\lambda_1 t} & & & & 0 \\ & e^{\lambda_2 t} & & & \\ & & \cdot & & \\ & & & \cdot & \\ & & & & \cdot \\ 0 & & & & e^{\lambda_n t} \end{bmatrix}\mathbf{P}^{-1} \qquad (9\text{-}46)$$

其中 $\mathbf{P}$ 稱為矩陣 $\mathbf{A}$ 的對角線化矩陣。[(9-46) 式的推導請參見例題 **A-9-11**。]

如果 $\mathbf{A}$ 可以變換成為約登型矩陣,則 $e^{\mathbf{A}T}$ 之形式為

$$e^{\mathbf{A}t} = \mathbf{S}e^{\mathbf{J}t}\mathbf{S}^{-1}$$

其中 $\mathbf{S}$ 係為能將矩陣 $\mathbf{A}$ 變換成為約登型典式 $\mathbf{J}$ 的變換矩陣。

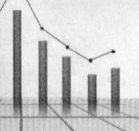

現舉一例，考慮以下的矩陣 **A**：

$$\mathbf{A} = \begin{bmatrix} 0 & 1 & 0 \\ 0 & 0 & 1 \\ 1 & -3 & 3 \end{bmatrix}$$

其特性方程式為

$$|\lambda \mathbf{I} - \mathbf{A}| = \lambda^3 - 3\lambda^2 + 3\lambda - 1 = (\lambda - 1)^3 = 0$$

因此，矩陣 **A** 在 $\lambda = 1$ 之重根次數等於 3。將矩陣 **A** 變換成為約登型典式所需的變換矩陣為

$$\mathbf{S} = \begin{bmatrix} 1 & 0 & 0 \\ 1 & 1 & 0 \\ 1 & 2 & 1 \end{bmatrix}$$

矩陣 **S** 的反矩陣為

$$\mathbf{S}^{-1} = \begin{bmatrix} 1 & 0 & 0 \\ -1 & 1 & 0 \\ 1 & -2 & 1 \end{bmatrix}$$

是故可知

$$\mathbf{S}^{-1}\mathbf{A}\mathbf{S} = \begin{bmatrix} 1 & 0 & 0 \\ -1 & 1 & 0 \\ 1 & -2 & 1 \end{bmatrix} \begin{bmatrix} 0 & 1 & 0 \\ 0 & 0 & 1 \\ 1 & -3 & 3 \end{bmatrix} \begin{bmatrix} 1 & 0 & 0 \\ 1 & 1 & 0 \\ 1 & 2 & 1 \end{bmatrix}$$

$$= \begin{bmatrix} 1 & 1 & 0 \\ 0 & 1 & 1 \\ 0 & 0 & 1 \end{bmatrix} = \mathbf{J}$$

注意到

$$e^{\mathbf{J}t} = \begin{bmatrix} e^t & te^t & \frac{1}{2}t^2 e^t \\ 0 & e^t & te^t \\ 0 & 0 & e^t \end{bmatrix}$$

因此可得

控制系統的狀態空間分析

$$e^{At} = Se^{Jt}S^{-1}$$

$$= \begin{bmatrix} 1 & 0 & 0 \\ 1 & 1 & 0 \\ 1 & 2 & 1 \end{bmatrix} \begin{bmatrix} e^t & te^t & \frac{1}{2}t^2e^t \\ 0 & e^t & te^t \\ 0 & 0 & e^t \end{bmatrix} \begin{bmatrix} 1 & 0 & 0 \\ -1 & 1 & 0 \\ 1 & -2 & 1 \end{bmatrix}$$

$$= \begin{bmatrix} e^t - te^t + \frac{1}{2}t^2e^t & te^t - t^2e^t & \frac{1}{2}t^2e^t \\ \frac{1}{2}t^2e^t & e^t - te^t - t^2e^t & te^t + \frac{1}{2}t^2e^t \\ te^t + \frac{1}{2}t^2e^t & -3te^t - t^2e^t & e^t + 2te^t + \frac{1}{2}t^2e^t \end{bmatrix}$$

e^{At} 的計算：方法 2　計算 e^{At} 的第二個方法係為拉氏變換法。參見 (9-36) 式，e^{At} 為以下所述：

$$e^{At} = \mathcal{L}^{-1}[(s\mathbf{I} - \mathbf{A})^{-1}]$$

所以，欲得 e^{At}，先求 $(s\mathbf{I} - \mathbf{A})$ 的反矩陣。如此得出的矩陣，其元素為 s 的有理分式。再來，求矩陣中每一個元素的拉氏反變換即可得之。

例題 9-7

考慮矩陣 $\mathbf{A}$ 如下：

$$\mathbf{A} = \begin{bmatrix} 0 & 1 \\ 0 & -2 \end{bmatrix}$$

利用前所述的二個可分析法計算出 e^{At}。

方法 1　$\mathbf{A}$ 的特徵值為 0 及 -2 ($\lambda_1 = 0$，$\lambda_2 = -2$)。所需要的變換矩陣為

$$\mathbf{P} = \begin{bmatrix} 1 & 1 \\ 0 & -2 \end{bmatrix}$$

再來，由 (9-46) 式，可得 e^{At} 如下：

$$e^{At} = \begin{bmatrix} 1 & 1 \\ 0 & -2 \end{bmatrix} \begin{bmatrix} e^0 & 0 \\ 0 & e^{-2t} \end{bmatrix} \begin{bmatrix} 1 & \frac{1}{2} \\ 0 & -\frac{1}{2} \end{bmatrix} = \begin{bmatrix} 1 & \frac{1}{2}(1 - e^{-2t}) \\ 0 & e^{-2t} \end{bmatrix}$$

方法 2　因為

$$s\mathbf{I} - \mathbf{A} = \begin{bmatrix} s & 0 \\ 0 & s \end{bmatrix} - \begin{bmatrix} 0 & 1 \\ 0 & -2 \end{bmatrix} = \begin{bmatrix} s & -1 \\ 0 & s+2 \end{bmatrix}$$

可得

$$(s\mathbf{I} - \mathbf{A})^{-1} = \begin{bmatrix} \dfrac{1}{s} & \dfrac{1}{s(s+2)} \\ 0 & \dfrac{1}{s+2} \end{bmatrix}$$

所以

$$e^{\mathbf{A}t} = \mathscr{L}^{-1}[(s\mathbf{I} - \mathbf{A})^{-1}] = \begin{bmatrix} 1 & \tfrac{1}{2}(1 - e^{-2t}) \\ 0 & e^{-2t} \end{bmatrix}$$

$e^{\mathbf{A}t}$ 的計算：方法 3　第三個方法係建立於希爾維斯特內插法。(參見例題 **A-9-12** 的希爾維斯特內插法公式。) 先考慮 **A** 的最小多項式 $\phi(\lambda)$ 之根皆為相異的情況。然後再來討論重根的情況。

情況 1：**A** 的最小多項式具有相異根　假設 **A** 的最小多項式之次數為 m。由希爾維斯特內插法可知，欲得出 $e^{\mathbf{A}t}$ 則須先解出如下的行列式方程式：

$$\begin{vmatrix} 1 & \lambda_1 & \lambda_1^2 & \cdots & \lambda_1^{m-1} & e^{\lambda_1 t} \\ 1 & \lambda_2 & \lambda_2^2 & \cdots & \lambda_2^{m-1} & e^{\lambda_2 t} \\ \cdot & \cdot & \cdot & & \cdot & \cdot \\ \cdot & \cdot & \cdot & & \cdot & \cdot \\ \cdot & \cdot & \cdot & & \cdot & \cdot \\ 1 & \lambda_m & \lambda_m^2 & \cdots & \lambda_m^{m-1} & e^{\lambda_m t} \\ \mathbf{I} & \mathbf{A} & \mathbf{A}^2 & \cdots & \mathbf{A}^{m-1} & e^{\mathbf{A}t} \end{vmatrix} = \mathbf{0} \qquad (9\text{-}47)$$

由 (9-47) 式解出 $e^{\mathbf{A}t}$，則 $e^{\mathbf{A}t}$ 可以表達成 $\mathbf{A}^k$ ($k = 0, 1, 2, \cdots, m-1$) 及 $e^{\lambda_i t}$ ($i = 0, 1, 2, \cdots, m$) 之函數。[例如，可由 (9-47) 式之最後一行做展開。]

針對 (9-47) 式解出 $e^{\mathbf{A}t}$ 即為寫出

$$e^{\mathbf{A}t} = \alpha_0(t)\mathbf{I} + \alpha_1(t)\mathbf{A} + \alpha_2(t)\mathbf{A}^2 + \cdots + \alpha_{m-1}(t)\mathbf{A}^{m-1} \qquad (9\text{-}48)$$

然後再解出 $\alpha_k(t)$ ($k = 0, 1, 2, \cdots, m-1$)，$\alpha_k(t)$ 可以由下列的一集 m 個方程式解得：

$$\alpha_0(t) + \alpha_1(t)\lambda_1 + \alpha_2(t)\lambda_1^2 + \cdots + \alpha_{m-1}(t)\lambda_1^{m-1} = e^{\lambda_1 t}$$
$$\alpha_0(t) + \alpha_1(t)\lambda_2 + \alpha_2(t)\lambda_2^2 + \cdots + \alpha_{m-1}(t)\lambda_2^{m-1} = e^{\lambda_2 t}$$
$$\vdots$$
$$\alpha_0(t) + \alpha_1(t)\lambda_m + \alpha_2(t)\lambda_m^2 + \cdots + \alpha_{m-1}(t)\lambda_m^{m-1} = e^{\lambda_m t}$$

如果 $n \times n$ 矩陣 **A** 具有相異特徵值，則須決定的 $\alpha_k(t)$ 之個數為 $m = n$ 個。如果 $n \times n$ 矩陣 **A** 有重根式特徵值，且其最小多項式只具有單根，那麼須決定的 $\alpha_k(t)$ 之個數為 m 比 n 為少。

情況 2：**A** 的最小多項式有重根　現在以例題考慮，若 **A** 的最小多項式有三個等根 ($\lambda_1 = \lambda_2 = \lambda_3$)，而其他的根 ($\lambda_4, \lambda_5, \cdots, \lambda_m$) 皆相異。利用希爾維斯特內插法公式，則 $e^{\mathbf{A}t}$ 可由如下的行列式方程式求得：

$$\begin{vmatrix} 0 & 0 & 1 & 3\lambda_1 & \cdots & \dfrac{(m-1)(m-2)}{2}\lambda_1^{m-3} & \dfrac{t^2}{2}e^{\lambda_1 t} \\ 0 & 1 & 2\lambda_1 & 3\lambda_1^2 & \cdots & (m-1)\lambda_1^{m-2} & te^{\lambda_1 t} \\ 1 & \lambda_1 & \lambda_1^2 & \lambda_1^3 & \cdots & \lambda_1^{m-1} & e^{\lambda_1 t} \\ 1 & \lambda_4 & \lambda_4^2 & \lambda_4^3 & \cdots & \lambda_4^{m-1} & e^{\lambda_4 t} \\ \vdots & \vdots & \vdots & \vdots & & \vdots & \vdots \\ 1 & \lambda_m & \lambda_m^2 & \lambda_m^3 & \cdots & \lambda_m^{m-1} & e^{\lambda_m t} \\ \mathbf{I} & \mathbf{A} & \mathbf{A}^2 & \mathbf{A}^3 & \cdots & \mathbf{A}^{m-1} & e^{\mathbf{A}t} \end{vmatrix} = \mathbf{0} \quad (9\text{-}49)$$

展開最後一行就可以從 (9-49) 式解得 $e^{\mathbf{A}t}$。

注意到，如同情況 1 所述，解出 $e^{\mathbf{A}t}$ 即為寫出

$$e^{\mathbf{A}t} = \alpha_0(t)\mathbf{I} + \alpha_1(t)\mathbf{A} + \alpha_2(t)\mathbf{A}^2 + \cdots + \alpha_{m-1}(t)\mathbf{A}^{m-1} \quad (9\text{-}50)$$

然後，再由

$$\alpha_2(t) + 3\alpha_3(t)\lambda_1 + \cdots + \frac{(m-1)(m-2)}{2}\alpha_{m-1}(t)\lambda_1^{m-3} = \frac{t^2}{2}e^{\lambda_1 t}$$

$$\alpha_1(t) + 2\alpha_2(t)\lambda_1 + 3\alpha_3(t)\lambda_1^2 + \cdots + (m-1)\alpha_{m-1}(t)\lambda_1^{m-2} = te^{\lambda_1 t}$$

$$\alpha_0(t) + \alpha_1(t)\lambda_1 + \alpha_2(t)\lambda_1^2 + \cdots + \alpha_{m-1}(t)\lambda_1^{m-1} = e^{\lambda_1 t}$$

$$\alpha_0(t) + \alpha_1(t)\lambda_4 + \alpha_2(t)\lambda_4^2 + \cdots + \alpha_{m-1}(t)\lambda_4^{m-1} = e^{\lambda_4 t}$$

$$\vdots$$

$$\alpha_0(t) + \alpha_1(t)\lambda_m + \alpha_2(t)\lambda_m^2 + \cdots + \alpha_{m-1}(t)\lambda_m^{m-1} = e^{\lambda_m t}$$

解出 $\alpha_k(t)$ ($k = 0, 1, 2, \cdots, m-1$)。若要擴充至其他的情況，如二組或更多組重根，解法是明顯類似的。注意，如果 **A** 的最小多項式不方便得出，也可以將最小多項式取代成特性方程式。當然了，此時需要的計算步驟複雜多了。

例題 9-8

考慮如下矩陣

$$\mathbf{A} = \begin{bmatrix} 0 & 1 \\ 0 & -2 \end{bmatrix}$$

試利用希爾維斯特內插公式計算出 $e^{\mathbf{A}t}$。

由 (9-47) 式可得，

$$\begin{vmatrix} 1 & \lambda_1 & e^{\lambda_1 t} \\ 1 & \lambda_2 & e^{\lambda_2 t} \\ \mathbf{I} & \mathbf{A} & e^{\mathbf{A}t} \end{vmatrix} = \mathbf{0}$$

上式中，將 λ_1 代入 0，λ_2 代入 -2，可得

$$\begin{vmatrix} 1 & 0 & 1 \\ 1 & -2 & e^{-2t} \\ \mathbf{I} & \mathbf{A} & e^{\mathbf{A}t} \end{vmatrix} = \mathbf{0}$$

展開以上行列式，得

$$-2e^{\mathbf{A}t} + \mathbf{A} + 2\mathbf{I} - \mathbf{A}e^{-2t} = \mathbf{0}$$

或

$$e^{\mathbf{A}t} = \tfrac{1}{2}(\mathbf{A} + 2\mathbf{I} - \mathbf{A}e^{-2t})$$
$$= \frac{1}{2}\left\{\begin{bmatrix} 0 & 1 \\ 0 & -2 \end{bmatrix} + \begin{bmatrix} 2 & 0 \\ 0 & 2 \end{bmatrix} - \begin{bmatrix} 0 & 1 \\ 0 & -2 \end{bmatrix}e^{-2t}\right\}$$
$$= \begin{bmatrix} 1 & \tfrac{1}{2}(1 - e^{-2t}) \\ 0 & e^{-2t} \end{bmatrix}$$

另外一種方法是利用 (9-48) 式。首先須由下式

$$\alpha_0(t) + \alpha_1(t)\lambda_1 = e^{\lambda_1 t}$$
$$\alpha_0(t) + \alpha_1(t)\lambda_2 = e^{\lambda_2 t}$$

決定 $\alpha_0(t)$ 及 $\alpha_1(t)$。因為 $\lambda_1 = 0$ 且 $\lambda_2 = -2$，上二式變成

$$\alpha_0(t) = 1$$
$$\alpha_0(t) - 2\alpha_1(t) = e^{-2t}$$

解出 $\alpha_0(t)$ 及 $\alpha_1(t)$ 得

$$\alpha_0(t) = 1, \quad \alpha_1(t) = \frac{1}{2}(1 - e^{-2t})$$

所以，$e^{\mathbf{A}t}$ 為

$$e^{\mathbf{A}t} = \alpha_0(t)\mathbf{I} + \alpha_1(t)\mathbf{A} = \mathbf{I} + \frac{1}{2}(1 - e^{-2t})\mathbf{A} = \begin{bmatrix} 1 & \tfrac{1}{2}(1 - e^{-2t}) \\ 0 & e^{-2t} \end{bmatrix}$$

向量的線性獨立　若一集向量 $\mathbf{x}_1, \mathbf{x}_2, \cdots, \mathbf{x}_n$ 線性獨立，則

$$c_1\mathbf{x}_1 + c_2\mathbf{x}_2 + \cdots + c_n\mathbf{x}_n = \mathbf{0}$$

其中，$c_1, c_2, \cdots, c_n$ 為常數，且此時

$$c_1 = c_2 = \cdots = c_n = 0$$

反言之，一集向量 $\mathbf{x}_1, \mathbf{x}_2, \cdots, \mathbf{x}_n$ 線性相依，若且唯若某一個 $\mathbf{x}_i$ 可以經由一組 c_j 常數寫成其他 $\mathbf{x}_j (j = 1, 2, \cdots, n; j \neq i)$ 線性組合，或

$$\mathbf{x}_i = \sum_{\substack{j=1 \\ j \neq i}}^{n} c_j \mathbf{x}_j$$

亦即,如果 $\mathbf{x}_i$ 可以寫成同一集的其他向量之線性組合,則 $\mathbf{x}_i$ 係相依於他們,或在這一集向量中不是獨立的成員。

例題 9-9

如下向量

$$\mathbf{x}_1 = \begin{bmatrix} 1 \\ 2 \\ 3 \end{bmatrix}, \quad \mathbf{x}_2 = \begin{bmatrix} 1 \\ 0 \\ 1 \end{bmatrix}, \quad \mathbf{x}_3 = \begin{bmatrix} 2 \\ 2 \\ 4 \end{bmatrix}$$

係為線性相依,因為

$$\mathbf{x}_1 + \mathbf{x}_2 - \mathbf{x}_3 = \mathbf{0}$$

如下向量

$$\mathbf{y}_1 = \begin{bmatrix} 1 \\ 2 \\ 3 \end{bmatrix}, \quad \mathbf{y}_2 = \begin{bmatrix} 1 \\ 0 \\ 1 \end{bmatrix}, \quad \mathbf{y}_3 = \begin{bmatrix} 2 \\ 2 \\ 2 \end{bmatrix}$$

係為線性獨立,因為

$$c_1 \mathbf{y}_1 + c_2 \mathbf{y}_2 + c_3 \mathbf{y}_3 = \mathbf{0}$$

只能使得

$$c_1 = c_2 = c_3 = 0$$

注意若一個 $n \times n$ 矩陣為非奇異(亦即,此矩陣之秩數等於 n,其行列式值不等於零)則其 n 個行向量(或列向量)係為線性獨立。如果 $n \times n$ 矩陣為奇異(亦即,此矩陣之秩數少於 n,其行列式值等於零),則其 n 個行向量(或列向量)係為線性相依。注意以下的解釋

$$\begin{bmatrix} \mathbf{x}_1 & \vdots & \mathbf{x}_2 & \vdots & \mathbf{x}_3 \end{bmatrix} = \begin{bmatrix} 1 & 1 & 2 \\ 2 & 0 & 2 \\ 3 & 1 & 4 \end{bmatrix} = \text{奇異}$$

$$[\mathbf{y}_1 \vdots \mathbf{y}_2 \vdots \mathbf{y}_3] = \begin{bmatrix} 1 & 1 & 2 \\ 2 & 0 & 2 \\ 3 & 1 & 2 \end{bmatrix} = 非奇異$$

9-6 可控度性

可控度性及可觀察性　若系統在時刻 t_0 為可控制性，則此系統可以在一段有限的時間內利用無規範的控制向量，將初始狀態 $\mathbf{x}(t_0)$ 轉移至任意其他的狀態。

若系統在時刻 t_0 為可觀察性，則此系統的任意狀態可以在一段有限的時間內利用其輸出及初始狀態 $\mathbf{x}(t_0)$ 決定之。

控度性及觀察性之觀念係由卡曼氏 (Kalman) 推介出來。控制系統在狀態空間設計中，這些觀念扮演及重要的角色。事實上，控制系統的設計題目中，完整解答是否能夠存在與系統的可控度性及可觀察性有密切的關連。如果系統不可控制，則此控制題目的解答可能不存在。雖然大部分的物理系統皆是可控度性及可觀察性，但是其數學模型可能不具備有可控度性及可觀察性的性質。於是，必須知道系統在什麼情況下為可控度及可觀察。本節討論可控度性，下一節再介紹可觀察性。

以下我們要導出完全狀態可控度性之條件。然後，在討論完畢完全輸出可觀察性後，我們要推導出完全狀態可控度性所需條件之其他形式。最後，我們再討論系統的穩定度。

連續時間系統的完全狀態可控制性　考慮連續時間系統如下

$$\dot{\mathbf{x}} = \mathbf{A}\mathbf{x} + \mathbf{B}u \qquad (9\text{-}51)$$

其中　$\mathbf{x}$ = 狀態向量 (n-向量)

　　　u = 控制信號 (純量)

　　　$\mathbf{A}$ = $n \times n$ 矩陣

　　　$\mathbf{B}$ = $n \times 1$ 矩陣

(9-51) 式的系統在時刻 $t = t_0$ 為可控制性,則此系統可以在 $t_0 \le t \le t_1$ 一段有限的時間內利用無規範的控制向量,將初始狀態轉移至任意其他的最終狀態。如果所有狀態皆為可控制性,此系統稱為完全狀態可控制性。

現在我們要導出完全狀態可控制性的條件。在不失通用的情況下,可以假定最終狀態為狀態空間的原點,且初始時間為零,即 $t_0 = 0$。

(9-51) 式的解答為

$$\mathbf{x}(t) = e^{\mathbf{A}t}\mathbf{x}(0) + \int_0^t e^{\mathbf{A}(t-\tau)}\mathbf{B}u(\tau)\,d\tau$$

利用上述完全狀態可控制性的定義,可得

$$\mathbf{x}(t_1) = \mathbf{0} = e^{\mathbf{A}t_1}\mathbf{x}(0) + \int_0^{t_1} e^{\mathbf{A}(t_1-\tau)}\mathbf{B}u(\tau)\,d\tau$$

或

$$\mathbf{x}(0) = -\int_0^{t_1} e^{-\mathbf{A}\tau}\mathbf{B}u(\tau)\,d\tau \tag{9-52}$$

參見 (9-48) 或 (9-50) 式,$e^{-\mathbf{A}\tau}$ 可寫成

$$e^{-\mathbf{A}\tau} = \sum_{k=0}^{n-1} \alpha_k(\tau)\mathbf{A}^k \tag{9-53}$$

將 (9-53) 式代入 (9-52) 式可得

$$\mathbf{x}(0) = -\sum_{k=0}^{n-1} \mathbf{A}^k \mathbf{B} \int_0^{t_1} \alpha_k(\tau)u(\tau)\,d\tau \tag{9-54}$$

讓我們假設

$$\int_0^{t_1} \alpha_k(\tau)u(\tau)\,d\tau = \beta_k$$

則由 (9-54) 式可知

$$\mathbf{x}(0) = -\sum_{k=0}^{n-1} \mathbf{A}^k \mathbf{B} \beta_k$$

$$= -\begin{bmatrix} \mathbf{B} & \vdots & \mathbf{AB} & \vdots & \cdots & \vdots & \mathbf{A}^{n-1}\mathbf{B} \end{bmatrix} \begin{bmatrix} \beta_0 \\ \hdashline \beta_1 \\ \cdot \\ \cdot \\ \cdot \\ \hdashline \beta_{n-1} \end{bmatrix} \quad (9\text{-}55)$$

如果系統為完全狀態可控制,則 (9-55) 式應該可以被所有的 $\mathbf{x}(0)$ 滿足之。此時,$n \times n$ 矩陣

$$\begin{bmatrix} \mathbf{B} & \vdots & \mathbf{AB} & \vdots & \cdots & \vdots & \mathbf{A}^{n-1}\mathbf{B} \end{bmatrix}$$

之秩數須等於 n。

因此,以分析的觀念而言,系統為完全狀態可控制之條件敘述為: (9-51) 式的系統為完全狀態可控制若且唯若向量 $\mathbf{B}, \mathbf{AB}, \cdots, \mathbf{A}^{n-1}\mathbf{B}$ 為線性獨立,或 $n \times n$ 矩陣

$$\begin{bmatrix} \mathbf{B} & \vdots & \mathbf{AB} & \vdots & \cdots & \vdots & \mathbf{A}^{n-1}\mathbf{B} \end{bmatrix}$$

之秩數須等於 n。

上面討論的結果可擴充至當控制向量 $\mathbf{u}$ 為 r-維。如果系統代表成

$$\dot{\mathbf{x}} = \mathbf{A}\mathbf{x} + \mathbf{B}\mathbf{u}$$

其中 $\mathbf{u}$ 為 r-維,則完全狀態可控制所需之條件為 $n \times nr$ 矩陣

$$\begin{bmatrix} \mathbf{B} & \vdots & \mathbf{AB} & \vdots & \cdots & \vdots & \mathbf{A}^{n-1}\mathbf{B} \end{bmatrix}$$

之秩數須等於 n,或具有 n 個線性獨立的行向量。下述矩陣

$$\begin{bmatrix} \mathbf{B} & \vdots & \mathbf{AB} & \vdots & \cdots & \vdots & \mathbf{A}^{n-1}\mathbf{B} \end{bmatrix}$$

稱為控制矩陣 (controllability matrix)。

例題 9-10

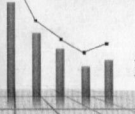

考慮下述系統

$$\begin{bmatrix} \dot{x}_1 \\ \dot{x}_2 \end{bmatrix} = \begin{bmatrix} 1 & 1 \\ 0 & -1 \end{bmatrix} \begin{bmatrix} x_1 \\ x_2 \end{bmatrix} + \begin{bmatrix} 1 \\ 0 \end{bmatrix} u$$

因為

$$[\mathbf{B} \vdots \mathbf{AB}] = \begin{bmatrix} 1 & 1 \\ 0 & 0 \end{bmatrix} = 奇異$$

此系統為不可完全狀態可控制。

例題 9-11

考慮下述系統

$$\begin{bmatrix} \dot{x}_1 \\ \dot{x}_2 \end{bmatrix} = \begin{bmatrix} 1 & 1 \\ 2 & -1 \end{bmatrix} \begin{bmatrix} x_1 \\ x_2 \end{bmatrix} + \begin{bmatrix} 0 \\ 1 \end{bmatrix} [u]$$

此時，

$$[\mathbf{B} \vdots \mathbf{AB}] = \begin{bmatrix} 0 & 1 \\ 1 & -1 \end{bmatrix} = 非奇異$$

故此系統為完全狀態可控制。

完全狀態可控制性的另一形式條件　考慮連續時間系統如下

$$\dot{\mathbf{x}} = \mathbf{A}\mathbf{x} + \mathbf{B}\mathbf{u} \tag{9-56}$$

其中　$\mathbf{x}$ = 狀態向量 (n-向量)

$\mathbf{u}$ = 控制向量 (r-向量)

$\mathbf{A}$ = $n \times n$ 矩陣

$\mathbf{B}$ = $n \times r$ 矩陣

如果 $\mathbf{A}$ 的特徵值皆相異，則可求得變換矩陣 $\mathbf{P}$ 使得

$$\mathbf{P}^{-1}\mathbf{AP} = \mathbf{D} = \begin{bmatrix} \lambda_1 & & & & 0 \\ & \lambda_2 & & & \\ & & \cdot & & \\ & & & \cdot & \\ & & & & \cdot \\ 0 & & & & \lambda_n \end{bmatrix}$$

注意,如果 **A** 的特徵值相異,則相對應的特徵向量皆獨立;但是,反之並不盡然。例如,一個 $n \times n$ 實數對稱式矩陣具有重複式特徵值,但具有 n 個線性獨立的特徵向量。注意矩陣 **P** 中的每一行皆為矩陣 **A** 相關於 $\lambda_i \, (i = 1, 2, \cdots, n)$ 的特徵向量。

定義

$$\mathbf{x} = \mathbf{Pz} \tag{9-57}$$

將 (9-57) 式代入 (9-56) 式,可得

$$\dot{\mathbf{z}} = \mathbf{P}^{-1}\mathbf{APz} + \mathbf{P}^{-1}\mathbf{Bu} \tag{9-58}$$

再定義

$$\mathbf{P}^{-1}\mathbf{B} = \mathbf{F} = (f_{ij})$$

則 (9-58) 式可重寫成

$$\dot{z}_1 = \lambda_1 z_1 + f_{11}u_1 + f_{12}u_2 + \cdots + f_{1r}u_r$$
$$\dot{z}_2 = \lambda_2 z_2 + f_{21}u_1 + f_{22}u_2 + \cdots + f_{2r}u_r$$
$$\cdot$$
$$\cdot$$
$$\cdot$$
$$\dot{z}_n = \lambda_n z_n + f_{n1}u_1 + f_{n2}u_2 + \cdots + f_{nr}u_r$$

如果 $n \times r$ 矩陣 **F** 的任何一列元素皆為零,則其相關的狀態變數皆不可經由任何一個 u_i 控制之。因此,完全狀態可控制性的條件在於,若 **A** 的特徵向量皆為相異,則系統係為完全狀態可控制性若且唯若 $\mathbf{P}^{-1}\mathbf{B}$ 中沒有元素皆等於零的一列。必須注意到,欲施用此條件判斷完全狀態可控制性時,則 (9-58) 式中的 $\mathbf{P}^{-1}\mathbf{AP}$ 須為對角線式。

如果 (9-56) 式中 **A** 矩陣不具有相異特徵向量,則其不可能做對角線化。在此情況下,我們須將矩陣 **A** 變換成為約登典式。例如,假設矩陣 **A** 的特徵值為 $\lambda_1, \lambda_1, \lambda_1, \lambda_4, \lambda_4, \lambda_6, \cdots, \lambda_n$,有 $n-3$ 個相異特徵向量,則 **A** 的約登典式為

$$\mathbf{J} = \begin{bmatrix} \lambda_1 & 1 & 0 & & & & & 0 \\ 0 & \lambda_1 & 1 & & & & & \\ 0 & 0 & \lambda_1 & & & & & \\ & & & \lambda_4 & 1 & & & \\ & & & 0 & \lambda_4 & & & \\ & & & & & \lambda_6 & & \\ & & & & & & \ddots & \\ 0 & & & & & & & \lambda_n \end{bmatrix}$$

在主對角線上的方形次矩陣稱為約登方塊 (Jordan block)。

假設我們找到變換矩陣 **S** 使得

$$\mathbf{S}^{-1}\mathbf{AS} = \mathbf{J}$$

定義新的狀態向量 **z** 如下

$$\mathbf{x} = \mathbf{Sz} \tag{9-59}$$

則將 (9-59) 式代入 (9-56) 式可得

$$\dot{\mathbf{z}} = \mathbf{S}^{-1}\mathbf{ASz} + \mathbf{S}^{-1}\mathbf{Bu}$$
$$= \mathbf{Jz} + \mathbf{S}^{-1}\mathbf{Bu} \tag{9-60}$$

(9-56) 式所述系統的完全狀態可控制條件陳述為:系統係為完全狀態可控制,若且唯若 (1) 在 (9-60) 式中沒有二個約登方塊具有相同的特徵值,(2) 對應於每一個約登方塊最後一列的 $\mathbf{S}^{-1}\mathbf{B}$ 之任何一列元素不可全為零,(3) 對應於每一個相異特徵值的 $\mathbf{S}^{-1}\mathbf{B}$ 之任何一列元素不可全為零。

例題 9-12

以下的系統為完全狀態可控制：

$$\begin{bmatrix} \dot{x}_1 \\ \dot{x}_2 \end{bmatrix} = \begin{bmatrix} -1 & 0 \\ 0 & -2 \end{bmatrix} \begin{bmatrix} x_1 \\ x_2 \end{bmatrix} + \begin{bmatrix} 2 \\ 5 \end{bmatrix} u$$

$$\begin{bmatrix} \dot{x}_1 \\ \dot{x}_2 \\ \dot{x}_3 \end{bmatrix} = \begin{bmatrix} -1 & 1 & 0 \\ 0 & -1 & 0 \\ 0 & 0 & -2 \end{bmatrix} \begin{bmatrix} x_1 \\ x_2 \\ x_3 \end{bmatrix} + \begin{bmatrix} 0 \\ 4 \\ 3 \end{bmatrix} u$$

$$\begin{bmatrix} \dot{x}_1 \\ \dot{x}_2 \\ \dot{x}_3 \\ \dot{x}_4 \\ \dot{x}_5 \end{bmatrix} = \begin{bmatrix} -2 & 1 & 0 & & 0 \\ 0 & -2 & 1 & & \\ 0 & 0 & -2 & & \\ & & & -5 & 1 \\ 0 & & & 0 & -5 \end{bmatrix} \begin{bmatrix} x_1 \\ x_2 \\ x_3 \\ x_4 \\ x_5 \end{bmatrix} + \begin{bmatrix} 0 & 1 \\ 0 & 0 \\ 3 & 0 \\ 0 & 0 \\ 2 & 1 \end{bmatrix} \begin{bmatrix} u_1 \\ u_2 \end{bmatrix}$$

以下的系統並不完全狀態可控制：

$$\begin{bmatrix} \dot{x}_1 \\ \dot{x}_2 \end{bmatrix} = \begin{bmatrix} -1 & 0 \\ 0 & -2 \end{bmatrix} \begin{bmatrix} x_1 \\ x_2 \end{bmatrix} + \begin{bmatrix} 2 \\ 0 \end{bmatrix} u$$

$$\begin{bmatrix} \dot{x}_1 \\ \dot{x}_2 \\ \dot{x}_3 \end{bmatrix} = \begin{bmatrix} -1 & 1 & 0 \\ 0 & -1 & 0 \\ 0 & 0 & -2 \end{bmatrix} \begin{bmatrix} x_1 \\ x_2 \\ x_3 \end{bmatrix} + \begin{bmatrix} 4 & 2 \\ 0 & 0 \\ 3 & 0 \end{bmatrix} \begin{bmatrix} u_1 \\ u_2 \end{bmatrix}$$

$$\begin{bmatrix} \dot{x}_1 \\ \dot{x}_2 \\ \dot{x}_3 \\ \dot{x}_4 \\ \dot{x}_5 \end{bmatrix} = \begin{bmatrix} -2 & 1 & 0 & & 0 \\ 0 & -2 & 1 & & \\ 0 & 0 & -2 & & \\ & & & -5 & 1 \\ 0 & & & 0 & -5 \end{bmatrix} \begin{bmatrix} x_1 \\ x_2 \\ x_3 \\ x_4 \\ x_5 \end{bmatrix} + \begin{bmatrix} 4 \\ 2 \\ 1 \\ 3 \\ 0 \end{bmatrix} u$$

s 平面的完全狀態可控制性 完全狀態可控制性可就轉移函數或轉移矩陣陳述之。

可以證明出，系統的完全狀態可控制性之充分且必要條件為，轉移函數或轉移矩陣中沒有極點及零點之對消發生。如果系統發生對消，則在該對消模式的方向，系統不可控制。

例題 9-13

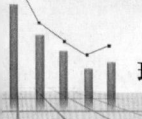

考慮以下的轉移函數:

$$\frac{X(s)}{U(s)} = \frac{s+2.5}{(s+2.5)(s-1)}$$

很顯然的在轉移函數分子與分母中的 $(s+2.5)$ 發生對消。(因此系統少了一個自由度。)在此對消情形發生下,系統不可完全狀態控制。

將系統寫成狀態空間表示式也可以討論出相同的結果。狀態空間之一表示如下:

$$\begin{bmatrix} \dot{x}_1 \\ \dot{x}_2 \end{bmatrix} = \begin{bmatrix} 0 & 1 \\ 2.5 & -1.5 \end{bmatrix} \begin{bmatrix} x_1 \\ x_2 \end{bmatrix} + \begin{bmatrix} 1 \\ 1 \end{bmatrix} u$$

因為

$$[\mathbf{B} \mid \mathbf{AB}] = \begin{bmatrix} 1 & 1 \\ 1 & 1 \end{bmatrix}$$

此矩陣之秩數等於 1。因此我們得到相同的結論:此系統不可完全狀態控制。

輸出可控制性 實際的控制系統設計中,我們須對輸出做控制,而非對於系統的狀態。系統的完全狀態可控制性既非系統輸出可控制性的充分條件,亦非必要條件。

考慮下述的系統

$$\dot{\mathbf{x}} = \mathbf{A}\mathbf{x} + \mathbf{B}\mathbf{u} \tag{9-61}$$

$$\mathbf{y} = \mathbf{C}\mathbf{x} + \mathbf{D}\mathbf{u} \tag{9-62}$$

其中　$\mathbf{x}$ = 狀態向量 (n-向量)

$\mathbf{u}$ = 控制向量 (r-向量)

$\mathbf{y}$ = 輸出向量 (m-向量)

$\mathbf{A}$ = 狀態矩陣 ($n \times n$ 矩陣)

B = 控制矩陣 ($n \times r$ 矩陣)

C = 輸出矩陣 ($m \times n$ 矩陣)

D = 直接傳輸矩陣 ($m \times r$ 矩陣)

如果在 $t_0 \leq t \leq t_1$ 之有限時域內,可以建造出無規範的控制向量 $\mathbf{u}(t)$,將初始輸出 $\mathbf{y}(t_0)$ 轉移至任意其他的最終輸出 $\mathbf{y}(t_1)$,則 (9-61) 及 (9-62) 式所述的系統為完全輸出可控制。

完全輸出可控制之條件可以證明如:(9-61) 及 (9-62) 式所述的系統為完全輸出可控制若且唯若以下的 $m \times (n+1)r$ 矩陣

$$\left[\mathbf{CB} \ \vdots \ \mathbf{CAB} \ \vdots \ \mathbf{CA^2B} \ \vdots \ \cdots \ \vdots \ \mathbf{CA^{n-1}B} \ \vdots \ \mathbf{D} \right]$$

之秩數等於 m。(參見例題 **A-9-16** 的證明。)在 (9-62) 式中的 $\mathbf{Du}$ 這一項有助於建立輸出可控制性。

不可控制系統 不可控制系統常含有次系統與輸入未有實質上的接連。

可穩定化 於部分可控制系統中,如果不可控制的模式(譯者註:次系統)為穩定,且不穩定的模式為可控制,則此系統是為可穩定化。例如,考慮以下定義的系統

$$\begin{bmatrix} \dot{x}_1 \\ \dot{x}_2 \end{bmatrix} = \begin{bmatrix} 1 & 0 \\ 0 & -1 \end{bmatrix} \begin{bmatrix} x_1 \\ x_2 \end{bmatrix} + \begin{bmatrix} 1 \\ 0 \end{bmatrix} u$$

係為不可完全狀態可控制。對應於特徵值 -1 的穩定模式為不可控制。而對應於特徵值 1 的不穩定模式為可控制性。此系統可藉由適當的回饋將之穩定化。亦即,此系統係為可穩定化。

9-7 可觀察性

本節要介紹線性系統的可觀察性。考慮以下的無外力激勵系統

$$\dot{\mathbf{x}} = \mathbf{A}\mathbf{x} \tag{9-63}$$

$$\mathbf{y} = \mathbf{C}\mathbf{x} \tag{9-64}$$

其中　$\mathbf{x}$ = 狀態向量 (n-向量)
　　　$\mathbf{y}$ = 輸出向量 (m-向量)
　　　$\mathbf{A}$ = $n \times n$ 矩陣
　　　$\mathbf{C}$ = $m \times n$ 矩陣

如果在 $t_0 \leq t \leq t_1$ 之有限時域內，每一個狀態 $\mathbf{x}(t_0)$ 皆可由觀察出來的 $\mathbf{y}(t)$ 決定之，則此系統稱為完全可觀察性。所以如果每一狀態遷移都會影響到輸出向量的每一元件，則系統稱為完全可觀察。可觀察性的觀念有助於將不可測量到的狀態變數在很短的時間之內經由可測量到的變數重新建造之。本節裡，我們只討論到線性非時變系統。所以，在不失一般化的情況下，可以假設 $t_0 = 0$。

在實際應用中，完全可觀察性的觀念是很重要的，因為施作狀態回饋控制時，我們常遭遇到的困難是，有些狀態變數不可直接測量得到。因此，須要估測出這些不可得到的狀態變數以建造出需要的控制信號。在 10-5 節中我們將證明出，要估測出狀態變數的充分且必要條件是，系統為完全可觀察。

討論可觀察性的條件時，先考慮如 (9-63) 及 (9-64) 式之無外力激勵之系統。其原因如下：若系統描述成

$$\dot{\mathbf{x}} = \mathbf{A}\mathbf{x} + \mathbf{B}\mathbf{u}$$
$$\mathbf{y} = \mathbf{C}\mathbf{x} + \mathbf{D}\mathbf{u}$$

則

$$\mathbf{x}(t) = e^{\mathbf{A}t}\mathbf{x}(0) + \int_0^t e^{\mathbf{A}(t-\tau)}\mathbf{B}\mathbf{u}(\tau)\,d\tau$$

而 $\mathbf{y}(t)$ 為

$$\mathbf{y}(t) = \mathbf{C}e^{\mathbf{A}t}\mathbf{x}(0) + \mathbf{C}\int_0^t e^{\mathbf{A}(t-\tau)}\mathbf{B}\mathbf{u}(\tau)\,d\tau + \mathbf{D}\mathbf{u}$$

因為 $\mathbf{A}$、$\mathbf{B}$、$\mathbf{C}$ 及 $\mathbf{D}$ 皆為已知，$\mathbf{u}(t)$ 亦為已知，上式右方二項變成可確知。所以可從觀察的 $\mathbf{y}(t)$ 減去。因而在討論可觀察性的充分且必要條件時，我們可考慮如 (9-63) 及 (9-64) 式之系統。

連續時間系統的完全狀態可觀察性　考慮 (9-63) 及 (9-64) 式所述系統。其輸出向量 $\mathbf{y}(t)$ 為

$$\mathbf{y}(t) = \mathbf{C}e^{\mathbf{A}t}\mathbf{x}(0)$$

參考 (9-48) 及 (9-50) 式,可得

$$e^{\mathbf{A}t} = \sum_{k=0}^{n-1} \alpha_k(t) \mathbf{A}^k$$

其中 n 為特性多項式之次數。[註:當 n 取代 m,則 (9-48) 及 (9-50) 式可利用特性多項式推導出來。]

因此,可得

$$\mathbf{y}(t) = \sum_{k=0}^{n-1} \alpha_k(t) \mathbf{C}\mathbf{A}^k \mathbf{x}(0)$$

或

$$\mathbf{y}(t) = \alpha_0(t)\mathbf{C}\mathbf{x}(0) + \alpha_1(t)\mathbf{C}\mathbf{A}\mathbf{x}(0) + \cdots + \alpha_{n-1}(t)\mathbf{C}\mathbf{A}^{n-1}\mathbf{x}(0) \tag{9-65}$$

如果系統為完全可觀察,則在 $t_0 \leq t \leq t_1$ 之時域內若 $\mathbf{y}(t)$ 已知,則 $\mathbf{x}(0)$ 可由 (9-65) 式確定之。在此情形下,所需條件為以下的 $nm \times n$ 矩陣

$$\begin{bmatrix} \mathbf{C} \\ \mathbf{C}\mathbf{A} \\ \vdots \\ \mathbf{C}\mathbf{A}^{n-1} \end{bmatrix}$$

之秩數等於 n。[上式之推導請參見例題 **A-9-19**。]

由上述分析可知完全可觀察性陳述為:(9-63) 及 (9-64) 式描述之系統為完全可觀察若且唯若以下的 $n \times mn$ 矩陣

$$\begin{bmatrix} \mathbf{C}^* & \vdots & \mathbf{A}^*\mathbf{C}^* & \vdots & \cdots & \vdots & (\mathbf{A}^*)^{n-1}\mathbf{C}^* \end{bmatrix}$$

之秩數等於 n,或具有 n 個獨立的行向量。此矩陣稱為可觀察性矩陣 (observability matrix)。

例題 9-14

考慮如下所述系統

$$\begin{bmatrix} \dot{x}_1 \\ \dot{x}_2 \end{bmatrix} = \begin{bmatrix} 1 & 1 \\ -2 & -1 \end{bmatrix} \begin{bmatrix} x_1 \\ x_2 \end{bmatrix} + \begin{bmatrix} 0 \\ 1 \end{bmatrix} u$$

$$y = \begin{bmatrix} 1 & 0 \end{bmatrix} \begin{bmatrix} x_1 \\ x_2 \end{bmatrix}$$

此系統是否為可控制，或可觀察？

因為矩陣

$$\begin{bmatrix} \mathbf{B} & \vdots & \mathbf{AB} \end{bmatrix} = \begin{bmatrix} 0 & 1 \\ 1 & -1 \end{bmatrix}$$

之秩數等於 2，是故系統為完全狀態可控制。

考慮輸出可控制性時，須求矩陣 $[\mathbf{CB} \vdots \mathbf{CAB}]$ 的秩數。因為

$$[\mathbf{CB} \vdots \mathbf{CAB}] = [0 \quad 1]$$

之秩數等於 1，因此系統係為完全輸出可控制。

欲檢查可觀察性之條件，須檢驗 $[\mathbf{C}^* \vdots \mathbf{A}^*\mathbf{C}^*]$ 的秩數。因為

$$[\mathbf{C}^* \vdots \mathbf{A}^*\mathbf{C}^*] = \begin{bmatrix} 1 & 1 \\ 0 & 1 \end{bmatrix}$$

$[\mathbf{C}^* \vdots \mathbf{A}^*\mathbf{C}^*]$ 的秩數等於 2。是故系統為完全狀態可觀察。

---

s 平面的完全狀態可觀察性　完全狀態可觀察性的條件亦可經由轉移函數或轉移矩陣討論之。完全狀態可觀察性的充分且必要條件是，轉移函數或轉移矩陣中無對消發生。如果有零點極點對消發生，則消掉的模式無法經由輸出觀察出來。

例題 9-15

證明下述系統

控制系統的狀態空間分析

$$\dot{\mathbf{x}} = \mathbf{A}\mathbf{x} + \mathbf{B}u$$
$$y = \mathbf{C}\mathbf{x}$$

不完全可觀察。其中

$$\mathbf{x} = \begin{bmatrix} x_1 \\ x_2 \\ x_3 \end{bmatrix}, \quad \mathbf{A} = \begin{bmatrix} 0 & 1 & 0 \\ 0 & 0 & 1 \\ -6 & -11 & -6 \end{bmatrix}, \quad \mathbf{B} = \begin{bmatrix} 0 \\ 0 \\ 1 \end{bmatrix}, \quad \mathbf{C} = \begin{bmatrix} 4 & 5 & 1 \end{bmatrix}$$

注意，控制函數 u 不會影響到系統的完全狀態可觀察性。欲檢查完全狀態可觀察性可以簡單地令 $u = 0$。對於此系統，可得

$$\begin{bmatrix} \mathbf{C}^* \mid \mathbf{A}^*\mathbf{C}^* \mid (\mathbf{A}^*)^2 \mathbf{C}^* \end{bmatrix} = \begin{bmatrix} 4 & -6 & 6 \\ 5 & -7 & 5 \\ 1 & -1 & -1 \end{bmatrix}$$

注意到

$$\begin{vmatrix} 4 & -6 & 6 \\ 5 & -7 & 5 \\ 1 & -1 & -1 \end{vmatrix} = 0$$

因此矩陣 $\begin{bmatrix} \mathbf{C}^* \mid \mathbf{A}^*\mathbf{C}^* \mid (\mathbf{A}^*)^2 \mathbf{C}^* \end{bmatrix}$ 的秩數小於 3。是故，此系統不完全可觀察。

事實上，此系統的轉移函數有零點極點對消發生。$X_1(s)$ 與 $U(s)$ 之轉移函數為

$$\frac{X_1(s)}{U(s)} = \frac{1}{(s+1)(s+2)(s+3)}$$

且 $Y(s)$ 與 $X_1(s)$ 之轉移函數為

$$\frac{Y(s)}{X_1(s)} = (s+1)(s+4)$$

因次，$Y(s)$ 與 $U(s)$ 之間的轉移函數為

$$\frac{Y(s)}{U(s)} = \frac{(s+1)(s+4)}{(s+1)(s+2)(s+3)}$$

很顯然的，$(s+1)$ 這一項發生對消。此意味著，有某些不為零的初始狀態 $\mathbf{x}(0)$ 不可經由 $y(t)$ 的量測決定之。

註記 轉移函數沒有零點極點對消發生若且唯若系統係為完全狀態可控制且完全可觀察。意味著，發生對消的轉移函數無法描述出系統所有必要的特性訊息。

完全可觀察條件的另一種形式 考慮如 (9-63) 及 (9-64) 式所述系統，將之重寫成

$$\dot{\mathbf{x}} = \mathbf{A}\mathbf{x} \tag{9-66}$$

$$\mathbf{y} = \mathbf{C}\mathbf{x} \tag{9-67}$$

假定 **P** 變換矩陣可將 **A** 變換成為對角線型矩陣，或

$$\mathbf{P}^{-1}\mathbf{A}\mathbf{P} = \mathbf{D}$$

其中 **D** 為對角線型矩陣。定義

$$\mathbf{x} = \mathbf{P}\mathbf{z}$$

則 (9-66) 及 (9-67) 式可以寫成

$$\dot{\mathbf{z}} = \mathbf{P}^{-1}\mathbf{A}\mathbf{P}\mathbf{z} = \mathbf{D}\mathbf{z}$$
$$\mathbf{y} = \mathbf{C}\mathbf{P}\mathbf{z}$$

因此，

$$\mathbf{y}(t) = \mathbf{C}\mathbf{P}e^{\mathbf{D}t}\mathbf{z}(0)$$

或

$$\mathbf{y}(t) = \mathbf{C}\mathbf{P}\begin{bmatrix} e^{\lambda_1 t} & & & & 0 \\ & e^{\lambda_2 t} & & & \\ & & \cdot & & \\ & & & \cdot & \\ 0 & & & & e^{\lambda_n t} \end{bmatrix}\mathbf{z}(0) = \mathbf{C}\mathbf{P}\begin{bmatrix} e^{\lambda_1 t}z_1(0) \\ e^{\lambda_2 t}z_2(0) \\ \cdot \\ \cdot \\ e^{\lambda_n t}z_n(0) \end{bmatrix}$$

如果 $m \times n$ 矩陣 **CP** 沒有任何一行皆為零元素，則此系統為完全可觀察。亦即，若 **CP** 的第 i 行為皆零時，則狀態變數 $z_i(0)$ 不會出現在輸出方程

式，也無法經由觀察到的決定之。因此經由變換矩陣 **P** 而與 **z**(0) 有關聯的 **x**(0) 便無法決定出來了。（註：此檢驗方式只適用於當矩陣 $\mathbf{P}^{-1}\mathbf{AP}$ 係為對角線型。）

如果矩陣 **A** 無法變換成為對角線型矩陣，則須使用適當形式的變換矩陣 **S**，將 **A** 變換成為，或

$$\mathbf{S}^{-1}\mathbf{AS} = \mathbf{J}$$

其中 **J** 為約登典式。

定義

$$\mathbf{x} = \mathbf{Sz}$$

則 (9-66) 及 (9-67) 式可以寫成

$$\dot{\mathbf{z}} = \mathbf{S}^{-1}\mathbf{ASz} = \mathbf{Jz}$$
$$\mathbf{y} = \mathbf{CSz}$$

所以，

$$\mathbf{y}(t) = \mathbf{CS}e^{\mathbf{J}t}\mathbf{z}(0)$$

系統係為完全可觀察若 (1) 沒有任何一個約登方塊可相關於相同的特徵值，(2) 對應於每一約登方塊第一列的 **CS** 之一行之元素不可全為零，且 (3) 對應於相異特徵值的 **CS** 之任一行不可全為零元素。

欲澄清條件 (2)，參見例題 9-16，其中對應每一約登方塊第一列的 **CS** 之行元素以虛線圈示之。

例題 9-16

下述系統為完全可觀察。

$$\begin{bmatrix} \dot{x}_1 \\ \dot{x}_2 \end{bmatrix} = \begin{bmatrix} -1 & 0 \\ 0 & -2 \end{bmatrix} \begin{bmatrix} x_1 \\ x_2 \end{bmatrix}, \quad y = \begin{bmatrix} 1 & 3 \end{bmatrix} \begin{bmatrix} x_1 \\ x_2 \end{bmatrix}$$

$$\begin{bmatrix} \dot{x}_1 \\ \dot{x}_2 \\ \dot{x}_3 \end{bmatrix} = \begin{bmatrix} 2 & 1 & 0 \\ 0 & 2 & 1 \\ 0 & 0 & 2 \end{bmatrix} \begin{bmatrix} x_1 \\ x_2 \\ x_3 \end{bmatrix}, \quad \begin{bmatrix} y_1 \\ y_2 \end{bmatrix} = \begin{bmatrix} 3 & 0 & 0 \\ 4 & 0 & 0 \end{bmatrix} \begin{bmatrix} x_1 \\ x_2 \\ x_3 \end{bmatrix}$$

$$\begin{bmatrix} \dot{x}_1 \\ \dot{x}_2 \\ \dot{x}_3 \\ \dot{x}_4 \\ \dot{x}_5 \end{bmatrix} = \begin{bmatrix} 2 & 1 & 0 & & 0 \\ 0 & 2 & 1 & & \\ 0 & 0 & 2 & & \\ & & & -3 & 1 \\ 0 & & & 0 & -3 \end{bmatrix} \begin{bmatrix} x_1 \\ x_2 \\ x_3 \\ x_4 \\ x_5 \end{bmatrix}, \quad \begin{bmatrix} y_1 \\ y_2 \end{bmatrix} = \begin{bmatrix} 1 & 1 & 1 & 0 & 0 \\ 0 & 1 & 1 & 1 & 0 \end{bmatrix} \begin{bmatrix} x_1 \\ x_2 \\ x_3 \\ x_4 \\ x_5 \end{bmatrix}$$

下述系統為不可完全可觀察。

$$\begin{bmatrix} \dot{x}_1 \\ \dot{x}_2 \end{bmatrix} = \begin{bmatrix} -1 & 0 \\ 0 & -2 \end{bmatrix} \begin{bmatrix} x_1 \\ x_2 \end{bmatrix}, \quad y = \begin{bmatrix} 0 & 1 \end{bmatrix} \begin{bmatrix} x_1 \\ x_2 \end{bmatrix}$$

$$\begin{bmatrix} \dot{x}_1 \\ \dot{x}_2 \\ \dot{x}_3 \end{bmatrix} = \begin{bmatrix} 2 & 1 & 0 \\ 0 & 2 & 1 \\ 0 & 0 & 2 \end{bmatrix} \begin{bmatrix} x_1 \\ x_2 \\ x_3 \end{bmatrix}, \quad \begin{bmatrix} y_1 \\ y_2 \end{bmatrix} = \begin{bmatrix} 0 & 1 & 3 \\ 0 & 2 & 4 \end{bmatrix} \begin{bmatrix} x_1 \\ x_2 \\ x_3 \end{bmatrix}$$

$$\begin{bmatrix} \dot{x}_1 \\ \dot{x}_2 \\ \dot{x}_3 \\ \dot{x}_4 \\ \dot{x}_5 \end{bmatrix} = \begin{bmatrix} 2 & 1 & 0 & & 0 \\ 0 & 2 & 1 & & \\ 0 & 0 & 2 & & \\ & & & -3 & 1 \\ 0 & & & 0 & -3 \end{bmatrix} \begin{bmatrix} x_1 \\ x_2 \\ x_3 \\ x_4 \\ x_5 \end{bmatrix}, \quad \begin{bmatrix} y_1 \\ y_2 \end{bmatrix} = \begin{bmatrix} 1 & 1 & 1 & 0 & 0 \\ 0 & 1 & 1 & 0 & 0 \end{bmatrix} \begin{bmatrix} x_1 \\ x_2 \\ x_3 \\ x_4 \\ x_5 \end{bmatrix}$$

對偶性原理 現在我們要討論可控制性及可觀察性之關係。我們將介紹卡曼氏所提出的對偶性原理以澄清可控制性及可觀察性之間的類比性質。

假定一系統 S_1，定義為

$$\dot{\mathbf{x}} = \mathbf{Ax} + \mathbf{Bu}$$
$$\mathbf{y} = \mathbf{Cx}$$

其中　$\mathbf{x}$ = 狀態向量 (n-向量)

　　　$\mathbf{u}$ = 控制向量 (r-向量)

　　　$\mathbf{y}$ = 輸出向量 (m-向量)

　　　$\mathbf{A}$ = $n \times n$ 矩陣

　　　$\mathbf{B}$ = $n \times r$ 矩陣

　　　$\mathbf{C}$ = $m \times n$ 矩陣

而對偶系統 S_2，定義為

$$\dot{\mathbf{z}} = \mathbf{A}^*\mathbf{z} + \mathbf{C}^*\mathbf{v}$$
$$\mathbf{n} = \mathbf{B}^*\mathbf{z}$$

其中　　**z** = 狀態向量 (n-向量)

　　　　v = 控制向量 (m-向量)

　　　　n = 輸出向量 (r-向量)

　　　　A* = **A** 的轉置共軛

　　　　B* = **B** 的轉置共軛

　　　　C* = **C** 的轉置共軛

對偶性原理陳述為：系統 S_1 完全狀態可控制 (可觀察) 若且唯若 S_2 為完全可觀察 (狀態可控制)。

　　欲澄清此原理，讓我們寫出系統 S_1 與系統 S_2 為完全狀態可控制及完全可觀察之充分及必要條件。

對於 S_1：

1. 完全狀態可控制的充分及必要條件為，以下的 $n \times nr$ 矩陣

$$[\mathbf{B} \ \vdots \ \mathbf{AB} \ \vdots \ \cdots \ \vdots \ \mathbf{A}^{n-1}\mathbf{B}]$$

之秩數等於 n。

2. 完全可觀察的充分及必要條件為，以下的 $n \times nm$ 矩陣

$$[\mathbf{C}^* \ \vdots \ \mathbf{A}^*\mathbf{C}^* \ \vdots \ \cdots \ \vdots \ (\mathbf{A}^*)^{n-1}\mathbf{C}^*]$$

之秩數等於 n。

對於 S_2：

1. 完全狀態可控制的充分及必要條件為，以下的 $n \times nm$ 矩陣

$$[\mathbf{C}^* \ \vdots \ \mathbf{A}^*\mathbf{C}^* \ \vdots \ \cdots \ \vdots \ (\mathbf{A}^*)^{n-1}\mathbf{C}^*]$$

之秩數等於 n。

2. 完全可觀察的充分及必要條件為，以下的 $n \times nr$ 矩陣

$$[\mathbf{B} \ \vdots \ \mathbf{AB} \ \vdots \ \cdots \ \vdots \ \mathbf{A}^{n-1}\mathbf{B}]$$

之秩數等於 n。

比較此條件，顯然的所述原理是成立的。依照此原理，則一系統的可觀察性可以由其對偶系統的完全狀態可控制性檢驗之。

可偵測性　對於部分可觀察的系統，如果不可觀察的模式為穩定，而可觀察的模式不穩定，則此系統是為可偵測性。注意到，系統的可偵測的觀念與可穩定化的觀念係互為對偶。

■■■ 習 題

B-9-1　考慮以下的轉移函數

$$\frac{Y(s)}{U(s)} = \frac{s+6}{s^2+5s+6}$$

試得出此系統的 (a) 可控制典式及 (b) 可觀察典式之狀態空間表示式。

B-9-2　考慮以下的系統：

$$\dddot{y} + 6\ddot{y} + 11\dot{y} + 6y = 6u$$

試得出此系統的對角線典式之狀態空間表示式。

B-9-3　考慮以下定義的系統：

$$\dot{\mathbf{x}} = \mathbf{A}\mathbf{x} + \mathbf{B}u$$
$$y = \mathbf{C}\mathbf{x}$$

其中

$$\mathbf{A} = \begin{bmatrix} 1 & 2 \\ -4 & -3 \end{bmatrix}, \quad \mathbf{B} = \begin{bmatrix} 1 \\ 2 \end{bmatrix}, \quad \mathbf{C} = \begin{bmatrix} 1 & 1 \end{bmatrix}$$

將此系統方程式變換成為可控制典式。

B-9-4　考慮以下定義的系統：

$$\dot{\mathbf{x}} = \mathbf{A}\mathbf{x} + \mathbf{B}u$$
$$y = \mathbf{C}\mathbf{x}$$

其中

$$\mathbf{A} = \begin{bmatrix} -1 & 0 & 1 \\ 1 & -2 & 0 \\ 0 & 0 & -3 \end{bmatrix}, \quad \mathbf{B} = \begin{bmatrix} 0 \\ 0 \\ 1 \end{bmatrix}, \quad \mathbf{C} = \begin{bmatrix} 1 & 1 & 0 \end{bmatrix}$$

試求出轉移函數 $Y(s)/U(s)$。

B-9-5 考慮以下的 $\mathbf{A}$：

$$\mathbf{A} = \begin{bmatrix} 0 & 1 & 0 & 0 \\ 0 & 0 & 1 & 0 \\ 0 & 0 & 0 & 1 \\ 1 & 0 & 0 & 0 \end{bmatrix}$$

試求出 $\mathbf{A}$ 的特徵值 λ_1、λ_2、λ_3 及 λ_4。然後求出變換矩陣 $\mathbf{P}$ 使得

$$\mathbf{P}^{-1}\mathbf{A}\mathbf{P} = \text{diag}(\lambda_1, \lambda_2, \lambda_3, \lambda_4)$$

B-9-6 考慮以下的 $\mathbf{A}$：

$$\mathbf{A} = \begin{bmatrix} 0 & 1 \\ -2 & -3 \end{bmatrix}$$

利用三種方法計算出 $e^{\mathbf{A}t}$。

B-9-7 考慮以下的系統

$$\begin{bmatrix} \dot{x}_1 \\ \dot{x}_2 \\ \dot{x}_3 \end{bmatrix} = \begin{bmatrix} 2 & 1 & 0 \\ 0 & 2 & 1 \\ 0 & 0 & 2 \end{bmatrix} \begin{bmatrix} x_1 \\ x_2 \\ x_3 \end{bmatrix}$$

試求出與 $x_1(0)$、$x_2(0)$ 及 $x_3(0)$ 相關聯的解答。

B-9-8 試求出如下定義系統的 $x_1(t)$ 與 $x_2(t)$：

$$\begin{bmatrix} \dot{x}_1 \\ \dot{x}_2 \end{bmatrix} = \begin{bmatrix} 0 & 1 \\ -3 & -2 \end{bmatrix} \begin{bmatrix} x_1 \\ x_2 \end{bmatrix}$$

其中初始條件為

$$\begin{bmatrix} x_1(0) \\ x_2(0) \end{bmatrix} = \begin{bmatrix} 1 \\ -1 \end{bmatrix}$$

B-9-9 考慮以下的狀態方程式及輸出方程式：

$$\begin{bmatrix} \dot{x}_1 \\ \dot{x}_2 \\ \dot{x}_3 \end{bmatrix} = \begin{bmatrix} -6 & 1 & 0 \\ -11 & 0 & 1 \\ -6 & 0 & 0 \end{bmatrix} \begin{bmatrix} x_1 \\ x_2 \\ x_3 \end{bmatrix} + \begin{bmatrix} 2 \\ 6 \\ 2 \end{bmatrix} u$$

$$y = \begin{bmatrix} 1 & 0 & 0 \end{bmatrix} \begin{bmatrix} x_1 \\ x_2 \\ x_3 \end{bmatrix}$$

試證明此狀態方程式可利用適當的變換矩陣將之變換成為以下形式：

$$\begin{bmatrix} \dot{z}_1 \\ \dot{z}_2 \\ \dot{z}_3 \end{bmatrix} = \begin{bmatrix} 0 & 0 & -6 \\ 1 & 0 & -11 \\ 0 & 1 & -6 \end{bmatrix} \begin{bmatrix} z_1 \\ z_2 \\ z_3 \end{bmatrix} + \begin{bmatrix} 1 \\ 0 \\ 0 \end{bmatrix} u$$

然後寫出以 z_1、z_2 及 z_3 相關聯的解答 y。

B-9-10 試以 MATLAB 求出如下系統的狀態空間表示式。

$$\frac{Y(s)}{U(s)} = \frac{10.4s^2 + 47s + 160}{s^3 + 14s^2 + 56s + 160}$$

B-9-11 試以 MATLAB 求出代表如下系統的轉移函數。

$$\begin{bmatrix} \dot{x}_1 \\ \dot{x}_2 \\ \dot{x}_3 \end{bmatrix} = \begin{bmatrix} 0 & 1 & 0 \\ -1 & -1 & 0 \\ 1 & 0 & 0 \end{bmatrix} \begin{bmatrix} x_1 \\ x_2 \\ x_3 \end{bmatrix} + \begin{bmatrix} 0 \\ 1 \\ 0 \end{bmatrix} u$$

$$y = \begin{bmatrix} 0 & 0 & 1 \end{bmatrix} \begin{bmatrix} x_1 \\ x_2 \\ x_3 \end{bmatrix}$$

B-9-12 試以 MATLAB 求出代表如下系統的轉移函數。

$$\begin{bmatrix} \dot{x}_1 \\ \dot{x}_2 \\ \dot{x}_3 \end{bmatrix} = \begin{bmatrix} 2 & 1 & 0 \\ 0 & 2 & 0 \\ 0 & 1 & 3 \end{bmatrix} \begin{bmatrix} x_1 \\ x_2 \\ x_3 \end{bmatrix} + \begin{bmatrix} 0 & 1 \\ 1 & 0 \\ 0 & 1 \end{bmatrix} \begin{bmatrix} u_1 \\ u_2 \end{bmatrix}$$

$$y = \begin{bmatrix} 1 & 0 & 0 \end{bmatrix} \begin{bmatrix} x_1 \\ x_2 \\ x_3 \end{bmatrix}$$

B-9-13 考慮以下定義的系統

$$\begin{bmatrix} \dot{x}_1 \\ \dot{x}_2 \\ \dot{x}_3 \end{bmatrix} = \begin{bmatrix} -1 & -2 & -2 \\ 0 & -1 & 1 \\ 1 & 0 & -1 \end{bmatrix} \begin{bmatrix} x_1 \\ x_2 \\ x_3 \end{bmatrix} + \begin{bmatrix} 2 \\ 0 \\ 1 \end{bmatrix} u$$

$$y = \begin{bmatrix} 1 & 1 & 0 \end{bmatrix} \begin{bmatrix} x_1 \\ x_2 \\ x_3 \end{bmatrix}$$

驗證此系統是否為完全狀態可控制且完全可觀察？

B-9-14 考慮以下的系統

$$\begin{bmatrix} \dot{x}_1 \\ \dot{x}_2 \\ \dot{x}_3 \end{bmatrix} = \begin{bmatrix} 2 & 0 & 0 \\ 0 & 2 & 0 \\ 0 & 3 & 1 \end{bmatrix} \begin{bmatrix} x_1 \\ x_2 \\ x_3 \end{bmatrix} + \begin{bmatrix} 0 & 1 \\ 1 & 0 \\ 0 & 1 \end{bmatrix} \begin{bmatrix} u_1 \\ u_2 \end{bmatrix}$$

$$\begin{bmatrix} y_1 \\ y_2 \end{bmatrix} = \begin{bmatrix} 1 & 0 & 0 \\ 0 & 1 & 0 \end{bmatrix} \begin{bmatrix} x_1 \\ x_2 \\ x_3 \end{bmatrix}$$

此系統是否為完全狀態可控制且完全可觀察？此系統是否為完全輸出可觀察？

B-9-15 以下的系統是否為完全狀態可控制且完全可觀察？

$$\begin{bmatrix} \dot{x}_1 \\ \dot{x}_2 \\ \dot{x}_3 \end{bmatrix} = \begin{bmatrix} 0 & 1 & 0 \\ 0 & 0 & 1 \\ -6 & -11 & -6 \end{bmatrix} \begin{bmatrix} x_1 \\ x_2 \\ x_3 \end{bmatrix} + \begin{bmatrix} 0 \\ 0 \\ 1 \end{bmatrix} u$$

$$y = \begin{bmatrix} 20 & 9 & 1 \end{bmatrix} \begin{bmatrix} x_1 \\ x_2 \\ x_3 \end{bmatrix}$$

B-9-16 考慮以下定義的系統

$$\begin{bmatrix} \dot{x}_1 \\ \dot{x}_2 \\ \dot{x}_3 \end{bmatrix} = \begin{bmatrix} 0 & 1 & 0 \\ 0 & 0 & 1 \\ -6 & -11 & -6 \end{bmatrix} \begin{bmatrix} x_1 \\ x_2 \\ x_3 \end{bmatrix} + \begin{bmatrix} 0 \\ 0 \\ 1 \end{bmatrix} u$$

$$y = \begin{bmatrix} c_1 & c_2 & c_3 \end{bmatrix} \begin{bmatrix} x_1 \\ x_2 \\ x_3 \end{bmatrix}$$

除了 $c_1=c_2=c_3=0$ 外，試選擇一組 c_1、c_2、c_3 之例子使得系統變成

不可觀察。

B-9-17 考慮以下的系統

$$\begin{bmatrix} \dot{x}_1 \\ \dot{x}_2 \\ \dot{x}_3 \end{bmatrix} = \begin{bmatrix} 2 & 0 & 0 \\ 0 & 2 & 0 \\ 0 & 3 & 1 \end{bmatrix} \begin{bmatrix} x_1 \\ x_2 \\ x_3 \end{bmatrix}$$

其輸出為

$$y = \begin{bmatrix} 1 & 1 & 1 \end{bmatrix} \begin{bmatrix} x_1 \\ x_2 \\ x_3 \end{bmatrix}$$

(a) 試驗證此系統非完全可觀察。

(b) 試證明當輸出為

$$\begin{bmatrix} y_1 \\ y_2 \end{bmatrix} = \begin{bmatrix} 1 & 1 & 1 \\ 1 & 2 & 3 \end{bmatrix} \begin{bmatrix} x_1 \\ x_2 \\ x_3 \end{bmatrix}$$

時，系統為完全可觀察。

Chapter 10

控制系統的狀態空間設計

10-1 引　言

本章要討論的項目是狀態空間的極點安置設計法、觀察器、二次平方最佳化調整器系統及強韌控制系統的觀念介紹。極點安置法在某些方面類似於根軌跡法，其目的在將閉迴路極點安置在所需的位置。不同之處在於，根軌跡法設計只將閉迴路主極點安置在所需的位置，而極點安置設計法則須將所有的閉迴路極點安置在規定的位置。

我們先介紹調整器系統中極點安置的基本觀念。再來討論狀態觀察器的設計，接下來是調整器系統及利用極點安置法加上狀態觀察器法的設計原理。然後討論二次平方最佳化調整器系統。最後，介紹強韌控制系統。

本章紀要　10-1 節為引言資料。10-2 節討論控制系統的極點安置設計法。我們要提出可以施行任意位置極點安置的充分及必要條件。然後我們要推導出施作極點安置所需的狀態回饋增益矩陣 **K** 之方程式。10-3 節介紹如何利用 MATLAB 作極點安置之解答。10-4 節討論以極點安置法作伺服系統設計。10-5 節介紹觀察器。此時我們將討論全階及最低階次之狀態觀察器。同時，也要推導出所用的觀察器型控制器之轉移函數。10-6 節介紹使用觀察器設計調整器系統。10-7 節處理使用觀察器的系統設計。10-8 節討論二次平方最佳化調整器系統。注意，所需的狀態回饋增益矩陣 **K** 可以經由極點安置法或是二次平方最佳化控制法求得。最後，10-9 節介紹強韌控制系統。我們在此處只介紹一些觀念性的項目。

10-2　極點安置法

在本節裡要介紹的設計方法常稱之為*極點安置* (pole-placement) 或*極點定位* (pole-assignment) 法。假設所有的狀態變數皆可以被測量，且可以用來做為回饋之用。可以證明出，如果系統為完全狀態可控制，則以狀態回饋法選擇適當的狀態回饋增益矩陣可以將所有的閉迴路極點安置在任意指定的位置。

目前的設計技術在決定閉迴路極點時，係先依照暫態響應及/或頻率響應的需求條件，例如速度、阻尼比或頻寬，以及穩態響應的要求。

控制系統的狀態空間設計

假設閉迴路極點必須定位於 $s = \mu_1$, $s = \mu_2$, $\cdots$, $s = \mu_n$。如果系統為完全狀態可控制，則可選擇適當的增益矩陣施作狀態回饋，使得閉迴路極點安置在指定的位置。

本章裡我們限定在單一輸入，單一輸出系統的討論。亦即，假設輸入信號 $u(t)$ 及輸出信號 $y(t)$ 皆為純量。在本節裡的推導中，假設參考輸入信號 $r(t)$ 等於零。[參考輸入信號 $r(t)$ 不等於零的情況將在 10-7 節再予處理之。]

在以下的討論中，我們要證明使得所有閉迴路極點可以安置在 s 平面任意指定位置的充分且必要條件是，系統為完全狀態可控制。然後我們再討論所需回饋增益矩陣之決定方法。

注意到，當控制信號為向量的情況時，極點安置所需的數學處理變得非常複雜。但是本書裡不討論這一點。(當控制信號為向量時，狀態回饋增益矩陣的解答可能不只一個。可以自由選擇的參數可能多於 n 個；亦即，除了可以將 n 個閉迴路極點安置在適當的位置，必要時我們還可以利用多餘的自由度以滿足閉迴路系統其他的要求。)

極點安置的設計　在單一輸入、單一輸出控制系統的古典設計方法中，我們係設計閉迴路主極點使之具有需要的阻尼比 ζ 及無阻尼振盪頻率 ω_n。此方法中，系統的次數會提高一至二次，除非有零點與極點對消發生。注意在此設計法中，我們假設系統對於閉迴路非主極點的效應可忽略不計。

與只有指定閉迴路主極點(古典設計法)不同的是，目前要介紹的極點安置法係對所有的閉迴路極點做指定。(然而，對所有的閉迴路極點做定位是須要付出代價的，因為所有的狀態變數必須能被成功地量測得到，或者於系統中至少須要使用到狀態觀察器。)將所有的閉迴路極點安置在任意指定位置相對的部分也是有要求條件的。此要求條件是，系統必須為狀態完全可控制。本節將要驗證此一事實。

考慮控制系統如下

$$\dot{\mathbf{x}} = \mathbf{A}\mathbf{x} + \mathbf{B}u \tag{10-1}$$
$$y = \mathbf{C}\mathbf{x} + Du$$

635

式中　**x** = 狀態向量 (n-向量)

　　　y = 輸出信號 (純量)

　　　u = 控制信號 (純量)

　　　A = $n \times n$ 常數矩陣

　　　B = $n \times 1$ 常數矩陣

　　　C = $1 \times n$ 常數矩陣

　　　D = 常數 (純量)

控制信號選擇為

$$u = -\mathbf{Kx} \tag{10-2}$$

意味著，控制信號係由狀態的瞬間值決定的。此即所稱的狀態回饋。$1 \times n$ 矩陣 **K** 即是狀態回饋增益矩陣。我們假設所有的狀態變數皆可以使用到，作為回饋之用。在以下的分析中，假設 u 是不受限制的。圖 10-1 所示為表示系統的方塊圖。

此閉迴路系統沒有輸入。我們的目的之一是保持零輸入。因為可能有干擾存在著，輸出可能偏離開零值。藉著狀態回饋之功，非零之輸出可被歸回至零參考輸入。這種系統的參考輸入保持為零，稱之為調整器系統。(註：若系統的參考輸入恆等於一常數時，此亦稱之為調整器系統。)

將 (10-2) 式代入 (10-1) 式中，可得

$$\dot{\mathbf{x}}(t) = (\mathbf{A} - \mathbf{BK})\mathbf{x}(t)$$

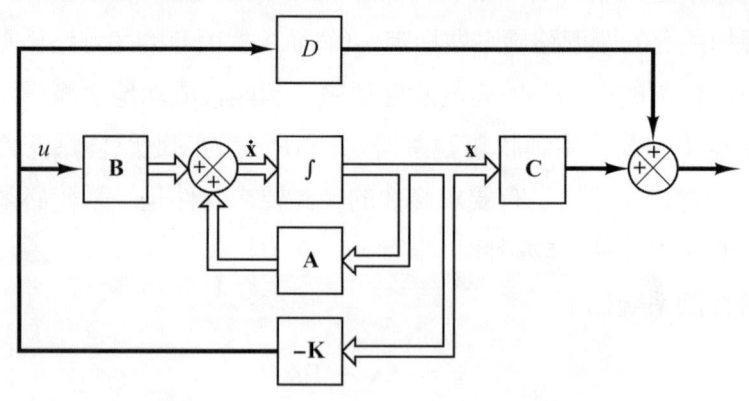

圖 10-1　$u = -\mathbf{Kx}$ 的回饋控制系統

控制系統的狀態空間設計

此方程式的解答為

$$\mathbf{x}(t) = e^{(\mathbf{A}-\mathbf{BK})t}\mathbf{x}(0) \tag{10-3}$$

其中 $\mathbf{x}(0)$ 係由於外界干擾造成的初始狀態。系統的穩定度與狀態響應特性係由矩陣 $\mathbf{A} - \mathbf{BK}$ 的特徵值決定之。如果我們適當地選取 $\mathbf{K}$，則矩陣 $\mathbf{A} - \mathbf{BK}$ 可以是漸進式穩定矩陣，因此在 $\mathbf{x}(0) \neq \mathbf{0}$ 情況下，當 t 漸次增長至無窮大，$\mathbf{x}(t)$ 可以漸進地趨近於 $\mathbf{0}$。將調整器極點(閉迴路極點)安置在所需要的位置稱為極點安置題目。

以下的討論中，我們要證明當系統為狀態完全可控制時，閉迴路極點即可以任意地安置在所要求的位置。

任意極點安置的充分及必要條件 現在我們要證明任意位置極點安置的充分且必要條件是，系統為狀態完全可控制。我們先推導出必要條件。首先證明，若系統不是狀態完全可控制時，則矩陣 $\mathbf{A} - \mathbf{BK}$ 中有些特徵值無法以狀態回饋控制之。

先假設 (10-1) 式的系統不是狀態完全可控制。下面的可控制矩陣之秩數小於 n，即

$$\text{rank}[\mathbf{B} \vdots \mathbf{AB} \vdots \cdots \vdots \mathbf{A}^{n-1}\mathbf{B}] = q < n$$

此意味著，在可控制矩陣中有 q 個線性獨立的行向量：$\mathbf{f}_1, \mathbf{f}_2, \cdots, \mathbf{f}_q$。同時，選擇另外的 $n-q$ 個 n-維向量：$\mathbf{v}_{q+1}, \mathbf{v}_{q+2}, \cdots, \mathbf{v}_n$ 使得

$$\mathbf{P} = [\mathbf{f}_1 \vdots \mathbf{f}_2 \vdots \cdots \vdots \mathbf{f}_q \vdots \mathbf{v}_{q+1} \vdots \mathbf{v}_{q+2} \vdots \cdots \vdots \mathbf{v}_n]$$

之秩數等於 n。則可以證明出

$$\hat{\mathbf{A}} = \mathbf{P}^{-1}\mathbf{A}\mathbf{P} = \begin{bmatrix} \mathbf{A}_{11} & \mathbf{A}_{12} \\ \hline \mathbf{0} & \mathbf{A}_{22} \end{bmatrix}, \quad \hat{\mathbf{B}} = \mathbf{P}^{-1}\mathbf{B} = \begin{bmatrix} \mathbf{B}_{11} \\ \hline \mathbf{0} \end{bmatrix}$$

(此方程式之推導請參見例題 **A-10-1**。) 現在定義

$$\hat{\mathbf{K}} = \mathbf{KP} = [\mathbf{k}_1 \vdots \mathbf{k}_2]$$

則可得

$$\begin{aligned}
|s\mathbf{I} - \mathbf{A} + \mathbf{BK}| &= |\mathbf{P}^{-1}(s\mathbf{I} - \mathbf{A} + \mathbf{BK})\mathbf{P}| \\
&= |s\mathbf{I} - \mathbf{P}^{-1}\mathbf{AP} + \mathbf{P}^{-1}\mathbf{BKP}| \\
&= |s\mathbf{I} - \hat{\mathbf{A}} + \hat{\mathbf{B}}\hat{\mathbf{K}}| \\
&= \left| s\mathbf{I} - \left[\begin{array}{c|c} \mathbf{A}_{11} & \mathbf{A}_{12} \\ \hline 0 & \mathbf{A}_{22} \end{array}\right] + \left[\begin{array}{c} \mathbf{B}_{11} \\ \hline 0 \end{array}\right] [\mathbf{k}_1 \mid \mathbf{k}_2] \right| \\
&= \left| \begin{array}{cc} s\mathbf{I}_q - \mathbf{A}_{11} + \mathbf{B}_{11}\mathbf{k}_1 & -\mathbf{A}_{12} + \mathbf{B}_{11}\mathbf{k}_2 \\ 0 & s\mathbf{I}_{n-q} - \mathbf{A}_{22} \end{array} \right| \\
&= |s\mathbf{I}_q - \mathbf{A}_{11} + \mathbf{B}_{11}\mathbf{k}_1| \cdot |s\mathbf{I}_{n-q} - \mathbf{A}_{22}| = 0
\end{aligned}$$

其中 $\mathbf{I}_q$ 為 q-維單位矩陣，而 $\mathbf{I}_{n-q}$ 為 $(n-q)$-維單位矩陣。

注意到，$\mathbf{A}_{22}$ 的特徵值與 $\mathbf{K}$ 無關。所以，如果當系統不是完全狀態可控制時，則有些 $\mathbf{A}$ 的特徵值便無法任意安置之。因之，欲將 $\mathbf{A} - \mathbf{BK}$ 的特徵值安置於任意位置，則此系統必須是完全狀態可控制 (必要條件)。

接下來我們要證明充分條件：亦即，若系統是完全狀態可控制時，則 $\mathbf{A}$ 的所有特徵值可以安置於任意位置。

欲證明此充分條件，最方便的方式是將 (10-1) 式的狀態方程式變換成為可控制典式。

定義變換矩陣 $\mathbf{T}$ 如下

$$\mathbf{T} = \mathbf{MW} \tag{10-4}$$

其中 $\mathbf{M}$ 為控制矩陣

$$\mathbf{M} = \begin{bmatrix} \mathbf{B} & \vdots & \mathbf{AB} & \vdots & \cdots & \vdots & \mathbf{A}^{n-1}\mathbf{B} \end{bmatrix} \tag{10-5}$$

且

$$\mathbf{W} = \begin{bmatrix} a_{n-1} & a_{n-2} & \cdots & a_1 & 1 \\ a_{n-2} & a_{n-3} & \cdots & 1 & 0 \\ \cdot & \cdot & & \cdot & \cdot \\ \cdot & \cdot & & \cdot & \cdot \\ \cdot & \cdot & & \cdot & \cdot \\ a_1 & 1 & \cdots & 0 & 0 \\ 1 & 0 & \cdots & 0 & 0 \end{bmatrix} \tag{10-6}$$

式中，a_i 為下述特性多項式的係數，

$$|s\mathbf{I} - \mathbf{A}| = s^n + a_1 s^{n-1} + \cdots + a_{n-1}s + a_n$$

再定義新的狀態向量 $\hat{\mathbf{x}}$ 為

$$\mathbf{x} = \mathbf{T}\hat{\mathbf{x}}$$

如果控制矩陣 $\mathbf{M}$ 的秩數等於 n (即，此系統是完全狀態可控制)，則矩陣 $\mathbf{T}$ 的反矩陣存在，而 (10-1) 式可以改寫成

$$\dot{\hat{\mathbf{x}}} = \mathbf{T}^{-1}\mathbf{A}\mathbf{T}\hat{x} + \mathbf{T}^{-1}\mathbf{B}u \tag{10-7}$$

式中

$$\mathbf{T}^{-1}\mathbf{A}\mathbf{T} = \begin{bmatrix} 0 & 1 & 0 & \cdots & 0 \\ 0 & 0 & 1 & \cdots & 0 \\ \cdot & \cdot & \cdot & & \cdot \\ \cdot & \cdot & \cdot & & \cdot \\ \cdot & \cdot & \cdot & & \cdot \\ 0 & 0 & 0 & \cdots & 1 \\ -a_n & -a_{n-1} & -a_{n-2} & \cdots & -a_1 \end{bmatrix} \tag{10-8}$$

$$\mathbf{T}^{-1}\mathbf{B} = \begin{bmatrix} 0 \\ 0 \\ \cdot \\ \cdot \\ \cdot \\ 0 \\ 1 \end{bmatrix} \tag{10-9}$$

[有關 (10-8) 及 (10-9) 式的推導請參見例題 **A-10-2** 及例題 **A-10-3**。]
(10-7) 式係為可控制典式。因此當系統完全狀態可控制，且存在如 (10-4) 式所示的變換矩陣 $\mathbf{T}$ 可將狀態向量 $\mathbf{x}$ 變換成為狀態向量 $\hat{\mathbf{x}}$，(10-1) 式即可以變換成為可控制典式。

如果 $\mu_1, \mu_2, \cdots, \mu_n$ 是我們所選定的一集特徵值，則所需要的特性方程式為

$$(s - \mu_1)(s - \mu_2)\cdots(s - \mu_n) = s^n + \alpha_1 s^{n-1} + \cdots + \alpha_{n-1}s + \alpha_n = 0 \tag{10-10}$$

再寫下式

$$\mathbf{KT} = \begin{bmatrix} \delta_n & \delta_{n-1} & \cdots & \delta_1 \end{bmatrix} \tag{10-11}$$

當控制系統 (10-7) 式中使用 $u = -\mathbf{KT}\hat{\mathbf{x}}$，則系統方程式變成

$$\dot{\hat{\mathbf{x}}} = \mathbf{T}^{-1}\mathbf{AT}\hat{\mathbf{x}} - \mathbf{T}^{-1}\mathbf{BKT}\hat{\mathbf{x}}$$

此時，特性方程式變成

$$|s\mathbf{I} - \mathbf{T}^{-1}\mathbf{AT} + \mathbf{T}^{-1}\mathbf{BKT}| = 0$$

此特性方程式與 (10-1) 式的控制系統在使用 $u = -\mathbf{Kx}$ 為控制信號所產生的特性方程式是一樣的。驗證於下：

$$\dot{\mathbf{x}} = \mathbf{Ax} + \mathbf{Bu} = (\mathbf{A} - \mathbf{BK})\mathbf{x}$$

其特性方程式為

$$|s\mathbf{I} - \mathbf{A} + \mathbf{BK}| = |\mathbf{T}^{-1}(s\mathbf{I} - \mathbf{A} + \mathbf{BK})\mathbf{T}|$$
$$= |s\mathbf{I} - \mathbf{T}^{-1}\mathbf{AT} + \mathbf{T}^{-1}\mathbf{BKT}| = 0$$

現在我們要化簡可控制典式系統的特性方程式。參考 (10-8)、(10-9) 及 (10-11) 式，可得

$$\begin{aligned}
& |s\mathbf{I} - \mathbf{T}^{-1}\mathbf{AT} + \mathbf{T}^{-1}\mathbf{BKT}| \\
&= \left| s\mathbf{I} - \begin{bmatrix} 0 & 1 & \cdots & 0 \\ \cdot & \cdot & & \cdot \\ \cdot & \cdot & & \cdot \\ \cdot & \cdot & & \cdot \\ 0 & 0 & \cdots & 1 \\ -a_n & -a_{n-1} & \cdots & -a_1 \end{bmatrix} + \begin{bmatrix} 0 \\ \cdot \\ \cdot \\ \cdot \\ 0 \\ 1 \end{bmatrix} \begin{bmatrix} \delta_n & \delta_{n-1} & \cdots & \delta_1 \end{bmatrix} \right| \\
&= \begin{vmatrix} s & -1 & \cdots & 0 \\ 0 & s & \cdots & 0 \\ \cdot & \cdot & & \cdot \\ \cdot & \cdot & & \cdot \\ \cdot & \cdot & & \cdot \\ a_n + \delta_n & a_{n-1} + \delta_{n-1} & \cdots & s + a_1 + \delta_1 \end{vmatrix} \\
&= s^n + (a_1 + \delta_1)s^{n-1} + \cdots + (a_{n-1} + \delta_{n-1})s + (a_n + \delta_n) \\
&= 0
\end{aligned} \tag{10-12}$$

此為使用狀態回饋系統的特性方程式。因此,這一個方程式與 (10-10) 式所述需要的特性方程式是相等的。上式中,比較 s 相同次數的係數,可得

$$a_1 + \delta_1 = \alpha_1$$
$$a_2 + \delta_2 = \alpha_2$$
$$\vdots$$
$$a_n + \delta_n = \alpha_n$$

解出上式中的 δ_i,將之代入 (10-11) 式,即得

$$\mathbf{K} = \begin{bmatrix} \delta_n & \delta_{n-1} & \cdots & \delta_1 \end{bmatrix} \mathbf{T}^{-1}$$
$$= \begin{bmatrix} \alpha_n - a_n & \vdots & \alpha_{n-1} - a_{n-1} & \vdots & \cdots & \vdots & \alpha_2 - a_2 & \vdots & \alpha_1 - a_1 \end{bmatrix} \mathbf{T}^{-1} \quad (10\text{-}13)$$

因此,當系統為完全狀態可控制時,選擇 (10-13) 式之矩陣 $\mathbf{K}$,則所有特徵值可以安置於任意指定的位置(充分條件)。

於是,我們已經證明了:任意位置極點安置的充分且必要條件是,系統為狀態完全可控制。

必須注意到的是,如果系統不可完全狀態可控制,但為可穩定化,則此系統中可以安置 q 個可控制模式的閉迴路極點。其他的 $n - q$ 個不可控制模式仍舊可以保持穩定。是故,整個系統可被穩定化。

使用變換矩陣 T 決定矩陣 K 假設系統定義為

$$\dot{\mathbf{x}} = \mathbf{A}\mathbf{x} + \mathbf{B}u$$

控制信號為

$$u = -\mathbf{K}\mathbf{x}$$

回饋矩陣 $\mathbf{K}$ 可以使得 $\mathbf{A} - \mathbf{B}\mathbf{K}$ 的特徵值安置於 $\mu_1, \mu_2, \ldots, \mu_n$(指定的位置),此回饋矩陣可依照下述步驟決定置之(如果某一 μ_i 是複數,則其共軛值也須是 $\mathbf{A} - \mathbf{B}\mathbf{K}$ 的特徵值):

步驟 1:先檢查系統的可控制性條件。如果系統為狀態完全可控制,則使用下述步驟:

步驟 2：由 **A** 的特性多項式，亦即

$$|s\mathbf{I} - \mathbf{A}| = s^n + a_1 s^{n-1} + \cdots + a_{n-1} s + a_n$$

求得 a_1，a_2，$\cdots$，a_n 之值。

步驟 3：決定變換矩陣 **T** 將系統變換成為可控制典式。(如果此系統已經是可控制典式了，則 **T = I**。) 我們並不需要將系統的狀態方程式寫成可控制典式之形式。所需要的工作是決定矩陣 **T**。變換矩陣 **T** 如 (10-4) 式，亦即

$$\mathbf{T} = \mathbf{MW}$$

式中 **M** 如 (10-5) 式，**W** 如 (10-6) 式所述。

步驟 4：由指定的所需特徵值 (需要的閉迴路極點) 寫出如下的特性多項式：

$$(s - \mu_1)(s - \mu_2) \cdots (s - \mu_n) = s^n + \alpha_1 s^{n-1} + \cdots + \alpha_{n-1} s + \alpha_n$$

然後求得 α_1，α_2，$\cdots$，α_n 之值。

步驟 5：由 (10-13) 式可以求出所需的回饋增益矩陣 **K**，且重寫為：

$$\mathbf{K} = [\alpha_n - a_n \;\vdots\; \alpha_{n-1} - a_{n-1} \;\vdots\; \cdots \;\vdots\; \alpha_2 - a_2 \;\vdots\; \alpha_1 - a_1]\mathbf{T}^{-1}$$

使用直接取代法決定矩陣 K　假設系統為低階次 ($n \leq 3$)，直接將矩陣 **K** 代入所需特性多項式，也是簡單的。例如，若 $n = 3$，則回饋增益矩陣 **K** 寫為

$$\mathbf{K} = [k_1 \quad k_2 \quad k_3]$$

將矩陣 **K** 代入所需特性多項式 $|s\mathbf{I} - \mathbf{A} + \mathbf{BK}|$，使之等於 $(s - \mu_1)(s - \mu_2)(s - \mu_3)$，或

$$|s\mathbf{I} - \mathbf{A} + \mathbf{BK}| = (s - \mu_1)(s - \mu_2)(s - \mu_3)$$

因為此特性方程式的二邊都是 s 的多項式，比較 s 同次數之係數即可解出 k_1、k_2 及 k_3。當 $n = 2$ 或 3 時，此方法很方便。(當 $n = 4$，5，6，$\cdots$ 時，此方法變得很繁瑣。)

控制系統的狀態空間設計

注意到,若系統不完全狀態可控制,則矩陣 $\mathbf{K}$ 不可能存在。(無解答存在。)

使用艾克曼公式決定矩陣 K 在決定回饋矩陣 $\mathbf{K}$ 時,艾克曼公式是相當重要的公式。以下我們就介紹這一個公式。

考慮系統如下

$$\dot{\mathbf{x}} = \mathbf{A}\mathbf{x} + \mathbf{B}u$$

其中,我們使用了狀態回饋控制 $u = -\mathbf{K}\mathbf{x}$。假設此系統係為完全狀態可控制。同時,假設所需要的閉迴路極點為 $s = \mu_1, s = \mu_2, \cdots, s = \mu_n$。

使用如下的狀態回饋控制

$$u = -\mathbf{K}\mathbf{x}$$

則系統方程式變成

$$\dot{\mathbf{x}} = (\mathbf{A} - \mathbf{B}\mathbf{K})\mathbf{x} \qquad (10\text{-}14)$$

讓我們定義

$$\tilde{\mathbf{A}} = \mathbf{A} - \mathbf{B}\mathbf{K}$$

則所需特性多項式為

$$|s\mathbf{I} - \mathbf{A} + \mathbf{B}\mathbf{K}| = |s\mathbf{I} - \tilde{\mathbf{A}}| = (s - \mu_1)(s - \mu_2)\cdots(s - \mu_n)$$
$$= s^n + \alpha_1 s^{n-1} + \cdots + \alpha_{n-1} s + \alpha_n = 0$$

因為凱莉－漢米爾頓定理的關係,$\tilde{\mathbf{A}}$ 應該滿足其特性多項式,可得

$$\phi(\tilde{\mathbf{A}}) = \tilde{\mathbf{A}}^n + \alpha_1 \tilde{\mathbf{A}}^{n-1} + \cdots + \alpha_{n-1}\tilde{\mathbf{A}} + \alpha_n \mathbf{I} = \mathbf{0} \qquad (10\text{-}15)$$

我們可以利用 (10-15) 式推導出艾克曼公式。欲簡化推導之程序,我們考慮 $n = 3$ 的情況。(其他 n 正整數的情況亦可以推廣如下。)

考慮如下等式:

$$I = I$$
$$\tilde{A} = A - BK$$
$$\tilde{A}^2 = (A - BK)^2 = A^2 - ABK - BK\tilde{A}$$
$$\tilde{A}^3 = (A - BK)^3 = A^3 - A^2BK - ABK\tilde{A} - BK\tilde{A}^2$$

以上諸式分別依次乘上 α_3、α_2、α_1 及 α_0 ($\alpha_0 = 1$)，相加一起，得

$$\begin{aligned}
&\alpha_3 I + \alpha_2 \tilde{A} + \alpha_1 \tilde{A}^2 + \tilde{A}^3 \\
&= \alpha_3 I + \alpha_2(A - BK) + \alpha_1(A^2 - ABK - BK\tilde{A}) + A^3 - A^2BK \\
&\quad - ABK\tilde{A} - BK\tilde{A}^2 \\
&= \alpha_3 I + \alpha_2 A + \alpha_1 A^2 + A^3 - \alpha_2 BK - \alpha_1 ABK - \alpha_1 BK\tilde{A} - A^2BK \\
&\quad - ABK\tilde{A} - BK\tilde{A}^2
\end{aligned} \tag{10-16}$$

參考 (10-15) 式，可得

$$\alpha_3 I + \alpha_2 \tilde{A} + \alpha_1 \tilde{A}^2 + \tilde{A}^3 = \phi(\tilde{A}) = 0$$

同時，因為

$$\alpha_3 I + \alpha_2 A + \alpha_1 A^2 + A^3 = \phi(A) \neq 0$$

將以上二式代入 (10-16) 式，可得

$$\phi(\tilde{A}) = \phi(A) - \alpha_2 BK - \alpha_1 BK\tilde{A} - BK\tilde{A}^2 - \alpha_1 ABK - ABK\tilde{A} - A^2BK$$

因為 $\phi(\tilde{A}) = 0$，是故

$$\begin{aligned}
\phi(A) &= B(\alpha_2 K + \alpha_1 K\tilde{A} + K\tilde{A}^2) + AB(\alpha_1 K + K\tilde{A}) + A^2BK \\
&= \begin{bmatrix} B & \vdots & AB & \vdots & A^2B \end{bmatrix} \begin{bmatrix} \alpha_2 K + \alpha_1 K\tilde{A} + K\tilde{A}^2 \\ \alpha_1 K + K\tilde{A} \\ K \end{bmatrix}
\end{aligned} \tag{10-17}$$

由於系統係為完全狀態可控制，則以下控制矩陣

$$\begin{bmatrix} B & \vdots & AB & \vdots & A^2B \end{bmatrix}$$

的反矩陣應該存在。(10-17) 式的左邊同乘上控制矩陣的反矩陣，即得

$$\begin{bmatrix} \mathbf{B} & \vdots & \mathbf{AB} & \vdots & \mathbf{A}^2\mathbf{B} \end{bmatrix}^{-1} \phi(\mathbf{A}) = \begin{bmatrix} \alpha_2 \mathbf{K} + \alpha_1 \mathbf{K}\widetilde{\mathbf{A}} + \mathbf{K}\widetilde{\mathbf{A}}^2 \\ \alpha_1 \mathbf{K} + \mathbf{K}\widetilde{\mathbf{A}} \\ \mathbf{K} \end{bmatrix}$$

上式二邊同乘上 [0 0 1]，可得

$$\begin{bmatrix} 0 & 0 & 1 \end{bmatrix} \begin{bmatrix} \mathbf{B} & \vdots & \mathbf{AB} & \vdots & \mathbf{A}^2\mathbf{B} \end{bmatrix}^{-1} \phi(\mathbf{A})$$

$$= \begin{bmatrix} 0 & 0 & 1 \end{bmatrix} \begin{bmatrix} \alpha_2 \mathbf{K} + \alpha_1 \mathbf{K}\widetilde{\mathbf{A}} + \mathbf{K}\widetilde{\mathbf{A}}^2 \\ \alpha_1 \mathbf{K} + \mathbf{K}\widetilde{\mathbf{A}} \\ \mathbf{K} \end{bmatrix} = \mathbf{K}$$

可再重寫成

$$\mathbf{K} = \begin{bmatrix} 0 & 0 & 1 \end{bmatrix} \begin{bmatrix} \mathbf{B} & \vdots & \mathbf{AB} & \vdots & \mathbf{A}^2\mathbf{B} \end{bmatrix}^{-1} \phi(\mathbf{A})$$

所需要的回饋增益矩陣 **K** 即如上式所述。

對於任何其他正整數 n 的情況，其為

$$\mathbf{K} = \begin{bmatrix} 0 & 0 & \cdots & 0 & 1 \end{bmatrix} \begin{bmatrix} \mathbf{B} & \vdots & \mathbf{AB} & \vdots & \cdots & \vdots & \mathbf{A}^{n-1}\mathbf{B} \end{bmatrix}^{-1} \phi(\mathbf{A}) \quad (10\text{-}18)$$

(10-18) 式即是用來決定回饋增益矩陣 **K** 的艾克曼公式。

調整器系統及控制系統 具有控制器的系統可以分類為二：調整器系統 (其參考輸入為固定值，或是零) 及控制系統 (其參考輸入為時變性)。以下我們先考慮調整器系統。有關控制系統將留待 10-7 節再介紹之。

所需閉迴路極點位置的選擇 施作極點安置的第一步是選擇出所需閉迴路主極點的位置。最常使用的方式為根據根軌跡的經驗，對閉迴路主極點做定位，而其他的極點遠離到閉迴路主極點的左邊。

要注意到，若選擇閉迴路主極點遠離 $j\omega$ 軸的左邊，使得系統的響應可以很快速，則系統中相關的信號可能會很大，其結果可能使得系統變成非線性。這是一定要避免的。

另外一種方式是二次平方最佳控制法。此法在選擇閉迴路極點的同時，使得可接受的響應與須使用的控制能量之間得到平衡。(參見 10-8 節) 注意到，需要快速響應意味著需要使用較大的控制能量。同時，一般情況

而言,增加響應速率也需要比較大型的,比較厲害的致動器,使得成本也提高了。

例題 10-1

考慮如圖 10-2 的調整器系統如下

$$\dot{\mathbf{x}} = \mathbf{A}\mathbf{x} + \mathbf{B}u$$

其中

$$\mathbf{A} = \begin{bmatrix} 0 & 1 & 0 \\ 0 & 0 & 1 \\ -1 & -5 & -6 \end{bmatrix}, \quad \mathbf{B} = \begin{bmatrix} 0 \\ 0 \\ 1 \end{bmatrix}$$

此系統使用狀態回饋控制 $\mathbf{u} = -\mathbf{Kx}$。選擇需要的閉迴路極點如下

$$s = -2 + j4, \quad s = -2 - j4, \quad s = -10$$

(我們根據經驗選擇此閉迴路極點以得到合理的或是可以接受的暫態響應。)試決定回饋增益矩陣 $\mathbf{K}$。

首先,我們必須先檢查系統的控制矩陣。因控制矩陣 $\mathbf{M}$ 為

$$\mathbf{M} = \begin{bmatrix} \mathbf{B} & \vdots & \mathbf{AB} & \vdots & \mathbf{A}^2\mathbf{B} \end{bmatrix} = \begin{bmatrix} 0 & 0 & 1 \\ 0 & 1 & -6 \\ 1 & -6 & 31 \end{bmatrix}$$

我們發現 $|\mathbf{M}| = -1$,所以 $\mathbf{M}$ 的秩數等於 3。是故,此系統係屬完全狀態可控制,其閉迴路極點可以安置於任意位置。

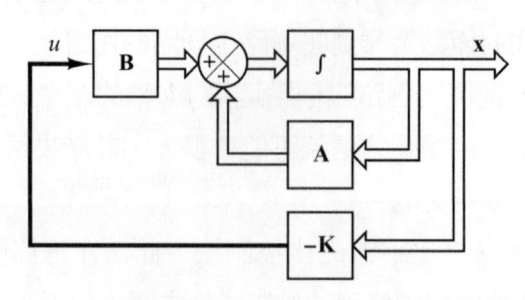

圖 10-2 調整器系統

再來,我們要解這一個題目。我們分別使用本章所介紹的三種方法解釋之。

方法 1:第一種方法係使用 (10-13) 式處理之。系統的特性方程式為

$$|s\mathbf{I} - \mathbf{A}| = \begin{vmatrix} s & -1 & 0 \\ 0 & s & -1 \\ 1 & 5 & s+6 \end{vmatrix}$$
$$= s^3 + 6s^2 + 5s + 1$$
$$= s^3 + a_1 s^2 + a_2 s + a_3 = 0$$

因此,

$$a_1 = 6, \quad a_2 = 5, \quad a_3 = 1$$

所需的特性方程式為

$$(s + 2 - j4)(s + 2 + j4)(s + 10) = s^3 + 14s^2 + 60s + 200$$
$$= s^3 + \alpha_1 s^2 + \alpha_2 s + \alpha_3 = 0$$

是故,

$$\alpha_1 = 14, \quad \alpha_2 = 60, \quad \alpha_3 = 200$$

參見 (10-13) 式,可得

$$\mathbf{K} = \begin{bmatrix} \alpha_3 - a_3 & \vdots & \alpha_2 - a_2 & \vdots & \alpha_1 - a_1 \end{bmatrix} \mathbf{T}^{-1}$$

因為此系統已經是可控制典式,是故 $\mathbf{T} = \mathbf{I}$。因此

$$\mathbf{K} = [200 - 1 \ \vdots \ 60 - 5 \ \vdots \ 14 - 6]$$
$$= [199 \quad 55 \quad 8]$$

方法 2:令所需的狀態回饋增益矩陣 $\mathbf{K}$ 為

$$\mathbf{K} = \begin{bmatrix} k_1 & k_2 & k_3 \end{bmatrix}$$

使得 $|s\mathbf{I} - \mathbf{A} + \mathbf{BK}|$ 等於所需的特性方程式,得

$$|s\mathbf{I} - \mathbf{A} + \mathbf{BK}| = \left| \begin{bmatrix} s & 0 & 0 \\ 0 & s & 0 \\ 0 & 0 & s \end{bmatrix} - \begin{bmatrix} 0 & 1 & 0 \\ 0 & 0 & 1 \\ -1 & -5 & -6 \end{bmatrix} + \begin{bmatrix} 0 \\ 0 \\ 1 \end{bmatrix} \begin{bmatrix} k_1 & k_2 & k_3 \end{bmatrix} \right|$$

$$= \begin{vmatrix} s & -1 & 0 \\ 0 & s & -1 \\ 1+k_1 & 5+k_2 & s+6+k_3 \end{vmatrix}$$

$$= s^3 + (6+k_3)s^2 + (5+k_2)s + 1 + k_1$$

$$= s^3 + 14s^2 + 60s + 200$$

所以,

$$6 + k_3 = 14, \quad 5 + k_2 = 60, \quad 1 + k_1 = 200$$

由此解得

$$k_1 = 199, \quad k_2 = 55, \quad k_3 = 8$$

或

$$\mathbf{K} = [199 \quad 55 \quad 8]$$

方法 3：第三種解法係利用艾克曼公式。參考 (10-18) 式，則得

$$\mathbf{K} = [0 \quad 0 \quad 1][\mathbf{B} \vdots \mathbf{AB} \vdots \mathbf{A}^2\mathbf{B}]^{-1}\phi(\mathbf{A})$$

因為

$$\phi(\mathbf{A}) = \mathbf{A}^3 + 14\mathbf{A}^2 + 60\mathbf{A} + 200\mathbf{I}$$

$$= \begin{bmatrix} 0 & 1 & 0 \\ 0 & 0 & 1 \\ -1 & -5 & -6 \end{bmatrix}^3 + 14\begin{bmatrix} 0 & 1 & 0 \\ 0 & 0 & 1 \\ -1 & -5 & -6 \end{bmatrix}^2$$

$$+ 60\begin{bmatrix} 0 & 1 & 0 \\ 0 & 0 & 1 \\ -1 & -5 & -6 \end{bmatrix} + 200\begin{bmatrix} 1 & 0 & 0 \\ 0 & 1 & 0 \\ 0 & 0 & 1 \end{bmatrix}$$

$$= \begin{bmatrix} 199 & 55 & 8 \\ -8 & 159 & 7 \\ -7 & -43 & 117 \end{bmatrix}$$

且

$$[\mathbf{B} \vdots \mathbf{AB} \vdots \mathbf{A}^2\mathbf{B}] = \begin{bmatrix} 0 & 0 & 1 \\ 0 & 1 & -6 \\ 1 & -6 & 31 \end{bmatrix}$$

可得

$$\mathbf{K} = \begin{bmatrix} 0 & 0 & 1 \end{bmatrix} \begin{bmatrix} 0 & 0 & 1 \\ 0 & 1 & -6 \\ 1 & -6 & 31 \end{bmatrix}^{-1} \begin{bmatrix} 199 & 55 & 8 \\ -8 & 159 & 7 \\ -7 & -43 & 117 \end{bmatrix}$$

$$= \begin{bmatrix} 0 & 0 & 1 \end{bmatrix} \begin{bmatrix} 5 & 6 & 1 \\ 6 & 1 & 0 \\ 1 & 0 & 0 \end{bmatrix} \begin{bmatrix} 199 & 55 & 8 \\ -8 & 159 & 7 \\ -7 & -43 & 117 \end{bmatrix}$$

$$= \begin{bmatrix} 199 & 55 & 8 \end{bmatrix}$$

當然,事實上也是,三種解法得出來的回饋增益矩陣 **K** 應該是一樣的。使用此狀態回饋,閉迴路極點被安置於 $s = -2 \pm j4$ 及 $s = -10$,正如所需。

必須注意的是,如果系統的次數 n 等於 4 或更高,則使用第一法及第三法比較好,此時矩陣的計算可以使用計算機擔任之。使用第二法時,需使用徒手工具,因為此時計算機不可能處理含有未知數 $k_1, k_2, \cdots, k_n$ 的聯立方程式。

註記 必須知道的是,對某些系統而言矩陣 **K** 並非為單一解,而與所需閉迴路極點的位置有關聯 (與響應的速率與阻尼有關)。注意到,所需閉迴路極點的位置或特性方程式的選定係取決於誤差向量響應的速率與對於干擾及雜訊測量之靈敏度之間的協調考慮。亦即,如果我們增加了響應的速率,則對於干擾及雜訊的反效果也會增加。如果系統為二階系統,則系統動態 (響應特性) 可由控制本體的需要閉迴路極點及零點之位置精確地關聯之。對於高階的系統,則系統動態 (響應特性) 與指定的閉迴路極點及零點之位置很難做關聯。所以,做設計決定回饋增益矩陣 **K** 時,必須一再地利用計算機對於不同的 **K** 值 (抑或不同的特性方程式) 做系統特性響應的模擬,然後從中選取一個 **K** 值使得到總體系統有最好的表現。

10-3　以 MATLAB 解答極點安置題目

極點安置題目可以輕易地利用 MATLAB 解答之。計算回饋增益矩陣 **K** 時，有二個 MATLAB 指令可供使用——acker 及 place。指令 acker 係利用艾克曼公式所述原理，但是此指令只能適用於單一輸入之系統。所須指定的閉迴路極點可以是重根 (極點落在同一位置)。

當系統為多輸入的情形，就算指定出某一組的閉迴路極點，回饋增益矩陣 **K** 並非為單一解，是故選擇矩陣 **K** 時，存在有自由度。因此如何利用此額外的自由度以選擇 **K** 有許多建構方法。其中之一的考慮為使得穩定度之邊際值為最大。建立於此種考慮之極點安置設計法即是強韌極點安置設計法。MATLAB 指令 place 係屬強韌極點安置設計。

雖然指令 place 可使用於單一輸入及多輸入的系統，但此指令的限制是所需閉迴路極點的重複次數不得大於 **B** 的秩數。因此如果 **B** 為 $n \times 1$ 矩陣，則施用指令 place 時所指定的這一組閉迴路極點不可以是重複的情況。

對於單一輸入的系統，使用指令 acker 與指令 place 可得到相同的 **K**。(但是對於多輸入的情況，應該使用指令 place，而不是指令 acker。)

必須注意的是，如果單一輸入的系統接近於不可狀態控制時，則使用指令 acker 時可能發生計算上的問題。此時寧願使用指令 place，當然這時候指定的閉迴路極點不可以有重複的情況。

使用指令 place 或 acker 時，於程式中先輸入以下的矩陣：

A 矩陣，　**B** 矩陣，　**J** 矩陣

其中矩陣 **J** 包括所需的閉迴路極點，亦即

$$\mathbf{J} = \begin{bmatrix} \mu_1 & \mu_2 & \ldots & \mu_n \end{bmatrix}$$

然後鍵入指令

K = acker(A,B,J)

或

$$K = \text{place}(A,B,J)$$

此時若使用指令 eig(A-B*K) 即可驗證所求出的 K 可以得到需要的特徵值。

例題 10-2

考慮如例題 10-1 的同一個系統。此系統的方程式為

$$\dot{\mathbf{x}} = \mathbf{A}\mathbf{x} + \mathbf{B}u$$

其中

$$\mathbf{A} = \begin{bmatrix} 0 & 1 & 0 \\ 0 & 0 & 1 \\ -1 & -5 & -6 \end{bmatrix}, \quad \mathbf{B} = \begin{bmatrix} 0 \\ 0 \\ 1 \end{bmatrix}$$

利用狀態回饋控制 $u = -\mathbf{K}\mathbf{x}$，須使得閉迴路極點安置於 $s = \mu_i (i = 1, 2, 3)$，其中

$$\mu_1 = -2 + j4, \quad \mu_2 = -2 - j4, \quad \mu_3 = -10$$

試以 MATLAB 求出狀態回饋矩陣 **K**。

MATLAB 程式 10-1 及 10-2 係用以產生矩陣 **K** 的 MATLAB 程式。其中，MATLAB 程式 10-1 使用指令 acker，而 MATLAB 程式 10-2 係用指令 place。

```
MATLAB  程式 10-1
A = [0 1 0;0 0 1;-1 -5 -6];
B = [0;0;1];
J = [-2+j*4 -2-j*4 -10];
K = acker(A,B,J)
K =
   199   55   8
```

> **MATLAB 程式 10-2**
>
> ```
> A = [0 1 0;0 0 1;-1 -5 -6];
> B = [0;0;1];
> J = [-2+j*4 -2-j*4 -10];
> K = place(A,B,J)
>   place: ndigits = 15
>
> K =
>
>    199.0000   55.0000    8.0000
> ```

例題 10-3

考慮如例題 10-1 的同一個系統。欲使得調整器系統之閉迴路極點安置於

$$s = -2 + j4, \quad s = -2 - j4, \quad s = -10$$

在例題 10-1 中,我們已經得到所需的狀態回饋增益矩陣 **K** 如下:

$$\mathbf{K} = \begin{bmatrix} 199 & 55 & 8 \end{bmatrix}$$

現在利用 MATLAB,在下述的初始條件:

$$\mathbf{x}(0) = \begin{bmatrix} 1 \\ 0 \\ 0 \end{bmatrix}$$

可求出系統的響應。

初始條件的響應:欲得初始條件 $\mathbf{x}(0)$ 產生的響應,將 $u = -\mathbf{Kx}$ 代入控制本體方程式

$$\dot{\mathbf{x}} = (\mathbf{A} - \mathbf{BK})\mathbf{x}, \quad \mathbf{x}(0) = \begin{bmatrix} 1 \\ 0 \\ 0 \end{bmatrix}$$

我們可以使用 initial 指令繪製響應曲線 (x_1 對於 t、x_2 對於 t 及 x_3 對於 t)。首先定義系統的狀態空間方程式如下:

控制系統的狀態空間設計

$$\dot{x} = (A - BK)x + Iu$$

$$y = Ix + Iu$$

其中,我們包含了 u(三維空間向量)。在計算初始條件產生的響應時,令 u 等於 0。再定義

$$sys = ss(A - BK, eye(3), eye(3), eye(3))$$

而使用 initial 指令如下:

$$x = initial(sys, [1;0;0],t)$$

其中 t 是我們使用的時間範圍,敘述如下

$$t = 0:0.01:4;$$

於是,得出 x1、x2 及 x3 如下:

$$x1 = [1\ 0\ 0]*x';$$
$$x2 = [0\ 1\ 0]*x';$$
$$x3 = [0\ 0\ 1]*x';$$

而使用 plot 指令。參見 MATLAB 程式 10-3。繪製出來的響應曲線請參見圖 10-3。

MATLAB 程式 10-3

```
% Response to initial condition:
A = [0 1 0;0 0 1;-1 -5 -6];
B = [0;0;1];
K = [199 55 8];
sys = ss(A-B*K, eye(3), eye(3), eye(3));
t = 0:0.01:4;
x = initial(sys,[1;0;0],t);
x1 = [1 0 0]*x';
x2 = [0 1 0]*x';
x3 = [0 0 1]*x'·
```

```
subplot(3,1,1); plot(t,x1), grid
title('Response to Initial Condition')
ylabel('state variable x1')
subplot(3,1,2); plot(t,x2),grid
ylabel('state variable x2')
subplot(3,1,3); plot(t,x3),grid
xlabel('t (sec)')
ylabel('state variable x3')
```

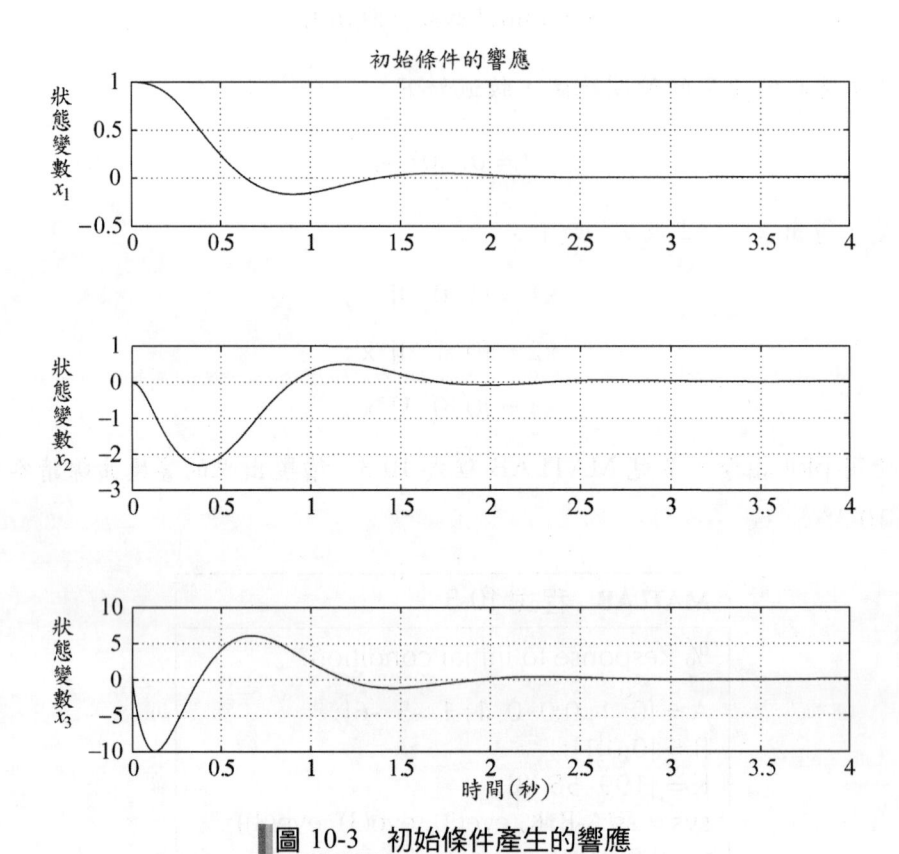

圖 10-3　初始條件產生的響應

10-4　伺服系統設計

　　本節要討論設計第 1 類型伺服系統的極點安置法。在此我們將所要討論系統限制於純量控制信號 u 及純量輸出 y。

控制系統的狀態空間設計

以下要討論的題目是第 1 類型伺服系統的設計,其中控制本體具有一個積分器。然後我們再討論控制本體無積分器的第 1 類型伺服系統的設計。

控制本體有積分器的第 1 類型伺服系統設計　假設控制本體定義為

$$\dot{\mathbf{x}} = \mathbf{A}\mathbf{x} + \mathbf{B}u \tag{10-19}$$

$$y = \mathbf{C}\mathbf{x} \tag{10-20}$$

其中　$\mathbf{x}$ = 控制本體的狀態向量 (n-向量)
　　　u = 控制信號 (純量)
　　　y = 輸出信號 (純量)
　　　$\mathbf{A}$ = $n \times n$ 常數矩陣
　　　$\mathbf{B}$ = $n \times 1$ 常數矩陣
　　　$\mathbf{C}$ = $1 \times n$ 常數矩陣

如前所述,我們假設控制信號 u 及輸出信號 y 皆為純量。若狀態變數經由適當選擇,則輸出信號可能選擇等於某一個狀態變數。(參見第二章所介紹的方法,由轉移函數轉變成為狀態空間表示式,其中輸出信號 y 等於 x_1。)

圖 10-4 所示為控制本體有積分器的第 1 類型伺服系統之結構。在此,我們假設 $y = x_1$。在分析中,亦假設參考輸入 r 為步階函數。在此系統中,使用以下的狀態回饋控制法則:

$$u = -\begin{bmatrix} 0 & k_2 & k_3 & \cdots & k_n \end{bmatrix} \begin{bmatrix} x_1 \\ x_2 \\ \vdots \\ \vdots \\ x_n \end{bmatrix} + k_1(r - x_1)$$

$$= -\mathbf{K}\mathbf{x} + k_1 r \tag{10-21}$$

其中

$$\mathbf{K} = \begin{bmatrix} k_1 & k_2 & \cdots & k_n \end{bmatrix}$$

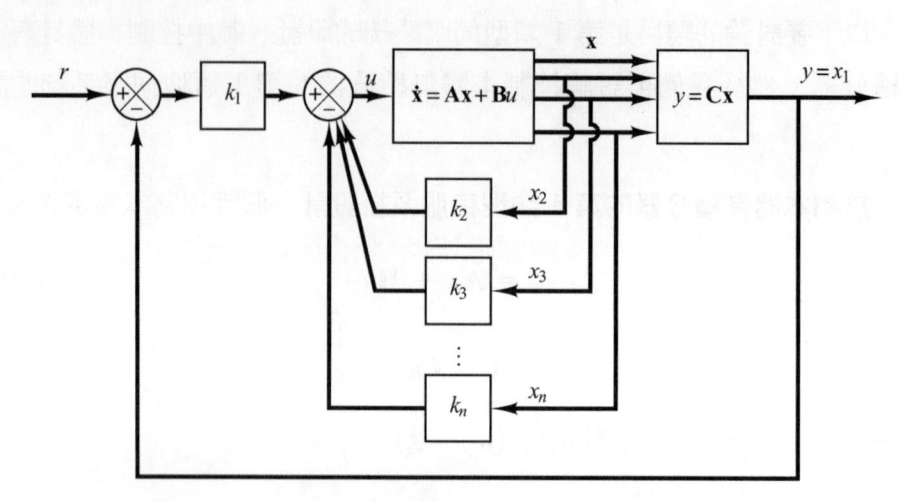

图 10-4 控制本體有積分器的第 1 類型伺服系統

假設參考輸入 (步階函數) 於 $t = 0$ 施加上去。則在 $t > 0$ 時，系統的動態可用 (10-19) 及 (10-21) 式描述之，或

$$\dot{\mathbf{x}} = \mathbf{A}\mathbf{x} + \mathbf{B}u = (\mathbf{A} - \mathbf{B}\mathbf{K})\mathbf{x} + \mathbf{B}k_1 r \qquad (10\text{-}22)$$

我們將設計第 1 類型伺服系統，使其閉迴路極點安置在指定的位置。所設計的系統必須是漸進式穩定，$y(\infty)$ 將趨近於常數 r，而 $u(\infty)$ 將趨近於零。(r 步階輸入。)

注意，在穩態時

$$\dot{\mathbf{x}}(\infty) = (\mathbf{A} - \mathbf{B}\mathbf{K})\mathbf{x}(\infty) + \mathbf{B}k_1 r(\infty) \qquad (10\text{-}23)$$

其中 $r(t)$ 為步階輸入，因此當 $t > 0$ 時，$r(\infty) = r(t) = r$ (常數)。將 (10-22) 式減去 (10-23) 式，得

$$\dot{\mathbf{x}}(t) - \dot{\mathbf{x}}(\infty) = (\mathbf{A} - \mathbf{B}\mathbf{K})[\mathbf{x}(t) - \mathbf{x}(\infty)] \qquad (10\text{-}24)$$

定義

$$\mathbf{x}(t) - \mathbf{x}(\infty) = \mathbf{e}(t)$$

則 (10-24) 式變成

$$\dot{\mathbf{e}} = (\mathbf{A} - \mathbf{B}\mathbf{K})\mathbf{e} \qquad (10\text{-}25)$$

(10-25) 式即是誤差動態系統。

於是第 1 類型伺服系統的設計題目變成，設計一個漸進式穩定的伺服系統，使得在任意的初始條件 $\mathbf{e}(0)$ 下，$\mathbf{e}(t)$ 可以漸進地趨近於零。如果 (10-19) 式代表的系統係為完全狀態可控制性，則當矩陣 $\mathbf{A} - \mathbf{BK}$ 指定出需要的特徵值 $\mu_1, \mu_2, \ldots, \mu_n$ 時，利用 10-2 節所介紹的極點安置技術求得矩陣 $\mathbf{K}$ 就可以解決此問題。

$\mathbf{x}(t)$ 及 $u(t)$ 之穩態值求法如下：在穩態時 $(t = \infty)$，由 (10-22) 式可得

$$\dot{\mathbf{x}}(\infty) = \mathbf{0} = (\mathbf{A} - \mathbf{BK})\mathbf{x}(\infty) + \mathbf{B}k_1 r$$

因為 $\mathbf{A} - \mathbf{BK}$ 所有的特徵值皆位於 s 平面的左半邊，$\mathbf{A} - \mathbf{BK}$ 的反矩陣存在。是故，$\mathbf{x}(\infty)$ 可以決定如下

$$\mathbf{x}(\infty) = -(\mathbf{A} - \mathbf{BK})^{-1}\mathbf{B}k_1 r$$

同時，$u(\infty)$ 亦可決定如下

$$u(\infty) = -\mathbf{K}\mathbf{x}(\infty) + k_1 r = 0$$

(參見例題 10-4 以驗證上式。)

例題 10-4

試設計當控制本體的轉移函數有積分器的第 1 類型伺服系統。假設本體的轉移函數為

$$\frac{Y(s)}{U(s)} = \frac{1}{s(s+1)(s+2)}$$

所需要的閉迴路極點規定在 $s = -2 \pm j2\sqrt{3}$，$s = -10$。假設系統的結構如圖 10-4 所述，且其參考輸入 r 為步階函數。試求所設計系統的單位步階響應。

定義狀態變數 x_1、x_2 與 x_3 如下：

$$\begin{aligned} x_1 &= y \\ x_2 &= \dot{x}_1 \\ x_3 &= \dot{x}_2 \end{aligned}$$

則此系統的狀態空間代表式變成

$$\dot{\mathbf{x}} = \mathbf{A}\mathbf{x} + \mathbf{B}u \tag{10-26}$$

$$y = \mathbf{C}\mathbf{x} \tag{10-27}$$

其中

$$\mathbf{A} = \begin{bmatrix} 0 & 1 & 0 \\ 0 & 0 & 1 \\ 0 & -2 & -3 \end{bmatrix}, \quad \mathbf{B} = \begin{bmatrix} 0 \\ 0 \\ 1 \end{bmatrix}, \quad \mathbf{C} = \begin{bmatrix} 1 & 0 & 0 \end{bmatrix}$$

參見圖 10-4，注意到 $n = 3$，控制信號 u 為

$$u = -(k_2 x_2 + k_3 x_3) + k_1(r - x_1) = -\mathbf{K}\mathbf{x} + k_1 r \tag{10-28}$$

其中

$$\mathbf{K} = \begin{bmatrix} k_1 & k_2 & k_3 \end{bmatrix}$$

狀態回饋增益矩陣 **K** 可經由 MATLAB 輕易地計算之。參見 MATLAB 程式 10-4。

```
MATLAB   程式 10-4
A = [0 1 0;0 0 1;0 -2 -3];
B = [0;0;1];
J = [-2+j*2*sqrt(3)  -2-j*2*sqrt(3)  -10];
K = acker(A,B,J)
K =
   160.0000   54.0000   11.0000
```

所計算出來的狀態回饋增益矩陣 **K** 為

$$\mathbf{K} = \begin{bmatrix} 160 & 54 & 11 \end{bmatrix}$$

設計系統的單位步階響應：所設計系統的單位步階響應求法如下：

因為

控制系統的狀態空間設計

$$\mathbf{A} - \mathbf{BK} = \begin{bmatrix} 0 & 1 & 0 \\ 0 & 0 & 1 \\ 0 & -2 & -3 \end{bmatrix} - \begin{bmatrix} 0 \\ 0 \\ 1 \end{bmatrix}\begin{bmatrix} 160 & 54 & 11 \end{bmatrix} = \begin{bmatrix} 0 & 1 & 0 \\ 0 & 0 & 1 \\ -160 & -56 & -14 \end{bmatrix}$$

由 (10-22) 式可得設計系統的狀態方程式為

$$\begin{bmatrix} \dot{x}_1 \\ \dot{x}_2 \\ \dot{x}_3 \end{bmatrix} = \begin{bmatrix} 0 & 1 & 0 \\ 0 & 0 & 1 \\ -160 & -56 & -14 \end{bmatrix}\begin{bmatrix} x_1 \\ x_2 \\ x_3 \end{bmatrix} + \begin{bmatrix} 0 \\ 0 \\ 160 \end{bmatrix}r \qquad (10\text{-}29)$$

而輸出方程式為

$$y = \begin{bmatrix} 1 & 0 & 0 \end{bmatrix}\begin{bmatrix} x_1 \\ x_2 \\ x_3 \end{bmatrix} \qquad (10\text{-}30)$$

於 (10-29) 及 (10-30) 式解出 $y(t)$，其中 r 為單位步階函數，即可得到 $y(t)$ 對 t 的單位步階響應。MATLAB 程式 10-5 可以繪製此單位步階響應。所得曲線參見圖 10-5。

MATLAB　程式 10-5

```
% ---------- Unit-step response ----------
% ***** Enter the state matrix, control matrix, output matrix,
% and direct transmission matrix of the designed system *****
AA = [0 1 0;0 0 1;-160 -56 -14];
BB = [0;0;160];
CC = [1 0 0];
DD = [0];
% ***** Enter step command and plot command *****
t = 0:0.01:5;
y = step(AA,BB,CC,DD,1,t);
plot(t,y)
grid
title('Unit-Step Response')
xlabel('t Sec')
ylabel('Output y')
```

單位步階響應

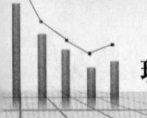

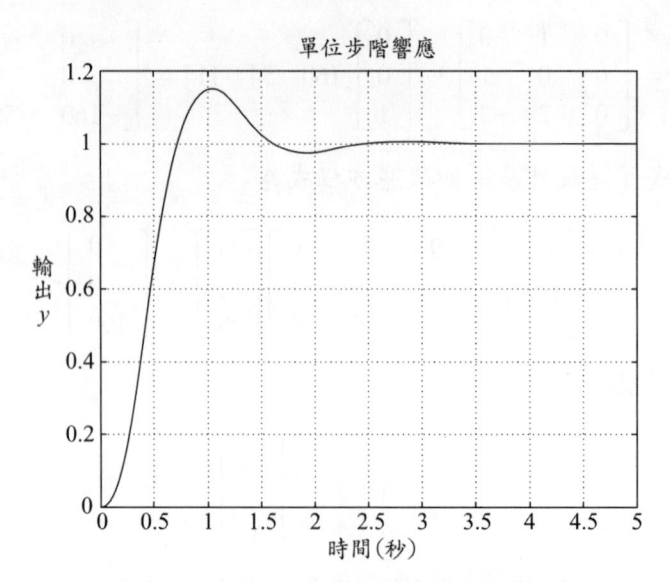

圖 10-5　例題 10-4 設計系統的單位步階響應曲線 $y(t)$ 對 t

因為

$$u(\infty) = -\mathbf{K}\mathbf{x}(\infty) + k_1 r(\infty) = -\mathbf{K}\mathbf{x}(\infty) + k_1 r$$

是故

$$u(\infty) = -\begin{bmatrix} 160 & 54 & 11 \end{bmatrix} \begin{bmatrix} x_1(\infty) \\ x_2(\infty) \\ x_3(\infty) \end{bmatrix} + 160r$$

$$= -\begin{bmatrix} 160 & 54 & 11 \end{bmatrix} \begin{bmatrix} r \\ 0 \\ 0 \end{bmatrix} + 160r = 0$$

在穩態時，控制信號 u 變成零。

控制本體無積分器的第 1 類型伺服系統設計　當控制本體沒有積分器 (0-類本體) 時，第 1 類型伺服系統的基本設計原理是在控制本體及誤差比較器之間的順向路徑上安插積分器，如圖 10-6 所示。(圖 10-6 所示的方塊圖係為第 1 類型伺服系統，其控制本體不具有積分器。) 由此方塊圖可得，

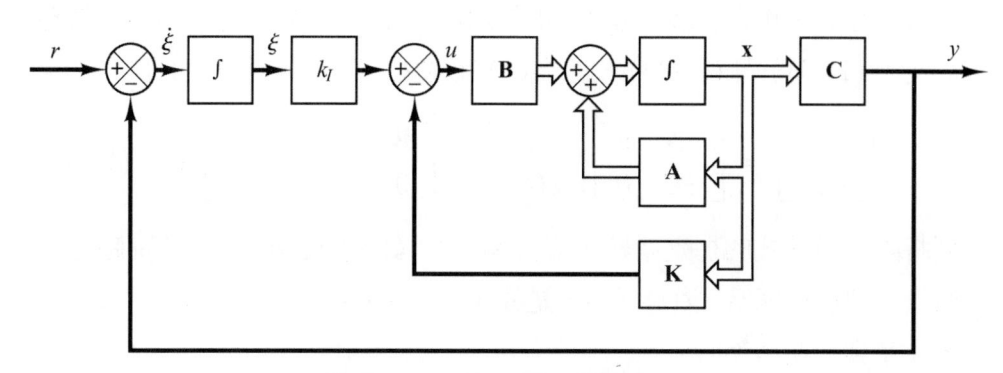

圖 10-6　第 1 類型伺服系統

$$\dot{\mathbf{x}} = \mathbf{A}\mathbf{x} + \mathbf{B}u \tag{10-31}$$

$$y = \mathbf{C}\mathbf{x} \tag{10-32}$$

$$u = -\mathbf{K}\mathbf{x} + k_I \xi \tag{10-33}$$

$$\dot{\xi} = r - y = r - \mathbf{C}\mathbf{x} \tag{10-34}$$

其中　$\mathbf{x}$ = 控制本體的狀態向量 (n-向量)

u = 控制信號 (純量)

y = 輸出信號 (純量)

ξ = 積分器的輸出 (系統的狀態變數，純量)

r = 參考輸入信號 (步階函數，純量)

$\mathbf{A}$ = $n \times n$ 常數矩陣

$\mathbf{B}$ = $n \times 1$ 常數矩陣

$\mathbf{C}$ = $1 \times n$ 常數矩陣

我們假設 (10-31) 式的控制本體為完全狀態可控制。本體的轉移函數表達成

$$G_p(s) = \mathbf{C}(s\mathbf{I} - \mathbf{A})^{-1}\mathbf{B}$$

我們也假設控制本體 $G_p(s)$ 在原點沒有零點，這樣子當控制本體安插積分器時，不會發生在原點零點的對消。

假設在 $t = 0$ 施加參考輸入 (步階函數)。則當 $t > 0$ 時，系統的動態可以使用 (10-31) 與 (10-34) 式綜合起來敘述如下：

$$\begin{bmatrix} \dot{\mathbf{x}}(t) \\ \dot{\xi}(t) \end{bmatrix} = \begin{bmatrix} \mathbf{A} & \mathbf{0} \\ -\mathbf{C} & 0 \end{bmatrix} \begin{bmatrix} \mathbf{x}(t) \\ \xi(t) \end{bmatrix} + \begin{bmatrix} \mathbf{B} \\ 0 \end{bmatrix} u(t) + \begin{bmatrix} 0 \\ 1 \end{bmatrix} r(t) \quad (10\text{-}35)$$

我們將設計漸進式的穩定系統，使得 $\mathbf{x}(\infty)$、$\xi(\infty)$ 及 $u(\infty)$ 可分別趨近於常數值。則在穩態時，$\dot{\xi}(t) = 0$，是故 $y(\infty) = r$。

注意到，在穩態時，

$$\begin{bmatrix} \dot{\mathbf{x}}(\infty) \\ \dot{\xi}(\infty) \end{bmatrix} = \begin{bmatrix} \mathbf{A} & \mathbf{0} \\ -\mathbf{C} & 0 \end{bmatrix} \begin{bmatrix} \mathbf{x}(\infty) \\ \xi(\infty) \end{bmatrix} + \begin{bmatrix} \mathbf{B} \\ 0 \end{bmatrix} u(\infty) + \begin{bmatrix} 0 \\ 1 \end{bmatrix} r(\infty) \quad (10\text{-}36)$$

而 $r(t)$ 為步階函數，是故當 $t > 0$ 時，$r(\infty) = r(t) = r$ (常數)。將 (10-36) 式減去 (10-35) 式可得，

$$\begin{bmatrix} \dot{\mathbf{x}}(t) - \dot{\mathbf{x}}(\infty) \\ \dot{\xi}(t) - \dot{\xi}(\infty) \end{bmatrix} = \begin{bmatrix} \mathbf{A} & \mathbf{0} \\ -\mathbf{C} & 0 \end{bmatrix} \begin{bmatrix} \mathbf{x}(t) - \mathbf{x}(\infty) \\ \xi(t) - \xi(\infty) \end{bmatrix} + \begin{bmatrix} \mathbf{B} \\ 0 \end{bmatrix} [u(t) - u(\infty)] \quad (10\text{-}37)$$

定義

$$\mathbf{x}(t) - \mathbf{x}(\infty) = \mathbf{x}_e(t)$$
$$\xi(t) - \xi(\infty) = \xi_e(t)$$
$$u(t) - u(\infty) = u_e(t)$$

則 (10-37) 式可以寫成

$$\begin{bmatrix} \dot{\mathbf{x}}_e(t) \\ \dot{\xi}_e(t) \end{bmatrix} = \begin{bmatrix} \mathbf{A} & \mathbf{0} \\ -\mathbf{C} & 0 \end{bmatrix} \begin{bmatrix} \mathbf{x}_e(t) \\ \xi_e(t) \end{bmatrix} + \begin{bmatrix} \mathbf{B} \\ 0 \end{bmatrix} u_e(t) \quad (10\text{-}38)$$

其中

$$u_e(t) = -\mathbf{K}\mathbf{x}_e(t) + k_I \xi_e(t) \quad (10\text{-}39)$$

定義新的 $(n + 1)$-階誤差向量 $\mathbf{e}(t)$ 為

$$\mathbf{e}(t) = \begin{bmatrix} \mathbf{x}_e(t) \\ \xi_e(t) \end{bmatrix} = (n + 1)\text{-向量}$$

則 (10-38) 式變成

控制系統的狀態空間設計

$$\dot{\mathbf{e}} = \hat{\mathbf{A}}\mathbf{e} + \hat{\mathbf{B}}u_e \qquad (10\text{-}40)$$

其中

$$\hat{\mathbf{A}} = \begin{bmatrix} \mathbf{A} & \mathbf{0} \\ -\mathbf{C} & 0 \end{bmatrix}, \qquad \hat{\mathbf{B}} = \begin{bmatrix} \mathbf{B} \\ 0 \end{bmatrix}$$

且 (10-39) 式變成

$$u_e = -\hat{\mathbf{K}}\mathbf{e} \qquad (10\text{-}41)$$

其中

$$\hat{\mathbf{K}} = \begin{bmatrix} \mathbf{K} & \vdots & -k_I \end{bmatrix}$$

將 (10-41) 式代入 (10-40) 式可得狀態誤差方程式如下:

$$\dot{\mathbf{e}} = (\hat{\mathbf{A}} - \hat{\mathbf{B}}\hat{\mathbf{K}})\mathbf{e} \qquad (10\text{-}42)$$

如果矩陣 $\hat{\mathbf{A}} - \hat{\mathbf{B}}\hat{\mathbf{K}}$ 所需的特徵值 (即,所需的閉迴路極點) 為 $\mu_1, \mu_2, \mu_3, \cdots, \mu_{n+1}$,且 (10-40) 式所述的系統為完全狀態可控制,則狀態回饋增益矩陣 $\mathbf{K}$ 及積分器增益 k_I 可利用 10-2 節介紹的極點安置技術決定之。注意到,當以下的矩陣

$$\begin{bmatrix} \mathbf{A} & \mathbf{B} \\ -\mathbf{C} & 0 \end{bmatrix}$$

之秩數等於 $n + 1$ 時,則 (10-40) 式所述的系統為完全狀態可控制。(參見例題 **A-10-12**。)

通常,並非所有的狀態變數都可以直接量測得到。如此情形時,須使用到狀態觀察器。圖 10-7 所示為具有狀態觀察器的第 1 類型伺服系統。[在此圖中,具有積分器符號的每一方塊就是積分器 ($1/s$)。] 有關狀態觀察器將在 10-5 節再詳細討論之。

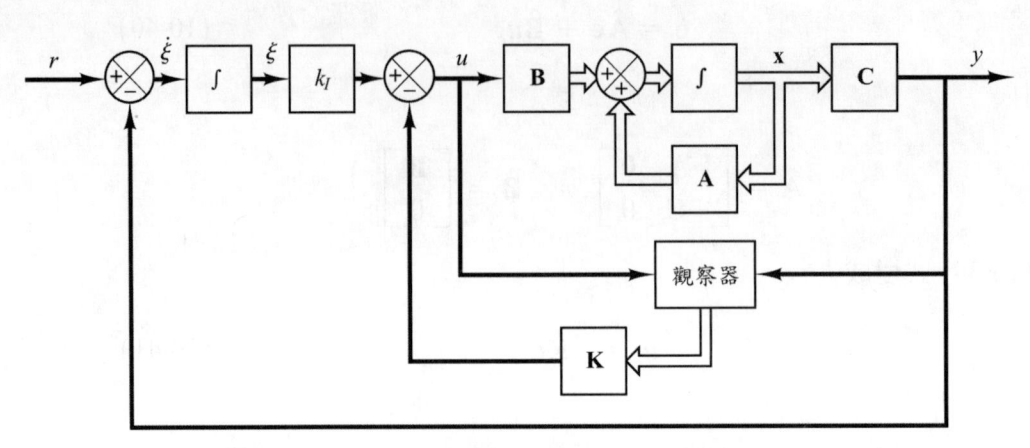

图 10-7　具有狀態觀察器的第 1 類型伺服系統

例題 10-5

考慮圖 10-8 所示的倒單擺控制系統。此例題中，我們只考慮倒單擺及在平面上走動推車的運動。

控制的目的在要求倒單擺能夠盡量地保持直立，同時也可以使得推車的運動位置得到控制——例如，推車以步階函數的方式運動。欲控制推車的位置，則須要建造第 1 類型伺服系統。裝置在推車上的倒單擺系統不具

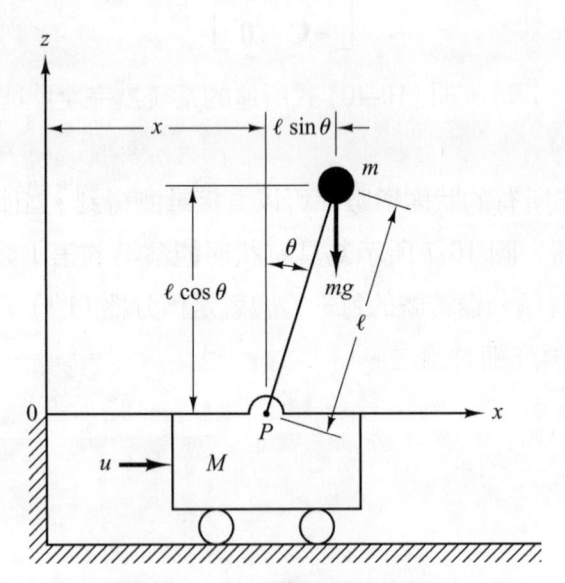

圖 10-8　倒單擺控制系統

控制系統的狀態空間設計

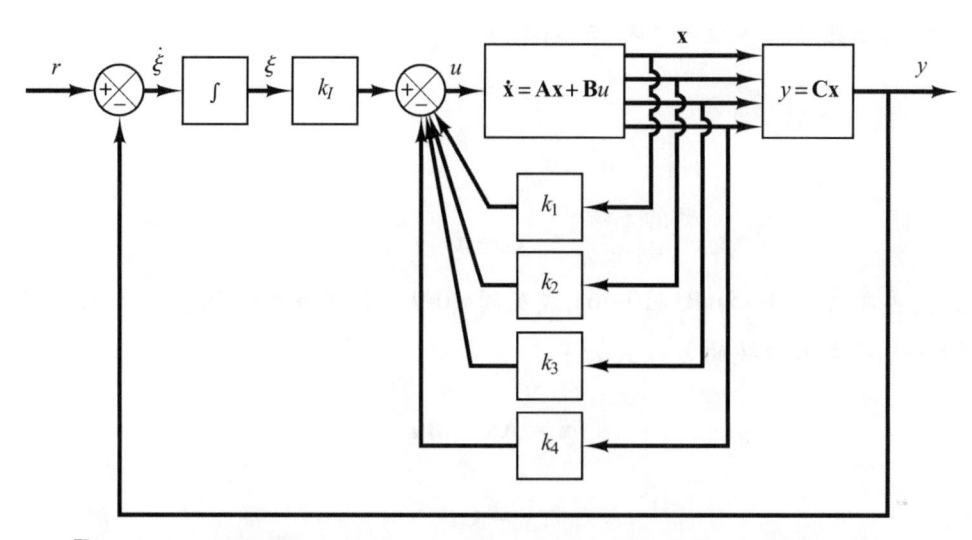

圖 10-9　倒單擺控制系統（第 1 類型伺服系統，本體中沒有積分器）

有積分器。所以，我們將信號 y（代表推車的位置）回饋到輸入處，且在順向路徑安插積分器，如圖 10-9 所示。假設倒單擺角度 θ 及其角速度 $\dot{\theta}$ 很小，因此，$\sin\theta \doteqdot \theta$，$\cos\theta \doteqdot 1$，且 $\theta\dot{\theta}^2 \doteqdot 0$。同時假設 M、m 及 l 之數值如下

$$M = 2 \text{ kg}, \quad m = 0.1 \text{ kg}, \quad l = 0.5 \text{ m}$$

先前在例題 3-6，我們已經導出如圖 3-6 倒單擺控制系統的方程式，此系統與圖 10-8 所示相同。參見圖 3-6，先利用力平衡及力矩平衡原理，推導出如 (3-20) 及 (3-21) 式描述的單擺控制系統方程式模型。參考 (3-20) 及 (3-21) 式，則圖 10-8 所示倒單擺控制系統的方程式為

$$Ml\ddot{\theta} = (M + m)g\theta - u \tag{10-43}$$

$$M\ddot{x} = u - mg\theta \tag{10-44}$$

代入各參數的數值後，(10-43) 及 (10-44) 式變成

$$\ddot{\theta} = 20.601\theta - u \tag{10-45}$$

$$\ddot{x} = 0.5u - 0.4905\theta \tag{10-46}$$

665

假設狀態變數為 x_1、x_2、x_3 及 x_4 如下

$$x_1 = \theta$$
$$x_2 = \dot{\theta}$$
$$x_3 = x$$
$$x_4 = \dot{x}$$

然後再參考 (10-45) 及 (10-46) 式及圖 10-9，考慮推車的位置 x 為系統的輸出，可得出系統的方程式如下：

$$\dot{\mathbf{x}} = \mathbf{A}\mathbf{x} + \mathbf{B}u \tag{10-47}$$

$$y = \mathbf{C}\mathbf{x} \tag{10-48}$$

$$u = -\mathbf{K}\mathbf{x} + k_I \xi \tag{10-49}$$

$$\dot{\xi} = r - y = r - \mathbf{C}\mathbf{x} \tag{10-50}$$

其中

$$\mathbf{A} = \begin{bmatrix} 0 & 1 & 0 & 0 \\ 20.601 & 0 & 0 & 0 \\ 0 & 0 & 0 & 1 \\ -0.4905 & 0 & 0 & 0 \end{bmatrix}, \quad \mathbf{B} = \begin{bmatrix} 0 \\ -1 \\ 0 \\ 0.5 \end{bmatrix}, \quad \mathbf{C} = \begin{bmatrix} 0 & 0 & 1 & 0 \end{bmatrix}$$

對於第 1 類型伺服系統，狀態誤差方程式如 (10-40) 式表示如下：

$$\dot{\mathbf{e}} = \hat{\mathbf{A}}\mathbf{e} + \hat{\mathbf{B}}u_e \tag{10-51}$$

其中

$$\hat{\mathbf{A}} = \begin{bmatrix} \mathbf{A} & \mathbf{0} \\ -\mathbf{C} & 0 \end{bmatrix} = \begin{bmatrix} 0 & 1 & 0 & 0 & 0 \\ 20.601 & 0 & 0 & 0 & 0 \\ 0 & 0 & 0 & 1 & 0 \\ -0.4905 & 0 & 0 & 0 & 0 \\ 0 & 0 & -1 & 0 & 0 \end{bmatrix}, \quad \hat{\mathbf{B}} = \begin{bmatrix} \mathbf{B} \\ 0 \end{bmatrix} = \begin{bmatrix} 0 \\ -1 \\ 0 \\ 0.5 \\ 0 \end{bmatrix}$$

而控制信號如 (10-41) 式：

$$u_e = -\hat{\mathbf{K}}\mathbf{e}$$

其中

$$\hat{\mathbf{K}} = \begin{bmatrix} \mathbf{K} & \vdots & -k_I \end{bmatrix} = \begin{bmatrix} k_1 & k_2 & k_3 & k_4 & \vdots & -k_I \end{bmatrix}$$

欲使得所設計的系統有合理的響應速度及阻尼（例如，推車的步階響應有 4 至 5 秒的安定時間，15 % 至 16 % 的最大超擊度），選擇閉迴路極點為 $s = \mu_i \,(i = 1, 2, 3, 4, 5)$，其中

$$\mu_1 = -1 + j\sqrt{3}, \quad \mu_2 = -1 - j\sqrt{3}, \quad \mu_3 = -5, \quad \mu_4 = -5, \quad \mu_5 = -5$$

我們可以利用 MATLAB 決定所需的狀態回饋增益矩陣。

在進行此計算工作之前，必須先檢查秩數，其中

$$\mathbf{P} = \begin{bmatrix} \mathbf{A} & \mathbf{B} \\ -\mathbf{C} & 0 \end{bmatrix}$$

而矩陣 **P** 為

$$\mathbf{P} = \begin{bmatrix} \mathbf{A} & \mathbf{B} \\ -\mathbf{C} & 0 \end{bmatrix} = \begin{bmatrix} 0 & 1 & 0 & 0 & 0 \\ 20.601 & 0 & 0 & 0 & -1 \\ 0 & 0 & 0 & 1 & 0 \\ -0.4905 & 0 & 0 & 0 & 0.5 \\ 0 & 0 & -1 & 0 & 0 \end{bmatrix} \tag{10-52}$$

此矩陣的秩數等於 5。所以 (10-51) 式所定義的系統為完全狀態可控制，且其極點可以任意安置於需要的位置。我們利用 MATLAB 程式 10-6 可以求出狀態回饋增益矩陣 $\hat{\mathbf{K}}$。

MATLAB 程式 10-6

```
A = [0 1 0 0; 20.601 0 0 0; 0 0 0 1; -0.4905 0 0 0];
B = [0;-1;0;0.5];
C = [0 0 1 0];
Ahat = [A zeros(4,1); -C 0];
Bhat = [B;0];
J = [-1+j*sqrt(3) -1-j*sqrt(3) -5 -5 -5];
Khat = acker(Ahat,Bhat,J)

Khat =

   -157.6336  -35.3733  -56.0652  -36.7466  50.9684
```

是故,可得

$$\mathbf{K} = [k_1 \quad k_2 \quad k_3 \quad k_4] = [-157.6336 \quad -35.3733 \quad -56.0652 \quad -36.7466]$$

且

$$k_I = -50.9684$$

設計系統的單位步階響應　當求出狀態回饋增益矩陣 $\mathbf{K}$ 及積分器增益 k_I,推車位置的單位步階響應可由下列方程式解出,其係為 (10-49) 式代入 (10-35) 式而得:

$$\begin{bmatrix} \dot{\mathbf{x}} \\ \dot{\xi} \end{bmatrix} = \begin{bmatrix} \mathbf{A} - \mathbf{BK} & \mathbf{B}k_I \\ -\mathbf{C} & 0 \end{bmatrix} \begin{bmatrix} \mathbf{x} \\ \xi \end{bmatrix} + \begin{bmatrix} \mathbf{0} \\ 1 \end{bmatrix} r \tag{10-53}$$

系統的輸出 $y(t)$ 為 $x_3(t)$,或

$$y = [0 \quad 0 \quad 1 \quad 0 \quad 0] \begin{bmatrix} \mathbf{x} \\ \xi \end{bmatrix} + [0]r \tag{10-54}$$

定義 (10-53) 及 (10-54) 式系統的狀態矩陣、控制矩陣、輸出矩陣及直接傳輸矩陣分別為 AA、BB、CC 及 DD。利用 MATLAB 程式 10-7 可以求出所需系統的單位步階響應。欲求單位步階響應時,我們須輸入以下指令

[y,x,t] = step(AA,BB,CC,DD,1,t)

圖 10-10 為 x_1 對 t,x_2 對 t,x_3 (= 輸出 y) 對 t,x_4 對 t 及 x_5(= ξ) 對 t 的響應曲線。注意到,$y(t)$ [= $x_3(t)$] 之最大超擊度約為 15%,其安定時間約為 4.5 秒。$\xi(t)$ [= $x_5(t)$] 趨近於 1.1。上述結果推導如下:因為

$$\dot{\mathbf{x}}(\infty) = \mathbf{0} = \mathbf{A}\mathbf{x}(\infty) + \mathbf{B}u(\infty)$$

或

$$\begin{bmatrix} 0 \\ 0 \\ 0 \\ 0 \end{bmatrix} = \begin{bmatrix} 0 & 1 & 0 & 0 \\ 20.601 & 0 & 0 & 0 \\ 0 & 0 & 0 & 1 \\ -0.4905 & 0 & 0 & 0 \end{bmatrix} \begin{bmatrix} 0 \\ 0 \\ r \\ 0 \end{bmatrix} + \begin{bmatrix} 0 \\ -1 \\ 0 \\ 0.5 \end{bmatrix} u(\infty)$$

Chapter 10 控制系統的狀態空間設計

MATLAB 程式 10-7

```
%**** The following program is to obtain step response
% of the inverted-pendulum system just designed *****

A = [0 1 0 0;20.601 0 0 0;0 0 0 1;-0.4905 0 0 0];
B = [0;-1;0;0.5];
C = [0 0 1 0]
D = [0];
K = [-157.6336  -35.3733  -56.0652  -36.7466];
KI = -50.9684;
AA = [A - B*K  B*KI;-C  0];
BB = [0;0;0;0;1];
CC = [C  0];
DD = [0];

%***** To obtain response curves x1 versus t, x2 versus t,
% x3 versus t, x4 versus t, and x5 versus t, separately, enter
% the following command *****

t = 0:0.02:6;
[y,x,t] = step(AA,BB,CC,DD,1,t);                    1,t);

x1 = [1 0 0 0 0]*x';
x2 = [0 1 0 0 0]*x';
x3 = [0 0 1 0 0]*x';
x4 = [0 0 0 1 0]*x';
x5 = [0 0 0 0 1]*x';

subplot(3,2,1); plot(t,x1); grid
title('x1 versus t')
xlabel('t Sec'); ylabel('x1')

subplot(3,2,2); plot(t,x2); grid
title('x2 versus t')
xlabel('t Sec'); ylabel('x2')

subplot(3,2,3); plot(t,x3); grid
title('x3 versus t')
xlabel('t Sec'); ylabel('x3')
```

```
subplot(3,2,4); plot(t,x4); grid
title('x4 versus t')
xlabel('t Sec'); ylabel('x4')

subplot(3,2,5); plot(t,x5); grid
title('x5 versus t')
xlabel('t Sec'); ylabel('x5')
```

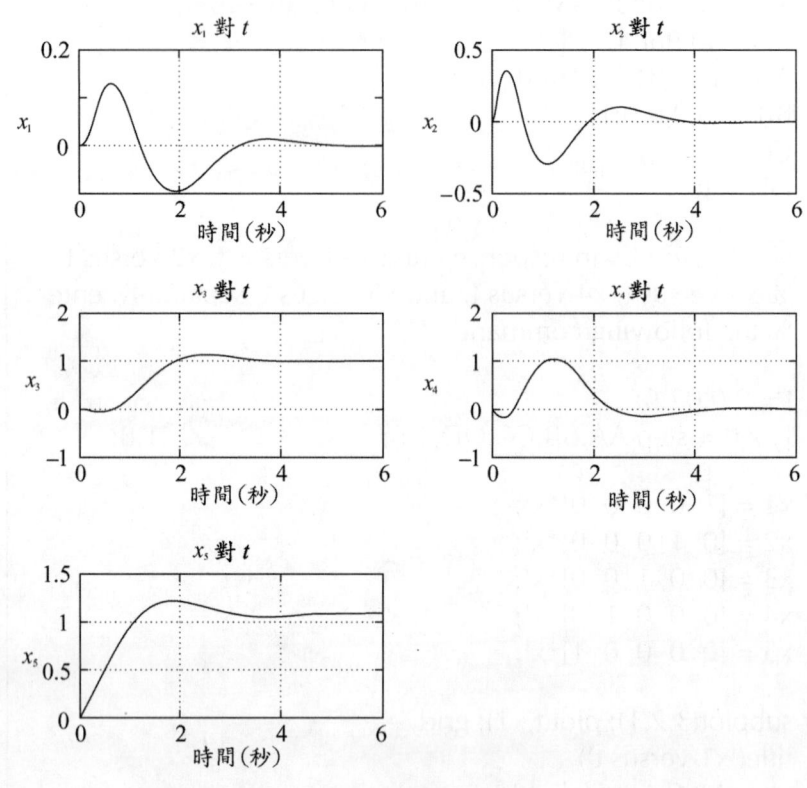

圖 10-10　x_1 對 t、x_2 對 t、x_3 (= 輸出 y) 對 t、x_4 對 t 及 x_5 (= ξ) 對 t 的響應曲線

可得

$$u(\infty) = 0$$

因為 $u(\infty) = 0$，由 (10-33) 式可得，

$$u(\infty) = 0 = -\mathbf{K}\mathbf{x}(\infty) + k_I \xi(\infty)$$

是故

$$\xi(\infty) = \frac{1}{k_I}\left[\mathbf{K}\mathbf{x}(\infty)\right] = \frac{1}{k_I} k_3 x_3(\infty) = \frac{-56.0652}{-50.9684} r = 1.1r$$

因此,當 $r = 1$ 時,可得

$$\xi(\infty) = 1.1$$

在一般的設計題目中,我們注意到,如果響應速率及阻尼不盡滿足要求,則須再修改需要的特性方程式以求得新的矩陣 $\hat{\mathbf{K}}$。可以反覆地使用計算機模擬,直到結果滿足要求為止。

10-5 狀態觀察器

在極點安置法設計控制系統時,假設所有的狀態變數皆可供回饋之用。然而實際上,並非有的狀態變數皆可使用到。此時,我們須要估測出這些接觸不到的狀態變數。估測這些量測不到的狀態變數稱為觀察 (observation)。用來估測或觀察狀態變數的裝置 (或計算機) 稱之為狀態觀察器 (state observer),或簡稱為觀察器 (observer)。如果不管是否有些狀態變數是可以直接量測到,狀態觀察器可以將所有的狀態變數觀察出來,則稱之為全階狀態觀察器 (full-order state observer)。有時這種情形並不需要,而我們只需要將量測不到的狀態變數估測出來,而不包括那些可以直接量測得到的。例如,因為輸出變數是可以量測得到的,其與狀態變數有線性關聯性,因此不須觀察所有的狀態變數,只須要觀察 $n - m$ 個狀態變數,其中 n 為狀態向量的維數,m 為輸出向量的維數。

只須估測出少於 n 個狀態變數的觀察器,其中 n 為狀態向量的維數,稱為降階狀態觀察器 (reduced-order state observer),或簡稱為降階觀察器 (reduced-order observer)。如果降階狀態觀察器的階數可以達到最小,則此觀察器稱之為最小階狀態觀察器 (minimum-order state observer),或簡稱為最小階狀觀察器 (minimum-order observer)。全階狀態觀察器及最小階狀態觀察器在本章裡都會討論到。

狀態觀察器 狀態觀察器係根據測量到的輸出變數,而將狀態變數估計出來。因此,9-7 節所介紹的可觀察性原理是非常重要的。我們在以後將證明到,當系統滿足需要的可觀察性條件時,狀態觀察器才可以被設計之。

在以下討論到時,我們以 $\tilde{\mathbf{x}}$ 代表觀察出來的狀態向量。在許多的實際應用中,是以這些觀察的狀態向量 $\tilde{\mathbf{x}}$ 產生需要的控制向量。

考慮以下定義的受控本體

$$\dot{\mathbf{x}} = \mathbf{A}\mathbf{x} + \mathbf{B}u \tag{10-55}$$

$$y = \mathbf{C}\mathbf{x} \tag{10-56}$$

狀態觀察器係用以建造受控本體狀態向量的次系統。基本上觀察器的數學描述式與受控本體是相同的,但是使用多了一項估測誤差以補償矩陣 **A** 與 **B** 的可能誤差及其初始誤差。實際上測量到的輸出與估計出來的輸出之間的相異稱為估測誤差。初始狀態與初始估測狀態之間的相異稱為初始誤差。所以,觀察器的數學模型定義如下

$$\begin{aligned}\dot{\tilde{\mathbf{x}}} &= \mathbf{A}\tilde{\mathbf{x}} + \mathbf{B}u + \mathbf{K}_e(y - \mathbf{C}\tilde{\mathbf{x}}) \\ &= (\mathbf{A} - \mathbf{K}_e\mathbf{C})\tilde{\mathbf{x}} + \mathbf{B}u + \mathbf{K}_e y\end{aligned} \tag{10-57}$$

其中 $\tilde{\mathbf{x}}$ 為估測出來的狀態,$\mathbf{C}\tilde{\mathbf{x}}$ 為估測的輸出。觀察器的輸入為輸出 y 及控制輸入 u。矩陣 $\mathbf{K}_e$,稱為觀察器增益矩陣,用來做為矯正實際量測輸出 y 及估測輸出 $\mathbf{C}\tilde{\mathbf{x}}$ 兩者之間差異項所需的權重矩陣。此項目一直地矯正模型的輸出以改善觀察器的性能表現。圖 10-11 所示即為此系統及全階狀態觀察器的方塊圖。

全階狀態觀察器 此處討論的狀態觀察器之階數與受控本體的階數是相同的。假設受控本體如 (10-55) 及 (10-56) 式定義之,而其觀察器之模型如 (10-57) 式所定義。

欲得到觀察器之誤差方程式,將 (10-55) 式減去 (10-57) 式得:

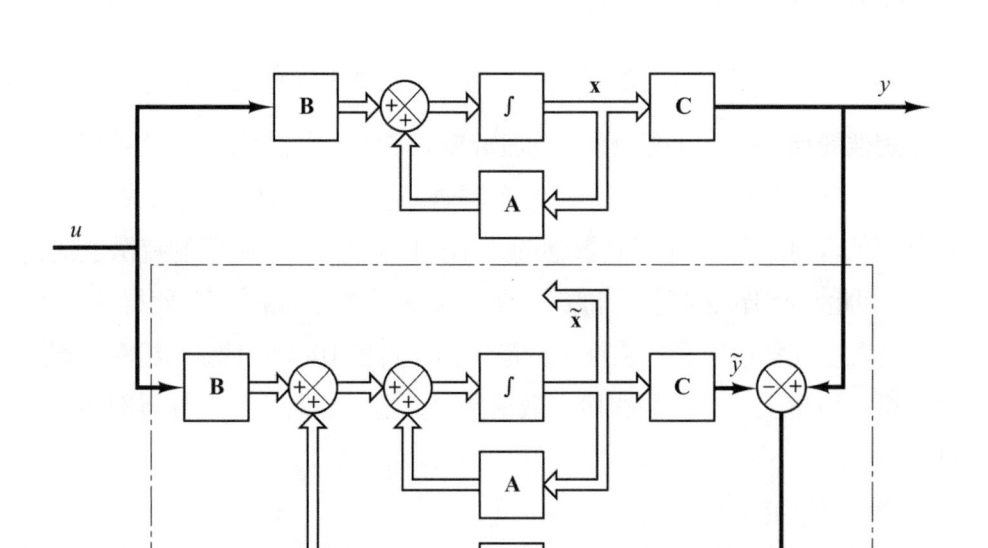

圖 10-11　全階狀態觀察器的方塊圖，輸入 u 及 y 輸出為純量

$$\dot{\mathbf{x}} - \dot{\tilde{\mathbf{x}}} = \mathbf{A}\mathbf{x} - \mathbf{A}\tilde{\mathbf{x}} - \mathbf{K}_e(\mathbf{C}\mathbf{x} - \mathbf{C}\tilde{\mathbf{x}})$$
$$= (\mathbf{A} - \mathbf{K}_e\mathbf{C})(\mathbf{x} - \tilde{\mathbf{x}}) \tag{10-58}$$

定義 $\mathbf{x}$ 與 $\tilde{\mathbf{x}}$ 之間的差異為誤差向量 $\mathbf{e}$，或

$$\mathbf{e} = \mathbf{x} - \tilde{\mathbf{x}}$$

則 (10-58) 式變成

$$\dot{\mathbf{e}} = (\mathbf{A} - \mathbf{K}_e\mathbf{C})\mathbf{e} \tag{10-59}$$

由 (10-59) 可以看出，誤差向量的動態表現係由矩陣 $\mathbf{A} - \mathbf{K}_e\mathbf{C}$ 的特徵值決定的。如果矩陣 $\mathbf{A} - \mathbf{K}_e\mathbf{C}$ 為穩定矩陣，則在任意的初始誤差向量 $\mathbf{e}(0)$，最終時候誤差向量會收斂至零。亦即，在任意的初始 $\mathbf{x}(0)$ 及 $\tilde{\mathbf{x}}(0)$ 下，最後 $\tilde{\mathbf{x}}(t)$ 會收斂到 $\mathbf{x}(t)$。因此，如果選擇矩陣 $\mathbf{A} - \mathbf{K}_e\mathbf{C}$ 的特徵值使得誤差向量的動態表現係為漸進式穩定，且足夠的快速，則任意的誤差向量可以足夠快速地趨近於零 (原點)。

如果受控本體為完全可觀察，則可以證明出，我們可以選擇到矩陣 $\mathbf{K}_e$ 使得矩陣 $\mathbf{A} - \mathbf{K}_e\mathbf{C}$ 的特徵值安置於任何指定的位置。亦即，觀察器增益

矩陣 $\mathbf{K}_e$ 可以決定出來,產生所需的矩陣 $\mathbf{A} - \mathbf{K}_e\mathbf{C}$。茲討論如下。

對偶題目 全階狀態觀察器的設計變成了決定出觀察器增益矩陣 $\mathbf{K}_e$ 以使得 (10-59) 式定義的誤差動態為漸進式穩定,且其響應足夠的快速。(誤差動態的漸進式穩定性與其響應的速率係由矩陣 $\mathbf{A} - \mathbf{K}_e\mathbf{C}$ 的特徵值決定之。) 因此,全階狀態觀察器的設計題目變成了決定適當的 $\mathbf{K}_e$ 使得 $\mathbf{A} - \mathbf{K}_e\mathbf{C}$ 的特徵值安置於所需的位置。於是,與我們在 10-2 節討論的極點安置題目一樣。事實上,這二個題目在數學原理上是一樣的。此種性質即為對偶性。

考慮如下定義的系統

$$\dot{\mathbf{x}} = \mathbf{A}\mathbf{x} + \mathbf{B}u$$
$$y = \mathbf{C}\mathbf{x}$$

在設計全階狀態觀察器時,我們可以用對偶題目解決之,亦即,解出如下對偶系統的極點安置題目

$$\dot{\mathbf{z}} = \mathbf{A}^*\mathbf{z} + \mathbf{C}^*v$$
$$n = \mathbf{B}^*\mathbf{z}$$

假設控制信號 v 為

$$v = -\mathbf{K}\mathbf{z}$$

假設對偶系統為完全狀態可控制,則可以決定狀態回饋增益矩陣 $\mathbf{K}$ 使得矩陣 $\mathbf{A}^* - \mathbf{C}^*\mathbf{K}$ 的特徵值安置於所需的位置。

如果 $\mu_1, \mu_2, \mu_3, \ldots, \mu_n$ 是狀態觀察器矩陣的所需特徵值,使得對偶系統的狀態回饋增益矩陣也具有相同的這組特徵值 μ_i,可得

$$\left|s\mathbf{I} - (\mathbf{A}^* - \mathbf{C}^*\mathbf{K})\right| = (s - \mu_1)(s - \mu_2)\cdots(s - \mu_n)$$

注意到,如果 $\mathbf{A}^* - \mathbf{C}^*\mathbf{K}$ 與 $\mathbf{A} - \mathbf{K}^*\mathbf{C}$ 的特徵值相同的話,即

$$\left|s\mathbf{I} - (\mathbf{A}^* - \mathbf{C}^*\mathbf{K})\right| = \left|s\mathbf{I} - (\mathbf{A} - \mathbf{K}^*\mathbf{C})\right|$$

比較 $|s\mathbf{I} - (\mathbf{A} - \mathbf{K}^*\mathbf{C})|$ 的特性多項式與觀察器系統的特性多項式 $|s\mathbf{I} - (\mathbf{A} - \mathbf{K}_e\mathbf{C})|$ [參見 (10-57) 式],可得 $\mathbf{K}_e$ 與 $\mathbf{K}^*$ 之間的關係如下

控制系統的狀態空間設計

$$\mathbf{K}_e = \mathbf{K}^*$$

因此，利用對偶系統做極點安置決定出來的矩陣 **K**，則原來系統的觀察器增益矩陣 $\mathbf{K}_e$ 可由 $\mathbf{K}_e = \mathbf{K}^*$ 的關係決定之。(詳細之推導請參見例題 **A-10-10**。)

狀態觀察之充分且必要條件 如同前所討論之原理，決定出觀察器增益矩陣 $\mathbf{K}_e$ 以安置 $\mathbf{A} - \mathbf{K}_e\mathbf{C}$ 的特徵值之充分且必要條件為原系統的對偶系統

$$\dot{\mathbf{z}} = \mathbf{A}^*\mathbf{z} + \mathbf{C}^*v$$

須是完全狀態可控制。對偶系統的完全狀態可控制條件為

$$\begin{bmatrix} \mathbf{C}^* & \vdots & \mathbf{A}^*\mathbf{C}^* & \vdots & \cdots & \vdots & (\mathbf{A}^*)^{n-1}\mathbf{C}^* \end{bmatrix}$$

的秩數等於 n。此即為原來由 (10-55) 及 (10-56) 式定義系統的完全可觀察性之條件。亦即，(10-55) 及 (10-56) 式定義的系統可做狀態觀察之充分且必要條件為，此系統必須是完全可觀察。

一旦所需的特徵值(或所需的特性方程式)決定了，且若系統為完全可狀態觀察，則全階狀態觀察器便可以被設計出來。在選擇特性方程式的特徵值時，須使得觀察器的響應比所需設計的閉迴路系統至少快二倍至五倍以上。如前所述，全階狀態觀察器之方程式為

$$\dot{\tilde{\mathbf{x}}} = (\mathbf{A} - \mathbf{K}_e\mathbf{C})\tilde{\mathbf{x}} + \mathbf{B}u + \mathbf{K}_e y \qquad (10\text{-}60)$$

須注意到，至目前為止我們假設觀察器的矩陣 **A**、**B**、**C** 皆與實際本體完全一樣。如果觀察器與實際本體中的矩陣 **A**、**B**、**C** 有所不同，則觀察器的誤差動態便不是如 (10-59) 式所示。此意味誤差可能無法如所需要，趨近於零。因此我們必須選擇 $\mathbf{K}_e$ 使得觀察器為穩定，同時在模型差異很小的情況下，產生的誤差可以保持在很小的許可範圍內。

以變換法求取狀態觀察增益矩 $\mathbf{K}_e$ 在以下我們要使用與導出狀態回饋增益矩 **K** 方程式同樣的方法，得以下的方程式：

$$\mathbf{K}_e = \mathbf{Q} \begin{bmatrix} \alpha_n - a_n \\ \alpha_{n-1} - a_{n-1} \\ \cdot \\ \cdot \\ \cdot \\ \alpha_1 - a_1 \end{bmatrix} = (\mathbf{WN}^*)^{-1} \begin{bmatrix} \alpha_n - a_n \\ \alpha_{n-1} - a_{n-1} \\ \cdot \\ \cdot \\ \cdot \\ \alpha_1 - a_1 \end{bmatrix} \tag{10-61}$$

式中 $\mathbf{K}_e$ 為 $n \times 1$ 矩陣,

$$\mathbf{Q} = (\mathbf{WN}^*)^{-1}$$

且

$$\mathbf{N} = \begin{bmatrix} \mathbf{C}^* & \vdots & \mathbf{A}^*\mathbf{C}^* & \vdots & \cdots & \vdots & (\mathbf{A}^*)^{n-1}\mathbf{C}^* \end{bmatrix}$$

$$\mathbf{W} = \begin{bmatrix} a_{n-1} & a_{n-2} & \cdots & a_1 & 1 \\ a_{n-2} & a_{n-3} & \cdots & 1 & 0 \\ \cdot & \cdot & & \cdot & \cdot \\ \cdot & \cdot & & \cdot & \cdot \\ \cdot & \cdot & & \cdot & \cdot \\ a_1 & 1 & \cdots & 0 & 0 \\ 1 & 0 & \cdots & 0 & 0 \end{bmatrix}$$

[參見例題 **A-10-10**,以導出 (10-61) 式。]

以取代法求取狀態觀察增益矩 $\mathbf{K}_e$ 與極點安置法相似,如果系統之階次不高,則將 $\mathbf{K}_e$ 直接代入特性多項式可能比較簡單。例如,當 $\mathbf{x}$ 為 3 維向量,將觀察增器益矩陣 $\mathbf{K}_e$ 寫成

$$\mathbf{K}_e = \begin{bmatrix} k_{e1} \\ k_{e2} \\ k_{e3} \end{bmatrix}$$

再將 $\mathbf{K}_e$ 矩陣代入所規定的特性方程式:

$$|s\mathbf{I} - (\mathbf{A} - \mathbf{K}_e\mathbf{C})| = (s - \mu_1)(s - \mu_2)(s - \mu_3)$$

比較上式二邊 s 同樣冪次的係數,及可以得出 k_{e1}、k_{e2}、k_{e3} 之數值。若 n 為狀態向量 $\mathbf{x}$ 的維數,當 $n = 1$、2 或 3 時,此法還算方便。(雖然當 $n = 4, 5, 6, \cdots$ 時,此法上可以使用,但是其相關計算甚為繁瑣。)

控制系統的狀態空間設計

使用艾克曼公式是求取狀態觀察器增益矩陣 $\mathbf{K}_e$ 的另一種方法。此法施用如下：

艾克曼公式　考慮如下定義的系統

$$\dot{\mathbf{x}} = \mathbf{A}\mathbf{x} + \mathbf{B}u \tag{10-62}$$

$$y = \mathbf{C}\mathbf{x} \tag{10-63}$$

我們曾經在 10-2 節裡使用艾克曼公式導出如 (10-62) 式系統的極點安置。其結果如 (10-18) 式所示，再寫成：

$$\mathbf{K} = [0 \ 0 \ \cdots \ 0 \ 1][\mathbf{B} \ \vdots \ \mathbf{AB} \ \vdots \ \cdots \ \vdots \ \mathbf{A}^{n-1}\mathbf{B}]^{-1}\phi(\mathbf{A})$$

對於如 (10-62) 及 (10-63) 式所示的對偶系統，則

$$\dot{\mathbf{z}} = \mathbf{A}^*\mathbf{z} + \mathbf{C}^*v$$

$$n = \mathbf{B}^*\mathbf{z}$$

前所述達成極點安置的艾克曼公式現在修改為

$$\mathbf{K} = [0 \ 0 \ \cdots \ 0 \ 1][\mathbf{C}^* \ \vdots \ \mathbf{A}^*\mathbf{C}^* \ \vdots \ \cdots \ \vdots \ (\mathbf{A}^*)^{n-1}\mathbf{C}^*]^{-1}\phi(\mathbf{A}^*) \tag{10-64}$$

如同前所述及，狀態觀察器增益矩陣 $\mathbf{K}_e$ 現在就是 $\mathbf{K}^*$，而 $\mathbf{K}$ 可由 (10-64) 式計算出來。所以，

$$\mathbf{K}_e = \mathbf{K}^* = \phi(\mathbf{A}^*)^* \begin{bmatrix} \mathbf{C} \\ \mathbf{CA} \\ \cdot \\ \cdot \\ \cdot \\ \mathbf{CA}^{n-2} \\ \mathbf{CA}^{n-1} \end{bmatrix}^{-1} \begin{bmatrix} 0 \\ 0 \\ \cdot \\ \cdot \\ \cdot \\ 0 \\ 1 \end{bmatrix} = \phi(\mathbf{A}) \begin{bmatrix} \mathbf{C} \\ \mathbf{CA} \\ \cdot \\ \cdot \\ \cdot \\ \mathbf{CA}^{n-2} \\ \mathbf{CA}^{n-1} \end{bmatrix}^{-1} \begin{bmatrix} 0 \\ 0 \\ \cdot \\ \cdot \\ \cdot \\ 0 \\ 1 \end{bmatrix} \tag{10-65}$$

其中 $\phi(s)$ 為狀態觀察器所需的特性多項式，或

$$\phi(s) = (s - \mu_1)(s - \mu_2)\cdots(s - \mu_n)$$

其中 $\mu_1, \mu_2, \mu_3, \ldots, \mu_n$ 為所需的特徵值。(10-65) 式即是用來決定狀態觀察器增益矩陣 $\mathbf{K}_e$ 的艾克曼公式。

677

選擇最佳 K_e 的註記 參見圖 10-11,因為經過觀察增益矩陣 K_e 的信號係做為本體模型與其相關未知本體之間的矯正用途。如果其間有很顯著的未知情形,則經過觀察器增益矩陣 K_e 的回饋信號就會很大。然而,如果輸出信號夾雜著顯著的干擾及量測雜訊,則量測輸出 y 就不是可靠的,這時候經過觀察器增益矩陣 K_e 的回饋信號必須很小。因此在決定矩陣 K_e 時,我們必須詳細檢查輸出 y 夾雜著干擾及量測雜訊相關的效應。

記住觀察器增益矩陣 K_e 與特性方程式

$$(s-\mu_1)(s-\mu_2)\cdots(s-\mu_n)=0$$

有關聯。在通常的情況下 $\mu_1, \mu_2, \mu_3, \ldots, \mu_n$ 這一集數值的選擇也不是唯一的。然而一般而言,狀態觀察器之極點選擇必須比控制器極點快五倍以上,以保證觀察誤差(估計誤差)可以很快地收斂至零。這意味著,觀察器之估計誤差比狀態向量 **x** 之衰減可以快五倍以上。觀察器誤差之快速衰減與所需之動態比較之下可以保證控制器極點可以主宰了系統的響應。

有一點非常重要的是,當感知器的雜訊很嚴重時,狀態觀察器之極點可以選擇比控制器極點慢至少二倍以上,使得系統的頻寬降低,這樣子便可順服了雜訊的效應。在此情形下,很顯然的系統的響應嚴重地受到觀察器極點的影響。如果在左半 s 平面上觀察器極點被放置於控制器極點的右方,則觀察器極點將主宰了系統的響應,而非是由控制器極點為之。

設計狀態觀察器時,我們必須根據不同的需求特性方程式,同時選擇好幾個觀察器增益矩陣 K_e。以不同的矩陣 K_e 同時施行模擬以評估系統的表現性能。根據整體系統所表現性能的觀點從中選取一個最佳的 K_e。在許多實際的應用場合中,最佳的 K_e 選擇係由響應的速度與對於干擾及雜訊的靈敏度之間做折衝的考慮而為之。

例題 10-6

考慮如下系統

$$\dot{\mathbf{x}} = \mathbf{A}\mathbf{x} + \mathbf{B}u$$
$$y = \mathbf{C}\mathbf{x}$$

其中

$$\mathbf{A} = \begin{bmatrix} 0 & 20.6 \\ 1 & 0 \end{bmatrix}, \quad \mathbf{B} = \begin{bmatrix} 0 \\ 1 \end{bmatrix}, \quad \mathbf{C} = \begin{bmatrix} 0 & 1 \end{bmatrix}$$

我們使用可量測狀態回饋，使得

$$u = -\mathbf{K}\tilde{\mathbf{x}}$$

假設系統的結構如圖 10-11 所示，試設計全階狀態觀察器。假設所需觀察器矩陣的特徵值為

$$\mu_1 = -10, \quad \mu_2 = -10$$

狀態觀察器的設計便成為決定適當的矩陣 $\mathbf{K}_e$。

我們先檢查觀察性矩陣。其秩數

$$[\mathbf{C}^* \mid \mathbf{A}^*\mathbf{C}^*] = \begin{bmatrix} 0 & 1 \\ 1 & 0 \end{bmatrix}$$

等於 2。所以此系統為完全可狀態觀察，可以將所需的觀察器增益矩陣設計出來。我們將分別利用三個方法為之。

方法 1：我們要利用 (10-61) 式決定出觀察器增益矩陣。由於已知的系統已經是可觀察典式了，因此變換矩陣 $\mathbf{Q} = (\mathbf{WN}^*)^{-1}$ 為 $\mathbf{I}$。又因為系統的特性方程式等於

$$|s\mathbf{I} - \mathbf{A}| = \begin{vmatrix} s & -20.6 \\ -1 & s \end{vmatrix} = s^2 - 20.6 = s^2 + a_1 s + a_2 = 0$$

可得

$$a_1 = 0, \quad a_2 = -20.6$$

因此，所需的特性方程式等於

$$(s + 10)^2 = s^2 + 20s + 100 = s^2 + \alpha_1 s + \alpha_2 = 0$$

是故，

$$\alpha_1 = 20, \quad \alpha_2 = 100$$

所以由 (10-61) 式可計算出觀察器增益矩陣 $\mathbf{K}_e$ 如下：

$$\mathbf{K}_e = (\mathbf{WN}^*)^{-1}\begin{bmatrix} \alpha_2 - a_2 \\ \alpha_1 - a_1 \end{bmatrix} = \begin{bmatrix} 1 & 0 \\ 0 & 1 \end{bmatrix}\begin{bmatrix} 100 + 20.6 \\ 20 - 0 \end{bmatrix} = \begin{bmatrix} 120.6 \\ 20 \end{bmatrix}$$

方法 2：參見 (10-59) 式：

$$\dot{\mathbf{e}} = (\mathbf{A} - \mathbf{K}_e\mathbf{C})\mathbf{e}$$

觀察器的特性方程式等於

$$|s\mathbf{I} - \mathbf{A} + \mathbf{K}_e\mathbf{C}| = 0$$

定義

$$\mathbf{K}_e = \begin{bmatrix} k_{e1} \\ k_{e2} \end{bmatrix}$$

則特性方程式變成

$$\left|\begin{bmatrix} s & 0 \\ 0 & s \end{bmatrix} - \begin{bmatrix} 0 & 20.6 \\ 1 & 0 \end{bmatrix} + \begin{bmatrix} k_{e1} \\ k_{e2} \end{bmatrix}\begin{bmatrix} 0 & 1 \end{bmatrix}\right| = \begin{vmatrix} s & -20.6 + k_{e1} \\ -1 & s + k_{e2} \end{vmatrix} \quad (10\text{-}66)$$

$$= s^2 + k_{e2}s - 20.6 + k_{e1} = 0$$

因為所需的特性方程式為

$$s^2 + 20s + 100 = 0$$

上式與 (10-66) 式比較之，可得

$$k_{e1} = 120.6, \quad k_{e2} = 20$$

或

$$\mathbf{K}_e = \begin{bmatrix} 120.6 \\ 20 \end{bmatrix}$$

方法 3：現在利用 (10-65) 式所述的艾克曼公式：

$$\mathbf{K}_e = \phi(\mathbf{A})\begin{bmatrix} \mathbf{C} \\ \mathbf{CA} \end{bmatrix}^{-1}\begin{bmatrix} 0 \\ 1 \end{bmatrix}$$

其中

$$\phi(s) = (s - \mu_1)(s - \mu_2) = s^2 + 20s + 100$$

所以，

$$\phi(\mathbf{A}) = \mathbf{A}^2 + 20\mathbf{A} + 100\mathbf{I}$$

且

$$\mathbf{K}_e = (\mathbf{A}^2 + 20\mathbf{A} + 100\mathbf{I})\begin{bmatrix} 0 & 1 \\ 1 & 0 \end{bmatrix}^{-1}\begin{bmatrix} 0 \\ 1 \end{bmatrix}$$

$$= \begin{bmatrix} 120.6 & 412 \\ 20 & 120.6 \end{bmatrix}\begin{bmatrix} 0 & 1 \\ 1 & 0 \end{bmatrix}\begin{bmatrix} 0 \\ 1 \end{bmatrix} = \begin{bmatrix} 120.6 \\ 20 \end{bmatrix}$$

事實上，不管利用什麼方法，應該得到相同的 $\mathbf{K}_e$。

全階狀態觀察器如 (10-57) 式所述，為

$$\dot{\tilde{\mathbf{x}}} = (\mathbf{A} - \mathbf{K}_e\mathbf{C})\tilde{\mathbf{x}} + \mathbf{B}u + \mathbf{K}_e y$$

或

$$\begin{bmatrix} \dot{\tilde{x}}_1 \\ \dot{\tilde{x}}_2 \end{bmatrix} = \begin{bmatrix} 0 & -100 \\ 1 & -20 \end{bmatrix}\begin{bmatrix} \tilde{x}_1 \\ \tilde{x}_2 \end{bmatrix} + \begin{bmatrix} 0 \\ 1 \end{bmatrix}u + \begin{bmatrix} 120.6 \\ 20 \end{bmatrix}y$$

最後，正如極點安置法一樣，如果 n 等於 4 或更高，則應該使用方法 1 或 3，此時矩陣的計算交給計算機為之，方法 2 則使用徒手法解出特性方程式中的未知參數 $k_{e1}, k_{e2}, \cdots, k_{en}$。

閉迴路系統加入觀察器的效應 在極點安置法程序中，我們假設實際的狀態 $\mathbf{x}(t)$ 可以直接用來作為回饋之用。但是在實際的應用中，實際的狀態 $\mathbf{x}(t)$ 也許不可以量測得到，所以我們須要設計觀察器而使用觀察的狀態 $\tilde{\mathbf{x}}(t)$ 做為回饋之用，如圖 10-12 所示。所以設計的程序分為二個階段，第一階段設計狀態回饋增益矩陣 $\mathbf{K}$ 滿足所需的特性方程式，而在第二階段則決定狀態觀察增益矩陣 $\mathbf{K}_e$ 滿足所需觀察器的特性方程式。

現在要討論使用 $\tilde{\mathbf{x}}(t)$，而非實際的狀態 $\mathbf{x}(t)$，對於閉迴路系統的特性方程式造成的效應。

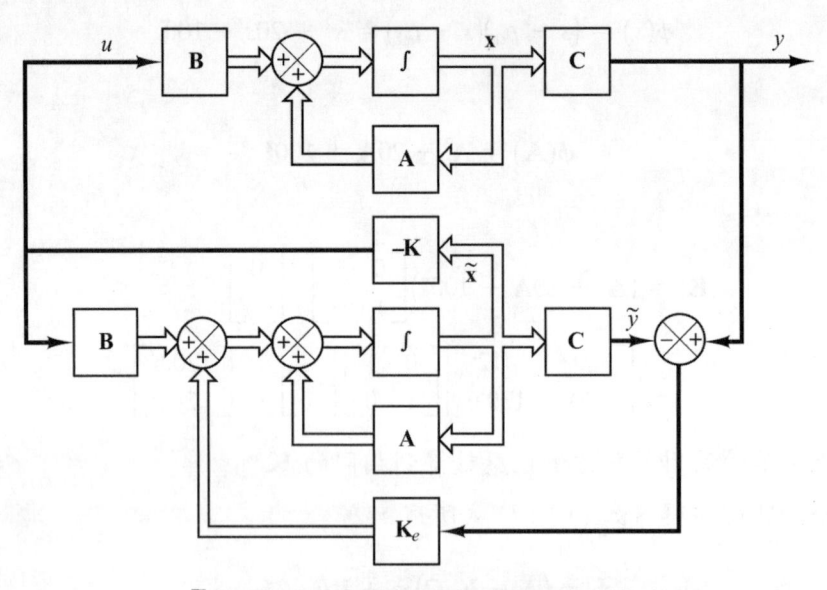

圖 10-12　觀察狀態的回饋控制系統

現在考慮如下方程式定義的完全狀態可控制性且完全可狀態觀察的系統：

$$\dot{\mathbf{x}} = \mathbf{A}\mathbf{x} + \mathbf{B}u$$

$$y = \mathbf{C}\mathbf{x}$$

現在以觀察得到的狀態 $\tilde{\mathbf{x}}$ 做為狀態回饋控制之用，

$$u = -\mathbf{K}\tilde{\mathbf{x}}$$

以此施行控制，則狀態方程式便成為

$$\dot{\mathbf{x}} = \mathbf{A}\mathbf{x} - \mathbf{B}\mathbf{K}\tilde{\mathbf{x}} = (\mathbf{A} - \mathbf{B}\mathbf{K})\mathbf{x} + \mathbf{B}\mathbf{K}(\mathbf{x} - \tilde{\mathbf{x}}) \qquad (10\text{-}67)$$

實際的狀態 $\mathbf{x}(t)$ 與觀察得到的狀態 $\tilde{\mathbf{x}}(t)$ 之間的差異定義為誤差 $\mathbf{e}(t)$：

$$\mathbf{e}(t) = \mathbf{x}(t) - \tilde{\mathbf{x}}(t)$$

將誤差 $\mathbf{e}(t)$ 代入 (10-67) 式可得

$$\dot{\mathbf{x}} = (\mathbf{A} - \mathbf{B}\mathbf{K})\mathbf{x} + \mathbf{B}\mathbf{K}\mathbf{e} \qquad (10\text{-}68)$$

注意到，觀察器之誤差方程式如 (10-59) 式所述，重寫成：

$$\dot{\mathbf{e}} = (\mathbf{A} - \mathbf{K}_e \mathbf{C})\mathbf{e} \tag{10-69}$$

合併 (10-68) 及 (10-69) 式,可得

$$\begin{bmatrix} \dot{\mathbf{x}} \\ \dot{\mathbf{e}} \end{bmatrix} = \begin{bmatrix} \mathbf{A} - \mathbf{BK} & \mathbf{BK} \\ \mathbf{0} & \mathbf{A} - \mathbf{K}_e \mathbf{C} \end{bmatrix} \begin{bmatrix} \mathbf{x} \\ \mathbf{e} \end{bmatrix} \tag{10-70}$$

(10-70) 式所描述的就是觀察狀態的回饋控制系統。此系統的特性方程式為

$$\begin{vmatrix} s\mathbf{I} - \mathbf{A} + \mathbf{BK} & -\mathbf{BK} \\ \mathbf{0} & s\mathbf{I} - \mathbf{A} + \mathbf{K}_e \mathbf{C} \end{vmatrix} = 0$$

或

$$|s\mathbf{I} - \mathbf{A} + \mathbf{BK}||s\mathbf{I} - \mathbf{A} + \mathbf{K}_e \mathbf{C}| = 0$$

注意觀察狀態回饋控制系統的閉迴路極點包括了單獨做極點安置所需的極點及單獨做觀察器設計的極點。此意味著,極點安置設計與觀察器設計係為各自獨立。他們的設計可以分別為之,然後再合併起來,成為觀察狀態回饋控制系統的設計。也須注意到,如果受控本體的階數為 n,則觀察器的階數亦等於 n (使用全階狀態觀察器),使得最後全部的閉迴路系統之特性方程式之階數等於 $2n$。

基於觀察器控制器的轉移函數 考慮以下的受控本體

$$\dot{\mathbf{x}} = \mathbf{A}\mathbf{x} + \mathbf{B}u$$

$$y = \mathbf{C}\mathbf{x}$$

假設系統為完全可觀察。假設使用觀察狀態回饋控制律 $u = -\mathbf{K}\tilde{\mathbf{x}}$。則觀察器的描述方程式為

$$\dot{\tilde{\mathbf{x}}} = (\mathbf{A} - \mathbf{K}_e \mathbf{C} - \mathbf{BK})\tilde{\mathbf{x}} + \mathbf{K}_e y \tag{10-71}$$

$$u = -\mathbf{K}\tilde{\mathbf{x}} \tag{10-72}$$

其中,將 $u = -\mathbf{K}\tilde{\mathbf{x}}$ 代入 (10-57) 式,即得 (10-71) 式。

求取 (10-71) 式的拉式變換,並假定初始條件等於零,解出 $\tilde{\mathbf{X}}(s)$ 可得

$$\tilde{\mathbf{X}}(s) = (s\mathbf{I} - \mathbf{A} + \mathbf{K}_e \mathbf{C} + \mathbf{BK})^{-1} \mathbf{K}_e Y(s)$$

$$R(s)=0 \xrightarrow{+} \bigotimes \xrightarrow{-Y(s)} \boxed{\mathbf{K}(s\mathbf{I}-\mathbf{A}+\mathbf{K}_e\mathbf{C}+\mathbf{BK})^{-1}\mathbf{K}_e} \xrightarrow{U(s)} \boxed{本體} \xrightarrow{Y(s)}$$

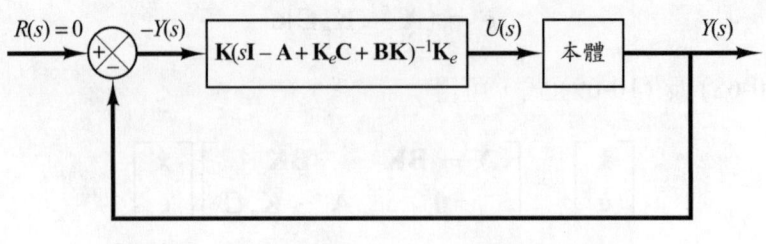

圖 10-13　代表觀察器－控制器系統方塊圖

將 $\tilde{\mathbf{X}}(s)$ 代入 (10-72) 式的拉式變換式，即得

$$U(s) = -\mathbf{K}(s\mathbf{I} - \mathbf{A} + \mathbf{K}_e\mathbf{C} + \mathbf{BK})^{-1}\mathbf{K}_e Y(s) \qquad (10\text{-}73)$$

因此，$U(s)/Y(s)$ 的轉移函數為

$$\frac{U(s)}{Y(s)} = -\mathbf{K}(s\mathbf{I} - \mathbf{A} + \mathbf{K}_e\mathbf{C} + \mathbf{BK})^{-1}\mathbf{K}_e$$

圖 10-13 所示為代表此系統的方塊圖。注意轉移函數

$$\mathbf{K}(s\mathbf{I} - \mathbf{A} + \mathbf{K}_e\mathbf{C} + \mathbf{BK})^{-1}\mathbf{K}_e$$

之功能係作為此系統的控制器。因此，以下的轉移函數

$$\frac{U(s)}{-Y(s)} = \frac{\text{num}}{\text{den}} = \mathbf{K}(s\mathbf{I} - \mathbf{A} + \mathbf{K}_e\mathbf{C} + \mathbf{BK})^{-1}\mathbf{K}_e \qquad (10\text{-}74)$$

稱為基於觀察器控制器的轉移函數，簡稱為觀察器－控制器轉移函數。

注意觀察器－控制器矩陣

$$\mathbf{A} - \mathbf{K}_e\mathbf{C} - \mathbf{BK}$$

有可能是不穩定的，雖然 $\mathbf{A} - \mathbf{BK}$ 及 $\mathbf{A} - \mathbf{K}_e\mathbf{C}$ 是為穩定的。事實上，在某些情形下 $\mathbf{A} - \mathbf{K}_e\mathbf{C} - \mathbf{BK}$ 的穩定性不佳，甚至於是不穩定的。

例題 10-7

現在考慮以下受控本體，欲設計成為調整系統：

$$\dot{\mathbf{x}} = \mathbf{A}\mathbf{x} + \mathbf{B}u \tag{10-75}$$

$$y = \mathbf{C}\mathbf{x} \tag{10-76}$$

其中

$$\mathbf{A} = \begin{bmatrix} 0 & 1 \\ 20.6 & 0 \end{bmatrix}, \quad \mathbf{B} = \begin{bmatrix} 0 \\ 1 \end{bmatrix}, \quad \mathbf{C} = \begin{bmatrix} 1 & 0 \end{bmatrix}$$

假設我們要使用極點安置法設計，使得系統所需的閉迴路極點為 $s = \mu_i\,(i = 1, 2)$，其中 $\mu_1 = -1.8 + j2.4$，且 $\mu_2 = -1.8 - j2.4$。此時，狀態回饋增益矩陣 $\mathbf{K}$ 可得如下：

$$\mathbf{K} = \begin{bmatrix} 29.6 & 3.6 \end{bmatrix}$$

使用此狀態回饋增益矩陣 $\mathbf{K}$，則控制信號 u 為

$$u = -\mathbf{K}\mathbf{x} = -\begin{bmatrix} 29.6 & 3.6 \end{bmatrix}\begin{bmatrix} x_1 \\ x_2 \end{bmatrix}$$

假使我們使用觀察狀態回饋控制，而非真實的狀態回饋控制，或

$$u = -\mathbf{K}\tilde{\mathbf{x}} = -\begin{bmatrix} 29.6 & 3.6 \end{bmatrix}\begin{bmatrix} \tilde{x}_1 \\ \tilde{x}_2 \end{bmatrix}$$

此時，觀察器極點選擇為

$$s = -8, \quad s = -8$$

可以得到觀察增益矩陣 $\mathbf{K}_e$，繪出觀察狀態回饋控制系統。然後求出觀察器－控制器的轉移函數 $U(s)/[-Y(s)]$，再繪製另一個方塊圖，其中觀察器－控制器成為順向路徑之串接元件。最後，計算系統由於下列初始條件造成的響應：

$$\mathbf{x}(0) = \begin{bmatrix} 1 \\ 0 \end{bmatrix}, \quad \mathbf{e}(0) = \mathbf{x}(0) - \tilde{\mathbf{x}}(0) = \begin{bmatrix} 0.5 \\ 0 \end{bmatrix}$$

如 (10-75) 式所述的系統，其特性多項式為

$$|s\mathbf{I} - \mathbf{A}| = \begin{vmatrix} s & -1 \\ -20.6 & s \end{vmatrix} = s^2 - 20.6 = s^2 + a_1 s + a_2$$

所以，

$$a_1 = 0, \quad a_2 = -20.6$$

觀察器所需的特性多項式為

$$(s - \mu_1)(s - \mu_2) = (s + 8)(s + 8) = s^2 + 16s + 64$$
$$= s^2 + \alpha_1 s + \alpha_2$$

故得，

$$\alpha_1 = 16 \quad \alpha_2 = 64$$

可用 (10-61) 式求得觀察增益矩陣，如下

$$\mathbf{K}_e = (\mathbf{WN}^*)^{-1} \begin{bmatrix} \alpha_2 - a_2 \\ \alpha_1 - a_1 \end{bmatrix}$$

其中

$$\mathbf{N} = [\mathbf{C}^* \ \vdots \ \mathbf{A}^*\mathbf{C}^*] = \begin{bmatrix} 1 & 0 \\ 0 & 1 \end{bmatrix}$$

$$\mathbf{W} = \begin{bmatrix} a_1 & 1 \\ 1 & 0 \end{bmatrix} = \begin{bmatrix} 0 & 1 \\ 1 & 0 \end{bmatrix}$$

因此，

$$\mathbf{K}_e = \left\{ \begin{bmatrix} 0 & 1 \\ 1 & 0 \end{bmatrix} \begin{bmatrix} 1 & 0 \\ 0 & 1 \end{bmatrix} \right\}^{-1} \begin{bmatrix} 64 + 20.6 \\ 16 - 0 \end{bmatrix}$$

$$= \begin{bmatrix} 0 & 1 \\ 1 & 0 \end{bmatrix} \begin{bmatrix} 84.6 \\ 16 \end{bmatrix} = \begin{bmatrix} 16 \\ 84.6 \end{bmatrix} \tag{10-77}$$

由 (10-77) 式可得觀察增益矩陣 $\mathbf{K}_e$。觀察器之方程式如 (10-60) 式所述：

$$\dot{\tilde{\mathbf{x}}} = (\mathbf{A} - \mathbf{K}_e \mathbf{C}) \tilde{\mathbf{x}} + \mathbf{B}u + \mathbf{K}_e y \tag{10-78}$$

因為

$$u = -\mathbf{K}\tilde{\mathbf{x}}$$

(10-78) 式便成為

$$\tilde{\dot{\mathbf{x}}} = (\mathbf{A} - \mathbf{K}_e\mathbf{C} - \mathbf{BK})\tilde{\mathbf{x}} + \mathbf{K}_e y$$

或

$$\begin{bmatrix} \tilde{\dot{x}}_1 \\ \tilde{\dot{x}}_2 \end{bmatrix} = \left\{ \begin{bmatrix} 0 & 1 \\ 20.6 & 0 \end{bmatrix} - \begin{bmatrix} 16 \\ 84.6 \end{bmatrix} \begin{bmatrix} 1 & 0 \end{bmatrix} - \begin{bmatrix} 0 \\ 1 \end{bmatrix} \begin{bmatrix} 29.6 & 3.6 \end{bmatrix} \right\} \begin{bmatrix} \tilde{x}_1 \\ \tilde{x}_2 \end{bmatrix} + \begin{bmatrix} 16 \\ 84.6 \end{bmatrix} y$$

$$= \begin{bmatrix} -16 & 1 \\ -93.6 & -3.6 \end{bmatrix} \begin{bmatrix} \tilde{x}_1 \\ \tilde{x}_2 \end{bmatrix} + \begin{bmatrix} 16 \\ 84.6 \end{bmatrix} y$$

圖 10-14(a) 所示方塊圖即為觀察狀態回饋控制之系統。參見 (10-74) 式，則觀察器－控制器的轉移函數為

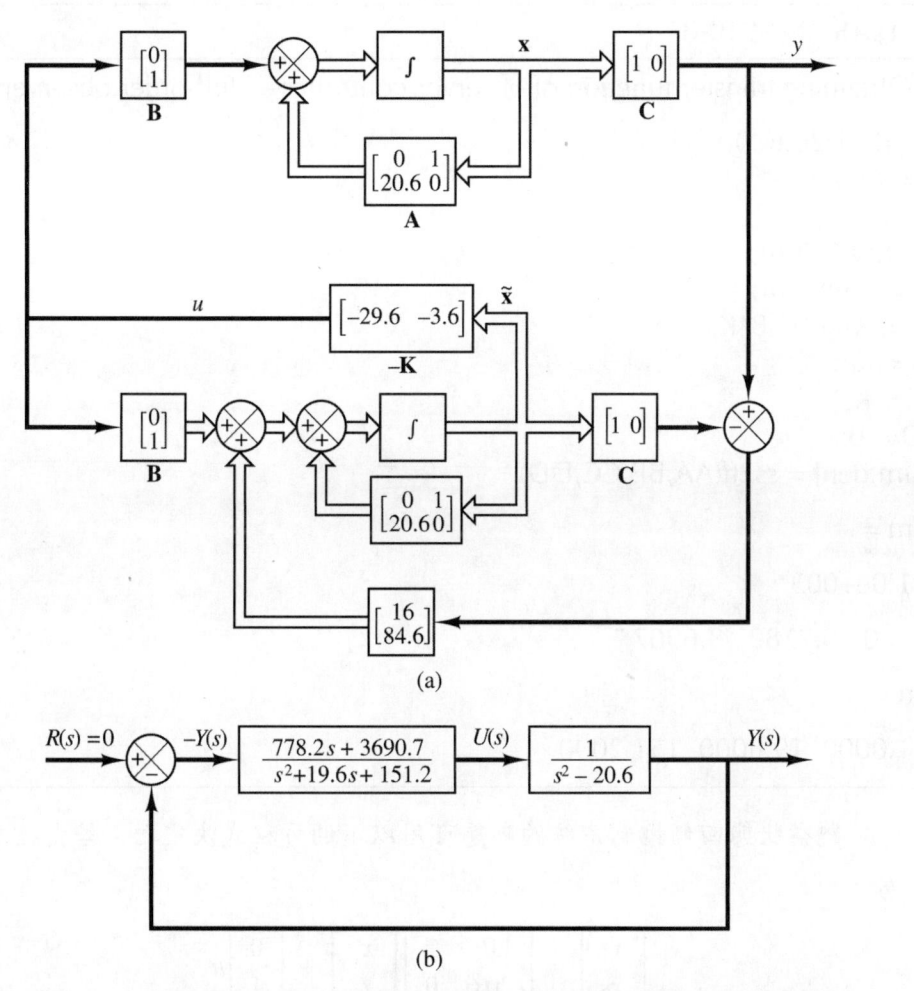

圖 10-14 (a) 觀察狀態回饋系統的方塊圖；(b) 轉移函數系統的方塊圖。

$$\frac{U(s)}{-Y(s)} = \mathbf{K}(s\mathbf{I} - \mathbf{A} + \mathbf{K}_e\mathbf{C} + \mathbf{B}\mathbf{K})^{-1}\mathbf{K}_e$$

$$= [29.6 \quad 3.6] \begin{bmatrix} s+16 & -1 \\ 93.6 & s+3.6 \end{bmatrix}^{-1} \begin{bmatrix} 16 \\ 84.6 \end{bmatrix}$$

$$= \frac{778.2s + 3690.7}{s^2 + 19.6s + 151.2}$$

此一轉移函數亦可用 MATLAB 同樣地求出來。例如使用 MATLAB 程式 10-8 可產生觀察器—控制器相同的轉移函數。其方塊圖如圖 10-14(b) 所示。

MATLAB 程式 10-8

```
% Obtaining transfer function of observer controller --- full-order observer
A = [0 1;20.6 0];
B = [0;1];
C = [1 0];
K = [29.6 3.6];
Ke = [16;84.6];
AA = A-Ke*C-B*K;
BB = Ke;
CC = K;
DD = 0;
[num,den] = ss2tf(AA,BB,CC,DD)

num =

   1.0e+003*

     0   0.7782   3.6907

den =

   1.0000  19.6000  151.2000
```

觀察狀態回饋控制系統的動態可用以下的方程式決定之：若受控本體為

$$\begin{bmatrix} \dot{x}_1 \\ \dot{x}_2 \end{bmatrix} = \begin{bmatrix} 0 & 1 \\ 20.6 & 0 \end{bmatrix} \begin{bmatrix} x_1 \\ x_2 \end{bmatrix} + \begin{bmatrix} 0 \\ 1 \end{bmatrix} u$$

$$y = [1 \quad 0] \begin{bmatrix} x_1 \\ x_2 \end{bmatrix}$$

且觀察器為

$$\begin{bmatrix} \dot{\tilde{x}}_1 \\ \dot{\tilde{x}}_2 \end{bmatrix} = \begin{bmatrix} -16 & 1 \\ -93.6 & -3.6 \end{bmatrix} \begin{bmatrix} \tilde{x}_1 \\ \tilde{x}_2 \end{bmatrix} + \begin{bmatrix} 16 \\ 84.6 \end{bmatrix} y$$

$$u = -\begin{bmatrix} 29.6 & 3.6 \end{bmatrix} \begin{bmatrix} \tilde{x}_1 \\ \tilde{x}_2 \end{bmatrix}$$

則整個系統為四階系統。系統的特性方程式為

$$|s\mathbf{I} - \mathbf{A} + \mathbf{BK}||s\mathbf{I} - \mathbf{A} + \mathbf{K}_e\mathbf{C}| = (s^2 + 3.6s + 9)(s^2 + 16s + 64)$$
$$= s^4 + 19.6s^3 + 130.6s^2 + 374.4s + 576 = 0$$

此系統的特性方程式亦可經由圖 10-14(b) 所示的方塊圖求出。因為閉迴路系統的轉移函數為

$$\frac{Y(s)}{R(s)} = \frac{778.2s + 3690.7}{(s^2 + 19.6s + 151.2)(s^2 - 20.6) + 778.2s + 3690.7}$$

其特性方程式為

$$(s^2 + 19.6s + 151.2)(s^2 - 20.6) + 778.2s + 3690.7$$
$$= s^4 + 19.6s^3 + 130.6s^2 + 374.4s + 576 = 0$$

事實上，系統以狀態空間代表或是以轉移函數代表，其特性方程式悉皆相等。

最後，我們考慮系統在以下的初始條件造成的響應：

$$\mathbf{x}(0) = \begin{bmatrix} 1 \\ 0 \end{bmatrix}, \quad \mathbf{e}(0) = \begin{bmatrix} 0.5 \\ 0 \end{bmatrix}$$

參見 (10-70) 式，則由此初始條件造成的響應可由下式決定

$$\begin{bmatrix} \dot{\mathbf{x}} \\ \dot{\mathbf{e}} \end{bmatrix} = \begin{bmatrix} \mathbf{A} - \mathbf{BK} & \mathbf{BK} \\ \mathbf{0} & \mathbf{A} - \mathbf{K}_e\mathbf{C} \end{bmatrix} \begin{bmatrix} \mathbf{x} \\ \mathbf{e} \end{bmatrix}, \quad \begin{bmatrix} \mathbf{x}(0) \\ \mathbf{e}(0) \end{bmatrix} = \begin{bmatrix} 1 \\ 0 \\ 0.5 \\ 0 \end{bmatrix}$$

MATLAB 程式 10-9 係用以產生的 MATLAB 程式。所造成響應曲線參見圖 10-15。

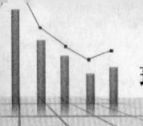

> **MATLAI 程式 10-9**
>
> ```
> A = [0  1; 20.6  0];
> B = [0;1];
> C = [1  0];
> K = [29.6  3.6];
> Ke = [16; 84.6];
> sys = ss([A-B*K  B*K; zeros(2,2)  A-Ke*C],eye(4),eye(4),eye(4));
> t = 0:0.01:4;
> z = initial(sys,[1;0;0.5;0],t);
> x1 = [1  0  0  0]*z';
> x2 = [0  1  0  0]*z';
> e1 = [0  0  1  0]*z';
> e2 = [0  0  0  1]*z';
>
> subplot(2,2,1); plot(t,x1 ),grid
> title('Response to Initial Condition')
> ylabel('state variable x1')
>
> subplot(2,2,2); plot(t,x2),grid
> title('Response to Initial Condition')
> ylabel('state variable x2')
>
> subplot(2,2,3); plot(t,e1),grid
> xlabel('t (sec)'), ylabel('error state variable e1')
>
> subplot(2,2,4); plot(t,e2),grid
> xlabel('t (sec)'), ylabel('error state variable e2')
> ```

最低階觀察器 截至目前為止所討論的觀察器係用來重新建造所有的狀態變數。實際上，可能有些狀態變數可以被準確地量測之。這些可以準確地被量測的狀態變數是不需要再做估測的。

假設狀態向量 **x** 為 n-向量，輸出向量 **y** 可以被量測，係為 m-向量。因為 m 個輸出變數是為狀態變數的線性組合，是故有 m 個狀態變數不需要做估測。我們只需要再估測 $n-m$ 個狀態變數就可以了。所以，降階觀察器變成了 $n-m$ 階的觀察器了。這種 $(n-m)$ 階的觀察器是為最小階觀察器。圖 10-16 所示為最小階觀察器系統的方塊圖。

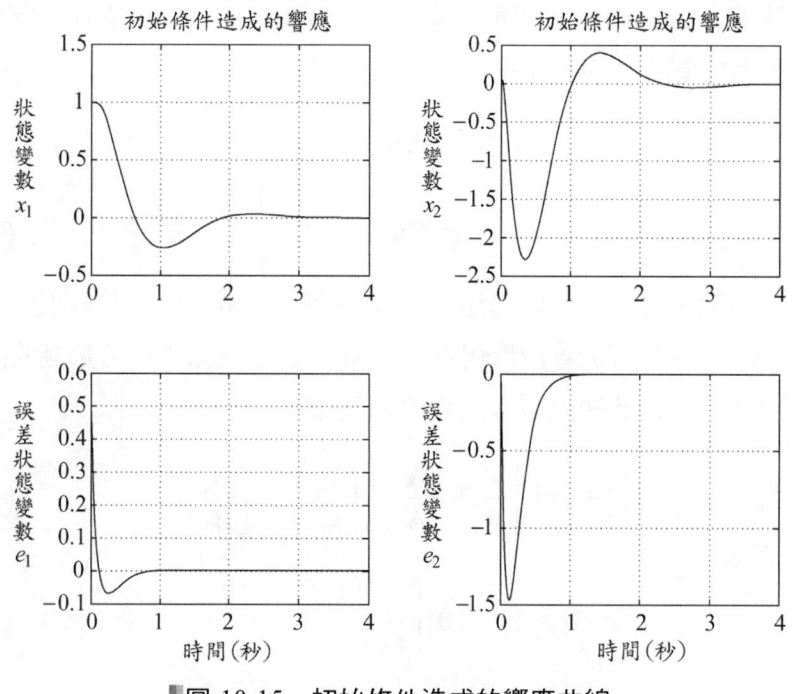

圖 10-15　初始條件造成的響應曲線

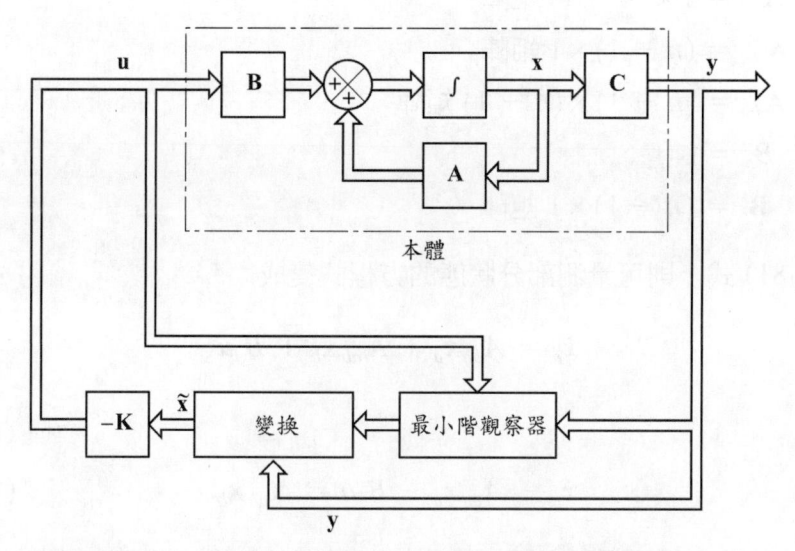

圖 10-16　具有最小階觀察器的觀察狀態回饋控制系統

　　但是我們要注意到，如果做輸出變數的量測時夾雜了嚴重的雜訊，使得輸出量測變得不準確，還是使用全階狀態觀察器，其性能來得比較好。

　　為了介紹最小階觀察器的基本設計觀念，在不增加數學的複雜性之情

形下,我們先討論輸出為純量(即 $m = 1$)的情況,以推導出最小階觀察器的狀態方程式。考慮如下系統

$$\dot{\mathbf{x}} = \mathbf{A}\mathbf{x} + \mathbf{B}u \tag{10-79}$$

$$y = \mathbf{C}\mathbf{x} \tag{10-80}$$

其中狀態向量 $\mathbf{x}$ 可以分割成二部分:$\mathbf{x}_a$(純量)及 $\mathbf{x}_b$ [$(n-1)$-向量]。其中 x_a 等於輸出,係為可被直接量測者,而 $\mathbf{x}_b$ 為狀態向量中不可量測的部分。於是,狀態方程式及輸出方程式可做分割如下:

$$\begin{bmatrix} \dot{x}_a \\ \dot{\mathbf{x}}_b \end{bmatrix} = \begin{bmatrix} A_{aa} & \mathbf{A}_{ab} \\ \hline \mathbf{A}_{ba} & \mathbf{A}_{bb} \end{bmatrix} \begin{bmatrix} x_a \\ \mathbf{x}_b \end{bmatrix} + \begin{bmatrix} B_a \\ \mathbf{B}_b \end{bmatrix} u \tag{10-81}$$

$$y = \begin{bmatrix} 1 & \vdots & \mathbf{0} \end{bmatrix} \begin{bmatrix} x_a \\ \mathbf{x}_b \end{bmatrix} \tag{10-82}$$

其中　A_{aa} = 純量

$\mathbf{A}_{ab} = 1 \times (n-1)$ 矩陣

$\mathbf{A}_{ba} = (n-1) \times 1$ 矩陣

$\mathbf{A}_{bb} = (n-1) \times (n-1)$ 矩陣

B_a = 純量

$\mathbf{B}_b = (n-1) \times 1$ 矩陣

由 (10-81) 式,則可量測部分狀態的方程式變成

$$\dot{x}_a = A_{aa}x_a + \mathbf{A}_{ab}\mathbf{x}_b + B_a u$$

或

$$\dot{x}_a - A_{aa}x_a - B_a u = \mathbf{A}_{ab}\mathbf{x}_b \tag{10-83}$$

(10-83) 式的左邊項目係為可以量測的。因此 (10-83) 式有如一個輸出方程式。在設計最小階觀察器時,我們假設 (10-83) 式的左邊項目係為已知量。所以,(10-83) 式表達了狀態的可量測與不可量測部分的關聯情形。

由 (10-81) 式,狀態的不可量測部分變成

$$\dot{\mathbf{x}}_b = \mathbf{A}_{ba}x_a + \mathbf{A}_{bb}\mathbf{x}_b + \mathbf{B}_b u \qquad (10\text{-}84)$$

注意到 $\mathbf{A}_{ba}x_a$ 及 $\mathbf{B}_b u$ 係為已知量，因此 (10-84) 式表達了狀態不可量測部分的動態。

以下我們要介紹最小階觀察器的設計方法。如果利用先前所介紹的全階狀態觀察器之設計技術，則最小階觀察器的設計步驟可以簡化許多。

讓我們比較全階狀態觀察器及最小階觀察器的狀態方程式。全階狀態觀察器的狀態方程式為

$$\dot{\mathbf{x}} = \mathbf{A}\mathbf{x} + \mathbf{B}u$$

而最小階觀察器的「狀態方程式」為

$$\dot{\mathbf{x}}_b = \mathbf{A}_{bb}\mathbf{x}_b + \mathbf{A}_{ba}x_a + \mathbf{B}_b u$$

全階狀態觀察器的輸出方程式為

$$y = \mathbf{C}\mathbf{x}$$

而最小階觀察器的「輸出方程式」為

$$\dot{x}_a - A_{aa}x_a - B_a u = \mathbf{A}_{ab}\mathbf{x}_b$$

最小階觀察器的設計步驟如下述：首先因為全階狀態觀察器的狀態方程式如 (10-57) 式，在此重寫成

$$\dot{\tilde{\mathbf{x}}} = (\mathbf{A} - \mathbf{K}_e\mathbf{C})\tilde{\mathbf{x}} + \mathbf{B}u + \mathbf{K}_e y \qquad (10\text{-}85)$$

再來，根據表 10-1 對於 (10-85) 式的取代，可得

$$\dot{\tilde{\mathbf{x}}}_b = (\mathbf{A}_{bb} - \mathbf{K}_e\mathbf{A}_{ab})\tilde{\mathbf{x}}_b + \mathbf{A}_{ba}x_a + \mathbf{B}_b u + \mathbf{K}_e(\dot{x}_a - A_{aa}x_a - B_a u) \qquad (10\text{-}86)$$

其中狀態觀察增益矩陣 $\mathbf{K}_e$ 為 $(n-1)\times 1$ 矩陣。於 (10-86) 式中注意到，欲估測 $\tilde{\mathbf{x}}_b$ 時，須先對 x_a 微分。微分會使得雜訊影響放大，因此這是有困難，不恰當的。亦即，如果 $x_a(=y)$ 夾有雜訊，則 $\dot{x}_a$ 不可使用之。欲克服此難處，則 $\dot{x}_a$ 須以下述之方法消去之。首先將 (10-86) 式重寫成

693

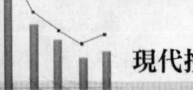

表 10-1　書寫最小階狀態觀察器方程式必須之取代

全階狀態觀察器	最小階狀態觀察器
$\tilde{\mathbf{x}}$	$\tilde{\mathbf{x}}_b$
$\mathbf{A}$	$\mathbf{A}_{bb}$
$\mathbf{B}u$	$\mathbf{A}_{ba}x_a + \mathbf{B}_b u$
y	$\dot{x}_a - A_{aa}x_a - B_a u$
$\mathbf{C}$	$\mathbf{A}_{ab}$
$\mathbf{K}_e\,(n\times 1\ \text{矩陣})$	$\mathbf{K}_e\,[(n-1)\times 1\ \text{矩陣}]$

$$\dot{\tilde{\mathbf{x}}}_b - \mathbf{K}_e \dot{x}_a = (\mathbf{A}_{bb} - \mathbf{K}_e \mathbf{A}_{ab})\tilde{\mathbf{x}}_b + (\mathbf{A}_{ba} - \mathbf{K}_e A_{aa})y + (\mathbf{B}_b - \mathbf{K}_e B_a)u$$
$$= (\mathbf{A}_{bb} - \mathbf{K}_e \mathbf{A}_{ab})(\tilde{\mathbf{x}}_b - \mathbf{K}_e y)$$
$$+ [(\mathbf{A}_{bb} - \mathbf{K}_e \mathbf{A}_{ab})\mathbf{K}_e + \mathbf{A}_{ba} - \mathbf{K}_e A_{aa}]y$$
$$+ (\mathbf{B}_b - \mathbf{K}_e B_a)u \tag{10-87}$$

定義

$$\mathbf{x}_b - \mathbf{K}_e y = \mathbf{x}_b - \mathbf{K}_e x_a = \boldsymbol{\eta}$$

及

$$\tilde{\mathbf{x}}_b - \mathbf{K}_e y = \tilde{\mathbf{x}}_b - \mathbf{K}_e x_a = \tilde{\boldsymbol{\eta}} \tag{10-88}$$

則 (10-87) 式變成

$$\dot{\tilde{\boldsymbol{\eta}}} = (\mathbf{A}_{bb} - \mathbf{K}_e \mathbf{A}_{ab})\tilde{\boldsymbol{\eta}} + [(\mathbf{A}_{bb} - \mathbf{K}_e \mathbf{A}_{ab})\mathbf{K}_e$$
$$+ \mathbf{A}_{ba} - \mathbf{K}_e A_{aa}]y + (\mathbf{B}_b - \mathbf{K}_e B_a)u \tag{10-89}$$

定義

$$\hat{\mathbf{A}} = \mathbf{A}_{bb} - \mathbf{K}_e \mathbf{A}_{ab}$$
$$\hat{\mathbf{B}} = \hat{\mathbf{A}}\mathbf{K}_e + \mathbf{A}_{ba} - \mathbf{K}_e A_{aa}$$
$$\hat{\mathbf{F}} = \mathbf{B}_b - \mathbf{K}_e B_a$$

則 (10-89) 式變成

$$\dot{\tilde{\boldsymbol{\eta}}} = \hat{\mathbf{A}}\tilde{\boldsymbol{\eta}} + \hat{\mathbf{B}}y + \hat{\mathbf{F}}u \tag{10-90}$$

(10-90) 及 (10-88) 式一起定義了最小階觀察器。

因為

$$y = \begin{bmatrix} 1 & \vdots & \mathbf{0} \end{bmatrix} \begin{bmatrix} x_a \\ \hline \mathbf{x}_b \end{bmatrix}$$

$$\tilde{\mathbf{x}} = \begin{bmatrix} x_a \\ \hline \tilde{\mathbf{x}}_b \end{bmatrix} = \begin{bmatrix} y \\ \hline \tilde{\mathbf{x}}_b \end{bmatrix} = \begin{bmatrix} \mathbf{0} \\ \hline \mathbf{I}_{n-1} \end{bmatrix} [\tilde{\mathbf{x}}_b - \mathbf{K}_e y] + \begin{bmatrix} 1 \\ \hline \mathbf{K}_e \end{bmatrix} y$$

其中 $\mathbf{0}$ 係一列向量含有 $(n-1)$ 個零，若定義

$$\hat{\mathbf{C}} = \begin{bmatrix} \mathbf{0} \\ \hline \mathbf{I}_{n-1} \end{bmatrix}, \quad \hat{\mathbf{D}} = \begin{bmatrix} 1 \\ \hline \mathbf{K}_e \end{bmatrix}$$

再來將 $\tilde{\mathbf{x}}$ 表達成 $\tilde{\boldsymbol{\eta}}$ 與 y 的關係如下：

$$\tilde{\mathbf{x}} = \hat{\mathbf{C}}\tilde{\boldsymbol{\eta}} + \hat{\mathbf{D}}y \tag{10-91}$$

此方程式代表 $\tilde{\boldsymbol{\eta}}$ 對 $\tilde{\mathbf{x}}$ 的變換關係。

圖 10-17 所示為最小階狀態觀察器的觀察狀態回饋控制系統之方塊圖，其係由 (10-79)、(10-80)、(10-90)、(10-91) 式及 $u = -\mathbf{K}\tilde{\mathbf{x}}$ 定義之。

再來我們要導出觀察器的誤差方程式。利用 (10-83) 式，則 (10-86) 式可以改寫成

$$\dot{\tilde{\mathbf{x}}}_b = (\mathbf{A}_{bb} - \mathbf{K}_e\mathbf{A}_{ab})\tilde{\mathbf{x}}_b + \mathbf{A}_{ba}x_a + \mathbf{B}_b u + \mathbf{K}_e\mathbf{A}_{ab}x_b \tag{10-92}$$

將 (10-84) 式減去 (10-92) 式，可得

$$\dot{\mathbf{x}}_b - \dot{\tilde{\mathbf{x}}}_b = (\mathbf{A}_{bb} - \mathbf{K}_e\mathbf{A}_{ab})(\mathbf{x}_b - \tilde{\mathbf{x}}_b) \tag{10-93}$$

定義

$$\mathbf{e} = \mathbf{x}_b - \tilde{\mathbf{x}}_b = \boldsymbol{\eta} - \tilde{\boldsymbol{\eta}}$$

則 (10-93) 式變成了

$$\dot{\mathbf{e}} = (\mathbf{A}_{bb} - \mathbf{K}_e\mathbf{A}_{ab})\mathbf{e} \tag{10-94}$$

此即為最小階觀察器的誤差方程式。此時 $\mathbf{e}$ 為 $(n-1)$-向量。

誤差動態之選擇可比照以下所述全階狀態觀察器設計技術要求為之，

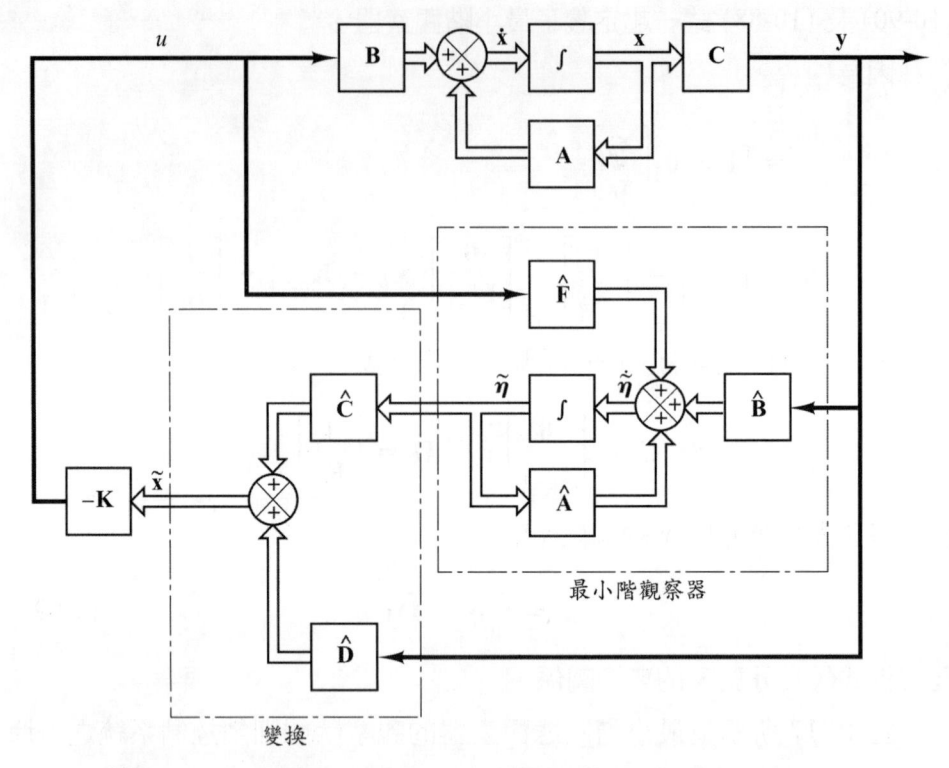

圖 10-17　觀察狀態回饋系統，其觀察器為最小階觀察器。

但需要以下矩陣

$$\begin{bmatrix} \mathbf{A}_{ab} \\ \mathbf{A}_{ab}\mathbf{A}_{bb} \\ \cdot \\ \cdot \\ \cdot \\ \mathbf{A}_{ab}\mathbf{A}_{bb}^{n-2} \end{bmatrix}$$

之秩數等於 $n-1$。(此即為適用於最小階觀察器的完全可觀察條件。)

最小階觀察器的特性方程式可由 (10-94) 式得出如下：

$$|s\mathbf{I} - \mathbf{A}_{bb} + \mathbf{K}_e\mathbf{A}_{ab}| = (s-\mu_1)(s-\mu_2)\cdots(s-\mu_{n-1})$$
$$= s^{n-1} + \hat{\alpha}_1 s^{n-2} + \cdots + \hat{\alpha}_{n-2}s + \hat{\alpha}_{n-1} = 0$$

(10-95)

式中 $\mu_1, \mu_2, \mu_3, \ldots, \mu_{n-1}$ 為最小階觀察器所需要的特徵值。先選

擇最小階觀察器所需要的特徵值及可以求出觀察器增益矩陣 $\mathbf{K}_e$ [亦即，安置特性方程式 (10-95) 式之根於需要的位置]，然後應用設計全階狀態觀察器之程序，並稍做修改。例如，欲求如 (10-61) 式之矩陣 $\mathbf{K}_e$，則須將之修改成

$$\mathbf{K}_e = \hat{\mathbf{Q}} \begin{bmatrix} \hat{\alpha}_{n-1} - \hat{a}_{n-1} \\ \hat{\alpha}_{n-2} - \hat{a}_{n-2} \\ \cdot \\ \cdot \\ \cdot \\ \hat{\alpha}_1 - \hat{a}_1 \end{bmatrix} = (\hat{\mathbf{W}}\hat{\mathbf{N}}^*)^{-1} \begin{bmatrix} \hat{\alpha}_{n-1} - \hat{a}_{n-1} \\ \hat{\alpha}_{n-2} - \hat{a}_{n-2} \\ \cdot \\ \cdot \\ \cdot \\ \hat{\alpha}_1 - \hat{a}_1 \end{bmatrix} \quad (10\text{-}96)$$

其中 $\mathbf{K}_e$ 為 $(n-1) \times 1$ 矩陣，且

$$\hat{\mathbf{N}} = [\mathbf{A}_{ab}^* \; \vdots \; \mathbf{A}_{bb}^* \mathbf{A}_{ab}^* \; \vdots \; \cdots \; \vdots \; (\mathbf{A}_{bb}^*)^{n-2} \mathbf{A}_{ab}^*]$$
$$= (n-1) \times (n-1) \text{ 矩陣}$$

$$\hat{\mathbf{W}} = \begin{bmatrix} \hat{a}_{n-2} & \hat{a}_{n-3} & \cdots & \hat{a}_1 & 1 \\ \hat{a}_{n-3} & \hat{a}_{n-4} & \cdots & 1 & 0 \\ \cdot & \cdot & & \cdot & \cdot \\ \cdot & \cdot & & \cdot & \cdot \\ \cdot & \cdot & & \cdot & \cdot \\ \hat{a}_1 & 1 & \cdots & 0 & 0 \\ 1 & 0 & \cdots & 0 & 0 \end{bmatrix} = (n-1) \times (n-1) \text{ 矩陣}$$

注意，$\hat{a}_1, \hat{a}_2, \cdots, \hat{a}_{n-2}$ 等為如下狀態方程式的特性方程式之係數

$$|s\mathbf{I} - \mathbf{A}_{bb}| = s^{n-1} + \hat{a}_1 s^{n-2} + \cdots + \hat{a}_{n-2} s + \hat{a}_{n-1} = 0$$

同時，如果使用 (10-65) 式之艾克曼公式，則須修改成

$$\mathbf{K}_e = \phi(\mathbf{A}_{bb}) \begin{bmatrix} \mathbf{A}_{ab} \\ \mathbf{A}_{ab}\mathbf{A}_{bb} \\ \cdot \\ \cdot \\ \cdot \\ \mathbf{A}_{ab}\mathbf{A}_{bb}^{n-3} \\ \mathbf{A}_{ab}\mathbf{A}_{bb}^{n-2} \end{bmatrix}^{-1} \begin{bmatrix} 0 \\ 0 \\ \cdot \\ \cdot \\ \cdot \\ 0 \\ 1 \end{bmatrix} \quad (10\text{-}97)$$

其中

$$\phi(\mathbf{A}_{bb}) = \mathbf{A}_{bb}^{n-1} + \hat{\alpha}_1 \mathbf{A}_{bb}^{n-2} + \cdots + \hat{\alpha}_{n-2}\mathbf{A}_{bb} + \hat{\alpha}_{n-1}\mathbf{I}$$

最小階觀察器之觀察狀態回饋控制系統 在全階觀察器之觀察狀態回饋控制系統中，觀察狀態回饋控制系統的閉迴路極點包括了單獨做極點安置的極點，以及單獨做觀察器設計的極點。因此，極點安置設計與觀察器設計可以分別設計。

在最小階觀察器之觀察狀態回饋控制系統的情形，亦可得到上述的結論。此時系統的特性方程式為

$$|s\mathbf{I} - \mathbf{A} + \mathbf{BK}||s\mathbf{I} - \mathbf{A}_{bb} + \mathbf{K}_e\mathbf{A}_{ab}| = 0 \qquad (10\text{-}98)$$

(詳見例題 A-10-11。) 最小階觀察器之觀察狀態回饋控制系統的閉迴路極點包括了極點安置設計時規定的閉迴路極點 [矩陣 $(\mathbf{A} - \mathbf{BK})$ 的特徵值] 及最小階觀察器之閉迴路極點 [矩陣 $(\mathbf{A}_{bb} - \mathbf{K}_e\mathbf{A}_{ab})$ 的特徵值]。因此，極點安置設計與最小階觀察器設計亦可以分別設計之。

利用 MATLAB 決定觀察器增益矩陣 $\mathbf{K}_e$ 因為極點安置設計與觀察器設計係為對偶方法，因此極點安置設計及觀察器設計所用的演繹法是相同的。所以，欲求觀察器增益矩陣 $\mathbf{K}_e$ 可使用指令 acker 及 place 為之。

觀察器的閉迴路極點係為 $\mathbf{A} - \mathbf{K}_e\mathbf{C}$ 之特徵值。極點安置設計所規定的閉迴路極點係為 $\mathbf{A} - \mathbf{BK}$ 之特徵值。

參考極點安置設計題目及觀察器設計題目之間的對偶性，則由對偶系統做極點安置設計即可求得 $\mathbf{K}_e$。亦即，將 $\mathbf{A}^* - \mathbf{C}^*\mathbf{K}_e$ 的特徵值安置於規定的位置即可得到 $\mathbf{K}_e$。因為 $\mathbf{K}_e = \mathbf{K}^*$，則對於全階觀察器可使用以下指令

$$K_e = \text{acker}(A',C',L)'$$

其中 L 係為觀察器所需特徵值的向量。同理，對於全階觀察器可使用

$$K_e = \text{place}(A',C',L)'$$

此時 L 不可以含有重根式極點。[上面的指令中，符號 (') 代表矩陣之轉置。] 對於最小階 (降階) 觀察器，可使用以下指令：

$$K_e = \text{acker}(Abb',Aab',L)'$$

或

$$K_e = \text{place}(Abb',Aab',L)'$$

例題 10-8

考慮如下系統

$$\dot{x} = Ax + Bu$$
$$y = Cx$$

其中

$$A = \begin{bmatrix} 0 & 1 & 0 \\ 0 & 0 & 1 \\ -6 & -11 & -6 \end{bmatrix}, \quad B = \begin{bmatrix} 0 \\ 0 \\ 1 \end{bmatrix}, \quad C = \begin{bmatrix} 1 & 0 & 0 \end{bmatrix}$$

假設閉迴路極點欲放置於

$$s_1 = -2 + j2\sqrt{3}, \quad s_2 = -2 - j2\sqrt{3}, \quad s_3 = -6$$

則所需的狀態回饋增益矩陣 K 可求得如下：

$$K = \begin{bmatrix} 90 & 29 & 4 \end{bmatrix}$$

(欲計算求此矩陣 K，請參見 MATLAB 程式 10-10。)

再來，我們假設輸出 y 可以準確地量測之，因此不須要估測狀態變數 x_1 (其即是 y)。我們要設計最小階觀察器。(最小階觀察器為二階。) 假設觀察器的極點欲放置於

$$s = -10, \quad s = -10$$

參見 (10-59) 式，此最小階觀察器的特性方程式為

$$|sI - A_{bb} + K_e A_{ab}| = (s - \mu_1)(s - \mu_2)$$
$$= (s + 10)(s + 10)$$
$$= s^2 + 20s + 100 = 0$$

以下我們使用 (10-97) 式之艾克曼公式

$$\mathbf{K}_e = \phi(\mathbf{A}_{bb}) \begin{bmatrix} \mathbf{A}_{ab} \\ \hdashline \mathbf{A}_{ab}\mathbf{A}_{bb} \end{bmatrix}^{-1} \begin{bmatrix} 0 \\ 1 \end{bmatrix} \tag{10-99}$$

其中

$$\phi(\mathbf{A}_{bb}) = \mathbf{A}_{bb}^2 + \hat{\alpha}_1 \mathbf{A}_{bb} + \hat{\alpha}_2 \mathbf{I} = \mathbf{A}_{bb}^2 + 20\mathbf{A}_{bb} + 100\mathbf{I}$$

因為

$$\tilde{\mathbf{x}} = \begin{bmatrix} x_a \\ \hdashline \tilde{\mathbf{x}}_b \end{bmatrix} = \begin{bmatrix} x_1 \\ \hdashline \tilde{x}_2 \\ \tilde{x}_3 \end{bmatrix}, \quad \mathbf{A} = \begin{bmatrix} 0 & 1 & 0 \\ \hdashline 0 & 0 & 1 \\ -6 & -11 & -6 \end{bmatrix}, \quad \mathbf{B} = \begin{bmatrix} 0 \\ \hdashline 0 \\ 1 \end{bmatrix}$$

所以

$$A_{aa} = 0, \quad \mathbf{A}_{ab} = [1 \ 0], \quad \mathbf{A}_{ba} = \begin{bmatrix} 0 \\ -6 \end{bmatrix}$$

$$\mathbf{A}_{bb} = \begin{bmatrix} 0 & 1 \\ -11 & -6 \end{bmatrix}, \quad B_a = 0, \quad \mathbf{B}_b = \begin{bmatrix} 0 \\ 1 \end{bmatrix}$$

(10-99) 式變成

$$\mathbf{K}_e = \left\{ \begin{bmatrix} 0 & 1 \\ -11 & -6 \end{bmatrix}^2 + 20 \begin{bmatrix} 0 & 1 \\ -11 & -6 \end{bmatrix} + 100 \begin{bmatrix} 1 & 0 \\ 0 & 1 \end{bmatrix} \right\} \begin{bmatrix} 1 & 0 \\ 0 & 1 \end{bmatrix}^{-1} \begin{bmatrix} 0 \\ 1 \end{bmatrix}$$

$$= \begin{bmatrix} 89 & 14 \\ -154 & 5 \end{bmatrix} \begin{bmatrix} 0 \\ 1 \end{bmatrix} = \begin{bmatrix} 14 \\ 5 \end{bmatrix}$$

(欲計算求此矩陣 $\mathbf{K}_e$，請參見 MATLAB 程式 10-10。)

MATLAB 程式 10-10

```
A = [0 1 0;0 0 1;-6 -11 -6];
B = [0;0;1];
J = [-2+j*2*sqrt(3) -2-j*2*sqrt(3) -6];
K = acker(A,B,J)

K =

     90.0000   29.0000    4.0000
```

```
Abb = [0  1;-11  -6];
Aab = [1  0];
L = [-10  -10];
Ke = acker(Abb',Aab',L)'
Ke =
        14
         5
```

參見 (10-88) 及 (10-89) 式，則最小階觀察器為

$$\dot{\tilde{\boldsymbol{\eta}}} = (\mathbf{A}_{bb} - \mathbf{K}_e \mathbf{A}_{ab})\tilde{\boldsymbol{\eta}} + [(\mathbf{A}_{bb} - \mathbf{K}_e \mathbf{A}_{ab})\mathbf{K}_e + \mathbf{A}_{ba} - \mathbf{K}_e A_{aa}]y$$
$$+ (\mathbf{B}_b - \mathbf{K}_e B_a)u \qquad (10\text{-}100)$$

式中

$$\tilde{\boldsymbol{\eta}} = \tilde{\mathbf{x}}_b - \mathbf{K}_e y = \tilde{\mathbf{x}}_b - \mathbf{K}_e x_1$$

因為

$$\mathbf{A}_{bb} - \mathbf{K}_e \mathbf{A}_{ab} = \begin{bmatrix} 0 & 1 \\ -11 & -6 \end{bmatrix} - \begin{bmatrix} 14 \\ 5 \end{bmatrix}\begin{bmatrix} 1 & 0 \end{bmatrix} = \begin{bmatrix} -14 & 1 \\ -16 & -6 \end{bmatrix}$$

則最小階觀察器之描述方程式即 (10-100) 式，變成

$$\begin{bmatrix} \dot{\tilde{\eta}}_2 \\ \dot{\tilde{\eta}}_3 \end{bmatrix} = \begin{bmatrix} -14 & 1 \\ -16 & -6 \end{bmatrix}\begin{bmatrix} \tilde{\eta}_2 \\ \tilde{\eta}_3 \end{bmatrix} + \left\{\begin{bmatrix} -14 & 1 \\ -16 & -6 \end{bmatrix}\begin{bmatrix} 14 \\ 5 \end{bmatrix}\right.$$
$$+ \begin{bmatrix} 0 \\ -6 \end{bmatrix} - \begin{bmatrix} 14 \\ 5 \end{bmatrix}0\right\}y + \left\{\begin{bmatrix} 0 \\ 1 \end{bmatrix} - \begin{bmatrix} 14 \\ 5 \end{bmatrix}0\right\}u$$

或

$$\begin{bmatrix} \dot{\tilde{\eta}}_2 \\ \dot{\tilde{\eta}}_3 \end{bmatrix} = \begin{bmatrix} -14 & 1 \\ -16 & -6 \end{bmatrix}\begin{bmatrix} \tilde{\eta}_2 \\ \tilde{\eta}_3 \end{bmatrix} + \begin{bmatrix} -191 \\ -260 \end{bmatrix}y + \begin{bmatrix} 0 \\ 1 \end{bmatrix}u$$

其中

$$\begin{bmatrix} \tilde{\eta}_2 \\ \tilde{\eta}_3 \end{bmatrix} = \begin{bmatrix} \tilde{x}_2 \\ \tilde{x}_3 \end{bmatrix} - \mathbf{K}_e y$$

或

$$\begin{bmatrix} \tilde{x}_2 \\ \tilde{x}_3 \end{bmatrix} = \begin{bmatrix} \tilde{\eta}_2 \\ \tilde{\eta}_3 \end{bmatrix} + \mathbf{K}_e x_1$$

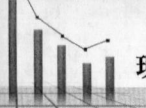

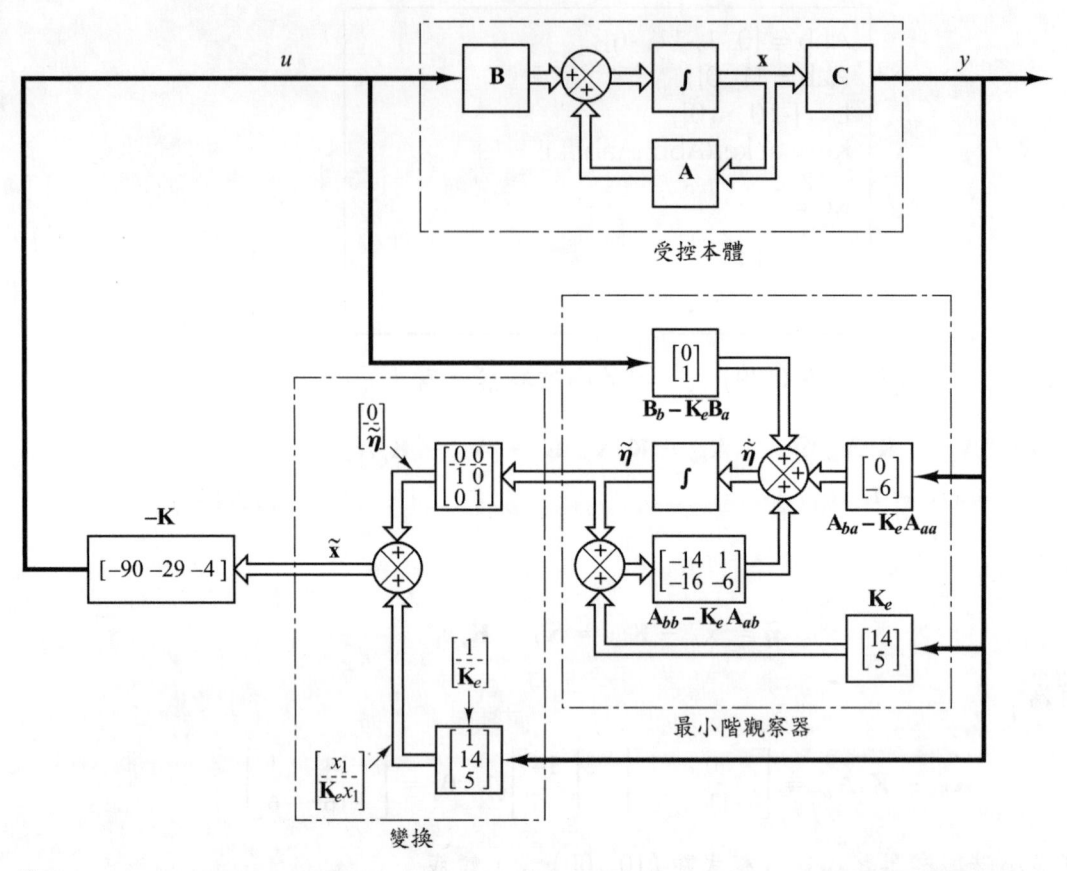

▌圖 10-18　系統係使用觀察狀態做回饋，且觀察器係為如例題 10-8 的最小階觀察器。

如果使用觀察狀態做為回饋，則控制信號 u 為

$$u = -\mathbf{K}\tilde{\mathbf{x}} = -\mathbf{K}\begin{bmatrix} x_1 \\ \tilde{x}_2 \\ \tilde{x}_3 \end{bmatrix}$$

其中 $\mathbf{K}$ 為狀態觀察增益矩陣。在圖 10-18 的方塊圖中，系統係使用觀察狀態做回饋，且觀察器是為最小階觀察器。

基於最小階觀察器控制器的轉移函數　如最小階觀察器方程式中：

$$\dot{\tilde{\boldsymbol{\eta}}} = (\mathbf{A}_{bb} - \mathbf{K}_e\mathbf{A}_{ab})\tilde{\boldsymbol{\eta}} + [(\mathbf{A}_{bb} - \mathbf{K}_e\mathbf{A}_{ab})\mathbf{K}_e + \mathbf{A}_{ba} - \mathbf{K}_e\mathbf{A}_{aa}]y + (\mathbf{B}_b - \mathbf{K}_eB_a)u$$

相似於 (10-90) 式的情形，定義

$$\hat{\mathbf{A}} = \mathbf{A}_{bb} - \mathbf{K}_e\mathbf{A}_{ab}$$
$$\hat{\mathbf{B}} = \hat{\mathbf{A}}\mathbf{K}_e + \mathbf{A}_{ba} - \mathbf{K}_e A_{aa}$$
$$\hat{\mathbf{F}} = \mathbf{B}_b - \mathbf{K}_e B_a$$

則最小階觀察器可以利用以下的三個方程式定義之：

$$\dot{\tilde{\boldsymbol{\eta}}} = \hat{\mathbf{A}}\tilde{\boldsymbol{\eta}} + \hat{\mathbf{B}}y + \hat{\mathbf{F}}u \tag{10-101}$$

$$\tilde{\boldsymbol{\eta}} = \tilde{\mathbf{x}}_b - \mathbf{K}_e y \tag{10-102}$$

$$u = -\mathbf{K}\tilde{\mathbf{x}} \tag{10-103}$$

因為 (10-103) 式可改寫成

$$u = -\mathbf{K}\tilde{\mathbf{x}} = -\begin{bmatrix} K_a & \mathbf{K}_b \end{bmatrix}\begin{bmatrix} y \\ \tilde{\mathbf{x}}_b \end{bmatrix} = -K_a y - \mathbf{K}_b \tilde{\mathbf{x}}_b$$
$$= -\mathbf{K}_b\tilde{\boldsymbol{\eta}} - (K_a + \mathbf{K}_b\mathbf{K}_e)y \tag{10-104}$$

將 (10-104) 式代入 (10-101) 式，可得

$$\dot{\tilde{\boldsymbol{\eta}}} = \hat{\mathbf{A}}\tilde{\boldsymbol{\eta}} + \hat{\mathbf{B}}y + \hat{\mathbf{F}}[-\mathbf{K}_b\tilde{\boldsymbol{\eta}} - (K_a + \mathbf{K}_b\mathbf{K}_e)y]$$
$$= (\hat{\mathbf{A}} - \hat{\mathbf{F}}\mathbf{K}_b)\tilde{\boldsymbol{\eta}} + [\hat{\mathbf{B}} - \hat{\mathbf{F}}(K_a + \mathbf{K}_b\mathbf{K}_e)]y \tag{10-105}$$

定義

$$\tilde{\mathbf{A}} = \hat{\mathbf{A}} - \hat{\mathbf{F}}\mathbf{K}_b$$
$$\tilde{\mathbf{B}} = \hat{\mathbf{B}} - \hat{\mathbf{F}}(K_a + \mathbf{K}_b\mathbf{K}_e)$$
$$\tilde{\mathbf{C}} = -\mathbf{K}_b$$
$$\tilde{D} = -(K_a + \mathbf{K}_b\mathbf{K}_e)$$

則 (10-105) 及 (10-104) 式可寫成

$$\dot{\tilde{\boldsymbol{\eta}}} = \tilde{\mathbf{A}}\tilde{\boldsymbol{\eta}} + \tilde{\mathbf{B}}y \tag{10-106}$$

$$u = \tilde{\mathbf{C}}\tilde{\boldsymbol{\eta}} + \tilde{D}y \tag{10-107}$$

(10-106) 及 (10-107) 式可以定義使用最小階觀察器的控制器。若考慮 u 為

輸出，且 $-y$ 為輸入，則 $U(s)$ 可寫成

$$U(s) = [\tilde{\mathbf{C}}(s\mathbf{I} - \tilde{\mathbf{A}})^{-1}\tilde{\mathbf{B}} + \tilde{D}]Y(s)$$
$$= -[\tilde{\mathbf{C}}(s\mathbf{I} - \tilde{\mathbf{A}})^{-1}\tilde{\mathbf{B}} + \tilde{D}][-Y(s)]$$

因為觀察器控制器的輸入為 $-Y(s)$，而非 $Y(s)$，則觀察器控制器的轉移函數為

$$\frac{U(s)}{-Y(s)} = \frac{\text{num}}{\text{den}} = -[\tilde{\mathbf{C}}(s\mathbf{I} - \tilde{\mathbf{A}})^{-1}\tilde{\mathbf{B}} + \tilde{D}] \qquad (10\text{-}108)$$

此轉移函數可以利用以下的 MATLAB 指令得出：

$$[\text{num,den}] = \text{ss2tf(Atilde, Btilde, -Ctilde, -Dtilde)} \qquad (10\text{-}109)$$

10-6　以觀察器設計調整器系統

本節次裡要討論利用極點安置－觀察器法以設計調整器系統。

考慮圖 10-19 所示的調整器系統。（參考輸入為零。）受控本體的轉移函數為

$$G(s) = \frac{10(s+2)}{s(s+4)(s+6)}$$

現在要利用極點安置法設計一控制器，使得系統在以下的初始條件下工作：

$$\mathbf{x}(0) = \begin{bmatrix} 1 \\ 0 \\ 0 \end{bmatrix}, \quad \mathbf{e}(0) = \begin{bmatrix} 1 \\ 0 \end{bmatrix}$$

其中 **x** 為受控本體的狀態向量，且 **e** 為觀察器的誤差向量，$y(t)$ 的最大欠擊度 (undershoot) 為 25% 至 35%，且安定時間為 4 秒。假設我們使用最小階觀察器。（假設只有 y 可以量測到。）

我們使用以下的設計步驟：

1. 導出受控本體的狀態空間代表式。
2. 選擇施行極點安置設計所需的閉迴路極點。並選取須要的觀察器極點。

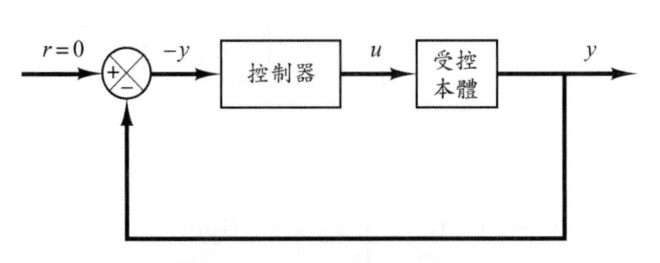

圖 10-19　調整器系統

3. 決定狀態回饋增益矩陣 **K** 及狀態觀察增益矩陣 **K**$_e$。
4. 利用步驟 3 得到的矩陣 **K** 及 **K**$_e$，導出觀察器式控制器之轉移函數。如果此控制器為穩定的情況，則檢查在給予初始條件下的響應。如果所得的響應情形不盡理想，那麼就調整閉迴路極點的位置，或是調整觀察器極點的位置，直到所得的響應可以合乎要求。

設計步驟 1：我們首先導出受控本體的狀態空間代表式。因為受控本體的轉移函數等於

$$\frac{Y(s)}{U(s)} = \frac{10(s+2)}{s(s+4)(s+6)}$$

其對應的微分方程式為

$$\dddot{y} + 10\ddot{y} + 24\dot{y} = 10\dot{u} + 20u$$

參見 2-5 節所述，讓我們定義狀態變數 x_1、x_2、x_3 如下：

$$x_1 = y - \beta_0 u$$
$$x_2 = \dot{x}_1 - \beta_1 u$$
$$x_3 = \dot{x}_2 - \beta_2 u$$

同時，$\dot{x}_3$ 定義為

$$\dot{x}_3 = -a_3 x_1 - a_2 x_2 - a_1 x_3 + \beta_3 u$$
$$= -24 x_2 - 10 x_3 + \beta_3 u$$

其中 $\beta_0 = 0$，$\beta_1 = 0$，$\beta_2 = 10$，且 $\beta_3 = -80$。
[欲計算諸 β_i 請參見 (2-35) 式。] 因此得出狀態空間方程式及輸出方程式如下：

$$\begin{bmatrix}\dot{x}_1\\\dot{x}_2\\\dot{x}_3\end{bmatrix}=\begin{bmatrix}0&1&0\\0&0&1\\0&-24&-10\end{bmatrix}\begin{bmatrix}x_1\\x_2\\x_3\end{bmatrix}+\begin{bmatrix}0\\10\\-80\end{bmatrix}u$$

$$y=\begin{bmatrix}1&0&0\end{bmatrix}\begin{bmatrix}x_1\\x_2\\x_3\end{bmatrix}+[0]u$$

設計步驟 2：我們首先嘗試，選擇所需的閉迴路極點為

$$s=-1+j2,\quad s=-1-j2,\quad s=-5$$

且觀察器的極點選擇為

$$s=-10\qquad s=-10$$

設計步驟 3：我們要使用 MATLAB 計算狀態回饋增益矩陣 **K** 及狀態觀察增益矩陣 **K**$_e$。利用 MATLAB 程式 10-11 可以計算出 **K** 及 **K**$_e$。

MATLAB 程式 10-11

% Obtaining the state feedback gain matrix K

```
A = [0 1 0;0 0 1;0 -24 -10];
B = [0;10;-80];
C = [1 0 0];
J = [-1+j*2  -1-j*2  -5];
K = acker(A,B,J)

K =

   1.2500    1.2500    0.19375
```

% Obtaining the observer gain matrix Ke

```
Aaa = 0; Aab = [1 0]; Aba = [0;0]; Abb = [0 1;-24 -10];Ba = 0; Bb = [10;-80];
L = [-10 -10];
Ke = acker(Abb',Aab',L)'

Ke =

   10
  -24
```

在此程式中，矩陣 **J** 及 **L** 分別代表所需的閉迴路極點及觀察器的極點。矩

陣 **K** 及 **K**$_e$ 分別得出如下：

$$\mathbf{K} = \begin{bmatrix} 1.25 & 1.25 & 0.19375 \end{bmatrix}$$

$$\mathbf{K}_e = \begin{bmatrix} 10 \\ -24 \end{bmatrix}$$

設計步驟 4：我們要決定觀察器－控制器的轉移函數。參見 (10-108) 式，觀察器－控制器的轉移函數為

$$G_c(s) = \frac{U(s)}{-Y(s)} = \frac{\text{num}}{\text{den}} = -\left[\tilde{\mathbf{C}}(s\mathbf{I} - \tilde{\mathbf{A}})^{-1}\tilde{\mathbf{B}} + \tilde{D}\right]$$

我們可以利用 MATLAB 求出觀察器－控制器的轉移函數，MATLAB 程式 10-12 係用來計算出此轉移函數。其結果等於

$$G_c(s) = \frac{9.1s^2 + 73.5s + 125}{s^2 + 17s - 30}$$

$$= \frac{9.1(s + 5.6425)(s + 2.4344)}{(s + 18.6119)(s - 1.6119)}$$

以此觀察器－控制器組成的系統定義為系統 1。圖 10-20 所示為系統 1 的方塊圖。

MATLAB 程式 10-12

```
% Determination of transfer function of observer controller
A = [0 1 0;0 0 1;0 -24 -10];
B = [0;10;-80];
Aaa = 0; Aab = [1  0]; Aba = [0;0]; Abb = [0  1;-24  -10];
Ba = 0; Bb = [10;-80];
Ka = 1.25; Kb = [1.25   0.19375];
Ke = [10;-24];
Ahat = Abb - Ke*Aab;
Bhat = Ahat*Ke + Aba - Ke*Aaa;
Fhat = Bb - Ke*Ba;
Atilde = Ahat - Fhat*Kb;
Btilde = Bhat - Fhat*(Ka + Kb*Ke);
Ctilde = -Kb;
Dtilde = -(Ka + Kb*Ke);
[num,den] = ss2tf(Atilde, Btilde, -Ctilde, -Dtilde)
```

```
num =
   9.1000  73.5000  125.0000
den =
   1.0000  17.0000  -30.0000
```

$r=0 \to \bigotimes \to \dfrac{9.1s^2+73.5s+125}{s^2+17s-30} \xrightarrow{u} \dfrac{10(s+2)}{s(s+4)(s+6)} \to y$

觀察器－控制器　　　　　受控本體

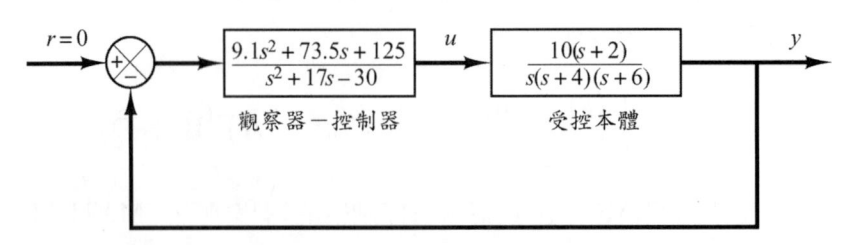

圖 10-20　系統 1 的方塊圖

此觀察器－控制器在左半 s 平面有一個極點 ($s = 1.6119$)。因為觀察器－控制器有一個極點存在於左半 s 平面,所以其開環系統不穩定,但是其閉迴路系統卻是穩定的。閉迴路系統係為穩定可由以下的系統特性方程式驗證之:

$$|s\mathbf{I} - \mathbf{A} + \mathbf{BK}| \cdot |s\mathbf{I} - \mathbf{A}_{bb} + \mathbf{K}_e \mathbf{A}_{ab}|$$
$$= s^5 + 27s^4 + 255s^3 + 1025s^2 + 2000s + 2500$$
$$= (s + 1 + j2)(s + 1 - j2)(s + 5)(s + 10)(s + 10) = 0$$

(特性方程式的計算請參見 MATLAB 程式 10-13。)

使用不穩定控制器的缺點是,當系統的 dc 增益變得很小時,系統可能變得不穩定。此時控制系統並不合乎要求,須予避免之。因此,欲得到比較滿意的系統,則必須對於閉迴路極點及觀察器極點的位置在做調節修正。

MATLAB 程式 10-13

```
% Obtaining the characteristic equation

[num1,den1] = ss2tf(A-B*K,eye(3),eye(3),eye(3),1);
[num2,den2] = ss2tf(Abb-Ke*Aab,eye(2),eye(2),eye(2),1);
charact_eq = conv(den1,den2)
```

```
charact_eq =
  1.0e+003*
  0.0010   0.0270   0.2550   1.0250   2.0000   2.5000
```

第二次嘗試：我們保持先前做極點安置所規定的閉迴路極點位置，但是將觀察器極點的位置調節修改如下：

$$s = -4.5, \quad s = -4.5$$

所以，

$$\mathbf{L} = \begin{bmatrix} -4.5 & -4.5 \end{bmatrix}$$

利用 MATLAB，可以求出 $\mathbf{K}_e$ 如下

$$\mathbf{K}_e = \begin{bmatrix} -1 \\ 6.25 \end{bmatrix}$$

其次，我們要求得觀察器－控制器的轉移函數。利用 MATLAB 程式 10-14 可得到轉移函數如下：

$$G_c(s) = \frac{1.2109s + 11.2125s + 25.3125}{s^2 + 6s + 2.1406}$$

$$= \frac{1.2109(s + 5.3582)(s + 3.9012)}{(s + 5.619)(s + 0.381)}$$

MATLAB 程式 10-14

```
% Determination of transfer function of observer controller.
A = [0 1 0;0 0 1;0 -24 -10];
B = [0;10;-80];
Aaa = 0; Aab = [1 0]; Aba = [0;0]; Abb = [0 1;-24 -10];
Ba = 0; Bb = [10;-80];
Ka = 1.25; Kb = [1.25 0.19375];
Ke = [-1;6.25];
Ahat = Abb - Ke*Aab;
Bhat = Ahat*Ke + Aba - Ke*Aaa;
Fhat = Bb - Ke*Ba;
```

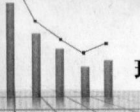

```
Atilde = Ahat - Fhat*Kb;
Btilde = Bhat - Fhat*(Ka + Kb*Ke);
Ctilde = -Kb;
Dtilde = -(Ka + Kb*Ke);
[num,den] = ss2tf(Atilde,Btilde,-Ctilde,-Dtilde)

num =
   1.2109   11.2125   25.3125

den =
   1.0000   6.0000   2.1406
```

我們注意到，此為穩定的控制器。此一觀察器－控制器組成的系統定義為系統 2。再來要計算系統 2 由於以下初始條件產生的響應：

$$\mathbf{x}(0) = \begin{bmatrix} 1 \\ 0 \\ 0 \end{bmatrix}, \quad \mathbf{e}(0) = \begin{bmatrix} 1 \\ 0 \end{bmatrix}$$

將 $u = -\mathbf{K}\tilde{\mathbf{x}}$ 代入受控本體的狀態空間方程式，可得

$$\dot{\mathbf{x}} = \mathbf{A}\mathbf{x} - \mathbf{B}\mathbf{K}\tilde{\mathbf{x}} = \mathbf{A}\mathbf{x} - \mathbf{B}\mathbf{K}\begin{bmatrix} x_a \\ \tilde{\mathbf{x}}_b \end{bmatrix} = \mathbf{A}\mathbf{x} - \mathbf{B}\mathbf{K}\begin{bmatrix} x_a \\ \mathbf{x}_b - \mathbf{e} \end{bmatrix}$$

$$= \mathbf{A}\mathbf{x} - \mathbf{B}\mathbf{K}\left\{\mathbf{x} - \begin{bmatrix} 0 \\ \mathbf{e} \end{bmatrix}\right\} = \mathbf{A}\mathbf{x} - \mathbf{B}\mathbf{K}\mathbf{x} + \mathbf{B}[K_a \quad K_b]\begin{bmatrix} 0 \\ \mathbf{e} \end{bmatrix} \tag{10-110}$$

最小階觀察器的誤差方程式為

$$\dot{\mathbf{e}} = (\mathbf{A}_{bb} - \mathbf{K}_e\mathbf{A}_{ab})\mathbf{e} \tag{10-111}$$

將 (10-110) 及 (10-111) 式合併，可得

$$\begin{bmatrix} \dot{\mathbf{x}} \\ \dot{\mathbf{e}} \end{bmatrix} = \begin{bmatrix} \mathbf{A} - \mathbf{B}\mathbf{K} & \mathbf{B}\mathbf{K}_b \\ \mathbf{0} & \mathbf{A}_{bb} - \mathbf{K}_e\mathbf{A}_{ab} \end{bmatrix}\begin{bmatrix} \mathbf{x} \\ \mathbf{e} \end{bmatrix}$$

其初始條件為

控制系統的狀態空間設計

$$\begin{bmatrix} \mathbf{x}(0) \\ \mathbf{e}(0) \end{bmatrix} = \begin{bmatrix} 1 \\ 0 \\ 0 \\ 1 \\ 0 \end{bmatrix}$$

利用 MATLAB 程式 10-15 可以計算出在上述初始條件下的響應。產生的響應曲線參見圖 10-21 所示。看起來，此響應是可以被接受的。

MATLAB 程式 10-15

```
% Response to initial condition.

A = [0 1 0;0 0 1;0 -24 -10];
B = [0;10;-80];
K = [1.25 1.25 0.19375];
Kb = [1.25 0.19375];
Ke = [-1;6.25];
Aab = [1 0]; Abb = [0 1;-24 -10];
AA = [A-B*K B*Kb; zeros(2,3) Abb-Ke*Aab];
sys = ss(AA,eye(5),eye(5),eye(5));
t = 0:0.01:8;
x = initial(sys,[1;0;0;1;0],t);
x1 = [1 0 0 0 0]*x';
x2 = [0 1 0 0 0]*x';
x3 = [0 0 1 0 0]*x';
e1 = [0 0 0 1 0]*x';
e2 = [0 0 0 0 1]*x';

subplot(3,2,1); plot(t,x1); grid
xlabel ('t (sec)'); ylabel('x1')

subplot(3,2,2); plot(t,x2); grid
xlabel ('t (sec)'); ylabel('x2')

subplot(3,2,3); plot(t,x3); grid
xlabel ('t (sec)'); ylabel('x3')

subplot(3,2,4); plot(t,e1); grid
xlabel('t (sec)'); ylabel('e1')

subplot(3,2,5); plot(t,e2); grid
xlabel('t (sec)'); ylabel('e2')
```

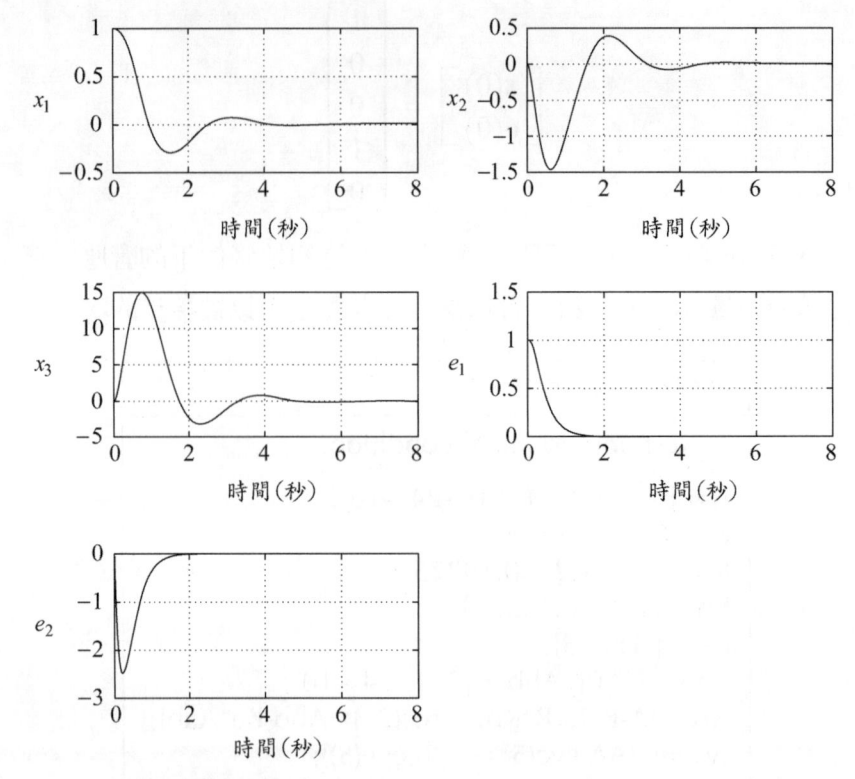

圖 10-21　對於初始條件：$x_1(0) = 1$，$x_2(0) = 0$，$x_3(0) = 0$，$e_1(0) = 1$，$e_2(0) = 0$ 產生的響應。

再來，我們要檢查頻率響應。圖 10-22 所示為所設計的波德圖。相位邊際值約等於 40°，增益邊際值為 $+\infty$ dB。圖 10-23 所示為閉迴路系統的波德圖。系統的頻帶寬度約為 3.8 rad/sec。

最後，我們要比較使用 $L = [-10 \; -10]$ 的系統 1 及使用 $L = [-4.5 \; -4.5]$ 的系統 2 之根軌跡圖。由圖 10-24(a) 所示可知，在很小的 dc 增益時，系統是不穩定的。相對的，對於系統 2 的根軌跡圖如圖 10-24(b) 所示，在任意正的 dc 增益值系統皆是穩定。

註　記

1. 設計調整器系統時，如果控制器的主極點置放於離 $j\omega$ 軸左邊很遠的地方，則回饋增益矩陣 **K** 的各元素將會變得很大，這一點要注意到。如果增益很大，將使得致動器的輸出也變得很大，系統會進入飽和之操作情形。如此一來，所設計系統之表現便達不到設計的要求了。

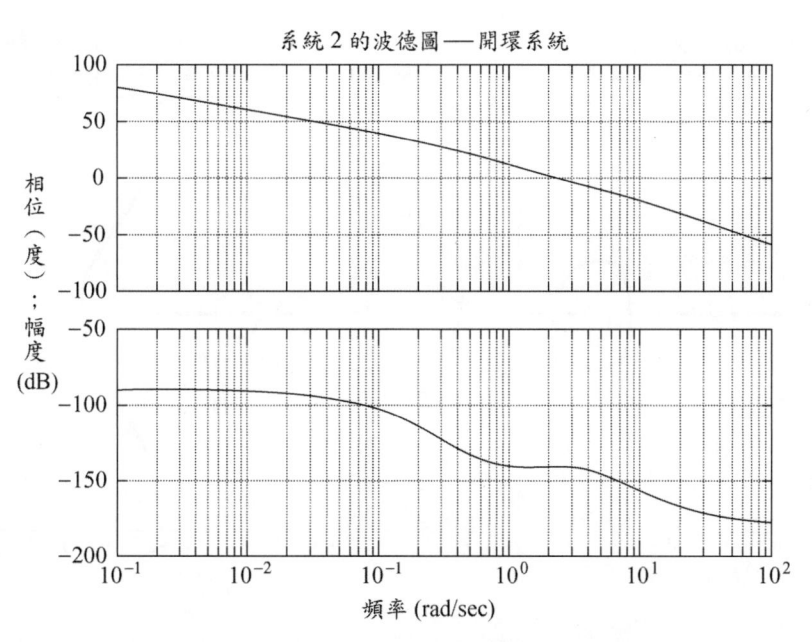

圖 10-22　系統 2 開環轉移函數的波德圖

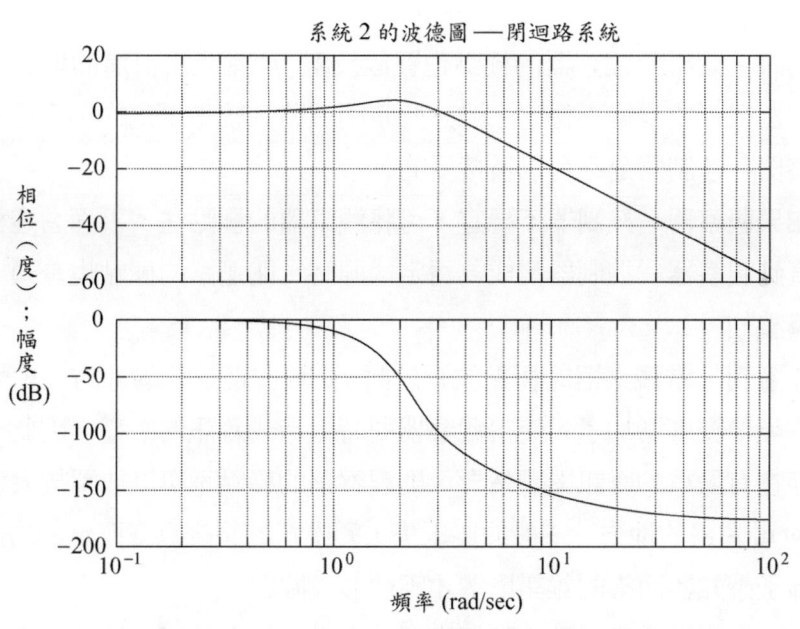

圖 10-23　系統 2 閉迴路轉移函數的波德圖

$(91s^3 + 917s^2 + 2720s + 2500)/(s^5 + 27s^4 + 164s^3 + 108s^2 - 720s)$ 之根軌跡圖

$(12.109s^3 + 136.343s^2 + 477.375s + 506.25)/(s^5 + 16s^4 + 86.1406s^3 + 165.406s^2 + 51.3744s)$ 之根軌跡圖

(a)

(b)

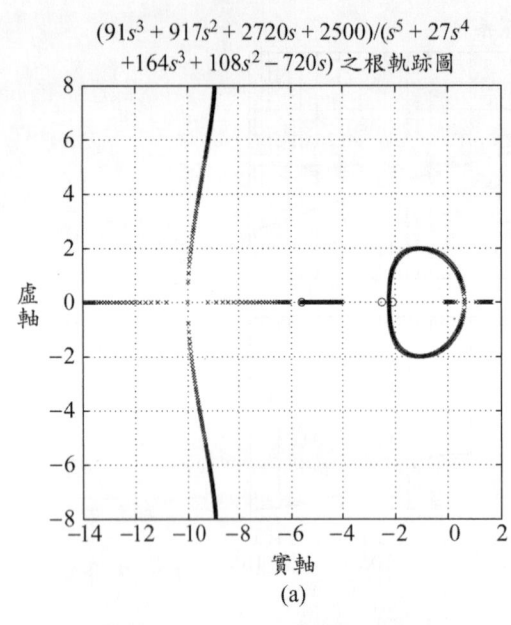

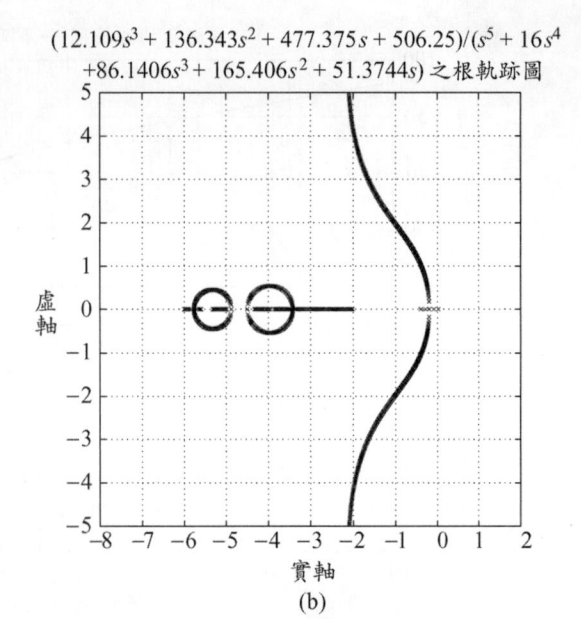

圖 10-24　(a) 觀察器極點在 $s = -10$ 及 $s = -10$ 時系統的根軌跡圖；
　　　　　(b) 觀察器極點在 $s = -4.5$ 及 $s = -4.5$ 時系統的根軌跡圖。

2. 同時，如果將觀察器的極點也置放於離 $j\omega$ 軸左邊很遠的地方，則控制器很可能變得不穩定，雖然此時閉迴路系統是穩定的。不穩定的觀察器－控制器是不可以被接受的。

3. 如果觀察器－控制器不穩定，可將觀察器的極點往 s 平面右邊移動，直到觀察器－控制器變成為穩定。同時，閉迴路的極點也是須要稍作調整的。

4. 注意到，當觀察器的極點放置於離 $j\omega$ 軸左邊很遠的地方，則觀察器的頻帶寬度增加了，使得觀察器同時也造成雜訊的影響。因此，如果存在有嚴重的雜訊影響情形，則觀察器的極點不可以放置於太過遠離 $j\omega$ 軸左邊的地方。一般的要求是，觀察器的頻帶寬度要足夠的低，這樣子感知器而來的雜訊影響才不會形成問題。

5. 如果最小階觀察器及全階觀察器的極點皆放置於同一地點，則最小階觀察器系統的頻帶寬度要比全階觀察器系統來得寬。因此，如果由感知器而來的雜訊影響很嚴重，應該使用全階觀察器。

10-7　以觀察器設計控制系統

我們在 10-6 節討論到以觀察器設計調整器系統。(此時系統沒有參考或命令輸入。) 本節裡，我們要討論以觀察器設計控制系統，此時系統具有參考或命令的輸入。控制系統的輸出必須跟隨著依照時間變化的輸入做相對應的變化，且系統的表現必須滿意要求 (例如，合理的上升時間、安定時間及最大超擊度等)。

本節要考慮利用觀察器做極點安置法設計控制系統。特別是，我們考慮利用觀察器－控制器設計控制系統。圖 10-25 所示為 10-6 節所討論到的觀察器設計調整器系統之方塊圖。此系統沒有參考輸入，或 $r = 0$。當系統有參考輸入時，系統結構的方塊圖描述方式有許多種，但每一種方式皆具有觀察器－控制器。圖 10-26(a) 及 (b) 所示為其中的二種表達方式；這二種情形在本節裡都要考慮到。

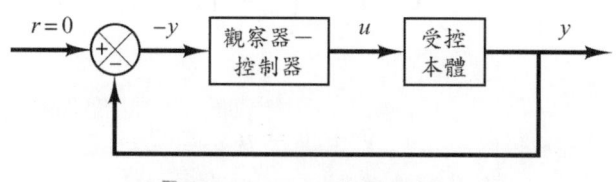

圖 10-25　調整器系統

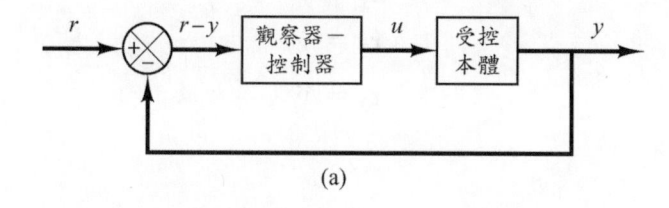

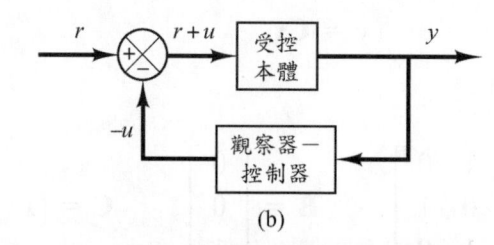

圖 10-26　(a) 觀察器－控制器在順向路徑的控制系統；
(b) 觀察器－控制器在回饋路徑的控制系統。

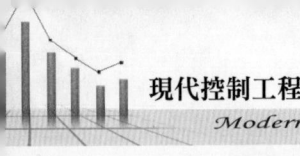

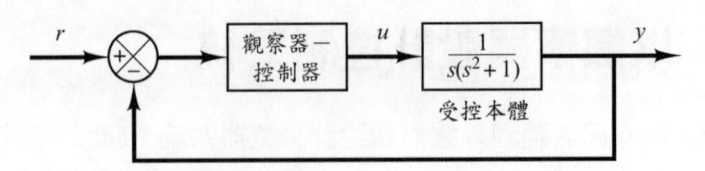

圖 10-27　觀察器－控制器在順向路徑的控制系統

結構方式 1：現在考慮圖 10-27 所示的系統。在這種系統中，參考輸入只是單存地加在匯合點上。我們要設計觀察器－控制器，使得最大超擊度少於 30%、且安定時間約為 5 秒。

以下的討論中，先設計調整器系統。利用觀察器－控制器設計，然後在匯合點上加入參考輸入 r。

設計觀察器－控制器之前，先將受控本體表達成為狀態空間表示式。因為

$$\frac{Y(s)}{U(s)} = \frac{1}{s(s^2+1)}$$

可得

$$\dddot{y} + \dot{y} = u$$

狀態變數之選擇如下，

$$x_1 = y$$
$$x_2 = \dot{y}$$
$$x_3 = \ddot{y}$$

故知

$$\dot{\mathbf{x}} = \mathbf{A}\mathbf{x} + \mathbf{B}u$$
$$y = \mathbf{C}\mathbf{x}$$

其中

$$\mathbf{A} = \begin{bmatrix} 0 & 1 & 0 \\ 0 & 0 & 1 \\ 0 & -1 & 0 \end{bmatrix}, \quad \mathbf{B} = \begin{bmatrix} 0 \\ 0 \\ 1 \end{bmatrix}, \quad \mathbf{C} = \begin{bmatrix} 1 & 0 & 0 \end{bmatrix}$$

控制系統的狀態空間設計

再來，欲做極點安置設計，選擇閉迴路極點如下

$$s = -1 + j, \quad s = -1 - j, \quad s = -8$$

而觀察器的極點選擇如下

$$s = -4, \quad s = -4$$

因此，狀態回饋增益矩陣 **K** 及狀態觀察增益矩陣 $\mathbf{K}_e$ 可得如下：

$$\mathbf{K} = \begin{bmatrix} 16 & 17 & 10 \end{bmatrix}$$

$$\mathbf{K}_e = \begin{bmatrix} 8 \\ 15 \end{bmatrix}$$

參見如下的 MATLAB 程式 10-16。

MATLAB 程式 10-16

```
A = [0 1 0;0 0 1;0 -1 0];
B = [0;0;1];
J = [-1+j -1-j -8];
K = acker(A,B,J)

K =

    16  17  10

Aab = [1 0];
Abb = [0 1;-1 0];
L = [-4 -4];
Ke = acker(Abb',Aab',L)'

Ke =
     8
    15
```

利用 MATLAB 程式 10-17 可以求得觀察器－控制器的轉移函數。其為

$$G_c(s) = \frac{302s^2 + 303s + 256}{s^2 + 18s + 113}$$

$$= \frac{302(s + 0.5017 + j0.772)(s + 0.5017 - j0.772)}{(s + 9 + j5.6569)(s + 9 - j5.6569)}$$

717

> **MATLAB 程式 10-17**
>
> % Determination of transfer function of observer controller
> A = [0 1 0;0 0 1;0 -1 0];
> B = [0;0;1];
> Aaa = 0; Aab = [1 0]; Aba = [0;0]; Abb = [0 1;-1 0];
> Ba = 0; Bb = [0;1];
> Ka = 16; Kb=[17 10];
> Ke = [8;15];
> Ahat = Abb - Ke*Aab;
> Bhat = Ahat*Ke + Aba - Ke*Aaa;
> Fhat = Bb - Ke*Ba;
> Atilde = Ahat - Fhat*Kb;
> Btilde = Bhat - Fhat*(Ka + Kb*Ke);
> Ctilde = -Kb;
> Dtilde = -(Ka + Kb*Ke);
> [num,den] = ss2tf(Atilde,Btilde,-Ctilde,-Dtilde)
> num =
>   302.0000 303.0000 256.0000
> den =
>   1 18 113

所設計出來的調整器系統參見圖 10-28。基於上述所設計的調整器系統，可以得到如圖 10-29 控制系統之方塊圖。此控制系統之單位步階響應曲線參見圖 10-30。可以得知最大超擊度約為 28%，且安定時間約為 4.5 秒。是故所設計的系統滿足了設計要求條件。

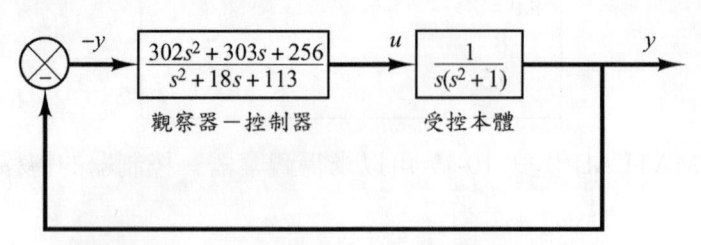

圖 10-28 具有觀察器－控制器的調整器系統

控制系統的狀態空間設計

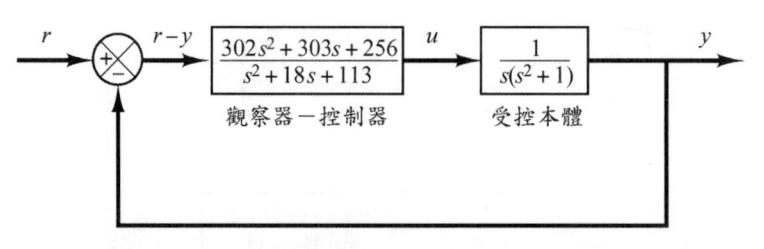

圖 10-29　具有觀察器－控制器的控制系統

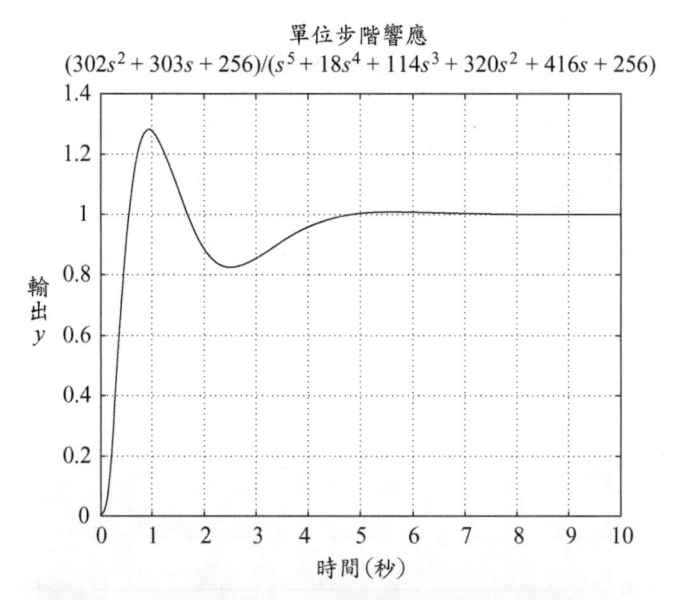

圖 10-30　圖 10-29 控制系統的單位步階響應

結構方式 2：圖 10-31 所示為控制系統另外一種不同的結構方式。此時觀察器－控制器放在回饋的路徑上。輸入 r 經由增益等於 N 的方塊加入控制系統中。由此方塊圖可以得知如下的閉迴路轉移函數如下

$$\frac{Y(s)}{R(s)} = \frac{N(s^2 + 18s + 113)}{s(s^2 + 1)(s^2 + 18s + 113) + 302s^2 + 303s + 256}$$

再來要決定常數 N 使得系統在單位步階 r 輸入下，當時間 t 趨近於無窮大時輸出 y 等於一單位。所以，選擇

$$N = \frac{256}{113} = 2.2655$$

```
     r          Nr+u      1            y
 ────▶ N ──▶(+−)──────▶ ─────── ──────┬──▶
                        s(s²+1)       │
              ▲                       │
              │−u   ┌──────────────┐  │
              └────│302s²+303s+256│◀─┘
                   │──────────────│
                   │  s²+18s+113  │
                   └──────────────┘
```

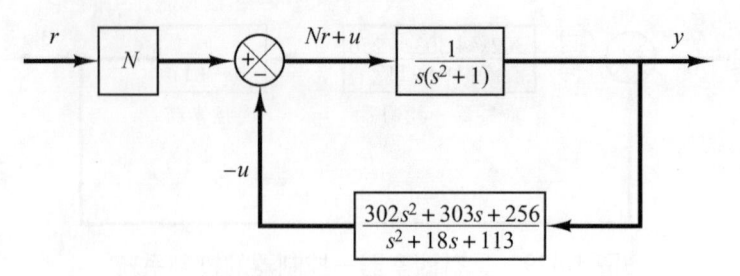

圖 10-31 觀察器－控制器在回饋路徑的控制系統

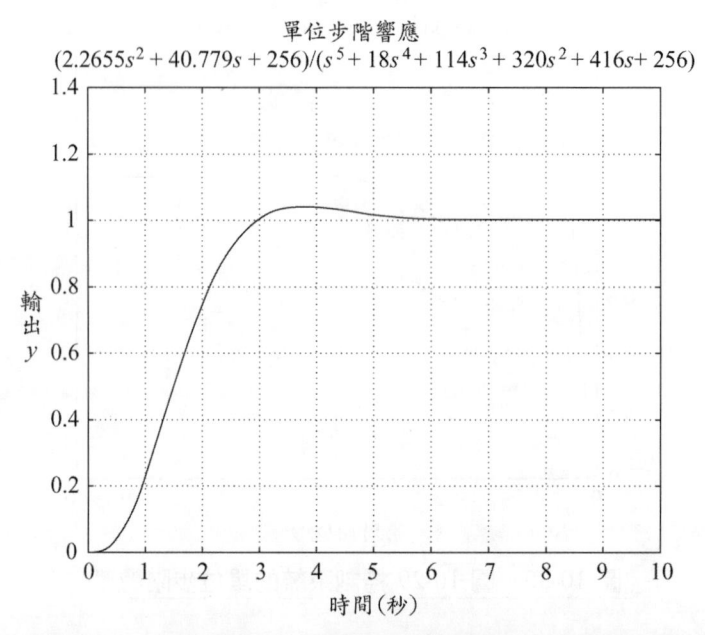

單位步階響應
$(2.2655s^2 + 40.779s + 256)/(s^5 + 18s^4 + 114s^3 + 320s^2 + 416s + 256)$

圖 10-32 圖 10-31 系統的單位步階響應。(閉迴路系統的極點安置於 $s = -1 \pm j$ 及 $s = -8$。觀察器的極點為 $s = -4$ 及 $s = -4$。)

圖 10-32 所示為系統的單位步階響應。注意到，最大超擊度很小，約為 4%。安定時間約為 5 秒。

註記 我們使用了二種可能的觀察器－控制器結構方式設計閉迴路系統。如前所述，其他的結構方式也是可能的。

第一種結構方式使用觀察器－控制器於順向路徑，通常產生比較大的最大超擊度。第二種結構方式使用觀察器－控制器於回饋路徑，產生的最大超擊度會比較小。所產生的響應曲線與系統在沒有使用觀察器－控制器做極點安置設計的情形是非常相似的。圖 10-33 所示為系統在沒有使用觀

控制系統的狀態空間設計

沒有觀察器系統的單位步階響應

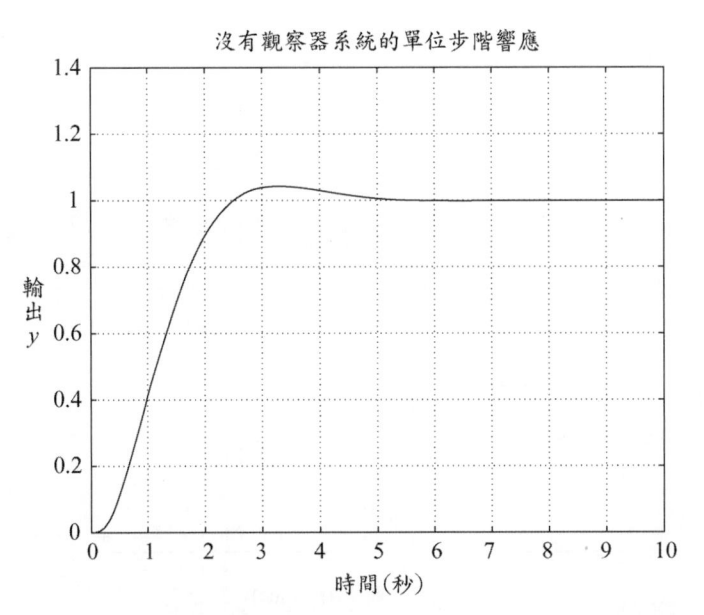

圖 10-33 沒有使用觀察器,系統只做極點安置設計所得的單位步階響應曲線。(閉迴路系統極點為 $s = -1 \pm j$ 及 $s = -8$。)

察器,純粹做極點安置設計所得的單位步階響應曲線。此時,所需的閉迴路系統極點為

$$s = -1 + j, \quad s = -1 - j, \quad s = -8$$

注意,在這二個系統中,上升時間及安定時間主要係由施行極點安置設計法所指定的閉迴路極點決定之。(參見圖 10-32 及圖 10-33。)

閉迴路系統 1 (如圖 10-29) 及閉迴路系統 2 (如圖 10-31) 的波德圖請參見圖 10-34。由此圖中可以查出,系統 1 的頻寬為 5 rad/sec,系統 2 的頻寬為 1.3 rad/sec。

狀態空間設計法總結

1. 建立於極點安置與觀察器設計之狀態空間法是非常重要有用的。這是一種時間領域的方法。只要系統為完全狀態可控制,則所需要的閉迴路極點可以做隨意位置的指定。

2. 如果並非所有的狀態變數皆可量測得到,則需要有觀察器配合以為不可量測狀態變數之估測。

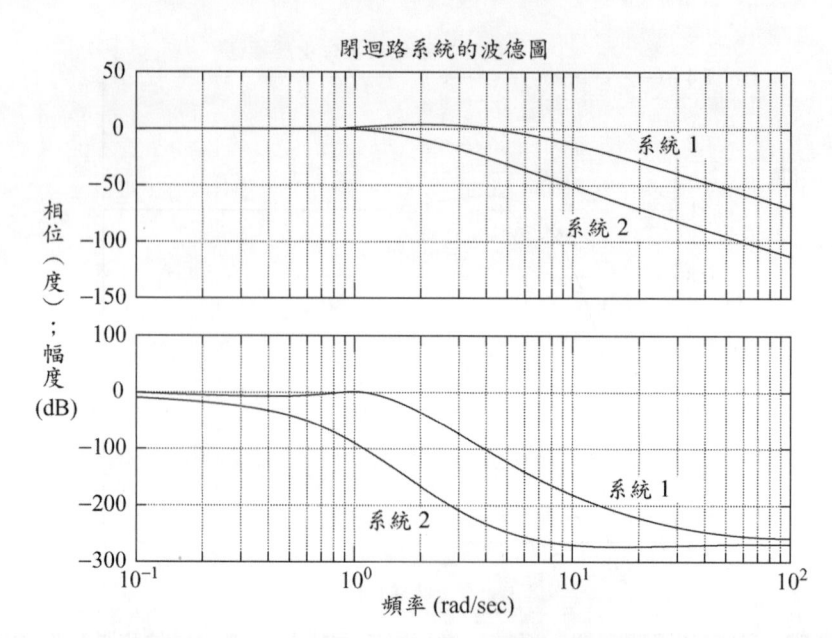

圖 10-34 閉迴路系統 1 的波德圖 (如圖 10-29) 及閉迴路系統 2 的波德圖 (如圖 10-31)

3. 施行極點安置設計系統時，需要同時考慮好幾組閉迴路的極點，再經由響應曲線的比較，選擇出最好的一組。

4. 具有觀察器－控制器時，因為觀察器的極點選擇遠離 s 平面左邊，其頻寬一般比較大。頻寬較大會造成高頻雜訊介入的問題。

5. 系統加入觀察器時一般會使得穩定度的邊際值降低。在某些情形，觀察器控制器具有 s 平面右邊的零點，意味著觀察器－控制器係為穩定，但非極小相位。在另外的情形，觀察器控制器具有 s 平面右邊的極點──意味著觀察器－控制器係為不穩定。

6. 當系統做極點安置結合觀察器設計時，穩定度的邊際值 (相角及幅度邊際值) 須要一再地利用頻率響應法檢查之。如果系統的穩定度邊際值不佳，則當系統的數學模型存在有不確定時，所設計的系統有可能變得不穩定。

7. 注意到對於 n-階系統，利用古典設計法 (根軌跡法及頻率響應法) 可以得到階次較低的補償器 (一階或二階)。對於一個 n-階的系統，因為觀察器－控制器係為 n-階 [或使用最小階觀察器時的 $(N-m)$ 階] 則設計出來的總系統為 $2n$-階 [或 $(2n-m)$ 階]。因為低階的補償器比高階的補償器便宜，因此設計時先嘗試低階的補償器，如果所得的補償器不適合表現要求，再做本章所討論的極點安置結合觀察器之設計。

10-8 二次平方最佳化調整器系統

二次平方最佳化調整器設計比極點安置設計法的好處在於，前者使用了系統化的方式計算出狀態回饋控制增益矩陣。

二次平方最佳化調整器系統題目 現在考慮最佳化調整器系統題目，系統的方程式為

$$\dot{\mathbf{x}} = \mathbf{A}\mathbf{x} + \mathbf{B}\mathbf{u} \tag{10-112}$$

現在要設計矩陣 **K** 使得最佳化控制向量

$$\mathbf{u}(t) = -\mathbf{K}\mathbf{x}(t) \tag{10-113}$$

可以使得以下的性能表現指數

$$J = \int_0^\infty (\mathbf{x}^*\mathbf{Q}\mathbf{x} + \mathbf{u}^*\mathbf{R}\mathbf{u})\, dt \tag{10-114}$$

其中 **Q** 為正定 (或半正定) 赫密胥 (Hermitian) 或實對稱矩陣，且 **R** 為正定赫密胥或實對稱矩陣。注意到 (10-114) 式的右邊各項涵蓋了控制信號所需能量之花費。矩陣 **Q** 及 **R** 用來決定誤差及能量花費之間的相對重要性。此題目中，假設控制向量 $\mathbf{u}(t)$ 不受限制。

往後我們將證明，(10-113) 式所示的線性控制律即為最佳控制律。所以，當矩陣 **K** 的未知元素一經決定，使得性能表現指數達到最小後，$\mathbf{u}(t) = -\mathbf{K}\mathbf{x}(t)$ 就是對於任何初始狀態 $\mathbf{x}(0)$ 的最佳控制律。圖 10-35 所示為最佳控制結構的方塊圖。

現在我們要解出最佳化題目。將 (10-113) 式代入 (10-112) 式，可得

$$\dot{\mathbf{x}} = \mathbf{A}\mathbf{x} - \mathbf{B}\mathbf{K}\mathbf{x} = (\mathbf{A} - \mathbf{B}\mathbf{K})\mathbf{x}$$

圖 10-35　最佳化調整器系統

在以下的推導中，假設矩陣 $\mathbf{A} - \mathbf{BK}$ 為穩定，或者 $\mathbf{A} - \mathbf{BK}$ 的特徵值皆具有負實數部分。

將 (10-113) 式代入 (10-114) 式，可得

$$J = \int_0^\infty (\mathbf{x}^*\mathbf{Q}\mathbf{x} + \mathbf{x}^*\mathbf{K}^*\mathbf{RKx})\,dt$$

$$= \int_0^\infty \mathbf{x}^*(\mathbf{Q} + \mathbf{K}^*\mathbf{RK})\mathbf{x}\,dt$$

令

$$\mathbf{x}^*(\mathbf{Q} + \mathbf{K}^*\mathbf{RK})\mathbf{x} = -\frac{d}{dt}(\mathbf{x}^*\mathbf{P}\mathbf{x})$$

其中 $\mathbf{P}$ 為正定赫密胥或實對稱矩陣。則可得

$$\mathbf{x}^*(\mathbf{Q} + \mathbf{K}^*\mathbf{RK})\mathbf{x} = -\dot{\mathbf{x}}^*\mathbf{P}\mathbf{x} - \mathbf{x}^*\mathbf{P}\dot{\mathbf{x}} = -\mathbf{x}^*\big[(\mathbf{A} - \mathbf{BK})^*\mathbf{P} + \mathbf{P}(\mathbf{A} - \mathbf{BK})\big]\mathbf{x}$$

比較上式的左右二邊，因為此方程式對於任意 $\mathbf{x}$ 皆成立，故需

$$(\mathbf{A} - \mathbf{BK})^*\mathbf{P} + \mathbf{P}(\mathbf{A} - \mathbf{BK}) = -(\mathbf{Q} + \mathbf{K}^*\mathbf{RK}) \quad (10\text{-}115)$$

可以證明得知，如果 $\mathbf{A} - \mathbf{BK}$ 為穩定矩陣，則必存在正定矩陣 $\mathbf{P}$ 以滿足 (10-115) 式。(參見例題 A-10-15。)

因此，剩下來的問題是由 (10-115) 式求出矩陣 $\mathbf{P}$ 的元素，使此矩陣滿足正定條件。(對於穩定的系統，可以滿足此方程式的矩陣 $\mathbf{P}$ 可以有很多個。亦即，如果我們解出此方程式，且找到一個正定矩陣 $\mathbf{P}$，則此系統係屬穩定的。其他滿足此方程式的矩陣 $\mathbf{P}$ 但不是正定的話，則需將之捨棄。)

性能表現指數 J 可計算如下

$$J = \int_0^\infty \mathbf{x}^*(\mathbf{Q} + \mathbf{K}^*\mathbf{R}\mathbf{K})\mathbf{x}\, dt = -\mathbf{x}^*\mathbf{P}\mathbf{x}\Big|_0^\infty$$
$$= -\mathbf{x}^*(\infty)\mathbf{P}\mathbf{x}(\infty) + \mathbf{x}^*(0)\mathbf{P}\mathbf{x}(0)$$

因為 $\mathbf{A} - \mathbf{B}\mathbf{K}$ 的特徵值皆假定為具有負實數部分，即 $\mathbf{x}(\infty) \to \mathbf{0}$。所以可得

$$J = \mathbf{x}^*(0)\mathbf{P}\mathbf{x}(0) \qquad (10\text{-}116)$$

因此，性能表現指數 J 可表達成為初始條件 $\mathbf{x}(0)$ 及 $\mathbf{P}$ 的表示式。

欲求得二次平方最佳化控制題目的解答，其解法如下：因為假設 $\mathbf{R}$ 為正定赫密胥或實對稱矩陣，因此可寫出

$$\mathbf{R} = \mathbf{T}^*\mathbf{T}$$

其中 $\mathbf{T}$ 為非奇異矩陣。則 (10-115) 式可以寫成

$$(\mathbf{A}^* - \mathbf{K}^*\mathbf{B}^*)\mathbf{P} + \mathbf{P}(\mathbf{A} - \mathbf{B}\mathbf{K}) + \mathbf{Q} + \mathbf{K}^*\mathbf{T}^*\mathbf{T}\mathbf{K} = 0$$

再重寫成為

$$\mathbf{A}^*\mathbf{P} + \mathbf{P}\mathbf{A} + [\mathbf{T}\mathbf{K} - (\mathbf{T}^*)^{-1}\mathbf{B}^*\mathbf{P}]^*[\mathbf{T}\mathbf{K} - (\mathbf{T}^*)^{-1}\mathbf{B}^*\mathbf{P}]$$
$$- \mathbf{P}\mathbf{B}\mathbf{R}^{-1}\mathbf{B}^*\mathbf{P} + \mathbf{Q} = 0$$

欲使性能表現指數 J 對於 $\mathbf{K}$ 最小化，則需使下式對於 $\mathbf{K}$ 達到最小

$$\mathbf{x}^*[\mathbf{T}\mathbf{K} - (\mathbf{T}^*)^{-1}\mathbf{B}^*\mathbf{P}]^*[\mathbf{T}\mathbf{K} - (\mathbf{T}^*)^{-1}\mathbf{B}^*\mathbf{P}]\mathbf{x}$$

(參見例題 A-10-16。) 因為上式為非負定，上式最小值發生於零，或

$$\mathbf{T}\mathbf{K} = (\mathbf{T}^*)^{-1}\mathbf{B}^*\mathbf{P}$$

所以，

$$\mathbf{K} = \mathbf{T}^{-1}\mathbf{T}^{*\,-1}\mathbf{B}^*\mathbf{P} = \mathbf{R}^{-1}\mathbf{B}^*\mathbf{P} \qquad (10\text{-}117)$$

(10-117) 式即為最佳矩陣 $\mathbf{K}$。所以在 (10-114) 式的性能表現指數 J，二次平方最佳控制題目之最佳控制律為

$$\mathbf{u}(t) = -\mathbf{K}\mathbf{x}(t) = -\mathbf{R}^{-1}\mathbf{B}^*\mathbf{P}\mathbf{x}(t)$$

其中 (10-117) 式的矩陣 **P** 必須滿足 (10-115) 式，或以下的方程式；

$$\mathbf{A}^*\mathbf{P} + \mathbf{P}\mathbf{A} - \mathbf{P}\mathbf{B}\mathbf{R}^{-1}\mathbf{B}^*\mathbf{P} + \mathbf{Q} = \mathbf{0} \tag{10-118}$$

(10-118) 式稱為簡化雷卡弟 (Riccati) 矩陣方程式。設計之步驟陳述於下：

1. 由 (10-118) 式簡化雷卡弟矩陣方程式解出矩陣 **P**。[如果正定矩陣 **P** 存在 (有些系統也許無正定矩陣 **P** 存在)，則系統為穩定，或矩陣 **A** − **BK** 為穩定。]
2. 將此矩陣 **P** 代入 (10-117) 式。所得的矩陣 **K** 即是最佳矩陣。

例題 10-9 的設計題目即是建立於此方法。注意，如果矩陣 **A** − **BK** 為穩定，則此方法通常可以得到正確的結果。

最後，如果性能表現指數與輸出向量有關，而非狀態向量，亦即

$$J = \int_0^\infty (\mathbf{y}^*\mathbf{Q}\mathbf{y} + \mathbf{u}^*\mathbf{R}\mathbf{u})\,dt$$

則性能表現指數須使用以下的輸出方程式

$$\mathbf{y} = \mathbf{C}\mathbf{x}$$

修正成為

$$J = \int_0^\infty (\mathbf{x}^*\mathbf{C}^*\mathbf{Q}\mathbf{C}\mathbf{x} + \mathbf{u}^*\mathbf{R}\mathbf{u})\,dt \tag{10-119}$$

而此節裡所述的設計步驟亦可以用來得到最佳矩陣 **K**。

例題 10-9

考慮如圖 10-36 的系統。假設控制信號為

$$u(t) = -\mathbf{K}\mathbf{x}(t)$$

試求最佳回饋增益矩陣 **K** 使得以下的性能表現指數為最小：

$$J = \int_0^\infty (\mathbf{x}^T\mathbf{Q}\mathbf{x} + u^2)\,dt$$

其中

$$\mathbf{Q} = \begin{bmatrix} 1 & 0 \\ 0 & \mu \end{bmatrix} \quad (\mu \geq 0)$$

由圖 10-36，可得受控本體的狀態方程式為

$$\dot{\mathbf{x}} = \mathbf{A}\mathbf{x} + \mathbf{B}u$$

其中

$$\mathbf{A} = \begin{bmatrix} 0 & 1 \\ 0 & 0 \end{bmatrix}, \quad \mathbf{B} = \begin{bmatrix} 0 \\ 1 \end{bmatrix}$$

我們要展示使用簡化雷卡弟方程式設計最佳控制系統。現在我們解 (10-118) 式，寫成

$$\mathbf{A}^*\mathbf{P} + \mathbf{P}\mathbf{A} - \mathbf{P}\mathbf{B}\mathbf{R}^{-1}\mathbf{B}^*\mathbf{P} + \mathbf{Q} = 0$$

注意，$\mathbf{A}$ 為實數矩陣且 $\mathbf{Q}$ 為矩陣，因此矩陣 $\mathbf{P}$ 亦為實對稱。因此，上式可重寫成

$$\begin{bmatrix} 0 & 0 \\ 1 & 0 \end{bmatrix} \begin{bmatrix} p_{11} & p_{12} \\ p_{12} & p_{22} \end{bmatrix} + \begin{bmatrix} p_{11} & p_{12} \\ p_{12} & p_{22} \end{bmatrix} \begin{bmatrix} 0 & 1 \\ 0 & 0 \end{bmatrix}$$

$$- \begin{bmatrix} p_{11} & p_{12} \\ p_{12} & p_{22} \end{bmatrix} \begin{bmatrix} 0 \\ 1 \end{bmatrix} [1][0 \quad 1] \begin{bmatrix} p_{11} & p_{12} \\ p_{12} & p_{22} \end{bmatrix}$$

$$+ \begin{bmatrix} 1 & 0 \\ 0 & \mu \end{bmatrix} = \begin{bmatrix} 0 & 0 \\ 0 & 0 \end{bmatrix}$$

此式可再簡化為

$$\begin{bmatrix} 0 & 0 \\ p_{11} & p_{12} \end{bmatrix} + \begin{bmatrix} 0 & p_{11} \\ 0 & p_{12} \end{bmatrix} - \begin{bmatrix} p_{12}^2 & p_{12}p_{22} \\ p_{12}p_{22} & p_{22}^2 \end{bmatrix} + \begin{bmatrix} 1 & 0 \\ 0 & \mu \end{bmatrix} = \begin{bmatrix} 0 & 0 \\ 0 & 0 \end{bmatrix}$$

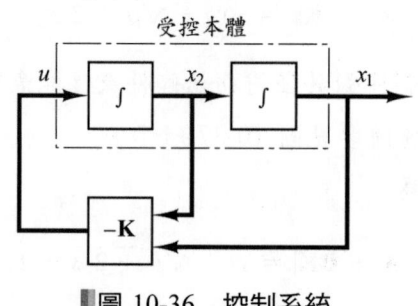

圖 10-36　控制系統

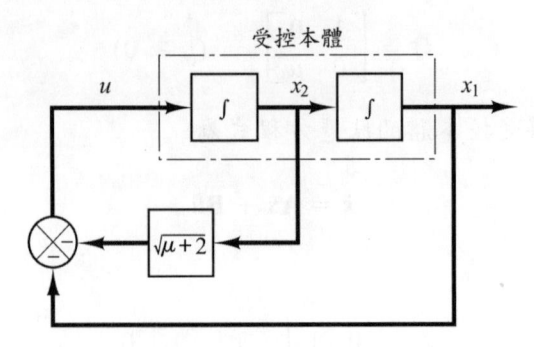

圖 10-37　圖 10-36 受控本體的最佳控制

由此可得以下三個方程式：

$$1 - p_{12}^2 = 0$$
$$p_{11} - p_{12}p_{22} = 0$$
$$\mu + 2p_{12} - p_{22}^2 = 0$$

聯立解得 P_{11}、P_{12} 及 P_{22}，且 $\mathbf{P}$ 為正定，可得

$$\mathbf{P} = \begin{bmatrix} p_{11} & p_{12} \\ p_{12} & p_{22} \end{bmatrix} = \begin{bmatrix} \sqrt{\mu + 2} & 1 \\ 1 & \sqrt{\mu + 2} \end{bmatrix}$$

參見 (10-117) 式，最佳狀態回饋增益矩陣 $\mathbf{K}$ 可得出為

$$\mathbf{K} = \mathbf{R}^{-1}\mathbf{B}^*\mathbf{P}$$
$$= [1][0 \quad 1]\begin{bmatrix} p_{11} & p_{12} \\ p_{12} & p_{22} \end{bmatrix}$$
$$= \begin{bmatrix} p_{12} & p_{22} \end{bmatrix}$$
$$= \begin{bmatrix} 1 & \sqrt{\mu + 2} \end{bmatrix}$$

因此，最佳控制信號為

$$u = -\mathbf{K}\mathbf{x} = -x_1 - \sqrt{\mu + 2}\, x_2 \tag{10-120}$$

注意 (10-120) 式的控制律對於任何初始條件及性能表現指數下，皆為最佳之結果。此系統的方塊圖參見圖 10-37 所示。

因為特性方程式為

$$|s\mathbf{I} - \mathbf{A} + \mathbf{B}\mathbf{K}| = s^2 + \sqrt{\mu + 2}\, s + 1 = 0$$

若 $\mu = 1$，二個閉迴路極點位於

$$s = -0.866 + j\,0.5, \quad s = -0.866 - j\,0.5$$

此極為當 $\mu = 1$ 時對應所需的閉迴路極點。

以 MATLAB 解二次平方最佳化調整器系統　MATLAB 指令

$$\text{lqr(A,B,Q,R)}$$

可以解出線性連續時間的二次平方調整器題目，以及所相關的雷卡弟方程式。此指令可以解出最佳狀態回饋增益矩陣 **K**，使得狀態回饋控制律

$$u = -\mathbf{Kx}$$

使得以下的性能表現指數為最小，

$$J = \int_0^\infty (\mathbf{x^*Qx + u^*Ru})\,dt$$

其針對的限制方程式為

$$\dot{\mathbf{x}} = \mathbf{Ax + Bu}$$

其他的指令

$$\text{[K,P,E] = lqr(A,B,Q,R)}$$

則可求出增益矩陣 **K**，特徵值向量 **E**，及所相關雷卡弟方程式的唯一解正定矩陣 **P** 如下：

$$\mathbf{PA + A^*P - PBR^{-1}B^*P + Q = 0}$$

如果矩陣 $\mathbf{A - BK}$ 係為穩定矩陣，則正定矩陣解 **P** 永遠存在。特徵值向量 **E** 即為 $\mathbf{A - BK}$ 的閉迴路極點。

　　對於某些系統而言，有時不管如何選擇 **K**，$\mathbf{A - BK}$ 還是不可能變成穩定。在此種情況下，相關雷卡弟方程式的正定矩解 **P** 之解是不存在的。此情形下，指令

$$K = lqr(A,B,Q,R)$$

$$[K,P,E] = lqr(A,B,Q,R)$$

得不到解答。參見 MATLAB 程式 10-18。

例題 10-10

考慮如下定義系統

$$\begin{bmatrix} \dot{x}_1 \\ \dot{x}_2 \end{bmatrix} = \begin{bmatrix} -1 & 1 \\ 0 & 2 \end{bmatrix} \begin{bmatrix} x_1 \\ x_2 \end{bmatrix} + \begin{bmatrix} 1 \\ 0 \end{bmatrix} u$$

試證明不管如何選擇 **K**，不可能利用以下的回饋控制律

$$u = -\mathbf{K}\mathbf{x}$$

使得系統穩定化。(注意到，此系統為不可狀態控制。)

定義

$$\mathbf{K} = \begin{bmatrix} k_1 & k_2 \end{bmatrix}$$

則

$$\mathbf{A} - \mathbf{B}\mathbf{K} = \begin{bmatrix} -1 & 1 \\ 0 & 2 \end{bmatrix} - \begin{bmatrix} 1 \\ 0 \end{bmatrix} \begin{bmatrix} k_1 & k_2 \end{bmatrix}$$

$$= \begin{bmatrix} -1 - k_1 & 1 - k_2 \\ 0 & 2 \end{bmatrix}$$

所以，特性方程式變成

$$|s\mathbf{I} - \mathbf{A} + \mathbf{B}\mathbf{K}| = \begin{vmatrix} s + 1 + k_1 & -1 + k_2 \\ 0 & s - 2 \end{vmatrix}$$

$$= (s + 1 + k_1)(s - 2) = 0$$

閉迴路極點為

$$s = -1 - k_1, \quad s = 2$$

因為極點 $s = 2$ 在右半 s 平面，因此不管如何選擇 **K**，系統是不可能穩定的。所以二次平方最佳控制技術不可以施用於此系統。

控制系統的狀態空間設計

讓我們假設在二次平方性能指數中，相關的矩陣 **Q** 及 **R** 為

$$\mathbf{Q} = \begin{bmatrix} 1 & 0 \\ 0 & 1 \end{bmatrix}, \quad R = [1]$$

並寫 MATLAB 程式 10-18。由 MATLAB 可得解答為

$$K = [\text{NaN} \quad \text{NaN}]$$

(NaN 意味「不是數字」) 如果二次平方最佳化控制題目的解答無法存在，則利用 MATLAB 得到矩陣 **K** 的解答為 NaN。

MATLAB　程式 10-18

```
% ---------- Design of quadratic optimal regulator system ----------
A = [-1 1;0 2];
B = [1;0];
Q = [1 0;0 1];
R = [1];
K = lqr(A,B,Q,R)

Warning: Matrix is singular to working precision.

K =
    NaN  NaN

% ***** If we enter the command [K,P,E] = lqr(A,B,Q,R), then *****

[K,P,E] = lqr(A,B,Q,R)

Warning: Matrix is singular to working precision.

K =
    NaN  NaN
P =
   -Inf  -Inf
   -Inf  -Inf
E =
   -2.0000
   -1.4142
```

例題 10-11

考慮如下定義系統

$$\dot{x} = Ax + Bu$$

其中

$$A = \begin{bmatrix} 0 & 1 \\ 0 & -1 \end{bmatrix}, \quad B = \begin{bmatrix} 0 \\ 1 \end{bmatrix}$$

性能表現指數 J 為

$$J = \int_0^\infty (x'Qx + u'Ru)\, dt$$

式中

$$Q = \begin{bmatrix} 1 & 0 \\ 0 & 1 \end{bmatrix}, \quad R = [1]$$

假設我們使用以下的控制 u，

$$u = -Kx$$

試求出最佳的狀態回饋增益矩陣 K。

解出以下相關雷卡弟方程式的正定矩陣解 P，即可得到最佳的狀態回饋增益矩陣 K：

$$A'P + PA - PBR^{-1}B'P + Q = 0$$

其結果為

$$P = \begin{bmatrix} 2 & 1 \\ 1 & 1 \end{bmatrix}$$

將此矩解 P 代入以下的方程式即可得出最佳矩陣 K：

$$\begin{aligned} K &= R^{-1}B'P \\ &= [1][0 \; 1]\begin{bmatrix} 2 & 1 \\ 1 & 1 \end{bmatrix} = [1 \; 1] \end{aligned}$$

因此,最佳控制信號為

$$u = -\mathbf{K}\mathbf{x} = -x_1 - x_2$$

此題目之解亦可利用 MATLAB 程式 10-19 為之。

MATLAB 程式 10-19

% ---------- Design of quadratic optimal regulator system ----------
A = [0 1;0 -1];
B = [0;1];
Q = [1 0; 0 1];
R = [1];
K = lqr(A,B,Q,R)
K =
    1.0000   1.0000

例題 10-12

考慮如下定義系統

$$\dot{\mathbf{x}} = \mathbf{A}\mathbf{x} + \mathbf{B}u$$

其中

$$\mathbf{A} = \begin{bmatrix} 0 & 1 & 0 \\ 0 & 0 & 1 \\ -35 & -27 & -9 \end{bmatrix}, \quad \mathbf{B} = \begin{bmatrix} 0 \\ 0 \\ 1 \end{bmatrix}$$

性能表現指數 J 為

$$J = \int_0^\infty (\mathbf{x}'\mathbf{Q}\mathbf{x} + u'Ru)\,dt$$

式中

$$\mathbf{Q} = \begin{bmatrix} 1 & 0 & 0 \\ 0 & 1 & 0 \\ 0 & 0 & 1 \end{bmatrix}, \quad R = [1]$$

試求出相關雷卡弟方程式的正定矩陣 **P** 解答，最佳的狀態回饋增益矩陣 **K**，及矩陣 **A** − **BK** 的特徵值。

利用 MATLAB 程式 10-20 即可以解出此題目。

MATLAB 程式 10-20

% ---------- Design of quadratic optimal regulator system ----------
A = [0 1 0;0 0 1;-35 -27 -9];
B = [0;0;1];
Q = [1 0 0;0 1 0;0 0 1];
R = [1];
[K,P,E] = lqr(A,B,Q,R)

K =

    0.0143   0.1107   0.0676

P =

    4.2625   2.4957   0.0143
    2.4957   2.8150   0.1107
    0.0143   0.1107   0.0676

E =

  -5.0958
  -1.9859 + 1.7110i
  -1.9859 - 1.7110i

其次，求出此調整器系統在以下的初始條件 $\mathbf{x}(0)$ 下，造成的響應：

$$\mathbf{x}(0) = \begin{bmatrix} 1 \\ 0 \\ 0 \end{bmatrix}$$

使用狀態回饋 $u = -\mathbf{Kx}$，則系統的狀態方程式變成

$$\dot{\mathbf{x}} = \mathbf{Ax} + \mathbf{B}u = (\mathbf{A} - \mathbf{BK})\mathbf{x}$$

則可得系統 sys，定義為

```
sys = ss(A-B*K, eye(3), eye(3), eye(3))
```

利用 MATLAB 程式 10-21 可以產生給予初始條件造成的響應。響應曲線請參見圖 10-38。

MATLAB 程式 10-21

```
% Response to initial condition.
A = [0 1 0;0 0 1;-35 -27 -9];
B = [0;0;1];
K = [0.0143  0.1107  0.0676];
sys = ss(A-B*K, eye(3),eye(3),eye(3));
t = 0:0.01:8;
x = initial(sys,[1;0;0],t);
x1 = [1 0 0]*x';
x2 = [0 1 0]*x';
X3 = [0 0 1]*x';

subplot(2,2,1); plot(t,x1); grid
xlabel('t (sec)'); ylabel('x1')

subplot(2,2,2); plot(t,x2); grid
xlabel('t (sec)'); ylabel('x2')

subplot(2,2,3); plot(t,x3); grid
xlabel('t (sec)'); ylabel('x3')
```

例題 10-13

考慮如圖 10-39 的系統。受控本體之狀態方程式定義為：

$$\dot{\mathbf{x}} = \mathbf{A}\mathbf{x} + \mathbf{B}u$$
$$y = \mathbf{C}\mathbf{x} + Du$$

其中

$$\mathbf{A} = \begin{bmatrix} 0 & 1 & 0 \\ 0 & 0 & 1 \\ 0 & -2 & -3 \end{bmatrix}, \quad \mathbf{B} = \begin{bmatrix} 0 \\ 0 \\ 1 \end{bmatrix}, \quad \mathbf{C} = [1 \ 0 \ 0], \quad D = [0]$$

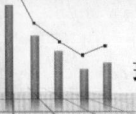

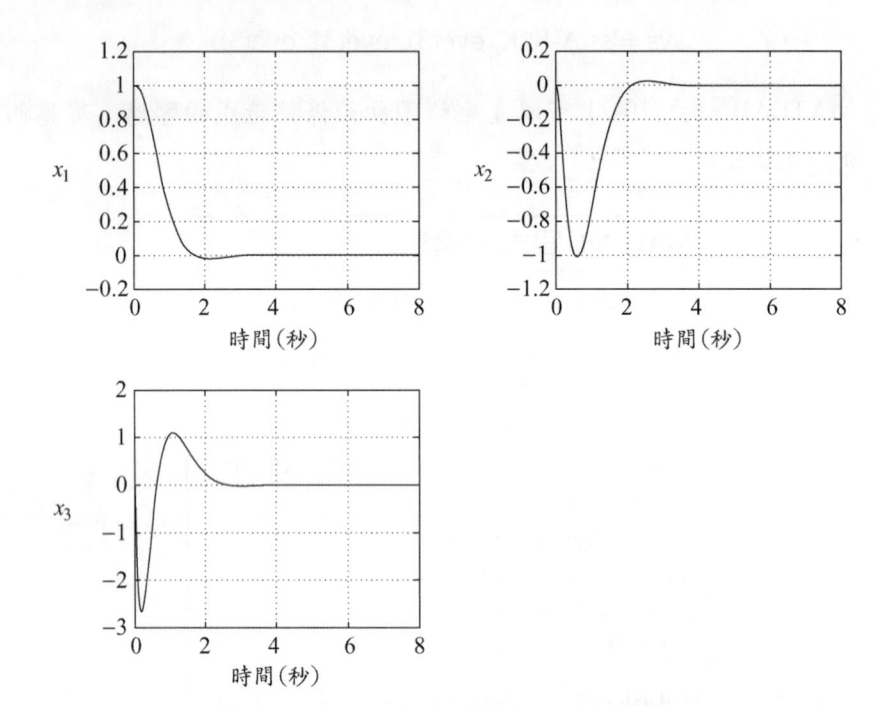

圖 10-38　初始條件造成的響應曲線

控制信號 u 為

$$u = k_1(r - x_1) - (k_2 x_2 + k_3 x_3) = k_1 r - (k_1 x_1 + k_2 x_2 + k_3 x_3)$$

在求取最佳控制律時，先假設輸入為零，即 $r = 0$。

現在我們要決定狀態回饋增益矩陣 $\mathbf{K}$，其為

$$\mathbf{K} = \begin{bmatrix} k_1 & k_2 & k_3 \end{bmatrix}$$

使得以下的性能表現指數達到最小：

$$J = \int_0^\infty (\mathbf{x}'\mathbf{Q}\mathbf{x} + u'Ru)\,dt$$

其中

$$\mathbf{Q} = \begin{bmatrix} q_{11} & 0 & 0 \\ 0 & q_{22} & 0 \\ 0 & 0 & q_{33} \end{bmatrix}, \quad R = 1, \quad \mathbf{x} = \begin{bmatrix} x_1 \\ x_2 \\ x_3 \end{bmatrix} = \begin{bmatrix} y \\ \dot{y} \\ \ddot{y} \end{bmatrix}$$

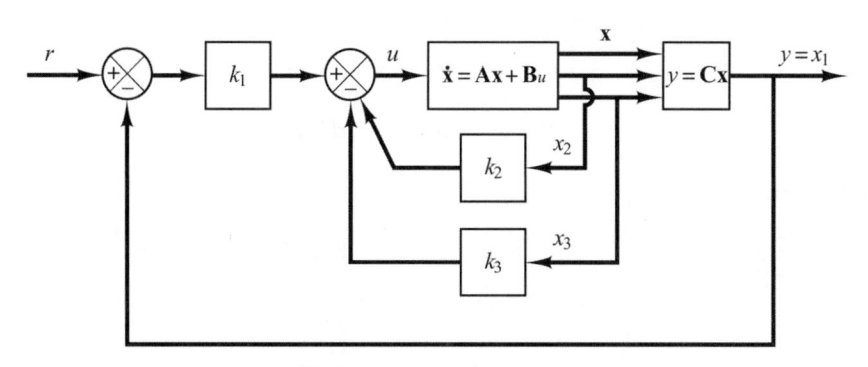

▎圖 10-39　控制系統

欲使得響應快速，則與 q_{22}、q_{33}、R 比較之下，q_{11} 應該使用得足夠大。在此題目中，可以選擇

$$q_{11} = 100, \quad q_{22} = q_{33} = 1, \quad R = 0.01$$

我們可以使用以下的 MATLAB 指令解答此題目：

$$K = lqr(A,B,Q,R)$$

此題目的解答請參見 MATLAB 程式 10-22。

MATLAB 程式 10-22

```
% ---------- Design of quadratic optimal control system ----------
A = [0 1 0;0 0 1;0 -2 -3];
B = [0;0;1];
Q = [100 0 0;0 1 0;0 0 1];
R = [0.01];
K = lqr(A,B,Q,R)
K =
    100.0000    53.1200    11.6711
```

再來，我們要檢查在應用所決定的矩陣 **K** 設計的系統產生的步階響應。設計出來系統的狀態方程式為

$$\dot{\mathbf{x}} = \mathbf{A}\mathbf{x} + \mathbf{B}u$$
$$= \mathbf{A}\mathbf{x} + \mathbf{B}(-\mathbf{K}\mathbf{x} + k_1 r)$$
$$= (\mathbf{A} - \mathbf{B}\mathbf{K})\mathbf{x} + \mathbf{B}k_1 r$$

其輸出方程式為

$$y = \mathbf{C}\mathbf{x} = \begin{bmatrix} 1 & 0 & 0 \end{bmatrix} \begin{bmatrix} x_1 \\ x_2 \\ x_3 \end{bmatrix}$$

欲求得步階響應，可使用如下指令：

$$[y,x,t] = \text{step}(AA,BB,CC,DD)$$

其中

$$AA = \mathbf{A} - \mathbf{B}\mathbf{K}, \quad BB = \mathbf{B}k_1, \quad CC = \mathbf{C}, \quad DD = D$$

MATLAB 程式 10-23 可產生此設計系統的步階響應。圖 10-40 所示為 x_1、x_2 及 x_3 對 t 同時顯示於同一張圖之響應曲線。

MATLAB 程式 10-23

```
% ---------- Unit-step response of designed system ----------
A = [0 1 0;0 0 1;0 -2 -3];
B = [0;0;1];
C = [1 0 0];
D = [0];
K = [100.0000  53.1200  11.6711];
k1 = K(1); k2 = K(2); k3 = K(3);
% ***** Define the state matrix, control matrix, output matrix,
% and direct transmission matrix of the designed systems as AA,
% BB, CC, and DD *****
AA = A - B*K;
BB = B*k1;
CC = C;
DD = D;
t = 0:0.01:8;
[y,x,t] = step (AA,BB,CC,DD,1,t);
```

```
plot(t,x)
grid
title('Response Curves x1, x2, x3, versus t')
xlabel('t Sec')
ylabel('x1,x2,x3')
text(2.6,1.35,'x1')
text(1.2,1.5,'x2')
text(0.6,3.5,'x3')
```

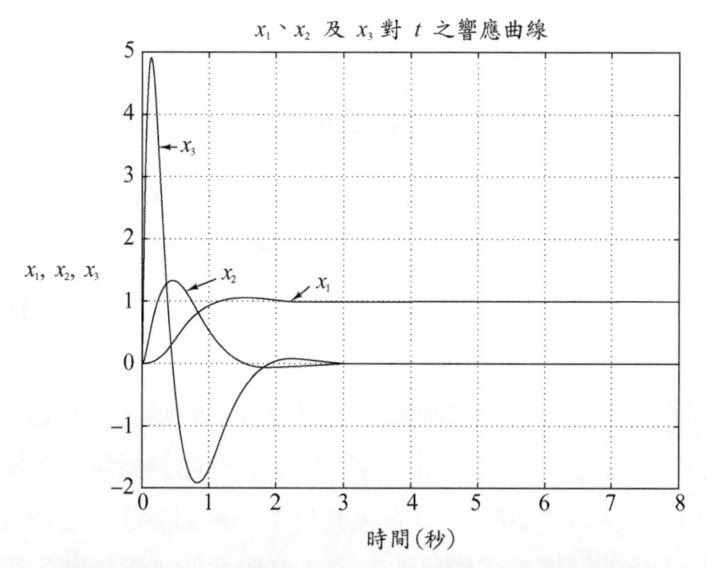

圖 10-40　x_1 對 t、x_2 對 t 及 x_3 對 t 之響應曲線

調整器系統的結論註記

1. 在任何的初始狀態 $\mathbf{x}(t_0)$，最佳化調整器系統之題目在於求取適合的控制向量 $\mathbf{u}(t)$ 以使得狀態轉移至狀態空間的某一需要的區域，且同時使得規定的性能表現指數達到最小值。此系統必須是狀態完全可控制，則最佳控制向量 $\mathbf{u}(t)$ 才可能存在。

2. 最佳系統定義為，可以達到規定的性能表現指數達到最小 (有某些情形下，達到最大)。在實際的應用中，雖然控制器也許與最佳化沒有什麼關聯，重點則是基於二次平方性能表現指數之最佳化可以設計出穩定的系統。

3. 基於二次平方性能表現指數最佳化的最佳控制器之特性係與狀態變數成線性函數之關係，此意味著所有的狀態變數皆須能應用到。亦即，所有的狀態變數悉皆能夠做為回饋之用。如果並非所有的狀態變數皆可以做為回饋，則我們須使用狀態觀察器將未能量測到的狀態變數施行估測，以此估測值擔任最佳控制信號。

注意到，利用二次平方性能表現指數最佳化調整器系統的閉迴路極點為

$$|s\mathbf{I} - \mathbf{A} + \mathbf{BK}| = 0$$

因為所需要的閉迴路極點即為施行極點安置設計時所規定的閉迴路極點。如果使用全階狀態觀察器，則相關的觀察器－控制器之轉移函數如 (10-74) 式；或者，如果使用最小階觀察器，則相關的觀察器－控制器之轉移函數如 (10-108) 式。

4. 在時間領域上設計最佳控制器時，對於雜訊效應之補償必須經由頻率響應特性檢查之。系統的頻率響應特性必須能夠衰減高頻域的雜訊及其中可能存在的共振情形。(在某些情況下欲對雜訊效應做補償，也許要對最佳化的結構方式做修改，或者修改性能表現指數，容許次佳的性能指數。)

5. 如果如 (10-114) 式的性能表現指數 J 之積分上限為有限值，其最佳控制向量仍舊是狀態變數的線性關係，但是係數則為時間變化函數。(此時最佳控制向量的決定牽涉到最佳時間變化的矩陣。)

10-9 強韌控制系統

假設我們要對某一個物件 (例如，某一彈性手臂系統) 設計一個控制系統。設計一個控制系統的第一步驟是根據物理定律得到此物件的數學模型。但是通常一個系統的數學模型是非線性的，且其中參數可能有分散式之情形。這種模型是很難分析的。我們須要以線性常係數的系統以充分地近似

真實的物件。注意到，就算是用以達成設計目的之模型是很簡單的，此模型必須包含實際物件之本質固有的特性。假設我們欲得到一系統以充分地近似真實的物件，我們得找到簡化的模型做控制系統的設計，如此所得到補償器之階數才可能盡量的低。因此，控制物件 (不管是什麼東西) 的模型在施行模型化的過程中可能有誤差存在。做頻率響應法的控制系統設計時，我們係以相角及增益邊際值處理模型的誤差。但是，使用狀態空間法時，基於受控本體的微分方程式，在設計程序中則無所謂的「邊際值」可供依據。

因為實際的受控本體與設計所使用的模型之間有差別，因此基於此模型設計出來的控制器是否仍舊可以滿意地適用於真實的本體，這是值得懷疑的。從 1980 年以來發展的強韌控制理論即是用來確保此情況的成立。

使用強韌控制理論時，我們假設用來設計控制系統的模型具有模型誤差。本節裡要針對此理論做簡介。基本上，我們假設實際的受控本體與數學模型之間有不確定性或誤差，在控制設計程序中將此不確定性或誤差包含進去。

基於強韌控制理論的系統設計將處理以下特性：

(1) **強韌穩定性**　設計的控制系統在擾變下仍舊能夠保持穩定。
(2) **強韌表現**　控制系統在擾變下仍舊能夠表現出規定的響應。

所發展的理論須要考慮到基於頻率響應的分析及時間領域的分析。因為相關於強韌控制理論的數學非常複雜，強韌控制理論的討論是超出高年級工程系學生的學習範圍的。本節裡只是做基本強韌控制理論的介紹。

受控本體動態的不確定性元件　本體的模型及其實際受控本體之間的差異即是所謂的 *不確定性* (uncertainty)。

存在於實際系統中的不確定性元件可以分類為 *結構式* (structured) 不確定性與 *非結構式* (unstructured) 不確定性二種。在受控本體中的參數變化，例如受控本體轉移函數中的極點與零點的變異，即是結構式不確定性之一例。非結構式不確定性的例子包含了與頻率相依的確定性，例如做本體動態的模型化時，高頻的響應模式常被忽略掉。例如，在某一彈性手臂系統的模型化中，其模型可能包含了有限個數的振盪模型。做模型化時沒有考

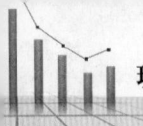

慮到的振盪模式即是系統的不確定性。另一例是，將非線性系統做線性化近似也產生了不確定性。如果真實的本體是非線性，而以線性模型描述，則其間之差異即是非結構式不確定性。

本節中我們要考慮非結構式不確定性之情況。此外，我們也要假定受控本體中只有一個不確定性。(有些受控本體中也許有許多個不確定性。)

在強韌控制理論中，我們將非結構式不確定性定義為 $\Delta(s)$。由於不可能對 $\Delta(s)$ 做完整的描述 (在幅度及相位的特性上)，所以我們須對 $\Delta(s)$ 做估測，且以此估測設計控制器使得控制系統達到穩定。具有非結構式不確定性系統的穩定度可利用小增益定理檢查之，其與下述定義的 H_∞ 範數有關聯。

H_∞ 範數　一個單一輸入單一輸出穩定系統的 H_∞ 範數定義為在弦波激勵輸入下產生穩態響應之最大放大因素。

對於純量 $\Phi(s)$，$\|\Phi\|_\infty$ 係指 $|\Phi(j\omega)|$ 的最大值，稱為 H_∞ 範數，參見圖 10-41。

在強韌控制理論中，我們以 H_∞ 範數衡量轉移函數的幅度。假設轉移函數 $\Phi(s)$ 為適當穩定。[若 $\Phi(\infty)$ 為有限且存在，則轉移函數 $\Phi(s)$ 稱為適當。如果 $\Phi(\infty) = 0$，則 $\Phi(s)$ 為嚴格適當 (strictly proper)。] $\Phi(s)$ 的 H_∞ 範數定義為

$$\|\Phi\|_\infty = \overline{\sigma}\,[\Phi(j\omega)]$$

$\overline{\sigma}\,[\Phi(j\omega)]$ 即是 $[\Phi(j\omega)]$ 的最大奇異值 (maximum singular value)。($\overline{\sigma}$ 亦即是 σ_{max}。) 注意到，一個轉移函數 Φ 的奇異值定義為

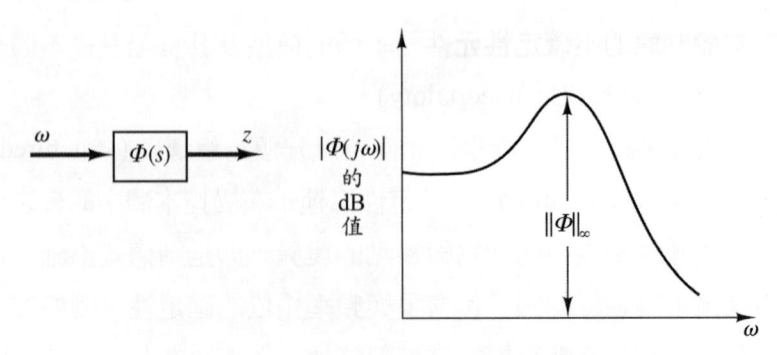

圖 10-41　波德圖及 H_∞ 範數 $\|\Phi\|_\infty$

圖 10-42　閉迴路系統

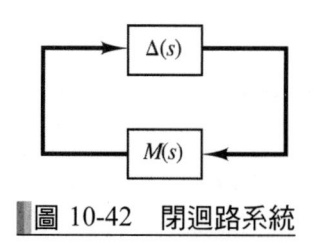

$$\sigma_i(\Phi) = \sqrt{\lambda_i(\Phi^*\Phi)}$$

其中 $\lambda_i(\Phi^*\Phi)$ 係為 $\Phi^*\Phi$ 的第 i 個最大的特徵值，通常是非負值實數。若 $\|\Phi\|_\infty$ 變小則可以使得輸入 w 對於輸出 z 的效應變小。通常我們不使用最大奇異值 $\|\Phi\|_\infty$，而是使用以下的不等式

$$\|\Phi\|_\infty < \gamma$$

因此 $\Phi(s)$ 的幅度可以利用 γ 限制之。欲使 $\|\Phi\|_\infty$ 的幅度減小，可以選擇 γ 非常小以達到 $\|\Phi\|_\infty < \gamma$。

小增益定理　考慮如圖 10-42 的閉迴路系統。圖中 $\Delta(s)$ 及 $M(s)$ 皆為穩定適當轉移函數。

小增益定理之陳述為，如果

$$\|\Delta(s)M(s)\|_\infty < 1$$

則閉迴路系統可以為穩定。亦即，如果 $\Delta(s)\,M(s)$ 的 H_∞ 範數小於 1，則閉迴路系統為穩定。此定理係為奈奎斯特穩度準則的延伸理論。

必須注意到，小增益定理為穩定度的充分條件。亦即，有些系統不滿足此定理的要求，但是仍是穩定的。然而，當系統滿足小增益定理時，此系統必是穩定的。

具有非結構式不確定性的系統　在某些情形下，非結構式不確定性之誤差可視為相乘型式，描述如下

$$\tilde{G} = G(1 + \Delta_m)$$

其中 $\tilde{G}$ 為真實本體系統的動態，而 G 為系統動態的模型。在另一方面，非結構式不確定性之誤差可視為相加型式，描述如下

$$\widetilde{G} = G + \Delta_a$$

上述二種情形中，Δ_m 及 Δ_a 皆是有限值，亦即

$$\|\Delta_m\| < \gamma_m, \qquad \|\Delta_a\| < \gamma_a$$

其中 γ_m 及 γ_a 為二個常數。

例題 10-14

考慮一個具有相乘型非結構式不確定性控制系統。現在我們要考慮系統的強韌穩定性及強韌表現。(例題 A-10-18 為具有相加型非結構式不確定性系統。)

強韌穩定性 我們定義

$\widetilde{G}$ = 真實本體系統的動態
G = 系統動態的模型
Δ_m = 相乘型非結構式不確定性

我們假設 Δ_m 為穩定且其上限值為有界定。並假設 $\widetilde{G}$ 與 G 的關係為

$$\widetilde{G} = G(I + \Delta_m)$$

考慮圖 10-43(a) 的系統。我們要檢查 A 點及 B 點之間的轉移函數。注意，圖 10-43(a) 可以重繪成為圖 10-43(b)。A 點及 B 點之間的轉移函數為

$$\frac{KG}{1 + KG} = (1 + KG)^{-1} KG$$

定義

$$(1 + KG)^{-1} KG = T \tag{10-121}$$

利用 (10-121) 式，可將圖 10-43(b) 重繪成為圖 10-43(c)，可得穩定的條件如下

$$\|\Delta_m T\|_\infty < 1 \tag{10-122}$$

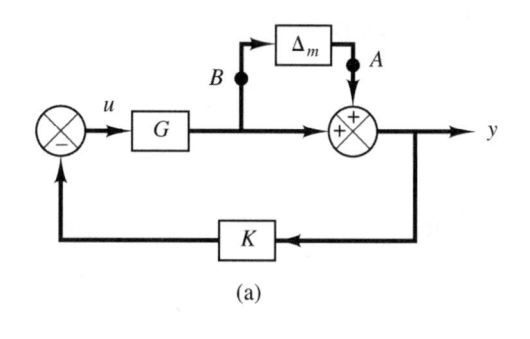

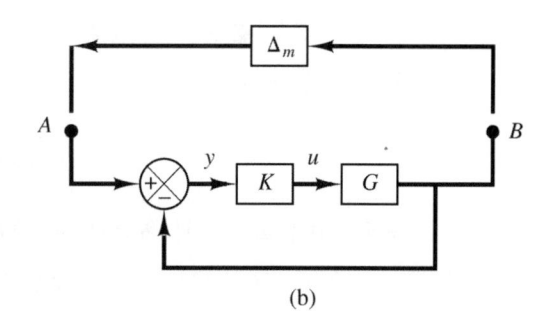

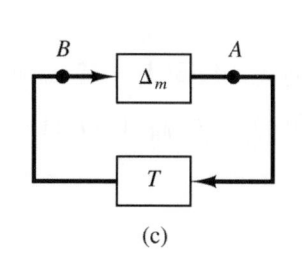

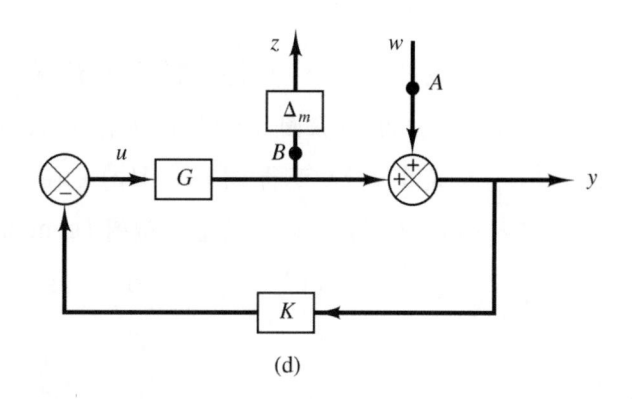

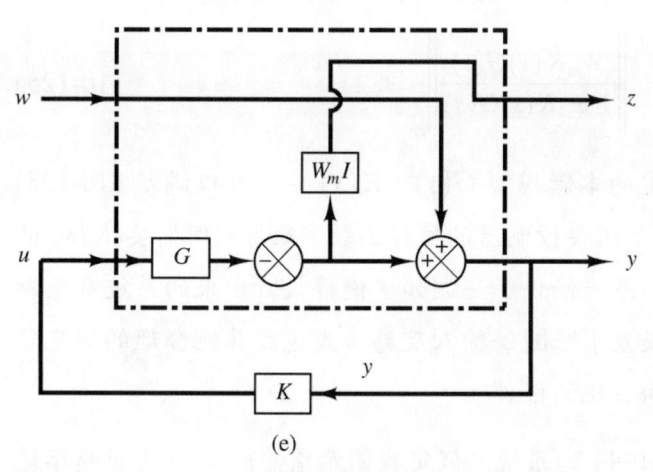

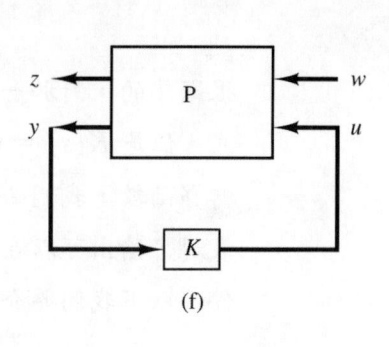

圖 10-43　(a) 具有相乘型非結構式不確定性系統的方塊圖；(b)-(d) 方塊圖 (a) 的逐步修改；(e) 具有相乘型非結構式不確定性一般型本體的方塊圖；(f) 一般型本體的方塊圖。

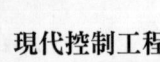

通常，我們必須將 Δ_m 描述得愈準確愈佳。所以，使用純量轉移函數 $W_m(j\omega)$ 使得

$$\overline{\sigma}\{\Delta_m(j\omega)\} < |W_m(j\omega)|$$

其中，$\overline{\sigma}[\Delta_m(j\omega)]$ 為 $\Delta_m(j\omega)$ 的最大奇異值。

除了 (10-122) 式外，考慮以下的不等式

$$\|W_m T\|_\infty < 1 \tag{10-123}$$

如果 (10-123) 式成立，則不等式 (10-122) 亦可以滿足。若使 $W_m T$ 的 H_∞ 範數小於 1，可得控制器 K 使得系統穩定。

假設在圖 10-43(a) 中在 A 點處切割之。得到圖 10-43(d)。將 Δ_m 取代成 $W_m T$，可得圖 10-43(e)。在新繪製圖 10-43(e) 可得圖 10-43(f)。圖 10-43(f) 稱為一般型本體圖 (generalized plant diagram)。

參見 (10-121) 式，可以得到 T 如下

$$T = \frac{KG}{1+KG} \tag{10-124}$$

則不等式 (10-123) 式可以重寫成

$$\left\| \frac{W_m K(s) G(s)}{1 + K(s) G(s)} \right\|_\infty < 1 \tag{10-125}$$

很顯然的，對於一個穩定的本體模型 $G(s)$，$K(s) = 0$ 可以滿足 (10-125) 式。但是 $K(s) = 0$ 並不是所要控制器的轉移函數。欲得到所需要 $K(s)$ 的轉移函數，我們必須添加另一條件——例如，使得設計出來的系統有強韌表現，輸出可以在最小誤差下跟隨著輸入反應，或達成其他合理的規定條件。以下我們要介紹強韌表現的條件。

強韌表現　考慮圖 10-44 的系統。假定我們希望輸出 $y(t)$ 盡量精準地跟隨著輸入 $r(t)$，或者我們希望達到

$$\lim_{t \to \infty} [r(t) - y(t)] = \lim_{t \to \infty} e(t) \to 0$$

因轉移函數 $Y(s)/R(s)$ 為

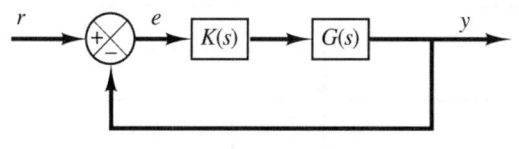

圖 10-44 閉迴路系統

$$\frac{Y(s)}{R(s)} = \frac{KG}{1+KG}$$

可得

$$\frac{E(s)}{R(s)} = \frac{R(s)-Y(s)}{R(s)} = 1 - \frac{Y(s)}{R(s)} = \frac{1}{1+KG}$$

定義

$$\frac{1}{1+KG} = S$$

其中 S 常稱為是靈敏度函數，而 (10-124) 式之 T 則為是互補靈敏度函數。在考慮強韌表現的題目時，我們希望 S 的 H_∞ 範數小於規定的轉移函數 W_s^{-1}，或 $\|S\|_\infty < W_s^{-1}$，亦即寫成

$$\|W_s S\|_\infty < 1 \qquad (10\text{-}126)$$

合併不等式 (10-123) 及 (10-126)，可得

$$\left\|\begin{matrix} W_m T \\ W_s S \end{matrix}\right\|_\infty < 1$$

其中 $T + S = 1$，或

$$\left\|\begin{matrix} W_m(s)\dfrac{K(s)G(s)}{1+K(s)G(s)} \\ W_s(s)\dfrac{1}{1+K(s)G(s)} \end{matrix}\right\|_\infty < 1 \qquad (10\text{-}127)$$

所以我們的問題變成欲求得 $K(s)$ 以使得不等式 (10-127) 可以被滿足。注意在 $W_m(s)$ 及 $W_S(s)$ 做不同的選擇時，可以找到許多 $K(s)$ 滿足不等式 (10-127)，也可能找不到 $K(s)$ 以滿足不等式 (10-127)。利用滿足不等式 (10-127) 達成的強韌控制問題稱為混和式－靈敏度問題。

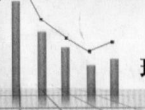

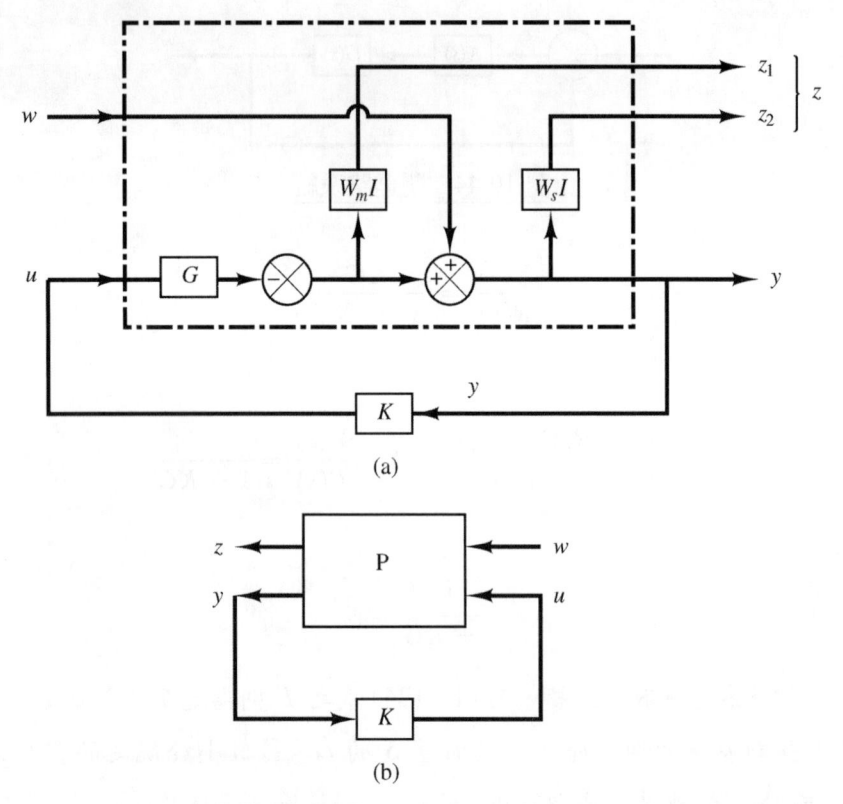

▌圖 10-45　(a) 一般型本體方塊圖；(b) 圖 (a) 中一般型本體的簡化方塊圖。

圖 10-45(a) 所示為一般型本體圖，此時我們同時考慮到二個規定條件 (強韌穩定性及強韌表現)。圖 10-45(b) 所示為其簡化之形式。

求一般型本體的轉移函數 $z(s)/w(s)$　考慮圖 10-46 的一般型本體方塊圖。

在此方塊圖中 $w(s)$ 為外界的干擾，$u(s)$ 為作動操作信號，$z(s)$ 為控制信號，且 $y(s)$ 為觀察的信號。

考慮含有一般型本體 $P(s)$ 及控制器 $K(s)$ 的控制系統。一般型本體 $P(s)$ 中，$z(s)$ 及 $y(s)$ 的輸出與輸入 $w(s)$ 及 $u(s)$ 的關係為

$$\begin{bmatrix} z(s) \\ y(s) \end{bmatrix} = \begin{bmatrix} P_{11} & P_{12} \\ P_{21} & P_{22} \end{bmatrix} \begin{bmatrix} w(s) \\ u(s) \end{bmatrix}$$

控制系統的狀態空間設計

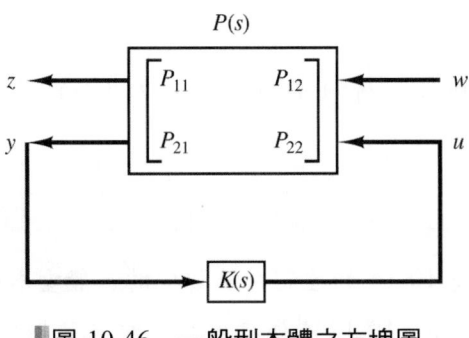

圖 10-46　一般型本體之方塊圖

$u(s)$ 與 $y(s)$ 的關聯為

$$u(s) = K(s)y(s)$$

控制變數 $z(s)$ 與外界干擾 $w(s)$ 的轉移函數定義為 $\Phi(s)$。亦即

$$z(s) = \Phi(s)w(s)$$

注意到，$\Phi(s)$ 可以決定如下：因

$$z(s) = P_{11}w(s) + P_{12}u(s)$$

$$y(s) = P_{21}w(s) + P_{22}u(s)$$

$$u(s) = K(s)y(s)$$

可得

$$y(s) = P_{21}w(s) + P_{22}K(s)y(s)$$

所以

$$[I - P_{22}K(s)]y(s) = P_{21}w(s)$$

或

$$y(s) = [I - P_{22}K(s)]^{-1}P_{21}w(s)$$

因此，

$$z(s) = P_{11}w(s) + P_{12}K(s)[I - P_{22}K(s)]^{-1}P_{21}w(s)$$
$$= \{P_{11} + P_{12}K(s)[I - P_{22}K(s)]^{-1}P_{21}\}w(s)$$

所以

$$\Phi(s) = P_{11} + P_{12}K(s)[I - P_{22}K(s)]^{-1}P_{21} \tag{10-128}$$

例題 10-15

我們要決定例題 10-14 的控制系統其中的一般型本體之方塊圖之 P 矩陣。我們要導出不等式 (10-125) 使得控制系統為強韌穩定。重寫 (10-125) 式，可得

$$\left\|\frac{W_m KG}{1 + KG}\right\|_\infty < 1 \tag{10-129}$$

若定義

$$\Phi_1 = \frac{W_m KG}{1 + KG} \tag{10-130}$$

則不等式 (10-129) 可寫成

$$\|\Phi_1\|_\infty < 1$$

參見 (10-128) 式，重寫成

$$\Phi = P_{11} + P_{12}K(I - P_{22}K)^{-1}P_{21}$$

如果我們選擇一般型本體 P 矩陣為

$$P = \begin{bmatrix} 0 & W_m G \\ I & -G \end{bmatrix} \tag{10-131}$$

則得

$$\Phi = P_{11} + P_{12}K(I - P_{22}K)^{-1}P_{21}$$
$$= W_m KG(I + KG)^{-1}$$

其與 (10-130) 式之 Φ_1 完全一樣。

在例題 10-14 中，我們希望輸出 y 盡量地追隨著輸入 r，使得以下 $\Phi_2(s)$

$$\Phi_2 = \frac{W_s}{I + KG} \tag{10-132}$$

的 H_∞ 範數小於 1。[參見不等式 (10-126)。]

注意到，控制變數 z 與外界干擾 w 的關係為

$$z = \Phi(s)w$$

再參考 (10-128) 式

$$\Phi(s) = P_{11} + P_{12}K(I - P_{22}K)^{-1}P_{21}$$

如果選擇 P 矩陣為

$$P = \begin{bmatrix} W_s & -W_sG \\ I & -G \end{bmatrix} \quad (10\text{-}133)$$

則得

$$\begin{aligned}
\Phi &= P_{11} + P_{12}K(I - P_{22}K)^{-1}P_{21} \\
&= W_s - W_sKG(I + KG)^{-1} \\
&= W_s\left[1 - \frac{KG}{1 + KG}\right] \\
&= W_s\left[\frac{1}{1 + KG}\right]
\end{aligned}$$

其與 (10-132) 式中的 Φ_2 是完全一樣的。

如果我們同時須要強韌穩定性及強韌表現，則控制系統必須滿足不等式 (10-127) 的條件，其為

$$\left\| \begin{matrix} W_m \dfrac{KG}{1 + KG} \\ W_s \dfrac{1}{1 + KG} \end{matrix} \right\| < 1 \quad (10\text{-}134)$$

針對此一 P 矩陣，將 (10-133) 及 (10-131) 式合併可得

$$P = \begin{bmatrix} W_s & -W_sG \\ 0 & W_mG \\ I & -G \end{bmatrix} \quad (10\text{-}135)$$

如果我們選擇如 (10-135) 式之 $P(s)$ 矩陣，則同時須要滿足強韌穩定性及強韌表現之問題變成了如 (10-135) 式的一般型本體描述題目。如前所述，

$$\begin{bmatrix} W_s & -W_sG \\ O & W_mG \\ I & -G \end{bmatrix}$$

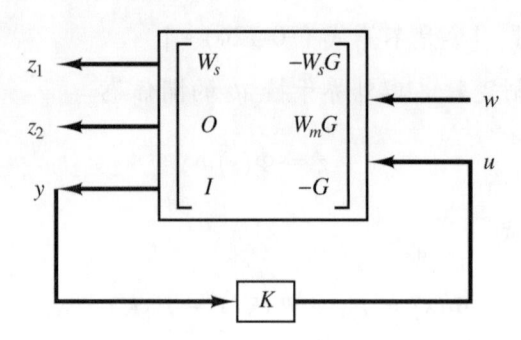

以 z_1, z_2, y 為輸出，w, u 為輸入，K 為回授控制器。

圖 10-47　例題 10-15 討論系統中的一般型本體

此為混和式靈敏度問題。由 (10-135) 式的一般型本體之題目，可以求得控制器 $K(s)$ 使得 (10-134) 式可以被滿足。例題 10-14 考慮到的一般型本體之題目參見圖 10-47 所示。

H-無窮大控制問題　欲設計控制系統所需的控制器 K 使得各種穩定度及性能表現可以被滿足，須利用一般型本體之觀念。

如前所述，一般型本體係為線性模型，包括了控制本體及相關於需要的性能表現要求之權重函數。參見圖 10-48 所示的一般型本體，H-無窮大控制問題係在求解出控制器 K 使得外界干擾 w 至控制變數 z 之間的轉移函數之 H_∞ 範數小於某一指定數值。

使用一般型本體，而非控制系統各個方塊的理由是，許多含有不確定元件的控制系統都是使用這種一般型本體描述，因此之故，已經有建立於這種本體設計之現成方法可資使用。

注意到，任何權重函數，諸如 $W(s)$，之選擇會影響到控制器最後的

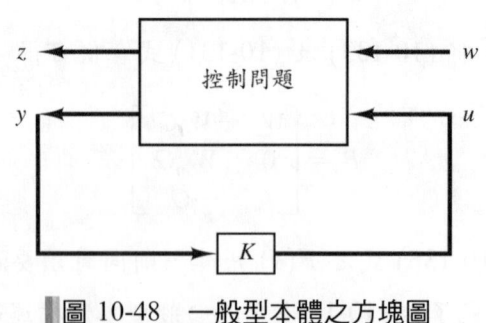

圖 10-48　一般型本體之方塊圖

解答 $K(s)$。事實上，設計結果的好壞與設計時所選擇的權重函數有很密切的關係。

並且我們要注意到，經由 H-無窮大控制問題之解答所得到的控制器稱為 H-無窮大控制器。

強韌控制問題之解答　強韌控制問題之解答方式有三。他們分別是

1. 先推導出雷卡弟方程式，將之解出來，以得到強韌控制問題之解答。
2. 利用線性矩陣不等式法解出強韌控制問題之解答。
3. 對於結構式不確定性之情形利用 μ-分析法及 μ-設計法解出強韌控制問題之解答。

利用以上任何一種方法求解強韌控制問題皆需要非常深奧的數學背景。

在本節裡我們只針對強韌控制理論做基本觀念的介紹。事實上，任何強韌控制問題之解答所需要的數學背景不屬於高年級工程系學生之課程範圍。對此課程有興趣的學生可以前去完善發展的學院或大學修習其所開授的研究所程度之控制課程，以做詳盡的研讀。

■■■ 習　題

B-10-1　考慮如下定義的系統

$$\dot{\mathbf{x}} = \mathbf{A}\mathbf{x} + \mathbf{B}u$$
$$y = \mathbf{C}\mathbf{x}$$

其中

$$\mathbf{A} = \begin{bmatrix} -1 & 0 & 1 \\ 1 & -2 & 0 \\ 0 & 0 & -3 \end{bmatrix}, \quad \mathbf{B} = \begin{bmatrix} 0 \\ 0 \\ 1 \end{bmatrix}, \quad \mathbf{C} = \begin{bmatrix} 1 & 1 & 0 \end{bmatrix}$$

將此系統變換成 (a) 可控型制典式及 (b) 可觀察型典式。

B-10-2　考慮如下定義的系統

$$\dot{\mathbf{x}} = \mathbf{A}\mathbf{x} + \mathbf{B}u$$
$$y = \mathbf{C}\mathbf{x}$$

其中

$$\mathbf{A} = \begin{bmatrix} -1 & 0 & 1 \\ 1 & -2 & 0 \\ 0 & 0 & -3 \end{bmatrix}, \quad \mathbf{B} = \begin{bmatrix} 0 \\ 1 \\ 1 \end{bmatrix}, \quad \mathbf{C} = \begin{bmatrix} 1 & 1 & 1 \end{bmatrix}$$

將此系統變換成為可觀察型典式。

B-10-3 考慮如下定義的系統

$$\dot{\mathbf{x}} = \mathbf{A}\mathbf{x} + \mathbf{B}u$$

其中

$$\mathbf{A} = \begin{bmatrix} 0 & 1 & 0 \\ 0 & 0 & 1 \\ -1 & -5 & -6 \end{bmatrix}, \quad \mathbf{B} = \begin{bmatrix} 0 \\ 1 \\ 1 \end{bmatrix}$$

利用狀態回饋控制 $u = -\mathbf{K}\mathbf{x}$，當所需的閉迴路極點為 $s = -2 \pm j4$，$s = -10$，決定狀態增益矩陣 $\mathbf{K}$。

B-10-4 利用 MATLAB 解答習題 B-10-3。

B-10-5 考慮如下定義的系統

$$\begin{bmatrix} \dot{x}_1 \\ \dot{x}_2 \end{bmatrix} = \begin{bmatrix} 0 & 1 \\ 0 & 2 \end{bmatrix} \begin{bmatrix} x_1 \\ x_2 \end{bmatrix} + \begin{bmatrix} 1 \\ 0 \end{bmatrix} u$$

證明不管矩陣 $\mathbf{K}$ 為何，此系統不可能使用狀態回饋控制 $u = -\mathbf{K}\mathbf{x}$ 使之穩定。

B-10-6 考慮一調整器系統，其本體為

$$\frac{Y(s)}{U(s)} = \frac{10}{(s+1)(s+2)(s+3)}$$

定義狀態變數如下

$$x_1 = y$$
$$x_2 = \dot{x}_1$$
$$x_3 = \dot{x}_2$$

利用狀態回饋控制 $u = -\mathbf{K}\mathbf{x}$，當所需的閉迴路極點為

$$s = -2 + j2\sqrt{3}, \quad s = -2 - j2\sqrt{3}, \quad s = -10$$

決定所需的狀態增益矩陣 **K**。

B-10-7 利用 MATLAB 解答習題 B-10-6。

B-10-8 考慮圖 10-58 的類型 1 伺服系統。圖 10-58 中的矩陣 **A**、**B** 及 **C** 為

$$\mathbf{A} = \begin{bmatrix} 0 & 1 & 0 \\ 0 & 0 & 1 \\ 0 & -5 & -6 \end{bmatrix}, \quad \mathbf{B} = \begin{bmatrix} 0 \\ 0 \\ 1 \end{bmatrix}, \quad \mathbf{C} = \begin{bmatrix} 1 & 0 & 0 \end{bmatrix}$$

試求狀態回饋常數 k_1、k_2 及 k_3 使得閉迴路極點為

$$s = -2 + j4, \quad s = -2 - j4, \quad s = -10$$

求出單位步階響應，繪製輸出 $y(t)$ 對 t 之響應曲線。

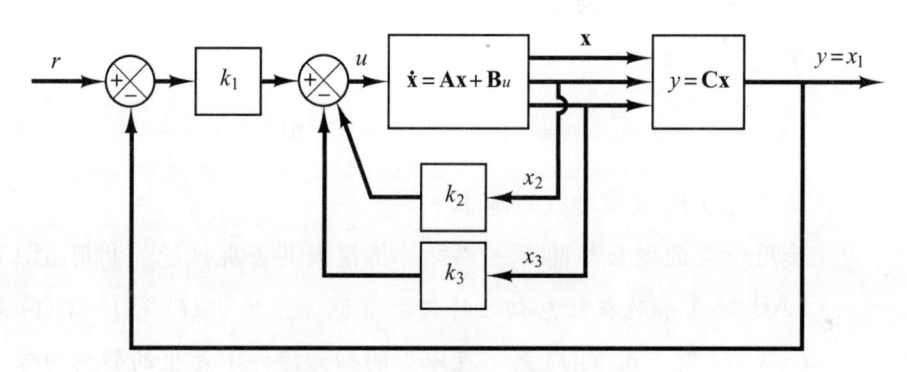

圖 10-58 類型 1 伺服系統

B-10-9 考慮如圖 10-59 的倒單擺系統。假設

$$M = 2\,\text{kg}, \quad m = 0.5\,\text{kg}, \quad l = 1\,\text{m}$$

定義狀態變數如下

$$x_1 = \theta, \quad x_2 = \dot{\theta}, \quad x_3 = x, \quad x_4 = \dot{x}$$

其輸出變數為

$$y_1 = \theta = x_1, \quad y_2 = x = x_3$$

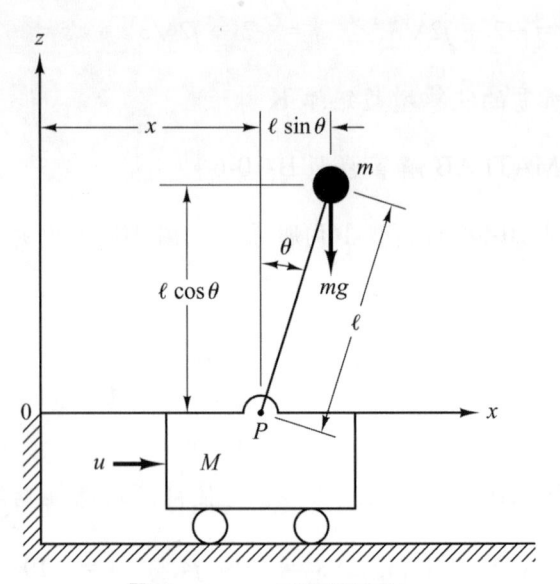

圖 10-59　倒單擺系統

試導出此系統的狀態空間方程式。

閉迴路極點須為

$$s = -4 + j4, \quad s = -4 - j4, \quad s = -20, \quad s = -20$$

試決定狀態回饋增益矩陣 **K**。

使用所得的增益矩陣 **K**，以計算機模擬其表現性能。利用 MAT-LAB 計算系統在任意初始條件之響應。求出 $x_1(t)$ 對 t、$x_2(t)$ 對 t、$x_3(t)$ 對 t 及 $x_4(t)$ 對 t 在以下的初始條件下產生的響應曲線。

$$x_1(0) = 0, \quad x_2(0) = 0, \quad x_3(0) = 0, \quad x_4(0) = 1 \text{ m/s}$$

B-10-10　考慮如下定義的系統

$$\dot{\mathbf{x}} = \mathbf{A}\mathbf{x}$$
$$y = \mathbf{C}\mathbf{x}$$

其中

$$\mathbf{A} = \begin{bmatrix} -1 & 1 \\ 1 & -2 \end{bmatrix}, \quad \mathbf{C} = \begin{bmatrix} 1 & 0 \end{bmatrix}$$

試設計全階狀態觀察器。所需的觀察器極點為 $s = -5$ 及 $s = -5$。

B-10-11 考慮如下定義的系統

$$\dot{\mathbf{x}} = \mathbf{A}\mathbf{x} + \mathbf{B}u$$
$$y = \mathbf{C}\mathbf{x}$$

其中

$$\mathbf{A} = \begin{bmatrix} 0 & 1 & 0 \\ 0 & 0 & 1 \\ -5 & -6 & 0 \end{bmatrix}, \quad \mathbf{B} = \begin{bmatrix} 0 \\ 0 \\ 1 \end{bmatrix}, \quad \mathbf{C} = \begin{bmatrix} 1 & 0 & 0 \end{bmatrix}$$

試設計全階狀態觀察器。假設觀察器所需的極點為

$$s = -10, \quad s = -10, \quad s = -15$$

B-10-12 考慮如下定義的系統

$$\begin{bmatrix} \dot{x}_1 \\ \dot{x}_2 \\ \dot{x}_3 \end{bmatrix} = \begin{bmatrix} 0 & 1 & 0 \\ 0 & 0 & 1 \\ 1.244 & 0.3956 & -3.145 \end{bmatrix} \begin{bmatrix} x_1 \\ x_2 \\ x_3 \end{bmatrix}$$

$$+ \begin{bmatrix} 0 \\ 0 \\ 1.244 \end{bmatrix} u$$

$$y = \begin{bmatrix} 1 & 0 & 0 \end{bmatrix} \begin{bmatrix} x_1 \\ x_2 \\ x_3 \end{bmatrix}$$

觀察器所需的極點規定如下

$$s = -5 + j5\sqrt{3}, \quad s = -5 - j5\sqrt{3}, \quad s = -10$$

試設計相關的全階狀態觀察器。

B-10-13 考慮如下雙積分器的系統

$$\ddot{y} = u$$

其狀態變數定義如下

$$x_1 = y$$
$$x_2 = \dot{y}$$

則此系統的狀態空間方程式變成：

$$\begin{bmatrix} \dot{x}_1 \\ \dot{x}_2 \end{bmatrix} = \begin{bmatrix} 0 & 1 \\ 0 & 0 \end{bmatrix} \begin{bmatrix} x_1 \\ x_2 \end{bmatrix} + \begin{bmatrix} 0 \\ 1 \end{bmatrix} u$$

$$y = \begin{bmatrix} 1 & 0 \end{bmatrix} \begin{bmatrix} x_1 \\ x_2 \end{bmatrix}$$

現在要設計系統所需的調整器。利用具有觀察器之極點安置法，設計觀察器－控制器。

極點安置所需的極點規定如下

$$s = -0.7071 + j0.7071, \quad s = -0.7071 - j0.7071$$

假設使用最小階觀察器，其觀察器之極點為

$$s = -5$$

B-10-14 考慮如下系統

$$\dot{\mathbf{x}} = \mathbf{A}\mathbf{x} + \mathbf{B}u$$
$$y = \mathbf{C}\mathbf{x}$$

其中

$$\mathbf{A} = \begin{bmatrix} 0 & 1 & 0 \\ 0 & 0 & 1 \\ -6 & -11 & -6 \end{bmatrix}, \quad \mathbf{B} = \begin{bmatrix} 0 \\ 0 \\ 1 \end{bmatrix}, \quad \mathbf{C} = \begin{bmatrix} 1 & 0 & 0 \end{bmatrix}$$

試設計具有觀察器之極點安置法設計調整器。假設所需的極點如下

$$s = -1 + j, \quad s = -1 - j, \quad s = -5$$

觀察器所需的極點為

$$s = -6, \quad s = -6, \quad s = -6$$

同時，求出觀察器－控制器的轉移函數。

B-10-15 利用具有觀察器之極點安置法設計圖 10-60 所示系統的觀察器－

控制器（一為全階狀態觀察器，另一為最小階觀察器）。極點安置所需的極點為

$$s = -1 + j2, \quad s = -1 - j2, \quad s = -5$$

觀察器之極點為

$$s = -10, \quad s = -10, \quad s = -10 \text{ 全階狀態觀察器}$$
$$s = -10, \quad s = -10 \text{ 最小階觀察器}$$

比較所設計系統的單位步階響應。並比較二個設計系統的頻寬。

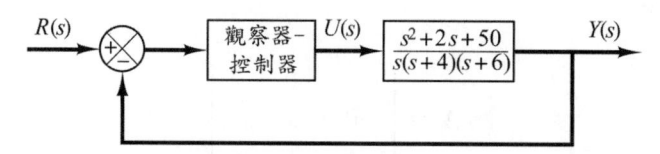

圖 10-60　觀察器－控制器置於順向路徑之控制系統

B-10-16 利用具有觀察器之極點安置法設計如圖 10-61(a) 及 (b) 所示控制器系統。極點安置所需的閉迴路極點如下

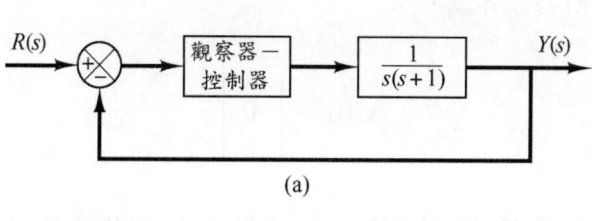

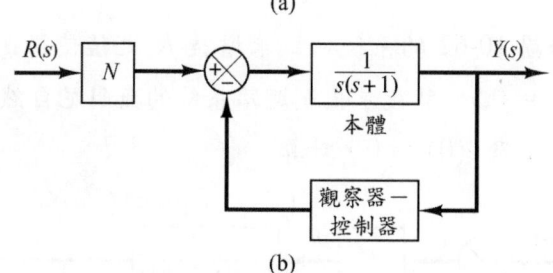

$$s = -2 + j2, \quad s = -2 - j2$$

圖 10-61　具有觀察器－控制器的控制系統：(a) 觀察器－控制器在順向路徑；(b) 觀察器－控制器在回饋路徑。

觀察器之極點為

$$s = -8, \quad s = -8$$

求出觀察器—控制器的轉移函數。比較二系統的單位步階響應。[在系統(b)中，決定出 N 使得輸入為單位步階時，$y(\infty)$ 等於 1。]

B-10-17 考慮如下定義的系統

$$\dot{\mathbf{x}} = \mathbf{A}\mathbf{x}$$

其中

$$\mathbf{A} = \begin{bmatrix} 0 & 1 & 0 \\ 0 & 0 & 1 \\ -1 & -2 & -a \end{bmatrix}$$

$$a = \text{可調參數}$$

求參數 a 使得以下的性能表現指數達到最小：

$$J = \int_0^\infty \mathbf{x}^T \mathbf{x}\, dt$$

假設初始條件為

$$\mathbf{x}(0) = \begin{bmatrix} c_1 \\ 0 \\ 0 \end{bmatrix}$$

B-10-18 考慮如圖 10-62 的系統。試求增益 K 之值使得閉迴路系統的阻尼比 $\zeta = 0.5$。然後求出閉迴路系統的無阻尼自然頻率 ω_n。假設 $e(0) = 1$ 及 $\dot{e}(0) = 0$，計算

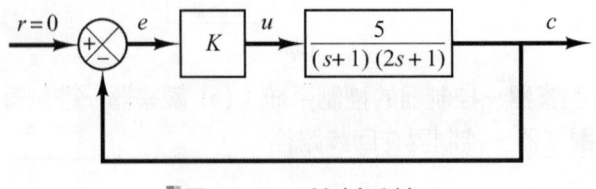

圖 10-62　控制系統

$$\int_0^\infty e^2(t)\,dt$$

B-10-19 對於下列的系統,求最佳控制信號 u:

$$\dot{\mathbf{x}} = \mathbf{A}\mathbf{x} + \mathbf{B}u$$

其中

$$\mathbf{A} = \begin{bmatrix} 0 & 1 \\ 0 & -1 \end{bmatrix}, \quad \mathbf{B} = \begin{bmatrix} 0 \\ 1 \end{bmatrix}$$

使得以下的性能表現指數達到最小:

$$J = \int_0^\infty (\mathbf{x}^T \mathbf{x} + u^2)\,dt$$

B-10-20 考慮下列的系統,

$$\begin{bmatrix} \dot{x}_1 \\ \dot{x}_2 \end{bmatrix} = \begin{bmatrix} 0 & 1 \\ 0 & 0 \end{bmatrix} \begin{bmatrix} x_1 \\ x_2 \end{bmatrix} + \begin{bmatrix} 0 \\ 1 \end{bmatrix} u$$

欲求最佳控制信號 u 使得以下的性能表現指數達到最小:

$$J = \int_0^\infty (\mathbf{x}^T \mathbf{Q}\mathbf{x} + u^2)\,dt, \quad \mathbf{Q} = \begin{bmatrix} 1 & 0 \\ 0 & \mu \end{bmatrix}$$

試求最佳信號 $u(t)$。

B-10-21 考慮如圖 10-59 的倒單擺系統。欲設計調整器系統使得倒單擺在干擾的作用下,可以保持於垂直的位置,其以 θ 或且 $\dot{\theta}$ 論之。在每一控制程序之後,調整器系統須使得推車回到參考位置。(推車沒有參考輸入。)

此系統的狀態空間方程式為

$$\dot{\mathbf{x}} = \mathbf{A}\mathbf{x} + \mathbf{B}u$$

其中

$$\mathbf{A} = \begin{bmatrix} 0 & 1 & 0 & 0 \\ 20.601 & 0 & 0 & 0 \\ 0 & 0 & 0 & 1 \\ -0.4905 & 0 & 0 & 0 \end{bmatrix}$$

$$\mathbf{B} = \begin{bmatrix} 0 \\ -1 \\ 0 \\ 0.5 \end{bmatrix}, \quad \mathbf{x} = \begin{bmatrix} \theta \\ \dot{\theta} \\ x \\ \dot{x} \end{bmatrix}$$

我們要使用狀態回饋控制方法

$$u = -\mathbf{K}\mathbf{x}$$

試利用 MATLAB 決定狀態回饋增益矩陣 $\mathbf{K} = [k_1 \quad k_2 \quad k_3 \quad k_4]$ 使得以下的性能表現指數達到最小：

$$J = \int_0^\infty (\mathbf{x}^*\mathbf{Q}\mathbf{x} + u^*Ru)\,dt$$

其中

$$\mathbf{Q} = \begin{bmatrix} 100 & 0 & 0 & 0 \\ 0 & 1 & 0 & 0 \\ 0 & 0 & 1 & 0 \\ 0 & 0 & 0 & 1 \end{bmatrix}, \quad R = 1$$

然後求出系統在下列的初始條件下造成的響應：

$$\begin{bmatrix} x_1(0) \\ x_2(0) \\ x_3(0) \\ x_4(0) \end{bmatrix} = \begin{bmatrix} 0.1 \\ 0 \\ 0 \\ 0 \end{bmatrix}$$

針對 θ 對 t、$\dot{\theta}$ 對 t、x 對 t 及 $\dot{x}$ 對 t 繪製響應曲線。

索引

A

Absolute stability　絕對穩定度　149
Ackermann's formula:　艾克曼公式：
　for observer gain matrix　用於觀察增益矩陣　677
　for pole placement　用於極點安置　643
Actuating error　致動器誤差　9
Actuator　驅動器　25
Aircraft elevator control system　航機高度升降控制系統　144
Angle:　角度：
　of arrival　到達角　264
　of departure　出發角　257, 265
Angle condition　角度條件　246
Asymptotes:　漸近線：
　Bode diagram　波德圖　359
　root loci　根軌跡　250, 262
Attenuation　衰減　155
Automatic controller　自動控制器　24
Auxiliary polynomial　輔助多項式　216

B

Bandwidth　頻帶寬度　442
Basic control actions:　基本控制行為：
　integral　積分　28
　on-off　開關型　26
　proportional　比例　28
　proportional-plus-derivative　比例加微分　29
　proportional-plus-integral　比例加積分　29
　proportional-plus-integral-plusderivative　比例加積分加微分　29
　two-position　二位置　26
Bleed-type relay　洩漏型繼電器　107
Block　方塊　20
Block diagram　方塊圖　20
　reduction　化簡　31
Bode diagram　波德圖　355
　error in asymptotic expression of　漸近線誤差之表示　356
　of first-order factors　一階因式　359
　general procedure for plotting　一般繪製程序　368
　plotting with MATLAB　以 MATLAB 繪製　378
　of quadratic factors　二次因子　363
　of system defined in state space　定義於狀態空間的　382
Branch point　分支點　21
Break frequency　折斷頻率　360
Breakaway point　分離點　251
Break-in point　交會點　252
Bridged-T networks　彎生-T 型網路　497
Business system　商業系統　6

C

Canonical forms:　典式：
　controllable　可控制型　577
　diagonal　對角線型　578
　Jordan　約登式　579, 582
　observable　可觀察型　577
Capacitance:　容量：
　of pressure system　氣壓系統的　102
　of thermal system　熱系統的　136
　of water tank　水箱的　97
Cancellation of poles and zeros　極點與零典的對消　266
Cascaded system　串聯系統　24
Cascaded transfer function　串聯轉移函數　23
Cayley-Hamilton theorem　凱莉-漢米爾頓定理　601
Characteristic equation　特性方程式　580
Characteristic polynomial　特性多項式　41
Characteristic roots　特性根　580
Circular root locus　圓根軌跡　258
Classical control theory　古典控制理論　2
Classification of control systems　控制系統分類　226
Closed-loop control system　閉迴路控制系統　9
Closed-loop system　閉迴路系統　23
Closed-loop frequency response　閉路頻率響應　446
Closed-loop frequency response curves:　閉路頻率響應曲線：
　desirable shapes of　所需形狀　464
　undesirable shapes of　不需形狀　464
Closed-loop transfer function　閉迴路轉移函數　23

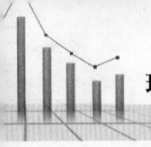

Compensation: 補償：
　feedback　回饋　291
　parallel　並聯　291
　series　串聯　291
Compensator: 補償器：
　lag　滯相　301, 476
　lag-lead　滯相-進相　318, 486
　lead　進相　294, 486
Complete observability　完全可觀察性　621
　conditions for　的條件　622
　in the s plane　在 s-平面　622
Complete state controllability　完全狀態可控制性　611
　in the s plane　在 s-平面　617
Complex-conjugate poles:　複數共軛極點：
cancellation of undesirable　不需要之抵消　496
Complex impedance　複數阻抗　74
Computational optimization approach to design PID controller　計算之最佳方法 PID 控制器設計　528
Conditional stability　條件性穩定　280, 486
Conditionally stable system　條件性穩定系統　280, 422, 486
Conduction heat transfer　熱傳導流動　136
Conformal mapping　保角映射　408, 427
Conical water tank system　圓錐型水漕　139
Constant-gain loci　定值增益軌跡　283
Constant-magnitude loci (M circles)　固定幅度軌跡（M-圓）　447
Constant phase-angle loci (N circles)　固定相角軌跡（N-圓）　449
Constant w_n loci　定值 w_n 軌跡　276
Constant ζ lines　定值 ζ 直線　278
Constant ζ z loci　定值 ζ 軌跡　276
Control actions　控制動作　24
Control signal　控制信號　3
Controllability　可控制性　611
　matrix　矩陣　613
　output　輸出　618
Controllable canonical form　可控制型典式　577
Controlled variable　受控變數　3
Controller　控制器　26
Convection heat transfer　熱流動　136

Conventional control theory　傳統控制理論　34
Convolution, integral　迴旋積分　19
Corner frequency　折角頻率　360
Critically damped case　臨界阻尼　158
Cutoff frequency　截止頻率　442
Cutoff rate　截止率　443

D

Damped natural frequency　阻尼自然頻率　156
Damper　阻尼器　60, 139
Damping ratio　阻尼比　155
　lines of constant　固定值的直線　227
Dashpot　緩衝筒　61, 130
Dead space　死區　51
Decade　十度　358
Decibel　分貝　356
Delay time　延遲時間　160-161
Derivative control action　微分控制動作　121, 223
Derivative gain　微分增益　86
Derivative time　微分時間　29, 56
Detectability　可偵測性　628
Diagonalization of n*n matrix　n X n 矩陣的對角線化　581
Differential amplifier　差動放大器　79
Differential gap　差動間隙　27
Direct transmission matrix　直接傳輸矩陣　37
Disturbance　干擾　4, 30
Dominant closed-loop poles　閉路主極點　175
Duality　對偶性　674

E

e^{At}:
　computation of　的計算　603
Eigenvalue　特徵值　580
　invariance of　的不變性　584
Electromagnetic valve　電磁閥　28
Electronic controller　電子控制器　78
Engineering organizational system　工程機構　7
Equivalent spring constant　等效彈簧係數　60
Equivalent viscous-friction coefficient　等效黏滯磨擦係數　61
Evans, W. R.　伊凡士　2, 13, 244
Exponential response curve　指數響應曲線　151

F

Feedback compensation　回饋補償　291, 334, 495
Feedback control　回饋控制　4
Feedback control system　回饋控制系統　9
Feedback system　回饋系統　24
Feedforward transfer function　順向轉移函數　22
First-order lag circuit　一階滯相電路　81
First-order system　一階系統　150-152
　unit-impulse response of　單位脈衝響應　152
　unit-ramp response of　單位斜坡響應　151
　unit-step response of　單位步階響應　150
Flapper　檔葉　105
　valve　閥　143
Fluid systems:　液體系統：
　mathematical modeling of　數學模型　94
Free-body diagram　自由物體圖　67
Frequency response　頻率響應　350
　correlation between step response and　與單位步階響應之關連　438
　lag compensation based on　相位落後補償　476
　lag-lead compensation based on　建立於滯相-進相補償　486
　lead compensation based on　建立於進相補償　465
Full-order state observer　全階狀態觀察器　672
Functional block　功能方塊　20

G

Gain crossover frequency　增益交越頻率　432
Gain margin　增益邊際值　429
Gas constant　氣體常數　103
　universal　通用　103
Generalized plant　一般型本體　748, 750
　diagram　方塊圖　745

H

H infinity control problem　H 無窮大控制問題　752
H infinity norm　H 無窮範數　8, 742
Hazen　哈仁　2, 13
High-pass filter　高頻通濾波器　466
Higher-order systems　高階系統　172
　transient response of　暫態響應　172
Hydraulic controller:　油壓控制器

integral　積分　128
proportional　比例　129
proportional-plus-derivative　比例加微分　133
proportional-plus-integral　比例加積分　132
proportional-plus-integral-plusderivative　比例加微分加積分　134
Hydraulic servo system　油壓伺服系統　122
Hydraulic servomotor　油壓伺服馬達　126, 128, 144
Hydraulic system　油壓系統　101, 120
　advantages and disadvantages of　優點與缺點　121
　compared with pneumatic system　與氣壓系統比較　101

I

Ideal gas law　理想氣體定律　103
Impedance:　阻抗：
　approach to obtain transfer function　求轉移函數的方法　75
Impulse response　脈衝響應　152, 170, 190
　function　函數　17
Industrial controllers　工業控制器　26
Initial condition:　初始條件：
　response to　的響應　202
Input matrix　輸入矩陣　37
Integral control　積分控制　220
Integral control action　積分控制動作　28, 218
Integral controller　積分控制器　26
Integral gain　積分增益　56
Integral time　積分時間　30, 56
Inverse polar plot　反極座標作圖　426
Inverted-pendulum system　倒單擺系統　67, 89
Inverted-pendulum control system　倒單擺控制系統　664
Inverting amplifier　反相放大器　79
　I-PD control　I-PD 控制　538
　I-PD-controlled system　I-PD 控制系統　538, 567
　with feedforward control　具有順授控制　566

J

Jordan blocks　約登方塊　616
Jordan canonical form　約登典式　579

K

Kalman, R. E., 卡門 R.E. 14, 611
Kirchhoff's current law 克希荷夫電流定律 71
Kirchhoff's loop law 克希荷夫迴路定律 71
Kirchhoff's node law 克希荷夫節點定律 71
Kirchhoff's voltage law 克希荷夫電壓定律 71

L

Lag compensation 滯相補償 307
Lag compensator 滯相補償器: 294, 307, 476
    Bode diagram of 波德圖 476
    design by frequency-response method 頻率響應設計法 477
    design by root-locus method 根軌跡設計法 307, 309
    polar plot of 極座標圖 476
Lag network 滯相網路 83
Lag-lead compensation 滯相－進相補償 318
Lag-lead compensator: 滯相－進相補償器：
    design by frequency-response method 頻率響應設計法 488
    design by root-locus method 根軌跡設計法 321
    electronic 電子式 319
Lag-lead network: 滯相－進相網路：
    electronic 電子式 319
Laminar-flow resistance 流線型阻尼 96
Lead compensator 進相（相位超前）補償器 294, 465
    Bode diagram of 波德圖 466
    design by frequency-response method 頻率響應設計法 466
    design by root-locus method 根軌跡設計法 296
    polar plot of 極座標圖 465
Lead, lag, and lag-lead compensators: 進相、滯相、及滯相-進相補償器：
    comparison of 比較 494
    electronic 電子式 83
Lead time 時間超前 6
Linear approximation: 線性近似：
    of nonlinear mathematical models 非線性數學模型的線性化 51
Linear system 線性系統 17

constant coefficient 常係數 17
Linear time-invariant system 線性非時變系統 17, 153
Linear time-varying system 線性時變系統 17
Linearization: of nonlinear systems 非線性系統的線性化 51
Liquid-level control system 液體控制系統 145
Liquid-level systems 液體系統 94, 97
Log-magnitude curves of quadratic transfer function 二次轉移函數的對數幅度曲線 365
Logarithmic plot 對數作圖 356
Log-magnitude versus phase plot 對數幅度對相角作圖 356, 403
LRC circuit LRC 電路 71

M

M circles M-圓固定幅度軌跡 447
    a family of constant 一族常數 448
Magnitude condition 幅度條件 246
Manipulated signal 操作信號 3
Mapping theorem 映射定理 409
Mathematical model 數學模型 16
MATLAB commands: MATLAB 指令：
    MATLAB:
    obtaining maximum overshoot with 求得最大超擊度 189
    obtaining peak time with 求得峰值時間 189
    plotting Bode diagram with 求得波德圖 378
    plotting root loci with 求得根軌跡 264
    writing text in diagrams with 在圖中寫字 182
    [A,B,C,D] = tf2ss(num,den) 47, 586
    bode(A,B,C,D) 378, 383
    bode(A,B,C,D,iu) 383
    bode(A,B,C,D,iu,w) 378
    bode(A,B,C,D,w) 378
    bode(num,den) 378
    bode(num,den,w) 378, 381
    bode(sys) 378
    c = step(num,den,t) 185
    [Gm,pm,wcp,wcg,] = margin(sys) 435
    gtext ('text') 182
    impulse(A,B,C,D) 190
    impulse(num, den) 190

initial(A,B,C,D,[初始條件],t)   208
K = acker(A,B,J)   650
K = lqr(A,B,Q,R)   730
K = place(A,B,J)   651

MATLAB 指令（續）

K_e = acker(A',C',L)',   698
K_e = acker(Abb,Aab,L)',   699
K_e = place(A',C',L)',   689
K_e = place(Abb',Aab',L)',   699
[K,P,E] = lqr(A,B,Q,R)   730
[K,r] = rlocfind(num,den)   284
logspace(d1,d2)   378
logspace(d1,d2,n)   378
lqr(A,B,Q,R)   729
lsim(A,B,C,D,u,t)   197
lsim(num,den,r,t)   197
magdB = 20*log10(mag)   378
[mag,phase,w] = bode(A,B,C,D)   378
[mag,phase,w] = bode(A,B,C,D,iu,w)   378
[mag,phase,w] = bode(A,B,C,D,w)   378
[mag,phase,w] = bode(num,den)   378
[mag,phase,w] = bode(num,den,w)   444
[mag,phase,w] = bode(sys)   378
[mag,phase,w] = bode(sys,w)   444
mesh   186
mesh(y)   187
mesh(y')   186
[Mp,k] = max(mag)   414
NaN   731
[num,den] = feedback(num1,den1, num2,den2)   23
[num,den] = parallel(num1,den1, num2,den2)   23
[num,den] = series(num1,den1, num2,den2)   23
[num,den] = ss2tf(A,B,C,D)   49, 587
[num,den] = ss2tf(A,B,C,D,iu)   49, 587
[NUM,den] = ss2tf(A,B,C,D,iu)   589
nyquist(A,B,C,D)   395, 401
nyquist(A,B,C,D,iu)   401
nyquist(A,B,C,D,iu,w)   395, 401
nyquist(A,B,C,D,w)   395
nyquist(num,den)   395
nyquist(num, den,w)   395
nyquist(sys)   395
printsys(num,den)   24, 183

printsys(num,den,'s')   183
[re,im,w] = nyquist(A,B,C,D)   395
[re,im,w] = nyquist(A,B,C,D,iu,w)   395
[re,im,w] = nyquist(A,B,C,D,w)   395
[re,im,w] = nyquist(num,den)   395
[re,im,w] = nyquist(num,den,w)   395
[re,im,w] = nyquist(sys)   395
rlocfind   284
rlocus(A,B,C,D)   275
rlocus(A,B,C,D,K)   269
rlocus(num,den)   269
rlocus(num,den,K)   269
sgrid   277
sortsolution   529
step(A,B,C,D)   177, 180
step(A,B,C,D,t)   177
step(num,den)   177
step(num,den,t)   177
step(sys)   178
sys = ss(A,B,C,D)   178
sys = tf(num,den)   177
text   182
w = logspace(2,3,100)   381
y = lsim(A,B,C,D,u,t)   197
y = lsim(num,den,r,t)   197
[y, x, t] = impulse(A,B,C,D)   190
[y, x, t] = impulse(A,B,C,D,iu)   190
[y, x, t] = impulse(A,B,C,D,iu,t)   190
[y, x, t] = impulse(num,den)   190
[y, x, t] = impulse(num,den,t)   190
[y, x, t] = step(A,B,C,D,iu)   178
[y, x, t] = step(A,B,C,D,iu,t)   178
[y, x, t] = step(num,den,t)   178, 185

MATLAB 指令（完）

Matrix exponential   矩陣指數   592, 603
 closed solution for   完整的解答   595
Matrix Riccati equation   矩陣雷卡弟方程式   729, 732
Maximum overshoot: 最大超擊度：
 in unit-impulse response   單位脈衝響應的   171
 in unit-step response   單位步階響應的   161, 164
 versus ζ curve   與 ζ 關係曲線   166
Maximum percent overshoot   最大百分超擊度   161
Maximum phase lead angle   最大領先相角   466

Measuring element 量測元素 25
Minimum-order observer 最低階觀察器 690
　based controller 基於控制器 703
Minimum-order state observer 最小階狀態觀察器 671
Minimum-phase system 極小相位系統 369
Minimum-phase transfer function 極小相位轉移函數 369
Modern control theory 現代控制理論 3, 34
　versus conventional control theory 比較於傳統控制理論 34
Multiple-loop system 多重迴路系統 423

N

N circles N 圓 449
　a family of constant 一族常數 450
Newton's second law 牛頓第二定律 63
Nichols 尼克 2, 13, 350
Nichols chart 尼可圖 451
Nichols plots 尼可作圖 356
Nonbleed-type relay 非洩漏型繼電器 107
Nonhomogeneous state equation: 非齊次狀態方程式
　solution of 解答 598
Noninverting amplifier 非反相放大器 80
Nonlinear mathematical models: 非線性數學模型:
　linear approximation of 線性近似 51
Nonlinear system 非線性系統 51
Nonminimum-phase systems 非極小相位系統 281, 369, 370
Nonminimum-phase transfer function 非極小相位轉移函數 369, 456
Nonuniqueness: 非唯一:
　of a set of state variables 一組狀態變數 585
Nozzle-flapper amplifier 噴嘴－葉放大器 106
Number-decibel conversion line 數目-分貝轉換直線 357
Nyquist, H., 奈奎斯特 2, 13, 350
Nyquist plot 奈奎斯特作圖 355, 399, 404
　of system defined in state space 定義於狀態空間的系統 400
Nyquist stability analysis 奈奎斯特穩定性分析 416
Nyquist stability criterion 奈奎斯特穩定準則 405
　applied to inverse polar plots 應用於反極座標圖 426

O

Observability 可觀察性 611, 619
　complete 完全 621
　matrix 矩陣 581
Observable canonical form 可觀察型典式 577
Observation 觀察 671
Observed-state feedback control system 觀察狀態回饋控制系統 683
Observer 觀察器 671
　design of control system with 用於控制系統設計 715
　full-order 全階狀態觀察器 671
　mathematical model of 數學模型 672
　minimum-order 最小階觀察器 671
Observer-based controller: 觀察器-控制器:
　transfer function of 轉移函數 683
Observer controller: 觀察器控制器:
　in the feedback path of control system 用於控制系統的回饋路徑 715
　in the feedforward path of control system 用於控制系統的順授路徑 715
Observer-controller matrix 觀察器-控制器矩陣 684
Observer-controller transfer function 觀察器-控制器轉移函數 683
Observer error equation 觀察器誤差方程式 672
Observer gain matrix 觀察器增益矩陣 674
　MATLAB determination of 以 MATLAB 計算 698
Octave 八度 358
On-off control action 開-關控制器 26
On-off controller 開-關控制器 26
One-degree-of-freedom control system 單一自由度控制系統 540
　op amps 運算放大器 78
Open-loop control system 開環控制系統 9
　advantages of 優點 10
　disadvantages of 缺點 11
Open-loop frequency response curves: 開環頻率響應曲線:
　reshaping of 形狀重整 464
Open-loop transfer function 開環轉移函數 22

Operational amplifier　運算放大器　78
　for lead or lag compensator:　做為滯相或進相補償器
　　table of　表列　87
Optimal regulator problem　最佳化調整器系統問題　793
Orthogonality:　正交性
　of root loci and constant gain loci　根軌跡與定值增益軌跡　283
Output controllability　輸出可控制性　618
Output equation　輸出方程式　37
Output matrix　輸出矩陣　37
Overdamped system　過阻尼系統　159
Overlapped valve　過疊式閥體　128

P

Parallel compensation　並聯補償　291, 333
Peak time　峰值時間　161, 162, 189
Performance index　性能表現指數　803
Performance specifications　性能規格　11
Phase crossover frequency　相位交越頻率　433
Phase margin　相位邊際值　432
　versus ζ curve　與 ζ 關係曲線　440
PI-D control　PI-D 控制　537
PID control system　PID 控制系統　516, 528, 534, 568
　basic　基本的　536
　two-degrees-of-freedom　二自由度　539
PID controller　PID 控制器　511, 522
　using operational amplifiers　使用運算放大器　84
Pilot valve　導向閥　122, 128
PI-PD control　PI-PD 控制　539
PID-PD control　PID-PD 控制　539
Plant　本體　4
Pneumatic actuating valve　氣壓驅動閥　113
Pneumatic controllers　氣壓控制器　141
Pneumatic nozzle-flapper amplifier　氣壓噴嘴擋葉放大器　105
Pneumatic on-off controller　氣壓 on-off 控制器　110
Pneumatic proportional controller　氣壓比例控制器　107
　force-balance type　力平衡式　111
　force-distance type　力距離式　107

Pneumatic proportional-plus-derivative controller　氣壓比例加微分控制器　116
Pneumatic proportional-plus-integral control action　氣壓比例加積分控制器　118
Pneumatic proportional-plus-integralplus-derivative control action　氣壓比例加微分加積分控制器　119
Pneumatic relay　氣壓繼電器　106
　bleed type　洩漏式　106
　nonbleed type　非洩漏式　106
　reverse acting　逆向作用　107
Pneumatic systems　氣壓系統　101, 140
　compared with hydraulic system　與油壓系統比較　101
Pneumatic two-position controller　氣壓式二位置式控制器　110
Polar grids　座標路線　277
Polar plot　極座標圖　356, 384, 386, 388
Pole assignment technique　極點指定技術　635
Pole-placement:　極點安置
　necessary and sufficient conditions for arbitrary　任意位置之充分及必要條件　637
Pole placement problem　極點安置問題　635
　solving with MATLAB,　使用 MATLAB 解題　745-46
Positive-feedback system:　正回饋系統
　root loci for　的根軌跡　285
Pressure system　壓力系統　104
Principle of superposition　重疊原理　51
Process　程序　4
Proportional control　比例控制　219
Proportional control action　比例控制動作　27
Proportional controller　比例控制器　26
Proportional gain　比例增益　30, 56
Proportional-plus-derivative control:　比例加微分控制：
　of second-order system　二階系統　225
　of system with inertia load　具有慣性負載的系統　224
Proportional-plus-derivative control action　比例加微分控制動作　29
Proportional-plus-derivative controller　比例加微分控制器　29

Proportional-plus-integral control action　比例加積分控制動作　29
Proportional-plus-integral controller　比例加積分控制器　29, 118
Proportional-plus-integral-plusderivative control action　比例加積分加微分控制動作　29
Proportional-plus-integral-plusderivative controller　比例加積分加微分控制器　26

Q

Quadratic factor　二次因子　363
　log-magnitude curves of　對數幅度曲線　363
　phase-angle curves of　相角曲線　363
Quadratic optimal control problem:　二次最佳控制問題
　MATLAB solution of　MATLAB 解答　737
Quadratic optimal regulator system　二次最佳調整器問題　723
　MATLAB design of　以 MATLAB 設計　729

R

Ramp response　斜坡響應　193
Reduced-matrix Riccati equation　簡化雷卡弟矩陣方程式　726
Reduced-order observer　降階觀察器　671
Reduced-order state observer　降階狀態觀察器　671
Reference input　參考輸入　24
Regulator system with observer controller　具有觀察器控制器之調整器系統　704, 718
Relative stability　相對穩定性　149, 217, 427
Resistance:　阻尼：
　gas-flow　氣流　102
　laminar-flow　線流　95
　of pressure system　氣壓系統　102
　of thermal system　熱系統　136
　turbulent-flow　湍流　96
Resonant frequency　共振頻率　388, 436
Resonant peak　共振峰　366, 389, 436
　versus ζ curve　與 ζ 關係曲線　367
Resonant peak magnitude　共振峰幅度　366, 437
Response:　響應：
　to arbitrary input　任意輸入的　197
　to initial condition　初始條件的　200

to torque disturbance　力矩干擾的　221
Reverse-acting relay　逆向作用繼電器　107
Riccati equation　雷卡弟方程式　726
Rise time　上升時間　160
　obtaining with MATLAB，以 MATLAB 計算　189
Robust control:　強韌控制
　system　系統　7, 741
　theory　理論　2, 9
Robust performance　強韌性能　8, 741, 746
Robust pole placement　強韌極點定位　650
Robust stability　強韌穩定性　8, 741, 744
Root loci:　根軌跡族：
　general rules for constructing　建構一般規則　261
　for positive-feedback system　正回饋系統　285
Root locus　根軌跡　245
　method　方法　244
Routh's stability criterion　羅斯穩定準則　211

S

Schwarz matrix　許瓦茲矩陣　240
Second-order system　二階系統　154
　impulse response of　單位脈衝響應　170
　standard form of　標準型　156
　step response of　單位步階響應　154
　transient-response specification of　暫態響應之規格　162
　unit-step response curves of　單位步階響應曲線　160
Sensor　感知器　24
Series compensation　串聯補償　291
Servo system　伺服系統　154
　design of　設計　654
　with tachometer feedback　使用量速器回饋　240
　with velocity feedback　具速度回饋　167
Servomechanism　伺服機構　2
Set point　設定點　25
Set-point kick　置定點反衝　537
Settling time　安定時間　161, 164
　obtaining with MATLAB　利用 MATLAB 求得　189
　versus ζ curve　對於 ζ 之曲線　166
Sign inverter　符號變換器　80

Sinusoidal signal generator 弦波產生器 456
Sinusoidal transfer function 弦波轉移函數 353
Small gain theorem 小增益定理 743
Speed control system 速率控制系統 4
Spool valve: 短管閥
    linearized mathematical model of 線性化數學模型 125
Spring-loaded pendulum system 彈簧負載之單擺系統 88
Spring-mass-dashpot system 彈簧質量緩衝筒系統 63
Square-law nonlinearity 平方定律的非線性操作 51
S-shaped curve S-型曲線 512
Stability analysis 穩定性分析 417
    in the complex plane 複數平面 175
Stack controller 堆疊式控制器 111
Standard second-order system 標準二階系統 183
State 狀態 34
State controllability: 狀態可控制性
    complete 完全 611, 614, 617
State equation 狀態方程式 37
    solution of homogeneous 齊次解答 590
    solution of nonhomogeneous 非齊次解答 598
    Laplace transform solution of 拉式變換解答 594
State-feedback gain matrix 狀態回饋增益矩陣 636
    MATLAB approach to determine 以 MATLAB 求得 650
State matrix 狀態矩陣 37
State observation: 狀態觀察：
    necessary and sufficient conditions for 充分及必要條件 675
State observer 狀態觀察器 671
    design with MATLAB, 以 MATLAB 求得 698
    type 1 servo system with 第一類型伺服系統 664
State observer gain matrix: 狀態觀察增益矩陣 675
    Ackermann's formula to obtain 以艾克曼公式求得 677
    direct substitution approach to obtain 直接代換法 676
    transformation approach to obtain 變換法 675
State space 狀態空間 35
State-space equation 狀態空間方程式 35
    correlation between transfer function and 與轉移函數關連 576, 585

solution of 的解答 591
State-space representation: 狀態空間代表法：
    in canonical forms 典型 577
    of nth order system n 階系統的 44
State-transition matrix 狀態遷移矩陣 595
    properties of 性質 597
State variable 狀態變數 35
State vector 狀態向量 35
Static acceleration error constant 靜態加速度誤差常數 230, 377
    determination of 求得 377
Static position error constant 靜態位置誤差常數 228, 374
Static velocity error constant 靜態速度誤差常數 229, 375
Steady-state error 穩態誤差 149, 227
    for unit parabolic input 當單位拋物線輸入 231
    for unit ramp input 當單位斜坡輸入 230
    in terms of gain K, 與增益 K 之關係 233
Steady-state response 穩態響應 149
    of second-order system 二階系統 154
Summing point 匯合點 21
Suspension system: 懸吊系統：
Sylvester's interpolation formula 希爾維斯特內插法 608
System 系統 4
Sytem types 系統類型 373
    type 0, 第 0 類 230, 375, 392, 458
    type 1, 第 1 類 230, 376, 392, 458
    type 2, 第 2 類 230, 377, 392, 458
System response to initial condition: 系統對初始條件的響應：
    MATLAB approach to obtain 以 MATLAB 求得 199

T

Tachometer 量速機 168
    feedback 回饋 334
Taylor series expansion 泰勒級數展開 51
Temperature control systems 溫度控制系統 6
Test signals 測試信號 148
Text: 文字：
    writing on the graphic screen 寫在銀幕上 182

Thermal capacitance 熱容 136
Thermal resistance 熱阻 136
Thermal systems 熱油壓系統 94, 120
Three-degrees-of-freedom system 三自由度系統 571
Three-dimensional plot 三度空間繪圖 186
    of unit-step response curves with MATLAB, 以 MATLAB 求得單位步階響應曲線 186
Traffic control system 交通控制系統 10
Transfer function 轉移函數 18
    of cascaded elements 串聯元件 73
    of cascaded systems 串聯系統 23
    closed-loop 閉迴路 23
    of closed-loop system 閉迴路系統 23
    experimental determination of 以實驗法求得 459
    expression in terms of A,B,C, and D, 以 A、B、C 及 D 而言 41
    of feedback system 回饋系統 22
    feedforward 順向 22
    of minimum-order observer-based controller 建立於最小階觀察器之控制器 703
    of nonloading cascaded elements 無加載串接元件 77
    observer-controller 觀察器-控制器 684, 707
    open-loop 開環 22
    of parallel systems 並聯系統 23
    sinusoidal 弦波式 353
Transfer matrix 轉移矩陣 42
Transformation: 變換：
    from state space to transfer function 狀態空間變換成為轉移函數 49, 587
    from transfer function to state space 轉移函數變換成為狀態空間 48, 585
Transient response 暫態響應 148
    analysis with MATLAB, 以 MATLAB 分析 176
    of higher-order system 高階系統 172
    specifications 規格 162
Transport lag 傳遞滯移 372
    phase angle characteristics of 相位角特性 372
Turbulent-flow resistance 湍流阻尼 96
Two-degrees-of-freedom control system 二自由度控制系統 542, 548, 572
Two-position control action 二位置控制系統 26

Two-position controller 二位置控制器 26
Type 0 system 第 0 類型系統 228, 230, 458
    log-magnitude curve for 對數幅度曲線 375, 458
    polar plot of 極座標繪圖 392
Type 1 servo system: 第 1 類型伺服系統
    design of 設計 660
    pole-placement design of 極點安置法設計 654
Type 1 system 第 1 類型系統 376
    log-magnitude curve for 對數幅度曲線 376, 458
    polar plot of 極座標繪圖 392
Type 2 system 第 2 類型系統 377
    log-magnitude curve for 對數幅度曲線 377, 458
    polar plot of 極座標繪圖 392

U

Uncontrollable system 不可控制系統 619
Undamped natural frequency 無阻尼自然頻率 155
Underdamped system 無阻尼系統 156
Unit-impulse response: 單位脈衝響應：
    of first-order system 一階系統 152
    of second-order system 二階系統 170
Unit-impulse response curves: 單位脈衝響應曲線：
    a family of 曲線族 171
    obtained by use of MATLAB, 以 MATLAB 求得 193
Unit-ramp response: 單位斜坡響應：
    of first-order system 一階系統 151
    of second-order system 二階系統 193
    of system defined in state space 狀態空間定義的系統 195
Unit-step response: 單位步階響應：
    of first-order system 一階系統 150
    of second-order system 二階系統 154
Universal gas constant 通用氣體常數 103
Unstructured uncertainty: 非結構式不確定性：
    multiplicative 相乘式 743
    system with 系統的 743

V

Valve: 閥體：
    overlapped 過疊式 128
    underlapped 欠疊式 128
    zero-lapped 無疊式 128

Valve coefficient　閥係數　125
Vectors:　向量：
　　linear dependence of　線性相依性　610
　　linear independence of　線性獨立　609
Velocity error　速度誤差　229
Velocity feedback　速度回饋　167, 334, 495

W

Watt's speed governor　瓦特速率調速器　4
Weighting function　權重函數　19

Z

Zero-lapped valve　無疊式閥體　128
Zero placement　零點定位　543, 545, 562
　　approach to improve response characteristics　改善響應特性的方法　543
Ziegler-Nichols tuning rules　齊格勒-尼克調節規則　14, 511
　　first method　第一法　512
　　second method　第二法　513

Appendix A

拉式變換表

附錄首先介紹複變數及複變函數，然後介紹拉式變換表及拉式變換性質。最後介紹常用的拉式變換定理及脈波函數及脈衝函數的拉式變換。

複變數 一個複變數具有實數部分及虛數部分，二者皆為常數。如果其中的實數部分及虛數部分為變數，此複數變化量稱為複變數 (complex variable)。在拉式變換法中，我們使用 s 為複變數；亦即

$$s = \sigma + j\omega$$

其中 σ 為實數部分，而 ω 為虛數部分。

複變函數 複變函數 $G(s)$ 係為 s 的函數，具有實數部分及虛數部分，敘述如下

$$G(s) = G_x + jG_y$$

其中 G_x 及 G_y 皆為實數量 $G(s)$ 的幅度為 $\sqrt{G_x^2 + G_y^2}$，而其角度 θ 為 $\tan^{-1}(G_y/G_x)$。角度的衡量為從正實軸開始以逆時鐘方向為之。$G(s)$ 的複數共軛為 $\bar{G}(s) = G_x - jG_y$。

在線性系統的分析中常涉及複變函數，其為 s 的單值函數，在某一 s 下其數值是唯一的。

在某一區域內如果 $G(s)$ 及其導數皆存在，則複變函數 $G(s)$ 是為可分析 (analytic)。$G(s)$ 的導數定義為

$$\frac{d}{ds}G(s) = \lim_{\Delta s \to 0} \frac{G(s + \Delta s) - G(s)}{\Delta s} = \lim_{\Delta s \to 0} \frac{\Delta G}{\Delta s}$$

因為 $\Delta s = \Delta\sigma + j\Delta\omega$，$\Delta s$ 可以沿著無窮多的路徑趨近於零。可以說，但不在此證明，如果我們選擇二個不同的路徑，亦即 $\Delta s = \Delta\sigma$ 及 $\Delta s = j\Delta\omega$，所得到的導數相等時，則此導數在任何的路徑 $\Delta s = j\Delta\omega$ 也是相等的，所以此導數是存在的。

在某一特殊的路徑 $\Delta s = \Delta\sigma$ (此時路徑與實數軸平行)，

$$\frac{d}{ds}G(s) = \lim_{\Delta\sigma \to 0}\left(\frac{\Delta G_x}{\Delta\sigma} + j\frac{\Delta G_y}{\Delta\sigma}\right) = \frac{\partial G_x}{\partial\sigma} + j\frac{\partial G_y}{\partial\sigma}$$

在另一個路徑 $\Delta s = j\Delta\omega$ (此時路徑與虛數軸平行)，

$$\frac{d}{ds}G(s) = \lim_{j\Delta\omega \to 0}\left(\frac{\Delta G_x}{j\Delta\omega} + j\frac{\Delta G_y}{j\Delta\omega}\right) = -j\frac{\partial G_x}{\partial \omega} + \frac{\Delta G_y}{\partial \omega}$$

如果這二個導數相等,

$$\frac{\partial G_x}{\partial \sigma} + j\frac{\partial G_y}{\partial \sigma} = \frac{\partial G_y}{\partial \omega} - j\frac{\partial G_x}{\partial \omega}$$

或者,下述二個條件成立

$$\frac{\partial G_x}{\partial \sigma} = \frac{\partial G_y}{\partial \omega} \quad 及 \quad \frac{\partial G_y}{\partial \sigma} = -\frac{\partial G_x}{\partial \omega}$$

則 $dG(s)/ds$ 可以唯一決定。此二條件稱為寇奇－黎曼條件。滿足此二條件的 $G(s)$ 係為可分析。

例如,假設

$$G(s) = \frac{1}{s+1}$$

則

$$G(\sigma + j\omega) = \frac{1}{\sigma + j\omega + 1} = G_x + jG_y$$

其中

$$G_x = \frac{\sigma + 1}{(\sigma + 1)^2 + \omega^2} \quad 及 \quad G_y = \frac{-\omega}{(\sigma + 1)^2 + \omega^2}$$

可以看出,除了 $s = -1$,即,$\sigma = -1$,$\omega = 0$ 外,$G(s)$ 可以滿足以下的寇奇－黎曼條件:

$$\frac{\partial G_x}{\partial \sigma} = \frac{\partial G_y}{\partial \omega} = \frac{\omega^2 - (\sigma + 1)^2}{[(\sigma + 1)^2 + \omega^2]^2}$$

$$\frac{\partial G_y}{\partial \sigma} = -\frac{\partial G_x}{\partial \omega} = \frac{2\omega(\sigma + 1)}{[(\sigma + 1)^2 + \omega^2]^2}$$

因此,除了在 $s = -1$ 外,$G(s) = 1/(s+1)$ 在整個 s 平面上皆為可分析。除在 $s = 1$ 外,導數 $dG(s)/ds$ 為

$$\frac{d}{ds}G(s) = \frac{\partial G_x}{\partial \sigma} + j\frac{\partial G_y}{\partial \sigma} = \frac{\partial G_y}{\partial \omega} - j\frac{\partial G_x}{d\omega}$$

$$= -\frac{1}{(\sigma + j\omega + 1)^2} = -\frac{1}{(s+1)^2}$$

注意,欲求可分析函數的導數,可以將 $G(s)$ 對 s 微分即可。在此例中

$$\frac{d}{ds}\left(\frac{1}{s+1}\right) = -\frac{1}{s+1^2}$$

$G(s)$ 在 s 平面上可分析的點稱為是正規點 (ordinary point),而在 s 平面上 $G(s)$ 不可分析的點稱為是奇異點 (singular point)。$G(s)$ 及其導數在奇異點上之計值趨近於無窮大,因之是為極點 (pole)。$G(s)$ 等於零所在的奇異點稱為零點 (zero)。

如果當 s 趨近於 $-p$ 時,$G(s)$ 趨近於無窮大,且函數

$$G(s)(s+p)^n, \text{ 當 } n = 1, 2, 3, \ldots$$

在 $s = -p$ 處有確定且不等於零的數值,則 $s = -p$ 是為 n-級極點。若 $n = 1$ 則稱為簡單極點。若 $n = 2, 3, \ldots$ 則稱為 2-級極點,3-級極點等等。

解釋如下,考慮複變函數

$$G(s) = \frac{K(s+2)(s+10)}{s(s+1)(s+5)(s+15)^2}$$

則 $G(s)$ 在 $s = -2$ 及 $s = -10$ 處有零點,在 $s = 0$、$s = -1$ 及 $s = -5$ 處有簡單極點,且在 $s = -1.5$ 處有雙重極點 (重複極點級數等於 2)。注意到,當 $s = \infty$ 時,$G(s)$ 變成零。因為當 s 很大時,

$$G(s) \doteqdot \frac{K}{s^3}$$

當 $s = \infty$ 時 $G(s)$ 有三個零點 [譯者註:極點](極點為重複 3 級)。如果將無窮遠處的點包含進去,則 $G(s)$ 的極點及零點個數相等。總結之,$G(s)$ 有 5 個零點 ($s = -2$,$s = -10$,$s = \infty$,$s = \infty$,$s = \infty$),及 5 個極點 ($s = 0$,$s = -1$,$s = -5$,$s = -15$,$s = -15$)。

拉式變換　定義

$f(t)$ = 時間函數，且當 $t < 0$ 時 $f(t) = 0$
s = 複變數
$\mathscr{L}$ = 運算符號，置於一個量之前代表將之做拉式積分 $\int_0^\infty e^{-st}\, dt$ 之變換
$F(s) = f(t)$ 的拉式變換

則 $f(t)$ 的拉式變換為

$$\mathscr{L}[f(t)] = F(s) = \int_0^\infty e^{-st}\, dt\,[f(t)] = \int_0^\infty f(t)e^{-st}\, dt$$

由拉式變換 $F(s)$ 求取時間函數 $f(t)$ 的逆向程序稱為反拉式變換 (inverse Laplace transformation)。反拉式變換的符號記為 $\mathscr{L}^{-1}$，反拉式變換可由以下 $F(s)$ 的反積分得出：

$$\mathscr{L}^{-1}[F(s)] = f(t) = \frac{1}{2\pi j}\int_{c-j\infty}^{c+j\infty} F(s)e^{st}\, ds，當\ t > 0$$

其中，收斂的橫座標為一實數常數，選擇大於 $F(s)$ 的所有奇異點之實數部分。所以積分的路徑與 $j\omega$ 軸平行，且與其位移了一個 c 之數量。此積分路徑位於所有的奇異點之右方。

要計算反積分是很難的。事實上，我們很少利用反積分去求取 $f(t)$。我們常使用的方法是如附錄 B 的部分分式展開法。

因此，我們可以使用表 A-1，其列出常用函數的拉式變換對，而拉式變換的基本性質則列於表 A-2。

最後，我們列出二個常用的定理，以及脈波函數及脈衝函數的拉式變換。

表 A-1　拉式變換對

	$f(t)$	$F(s)$
1	單位脈衝 $\delta(t)$	1
2	單位步階 $1(t)$	$\dfrac{1}{s}$
3	t	$\dfrac{1}{s^2}$
4	$\dfrac{t^{n-1}}{(n-1)!}$　$(n = 1, 2, 3, \ldots)$	$\dfrac{1}{s^n}$
5	t^n　$(n = 1, 2, 3, \ldots)$	$\dfrac{n!}{s^{n+1}}$
6	e^{-at}	$\dfrac{1}{s+a}$
7	te^{-at}	$\dfrac{1}{(s+a)^2}$
8	$\dfrac{1}{(n-1)!}t^{n-1}e^{-at}$　$(n = 1, 2, 3, \ldots)$	$\dfrac{1}{(s+a)^n}$
9	$t^n e^{-at}$　$(n = 1, 2, 3, \ldots)$	$\dfrac{n!}{(s+a)^{n+1}}$
10	$\sin \omega t$	$\dfrac{\omega}{s^2 + \omega^2}$
11	$\cos \omega t$	$\dfrac{s}{s^2 + \omega^2}$
12	$\sinh \omega t$	$\dfrac{\omega}{s^2 - \omega^2}$
13	$\cosh \omega t$	$\dfrac{s}{s^2 - \omega^2}$
14	$\dfrac{1}{a}(1 - e^{-at})$	$\dfrac{1}{s(s+a)}$
15	$\dfrac{1}{b-a}(e^{-at} - e^{-bt})$	$\dfrac{1}{(s+a)(s+b)}$
16	$\dfrac{1}{b-a}(be^{-bt} - ae^{-at})$	$\dfrac{s}{(s+a)(s+b)}$
17	$\dfrac{1}{ab}\left[1 + \dfrac{1}{a-b}(be^{-at} - ae^{-bt})\right]$	$\dfrac{1}{s(s+a)(s+b)}$

表 A-1　拉式變換對 (續)

18	$\dfrac{1}{a^2}(1 - e^{-at} - ate^{-at})$	$\dfrac{1}{s(s+a)^2}$
19	$\dfrac{1}{a^2}(at - 1 + e^{-at})$	$\dfrac{1}{s^2(s+a)}$
20	$e^{-at}\sin\omega t$	$\dfrac{\omega}{(s+a)^2+\omega^2}$
21	$e^{-at}\cos\omega t$	$\dfrac{s+a}{(s+a)^2+\omega^2}$
22	$\dfrac{\omega_n}{\sqrt{1-\zeta^2}}e^{-\zeta\omega_n t}\sin\omega_n\sqrt{1-\zeta^2}\,t \quad (0<\zeta<1)$	$\dfrac{\omega_n^2}{s^2+2\zeta\omega_n s+\omega_n^2}$
23	$-\dfrac{1}{\sqrt{1-\zeta^2}}e^{-\zeta\omega_n t}\sin(\omega_n\sqrt{1-\zeta^2}\,t - \phi)$ $\phi = \tan^{-1}\dfrac{\sqrt{1-\zeta^2}}{\zeta}$ $(0<\zeta<1,\ 0<\phi<\pi/2)$	$\dfrac{s}{s^2+2\zeta\omega_n s+\omega_n^2}$
24	$1 - \dfrac{1}{\sqrt{1-\zeta^2}}e^{-\zeta\omega_n t}\sin(\omega_n\sqrt{1-\zeta^2}\,t + \phi)$ $\phi = \tan^{-1}\dfrac{\sqrt{1-\zeta^2}}{\zeta}$ $(0<\zeta<1,\ 0<\phi<\pi/2)$	$\dfrac{\omega_n^2}{s(s^2+2\zeta\omega_n s+\omega_n^2)}$
25	$1 - \cos\omega t$	$\dfrac{\omega^2}{s(s^2+\omega^2)}$
26	$\omega t - \sin\omega t$	$\dfrac{\omega^3}{s^2(s^2+\omega^2)}$
27	$\sin\omega t - \omega t\cos\omega t$	$\dfrac{2\omega^3}{(s^2+\omega^2)^2}$
28	$\dfrac{1}{2\omega}t\sin\omega t$	$\dfrac{s}{(s^2+\omega^2)^2}$
29	$t\cos\omega t$	$\dfrac{s^2-\omega^2}{(s^2+\omega^2)^2}$
30	$\dfrac{1}{\omega_2^2-\omega_1^2}(\cos\omega_1 t - \cos\omega_2 t) \quad (\omega_1^2 \neq \omega_2^2)$	$\dfrac{s}{(s^2+\omega_1^2)(s^2+\omega_2^2)}$
31	$\dfrac{1}{2\omega}(\sin\omega t + \omega t\cos\omega t)$	$\dfrac{s^2}{(s^2+\omega^2)^2}$

表 A-2　拉氏變換的性質

1	$\mathscr{L}[Af(t)] = AF(s)$
2	$\mathscr{L}[f_1(t) \pm f_2(t)] = F_1(s) \pm F_2(s)$
3	$\mathscr{L}_\pm\left[\dfrac{d}{dt}f(t)\right] = sF(s) - f(0\pm)$
4	$\mathscr{L}_\pm\left[\dfrac{d^2}{dt^2}f(t)\right] = s^2 F(s) - sf(0\pm) - \dot{f}(0\pm)$
5	$\mathscr{L}_\pm\left[\dfrac{d^n}{dt^n}f(t)\right] = s^n F(s) - \sum_{k=1}^{n} s^{n-k} \overset{(k-1)}{f}(0\pm)$ where $\overset{(k-1)}{f}(t) = \dfrac{d^{k-1}}{dt^{k-1}}f(t)$
6	$\mathscr{L}_\pm\left[\int f(t)\,dt\right] = \dfrac{F(s)}{s} + \dfrac{1}{s}\left[\int f(t)\,dt\right]_{t=0\pm}$
7	$\mathscr{L}_\pm\left[\int\cdots\int f(t)(dt)^n\right] = \dfrac{F(s)}{s^n} + \sum_{k=1}^{n}\dfrac{1}{s^{n-k+1}}\left[\int\cdots\int f(t)(dt)^k\right]_{t=0\pm}$
8	$\mathscr{L}\left[\int_0^t f(t)\,dt\right] = \dfrac{F(s)}{s}$
9	$\int_0^\infty f(t)\,dt = \lim_{s\to 0} F(s) \quad \text{if } \int_0^\infty f(t)\,dt \text{ exists}$
10	$\mathscr{L}[e^{-\alpha t}f(t)] = F(s+a)$
11	$\mathscr{L}[f(t-\alpha)1(t-\alpha)] = e^{-\alpha s}F(s) \quad \alpha \geq 0$
12	$\mathscr{L}[tf(t)] = -\dfrac{dF(s)}{ds}$
13	$\mathscr{L}[t^2 f(t)] = \dfrac{d^2}{ds^2}F(s)$
14	$\mathscr{L}[t^n f(t)] = (-1)^n \dfrac{d^n}{ds^n} F(s) \quad (n = 1, 2, 3, \ldots)$
15	$\mathscr{L}\left[\dfrac{1}{t}f(t)\right] = \int_s^\infty F(s)\,ds \quad \text{if } \lim_{t\to 0}\dfrac{1}{t}f(t) \text{ exists}$
16	$\mathscr{L}\left[f\left(\dfrac{1}{a}\right)\right] = aF(as)$
17	$\mathscr{L}\left[\int_0^t f_1(t-\tau)f_2(\tau)\,d\tau\right] = F_1(s)F_2(s)$
18	$\mathscr{L}[f(t)g(t)] = \dfrac{1}{2\pi j}\int_{c-j\infty}^{c+j\infty} F(p)G(s-p)\,dp$

表 A-2　拉氏變換的性質（續）

初值定理	$f(0+) = \lim\limits_{t \to 0+} f(t) = \lim\limits_{s \to \infty} sF(s)$
終值定理	$f(\infty) = \lim\limits_{t \to \infty} f(t) = \lim\limits_{s \to 0} sF(s)$
脈波函數 $f(t) = \dfrac{A}{t_0} 1(t) - \dfrac{A}{t_0} 1(t - t_0)$	$\mathscr{L}[f(t)] = \dfrac{A}{t_0 s} - \dfrac{A}{t_0 s} e^{-st_0}$
脈衝函數 $g(t) = \lim\limits_{t_0 \to 0} \dfrac{A}{t_0},\quad$ 當 $0 < t < t_0$ $\quad\ = 0, \qquad\quad$ 當 $t < 0, t_0 < t$	$\mathscr{L}[g(t)] = \lim\limits_{t_0 \to 0} \left[\dfrac{A}{t_0 s} (1 - e^{-st_0}) \right]$ $= \lim\limits_{t_0 \to 0} \dfrac{\dfrac{d}{dt_0}[A(1 - e^{-st_0})]}{\dfrac{d}{dt_0}(t_0 s)}$ $= \dfrac{As}{s} = A$

Appendix B

部分分式展開法

在利用 MATLAB 法對於一個轉移函數施行部分分式展開之前，我們先要介紹轉移函數做部分分式展開的人工方法。

只有相異極點 $F(s)$ 的部分分式展開　假設 $F(s)$ 可以寫成

$$F(s) = \frac{B(s)}{A(s)} = \frac{K(s+z_1)(s+z_2)\cdots(s+z_m)}{(s+p_1)(s+p_2)\cdots(s+p_n)}, \text{當 } m < n$$

其中 $p_1, p_2, \ldots, p_n$ 及 $z_1, z_2, \ldots, z_m$ 可能是實數或是複數量，但是每一個 p_i 或 z_j 將分別以其相對應的共軛複數出現。如果 $F(s)$ 只含有相異極點，則其可利用以下簡單部分分式之和表達之：

$$F(s) = \frac{B(s)}{A(s)} = \frac{a_1}{s+p_1} + \frac{a_2}{s+p_2} + \cdots + \frac{a_n}{s+p_n} \quad \text{(B-1)}$$

其中 $a_k (k = 1, 2, \ldots, n)$ 為常數。係數 a_k 稱為極點 $s = -p_k$ 的餘值 (residue)。欲求 a_k 之數值，可對 (B-1) 式之二邊乘上 $(s+p_k)$，且令 $s = -p_k$，而得

$$\left[(s+p_k)\frac{B(s)}{A(s)}\right]_{s=-p_k} = \left[\frac{a_1}{s+p_1}(s+p_k) + \frac{a_2}{s+p_2}(s+p_k) \right.$$
$$\left. + \cdots + \frac{a_k}{s+p_k}(s+p_k) + \cdots \right.$$
$$\left. + \frac{a_n}{s+p_n}(s+p_k)\right]_{s=-p_k}$$
$$= a_k$$

我們發現除了 a_k 之外，所有其他的展開項皆被捨掉。因此，餘值 a_k 之形式為

$$a_k = \left[(s+p_k)\frac{B(s)}{A(s)}\right]_{s=-p_k}$$

注意，若 $f(t)$ 為實數函數，且 p_1 及 p_2 為複數共軛時，則其餘值 a_1 及 a_2 亦為複數共軛。因此在共軛複數 a_1 及 a_2 中只須要計算其中的一個，另一個可自動得知。

因為

$$\mathscr{L}^{-1}\left[\frac{a_k}{s+p_k}\right] = a_k e^{-p_k t}$$

則得知 $f(t)$ 為

$$f(t) = \mathscr{L}^{-1}[F(s)] = a_1 e^{-p_1 t} + a_2 e^{-p_2 t} + \cdots + a_n e^{-p_n t}, \quad 當\ t \geq 0$$

例題 B-1

求下式的反拉式變換

$$F(s) = \frac{s+3}{(s+1)(s+2)}$$

$F(s)$ 的部分分式展開為

$$F(s) = \frac{s+3}{(s+1)(s+2)} = \frac{a_1}{s+1} + \frac{a_2}{s+2}$$

求出其中 a_1 及 a_2 如下

$$a_1 = \left[(s+1)\frac{s+3}{(s+1)(s+2)}\right]_{s=-1} = \left[\frac{s+3}{s+2}\right]_{s=-1} = 2$$

$$a_2 = \left[(s+2)\frac{s+3}{(s+1)(s+2)}\right]_{s=-2} = \left[\frac{s+3}{s+1}\right]_{s=-2} = -1$$

所以

$$\begin{aligned} f(t) &= \mathscr{L}^{-1}[F(s)] \\ &= \mathscr{L}^{-1}\left[\frac{2}{s+1}\right] + \mathscr{L}^{-1}\left[\frac{-1}{s+2}\right] \\ &= 2e^{-t} - e^{-2t}, \quad 當\ t \geq 0 \end{aligned}$$

例題 B-2

求下式的反拉式變換

$$G(s) = \frac{s^3 + 5s^2 + 9s + 7}{(s+1)(s+2)}$$

此題中，因為分子多項式比分母多項式的次數為高，必須先將分子除以分母。

$$G(s) = s + 2 + \frac{s+3}{(s+1)(s+2)}$$

注意到，單位脈衝函數 $\delta(t)$ 的拉式變換等於 1，而 $d\delta(t)/dt$ 的拉式變換等於 s。上式的右方第三項即是例題 B-1 中的 $F(s)$。所以，$G(s)$ 的反拉式變換為

$$g(t) = \frac{d}{dt}\delta(t) + 2\delta(t) + 2e^{-t} - e^{-2t}, \quad \text{當 } t \geq 0-$$

例題 B-3

求下式的反拉式變換

$$F(s) = \frac{2s + 12}{s^2 + 2s + 5}$$

因為分母可以分解因式為

$$s^2 + 2s + 5 = (s + 1 + j2)(s + 1 - j2)$$

如果函數 $F(s)$ 含有共軛複數極點時，最好不要做部分分式展開時，而將之展開成為阻尼式正弦及餘弦函數。

注意到，$s^2 + 2s + 5 = (s+1)^2 + 2^2$，參考 $e^{-\alpha t}\sin\omega t$ 及 $e^{-\alpha t}\cos\omega t$，可寫成

$$\mathscr{L}\left[e^{-\alpha t}\sin\omega t\right] = \frac{\omega}{(s+\alpha)^2 + \omega^2}$$

$$\mathscr{L}\left[e^{-\alpha t}\cos\omega t\right] = \frac{s+\alpha}{(s+\alpha)^2 + \omega^2}$$

則 $F(s)$ 可以表達成阻尼式正弦函數及阻尼餘弦函數之和如下：

$$F(s) = \frac{2s+12}{s^2+2s+5} = \frac{10+2(s+1)}{(s+1)^2+2^2}$$

$$= 5\frac{2}{(s+1)^2+2^2} + 2\frac{s+1}{(s+1)^2+2^2}$$

是故

$$f(t) = \mathscr{L}^{-1}[F(s)]$$

$$= 5\mathscr{L}^{-1}\left[\frac{2}{(s+1)^2+2^2}\right] + 2\mathscr{L}^{-1}\left[\frac{s+1}{(s+1)^2+2^2}\right]$$

$$= 5e^{-t}\sin 2t + 2e^{-t}\cos 2t, \qquad 當\ t \geq 0$$

有重複極點 $F(s)$ 的部分分式展開 我們利用一個例題做部分分式展開的說明，而非介紹一般化的情形。

考慮如下的 $F(s)$：

$$F(s) = \frac{s^2+2s+3}{(s+1)^3}$$

$F(s)$ 的部分分式展開含有三項，

$$F(s) = \frac{B(s)}{A(s)} = \frac{b_1}{s+1} + \frac{b_2}{(s+1)^2} + \frac{b_3}{(s+1)^3}$$

其中，b_1、b_2 及 b_3 可決定如下。上式二邊同時乘上 $(s+1)^3$，可得

$$(s+1)^3\frac{B(s)}{A(s)} = b_1(s+1)^2 + b_2(s+1) + b_3 \qquad \text{(B-2)}$$

令 $s = -1$，則 (B-2) 式變成

$$\left[(s+1)^3\frac{B(s)}{A(s)}\right]_{s=-1} = b_3$$

同時 (B-2) 式二邊對 s 微分可得

$$\frac{d}{ds}\left[(s+1)^3\frac{B(s)}{A(s)}\right] = b_2 + 2b_1(s+1) \qquad \text{(B-3)}$$

令 $s = -1$，則 (B-3) 式變成

$$\frac{d}{ds}\left[(s+1)^3 \frac{B(s)}{A(s)}\right]_{s=-1} = b_2$$

(B-3) 式二邊再對 s 微分可得

$$\frac{d^2}{ds^2}\left[(s+1)^3 \frac{B(s)}{A(s)}\right] = 2b_1$$

由上述的推導程序可知 b_3、b_2 及 b_1 之系統化計算如下：

$$\begin{aligned}
b_3 &= \left[(s+1)^3 \frac{B(s)}{A(s)}\right]_{s=-1} \\
&= (s^2 + 2s + 3)_{s=-1} \\
&= 2 \\
b_2 &= \left\{\frac{d}{ds}\left[(s+1)^3 \frac{B(s)}{A(s)}\right]\right\}_{s=-1} \\
&= \left[\frac{d}{ds}(s^2 + 2s + 3)\right]_{s=-1} \\
&= (2s + 2)_{s=-1} \\
&= 0 \\
b_1 &= \frac{1}{2!}\left\{\frac{d^2}{ds^2}\left[(s+1)^3 \frac{B(s)}{A(s)}\right]\right\}_{s=-1} \\
&= \frac{1}{2!}\left[\frac{d^2}{ds^2}(s^2 + 2s + 3)\right]_{s=-1} \\
&= \frac{1}{2}(2) = 1
\end{aligned}$$

因此得到

$$\begin{aligned}
f(t) &= \mathscr{L}^{-1}[F(s)] \\
&= \mathscr{L}^{-1}\left[\frac{1}{s+1}\right] + \mathscr{L}^{-1}\left[\frac{0}{(s+1)^2}\right] + \mathscr{L}^{-1}\left[\frac{2}{(s+1)^3}\right] \\
&= e^{-t} + 0 + t^2 e^{-t} \\
&= (1 + t^2)e^{-t}, \qquad \text{當 } t \geq 0
\end{aligned}$$

註記 當複雜函數的分母有高階次的多項式時，做部分分式展開也許耗時費力。此時利用 MATLAB 比較方便。

利用 MATLAB 做部分分式展開 MATLAB 有指令可以 $B(s)/A(s)$ 的部分分式展開。考慮以下的函數 $B(s)/A(s)$：

$$\frac{B(s)}{A(s)} = \frac{\text{num}}{\text{den}} = \frac{b_0 s^n + b_1 s^{n-1} + \cdots + b_n}{s^n + a_1 s^{n-1} + \cdots + a_n}$$

其中有些 a_i 及 b_i 可以等於零。在使用 MATLAB 時，我們用列向量指定轉移函數的分子及分母的係數。亦即，

$$\text{num} = [b_0 \ b_1 \ \ldots \ b_n]$$
$$\text{den} = [1 \ a_1 \ \ldots \ a_n]$$

以下的指令

$$[r,p,k] = \text{residue}(\text{num},\text{den})$$

可以求得二個多項式 $B(s)$ 及 $A(s)$ 之比，做部分分式展開後，所得的餘值 (r)，極點 (p)，及直接項 (k)。

$B(s)/A(s)$ 的部分分式展開為

$$\frac{B(s)}{A(s)} = \frac{r(1)}{s - p(1)} + \frac{r(2)}{s - p(2)} + \cdots + \frac{r(n)}{s - p(n)} + k(s) \quad \text{(B-4)}$$

與 (B-1) 及 (B-4) 式比較之，可知 $p(1) = -p_1$，$p(2) = -p_2$，$\cdots$，$p(n) = -p_n$；$r(1) = a_1$，$r(2) = a_2$，$\cdots$，$r(n) = a_n$。[$k(s)$ 為直接項。]

例題 B-4

考慮如下的轉移函數，

$$\frac{B(s)}{A(s)} = \frac{2s^3 + 5s^2 + 3s + 6}{s^3 + 6s^2 + 11s + 6}$$

對於此函數，

$$\text{num} = [2 \ 5 \ 3 \ 6]$$
$$\text{den} = [1 \ 6 \ 11 \ 6]$$

以下指令

$$[r,p,k] = \text{residue}(num,den)$$

可產生結果如下：

```
[r,p,k] = residue(num,den)
r =
    -6.0000
    -4.0000
     3.0000

p =
    -3.0000
    -2.0000
    -1.0000

k =
     2
```

(注意，餘值在行向量 r 中，極點在行向量 p 中，而直接項在列向量 k 中。) 此即為 MATLAB 執行 $B(s)/A(s)$ 的部分分式展開所得的結果：

$$\frac{B(s)}{A(s)} = \frac{2s^3 + 5s^2 + 3s + 6}{s^3 + 6s^2 + 11s + 6}$$

$$= \frac{-6}{s+3} + \frac{-4}{s+2} + \frac{3}{s+1} + 2$$

如果 $p(j) = p(j+1) = \cdots = p(j+m-1)$ [亦即，$p_j = p_{j+1} = \cdots = p_{j+m-1}$]，則極點 $p(j)$ 為重複 m 次的極點。此時，做部分分式展開時，會出現如下述形式之項目

$$\frac{r(j)}{s-p(j)} + \frac{r(j+1)}{[s-p(j)]^2} + \cdots + \frac{r(j+m-1)}{[s-p(j)]^m}$$

詳細結果請參見例題 B-5。

例題 B-5

使用 MATLAB 將以下的 $B(s)/A(s)$ 做部分分式展開。

$$\frac{B(s)}{A(s)} = \frac{s^2 + 2s + 3}{(s+1)^3} = \frac{s^2 + 2s + 3}{s^3 + 3s^2 + 3s + 1}$$

對於此函數，可知

$$\text{num} = [1 \ 2 \ 3]$$
$$\text{den} = [1 \ 3 \ 3 \ 1]$$

以下指令

$$[r,p,k] = \text{residue(num,den)}$$

可得如下結果：

```
num = [1  2  3];
den = [1  3  3  1];
[r,p,k] = residue(num,den)

r =
    1.0000
    0.0000
    2.0000

p =
   -1.0000
   -1.0000
   -1.0000

k =
    []
```

此即是 MATLAB 將 $B(s)/A(s)$ 做部分分式展開，如下：

$$\frac{B(s)}{A(s)} = \frac{1}{s+1} + \frac{0}{(s+1)^2} + \frac{2}{(s+1)^3}$$

注意到，此題中直接項 k 為零。

Appendix C

向量與矩陣代數

本附錄裡，我們首先複習矩陣的行列式值，其次為伴隨矩陣、反矩陣，以及矩陣的微分與積分。

矩陣的行列式值　每一個方形矩陣都有行列式值。一個方形矩陣 **A** 的行列式值通常表達成 |**A**|，或 det **A**。行列式值有如下性質：

1. 如果二個相鄰的行或列互換，則行列式值須改變符號。
2. 如果任何一個行或列只包含零，則行列式值等於零。
3. 如果任何一個行 (或列) 的所有元素為另一行 (或列) 元素的 k 倍，則行列式值等於零。
4. 如果將任何一個行 (或列) 的所有元素乘上一常數加到另一行 (或列)，則其行列式值不變。
5. 如果將任何一個行 (或列) 的所有元素乘上一常數，則其行列式值亦乘上此常數。注意，若 k 乘上一矩陣 **A**，則其行列式值變成 **A** 行列式值的 k^n 倍，或

$$|k\mathbf{A}| = k^n|\mathbf{A}|$$

其原因乃是

$$k\mathbf{A} = \begin{bmatrix} ka_{11} & ka_{12} & \ldots & ka_{1m} \\ ka_{21} & ka_{22} & \ldots & ka_{2m} \\ \vdots & \vdots & & \vdots \\ ka_{n1} & ka_{n2} & \ldots & ka_{nm} \end{bmatrix}$$

6. 二個方形矩陣 **A** 及 **B** 相乘產生矩陣的行列式值等於個別矩陣的行列式值之乘積。或

$$|\mathbf{AB}| = |\mathbf{A}|\,|\mathbf{B}|$$

若 **B** $= n \times m$ 矩陣且 **C** $= m \times n$ 矩陣，則

$$\det(\mathbf{I}_n + \mathbf{BC}) = \det(\mathbf{I}_m + \mathbf{CB})$$

若 |**A**| $\neq 0$ 且 **C** $= m \times m$ 矩陣，則

$$\det\begin{bmatrix} \mathbf{A} & \mathbf{B} \\ \mathbf{C} & \mathbf{D} \end{bmatrix} = \det \mathbf{A} \cdot \det \mathbf{S}$$

其中 $S = D - CA^{-1}B$。

若 $|D| \neq 0$，則

$$\det \begin{bmatrix} A & B \\ C & D \end{bmatrix} = \det D \cdot \det T$$

其中 $T = A - BD^{-1}C$。

若 $B = 0$ 或 $C = 0$，則

$$\det \begin{bmatrix} A & 0 \\ C & D \end{bmatrix} = \det A \cdot \det D$$

$$\det \begin{bmatrix} A & B \\ 0 & D \end{bmatrix} = \det A \cdot \det D$$

矩陣的秩數 如果一個矩陣 A 中存在有 $m \times m$ 矩陣 M，且此行列式值不等於零，而其他矩陣 A 的 $r \times r$ 次矩陣 $(r \geq m + 1)$ 之行列式值等於零，則矩陣 A 之秩數等於 m。

以下列的矩陣為例：

$$A = \begin{bmatrix} 1 & 2 & 3 & 4 \\ 0 & 1 & -1 & 0 \\ 1 & 0 & 1 & 2 \\ 1 & 1 & 0 & 2 \end{bmatrix}$$

注意到，$|A| = 0$。在行列式值不等於零的最大次矩陣中，可以找到

$$\begin{bmatrix} 1 & 2 & 3 \\ 0 & 1 & -1 \\ 1 & 0 & 1 \end{bmatrix}$$

是故，矩陣 A 之秩數等於 3。

子行列式 M_{ij} 如果將 $n \times n$ 矩陣 A 的第 i 列及第 j 行之元素去除掉，產生了 $(n - 1) \times (n - 1)$ 矩陣。則此 $(n - 1) \times (n - 1)$ 矩陣的行列式值稱為矩陣 A 的子行列式值 M_{ij}。

餘因子 A_{ij} 一個 $n \times n$ 矩陣 A 的餘因子 A_{ij} 定義為下式

$$A_{ij} = (-1)^{i+j}M_{ij}$$

亦即,元素 a_{ij} 的餘因子 A_{ij} 係為矩陣 $\mathbf{A}$ 除去第 i 列及第 j 行後所得的行列式值乘上 $(-1)^{i+j}$。注意到,元素 a_{ij} 的餘因子 A_{ij} 係為矩陣 $|\mathbf{A}|$ 行列式值做展開時的 a_{ij} 的係數,可以證明

$$a_{i1}A_{i1} + a_{i2}A_{i2} + \cdots + a_{in}A_{in} = |\mathbf{A}|$$

若 $a_{i1}, a_{i2}, \ldots, a_{in}$ 取代成 $a_{j1}, a_{j2}, \ldots, a_{jn}$,則

$$a_{j1}A_{i1} + a_{j2}A_{i2} + \cdots + a_{jn}A_{in} = 0 \qquad i \neq j$$

因為此時矩陣 $\mathbf{A}$ 行列式值有二列相等。所以,可得

$$\sum_{k=1}^{n} a_{jk}A_{ik} = \delta_{ji}|\mathbf{A}|$$

同理,

$$\sum_{k=1}^{n} a_{ki}A_{kj} = \delta_{ij}|\mathbf{A}|$$

伴隨矩陣 如果矩陣 $\mathbf{B}$ 的第 i 列及第 j 行元素等於 A_{ji},則此矩陣稱為是 $\mathbf{A}$ 的伴隨矩陣,表示成為 adj $\mathbf{A}$,或

$$\mathbf{B} = (b_{ij}) = (A_{ji}) = \text{adj } \mathbf{A}$$

亦即,$\mathbf{A}$ 的伴隨矩陣係為由 $\mathbf{A}$ 的餘因子構成的矩陣之轉置矩陣,或

$$\text{adj } \mathbf{A} = \begin{bmatrix} A_{11} & A_{21} & \ldots & A_{n1} \\ A_{12} & A_{22} & \ldots & A_{n2} \\ \vdots & \vdots & & \vdots \\ A_{1n} & A_{2n} & \ldots & A_{nm} \end{bmatrix}$$

注意到,乘積 $\mathbf{A}(\text{adj } \mathbf{A})$ 的第 j 列及第 i 行元素為

$$\sum_{k=1}^{n} a_{jk}b_{ki} = \sum_{k=1}^{n} a_{jk}A_{ik} = \delta_{ji}|\mathbf{A}|$$

因此,$\mathbf{A}(\text{adj } \mathbf{A})$ 係為一對角線矩陣,其對角線元素等於 $|\mathbf{A}|$,或

$$\mathbf{A}(\text{adj } \mathbf{A}) = |\mathbf{A}|\mathbf{I}$$

同理，乘積 (adj **A**)**A** 的第 j 列及第 i 行元素為

$$\sum_{k=1} b_{jk}a_{ki} = \sum_{k=1} A_{kj}a_{ki} = \delta_{ij}|\mathbf{A}|$$

是故，可得如下關係

$$\mathbf{A}(\text{adj }\mathbf{A}) = (\text{adj }\mathbf{A})\mathbf{A} = |\mathbf{A}|\mathbf{I} \qquad (C\text{-}1)$$

所以

$$\mathbf{A}^{-1} = \frac{\text{adj }\mathbf{A}}{|\mathbf{A}|} = \begin{bmatrix} \dfrac{A_{11}}{|\mathbf{A}|} & \dfrac{A_{21}}{|\mathbf{A}|} & \cdots & \dfrac{A_{n1}}{|\mathbf{A}|} \\ \dfrac{A_{12}}{|\mathbf{A}|} & \dfrac{A_{22}}{|\mathbf{A}|} & \cdots & \dfrac{A_{n2}}{|\mathbf{A}|} \\ \vdots & \vdots & & \vdots \\ \dfrac{A_{1n}}{|\mathbf{A}|} & \dfrac{A_{2n}}{|\mathbf{A}|} & \cdots & \dfrac{A_{nn}}{|\mathbf{A}|} \end{bmatrix}$$

其中 A_{ij} 為矩陣 **A** 的 a_{ij} 之餘因子。所以，$\mathbf{A}^{-1}$ 的第 i 行元素為原矩陣 **A** 的第 i 列餘因子乘上 $1/|\mathbf{A}|$。例如，若

$$\mathbf{A} = \begin{bmatrix} 1 & 2 & 0 \\ 3 & -1 & -2 \\ 1 & 0 & -3 \end{bmatrix}$$

則 **A** 的伴隨矩陣及行列式值 $|\mathbf{A}|$ 之關係表達為

$$\text{adj }\mathbf{A} = \begin{bmatrix} \begin{vmatrix} -1 & -2 \\ 0 & -3 \end{vmatrix} & -\begin{vmatrix} 2 & 0 \\ 0 & -3 \end{vmatrix} & \begin{vmatrix} 2 & 0 \\ -1 & -2 \end{vmatrix} \\ -\begin{vmatrix} 3 & -2 \\ 1 & -3 \end{vmatrix} & \begin{vmatrix} 1 & 0 \\ 1 & -3 \end{vmatrix} & -\begin{vmatrix} 1 & 0 \\ 3 & -2 \end{vmatrix} \\ \begin{vmatrix} 3 & -1 \\ 1 & 0 \end{vmatrix} & -\begin{vmatrix} 1 & 2 \\ 1 & 0 \end{vmatrix} & \begin{vmatrix} 1 & 2 \\ 3 & -1 \end{vmatrix} \end{bmatrix}$$

$$= \begin{bmatrix} 3 & 6 & -4 \\ 7 & -3 & 2 \\ 1 & 2 & -7 \end{bmatrix}$$

且

$$|\mathbf{A}| = 17$$

所以，$\mathbf{A}$ 的反矩陣為

$$\mathbf{A}^{-1} = \frac{\text{adj } \mathbf{A}}{|\mathbf{A}|} = \begin{bmatrix} \frac{3}{17} & \frac{6}{17} & -\frac{4}{17} \\ \frac{7}{17} & -\frac{3}{17} & \frac{2}{17} \\ \frac{1}{17} & \frac{2}{17} & -\frac{7}{17} \end{bmatrix}$$

再來，我們分別表達出 2×2 矩陣及 3×3 矩陣的反矩陣公式。對於 2×2 矩陣

$$\mathbf{A} = \begin{bmatrix} a & b \\ c & d \end{bmatrix} \quad \text{其中 } ad - bc \neq 0$$

其反矩陣為

$$\mathbf{A}^{-1} = \frac{1}{ad - bc} \begin{bmatrix} d & -b \\ -c & a \end{bmatrix}$$

對於 3×3 矩陣

$$\mathbf{A} = \begin{bmatrix} a & b & c \\ d & e & f \\ g & h & i \end{bmatrix} \quad \text{其中 } |\mathbf{A}| \neq 0$$

其反矩陣為

$$\mathbf{A}^{-1} = \frac{1}{|\mathbf{A}|} \begin{bmatrix} \begin{vmatrix} e & f \\ h & i \end{vmatrix} & -\begin{vmatrix} b & c \\ h & i \end{vmatrix} & \begin{vmatrix} b & c \\ e & f \end{vmatrix} \\ -\begin{vmatrix} d & f \\ g & i \end{vmatrix} & \begin{vmatrix} a & c \\ g & i \end{vmatrix} & -\begin{vmatrix} a & c \\ d & f \end{vmatrix} \\ \begin{vmatrix} d & e \\ g & h \end{vmatrix} & -\begin{vmatrix} a & b \\ g & h \end{vmatrix} & \begin{vmatrix} a & b \\ d & e \end{vmatrix} \end{bmatrix}$$

注意到，

$$(\mathbf{A}^{-1})^{-1} = \mathbf{A}$$

$$(\mathbf{A}^{-1})' = (\mathbf{A}')^{-1}$$

$$(\mathbf{A}^{-1})^* = (\mathbf{A}^*)^{-1}$$

還有許多其他重要的公式。假設 $\mathbf{A} = n \times n$ 矩陣，$\mathbf{B} = n \times m$ 矩陣，$\mathbf{C} = m \times n$ 矩陣，且 $\mathbf{D} = m \times m$ 矩陣。則

$$[\mathbf{A} + \mathbf{BC}]^{-1} = \mathbf{A}^{-1} - \mathbf{A}^{-1}\mathbf{B}[\mathbf{I}_m + \mathbf{CA}^{-1}\mathbf{B}]^{-1}\mathbf{CA}^{-1}$$

若 $|\mathbf{A}| \neq 0$ 且 $|\mathbf{D}| \neq 0$，

$$\begin{bmatrix} \mathbf{A} & \mathbf{B} \\ \mathbf{0} & \mathbf{D} \end{bmatrix}^{-1} = \begin{bmatrix} \mathbf{A}^{-1} & -\mathbf{A}^{-1}\mathbf{BD}^{-1} \\ \mathbf{0} & \mathbf{D}^{-1} \end{bmatrix}$$

$$\begin{bmatrix} \mathbf{A} & \mathbf{0} \\ \mathbf{C} & \mathbf{D} \end{bmatrix}^{-1} = \begin{bmatrix} \mathbf{A}^{-1} & \mathbf{0} \\ -\mathbf{D}^{-1}\mathbf{CA}^{-1} & \mathbf{D}^{-1} \end{bmatrix}$$

若 $|\mathbf{A}| \neq 0$，$\mathbf{S} = \mathbf{D} - \mathbf{CA}^{-1}\mathbf{B}$，$|\mathbf{S}| \neq 0$，則

$$\begin{bmatrix} \mathbf{A} & \mathbf{B} \\ \mathbf{C} & \mathbf{D} \end{bmatrix}^{-1} = \begin{bmatrix} \mathbf{A}^{-1} + \mathbf{A}^{-1}\mathbf{BS}^{-1}\mathbf{CA}^{-1} & -\mathbf{A}^{-1}\mathbf{BS}^{-1} \\ -\mathbf{S}^{-1}\mathbf{CA}^{-1} & \mathbf{S}^{-1} \end{bmatrix}$$

若 $|\mathbf{D}| \neq 0$，$\mathbf{T} = \mathbf{A} - \mathbf{BD}^{-1}\mathbf{C}$，且 $|\mathbf{T}| \neq 0$，則

$$\begin{bmatrix} \mathbf{A} & \mathbf{B} \\ \mathbf{C} & \mathbf{D} \end{bmatrix}^{-1} = \begin{bmatrix} \mathbf{T}^{-1} & -\mathbf{T}^{-1}\mathbf{BD}^{-1} \\ -\mathbf{D}^{-1}\mathbf{CT}^{-1} & \mathbf{D}^{-1} + \mathbf{D}^{-1}\mathbf{CT}^{-1}\mathbf{BD}^{-1} \end{bmatrix}$$

最後，我們要利用 MATLAB 求取方形矩陣的反矩陣。當矩陣的所有元素皆為常數時，這是最好的方法。

利用 MATLAB 求方形矩陣的反矩陣 方形矩陣的反矩陣可利用以下的指令操作之：

$$\text{inv(A)}$$

例如，當矩陣 $\mathbf{A}$ 等於

$$\mathbf{A} = \begin{bmatrix} 1 & 1 & 2 \\ 3 & 4 & 0 \\ 1 & 2 & 5 \end{bmatrix}$$

時，$\mathbf{A}$ 的反矩陣可得如下：

```
A = [1  1  2;3  4  0;1  2  5];
inv(A)

ans =

    2.2222   -0.1111   -0.8889
   -1.6667    0.3333    0.6667
    0.2222   -0.1111    0.1111
```

亦即,

$$\mathbf{A}^{-1} = \begin{bmatrix} 2.2222 & -0.1111 & -0.8889 \\ -1.6667 & 0.3333 & 0.6667 \\ 0.2222 & -0.1111 & 0.1111 \end{bmatrix}$$

MATLAB 與字體大小寫有關　必須注意到,MATLAB 與字體大小寫有關。亦即,字母的大小寫在 MATLAB 中是有區別的。所以 x 與 X 是不一樣的。所有的函數名稱必須是小寫字母,例如 inv(A)、eig(A)及 poly(A)。

矩陣的微分及積分　一個 $n \times m$ 矩陣 $\mathbf{A}(t)$ 的微分亦為 $n \times m$ 矩陣,其每一元素係為原來矩陣各元素的微分,此時所有的 $a_{ij}(t)$ 須皆有對於 t 導數的存在。亦即,

$$\frac{d}{dt}\mathbf{A}(t) = \left(\frac{d}{dt}a_{ij}(t)\right) = \begin{bmatrix} \frac{d}{dt}a_{11}(t) & \frac{d}{dt}a_{12}(t) & \ldots & \frac{d}{dt}a_{1m}(t) \\ \frac{d}{dt}a_{21}(t) & \frac{d}{dt}a_{22}(t) & \ldots & \frac{d}{dt}a_{2m}(t) \\ \vdots & \vdots & & \vdots \\ \frac{d}{dt}a_{n1}(t) & \frac{d}{dt}a_{n2}(t) & \ldots & \frac{d}{dt}a_{nm}(t) \end{bmatrix}$$

同理,$n \times m$ 矩陣 $\mathbf{A}(t)$ 的積分定義為

$$\int \mathbf{A}(t)\,dt = \left(\int a_{ij}(t)\,dt\right)$$

$$= \begin{bmatrix} \int a_{11}(t)\,dt & \int a_{12}(t)\,dt & \ldots & \int a_{1m}(t)\,dt \\ \int a_{21}(t)\,dt & \int a_{22}(t)\,dt & \ldots & \int a_{2m}(t)\,dt \\ \vdots & \vdots & & \vdots \\ \int a_{n1}(t)\,dt & \int a_{2n}(t)\,dt & \ldots & \int a_{nm}(t)\,dt \end{bmatrix}$$

二個矩陣乘積的微分 如果矩陣 $\mathbf{A}(t)$ 及 $\mathbf{B}(t)$ 皆可以對於 t 微分，則

$$\frac{d}{dt}[\mathbf{A}(t)\mathbf{B}(t)] = \frac{d\mathbf{A}(t)}{dt}\mathbf{B}(t) + \mathbf{A}(t)\frac{d\mathbf{B}(t)}{dt}$$

此處乘積 $\mathbf{A}(t)$ 及 $d\mathbf{B}(t)/dt$ [或 $d\mathbf{A}(t)/dt$ 及 $\mathbf{B}(t)$] 一般不可交換。

$\mathbf{A}^{-1}(t)$ 的微分 如果 $\mathbf{A}(t)$ 及 $\mathbf{A}^{-1}(t)$ 皆可以對於 t 微分，則 $\mathbf{A}^{-1}(t)$ 的微分等於

$$\frac{d\mathbf{A}^{-1}(t)}{dt} = -\mathbf{A}^{-1}(t)\frac{d\mathbf{A}(t)}{dt}\mathbf{A}^{-1}(t)$$

以 $\mathbf{A}(t)\mathbf{A}^{-1}(t)$ 對於 t 微分也可以得到此微分。因為

$$\frac{d}{dt}[\mathbf{A}(t)\mathbf{A}^{-1}(t)] = \frac{d\mathbf{A}(t)}{dt}\mathbf{A}^{-1}(t) + \mathbf{A}(t)\frac{d\mathbf{A}^{-1}(t)}{dt}$$

且

$$\frac{d}{dt}[\mathbf{A}(t)\mathbf{A}^{-1}(t)] = \frac{d}{dt}\mathbf{I} = \mathbf{0}$$

故得

$$\mathbf{A}(t)\frac{d\mathbf{A}^{-1}(t)}{dt} = -\frac{d\mathbf{A}(t)}{dt}\mathbf{A}^{-1}(t)$$

或

$$\frac{d\mathbf{A}^{-1}(t)}{dt} = -\mathbf{A}^{-1}(t)\frac{d\mathbf{A}(t)}{dt}\mathbf{A}^{-1}(t)$$